U0179997

新编高聚物的结构与性能

（第二版）

何平笙　编著

科学出版社

北京

内 容 简 介

　　本书是国家级精品课程"高聚物的结构与性能"的新编教材第二版,是2005年"全面提升高分子物理重点课程的教学质量"国家级教学成果奖二等奖内容的全面体现。全书系统讲述高聚物的分子链结构、凝聚态结构、相变和亚稳态、分子量和分子量分布、分子运动,以及高聚物的力学、电学、光学、磁学、热学、流变和溶液性能,通过分子运动揭示"分子结构与材料性能"之间的内在联系及基本规律,更进一步提出包括"凝聚态结构与制品性能"关系和"电子态结构与材料功能"关系在内的三个层次的结构与性能关系理念,以期对高聚物材料的合成、加工、测试、选材、使用和开发提供理论依据。全书还介绍了我国学者的研究成果及编者多年教学研究的心得和对已有体系、知识点的新理解、新认识。

　　本书可作为高等学校理科化学类,化工、轻工纺织、塑料、纤维、橡胶、复合材料等工科材料类本科生的教材,也可作为有关专业研究生的参考教材,对从事高聚物材料工作的有关工程技术人员和科研人员也是一本有用的参考书。

图书在版编目(CIP)数据

　　新编高聚物的结构与性能/何平笙编著. —2 版. —北京:科学出版社,2021.2

　　ISBN 978-7-03-068036-5

　　Ⅰ.①新… Ⅱ.①何… Ⅲ.①高聚物-结构-教材②高聚物-性能-教材 Ⅳ.①O631

　　中国版本图书馆 CIP 数据核字(2021)第 025048 号

责任编辑:牛宇锋 / 责任校对:王 瑞
责任印制:赵 博 / 封面设计:欣宇腾飞

科学出版社出版
北京东黄城根北街 16 号
邮政编码:100717
http://www.sciencep.com
北京天宇星印刷厂印刷
科学出版社发行　各地新华书店经销
*
2009 年 9 月第 一 版　开本:720×1000 1/16
2021 年 2 月第 二 版　印张:47 1/2
2024 年 6 月第五次印刷　字数:932 000
定价:198.00 元
(如有印装质量问题,我社负责调换)

第二版前言

《新编高聚物的结构与性能》自 2009 年由科学出版社出版以来，广受欢迎，至今已重印多次。一本专业课教材，一般需要十年更新一次才能与时俱进，不然就会落后于时代。而更重要的是，近十年来高分子物理学科的发展非常迅速，需要及时向本科生、研究生和各行各业的工程技术人员等广大读者进行介绍。

有关高聚物的相变和亚稳态的新知识点已趋成熟，第二版撰写了单独的一章向读者介绍；世界上很多最新的科研成果在近几年问世了，例如，二维石墨烯"魔角"超导现象，利用 PTFE、PET 等高聚物薄膜摩擦起电而研发的摩擦纳米发电机等；一些如高聚物的结晶度分布、玻璃化转变温度的光照依赖性，以及高聚物结构与性能关系的"层展论"等新的概念相继提出，使得高分子物理内容更加深入；诸如在线研究高聚物结构的同步辐射加速器、用于高分子链结构研究的新型质谱装置，以及构筑高分子溶液相图的微流体联用激光光散射方法等新型实验手段相继呈现，都需要在新版教材中增补。另外，一些以前只是实验室完成的科研工作，如锂电池中的高聚物固体电解质、显示技术中高聚物发光材料，乃至高聚物热电材料、非线性光学材料等已经在工业、科技和国防等领域中得到普遍推广。本书编写及再版的目的始终是帮助读者在今后寻求高分子科学研究源头方面能够迸发出灵感的火花。

需要特别指出的是，第二版中添加的这些新知识、新论点、新实验方法等内容大多取自我国高分子科学家（或华裔科学家）所得的科研成果，这是本教材从第一版开始就秉承的宗旨。当然，我们自己在高分子物理方面的深入教学研究，以及对高聚物结构与性能新的理解和心得也及时编入了第二版教材中。此外，我们还根据全国科学技术名词审定委员会公布的术语更新了部分名词，使第二版更规范、更科学。

在添加新内容的同时，高聚物化学结构的鉴定测试方法等大多已在一些基础课程中学过，一些实验方法如动态力学的扭摆、扭辫和振簧法等已接近淘汰，故在第二版中删除；也是由于技术的进步，有一些概念已较少有人提及，例如，在高聚物的平均分子量中，Z 均分子量是在超速离心沉降实验基础上提出的，现在该方法已很少使用，第二版也就不再交代了。鉴于当前网络搜索引擎功能高度发达，有关教学参考书和教学研究论文目录的两个附录也删除了。有意深入学习的读者可自行上网查询阅读。

总之，《新编高聚物的结构与性能》第二版将延续第一版的精神，继续成为高分子物理方面的精品教材。

　　感谢中国科学技术大学高分子物理教研室的朱平平教授、杨海洋教授和邹刚教授,化学与材料科学学院吴奇院士、俞书宏院士、刘世勇教授、尤业字教授、李良彬教授,以及北京化工大学华幼卿教授的鼎力帮助。感谢安徽省高等学校省级质量工程项目和中国科学技术大学化学与材料科学学院对本书出版的资助。

何平笙

中国科学技术大学

2020 年 4 月

第一版前言

自中国科学技术大学 1958 年成立高分子化学和高分子物理系以来，由已故的钱人元院士开设的"高聚物结构与性能"课程已 50 余年了，根据钱先生讲课笔记整理出版的《高聚物的结构与性能》一书(科学出版社，1981 年第一版)被许多高校选做教材。近 10 年来，编者不但在授课时添加了高分子物理的新成果、新发现，更重要的是对课程进行了深入的教学研究，加深了对已有体系、知识点的全新理解，深受学生好评，因而在 2005 年获得安徽省教学成果奖一等奖和国家级教学成果奖二等奖，"高聚物结构与性能"也被评为国家级精品课程。本书就是在上述教学研究的基础上新编而成的。

高分子科学由高分子化学、高分子物理和高分子加工三大部分组成。高分子化学主要是研究如何从小分子单体合成(聚合)得到高分子化合物——高聚物，高分子加工则是研究如何把高聚物制成实用的制品，而高分子物理则包含有以高聚物为对象的全部物理内容。

作为大学本科生的课程，"高分子物理"实在难以承担这个"包含有以高聚物为对象的全部物理内容"的重任。这一方面是由于"高分子物理"目前还达不到通常物理学各分支的成熟程度，另一方面是由于仍隶属于化学大框架下的高分子专业学生也难以接受更多、更深的物理和数学知识。事实上，"高分子物理"目前还主要是讲述高聚物材料的结构与性能，以及它们之间的相互关系，因此，我们仍然采用"新编高聚物的结构与性能"作为书名。依据相对分子质量的大小，高分子化合物大致可分为低聚物和高聚物，但作为材料来使用的大多是相对分子质量很高的高聚物。低聚物主要用作黏合剂、高能燃料等，不包含在本书的范围之内。因此，全书仍然使用"高聚物"这个名称。

本课程的基本任务就是探求高聚物的结构与性能，揭示结构与性能之间的内在联系及其基本规律，以期对高聚物材料的合成、加工、测试、选材和开发提供理论依据。编者认为，高聚物结构与性能的关系有三个层次，即通过分子运动联系"分子结构与材料性能"关系、通过产品设计联系"凝聚态结构与制品性能"关系和通过凝聚态物理知识联系"电子态结构与材料功能"关系。由于历史的原因，无论是国内教材，还是国外教材大都只涉及上述的第一个结构层次，内容基本上只是"分子结构与材料性能"的关系，要详细理解第二和第三个结构层次，需要开设正规的"流变学"和"凝聚态物理"的专门课程，尽管这已经超出了本书的范围，但上述高聚物结构与性能关系三个层次的理念，已牢牢树立在编者心中，并力求在本书编写中体现出来。

值得指出的是,我国高分子物理学家以高分子链单元间的相互作用,特别是从链单元间的相互吸引在凝聚态形成过程中的作用这一国际上独创的观点出发,纵观高聚物的全部相态——高聚物溶液、非晶态、晶态和液晶态中存在的问题,开展了深入系统的研究工作,取得了若干国际前沿性的研究成果。在高分子物理领域提出了一些新概念,形成了有我国特色的高分子物理学派,还独创了全新的电磁振动塑化挤出加工方法等,编者都尽量在本书中反映这些成果。此外,本书还增添了高聚物宏观单晶体、可能的二维橡胶态等新内容,指出了不同结晶方式(先聚合、后结晶,还是先结晶、后聚合)会得到完全不同的高聚物晶体,重新考虑了 Williams-Landel-Ferry(WLF)方程的意义,认为它是高聚物特有分子运动所服从的特殊温度依赖关系等,全面介绍了编者对已有体系和知识点的新理解。

如前辈所言,编书如造园,取他山之石,引他池之水,但一山一水如何排布却彰显造园者的构思。书中引用了众多国内外公开出版的教材和专著中的论述或研究成果,谨向所有作者致以深切的谢意,不及面询允肯,敬请海涵。感谢朱平平教授、杨海洋副教授对书稿所提的宝贵意见,感谢李春娥高工为本书打稿和校订文稿;本书内容在中国科学技术大学高分子科学与工程系连年讲授,也在中国科学院长春应用化学研究所讲授了7次,校、所多届学生对课程内容和安排都提过不少好的建议,在此一并表示感谢。书后附录中列出了有关高分子物理详细的教材和参考书目录,以供读者查询和进一步阅读。附录中还列出了编者近十年来公开发表的三十余篇有关高分子物理教学研究论文的目录,读者可参考阅读并分享编者教学研究的心得。

由于编者水平有限,书中难免存在缺漏和不足之处,敬请读者和专家不吝批评、斧正。

何平笙

2009 年 4 月

目　　录

第1章　高分子链的链结构

1.1　高聚物结构的特点和高聚物的性能

1.1.1　从高分子学科的诺贝尔奖谈起

在百余年诺贝尔奖历史上,共有 8 位高分子学科的科学家 5 次获奖,见表 1-1。

表 1-1　高分子学科诺贝尔奖一览表

获奖年份	获奖者	国籍	主要成就
1953	施陶丁格 (H. Staudinger) 1881～1965	德国	"for his discoveries in the field of macromolecular chemistry" 1922 年发表题为"关于聚合反应"的划时代论文,提出"高分子物质是由具有相同化学结构的单体经过化学反应(聚合),通过化学键连接在一起的大分子化合物"。1932 年出版专著《高分子有机化合物》,标志着高分子科学的正式诞生。提出了高分子溶液的黏度公式 $\eta_{sp}/c=K_m M$,开拓了高分子溶液理论的研究
1963	齐格勒 (K. Ziegler) 1898～1973 纳塔 (G. Natta) 1903～1979	德国 意大利	"for their discoveries in the field of chemistry and technology of high polymers" 1953 年齐格勒发明了三乙基铝-四氯化钛催化剂以及低压聚乙烯合成方法。1954～1956 年纳塔改进了齐格勒催化剂,以三氯化钛代替四氯化钛,实现了丙烯的定向聚合,建立了有规立构聚丙烯的合成方法,形成物理性质与高分子链的立体规整性有关的假设。提出了有规立构高分子的概念,即由于分子中原子或原子团在空间的分布方式(构型)不同,高聚物存在分子组成相同但结构不同的同分异构体
1974	弗洛里 (P. Flory) 1910～1985	美国	"for his fundamental achievements, both theoretical and experimental, in the physical chemistry of the macromolecules" 高分子科学理论的主要完善者和奠基人之一。1948 年建立了高分子长链结构的数学理论。利用等活性假设及直接统计方法,计算分子量分布;引入链转移概念,将统计理论用于非线形分子,产生凝胶理论。同年用拟格子理论建立了高分子溶液理论和稀溶液理论,提出"排除体积理论"和"Θ温度"概念。1953 年出版 *Principle of Polymer Chemistry*

续表

获奖 年份	获奖者	国籍	主要成就
1991	德让纳 (P-G de Gennes) 1932~2007	法国	"for discovering that methods developed for studying order phenomena in simple systems can be generalized to more complex forms of the matter, in particular to liquid crystals and polymers" 对高分子物质和液晶有序现象提出标度理论,从临界现象认识发展,在物理-化学之间架起了桥梁,提出"软物质的概念",被誉为"当代牛顿"
2000	黑格 (A. J. Heeger) 1936~	美国	"for the discovery and development of conductive polymers" 高聚物半导体和导体研究领域的先锋,深入研究聚乙炔的掺杂和导电机理,提出一维有机导体和导电高聚物导电的孤子导电机理。致力于用作发光材料的半导高聚物,可广泛应用在高亮度彩色液晶显示器等许多领域
2000	麦克 迪尔米德 (A. J. Mac-Diarmid) 1927~2007	新西兰	从1973年就开始研究使高聚物材料能够像金属一样导电的技术,并最终研究出了有机聚合导体技术
2000	白川英树 (H. Shirakawa) 1936~	日本	1974年在合成聚乙炔的实验中,偶然投入过量的催化剂而意外地合成出有银白色光泽的聚乙炔薄膜。随后与黑格和麦克迪尔米德合作,用碘来掺杂改性聚乙炔,把电导率提高了7个数量级,获得巨大成功,带动后来许多科学家合成多种新的导电高聚物

　　早在19世纪后期,乃至20世纪早期,人们不止一次地对天然高分子化合物进行了改性,并完全人工制备出高分子化合物,如硝酸纤维素(赛璐珞)、酚醛塑料、聚异戊二烯。但是对于高聚物的结构到底是什么样,很多人都不清楚,特别是一些所谓的主流科学家都认为它们是一些胶体颗粒。正是在这个时候,施陶丁格明确提出了"高分子物质是由具有相同化学结构的单体经过化学反应(聚合),通过化学键连接在一起的大分子化合物",从而开创了高分子科学的新时代。由此可见,高分子时代的开启,不是新的合成方法,不是新的高分子化合物的发现,而是对高分子化合物长链结构的确定。

　　到了20世纪30~40年代,石油工业兴起,丙烯作为炼油的尾气大量产生,但用一般方法聚合得到的聚丙烯,性能不好,不能用作实用的塑料。正是在这个时候,齐格勒发明了一个新型三乙基铝-四氯化钛催化剂,成功地使乙烯在较低的压力下发生聚合而得到所谓的高密度聚乙烯。随后纳塔用三氯化钛代替四氯化钛,成功令丙烯发生聚合得到物理力学性能很好的聚丙烯产物,解决了石油化工的一个重大问题。现在知道,齐格勒-纳塔催化剂实际上是使丙烯发生了有规立构的聚合,得到的聚丙烯是具有全同立构或间同立构的结构,而用一般催化剂聚合的聚丙烯则是无规立构的,性能不佳。所以,1963 年诺贝尔化学奖是颁发给了新的聚合方法(新催化剂)的发现,其实质还是对高聚物结构的新认识。

　　至于弗洛里和德让纳荣获诺贝尔奖更是由于他们对高分子物理科学的杰出贡献。弗洛里是高分子科学理论的主要完善者和奠基人之一,他建立高分子长链结构的数学理论,利用等活性假设及直接统计方法,计算分子量分布;引入链转移概念,将统计理论用于非线形分子,产生凝胶理论。另外他用拟格子理论,建立了高分子溶液理论以及随后的稀溶液理论,提出了"排除体积理论"和"Θ 温度"等全新的概念。这些都成为当今高分子物理或高聚物结构与性能教材的基本内容。德让纳则是把在研究简单系统中有序现象而创造的方法,成功地应用到更为复杂的物质形态,特别是液晶和高聚物的研究中,创立了软物质物理学,开创了包括高聚物在内的软物质科学新时代。他荣获的正是诺贝尔物理学奖。

　　说到黑格、麦克迪尔米德和白川英树荣获的诺贝尔奖,他们是开辟了导电高聚物新领域,提出了导电高聚物的孤子理论,更是把高聚物结构与性能关系方面提高到了一个新的层次,即"高聚物的电子结构与功能"关系的层次。

　　上述 5 项仅有的高分子科学诺贝尔奖的情况清楚表明,单纯从学术上看高分子物理或高聚物结构与性能才是高分子科学真正的推动力。

　　此外,高分子科学与一般的化学学科不尽相同,我们主要是利用高分子材料的物理力学性能而不是它们的化学性能。也就是当合成得到了高聚物时,它还仅仅是制品(塑料、纤维、橡胶、复合材料等)的半成品原料。要使它们成为实用的制品,通常都有加工成形(主要是物理变化而不是化学变化)这一道重要的工序。如果说高分子合成主要还是合成化学的范畴,那么,在高分子加工成形中更多地将涉及物理学科范畴的内容。正是高分子物理这个高分子科学的重要方面,联系着高分子合成化学和高分子加工成形这两个方面,有其突出的重要地位。高分子物理揭示结构与性能之间的内在联系及其基本规律,以期对高分子材料的合成、加工成形、测试、选材和合理使用提供理论依据。

1.1.2　软物质和高聚物的软物质特性

　　按字面的意义,软物质是指触摸起来感觉柔软的一类凝聚态物质。按物理的定义,软物质是处于流体和理想固体这两个极端中间地带的物质。流体的分子可以自由地变换位置;理想固体分子的位置是固定的,不能互换。软物质是由千万个小分子紧密结合在一起的大分子团所组成的柔性链或刚性棒,分子团内的基元分子已经失去了相互置换的自由度,并且由于小分子连接在一起形成的大分子团都很大,凸显了软物质的新行为和新规律。

　　软物质一般由大分子或基团组成,如液晶、高聚物、胶体、膜、泡沫、颗粒物质、生命物质等,在自然界、生命体、日常生活中广泛存在。每个大分子团的尺度大得足以构成独特的物相,但又小到使热涨落对其性质起重要作用。软物质之间的弱连接性,加上它们低密度,导致软物质的"软"。"软"是在触摸压力下有较大的变形,所以"软"已经表明了软物质弱影响强响应的特征,即弱力引起大变化。

　　以天然橡胶为例,纯天然橡胶乳液氧化形成了固化的橡胶,但这种橡胶非常不结实,很容易就会因为空气的继续氧化而破碎。但如果用硫磺交联天然橡胶的乳液,只要平均200个碳原子中有一个碳原子与硫发生反应,就会使流动的橡胶树汁变成固体的橡胶。如此之小的化学结构变化就使物质由液态转化为固态,真正是"小作用,大响应"。

　　软物质另一个特征是"大熵,小能"。物理体系的状态可以由体系的内能以及熵与温度的乘积来共同描述。内能的变化与体系受力相关,那么在一定温度下,对于软物质,如果受到的力不大,其内能的改变也不会大。而在这样的弱力作用下,又要求体系发生比较大的变化,那么就一定得要求它的熵变化剧烈。也就是说,在软物质中体系的变化主要是由熵引起的,或者说熵占据了主导地位。

　　写成热力学的公式,体系的自由能

$$\Delta F = \Delta U - T\Delta S \tag{1-1}$$

对一般硬物质,体系是由能量大小来决定的,能量越低越稳定。我们可以称为"大能,小熵"。

$$\Delta F = \Delta U - T\Delta s \tag{1-2}$$

而我们的软物质则是熵为主。熵越大越稳定,即"大熵,小能"。

$$\Delta F = \Delta u - T\Delta S \tag{1-3}$$

　　这样,软物质就可称作是由熵操纵的物质。在熵力的作用下,软物质体系会出现很多新奇的行为,比如原本混乱的微观体系会变得井然有序,复杂的蛋白质分子会自行折叠成特殊的结构等。

　　以上这些软物质的特性,在高聚物身上有很好的体现。高聚物是软物质中最常见的一种。

1.1.3　对结构与性能关系的再认识

　　软物质科学的发展,使得我们对高分子物理学整体获得了更为理性和全面的看法。看法中的一个重要认识是对上述长期支配高分子物理学研究主流——"还原论"(reductionism)提出了挑战,即提出了新的所谓的"层展论"(emergence)。正如前面所述的那样,"还原论"把一切归结为物质最基本的组成部分和决定它们行为的最基本规律,认为高分子物理的基本任务就是对高聚物最基本的组成和最基本规律的追求,一旦求得这个最基本规律,便可以用来解释并推导出高聚物从微观到宏观的所有现象。"层展论"则认为,客观物质世界是分层次的,每个层次都有自己独特的规律,对于高分子物理学研究而言,重要的是承认这个客观事实,并以它为依据,寻找各物质层次的运动规律,理解这些现象是如何"层展"的。一个显然的事实是,尽管一切物质均由基本粒子组成,但原子和分子组成的体系(包括硬物质和软物质这些集聚体)的性质,并不能依据基本粒子的性质和运动规律推导出来。如果你认为蛋白质的性质和功能是由基本粒子行为所决定的,显然是有悖于科学常识的。

事实上,软物质是一类具有自身特色运动规律的物质形态。成熟的相对论和量子力学为主导的物质运动规律应该只是物理学知识总体中的一部分,还有一些物质(如包括高聚物在内的软物质)形态的运动是以其他因素为主导的。

尽管我们已经认识到最近发展的软物质科学对高分子物理学科的"冲击",作为大学基础课程的"高聚物的结构与性能",还是以"结构-性能"关系为基本思路,讲授这门课程,同时尽量在各章节中介绍和兼顾最新的观点。

按照传统的观念,高分子物理的基本任务是探究高聚物的结构和性能,并通过研究高聚物中的分子运动,揭示结构与性能之间的内在联系及基本规律,从而对高聚物材料的合成、加工、测试提供理论依据,指导高聚物材料的合成,指导高分子材料的加工。性能取决于结构,为了合成具有指定性能的高聚物材料,人们总是从化学结构开始入手;为了改进高聚物材料的某种性能,人们也总是以改变结构为首选,并利用高聚物结构与性能间的关系,根据需要选用高聚物材料,改性高聚物材料,合成新的高聚物材料。高聚物结构与性能间的关系是高聚物材料分子设计的基础,也是确定高聚物材料加工工艺的依据。

下面具体来看看高聚物结构的特点。

1.1.4　高聚物结构的特点

高聚物的结构是高聚物各种性能的物质基础。所谓高聚物结构的特点是指它与小分子化合物相比有什么特殊的地方,现在有了软物质的分类,作为软物质中主要一员的高聚物,与一般的硬物质相比,又有哪些特别之处? 分述如下。

1. 分子很大

高聚物的结构与小分子化合物相比,最大的不同之处就是"大"。高聚物是由成千上万的结构单元聚合而成,"个子"大,分子链长,分子量高。这样体量的高聚物,结构单元可以不同,不同结构单元的排列也可以各异,凝聚的方式更是多种多样,因此高聚物的结构一定比一般的小分子化合物复杂得多。

由众多小分子单体通过化学键合而成的高分子量化合物——高聚物的分子量高达几万、几十万,乃至几百万。在高分子链中的单体单元称为重复结构单元,一个高分子链的重复结构单元多达 $10^3 \sim 10^5$ 个。也就是说,高聚物要比小分子化合物大几千、几万倍。量变一定会引起质变,很高的分子量造就了高聚物特有的结构层次和特有的性能,乃至特有的分子运动规律。

　　高聚物特有的结构与性能有：高分子链的柔性、独有的熵弹性、显著的黏弹性、分子量的多分散性、特有的描述链段运动温度依赖关系的 WLF 方程、可能实现的大尺寸取向和小尺寸解取向、银纹、单链凝聚态、折叠链片晶和伸直链晶体、高分子溶液特性和高聚物熔体的弹性行为等(图 1-1)。

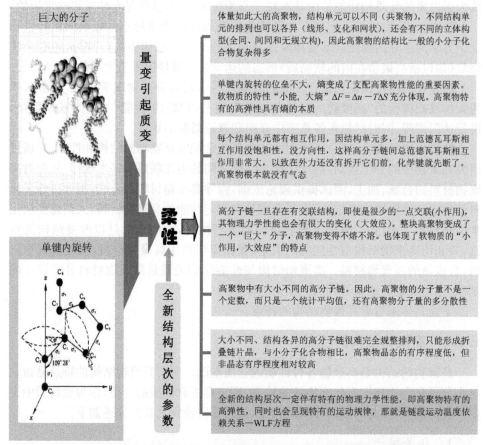

图 1-1　高聚物因为大而体现出量变到转变的铁律，产生了全新的结构层次和描写它的新参数——柔性，从而导致高聚物一系列有别于小分子化合物和一般硬物质的特殊分子结构和凝聚态结构

　　此外，高分子链的结构单元种类也不尽相同：结构单元可以是 1 种(均聚物)，也可以是 2 种(共聚物)，而在生物高分子中，其结构单元可多达 20 多种。

　　高聚物通常具有链式结构，但其几何形状也可以是很复杂的，即重复结构单元可以通过共价键连成线形、支化和网状三种基本的分子形态(图 1-2)，细分又可以有线形、短支链支化、长支链支化、星形、梳形、树枝形、梯形和网状形高分子链(图 1-3)。线形高分子链是最基本的形态，自施陶丁格提出大分子学说以来，现已知道各种天然的高聚物、合成的高聚物和生物高分子都具有链式结构，即高分子链是由多价原子彼此以主价键结合而成的长链状分子。支化是在线形高分子链上带有长短不同支链的高分子形态,支链有长有短,而如果长支链的长度已经可以与主链相比拟时,可以说这个高分子链没有主链,就是所谓的星形高分子链。如果主链上带有长度几乎相同的支链,形如一把梳子,称为梳形高分子链。高分子链也可以有两条主链,中间由化学键(或短链)相连,则形成所谓的梯形高分子链。最后,如果所有的高分子链之间都有化学键(或短链)相连,形成一个大的网络,整块高聚物物料就是一个庞大的"巨"分子,这就是高分子链的网状结构。

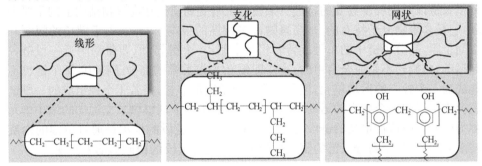

线形高密度聚乙烯　　　　　　支化低密度聚乙烯　　　　　　交联酚醛树脂

图 1-2　高分子链具有的线形、支化和网状三种基本的分子形态及其实例——线形高密度聚乙烯、支化低密度聚乙烯和交联酚醛树脂的结构式

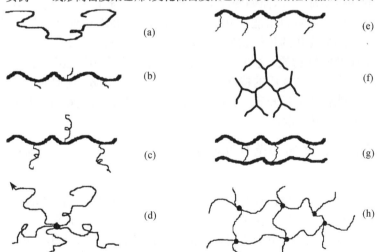

图 1-3　高分子链的形态

(a) 线形;(b) 短支链支化;(c) 长支链支化;(d) 星形;(e) 梳形;(f) 树枝形;(g) 梯形;(h) 网状形

2. 高分子链具有新的结构层次——高分子链的构象和柔性

作为量变引起质变最明显的实例是高聚物具有一个全新的结构层次——构象

和相应的结构参数——柔性。

　　组成高分子链的 C—C 单键是具有轴对称性的 σ 键,因此第一个 C 原子可以相对于第二个 C 原子做内旋转运动。C—C 单键的内旋转在小分子化合物中并没有什么意义,但量变引起质变,在有成千上万个 C—C 单键的高分子链中,C—C 单键的内旋转却有特别重要的作用。由 C—C 单键组成的高分子链由于内旋转而变得非常柔软,形成了高分子链特有的结构层次——构象(conformation),即高分子链由内旋转而形成的原子空间排布和相应的结构参数——柔性(flexibility),即高分子长链以不同程度卷曲的特性。柔性是由量变到质变在高聚物结构上的重要表现,它是高聚物分子特有的,是高聚物许多特性的根本。当然,由于键角的限制和空间位阻,高分子链中的单键旋转时相互牵制,一个键转动,要带动附近一段链一起运动,内旋转不是完全自由的,这样即便在非常柔顺的高分子链中,每个键也不能成为一个独立的运动单元,但是只要高分子链足够长,由若干个键组成的一段链就会作用得像一个独立的运动单元。这种高分子链上能够做独立运动的最小单元称为链段。由这样定义的链段之间是自由联结的,链段的运动是通过单键的内旋转来实现的,甚至高分子链的整链移动也是通过各链段的协同移动来实现的。

　　3. 小能,大熵

　　如上所述,在高分子链中能量的因素变得不那么重要了,因为 C—C 单键内旋转需要克服的位垒都不大,而熵变成了支配高聚物性能的主要因素。在表征物质状态的热力学状态函数自由能 F 中,包含有能量 U 和熵 S 两项,即 $F=U-TS$。相对于主要是能量变化的传统物质(硬物质,大能,小熵变)$\Delta F=\Delta U-T\Delta s$ 来说,高聚物就是典型的软物质,这里熵的变化将起重要的作用,$\Delta F=\Delta u-T\Delta S$(小能,大熵变)。高聚物软物质的特性表现得非常明显。橡胶(任何高聚物在其玻璃化温度以上都能转变为橡胶态)高弹性在本质上是熵弹性,能量对高弹性的贡献仅为 10% 左右(详见第 6 章)。

　　4. 结构单元之间的范德瓦耳斯相互作用非常大以至于高聚物不存在气态

　　高分子链之间的范德瓦耳斯相互作用对高聚物的凝聚态结构和高聚物材料的物理力学性能有重要影响。在小分子化合物中,分子之间的范德瓦耳斯相互作用并不重要,但在高聚物中,由于结构单元很多,每个结构单元就好比一个小分子,加上范德瓦耳斯相互作用没有饱和性,也没有方向性,这样高分子链之间总的范德瓦耳斯相互作用就表现得非常大,以至于在外力还没有拆开它们以前,化学键就先断了。所以高聚物根本就没有气态,不可能把高聚物分成一个个单个的分子。以聚乙烯为例,若其分子量在十几万以上,就有上千个结构单元,如果每个结构单元与其他结构单元间的相互作用能为 4 kJ/mol,则聚乙烯高分子链间的范德瓦耳斯力总和将在几千焦每摩以上,这比任何一种主价键能都大得多。

5. 高分子链结构中存在一般小分子化合物所没有的交联结构

软物质特性的另一个特点是"小影响,大效应",这在高聚物中也表现显著。如上所述,高分子链一旦存在交联结构,即使是很少的一点交联(小影响),其物理力学性能也会有很大的变化(图 1-4)。整块高聚物变成了一个"巨大"分子,高聚物变得既不能被溶剂所溶解,也不能通过加热使其熔融(大效应)。例如,在天然橡胶树汁分子中,只要平均 200 个 C 原子中有一个 C 原子与 S 原子发生反应,液态树汁就能变成固态的橡胶(1839 年固特异(Goodyear)偶然把橡胶、氧化铅和硫磺放在一起加热并得到了类似皮革状的物质)。显然,交联

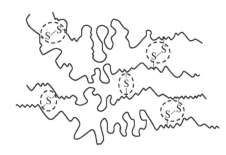

图 1-4　硫化橡胶的交联结构
橡胶高分子链之间由硫原子 S 或
短的硫桥—S_x—相连

程度对高聚物的力学性能有重要影响。长链分子聚集在一起可能存在的链缠结可看成是物理交联点,这样,一旦高分子链达到产生链缠结的临界分子量,高聚物的性能(如流动性)也会变化很大。

6. 高聚物分子量的统计性和多分散性

合成高聚物材料的聚合反应是一个随机过程,反应产物一般是由长短不一的高分子链所组成,也就是说高聚物中有大小不同的高分子链。因此,高聚物的分子量不是一个定数,而只是一个统计平均值(详见第 4 章)。用不同统计方法得到的高聚物分子量不尽相同,这就是一般所说的高聚物分子量的多分散性。同一个高聚物,因分子量不同或分子量分布不同其物理力学性能会差异很大是常见的现象,例如,聚乙烯有不同的牌号数百种之多,就是它们具有各异的分子量乃至不同的分子量分布。如果合成时所用单体在两种以上,则共聚反应的结果是不仅存在分子链长短的分布,而且每个链上的化学组成也有一个分布。

7. 高聚物凝聚态结构的复杂性

尽管高分子链很大,也很复杂,但高分子链还是能在三维空间中排列整齐,而存在有晶态,但毕竟分子太大,又极柔顺,对称性差,其整齐性不如小分子晶态,高聚物的晶态比小分子化合物晶态的有序程度差很多。然而,也正是这个原因,高聚物的非晶态又比小分子化合物液态的有序程度高很多。特别是单个高分子链就有可能形成独立的凝聚相——单链单晶态或单链非晶态。

上述高聚物结构的特点充分显示了它们的复杂性。我们将用三个章节的篇幅来详细讨论高聚物的结构。作为一个总结性的纲要,可以把高聚物的结构分成高聚物的链结构(包括高分子链的近程结构和高分子链的远程结构)、高聚物的分子凝聚态结构,以及高聚物的相变和亚稳态三大部分,具体内容见图 1-5。

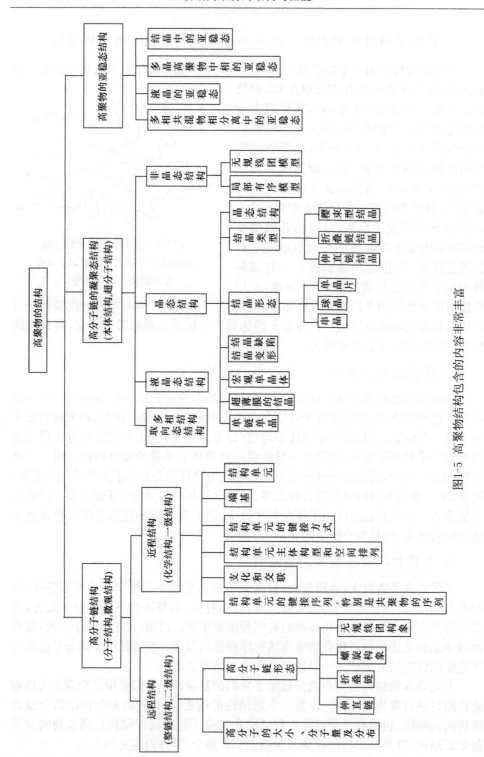

图1-5　高聚物结构包含的内容非常丰富

1.1.5　高聚物性能的概念

一般我们所说的性能大致可以分为内在性能、加工性能和制品性能三大类（图 1-6）。内在性能是材质的属性，是材料的基本物理力学性能，其特点是它们只取决于材料的化学和物理结构，而与材料的尺寸和形状无关，并且它可以精确且重复地测量，如熔点、沸点、热膨胀系数、模量、介电常数等都是材料的内在性能。高聚物材料对制备方法和加工条件的敏感性比其他材料大得多，因此，对高聚物材料内在性能的测定条件要求非常严格，用不同条件，在不同加工历史下测得的性能数据会有很大不同，不能相互比较。

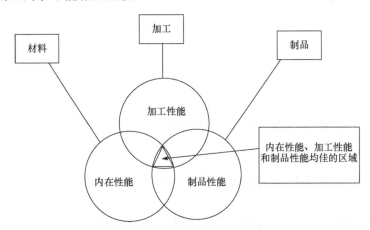

图 1-6　内在性能、加工性能和制品性能的关系

加工性能就是材料的可加工性。有些高聚物具有非常好的内在性能，却非常难加工（如需要较高的温度、特殊的溶剂等），这将大大妨碍它们的工业化进程，或妨碍它们的推广使用。事实上，在全世界实验室里每年都能合成出上千种新的高聚物，但真正能成为大品种的到目前为止也就是十几个。原因或是高聚物本身的性能（内在性能）不好，或是其加工性能不好。如果高聚物的内在性能非常优越，但加工很难的话，也只能用在产量不大的少数"尖端"领域，不可能成为"大品种"的塑料。

制品性能是物体的属性，包括制品的外观性、使用性和耐久性（尺寸稳定性、耐环境性，以及拉伸、冲击和抗疲劳性能）等，显然，制品性能极大地依赖于制品的形状和尺寸。制品性能不好的原因可能是选错材料，加工不善，或应用不当，当然更可能是设计低劣。

本课程着重讲述高聚物的内在性能，即使遇到高聚物的加工性能和制品性能，也是通过对高聚物加工的了解来把它们与其内在性能联系起来。

若按使用来分类，高聚物可以分为大家所熟知的塑料、橡胶、纤维等，它们之间的关系如图 1-7 所示。

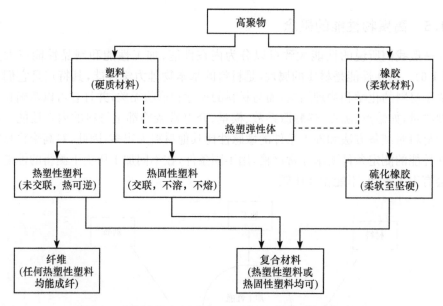

图 1-7　按使用来分类,高聚物可以分为塑料、橡胶、纤维等

1.2　高聚物分子内与分子间的相互作用

物质的结构是在吸引和排斥作用达到平衡时物质组成单元(原子或分子)之间的空间排布。因此对高聚物结构的认识,首先应从高聚物分子内和分子间的相互作用着手。

1.2.1　化学键

化学键详细知识的介绍不是本课程的任务,这里只提及在高聚物中存在的化学键。

1. 共价键

前面已经提到,高聚物是由成千上万的结构单元通过化学键合成的大分子化合物。作为有机化合物的一种,高聚物中最为普遍的键是共价键。共价键是原子的价电子自旋配对所形成的键,具有饱和性和方向性。在共价键中,电子云分布在键方向具有轴对称性的 σ 键,电子云分布没有轴对称性,但有对称面的 π 键对高聚物有基本的重要性。

一方面,聚烯烃中众多的 C—C 单键是 σ 键,σ 键具有轴对称性,因此高分子长链能发生内旋转运动,分子链才显示出了高聚物特有的构象和柔性(详见 1.4.1

节）。另一方面许多导电高聚物分子中存在 π 键,特别是具有共轭双键 —C═C—C═C—长链的高聚物。在共轭双键中,σ 电子定域于 C—C 键上,π 键的两个 π 电子并没有定域在碳原子上,它们可以从一个 C—C 键转移到另一个 C—C 键,也就是说,分子间 π 电子云的重叠产生了为整个分子所共有的能带。高分子链中的电子云重叠赋予了高聚物可能的导电性能(详见第 9 章)。

2. 离子键

由正负离子间静电相互作用所形成的键称为离子键。离子键没有方向性和饱和性。这里,具有离子键的高聚物有两类:一类是聚电解质,另一类是离子交换树脂。

聚电解质含有由离子键形成的取代基,即它可以离解成聚离子和带有相反电荷的对应离子,再以离子相互作用结合。例如,聚合酸-聚丙烯酸,可以形成聚阴离子和 H^+;聚合碱-聚乙烯胺,可以接受质子而变成聚阳离子,再与 OH^- 相结合。特别重要的是,生物高分子中核酸和蛋白质都是聚电解质。

$$\begin{array}{cc}
\cfrac{}{}\!\!-\!\!\left[CH_2\!-\!CH\right]_n & \cfrac{}{}\!\!-\!\!\left[CH_2\!-\!CH\right]_n \\
\quad\quad | & \quad\quad | \\
\quad COO^-H^+ & \quad NH_3^+OH^-
\end{array}$$

聚丙烯酸　　　　　　　　　聚乙烯胺

聚电解质的柔性高分子链因为带有正(或负)离子,本来卷曲的长链会有一定程度的舒展。如果能使聚电解质高分子链全部排列有序,制成它们的条状薄膜并置于溶液中,那么,改变溶液的 pH 就会改变高分子链的卷曲(或舒展)程度,从而导致聚电解质薄膜的宏观收缩(或伸长),这正是化学能(改变 pH)直接转变为机械能做功的原型机(图 1-8),也是对肌肉做功的一种非常浅近的想象。

正是离子交换树脂中存在的离子键合赋予它能通过离子交换的方式来纯化水质和分离化合物。在离子交换树脂中,不管是阳离子型的聚丙烯酸钠,还是阴离子型的聚 4-乙烯吡啶正丁基溴季铵盐都含有离子键。

$$\begin{array}{cc}
-CH_2\!-\!CH\!-\!CH_2\!-\!CH- & -CH_2\!-\!CH\!-\!CH_2\!-\!CH- \\
\quad\quad | \quad\quad\quad\quad | & \quad\quad | \quad\quad\quad\quad | \\
\quad COO^-Na^+ \quad COO^-Na^+ & \quad N^+Br^- \quad\quad N^+Br^- \\
& \quad | \quad\quad\quad\quad\quad | \\
& \quad Bu \quad\quad\quad\quad Bu
\end{array}$$

聚丙烯酸钠　　　　　　聚 4-乙烯吡啶正丁基溴季铵盐

这里特别要提一下含离子键的高聚物——离子聚合物(ionomer)。离子聚合物又称离聚物,是聚电解质中很特殊的一类高聚物。它首先是共聚物,同时含有电中性的重复单元和约 15% 电离的重复单元,如由乙烯和少量丙烯酸共聚而得的聚乙烯-丙烯酸钠。

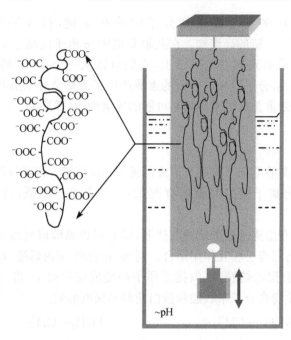

图 1-8　利用聚电解质高分子链带有的离子间的相互作用,化学能直接
转化为机械能的原理示意图

聚乙烯-丙烯酸钠

　　离聚物中侧链离子的相互作用起着交联点的作用,使本来是热塑性的高聚物具备了热固性树脂的性能(热塑弹性体)。但只要提高加热温度,这个离子相互作用的"交联点"就不复存在,又变成了"热塑性",可以重复加工,也即这种离子键具有在常温下起作用而在高温下不起作用的特点(图 1-9)。在高温下能像热塑性塑料那样加工成形,冷却后离子键发挥作用,具有交联结构的性能。这种高聚物结晶度低,透明性好,冲击强度和拉伸强度均很好。

　　另外,将金属以离子形式引入到高聚物的分子链段中,由于离子键具有较强的相互作用,使分子链的刚性增加,显著提高了高聚物的玻璃化温度 T_g,从而提高了高聚物的耐热性,如:

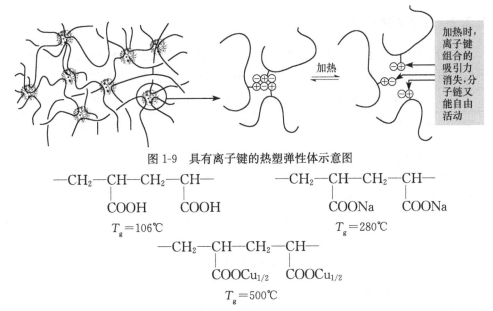

图 1-9　具有离子键的热塑弹性体示意图

$$—CH_2—CH—CH_2—CH—\qquad\qquad —CH_2—CH—CH_2—CH—$$
$$\qquad\quad COOH\qquad\ COOH\qquad\qquad\qquad COONa\qquad COONa$$
$$\qquad\qquad T_g=106℃\qquad\qquad\qquad\qquad\quad T_g=280℃$$

$$—CH_2—CH—CH_2—CH—$$
$$\qquad\quad COOCu_{1/2}\quad COOCu_{1/2}$$
$$\qquad\qquad T_g=500℃$$

由于离子键的加强，它们的 T_g 提高了很多。

3. 金属键

由金属原子的价电子和金属离子晶格之间的相互作用而形成的键称为金属键。在金属螯合高聚物(metallocene polymer)中存在有金属键，如聚酞菁酮。金属键没有方向性和饱和性，但能赋予高聚物高导电性。

Me=Cu,Ge,Sn,Ni⋯

聚酞菁酮

1.2.2　极性的相互作用

以分子中正负电荷分布中心是否重合,而有极性、非极性分子之分。在高聚物中可能存在的极性基团及其在高分子链中的位置有如下几种(表1-2)。

表 1-2　高聚物中可能存在的极性基团及其在高分子链中的位置

极性基因	结构式	示意图
极性主链 极性基团位于主链上,即主链的结构重复单元本身就是极性基团	聚二甲基硅氧烷(硅橡胶) $$\begin{array}{ccccc} CH_3 & CH_3 & CH_3 & CH_3 & \\ | & | & | & | & \\ -Si-O-Si-O-Si-O-Si-O- \\ | & | & | & | & \\ CH_3 & CH_3 & CH_3 & CH_3 & \end{array}$$	
非极性主链具有刚性连接极性基团 聚氯乙烯中 Cl 直接连接在非极性 C—C 主链上,而 C—Cl 键是一个极性键	聚氯乙烯(PVC) $$\begin{array}{cccccccc} Cl & H & Cl & H & Cl & H & Cl & H \\ | & | & | & | & | & | & | & | \\ -C-C-C-C-C-C-C-C- \\ | & | & | & | & | & | & | & | \\ H & H & H & H & H & H & H & H \end{array}$$	
非极性主链带有柔性连接极性基团 PMMA 中的极性基团——酯基,它与 C—C 主链的连接是柔性相连	聚甲基丙烯酸甲酯(PMMA) $$\begin{array}{ccc} H & H & H \\ | & | & | \\ -C-C--C-C--C-C- \\ | & | & | \\ H & C=O \ H & C=O \ H & C=O \\ | & | & | \\ OCH_3 & OCH_3 & OCH_3 \end{array}$$	
非极性主链带有极性的链端 聚乙烯因氧化而在链末端产生的羰基 C=O 是个极性基团	聚乙烯(PE),端基被氧化 $-CH_2-CH_2-CH_2-CH_2-CH=O$	

高聚物中极性基团的存在及极性基团之间的相互作用对高聚物电学性能的影响极大。另外,利用高聚物中极性基团在交变电场中的特殊表现,可以方便地研究存在于高聚物中的分子运动(详见第 5 章)。

1.2.3　范德瓦耳斯力和氢键

范德瓦耳斯力和氢键都是分子内非键合原子或分子之间的引力。这种作用力比化学键的能量小很多,但对物质的许多物理化学性能有重要影响,如熔点、沸点、黏度等。特别是由于高聚物的分子非常大,这种相互作用力对高聚物的分子凝聚态结构有极其重要的作用。

1. 范德瓦耳斯力

范德瓦耳斯力是永远存在于分子间或分子内非键合原子间的一种相互吸引的作用力,是分子诱导偶极之间的相互作用,其作用范围为 0.3～0.5 nm,作用能为 2～8 kJ/mol,比化学键能小 1～2 个数量级。范德瓦耳斯力的特点是没有方向性和饱和性,这是高聚物的分子中范德瓦耳斯力可以非常大的原因。

已经说过,高分子链很长,结构单元很多,分子之间相互邻近的范围很大,使其相互吸引的范德瓦耳斯力很大,甚至超过了化学键的键能,因此高聚物只有固态和液态,而没有气态。在加热过程中,由于高分子链间的范德瓦耳斯相互作用力很大,当能量还不足以克服范德瓦耳斯相互作用力时高分子链的主价键已被破坏,高聚物被热分解。

事实上,在生物长期的进化过程中我们已经认识到范德瓦耳斯作用力的特性和重要性,并充分利用了这些特性。我们已经知道,蜥蜴(壁虎)腿足与物体表面的吸力是完全的范德瓦耳斯力相互作用。范德瓦耳斯力没有方向性和饱和性,因此,尽管它的绝对值非常小,但只要范德瓦耳斯力足够大,就有可能产生足以支持蜥蜴全身重量的很大吸引(黏合)力。研究表明,蜥蜴腿上每平方毫米上有刚毛 5000 根,每条腿有近 50 万根刚毛,并且每根刚毛又有 400～1000 根细分叉。若按每根刚毛 400～1000 个细分叉来估算,平均一个细分叉就可产生 200～500 nN 的黏合力,蜥蜴每根刚毛的黏合力为 20 μN。这样,蜥蜴每条腿(100 mm²)可产生约 10 N(约相当于 10 个大气压)的黏合力。而这样的黏合只要改变一下腿足的角度就能消失,从而实现蜥蜴在光滑表面自由行走。

2. 氢键

氢原子可同时与两个电负性很大而原子半径较小的原子(如 F、O、N)相结合,这种结合称为氢键。氢键虽然有部分子共价键成分,但基本上属于一种偶极-偶极相反作用,在自组装体系和生物体系中起到关键的作用。氢键的键能为 12～40 kJ/mol。因为高聚物一般都不溶于水,而溶于有机溶剂,所以高聚物中的氢键对它们(在有机溶剂中)的溶解性没有什么影响。但存在于高聚物如聚酰胺(尼龙)中的氢键(图 1-10)对它们的熔点影响很大,如尼龙 6 中只有 75%的酰胺基形成氢键,其熔点就达 210～215℃,尼龙 66 中 100%酰胺基都能形成氢键,其熔点高达 255～264℃(表 1-3)。

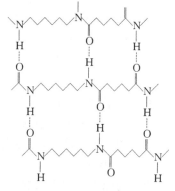

图 1-10 尼龙 66 中的氢键(虚线)

表 1-3　范德瓦耳斯力型高聚物和具有氢键的高聚物熔点比较

范德瓦耳斯力		氢键	
高聚物	熔点/℃	高聚物	熔点/℃
聚乙烯	143	尼龙 66	264
聚丙烯	176	尼龙 6	215
聚甲醛	181	聚氨酯	180～190

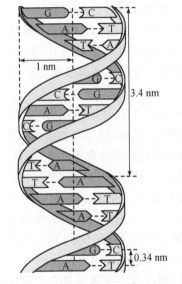

图 1-11　DNA 中的氢键（虚线）

生物高分子中也存在氢键，这是构建 DNA 高级结构的重要相互作用力（图 1-11）。氢键与范德瓦耳斯力的重要差别在于有饱和性和方向性，一般情况下每个氢只能邻近有两个电负性大的原子。但氢键的形成条件也不像共价键那样严格，键长、键角可在一定范围内变化，具有一定的适应性和灵活性。所以生物高分子一般都采用氢键作用来增加分子链的刚性和构建自己的高级结构，以保证自身在严酷的外界环境变化中的适应能力。

1.2.4　熵力

为解释熵力，我们从一个实验说起。在一个微型的梨形容器里放进一个直径为 0.474 μm 的"大球"。显然这个大球可出现在容器中任何一个地方。然后再放入很多半径 0.042 μm 的小球。结果发现，大球基本上只能待在边上了。原来，容器中的大、小球都在不停随机运动，小球不停地从各个方向撞击大球。每一时刻，大球在不同方向上受到小球的撞击并不一样多，会因受力的不同而向某个方向运动。当大球碰到容器壁时，它发现靠着容器的一边不会有东西撞它了，所有的撞击都来自另一边。于是这些撞击就迫使它靠在容器的边缘上了。

物理分析告诉我们，这是熵的作用。球是硬的，不会变形，在大球以及墙壁周围总有一些地方小球进不去（图 1-12 的阴影部分），已不是小球的活动空间。当大球紧挨墙壁时，这种小球去不了的地方就有了重叠。相应地，小球可以去的地方就变大了一些。那么体系的自由度也就变大了。熵增原理表明，封闭体系更喜欢自由度大的情况。这样，大球由熵增原理的制约就跑到容器边缘上待着。从统计的角度看，好像大球受到了一个力的作用，把它推到了墙边上（图 1-12(b)），这个由于统计的原因而得出来的力就叫做熵力。如果墙是弯曲的，而且不同地方的弯曲程度不同，我们还会看到大球在这个熵力的作用下沿着墙移动（图 1-12(c)）。

尽管这个熵力只是一个统计意义下的等效相互作用，并不能算是基本相互作

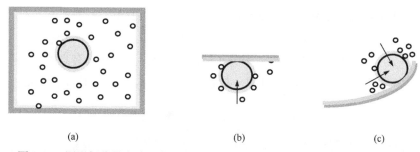

(a)　　　　　　　(b)　　　　　　　(c)

图 1-12　阴影部分是小球不能去的地方,在图(b)和(c)中阴影部分有部分重叠

用,但它在高聚物的许多性能中起着重要的作用。橡胶的高弹性就是熵力的结果,详见第 6 章。

1.2.5　内聚能和内聚能密度

化学键的度量是它们的键能,通常由光谱数据得到,通常在化学书中都能查到。而分子间相互作用力用所谓的"内聚能"来度量。

内聚能定义为 1 mol 物质中除去全部分子间作用力而使其内能 E 增加的量,记做 E_{coh}。对小分子物质,内聚能就是 1 mol 物质汽化时所吸收的能量。

$$E_{coh} = \tilde{L}_V - RT \tag{1-4}$$

式中,$\tilde{L}_V$ 为摩尔汽化热;RT 为汽化时所做的膨胀功。

由于高聚物根本不能汽化,只能用间接的方法,如平衡溶胀法来测定它们的内聚能(详见第 12 章)。

若以单位体积来计算内聚能,则可定义一个内聚能密度 ε,即

$$\varepsilon = E_{coh} / \tilde{V} \tag{1-5}$$

式中,$\tilde{V}$ 为摩尔体积。

内聚能密度是描写分子间作用力大小的重要物理量。高聚物的许多性质,如溶解度、相容性、黏度、力学模量等都受分子间作用力的影响,因而都与内聚能密度有关。内聚能密度也是决定高聚物玻璃化温度的重要物理量(表 1-4)。由表 1-4 可见,分子链上有强极性基团,或分子链间易形成氢键的高聚物,如聚酰胺(尼龙 66)、聚丙烯腈等,分子间作用力大,内聚能密度高,材料有较高的力学强度和耐热性,可作为纤维材料。内聚能密度在 300 MJ/m³ 以下的多是非极性高聚物,由于分子链上不含极性基团,分子间作用较弱,加上分子链柔顺性较好,使这些材料易于变形,富于弹性,可作橡胶使用。内聚能密度为 300～400 MJ/m³ 的高聚物,分子间作用力居中,适于作塑料。因此,内聚能密度也是表征高聚物物理状态的重要参量,可以用内聚能密度来大致区分塑料、橡胶和纤维。

内聚能密度增加➡️　　　300 MJ/m³　　　400 MJ/m³

橡　胶	塑　料	纤　维
分子链比较柔软	分子链随之变硬	材料具有高硬度和
易变形,具有高弹性	力学性能变好	良好的力学性能

表 1-4　部分高聚物的内聚能密度

高聚物	内聚能密度/(MJ/m³)	高聚物	内聚能密度/(MJ/m³)	高聚物	内聚能密度/(MJ/m³)
聚乙烯	259	丁苯橡胶	276	聚氯乙烯	381
聚异丁烯	272	聚苯乙烯	305	聚对苯二甲酸乙二酯	477
天然橡胶	280	聚甲基丙烯酸甲酯	347	尼龙 66	774
聚丁二烯	276	聚乙酸乙烯酯	368	聚丙烯腈	992

这里,聚乙烯(PE)是一个例外,它的内聚能密度小于 260 MJ/m³,但却表现出典型的塑料行为,这是因为 PE 特别能结晶,几乎得不到非晶态的 PE,分子中的原子或基团被严格固定在晶格上,单键内旋转不能进行。这样由于结晶作用太强而掩盖了内聚能密度所起的指标作用。

内聚能或内聚能密度最重要的应用还是在研究高聚物和溶剂的相互作用方面,它是高聚物在溶剂中溶解能力的主要判据之一,详见第 12 章。

1.3　高分子链的近程结构

在高分子科学中常常提及"近程"和"远程"这样的名词,"近程"和"远程"在高分子科学中不是指空间的距离,而是指沿高分子链走向的远近。由于高分子链的柔性,沿分子链很"远"的结构单元可能会在空间离得很近(图 1-13)。

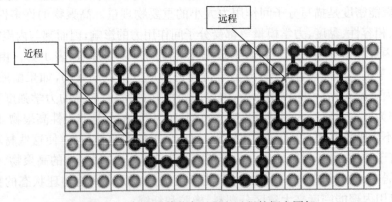

图 1-13　高分子科学中近程和远程的概念图解

图右箭头所指距离比图左所指的距离短,但若沿高分子链走向计,仍然把图右箭头所指的较短的距离叫"远程"

按这种"近程"和"远程"的说法,高分子链的近程结构包括如下内容:结构单元的化学组成;端基;结构单元的键接方式;结构单元的空间立构;支化和交联;结构单元的键接序列;杂质。分述如下。

1.3.1　结构单元的化学组成

结构单元的化学组成是确定高聚物类别的依据。确定结构单元的化学组成实际上是一个鉴定高聚物的工作,即高聚物的定性分析。这里有三点需要说明。

1. 合成高分子链结构单元的化学组成是已知的

有时由于副反应,结构单元的化学组成会有变化,如聚苯乙烯(PS)中可能有醌基结构存在,从而影响它的热稳定性。因此,聚合反应的条件要严格控制,反应物也要尽量纯。

$$—CH_2—CH$$

$$H \quad CH_2—CH_2—$$

醌基结构

2. 天然高分子链和生物高分子链结构单元的化学组成非常复杂

天然高分子和生物高分子都是在万亿年的进化过程中动物或植物为适应环境而演变成的复杂高分子,人类为了充分利用它们,乃至仿生合成,首先遇到的问题就是它们的化学组成。例如,桑格(Sanger)就曾用了十多年时间才搞清楚胰岛素的结构。

3. 新产品的剖析和司法鉴定也需要对结构单元的化学组成有精确了解

在生产中,须监视生产过程,对原料和产品进行剖析,寻找出现质量问题的原因。有时还须对竞争企业的产品进行评价,掌握发展动态。在生活和司法鉴定中,须鉴别盛装食品的容器是否无毒等。

1.3.2　端基

高分子链末端的化学基团称为端基。端基在高分子链中所占的量虽然极少,但它对高聚物性能的影响却不容忽视。

1. 端基不是重复单元的一部分

合成高分子链的端基取决于聚合过程中链的引发和终止机理,端基可以是单体、引发剂、溶剂或分子量调节剂。

2. 端基对高聚物的化学性质影响很大,特别是对热稳定性影响最大

不少高分子链的断裂都是从端基开始的。例如,聚碳酸酯(PC)的羧端基和酰氯端基都会使 PC 在高温下降解,导致 PC 的热稳定性变差。所以在 PC 聚合时要加入单官能团的化合物(苯酚类),这样既可以封端,提高 PC 的热稳定性,又可以控制 PC 的分子量(表 1-5)。又如聚甲醛的热稳定性也不好,但如果—OH 端基被酯化,就可得到热稳定性良好的聚甲醛。在尼龙生产中,封端剂都用酸,因为游离氨基会使制品的颜色变为棕色,对制品外观不利,等等。

表 1-5　聚碳酸酯(PC)的两种封端方法

3. 端基滴定

如果高分子链的端基是可以用化学方法做定量分析的基团,则一定质量的试样所含有末端基团的数目就是分子链数目的两倍,所以可以用常规的化学滴定方法来测定高聚物的分子量(数均分子量)。$H_2N(CH_2)_5[NH(CH_2)_5CO]_n NH(CH_2)_5COOH$(尼龙 6)这一线形分子链的一端为氨基,另一端为羧基,而在链节间并没有氨基和羧基,所以用酸碱滴定法来滴定氨基或羧基,该法就是至今仍在生产实践中用来测定尼龙 6 分子量的端基滴定法。另外,端基分析还可得到反应机理方面的有关信息。

4. 利用极性端基研究分子运动

如果端基是极性基团,那么在交变电场中,该极性基团的运动可以用来研究高分子链的运动。高分子链的末端总比链的其他部分有较大的活动性,在链末端的

附近总存在着结构缺陷,因此通过链末端的介电行为研究高聚物的结构缺陷非常有效。

5. 为了制备嵌段共聚物,也需要高分子链带有某种反应性的端基

1.3.3　结构单元的键接方式

1. 缩聚物

根据缩合反应的特点,缩聚物中结构单元的键接方式一般都是明确的,如由二元醇(乙二醇)和二元酸(对苯二甲酸)缩聚而得的聚对苯二甲酸乙二酯(涤纶)就是这样的。

2. 加聚物

加聚物的情况比较复杂。

(1) 结构单元完全对称的高聚物,如聚乙烯 $\left[CH_2-CH_2\right]_n$ 键接方式只有一种。

(2) 有不对称取代结构单元的高聚物,如

$$\left[CH_2\overset{*}{-}CH\right]_n \quad \text{或} \quad \left[CH_2\overset{*}{-}C\underset{R}{\overset{R'}{|}}\right]_n$$

结构单元可以简单地标注为不带有取代基的"头"和带有取代基的"尾",这样,它们可能的键接方式就有头-尾键接、头-头键接和尾-尾键接三种(图 1-14)

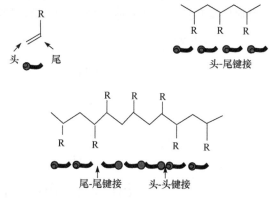

图 1-14　有不对称取代结构单元的高聚
物的头-尾键接、尾-尾键接和头-头键接

结构单元的键接方式对高聚物材料性能的影响很大。用作纤维的高聚物一般

都要求分子链中结构单元排列规整,结晶性能好,强度高,因此希望是头-尾键接。又如头-头键接的聚氯乙烯的热稳定性较差。最为明显的例子是在聚乙烯醇缩醛化制备维尼纶纤维的反应过程中,只有头-尾键接的聚乙烯醇才能与甲醛缩合生成聚乙烯醇缩甲醛,如果在分子链中有头-头键接的羟基就不能缩醛化。

$$-CH-CH_2-CH-CH_2-CH-CH_2-CH-CH_2- \ +RCHO$$
$$\quad\ |\qquad\qquad |\qquad\qquad |\qquad\qquad |$$
$$\quad OH\qquad\quad OH\qquad\quad OH\qquad\quad OH$$

聚乙烯醇

$$\xrightarrow{HCl} -CH-CH_2-CH-CH_2-CH-CH_2-CH-CH_2-$$
$$\qquad\qquad |\qquad\qquad\quad |\qquad\qquad\quad |\qquad\qquad\quad |$$
$$\qquad\qquad O-CH-O\qquad\qquad O-CH-O$$
$$\qquad\qquad\qquad |\qquad\qquad\qquad\qquad |$$
$$\qquad\qquad\qquad R\qquad\qquad\qquad\qquad R$$

聚乙烯醇缩甲醛

所幸的是,烯类高聚物由于存在能量和位阻效应,绝大多数都是头-尾键接。一般说来,离子型聚合得到的高聚物比自由基聚合得到的产物具有更为规整的头-尾键接结构,如自由基引发聚合得到的聚偏氟乙烯含有多达 8%～12% 的头-头键接,自由基聚合的聚氯丁二烯头-头键接含量可高达 30%。

(3) 双烯类高聚物。双烯类高聚物不但有不对称取代结构单元,而且还有两个双键,因此,除了有上述三种不同的键接方式外,还根据双键开启位置不同,有 1,4-加成生成具有内双键的高分子和 1,2(或 3,4)-加成生成具有外双键的高分子。例如,异戊二烯 1,4-加成生成具有内双键的分子链,因此又有顺式的聚异戊二烯和反式的杜仲胶(又称古塔波胶,gutta-percha)之分,它们的物理力学性能差别极大。顺式的聚异戊二烯是天然橡胶的主要组成,具有优良的弹性和最好的综合性能,而反式的杜仲胶则是没有弹性的结晶体,表现出典型的塑料行为(图 1-15)。

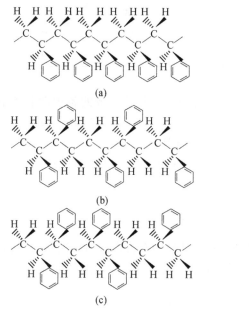

顺式聚异戊二烯(天然橡胶)　　　　　　反式聚异戊二烯(杜仲胶)

图 1-15　异戊二烯的 1,4-加成、1,2-加成及 3,4-加成,以及顺式聚异戊二烯和
反式聚异戊二烯的结构式

1.3.4　结构单元的空间立构

以上讨论的还只是平面的情况,由于结构是三维的,所以要继续了解结构单元的空间立构。

1. 含有 1 个不对称碳原子的高聚物

$$\left[CH_2-\overset{*}{C}H\right]_n$$
$$\underset{R}{|}$$

由于含有不对称碳原子而引起的旋光异构现象,构成互为镜像的左旋 l 和右旋 d 两种异构体,它们化学性质相同,旋光性不同。按不对称碳原子取代基的排列方式有(以聚苯乙烯为例,图 1-16):

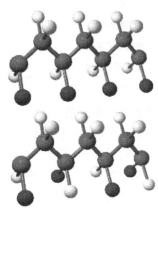

(a)

(b)

(c)

图 1-16　全同立构(a)、间同立构(b)和无规立构(c)的聚苯乙烯

（1）全同立构（isotactic），取代苯基排布于主链的同侧；

（2）间同立构（syndiotactic），取代苯基交替排布于高分子主链的两侧；

（3）无规立构（atactic），取代苯基无规则排布于主链的两侧。

全同立构和间同立构通常称为有规立构。一般条件下自由基聚合所得的高聚物均是无规立构，只有在特殊催化剂（齐格勒-纳塔催化剂）条件下聚合才能得到有规立构的高聚物。

结构单元在空间的立构规整，提高了高分子链在空间的规整排列，进而提高高聚物的物理力学性能。分子链越是规整，其结晶性越好，高聚物的密度和硬度也越高，玻璃化转变温度提高，在有机溶剂中的溶解度也有所降低（表1-6）。例如，无规立构的聚丙烯是一种没有太大实用价值的橡胶状非晶态物质；而全同立构的聚丙烯却是具有优良性能的高聚物材料，广泛用作管材、薄膜和纤维。因此，能够制备立体规整高聚物的定向聚合就成为合成高分子工业的一个重要方面，发明定向聚合的齐格勒-纳塔获诺贝尔奖（1963年）就很能理解了。

表1-6　高分子链的空间规整性对物理力学性能的影响

高聚物	熔点 T_m/℃	玻璃化转变温度 T_g/℃	密度/（g/cm³）
无规聚甲基丙烯酸甲酯	—	104	1.188
全同聚甲基丙烯酸甲酯	160	45	1.22
间同聚甲基丙烯酸甲酯	200	115	1.19
全同聚丙烯	165	$-14\sim-35$	0.92
无规聚丙烯	约80*	$-7\sim-35$	0.85
全同聚乙烯醇	212	—	$1.21\sim1.31$
间同聚乙烯醇	267	—	1.30

* 软化温度。

又如丁二烯的聚合，无规聚丁二烯是20世纪30年代合成的各种性能都不是很好的丁钠橡胶，后来合成出了有规立构的顺式聚1,4-丁二烯（顺丁橡胶），它耐磨、内耗小、耐老化、低温弹性也好，是大品种的通用橡胶。

对含有两个或三个不对称碳原子的高聚物，有更为复杂的有规立构，但这些都只有理论意义，这里就不一一列出了。

2. 立体规整性在生物高分子中的重要作用

生物高分子，特别是蛋白质和酶等的分子结构中有许多不对称因素，从而有非常复杂的空间立构。正是这些结构赋予了蛋白质的生物活性、酶的催化性和生命的遗传性。

1.3.5 支化和交联

已经说过,高分子链的几何形状大致可分为线形、支化和交联网状三大类。乙烯类高聚物、未硫化的橡胶和由双官能团单体缩聚而得的缩聚物分子基本上是线形的,分子链可以发生相对移动,高聚物在有机溶剂中可溶,加热也可熔融,是热塑性塑料。

1. 支化高分子链

在高分子长链上如果带有一些长短不一的支链就将其称为支化高分子链。星形高分子链(所有支链长度几乎相同,几乎分辨不出哪一条是主链)和梳形高分子链(有一主链,并有几乎同长度的支链)也属此类。

(1) 一般说来,支链对高聚物的物理力学性能有不良的影响。最明显的例子是聚乙烯。用齐格勒-纳塔催化剂聚合而得的高密度聚乙烯(低压聚乙烯)几乎是线形的,排列规整、结晶度高、密度高、硬度高、强度也高;而用普通方法聚合得到的低密度聚乙烯(高压聚乙烯)带有支链,排列不规整、结晶度低、密度低、强度也低(表1-7)。

表1-7 高密度聚乙烯、低密度聚乙烯和交联聚乙烯的性能比较

性能	品种		
	高密度聚乙烯	低密度聚乙烯	交联聚乙烯
生产方法	低压,齐格勒-纳塔催化剂配位聚合	高压,自由基聚合	如辐射交联
分子链形态	线形分子	支化分子	网状分子
密度/(g/cm³)	0.95~0.97	0.91~0.94	0.95~1.40
结晶度(X射线衍射法)/%	95	60~70	—
熔点/℃	135	105	不熔、不溶
拉伸强度/MPa	20~70	10~20	50~100
最高使用温度/℃	120	80~100	135
用途	硬塑料制品:管材、棒材、单丝绳缆、工程塑料部件等	软塑料制品、薄膜材料等	电工器材、海底电缆等

短支链对结晶性能影响大,而对高聚物溶液性能影响并不大,因此要求分子链规整而结晶的高聚物不允许有短支链。由于长的支链本身也具有柔性,能按要求排列在规整的晶格中,对高聚物结晶性能影响不大,但对高聚物溶液和高聚物熔体的流动性能影响非常大。支链多,高聚物的熔体黏度增加,对加工不利(需要更多的能量)。

双烯烃的乳液聚合温度对它们分子链的支化影响很大,聚合温度高,分子链的支化度就大,因此从降低支化度的角度看,乳液聚合一般采用低温聚合尽量避免支链的产生。丁苯橡胶从高温聚合(50℃)改为低温聚合(5℃)考虑的原因就包括支化问题。

对于橡胶,支链会使硫化的网状结构不完全,在外力作用下容易产生裂缝,从而导致强度下降。

(2) 近年来,一类称为树枝状大分子(dendrimer)的合成改变了人们对高分子链支化的传统不良印象。因为树状大分子链特别规整,所以支化不但没有出现上面所述的负面效应,反而因为在相同分子量时树状大分子的流体力学体积更小,分子更紧密,黏度也小,所以有利于它们的加工。

支化高分子链的结构研究比较困难,用支化度 G 来表征, $G=\dfrac{\bar{r}^2_{支化}}{\bar{r}^2_{线形}}$ 是相同分子量的支化高分子链和线形高分子链均方半径之比。具体研究内容包括支链的化学结构、支化点密度,以及支链的长度等。

2. 高分子链的网状结构

高分子链之间通过化学键或短支链相键接,形成一个三维网状结构的大分子,即所谓的网状高分子(交联结构)。网状高分子是高聚物分子结构上的一个飞跃,按结构与性能关系的一般规律,结构上的飞跃一定会导致性能上的飞跃。高聚物从热塑性塑料的线形分子链变成热固性塑料的网状高分子,性质就从能溶、能熔变成了不溶、不熔。力学强度、耐热、耐溶剂等性能也得到了很大提高,尺寸稳定性也好。

1) 硫化橡胶

橡胶硫化前后表现出来的性能变化是非常典型的。未硫化的橡胶分子链是线形的,长久受力,高分子链会发生滑移,产生永久形变,使用温度也不高,实用价值不大。经过硫化交联,高分子链就由硫桥—S_x—相连,整块物料变成了硫化橡胶的高分子链网状结构(图 1-3),有很好的可逆弹性形变,此时高聚物特有的高弹性才进入了实用阶段。橡胶的硫化是现代汽车工业发展的一个里程碑,橡胶是现代工业必不可少的材料之一。交联橡胶也是高分子软物质特性的典型代表。

2) 热固性塑料

环氧树脂、不饱和聚酯等热固性树脂优异的物理力学性能也得益于它们的网状结构。作为工程材料来使用,热塑性塑料有一定的缺点,如永久形变(蠕变)较大、尺寸不稳定、不耐热和不耐溶剂。交联的环氧树脂、不饱和聚酯等热固性树脂导致了复合材料的兴起。

3) 热塑性塑料的交联

了解了热固性树脂之所以具有优异的物理力学性能的原因后,有些热塑性塑料也通过分子链的交联来提高性能,如聚乙烯(PE),用通常聚合方法聚合得到的低密度聚乙烯(LDPE)和高密度聚乙烯(HDPE)的最高使用温度分别为 80～100℃ 和 120℃,但若把 PE 进行辐射交联,交联 PE 的最高使用温度可提高到

135℃(见表 1-7)。本是线形高分子链的典型热塑性塑料聚甲基丙烯酸甲酯(PMMA)也可通过交联提高力学强度,从而在航空工业有特殊的用途(座舱罩等)。

4) 生物高分子

为了抵抗恶劣的环境,延续生物的生存,有机生物体发展了很多优良的交联结构,如皮肤(耐水,耐磨,综合性能很好,不溶于一般的溶剂)、毛皮(耐磨)、体毛(保暖)、角、甲(特别坚韧,是战斗的武器、挖掘的工具)和头发(保护大脑)。

总之,交联肯定是提高性能的,但交联不能过度,有一个掌握"度"的问题。如果橡胶的交联过度了,高度交联的橡胶高弹性就会消失,而表现出硬塑料的行为(如刹车片)。

对交联结构的描述有:

(1) 交联链或交联键。交联链或交联键一般是可知的,如橡胶用硫磺交联,交联链就是硫键—S_x—;如果是辐射交联使双键打开,或用定量交联剂,交联链或交联键也是已知的。这里,若交联键很短,如交联橡胶—S_x—中,x 一般只为个位数,就称之为交联点。

(2) 交联点密度或交联点之间平均分子量$\langle \overline{M_c} \rangle_n$,可由交联橡胶在溶剂中的平衡溶胀法来测定(详见第 12 章)。

5) 互穿网络高聚物

由两种或多种各自交联并相互穿透的高聚物网络组成的共混物称为互穿网络高聚物(interpenetrating polymer)。互穿网络高聚物的特点在于含有能起到"强迫相容"作用的互穿网络,不同高聚物分子相互缠结形成一个整体,不能解脱(图 1-17)。在互穿网络高聚物中不同高聚物存在各自的相,也未发生化学结合,因此,它不同于接枝或嵌段共聚物,也不同于一般共混物或复合材料。互穿网络高聚物的结构和性能与制备方法有关,高聚物 I (第一网络)/高聚物 II(第二网络)的互穿网络高聚物,其结构和性能不同于高聚物 II(第一网络)/高聚物 I (第二网络)的互穿网络高聚物。值得注意的是,如果互穿网络高聚物内存在永久性不能解脱的缠结,则其某些力学性能有可能超越所含各组分高聚物的相应值。例如,聚氨酯和聚丙烯酸酯的拉伸强度分别为 42.07 MPa 和 17.73 MPa,伸长率分别为 640% 和 15%;而聚氨酯/聚丙烯酸酯互穿网络高聚物(80/20)的拉伸强度高达 48.97 MPa,最大伸长率为 780%。

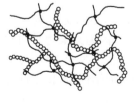

交联网A　　　　　　　交联网B　　　　　　　交联网=A+B

图 1-17　由两个交联网相互贯穿而形成的互穿网络高聚物

1.3.6 结构单元的键接序列

共聚是创制高聚物新品种和对现有高聚物改性的重要手段。共聚物是由两种或两种以上单体聚合得到的高聚物,它们的高分子链存在不同单体结构单元键接序列问题。共聚物中不同单体单元杂乱无章排列的是无规共聚物。共聚中两种单体单元有规律地交替排列的是交替共聚物,嵌段共聚物是共聚物中每一种单体单元以一定长度的顺序相键接,接枝共聚物则是共聚物中由一种单体形成主链,接上由另一种单体形成的侧链(图 1-18)。

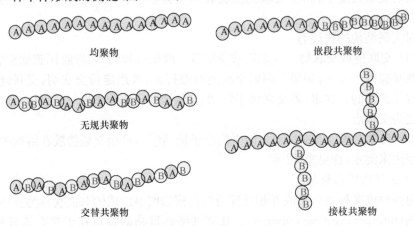

均聚物

嵌段共聚物

无规共聚物

交替共聚物

接枝共聚物

图 1-18 各种类型的共聚物

无规共聚物:共聚物中不同单体单元杂乱无章排列;交替共聚物:共聚中两种单体单元有规律地交替排列;嵌段共聚物:共聚物中每一种单体单元以一定长度的顺序相键接;接枝共聚物:共聚物中由一种单体形成主链,接上由另一种单体形成的侧链

描述无规共聚物结构常用的参数有:

(1) 平均序列长度。共聚物中各单体单元序列的平均长度,如 A B AA BBB A BB AA BBBB AAA B。

(2) 嵌段数 R。100 个单体单元中出现的链段序列的总和(A 和 B 序列)。

(3) 平均序列长度与嵌段数 R 的关系。R 大意味着其结构趋于交替高聚物,R 小意味着其结构趋于嵌段共聚物。

(4) 平均组成。共聚物中某一单体的百分含量,如 P(St-MMA) 共聚物中 MMA 的百分含量。

因为共聚物是两种或两种以上单体在主链中排列,既改变了结构单元的相互作用,也改变了分子间的相互作用,所以共聚物在许多性能上如溶液性能、结晶性能、力学性能、化学性能等都与均聚物有很大差异。下面用几个实例来说明。

1. 丁二烯和苯乙烯共聚物

丁二烯和苯乙烯可以形成多种共聚物,它们的物理力学性能相差很大。

(1) 丁钠橡胶。用钠催化剂使丁二烯聚合而得的就是第二次世界大战前后由苏联学者发明的丁钠橡胶,其加工性能和物理性能都不佳,冷流大,现在已经被淘汰。

(2) 丁苯橡胶。由25%苯乙烯与75%丁二烯聚合形成的无规共聚物,各种性能都比较好,是产量最大的通用橡胶之一。

(3) 热塑弹性体。丁二烯和苯乙烯的嵌段共聚物B—S—B—S—B—S,其弹性体的"交联"不是化学键合,而是通过处于玻璃态的聚苯乙烯键合的"物理交联"(图1-19),因此在120℃下可熔融加工,即用塑料加工方法来加工弹性体。

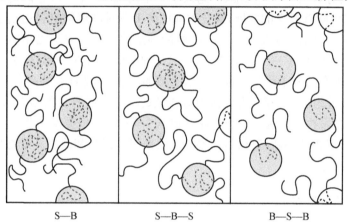

图1-19　苯乙烯和丁二烯二嵌段共聚物(S—B),三嵌段共聚物(S—B—S和B—S—B)
实线为聚丁二烯,虚线为聚苯乙烯。在S—B—S三嵌段共聚物中聚苯乙烯微区把整个样品结构连接起来

(4) 耐冲聚苯乙烯。由20%丁二烯和80%苯乙烯聚合形成的接枝共聚物,韧性很好。

(5) 纯的聚苯乙烯是脆性较大的典型热塑性塑料。

2. 共聚物氟46(F46)

聚四氟乙烯是各种性能非常优异的塑料(氟塑料),但它的加工温度太高,即不能熔融加工,只能烧结。但如果把四氟乙烯与六氟乙烯共聚,则共聚物F46具有较低熔融温度,熔点285~295℃,能用一般模塑法加工。另外,四氟乙烯与六氟乙烯共聚后,聚四氟乙烯在室温附近的弛豫峰也被抑制,极大提高了氟塑料的实用性(详见第5章)。

3. 丙烯腈和甲基丙烯酸磺酸钠共聚物

聚丙烯腈是非常好的成纤高聚物(腈纶),但它的染色性不好,若丙烯腈与少量甲基丙烯酸磺酸钠共聚,则共聚后的腈纶能染成各种漂亮的颜色。

4. 聚氯乙烯与乙酸乙烯酯共聚物

聚乙酸乙烯酯软化点低(30~40℃),吸水性高,对光和热稳定。聚氯乙烯的软化点较高,但热稳定性不好。把氯乙烯与乙酸乙烯酯共聚,其共聚物各种性能均有提高,在工业上有广泛应用。

自20世纪60年代以来,合成化学家制备出了成千上万种高聚物,但其中只有不到1%具有实用性,而在这1%中也只有10多种是最重要的,如聚乙烯、聚丙烯、聚氯乙烯、聚对苯二甲酸乙二酯(涤纶)、聚甲基丙烯酸甲酯等,它们要占总塑料产量的80%。但随着科学的发展,高技术和国防工业对高聚物材料提出了越来越苛刻的要求,这些要求不是某一种均聚物所能满足的。这现象与当年冶金学的情况很相似,冶金学家想了一个好办法,就是把几种金属混合在一起(合金),解决了很大的问题。现在高分子科学家也在采取类似的方法,即把现有的高聚物(特别是已工业化的)彼此组合在一起,组成新的材料,取长补短,或有目的地调节性能,这就是所谓共混高聚物。但高分子科学家还胜人一筹,他们根据高聚物长链分子的特点,制备了共聚物这种新型材料,共聚和共混是当前提高和改善高聚物材料性能的重要发展方向之一。

5. 生物高分子

生物体也是利用共聚的方法来改善和提高自己,其千变万化,性能各异。

蛋白质是由20多种氨基酸共聚而得的高分子化合物,它的序列结构非常复杂。弄清楚它们的序列结构是认识生物体的第一步。桑格(Sanger)花了10年时间搞清了胰岛素是由21个氨基酸的A链和30个氨基酸的B链组成,而我国科学家在20世纪60年代首次用人工合成方法合成了具有生命活力的结晶牛胰岛素,在世界上实现了第一个人工合成蛋白质。

蛋白质有严格的序列,序列稍有不同,性能也完全不同。例如,催产素和增血压素是生理作用完全不同的激素,但它们的差别仅在于个别的地方(图1-20)。

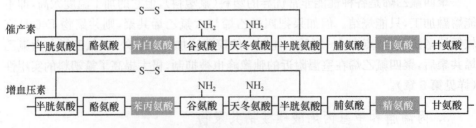

图1-20　催产素和增血压素分子的序列结构片段

功能完全不同的蛋白质仅仅在两个地方有差别

有时只是序列结构上有一处排列错误,就会导致一种疾病,如镰状细胞贫血症。正常血红蛋白呈圆饼状,而镰状细胞贫血症患者的血红蛋白却呈镰刀状(半月形,图 1-21)。这种镰刀状血红蛋白输氧不足,造成贫血,而它们之间的差别也仅在于在序列结构上排错了一个位置(图 1-22)。如此精密的结构与性能关系令人叹止!

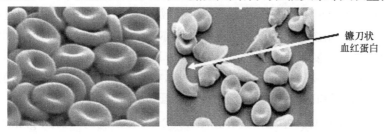

图 1-21　正常人的血红蛋白呈圆饼状,镰状细胞贫血症患者的血红蛋白却呈弯曲的镰刀状

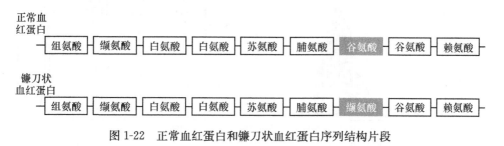

图 1-22　正常血红蛋白和镰刀状血红蛋白序列结构片段

1.3.7　测定近程结构的方法

研究和测定高分子链近程结构的方法很多,大致可分为化学法(一般化学法和裂解色谱法)、物理法(红外光谱法、核磁共振法、X 射线衍射法和质谱法等)和其他一些特殊方法三大类。化学法是有目的地使高聚物产生一定的化学反应,如裂解、氧化、置换、消除等,通过对反应产物的分析来推断其结构。显然,这是破坏性试验,存在重复试验问题和要求严格的条件控制。物理法则通过测定高聚物分子链中原子或分子的各种性能(力学、电磁学等)来推断其结构,为非破坏性实验。当然也有通过高聚物特有性能的测试来测定链结构的,如通过溶剂中的均方半径比来测定支化度或者通过平衡溶胀比来测定交联度等。

相比之下物理法应用比较方便,因而使用广泛,但有时物理法和化学法也联合起来应用。要说明的是,不管是化学法还是物理法,其中的每一种方法本身就是一门学问,在大学的有关课程中已经详细学过了。

以前有用质谱来研究高聚物的分子链近程结构的,但由于高分子链很大,高聚物又有分散性,高聚物的质谱总的来说不常用。近年来由于采用新的离子化技术将处于凝聚态的高聚物得以直接表征,将完整的(或分离的,离子化的)高分子链转换到气相中,可以得到高聚物中单体单元、端基、共聚物的化学组分、序列分布等信息,因此特别受到重视。有关新型基质辅助激光解吸-离子化飞行时间质谱(MALDI-TOF MS 激光质谱)的详细内容将在第 4 章中加以介绍。

作为例子,由丁基锂引发阴离子聚合得到的摩尔质量为 9200 g/mol 的聚苯乙烯的 MALDI-TOF MS 谱图见图 1-23。质谱图的每一个峰对应于不同摩尔质量(聚合度)的高分子链,由图 1-23 可见,最高峰的摩尔质量为 8800 g/mol,峰间距离对应的是该高聚物的重复单元的摩尔质量,这里是 104.15 g/mol。这样,从峰的绝对质量数就可以计算该高聚物的端基的摩尔质量,如 8706 g/mol 的峰,应该包含分别由引发剂、终止剂和离子化试剂而来的丁基、氢和银离子,因为

$$57(M_{丁基})+1(M_{氢})+82\times104.15(M_{苯乙烯})+108(M_{Ag^+})=8706 \text{ g/mol}$$

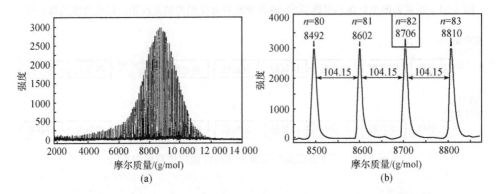

图 1-23　由丁基锂引发阴离子聚合得到的摩尔质量为 9200 g/mol 的聚苯乙烯的
MALDI-TOF MS 谱图(a),以及 8500~8800 g/mol 范围内局部放大的谱图(b)

总的来说,一般化学法最为简单,它不需要昂贵的仪器,但是可以利用的化学反应毕竟有限。另外,由于有关物理分析仪器已经非常普及,裂解色谱法、红外光谱法和核磁共振法都是最常用的方法。而 X 射线衍射法只对晶态高聚物适用,因此也有它的局限性。

1.4　分子的内旋转和高分子链的柔性

由于高分子链的结构单元增多,量变引起质变,高分子链出现了它们特有的结构层次——高分子链的远程结构。如果把高分子链的近程结构称为一级结构,那么,高分子链的远程结构可以称为二级结构。

高分子链的远程结构包括高分子的形态(柔性链和刚性链)和高分子的大小(分子量和分子量分布)。

作为新的结构层次,高分子链的远程结构通常不为人们所了解。例如,商品有

机玻璃 PMMA 一般只注明分子量大小(约为 10^6),但较少有商家注明它们的分子量分布(分布宽度)。而相同分子量,不同分子量分布的 PMMA 其物理力学性能可能有很大差别。至于在这个层次上更为深入的结构与性能关系,更需要我们在后续的章节中仔细探讨和体会。作为高分子链大小的分子量和分子量分布的问题在高分子学科中非常重要,为此我们将另辟一章(第 4 章)来讨论。本章主要讨论高分子链的形态。

高聚物分子具有链式结构,是一根非常长的长链分子,天生就应该是柔软易弯的(图 1-24)。如果把高分子链比拟为直径 1 mm,长达几十米的钢丝,没有外力作用时,这钢丝是不可能保持它的直线形态的,一定会卷曲成团,更何况高分子链比钢丝要柔软得多。因此,对高分子链来说,就有柔性这个概念,长链分子的柔性是高聚物特有的属性,是高弹性的基础,对高聚物的其他物理力学性能也有根本性的影响。

图 1-24　单个大分子链的图像

另外,减少能够内旋转的单键,增强高分子链内、链间的相互作用,高分子链会逐步由柔变刚,最后形成刚性高分子链。刚性链对高聚物性能的影响可以从两个方面来看。从工程应用角度来看,刚性链是高聚物耐高温、高强度、高硬度和良好耐溶剂性的结构基础,有很好的应用前景。从生命科学来看,刚性链是生物高分子向更高级结构过渡的重要结构因素,从而使世界由无生命到有生命的过渡得以实现。

1.4.1　小分子的内旋转

已经说过 C—C 单键能绕轴旋转。小分子化合物中存在内旋转,它对小分子物质的性能并不起什么作用,因此一般可以不予考虑,但是,这个内旋转在高分子链中却起着关键作用。

1. 内旋转

C—C 单键是 σ 键,其电子云分布具有轴对称性,因此以 σ 键相连的两个原子可以相互旋转而不影响电子云的分布,从而使原子在空间的排布方式不断地变换(图 1-25)。

除了 C—C 单键外,C—S、C—Si、C—O、Si—O 都是 σ 单键,也能发生内旋转。

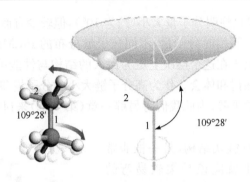

图 1-25　C—C 单键的内旋转模型

C=C 双键是 π 键,所以不能内旋转,但如果分子链内含有双键(孤立双键而非共轭双键),那么邻接双键的单键的内旋转会更容易实现。

$$—C \overset{\frown}{\underset{}{}} C = C \overset{\frown}{\underset{}{}} C—$$

2. 自由内旋转

如果内旋转时完全不发生能量的变化,即分子中原子在空间的各种排布方式能量等价,这种内旋转称为自由内旋转。

如果 C—C 单键在保持键角 109°28′ 不变情况下可以自由内旋转,那么单键 2 可以处在以 C—C 单键 1 为轴旋转所形成的圆锥面上的任何位置上。

3. 受阻内旋转

当然,实际上不可能有完全的自由内旋转,因为碳原子总是带有其他原子或原子团,故内旋转时就有阻力。例如,乙烷(CH_3—CH_3)每个碳原子都带有 3 个氢原子,氢原子之间并没有化学键,所以是非键合原子,如果它们之间的距离小于该原子范德瓦耳斯半径之和,原子满层电子之间的斥力将起主要作用。

如图 1-26(a)所示的叠同式排布的乙烷,两个氢原子之间的距离仅为 $d_H = 0.228$ nm,比范德瓦耳斯距离 $d_{范德瓦耳斯} = 0.292$ nm 小,所以,乙烷分子中氢原子间显现相斥作用,使氢原子之间尽可能保持较远距离,从而通过内旋转来增大氢原子之间的距离,达到所谓的交叉式排布[图 1-26(b)]。这时,两个氢原子之间的距离为 $d_H = 0.250$ nm,尽管仍然比范德瓦耳斯距离 $d_{范}$ 小,但毕竟比 0.228 nm 大,其斥力也就小了。显然,两个氢原子之间的距离越大,其斥力越小,空间排布方式越稳定。因此,乙烷的叠同式最不稳定,而交叉式最稳定。

4. 构象

由 C—C 单键内旋转而形成的空间排布称之为构象(conformation)。显然,构

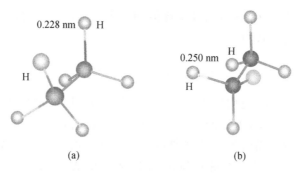

图 1-26　乙烷的叠同式(a)和交叉式(b)模型

象与构型(configuration)是不同的概念,它们之间的差别见表 1-8。

表 1-8　构象和构型

构象	构型
由内旋转形成的空间排布	由化学键所固定的几何排列
构象的转换只要通过单键内旋转, 而热运动已足够使其实现	构型的改变需要破坏化学键
不稳定	稳定

5. 内旋转位能曲线

为了表述分子内旋转时的受阻情况,可以用内旋转位能曲线来显示内旋转时的能量变化。为了实现内旋转,就要克服位垒,表现在位能曲线上就是一个小峰包。仍然以最简单的乙烷分子内旋转为例。若以不稳定的叠同式时的内旋转角定为 $\varphi=0°$,则乙烷分子的内旋转位能曲线具有如图 1-27 的形式。

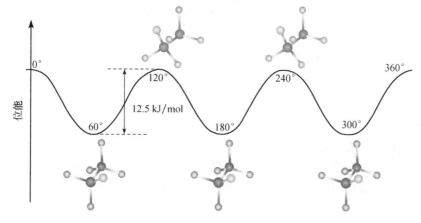

图 1-27　乙烷分子内旋转的位能曲线 $\varphi=0°$、$120°$、$240°$是叠同式,位能高而不稳定,
而 $\varphi=60°$、$180°$、$300°$是交叉式,位能处于低谷,最为稳定

由图 1-27 可知,位能曲线有 3 个峰值和 3 个谷值,从而导致有 6 个构象。乙烷位能曲线的解析形式为

$$U(\varphi) = \frac{1}{2}U_0(1 - \cos 3\varphi) \tag{1-6}$$

式中,U_0 为内旋转位垒,是内旋转难易程度的度量,由非键合原子间相互作用所决定。对于乙烷,$U_0 \approx 12.5\ \text{kJ/mol}$。显然,自由内旋转的 $U(\varphi) = U_0$(常数),与角度 φ 无关,位能曲线为一条平行于水平轴的直线。如果乙烷分子中氢原子为其他原子或原子团所取代(取代乙烷),位能曲线就变复杂了,如二氯乙烷 CH_2Cl—CH_2Cl。$\varphi = 180°$ 时,氯原子相距最远、斥力最小、位能最低、最稳定,这就是反式构象;$\varphi = 60°$、$-60°$ 时,氯原子距离较远、位能较低,称为旁式(或左右式);在 $\varphi = 0°$ 时,氯原子距离最近、位能最高、最不稳定,是叠同式(图 1-28)。

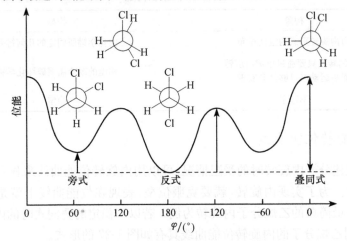

图 1-28　二氯乙烷分子内旋转位能曲线

6. 内 旋 转 异 构 体

对应于内旋转位能曲线上不同深度位谷的,相对稳定的构象称为内旋转异构体。对二氯乙烷来说,其内旋转异构体就是反式、左式和右式(通称旁式)共 3 个。内旋转异构体有如下的特点:

(1) 它们不能为化学方法所分离;

(2) 由于内旋转的自由度,内旋转异构体在一定温度以上处在不断变换之中;

(3) 内旋转异构体的变换速度非常快,室温下,存在时间仅为 $10^{-11} \sim 10^{-12}\ \text{s}$ 的量级;

(4) 在一定温度下,各种内旋转异构体的相对含量会达到一个平衡,在液态和气态时,二氯乙烷是各种内旋转异构体的混合物;

（5）温度和外力作用都能引起内旋转异构体的变换。

至此我们已有不对称碳原子引起的旋光异构体，主链中因双键导致的顺反几何异构体和由单键内旋转引起的内旋转异构体三种异构体，三者不可混淆。

1.4.2　高分子链的柔性

1. 柔性

高分子长链能以不同程度卷曲的特性称为柔性。

内旋转在小分子化合物中不起很大作用。小分子化合物是一个时刻变换着的内旋转异构体的混合物，因为各内旋转异构体的化学性质都相同，所以不影响小分子化合物的基本性能。

但对高聚物，C—C 单键的内旋转却起着人们意想不到的作用。设想一下，高分子链有成千上万个 C—C 单键，每个 C—C 单键有不同程度的内旋转，高分子链内原子的空间排列在不断变化，从而有无数的构象。如果高分子链有 n 个 C—C 单键（如 10 000 个），即使每个单键内旋转仅取有限的 m 个位置（如 3 个），其构象数也将高达 m^n 个（$3^{10\,000} \approx 1.3 \times 10^{4770}$），是一个天文数字。

构象数多意味着高分子链特别柔软，能卷曲成团。而外力能使内旋转异构体发生转换，若把这样一根柔软卷曲成团的长链分子拉伸，一旦松手，分子热运动的能量足以使它收缩回原来的卷曲状态。也就是说，内旋转使单根高分子链具备了高弹性（详见第 6 章）。

2. 高分子链柔性的描述

描述柔性有许多方法，或者说有许多参数都可以表达高分子链的柔性。

1）内旋转位垒高度 U_0

内旋转位垒高度 U_0 越高，内旋转越不容易，高分子链的柔性就越小；反之，U_0 越低，内旋转越容易，链的柔性就好。如果 $U_0 = 0$，就变成了自由内旋转，高分子链的柔性最好。带有不同取代基的 C—C 单键内旋转的位垒数据见表 1-9。

表 1-9　带有不同取代基的 C—C 单键内旋转位垒高度 U_0

不同取代基的 C—C 单键	$U_0/(\text{kJ/mol})$	不同取代基的 C—C 单键	$U_0/(\text{kJ/mol})$
CH_2—CH_2	12.13	CH_2—O—CH_3	11.38
CH_2—CH_2F	13.85	CH_3CH_2—CH_2—CH_3	14.64
CH_2—CH_2Cl	15.44	CH_2—OH	4.48
CH_2—CH_2Br	14.94	CH_3—SH	5.31
CH_2—CH_2F_2	13.30	CH_2—NH_2	7.94
CH_2—CHO	4.89	CH_2—SiH_3	6.94
CH_2—CH=CH_2	8.28		

2）构象数

如上所述，构象数越大，柔性越大，这正是柔性的定义所规定的。

3）链段的长度

为了引入链段的概念，首先引入一个理想柔性链模型——自由连接链。自由连接链的条件比 C—C 单键的自由内旋转还要宽松，即：

（1）它是孤立的高分子链，没有任何的分子间相互作用；

（2）它全部由可以内旋转的单键所组成；

（3）单键的内旋转完全自由，也就是说没有分子内相互作用；

（4）单键的键角也是不固定的；

（5）单键本身没有体积，即每一根单键可以不依赖前一根单键而在空间取任何位置。

自由连接链实际上是一条数学上的几何链，显然，实际高分子链的键是有自身体积，键角也是固定的，内旋转更不是完全自由的。但即使如此，实际高分子链可能实现的构象数仍然是一个很大的数目。

图 1-29 所示的是高分子链片段 C—C 单键的内旋转。在保持键角 θ（$\theta=109°28'$）不变的情况下，C_3 可处于 C_1—C_2 旋转而成的圆锥底圆边上的任何位置（自由内旋转），同样 C_4 可处在 C_2—C_3 旋转而成的圆锥底圆边上的任何位置，以此类推。显然，第三个键相对于第一个键，其空间位置的任意性已经较大了。可以设想，若两键相隔越来越远，内旋转时所取空间位置的相互依赖越小，从第三、第四个键后，总可以找到一个键（第 i 个键），从第 $i+1$ 键开始，原子在空间可取的位置已与第一个键完全无关，如先哲所说"君子之泽，五世而斩；小人之泽，五世而斩"，即一个前辈在传了五代以后，第六代子孙就不再算是他的"亲戚"（只能叫本家）了一样。这就是说一个实际高分子链可以看作由许多包含 i 个键的链段 b 所组成。这些链段之间是自由连接的，它们各自具有相对运动的独立性（图 1-30）。

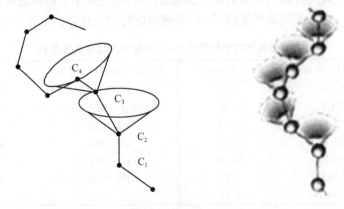

图 1-29　键角固定的高分子链的内旋转

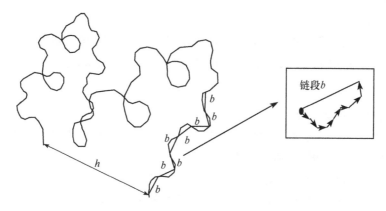

图 1-30　以链段 b 组成的自由连接链

　　这样,一个"有血有肉"的实际高分子链,就变成了上述理想的柔性链。相当于实际高分子链中的 i 个键组成的这一段链,就称为链段。

　　那么,链段越长,即 i 数越大,分子越不柔软。$i=N$(聚合度) 整个高分子链只是一个链段,是完全的刚性链。如果 $i=1$,即是理想的柔性链。

　　图 1-31 是聚苯乙烯分子结构、链段和整个高分子链的分解图示。

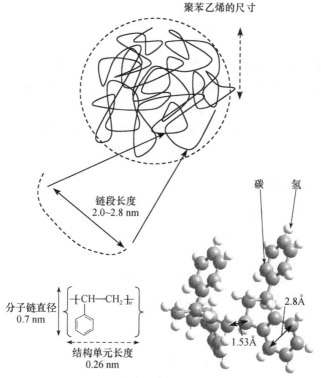

图 1-31　聚苯乙烯分子结构、链段和整个高分子链的分解图示

4) 构象熵

熵是体系无序程度的量度,若以 Ω 表示高分子链在空间一切可取的构象数,那么高分子链构象熵 S 与 Ω 的关系服从玻尔兹曼(Boltzmann)公式

$$S = k\ln\Omega \tag{1-7}$$

式中,k 为玻尔兹曼常量。

对刚性链——完全伸直的高分子链,只有一个构象,$\Omega=1$,则 $S=0$;对柔性链,可以有很多构象,Ω 很大,则 S 也很大。

所以,孤立高分子链在没有外力作用下总是自发采取卷曲的形态,构象熵趋于极大,体系最稳定,任何外力的作用都使它偏离平衡态。如果外力把这卷曲的高分子链拉直,熵值变小,但这是不稳定状态,外力一旦去除,高分子链又回缩成卷曲状态,这种由熵变引起的弹性称为熵弹性。反映在宏观性能上,就是高聚物材料(橡胶)特有的高弹性。

5) 均方末端矩 $\overline{h^2}$ 和均方半径 $\overline{r^2}$

描述高分子链最好的方法是用均方末端距 $\overline{h^2}$ 和均方半径 $\overline{r^2}$,它们既可定量,又能由实验直接测定,我们将在下节中详细讨论。

1.5　高分子链的构象统计

上节说到描述高分子链柔性的参数有内旋转位垒 U_0、构象数、链段和构象熵 S。链段尽管很直观,物理概念也很清楚,但它与构象数一样,定量描述并不容易,与高聚物的实验可测的量联系不够,而内旋转位垒 U_0 对高分子链柔性的总体描述显得不够。因此,需要寻求一个新的参数来描述高分子链的柔性,它既可定量,又能反映高分子链的特性并能通过实验来测定。这个量就是均方末端距 $\overline{h^2}$(或均方半径 $\overline{r^2}$)。

1.5.1　均方末端距

末端距是高分子链两端点的直线距离 h(图 1-30)。直观地说,柔性越好,分子链越卷曲,高分子链末端之间的距离越小,反之亦然。高分子链由于存在内旋转而一直在运动,它们末端的距离——末端距 h 也时刻在变化。末端距 h 不是一个定数,而是一个分布。统计学告诉我们,对于一个分布,它们的均方值是一个更好的参数,所以在这里我们要运用均方末端距 $\overline{h^2}$ 的概念。

均方末端距 $\overline{h^2}$ 定义为

$$\overline{h^2} = \frac{\int h^2 \Omega(h)\,\mathrm{d}h}{\int \Omega(h)\,\mathrm{d}h} \tag{1-8}$$

式中，$\Omega(h)$ 为高分子链的末端距为 h 的概率；$\int \Omega(h)dh$ 是归一化，在数值上它等于 1，所以求解均方末端距的问题就归结为寻求末端距的概率配分函数 $\Omega(h)$。

1. 统计链（高斯链）的均方末端距

像所有的数学处理一样，先从最简单的，也就是最理想的情况出发，假定高分子链是一个无规线团（自由连接链），提出了一个理想的链模型。具体是：

（1）高分子链可以分为 N 个统计单元；

（2）每个统计单元是刚性的，长度均为 b；

（3）统计单元之间为自由联结，即每一统计单元在空间可不依赖前一单元的存在而自由取向；

（4）高分子链不占有体积，是几何链，就是前面的链段已经排在一定位置上，后面的链段仍然可以在同一个位置上再排上去。

这样的无规线团如图 1-32 所示。

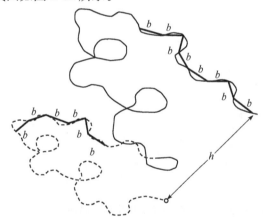

图 1-32　由 N 个统计单元组成的自由连接链（高斯链）模型

有 N 个长度为 b 的单元在空间自由排布，求解两个末端距离的问题，在数学上就是著名的三维空间无规行走。一个人在三维的空间无目的地盲走（无规行走），如果每走一步的步长为 b，一共走 N 步，问他走了有多远？（图 1-33(a)是走了 50 步的情况）

图 1-34 则是二维情况下开头几步可能的情况，$N=3$ 时，可能性已经达到 5 个，而 $N=5$ 时，可能性将一下子升到 13 个，如果步子更多，最后到达的地方是一个统计分布值。

为简单起见，先从一维空间的无规行走着手。

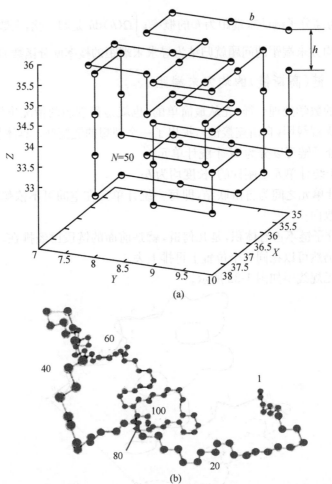

(a)

(b)

图 1-33　(a)在三维空间无规行走了 50 步后所走的距离和(b)100 步的高分子碳链的模拟

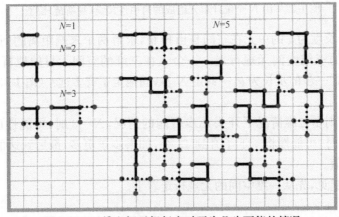

图 1-34　二维空间无规行走时开头几步可能的情况

2. 一维空间的无规行走

假定有人沿一条直线(如沿铁路线)无目的地盲走,每走一步的距离为 b。因为是无规行走,可以是向前走,也可以是向后走;又因为是无目的地盲走,向前走和向后走的概率相同,均为 1/2。现在问,走了 $N(N\gg1)$ 步以后,他走了多少距离(图 1-35)?假如他在走了 N 步以后到达 m 点($m>0$),显然,这距离是不确定的,每走一次到达的终点离出发点的距离都不一样。在走了很多次以后可得到一个分布。如果向前走的步数 N_+ 比向后走的步数 N_- 多,由 $N_++N_-=N$ 和 $N_+-N_-=m$,则有向前走的步数 $N_+=(N+m)/2$ 和向后走的步数 $N_-=(N-m)/2$,则到达 m 点的概率 $\Omega(m,N)$ 应为它们之间很多种可能的组合数

$$\Omega(m,N)=\frac{N!}{\left(\dfrac{N+m}{2}\right)!\left(\dfrac{N-m}{2}\right)!}\left(\frac{1}{2}\right)^{\frac{N+m}{2}}\left(\frac{1}{2}\right)^{\frac{N-m}{2}}$$

$$=\frac{N!}{\left(\dfrac{N+m}{2}\right)!\left(\dfrac{N-m}{2}\right)!}\left(\frac{1}{2}\right)^{N} \tag{1-9}$$

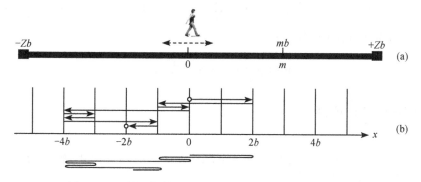

图 1-35 一维空间的无规行走(a)和开头 16 步的情况(b)

这里,因为独立事件的概率相乘 $\left(\dfrac{1}{2}\right)^{\frac{N+m}{2}}\left(\dfrac{1}{2}\right)^{\frac{N-m}{2}}$ 就代表向前走和向后走的概率。而 $\dfrac{N!}{\left(\dfrac{N+m}{2}\right)!\left(\dfrac{N-m}{2}\right)!}$ 是走出 N_+ 步和 N_- 步可能的组合数。因为 N 是一个很

大的数，$N \gg 1$ 和 $m \ll N$，可利用阶乘的斯特林(Stirling)近似[①]：

$$n! \approx \sqrt{2\pi n} \cdot \left(\frac{n}{e}\right)^n \tag{1-10}$$

或

$$\ln n! \approx n\ln n - n + \ln\sqrt{2\pi n} \tag{1-11}$$

对式(1-9)取对数并应用斯特林近似式(1-11)得

$$\ln\Omega(m,N) = \ln N! - \ln\left(\frac{N+m}{2}\right)! - \ln\left(\frac{N-m}{2}\right)! + N\ln\frac{1}{2}$$

$$= N\ln N - N + \ln\sqrt{2\pi N}$$

$$- \frac{N+m}{2}\ln\frac{N+m}{2} + \frac{N+m}{2} - \ln\sqrt{2\pi \cdot \frac{N+m}{2}}$$

$$- \frac{N-m}{2}\ln\frac{N-m}{2} + \frac{N-m}{2} - \ln\sqrt{2\pi\frac{N-m}{2}} + N\ln\frac{1}{2} \tag{1-12}$$

化简，并为利用 $m \ll N$ 的条件，把变数写成 $\frac{m}{N}$，当 N 足够大时，凡 $\left(\frac{m}{N}\right)^2$ 项均忽略不计，则式(1-12)简化为

$$\ln\Omega(m,N) = -\frac{N+m}{2}\ln\left(1+\frac{m}{N}\right) - \frac{N-m}{2}\ln\left(1-\frac{m}{N}\right) + \ln\sqrt{\frac{2}{\pi N}} \tag{1-13}$$

再利用如下的近似(泰勒公式)：

$$\ln(1 \pm x) = \pm x - \frac{x^2}{2} + \cdots \tag{1-14}$$

并再次忽略 $\left(\frac{m}{N}\right)^2$ 项，则

---

① 阶乘的斯特林近似是一个非常好的近似，计算告诉我们，在 n 为 10 时，斯特林近似给出的数据误差就只有 0.000 277%，这已经非常精确了。

n	$n!$	斯特林近似	误差/%
1	1	1.00	0.227 445
2	2	2.00	0.032 602
3	6	6.00	0.009 986
4	24	24.00	0.004 266
5	120	120.00	0.002 198
6	720	720.01	0.001 276
7	5040	5040.04	0.000 805
8	40 320	40 320.22	0.000 540
9	362 880	362 881.38	0.000 380
10	3 628 800	3 628 810.05	0.000 277

$$\ln\Omega(m,N) = -\frac{1}{2}\frac{m^2}{N} + \ln\sqrt{\frac{2}{\pi N}} \tag{1-15}$$

由此求得,在走了 N 步后,到达 m 点的概率 $\Omega(m,N)$ 为

$$\Omega(m,N) = \sqrt{\frac{2}{\pi N}} \mathrm{e}^{-\frac{m^2}{2N}} \quad (N \gg 1 \text{ 和 } m \ll N) \tag{1-16}$$

这是一个高斯分布函数。这里,高斯分布函数的有效范围是 $-\infty \sim +\infty$,而走了 N 步,实际走到的区是 $-Nb \sim +Nb$,这是因为引入了几次近似的缘故。

现在要把变数 m 改为变数 x。m 与 x 的关系是明确的,m 点离原点的距离 $x = mb$,而 $\Delta x = 2b\Delta m$(向前多走一步,向后就少走一步,即 m 值的改变为 2,Δx 值的变化为 $2b$),则在走了 N 步后,行走距离在 $x + \Delta x$ 之间的概率为

$$\Omega(x,N)\Delta m = \sqrt{\frac{2}{\pi N}} \mathrm{e}^{-\frac{m^2}{2N}} \frac{\Delta x}{2b} \tag{1-17}$$

则

$$\Omega(x,N)\mathrm{d}x = \frac{1}{\sqrt{2\pi Nb^2}} \mathrm{e}^{-\frac{x^2}{2Nb^2}} \mathrm{d}x = \frac{\beta'}{\sqrt{\pi}} \mathrm{e}^{-\beta'^2 x^2} \mathrm{d}x \tag{1-18}$$

这里

$$\beta'^2 = \frac{1}{2Nb^2} \tag{1-19}$$

概率分布函数

$$\Omega(x,N) = \frac{\beta'}{\sqrt{\pi}} \mathrm{e}^{-\beta'^2 x^2} \tag{1-20}$$

3. 三维空间无规行走和高斯链

可以把这一维空间无规行走的结果推广到三维空间无规行走(图 1-36)。假定每走一步 b 的方向与 x 轴的夹角为 θ,则 b 在 x 轴上的投影 $b_x = b\cos\theta$,它平方的平均值为

$$\overline{b_x^2} = \overline{b^2 \cos^2\theta}$$

统计学告诉我们

$$\overline{\cos^2\theta} = \int_0^\pi \cos^2\theta \frac{2\pi b^2 \sin^2\theta}{4\pi b^2} \mathrm{d}\theta = \frac{1}{3}$$

所以

$$\overline{b_x^2} = \frac{b^2}{3} \quad \text{或} \quad \sqrt{\overline{b_x^2}} = \frac{b}{\sqrt{3}} \tag{1-21}$$

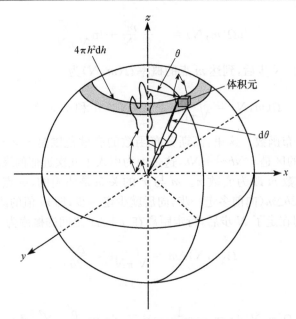

图 1-36　三维空间无规行走

即在空间每走一步 b，相当于在 x 轴上走了 $\dfrac{b}{\sqrt{3}}$ 步。对 y 轴、z 轴也一样。独立事件的概率相乘，因此在走了 N 步后到达离原点为 $h \to h + \mathrm{d}h$ 的球壳 $4\pi h^2 \mathrm{d}h$ 中的概率为

$$\Omega(h,N)\mathrm{d}h = \Omega(h_x,N)\mathrm{d}h_x \cdot \Omega(h_y,N)\mathrm{d}h_y \cdot \Omega(h_z,N)\mathrm{d}h_z$$

$$= \frac{\beta}{\sqrt{\pi}} e^{-\beta^2 h_x^2} \mathrm{d}h_x \; \frac{\beta}{\sqrt{\pi}} e^{-\beta^2 h_y^2} \mathrm{d}h_y \; \frac{\beta}{\sqrt{\pi}} e^{-\beta^2 h_z^2} \mathrm{d}h_z$$

$$= \left(\frac{\beta}{\sqrt{\pi}}\right)^3 e^{-\beta^2 h^2} 4\pi h^2 \mathrm{d}h \tag{1-22}$$

这里 $h_x = x, h_y = y$ 和 $h_z = z$，且

$$h^2 = x^2 + y^2 + z^2 \tag{1-23}$$

$$\beta^2 = \frac{1}{2Nb_x^2} = \frac{1}{2Nb_y^2} = \frac{1}{2Nb_z^2} = \frac{3}{2Nb^2} \tag{1-24}$$

为了把三维空间无规行走问题应用到高分子链末端距的计算上，可以相应地假定：

（1）高分子链可以分为 N 个统计单元（链段）；

（2）每个统计单元可看作长度为 b 的刚性棍子；

（3）每一统计单元在空间可不依赖于前一单元而自由取向，为自由连接；

（4）高分子链不占有体积。

这样，求解高分子链末端距问题的数学模式就与三维空间无规行走问题完全

一样了。

若把高分子链的一端固定在坐标原点,则高分子链末端出现在 h 的概率即与三维空间无规行走的式(1-22)一样。即链末端距一端固定在原点上,另一端落在离原点距离 $h{\to}h+\mathrm{d}h$ 的球壳 $4\pi h^2\mathrm{d}h$ 内的概率密度函数为

$$\Omega(h)\mathrm{d}h = \left(\frac{\beta}{\sqrt{\pi}}\right)^3 \mathrm{e}^{-\beta^2 h^2} 4\pi h^2 \mathrm{d}h \tag{1-25}$$

以 $\Omega(h)$ 对 h 作图,得到末端距的分布曲线(图 1-37)。由图可见,概率最大不是在 $h=0$ 处,而是在末端距为某一定值时。这是因为在式(1-25)中,指数函数值随 h 增加而降低,而 $4\pi h^2$ 则随 h 增加而增加,也就是说,各个方向等概率因素虽仍导致 $h=0$ 时概率最大,但同时随 h 的增加球的壳层也越大,链末端落入的概率也越大。

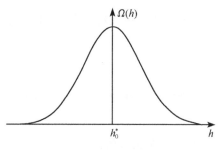

图 1-37　高斯函数分布曲线

两种因素作用的结果导致链末端距有一最概然值。链末端距分布可用具有高斯函数形式的式(1-25)描述的高分子链通常叫做高斯链。高斯链是真实高分子链的一个很好的近似。由高斯分布函数式(1-25)可以求得最概然末端距 h_0^*、平均末端距 $\overline{h_0}$ 和均方末端距 h_0^2。下标"0"专指高斯链。它们的大小次序为

$$\sqrt{h_0^2} > \overline{h_0} > h_0^*$$

4. 统计链的均方末端距

有了概率分布函数,就可计算高分子链的一些重要参数。

1) 最可概然端距 h_0^*

最概然末端距就是概率分布的极大值,因此,取一级微商等于零,即

$$\frac{\partial \Omega}{\partial h} = 0 \tag{1-26}$$

求得最概然末端距 h^* 为

$$h_0^* = \frac{1}{\beta} = \sqrt{\frac{2N}{3}}b \tag{1-27}$$

从最概然末端距表达式(1-27)中可看出高斯链中的参数 β 的意义,即 β 等于最概然末端距的倒数。

$$\beta = \frac{1}{h_0^*} \tag{1-28}$$

2）平均末端距 $\overline{h_0}$

$$\overline{h_0} = \int_0^\infty h\Omega(h)\,\mathrm{d}h = \frac{2}{\sqrt{\pi}\cdot\beta} = \sqrt{\frac{8N}{3\pi}}b \qquad (1\text{-}29)$$

3）均方末端距 $\overline{h_0^2}$

$$\overline{h_0^2} = \int h^2\Omega(h)\,\mathrm{d}h = \frac{3}{2\beta^2} = Nb^2 \qquad (1\text{-}30)$$

从上述表达式可以看到，不管是 h_0^*、$\overline{h_0}$，还是 $\overline{h_0^2}$，它们都比完全伸直链的末端距小。

$$h_0 \propto \sqrt{N}$$

由于内旋转，卷曲的高分子链比完全伸直链大大缩短了。若为完全伸直链

$$h_{伸直} \propto N$$

而 N 是一个很大的值

$$\frac{h_{伸直}}{h_0} \propto \sqrt{N} \quad 或 \quad \frac{\overline{h_{伸直}^2}}{\overline{h_0^2}} \propto N$$

高斯链末端距的可变程度达 $\sqrt{N}$，这从定量关系上告诉我们，橡胶拉伸时产生大形变的根源。这是单个高分子链统计理论得到的重要结论。

在高斯链推导中使用了条件 $N\gg1$ 和 $m\ll N$，因此，如果

（1）N 不太大，也就是高聚物分子的聚合度不大，分子量不大的高分子链就不适用。

（2）m 并不比 N 小太多，如在橡胶被高度拉伸时，高斯链也不适用。这时要用更高级的统计理论，如用朗之万（Langevin）函数来代替高斯函数。

5. 高分子链的均方半径

均方末端距 $\overline{h_0^2}$ 还不能由实验直接测定，但它与由光散射测定的高分子链的均方半径 $\overline{r_0^2}$ 有简单的倍数关系。均方半径 $\overline{r_0^2}$ 定义为（图 1-38）

$$\overline{r_0^2} = \frac{1}{N}\sum_{i=1}^{N}\overline{r_i^2} \qquad (1\text{-}31)$$

图 1-38 中，m_i 为第 i 个统计单元的质量中心，整个高分子链的质量中心在图上"质心"的地方；r_i 是 m_i 到质心的距离。

对高斯链，有

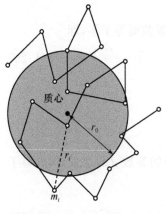

图 1-38　高分子链的均方半径

$$\overline{h_0^2} = 6\,\overline{r_0^2} \tag{1-32}$$

这样,尽管$\overline{h_0^2}$不能由实验直接测定,但只要实验能测得$\overline{r_0^2}$的值,就可以根据式(1-32)方便地求得高分子链的均方末端距$\overline{h_0^2}$。

1.5.2　实际链的均方末端距

上述高斯链是一根数学链,高斯链末端距的分布函数不包括任何实际链的参数,而实际高分子链是由化学键组成的,有一定的键长和键角(表 1-10)。如何通过分子的键长和键角来求解均方末端距$\overline{h_0^2}$呢?下面以最典型的碳链高聚物为例,具体计算高分子链的平均尺寸(图 1-39)。并以 C—C 键为例由几何条件来计算末端距统计值。其问题在于 C—C 键内旋转的程度大小,分述如下。

表 1-10　高斯链和实际高分子链的异同

高斯链	实际高分子链
N 个统计单元	N 个统计单元
统计单元长度为 b	统计单元长度为 b
自由连接,内旋转完全自由	有内旋转位垒,只有一定内旋转自由度
统计单元不占有体积	统计单元占有体积

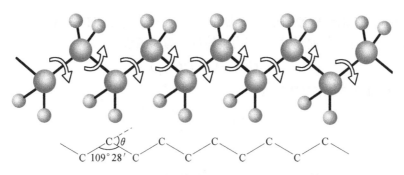

图 1-39　实际碳链高分子的均方末端距的计算

1. 自由内旋转

首先仍然假定内旋转是自由的(即在圆锥上各点概率相等),把每个键都标上矢量$\vec{l}_i$,从键的始端指向末端,那么按均方末端距的定义,$\overline{h_f^2}$为

$$\overline{h_f^2} = \overline{\sum_{i=1}^{N} \vec{l}_i \sum_{j=1}^{N} \vec{l}_j}$$

$$= \overline{(\vec{l}_1 + \vec{l}_2 + \cdots + \vec{l}_N)(\vec{l}_1 + \vec{l}_2 + \cdots + \vec{l}_N)} \tag{1-33}$$

下标"f"指自由内旋转。矢量运算是烦琐的,这里就直接给出结果

$$\overline{h_f^2} = l^2 \left[N \frac{1+\cos\theta}{1-\cos\theta} - \frac{2\cos\theta(1-\cos^N\theta)}{(1-\cos\theta)^2} \right] \tag{1-34}$$

对于高分子链，$N \gg 1$ 时，后项比前项小很多，可忽略，则

$$\overline{h_f^2} = Nl^2 \frac{1+\cos\theta}{1-\cos\theta} \tag{1-35}$$

因为 C—C 链的 $\theta = \pi - 109°28'$，所以 $\cos\theta = \cos(\pi - 109°28') \approx \frac{1}{3}$，则

$$\overline{h_f^2} = 2Nl^2 \propto N \tag{1-36}$$

简单的几何运算可以求得完全伸直链的均方末端距 $\overline{h_{伸直}^2}$ 为

$$\overline{h_{伸直}^2} = \left(Nl \cos\frac{\theta}{2} \right)^2 \propto N^2 \tag{1-37}$$

则，完全伸直链与自由旋转链的均方末端距之比为

$$\frac{\overline{h_{伸直}^2}}{\overline{h_f^2}} = N \frac{1-\cos\theta}{2} \approx \frac{N}{3} \propto N \tag{1-38}$$

与高分子链构象统计理论的结论一致。

2. 受阻内旋转

（1）没有不对称碳原子的碳链高分子链，如聚乙烯 $\text{—CH}_2\text{—CH}_2\text{—}_n$，因为碳原子上带的是一样的氢原子，所以其内旋转位垒为偶函数

$$U(+\varphi) = U(-\varphi)$$

那么，聚乙烯的均方末端距 $\overline{h^2}$ 为

$$\overline{h^2} = Nl^2 \frac{1+\cos\theta}{1-\cos\theta} \cdot \frac{1+\alpha}{1-\alpha} \tag{1-39}$$

式中

$$\alpha = \overline{\cos\varphi} = \frac{\int_0^{2\pi} e^{-U(\varphi)/kT} \cos\varphi \, d\varphi}{\int_0^{2\pi} e^{-U(\varphi)/kT} \, d\varphi} \tag{1-40}$$

因为 $\frac{1+\alpha}{1-\alpha} > 1$，所以受阻内旋转高分子链的均方末端距总比自由内旋转的大，即

$$\overline{h^2} > \overline{h_f^2}$$

（2）含有不对称碳原子的碳链高分子，如聚甲基丙烯酸甲酯（PMMA）

$$\text{—CH}_2\text{—}\overset{\overset{\text{CH}_3}{|}}{\underset{\underset{\text{COOCH}_3}{|}}{\overset{*}{\text{C}}}}\text{—}_n，$$　　由于碳原子上的取代基不全是氢原子，其位垒函数就不再是偶

函数了(但也不是奇函数)。

全同 PMMA

$$\overline{h^2} = Nl^2 \frac{1+\cos\theta}{1-\cos\theta} \cdot \frac{1-\alpha^2-\beta^2}{(1-\alpha)^2+\beta^2} \tag{1-41}$$

间同 PMMA

$$\overline{h^2} = Nl^2 \frac{1+\cos\theta}{1-\cos\theta} \cdot \frac{1-(\alpha^2+\beta^2)^2}{(1-\alpha)^2+(\alpha-\alpha^2-\beta^2)^2} \tag{1-42}$$

这里

$$\beta = \overline{\sin\varphi} = \frac{\int_0^{2\pi} e^{-U(\varphi)/kT}\sin\varphi \, d\varphi}{\int_0^{2\pi} e^{-U(\varphi)/kT} \, d\varphi} \tag{1-43}$$

(3) 对一般的高聚物,其高分子链均方末端距的普适形式是

$$\overline{h^2} = NG_0(l,\theta,\alpha,\beta) \tag{1-44}$$

这里 $G_0(l,\theta,\alpha,\beta)$ 是与高分子链几何因素有关的量。

重要的聚双烯类高分子链均方末端距都已被计算过,如聚异戊二烯

$$\left. \begin{array}{c} CH_3 \\ | \\ \left[CH_2-C=CH-CH_2 \right]_n \end{array} \right.$$

其反式(*trans*)

反式的末端距为

$$\sqrt{\overline{h^2}} = 2.90 \sqrt{N} \quad (\text{Å})$$

顺式(*cis*)

的末端距为

$$\sqrt{\overline{h^2}} = 2.01 \sqrt{N} \quad (\text{Å})$$

这里,不管高分子链末端距的最后表达式是什么,也不管内旋转是否受阻,重要的事实是,它们的均方末端距都正比于聚合度 N,或末端距与聚合度 N 的平方根成正比

$$\overline{h^2} \propto N \quad \text{或} \quad \sqrt{\overline{h^2}} \propto \sqrt{N}$$

这与高斯统计链的结果完全相符,并且已经证明,如果内旋转是自由的,C—C 链的分布也服从高斯分布,那么作为一级近似,总可以把高斯链看做是实际链的简单模型。

1.5.3　影响高分子链柔性的各种因素

前面已经得到了高聚物均方末端距的一般表达式 $\overline{h^2} = NG_0(l,\theta,\alpha,\beta)$。由该式可知,凡对这个表达式中各参数有影响的因素都对高分子链均方末端距有影响,也就是对高分子链的柔性有影响。

l 是键长(或统计单元的长度),θ 是键角,它们与高聚物分子结构单元的化学组成有关,也与它们的键接方式等近程结构有关。$\alpha = \overline{\sin\varphi}$,$\beta = \overline{\cos\varphi}$,都与 φ 有关,而 φ 与高分子链的内旋转位垒有关,也就是与高聚物的化学组成(近程相互作用)有关,也与链间相互作用(远程相互作用)有关,具体分析如下所述。

1. 主链结构

高聚物的主链结构是决定高分子链柔性的根本因素。

(1) 只含碳原子的碳链高聚物,如聚乙烯、聚丙烯:

$$\text{-}[\text{CH}_2\text{—CH}_2]_n\text{-}$$
聚乙烯
$$\text{-}[\text{CH}_2\text{—CH}]_n\text{-}$$
$$|$$
$$\text{CH}_3$$
聚丙烯

以及乙丙共聚物,它们主链没有极性,分子内相互作用小,内旋转位垒也较小,所以分子链的柔性大。

(2) 双烯类高聚物,—CH$_2$—CH=CH—CH$_2$—。这类高聚物的主链含有孤立的双键,尽管双键—C=C—并不能内旋转,但它使最邻近双键的单键的内旋转更为容易。如果把—CH=CH—看成是一个整体,那么近邻单键之间的距离远了,内旋转会更加容易,所以它也是柔性链。事实上,聚异戊二烯、聚丁二烯等双烯类高聚物都是常见的橡胶。

(3) 共轭双键类高聚物,如聚乙炔、聚对苯:

$$\text{——} \text{[} \text{CH} = \text{CH} \text{]}_n$$

聚乙炔

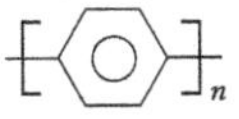

$$\text{[} \langle \bigcirc \rangle \text{]}_n$$

聚对苯

由于是共轭双键,主链不能内旋转,是典型的刚性链。

（4）梯形主链或螺形主链的高聚物,如全梯形聚吡咙:

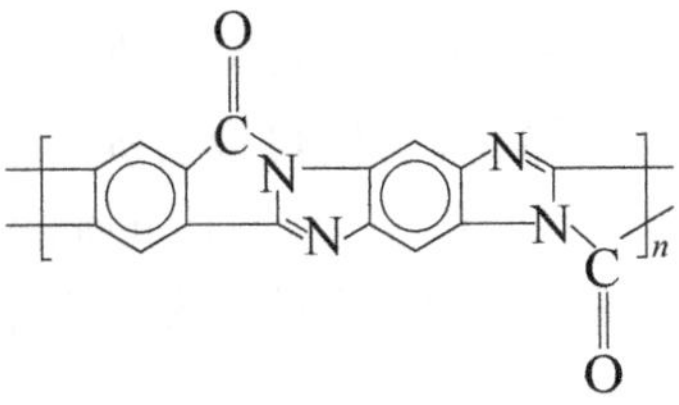

这是两条主链形成的梯形高聚物,不存在任何内旋转,该高聚物在 300℃ 也不软化,短期内可耐 400℃,其熔点高达 500℃。

而螺形主链的膦酸烷基酯锌络合物的高聚物:

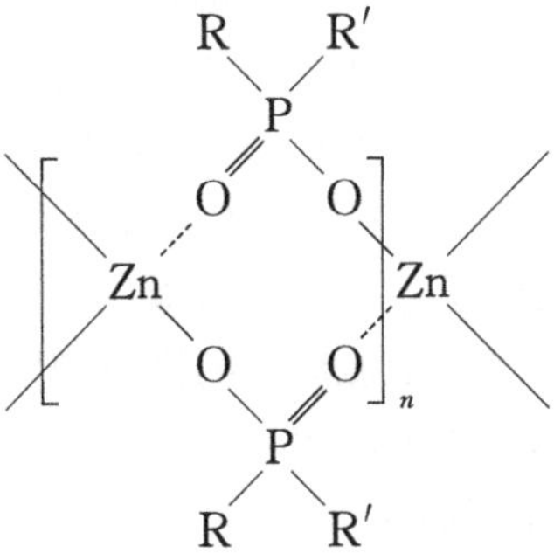

也是典型的刚性链,不溶、不熔,在 550℃ 的高温也没有失重。

由上可见,在高分子主链中尽量减少单链,引进共轭双键、三键或环状结构（脂环、芳环或杂环）都会使柔性降低,刚性增加。

（5）杂链高聚物。C—O、C—N、Si—O 单键内旋转的位垒比 C—C 键的小,因此它们组成的高分子链是柔性链,特别是聚二甲基硅氧烷（硅橡胶）

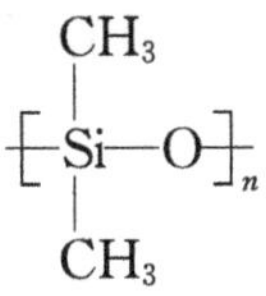

$$\text{——} \text{[} \underset{\underset{CH_3}{|}}{\overset{\overset{CH_3}{|}}{Si}} \text{—O} \text{]}_n$$

并且比较 Si—O 和 C—C 的键长和键角:l_{Si-O}（0.164 nm）大于 l_{C-C}（0.154 nm）,θ_{Si-O}（142° 和 110°）也大于 θ_{C-C}（109°28′）,所以,聚二甲基硅氧烷分子链内旋转受阻

应该是很小的,也就是分子链的柔性很大。事实上,聚二甲基硅氧烷(硅橡胶)是唯一在低温下仍然具有高弹性的特种橡胶。

2. 取代基的影响

在高分子主链上引入取代基将改变分子链间和链内的相互作用,从而影响高分子链的柔性。不同的取代基、不同取代位置以及是否对称取代等会对柔性有不同的影响。

(1) 取代基的极性。在高分子主链上取代基的极性越大,相互作用越强,分子链越刚性,如聚氯乙烯和聚丙烯腈,它们可以分别看做是聚丙烯的一个—H 被—Cl和—CN 基团所取代,而—Cl 和—CN 基团的偶极矩(极性)分别为 $\mu_{-Cl}=1.8\sim1.9\,deb$[①]和 $\mu_{-CN}=3.4\,deb$,因此聚丙烯、聚氯乙烯和聚丙烯腈分子链的柔性是递减的。

$$\begin{array}{ccc}
\text{—[CH}_2\text{—CH]}_n & \text{—[CH}_2\text{—CH]}_n & \text{—[CH}_2\text{—CH]}_n \\
\quad\quad | & \quad\quad | & \quad\quad | \\
\quad\quad CH_3 & \quad\quad Cl & \quad\quad CN
\end{array}$$

聚丙烯　　　　　聚氯乙烯　　　　聚丙烯腈

柔性降低 ⟶

(2) 取代基沿分子链排布的距离。取代基沿高分子链排布得越密,取代基之间的相互作用越强,柔性越差。例如,头-尾键接的聚氯乙烯主链上每间隔一个碳原子就有一个氯原子,而氯化聚乙烯是在原聚乙烯主链上用氯原子—Cl 取代氢原子—H,但要隔好几个碳原子才会有一个碳原子上的氢原子—H 被一个氯原子—Cl 所取代。显然,相同主链上氯原子的排布密度不同,柔性会有不同,氯化聚乙烯分子链的柔性要比聚氯乙烯的来得好。同样,不同氯化程度的氯化聚乙烯的分子链柔性也会随氯化程度增加而降低。

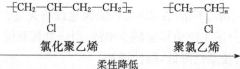

$$\begin{array}{cc}
\text{—[CH}_2\text{—CH—CH}_2\text{—CH}_2\text{]}_n & \text{—[CH}_2\text{—CH]}_n \\
\quad\quad\quad | & \quad\quad | \\
\quad\quad\quad Cl & \quad\quad Cl
\end{array}$$

氯化聚乙烯　　　　　　　聚氯乙烯

柔性降低 ⟶

(3) 取代基在主链上的对称性。对称性能使高分子链的内旋转变得相对容易一些。在高分子主链上如果带有对称的取代基,使链间距离增大,相互作用力减小,就比带有不对称取代基的高分子链具有更大的柔性,如聚偏二氯乙烯和聚偏二氟乙烯分子链就有较好的柔性。

---

① $1\,deb=3.335\,64\times10^{-30}\,C\cdot m$

$$\begin{matrix} & X \\ {-\!\!\!\!\!\!\!\!-}CH_2{-}C{-}\!\!\!\!\!\!\!\!{-}_n \\ & X \end{matrix} \qquad \begin{matrix} & X \\ {-\!\!\!\!\!\!\!\!-}CH_2{-}C{-}\!\!\!\!\!\!\!\!{-}_n \\ & Y \end{matrix}$$

对称的　　　　　　不对称的

————————————————→
柔性降低

（4）取代基的体积。对非极性取代基，取代基的体积越大，空间位阻越大，内旋转越不容易，从而高分子链的柔性越差。可以比较聚乙烯、聚丙烯和聚苯乙烯高分子链的柔性。聚苯乙烯所带的苯基—⬡ 体积最大，其次是聚丙烯高分子链所带的甲基—CH_3，这样，聚乙烯、聚丙烯和聚苯乙烯高分子链的柔性是递减的。

$$\begin{matrix} {-\!\!\!\!\!\!\!\!-}CH_2{-}CH{-}\!\!\!\!\!\!\!\!{-}_n \\ H \end{matrix} \qquad \begin{matrix} {-\!\!\!\!\!\!\!\!-}CH_2{-}CH{-}\!\!\!\!\!\!\!\!{-}_n \\ CH_3 \end{matrix} \qquad \begin{matrix} {-\!\!\!\!\!\!\!\!-}CH_2{-}CH{-}\!\!\!\!\!\!\!\!{-}_n \\ \text{⬡} \end{matrix}$$

聚乙烯　　　　　聚丙烯　　　　　聚苯乙烯

————————————————→
柔性降低

3. 远程相互作用影响

（1）氢键。分子链之间存在的氢键将大大限制高分子链的内旋转，氢键的影响要超过任何极性基团，从而降低分子链的柔性。特别是存在于天然高分子中的氢键相互作用造就了许多天然高分子中刚性的链结构。刚性链结构的高聚物具有好的耐热性、耐溶剂性和较高的强度，这些都是在严酷的自然界中生存的生物所必需的，但天然生物高分子提高分子链刚性不是通过减少分子链中单键的数目，而是通过氢键的相互作用，其生物学方面的考虑是深远的。

（2）体积效应。高分子链不是一条几何数学链，它本身是占有体积的，也就是说在一条链段已经排布在空间某个位置后，其他的链段就不可能再排布到这个位置上。沿柔性链本来相距较远的原子（或原子基团）由于主链单键内旋转而接近到小于范德瓦耳斯半径距离所产生的推斥，将使高分子链的均方末端距 $\overline{h^2}$ 增大，也即分子链的柔性降低。

（3）溶剂的作用。前面已提到，高聚物没有气态，所以研究高分子链的形态都是在它们的溶液中进行的，这样，溶剂与高分子链的相互作用对高分子链柔性的影响就必须考虑。在实验上，为了排除溶剂的影响，弗洛里（Flory）找到了所谓的 Θ 溶剂，即在 Θ 溶剂里高分子链和溶剂之间没有远程相互作用，这给研究高分子链的柔性带来了很大的方便，详见第 12 章。

4. 几点说明

（1）尽管高分子链近程结构所决定的近程相互作用对高分子链柔性有很大影

响,但理论计算仍然得到高分子链均方末端距正比于聚合度 N(或分子量 M)这一基本结论,即近程相互作用不改变高分子链末端距分布函数的基本形式

$$\overline{h^2} = NG_0(l,\theta,\alpha,\beta) \tag{1-45}$$

(2) 但是远程相互作用会改变这分布函数基本形式。我们将在第 12 章高分子溶液中看到,由于高分子链的远程相互作用会使得均方末端距不再正比于分子量 M(聚合度 N),而具有如下关系:

$$\overline{h^2} \propto M^{1+\varepsilon} \quad (\varepsilon \geqslant 0) \tag{1-46}$$

(3) 其他表示柔性的参数。我们还可以找到其他一些表征高分子链柔性的参数,如 $\overline{h_0^2}/\overline{h_f^2}$。另外,有一些物理量受高分子链柔性的控制,或者说这些物理量是高分子链柔性在宏观性能上的反映,那么这些宏观物理量就可以用来间接表示高分子链柔性大小,如高聚物的玻璃化温度 T_g 就是这样的物理量。高分子链柔性越大,T_g 越低;反之亦然。T_g 低的高聚物,其分子链的柔性大,T_g 高的高聚物,其分子链的刚性大。因此,可以用高聚物玻璃化温度 T_g 的高低来判断高分子链的柔性。

(4) 静态柔性和动态柔性。前面从内旋转异构体(构象)能量差异考虑高分子链的柔性称为静态柔性,也称平衡态柔性。但高分子链是否能从这种构象转为另一个构象,还取决于它们的动力学因素,因此有所谓的动态柔性之说。动态柔性是指高分子链从一种平衡态构象转变为另一种平衡态构象的难易程度。例如,带有庞大侧基的高分子链,尽管其构象之间的能量差异并不很大,也就是说这个高分子链有一定静态柔性,但因侧基的相互作用很强,使得需要克服的内旋转位垒很大,要实现内旋转并不容易,也就是说它的动态柔性并不好。这与化学反应中的情况是十分相似的。

1.6　刚性链结构

刚性链结构可以有两种类型。

一种类型是高分子链的主链本身不能内旋转,这就是耐高温、耐溶剂性、高强度的高聚物(详见第 10 章)。正如我们上面已经看到的,要做到这一点,可以在高分子主链中尽量减少单键,引进共轭双键、三键或环状结构(包括脂环、芳环或杂环),从而形成梯形或螺形主链,如:

聚苯醚 PPO

聚苯并咪唑 PBI

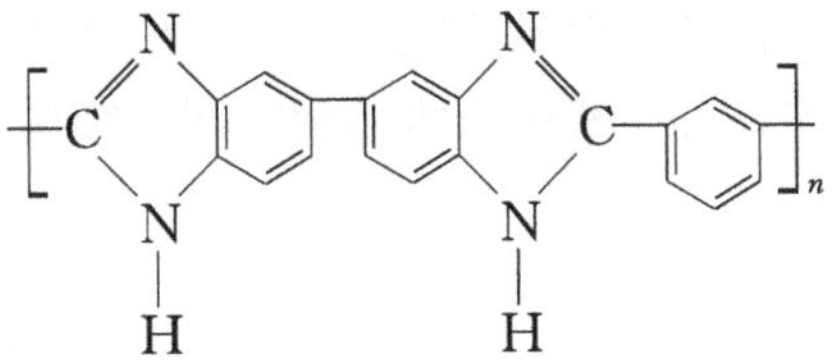

聚苯并噻唑 PBT

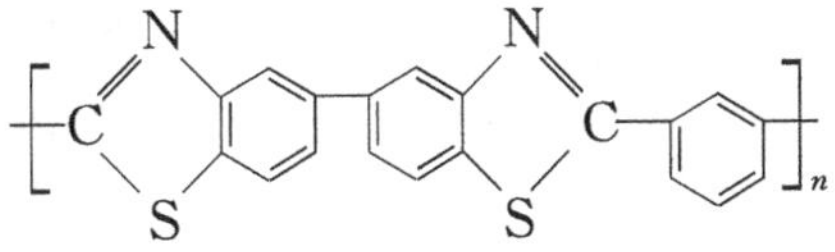

聚酰亚胺 PI

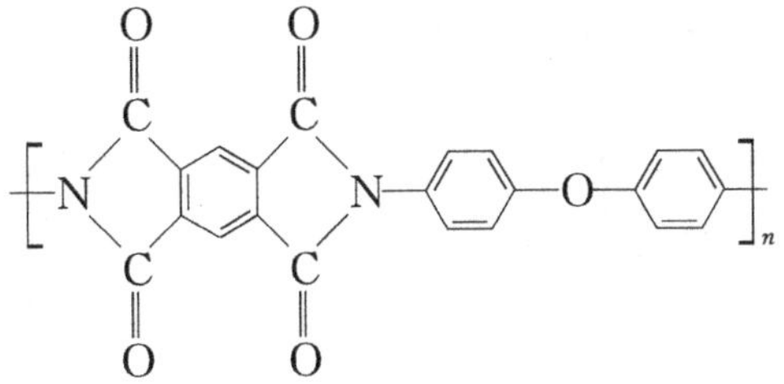

芳族聚酯

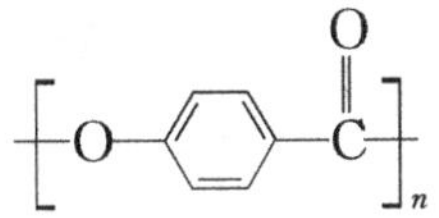

芳族聚酰胺（B 纤维）

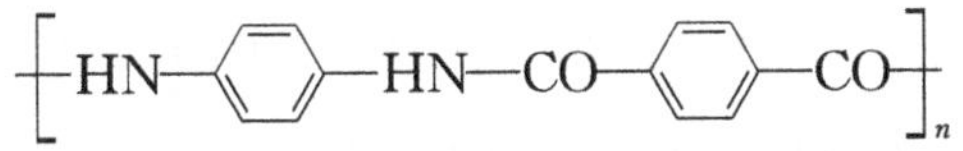

都是大家熟知的高强度工程塑料。

另一种类型刚性高分子链是在结构单元间有强烈相互作用。显然，自然界中生物体的天然高分子或生物高分子没有采取减少单键数目这种措施，而是通过加强分子间相互作用，特别是氢键来使自己的分子链变得刚性，从而提高本身对抗严酷自然条件的能力。这一方面是因为生物并没要求耐高温，另一方面生物要求有足够的变异能力，氢键是比化学键作用力小的相互作用，解除和重建氢键应该比化学键来得容易，氢键的形成条件也不像共价键那样严格，键长、键角可在一定范围内变化，具有一定的适应性和灵活性。生物大分子在溶液中，或在天然细胞中存在的状态绝不是简单的长长的线状单链，而往往是经过反复折叠盘绕，并用氢键来保持某种特殊的立体形状，从而关系着它们的生物活性。

包括氢键在内的非共价键在保持生物大分子高级结构稳定中起着重要作用。因为氢键(非共价键)的键能比较弱，所以维持一个生物大分子的立体构象稳定往往需要多个非共价键共同作用(以多取胜)。同理，氢键具有"可逆性"，即不稳定性。生物大分子的立体结构可在一定条件下被破坏，有时，在破坏条件移去之后，又有可能恢复非共价键合，恢复原来的立体构象。事实上，在肽链卷曲"折叠"成二级结构时，肽链上原来与水分子形成氢键的原子转而形成分子内氢键。典型生物

高分子链分子内的 α 螺旋和分子间、两聚体内的 β 折叠,见图 1-40,由它们可再"组装"出生物高分子链的三级结构和四级结构。

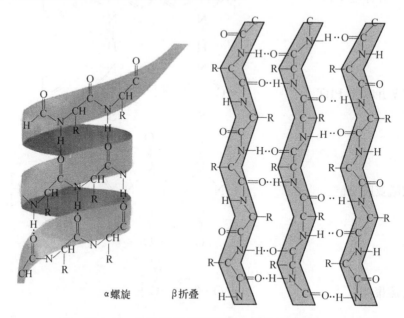

α螺旋　　　　β折叠

图 1-40　分子链通过氢键形成 α 螺旋和 β 折叠

再如,直链淀粉是由葡萄糖以 α-1,4-糖苷键结合而成的链状化合物,由分子内的氢键卷曲成螺旋状的结构(图 1-41)。

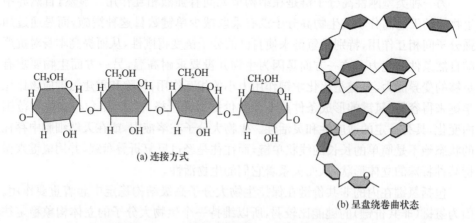

(a) 连接方式

(b) 呈盘绕卷曲状态

图 1-41　由葡萄糖以 α-1,4-糖苷键结合而成的链状直链淀粉,由分子内的氢键
卷曲成螺旋状的结构

复习思考题

1. 从历届高分子学科的诺贝尔奖的获奖内容,你有哪些心得?

2. 什么是软物质? 为什么说高聚物是软物质的一种?

3. 如何更全面地来理解高聚物的结构与性能关系?

4. 高聚物结构有哪些特点? 你对这些结构特点是怎么理解的?

5. 高分子链有些什么样的形态? 它们各自的要点是什么?

6. 高聚物结构的研究包括哪些具体内容?

7. 为什么说只有优良材料性能的高聚物仍然不能成为大品种的高聚物材料?

8. 存在于高聚物中的 σ 和 π 键有什么基本的重要性?

9. 什么是热塑弹性体,它与高分子链中含有的什么键合作用相关?

10. 你对化学能直接转换成机械能有什么看法?

11. 高聚物中可能存在的极性基团在高分子链中的位置有几种?

12. 范德瓦耳斯力是非常小的作用力,为什么在高聚物中却非常重要?

13. 为什么说氢键是构建蛋白质等生物高分子高级结构的重要相互作用力?

14. 什么是内聚能和内聚能密度? 为什么说内聚能密度是描写高聚物分子间作用力大小的重要物理量?

15. 在高分子科学中"近程"和"远程"指的是什么?

16. 高分子链结构单元的化学组成有什么重要性?

17. 高分子链端基对高聚物性能有什么影响?

18. 试叙述有不对称取代结构单元的高聚物,其结构单元的头-尾接,头-头接和尾-尾键接方式对高聚物材料性能的影响。

19. 试以聚苯乙烯为例说明全同立构、间同立构和无规立构高聚物的空间立构,它们对物理力学性能的影响如何? 从中你能体会到齐格勒-纳塔催化剂获得诺贝尔化学奖的意义吗?

20. 为什么一般说来,只要有支链对高聚物的物理力学性能总有不良的影响? 后来,树状高分子的合成成功对上面的观点有什么冲击?

21. 为什么说网状结构是高聚物分子结构的一个飞跃? 橡胶工业、树脂基复合材料工业以及生物高分子是如何充分利用这网状结构带来的利好的?

22. 什么是互穿网络高聚物?

23. 以结构单元键接序列观点说明共聚物的各种类型:无规共聚物、交替共聚物、嵌段共聚物和接枝共聚物。

24. 试用两个实例说明高聚物结构单元键接序列对它们物理力学性能的影响。

25. 蛋白质有严格的序列,序列稍有不同,就是性能完全不同的另一个东西,你知道有什么实例吗?

26. 研究和测定高分子链近程结构的方法大致可分为化学法、物理法和其他一些特殊方法三大类。你对此有什么总的评述?

27. 为什么 C—C σ 键的内旋转在小分子化合物中没有什么显著作用? 但在高聚物中却起着非常重要的作用?

28. 什么是自由内旋转？什么是受阻内旋转？

29. 什么是构象？构象与我们在一般化学学科中说的"构型"有什么不同？

30. 简述乙烷分子和取代乙烷分子的内旋转位能曲线。

31. 什么是内旋转异构体？它有什么特点？

32. 什么是高分子链的柔性？高分子链的柔性在高分子科学中具有基本的重要性，你对此有什么认识？

33. 有哪些参数可以用来描述高分子链的柔性？

34. 理想柔性链模型——自由联结链的要点是什么？

35. 什么是链段？它是如何定义的？在现实生活中还有什么类似的事例？

36. 无规线团的链模型是什么样的？这样链模型的末端距在数学上与无规行走有类比性吗？

37. 什么是阶乘的斯特林(Stirling)近似？在推导高分子链的均方末端距中还用到了哪些近似？

38. 高斯链给我们最重要的结果是什么？

39. 高分子链的均方末端距与均方半径有什么关系？

40. 实际高分子链和高斯链有什么不同？为什么说，作为一级近似，总可以把高斯链看作是实际链的简单模型？

41. 影响高分子链柔性的结构因素有哪些？

42. 什么是静态柔性和动态柔性？

43. 减少高分子链中单键的数目可有效降低它们的柔性，使高分子链刚性增加，从而提高高聚物的强度、耐环境性等。为什么生物高分子是主要通过增加分子链间相互作用，例如氢键来达到类似的目标？

第 2 章　高分子链的凝聚态结构

2.1　引　言

物质的凝聚态是指由大量原子或分子以某种方式(结合力)聚集在一起,能够在自然界相对稳定存在的物质形态。高分子链结构是单个高分子的结构,而高分子链凝聚态结构是高聚物本体的结构,就是这么多的高分子链是如何排列成一个整体的结构。如果把单个高分子链结构看做是单块砖的话,那么,高分子链凝聚态结构就是由这些砖砌成的高楼大厦的构造(结构)。用同样的砖但不同的砌法,能建成各式各样的房屋。同理,同样的高分子链但不同的排列和组合,能得到性能各异的高聚物材料。

2.1.1　气体、液体、固体和气态(相)、液态(相)、固态(相)

从结构观点来看,气态是分子排列完全无序,晶态是分子在三维空间排列完全有序,而液态是分子排列没有远程有序,但存在近程有序。但有时人们又常说气体、液体和固体,这是从它们的力学行为来区分的(图 2-1)。

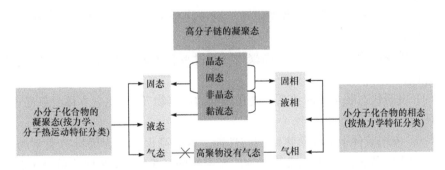

图 2-1　高分子链凝聚态中相态、力学状态与小分子化合物的类同和区别

气态和气体肯定是一致的,凡气态一定是气体,能流动、扩散,没有固定的体积和形状,反之亦然。液体肯定是液态,但液态不一定是液体,例如,玻璃在结构上是液态,但却具有一定的形状,几乎不能流动。非晶高聚物也是这样,处在玻璃态的高聚物几乎不能流动,但却具有接近固体的力学性能。

除了晶、液、气三态外,还存在一些介乎中间的过渡状态(详见下面的章节),因为高聚物没有气态,所以着重看晶、液之间的过渡状态。在三维有序到完全无序的晶、液之间的过渡状态称为液晶。高聚物由于分子链长,并有明显的几何不对称性,完全排列整齐有相当的难度,出现低维有序的可能性很大,因此高聚物液晶是一个重要的研究领域。

2.1.2 高分子链凝聚态结构的基本问题

现代高分子链凝聚态结构的基础内容是要了解结构单元是如何紧密地大量结合在一起而形成肉眼可以看见的世界,以及这些系统所具有的性质。高分子链凝聚态物理理论为理解系统的基本性质提供坚实的基础。

一般说来,在高分子链凝聚态结构中至少有 10 个问题值得深入研究。它们是:

(1) 从小分子到大分子。两个单体聚合成二聚体,进而三聚体……多少"聚体"才会呈现出大分子的特性?

(2) 单个分子和凝聚态。单个分子反映出来的性质应与"凝聚态"反映出来的不一样。到底多少个分子聚集在一起才能算一个"相",才能体现"相"的特征?

(3) 柔性链到刚性链。柔性链从链的折叠开始,如果高分子链的刚性不断增加,到什么时候分子链就不能折叠了?

(4) 单组分和多组分。什么时候会发生相分离,是热力学过程还是也包含有动力学因素?

(5) 均聚物和共聚物。特别是多嵌段共聚物有许多特殊的结构和性能。

(6) 低浓度到高浓度。即从单个高分子链到本体的过程,它们之间的相互作用到底如何?

(7) 线形分子变为支化、多支化乃至树枝状分子。它们的凝聚态结构有什么本质的区别?

(8) 微观尺寸和宏观尺寸。高聚物在尺寸受限时除结晶行为不同外,还会有哪些异同?

(9) 表面状态和本体的关系。处在表面的高聚物 T_g 可比它本体的低几十度,在本质上到底有多大的差别?

(10) 极端条件下的高聚物结构与性能。这时高聚物是否仍具有通常的凝聚态结构和力学状态。这些极端条件包括高聚物的二维膜(高聚物的单分子膜、LB膜)、超高拉伸高聚物以及结晶度达 100% 的高聚物宏观单晶体(当然也包括单链状态)等。100% 结晶度的聚双炔根本不存在玻璃化转变、高聚物单分子膜可能的二维橡胶态等。

我国学者在上述问题(1)、(6)、(8)和(10)等方面都做了很多有意义的工作。

2.1.3 高分子链的凝聚过程

高聚物没有气态,因此高分子链的凝聚一般都是从高聚物溶液着手。高聚物溶液是分子分散的真溶液(详见第 12 章),随着高聚物溶液浓度的增加,溶液中高分子链越来越多,它们之间就会发生相互作用(贯穿、缠结等),溶液浓度从极稀到极浓的变化过程就是高分子链体系从单链体系转变成相互贯穿的多链体系的分子凝聚过程。

高聚物溶液可以分为极稀溶液、稀溶液、亚浓溶液、浓溶液、极浓溶液乃至熔体,它们之间的关系见图 2-2。

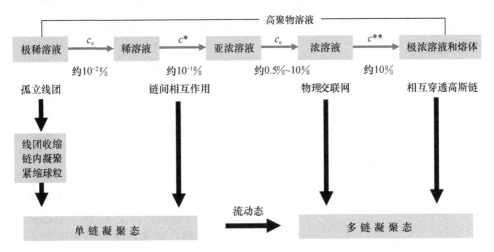

图 2-2　溶液浓度从极稀到极浓的变化是高分子链体系从单链体系转变成相互贯穿的
多链体系的分子凝聚过程

极稀溶液和稀溶液间的分界浓度是动态接触浓度 c_s。在极稀溶液,即浓度小于动态接触浓度 c_s($c<c_s$,质量分数一般为 $10^{-2}\%\sim10^{-1}\%$),分子链线团的间距非常大,可以说线团是真正的相互远离,很难有接触机会,达到了真正的单链线团在溶液中的完全分散。动态接触浓度 c_s 是高分子链开始"感受"到彼此存在但还没有彼此接触的浓度。随溶液浓度增加,介于动态接触浓度 c_s 和接触浓度 c^* 之间($c_s<c<c^*$),即进入一般的稀溶液时,分子链虽仍相互分离,但由于分子的平动和转动,就有机会相互接触而形成多链聚集体。在溶液的任一微体积元中,聚集体随机形成,又随机拆散。但在任一时刻,溶液中大小不等的多链聚集体和单分子链线团有一个分布。

接触浓度 c^* 定义为稀溶液中高分子链开始发生接触,继而相互覆盖的临界浓度。在这个浓度,单个高分子链线团一个挨一个充满溶液的整个空间,或者说单个高分子链线团在溶液中紧密堆砌,互相"接触"。一般接触质量分数数量级为 $10^{-1}\%$。实际上在这个浓度下,单个高分子链线团并非以孤立的静止状态分散在溶液中,由于分子热运动有些线团已开始发生部分覆盖而形成少量多链聚集体。

在良溶剂中,假设不考虑由于高分子链段相互作用所引起的无规线团的收缩

效应,德让纳(de Gennes)计算得到的接触浓度 c^* 为

$$c^* \propto \frac{N}{\bar{h}^3} = b^{-3} N^{(1-3\nu)} = b^{-3} N^{-4/5} \tag{2-1}$$

式中,N 为高分子链的平均链节数,相应于平均分子量;$\bar{h}$ 为高分子链的均方末端距,$\bar{h}=bN^\nu$;b 为单体链节的等价长度;指数 ν 的值与溶液状态有关(对良溶剂 $\nu=$ 3/5)。$\frac{N}{\bar{h}^3}$ 相当于一个高分子链在其自身包含的体积范围内的浓度。当溶液浓度与此浓度相当时,可以认为自由伸展的高分子链线团"紧密"地排列整齐,大分子开始相互接触。

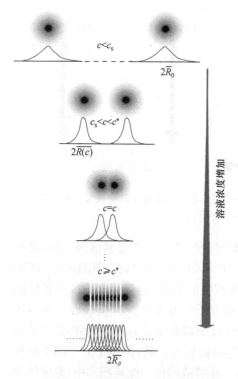

图 2-3　高分子(聚苯乙烯)链在良溶剂中从稀溶液到浓溶液的高分子链单元的空间密度分布示意图

若浓度继续增大,达到亚浓溶液(semidilute)和浓溶液的分界浓度,则此浓度称为缠结浓度 c_e。高分子链之间发生缠结,以后会发生进一步的聚集,形成凝聚态。

下面以聚苯乙烯为例来说明高分子链逐步凝聚的过程(图 2-3)。聚苯乙烯是相对比较柔性的高分子链,溶于它的良溶剂二氯乙烷。聚苯乙烯高分子主链上又带有一个侧苯基,如果苯基靠得很近,会产生激基缔合物,这样可以利用激基缔合物荧光光谱研究聚苯乙烯高分子链的凝聚。由于链段与溶剂分子的相互作用,聚苯乙烯在极稀的良溶剂中呈现为扩张的无规线团。但如果溶液的浓度很稀,线团之间的距离很大,线团之间完全分离,没有任何相互作用。随浓度增加,孤立的聚苯乙烯高分子链线团逐渐靠近,当浓度增加到动态接触浓度 c_s 时,其形态开始"感受"到邻近线团的影响,线团内的链段空间密度增大,链内非相邻生色团间形成侧苯基层叠对的概率增大。随浓度继续增大,邻近的聚苯乙烯高分子链线团越来越多,线团间距离越来越小,线团进一步收缩以至于不同线团上的链段开始相互贯穿,开始出现链间聚苯乙烯高分子链的侧苯基的层叠缔合作用,形成缔合物荧光(图 2-4)。此时溶液中链段的空间分布从不连续变为连续。此后,随浓度的增大,线团间彼此贯穿越来越多,到接触浓度 c^*,溶液中链段的空间密度分布大致达到

均一,并随浓度增加而线性增加,聚苯乙烯高分子链侧苯基的缔合物荧光也线性增加。当溶液浓度非常大,接近固体膜时,荧光强度会呈现超线性的浓度依赖性(图 2-5),在高度相互贯穿的线团凝聚体中,相同链的链段与不同链的链段间斥力相互平衡,导致在极浓溶液和非晶态固体高聚物中高分子线团取无扰高斯线团的尺寸。总之,几十个无规线团相互贯穿在一起就是非晶态高聚物(具体这里是聚苯乙烯)固体中高分子链形态的基本物理图像。

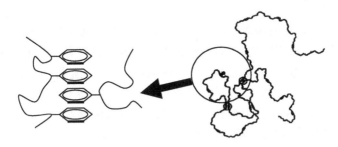

图 2-4　聚苯乙烯的侧苯基排列紧密规整,会产生强的激基缔合物荧光

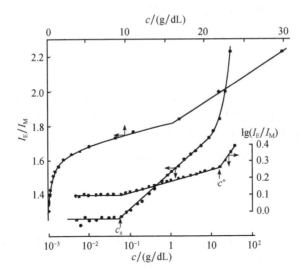

图 2-5　分子量为 $M_w = 2.5 \times 10^5$ 的聚苯乙烯高分子链侧苯基缔
合物荧光强度的浓度依赖关系
I_E/I_M 为激基缔合物与单生色团的荧光强度之比

2.1.4　高分子链凝聚态结构的内容

1. 非晶态结构

很容易设想,要把许多条又细又长、大小不一、形状可变、极为柔软的高分子链

线团排列成三维空间有序的结构肯定是非常困难的,所以非晶态应该是高分子链凝聚态的首选。事实上,玻璃态高聚物、橡胶及结晶高聚物中的非晶区都是高聚物的非晶态。

由于研究非晶态的手段有限,对其了解不够,对高聚物的非晶态结构至今还没有完全的定论,并一直是高分子科学界探索和争论的课题。

2. 晶态结构

令人意外的是,尽管困难,柔软的细长高分子链仍然能在三维空间规则排列。许多高聚物虽然没有规则的外形,但却包含一定数量良好有序的小晶粒,X 射线衍射证明它们具有三维有序的点阵结构。特别是 1957 年凯勒(Keller)首先制得了尺寸在微米量级的聚乙烯片状晶体,以及以后高聚物薄晶体的相变和亚稳态的深入研究,乃至通过固相聚合更得到了尺寸达厘米量级的聚双炔类宏观单晶体,使得高聚物的晶态结构研究有了质的进展。

因为晶态结构三维有序,且存在强有力的研究工具——X 射线衍射,所以了解得也比较清楚。研究内容包括晶体结构测定、结晶形态、结晶过程和动力学等。

3. 液晶态结构

高聚物分子链符合生成液晶的必要条件:分子形状明显的几何不对称性。只要分子间相互作用合适(能否维持这平行有序的排列),就能形成液晶。在液晶溶液中,部分区域存在有序的结构,用液晶溶液纺丝,流动单元已不是高分子链的链段,而是整个有序的微区结构。这样,在流动时很容易产生流动取向,得到高取向度、高强度的合成纤维,如杜邦公司的高强度纤维凯芙拉(Kevlar)就是通过液晶态纺丝制得的。

4. 亚稳态

高聚物的分子大,结构复杂,运动慢,导致达到高聚物最终的热力学稳定相的困难程度大增,从而使得高聚物在相变过程中会呈现出多种多样的亚稳定相。它们的稳定性尽管不如稳定相,但它们却能“捷足先登”地来到,并且它们也有相当的稳定性。加上小的相区尺寸乃至外场的诱导,高聚物相变过程中不同层次的亚稳相现象十分普遍。高聚物的亚稳定相内容包括高聚物相变中的过渡相、结晶和液晶高聚物的多种晶型、晶体和液晶缺陷、高聚物薄膜中表面诱导有序化、自组装体系的超分子结构、高聚物共混物和共聚物中的微区结构以及出现在加工过程中的外场诱导亚稳定相等。高聚物亚稳相对高聚物材料的性能和加工有非常现实的意义。本书将单辟一章(第 3 章)来讲述这个最近二十年来高分子物理呈现的新内容。

5. 单链凝聚态

单链凝聚态的研究主要是我国高分子物理学家发展起来的新领域,主要研究高分子链以单链形式存在时的结晶行为、单链玻璃态和高弹态的形态及力学行为、单链凝聚态到多链凝聚态的转变等。

单分子链凝聚态是大分子特有的一种现象。一个典型大分子链的分子量高达 $10^5 \sim 10^6$,可以占有 $10^3 \sim 10^4$ nm^3 的体积。而一个初级晶核的临界体积大约为 10 nm^3,由此可见一个可结晶的高分子链在条件适合的情况下将能通过成核、生长(折叠排列)而形成一个纳米尺寸的小晶体。

单分子链凝聚态颗粒没有分子间缠结,可以认为是进行有关研究的最小单位。研究高分子单链凝聚态的特点能帮助我们从另一种角度深刻认识高聚物材料的结构、形态及各种物理力学性质。又如"缠结"是高聚物天生的一个结构因素和最重要的结构特点,对结晶过程肯定有影响,必须予以考虑。一个单分子链是高聚物材料最简单的体系,通过研究单链单晶,进而研究寡链、多链结晶可能提供缠结对结晶过程影响的信息。

6. 取向态结构

高分子长链具有非常突出的几何不对称性,在外力场中很容易取向,所以具有取向态结构。取向单元不同,取向程度不同,性能就不同。取向态结构包括单轴取向、双轴取向、取向单元分布和取向度测定等。

7. 织态结构

(1) 已经提到过,一般高聚物的晶态不如小分子化合物的晶态完整,也就是说,在晶态高聚物中包含有非晶的部分。这样,在高聚物中就有一个共存的晶区与非晶区相互排列问题。

(2) 当然,也有取向部分和非取向部分的相互排列问题。

(3) 为了能满足实际使用中的各种需求,实用的高聚物材料从来都不是纯料,而是多组分的,有各种添加剂,如颜料、增塑剂以及为减少成本而加入的无机填料等,这些添加剂与高聚物也有一个相互排列问题。

(4) 为了提高纯高聚物的性能,把两种或两种以上的高聚物混合在一起,形成共混物,或称为高分子合金,这里也有它们各自组分相互排列的问题。

织态结构研究比较复杂。例如,共混物的塑料组分问题都已超出了本书讨论的范围。

8. 流动态(熔融态)

温度超过熔点,高聚物熔融为真正的液态,有熔体结构、熔体黏度及其切变速率依赖性,以及高聚物熔体表现突出的熔体弹性行为等流动特性。高聚物的主要加工成形都是在熔融状态下进行的,第8章我们将专门加以详细介绍。

这一章我们将主要介绍高聚物晶态、非晶态、液晶态、高分子单链凝聚态和取向态结构。

2.1.5　高分子链在晶体中的构象

小分子晶体的基本质点原子、分子和离子在晶胞中的排列是互相分离的。与小分子晶体不同,在高聚物晶体中,其基本结构单元为具有重复周期的“分子链段”,它们不可分离,高聚物晶胞尺寸与其重复单元的构象密切相关,这是高聚物晶体结构的一大特点。因此,有必要对晶体中分子链构象的特点有所了解。

C—C单键内旋转可形成8种类型的构象(图2-6)。图中,在每个类型旁的数字是等同周期,是以C—C键的长度为0.154 nm、键角为109°28′时计算的值。分子链的构象不同,等同周期的长度不同,则所包含的键的数目以及形状均不同。其中(1)是平面锯齿形构象,(2)、(3)、(7)和(8)为螺旋形结构,(4)、(5)和(6)为滑移面的对称形构象。

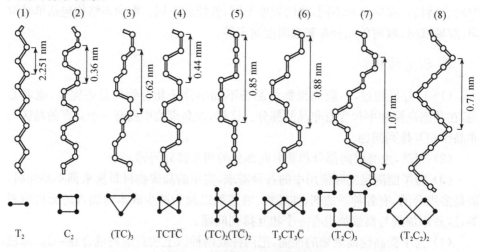

图 2-6　C—C单链的各种构象

晶体中高分子链的构象决定于分子链本身和分子链间相互作用两个因素。分子间力会影响链的相互堆砌,表现为固体的密度发生变化。但是,分子链在晶体中的构象主要取决于分子内的相互作用能。在晶态高聚物中,高分子链在晶体中的排列必须遵循能量最低原则。晶体中的每个高分子链只能采取位能最低的一种特定的构象,在晶体中作紧密而规整的排列。

聚乙烯分子链位能最低的构象是全反式构象,呈平面锯齿状(图 2-7)。按 C—C
键键长(0.154 nm)和键角(109°28′)计算,一个单体单元的长度为 0.252 nm,即一
个 C—C 键在链轴方向上投影长度的 2 倍,而这个长度就是聚乙烯链中 2 个靠得
最近的非邻近氢原子之间的距离,比氢原子的范德瓦耳斯半径 0.12 nm 的 2 倍大,
因而在位能上是合理的。此值与实测的表示晶胞中分子链轴方向等同周期的 c 值
0.2534 nm 非常接近,因此聚乙烯分子在晶体中正是采取这种全反式构象。

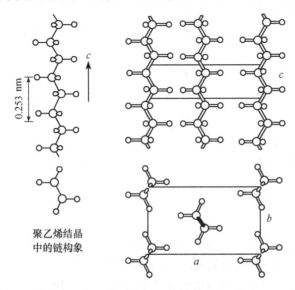

图 2-7　聚乙烯晶体的结构

体心正交,$a=0.736$ nm,$b=0.492$ nm,$c=0.253$ nm,$\alpha=\beta=\gamma=90°$

由于羟基体积较小,并且反式构象对生成分子内氢键更有利,等规聚乙烯醇高
分子链采取反式平面锯齿状构象。间规聚氯乙烯的结晶链也是锯齿形,一个单体
单元的长度为 0.51~0.52 nm。总的来说,一些没有取代基或者取代基较小的碳
链高分子链以及聚酯、聚酰胺等都采取能量最低的反式平面锯齿状构象。

如果分子链上有体积较大的侧基,为了减小空间位阻和降低位能,高分子链只
能采取螺旋形构象。例如,聚四氟乙烯 PTFE,由于氟原子的范德瓦耳斯半径达
0.14 nm,比氢原子的半径大,它的 2 倍已大于上面计算出来的平面锯齿状链构象
中的等同周期 0.252 nm,因而 PTFE 主链无法形成全反式平面锯齿状构象,而是
采取一种扭转的构象,稍微偏离全反式平面构象(图 2-8)。PTFE 链所采取的这种
螺旋形构象使碳链骨架四周被氟原子包围起来而呈螺旋硬棒状结构,因此 PTFE
具有极好的耐化学药品性能。由于分子链间氟原子的相互排斥作用,使得分子间
易于滑动,因此 PTFE 具有润滑作用及冷流性质。

等规聚 α-烯烃分子链,由于取代基的空间位阻,全反式构象的位能要比反式旁式交替出现的构象高,因此这类高聚物的分子链在晶体中通常采取包含交替出现反式旁式构象序列的螺旋形构象,如等规聚丙烯(图 2-9)。

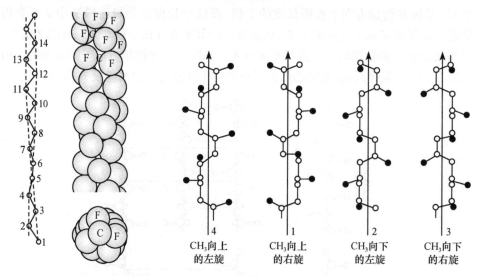

图 2-8　聚四氟乙烯结晶
　　　的分子链构象

图 2-9　等规聚丙烯晶体的分子链构象

综上所述,高分子晶体结构中分子链堆砌的状态主要取决于大分子链的构象和构型。比较对称的分子链结构较易形成平面锯齿形结构;而在分子链上引入大的取代基,但具有等规立构的构型的分子链,往往采取螺旋形的结构,以使分子链的位能最低,形成较稳定的晶体结构。同时,分子间的相互作用以及外部条件也会影响晶体的结构而形成不同的结晶变体。

2.1.6　高分子链凝聚态结构与性能的关系

与一般的小分子有机化合物不一样,高聚物主要是作为材料来使用的,这里,重要的是它们的物理力学性能而不是它们的化学性能(功能高聚物除外)。因此,对其物理力学性能有重要影响的凝聚态结构就显得特别重要。即使高聚物的化学组成是一定的,也会由于其凝聚态结构不同,而产生出完全不同的物理力学性能。这一点与小分子有机化合物主要是利用它们的化学性能不同,这也是高聚物对加工条件敏感性要比其他材料大得多的原因。

同一批号的塑料原料在正规塑料加工厂可以加工出性能很好的制品,但在某些小塑料厂却有可能被加工成不合格制品。这是因为加工条件没有掌握好,使得制品的凝聚态达不到所要求的结构,尽管物料的化学组分是完全一样的。例如,涤纶、涤纶丝和涤纶片是又韧又结实的纤维和片料,因为它们是由聚对苯二甲酸乙二酯熔体迅速冷却，又经拉伸制得的。而如果把聚对苯二甲酸乙二酯熔体缓慢冷却，得到的将是一个脆性高聚物。其他的实例还有尼龙渔网，如果抽丝后用水冷却，那么就会产生大球晶，光线会被散射，透明度也差，并且由于表面粗糙在水中容易挂泥，导致捕鱼率降低。改进的办法是用油替代水作为冷却液体，球晶变小，尼龙丝透明又不挂泥，能捕到更多的鱼；有机玻璃经双向拉伸后，强度大为提高等。这些例子都说明同一批原料在不同厂家生产（采用不同加工工艺），其产品质量会相差很远的原因。

2.2　高分子链凝聚态的结构模型

2.2.1　晶态高聚物的结构模型

1. 两相结构模型

这是较早期流行的晶态高聚物的模型，当时还没有发现高聚物的单晶片，因此在实验表明高聚物中晶相和非晶相是共存的事实基础上，提出了两相结构模型，也称为缨状胶束模型（fringed-micelle model）。

1）两相结构模型的实验基础

（1）在晶态高聚物的 X 射线衍射图上，除了有代表晶态的衍射环外，还有与非晶态相应的弥散环[图 2-10(a)和(b)]。

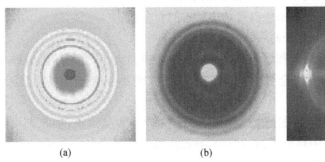

　　　(a)　　　　　　　　　　(b)　　　　　　　　　　(c)

图 2-10　聚丙烯(a)和部分结晶全同立构聚苯乙烯(b)的 X 射线衍射图，有明显的表征高聚物
　　　结晶的衍射环，以及高度取向聚乙烯的 X 射线衍射图(c)，出现微晶取向的弧形

（2）从晶态高聚物的 X 射线衍射图可以计算得到高聚物晶体的尺寸大致为 10 nm，而高分子链的长度为 $10^2 \sim 10^3$ nm，且具有柔性。

（3）晶态高聚物的熔点不像小分子化合物那样，它不是一个明确的温度，而是有一个温度范围（熔程）。

2）两相结构模型的设想

（1）单个高分子链可以通过晶区-非晶区-晶区-非晶区，如此反复多次，无明确相界面，因此两相共存，不可分离（图 2-11）。

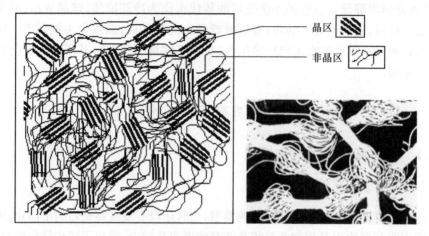

图 2-11　晶态高聚物的两相结构模型

（2）晶区由若干个高分子的链段相互平行取向紧密堆砌而成，链段轴与晶轴平行。晶区尺寸比高分子链的长度小很多。

（3）非晶区由无规卷曲的高分子链组成，结晶时各晶区间既相互联系又相互干扰，产生内应力，晶区与非晶区靠近之处内应力很大。

（4）结晶度就是晶区在整个高聚物中所占的百分数。

3）两相结构模型能解释的实验现象

（1）高聚物熔点的高低和熔程的宽窄取决于内应力大小，并与结晶历程有关。

（2）高聚物结晶不完全性（晶态高聚物的密度小于晶胞密度）归因于两相共存。

（3）高聚物拉伸时，X 射线衍射图上出现弧形的微晶取向的结果［图 2-10 (c)］，拉伸造成非晶区中高分子链的取向，导致高聚物的光学各向异性。

4）两相结构模型的不足之处

（1）用溶剂（苯）蒸气腐蚀高聚物（聚癸二酸乙二酯）的球晶，其非晶部分会慢慢被腐蚀掉而留下结晶的部分，从而表明晶态高聚物的晶区和非晶区是可以分离的。

（2）现在已经制得结晶度高达 90％的晶态高聚物（如高密度聚乙烯最高结晶度可达 95％以上），很难想象如何按两相结构模型把高分子链排入晶格中。

（3）两相结构模型遇到的最严重的挑战是高聚物单晶片的发现（见下节）。这是两相结构模型无论如何也不能解释的实验事实。

2. 折叠链结构模型

1957 年英国凯勒(Keller)从 0.05%～0.06% 的二甲苯溶液中用极缓慢冷却的方法首先培育制得了大于 50 μm 的聚乙烯单晶片(图 2-12),带来了高聚物结晶模型的又一次提升。据此,提出了高聚物晶态的折叠链模型(folded chain model)。

图 2-12　聚乙烯单晶片的电镜照片(左)及其 X 射线衍射图(右)

1) 折叠链模型的实验基础

(1) 许多能结晶的高聚物都能在适宜条件下培养得到它们的单晶片(图 2-13)。

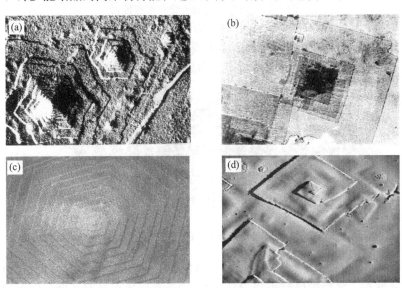

图 2-13　聚甲醛(a),聚 4-甲基戊烯-1(b),线性聚酯(c)单晶片的电镜照片以及聚氧乙烯和聚氯吡啶嵌段共聚物的 AFM 照片(d)

（2）虽然不同高聚物的单晶片外形不尽相同，但它们单晶片的厚度几乎相等，都约为 10 nm。

（3）晶片厚度与高聚物的分子量无关。

（4）晶片中的高分子链垂直于片晶的平面。

（5）高分子链的长度为 $10^2 \sim 10^3$ nm。

2）折叠链模型的设想

（1）高分子链以折叠的形式排入晶格，即长链分子为了减少表面能，在几乎不改变链长和键角情况下有规则地反复折叠而排进晶格（图 2-14），从而组成各种结晶形态。

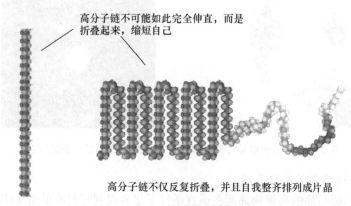

图 2-14　高分子链的折叠和整齐排列

（2）为了减少表面能与分子间作用力的竞争，高分子链有自动调整厚度的倾向，而且以相等长度的折叠最有利于缩小表面积，长度就是片晶的厚度 10 nm。因为链折叠的弯曲处可能因内应力大而损伤晶格，折叠长度不能再小（图 2-15）。

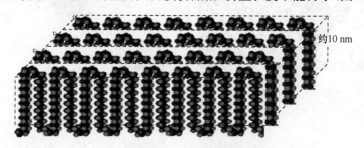

图 2-15　高聚物晶片的示意图，片晶厚度约为 10 nm

图 2-16 是单个高分子链折叠的计算机模拟图，在 7 ns 后高分子链就能有明显的折叠链形态。之后的研究表明，晶区中链的折叠现象在晶态高聚物中极为普遍。

3）折叠链模型能解释的现象

折叠链模型是相当完全的有序单晶模型，如何来解释一般情况下都得到半晶

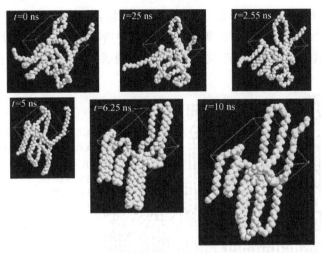

图 2-16　高分子链随时间不断折叠的计算机模拟

高聚物呢？高分子链在片晶内呈现规则折叠(即近邻折叠)，而且是完全规整的排列，但高分子链的折叠处以及夹在片晶之间的不规则链段则形成了非晶微区。另外高分子链也可以从一个片晶折叠后再穿出来参与另一个片晶的折叠(即非近邻折叠或插线板式折叠)，夹在片晶之间的高分子链段(可能彼此缠结)也将形成非晶区(图 2-17)。这几种情况都使晶态高聚物中有不规则排列的非晶区。

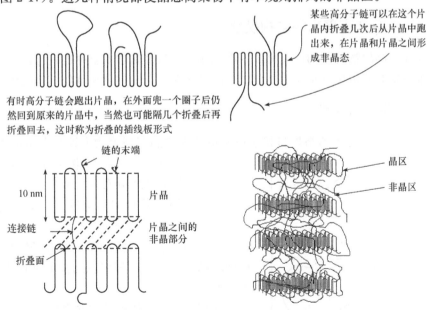

图 2-17　高分子链折叠时可能出现的几种情况
规则折叠形成片晶，不规则折叠(插线板式)以及高分子链的折叠处与晶片之间的
连接链等形成晶态高聚物的非晶区

　　霍塞曼（Hosemann）综合了各种可能的情况，提出了隧道折叠链模型（图 2-18）。这个模型综合了在高聚物晶态结构中所有可能存在的形态，包括伸直链、非晶区、晶区、空穴、折叠链、链的末端等，特别适合于描述半结晶性高聚物的结构形态。

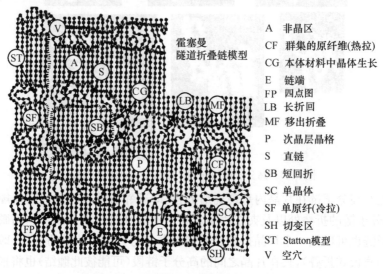

霍塞曼隧道折叠链模型	A	非晶区
	CF	群集的原纤维(热拉)
	CG	本体材料中晶体生长
	E	链端
	FP	四点图
	LB	长折回
	MF	移出折叠
	P	次晶层晶格
	S	直链
	SB	短回折
	SC	单晶体
	SF	单原纤(冷拉)
	SH	切变区
	ST	Statton模型
	V	空穴

图 2-18　霍塞曼提出的隧道折叠链模型

2.2.2　非晶态高聚物的结构模型

　　非晶态高聚物的结构研究比较困难，了解不多，因此学术争论也就比较多。归结起来主要有弗洛里(Flory)的无规线团模型和叶(Yeh)的两相球粒结构模型。

1. 无规线团模型

　　诺贝尔奖获得者弗洛里自始至终坚持认为非晶态高聚物无论是在溶液中还是在本体中，高分子链都采取无规线团构象（图 2-19），服从高斯分布，线团分子之间无规缠结，任意贯穿，并且相互穿透的密集程度非常大，几十个无规线团相互贯穿在一起。无规线团尺寸相当于在 Θ 溶剂中的高分子链尺寸，因而非晶态高聚物在凝聚态结构上是均相的，如前所述。

　　无规线团模型依据的实验事实是：

　　(1) 橡胶是典型的非晶态高聚物，橡胶高弹性理论以及由此推导出来的储能函数、应力-

图2-19　非晶态高聚物的无规线团模型

应变行为规律都是以高分子链为完全无规线团为基础推导出的(详见第 6 章)。

(2) 如果在橡胶中加入稀释剂也不会改变以上关系,说明原来的非晶态高分子链并不存在能被进一步溶解和拆散的局部有序结构。环状高分子链的开环或高分子链成环平衡都不受稀释剂的影响。例如,聚二甲基硅氧烷,当高分子链非常长时,环化平衡常数与环的浓度相等,与稀释剂存在无关。

(3) 用高能辐射交联,非晶高聚物本体并没有比它的溶液有更强的交联倾向,说明非晶高聚物本体中不存在局部的有序结构。

(4) 最有力的证据来自弗洛里的自标记高聚物小角中子散射(SANS)实验。H 原子和 D(氘)原子的中子散射强度差别较大,用 D 替代 H 后,H—和 D—高聚物(氘化高聚物)的化学性质一样,两种高分子链的形态几乎没有差别,但在散射强度上出现区别,如在 H—高聚物中混入少量 D—高聚物作为标记高聚物,那么有标记的高分子链就是无标记高分子链中的"稀溶液"。实验表明,非晶态高聚物聚苯乙烯中的高分子链的回转半径(均方半径)与高分子链在 Θ 溶剂中得到的是相等的,表明高分子链在本体中与在溶液中一样,均以无规线团状态存在。

顺便指出,中子非弹性散射是研究动力学特征的理想工具。长波小角中子散射是研究纳米、生物、高聚物的特殊实验工具。

2. 两相球粒模型

以叶为代表的学者并不认同弗洛里提出的无规线团模型,而认为非晶态高聚物具有所谓的两相球粒模型,也称为折叠链缨状球粒模型(folded-chain fringed micellar grain model)。

1) 两相球粒模型依据的实验事实

(1) 由无规线团模型计算的非晶态高聚物密度与晶态高聚物密度之比(ρ_a/ρ_c)约为 0.65,而由实验观察到的 ρ_a/ρ_c 值约为 0.9。如此高的密度之比表明,非晶态高聚物中必然存在较高的有序程度(密度随冷却速率降低而减小,在 T_g 附近退火,密度可增大,因此退火能引起局部密度的变化)。

(2) 某些高聚物熔体能以非常快的速率结晶,如聚乙烯和聚酰胺。特别是聚乙烯的结晶速率如此之快,以至于即使把聚乙烯熔体直接倾倒入液氮中也得不到完全非晶态的聚乙烯,也就是说不能阻止高分子链的结晶。很难想象原来处于熔融态的杂乱无序、无规缠结的高分子链会在快速冷却过程中瞬间达到规则排列,形成结晶。那么,合理的思路应该是,只有在生成晶体之前已有了某些有序的准备,才能实现快速结晶。

(3) 正如我们将在高聚物结晶理论中将要讲述的,早期的 H-L 结晶理论认为,作为结晶初态的非晶态是均相的。但最近的实验结果告诉我们,结晶高分子在形成晶体之前,经历了预有序的阶段,高聚物片晶并不直接从各向同性的熔体中生长出来,而需要通过一个短暂的中间过渡有序态。即存在一个预有序中间相,在均匀的片晶形成之前,先形成小晶块。这一点与(2)中所述的思路是一致的。

(4) 在电镜下观察到了许多非晶态高聚物结构中存在有 3~10 nm 的"球粒"结构,非晶态高聚物不是完全均相的。热处理能使某些非晶高聚物密度变大,同时球粒也变大。

(5) 尽管高聚物的玻璃化温度 T_g 和熔点 T_m 是不同相态下的参数,但它们却有一定的比值,$T_g/T_m \approx 2/3$,支配 T_g 和 T_m 的结构因子几乎相同(详见第 5 章),表明晶区和非晶区有某些类似的地方。

2) 两相球粒模型的设想

叶主要依据电镜实验观察提出了两相球粒模型。此模型认为,非晶态高聚物含有不可截然分离的两相——粒子相和粒间相。非晶态高聚物内存在着一定的局部有序。而粒子相又可分为有序区和粒界区两部分(图 2-20)。在有序区中,分子链互相平行排列,其有序程度与链结构、分子间力、热历史等因素有关,尺寸为 2~4 nm,有序区周围有 1~2 nm 大小的粒界区,由折叠链的弯曲部分、链端、缠结点和连接链组成。粒间相则由无规线团、低分子物质、分子链末端和连接链组成,尺寸为 1~5 nm。一根分子链可以通过几个粒子相和粒间相。

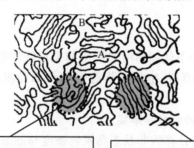

粒间相 由无规线团、低分子物质、缠结点、分子链末端、连接链,以及由一个"粒子"进入另一个粒子的部分链段所组成,为1~5 nm	粒子相 粒子之间是由大小均匀的"珍珠串"连接在一起,链由"粒子"的一端进入,从另一端出
粒界区 围绕着"核"心有序区而形成的明显恒定的粒界,大小为1~2 nm,这个区域几乎是折叠链弯曲部分。链段和缠结点,以及由一个有序区伸展得到另一个粒间相部分的链段所组成	有序区 大小为2~4 nm,此区内分子链相互平行,具有比近晶型更好的有序性,这种有序性与热历史、链的化学结构和次价力相互作用有关

图 2-20　非晶态高聚物两相球粒模型

　　两相球粒模型的重要特征是存在一个粒间相,它提供了高聚物的非晶部分。在高放大倍数下,可以明显地看到粒子相的有序区,而粒界区和粒间相则以缺陷即空洞形式存在,即电镜视野下的网状形貌。在粒子相的有序区,分子链平行排列有序堆砌,为结晶的迅速发展准备了条件。而观察到的网状结构可能是非晶态高聚物逐步趋于有序状态而又未达到完全有序(即晶态)的一种过渡态结构。

　　弗洛里的无规线团模型和叶的两相球粒模型都有各自实验事实的支持,相互之间争论不断。基本上应该说弗洛里对高聚物非晶态的看法是正确的。但是小角中子散射的实验结果并不排除在无规线团内部小的区域(1~2 nm)范围内存在着几个链单元的局部平行排列。其实,这里涉及局部有序的定义,通常小于 5 nm 可以称为局部有序,而大于 10 nm 就是长程有序。既然小分子化合物的流体有"近程有序",那么非晶高聚物中有近程有序也是可以理解的。虽然中子小角散射结果支持弗洛里的观点,但它测得的回转半径一般都大于 10 nm,对小于 10 nm 的结构,中子散射并不敏感,而局部有序区一般为 2~5 nm。需要指出的是,叶提出两相球粒模型依据的实验事实均为电镜的实验。电镜观察视野小,容易有假象,如表面断裂痕迹都可能被看成是微粒。因此,有关非晶态高聚物的结构需要用更多的实验来支持各自的观点。

2.2.3　高分子链的缠结

　　长而细的高分子链像一团乱麻,链相互穿透、勾缠是再正常不过的了,我们这里称它为高分子链的缠结。广义来说,缠结是高分子链之间形成物理交联点,构成网络结构,使分子链的运动受到周围分子的限制,因而对高聚物的性能产生重要影响。高分子链的缠结是高分子链凝聚态的重要特征之一。

　　缠结分拓扑缠结和凝聚缠结两种。拓扑缠结是指高分子链相互穿透、勾缠,链之间不能横穿移动[图 2-21(a)]。在分子链上,大约 100~300 个单体单元才有一个这种缠结点,而且缠结点密度的温度依赖性很小。对处于高弹态和流动态温度下的高聚物性质有重要的影响。任何高分子长链都存在拓扑缠结效应,只有当分子量低到几百以下时,这种链间拓扑缠结才不能发生。

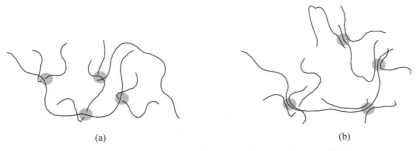

(a)　　　　　　　　　　　　　　　　(b)

图 2-21　高分子链的拓扑缠结(a)和凝聚缠结(b)示意图

　　尽管还没有关于高分子链拓扑缠结的直接观察证据,但从高聚物熔体的流变行为和力学性能的分子量依赖性上可以充分理解拓扑缠结的存在。

　　(1) 高聚物熔体在零切变速率黏度 η_0 有明显的分子量依赖性。存在一个临界分子量 M_c,分子量高于或低于 M_c,η_0 有完全不同的分子量依赖关系。M_c 被认为是高分子链能发生缠结的临界分子量。高聚物分子量 M 大于 M_c,分子链之间有了缠结,表征高分子链运动阻力的黏度 η_0 与 M 的 3.4 次方成正比(详见第 8 章)。

$$\eta_0 \propto \begin{cases} M & (M < M_c) \\ M^{3.4} & (M > M_c) \end{cases}$$

　　(2) 高聚物熔体在很高的切变速率下会又一次表现出牛顿性,黏度变小,反映缠结网络在剪切时被解开(详见第 8 章)。

　　(3) 硫化橡胶的实测弹性模量比只考虑化学键交联(化学交联点)的理论值大,表明这里还有缠结网络(物理交联点)的贡献(详见第 6 章)。

　　缠结的另一种类型是钱人元提出的凝聚缠结。凝聚缠结是由于局部相邻分子链间的相互作用,使局部链段接近于平行堆砌,从而形成物理交联点[图 2-21(b)]。这种链缠结的局部尺寸很小,可能仅限于两三条相邻分子链上的几个单体单元组成的局部链段的链间平行堆砌,而这种凝聚缠结点在分子链上的密度要比拓扑缠结点的密度大得多(两个缠结点间约有几十个单体单元)。凝聚缠结的生成是由于链段间范德瓦耳斯力的各向异性,包括链上双键和芳环电子云的相互作用。其缠结的相互作用能是很小的,很容易形成和解开,因此这种缠结点的密度有很大的温度依赖性,其强度和数目与试样的热历史有密切的关系。这种不同尺度、不同强度的凝聚缠结点形成物理交联网络,从而对高聚物在 T_g 和 T_g 以下的许多物理性能产生重要的影响。

　　许多实验证据支持高分子链凝聚缠结的存在。例如,聚对苯二甲酸乙二酯(PET)的激基荧光光谱表明,主链芳环之间的平行堆砌距离小于 0.35 nm,就是凝聚缠结。聚苯乙烯的广角 X 射线衍射实验也证明有高分子链的侧基芳环堆砌存在。

　　用凝聚缠结的概念可以解释非晶态高聚物的物理老化现象以及 T_g 转变的DSC 曲线上的吸收峰、非晶态高聚物在 T_g 以下单轴拉伸时出现的屈服应力峰等(见以下各有关章节)。

2.3　高聚物的结晶形态

　　高聚物的结晶形态非常丰富,由不同方式和在不同条件下生成的高聚物晶体具有不同的形态。不同条件是指在不同的结晶温度下结晶、在不同的外压下结晶、施加不同的外力使高聚物结晶、从不同浓度溶液中结晶和使用不同热处理条件等,这时高聚物的结晶会改变折叠链的厚度,或由此变化为高聚物的多晶体,或呈现像树枝晶、串晶、伸直链晶那样特殊的晶态结构。这里最关键的问题是先聚合后结晶,还是先结晶后聚合的不同结晶方式。两者会造成完全不同的晶体结构和形态。

　　一个极端情况是先聚合后结晶,即聚合和结晶是分开的,先生成高聚物,然后再令高分子链整齐排列结晶。由于高分子链的特性只能得到折叠链片晶,就算采取非常特殊的条件,如高压或高剪切应力,也只能得到某种形式的伸直链结晶,但这种伸直链晶体与折叠链晶体是共生而不可分的。另一个极端情况是先结晶后聚合,即先把单体排列整齐后再令它们发生聚合,可以得到真正的伸直链高聚物单晶体。无论是固态,还是液态,关键在于控制晶体生长的成核阶段(图 2-22)。

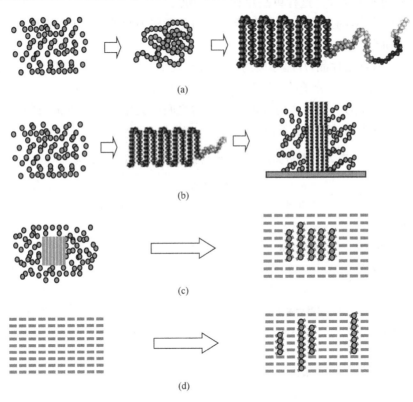

(a)

(b)

(c)

(d)

图 2-22　高聚物结晶方式比较

(a)先聚合后结晶,聚合和结晶是两个分离的过程,结晶受链折叠原理的限制;(b)在起始结晶生长后立即对晶体"完善化",得到有部分伸直链的较完整的晶体;(c)聚合和结晶同时进行,即在聚合过程中结晶,可以得到高聚物的完整晶体,无论是从溶液还是从固态,只要能成功地控制它们的成核过程;(d)先结晶后聚合,即固态晶相聚合,能够得到大而完善的高聚物宏观单晶体,高聚物单晶的尺寸仅仅受限于单体单晶的尺寸

2.3.1　从溶液或熔体中结晶

1. 从极稀溶液中结晶

1957 年凯勒(Keller) 首先将聚乙烯(PE)在极稀的(0.01%～0.001%)三氯甲烷溶液中,在接近其熔点(137℃)的温度下,以极缓慢的速率冷却制得了 PE 的单晶片。

现在,只要能结晶的可溶性高聚物在适宜条件(浓度、温度和冷却速率)下均能得到这样的薄单晶片。这种单晶片有以下特点:

(1) 尺寸小,约为 10 μm,刚刚能被普通显微镜所分辨,所以一般只能用电子显微镜来研究。

(2) 一般都是片晶,片晶厚度约为 10 nm,几乎对所有高聚物都是如此,且与高聚物的分子量无关。分子链在这晶片中折叠,分子链垂直于晶面。

(3) 它们都有一定的几何外形。两条边之间的夹角是特征性的,即每个高聚物都有它们的特征夹角(表 2-1)。

表 2-1　部分高聚物的单晶片形成条件和特征几何外形

高聚物	溶剂	溶解温度/℃	结晶温度/℃	晶体几何形状
聚乙烯	二甲苯	沸点	50～95	菱形
聚丙烯	α-氯代苯	沸点	90～115	长方形
聚丁二烯	乙酸戊酯	约 130	30～50	—
聚 4-甲基-1-戊烯	二甲苯	约 130	30～70	正方形
聚乙烯醇	三乙基乙二醇	—	80～170	平行四边形
聚丙烯腈	碳酸丙烯酯	—	约 95	平行四边形
聚甲醛	环己烷	沸点	约 137	正六边形
聚氧化乙烯	丁基溶纤剂	约 100	约 30	—
尼龙 6	甘油	约 230	120～160	菱形
尼龙 66	甘油	约 230	120～160	菱形
尼龙 610	甘油	约 230	120～160	菱形
乙酸纤维素	硝基甲烷正丁醇	—	约 50	—

(4) 结晶生长的基本规律与小分子化合物的结晶一样,即结晶生长也是沿螺型位错中心不断盘旋生长而变厚(图 2-23),这是因为在一片完全平整的晶面上再堆砌一层晶片是很困难的。

(5) 结晶温度升高,高分子链折叠的长度也增加,折叠链长度的变化范围在10～20 nm。

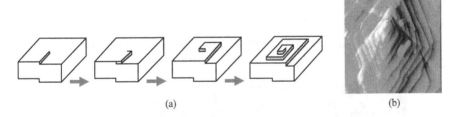

图 2-23 晶片沿螺型位错中心不断盘旋生长而变厚(a)和
聚乙烯盘旋生长的单晶原子力显微镜照片(b)

(6) 外加压力对高分子链折叠长度影响不大。

(7) 高聚物片晶的晶体密度总是小于理论密度,因此高聚物片晶内肯定还存在非晶部分。

2. 从较浓溶液中结晶

从较浓溶液(0.01%～0.1%)结晶得到的是树枝状多晶体,由许多单晶片按结晶规则呈树枝状排列(图 2-24)。从溶液中结晶时,当结晶温度较低,或溶液的浓度较大,或分子量过大时,高分子链不再形成单晶,晶体的过度生长将导致较复杂的结晶形式。在这种条件下,高分子链的扩散成了结晶过程的控制因素,这时,由于突出的棱角在几何学上将比生长面上邻近的其他点更为有利,能从更大的立体角接受结晶分子,从而更增加了树枝状生长的倾向,最后形成树枝状晶体。树枝状晶体的生长过程与球晶是不相同的,球晶在所有方向上对称发射生长,而树枝状晶体在特定方向择优生长。

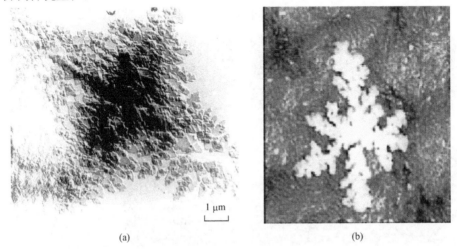

图 2-24 在较浓溶液中生长的聚乙烯(a)和聚氧化乙烯(b)的树枝状多晶体

3. 从浓溶液或熔体中冷却结晶

从高聚物的浓溶液或其熔体中直接冷却结晶得到的是球状多晶体——球晶（图 2-25）。

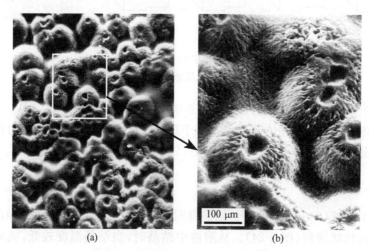

(a)　　　　　　　　　　　　　　(b)

图 2-25　聚乙烯球晶的扫描电镜照片

(b)图是(a)图中白方框部分的局部放大照片

球晶的特点是：

(1) 直径可达几十至几百微米，因此可以用光学显微镜来观察；

(2) 在正交偏振片下，球晶呈现十字消光图形（图 2-26）；

(3) 球晶是由厚度 10 nm 左右的长条片晶扭曲而成（图 2-27 中局部放大的图）；

(4) 扭曲片晶小条的生长速率相同，因此任何时候都呈球形（图 2-27）；

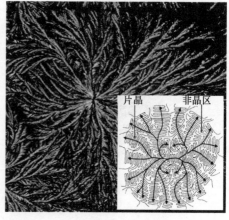

图 2-26　高聚物球晶的十字消光照片　　　图 2-27　球晶的构造

（5）片晶与片晶之间由一些微丝状连接链联系（图 2-28）；

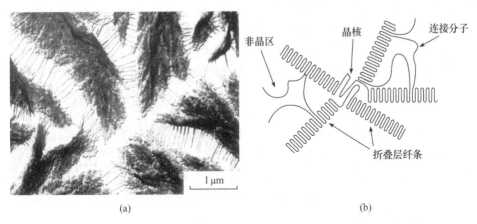

(a)　　　　　　　　　　　　　　　　　　(b)

图 2-28　片晶与片晶之间的微丝状连接链电镜照片(a)及其示意图(b)

（6）球晶中高分子链总是垂直于球晶的半径方向。

4. 在高压下结晶

高聚物熔体在几千甚至几万个大气压下结晶能得到完全伸直链晶体（图 2-29）。聚乙烯在 226℃、约 500 MPa 的压力下结晶时，形成了近 3 μm 厚的片晶，这一尺寸与典型的分子链长度相当。这种片晶的密度超过 0.99 g/cm³，接近于理想晶体。并且观察到片晶厚度并不均一，相当于该高聚物的分子量分布，它与温度或热处理

(a)　　　　　　　　　　　　　　　　　(b)

图 2-29　(a) 在 4.8 kbar 高压下和 220℃等温结晶 20 h 生成得到的聚乙烯伸直链晶体，(b) 缓慢冷却得到的聚四氟乙烯的伸直链电镜照片

没有关系,熔点140℃,接近平衡值。但由此生成的伸直链晶体是与折叠链晶体共存的,很难分离,因此没有使用价值。

　　除了聚乙烯外,聚四氟乙烯、聚三氟氯乙烯、聚偏二氯乙烯和尼龙等也可以在高压下结晶形成伸直链片晶。伸直链片晶的熔点要高于其他的结晶形式,接近于厚度趋于无穷大时晶体的熔点,同时一般的热处理条件对伸直链片晶的厚度没有影响。

5. 在应力作用下结晶

　　在应力作用下结晶与不存在应力有很大不同,因为这时结晶和取向同时发生,并有很重要的实际意义。事实上塑料的很多加工方法(挤塑、注塑)和纤维的纺丝都伴随有外加的应力。在强烈搅拌或高速挤出淬火时,高聚物能形成所谓的串晶(shish-kebab,图2-30),高聚物串晶具有伸直链结构的中心线,并在中心线周围间隔地生长有折叠链的片晶。

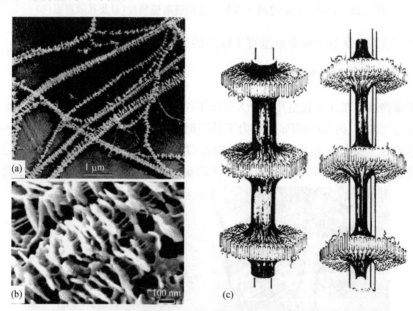

图2-30　(a) 5‰聚乙烯对二甲苯溶液中串晶结构的亮场透射电镜图像,
(b) 由一个超高分子量聚乙烯和一个低分子量无定形乙烯共聚物组成的共混物
的微串晶结构的场发射扫描电镜图像,(c) 串晶结构示意图

　　如上所述,在极稀溶液中缓慢结晶时可以得到具有折叠链片晶结构的单晶,而在高压下则得到伸直链晶体,这是两个极端的情况。在高聚物的成形加工(纺丝、注塑等)中,高聚物熔体受到应力场的应力大小远远不足以使高分子链形成伸直链,而是形成串晶。串晶包含伸直链的中心线,因此具有较高的强度和耐溶剂及耐腐蚀性能。

6. 在外场诱变下结晶

（1）微重力环境下高聚物的结晶。微重力环境下高聚物的结晶是为制备太空高聚物材料而进行的研究。模拟太空条件下的高真空微重力下对尼龙 11、聚偏氟氯乙烯、间同聚苯乙烯、全同聚丙烯（i-PP）等做了等温结晶，发现不少与常规重力下不同的结晶现象。以 i-PP 高真空强电场等温结晶为例，随静电场强度增加，晶胞参数增加，形态也会逐步由球晶转化为微片晶。

（2）静电场下高聚物的结晶。高聚物熔体在强静电场作用下，表面产生极化并逐步扩散渗透，高聚物表面带上的正负电荷会逐渐增加，当电场强度增加到一定强度时，静电力可以完全抵消重力，高聚物熔体被"悬浮"起来。在静电场下，高聚物晶核一旦形成，高聚物晶粒会沿静电场方向优先生长，在较强静电场下，熔体高聚物的折叠链会被静电引力拉伸，与未经静电场作用的分子链具有不同的取向，甚至会发生晶型的转变。

2.3.2　固态晶相聚合和高聚物的宏观单晶体

正如前面所讲的，多少年来，所制得的高聚物都是非晶或半晶的，即使是结构非常简单和排列非常规整的高密度聚乙烯，其结晶程度也只达到 97%。凯勒从高聚物的极稀溶液中培养出了微米级的聚乙烯晶片，这是一个重大的突破。随后几乎所有能结晶的高聚物都得到了类似的晶片，它们具有垂直于晶片的折叠链结构，链的折叠部分破坏了高聚物晶体的三维有序，晶体结构并不完善，甚至由于晶态高聚物的折叠链结构是如此的普遍，在一个时期里竟认为不存在完整的高聚物单晶。

1. 先结晶后聚合——不同的结晶方式

前面已提到过，高聚物的结晶都是先聚合后结晶的，已经聚合成很长的高分子链要产生质量中心的运动并不容易，不可能达到规整的排列，因而得不到完整的晶体。知道了这一点，是否可以逆向思考，即先不让单体发生聚合，而是先把单体排列整齐后再令它们发生聚合，即先把单体培养成单晶体，再让单体单晶发生聚合，就可得到高聚物单晶，这正是固态晶相聚合。

再回到图 2-22 来比较一下高聚物的结晶方式。

（1）单体分子先聚合成大分子后再令这些大分子规整排列结晶。聚合和结晶是两个分离的过程，大分子从它的无序状态结晶受链折叠原理的限制，只能得到具有折叠链结构的多晶体或亚微观的层状晶体［图 2-22(a)］。

（2）在起始结晶生长后立即对晶体"完善化"，可使已形成的折叠链长度增大几十倍，得到有部分伸直链的较完整的晶体，例如高聚物在高压下结晶可得到厚度达 3 μm 的伸直链结晶[图 2-22(b)]。

（3）聚合和结晶同时进行，即在聚合过程中结晶，无论是从溶液还是从固态，只要能成功地控制它们的成核过程，就可以得到高聚物的完整晶体[图 2-22(c)]。

（4）先把单体培养成单晶体，再让单体单晶聚合就可得到高聚物单晶，即我们这里讨论的双炔类化合物的固态晶相聚合，能够得到大而完善的高聚物宏观单晶体，高聚物单晶的尺寸仅仅受限于单体单晶的尺寸[图 2-22(d)]。

2. 双炔类单体的结晶和固相聚合

要先结晶后聚合，就必须找到晶相具有反应性，即在晶相能发生聚合的单体。具有共轭三键的双炔类化合物[R_1—C≡C—C≡C—R_2]在固态下具有反应性，因此可以把双炔类化合物先培养成单晶体，然后令它们直接聚合成高聚物的单晶体。聚双炔类（polydiacetylene）宏观单晶体具有厘米量级的尺寸、几乎无缺陷的完整性、完全伸直链的结构、纯而立体规整的主链等特点，为研究高聚物结构与性能关系提供了一个理想的一维晶体模型化合物。

双炔类化合物的固态晶相聚合是共轭三键的 1,4-加成聚合反应，反应通式如图 2-31 所示。固态晶相聚合是一种特殊的相转变，即从固态的单体变成了固态的高聚物。因此，相变的机理就会对高聚物相的完整性，即是否能得到高聚物单晶有很大影响。双炔类化合物固态晶相聚合反应是在单体晶体中均匀地进行的，它起始于整个晶体中无规分布的某些点，这样就形成了分散在单体母体中伸直链大分子的固态溶液，所形成的晶体的连贯性保持不变，聚合是连续的均相过程，单晶的特征不会被破坏[图 2-32(a)]。这样的聚合称为均相固态聚合。

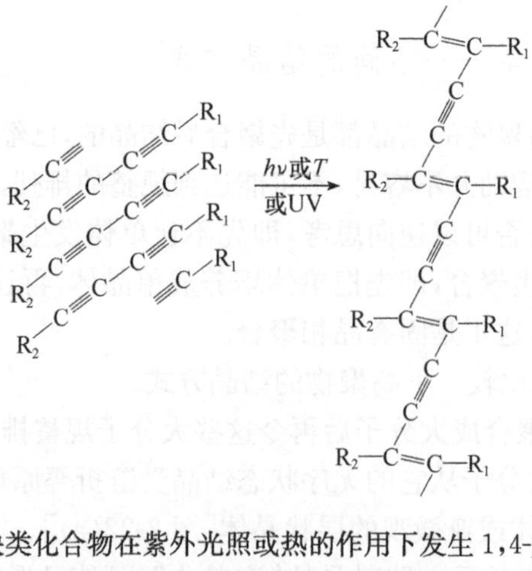

图 2-31　双炔类化合物在紫外光照或热的作用下发生 1,4-加成聚合反应
所得的高聚物主链中有单键、双键和三键

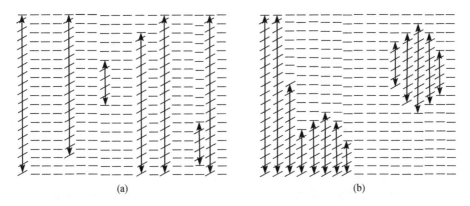

图 2-32　固态晶相聚合中的均相和异相链增长

(a)聚合反应起始于整个晶体中无规分布的某些点,在单体晶体中均匀地进行,形成分散在单体母体中
伸直链大分子的固态溶液。聚合是连续的均相过程,单晶的特征不被破坏,属于均相固态聚合。(b)高
聚物相的成核在缺陷、表面或母相中不完善的地方。在这种情况下核之间的连贯性被破坏,母相和子
相比容的差异将导致单晶的破裂而形成多晶材料,得不到大的高聚物单晶,属于异相固态聚合

另一类则是异相固态聚合[图 2-32(b)]。聚合的第一步是聚合物相的成核,新相是在缺陷、表面或母相中不完善的地方成核的。显然,在这种情况下核之间的连贯性被破坏,母相和子相比容的差异将导致单晶破裂而形成多晶材料,得不到大的高聚物单晶。

3. 双(对甲苯磺酸)-2,4-己二炔-1,6-二醇酯

在聚双炔类化合物中,最容易培养成大单晶的而且研究最多的是聚双(对甲苯磺酸)-2,4-己二炔-1,6-二醇酯[polybis-(p-toluene sulfonate) of 2,4 hexadiyne-1,6-diol,简称 PTS]。

$$n(R-C\!\equiv\!C-C\!\equiv\!C-R) \longrightarrow \left[\!\begin{array}{c} R \\ | \\ C-C\!\equiv\!C-C \\ | \\ R \end{array}\!\right]_n$$

$$R = -CH_2-O-SO_3-\!\!\!\!\!\bigcirc\!\!\!\!\!-CH_3$$

单体双(对甲苯磺酸)-2,4-己二炔-1,6-二醇酯(TS)很容易培养成宏观大单晶(图 2-33),并能在平常的条件下(紫外光辐照或 60℃下恒温 72 h)发生固态晶相聚合,成为它们的高聚物 PTS(图 2-34)。

图 2-33　在双(对甲苯磺酸)-2,4-己二炔-
1,6-二醇酯(TS)甲醇溶液中培养成的宏
观大单晶

完全没有聚合的 TS 是无色的,照片上的深色
是由于已有 1%~2%的 TS 发生了聚合

图 2-34　聚双(对甲苯磺酸)-2,4-己二炔-
1,6-二醇酯(PTS)宏观单晶体

极大尺寸已达厘米量级,亮黑色,有金属光泽,
特别是大分子链不是垂直于晶面而是平躺在
晶面内

　　利用 TS 能溶解,其高聚物 PTS 不溶解的特点,求得 60℃下 TS 的聚合转化率曲线如图 2-35 所示。曲线呈 S 形,固态聚合在开始阶段有一段诱导期,在转化率约为 15%时,聚合速率陡增,以后渐趋平坦。60℃下热聚合 72 h 已足以使聚合转化率达 100%,此时 TS 完全聚合成它的高聚物 PTS。

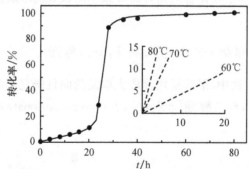

图 2-35　双(对甲苯磺酸)-2,4-己二炔-1,6-二醇酯(TS)单晶体 60℃下的聚合转化率曲线

聚合存在一个明显的诱导期,在转化率约为 15%时聚合速率陡增。72 h 时聚合转化率已达 100%,
TS 完全聚合成聚合物 PTS。右下角为 TS 在 60℃、70℃和 80℃ 3 个温度下聚合转化率的起始部分,
由它求得 TS 聚合的活化能 $E=6.01$ kJ/mol

　　聚合转化率曲线起始部分的斜率就是聚合反应的速率常数 k。根据阿伦尼乌斯(Arrhenius)公式,由 60℃、70℃和 80℃ 3 个温度下的 $\ln k$-$1/T$ 关系图求得 TS 固态热聚合的表观反应活化能 $E=6.01$ kJ/mol。

4. 聚双(对甲苯磺酸)-2,4-己二炔-1,6-二醇酯(PTS)宏观单晶体

TS 和 PTS 规整的外形已经表明它们是单晶体。由图 2-34 可见,PTS 呈现出金属的光泽(亮黑色),加上 PTS 还具有延展性,用锤轻轻敲打,会像金属一样慢慢变薄,所以被称为"有机金属"。

PTS 的 X 射线衍射花样呈现出典型的晶体衍射点,而不是一般半晶聚合物的衍射环(弧)(图 2-36)。这就表明经过聚合而得的高聚物 PTS 的确是一个单晶体。尽管衍射斑点不如金属的那样精确,存在有各种缺陷(这是完整晶体中的缺陷,不是在我们通常晶态高聚物中所说的非晶态部分),但仍然可以认为 PTS 是结晶度达 100% 的近乎完整的晶体。这是与传统的晶态高聚物完全不同的。

把单体 TS 的二甲苯溶液滴加在水面上,溶剂挥发后会在水面上形成一层厚度不大于 100 nm 的 TS 薄晶片。经过热聚合即得 PTS 薄晶片,适用于透射电镜的实验。沿 [120] 方向的电子衍射花

图 2-36　PTS 宏观单晶体的 X 射线衍射图

样如图 2-37(a) 所示。PTS 的晶胞参数已确定是 $a=1.494$ nm,$b=1.449$ nm,$c=0.491$ nm 和 $\gamma=118.1°$(图 2-38),[120] 近似垂直于 (010) 面。PTS 沿 [120] 方向倒易点阵的投影如图 2-37(b) 图所示。比较图 2-37(a) 和 (b) 可见,PTS 的衍射花样正好对应于倒易点阵的式样,表明由水面上结晶的 TS 聚合而得的 PTS 薄晶片的平面正是 (010)。因此图 2-37 的衍射花样告诉我们,PTS 宏观单晶体具有完全

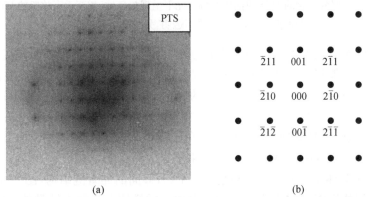

图 2-37　用滴加在水面上的 TS 二甲苯溶液形成的约 100nm 的 TS 薄晶片(a),经过热聚合得 PTS 薄晶片,作透射电镜得到的沿 [120] 方向的电子衍射花样,以及 PTS 单晶体沿 [120] 方向倒易点阵的示意图(b),两者完全相符

伸直链的结构,它平躺在(010)平面上,方向是[001]。这又是与传统的高聚物结晶中垂直于晶面的折叠链迥然不同的。PTS 的这种伸直链结构使得它沿链方向的作用力(主价键合)比垂直链方向的作用(范德瓦耳斯键合)大 2 个数量级,其各种性能呈现出强烈的各向异性。图 2-39 是部分聚合的 PTS 单晶体在偏振光下的二色性。

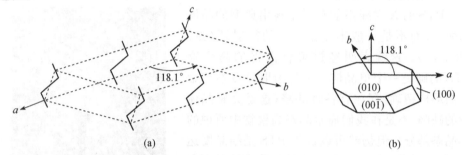

图 2-38 单斜晶系的 PTS 单晶体(a),$a=1.494$ nm,$b=1.449$ nm,$c=0.491$ nm 和 $\gamma=118.1°$ 及 PTS 单晶体外形晶面图(b),分子链平躺在(010)平面上

图 2-39 已有部分聚合的 PTS 单晶体在偏振光下呈现二色性,相互垂直放置的 PTS 单晶体在偏振光下,一个几乎不透明,另一个则是透光的

聚双炔类高聚物宏观单晶体特殊的分子结构排列,为全面研究伸直链高聚物的物理力学性能提供了理想的模型高聚物,并且它厘米量级的宏观尺寸使常规物理测试方法成为可能。一个显而易见的推论是,100%结晶的高聚物 PTS 根本就没有玻璃化转变,没有橡胶态,没有一般高聚物所共有的 3 个力学状态和 2 个转变,因为在这样的高聚物单晶体中不存在任何非晶态,任何与高聚物非晶态有关的概念在高聚物宏观单晶体中都是不适用的。

PTS 单晶体结构的完整性和它平行于(010)面的伸直链结构(图 2-40)也是精细研究高聚物性能与结构关系的理想对象。同样用在水面上结晶的 PTS 薄单晶片,暗场电镜观察能清楚显示它们晶格排列中的堆垛位错和层状位错缺陷(图 2-41),这样的晶体缺陷在金属和无机物晶体中常可观察到,但在一般以折叠链为基本结构的高聚物晶体中是没有的。

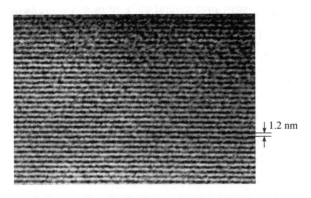

图 2-40　PTS 单晶(010)面的高分辨晶格电镜照片

显示出清晰的伸直 PTS 高分子长链(链间距离为 1.2 nm)

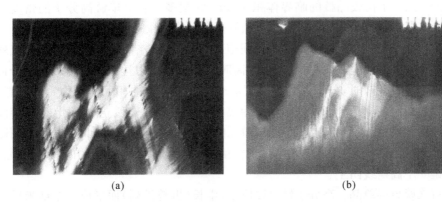

(a)　　　　　　　　　　　　　　(b)

图 2-41　用滴加在水面上的 TS 二甲苯溶液形成的约 100 nm 的 TS 薄晶片,经过热聚合得
PTS 薄晶片,作暗场透射电镜得到的 PTS 单晶薄片的堆垛位错(a)和层状位错(b),
与在金属中观察到的同类位错图像一样清晰、典型

总之,聚双炔类宏观单晶体有如下的特点:

(1) 有宏观的尺寸,可以制备得到的晶体尺寸达毫米至厘米的量级;

(2) 具有规则的晶面,完全伸直的高分子链,且高分子链方向与晶面方向一致;

(3) 晶体外形、X 射线衍射和电子衍射等都表明它们是结晶度为 100% 的完善的晶体,晶体密度也与理论计算值相一致。

理论物理学家往往习惯以大而完善的晶体作为工作对象,聚双炔类宏观单晶体为了解结晶高聚物的许多基本性能提供了理想的模型化合物对象。这里要提的是 PTS 单晶体的负热膨胀系数。在通常情况下,PTS 单晶体的侧链分子之间存在较强的作用,限制了主链分子的横向热振动,因此 PTS 单晶沿链方向的热膨胀系数在大多数温度下仍都是正的。由 PTS 的结构分析可知,在 200 K 附近经历一个相变,相邻主链的侧链苯环以相反方向转动 3.0°和 7.1°。在侧链的转动过程中,链与链之间的结合松动,主链分子的横向振动变大,于是沿链方向的热膨胀系数出现负值。有关高聚物负热膨胀系数的内容还将在第 10 章中详加讲述。

2.3.3　单链单晶

高分子单链单晶(single-chain mono-crystal)是主要由我国科学家开辟的高聚物新领域。高分子链以单链形式存在时具有许多不同的形态、结构和性质特点,对我们深入理解高分子链凝聚态若干基本概念具有重要意义。

一个孤立的小分子,没有什么凝聚态可言,但一个高分子长链有成千上万个小分子单体单元,这些单体单元就有可能形成凝聚态。单分子链凝聚态是高聚物特有的一种现象。已经讲过,一个典型高分子链的分子量高达 $10^5 \sim 10^6$,体积达 $10^3 \sim 10^4$ nm^3,比一个初级晶核的临界体积 10 nm^3 大很多。假定单链高分子的密度为 1 g/cm^3,那么这个单链高分子以球形颗粒存在时的半径将为 7.4 nm。

单分子链凝聚态的形成是链单元间相互吸引作用的结果。说得更确切一点就是,链单元之间的相互吸引力与更近距离时的相互排斥力达到了平衡。当一个孤立的高分子链存在时,分子链的大尺度形态对链单元间的相互作用力特别敏感。在高聚物稀溶液中两个高分子线团间距离很大时可以看作孤立的线团,这时溶液中线团的大尺度形态(均方半径)受链单元间和链单元与溶剂分子间的相互作用影响很大,单链高分子由于链单元间存在相互吸引的凝聚作用,则线团的大尺度形态就不是一个高斯线团了。

再来谈单链单晶。高分子链可以成核、生长(折叠排列)而形成一个纳米尺寸的小晶体。单链凝聚态颗粒没有分子间的缠结,从而可以研究链缠结对高聚物结晶行为及机理的影响,以及迄今尚有争论的分子成核理论、近邻规整折叠、大尺度的分子运动现象,帮助我们从分子水平上理解高聚物的运动和高聚物的结晶机理,为进行分子设计,并制备高性能及具有特殊功能的高聚物提供理论和技术支持。

特别是关于晶体中高分子链的折叠方式的争论:究竟是近邻规则折叠还是无规折叠,以及结晶时可能发生大尺度分子链运动的问题。帐篷状的单链单晶表明高分子链结晶时近邻规则折叠是经常发生的。当然也表明没有大尺度的分子运动,分子链一个个进入晶体也是不可能的。

高聚物以单链形式存在时(无溶剂条件下),无溶剂化作用,但链单元间有范德瓦耳斯吸引力,高分子链不再是高斯链。这样一根孤立的单分子链将以打圈链的形态[链上的部分构象从反(t)式转变成旁($g^\pm$)式]存在,最终塌缩成 R_g 很小的紧缩球粒。当只有自身链单元间存在相互吸引的作用时,链构象中 $g^\pm/t$ 的构象数比值显著增大。这是单链凝聚态与多链凝聚态最基本的差异。图 2-42 是聚合度为 490 的聚乙烯分子链形态变化的分子动力学模拟,温度 400 K 时从一个各向同性的打圈线团变得竖立起来,形成许多平行取向链段的来回无规折叠的线团,这里没有异相成核,而是高分子链垂直的自身凝聚,发生均相成核。

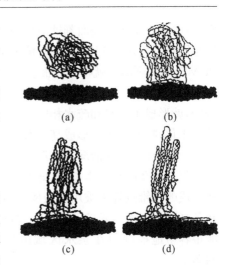

1. 制备单链试样的方法

制备高分子单链试样一般用高聚物的极稀溶液($\leqslant 10^{-5}$%)。正如前面已经讲过的,在极稀溶液中单分子链线团(或其流体力学体积)相距较远,彼此独立,相互之间没有交叠。因此,先制备高聚物的极稀溶液,然后用适当的方法将溶剂去除,并保持线团分离状态,得到单链粒子。具体方法有:

图 2-42　聚合度为 490 的聚乙烯单链分子在非晶碳表面上从一个无规线团结晶成核演变的分子动力学模拟 (a) 0;(b) 10 ps;(c) 100 ps;(d) 600 ps

(1) LB 膜法。将高聚物极稀溶液(通常质量分数为 10^{-4}%~10^{-2}%)滴在水面上,液滴迅速扩散,溶剂迅速挥发,孤立的单链粒子留在水面上。逐滴加入,直到水面上有足够数量的粒子。适当压缩表面,使粒子浓集,但要避免聚集。用拉膜方法将单链粒子转移到电镜铜网上观察。

(2) 生物展开技术。用一根针斜插入水中,将高聚物极稀溶液滴在针上,液滴沿针滑下水面,迅速扩散,待溶剂迅速蒸发后,也得到单链粒子。将针移向别处,再滴溶液,重复操作,直到溶液扩散变得不太迅速为止。将铜网的表面轻轻接触水面,使单链粒子转移到铜网上。

(3) 极稀溶液喷雾法。将高聚物极稀溶液直接喷雾到铜网上或滴到铜网上,得到单链粒子,只是这样得到的单链粒子数目较少,难以观察,并且有大量溶剂挥发在空气中污染环境。

此外还有冷冻干燥法、平板浇注成膜法、漏斗富集法和溶液培养预结晶法等。随着现代高新技术进步,还可以通过化学反应直接聚合的单链微粒。

(4) 微反应器法。如微乳液聚合法,在适当条件下使用纯的单体,直径 20~40 nm 大小的乳液滴中只允许一个单体被引发,这样可以得到分子量很大($M > 10^6$)的单链高分子纳米尺寸微粒。用这一方法可以制备足够量的试样,以做各种物理性质的研究。

(5) 软刻蚀微制造技术。现在还有利用现代软刻蚀微制造技术制备的微聚合反应器来制备单个高分子链微球的。近年来发展起来的包括微接触印刷(μCP)在内的"软刻蚀"(soft lithography, SL)技术为微反应器的研究提供了有力的手段。

SL 技术核心是通过表面刻蚀有细微结构的聚二甲基硅氧烷(PDMS)弹性印章来转移图形。先用光刻蚀法在玻璃或硅基片上刻蚀出精细图纹,再在基片上浇铸 PDMS,固化剥离后就得到表面复制了基片上精细图纹的弹性印章。

把 PDMS 弹性印章蘸取如十八烷基三氯硅烷(OTS)等"墨水",在基片上交叉盖印,就形成了亲水和疏水相间的点阵。当基片从溶液中提出后,由于界面自由能的最小化,在亲水区会形成高度有序的液滴点阵,而疏水区则没有。就方形或圆形模板而言,在大多数情况下液滴呈现出半球状(平衡状态时每一个小液滴的体积和形状仅由体系的热力学参数,即亲水区的面积及液固界面自由能所决定)。这些液滴组成的二维点阵可被用作微反应器进行成核、结晶或化学反应的研究,进而可以制备高度有序的纳米粒子点阵。通过改变图案、尺寸以及液固表面的相互作用,就能很容易地控制留在亲水区域的液体体积和形态,从而进一步影响最终形成的图纹。

微反应器当然可用于微聚合反应器。利用 μCP 技术在 $1~mm^2$ 的面积上制出多达上千个反应器,配制很稀的单体-引发剂溶液使每个反应器中只有若干个乃至一个引发剂分子,反应一旦开始,就有可能在一个反应器里生成纳米级的高分子颗粒。如果一个反应器中只含有一种引发剂,那在这个反应器里就有可能只生成单链高分子,也就是说能得到纳米量级的单链大分子。此种方法的意义在于一方面我们能在很小的空间范围内同时观察许多不同类型的反应和可能的不同产物,并且如此之多的微聚合反应器排列得相当整齐(图 2-43),有时甚至可以排列成尺寸渐变的阵列,由此微聚合反应器得到的产物就能有序排列成特殊有用的器件,也就是说微聚合反应器为制备(沉积)纳米颗粒阵列开创了又一个新方法;另一方面,用这种微聚合反应器制备的纳米大分子颗粒数量多,可以在一个显微镜视野里同时观察到众多的纳米大分子形态乃至单链大分子形态——单链非晶态、单链单晶,从而为研究单链凝聚态提供了更为直接方便的可能性。

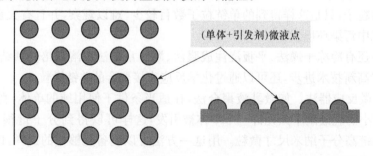

(单体+引发剂)微液点

图 2-43 微聚合反应器制备寡链、单链高分子或它们的纳米阵列

2. 培养单链单晶

把用上述方法制得的单链微粒放在一定的温度和气氛下恒温结晶,保持一定

的过冷度,并加惰性气体保护,只要结晶时间充分,就可以得到单链单晶的样品。具体实例如下。

聚氧乙烯(PEO,$\overline{M}_n=2.2\times10^6$)的苯溶液,质量分数为 $2\times10^{-4}\%$,在 80℃水面上扩展成单链膜片,用电镜铜网上碳膜增强的火棉胶膜捞起,经 80℃熔化,再在 52℃长时间结晶。

全同立构聚苯乙烯(i-PS,$\overline{M}_n=1.7\times10^6$)的苯溶液,质量分数为 $1\times10^{-3}\%$,在水面上扩展后,用电镜铜网捞起,经 170~180℃结晶至少 3 h 以上,i-PS 级分($\overline{M}_n=1.34\times10^6$)制备的在 175.2℃下结晶 8 h。

顺丁橡胶(c-PBD,$\overline{M}_n=2.3\times10^6$)和杜仲橡胶(GP,$\overline{M}_n=3.7\times10^6$)级分,用极稀溶液喷雾到电镜铜网的经碳膜增强的 Formvar 膜上,在 -93℃ 以下用电镜观察。

已研究过的体系有等规聚苯乙烯、聚环氧乙烷、顺式 1,4-聚丁二烯、反式 1,4-聚异戊二烯、聚偏氟乙烯、全反式聚异戊二烯(TPI)、茂金属催化聚乙烯(MHDPE)和超高分子量聚乙烯(UHMWPE)等。

3. 单链单晶的形态

高聚物典型的单链单晶形貌照片如图 2-44 所示。由图可见,单链单晶都有十分规则的外形和一些典型形态。例如,i-PS 有多边形单链单晶,六角形态,甚至近圆形单链单晶,但都有 120°特征角。值得注意的是,单链单晶并非经典结晶理论所说的链平行于碳膜表面的异相成核,而是链垂直于碳膜表面的均相成核,因为仅

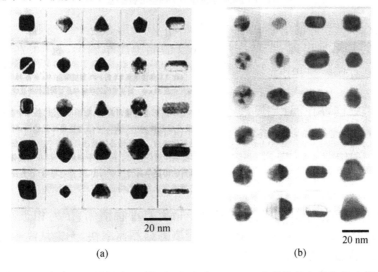

(a)　　　　　　　　　　　　　　(b)

图 2-44　PEO 单链单晶(a)及分子量 M_n 为 1.34×10^6 的等规立构聚苯乙烯在 175.2℃结晶 8 h 得到的单链单晶典型结晶形态(b)

在后者情况下,单链单晶才会平躺在碳膜上。通常在无机盐类和石墨等基底上,高聚物都以链平行于基底的方向异相成核和生长,而单链片晶为垂直生长到较大尺寸后发生倾倒而平躺于基底上。

有时在单链单晶中也能观察到中空金字塔形态和扇形化区域(图 2-45)。由溶液结晶的聚乙烯晶体中有中空金字塔形态和扇形化区域,它表明对应于晶体生长面的每一个扇区内有不同的折叠有序结构。聚乙烯晶体悬浮在溶液中或沉积在甘油上才能观察到中空金字塔形态。若沉积在某一基体上时,由于链的滑移,导致晶体倒塌,最后只能看到平的片晶。中空金字塔形的单链单晶的尺寸很小,可避免坍塌,因而容易观察到。可以认为单链单晶的这种形态与溶液生长的聚乙烯晶体有共同的起因。

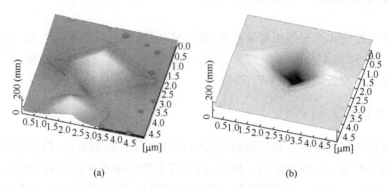

(a)　　　　　　　　　　　(b)

图 2-45　聚乙烯单链单晶的原子力显微镜照片

(a) 凸空心棱锥型;(b) 凹空心棱锥型

聚氧乙烯(PEO)的单链单晶(44.2℃结晶 10 h)形态也十分规则,与 i-PS 单链单晶形态的差别是出现 90°特征角。PEO 的晶胞属单斜型,$a=0.796$ nm,$b=1.311$ nm,$c=1.939$ nm,$\beta=124°48'$。每两个晶胞组成一个正方形,每个晶胞包含四个链。

只要链颗粒的结晶速率慢,单链单晶的外形就规整。顺丁橡胶和杜仲橡胶结晶速率快,其单链单晶的外形不规则,厚度也不均一,存在极薄的区域,似乎颗粒中有空洞。当然结晶快的单链单晶形貌更能反映单分子链在结晶初期的过程。所有以上所观察的单链单晶从电子衍射图上都说明分子链是从基底膜上竖立起来形成的单晶。

单链单晶是纳米尺寸的单晶,但电子衍射点都很清晰,衍射相干性特别好。i-PS单链凝聚态的结晶速率比 i-PS 多链凝聚态结晶速率快,无论从高弹态结晶还是从熔体结晶都要快一个数量级。

图 2-46(a)是在 30℃下结晶 15 h 得到的全反式聚异戊二烯(TPI)单链单晶形貌照片,尺寸约 45 nm。由于结晶不完善,在电子束照射下,晶体容易熔融。

图 2-46(b)是高密度聚乙烯(HDPE)试样在 84℃下等温结晶 4 h,可看到尺寸 30～
50 nm 的多边形轮廓的结晶粒子。结晶时间延长,单晶小粒子的形貌更规则,衍射
点更清晰,耐电子辐照能力增强,说明其晶体结构完善度提高。图 2-46(c)是几个
超高分子量聚乙烯(UHMWPE)的微晶粒子聚集在一起生长的形貌。图中是四个
外形规则的UHMWPE结晶粒子,大的为 40 nm 左右,小的尺寸为 20～30 nm,粒
子形状为四边形、五边形,彼此交叠,结晶已相当完善。这四个粒子中都有一个近
90°的特征角。

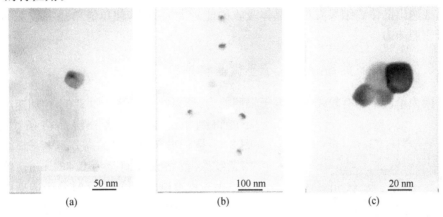

图 2-46　单链单晶的电镜照片

(a) 全反式聚异戊二烯,结晶温度 $T=30℃$,结晶时间 $t=12$ h,粒子尺寸 45 nm;

(b) 高密度聚乙烯,结晶温度 $T=84℃$,结晶时间 $t=36$ h;

(c) 超高分子量聚乙烯,结晶温度 $T=84℃$,结晶时间 $t=36$ h

4. 单链结晶的影响因素

影响单链结晶的因素仍然是温度、时间、浓度及分子量等。因为单链结晶是均
相成核,所以温度不能过高,不然会因为分子运动强烈而使晶核不易形成和分子链
在晶格上不能规则排列。同理,单链结晶需要较长的时间以保证高分子链有足够
的时间规整排列和堆砌,以形成完善的晶体。

浓度的问题是显而易见的,要得到单个高分子链微粒必须要高聚物的溶液在
动态接触浓度以下,即最好小于 10^{-4}%。当然,如果浓度过稀,得到的高分子链微
粒太少,得不到足够量的试样。对于单链单晶试样,成核需要足够大的分子量,并
有所谓"临界分子量"之说,即小于这临界分子量就达不到孤立高分子链的成核要
求,所以分子量大、分布窄的试样能得到更多的微晶粒子。

5. 单链单晶的耐电子辐照性能

单链单晶具有较强的耐电子辐射能力。例如 i-PS 单链单晶受 6.1 C/cm^2剂量

的电子辐照后,其电子衍射并未消失,强度也无明显减弱。已知 i-PS 多链片晶的衍射消失剂量(TEPD)为 $0.018\ C/cm^2$,由此可见单链单晶的耐辐射剂量比多链片晶的增加了数百倍。

单链单晶异常的耐电子辐照性能应与单链单晶的尺寸很小有关。当电子束通过晶体内部时,入射电子与晶体分子中的电子发生非弹性碰撞,将能量部分转移给电子。当转移的能量足够大时,会产生次级电子。次级电子又发生碰撞,同时也引发一系列化学反应,最终导致辐照损伤。而单链单晶系纳米尺寸,使次级电子能够容易地逸出晶体。结果真正被晶体吸收的能量大大减少,使单链单晶有较强的耐电子辐照能力。

6. 单链单晶的高分辨电子显微晶格条纹像

因为单链单晶有较强的耐电子辐照能力,所以在室温条件和 200 kV 加速电压

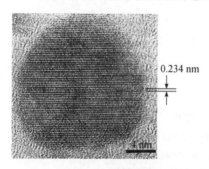

图 2-47　i-PS 单链单晶的高分辨电子
显微晶格条纹像

下能得到单链单晶的高分辨晶格条纹像。图 2-47 是 i-PS 单链单晶的高分辨电子显微晶格条纹像,晶格条纹间距为 0.234 nm。单链体系由于没有链间缠结,结晶时分子运动更充分,使晶体结构更完善。晶格条纹的规则性证明了这一点。相反,多链体系结晶时得到的晶体结构缺陷较多。像高聚物宏观单晶体 PTS 一样,单链单晶可以在室温下进行高分辨成像研究,这为在分子水平上研究高聚物晶体结构开辟了新的途径。

2.3.4　高聚物超薄膜的结晶

所谓超薄膜是指厚度小于几百纳米的薄膜。由于现代纳米技术的进步,超薄膜制备及其厚度测定乃至结晶形态观察都足以研究高聚物超薄膜的结晶。实验表明,只有当薄膜厚度 h 大于高分子链半径 R_g 时(一般 $h > 2R_g$),薄膜才能结晶;$h < 2R_g$ 高聚物溶液只能以浸润或不浸润形式铺展在基板上。高聚物超薄膜有一般高聚物所不具有的结晶形态,并随着薄膜厚度降低,结晶形貌发生改变。图 2-48 是聚己内酯(PCL,对于 $\overline{M_w} = 22\,000$ 的 PCL,$R_g = 6$ nm)超薄膜结晶形貌随薄膜厚度的变化。由图可见,随着厚度降低,PCL 从球晶变为树枝状结晶,再到不规则碎片状结晶。并且高聚物超薄膜晶体的结晶度和结晶速率都与它们的厚度有关。一般随薄膜厚度 h 降低,结晶度下降,结晶速率也变慢。

高聚物超薄膜的结晶是扩散控制的结晶过程。当薄膜厚度减小到一定程度,由于几何受限导致分子链构象数较少以及基板界面对分子链的吸附受限作用,使

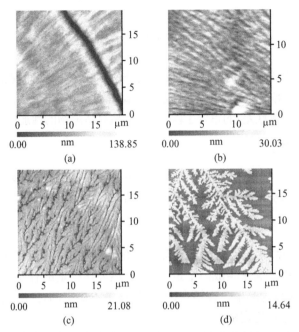

图 2-48　聚己内酯(PCL)超薄膜结晶形貌随薄膜厚度的变化

(a) 120 nm；(b) 20 nm；(c) 12 nm；(d) 8 nm

得高分子链在薄膜中的扩散移动速度大为降低,从而使分子链难以扩散到晶面上,导致供料不足和高聚物对基板不浸润。这样的扩散控制结晶过程最终形成了如上树枝状结晶的形貌。

结晶温度对高聚物超薄膜的结晶形貌影响很大。如果过冷程度很高,得到的是树枝状结晶;如果过冷程度不大,将得到不规则碎片状结晶。高聚物分子量对结晶形貌的影响非常有趣,相同结晶条件下,$\overline{M_w}$ 分别为 146 000 和 65 000 的 2 个 PCL 试样,尽管都是得到树枝状结晶,但分子量高的"树枝"只在一边,而分子量低的"树枝"两边都有(图 2-49)。

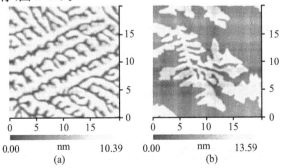

图 2-49　相同结晶条件下不同分子量的聚己内酯(PCL)超薄膜结晶形貌随分子量的变化

(a) $\overline{M_w}$ = 146 000；(b) $\overline{M_w}$ = 65 000

2.4　高聚物的结晶过程

我们着重研究高聚物的结晶,不仅因为作为高分子链排列规整的晶体比较容易研究,对此也了解得比较清楚,而且还因为结晶是提高强度和耐热性(高聚物的弱点就在于强度和耐热性差)的重要手段之一,结晶对高聚物的性能影响非常大。

2.4.1　结晶过程

结晶是一个从无序排列(溶液、熔体)产生有序结构的过程,像小分子化合物结晶一样,无论高聚物是从溶液还是从熔体中结晶,都有相似的行为和过程。

1. 成核和晶粒生长

(1) 成核。当高聚物熔体的温度降到它的熔融温度时,在熔体中杂乱缠结的高分子链规则地排列起来生成一个足够大的、热力学稳定的有序区,这个过程称为成核,这个有序区称为晶核。在熔点以上,晶核是不稳定的,离熔点越近越不稳定,只有在熔点以下才是稳定的。

(2) 晶粒生长。以晶核为基础,在它上面继续堆砌高分子链,增长变大,这个过程称为晶粒生长,整个结晶过程就是由独立的晶核形成和晶核生长所组成。

2. 均相成核和异相成核

(1) 均相成核(有时也称散乱成核)是高分子链本身聚集体的取向,通过熔体的热涨落导致高分子链的"结晶团簇"不断形成与消失,当团簇等于或大于某个临界尺寸时即成为初始晶核,因此均相成核通常有一个诱导期。

(2) 异相成核是以某种不完整性或某个不纯物作为中心,高分子链围绕它发生初始取向排列。这些不纯物可以是链尾、外来杂质、未完全熔融的残存结晶高聚物、分散的小颗粒固体(如炭黑、氧化硅、滑石粉等)填料颗粒或特意加入的成核剂。

成核的速度一般是常数。

从高聚物熔体结晶,成核一般是异相的,即成核一般在外来的物体如杂质、尘埃、器皿壁上实现。晶核的生长可以是一维、二维或三维的,但对高聚物来说,晶核的生长一般是二维的,生成片状的晶体(片晶),因此高聚物的晶粒生长就是片晶的横向尺寸变化(从极稀溶液结晶)或是球晶直径的变化(从熔体结晶)。

3. 结晶速率

实验证明,在一定温度时,晶体尺寸的变化与时间 t 有线性关系,以球晶为例,球晶的半径

$$r = vt \tag{2-2}$$

式中，v 称为晶粒生长速率。在球晶长大到与周围相邻生长的球晶相碰前这个方程都是有效的。

图 2-50 是聚丁二酸丁二醇酯在 93℃等温结晶 6 个不同时间得到的球晶的电镜照片，据此求出的球晶直径与时间关系是一条很好的直线。晶粒生长速率和晶核生长速率都依赖于温度，它们的组合就是结晶总速率。最快结晶速率的温度 T_{max} 既不是最大晶核生成速率时的温度，也不是最大晶体生长速率时的温度，而是这两个过程组合的总速率曲线的最大值对应的温度(图 2-51)。

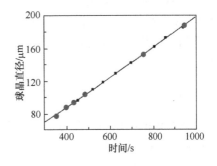

图 2-50　聚丁二酸丁二醇酯在 93℃等温结晶不同时间得到的球晶照片，
实测球晶直径与时间的作图

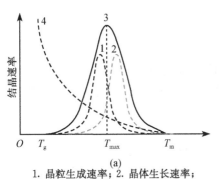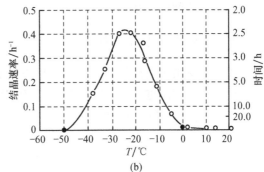

(a)
1. 晶粒生成速率；2. 晶体生长速率；
3. 结晶总速率；4. 熔体黏度

(b)

图 2-51　结晶速率与温度的关系(a)和天然橡胶结晶与温度关系的实验曲线(b)

从热力学方面看，温度低于高聚物的熔点，能量最低、最稳定的热力学因素驱使高分子链结晶，温度越低，对高聚物晶体生长越有利。但另一方面，温度低了，高聚物熔体黏度增加，高分子链到达生长点就会困难，这是相互矛盾的两个方面。

4. 结晶温度

从结晶过程的角度来看,在较低温度下结晶,晶核生成速率快,成核也多,众多的晶核都在生长,因此链段重排的干扰就大,加上晶体生长速率较慢,结晶不易完整。所以在低温结晶得到的晶体数目多,晶粒小(微晶体),完整性差,表面能大,内应力大,晶体稳定性差。

反之,在稍低于熔点的较高温度下结晶,晶核生成速率慢,成核少,晶核生长重排干扰小,晶核一经生成便能很快生长,结晶完整。结果是晶体数目较少,晶粒较大,表面能小,内应力小,晶体稳定性高。

因此,在最快结晶温度下所得的晶体,不一定是最完整、缺陷少的晶体,结构稳定的完整晶体往往是通过慢速结晶获得的。这正是制备聚乙烯单晶片所要求的条件。

5. 结晶时间

高聚物熔体的黏度与温度有极大关系,温度低于熔点,高聚物的本体黏度急剧增大。因此,若熔体冷却过快,热运动将不足以保证高分子链的运动,高聚物熔体不能结晶而变成玻璃态。

2.4.2 结晶动力学和阿夫拉米方程

高聚物的结晶动力学可以用阿夫拉米(Avrami)方程来描述。阿夫拉米方程是一个联系结晶程度与结晶时间之间关系的经验方程,在下面的简单演算可以看出有关参数之间的关系。

1. 阿夫拉米方程的简单推演

设高聚物熔体的质量为 W_0,冷至熔点以下,球晶将成核并生长。

假定在一定温度下,单位时间和单位体积内晶核的数目为一个常数 N,那么,在 $\mathrm{d}t$ 时间间隔里晶核的总数为

$$晶核的总数 = N \frac{W_0}{\rho_L} \mathrm{d}t \qquad (2\text{-}3)$$

式中,ρ_L 为高聚物熔体的密度;W_0/ρ_L 为熔体的体积。

经过时间 t,这些核长成了半径为 r 的球晶,

$$每个球晶的体积 = \frac{4}{3}\pi r^3 \qquad (2\text{-}4)$$

因为球晶的生长速率 v 与时间 t 的关系是线性的,即 $r=vt$,所以

$$每个球晶的体积 = \frac{4}{3}\pi(vt)^3 \tag{2-5}$$

如果球晶的密度为 ρ_s，则

$$每个球晶质量 = \frac{4}{3}\pi v^3 t^3 \rho_s \tag{2-6}$$

那么，在时间间隔 dt 里生成的核，在 t 时间后，长成球晶的总质量 dW_s 为

$$dW_s = \frac{4}{3}\pi v^3 t^3 \rho_s N \frac{W_0}{\rho_L} dt \tag{2-7}$$

则由所有的晶核生长而成的球晶总质量 W_s 为

$$W_s = \int_0^t \frac{4\pi v^3 \rho_s N W_0 t^3}{3\rho_L} dt \tag{2-8}$$

积分并整理得

$$\frac{W_s}{W_0} = \frac{\pi N v^3 \rho_s}{3\rho_L} t^4 \tag{2-9}$$

如果在 t 时间后，剩下的高聚物熔体质量为 W_L，由于 $W_0 = W_L + W_s$，式(2-9)变为

$$\frac{W_L}{W_0} = 1 - \frac{\pi N v^3 \rho_s}{3\rho_L} t^4 \tag{2-10}$$

这个分析很简单，至少适合于结晶的初始阶段。从式(2-10)已可看出球晶生长的特征，即结晶的分数应与时间的 4 次方(t^4)有关。因为成核速率是常数，那么球晶体积的变化与时间的 3 次方(t^3)有关。

如果考虑结晶时体积收缩，加上球晶长大时会相互碰挤，W_L/W_0 与时间 t 的关系将是

$$\frac{W_L}{W_0} = e^{-kt^4} \tag{2-11}$$

当 t 很小时，可用近似式

$$e^x = 1 + x + \frac{x^2}{2} + \cdots \tag{2-12}$$

与式(2-10)是一致的，这就是著名的阿夫拉米方程。

阿夫拉米方程更一般的表达式是

$$\frac{W_L}{W_0} = e^{-kt^n} \tag{2-13}$$

式中，n 为与成核机理和生长方式有关的参数(表 2-2)，称为阿夫拉米指数；k 为结晶速率。

表 2-2　不同成核方式和不同结晶生长形式的阿夫拉米指数

晶粒生长方式	均相成核	异相成核
三维生长(球状晶体)	$n=4$	$n=3$
二维生长(片状晶体)	$n=3$	$n=2$
一维生长(针状晶体)	$n=2$	$n=1$

2. 实验考虑

实验上,跟踪结晶过程一般是测定它们体积的变化,而不是质量的变化。如果高聚物熔体的起始体积为 V_0,最终体积为 V_∞,在 t 时刻时的体积为 V_t,则

$$
\begin{aligned}
V_t &= \frac{W_s}{\rho_s} + \frac{W_L}{\rho_L} = \frac{W_0 - W_L}{\rho_s} + \frac{W_L}{\rho_L} \\
&= \frac{W_0}{\rho_s} + W_L\left(\frac{1}{\rho_L} - \frac{1}{\rho_s}\right) \\
&= V_\infty + \frac{W_L}{W_0}\left(\frac{W_0}{\rho_L} - \frac{W_0}{\rho_s}\right) \\
&= V_\infty + \frac{W_L}{W_0}(V_0 - V_\infty)
\end{aligned}
\tag{2-14}
$$

式中,

$$
V_0 = \frac{W_0}{\rho_L} \quad 和 \quad V_\infty = \frac{W_0}{\rho_s}
\tag{2-15}
$$

由式(2-13)得

$$
\frac{W_L}{W_0} = \frac{V_t - V_\infty}{V_0 - V_\infty} = e^{-kt^n}
\tag{2-16}
$$

以 $\dfrac{V_t - V_\infty}{V_0 - V_\infty}$ 对 t 作图,可得一条反 S 形的等温结晶曲线。图 2-52 就是天然橡胶的等温结晶曲线。

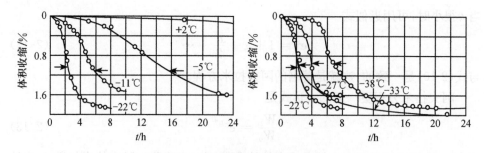

图 2-52　天然橡胶的等温结晶曲线

3. 膨胀计法测定高聚物的结晶

利用膨胀计法很容易地测定结晶过程中体积的收缩(图 2-53),这时实验观察的是毛细管液柱高度 h 随时间的变化情况,因此

$$\frac{V_t - V_\infty}{V_0 - V_\infty} = \frac{h_t - h_\infty}{h_0 - h_\infty} = e^{-kt^n} \qquad (2\text{-}17)$$

取 2 次对数

$$\lg\left(-\ln\frac{h_t - h_\infty}{h_0 - h_\infty}\right) = n\lg t + \lg k \qquad (2\text{-}18)$$

这样,$\lg\left(-\ln\dfrac{h_t - h_\infty}{h_0 - h_\infty}\right)$ 对 $\lg t$ 作图,得到一直线,由斜率和截距可分别求出 n 和 k,如图 2-54 所示。

4. 讨论

(1) 阿夫拉米方程的适用性。用式(2-18)处理维尼纶的结晶动力学实验数据,得到图 2-54。由图可见,在结晶前期的大部分时间里,实验数值与阿夫拉米方程是相符的。但在结晶后期,实验数据就会偏离阿夫拉米方程,在等温结晶曲线上,表现为尾部出现一个新的台阶,这时一些残留的

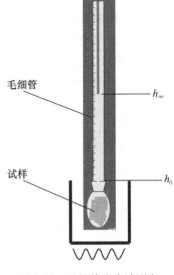

图 2-53　毛细管膨胀计测定高聚物的结晶动力学

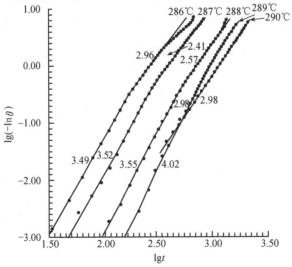

图 2-54　维尼纶高聚物等温结晶的 $\lg(-\ln\theta)$ 对 $\lg t$ 作图

这里 $\theta = \dfrac{h_t - h_\infty}{h_0 - h_\infty}$

非晶部分或晶体中不完整部分继续结晶,进一步完善,称为次期结晶。然而次期结晶速率会很缓慢,可达几天、几星期、几年,甚至几十年。如果次期结晶没有完成,高聚物产品在使用过程中会继续结晶致使产品不断发生变化,所以在实际生产中常采用"退火"的方法,加速次期结晶完成,使产品性能稳定。

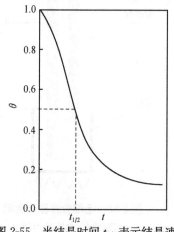

图 2-55　半结晶时间 $t_{1/2}$ 表示结晶速率

这里 $\theta=\dfrac{V_t-V_\infty}{V_0-V_\infty}$

　　(2)习惯上用高聚物的结晶度达到其极限结晶度一半所需要的时间——半结晶时间 $t_{1/2}$ 表示结晶速率的大小(图 2-55)。这时 $\dfrac{V_t-V_\infty}{V_0-V_\infty}=1/2$,代入式(2-17)并取一次对数得

$$\ln\frac{1}{2}=-kt_{1/2}^n \qquad (2-19)$$

则

$$t_{1/2}=\left(\frac{\ln2}{k}\right)^{1/n} \qquad (2-20)$$

或

$$k=\frac{\ln2}{t_{1/2}^n} \qquad (2-21)$$

　　表 2-3 给出了一些高聚物的 $t_{1/2}$,可见它们结晶速率相差很大,其中聚乙烯结晶最快,即使把它的熔体倾入液氮中,它仍能结晶,得不到完全非晶态的聚乙烯。

表 2-3　一些典型高聚物的结晶速率 $t_{1/2}$

高聚物	$t_{1/2}$/s	高聚物	$t_{1/2}$/s
高密度聚乙烯	结晶太快,无法测出	聚对苯二甲酸乙二酯	42
尼龙 66	0.42	全同聚苯乙烯	185
聚丙烯	1.25	天然橡胶	5000
尼龙 6	5.0		

　　(3)阿夫拉米方程也可用于描述热固性树脂的固化反应。高聚物的熔体结晶是从液态到固态的转变,热固性树脂的固化也是从液态的树脂转变为固态的塑料,因此可以预测阿夫拉米方程,也可用于描述热固性树脂的固化反应,可以由表 2-4 比较它们之间的异同。

表 2-4　高聚物的结晶过程与热固性树脂固化过程的比较

物态变化		机理及驱动力	性质	阿夫拉米方程基本形式	适用范围
结晶	从无序到三维有序	包括晶核的形成、生长与聚集。结晶前期分子链热运动剧烈，成核自由能大，受成核动力学控制；后期分子链被冻结在晶格上，迁移活化能高，受分子链的扩散控制。结晶度反映结晶程度的大小(通常以结晶部分的含量表示)	物理变化	等温条件：$\alpha = 1 - \exp(-kt^n)$；非等温条件：$\alpha = 1 - \exp\left[-\left(\int_0^t k\mathrm{d}t\right)^n\right]$ k 为阿夫拉米速率常数；n 为阿夫拉米指数	具有结晶能力高聚物的等温或非等温结晶
固化	从液态到三维立体网状结构	包括微凝胶粒(聚集体)形成、长大与聚集。固化前期微凝胶粒形成自由能大，受成核动力学控制；后期体系黏度增大，分子链运动受限，受扩散控制。反应程度的大小以固化度表示	化学变化		热固性树脂的等温或非等温固化

5. 莫志深的非等温结晶动力学解析方法

莫志深新方法认为阿夫拉米方程联系的是相对结晶度 $X(t)$ 与时间 t 的关系，而另一个高聚物结晶动力学 Ozawa 方程联系了相对结晶度 $C(T)$ 与冷却(或加热)速率 Φ 的关系，对任何一个高聚物体系，结晶过程与 t 和 T 密切相关。在非等温条件下 $t = |T-T_0|/\Phi$(这里 T_0 是结晶起始温度)。

莫志深把阿夫拉米方程和 Ozawa 方程相结合，得到如下的公式：

$$\lg Z + n\lg t = \lg K(T) - m\lg\Phi \tag{2-22}$$

重排得

$$\lg\Phi = \lg[K(T)/Z]^{1/m} - (n/m)\lg t \tag{2-23}$$

令 $F(T) = [K(T)/Z]^{1/m}$ 和 $a = n/m$(n 和 m 分别是阿夫拉米指数和 Ozawa 指数)，则

$$\lg\Phi = \lg F(T) - a\lg t \tag{2-24}$$

这里 $F(T)$ 的物理意义是结晶体系在单位时间里达到某一相对结晶度时必须选取的冷却(或加热)速率，$F(T)$ 可作为表征高聚物的结晶速率快慢的参数，$F(T)$ 越大，表明高聚物体系的结晶速率越低。图 2-56 是聚醚醚酮 PEEK 体系在不同相对结晶温度下非等温熔体结晶的 $\lg\Phi$-$\lg t$ 关系图，是一条很好的直线关系，截距是 $\lg F(T)$，斜率则为 $-a$。

莫志深方法的优点是把冷却速率与温度、时间以及结晶高聚物的形态(成核和生长方式)等诸多因素关联起来，可用来描述高聚物的这个非等温结晶过程，是一种简单、方便、有效的动力学方法。

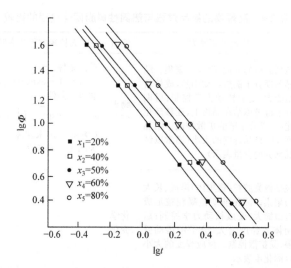

图 2-56　聚醚醚酮 PEEK 体系在不同相对结晶温度下非等温熔体结晶的 $\lg\Phi$-$\lg t$ 关系图

2.4.3　影响高聚物结晶的结构因素和外界因素

1. 主链结构

主链结构简单、规整、对称的高聚物具有极强的结晶能力,结构复杂、对称性差的不易结晶。如聚乙烯和聚四氟乙烯,主链上没有不对称原子,旁侧原子完全相同(表 2-5),所以非常容易结晶,结晶度高。尤其高密度聚乙烯为线形高分子链,只有极少数短支链,结晶速率极快,结晶度可达 95% 以上。低密度聚乙烯分子链中含有支化长链,对称性降低,结晶度只能达到 60%~70%。

表 2-5　结构对称的几个高聚物

聚乙烯	聚偏二氯乙烯	聚异丁烯	聚四氟乙烯
$\begin{array}{c}\vdash CH_2-CH_2 \dashv_n\end{array}$	$\begin{array}{c}H\quad Cl\\ \vdash C-C \dashv_n\\ H\quad Cl\end{array}$	$\begin{array}{c}H\quad CH_3\\ \vdash C-C \dashv_n\\ H\quad CH_3\end{array}$	$\begin{array}{c}F\quad F\\ \vdash C-C \dashv_n\\ F\quad F\end{array}$

若聚乙烯或聚四氟乙烯结构单元上的一个氢原子(或氟原子)被氯原子取代,变成聚氯乙烯或聚三氟氯乙烯,主链上出现了不对称碳原子,其结晶能力就会降低。若一个碳原子上的两个氢原子(或氟原子)同时被氯取代,主链上碳原子保持对称,材料结晶能力又有所提高,如聚氯乙烯的结晶度很小,而聚偏二氯乙烯的最高结晶度可达 75%。

2. 极性基团和氢键

高分子链中存在有极性基团或氢键,加强了分子链间的相互作用,使得高分子链在熔体时就有可能结合得好一些,易于结晶。例如,具有极性酯基的聚酯和具有氢键的聚酰胺都是结晶性良好的高聚物。线形聚碳酸酯、聚对苯二甲酸乙二酯、聚对苯二甲酸丁二酯等主链上没有不对称碳原子,分子间有氢键作用,它们都有结晶能力。无规立构聚乙烯醇、无规立构聚氯乙烯、无规立构聚三氟氯乙烯等由于分子间有相互作用,也有微弱的结晶能力。

分子间作用力大的高聚物较难结晶,但一旦开始结晶,则晶体结构比较稳定。例如,聚酰胺分子中的 C═O 和 N—H 基团容易生成氢键,链段运动受氢键制约,生成晶体比较困难,只在较高温度下才能结晶。但聚酰胺晶体的结构较稳定,熔点较高,尼龙 6 熔点为 215~225℃,尼龙 66 熔点为 250~260℃。若分子间作用力有利于晶核形成,则能提高结晶速率。例如,聚乙烯醇是聚乙酸乙烯酯水解得到,后者不能结晶,但是聚乙烯醇分子含有羟基(—OH),羟基体积不大而极性较强,因此有利于结晶,无规立构聚乙烯醇的结晶度达 30%。

3. 侧基大小和种类

侧基的大小和种类关系到高分子主链的规整。侧基大,空间位阻大,不宜结晶。例如,聚苯乙烯和聚甲基丙烯酸甲酯都因为带有庞大的侧基而成为典型的非晶态高聚物。

如果是有规立构高聚物,其几何结构规整性将抵消甚至超过侧基的影响,也可以有很好的结晶性,且随着等规度含量增加,结晶能力也增强,其结晶速率也增加。

已经说过,无规立构聚丙烯、聚 1-丁烯、聚丙烯腈、聚苯乙烯、聚甲基丙烯酸甲酯等无结晶能力,但全同立构、间同立构时它们有结晶能力,且等规度越高,结晶能力也越强。

聚 1,4-丁二烯、聚 1,4-异戊二烯、聚氯丁二烯等主链上有双键,全反式或全顺式都能结晶,但无规异构就没有结晶能力。反式结构分子链的等同周期小,例如聚异戊二烯反式结构的等同周期为 0.47 nm,顺式结构的等同周期为 0.81 nm(图 1-15),故反式聚异戊二烯在常温下就结晶,顺式聚异戊二烯只有在低温下才能结晶。

4. 分子量、支化度和交联度

高聚物的分子量越大,熔体的黏度越大,高分子链移动越困难,结晶速率越小(图 2-57)。

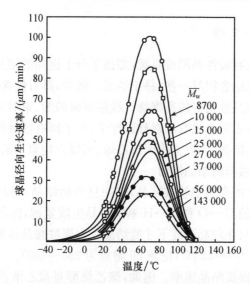

图 2-57　聚四甲基对苯硅氧烷结晶速率与分子量的关系

　　支化对高聚物结晶的影响是,支化度越高,高分子链的规整度越差,越不容易规整排列,结晶速率越小。高支化度的低密度聚乙烯和低支化度的高密度聚乙烯是最好的例子。

　　在交联高聚物方面,随交联密度提高,结晶能力下降。聚 1,4 顺式异戊二烯(天然橡胶)、聚 1,4 顺式丁二烯(顺丁橡胶)随硫化程度提高,结晶能力下降。而已固化的酚醛塑料、环氧树脂、不饱和聚酯等交联密度很高,已失去结晶能力。

5. 共聚结构

　　共聚物的结晶能力一般比均聚物差,因为第二单体或第三单体的加入往往会破坏分子链结构的对称性和规整性。共聚物结晶能力与各组分的序列长度有关。

　　完全无规的共聚物不能结晶,如乙烯-丙烯共聚物,其化学结构相当于在聚乙烯分子链上引入若干侧甲基,破坏了原有大分子结构规整性,使结晶性降低。根据乙烯-丙烯的不同比例可以得到不同结晶度乃至完全非晶态共聚物。当丙烯含量增大到 25% 左右时,乙丙共聚物变成非晶态橡胶——乙丙橡胶。

　　嵌段共聚、接枝共聚一般不影响其结晶能力。嵌段共聚物中的各嵌段、接枝共聚物中的主链和支链,它们都保持各自的结晶独立性。

6. 温度

　　在外界因素中,结晶温度是最重要的因素。从高聚物材料结晶过程得知,结晶主要分晶核生成和晶粒生长两个阶段,温度对这两个阶段的影响是不同的。

（1）最极端的例子是温度相差 1℃ 结晶速率可相差几倍,甚至几十倍。例如,聚癸二酸癸二酯在 70.7℃、71.6℃和 72.6℃时的结晶速率常数 k 分别为 4.32×10^{-13}、4.31×10^{-16} 和 5.51×10^{-19},相差已达千倍。

（2）存在着一个最适宜的结晶温度,在此温度下高聚物的结晶速率最高。要获得高结晶速率必须兼顾成核速率和晶粒生长速率。达到最大结晶速率的温度出现在成核速率和晶粒生长速率均较高的区域内,按照经验,该温度为

$$T_{c,max} = (0.8 \sim 0.85)T_m \tag{2-25}$$

或

$$T_{c,max} = 0.63T_m + 0.37\,T_g - 18.5 \tag{2-26}$$

如天然橡胶,其最适宜结晶温度是 $-24℃$[图 2-51(b)],完全结晶只要 4 h。所以,用天然橡胶制作的轮胎如果在我国东北地区的室外过冬夜,要特别注意是否处于 $-24℃$ 的温度,这时会由于天然橡胶的快速结晶而丧失高弹性。图 2-58 则是聚己二酸乙二酯的结晶速率与温度的关系。

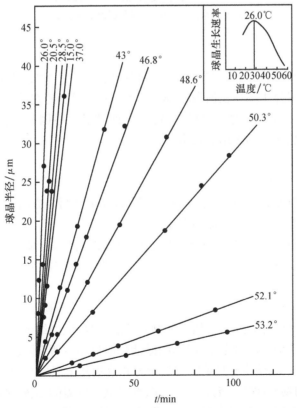

图 2-58　聚己二酸乙二酯(分子量为 9900)的结晶速率与温度的关系

　　（3）在接近熔点的高温结晶，球晶少而大，制品不透明，质硬，强度也高。反之，在较低温度下结晶，球晶多而小，所得制品比较透明、柔软，但强度低（图 2-59）。因此，在生产上可以通过改变高聚物熔体冷却的温度来调控高聚物产品的物理力学性能。

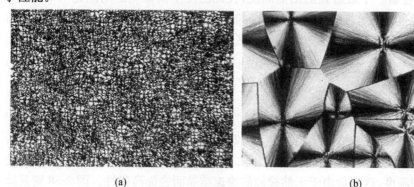

（a）　　　　　　　　　　　　　　　　（b）

图 2-59　结晶温度对球晶尺寸的影响
（a）熔体淬冷至室温；（b）熔体缓慢冷却至室温

7. 应力

　　拉伸有利于高聚物结晶并提高熔点。很小的拉伸应力可以极大地加速高聚物的结晶。例如，聚异丁烯在任何温度都不结晶，拉伸却能使它结晶。又如，天然橡胶在 0℃下结晶要几百小时，但拉伸可使它立即结晶。原因是拉伸有利于高分子链的取向排列，从而有利于结晶发生。

8. 填料

　　填料对高聚物结晶过程有很大影响。影响有正反两个方面，有些填料起阻碍结晶的作用，有些则起加速结晶的作用。

　　（1）无机粒子。无机粒子有碳纤维、碳酸钙、滑石粉，云母等。量少时能使高聚物熔体易形成晶核，起到异相成核的作用，加速高聚物结晶，但在量大时则加速效应会逐步减弱。

　　（2）纳米粒子。纳米粒子含量较低，球晶生长占主导地位，其与基体的强界面相互作用会阻碍链段的运动，增加高聚物的结晶困难，但当纳米粒子含量增加到一定程度后，占主导地位的将会是成核，结晶活化能反而有所下降。

　　（3）成核剂。能够改变高聚物结晶行为并改善其微观形态而使高聚物局域新的特性和功能的物质叫成核剂。由于成核剂提供了所需的晶核，加快结晶速率，使晶粒结构细化，提高产品的刚性。添加成核剂可控制高聚物球晶的大小，从而影响制品的性能。特别是对大型的铸件，由于个头大，导热性差，制品内外的冷却将很不均匀,这时可加成核剂加快高聚物的结晶速率。对高聚物薄膜,添加成核剂通过在其表面吸附高聚物分子形成晶核,加快结晶速率,降低球晶尺寸,提高制品的结晶度和结晶温度,生成的球晶数目多,尺寸小,分布均匀,可提高它们的抗冲击性能、透明度和光泽度,得到高透明度的材料。

当然也有一些填料(如惰性稀释剂)对结晶过程起阻碍作用,加入后使结晶分子浓度降低,结晶速率减缓。如在等规聚苯乙烯中加入 30% 无规聚苯乙烯,晶体的径向生长速率由 0.3 $\mu m/min$ 降至 0.2 $\mu m/min$ 以下。

9. 溶剂和蒸汽诱导结晶

在溶剂(包括其蒸汽)作用下,高聚物的结晶会加速,甚至在玻璃化温度 T_g 以下会诱导高聚物的结晶。有一种观点认为,溶剂与高聚物的非晶链段作用会诱导为布朗运动,使 T_g 以下的链段活动性提高,引起构型有序,产生一些短的螺旋段,起到晶核的作用(图 2-60)。

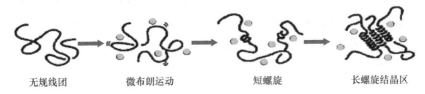

无规线团　　　　　微布朗运动　　　　　短螺旋　　　　　长螺旋结晶区

图 2-60　溶剂诱导结晶可能的一种机理

2.5　高聚物的结晶理论

2.5.1　高聚物结晶的经典 H-L 理论

高聚物既可以从溶液中结晶,也可以以熔体或玻璃体为始态结晶。从实用的加工成形观点来看,从熔体或玻璃体结晶应该是更为重要和普遍。我们用图 2-61 来示意高聚物熔体结晶的不同途径。

关于高度缠绕在一起的高分子是怎样转变成有序片晶的,一直是高分子物理学科中的基础问题,也是争论的热点。历史上提出过众多的结晶生长模型,其中占主导地位的是霍夫曼(Hoffman)和劳里森(Lauritzen)根据小分子结晶的成核与生长理论提出的 H-L 模型(H-L 理论)。他们将折叠链片晶的形成看作是高聚物分子以链序列的方式从各向同性的熔体中直接附在生长面上的过程,是一个一步过程,也就是折叠链片晶的形成是高聚物以链序列的方式从各向同性的熔体中直接负载生长面上的一步过程。并且每个序列长度和片层厚度相当。

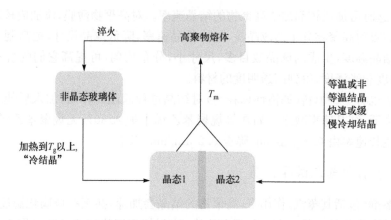

图 2-61　高聚物以熔体或玻璃体为始态的结晶

参见图 2-62,结晶基体的宽和厚分别是 L 和 l。过冷的非晶熔体中宽和厚分别是 a_0 和 b_0 的分子链通过蠕动在基体(可以是一个均相的初始核,也可以是一个异相核或已经生成的晶体,其长度就是以后折叠的链长 $l=l_g^*$)的面上首先沉积(速率为 r)上形成第一个链段,这个链段就是晶核,这一过程与成核过程非常类似。为了区别普通的成核过程,H-L 理论称这个成核为次级成核,其速率为 i。由于片晶存在的折叠和缠结,具体的生长只能横向进行,即局限在二维方向。从能量角度看,一旦成核,就有了端表面和侧表面,从而要克服端表面自由能 σ 和侧表面自由能 σ_e,只有不断克服这表面自由能的位垒,链段才能不断使两侧面向外扩展,直至基体表面上可能存在的某些缺陷而终止。这样,晶核在基体表面上扩展成了一个新晶层,其扩展的速率为 g。如此反复,晶体的前沿就以线性生成速率 G 向前不断扩展。如果链段的数目为 n_L,则每一个晶层的平均厚度就是 $L=n_La_0$。

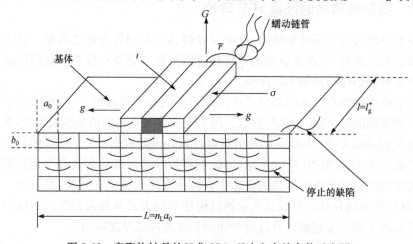

图 2-62　高聚物结晶的经典 H-L 理论和有关参数示意图

一般说来，第一个链段沉积在基体上需要克服的位垒（即需要增加的表面自由能）最大，最为困难。第一个链段结晶时，会形成活化络合状态，使得高分子链的这一段在基体表面上变得"伸直"了，并与基体表面平行排列配对，但链段尚未进入到晶格位置。处在这样的位置，链段的熵减小了，同时也没有结晶热的放出。这时链段会很快结晶，在基体的两面各出现一个可结晶的位置的表面，致使以后上去的链段不必再产生新的侧表面（或侧表面自由能）了，高分子链段会沿着两侧像拉链一样很快折叠进入晶格（图 2-63）。

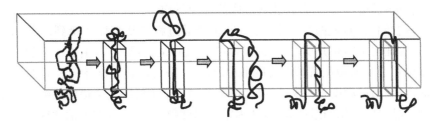

图 2-63　高分子链折叠排列到晶格里的示意图

按次级成核速率 i 与表面扩展速率 g 的相对关系，H-L 理论进一步提出了"过程转变"（regime transition）的结晶随结晶温度不同的三种方式，见图 2-64。结晶温度高，或是过冷度低时，高聚物的结晶以方式 I 进行，这时成核速率 i 足够小（$i \ll g$），高分子链在新核形成前能自由地通过链折叠方式在片晶具体的宽度方向上以速率 g 扩展，迅速地在基体增长前缘产生一个厚度为 b_0、宽为 L 的新层。晶体的总增长速率正比于成核速率，即 $G_{\mathrm{I}} = ib_0 L$。晶体的增长表面很光滑。

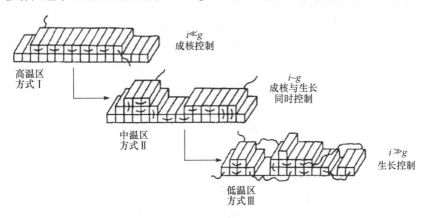

图 2-64　霍夫曼-劳里森提出的"过程转变"模型

作为另一个极端，方式 III 的高聚物结晶是，结晶温度低，或是过冷度大，总增长速率同样正比于成核速率，即 $G_{\mathrm{III}} = ib_0 L'$。这时由于 i 非常大，$i \gg g$，使得高分子链进一步扩展的空间很小。L' 是有效的基体宽度，$L' = n_{\mathrm{III}} a_0$，其中 n_{III} 在 2 到 3 之间。

通常情况下,L'远小于L。方式Ⅲ结晶主要通过高分子链的成核过程的累积进行。相比于方式Ⅰ(以及下面要说的方式Ⅱ),是通过分子链的表面扩展生长的。方式Ⅲ形成的增长面在分子尺度上特别粗糙,因为结晶时存在多重成核和涉及多个增长平面。

温度适中时,结晶的生长是方式Ⅱ,它介于方式Ⅰ和方式Ⅲ之间,成核速率比方式Ⅰ高。在晶体侧面,邻近的核之间存在控制的竞争。同时核的密度不如方式Ⅲ中的密集,从而阻碍侧面上的增长。晶体总的增长速率与成核速率的平方根成正比 $G_Ⅱ \equiv b_0(2ig)^{1/2}$。由方式Ⅱ新形成的表面不均匀。

可以看到,H-L模型有两个特点,即①结晶过程是从熔体直接到均匀的片晶过程,没有任何中间相介于之间;②晶体的形成必须先成核,再生长。它的成功之处是它得到了高聚物片晶稳定的最小片层厚度 $2\sigma/\Delta F$,σ 为折叠链表面能,ΔF 为自由能密度(与过冷度 ΔT 成比例)。该模型另一个主要结论是很好地解释了结晶时间随晶温度变化的指数关系,认为结晶温度越高,需要克服的活化能的位垒越大。因而二次成核在决定生长速率时起关键作用。

2.5.2　H-L 理论的不足之处

H-L 理论(以及其他多个 H-L 理论改进的早期高聚物结晶理论)描述高聚物结晶行为时,都假定作为结晶初态的非晶态是均相的(不管是单组分还是多组分的非晶态)。问题就出在这个假设上。近年来对高聚物结晶研究,特别集中在高聚物结晶早期过程(晶体形成之前的诱导期)和受限空间内高聚物的结晶行为与形态的研究,发现了一些新的实验现象。它们是:

(1) 在特定条件下,某些高聚物结晶过程可能是一个结晶部分与无定形部分发生旋节线相分离的过程。例如,在聚对苯二甲酸乙二酯结晶过程中,在三维有序具体形成前已经在广角 X 射线上显示出了有序的层状结构,也就是说高聚物具体生长之前其熔体就已经存在一定的长程有序结构。这显然是与先成核,然后以流水线式增长的结晶 H-L 理论不一致的。事实上,在高聚物结晶前,其链段的平行取向会引起体系发生旋节线相分离。只有当高聚物的链段长度超过某一临界值时,链段发生平行取向后大分子才会开始结晶。

我国科学家钱人元等在系统研究高分子单链、寡链的结晶行为时也指出,溶液结晶时因分子链段高度缠结,高聚物结晶只是在过冷熔体中平行链段的纵向生长和后来发生的横向凝聚过程,H-L 理论中的"卷绕"过程时很难想象的。

(2) 斯特罗伯(Strobl)发现,高聚物在形成晶体之前,经历了预有序的阶段,高聚物片晶并不直接从各向同性的熔体中生长出来,而需要通过一个短暂的中间过渡有序态,即存在一个预有序中间相;在均匀的片晶形成之前,先形成小晶块。至于最近二三十年更多有关高聚物结晶亚稳态的问题,我们将专辟的一章(第 3 章)

详加叙述。

2.5.3　斯特罗伯多步介晶相生长模型

斯特罗伯提出了一个高聚物片晶的多步介晶相生长模型(multistage,图 2-65)。与 H-L 理论所说的那样直接附着到光滑的生长表面不同的是,高聚物熔体中的分子链在形成晶体前要经历一个介晶相。

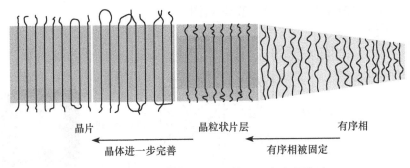

图 2-65　斯特罗伯提出的晶体生长多阶段模型

斯特罗伯认为结晶过程是先形成含有活动中间相的层状结构,伸展的分子链有序排列在层内,由于链伸展不完全,含有许多构象缺陷,因而层体的各向异性非常小,层的厚度必须大于一临界尺寸才能在周围熔体中稳定存在,层的横向生长是通过并入所需长度的伸展链得以实现。由于中间相的高度活动性,层厚随时间而进一步增加,当厚度达到一个临界值时,发生由一维中间相到三维晶体结构的相转变,而使层体“固化”,增厚停止,即得到小晶块。随后小晶块融合晶体进一步完善而得到均匀的片晶。该模型不同于传统的成核与生长模型,有两个主要特点:①高分子结晶不是直接从熔体到片晶的过程,而是借助于中间相和小晶块;②晶体的形成不需要成核,从一维有序的中间相到三维有序晶体是通过协同作用进行的(co-operative structure transition)。

2.6　高聚物结晶的研究方法

2.6.1　高聚物结晶形态的研究方法

1. 显微镜

结晶形态的研究主要利用显微镜。尺寸较大(微米级)的球晶可以在光学显微镜下研究,但更广泛使用的还是电子显微镜。显微镜可直接观察结晶形态,测定片晶厚度,求得球晶大小以及从形态来推算生长规律(如螺旋位错生长等)。

2. 小角激光光散射

球晶还可以用小角激光光散射法(SALS)进行研究,原理如图 2-66 所示,由光源(波长为 632.8 nm 的氦氖激光)发出的入射光经起偏器(起偏振片)后成为垂直偏振光,照射在高聚物球晶试样上并被散射,散射光经水平偏振的检偏器(检偏振片)后由数码相机记录。若起偏振片与检偏振片正交,记录的图形称为 H_v 图,而若起偏振片与检偏振片平行,记录的就是 V_v 图。

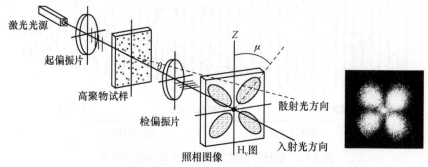

图 2-66　小角激光光散射实验装置示意图以及典型的四叶瓣状花样图

H_v 是典型的四叶瓣状花样图,在方位角 $\mu=45°$ 奇数倍时,散射强度最大。产生最大散射强度时的形状因子 U_{max} 与球晶半径 R 的关系为

$$U_{max} = \frac{4\pi R}{\lambda}\sin\frac{\theta_{max}}{2} = 4.1 \tag{2-27}$$

因此可求得球晶尺寸 R 为(取氦氖激光器的波长 $\lambda=632.8$ nm)

$$R = \frac{4.1\lambda}{4\pi\sin\dfrac{\theta}{2}} = \frac{0.206}{\sin\dfrac{\theta}{2}} \tag{2-28}$$

2.6.2　高聚物晶体基本参数的测定

高聚物晶体的基本参数测定都用 X 射线衍射法。

1. 判断高聚物是否结晶

非晶在衍射图上是弥散圈,结晶部分是同心环(像小分子中的德拜图)。拉伸晶态高聚物,衍射环逐步退光为圆弧,因为晶轴取向相当于单晶旋转。

2. 确定晶态高聚物晶系,测定晶胞参数和等同周期

利用 X 射线衍射中经典的劳厄方程和布拉格方程即可。聚乙烯单晶片的晶

胞结构如图 2-67(a)所示。聚丙烯则有 α、β 和 γ 3 种晶型[图 2-67(b)]。一些高聚物的晶系及有关参数见表 2-6。值得指出的是高聚物晶体中,不存在立方晶系。

表 2-6　一些高聚物的晶系及有关参数

高聚物	晶系	晶胞参数/nm			交角/(°)			N	链构象
		a	b	c	α	β	γ		
聚乙烯	正交	0.741	0.494	0.255				2	2*1/1
聚丙烯									
(间同)	正交	1.450	0.560	0.740				8	4*2/1
(全同)	单斜	0.665	0.210	0.650		99.3		2	12*3/1
聚四氟乙烯									
<19℃	准六方	0.559	0.559	1.688	90	90	119.3		
>19℃	三方	0.566	0.566	1.950					
聚甲醛	三方	0.447	0.447	1.739				9	2*9/5
尼龙 6	单斜	0.956	0.801	0.172			67.5	8	7*2/1
尼龙 66	三斜	0.490	0.540	0.172	48	77	63	1	14*1/1
尼龙 610	三斜	0.495	0.540	2.240	49	76	63	1	18*1/1
聚对苯二甲酸乙二酯	三斜	0.539	0.760	1.676	105	112	72	2	14*1/1
聚对苯二甲酸己二酯	三斜	0.457	0.610	1.540	105	98	114	1	14*1/1
聚异丁烯	正交	0.694	1.196	1.863				16	2*8/5

注:N 为晶胞中所含结构单元数。

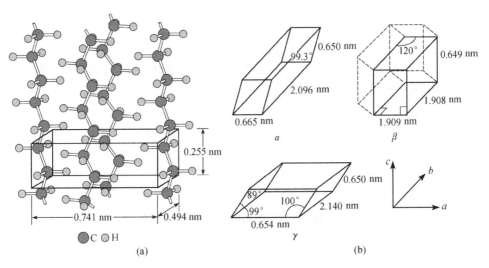

图 2-67　聚乙烯单晶片的晶胞结构(a)和聚丙烯的 α、β 和 γ 3 种晶型(b)

2.6.3　高聚物结晶过程的研究方法

1. 光学显微镜

光学显微镜仍然是研究高聚物结晶过程的重要方法。装有恒温台的显微镜可研究高聚物的等温结晶,因为高聚物的熔融态是各向同性的,结晶生长的球晶呈现各向异性,即呈现消光十字,这样就可测量球晶径向生长速度随时间的变化。此方法的优点是肉眼观察,非常直观,缺点是视野小,重复性差。

2. 解偏振光强度法

解偏振光强度法就是把显微镜的目测改为电测,用光电转换器接受由于高聚物结晶而产生的解偏振光强度 I,这时等温结晶曲线将是强度 I 的变化对时间 t 作用,即

$$\frac{I_t - I_\infty}{I_0 - I_\infty} \cdot t \tag{2-29}$$

解偏振光强度法的优点是试样用量少,热平衡时间短,并能自动记录。

3. 膨胀计法

膨胀计法的原理很简单,因为高聚物结晶时体积会发生收缩(密度变化)。所使用的仪器是前面提到过的毛细管膨胀计(图 2-53)。体积收缩表现为毛细管液柱高低的变化

$$\frac{V_t - V_\infty}{V_0 - V_\infty} = \frac{h_t - h_\infty}{h_0 - h_\infty} \tag{2-30}$$

这是一个经典方法,优点是结果准确,设备简单,缺点是热容量大,达到热平衡时间长,不易测速度较快的结晶过程。

4. 红外光谱法

因为高聚物非晶态存在特有的红外吸收谱带——非晶带以及在高聚物结晶时会出现非晶态高聚物所没有的新的红外吸收谱带——晶带(表 2-7),这样测定晶带和非晶带吸收强度的变化,就可进行高聚物结晶动力学的研究。

表 2-7　几个高聚物的红外光光谱晶带和非晶带

高聚物	非晶带/cm^{-1}	晶带/cm^{-1}
聚乙烯	1368,1353,1303	1894,731
间同聚丙烯	1230,1199,1131	1005,977,867
聚氯乙烯	690,615	638,603

续表

高聚物	非晶带/cm^{-1}	晶带/cm^{-1}
聚对苯二甲酸乙二酯	1370,1145,1045,898	1340,972,848
尼龙 66	1140	935
尼龙 610	1125	850
聚三氟氯乙烯	657	1290,490,440

5. 同步辐射 X 射线散射法

高速带电粒子在磁场中做曲线运动时会释放出电磁辐射。这种辐射是在同步加速器上第一次观察到的,因此被称为同步辐射。与普通的 X 射线相比,同步辐射 X 射线的优点是:①亮度高。三代光源的亮度高达 10^{20} photons/(s · mm^2 · mrad^2 · 0.1 BW)。其亮度比一般的 X 射线要高 $10^6 \sim 10^{11}$ 倍。这样工作效率可提高几万倍,以前常规光源不能做的工作都可以用同步辐射光源。②偏振性好。在高能运动电子方向上,同步辐射的瞬时偏振可达 100%。③准直性好。垂直张角仅为零点几秒的量级。同步辐射光束的平行性可媲美激光束,且能量越高光束的平行性越好。可进行极小试样中微量元素的研究。④光谱连续。覆盖红外、可见、紫外到硬 X 射线的各种波长;利用单色器可以随意选择所需要的波长。⑤时间结构特殊。电子在储存环中发出的同步辐射是不连续的,脉冲宽度(对应着电子束团的长度)约为皮秒量级,脉冲间隔(对应电子束团之间的距离)约为毫秒量级,可用来研究与时间有关的化学反应。⑥同步辐射是在超高真空中产生的,没有灯丝、隔离物质等带来的污染,特别适合于表面科学、计量学的研究与应用。⑦可精确计算。可以用来做各种波长的光源。

同步辐射小角和广角 X 射线散射(SAXS 和 WAXS)是研究高聚物晶体和其他有序结构的重要实验手段。它可以同时检测 $0.1 \sim 1000$ nm 尺度的高聚物结构,从而可研究晶态高聚物、微相分离的嵌段共聚物、无机纳米材料和高聚物复合材料等的结构,也可原位研究高聚物材料在合成和成形加工过程中的结构演变。将高聚物材料加工和性能检测的装置与同步辐射 X 射线散射实验站联用,更可研究加工外场作用下高聚物结晶和其他有序过程,不仅完善了高聚物在非热力学平衡过程中的基本理论,同时对高聚物加工又有直接的指导作用。当前我国已有北京、合肥(第二代光源,NSRL)和上海(第三代光源,SSRF,图 2-68)三个同步辐射装置可供使用。其中上海三代光源的能量范围已达 $5 \sim 20$ keV,分辨率($\Delta E/E$)约为 6.0×10^{-4}@10 keV,光子通量为 10^{11} phs/s @10 keV,聚焦光斑尺寸约为 0.4 mm(h.)×0.5 mm(v.)@10 keV,以及时间分辨约为 100 ms。

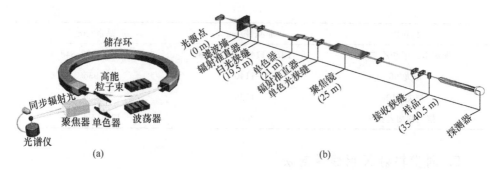

图 2-68　(a)上海第三代同步辐射光源示意图,以及(b)其小角站光学概念图

　　若配套各种散射实验附件,该光源的 X 射线小角散射光束线站可获得高聚物材料在 300 nm 这样大范围尺度的分形度;得到有关晶格的结构信息;结合广角散射,对一些相变过程中发生从几个埃到几百纳米这样较宽尺度范围内结构变化的情况有所了解;特别是其高亮度使能够开展时间分辨散射实验,进行各种相变过程的动态研究等等。

　　如果要获得加工和使用过程中高聚物材料加工的形成和演化过程,除了同步辐射的高亮度和高时间分辨率还不够,必须对样品环境控制的原位装置进行设计。中国科技大学李良彬组设计研制了多个这样的原位样品装置,例如,图 2-69 所示的恒应变速率的伸展流变装置和挤出剪切装置,以及它们的工作原理图。

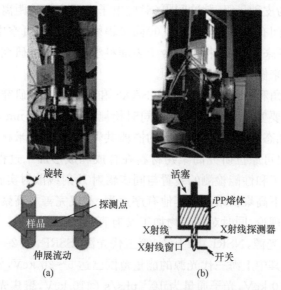

图 2-69　由中国科技大学李良彬软物质研究组设计研制的恒应变速率的
伸展流变装置(a)和挤出剪切装置(b),以及它们的工作原理图

作为同步辐射光源 X 射线小角散射具体应用实例是等规聚丙烯 iPP 结晶最初阶段的研究。它们在高聚物各种相变过程的动态研究中的应用将在第 5 章中再详细介绍。图 2-70 是 130℃下 iPP 等温结晶时的 SAXS 和 WAXS 三维图。用 SAXS 定义的相对不变量 Q_s 来表示结晶过程

$$Q_s = \int_0^\infty q^2 I(q,t)\,\mathrm{d}q \approx \int_{q_1}^{q_2} q^2 I(q,t)\,\mathrm{d}q \tag{2-31}$$

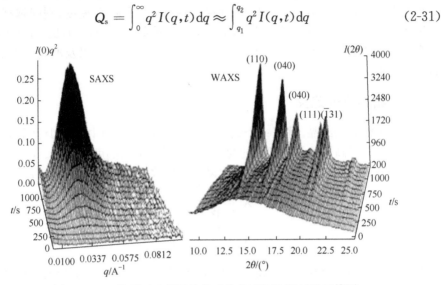

图 2-70　130℃下 iPP 等温结晶时的 SAXS 和 WAXS 三维图

式中，q_1 和 q_2 分别是第一个和最后一个可信数据点的 q 值。那么，Q_s 对结晶时间 t 的作图就是 iPP 在不同温度下的等温结晶(图 2-71(a))，以及与阿夫拉米作图比较图 2-71(b))。

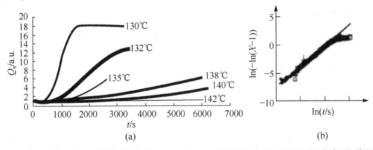

图 2-71　iPP 在不同温度下的等温结晶(a)和在 130℃下的结晶过程的阿夫拉米作图比较(b)

由 WAXS 可求得 iPP 的结晶度 X_s。与阿夫拉米公式 $1-X_s = \exp(-kt^n)$ 相比，阿夫拉米指数 $n=3.4$ 对应着球晶的生长，结晶曲线并不完全符合阿夫拉米方程，非指数动力学曲线以及 n 不为整数是都会出现偏差。这种偏差是由于各种不同晶体单元同时生长造成的。由图还可看出，在较长的一段时间内，结晶度(见下节)有一个缓慢的非线性增加，结晶不完善部分重新结晶或结晶完善部分继续结晶以增加晶体厚度以引起的二次结晶是造成结晶度缓慢增加的主要原因。

2.7　高聚物的结晶度

结晶度是表征高聚物性质的重要参数,高聚物的一些物理力学性能与其结晶度有着密切的关系。结晶度越大,尺寸稳定性越好,其强度、硬度、刚度越高;同时耐热性和耐化学性也越好,但与链运动有关的性能如弹性、断裂伸长、抗冲击强度、溶胀度等将会降低。因而了解高聚物结晶度的定义和描述,以及准确测定对认识高聚物是很关键的。

2.7.1　结晶度的定义

因为不能完全结晶,就有一个结晶部分到底在高聚物中有多少含量的问题。为定量表示晶态高聚物结晶部分的含量,提出了一个结晶度的概念。高聚物结晶度定义为高聚物中结晶部分含量,通常以质量分数 X_c 或体积分数 X_v 表示

$$X_c = \frac{W_c}{W} \times 100\% \tag{2-32}$$

$$X_v = \frac{V_c}{V} \times 100\% \tag{2-33}$$

式中,W_c、W 和 V_c 分别是结晶部分的质量、试样总质量和结晶部分的体积;V 是试样总体积。

需要特别指出的是,由于高聚物的晶区与非晶区的界限不明确:在一个样品中,实际上同时存在着不同程度的有序状态,这自然就给准确确定结晶部分的含量带来了困难。由于各种测试结晶度的方法涉及不同的有序状态,或者说,各种方法对晶区和非晶区的理解不同,有时甚至会有很大出入。表 2-8 给出了用不同方法测得的结晶度数据,可以看到,不同方法得到的数据的差别已经超过了测量的误差。因此,指出某种高聚物的结晶度时,必须具体说明是用什么方法测量的。不同测量方法得到的结晶度是没有可比性的。

表 2-8　用不同实验方法测得的结晶度数据比较

方法	结晶度/%				
	纤维素(棉花)	未拉伸涤纶	拉伸的涤纶	低压聚乙烯	高压聚乙烯
密度法	60	20	20	77	55
X 射线衍射法	80	29	2	78	57
红外光谱法	—	61	59	76	53
水解法	93				
甲酰化法	87				
氘交换法	56				

2.7.2　结晶度的测量方法

该方法的基本原理是基于晶相和非晶相中发生化学反应或物理变化的差别来进行测量。目前测试材料结晶度的方法主要有四种：①红外光谱法（IR）；②密度法；③X 衍射法（WAXD）；④差示扫描量热法（DSC）。此外，还可以通过反气相色谱法（IGC）和一些间接的方法，如表 2-8 中的水解法、甲酰化法等，分述如下。

1. 红外光谱法

高聚物结晶时，会出现非晶态高聚物所没有的新的红外吸收谱带——"晶带"，其强度随高聚物结晶度的增加而增加，也会出现高聚物非晶态部分所特有的红外吸收谱带——"非晶带"，其强度随高聚物结晶度增加而减弱。测定高聚物红外光谱的晶带和非晶带的相对强度可以确定结晶度。红外光谱法测得结晶度，通常表达式如下：

$$We,i = \frac{1}{a_c \rho \cdot l} \cdot \lg(i_0/i) \tag{2-34}$$

先选取某一吸收带作为结晶部分的贡献，i_0、i 分别为在高聚物结晶部分吸收带处入射及透射光强度；a_c 为结晶材料吸收率；ρ 为样品整体密度；l 为样品厚度。

如聚三氟氯乙烯，440 cm^{-1} 是晶带，657 cm^{-1} 是非晶带，若它们晶带光密度 D_1 和非晶带光密度 D_2 之比为 $R(=D_1/D_2)$，则高聚物的结晶度

$$X_c = \frac{R-2.05}{R+6.67} \tag{2-35}$$

红外光谱法在样品达到熔融时的测定方式很不好处理，即其值不易测得，因此此方法理论上可行，但实际操作有难度，即很难测出高聚物熔融态的吸光度 D 值。故从发展的角度来看，此方法有局限性。

2. 密度法

高聚物的密度与它们高分子链的堆砌紧密程度有关，结晶度高的高聚物一定密度大。若记 ρ 为高聚物的密度，ρ_c 为高聚物中结晶部分的密度，ρ_a 为高聚物中非晶部分的密度，则因为 $X_a + X_c = 1$，有

$$\frac{1}{\rho} = \frac{X_c}{\rho_c} + \frac{1-X_c}{\rho_a} \tag{2-36}$$

则高聚物的结晶度为

$$X_c = \frac{\rho_c(\rho - \rho_a)}{\rho(\rho_c - \rho_a)} \tag{2-37}$$

ρ_c 可用 X 射线衍射所得的晶胞的体积和高聚物的分子量求得，即

$$\rho_c = MZ/N_0V \qquad\qquad (2\text{-}38)$$

式中，M 是高分子链结构单元的分子量；Z 是晶胞内链结构单元数目；N_0 是阿伏伽德罗常量；V 是晶胞体积。完全非晶态的高聚物试样 ρ_a 可用膨胀计测定不同温度下该高聚物熔体的密度与温度关系曲线，外推求得。高聚物的密度 ρ 可以方便地用密度梯度管法测得。密度梯度管法是高分子科学中常用的实验手段［图 2-72(a)］，简单介绍如下。

　　瓶 1 装重液，瓶 2 装轻液，打开活塞 6 和 7，轻液从瓶 2 流出，而重液从瓶 1 流入瓶 2，因此瓶中重、轻液的比值在连续增加，这样，从瓶 2 出口处流出的液体的密度连续增加，先流出的液体轻，后流出的液体重。先流出的液体首先到达试管的底部，后流出的重液把轻液从试管的底部托起，最终在试管 4 中形成上轻下重，密度呈连续分布的液柱。恒温后，将密度已知的玻璃小球放入即可标定出密度梯度曲线［图 2-72(b)］。将高聚物小片放入密度梯度管中，测出小片的高度，从密度梯度曲线上即可确定出高聚物的密度值。

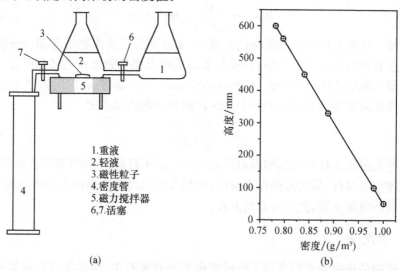

1. 重液
2. 轻液
3. 磁性粒子
4. 密度管
5. 磁力搅拌器
6,7. 活塞

图 2-72　密度梯度法测定高聚物结晶度的装置示意图(a)及密度梯度曲线(b)

3. X 射线衍射法

　　由于晶区的电子密度大于非晶区，显然，来自高聚物结晶部分的衍射强度 I_c 正比于结晶部分的含量，非晶部分的衍射强度 I_a 正比于非晶部分的含量

$$X_c = pI_c$$
$$X_a = qI_a = 1 - X_c$$

所以

$$I_c = \frac{X_c}{p} = \frac{q}{p}\frac{X_c I_a}{1-X_c}$$

$$X_c = \frac{1}{1+\dfrac{qI_a}{pI_c}} \tag{2-39}$$

测定一系列 I_c 和 I_a，I_c 对 I_a 作图应该是一直线（图 2-73），与纵轴交点即是 $I_{c\,100\%}$ 和 $I_{a\,100\%}$，由此可求得 $p=1/I_{c\,100\%}$，$q=1/I_{a\,100\%}$。这样，知道 I_c 和 I_a 就可计算 X_c。

由于某些结晶衍射峰会因弥散而部分重叠在一起，结晶峰与非晶峰的边缘也是完全重合或大部分重合的，结晶衍射峰和非晶弥散散射峰分离有一定的困难。虽然已尝试应用电子计算机分离高聚物衍射图形，使精确度大为提高，但作为常规测试方法，仍有它的局限性，因此误差较大，结晶度的绝对值并非真正具有绝对的意义。

衍射法不仅可以测定结晶部分和非结晶部分的定量比，还可以测定晶体大小、形状和晶胞尺寸，是一种被广泛用来研究晶胞结构和结晶度的测试方法。

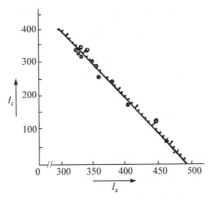

图 2-73　全同立构聚苯乙烯的结晶部分的衍射强度 I_c 对非晶部分的衍射强度 I_a 的作图

4. 差示扫描量热法

结晶高聚物熔融时会放热，差示扫描量热法测定其结晶熔融时，得到的熔融峰曲线和基线所包围的面积，可直接换算成热量。此热量是高聚物中结晶部分的熔融热。高聚物熔融热与其结晶度成正比，结晶度越高，熔融热越大。

根据高聚物的熔融峰面积计算熔融热焓 ΔH，假设 ΔH_f 是 100% 的结晶样品的扩散热，那么结晶度可按下面的公式求得

$$X_c(\%) = \Delta H/\Delta H_f \times 100\% \tag{2-40}$$

差示扫描量热法一方面通常所认为的熔融吸热峰的面积，实际上包括了很难区分的非晶区黏流吸热的特性，另一方面，试样在等速升温的测试过程中，还可能发生熔融再结晶，所以所测的结果实际上是一种复杂过程的综合，而绝非原始试样的结晶度。但由于其试样用量少、简便易行的优点，成为近代塑料测试技术之一，在高聚物结晶度的测试方面得到了广泛应用。

需要特别强调的是，各种方法测定的结晶度是不能比较的。因为它们各自反映的微观尺寸不同，例如，X 射线衍射是小尺寸的反映，而密度法反映的是试样的全部整体。这个大小尺度的问题在以后有关取向乃至玻璃化温度等许多测试中都

要特别加以重视。

这里再次强调,各种方法测定的结晶度是不能比较的。因为它们各自反映的微观尺寸不同,例如,X 射线衍射是小尺寸的反映,而密度法反映的是试样的整体全部。这个大小尺度的问题在以后有关取向,乃至玻璃化温度等许多测试中都要特别加以重视。

2.7.3　结晶度分布——高分子科学中的新概念

上面说到高聚物结晶度是高聚物中结晶部分的含量。一般结晶高聚物的结晶度都在 50% 以上,而像聚乙烯这样高度结晶的高聚物,其结晶度可高达 90%,甚至更高。上面给出的测定结晶度的方法测出的结晶度都是相对于整体高聚物的平均值。现在的问题是在高聚物中结晶是均匀的吗? 也就是结晶度在高聚物中是否有一个分布的问题? 如果有,对高聚物的包括力学、光学、热学、电学等物理性能是否有什么影响?

上节介绍的密度法、DSC、X 射线衍射法、红外法,乃至 NMR 等许多方法测定高聚物的结晶度似乎在结晶度问题上有了一定进步,但仍然遗留了两个问题。一个是由上述不同测定方法得到的同一个高聚物的结晶度数据有很大出入,差别已经超过了测量的误差。这个问题是由于高聚物的晶区与非晶区的界限并不明确:在一个样品中,实际上同时存在着不同程度的有序状态,这自然就给准确确定结晶部分的含量带来了困难,由于各种测试结晶度的方法涉及不同的有序状态,或者说,各种方法对晶区和非晶区的理解不同。这个问题的解决比较简单,只要特别指出在测试高聚物的结晶度时,具体用的是什么方法。只有相同的测量方法得到的结晶度才有可比性。

另一个问题是上述各种测定结晶度的方法都只是给出了所测高聚物试样的平均结晶度,现在要问高聚物中的结晶度是否是均一的? 设想一下我们已经有的高聚物结晶的知识,已经有的高聚物分子量的知识,直观告诉我们结晶度在高聚物中应该是不均匀的,但从来没有人做过这方面的论述,更没有测定结晶度分布的实验技术的探讨。最近浙江大学李寒莹教授用拉曼光谱方法在这方面做了很好的开创性工作。

拉曼光谱是分辨材料中不同组分的有力工具,对半晶高聚物中晶区和非晶区的辨别特别敏感,并且拉曼分析中的映射函数能很好地提供不同位置的组分。这样拉曼光谱法就有可能用来检测高聚物中的结晶度分布。他们所用的试样是旋涂的聚 ε-己内酯薄膜。结果表明,聚 ε-己内酯薄膜中的结晶度不是均匀的,而是从聚 ε-己内酯 PCL 球晶的中心到边缘渐呈至一个平台。

拉曼光谱对单晶的聚 ε-己内酯 PCL 和完全非晶态(熔融的)的聚 ε-己内酯 PCL 是完全可以分辨的,它们在拉曼光谱上的峰位和半峰宽(FWHM)分别是约

1737 cm^{-1}和 22.2 cm^{-1}±0.2 cm^{-1},以及约 1728 cm^{-1}和 8.1 cm^{-1}±0.5 cm^{-1}。
而用映射函数又能很好把半晶的聚 ε-己内酯 PCL 的拉曼光谱峰进行分峰,从而根
据单晶和完全非晶的数据来区分半晶试样中存在的单晶和非晶的状态(图 2-74)。

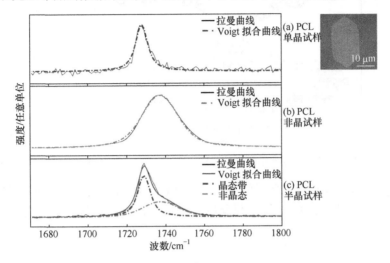

图 2-74　聚 ε-己内酯 PCL 单晶、非晶、半晶试样的拉曼光谱

　　如图 2-75 所示,分别对聚 ε-己内酯 PCL 球晶的中心(点 2)对称的两点(点 1 和
3)的结晶度 f_c 进行测定,发现球晶中心的结晶度与两边的对称点的结晶度是不同
的,图 2-74(b)更进一步发现它们随温度的变化也不相同。

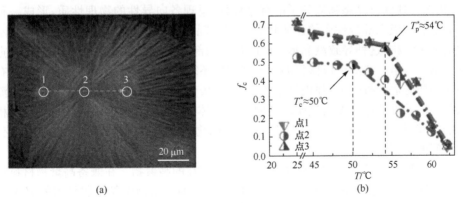

图 2-75　单个聚 ε-己内酯 PCL 球晶的电镜照片(a)
和结晶度 f_c 在左图中三个不同标记处的变化关系(b)

　　为进一步探究聚 ε-己内酯 PCL 球晶不同处的结晶度分布,在点 1 和 3 之间逐
点测定结晶度,确实观察到了沿 PCL 球晶直径方向结晶度的非均匀性,在球晶中
心两边约 40 μm 区域里结晶度呈现较低的值(图 2-76)。

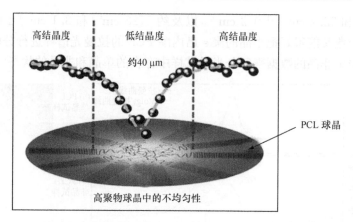

图 2-76　沿 PCL 球晶直径方向结晶度的非均匀性,在约 40 μm 区域里结晶度呈现较低的值

聚 ε-己内酯 PCL 球晶薄膜结晶度的分布测定将为我们进一步研究它们与高聚物的物理性能以及加工性能提供新的思路,也将会对高聚物结晶过程的研究有影响。

2.8　高聚物的液晶态

2.8.1　液晶及其分类

液晶态是物质的一种存在形态。某些物质的结晶受热熔融或被溶剂溶解之后,仍部分地保持晶态物质分子的有序排列,呈现各向异性的物理性质,形成一种兼有晶态和液态部分性质的过渡状态,称为液晶态。形成液晶的物质通常具有刚性的分子结构,这种导致液晶形成的刚性结构部分称为致晶单元;分子的长度和宽度比 $R \gg 1$,呈棒状或近似棒状的构象;同时,还须具有在液态下维持分子的某种有序排列所必需的凝聚力(强极性基团、高度可极化基团、氢键等)。液晶态物质从浑浊的各向异性液体转变为透明的各向同性液体的过程是热力学一级转变过程,相应的转变温度称为清亮点,记为 T_{CL}。不同的物质,其清亮点的高低和熔点至清亮点之间的温度范围是不同的。

高聚物液晶是在一定条件下能以液晶态存在的高聚物。在兼备高聚物材料特性的同时,又拥有液晶态的分子自组织性。最早的高聚物液晶是胆甾型的聚 γ-苄基-L-谷氨酸酯(PBLG)液晶,后来杜邦公司用液晶态聚对苯二甲酰对苯二胺(PPTA)纺丝制得了超高强度和超高模量的"凯芙拉"(Kevlar)纤维,使得高聚物液晶受到工业界的关注。如今,高聚物液晶材料不仅在高性能纤维材料和液晶自增强材料方面获得了重要的应用,还在光学记录、储存和显示材料以及生命科学的研究等方面备受青睐。因此,近年来关于高聚物液晶的基础研究已成为高分子科学中的一个热点。

　　液晶的分类有好几种(表 2-9)。按产生相变的原因来区分,有因温度的改变而产生相变的热致液晶和因溶于溶剂中溶质浓度变化而产生相变的溶致液晶。近年来,又发现了在外力场——压力、流动场、电场、磁场和光场等作用下形成的液晶。例如,聚乙烯在某一压力下可出现液晶态,是一种压致液晶。聚对苯二甲酰对氨基苯甲酰肼在施加流动场后可呈现液晶态,因此属于流致液晶。按分子形状区分为棒状液晶、碟状液晶和柱状液晶;按分子大小区分为小分子液晶和高聚物液晶;按分子排列的形式和有序性区分,液晶有 3 种不同的结构类型:近晶型、胆甾型和向列型液晶(图 2-77)。

表 2-9　液晶的不同分类方式

分类方式	名称	例子
按形成条件分	热致液晶	赛达 $\left[\text{C}(=\text{O})\text{-C}_6\text{H}_4\text{-C}(=\text{O})\text{-O} \right]_n \text{-C}_6\text{H}_4\text{-C}_6\text{H}_4\text{-} \left[\text{C}(=\text{O})\text{-C}_6\text{H}_4\text{-O} \right]_m$
	溶致液晶	月桂酸 $CH_3 + CH_2 +_{10} COOH$
按分子大小分	小分子液晶	4,4-二甲氧基氧化偶氮苯 $CH_3-O-C_6H_4-N=N(\to O)-C_6H_4-O-CH_3$
	高聚物液晶	聚对苯二甲酰对苯二胺(PPTA) $\left[CO-C_6H_4-CO-NH-C_6H_4-NH \right]_n$
按分子形状分	棒状液晶	通常的液晶都具有棒状的形态
	碟状液晶	苯并[9,10]菲-六正十二酸酯 (结构式) $R: -OCOC_{11}H_{23}$
	柱状液晶	聚乙烯基对苯二甲酸二烷基酯(丙基至己基)
按分子排列的有序性分	近晶型液晶	4-(对苯甲酸乙酯)联苯甲醛亚胺 $C_6H_5-C_6H_4-CH=N-C_6H_4-COOC_2H_5$　　近晶 A 型
	向列型液晶	N-(4-甲氧基亚苄基)对丁基苯胺　(MBBA) $CH_3-CH_2-CH_2-CH_2-C_6H_4-N=CH-C_6H_4-O-CH_3$
	胆甾型液晶	聚 γ-苄基-L-谷氨酸酯 $\left[NH-CH(CO) \right]_n$ $CH_2-CH_2-CO-OCH_2-C_6H_5$

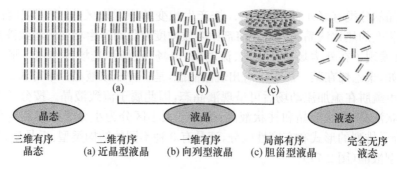

图 2-77　三维有序的晶态、无序的液态以及它们的中间物态——液晶态

　　近晶型液晶最接近晶态结构,其分子排列保持二维有序性[图 2-77(a)]。棒状分子依靠垂直于分子长轴方向的强有力的相互作用,互相平行排列成层状,其轴向与层片平面垂直。层内棒状结构的排列保持着大量的二维固体有序性,但与分子轴垂直的平面内的周期性已被破坏。分子可以在层内活动,但不能在层间运动。可以产生层片之间的滑动,而垂直于层片方向的流动则很困难,所以黏度呈现明显的各向异性。近晶型液晶的光学性质与单轴晶体相似。根据晶型的细微差别,近晶型液晶还可以再细分为 A、B、C 等九种,其区别主要在于层内分子的排列情况,如近晶 A 中各层分子的取向方向与层面垂直,近晶 B 中有分子在各层中的六角形排布等。近晶型液晶结构上的差别对非线性光学特性有一定影响。

　　向列型液晶中棒状分子只有一维有序。它们互相平行排列,但重心排列则是无序的[图 2-77(b)]。在外力作用下,棒状分子容易沿流动方向取向,并可在取向方向互相穿越。因此,向列型液晶的宏观黏度一般都比较小,是三种结构类型的液晶中流动性最好的一种。聚对苯二甲酰对苯二胺的浓硫酸溶液和聚对苯甲酰胺的浓硫酸溶液就是向列型液晶。

　　胆甾型液晶的名称来源于一些胆甾醇衍生物所形成的液晶态结构。胆甾型液晶中分子链成层状排列。每一层中的分子链平行排列成向列型,但与近晶型结构不同的是,相邻两层分子链排列方向依次有规则地扭转一定角度,而形成螺旋结构[图 2-77(c)]。经过一段距离分子取向方向旋转 360°后复原,两个取向方向相同的分子层之间的距离称为胆甾型液晶的螺距,是表征胆甾型液晶的重要物理量。由于液晶中扭转的分子层的作用,当白色光经过胆甾型液晶时,反射光发生色散,透射光发生偏振旋转,使其具有彩虹般的颜色和极高的旋光特性。

　　近晶型、胆甾型和向列型三类液晶在偏光显微镜下会出现特征的图案,称为织构。织构是由于分子的连续取向出现缺陷(称为向错)引起的。向列型液晶的典型织构是纹影织构(四黑刷或两黑刷),近晶型液晶是扇形织构,胆甾型液晶是指纹状织构(图 2-78)。

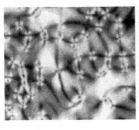  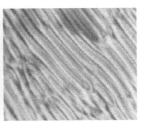

(a) 向列型液晶　　　　　　　(b) 近晶型液晶　　　　　　　(c) 胆甾型液晶

图 2-78　三类液晶在偏光显微镜下会出现特征的图案

2.8.2　高聚物液晶

某些液晶分子可发生聚合,或者通过官能团的化学反应连接到另一个高分子链骨架上。这些"高分子化"的液晶仍保持液晶的特征,形成高聚物液晶。高聚物液晶在链段层次上含有小分子液晶的化学结构,能呈现液晶的性质,同时高分子链仍具有一定柔性,兼有高聚物的各种性质。

高聚物液晶的结构更为复杂,分类方法更多。

与小分子液晶一样,按液晶的形成条件和按高分子链中致晶单元排列形式和有序性不同,可分为溶致液晶、热致液晶、压致液晶、流致液晶,以及近晶型、向列型和胆甾型液晶。大部分高聚物液晶属于向列型液晶。按致晶单元与高分子链的连接方式,可分为主链型液晶和侧链型液晶。主链型液晶和侧链型液晶中根据致晶单元的连接方式不同又有许多种类型(表 2-10)。主链型液晶大多数为高强度、高模量的材料,侧链型液晶则大多数为功能性材料。按形成高聚物液晶的单体结构,可分为两亲型和非两亲型。两亲型单体是指兼具亲水和亲油(亲有机溶剂)作用的分子。非两亲型单体则是一些几何形状不对称的刚性或半刚性的棒状或盘状分子。由两亲型单体聚合而得的高聚物液晶数量极少,绝大多数是由非两亲型单体聚合而得,其中以盘状分子聚合的高聚物液晶也极为少见。两亲型高聚物液晶是溶致液晶,非两亲型液晶大部分是热致液晶。

表 2-10　致晶单元与高分子链的连接方式

液晶类型	结构形式	名称
主链型	◎◎ ◎◎ ◎◎	纵向型
	◎ ◎ ◎	垂直型

液晶类型	结构形式	名称
主链型		星形
		盘形
		混合形
支链型		多盘形
		树枝形
侧链型		梳形
		多重梳形
		盘梳形
		腰接形
		结合形

液晶类型	结构形式	名称
网型		结合型

与小分子化合物液晶相比,高聚物液晶有如下特点:

(1) 有很高的强度和模量或很小的热膨胀系数。高聚物液晶在外力场中容易发生分子链取向,在取向方向上呈现高拉伸强度和高模量,如凯芙拉的比强度和比模量比钢材的大 10 倍。将具有液晶性的环氧树脂加入普通环氧树脂(ER)中熔融共混,也可明显提高材料的性能。当液晶树脂含量为 4% 时,拉伸强度由 ER 的 22 MPa 提高到 42 MPa,冲击强度提高两倍以上。

(2) 液晶的耐热性能得到大幅度提高。由于高聚物液晶的刚性部分大多由芳环构成,其耐热性相对比较突出,例如,赛达的熔点为 421℃,空气中的分解温度高达 560℃,其热变形温度也可达 350℃,明显高于绝大多数塑料。

(3) 阻燃性优异。高聚物液晶分子链由大量芳环构成,除了含有酰肼键的纤维外,其他都特别难以燃烧。例如,凯芙拉在火焰中有很好的尺寸稳定性,若在其中添加少量磷等,高聚物液晶的阻燃性能更好。

(4) 电性能优异。高聚物液晶的绝缘强度高,介电常数低,而且两者都很少随温度的变化而变化,导热和导电性能低。

(5) 加工性优异。高聚物液晶的黏度都很大,其流动行为也与一般溶液有显著不同。这种流动性质使液晶高聚物加工过程中自动取向,正是这自动取向形成的取向态结构决定了液晶高聚物材料(如纤维)具有高强度、耐高温、耐化学性等优良性能。另外由于分子链中柔性部分的存在,其流动性能好,成型压力低,因此可用普通的塑料加工设备来注射或挤出成型,所得成品的尺寸很精确。

因此,研究和开发高聚物液晶,不仅可提供新的高性能材料并导致技术进步和新技术的产生,而且可促进分子工程学、合成化学、高分子物理学、高分子加工以及高分子应用技术的发展。此外,由于许多生命现象与物质的液晶态相关,对高聚物液晶态的研究也有助于对生命现象的理解并可能导致有重要意义的新医药材料和医疗技术的发现。

2.8.3　高聚物液晶的表征

高聚物液晶的表征是一个较为复杂的问题。结构上细微的差别常常难以明显区分,经常出现对同一物质得出不同研究结论的现象。因此经常需要几种方法同时使用,互相参照,才能确定最终的结构。目前常用于研究和表征高聚物液晶的有热台偏光显微镜法(POM法,可观察液晶色彩变化、透射和折射现象,以及各向异性、各向同性的转变)、差示扫描量热仪(DSC)法、X射线衍射法、激光小角散射、核磁共振法、光谱法、介电弛豫谱法、相容性判别法、光学双折射法、黏度法和密度法等。具体应用详见于下面的论述中,这里不一一论述。

2.8.4　高聚物液晶的分子结构特征

1. 高聚物液晶的化学结构

液晶分子通常有刚性的分子结构,强的分子间作用力和特定的分子形状(棒状或片状),如4,4′-二甲氧基氧化偶氮苯

$$CH_3-O-\text{⬡}-N=N-\text{⬡}-O-CH_3$$
$$\overset{|}{O}$$

分子上的两个极性端基之间的相互作用,有利于形成近似线性结构,从而有利于液晶结构有序态的稳定,典型的长棒状有机化合物热致液晶的分子长宽比 R 约为4~8。

能构成液晶分子R ——◉—— L ——◉—— R的主要化学结构包括刚性环状结构、中心桥键(—L—)和末端基团3部分(—R)。能够形成液晶的物质通常在分子结构中具有刚性部分——致晶单元。从外形上看,致晶单元通常呈现近似棒状或片状的形态,由2个苯环或者芳香杂环通过刚性部件连接组成,这样有利于分子的有序堆砌。常见的刚性致晶单元是苯环、脂肪环、芳香杂环,如 $\left[\text{⬡}\right]_n$ ($n=1$,

2,3)、 $\overset{R}{\underset{}{\text{⬡}}}$ 和 ⬡⬡ 等,这是液晶分子在液态下维持某种有序排列所必须的结构因素。在高聚物液晶中这些致晶单元被柔性链以各种方式连接在一起。

致晶单元由中心桥键连接。构成这个刚性连接单元常见的化学结构包括亚氨基(—C=N—)、反式偶氮基(—N=N—)、氧化偶氮(—NO=N—)、酯基(—COO—)、反式乙烯基(—C=C—)、炔基(—C≡C—)和双烯基(—HC=CH—CH=CH—)等。这个刚性连接单元的作用是阻止两个环旋转。在致晶单元的端部通常还有一个柔软易弯曲的基团R,这个端基单元是各种极性或非极性的基团,对形成的液晶具有一定稳定作用,因此也是构成液晶分子不可缺少的结构因素。常见的R包括—R′、—OR′、—COOR′、—CN、—OOCR′、—COR′、—CH=CH—COOR′、—Cl、—Br、—NO₂等。常见的高聚物液晶类别见表2-11。

表 2-11　常见的高聚物液晶类别

高聚物液晶类别	结构
偶氮苯类	$\left[(CH_2)_m{-}O{-}CO{-}\bigcirc{-}N{=}N{-}\bigcirc{-}CO{-}O\right]_n$
氧化偶氮苯类	$\left[(CH_2)_m{-}O{-}CO{-}\bigcirc{-}N{=}NO{-}\bigcirc{-}CO{-}O\right]_n$
芳香聚酯类	$\left[\bigcirc{-}CO{-}O{-}\bigcirc{-}O{-}CO{-}\bigcirc\right]_n$
芳香族聚酰胺类	$\left[NH{-}\bigcirc{-}CO\right]_n$
芳香族聚酰肼类	$\left[NH{-}NH{-}CO{-}\bigcirc{-}CO\right]_n$
芳香族聚酰胺-酰肼类	$\left[NH{-}\bigcirc{-}CO{-}NH{-}NH{-}CO{-}\bigcirc{-}CO\right]_n$

2. 影响高聚物液晶形态和性能的因素

1) 结构因素

(1) 致晶单元的刚性。刚性的致晶单元结构不仅有利于在固相中形成结晶，而且在转变成液相时也有利于保持晶体的有序度。分子中刚性部分的规整性越好，越容易使其排列整齐，使得分子间力增大，也更容易生成稳定的液晶相。

(2) 致晶单元形状。致晶单元呈棒状的，有利于生成向列型或近晶型液晶；致晶单元呈片状或盘状的，易形成胆甾型或盘型液晶。另外，高分子骨架的结构、致晶单元与高分子骨架之间柔性链的长度和体积对致晶单元的旋转和平移会产生影响，因此也会对液晶的形成和晶相结构产生作用。在高分子链上或者致晶单元上带有不同结构和性质的基团，都会对高聚物液晶的偶极矩、电、光、磁等性质产生影响。

(3) 致晶单元中的刚性连接单元的结构。刚性连接单元的结构对高聚物液晶的热稳定性也起着重要的作用。含有双键、三键的二苯乙烯、二苯乙炔类的液晶的化学稳定性较差，会在紫外光作用下因聚合或裂解失去液晶的特性。降低刚性连接单元的刚性，在高分子链段中引入饱和碳氢链使得分子易于弯曲，可得到低温液晶态。在苯环共轭体系中，增加芳环的数目可以增加液晶的热稳定性。用多环或稠环结构取代苯环也可以增加液晶的热稳定性。高分子链的形状、刚性大小都对液晶的热稳定性起到重要作用。

(4) 分子构型和分子间力。在热致高聚物液晶中分子间作用力大，分子规整度高，这虽然有利于液晶形成，但是相转变温度也会因为分子间作用力的提高而提高，使液晶形成温度提高，不利于液晶的加工和使用。溶致高聚物液晶是在溶液中形成的,因此不存在上述问题。

(5) 在苯环共轭体系中,增加苯环的数目可以增加液晶的热稳定性。用多环或稠环结构取代苯环也可以增加液晶的热稳定性。

2) 外部因素

(1) 温度。对热致高聚物液晶来说,最重要的影响因素是温度。足够高的温度能够给高分子链提供足够的热动能,是使相转变过程发生的必要条件。因此,控制温度是形成高聚物液晶和确定晶相结构的主要手段。除此之外,施加一定电场或磁场力有时对液晶的形成也是必要的。

(2) 溶剂。对溶致液晶,溶剂与高聚物液晶分子之间的作用起非常重要的作用。溶剂的结构和极性决定了与液晶分子间的亲和力的大小,进而影响液晶分子在溶液中的构象,能直接影响液晶的形态和稳定性。控制高聚物液晶溶液的浓度是控制溶致高聚物液晶相结构的主要手段。

2.8.5　高聚物液晶的相行为

1. 主链型高聚物液晶

1) 溶致高聚物液晶

主链型溶致高聚物液晶分子一般并不具有两亲结构,在溶液中也不形成胶束结构。这类液晶在溶液中形成液晶态是由于刚性高分子主链相互作用而进行紧密有序堆积的结果。主链型溶致高聚物液晶主要应用在高强度、高模量纤维和薄膜的制备方面,有芳香族聚酰胺、聚酰胺酰肼、聚苯并噻唑、纤维素类等。

形成溶致高聚物液晶的分子结构必须符合两个条件,即分子应具有足够的刚性和分子必须有相当的溶解性。然而,这两个条件往往是对立的。刚性越好的分子,溶解性往往越差。

(1) 芳香族聚酰胺。芳香族聚酰胺是最早开发成功的一类高聚物液晶材料,有很多品种,其中最重要的是聚对苯酰胺(PBA)和聚对苯二甲酰对苯二胺(PPTA)。PBA $\left[\text{NH}-\langle\bigcirc\rangle-\text{CO}\right]_n$ 属于向列型液晶。用它纺成的纤维称为 B 纤维(芳纶 14),具有很高的强度,可用作轮胎帘子线等。PPTA $\left[\text{CO}-\langle\bigcirc\rangle-\text{CO}-\text{NH}-\langle\bigcirc\rangle-\text{NH}\right]_n$ 具有刚性很强的直链结构,分子间又有很强的氢键,因此只能溶于浓硫酸中。用它纺成的纤维就是著名的凯芙拉纤维(芳纶 1414)。

(2) 芳香族聚酰胺酰肼。典型代表是对氨基苯甲酰肼与对苯二甲酰氯的缩聚物 PABH $\left[\text{CO}-\langle\bigcirc\rangle-\text{CO}-\text{NH}-\langle\bigcirc\rangle-\text{CO}-\text{NH}-\text{NH}\right]_n$,其分子链中的 N—N 键易于内旋转,柔性大于 PPTA。它在溶液中并不呈现液晶性,但在高剪切速率下(如高速纺丝)转变为液晶态(流致高聚物液晶),也用来制备高强度高模量纤维。

　　(3) 聚苯并噻唑类和聚苯并噁唑类。这是一类杂环高聚物液晶,如聚双苯并噻唑苯(PBT) 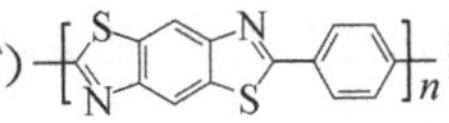 和聚苯并噁唑苯(PBO) ,分子结构为杂环连接的刚性链,具有特别高的模量。用它们制成的纤维,模量高达 760～2650 MPa。

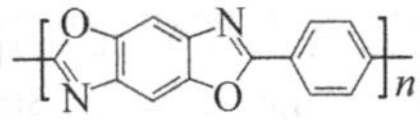

　　(4) 纤维素液晶。纤维素及其衍生物的长径比都在 17 以上,加上分子内氢键和空间位阻的因素,它们是一类新颖的液晶高聚物(表 2-12)。纤维素及其衍生物既可显示热致液晶,但主要是溶致液晶,其液晶态常为胆甾型,既可制备高强度高模量材料,又可制备特殊光学材料,且来源丰富,价格低廉,受到人们重视。

表 2-12　纤维素及其衍生物的长径比和液晶态临界浓度

纤维素及其衍生物	链长 L/nm	链直径 D/nm	长径比 R	液晶态临界体积分数/%
纤维素硝酸盐	33～35	0.6	55～58	13～14
羟乙基纤维素	22	0.6	37	20
羟丙基纤维素	21	0.6	35	22
纤维素	10	0.6	17	42

　　很多常用溶剂(水、丙酮、氯仿和苯等)能使纤维素及其衍生物转变成溶致液晶。增加分子量、降低取代度和降低温度都有利于分子链刚性的提高,从而有利于液晶的形成。

　　羟丙基纤维素(HPC,图 2-79)和三乙酸纤维素(CTA)是纤维素液晶的典型代表。由于液晶纺丝工艺等问题,纤维素液晶至今尚未达到实用阶段,但胆甾型液晶形成的薄膜具有优异的力学性能、很强的旋光性和温敏性,因此有望用于制备精密温度计和显示材料。

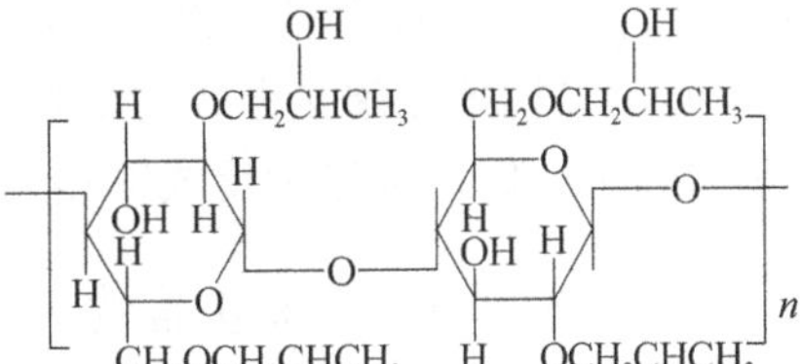

图 2-79　羟丙基纤维素的结构式

　　2) 热致高聚物液晶

　　聚酯液晶是主链型热致高聚物液晶中最典型的代表。将对羟基苯甲酸(PHB)与聚对苯二甲酸乙二酯(PET)共聚,制得热致高聚物共聚酯液晶。PET/PHB 共聚酯是在刚性的线形分子链中嵌段地或无规地接入柔性间隔基。改变共聚组成或改变间隔基团的嵌入方式,可形成一系列的聚酯液晶,范围为 260～410℃,相区间温度 ΔT 高达 150℃左右。液晶聚酯膜具有比聚丙烯腈更好的抗气体透过性,有望在包装工业中发挥特殊作用。

　　3) 主链型高聚物液晶的相行为

　　分子链中柔性链段的含量与分布、分子量、间隔基团的含量和分布、取代基的性质等因素均影响液晶的相行为。

（1）共聚酯中柔性链段的含量与分布的影响。完全由刚性基团连接的分子链由于熔融温度太高而无实用价值，必须引入柔性链段才能很好地呈现液晶性。以PET/PHB共聚酯为例，当PET和PHB的比例为40/60、50/50、60/40、70/30、80/20时，共聚酯均呈现液晶性，而以40/60的相区间温度最宽。柔性链段越长，液晶转化温度越低，相区间温度范围也越窄。柔性链段太长则失去液晶性。柔性链段的分布显著影响共聚酯的液晶性。交替共聚酯无液晶性，而嵌段和无规分布的共聚酯均呈现液晶性。

（2）分子量的影响。共聚酯液晶的清亮点T_{CL}随其分子量的增加而上升。当分子量增大至一定数值后，清亮点趋于恒定，它们之间有经验公式

$$\frac{1}{T_{LC}} = C_1 + \frac{C_2}{M_n} \tag{2-41}$$

式中，C_1和C_2为常数。

（3）连接单元的影响。间隔基的柔性越大，液晶清亮点就越低。例如，将连接单元—CH_2—与—O—相比，后者的柔性较大，其清亮点较低。又如具有—$(CH_2)_n$—连接单元团的高聚物液晶，随n增大，柔性增加，清亮点降低。

（4）取代基的影响。非极性取代基的引入降低了分子链的长径比，减弱了分子间的作用力，使高聚物液晶的清亮点降低。

极性取代基使分子链间作用力增加。取代基极性越大，高聚物液晶的清亮点越高。取代基的对称程度越高，清亮点也越高。

（5）结构单元键接方式的影响。头-头键接和顺式键接使分子链刚性增加，清亮点较高。头-尾键接和反式键接使分子链柔性增加，则清亮点较低。

2. 侧链型高聚物液晶的相行为

1）侧链型高聚物液晶

含有致晶单元的单体聚合就直接得到侧链型高聚物液晶，聚合可以是：

（1）加聚反应。例如，将致晶单元通过有机合成方法连接在甲基丙烯酸酯或丙烯酸酯类单体上，然后通过自由基聚合得到致晶单元连接在主链上的侧链型高聚物液晶。

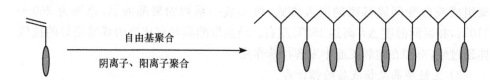

$$\left[CH_2-\underset{\underset{COO-(CH_2)_n-O-}{|}}{\overset{\overset{CH_3}{|}}{C}}\right]_n \quad COO-(CH_2)_n-O-\bigcirc-C-O-\bigcirc-R$$

（2）接枝共聚。例如，将含致晶单元的乙烯基单体与主链硅原子上含氢的有机硅高聚物进行接枝反应，可得到主链为有机硅高聚物的侧链型高聚物液晶。

$$\left[\underset{\underset{H}{|}}{\overset{\overset{CH_3}{|}}{Si}}-O\right]_n + CH_2=CH-C-O-\bigcirc-\bigcirc-R \xrightarrow{Pt}$$

$$\left[\underset{\underset{CH_2-CH_2-C-O-\bigcirc-\bigcirc-R}{|}}{\overset{\overset{CH_3}{|}}{Si}}-O\right]_n$$

（3）缩聚反应。例如，将连接有致晶单元的氨基酸通过自缩合即可得到侧链型高聚物液晶。

2）侧链型高聚物液晶的相行为

（1）侧链结构的影响。侧链包括致晶单元、末端基团和连接单元。

当末端基团为柔性链时，随链长增加，液晶态由向列型向近晶型过渡。欲得到有序程度较高的近晶型液晶，末端基必须达到一定的长度。图 2-80 是液晶中末端基团长度与液晶晶型关系的相图。连接单元的作用主要在于消除或减少主链与侧链间链段运动的耦合作用。连接单元也可看作是致晶基团的另一末端，因此其影响作用也与末端基相仿。随着连接单元的增长，液晶由向列型向近晶型

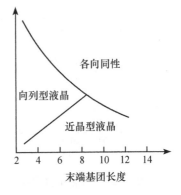

图 2-80　末端基团长度与液晶晶型关系的相图

转变。当连接单元—(CH$_2$)$_n$—的 n 值大于 4 时，液晶变为近晶型。此外，间隔基团长度增加，液晶的清亮点 T_{CL} 向低温移动，甚至会抑制液晶相的产生。

致晶单元的结构影响相行为最为直接。由于刚性致晶单元间的体积效应，使其只能有规则地横挂在主链上。通常，近晶型和向列型的致晶单元连接到主链上后，仍然得到近晶型和向列型的高聚物液晶。但胆甾型致晶基团连接到主链上后，往往得不到液晶相。因为主链和侧链运动的偶合作用限制了大基团的取向。为了获得胆甾型高聚物液晶，可将一个向列型致晶单元与一个胆甾型致晶单元结合，然后接到主链上。

（2）连接单元的影响。与主链型高聚物液晶中致晶基团间连接单元的结构明显影响其液晶相形成一样，间隔基团的柔性越大，液晶清亮点就越低，如连接单元—O—比—CH$_2$—柔性大，其清亮点 T_{CL} 较低（图 2-81）。

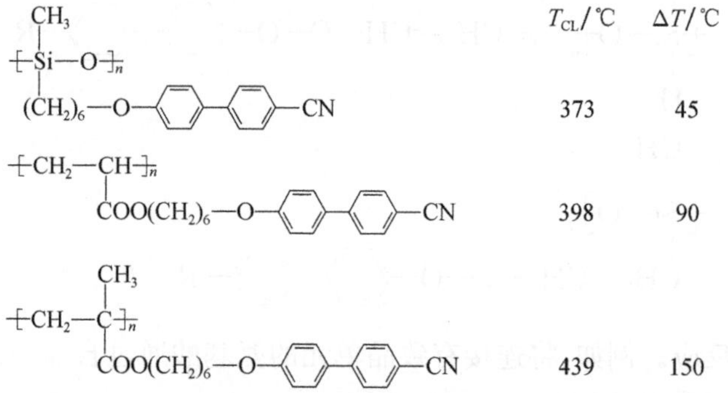

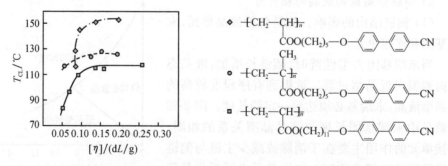

	$T_{CL}/℃$	$\Delta T/℃$
	373	45
	398	90
	439	150

图 2-81　主链柔顺性对高聚物液晶清亮点 T_{CL} 的影响

（3）分子量的影响。随分子量增大，液晶相区间温度升高，清亮点移向高温，最后趋于极值（图 2-82），因此，清亮点 T_{CL} 与分子量的关系式(2-41)同样适用于侧链型高聚物液晶。

图 2-82　三个液晶高聚物分子量(以特性黏数$[\eta]$表示)与它们清亮点温度 T_{CL} 的关系

（4）交联的影响。轻度交联对高分子链段的微布朗运动基本上没有影响，从而对高聚物液晶行为基本上没有影响。但当交联程度较高时,交联将使高分子链运动受到限制,致使液晶单元难以整齐定向排列,从而抑制液晶态的形成。

(5) 共混的影响。

① 高聚物共混体系的临界相分离温度 T_c 随末端基的增长而显著上升,而且每增加一个次甲基引起 T_c 的增量值几乎相等;

② 共混体系的临界相分离温度 T_c 与端基性质有关;

③ 共混体系的临界相分离温度 T_c 与致晶单元的刚性有关,刚性增大,T_c 下降;

④ 侧链型高聚物液晶共混时,随高聚物液晶分子中连接单元长度增加,T_c 下降。

2.8.6　功能性高聚物液晶

1. 液晶 LB 膜

化学家能通过各种化学反应来随心所欲地排列原子,但对排列(组装)分子的办法却相对较小。LB(Langmuir-Blodgett)膜技术是为数不多的几个组装分子的手段。一头亲水、一头疏水的两亲性分子在水面上铺展,并在水平压缩下能形成规整排列的单分子层(Langmuir monolayer)。若用玻璃或石英基片在垂直水面方向上下移动,单分子层就会逐层沉积在这基片上,形成多层的 LB 膜。可以想象,将 LB 膜技术引入到高聚物液晶体系,有目的地排列液晶高聚物分子得到的高聚物液晶 LB 膜将呈现许多特殊的性能。例如,两亲型侧链液晶高聚物在 58~84℃ 可呈现近晶型液晶相,而其 LB 膜的清亮点温度可提高 66℃,在 60~150℃ 呈现各向异性分子取向,液晶态的分子排列稳定性大大提高。

2. 铁电性高聚物液晶

铁电性高聚物液晶(FLCP)的最大特点是响应速度快。例如,聚酒石酸酯铁电性液晶高聚物的自发极化强度 P_s 为 5 mC/m^2,响应速度可达微秒级,为高聚物液晶用于显示、记忆和光阀材料打下了基础。

铁电性高聚物液晶实际上是在普通高聚物液晶分子中引入一个具有不对称碳原子的基团,从而保证其具有扭曲 C 型近晶型液晶的性质。一般来讲,满足下列条件的液晶具有铁电性:

(1) 含有不对称碳原子的分子,而且不是外消旋体;

(2) 具有近晶相,分子长轴与近晶相法线之间有倾斜角,并且倾斜角不等于零;

(3) 分子必须存在偶极矩,特别是垂直于分子长轴的偶极矩分量不等于零;

(4) 自发极化率要大。

满足以上条件的最早发现的铁电性液晶是 p-癸氧基亚苄基-p'-氨基-2-甲基丁基肉桂酸酯(DOBAMBC),目前已发现有 9 种近晶型液晶具有铁电性,其中以 S_c^* 型的响应速度最快,因此一般所称的铁电性高聚物液晶主要是指 S_c^* 型液晶。已经开发成功侧链型、主链型及主侧链混合型等多种类型的铁电性高聚物液晶。但一般主要是指侧链型。

最常用的含有不对称碳原子的原料是手性异戊醇。已经合成出聚丙烯酸酯类、聚甲基丙烯酸酯类、聚 α-氯丙烯酸酯类和聚硅氧烷类等铁电性高聚物液晶(表 2-13)。

表 2-13　几个常见铁电性液晶的分子结构式

名称	分子结构式
DOBAMBC	$C_nH_{2n+1}O$—⬡—$CH=N$—⬡—$CH=CH$—COO—CH_2—$\overset{CH_3}{\underset{*}{CH}}$—$C_2H_5$　　$n=10$
聚丙烯酸酯类	$\left[CH_2-\overset{H}{\underset{\|}{C}}\right]_n$ $O=C$—$(CH_2)_m$—O—R_1—COO—R_2—CO_2—CH_2—$\overset{CH_3}{\underset{*}{CH}}$—$C_2H_5$　　$m=6\sim12$
聚甲基丙烯酸酯类	$\left[CH_2-\overset{CH_3}{\underset{\|}{C}}\right]_n$ $O=C$—$(CH_2)_m$—O—⬡—COO—⬡—O—CH_2—$\overset{CH_3}{\underset{*}{CH}}$—$C_2H_5$　　$m=2,6,12$
聚 α-氯丙烯酸酯类	$\left[CH_2-\overset{Cl}{\underset{\|}{C}}\right]_n$ $O=C$—$(CH_2)_m$—O—⬡—COO—⬡—O—CH_2—$\overset{CH_3}{\underset{*}{CH}}$—$C_2H_5$　　$m=2,6,12$
聚硅氧烷类	$\left[O-\overset{CH_3}{\underset{\|}{Si}}\right]_n$ $(CH_2)_{m+2}$—O—⬡—⬡—COO—⬡—COO—$\overset{CH}{\underset{*}{CH}}$—$C_4H_9$　　$m=4,6,11$

由表可见,它们的分子结构一般包括 1 个烷基-芳香基-烷基体系、强的侧向偶极子、2 个芳香环、1 个手性中心,降低了分子的对称性,从而具有铁电性。最典型的 DOBAMBC 是由各向同性液晶相开始降温,经过近晶 A 相(S_a)转变到近晶 C 相(S_c),其转变点就是居里点 T_c。S_c 相以下低温相具有铁电性。几乎所有的铁电液晶,包括 DOBAMBC 在内,都含有不对称碳原子,这样在保持一定倾角的同时,其分子长轴方向在每层上转动一定角度就形成了螺旋结构。因此,在这相上加上角标"∗",表示为 S_c^*。

铁电性高聚物液晶 S_c^* 相中具有永久偶极矩,因此无须外加电场极化,它本身就能满足二阶非线性光学效应的要求,通过改变主链或侧链结构可获得多种性能的非线性光学材料。

3. 超支化高聚物液晶

超支化高聚物也称为树枝状高聚物。目前所合成的一、二、三代树枝状高聚物液晶分别含有 12、36 和 108 个致晶单元。若致晶单元为 4-己氧基-4′-己氧基偶氮苯,则对应的一、二、三代超支化高聚物液晶的分子量分别为 5027、15251 和 45923。

超支化高聚物液晶没有链的缠结、黏度低、反应活性高、易混合、溶解性好、含有大量的端基和较大的比表面,可以在化学组成、分子尺寸、拓扑形状、分子量及分布、生长代数、柔顺性及表面化学性能等诸多方面进行分子水平的设计和调控,从而开发很多功能性新产品。树枝状高聚物液晶还由于分子结构对称性强,可以改进一般主链型高聚物液晶高模高强材料在非取向方向上强度差的缺点。

此外,超支化高聚物液晶既无缠结,又因活性点位于分子表面,呈发散状,无遮蔽,连接上的致晶单元数目多,功能性强,也可解决侧链液晶高聚物显示材料因存在链缠结导致光电响应慢的致命缺点。

4. 分子间氢键作用液晶

传统的观点认为,高聚物液晶中都必须含有几何形状各向异性的致晶单元。但后来发现糖类分子及某些不含致晶单元的柔性高聚物也可形成液晶态,它们的液晶性是由于体系在熔融态时存在由分子间氢键作用而形成的有序分子聚集体。在这种体系熔融时,虽然靠范德瓦耳斯力维持的三维有序性被破坏,但是体系中仍然存在着由分子间氢键而形成的有序超分子聚集体。有人把这种靠分子间氢键形成液晶相的高聚物称为第三类高聚物液晶,以区别于传统的主链型和侧链型高聚物液晶。第三类高聚物液晶的发现,加深了人们对液晶态结构本质的认识。

氢键是一种重要的分子间相互作用形式,具有非对称性,将分子间氢键作用引入侧链型高聚物液晶中,能得到有较高热稳定性的高聚物液晶。

5. 交联型高聚物液晶

交联型高聚物液晶包括热固性高聚物液晶和高聚物液晶弹性体(liquid crystalline elastomer, LCE)两种,区别是前者深度交联,后者轻度交联,两者都有液晶性和有序性。在高聚物的交联网络中,链节运动仍然是自由的,与链节相连的介晶基团仍然可赋予交联高聚物体系液晶特性,集液晶性与弹性于一体。

热固性高聚物液晶的代表为液晶环氧树脂,它与普通环氧树脂相比,其耐热性、耐水性和抗冲击性都大为改善,在取向方向上线膨胀系数小,介电强度高,介电损耗小,因此,可用于高性能复合材料和电子封装件。液晶环氧树脂是由小分子环氧化合物(A)与固化剂(B)交联反应而得,它有三种类型:A 与 B 都含致晶单元,A 与 B 都不含致晶单元,A 或 B 之一含致晶单元。

高聚物液晶弹性体兼有弹性、有序性和流动性,是一种新型的超分子体系。它可通过官能团间的化学反应或利用 γ 射线辐照和光辐照的方法来制备,例如,在非交联型高聚物液晶(A)中引入交联剂(B),通过 A 与 B 之间的化学反应得到交联型液晶弹性体。它们是以聚硅氧烷为主链的侧链型液晶弹性体,以丙烯酸酯和聚甲基丙烯酸酯为主链的液晶弹性体。

高聚物液晶弹性体具有取向记忆功能,其取向记忆功能是通过分子链的空间分布来控制致晶单元的取向。在机械力场下,只需要 20% 的应变就足以得到取向均一的液晶弹性体。具有 S_c^* 型结构的液晶弹性体的铁电性、压电性和取向稳定性可在光学开关和波导等领域有应用前景。

此外,将具有非线性光学特性的生色基团引入高聚物液晶弹性体中,利用高聚物液晶弹性体在应力场、电场、磁场等的作用下的取向特性,可望制得具有非中心对称结构的取向液晶弹性体,在非线性光学领域有重要的应用。

热固性液晶树脂具有三维网状结构,其力学性能、热稳定性及加工工艺性比其他树脂更为优异,具有高强度、高模量、低热膨胀系数的优点,如热固性丙烯酸酯的固化收缩率仅为 3%,液晶环氧树脂作为普通环氧树脂的高性能拓展,可以延伸到普通环氧树脂的各个应用领域,也可制备液晶环氧树脂复合材料。

2.8.7 高聚物液晶的应用简介

1. 制造具有高强度、高模量的纤维材料

高聚物液晶在其相区间温度时的黏度较低,而且高度取向。利用这一特性进行纺丝,不仅可节省能耗,而且可获得高强度、高模量的纤维。高聚物液晶最早也是最著名应用就是凯芙拉纤维的液晶纺丝。凯芙拉 49 纤维强度高、模量高和抗蠕变、密度低、有优良的尺寸稳定性,特别适合用作纤维增强复合材料的增强纤维,在

航空航天领域和高品质体育器材(自行车架、羽毛球拍和撑杆跳杆)等方面得到广泛应用。凯芙拉 29 的伸长率高,耐冲击更好,可用来制造防弹衣、头盔和各种规格的高强缆绳等。

2. 高聚物液晶显示材料

小分子液晶作为显示材料已得到广泛的应用,如液晶电视和计算机的液晶显示屏等。选择高分子链柔性好的聚硅氧烷做主链形成侧链型液晶,同时降低膜的厚度,已使高聚物液晶的响应时间降低到毫秒级,甚至微秒级。由于高聚物液晶的加工性能和使用条件较小分子液晶好,高聚物液晶终将成为实用的显示材料。

利用侧链型高聚物液晶玻璃化温度较高的特性,可使它在室温下保存在一定工作条件下记录的信息。这种特性正在被开发用来制作信息记录材料。

3. 精密温度指示材料和痕量化学药品指示剂

胆甾型液晶的层片具有扭转结构,对入射光具有很强的偏振作用,因此显示出漂亮的色彩。这种颜色会由于温度的微小变化和某些痕量元素的存在而发生变化。利用这种特性,胆甾型液晶已成功地用于测定精密温度和对痕量药品的检测。

4. 信息存储介质

首先将存储介质制成透光的向列型晶体,所测试的入射光将完全透过,证实没有信息记录。用另一束激光照射存储介质时,局部温度升高,高聚物熔融成各向同性的液体,高聚物失去有序度。激光消失后,高聚物凝结为不透光的固体,信号被记录。此时,测试光照射时,将只有部分光透过,记录的信息在室温下将永久被保存。再加热至熔融态后,分子重新排列,消除记录信息,等待新的信息录入,因此可反复读写。

以热致侧链高聚物液晶为基材制作的信息储存介质同光盘相比,其记录的信息是材料内部特征的变化,因此可靠性高,且不怕灰尘和表面划伤,适用于重要数据的长期保存。

5. 分子复合材料

所谓分子复合材料,是指材料在分子级水平上的复合从而获得不受界面性能影响的高强材料。将具有刚性棒状结构的主链型高聚物液晶材料分散在无规线团结构的柔性高聚物材料中,即可获得增强的分子复合材料。研究表明,液晶在共混物中形成"微纤",对基体起到显著的增强作用。侧链型高聚物液晶在本质上也是分子级的复合。这种在分子级水平上复合的材料,又称为"自增强材料"。

2.8.8　我国高分子科学家对高聚物液晶研究的贡献

1. 甲壳型液晶高分子研究

周其凤院士提出"mesogen-jacketed liquid crystal polymer"(MJLCP)新一类甲壳型液晶高聚物。MJLCP 在结构上属侧链型液晶高聚物,可由烯类单体链式聚合反应合成,因而容易得到高分子量产物,并能通过可控聚合实现对分子量的控制和功能化。与一般"柔性侧链型"不同的是,MJLCP 分子中的刚性液晶基元是通过腰部或重心位置与主链相连接,在主链与刚性液晶基元之间不要求连接基团。由于其主链周围空间内刚性液晶基元的密度很高,分子主链将由液晶基元形成的外壳所包裹并被迫采取相对伸直的刚性链构象,因此称为"刚性侧链型"。MJLCP 在分子形态上更接近于主链型液晶高聚物,其物理性能与通过缩聚反应得到的主链型液晶高分子相似,具有明显的链刚性、液晶相稳定性和特征的形态学结构等,从而扩展了液晶高聚物研究领域。

甲壳型液晶高聚物的例子是聚(2,5-二苯甲酰氧基苯乙烯),它的条带织构如

图 2-83 所示。其他甲壳型液晶高聚物有R—〔苯环〕—COHN—〔苯环〕—NHOC—〔苯环〕—R

（上部结构式）$\begin{array}{c} +CH-CH_2\ ]_n \\ | \\ CO \\ | \\ O \\ | \\ [CH_2]_n \end{array}$

和 R—〔苯环〕—COO—〔苯环〕—COO—〔苯环〕—R。

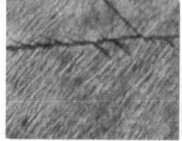

聚(2,5-二苯甲酰氧基苯乙烯)

图 2-83　聚(2,5-二苯甲酰氧基苯乙烯)的条带织构

2. 向列型液晶态条带织构本质的揭示

我国学者发现,主链向列型高聚物液晶在剪切应力作用下会形成高分子链高度取向的条带织构,也称草席织构。这种条带织构的出现需要一定的诱导时间 t_0,表明条带织构不是在受剪切过程中产生的,而是在剪切停止后的弛豫过程中形成的。其形成过程示于图 2-84 中。

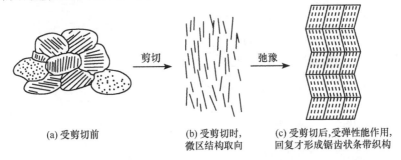

(a) 受剪切前　　　　(b) 受剪切时,　　　(c) 受剪切后,受弹性能作用,
　　　　　　　　　微区结构取向　　　　回复才形成锯齿状条带织构

图 2-84　高聚物液晶在剪切应力作用下形成高分子链高度取向的条带织构过程示意图

对热致高聚物液晶,并不需要受到外力作用,它们在冷却过程中就会形成固化诱导条带织构,这是液晶态不同取向有序微区结构。由于高聚物液晶的黏度大,有序微区结构达到平衡态需要时间和温度,因此在不同冷却固化时间可观察到各种不同的固化诱导条带织构——以某些奇异点为核心的取向排列。

由于分子指向矢取向排列上的不连续性,高聚物液晶在正交偏振片下能呈现不同数目黑刷子的纹影织构(schlieren texture),称为向错结构(disclination structure)。液晶向列相各种类型的向错形态[图 2-85(a)]在高聚物液晶中都能观察到,图 2-85(b)是其中的两个。图中 s 是向错强度,$s=$ 黑刷子的数目/4,c 为常数。

3. 高聚物液晶型智能材料光致弯曲材料

随着机器人、人工肌肉等领域的发展,人们越来越关注具有弯曲变形能力材料的研究。由于液晶材料具有良好的协同性和外场响应性,研究液晶材料的变形技术也受到了关注。我国学者开发出含偶氮苯色素的新型高聚物液晶弹性体膜,并利用液晶体系良好的分子协同作用及这一新材料所具有的特殊的光响应特性,找到了一种通过光可使液晶材料弯曲的方法,可控制材料向各个方向弯曲,首次利用高聚物液晶研制成功了光致弯曲的新型智能形变材料(图 2-86)。液晶的光控变形具有灵敏度高、体积小、可重复使用等诸多优点,在实际应用后,可在机器人、医疗、航天工业及军事科技等尖端科技方面带来革命性变革。

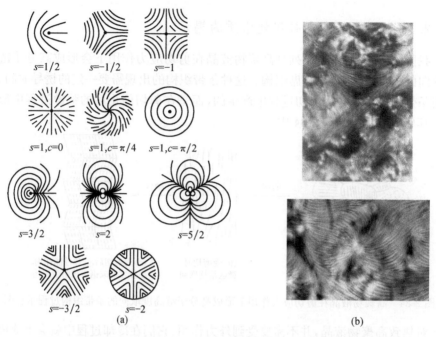

图 2-85　液晶向列相中奇异点周围各类型向错指向矢取向排列图像(a)
和高聚物液晶向列相条带织构装饰的向错结构的偏光显微镜照相(b)

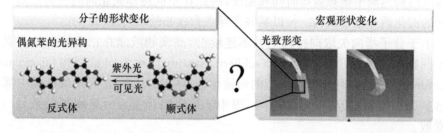

图 2-86　光致弯曲含偶氮苯色素的新型高聚物液晶弹性体膜智能形变液晶材料变形的示意图

2.9　高聚物的取向态

　　高分子链细而长,具有明显的不对称性,在外场作用下,高分子链将沿外场方向平行排列,这就是取向。降低温度可使已取向的结构固定下来,以得到高聚物的取向态。此外,晶态高聚物的晶带、晶片、晶粒也会在外力作用下,沿外力作用的方向进行有序排列。取向和结晶都是使高分子链有序排列,但它们仍然有本质的区别,那就是结晶得到的有序排列在热力学上是稳定的,而通过外场作用"迫使"高分子链有序排列的取向在热力学上是不稳定的非平衡态,只能说是相对稳定,一旦除去外场,高分子链就会自发解取向(图 2-87)。

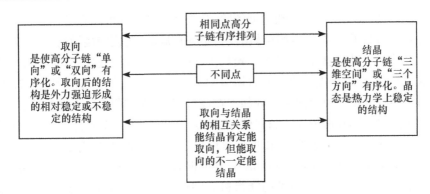

图 2-87　取向与结晶的异同

许多高聚物材料的加工成形都有一个外力场在起作用,如薄膜的吹塑、管材及棒材的挤塑、合成纤维的拉伸及包装膜的双向拉伸等。显然,高分子链的取向,或晶带、晶片、晶粒的有序排列对高聚物材料性能有很大的影响,它不但提高了取向高聚物的力学强度和模量,而且高分子链的取向还有利于高聚物的结晶,从而进一步影响高聚物的物理力学性能。一般说来,拉伸取向使高分子链或链段排列规整,总是起到提高材料性能的作用,特别在拉伸方向上。实用的纤维都是被拉伸取向过的,而经双轴拉伸的有机玻璃(PMMA)板,抗裂纹扩展的性能提高很多,即使被子弹打中,也不会碎裂,因而被用作防爆材料。

拉伸取向的另一种用途是从薄膜加工纤维(成纤化),制备所谓的"裂膜纤维"。例如,聚丙烯(PP)相对来说纺丝比较困难,如果把 PP 薄膜高度拉伸,那么在拉伸方向上薄膜的强度非常高,但在垂直拉伸方向上 PP 薄膜就非常容易被撕裂,从而形成裂膜纤维。现在市场上大量使用的包扎带就是用拉伸成纤化的聚丙烯裂膜纤维。

热收缩膜 POF 系采用高聚物分子链拉伸定向原理设计,是以急冷定形的方法成形。其物理原理是,当高聚物处于高弹态时,对其拉伸取向,然后将高聚物骤冷至玻璃化温度以下,分子取向被冻结。当对物品进行包装时,热收缩膜被加热,由于分子热运动产生收缩,分子恢复原来的状态,物品被紧紧包住,广泛用于现代文教用品、电器、医药及食品等包装领域。

2.9.1　几个基本概念

1. 流动取向和拉伸取向

1) 流动取向
流动取向是伴随高聚物熔体或浓溶液的流动(黏性拉伸)而产生的。
流动取向是与剪切应力有关的流动的速度梯度诱导而成的。当外力消失或减弱时,分子的取向又会被分子热运动解除,高聚物大分子的取向在各点上的差异是这两种效应的结果。当高聚物熔体由浇口进入模腔时,与模壁接触的一层,因模温较低而凝结。从纵向看,由于导致高聚物流动的压力在入模处最高,而在料流的前锋最低,因而由压力梯度所决定的剪切应力势必将诱导高分子链的定向程度在模腔纵向呈递减分布。但定向最大处却不在浇口四周,而在距浇口不远的位置上,因为塑料熔体注入模腔后最先充满此处,有较长的冷却时间,冻结层形成后,分子在这里受到的剪切应力也最大,所以取向程度也最高。从横向看,由于剪切应力的横向分布规律是靠壁处最大,中心处最小,其取向程度的分布本应在靠壁处最大,中心处最小,但由于取向程度低的前锋物料遇到模壁被迅速冷却而形成无取向或取向甚小的冻结层,从而使得横向取向程度最大处不在表层而是次表层。

2) 拉伸取向

高聚物在小于屈服应力时的拉伸是普弹形变,主要是链段的形变和位移,取向程度低,取向结构不稳定。在应力消除后形变马上消失,形变值小且形变可逆。

当拉伸应力大于屈服应力时,拉伸应力使高聚物由弹性形变发展为塑性形变,从而得到高且稳定的取向结构。在工程技术上,塑性拉伸温度多在玻璃化温度到熔融温度之间,随着温度的升高,材料的模量和屈服应力均降低,因此在较高的温度下可降低拉伸应力和增大拉伸率。温度足够高时,在较小的外力下即可得到均匀而稳定的取向结构。黏性拉伸发生在 T_f(或 T_m)以上,此时很小的应力就能引起大分子链的解缠和滑移,由于在高温下解取向发展很快,有效取向程度低(图 2-88)。黏性拉伸与剪切流动引起的取向作用有相似性,但两者的应力与速度梯度的方向完全不同:剪切应力作用时,速度梯度在垂直于流线方向上;拉应力作用时,速度梯度在拉伸方向上。

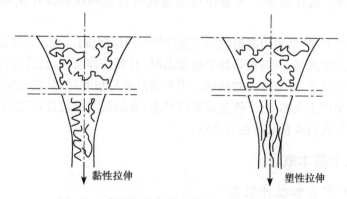

图 2-88　高聚物的黏性拉伸和塑性拉伸示意图

2. 单轴取向和双轴取向

如果外力场作用方向是单向的,高分子链就会发生单轴取向。纤维拉伸受到的就是单向拉伸的力,成纤高聚物分子链就在这单向拉伸力的作用下沿着平行拉伸方向排列,产生单轴取向[图 2-89(a)]。为提高用作包装材料的聚丙烯薄膜或用于航空器上的有机玻璃板材的力学性能,会在两个方向上对它们施加力场,从而产生双轴取向[图 2-89(b)]。在双轴取向的高聚物中,分子链在受力的两个方向上都有一定程度的有序排列,但在面内的排列却是无规的。图 2-90 是聚对苯二甲酸乙二酯(涤纶)经双轴拉伸分子链的取向示意图。

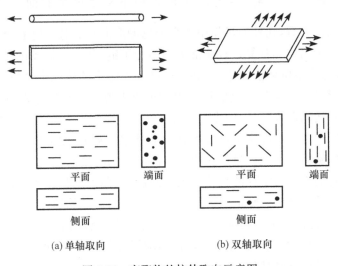

图 2-89　高聚物的拉伸取向示意图

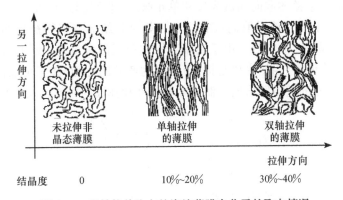

图 2-90　双轴拉伸取向的涤纶薄膜中分子的取向情况

单轴拉伸是提高化学纤维强度的一种重要手段。通常用纤维拉伸前后长度之比来定义纤维的拉伸比。随着拉伸比的增加,纤维的模量和强度也都增加。在纺丝过程中希望尽可能多地生成伸直链结构来制得高强度、高模量的合成纤维(如聚芳酰胺类纤维)。薄膜单轴拉伸时与拉伸方向平行的强度随着拉伸比的增加而增加,但垂直于拉伸方向的强度则随之下降,高度单轴拉伸的薄膜甚至可导致高聚物微纤化。因此,它也是制造纤维的(裂膜纤维)一种方法。双轴拉伸是改进高聚物薄膜或薄片性能的一种重要方法。双轴拉伸可用来防止单轴拉伸时在薄膜平面内垂直于拉伸方向上强度变差的缺点,双轴拉伸的制品比未拉伸的具有较大的拉伸强度和冲击韧性。

3. 取向单元的多重性:大尺寸单元和小尺寸单元取向

从分子层面上看,在外力场作用下高聚物的取向是高分子链在外场中产生的运动。作为一个结构非常复杂且非常大的高分子链,其分子运动的单元具有多重性,即除了高分子链整体能发生运动外,比高分子链小的单元也会发生运动(详见第 5 章)。一般说来,高分子链的运动单元可以大致分为整链运动和链的一部分(链段和链节)运动两大类,取向也是这样。

整链取向运动只有在高聚物处于流动态时才能发生,而链段的取向运动可以通过单键的内旋转来实现。显然这两种取向形成的凝聚态结构是完全不同的,从而导致高聚物的物理力学性能相差很大。问题是,即使是整链的取向运动仍然是通过链段的运动实现的。整链取向运动和链段取向运动的速度不同,在外力作用下,将首先发生链段的取向运动,然后才是整个高分子链的取向运动。如果取向仅仅发生在固态(玻璃态或橡胶态),整链的运动将会非常慢,以至于整链取向一般不会发生,而只有链段的取向。

如果我们把整链的取向叫做大尺寸单元取向,那么链段(以及比链段更小的链节)的取向就是小尺寸单元取向(图 2-91)。如果是结晶高聚物被拉伸,取向单元还可能是晶带、晶片、晶粒等。由于高聚物取向单元的多重性,我们就可以人为选择取向的单元来调整(当然主要是提高)高聚物产品的性能,甚至可以使大尺寸的整链取向、小尺寸的链段解取向来制得兼有强度和弹性的材料。如前所述,取向过

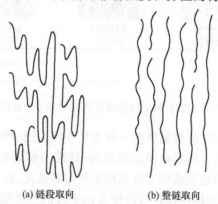

(a) 链段取向　　　　　　　　(b) 整链取向

图 2-91　高分子链的小尺寸单元取向(链段取向)和大尺寸单元取向(整链取向)

程必须依靠外力场才能实现,在热力学上是不稳定的非平衡态。一旦外力除去,取向单元就会自发解取向而恢复原状。如果取向是在高聚物流动态下进行的,整个分子链和链段都发生了取向。去除外力,链段和整链都会解取向,但它们解取向的速度相差很大。取向快的,解取向也快;取向慢的,解取向也慢。因此,取向快的小单元链段就优先解取向,只要控制好条件,就可以做到在保持大尺寸单元整链仍然取向的情况下,小尺寸单元的链段已经完全解取向。

4. 合成纤维的取向态:大尺寸单元取向和小尺寸单元解取向

实用的合成纤维对强度和弹性都有要求。纤维刚从喷丝头出来时是未取向的,强度并不高。合成纤维生产中都有一个高倍率的牵伸工艺,那就是对从喷丝头出来未取向的纤维进行拉伸取向,以大幅度地提高纤维的强度(图 2-92)。经拉伸取向的维尼纶丝的拉伸强度高达 $4.6 \times 10^4 \sim 5.6 \times 10^4$ N/m²,比未取向维尼纶的 $7 \times 10^3 \sim 8 \times 10^3$ N/m² 约提高 7 倍之多。但在拉伸方向强度大幅度提高的同时,维尼纶纤维的弹性和断裂伸长率必有所损失,达不到纤维必须有的 $10\% \sim 20\%$ 的弹性伸长的要求。为了兼得适当弹性和高强度的维尼纶纤维,在高度拉伸取向以后,在很短的时间内用热空气或水蒸气很快地吹向纤维(热处理)。道理很简单,由于热空气的作用,温度提高,已经取向的运动单元会发生解取向。但整链取向的解取向需要较长的时间,很短时间的热空气吹向纤维,不会造成已经取向的整个分子链的解取向,而比整链尺寸小很多的链段单元的运动所需的解取向时间要比整链的快得多,即使是在这很短时间的热空气中,已取向的链段也会发生解取向,使维尼纶纤维具有一定的弹性。真正实用的纤维都是大尺寸单元(整个高分子链)取向,

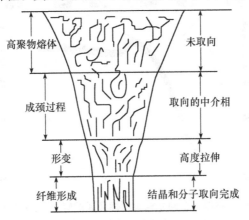

图 2-92 纤维熔体在喷丝过程中凝聚态结构的变化

小尺寸单元(链段)解取向的结构。合成纤维整链取向,链段解取向的取向态结构还可以减小纤维的热水收缩率,取向拉直了的链段一旦遇热,就会解取向而收缩,从而导致纤维织物变形。因此,经热处理的合成纤维,由于链段已经解取向先行卷曲了,在使用过程中再遇热水就不会再有大的变形了。

2.9.2　晶态高聚物的拉伸取向

晶态高聚物的取向过程要比非晶高聚物的复杂得多。晶态高聚物的拉伸取向过程除了其非晶区可能发生链段和分子链的取向外,还可能发生晶粒的取向。在外力作用下,晶粒将沿外力方向择优取向。

(1) 以前认为,如果在拉伸过程中晶态高聚物中的晶粒并不变形,只会改变方向,那么在高分子链沿拉伸方向取向的同时,晶粒的晶轴(c 轴)也会沿拉伸方向取向,但晶粒的 a 轴和 b 轴的取向却是无规的,并沿垂直于拉伸方向有一个角分布。c 轴取向的程度随拉伸比增大而增加,能达到小分子单晶旋转时晶轴的取向程度,因而拉伸取向过的晶态高聚物的 X 射线衍射图会呈现出衍射弧线。图 2-93 是全同立构聚丙烯薄膜的应力-应变曲线以及不同拉伸阶段的 X 射线衍射图,可以清楚地看到,随着拉伸程度提高,衍射花样由衍射环逐渐变为衍射弧线。这表明聚丙烯薄膜中本来无规取向的晶粒,在拉伸过程中沿拉伸方向非常有规地排列了。

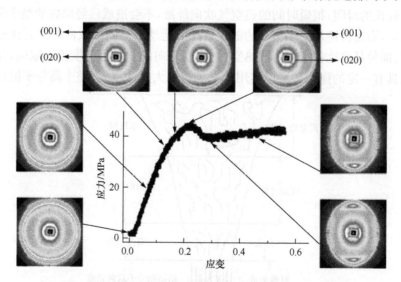

图 2-93　室温下全同立构聚丙烯薄膜的应力-应变曲线以及
在拉伸的不同点相应的 X 射线衍射图

(2) 最近的事实表明,晶态高聚物在拉伸过程中还能发生凝聚态结构的变化,见图 2-94。折叠链的片晶会在拉伸应力作用下发生倾斜、滑移、扭曲,乃至拖出片晶。图 2-95 是尼龙 6 球晶拉伸成纤过程的扫描电镜图,从中可以清楚看出上面描述的全过程。

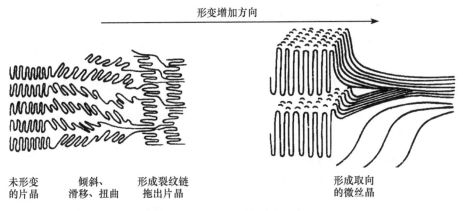

形变增加方向

未形变   倾斜、   形成裂纹链   形成取向
的片晶   滑移、扭曲 拖出片晶   的微丝晶

图 2-94　晶态高聚物的拉伸取向

双晶核生   球晶被拉   部分折叠链   折叠链裂   球晶变成
成的球晶   成折叠链   形成微丝结构   成微丝结构   纤维结构

图 2-95　尼龙 6 球晶拉伸成纤过程的扫描电镜图

　　总之,晶态高聚物拉伸时其球晶能变形直至破坏,部分折叠链片晶被拉成伸直链,在一定条件下可沿拉伸方向排列成规整而完全的伸直链晶体。高聚物在拉伸过程中形成的新结构被称为微丝晶结构。在其形成过程中伸直链段数目增加,折叠链段数目减少,同时增加了片晶间的连接链,从而提高了高聚物的力学强度和韧性。

　　有关由拉伸所致的高聚物力学性能的变化,详见第 7 章中有关塑性与屈服的章节。

2.9.3　取向度及其测定方法

　　为定量研究取向,需要在空间定位取向(图 2-96),从而定义出一个能定量表示取向的取向函数。如图所示,一个取向单元在空间任意排列,其与拉伸方向 x 轴

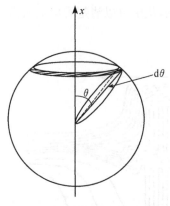

图 2-96　取向单元在空间的取向

的夹角为 θ，在 x 轴上的投影是 $\cos\theta$。显然其平均值 $\overline{\cos\theta}=\int_0^\pi \cos\theta \dfrac{2\pi b^2 \sin\theta}{4\pi b^2}\mathrm{d}\theta=0$ 是没有意义的，这时应该取其均方值

$$
\begin{aligned}
\overline{\cos^2\theta}&=\int_0^\pi \cos^2\theta \frac{2\pi b^2 \sin\theta}{4\pi b^2}\mathrm{d}\theta\\
&=\frac{1}{2}\int_0^\pi \cos^2\theta \sin\theta \mathrm{d}\theta=\frac{1}{3}
\end{aligned}
\tag{2-42}
$$

这样，我们可以定义取向函数 f 为

$$
f=\frac{1}{2}\left(3\overline{\cos^2\theta}-1\right)
\tag{2-43}
$$

式中，θ 是高分子链主轴与拉伸方向（即纤维轴）之间的夹角。显然，

(1) 完全未取向的高聚物，$f=0$，则有 $\overline{\cos^2\theta}=\dfrac{1}{3}$，所以平均取向角 $\theta=54°44'$；

(2) 完全取向的高聚物，$f=1$，$\overline{\cos^2\theta}=1$，平均取向角 $\theta=0$；

(3) 一般情况下，$0<f<1$，平均取向角 $\theta_{\mathrm{m}}=\arccos\sqrt{\dfrac{1}{3}(2f+1)}$。

高聚物取向后其物理力学性能会发生变化，特别是取向高聚物的很多性能表现出明显的各向异性，因此利用各向异性可以来测定取向高聚物的取向度。具体方法有热传导法、X 射线衍射法、声速各向异性法、光学各向异性法、红外二向色性和小角激光光散射法。但是必须注意，因高聚物具有不同的取向单元，如分子链、链段、晶粒及晶片的取向等，故用不同方法所测得的取向度数值不尽相同，因为不同方法可能表征的是不同的取向单元。

1. 热 传 导 法

如果只是想看材料是否经过了拉伸取向，或只是定性看取向的程度，那么用热传导的各向异性来判定就非常简单实用。在所测试样（平板或薄膜）上薄薄涂一层石蜡，然后用一根灼热的尖针点接触该试样不涂石蜡的一面。针尖所带的热量通过高聚物试样传递，熔化石蜡薄层，这样对未取向的各向同性高聚物，被熔化的石蜡将是一个圆，而经取向拉伸的高聚物由于分子链的取向造成热传导的各向异性，被熔化的石蜡将是一个椭圆。椭圆的长轴方向就是拉伸方向，识别是非常容易的（图 2-97）。

热传导反映的是分子热振动，因此热传导各向异性反映的是小尺寸范围的取向。

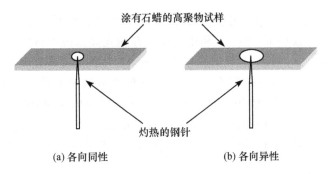

图 2-97　用热传导的各向异性来判定高聚物是否经过了拉伸取向

2. 广角 X 射线衍射法

X 射线衍射本来就是研究有序结构的强有力工具,当然可以用来测定高聚物拉伸的取向度。X 射线衍射实验要测定的是 $\overline{\cos^2\theta}$,这里,主要考虑的是整链分子沿拉伸方向的取向,但一般说来高分子链方向与晶格中的 c 轴一致,因此测定 c 轴相对于拉伸方向的 $\overline{\cos^2\theta}$。

从图 2-93 已经看到,拉伸取向使未取向高聚物的 X 射线衍射环退化为圆弧,测定衍射圆弧强度 $I(\theta)$ 的分布,也可求得取向函数 f,并能测定取向分布。

X 射线衍射测得的是晶区的取向度,也是小尺寸范围的取向。

3. 声速各向异性法

声速在物体中的传播与分子间的结合力有关,因此声速在取向高聚物中的传播是各向异性的,即声速在高聚物中的传播速度与高分子链的取向有关。沿高分子链的取向方向(纵向),声速传播是通过分子内键合原子的振动,传播速度快,达 $5\sim10\,\text{km/s}$,而在垂直取向方向(横向)上的传播则是靠分子间非键合原子的振动,传播速度慢,为 $1\sim2\,\text{km/s}$。这时,取向函数可用声速在未取向和取向高聚物中的传播速度 $c_{\text{未取向}}$ 和 c 来表示。

$$f = 1 - \left(\frac{c_{\text{未取向}}}{c}\right)^2 \tag{2-44}$$

或

$$\overline{\cos^2\theta} = 1 - \frac{2}{3}\left(\frac{c_{\text{未取向}}}{c}\right)^2 \tag{2-45}$$

声速的波长约为 $50\sim100\,\text{cm}$,反映的是使整个分子链取向,所以此法结果能很好说明高聚物的取向结构与力学性能的关系,特别适用于纤维的性能研究。

4. 光学双折射法

测定取向最重要的方法是光学双折射法。

对单轴取向的纤维,双折射度定义为平行于取向方向的折射率 $n_{//}$ 与垂直方向的折射率 $n_{\perp}$ 之差,$\Delta n = n_{//} - n_{\perp}$。利用油浸法在偏光显微镜下可以直接测定高聚物纤维的 $n_{//}$ 与 $n_{\perp}$。"浸油"是已知折射率的油剂。用偏光显微镜观测浸于油中的纤维,变换不同折射率的油剂浸泡纤维,并置于偏光显微镜上进行观测,直至偏光显微镜目镜中不再出现纤维和浸油界面因折射率不同而出现的黑线带(贝克线)为止。此时,浸油的折射率就是纤维在某一个方向的折射率。将载物台旋转 90°,用同样的方法测定纤维垂直于前一方向的折射率。纤维在两个相互垂直方向折射率的差值就是 Δn。

对单轴取向和双轴取向的薄膜,双折射度分别为

$$\Delta n_{pp} = n_{pp} - (n_{ps} + n_{ss})/2 \qquad (2\text{-}46)$$

和

图 2-98　单轴和双轴拉伸高聚物在三个不同方向上的折射率

$$\Delta n_{ss} = n_{ss} - (n_{pp} + n_{ps})/2 \qquad (2\text{-}47)$$

式中,n_{pp}、n_{ps} 和 n_{ss} 分别表示不同方向的光折射(图 2-98)。如果仍用偏光显微镜测定平行和垂直方向与拉伸方向的光程差 Δ,则双折射度 $\Delta n = \Delta/d$(这里 d 为试样的厚度)。取向函数 f 为

$$f = \frac{n_{//} - n_{\perp}}{n_1 - n_2} \frac{\rho_c}{\rho} \qquad (2\text{-}48)$$

式中,n_1 和 n_2 分别是理想完全取向试样平行和垂直于纤维轴的折射率;ρ 和 ρ_c 分别是高聚物试样和其晶态的密度。由于实验中很难得到完全取向的试样,往往以实验结果的最大双折射值 $\Delta n_{\max}$ 计算取向度。

$$f = \frac{n_{//} - n_{\perp}}{\Delta n_{\max}} \frac{\rho_c}{\rho} \qquad (2\text{-}49)$$

光学双折射法测得的是高聚物晶区和非晶区两种取向的总效果,反映的是小尺寸范围内的取向。但由于高聚物的 n 与分子的价电子的极化率有关,不同高聚物所含原子基团不同,其极化率也不同,因此,双折射度只能用来判定同种高聚物不同试样的取向度,不能用来比较不同高聚物的取向度。

5. 红外二向色性

红外偏振光通过被测试样时,高聚物试样中某基团的吸光强度与振动偶极矩 M 的变化方向有关。红外偏振光的电矢量与样品中基团振动偶极矩改变的方向平行,基团的振动谱线具有最大吸收强度,当电矢量与基团振动偶极矩改变的方向垂直时,基团的振动谱线强度为 0,这种现象被称为红外二向色性。未取向高聚物

M 的变化方向呈均匀性分布,而取向高聚物的 M 也发生取向,因此,高聚物的取向度可以用红外二向色性来表征。二向色性之比与取向度的关系为

$$\frac{I_{/\!/}}{I_\perp} = \frac{f\cos^2\alpha + \frac{1}{3}(1-f)}{\frac{1}{2}f\sin^2\alpha + \frac{1}{3}(1-f)} \tag{2-50}$$

式中,α 为基团振动时跃迁偶极矩与分子链方向的夹角。完全取向时,$f=1$,二向色性最大;随机取向时,$f=0$,二向色性消失。

二向色性仅与高聚物的性质有关,与所处的凝聚态无关。因此它既可以用来研究晶态高聚物的取向,也可以用来研究非晶态高聚物的取向。根据所选择的红外光谱谱带的不同,可以分别确定晶区和非晶区的取向,也可以确定整个材料的平均取向;根据振动谱带是侧基还是主链的基团,可以区分侧基和主链的取向。红外二向色性法可以获得广泛的取向参数。

2.9.4　影响高聚物取向的因素

高聚物中的结构单元不可能达到完全取向。取向程度与加工条件、高聚物的结构及模具形状有关。

1. 高聚物的结构

在相同的拉伸条件下,一般结构简单、柔性大、分子量低的高聚物或链段的活动能力强,弛豫时间短,取向比较容易;反之,则取向困难。晶态高聚物比非晶态高聚物在取向时需要更大的应力,但取向结构稳定。一般取向容易的,解取向也容易,除非这种高聚物能够结晶,否则取向结构稳定性差,如聚甲醛、高密度聚乙烯等。取向困难的,需要在较大外力下取向,其解取向也困难,所以取向结构稳定,如聚碳酸酯等。

2. 温度

温度 T 对高聚物取向和解取向的作用是相互矛盾的。T 升高,分子热运动加剧,可促使形变很快发展,但弛豫时间缩短,也加快解取向过程,有效取向决定于这两个过程之间的平衡。

高于流动温度 T_f(或熔点 T_m),高聚物处于流动态,流动取向(如高聚物在注射模腔中的流动取向)和流动拉伸取向(如纺丝熔体流出喷丝孔)均发生在这一温度区间。取向结构能否固定,主要取决于冷却速率。冷却速率快,不利于解取向,尤其是骤冷能冻结取向结构。高聚物从成形温度降到凝固温度(非晶态高聚物凝固温度就是 T_f,晶态高聚物是 T_m)时,其温度区间的宽窄、冷却速度的大小及高聚

物本身的弛豫时间都直接影响高聚物的取向度。

在 $T_g \sim T_f$ 之间,高聚物可通过热拉伸而取向,这个温度段是高聚物取向的最佳温度段,因为大分子在 T_g 以上才具有足够的活动,在拉伸应力作用下高分子链从无规线团中被拉开拉直并在分子之间发生移动。所以,热拉伸可以减小拉伸应力,增大拉伸比和拉伸速率。为增加分子的排直形变,减小黏性形变,拉伸温度应在 $T_g \sim T_f$(或 T_m)这一温度范围内越低越好。拉伸晶态高聚物温度要比拉伸非晶态高聚物高一些。对于晶态高聚物,为保证它为非晶,拉伸温度应选在结晶速率最大的温度和熔点之间,例如,纯聚丙烯最大结晶速率温度为 150℃,熔点为 170℃,拉伸温度宜选为 150~170℃。

在室温附近进行的拉伸称为冷拉伸。冷拉伸时,由于温度低,高聚物弛豫速度慢,只能加大拉伸应力,应力超过极限时容易引起材料断裂。因此冷拉伸只适用于拉伸比较小和材料的玻璃化温度较低的情况。

在确定具体拉伸温度时,应注意到有时拉伸过程是在温度梯度下降的情况下进行的,这样可使制品的厚度波动小些。因为在降温和拉伸同时进行的过程中,原来厚的部分比薄的部分降温慢,较厚的部分就会得到较大的黏性变形,从而降低了厚度波动的幅度。晶态高聚物在拉伸时会产生热量(详见第 7 章),所以拉伸定向即使在恒温室内进行,当被拉的中间产品厚度不均或散热不良,则整个过程也是不等温的,由非等温过程制得的制品质量较差。因此,拉伸取向最好是在温度梯度下降的情况下进行。

3. 应力和时间

如前所述,由剪切流动所形成的分子链、链段的取向是由流动速度梯度诱导而成的,否则,细而长的流动单元势必以不同的速度流动,这是不可想象的。但速度梯度又依赖于剪切应力的大小,因此,在注射模塑、传递模塑等剪切速率较大的成形方法中,都会出现不同程度的剪切流动取向。

在拉伸取向过程中,拉伸应力与拉伸温度是配合使用的,应力与温度对取向所起的作用有等效的意义。在室温下冷拉伸时,由于温度低,必须加大拉应力。在 $T \sim T_f$ 温度范围内,以较大的应力和较长的作用时间下,可产生类似熔体的不可逆形变,称为塑性形变,其实质是高弹态条件下大分子的强制性流动。增大应力,类似于降低了高聚物的流动温度,迫使大分子发生解缠、排直和滑移。因而,塑性形变与黏性形变有相似的性质,但习惯上认为前者发生在高聚物固体中,后者发生在高聚物熔体中。随着温度升高,高聚物的塑性黏度降低,当拉伸形变固定时,屈服应力和拉伸应力也随温度升高而降低(详见第 7 章)。

拉伸速度对拉伸取向的影响,实际上包含有时间的因素。如果在分子排直形变已相当大,而黏性形变仍然较小时(黏性形变在时间上落后于分子排直形变),将取向制品骤然冷却,这样就能在黏性形变(分子间滑移)较小的情况下获得较大程度的取向度。不管拉伸情况如何,骤冷的速率越大,能保持取向的程度就越高。

4. 拉伸比和拉伸速度

在一定温度下,材料在屈服应力作用下被拉伸的倍数(拉伸后与拉伸前的长度比)称为自然拉伸比。拉伸比越大,材料的取向程度也越高。各种高聚物的拉伸比与它们的分子结构有关。晶态高聚物的拉伸比大于非晶态高聚物。多数高聚物的自然拉伸比约为 4~5。在拉伸温度和拉伸比一定的前提下,拉伸速度越大,取向程度也越高。拉伸速度越大,单位距离内的速度变化也越大;在拉伸比和拉伸速度一定的前提下,拉伸温度越低(不低于玻璃化温度),拉伸强度越高。

2.9.5　我国学者在取向态方面的贡献——GOLR 态

GOLR 态是非晶态高聚物的分子链高度取向局部链段无规取向态(state of high global chain orientation but nearly random segmental orientation)的简称。尽管这个概念是苏联学者提出的,但 GOLR 态的实验证实是由我国学者完成的。

非晶态高聚物在 T_g 温度以上 20~30℃ 的高弹态以较低速度单向拉伸几倍以上时,其分子链整体和链段都会沿拉伸方向取向。但它们的弛豫时间相差好几个量级,因此在拉伸期间局部的取向就可能完全弛豫掉,而整个分子链的取向则仍然保留。当这种状态的高聚物被快速淬火到 T_g 温度以下时,由于分子链的运动被冻结,就得到了分子链高度取向局部链段无规取向态——GOLR 态。

处于 GOLR 态的高聚物由于分子链取向的特殊性,与之相关地也表现出很多特殊的性能。例如,反映局部链段小尺寸取向的有关性能,如光学双折射、红外二色性、声速传导都出现各向同性。另外,与分子链大尺寸取向的有关性能,如热膨胀系数、热传导和应力-应变行为表现为各向异性。

复习思考题

1. 高分子链凝聚态中相态、力学状态与小分子化合物有什么类同和区别?
2. 在高分子链凝聚态结构中有哪些值得深入研究的问题? 你对它们有什么认识?
3. 高分子链的凝聚一般在高聚物溶液中发生,你能定性描述这个过程的物理图像吗?
4. 什么是激基缔合物? 什么是激基缔合荧光光谱? 并以聚苯乙烯为例加以说明。
5. 高分子链凝聚态结构包括哪些内容?
6. 小分子晶体的基本质点在晶胞中的排列互相分离,而在高聚物晶体中,其基本结构单元为不可分离的具有重复周期的"分子链段",高聚物晶胞尺寸与其重复单元的构象密切相关,那么高分子链在晶体中都有哪些构象?
7. 高分子链间相互作用及侧基大小、空间位阻和对称性等对高聚物晶体中构象有哪些影响?

8. 为什么高聚物对加工条件敏感性要比其他材料大得多？并举例说明之。

9. 高聚物晶态两相结构模型的实验基础有哪些？模型是如何设想的？两相结构模型能解释哪些实验现象？两相结构模型的不足之处在哪里？

10. 高聚物晶态的折叠链模型的实验基础有哪些？模型的设想是什么？能解释什么实验现象？

11. 高聚物晶态的折叠链模型是如何解释晶态高聚物中存在有非晶区的？

12. 为什么弗洛里(Flory)始终坚持认为非晶态高聚物无论是在溶液中，还是在本体中，高分子链都采取无规线团构象？其中最有力的实验证据是什么？

13. 叶(Yeh)依据哪些实验事实提出非晶态高聚物的两相球粒模型？

14. 你对高聚物非晶态结构模型有什么自己的看法？

15. 什么是高分子链的拓扑缠结和凝聚缠结？它们各自的实验依据是什么？

16. 简述由不同方式和不同条件下生成的高聚物晶体具有不同形态的情况。

17. 从极稀溶液(浓度为 0.001%～0.01%)中结晶，将得到什么样的结晶形态？

18. 高聚物单晶片有哪些显著特点？

19. 从较浓溶液(浓度为 0.01%～0.1%)中结晶，将得到什么样的结晶形态？

20. 从高聚物的浓溶液或其熔体直接冷却结晶，将得到什么样的结晶形态？

21. 高聚物球晶有哪些显著特点？

22. 在高压下，在应力作用下，在外场诱变下高聚物又将得到什么样的结晶形态？

23. 先聚合后结晶和先结晶后聚合是不同的结晶方式，它们得到完全不同的高聚物结晶形态，从中你有什么体会？

24. 要先结晶后聚合，就要求单体在晶相具有反应性，你知道哪些有机化合物具备这种固相反应性？你对双炔类化合物了解多少？

25. 由单体双(对甲苯磺酸)-2,4-己二炔-1,6-二醇酯(TS)聚合而得的高聚物 PTS，是一个尺寸达厘米量级的宏观单晶体，你对它们有多少了解？

26. 为什么说聚双炔类宏观单晶体是了解晶态高聚物许多基本物性的理想模型化合物？

27. 一个孤立的单根高分子链为什么有凝聚态之说？

28. 有哪些方法可以来制备高分子单链微粒？

29. 如何把高分子单链微粒培养成单链单晶？

30. 高分子单链单晶的形态有什么特征？

31. 高聚物超薄膜的结晶有什么特殊之处？

32. 什么是均相成核和异相成核？

33. 什么是阿夫拉米(Avrami)方程及阿夫拉米指数？高聚物的结晶过程与阿夫拉米方程符合的情况如何？

34. 影响高聚物结晶的结构因素和外界因素有哪些？

35. 结晶温度对高聚物制品性能有什么影响？

36. 你对斯特罗伯(Strobl)高聚物晶体生长模型有多少了解？

37. 有哪些方法可用来研究高聚物的结晶形态？

38. 有哪些方法可用来研究高聚物的晶体基本参数？

39. 有哪些方法可用来研究高聚物的结晶过程？

40. 什么是高聚物的结晶度？有哪些方法可用来测定高聚物的结晶度？为什么说不同方法测得的结晶度是不能相互比较的？

41. 结晶度在高聚物里会是均匀的吗？为什么说高聚物的结晶度分布是高分子科学中的新概念？

42. 你对同步辐射 X 射线散射法有多少了解？

43. 什么是液晶？如何分类？近晶型、向列型和胆甾型液晶各有什么特点？

44. 与小分子化合物液晶相比，高聚物液晶有什么特点？

45. 高聚物液晶分子结构特征是什么？有哪些因素可能影响高聚物液晶的形态？

46. 主链型高聚物液晶有哪些典型的实例？侧链型高聚物液晶有哪些典型的实例？

47. 简述一下有关液晶 LB 膜、铁电性高聚物液晶、超支化高聚物液晶、分子间氢键作用液晶、交联型高聚物液晶等功能高聚物液晶的内容。

48. 简述一下有关高聚物液晶的应用情况。

49. 什么是甲壳型液晶高聚物？它有什么特点？

50. 什么是固化诱导条带织构？

51. 取向与结晶有什么类同和差别？

52. 什么是流动取向？什么是拉伸取向？什么是单轴取向？什么是双轴取向？什么是大尺寸单元取向和小尺寸单元取向？

53. 合成纤维有什么样的取向态？

54. 什么是非晶态高聚物的分子链高度取向局部链段无规取向态（GOLR 态）？

55. 晶态高聚物在拉伸时会发生什么结构上的变化？

56. 如何定义取向度？有哪些方法可以来测定高聚物的取向度？为什么说不同方法测得的取向度是不能相互比较的？

57. 有哪些因素会影响高聚物的取向？

第 3 章　高聚物的相和相变中的亚稳态

本章是第 2 章有关高分子链凝聚态内容的进一步深入,是高分子物理近二十年里重要的进展之一,也是我们高聚物结构与性能课程新添加的重要内容。

3.1　相 及 相 变

3.1.1　相的宏观热力学描述

从"物理化学"课程我们知道,"相"是一个热力学意义上的物质状态。相态可以用一系列热力学性质来确定。对高聚物而言,晶态、非晶态、液晶态等都是相态。这与玻璃态、橡胶态、黏流态等力学状态是不同的。高聚物不同的相态,其物理力学性能差异甚大,对高聚物的应用有较大影响,所以我们在第 2 章里详细介绍了高聚物的各种相态。

物质的三种基本相态是固相(固体)、液相(液体)和气相(气体),对于这种宏观大体系的状态(相态),用经典力学描述是不可能的,有效的是使用温度 T、压力 p、体积 V、内能 U 和熵 S 这样的宏观变量,以及如比容、压缩率和磁化率等物质参数来描述,这就是所谓的宏观热力学描述。具体用的热力学函数是热焓 H、熵 S、吉布斯自由能 G(对单组分封闭体系,等压条件)、内能 U 和亥姆霍兹(Helmholtz)自由能 F(对单组分封闭体系,但等容压条件)。它们之间的热力学关系是

$$H = H_0 + \int_0^T C_p \mathrm{d}T, \qquad U = U_0 + \int_0^T C_V \mathrm{d}T \tag{3-1}$$

$$S = \int_0^T \frac{C_p}{T} \mathrm{d}T, \qquad S = \int_0^T (C_V/T) \mathrm{d}T \tag{3-2}$$

和

$$G = H - TS, \qquad F = U - TS \tag{3-3}$$

由此可见,不管是等压条件还是等容条件,体系的热容(C_p 或 C_V)非常重要,只要测得热容就可以推得相态的其他热力学函数。由于体系等压热容 C_p 和等容热容 C_V 还存在着如下的关系:

$$C_p - C_V = TV\alpha^2\beta = \left[\left(\frac{\partial U}{\partial V}\right)_{T,n} + p \right] \left(\frac{\partial V}{\partial T}\right)_{p,n} \tag{3-4}$$

式中,α 为热膨胀系数($\alpha = (\partial V/\partial T)_p / V$);$\beta$ 为压缩系数($\beta = -(\partial V/\partial p)_T / V$)。所以只要实验测得 C_p 和 C_V 中的任何一个就够了。当然,等压的实验容易做,保持

实验过程中外压不变并不难,但要在实验过程中始终维持体系(特别是对外形不规则的体系)的体积不变不是一件容易的事。

3.1.2　相的微观描述

物质分子间的相互作用以及它们的运动是决定其相态宏观热力学性质的微观基础。分子间的相互作用会使高聚物的结构规整有序,而分子的运动(热运动)又会导致本是有序的结构变得无序,在一定温度和压力下,它们达到平衡就形成了宏观上的相态。

了解相态微观结构的有序性,通常可以通过如原子和分子的空间位置结构对称性,以及它们的运动和相互作用来定量描述。现在,先从空间位置结构对称性说起。从数学上讲,对称性是物体在空间运动(变换操作)时其对称群的高低。包括气体和液体在内的流体对称性最高,有序性最低,任意地平动、旋转和反演操作都不能使它们的对称性发生变化,它们的对称群叫做欧几里得群。固相(固体)较高的有序性降低了它们的空间对称性,像结晶固体,仅对在特定的不连续的晶格平移和构成空间群的点群操作时是不变的,它们具有位置、价键取向以及分子取向的长程有序性。在三维长程有序的晶态固体和短程有序的各向同性液体之间,还存在其他类型的相态,它们只在某些有序性中表现为长程有序,而在其余的有序性中则是短程或准长程有序的。这些相态类型称为中间相。这些都已在液晶部分提及了,而对于德让纳提出的软物质,既非液体,又非固体,处在液态和固态之间,可以叫作"软有序",是一种新的物质凝聚状态。

热力学对体系的宏观描述和力学对体系微观运动的描述是相辅相成的。一个体系的宏观热力学性质是粒子微观力学运动的平均结果。把宏观性质与微观运动联系起来的桥梁就是统计力学(图 3-1),主要方法为平均场方法。

图 3-1　统计力学是联结相变的宏观热力学描述和微观经典力学描述的桥梁

例如,亥姆霍兹自由能

$$F = -kT\ln Q(T) \tag{3-5}$$

这里 Q 是配分函数。则内能 U、熵 S 和等容热容 C_V 分别为

$$U = kT^2\left(\frac{\partial \ln Q}{\partial T}\right)_{V,n} \tag{3-6}$$

$$S = kT^2\left(\frac{\partial \ln Q}{\partial T}\right)_{V,n} + k\ln Q \tag{3-7}$$

和

$$C_V = \frac{k}{T^2}\left[\frac{\partial^2 \ln Q}{\partial\left(\frac{1}{T}\right)^2}\right]_{V,n}$$ (3-8)

3.1.3　相变

"相变"是一个相态(始态)在等温或等压条件下到另一相态(终态)的转变。由于发生相变时高聚物的物理力学性质会发生非常显著的变化,相变不仅在科学上很有意思,在实际应用中也极为重要。当然,高聚物的相变问题远比第2章中介绍的来得复杂,内容也丰富多彩。

在宏观上,热力学原理完全可以说明相变过程始态和终态的关系,从而很早就有所谓的以热力学为基础的相变宏观分类。它以热力学函数及其微商的连续性为依据,这就是我们在第2章中已经提及的一级相变(吉布斯自由能G具有连续性,其一阶导数(压力p或体积V,熵S或温度T)不具有连续性的转变,以及二级相变,其一阶导数(压力p或体积V,熵S或温度T)不具有连续性的转变。从逻辑上总可以说,一个K级相变是所有$K-1$阶导数具有连续性,而其K阶导数不具有连续性的转变。自然界中我们观察到的转变绝大多数都是一级转变和二级转变,只有极少数几个多组分混合物的二维体系中发现有更高级转变的例子。有时为简单起见,把一级相变称之为不连续相变,二级相变或更高级的相变称之为连续相变或临界现象。

结晶和晶体(包括高聚物的晶态)的熔融是最常见的一级相变,一级相变也包括液晶中存在的绝大多数液晶转变。二级相变有气-液间相变的临界点,无外磁场作用的超流体和超导的转变,以及像居里点那样的铁磁相转变。一级相转变点总对应于两个相的热能函数的交叉点,而二级以及更高级的相变,将存在临界温度和临界体积那样的临界现象(一定压力下)。

这里还要提一下的是,高聚物在发生从玻璃态向橡胶态转化的玻璃化转变时,在热力学函数随温度的变化方面与有热力学定义的二级相变有明显的一致性,从而导致高聚物玻璃化转变被认为具有热力学相变的本质(当然,这里有很多的争议)。这些我们会在第5章中详细讨论。

发生相变时,物质的有序度和相应的对称性在转变点都发生变化。在平均场理论中通常定义一个有序度参数φ来描述相变中的这些变化。温度高,分子的热运动快,有序度就低,可以定义高温下的有序度参数$\varphi=0$,温度降低,分子热运动变慢,低到转变温度φ不再为零。如果φ由零连续增加,就是二级相变,如果恰好在转变温度之下,φ有一个不连续的突变至非零值,那么这个转变就是一级转变。

相图是全面理解物质相行为的有力工具。它是温度 T、压力 p 和组分三个参数组成的三维空间特定的横截面,由面、线和点几个要素构成。这里,面一般是代表组成,而最感兴趣的是描绘相和亚稳行为热力学函数不连续变化的线。当然,孤立的临界点也是很有意义的。

我们知道热力学只管相变过程的始点和终点,告诉你相变过程是否能够发生,但它们不能揭示过程本身的进行,也就是说不知道这个相变过程需要多长时间才能完成。要了解过程的进行,需要知道微观的分子运动,引入时间尺度,这就是动力学的问题了。

对于高聚物,涉及时间的动力学问题显得更为突出。高聚物大分子长链的特征,使得它极长的弛豫时间,不但影响着如第 5 章中讨论的各种单元的"分子运动",也对高聚物的相变产生很大的影响,加之多样化的弛豫运动形式,使得高聚物在相变过程中迟迟达不到热力学平衡,比小分子化合物的相变慢得多,也复杂得多,呈现出多种类型的亚稳态。亚稳态成为高聚物相变过程中一种普遍存在,并能观察到丰富多彩的有趣物理现象。高聚物组成的复杂,相区尺寸偏小,乃至外场的作用造成了高聚物不同层次微结构的亚稳(相)态。

作为凝聚状态的高聚物相变有一级相变的结晶和熔融、一级或二级相变的液晶/塑晶转变、一级相变的溶胶-凝胶转变、一级相变的固-固转变。特别要指出的是,正如第 2 章中已经说过的,由于很大的高分子链,孤立的长链就能形成一个"相",因此高分子链呈孤立状态的转变,包括有双股脱氧核糖核酸的螺旋-无规线团转变(二级相变)、单股多肽的螺旋-无规线团转变(弥散级转变)、高分子链穿过渗透膜的一级相变、高分子链在表面上的二级吸着转变等。

3.2　亚稳定性和亚稳态

3.2.1　一般小分子化合物的情况

在热力学上,亚稳定性是指在一定的温度和压力下,尽管物质的某个相在热力学上不如另一个相稳定,但在某种特定的条件下这个相也可以稳定存在,这种稳定性称为亚稳定性,该状态称亚稳态。奥斯特瓦尔德(Ostwald)曾提出一个态定律,即物质从一种稳态向另一稳态的转变过程将经由亚稳态(只要它存在),即经由稳定性逐渐增加的阶段。

亚稳态并不是什么新的概念。在热力学上亚稳态不是最稳定的,但是受动力学因素的控制,仍然可以在自然界存在的状态。小分子物质在气-液相变中的亚稳态早在 19 世纪就发现了,但对高聚物,只是在最近 20 多年里由于凯勒(Keller),特别是华裔科学家程正迪(Stephen Z. D. Cheng)等的不懈努力,高聚物相变中的亚稳态才逐步得到认识和受到大家的重视。由于高分子长链运动的弛豫时间长，很长的分子链存在有链内和链间的缠结，使得高聚物很难达到热力学的平衡态，而是处在被动力学因素控制的各种非平衡态。因此了解亚稳态的存在、演变和终结对全面了解高聚物的相变具有特别的意义，对高聚物材料的发展和应用有非常重要的指导作用，也是高聚物分子链凝聚态研究的深入。

　　在实验上过冷或过热的现象是常见的事，这些过冷或过热的非平衡态并不具有最低的自由能（在特定的温度和压力下），但能在有限的时间范围内稳定存在，它们在热力学上就被定义为亚稳态，或者叫作具有局部自由能极小值的稳定态。当然，也可能因为在相变时采取的动力学路径而形成亚稳态。可以这么说，相变是通过一系列稳定性递增的亚稳态而进行的，体系不是从始态直接转变成最终的平衡相态，而是经历了一系列中间步骤，才转变为终态。从一个亚稳态到另一个亚稳态，或者到终态，只要转变足够慢，就能观察到亚稳态的存在。

　　这有点像泥石流或地震山崩时石块从山顶上滚落下的情况，如果这石块正好落在山坡面的凹坑中，石块将被"卡"在里面，不再向下滚落。但这不是最稳定的状态，只要还有余震发生或者被除危石的人员人为撬动，给石块能量，它又会"跳"出这个凹坑，继续向山下滚落（图 3-2(a)）。用热力学的话语来表示，就是危石在山顶具有很高的自由能（位能），很不稳定，它要朝向自由能（位能）最低的山脚落去，但在滚落过程中遇到了一个自由能（位能）较低的山面凹坑，也就先在这里停了下来。因为是凹坑，要想滚落到自由能（位能）最低的山脚，就要借助于额外的能量（图 3-2(b)）。

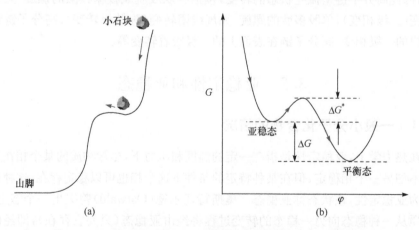

图 3-2　山坡滚石示意图(a)，自由能 G 对有序参数 φ 的作图(b)

　　上述相变以及亚稳态的实例是液-气转变中双节线和旋节线之间的区域。只要亚稳性的极限是绝对的，且转变的能垒较高，其亚稳态就会存在足够长的时间而呈现出来。当然，更感兴趣的是那些包括多种自由能路径的相转变，它们从起始状态到最后的平衡稳定态的转变有一个以上的、可供选择的自由能路径。通向亚稳态的路径必须比直接到平衡稳定态的转变具有更低的自由能位垒。这个状态是一个处于始态和终态之间的结构中间态,具有局部自由能极小值。从微观角度来看,粒子有可能在几个能垒中自由选择,但它们并没有什么"眼光"来判断在这些能垒后面的相态稳定性以及自由能的路径图。多数粒子就选择具有最低自由能位垒的路径,在一个相对来说还算是比较稳定的地方"苟且偷安",而无暇顾及这个位垒后面还存在有自由能更低的稳定相态。这样粒子就有可能被捕获在一个局部的自由能极小值里(一个亚稳态),并且只要这自由能极小值足够深,在实验时间(或实验观测时间)内能保证粒子不再有从这个亚稳态"逃脱"的想法,那么这个亚稳态就会在现实中呈现出来。

需要指出的是,"平衡"和"稳定"是两个非常重要,但又完全不同的热力学概念。平衡态意味着一个体系全部作用力(平移及转动的力)的总和等于零,而稳定性是指体系对外来扰动的调控能力。当一个体系能降低外来扰动,使外界扰动减弱和消散,该体系就是稳定的;相反,一个体系使这种扰动扩大化,它就是不稳定的。如图 3-3 所示,体系(a)是稳定平衡;体系(b)是一个双势阱的情况,其中一个不稳定平衡点被两个稳定平衡点包围,两条短实线表示稳定性的极限;体系(c)是随机平衡;体系(d)是不稳定平衡。

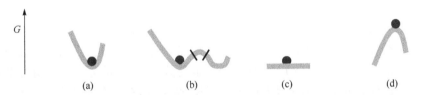

图 3-3　自由能极小,稳定平衡(a);存在自由能极小和极大,但一个不稳定平衡点被两个稳定平衡点包围,双势阱(b);自由能处处相等,随机平衡(c);自由能极大,不稳定平衡(d)

对微观的统计力学,情况也是类似的。我们可以用更数学的语言来描述它们。也就是把自由能 G 对有序参数 φ 作图,其一阶导数为零,即 $dG/d\varphi=0$,这个相态就处于热力学的平衡状态。此外,还要求 $d^2G/d\varphi^2>0$。在 $d^2G/d\varphi^2=0$ 处,体系开始不满足上述稳定平衡相态的两个判据。这正是图 3-3(b)中拐点(短实线)的情况,是热力学稳定性的限界。因此,同时满足 $d^3G/d\varphi^3=0$ 和 $d^4G/d\varphi^4>0$ 是稳定性判据的必要和充分条件。更一般来说,相稳定性判断标准是:体系的最低阶非零偶数次导数为正值,而全部较低阶导数等于零。

从自由能(内能)来看,亚稳态相比于平衡态来说还是欠稳定的,原则上讲迟早都会转化成最终的平衡态,问题是这一过程将持续多长时间,这就是一个典型动力学问题了。换句话说,亚稳态的存在决定于它寿命(τ)与实验时间(实验观察时间,$t_{观察}$)的相对大小。亚稳态寿命 τ 必须大于实验观测的时间尺度 $t_{观察}$,亚稳态才能真实存在,或者说能被我们观察到。一般小分子的弛豫时间 $\tau_{弛豫}<10^{-10}$ s,比亚稳态寿命短得多,满足 $\tau>t_{观察}\gg\tau_{弛豫}$。

由此可见,亚稳态的形成受动力学因素的控制十分显著。虽然热力学条件是决定亚稳性限界的绝对根据,然而在许多相变中,亚稳性限界的实际决定因素往往是动力学的条件。奥斯特瓦尔德态定律虽然指出相变过程中有亚稳态存在,但分子为什么落入了局部自由能 G 极小值(非总体极小值)的区域而不愿意出来向 G 更低的极值处进发呢? 上面动力学的解释是因为达到这种亚稳态的速率较快。按照统计热力学,原子或分子终究是个"瞎子",还有它们的"惰性",它们不可能"看"到能垒后面的热力学结局,也不想"挪动"自己而"安于现状"。如果没有足够大的"驱动力",它们就宁愿"赖在"这个极小值中而不愿努力寻找更为"安稳的"终极目标。这个驱动力就是用来克服亚稳态向平衡态的转变的能垒 ΔG,原子或分子没有这个驱动力就不能实现这个转变。假若大多数原子或分子处于局部自由能极小值区域,则形成宏观的亚稳态。在相转变过程中,尽管亚稳态在热力学上不是最稳定的,但由于动力学途径很快的缘故(较低的能垒),而导致亚稳态首先达到并稳定存在。

3.2.2　高聚物的情况

正如上面所说的,微观分子运动的速度主要由动力学因素决定,因此我们就要回过头来看看高聚物分子链的运动有什么特点。与小分子化合物相比,高分子链的尺寸非常的大,并且大小不一,具有分子量的分布,长长的分子链又有显著的各向异性。这样高分子链的运动时间就会很长,弛豫慢,一个非常宽广的弛豫时间谱,弛豫运动的形式也多种多样。所有这些都导致高聚物的相变要比小分子化合物的慢得多(详见第 5 章高聚物的分子运动)。

分子大,结构复杂,运动慢,决定了达到高聚物最终的热力学稳定相的困难程度大增,从而使得高聚物在相变过程中会呈现出多种多样的亚稳定相。它们的稳定性尽管不如稳定相,但它们却能较快地"捷足先登",并且它们也有相当的稳定性,加上小的相区尺寸乃至外场的诱导,高聚物相变过程中不同层次的亚稳相现象普遍存在。更重要的是,高聚物亚稳相对高聚物材料的性能及加工有非常现实的意义。了解高聚物的亚稳相,就能利用它们的存在实现高聚物产品性能的有效优化,满足高新科技和人们生活对高品质高聚物日益增长的需求。

高聚物的亚稳相内容非常丰富多彩,包括高聚物相变中的过渡相、结晶和液晶高聚物的多种晶型、晶体和液晶缺陷、高聚物薄膜中表面诱导有序化、自组装体系的超分子结构、高聚物共混物和共聚物中的微区结构,以及在加工过程中呈现出的外场诱导亚稳相等。如果在相分离的过程中,某个组分发生结晶或玻璃化转变,情况会变得更加复杂,体系内存在多种类多尺度的形态,每种形态都有相应的亚稳定性。高聚物共混物会因共混工艺不同具有各种微观和亚微观形态,或分散形态不同,或相区尺寸不同,或相区分布不同,或界面形状不同等,内容太多,本章仅就高聚物结晶中的亚稳态、高聚物液晶的亚稳态和相变、多相共混高聚物相分离中的亚稳态三个方面作扼要介绍。

3.3　高聚物结晶中的亚稳态

由前面两章我们已经知道,高聚物中高分子链有复杂的近程结构、远程结构和凝聚态结构,以及将在第 5 章中介绍的多层次的分子运动,这些物理形态特征造就了高聚物丰富多彩的亚稳态;反过来,高聚物也成为研究物质亚稳态的理想体系。从应用角度看,高聚物的亚稳态种类繁多,稳定性高,它们亚稳态的复杂性,为部分高聚物材料的改性提供了可能,事实上很多高聚物就是长期处于亚稳态使用的。

3.3.1　从非整数折叠链到整数折叠链的转变

除非是我们前面提到过的通过固态晶相聚合得到结晶度 100% 的聚双炔类宏观单晶外,晶态高聚物都是晶区和非晶区共存的半晶材料。它不是热力学最稳定的状态,而是液-固相变中的一种过渡态。在这个过渡态,晶区和非晶区相互制约,对高聚物的结晶度、晶型、晶片厚度都有影响,甚至还会影响到高分子链的成核和生长机理。像聚乙烯这样的典型晶态高聚物,有正交、三斜和六方等晶型,在某个温度和压力条件下只有一种晶型是稳定的,其余的都是亚稳的。同样,折叠链片晶也是亚稳的,从热力学角度看,完全的伸直链片晶才是最稳定的。

结晶高聚物的片晶形态,是一种处于亚稳状态的物理形态,也是一个研究从亚稳态到稳态过程的理想对象,那就是折叠链片晶不断的增厚现象。

尽管提出一个定量的式子来描述高聚物中亚稳态区在尺寸上的不同等级是困难的,但折叠链片晶这样一个确定的结构特性却可用来精确显示亚稳态尺寸依赖性。结晶高聚物的片晶厚度(l)一般在 10~50 nm。熔点则是它们热力学稳定性的标记,它们之间的关系为

$$T_m = T_m^0 (1 - 2\sigma_l / l\Delta H) \tag{3-9}$$

式中,T_m 是厚度为 l 的晶体熔点;T_m^0 是厚度趋于无穷大($l \to \infty$)的晶体的平衡熔点;ΔH 是晶体的熔融热焓;σ_l 是片晶的折叠面的自由能。因此,片晶的厚度可以看作为一种独特的亚稳结构,相应于形态学的多晶型物。这样,片晶厚度引起的形态学亚稳性可认为是亚稳性等级中的第二层次,而经典的多晶型则是它们的第一层次。

今以聚氧乙烯的片晶厚度变化为例说明。聚氧乙烯($CH_3-(O-CH_2-CH_2)_{\overline{n}}OH$)是由环氧乙烷开环聚合而成的线形高聚物,化学性质稳定,易溶于水,结晶性好,通过环

氧乙烷的活性开环聚合能很好控制它的短程和长程结构,其分子量可在很大的范围内调节,并且分子量分布窄,链结构规整,是研究高聚物结晶的理想体系。仔细地研究确实发现了 PEO 结晶的一些亚稳态现象。PEO 晶体主要是单斜晶胞结构,其晶胞参数为 $a=0.805$ nm,$b=1.304$ nm,$c=1.948$ nm 和夹角 $\beta=125.4°$。每两个晶胞组成一个正方形,每个晶胞包含 4 条链。PEO 分子在结晶中为 72 螺旋链,即单斜晶胞中 7 个单体旋转 2 圈(图 3-4)。

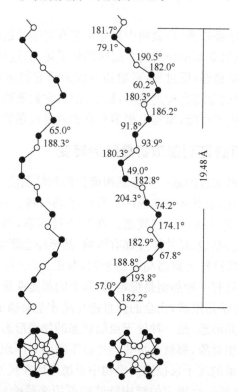

图 3-4　聚氧乙烯分子在结晶中为 72 螺旋链,即单斜晶胞中 7 个单体旋转 2 圈

　　PEO 单斜晶胞在 c 轴上的长度为 1.948 nm,所以每个重复单元的长度为 1.948 nm/7＝0.2783 nm。而通过分子量与重复单元的长度即可计算出 PEO 晶体伸直链的长度。

　　分子量较低(小于 10 000,如 $M_w=5000$)的 PEO 熔体过冷下结晶,尽管其晶体生长速率随结晶温度的升高不断下降,却是非连续(阶梯式)的。这是因为 PEO 折叠链片晶不断减少折叠数,导致这个非连续的变化,并且在每一个温区内折叠数为整数,即每变动一次温度区域,折叠数目减少一次,从 n 整数折叠(integral folded chain,IF)变为 $n-1(n=0,1,\cdots)$ 整数折叠,因而 PEO 片晶的厚度也以整数倍率变化。实验还发现,除了整数折叠链片晶外,PEO 片晶(以及正烷烃晶体)中还存在有非整数折叠链(non-integral folded chain,NIF)晶体。

实验事实是,较低的结晶温度下(这时的过冷度大),PEO 形成的薄晶片具有高的折叠数,升高温度,片晶的厚度会发生增厚或减薄,最终随温度增加到接近平衡熔点时,形成伸直链的晶体。一个数均分子量 $M_n=5000$ 和窄分子量分布($M_w/M_n=1.01$)的 PEO 高分子链,在结晶状态形成的伸直链片晶(EC)的厚度 $L=l_m N=31.6$ nm,不同折叠次数(n)的片晶厚度为 $l(n)=L/(n+1)$。这样,伸展的伸直链 $n=0$,$l(0)=31.6$ nm,一次折叠、二次折叠、三次折叠、四次折叠和五次折叠链片晶的理论厚度(记作 n-FC)将分别是 $l(1)=15.8$ nm,$l(2)=10.5$ nm,$l(3)=7.9$ nm,$l(4)=6.3$ nm,$l(5)=5.3$ nm(图 3-5)。

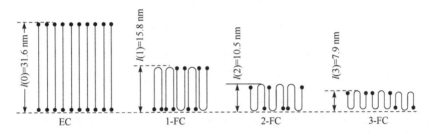

图 3-5　聚氧乙烯 PEO 片晶的伸直链片晶(EC)的厚度 $l(0)$ 以及不同折叠次数(n)的片晶厚度 $l(n)$

PEO 片晶折叠次数的变化就是它们结构等同周期的变化,用小角 X 射线散射(SAXS)方法能实现实时和在位的同步观察,非常实用。例如,观察升温过程中 PEO 片晶散射峰和峰强随温度的变化就能准确判断 PEO 高分子链在片晶中链的折叠情况。图 3-6 是数均分子量 $M_n=5000$ 和分子量分布 $M_w/M_n=1.01$ 的 PEO 的 Iq^2 与 q 散射曲线随温度的变化情况。由图 3-6 可见,在 $q=0.59$ nm^{-1} 和 1.10 nm^{-1} 处观察到明显的散射峰,分别对应于长周期 $d=10.7$ nm 和 5.7 nm,与上面我们计算得到的 PEO 片晶折叠了 2-FC 和 5-FC 的理论片晶厚度 $l(2)=10.5$ nm 和 $l(5)=5.3$ nm 非常接近。仔细观察还能在 $q=0.40$ nm^{-1} 处观察到一个非常不明显的散射肩峰,对应的长周期 $d=15.7$ nm,也与 PEO 片晶 1-FC 的理论片晶厚度 $l(1)=15.8$ nm 几乎相同。从散射峰强度来看,$q=0.59$ nm^{-1} 的峰最强,表明 PEO 片晶中主要是厚度为 10.7 nm 的 2-FC。

温度升高,PEO 片晶的 SAXS 散射曲线变化明显。首先,在温度 $T=50$℃时,原在 $q=0.40$ nm^{-1} 处的弱散射肩峰这时演变为一个新的散射峰,其次,在 $q=0.20$ nm^{-1} 和 0.78 nm^{-1} 处出现了新的散射峰,对应的长周期分别为 $d=31.4$ nm、15.7 nm 和 8.1 nm,与 EC(伸直链片晶),1-FC 和 3-FC 片晶的理论厚度的厚度 $l(0)=31.6$ nm,$l(1)=15.8$ nm 和 $l(3)=7.9$ nm 接近。从强度上看,$q=0.40$ nm^{-1} 处的散射峰已比 $q=0.20$ nm^{-1} 处峰强要大,并且在温度 50℃后继续升高。

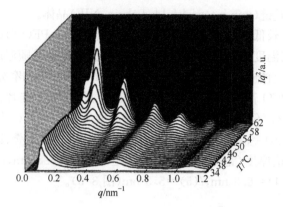

图 3-6　$M_n=5000$ 和 $M_w/M_n=1.01$ 的聚氧乙烯 PEO 在从 34℃到 62℃升温结晶的 SAXS 结果

最后在 $q=0.20$ nm^{-1}、0.40 nm^{-1}、0.59 nm^{-1}、0.78 nm^{-1}、0.93 nm^{-1} 和 1.10 nm^{-1} 呈现出 6 个散射峰,对应的长周期则是 31.4 nm、15.8 nm、10.7 nm、8.0 nm、6.8 nm 和 5.7 nm。它们强度的比例是 1∶2∶3∶4∶5∶6。

　　需要指出的是,在温度为 55~60℃时,$q=0.20$ nm^{-1} 处的散射峰强迅速增大,甚至超过了原本比它强的 $q=0.40$ nm^{-1} 处的散射峰。与此同时,$q=0.59$ nm^{-1}、0.78 nm^{-1} 和 0.93 nm^{-1} 的散射峰强也在增大,只有 $q=1.10$ nm^{-1} 处的散射峰强逐渐减弱,直至在 $T=60$℃时消失不见。

　　新峰的呈现和各峰强度的变化反映的是 PEO 片晶结构的变化。散射峰对应的长周期(L)与温度(T)的关系见图 3-7。由图可见,在 59℃以下散射峰对应的长周期(厚度)几乎没有什么变化,与 PEO 高分子链的理论片晶厚度基本一致,它们是 31.6 nm($n=0$)、15.8 nm($n=1$)、10.5 nm($n=2$)、7.9 nm($n=3$)、6.3 nm($n=4$)和 5.7 nm($n=5$)。温度升到 59℃,散射峰对应的长周期呈现逐渐上升的趋势。

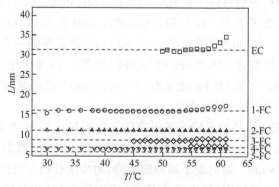

图 3-7　PEO 片晶厚度即长周期(L)与温度(T)的关系图

图中虚线表示伸直链 EC 和 n-FC 的理论片晶厚度

　　图 3-8 是另一个实验得到的 PEO 片晶两个不同区位升温过程中片晶厚度的变化图。在不同的区位,片晶呈现的平均厚度变化稍有差异。在图 3-8(a)中,从 4-FC 到 1-FC,折叠都呈现了出来,对应的厚度与理论值非常接近。在图 3-8(b)中,4-FC 的情况没有记录到,也就是说,在这个区位,PEO 片晶在室温下的厚度为 7.8 nm,对应三次折叠,少了一次折叠。由于这一先天的优势,从 7.8 nm 到 10.5 nm 的增厚发生在 32℃,在 34℃时厚度变为 15.8 nm,在 43℃时为 21.1 nm,相对应的片晶厚度也与理论值接近。最后,当温度达到 47℃时,形成了厚度为 31.6 nm 的扩展伸直链片晶。在这里我们也注意到,在 1-FC 与完全伸直链之间也还呈现出了 0.5-FC 折叠。

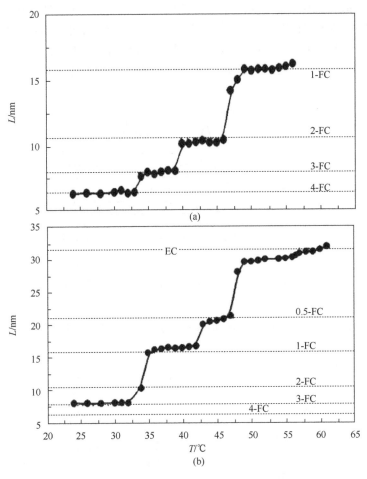

图 3-8　PEO 片晶两个不同区位升温过程中片晶厚度的变化

图中虚线表示伸直链 EC 和 n-FC 的理论片晶厚度

如果是等温条件(43 ℃)下结晶,那么不同结晶时间 PEO 的 Iq^2 与 q 关系如图 3-9 所示。可见 PEO 先形成 NIF 晶体,接着逐渐演变为 IF 晶体的过程。结晶初期($t=0.4$ min)时,衍射曲线上只有单峰,表明开始结晶形成的是折叠长度为 13.6 nm 的 NIF 晶体,其折叠长度介于扩展伸直链长度 19.3 nm(IF, $n=0$)和一次折叠链晶体(IF, $n=1$)的厚度 10 nm 之间。随退火时间增加,衍射曲线上 NIF 晶体散射峰逐渐消失,同时出现两个新的散射峰。在 3.5 min 时,两个峰的位置分别对应着 $n=0$ 和 $n=1$ 的两个整数折叠链。表明总体结晶在 3.5 min 时间内就已经实现了。而且,在整个结晶过程完成后相当时间内,这些过程仍在继续进行。从热力学和形态学角度看,当吉布斯自由能 G 遵循 $G(\text{NIF})>G(\text{IF}, n=i+1)>G(\text{IF}, n=i)$,并且其折叠长度符合 $L(\text{IF}, n=i+1)>L(\text{NIF})>L(\text{IF}, n=i)$,那么在退火同时发生增厚和减薄过程都是合理的(图 3-10)。另外,吉布斯自由能 G 遵循 $G(\text{IF}, n=i+1)>G(\text{NIF})>G(\text{IF}, n=i)$,并且其折叠长度符合 $L(\text{IF}, n=i+1)>L(\text{NIF})>L(\text{IF}, n=i)$,那么,退火过程中不会发生减薄现象。反之,增厚现象也不会出现。

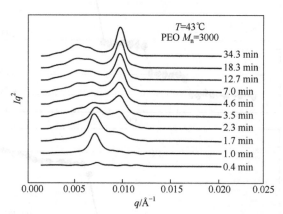

图 3-9　分子量 3000 g/mol 的聚氧乙烯 PEO 散射曲线随时间的变化

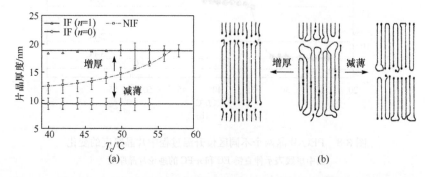

图 3-10　分子量 3000 的 PEO 片晶厚度的变化(a)和恒温增厚和减薄的示意图(b)

　　显然,分子链折叠次数多的能量较高,晶体缺陷多的能量也高。这样,非规整折叠的片晶 NIF 稳定性应该比整数折叠链片晶的稳定性来得差。但是由于在过冷度很大时 PEO 却因为动力学上形成得快,首先形成的是 NIF 晶体。

　　综上所述,可以说把 PEO 试样从室温加热到平衡熔点过程中,片晶发生持续的增厚,从 4-FC 到 3-FC,再到 2-FC,再到 1-FC,中间还有 0.5-FC,直到 0-FC,即扩展伸直链 EC。增厚的平均温度分别发生在 34℃、42℃、48℃和 55℃,在 60℃时,片晶达到扩展伸直链的厚度(图 3-11)。每一个增厚过程仅仅是一小部分片晶自发增厚,从而导致片晶中的厚度差。一些晶体逐渐熔融后失去其分子,而那些自发增厚的晶体从熔融的晶体处获得分子,变成稳定性更高的片晶。其机理可以示于图 3-12。首先在基片上薄片晶中的分子被迫熔融,形成一个非常薄的非晶层,从相对说来比较不稳定的薄片晶(图中是 $l(n+1)$ 的片晶)熔融下来的分子首先进入这个无序的非晶层,通过这个非晶层迁移到厚片晶处,最终在厚片晶处再结晶为更加稳定的有序态(图中是 $l(n)$)。这就是 PEO 片晶诱导增厚的机理,非常类似于凝聚态物理中的蒸发-凝聚过程。原子力显微镜在位观察表明,在具有不同厚度

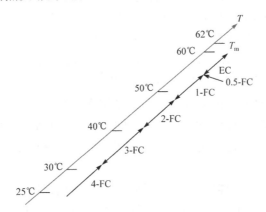

图 3-11　聚氧乙烯 PEO 片晶从室温加热到平衡熔点过程中,片晶发生持续折叠变化和厚度变化

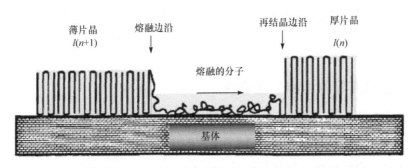

图 3-12　自发增厚的机理,晶体从熔融的晶体处获得分子,变成稳定性更高的片晶

片晶的结晶高聚物的增厚过程中存在着竞争。一旦一个晶体自发增厚之后,它们即成为热力学上更加稳定的亚稳态晶体(或者稳态的扩展伸直链晶体),它们的面积将通过从别的薄的晶体处"掠夺"分子的方式来扩张,直到薄的晶体完全消失。

分子量和化学结构都会影响非整数折叠链到整数折叠链的转变。

分子量为3000~20000的PEO系列样品的NIF晶体寿命随分子量增大而增大:低分子量级分PEO低聚物,其NIF亚稳态晶体的寿命很短,如分子量为3000的PEO晶体,在43℃仅能存在几分钟。而分子量为10500的PEO在0.9 min时就有折叠长度为18.1 nm的NIF结晶存在。分子量越大,出现NIF结晶所需要的时间越短。并且,随着分子量增加,初始的NIF晶体和最终的IF晶体之间转变的热力学驱动力降低了。同时分子量增大,链之间的缠结会加剧,引起实现规整链结晶的增厚或减薄过程大为受阻,在分子量非常高时,NIF结晶会被永久性地保留下来。

从结构看,片晶增厚(或减薄)与端基尺寸和分子(端基)间的作用力(氢键)有关。低分子量级分PEO具有较多的—OH端基,如果通过化学反应把PEO中的—OH端基转变为其他基团(如—OCH₃、—OC(CH₃)₃、—OC₆H₅),相同实验条件下还是观察到了IF晶体。表明无论引入何种末端基,在低分子量PEO级分中都存在NIF晶体,并且随末端基团的体积增大(从—OCH₃、—OC(CH₃)₃到—OC₆H₅),NIF晶体存在的时间变长。这意味着与熔融状态下链分子之间氢键的相互作用有关,整个结晶过程中由于氢键的减少,带甲基的PEO结晶速率和非规整折叠链向规整折叠链转化的速率要比PEO快。这是由于PEO分子链存在氢键的缘故。

在动力学上,NIF晶体向IF晶体转化对PEO的末端有较强的依赖性。随着端基尺寸的逐渐增大,不仅NIF晶体向IF晶体转化变得困难,同时,其线性生长速率也受到很大阻碍。前者发生在垂直于片晶表面方向;后者发生在垂直片晶生长表面。而且,随端基尺寸的增加,形成的初始NIF晶体的折叠长度减小。这是由于在成核控制的生长过程中,生长表面上体积较大端基形成具有较高的自由能缺陷导致的结果。

3.3.2　多晶高聚物中相的亚稳性

1. 聚乙烯的亚稳性

多晶型高聚物的实例是聚乙烯,它可以形成正交晶型、六方晶型的晶体结构,以及在力学作用下可能的单斜晶型等三种晶型,其中六方晶型具有伸展链结构,片晶的厚度大,链的流动性也比其他相态高,是一个亚稳态。在平衡过程中,六方晶

型只有在高的温度(>240℃)和高的压力
(>360 MPa)下才能稳定存在。在较低的温
度和压力下一般是形成正交晶型,这时的 T-p 相图见图 3-13。六方晶型是一个亚稳态
的结构,在分子链方向上分子有很高的可运
动性。其厚度方向还能生长,这种"增厚生
长"只在受到其他结构的阻截或高聚物物料
耗尽才会终止。在高压下六方晶型同时在
侧向和厚度方向生长,直到发生六方晶型向
正交晶型这样一个导致最终稳定相的固相
转变。随着过程进行,聚乙烯晶体的侧向生
长明显减慢,晶体在厚度方向的增长也就停
止了。表明六方晶型在无限尺寸时是一个

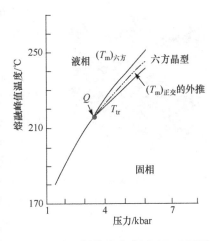

图 3-13　聚乙烯的温度-压力(T-p)相图

亚稳相,但在初始的、相尺寸很小的情况下可比正交晶型有更高的稳定性,并以较
高的速率生长,也就是说,它在小尺寸时有较高的稳定性。这就是所谓的相稳定性
的反转,见图 3-14。

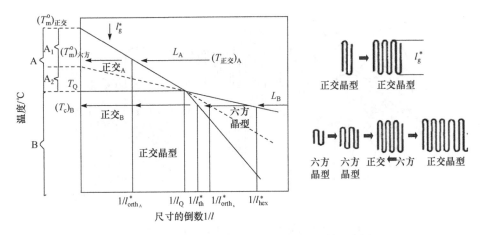

图 3-14　聚乙烯片晶增厚过程中稳定性反转示意图

片晶很薄时,六方晶型比正交晶型更为稳定。因退火导致的片晶厚度超过稳定性界限时,相稳定性发生反转

　　质量分数为 0.05% 的聚乙烯(重均分子量 $M_w = 78\,000$)二甲苯小滴溶液,喷
在云母片上挥发掉溶剂,用透射电镜观察其薄晶片(膜厚约为 5~10 nm)的形态。
发现由此得到了尺寸在 20~70 nm 量级的微晶,外形接近圆形,呈二维圆盘状,具
有很大的相似性(图 3-15)。显然它们与第 2 章中介绍的聚乙烯薄单晶片的菱形单
晶外观不同,但在稳定性方面,它们都是跨过不同位垒而能达到的温度不同却能独

图 3-15　质量分数为 0.05% 的
聚乙烯二甲苯小滴溶液喷
在云母片得到的薄晶片
的透射电镜照片

立存在的亚稳态。它们的形成速率较快,聚乙烯高分子链来不及进行更好的规整排列而保持的热力学状态,熵值较大,结晶度较低,外形也更接近由界面张力控制所形成的圆形。电子衍射非常模糊的环也表明它们结晶的不完善和取向杂乱,有较多的缺陷。如果把它们再进行等温结晶热处理,有序性和稳定性都有很大的改观。因此,同单晶相比,这种亚稳态的熵对其稳定性起更大作用。

如果是高分子量聚乙烯($\geqslant 4 \times 10^5 \sim 4 \times 10^6$,HMWPE)或超高分子量聚乙烯(黏均分子量大于 1.5×10^6,UHMWPE),则因为分子量特别巨大,在熔融状态下长大的高分子链密集缠结在一起,弛豫非常缓慢,其相变要比小分子材料慢很多,最终的热力学稳定态很难达到,因而在相变过程中会呈现亚稳态。相变是高聚物凝聚态结构之间的转变,涉及高分子链的运动。它们的结构是影响亚稳定性的内因,图 3-16 是高分子量聚乙烯或超高分子量聚乙烯分子结构示意图。

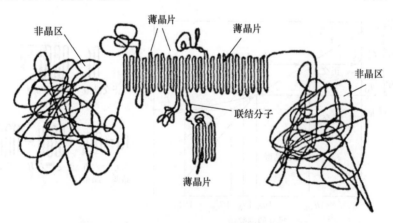

图 3-16　高分子量聚乙烯或超高分子量聚乙烯的分子结构

Keller 等发现,在挤出加工流程中,高分子量聚乙烯在被称之为"温度窗口"——150~152℃这样一个只有 2~3℃的狭窄温度范围内,会发生剪切应力突降、流动稳定和熔体黏度呈现极小值的现象。这是聚乙烯中亚稳定相变的典型实例。原来在这个温度窗口里产生了一个瞬时中间相,由于在挤出模口出口处的流线高度收缩,产生极大的拉伸流动(见第 8 章高聚物的流变性能),导致一个全新的中间相产生,这就是最后由原位 X 射线衍射确定的由流动诱导生成的聚乙烯六方相。这个六方相具有流动性很高、黏度小等非常特殊的流变性能。事实上,这是高聚物中亚稳态相变和中间态的首例,也开创了高聚物中亚稳态相变研究和把亚稳态概念与高聚物相变联系起来的先河。

　　曾经认为,分子量超过 1.0×10^6 的超高分子量聚乙烯不会呈现温度窗口,但后来不管是从超高分子量聚乙烯粉末的十氢萘溶液(浓度为 6%,质量分数)得到的凝胶(去除溶剂得到干胶)和溶液(浓度为 1%,质量分数)结晶的超高分子量聚乙烯晶体均呈现出亚稳态相变。干胶的流变行为观察到了温度窗口效应,而原位 X 射线衍射则发现了在 205℃出现了亚稳态的六方相结构,并认为这亚稳态相变是由于试样加热前片晶的厚度变化引起的,是晶体尺寸减小导致相稳定性颠倒的现象,与是否有流动剪切场无关。

　　扫描电镜观察了黏均分子量为 3.5×10^6 的超高分子量聚乙烯熔体挤出物的片晶,见图 3-17。图 3-17(a)是 200℃加工过程中没有附加毛细管模具($L/D = 0$),熔体通过 200℃料筒直接在柱塞速率为 5 mm/s 下挤出的棒材片晶扫描电镜照片,而图 3-17(b)是在 154℃经过 $L/D = 10/5d$ 毛细管模具挤出的棒材片晶扫描电镜照片。由于熔体经过毛细管口模时引起高分子链沿挤出方向取向,后者的多数高分子链向同一个方向伸展,排列整齐,形成类似于六方晶系的伸展链晶型。在宏观上则是显著降低了挤出压力。由此可见,高聚物亚稳态相变不但在理论上很有意义,并且在选择高聚物加工工艺参数方面也有非常的现实意义。

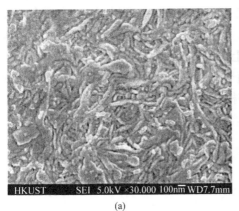 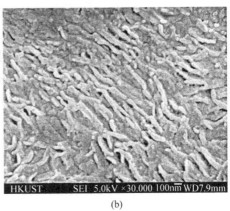

(a)　　　　　　　　　　　　　　　　(b)

图 3-17　超高分子量聚乙烯熔体直接挤出试样(a)和其亚稳态试样(b)的扫描电镜照片

2. 等规聚丙烯中的亚稳性和 β 晶型向 α 晶型的相转变行为

　　已经说过,由于聚丙烯主链上含有不对称碳原子,叔碳原子上甲基在碳链上是规整排列的是有规立构聚丙烯,其中甲基排在碳链平面一边的是全同立构聚丙烯(iPP)。由于结构规整性好、结晶能力强、熔点高、硬度和刚度大、力学性能最好,在实际应用中 iPP 占到总用量的 90%。iPP 是一种典型的多晶型的半晶高聚物。

常见的晶型有单斜(α)、三方(β)、三斜(γ)或双四方(ε)等。其中最稳定的是α晶型聚丙烯($\alpha\text{-}i$PP)和β晶型聚丙烯($\beta\text{-}i$PP),在工业上和经济上价值较大。它们之间的相转变行为得到广泛的关注。

　　具体说来,$\alpha\text{-}i$PP是最常见和最稳定的一种晶型,在通常条件下不管是熔体或浓溶液结晶都可以形成。单斜晶系的$\alpha\text{-}i$PP每个晶胞含有 4 个 3/1 螺旋链,晶胞参数为$a=0.666$ nm,$b=2.078$ nm,$c=0.6496$ nm,夹角分别为$\alpha=\gamma=90°$和$\beta=99.62°$。$\beta\text{-}i$PP与$\alpha\text{-}i$PP相比处于亚稳态,只有在添加成核剂、熔体剪切或温度梯度等一些特殊条件下才能形成,也由于稳定性较差,在多数情况下是与其他晶型共存。$\beta\text{-}i$PP属于三方晶系,晶胞参数为$a=b=1.1$ nm,$c=0.65$ nm,$\beta=120°$。晶胞中有三条手性相同,但方位角不同的螺旋链,因而每条链的化学环境都不同,是一种受挫结构。

　　不同晶型对聚丙烯的性能影响很大。$\beta\text{-}i$PP的热变形温度、延展性明显比$\alpha\text{-}i$PP好,用作大口径管材和锂电池中的微孔膜。但$\beta\text{-}i$PP是聚丙烯的亚稳态,在拉伸过程中会发生相转变成为更稳定的$\alpha\text{-}i$PP,因此在制备和使用过程中要尽量避免发生这种相的转变。$\beta\text{-}i$PP尽管处于亚稳态,但其生长速率要快。$\alpha\text{-}i$PP和$\beta\text{-}i$PP的晶体生长速率在不同的结晶温度下是不同的。一般说来,在一定温度下$\beta\text{-}i$PP的晶体生长速率G_β要比$\alpha\text{-}i$PP的G_α快 20%(有的甚至高达 70%),但在高于141℃温度下等温结晶,$\alpha\text{-}i$PP的晶体生长速率比$\beta\text{-}i$PP的要快,这时$\beta\text{-}i$PP的生长前沿会发生$\beta\text{-}i$PP到$\alpha\text{-}i$PP生长相转变。而在 100℃以下的温度,$\alpha\text{-}i$PP的晶体生长速率也比$\beta\text{-}i$PP快。在生长速率曲线上存在两个交叉点,即高临界温度 141℃和低临界温度 100℃(图 3-18)。在这两个温度之间,$\beta\text{-}i$PP的晶体生长速率比$\alpha\text{-}i$PP快。推测是因为$\beta\text{-}i$PP具有受挫结构($\beta\text{-}i$PP晶胞中三条手性相同的螺旋链

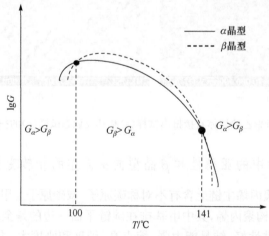

图 3-18　$\alpha\text{-}i$PP 和 $\beta\text{-}i$PP 生长速率随结晶温度的变化

方位角不同,因此它们所处的环境不同,至少有一条链以受挫方式堆积),高分子链容易在此处堆积,为二次成核提供稳定有利的位置,而 α-iPP 没有这样的结构,因而在此温度范围内的二次成核速率比 β-iPP 慢。发生生长相转变的必要条件就是新相的生长速率要快于原来的相,否则新的成核点会被原相快速"吞没"而来不及诱导相转变。

　　分步结晶和熔融重结晶都能实现 β-iPP 向 α-iPP 的转变。所谓分步结晶是指先在温度 100~141℃ 之间生长得到 β-iPP,然后改变结晶温度,即在低于 100℃ 或高于 141℃ 温度下进一步结晶生长,就会实现 β-iPP 向 α-iPP 的转变。β-iPP 的熔融重结晶是由于热历史的记忆效应,在 β-iPP 的熔体中存在局部有序的 α 晶核(图 3-19),在进一步的生长过程中可以实现 β-iPP 向 α-iPP 的转变。

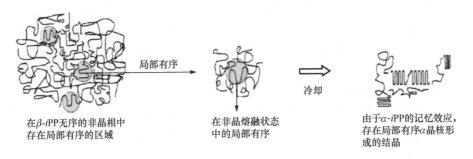

在 β-iPP 无序的非晶相中　　　在非晶熔融状态　　　由于 α-iPP 的记忆效应,
存在局部有序的区域　　　　中的局部有序　　　存在局部有序 α 晶核形成的结晶

图 3-19　β-iPP 熔融重结晶过程中生长得到 α-iPP 示意图

　　需要提出来的是,在室温下拉伸 β-iPP 试样也能够诱导 β-iPP 向 α-iPP 的转变。在试样屈服点前的弹性变形阶段,β 晶相一直处在稳定的状态,过了屈服点后试样进入成颈状态时(有关屈服的知识见《高聚物的力学性能》第 6 章),β 晶相就开始了向 α 晶相的转变,并且这个转变一直持续到试样成颈状态(甚至试样断裂)结束。有一种观点认为在成颈阶段,晶体会发生局部的熔融重结晶行为,致使发生应力诱导结晶,生成更为稳定的 α 晶相。当然,由于拉伸的速率是有限的,试样局部的温度不可能达到 β-iPP 正常的熔融温度 156℃,所以这种熔融与正常的加热熔融还是有较大差异的。最近的观点则认为是发生了固-固相转变。通过 $\beta(110)$ 和 $\beta(120)$ 晶面的滑移和剪切晶格中存在的缺陷,沿着分子链传播,通过翻转手性达到固-固转变。在实验上确实观察到在压缩实验中 β-iPP 向近晶转变和向 α-iPP 转变同时发生,β-iPP 向 α-iPP 转变是通过晶片沿(110)晶面和垂直于(110)晶面滑移完成的。含有螺旋缺陷的 β-iPP 在过程中发生滑移从而转变为更为稳定的 α-iPP,而如果是没有缺陷的 β-iPP 在过程中发生滑移就会发生晶片的破裂,最终转变为非晶相。

　　已经说过,在热变形温度和延展性等方面 β-iPP 比 α-iPP 要好,而 β-iPP 向 α-iPP 的转变又非常容易实现。因此在用 β-iPP 生产制备韧性要求很高的大口径管材和气体交换膜、过滤膜、锂电池隔膜等特殊微孔膜过程，以及它们的使用过程中，应尽量避免各种可能的因素导致 β-iPP 向 α-iPP 的转变。

3. 流动场诱导高聚物非平衡结晶转变

在高聚物加工（挤出、注塑、吹膜和纺丝等）过程中，不可避免地存在着复杂流动场（剪切或拉伸）。为了更好地在高聚物加工过程中了解高聚物的结构变化，有必要更为详细地说一下流动场作用下各种非平衡结晶转变。因为绝大多数高聚物的加工成形都是在高聚物的流动态下实现的，不管是什么加工工艺都涉及高聚物在各种流动场中的运动。流动场诱导高聚物结晶是一种典型的外场驱动和动力学控制的非平衡热力学相变。

首先，①流动场可以加速高聚物的结晶，强的流动场甚至可以使高聚物晶体的形态发生重大的变化；②流动场对高聚物结晶动力学的加速主要是对高分子成核的促进作用；③高聚物的分子量大小及分子量分布在流动场诱导高聚物结晶中扮演主要角色，分子量高的部分对高聚物熔体流动诱导取向结构形成以及加速结晶动力学起到决定的作用。

按流场强度，典型的晶体形态如图 3-20 所示。在没有任何流场的情况（静态条件）下，也就是我们在第 2 章中所介绍的情况，得到的是高聚物球晶。如果施加

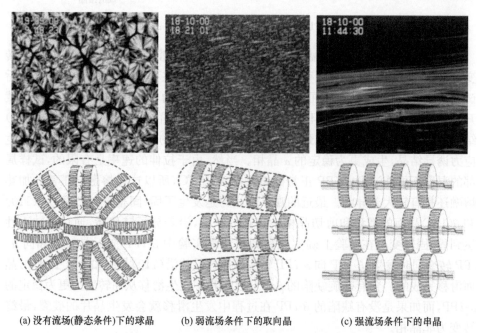

(a) 没有流场(静态条件)下的球晶　　(b) 弱流场条件下的取向晶　　(c) 强流场条件下的串晶

图 3-20　流动场诱导高聚物结晶的典型晶体形态

的流场相对较弱,高分子链会发生取向,导致成核密度增加,或因球晶内部片晶沿流场方向择优取向而促进椭圆球晶的生成。如果是强流场的作用,高分子链发生剧烈的拉伸变形,产生高度取向或棒状的晶核,就是我们在第 2 章中所提到过的"应力作用下结晶得到串晶"。串晶结构是由中心棒状纤维晶体(shish)和沿着中心骨干成串生长的片晶(kebab)两部分组成。图 3-21 是聚乙烯串晶的微结构模型。串晶的生成原因一般可借助德让纳和凯勒提出的卷曲-伸直转变(coil-stretch transition,CST)理论来解释。该理论认为分子链在大于临界剪切速率作用下,会直接由无规线团转变为伸直链构象,不经历任何中间构象,从而建立了伸直链生成中心棒状纤维晶体,而卷曲链生成折叠链片晶,完美的对应关系。在一定的剪切速率下,只有高于临界分子量的高聚物链才可以发生卷曲-

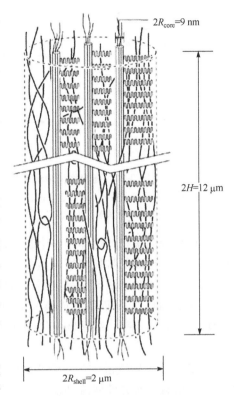

图 3-21　聚乙烯串晶的微结构模型

伸直转变被拉直,形成中心棒状纤维晶体的情况;低于临界分子量的高分子链由于快速弛豫而难以伸直形成折叠链片晶。

　　由于卷曲-伸直转变理论是基于稀溶液流体力学相互作用提出的,在高聚物熔体中缺乏流体动力学物理基础。长链分子的弛豫时间很长,在外场作用下容易保持取向,而短链很容易弛豫,因此受限于卷曲-伸直转变理论,把长短链分别与纤维晶和片晶联系到一起,即纤维晶主要由长链组成。但是用小角中子散射(SANS)对不同分子链的氘代聚丙烯共混样品进行剪切,结果发现纤维晶中长短链含量与本体中并无差别(图 3-22),这样纤维晶主要由长链组成的观点并不完全正确。并且 X 射线散射和拉伸流变实验发现,只要在聚乙烯熔体上施加超过 1.57 的应变就可以诱导生成串晶,而这个临界应变值要比把聚乙烯高分子链完全伸直所需的应变小很多。这更表明卷曲-伸直转变中整链尺度上形成中心棒状纤维晶体说法并不正确。事实上,短链高分子也参与了中心棒状纤维晶体的形成,它们会沿流场方向直接首尾相连组装成中心棒状纤维晶体结构。当然,有一点是要肯定的,即长链组分对纤维晶的形成是有很大促进作用的。

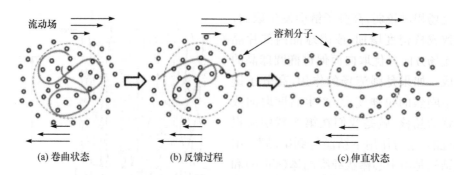

图 3-22　高聚物稀溶液中单链尺度上的卷曲-伸直转变过程

(a) 低剪切速率下分子链处于中游卷曲状态,其内部空间被外部流场屏蔽;(b) 超过临界剪切速率
下,分子链内部不断暴露于外场流场,分子链持续快速变形;(c) 分子链达到完全伸展的状态

可以认为高聚物的熔体是一个瞬态的缠结网络,由此提出了串晶晶核是由拉伸的缠结网络形成的拉伸网络模型(stretched network model,SNM)。SNM 从成核动力学考虑流动场诱导结晶机制,其基本思想是由于流动场诱导的取向核伸展,导致系统的熵减少,从而引起成核位垒的降低,进而增加成核速率,增加高聚物在流动场下的结晶速率。高聚物缠结网络中,中心棒状纤维晶体的形成只需要缠结点之间的链段被拉伸,而不是整个分子链被拉伸。

同步辐射 X 射线散射与原位流变装置联用揭示了高分子链解缠结或卷曲-伸直转变的信息。研究伸展流动诱导结晶的合适材料是高密度聚乙烯(HDPE),因为它具有较高的熔体强度,在晶体熔点以上流动性仍然很差,还适合做拉伸试验。在 180℃保持 5 min 消除热历史,随后降温到 125 ℃,开始拉伸(应变速率和应变分别为 15.7 s^{-1} 和 2.5)。拉伸完成后立即采集 SAXS 数据,见图 3-23(a)。图上方的水平箭头为拉伸方向,子午线上的尖头表示中心棒状纤维晶体结构的形成,赤道方向上的最大散射强度为片晶结构,通常出现在 240 s 后。图 3-23(b)是不同应变速率下中心棒状纤维晶体相对含量与应变间的关系。由图可见,若伸展应变速率为 3.1 s^{-1},只有应变超过 1.88 时才会出现中心棒状纤维晶体结构。应变速率较大,诱导中心棒状纤维晶体结构形成的伸展应变基本上均为 1.57。显然,当拉伸应变速率足够大时,诱导中心棒状纤维晶体结构形成的临界拉伸应变为恒定值。从图 3-23(c)中可以看出对于一个给定的应变,不管应变速率是否变化,中心棒状纤维晶体结构的取向参数基本不变。取向参数是随着应变的变化而变化的,呈现出两个阶段,并在应变约为 1.5 时出现转变。当应变大于 1.5 时,取向参数随应变增加而增加的幅度大于低应变下的情况,这意味着中心棒状纤维晶体结构能够加强片晶结构的取向。

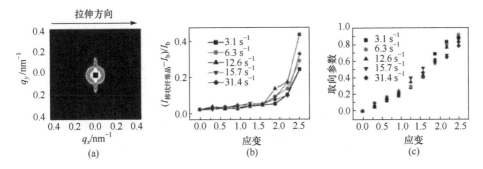

图 3-23　(a) 高密度聚乙烯在应变 2.5 和应变速率 15.7 s⁻¹时的二维 SAXS 图,尖斑为中心棒状纤维结构;(b) 不同应变速率下中心棒状纤维含量-应变曲线,应变超过 1.57 时才会出现中心棒状纤维;(c) 不同应变速率下片晶取向参数-应变曲线

4. 极快速加热对高聚物晶体熔点的影响

这里所说的极快速加热是指最高速率为 100000℃/s 的极快速加热,比传统量热实验中能达到的最快速率要快上好几个数量级。非常快的加热速率可以导致高聚物晶体的快速重组。早就知道,高聚物晶体的熔融有时间依赖性,即使是在通常使用的加热速率下(如在一般的量热实验中)也会发生退火、重组和重结晶,表明即使高分子晶体是折叠的长链片晶,只要有空间和材料的充分保证,它们就具有改变其亚稳定性的能力。那么,在极快速加热条件下,它们也会发生快速的重组。

例如,在容器、薄膜、纤维和轮胎帘子线中应用广泛的聚对苯二甲酸乙二醇酯(PET),在正常条件下生长为较厚的片晶,其亚稳定性在加热速率达 200℃/min 时就可以保持不变。已确定这些较厚片晶的熔点约为 240℃,比在 10℃/min 的加热速率下测得的熔点低约 10℃。图 3-24 是 PET 的一系列量热图。首先使它们在 114～230℃温度范围内的某温度下结晶完全,然后以 2700℃/s 的速率把它们加热到各向同性熔体。在所有的量热图中都只能观察到一个主要的吸热峰。随结晶温度的升高,熔融峰随之增大。由图可见,等温结晶的 PET 熔点会比等温结晶的温度高几摄氏度到十几摄氏度。因此,在极其快速的加热速率下测得的熔点和在量热实验中以缓慢加热速率观察到的熔点之间的差别是由晶体加热时亚稳定性的变化所致。

这种等温结晶的亚稳定晶体的熔点比它的等温结晶温度约高 10℃的现象,在等规聚丙烯和等规聚苯乙烯很多半晶高聚物中都可观察到,等温结晶的尼龙 6 在 2000℃/s 的快速加热速率下,在略高于相应的结晶温度时观察到了“真正”的起始晶体的熔融。这是用传统的量热测量不可能会发现的。此外,即使 5000℃/s 的加热速率也还不够快以完全避免尼龙 6 晶体的重组。尼龙 6 晶体的这种快速重组以改进热力学稳定性的行为被推断应该发生在 0.01～0.1 s 的时间尺度上。

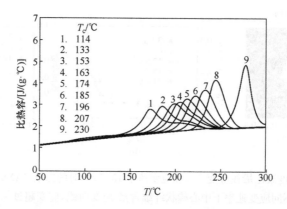

图 3-24　在 114～230℃的温度范围内进行等温
结晶后 PET 在 2700℃/s 的加热速率下的比热容测量

3.4　高聚物液晶的亚稳态和相变

在 2.8 节已经说过,液晶是介于三维长程有序的晶态固体和各向同性液体之间的中间相。在液晶-各向同性液体、液晶-液晶以及液晶-晶态固体的相转变中有许多是一级转变,也有一些液晶-液晶相变是二级转变。定量描述液晶转变的规律是困难的,如果仅局限于液晶中的一级转变,那么可用体积变化或熵变来分析和讨论它们。定性而言,中间相转变时体积变化的趋势和熵变相似,但它们并不定量匹配。定量分析液晶转变的难点是液晶分子是由刚性的液晶基元和柔性的尾链所构成,所以需要考虑热力学性质在这两个完全不同部分中的配分。当柔性尾链由亚甲基单元构成时,它会对熵变有贡献,而由氧化乙烯或二甲基硅氧烷单元构成的柔性部分则对熵变没有贡献。因此,在液晶相转变中,液晶基元和柔性尾链对于体积和熵变化的配分取决于尾链的组成。此外,液晶基元的分子间相互作用影响着结构的有序性,又增加了配分的困难。当前只对单个的液晶化合物相转变的分析是成功的。

下面介绍双向性和单向性液晶相转变行为。

按液态、液晶和结晶的吉布斯自由能 G 与温度 T 的依赖关系,液晶相转变行为可分为双向性和单向性转变行为两类。双向性液晶相转变行为是指液晶线与液态线和结晶线都有交点,见图 3-25(a)。这样,不管是从液态冷却过程中,还是有加热结晶体过程中都可呈现出液晶相;而单向性液晶相转变行为则是液晶线只与液态线有交点(图 3-25(b))。如是,只有在(快速)冷却液态的过程中能呈现液晶相,而在加热结晶体过程中只会直接从晶相稳定的转变到液相(熔融相变),而观察不到液晶相。

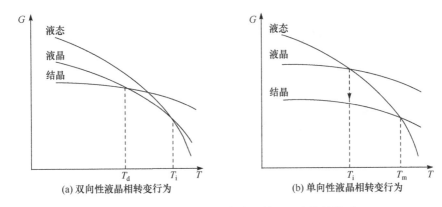

图 3-25　不同相态的吉布斯自由能的温度依赖关系

对于同时含有结晶和液晶相的高聚物,在晶体熔融温度 T_m 和各向同性转变温度 T_i(由含晶相到无晶相的转变)之间,双向转变的液晶相在热力学上是稳定的,而单向转变的液晶相在这个温度区间是亚稳的。由于结晶的成核过程受动力学控制,当从各向同性的熔体中(冷却)结晶时(这个过程受制于动力学控制的成核过程),需要一个过冷度,这会造成结晶相延迟出现。于是在较快的降温结晶过程中,单向性液晶可能首先从实验中观察到。

更详尽的分析如下。图 3-25(a)中在晶相和液晶相的转变温度 T_d 到 T_i 之间的温度区间内,无论是升温过程或降温过程,双向性液晶态在热力学上都是稳定的,因为其吉布斯自由能比液态和结晶态的都低。温度升高,体系将由晶相经液晶相转变为液相;降温时,体系由液相经液晶相再次转变为晶相。也就是在降温和升温过程中都能观察到液晶的生成。而图 3-25(b)显示的单向性液晶,其液晶相的吉布斯自由能始终比晶相的自由能来得高。升高温度时,晶相直接转变为液相而不经过液晶相。在降温过程中,若降温速率很快,在结晶过程由于成核速率较慢而被抑制的情况下,有可能先出现液晶相,最后再转变为晶相。动力学因素在此起到了重要作用。因此单向性液晶的相转变只能在降温过程中才能观察到。单向转变的相在整个温度区间都是亚稳的。

为了确定相转变的本质是一个平衡过程还是一个动力学控制过程,需要进行不同降温速率的 DSC 实验。单向性液晶相转变行为的发生和介晶基团的刚性、线性、对称性和长径比的降低有关,这些因素导致液晶相稳定性的降低,因而相的熵值发生变化,导致转变温度降低。

研究单向性液晶转变行为对了解熔体和液晶态下的结晶动力学非常有帮助。需要考虑的是,从熔体中形成液晶、结晶,以及从液晶态中的结晶等三个相转变的速率。对应于这些相转变速率可划分出三个动力学区域,如图 3-26 所示。

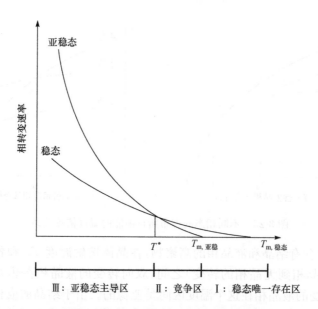

图 3-26 单向性液晶结晶过程的动力学速率

在高温的区域Ⅰ（稳态唯一存在区），即在温度 $T_{m,亚稳}<T<T_{m,稳态}$ 的区域，因为只有稳态相转变，各向同性的熔体在降温过程中直接结晶。

在低温的区域Ⅲ（亚稳态主导区），即在温度 T 比稳态和亚稳态相转变速率相等时对应的温度 T^* 还要低（$T<T^*$）。因为此时形成亚稳液晶的速率比结晶速率快得多，先形成液晶相然后从液晶相再结晶。

而在温度 T 处于区域Ⅱ（竞争区），即 $T^*<T<T_{m,亚稳}$，此时从熔体中结晶的速率与液晶相形成的速率具有相同的数量级，相差无几，这两种相转变行为将展开竞争。

在稳态唯一存在区Ⅰ中，从各向同性熔体中结晶受成核作用控制。

在亚稳态主导区Ⅲ中，如果从液晶相中形成的晶体结构与直接从熔体中结晶形成的晶体结构相同（在许多情况下两者并不相同），那么从液晶态到晶态的相转变可以看作是从各向同性熔体直接结晶过程中两步相变的一步。这两步包括从各向同性熔体到液晶态的相转变和随后从液晶态到晶态的相转变。而液晶态可以认为是结晶过程中的亚稳态，这种亚稳态的液晶多是单向性液晶。

最值得关注的是区域Ⅱ的情况。在竞争区，从各向同性熔体直接结晶的速率与液晶相的形成速率数量级相同。最简单的情形是分子有两种选择，或者是分子直接进入晶相，或者是首先形成液晶相，然后再结晶形成晶相。这两种过程可能互相促进也可能相互阻碍。如果相互阻碍，有可能由于两种过程的竞争而使这一区域的结晶速率有一个反常的下降。当然，实际的情况可能比这更为复杂得多。

　　作为例子,图 3-27 给出液晶性聚酯酰亚胺(PEIM($n=11$))(由 N-[(4-氯甲酰基)苯基]-4-氯甲酰基邻苯二甲酰亚胺和含 4～12 个亚甲基单元的二醇合成得到)在 50～130℃整个结晶温度范围内的结晶速率,可以看出该实验的结果与上面所说的十分吻合。在低温端(相当于区域Ⅲ)的结晶速率很大,因为结晶过程中首先形成了亚稳的液晶相。这就使聚酯酰亚胺在那个温度范围内具有一个亚稳的低有序近晶液晶相 S$_A$ 的转变温度,这种先形成的有序相 S$_A$ 加快了结晶速率。而在高温端(相当于区域Ⅰ),高聚物的结晶受成核作用控制,结晶速率较慢。

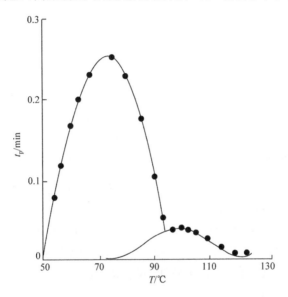

图 3-27　不同温度下聚酯酰亚胺(PEIM($n=11$))试样的结晶总速率

　　压力对液晶相结构和稳定性都有影响。不同压力下,一个能稳定存在的特定液晶相的温度范围可能会变宽或变窄。极端情况下,液晶相也可能被完全抑制,或者诱导产生出本不存在的液晶相。特别是呈现有所谓的重入相变,即有序性低的高温相可能会在低于稳定的高有序性液晶相的温度范围中再次重现。例如,含正烷基和正烷氧基的氰基席夫碱和 2-氰基联苯,其向列相随压力增加而消失,却在更高的压力下又重现。这种“重入”行为也出现于常压下不同浓度的对腈基己氧基联苯和对腈基辛氧基联苯的混合物中。图 3-28 是这种混合物的相图。显然,近晶 A 相只能在对腈基己氧基联苯浓度相对较低的范围内形成,而更重要的是在相稳定性边界线上浓度对温度导数的符号发生变更。这样就导致一个极值,在该处浓度对温度的导数为零,产生一个“重入”的向列相。

　　由于结构特征的原因,以小分子作为介晶单元,以侧链方式连到柔性高聚物主链上的侧链型高聚物液晶表现出复杂的液晶行为。不同的介晶单元会呈现出多种

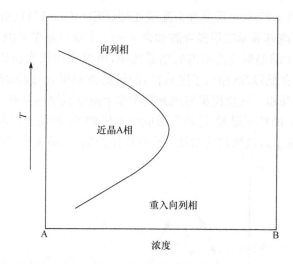

图 3-28　一个大气压下对腈基己氧基联苯(A)和对腈基辛氧
基联苯(B)混合物的温度-浓度相图的示意图

浓度相对于温度变化的斜率在相态稳定性边界线的上半部分是正的,而在边界线的下半部分是负的

介晶形态,以及由于高聚物主链的可结晶相而出现液晶相晶体的转变等。图 3-29 是这些转变的体积-温度(V-T)示意图。由图可见,从各向同性液态转变到包括向列态和近晶态在内的液晶态的地方都有一个阶跃,表明这样的转变是一级转变。如果继续冷却高聚物就会发生结晶,若冷却很快,抑制了结晶,就有过冷的液晶出现。如果温度又在 T_g 以下就变为液晶玻璃态。

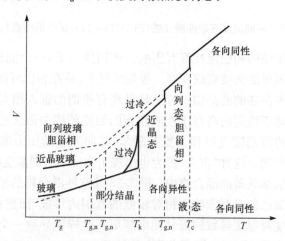

图 3-29　侧链型高聚物液晶的体积-温度(V-T)示意图

3.5　多相共混高聚物相分离中的亚稳态

已经说过,共混是高聚物改性以满足日益增长的高性能高聚物材料要求的重要手段。尽管共混的热力学与高聚物溶液的热力学分析几乎是一样的(高聚物溶液是高聚物作为溶质溶于溶剂中,即高聚物和溶质的混合物,而高聚物共混物则是两个高聚物的共混物),理应在讲高聚物溶液后再来讲共混物的相分离,但由于亚稳态在共混物相分离中表现得特别明显,我们就在这里先开讲了。有关高聚物共混物的共混热力学、两相高聚物相容性的判据等知识,见第 12 章高聚物的溶液性能。这里只要知道判断共混能否进行最重要的原则是共混时混合自由能 ΔG_m 的变化:

$$\Delta G_m = \Delta H_m - T\Delta S_m \tag{3-10}$$

这里,$\Delta G_m = G_{混合体系} - G_{体系1} - G_{体系2}$,称为体系的混合自由能;$\Delta H_m$ 为混合焓;ΔS_m 为混合熵。共混的必要条件是 $\Delta G_m < 0$,而如果 $\Delta G_m > 0$,原则上不能互溶。

以 ΔG_{mix} 对浓度作图,如图 3-30(a)所示。它们完全相溶的判据是 $\partial^2 \Delta G_{mix}/\partial x^2$ 在所有浓度下都大于零,在图中表现为曲线在整个浓度范围内都向下凹(线 a),是所谓的最低临界共溶温度(lower critical solution temperature,LCST)。如果 $\partial^2 \Delta G_{mix}/\partial x^2$ 和 $\partial^3 \Delta G_{mix}/\partial x^3$ 都等于零,则混合物处于临界点(线 b)。此点之上 $\partial^2 \Delta G_{mix}/\partial x^2$ 的符号变负,是相分离的起始点。线 c 是具有最高临界共溶温度(upper critical solution temperature,UCST)的体系,温度高于临界点,完全相溶。当温度略低于临界点时,ΔG_{mix} 的极小值同时出现在临界点的两边。温度的继续降低使得这两个极小值之间的浓度间隔逐渐增大,而这两个极小值之间的 ΔG_{mix} 峰值逐渐增大。另外,在这两个极小值之间的浓度范围内,我们可以找到两个拐点 x_A^1 和 x_A^2,在拐点处 $\partial^2 \Delta G_{mix}/\partial x^2$ 等于零。因此,在极小值和拐点之间,$\partial^2 \Delta G_{mix}/\partial x^2$ 大于零。但是,在两个拐点之间,$\partial^2 \Delta G_{mix}/\partial x^2$ 小于零。在 x_A^1 和 x_A^2 这两个浓度之间,为了减小 ΔG_{mix} 并保证体系的吉布斯自由能 G 达到极小,混合物会分离成浓度分别为 x_A^1 和 x_A^2 的两个不同的相,发生相分离。

所有温度下的极小值($\partial \Delta G_{mix}/\partial x = 0$)的连接线称为两相共存线(binodal line);所有拐点($\partial^2 \Delta G_{mix}/\partial x^2 = 0$)的连接线称为亚稳极限线(spinodal line),见图 3-30(b)。如果是分子尺寸差别很大的高聚物在小分子溶剂中的溶液体系,用体积分数代替摩尔分数,则将呈现不对称的两相共存线和亚稳极限线。这时,相同的化学势可能并不处于 ΔG_{mix} 的极小值处,反而是通过确定在何处具有非零值斜率的切线同时接触两个自由能势阱的办法,可以找到组成两相的体积分数。

固定浓度 x,该二元体系沿垂线进行淬冷而进入两相共存线和亚稳极限线之间的温度区域时,立即发生相分离。对于处于此图中 x_1 所对应的温度,分相后的

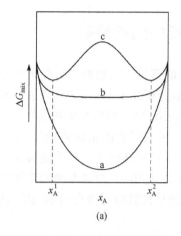

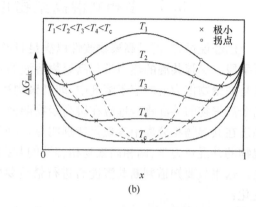

(a)　　　　　　　　　　　　　　　　　(b)

图 3-30　（a）二元混合物的 ΔG_{mix}-浓度图（三个温度下的表现为：a. 两种液体完全相溶，形成一个液相；b. 混合体系处于临界点；c. 相分离发生）；（b）二元混合物相图的两相共存线和亚稳极限线

两个液相的浓度为 x_A^1 和 x_A^2。这种将体系带至亚稳定区域的过程称之为偏离临界点淬冷。若体系沿浓度 x_2 淬冷，淬冷过程通过临界点，不通过亚稳定区域而进入亚稳极限分解区域，则称为临界点淬冷。

相分离后，两个截然不同的相内单个组分的体积分数（即组分浓度）由两相共存线上连接线的端点决定。一相包含更多的高聚物 A，另一相包含更多的高聚物 B。对于一个高聚物共混体系，在亚稳区发生相分离必须克服一个成核能垒。不过，在亚稳极限线界定的区域内，自发的密度涨落会支配无能垒的相分离。

最终的稳定相态是双层的：较低密度富含有高聚物 B 的相在较高密度富含有高聚物 A 的相之上（图 3-31）。但在朝最终稳定的平衡相态发育路径上的相分离形态受相分离机理影响。若呈现小滴状的形态则相分离机理是成核控制的；双连续的形态则是自发的亚稳极限分解。这取决于观察时间长短、共混物组分的体积分数以及温度，在两相分离的机理之内形态非常丰富。当高聚物 A 的体积分数较低时，富集 A 的相会形成小滴悬浮于连续的富含高聚物 B 的基质内。而当 A 占有的体积分数较高时，相的形态将有一个基质的反转。当 A、B 的体积分数接近时，体系形成双连续的形态。

需要指出的是，高分子共混物分离后很难到达最终稳定的状态。观察到的相形态的多样性表明在这个长度尺度上的形态有不同程度的亚稳定性。这些亚稳态对它们的技术应用以及材料性能的改进极其重要。

如果是两步淬冷且组分 A 的密度比另一组分 B 大，其相图将是图 3-32 所示的那样。先将共混物淬冷至 T_1，平衡，然后再淬冷到更低的温度 T_2 并再次达到平衡。那么，其最终的平衡相态应该是一个由三个界面组成的四层结构（图 3-32

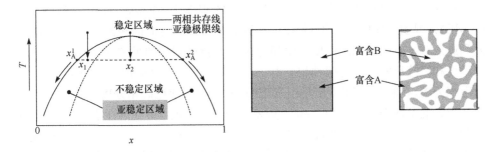

图 3-31 最终的稳定相态是双层的:较低密度富含有高聚物 B 的相在较高密度
富含有高聚物 A 的相之上

(b))。这种体系平衡的出现是因为在较高温度(T_1)时,共混物分离成两层,一层富含 A,而另一层富含 B,富含 B 的层在富含 A 层上面。当体系淬冷至更低温度(T_2)时,这两层各自再发生进一步的相分离,分别形成两个亚层。这四个液体层的其中两层中 A 的体积分数相同,而另两层中 B 的体积分数相同。其含量取决于两相共存线上温度 T_2 时连接线的终点。

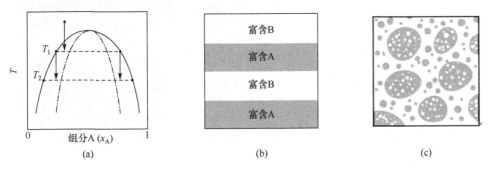

图 3-32 (a) 两步淬冷的共混高聚物的相图;(b) 两步淬冷形成的具有不稳定的四层平衡结构的相态;(c) 没有达到最终平衡的相分离,因此处于一个形态上的亚稳态

当然,该四层结构的形态并不稳定。要长期保持这四层结构形态,必须把它们淬冷到其玻璃化转变温度以下,至少这两层中有一层要成为玻璃态。总之要在达到最终的层状形态前,中断这个相分离的熟化过程。这或者是由于组分的分子量较高或有聚合反应(如在热固性的固化体系中的聚合反应)发生。当把共混物淬冷至较高温度 T_1 后,形成小滴形态,其中富含 A 的小滴嵌入富含 B 的基质中。随着第二次淬冷至更低温度 T_2,在小滴和基质中发生进一步的相分离。如图 3-32(c)所示,再次在这两相中形成具有不同平均尺寸的小滴形态。第一次淬冷是产生尺寸较大的小滴,第二次淬冷则产生更小尺寸的小滴。此外,更小的小滴分布在第一次淬冷形成的较大的小滴和基质之中。具有多重长度尺寸的小滴形态通过改变复合材料的断裂机理,来提高材料的韧性和冲击强度。

　　作为一个实例,看一下属于 LCST 型的聚苯乙烯-聚乙烯基甲基醚(PS-PVME)共混物。在低于 85℃ 的温度下制备可以得到它们的相溶混合物,加热升温到进入双结点曲线范围内便发生相分离。实验得到相图见图 3-33(a)。其中根据温度和组分比的不同有两种相分离。在旋节线包围的区间内发生的相分离为非稳定相分离,在旋节线和双结线之间发生的相分离为亚稳态相分离。

　　当共混条件为 $T=105℃$, $\varphi_{PS}=0.2$ 时,与此相应的相点落在旋节线范围内。因此该共混体系本身要发生相分离,且分离速率快,属于非稳定相分离。分离起始阶段析出的是交缠的两相连续区,接着相区扩大形成错综复杂的网眼结构,最后破开融合成球体,见图 3-33(b)。当共混条件为 $T=140℃$, $\varphi_{PS}=0.65$ 时,与此相应的相点落在旋节线和双结线之间范围内。此时共混体系有一定稳定性,但若有干扰或活化也会发生相分离。相分离遵循成核、增长机理,属于亚稳态的相分离。需要首先有某种活化因素促成其中一相离析(成核),离析出的一相呈小珠状,分散于另一相基体中,然后分离相成分不断向小珠迁移,最终分离为两相,见图 3-33(c)。

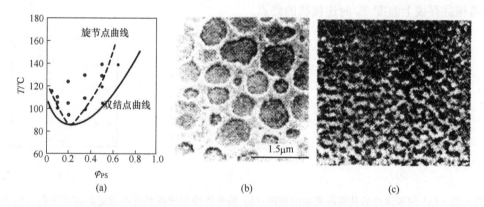

　　图 3-33　(a) 聚苯乙烯-聚乙烯基甲基醚(PS-PVME)共混物的相图;(b) $T=105℃$, $\varphi_{PS}=0.2$ 时的相分离属于非稳定相分离;(c) $T=140℃$, $\varphi_{PS}=0.65$ 时的相分离属于亚稳定相分离

　　如果共混物中一个或两个组分能结晶,相分离过程会变得非常复杂。相态和结晶形态之间会发生相互竞争,最终的相态不仅取决于相变的次序,而且取决于分子间的相互作用。结晶过程的分子间相互作用较强,而相分离是一个较弱的分子间作用,所以结晶过程往往会压制相分离。为简单起见,假定共混物中只有一个组分能结晶,同时相分离和结晶过程具有相同的分子间相互作用,这样从热力学角度考虑,得到如图 3-34 所示的相图。由图可见,如果结晶过程比相分离早发生,例如在"溶质"含量较高的区域(图中右端部分),可发现结晶过程中会有相分离发生;换言之,结晶可以诱导相分离,这个过程中结晶形态占主要地位。另外,假如共混物中相分离发生在结晶之前,如图中左端部分"溶质"含量较低的区域,则相态决定了

最终的形态。这时,结晶只能在相分离发生后在"溶质"富集区内发生。

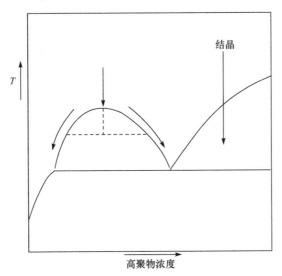

图 3-34　具有 LCST 特征但其中一个组分可以结晶的双组分共混物的相图

　　这里值得一提的是嵌段共聚物,它与共混高聚物之间的差别在于共聚物中两个嵌段间有化学键相连,且不相容。因此,在嵌段共聚物中不可能得到在共混高聚物中的宏观相分离的现象。降低温度以增大相互作用参数χ,以及增大分子量(总聚合度 N)以加大分子运动的弛豫时间都对嵌段间的微相分离有利。两嵌段共聚物在高温时是无序状态。随温度降低呈现出多种热力学平衡相形态,其微区结构形态呈有序态,而不是亚稳定形态。这是在纳米尺度上的液-液微相分离。

　　图 3-35 是聚苯乙烯-b-聚异戊二烯体系在不同体积分数时的相图和结构。纵轴χN 是 Flory 相互作用参数 χ 和聚合度 N 的乘积,显然这是与温度有关的参数(与温度成反比)。横轴是聚异戊二烯的体积分数。这张图上的点虚线代表平均场理论的预测。理论预测和实验数据之间的差异是由浓度涨落引起的。

　　之所以会出现不同的形态是因为它们的相态变化和相分离嵌段之间的界面有关。如果是对称的两嵌段共聚物,嵌段相互分离到界面相对的两个面上,又因为它们的体积分数相同,界面两面的链感受到相同的压力,所以导致产生一个平的界面和一个聚集的层状形态。而如果不对称的两嵌段共聚物,嵌段体积不同,支撑界面两边的嵌段占有不同的体积。为达到最低的自由能,界面开始弯曲以平衡所得到的压力差。随两个嵌段之间不对称性的增大,微相分离形成六方柱,最后是体心立方形态。

　　其实这是很好理解的。对于不对称的两嵌段共聚物,两个嵌段占据的体积不等,它们的均方回转半径也就不同,界面可能开始感受到一个压力差。这个在界面

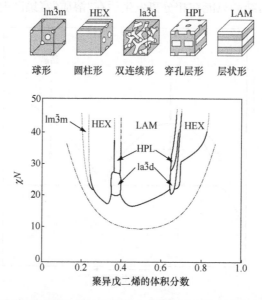

图 3-35　聚苯乙烯-*b*-聚异戊二烯在不同体积分数时的相图和结构

点虚线是基于平均场理论的预测。显示在上面的相结构是依次从 20％直到 50％聚异戊二烯嵌段体
积分数。在 50％以上时,随着聚异戊二烯嵌段体积分数的进一步增加,相结构的形成与图中所示的
呈镜面对称。另外,双连续相和穿孔层状结构出现在几乎相同的体积分数,但是在不同的温度

两边的压力差产生了一个不平衡的表面应力。界面就用弯曲的方式来弛豫掉界面
某一边的额外压力,使体系形成了一个自由能的最低值,产生一个严重的自由能损
失,引起相界面的弯曲而造成相态的变化。

　　一般情况,在高温区域,两嵌段共聚物的体系存在着一个较窄的体积分数区
域,一个双连续、双螺旋二十四面体(双陀螺体)相会由两种相互穿插的组分形成。
该相在每个连接点具有三重节点。在从弱到中等相分离极限中,双螺旋二十四面
体相是一个平衡的相结构。在低温区域,一些两嵌段共聚物/均聚物的共混物以及
两嵌段共聚物会呈现出一个六方穿孔的层状相,这个六方穿孔的层状相具有两种
堆积序列方式,即由三层(ABC)构建的三方结构 R$\bar{3}$m 或由两层(AB)构建的六方
结构 P6$_3$/mmc 的层排列。它们是由大振幅机械剪切下的"塑性变形"形成的几种
刃型位错缺陷。实验结果表明,六方穿孔层状相是由机械剪切诱导产生的,因此,
它是一个能长期存在的亚稳相态。例如,在聚苯乙烯-*b*-聚环氧乙烷两嵌段共聚物
中,当温度超过 160℃时,六方穿孔层状相会转变成一个更稳定的双螺旋二十四面
体相。在试样再次经历大振幅机械剪切后六方穿孔层状结构会重新呈现。

　　含有一个可结晶嵌段的两嵌段共聚物,它可能在稀溶液中结晶形成亚稳定的
片层单晶,但它们与在稀溶液中生长的均聚物单晶不同,这些嵌段共聚物单晶形成
类似三明治的结构:无定形嵌段依附在由可结晶嵌段在中心形成的晶体的两个折

叠表面上,从而影响总体自由能的熵效应,以获得这些亚稳态的最低自由能。

复习思考题

1. 如何在宏观上和微观上来描述物质的相态和相变?

2. 如何理解物质还存在各种亚稳的状态?

3. 相态和亚稳态都是热力学的问题,为什么说亚稳态的形成受动力学因素的控制十分显著?

4. 为什么说高聚物的亚稳相内容非常丰富多彩?

5. 如何理解高聚物晶片中从非整数折叠链到整数折叠链的转变,并举例说明之。

6. 高聚物的分子量和化学结构是如何影响非整数折叠链到整数折叠链的转变的?

7. 高分子量聚乙烯中亚稳定相变的典型实例是什么? 对它们的挤出加工有什么影响?

8. 你对等规聚丙烯中的亚稳性和 β-iPP 向 α-iPP 的相转变行为有多少了解? 它们在工业上有什么重要意义?

9. 高聚物加工过程中存在着复杂流动场,会诱导高聚物非平衡结晶转变,你对此有多少了解?

10. 试比较高聚物在流动场中结构变化的卷曲-伸直转变(CST)理论和拉伸网络模型(SNM)。

11. 极快速加热对高聚物晶体熔点有什么影响?

12. 高聚物液晶,特别是对于同时含有结晶和液晶相的高聚物,存在内容丰富的相变和亚稳态结构,试讨论温度和压力对液晶相变和亚稳态结构的影响。

13. 什么是两相共存线和亚稳极限线?

14. 试以聚苯乙烯-聚乙烯基甲基醚(PS-PVME)共混物为例,讨论它们的相分离现象。

15. 嵌段共聚物与共混高聚物相比,其相分离现象有什么不同之处?

第4章 高聚物的分子量和分子量分布

高聚物的分子量和分子量分布是高聚物远程结构的内容,是高聚物最基本的结构参数。高聚物的许多物理力学性能都与它们的分子量、分子量分布有关。特别是高聚物优良的力学性能,如拉伸、冲击和特有的高弹性都是与它们非常大的分子量有关的。但如果分子量太大,则会影响高聚物的加工性能(流变性能、溶液性能、加工性能)。另外,通过分子量和分子量分布的测定还可研究高聚物许多行为的分子机理,如聚合反应机理、老化裂解机理及高聚物结构与性能关系等。所以,不管是从使用性能考虑,还是从加工性能考虑,都必须对分子量和分子量分布给予充分的重视,乃至于加以控制。

4.1 高聚物分子量的统计意义

高聚物不但分子量比小分子化合物的大几个数量级,为 $10^3 \sim 10^7$,并且大小不一,分布不均匀而具有多分散性(有限的几种蛋白质除外)。高聚物具有相同的化学组成,是由聚合度不等同系物的混合物所组成,所以高聚物的分子量只有统计的意义。用实验方法测定的分子量只是统计平均值,若要确切描述高聚物分子量,除了给出统计平均值外,还应给出试样的分子量分布。

统计平均一般说来可以按数量平均,或按重量平均,在高聚物分子量中还有一个重要的黏均分子量。今有一块高聚物,含有大小不等的 N 个高分子,它们的分子量和含有这个分子量的高分子个数或重量如表 4-1 所示,则各种统计平均分子量可定义如下。

表 4-1　对含有不同分子量的一块高聚物所作的分析

分子量	分子数	分子分数	重量	重量分数
M_1	N_1	$N_1 = \dfrac{N_1}{N}$	W_1	$W_1 = \dfrac{W_1}{W}$
M_2	N_2	$N_2 = \dfrac{N_2}{N}$	W_2	$W_2 = \dfrac{W_2}{W}$
M_3	N_3	$N_3 = \dfrac{N_3}{N}$	W_3	$W_3 = \dfrac{W_3}{W}$

续表

分子量	分子数	分子分数	重量	重量分数
$\vdots$	$\vdots$	$\vdots$	$\vdots$	$\vdots$
M_i	N_i	$\overline{N}_i = \dfrac{N_i}{N}$	W_i	$\overline{W}_i = \dfrac{W_i}{W}$
	$\sum N_i = N$	$\sum \overline{N}_i = \sum \dfrac{N_i}{N} = 1$	$\sum W_i = W$	$\sum \overline{W}_i = \sum \dfrac{W_i}{W} = 1$
如果用连续的函数表示，就有	$\displaystyle\int_0^\infty N(M)\,\mathrm{d}M = N$ $N(M)$ 是按分子数的分布函数	$\displaystyle\int_0^\infty \overline{N}(M)\,\mathrm{d}M = 1$ $\overline{N}(M)$ 是按分子分数的分布函数	$\displaystyle\int_0^\infty W(M)\,\mathrm{d}M = W$ $W(M)$ 是按重量的分布函数	$\displaystyle\int_0^\infty \overline{W}(M)\,\mathrm{d}M = 1$ $\overline{W}(M)$ 是按重量分数的分布函数

4.1.1　各种平均分子量

1. 数均分子量

按分子数平均

$$\overline{M}_\mathrm{n} = \frac{\sum\limits_i N_i M_i}{\sum\limits_i N_i} = \sum_i \overline{N}_i M_i \qquad (4\text{-}1)$$

或用连续函数表示

$$\overline{M}_\mathrm{n} = \frac{\displaystyle\int_0^\infty M N(M)\,\mathrm{d}M}{\displaystyle\int_0^\infty N(M)\,\mathrm{d}M} = \int_0^\infty M\overline{N}(M)\,\mathrm{d}M \qquad (4\text{-}2)$$

2. 重均分子量

按重量平均

$$\overline{M}_\mathrm{w} = \frac{\sum\limits_i W_i M_i}{\sum\limits_i W_i} = \sum_i \overline{W}_i M_i \qquad (4\text{-}3)$$

或用连续函数表示

$$\overline{M}_\mathrm{w} = \frac{\displaystyle\int_0^\infty M W(M)\,\mathrm{d}M}{\displaystyle\int_0^\infty W(M)\,\mathrm{d}M} = \int_0^\infty M\overline{W}(M)\,\mathrm{d}M \qquad (4\text{-}4)$$

3. 黏均分子量

黏度法测得的平均分子量叫黏均分子量。具体定义为

$$\overline{M}_\eta = \left(\sum_i W_i M_i^\alpha \right)^{1/\alpha} \tag{4-5}$$

或用连续函数表示

$$\overline{M}_\eta = \left(\int_0^\infty M^\alpha W(M)\,\mathrm{d}M \right)^{1/\alpha} \tag{4-6}$$

即

$$(\overline{M}_\eta)^\alpha = (\overline{M^\alpha})_{\mathrm{w}} \tag{4-7}$$

而指数 α 是黏度实验测定中马克-豪温克(Mark-Houwink)方程 $[\eta]$-M 方程中的参数。

4.1.2　各种分子量的关系

1. 数均分子量的倒数等于分子量倒数的重量平均

因为

$$\overline{M}_{\mathrm{n}} = \frac{\sum\limits_i N_i M_i}{\sum\limits_i N_i} = \frac{\sum\limits_i W_i}{\sum\limits_i \dfrac{W_i}{M_i}} = \frac{1}{\sum\limits_i \dfrac{W_i}{M_i}}$$

所以

$$\frac{1}{\overline{M}_{\mathrm{n}}} = \sum_i \frac{W_i}{M_i} = \sum_i \left(\frac{1}{M_i} \right) W_i = \overline{\left(\frac{1}{M} \right)}_{\mathrm{w}} \tag{4-8}$$

2. 分子量平方的数均等于数均和重均分子量的乘积

$$\overline{M}_{\mathrm{w}} = \frac{\sum\limits_i W_i M_i}{\sum\limits_i W_i} = \frac{\sum\limits_i W_i M_i \Big/ \sum\limits_i N_i}{\sum\limits_i W_i \Big/ \sum\limits_i N_i} = \frac{\sum\limits_i N_i M_i^2 \Big/ \sum\limits_i N_i}{\sum\limits_i N_i W_i \Big/ \sum\limits_i N_i} = \frac{\overline{(M^2)}_{\mathrm{n}}}{\overline{M}_{\mathrm{n}}}$$

所以

$$\overline{(M^2)}_{\mathrm{n}} = \overline{M}_{\mathrm{w}} \cdot \overline{M}_{\mathrm{n}} \tag{4-9}$$

3. 黏均分子量介于重均和数均分子量之间

$$\overline{M}_\eta = \left(\sum_i W_i M_i^\alpha \right)^{1/\alpha}$$

$$(\overline{M}_\eta)^\alpha = \sum_i W_i M_i^\alpha = (\overline{M^\alpha})_{\mathrm{w}}$$

显然

$$(\overline{M^\alpha})_{\mathrm{w}} = \begin{cases} \overline{M}_\eta & \alpha = 1 \\[2mm] \left(\dfrac{1}{M} \right)_{\mathrm{w}} = \dfrac{1}{\overline{M}_{\mathrm{n}}} = \dfrac{1}{\overline{M}_\eta} & \alpha = -1 \end{cases} \tag{4-10}$$

即当 $\alpha=1$ 时,$\overline{M_\eta}=\overline{M_w}$,当 $\alpha=-1$ 时,$\overline{M_\eta}=\overline{M_n}$。因为 α 在 $0.5\sim1$ 之间,所以

$$\overline{M_n}<\overline{M_\eta}\leqslant\overline{M_w} \tag{4-11}$$

且 $\overline{M_\eta}$ 更接近于 $\overline{M_w}$(图 4-1)。

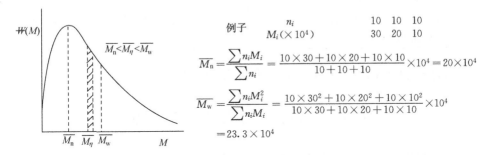

$$例子 \quad n_i \qquad\qquad 10 \quad 10 \quad 10$$
$$ M_i(\times10^4) \quad 30 \quad 20 \quad 10$$

$$\overline{M_n}=\frac{\sum n_iM_i}{\sum n_i}=\frac{10\times30+10\times20+10\times10}{10+10+10}\times10^4=20\times10^4$$

$$\overline{M_w}=\frac{\sum n_iM_i^2}{\sum n_iM_i}=\frac{10\times30^2+10\times20^2+10\times10^2}{10\times30+10\times20+10\times10}\times10^4$$
$$=23.3\times10^4$$

图 4-1　高聚物的分子量分布曲线和各种平均分子量

由图清晰可见三种平均分子量的大小顺序。

图右边是一个实例,用具体的数据显示了 $\overline{M_w}>\overline{M_\eta}$

4.2　分子量分布宽度

表征高聚物分子量的多分散性最好是测定分子量分布,但也可用一个参数——分布宽度来描述多分散性。

分布宽度 σ 定义为试样中各个分子量与平均分子量之间差值的平方平均值

$$\sigma_n^2=\overline{[(M-\overline{M_n})^2]_n}=(\overline{M^2})_n-(\overline{M_n})^2=\overline{M_n}\,\overline{M_w}-(\overline{M_n})^2 \tag{4-12}$$

则

$$\sigma_n^2=(\overline{M_n})^2\left(\frac{\overline{M_w}}{\overline{M_n}}-1\right) \tag{4-13}$$

或

$$\sigma_w^2=\overline{[(M-\overline{M_w})^2]_w} \tag{4-14}$$

有时就用

$$d=\frac{\overline{M_w}}{\overline{M_n}} \tag{4-15}$$

表示多分散系数(polydispersity coefficient)d,d 越大,分子量越分散;$d=1$,分子量呈单分散($d=1.03\sim1.05$ 近似为单分散)。缩聚所得的高聚物单分散性较好,d 约为 2,而自由基聚合所得的高聚物单分散性就差,d 在 $3\sim5$ 之间,如果有支化,d 将高达 20 以上(表 4-2)。

表 4-2　不同合成方法得到的高聚物多分散系数 d

高聚物	多分散系数 d	高聚物	多分散系数 d
阴离子聚合"活性"高聚物	1.01～1.05	自动加速生成的高聚物	5～10
加成高聚物(双基终止)	1.5	配位高聚物	8～30
加成高聚物(歧化终止)或缩聚物	2.0	支化高聚物	20～50
高转化率烯类高聚物	2～5		

因为 σ_n^2 和 σ_w^2 都大于零,再一次表明 $\overline{M_w} \geqslant \overline{M_n}$(图 4-1)。

4.3　高聚物分子量的测定方法

4.3.1　高聚物分子量测定方法的一般论述

任何一种有分子量依赖性的性能都可用来测定高聚物的分子量(表 4-3)。需要指出的是:

(1) 因高聚物分子量大小及结构的不同所采用的测量方法将不同;

(2) 不同方法所得到的平均分子量的统计意义及适应的分子量范围也不同;

(3) 由于高分子溶液的复杂性,加之方法本身准确度的限制,使测得的平均分子量常常只有数量级的准确度,有人把计算器计算出的数字直接写出,如 $M=350\,780$(应该写成 3.5×10^5),就是对高聚物分子量的特点还没有搞清楚。

表 4-3　测定高聚物分子量的各种方法

分子量	方法	介绍
数均	端基分析法	要求高聚物的分子有明确的结构,有可供化学分析的基团,因此一般是缩聚物,如聚酰胺(尼龙)和聚酯等。因为分子量大,单位重量中所含的可分析的端基数目就相对较少,分析的相对误差大。测定的高聚物分子量一般在 3×10^4 以下,但若用示踪原子方法测定端基,可测到高达 10^6 的分子量。由于装置简单,花费少,只要能做酸碱滴定的实验室都能用它来测定高聚物的分子量,现在仍为一些尼龙生产厂家所采用。如果末端具有特定吸收的基团,可用光谱法,或末端具有放射性同位素,可用放射化学法,实验精度会有所改善
数均	沸点升高和冰点降低	这是传统的利用溶液依数性测定分子量的方法,但由于高聚物的分子量很大,相同浓度的高聚物溶液导致的沸点升高和冰点降低都不大,因此用在高聚物分子量测定时,灵敏度差,要求高精度的测温技术,同时测定条件要求严,溶剂选择困难,所测高聚物的分子量也只能小于 3×10^4。相比之下冰点降低还应用较多一些
数均	气相渗透压法 VPO	测定溶液蒸气压降低来间接测定高聚物分子量的一种方法,要求测温达 $10^{-5}℃$(可用惠斯通电桥检测温差)。该方法的特点是样品用量少、测试速度快,但误差较大

分子量	方法	介绍
数均	膜渗透压法	较常用的一种测定高聚物分子量的方法,灵敏度较高,设备一般也较简单,并且还能测得第二位力系数 A_2,从而得到高分子链-溶剂相互作用参数 χ_1。但由于要达到平衡,实验时间较长(当然现在已有一些自动找平衡的装置面世),此外半透膜的制备基本是凭经验,需要熟练的操作技能
数均	电子显微镜法	直接数出一定重量高聚物的高分子链的数目,就像人们计算白细胞的数目一样。由于受显微镜分辨率的限制(约 1 nm),此方法适用于分子量特别大的蛋白质等天然高分子,随着电子显微镜性能提高,应用可望逐步扩大
数均	尺寸排阻色谱法	能测得高聚物的分子量分布,从而能测高聚物的各种平均分子量,是一个多功能的方法,由于实验装置已自动化和计算机化,测定非常便捷,已为大多数实验室所采用
重均	尺寸排阻色谱法	同上
重均	光散射法	测得的是重均分子量,另外该方法又能测量高分子链的大小($\overline{r_0^2}$,$\overline{h_0^2}$)和第二位力系数 A_2。为避免杂质,光散射实验室要求所用试样和溶剂超净,装置也比较贵,近年来也少有选用。但由于激光光源的应用,能测定高分子链流体力学参数(如扩散系数、流体力学半径等)的动态光散射正逐步得到推广,并成功用于高聚物溶液相图的快速构筑
重均	超离心沉降平衡法	测得的数据准确性高,同时可得到分子量分布,但需要高速离心机,设备昂贵、复杂,实验条件要求高,溶剂要特别稳定,对溶剂体系的要求也高,例如,它们的折射率 n 和密度 ρ 要求误差小于 10%,现在已很少见到该方法在使用
黏均	黏度法	实验室最常用方法,设备简单,黏度计价格低廉,操作技术掌握容易,测定的高聚物分子量范围也广,有时为了作相对比较,可用特性黏数$[\eta]$来代替分子量 M,非常便捷。但黏度法不是测定分子量的绝对法,需要用能测定高聚物绝对分子量的其他方法来确定黏度与分子量关系式中的经验参数 K 和 α。精密测量时,还要考虑动能改正和剪切速率等因素的影响
分子量测定的绝对法	飞行时间质谱法	采用新的离子化技术直接表征和测定处于凝聚态的高聚物的分子量,完整的(或分离的,离子化)的高分子链转换到气相中。同时可以得到高聚物中单体单元,端基和分子量分布等信息。测定的分子量范围很宽,从齐聚物到蛋白质,多肽。有逐步取代尺寸排阻色谱法的趋势

表 4-4 是从另一个方面来比较不同分子量测定方法的优缺点。

表 4-4　各种高聚物分子量测定方法多方位的比较

测定方法	分子量	适用分子量范围	设备费用	所需时间	所需试样
化学方法——端基分析法	数均	3×10^4 以下	低	中	多
热力学方法——膜渗透压法和气相渗透压法	数均	$2\times10^4\sim5\times10^5$	中	中	中
		3×10^4 以下	中	短	少
光学方法——光散射法	重均	$10^4\sim10^7$	中到高	长	多

续表

测定方法	分子量	适用分子量范围	设备费用	所需时间	所需试样
流体力学法—— 黏度法超速离心沉降	黏均	$10^4 \sim 10^7$	低	短	中
	Z均	$10^4 \sim 10^7$	高	中	中
色谱法——尺寸排阻色谱法 SEC	分子量分布，从而可得各种平均分子量	$10^3 \sim 10^6$	高	短	少
质谱法	分子量绝对值，分子量分布，从而可得各种平均分子量	$10^2 \sim 10^7$	高	短	少

下面介绍当前实验室使用的或在理论上还有价值的几种测定方法，它们是膜渗透压法、光散射法、黏度法和质谱法。

4.3.2　膜渗透压法

膜渗透压法不但能测定高聚物的分子量，还能得到表征高聚物-溶剂相互作用的第二位力系数 A_2。在 12.4 节将会推导出高聚物溶液的渗透压与分子量 M（为简单起见，不再用下标来表明平均分子量类型，除非特别需要）的关系式：

$$\left(\frac{\pi}{c}\right)_{c \to 0} = \frac{RT}{M} \tag{4-16}$$

测定不同浓度的渗透压数据，然后向浓度为零 $c \to 0$ 的地方外推就能求得高聚物的分子量。由于渗透压法测得的实验数据均涉及分子的数目，故测得的分子量为数均分子量。

$$\pi_{c \to 0} = RT \sum_i \frac{c_i}{M_i} = RTc \frac{\sum_i \frac{c_i}{M_i}}{\sum_i c_i} = RTc \frac{\sum_i N_i}{\sum_i N_i M_i} = RTc \frac{1}{M_n} \tag{4-17}$$

这里有两个问题值得讨论。

1) 在理论上是解决如何外推的问题

对高聚物-不良溶剂体系，$\frac{\pi}{c}$-c 作图是线性关系，这样用关系式

$$\frac{\pi}{c} = RT\left(\frac{1}{M} + A_2 c\right) \tag{4-18}$$

即可。从直线的斜率和截距能分别求得高聚物的数均分子量 M 和第二位力系数 A_2。

但对高聚物-良溶剂体系，$\frac{\pi}{c}$-c 作图并不成线性关系，而是

$$\frac{\pi}{c} = RT\left(\frac{1}{M} + A_2 c + A_3 c^2\right) \tag{4-19}$$

这时，可令 $A_2 = \Gamma_2/M, A_3 = \Gamma_3/M$（分别称为第二、第三位力系数），式(4-19)改写为

$$\frac{\pi}{c} = \frac{RT}{M}(1 + \Gamma_2 c + \Gamma_3 c^2) \tag{4-20}$$

在高聚物-良溶剂体系，有 $\Gamma_3 = \frac{1}{4}\Gamma_2^2$，则

$$\begin{aligned}\frac{\pi}{c} &= \frac{RT}{M}\left(1 + \Gamma_2 c + \frac{1}{4}\Gamma_2^2 c^2\right) \\ &= \frac{RT}{M}\left(1 + \frac{1}{2}\Gamma_2 c\right)^2\end{aligned} \tag{4-21}$$

和

$$\left(\frac{\pi}{c}\right)^{\frac{1}{2}} = \left(\frac{RT}{M}\right)^{\frac{1}{2}}\left(1 + \frac{1}{2}\Gamma_2 c\right) \tag{4-22}$$

如用 $\left(\frac{\pi}{c}\right)^{\frac{1}{2}}$-$c$ 作图(图 4-2(b))，就是一条直线。也是从直线的斜率和截距求取高聚物的数均分子量和第二位力系数 A_2。

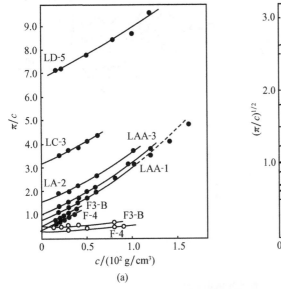
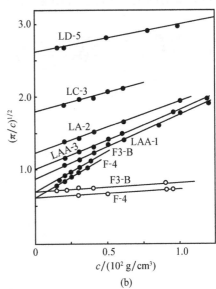

∘溶剂苯；•溶剂环己烷

图 4-2　不同分子量的聚异丁烯溶液的 π/c-c 作图(a)和$(\pi/c)^{1/2}$-c 作图

2）在实验上是解决制膜问题和达到平衡的时间问题

硝化纤维素（$5 \times 10^4 \sim 7 \times 10^4$，半透膜分子量下限，下同）、乙酸纤维素（$5 \times 10^3$）、再生纤维素（$2 \times 10^4$）是传统的制作半透膜的材料，现在聚三氟氯乙烯和聚酰亚胺酯膜也用来制作半透膜。

由于膜渗透是一个相平衡，所需时间很长，为解决达到平衡的时间问题，有所谓的快速自动平衡渗透计，它不是被动等待相平衡的到达，而是通过电子线路和伺服结构来主动寻求平衡。

4.3.3　光散射法

作为既能测重均分子量，又能测定高分子链的大小（$\overline{r_0^2}$，$\overline{h_0^2}$）和第二位力系数 A_2 的光散射法值得了解。光散射是光束通过透明介质时，在入射光方向以外的各个方向也能观察到光强的现象。光束通过高聚物溶液而产生光散射，可以分两种情况来讨论。

1. 入射光波长 λ 比高分子链质点尺寸大很多

如果溶液中高分子链的尺寸小于 $\lambda/20$，就可以看做是一个二次点光源[图 4-3（a）]，这样，在各个方向均能见到散射光。纯溶剂的光散射与其密度的局部涨落相关，而溶液的光散射，不但有密度的局部涨落，还有浓度的局部涨落，后者是高聚物溶液光散射的主要来源。抑制这个浓度起伏的正是渗透压，因此，高聚物溶液光散

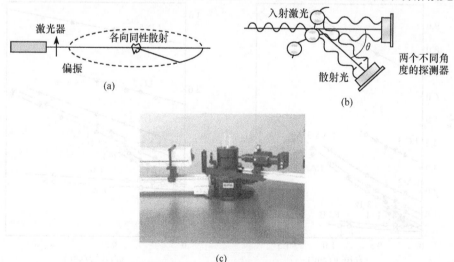

图 4-3　激光光散射原理图

（a）入射光波长 λ 比高分子链质点尺寸大很多的情况；（b）入射光波长 λ 与高分子链质点的大小相差不多的情况；（c）商品静态光散射仪

射强应该与渗透压 $(\partial\pi/\partial c)$ 成反比，即

$$\text{光散射强} \propto \frac{1}{\partial\pi/\partial c}$$

用 12.4.1 节得到的公式，有

$$\text{光散射强} \propto \frac{1}{RT\left(\dfrac{1}{M}+2A_2c\right)} \tag{4-23}$$

因此光散射法可以测定高聚物的分子量 M 和第二位力系数 A_2。

定义一个散射角为 θ 的散射光强 I_θ 与入射光强 I_i 之比，称为瑞利比（Rayleigh ratio）R_θ

$$R_\theta = r^2 \frac{I_\theta}{I_i} \tag{4-24}$$

式中，r 为离光散射中心的距离。

在散射角 $\theta=90°$ 处，杂散射光的干扰最小，所以通常测定 $\theta=90°$ 处的瑞利比 R_{90}。理论推导得到的瑞利比 R_{90} 与分子量的关系式为

$$R_{90} = \frac{4\pi^2 n^2}{\widetilde{N}\lambda^4}\left(\frac{\partial n}{\partial c}\right)^2 \frac{c}{\dfrac{1}{M}+2A_2c} = \frac{Kc}{\dfrac{1}{M}+2A_2c} = \frac{2K'c}{\dfrac{1}{M}+2A_2c} \tag{4-25}$$

或

$$\frac{K'c}{R_{90}} = \frac{1}{M}+2A_2c \tag{4-26}$$

这里，常数 K' 为

$$K' = \frac{2\pi^2 n^2}{N_A\lambda^4}\left(\frac{\partial n}{\partial c}\right)^2 \tag{4-27}$$

式中，N_A 为阿伏伽德罗常量；n 为溶液的折射率（由于溶液很稀，就用溶剂的折射率来代替）。当高聚物-溶剂体系、温度、入射光波长 λ 都固定不变时，K' 为常数。

由 $\dfrac{K'c}{R_{90}}$-c 作图应是一条直线（图 4-4），从直线的斜率可求得第二位力系数 A_2，截距为高聚物的分子量 M。

2. 入射光波长 λ 与高分子链质点的大小相近似

当高分子链质点的大小与入射光 λ 同数量级（大于 $\lambda/20$）时，高分子链质点就不能看做是点光源了［图 4-3(b)］，分子链的不同部分散射出来的光有相角差，从而有干涉现象（内干涉），使得前向散射和后向散射不对称。这时的光散射基本方程为

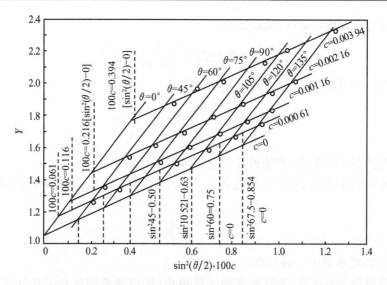

图 4-4　聚苯乙烯-丁酮溶液光散射实验数据的 Zimm 作图

$$\frac{1+\cos^2\theta}{2}\frac{Kc}{R_\theta}=\frac{1}{MP(\theta)}+2A_2c \qquad (4\text{-}28)$$

式中，$P(\theta)$ 为不对称散射函数

$$P(\theta)=1-\frac{1}{3}\overline{r^2}S^2+\cdots \quad 和 \quad S=\frac{4\pi}{\lambda}\sin\frac{\theta}{2} \qquad (4\text{-}29)$$

$P(\theta)\leqslant 1$，与溶液中高分子链形态，尺寸有关，而 $\overline{r^2}$ 就是高分子链的均方半径，因为 $\overline{r^2}=\frac{1}{6}\overline{h^2}$，溶液中高分子链光散射的公式为

$$\frac{1+\cos^2\theta}{2}\frac{Kc}{R_\theta}=\frac{1}{M}\left(1+\frac{8\pi^2}{9}\frac{\overline{h^2}}{\lambda^2}\sin^2\frac{\theta}{2}+\cdots\right)+2A_2c \qquad (4\text{-}30)$$

测定一系列不同浓度溶液在不同 θ 角的瑞利比 R_θ，就可以根据上式测得高聚物的分子量、均方末端距和第二位力系数。

实验测量过程中，散射角改变，散射体积也随之改变，而散射体积与 $\sin\theta$ 成反比，因此实验测得的瑞利因子 R_θ 还要乘以 $\sin\theta$ 进行校正，得

$$\frac{1+\cos^2\theta}{2\sin\theta}\frac{Kc}{R_\theta}=Y=\frac{1}{M}\left(1+\frac{8\pi^2}{9}\frac{\overline{h^2}}{\lambda^2}\sin^2\frac{\theta}{2}+\cdots\right)+2A_2c \qquad (4\text{-}31)$$

实验测定一系列不同浓度溶液在不同散射角时的瑞利系数 R_θ，用 Zimm 作图法（图 4-4）处理数据。

由光散射法求得的分子量是重均分子量 $\overline{M_w}$。注意，这里 $\overline{h_i^2}=AM_i$。

3. 动态光散射

动态光散射(dynamic light scattering,DLS)技术是指通过测量高聚物散射光强度起伏的变化来得出高聚物分子链尺寸的一种技术。"动态"是指分子不停地做布朗运动,从而使散射光产生多普勒(Doppler)频移。根据散射光的多普勒频移测得溶液中高分子链的扩散系数 D,再由关系式 $D=kT/(6\pi\eta r)$ 求出高分子链的流体力学半径 r(k 为玻尔兹曼常量,T 为热力学温度,η 为溶液的黏度),从而就可以算出高聚物的分子量。

光在高聚物溶液中传播,若碰到高分子链,一部分光会被吸收,一部分被散射。若高分子链静止不动,散射光发生弹性散射时,能量、频率均不变。但高分子链是在不停做布朗运动的,所以,当产生散射光的高分子链向接收器方向运动时,相当于把散射的光子往监测器送了一段距离,使光子较静止的高分子链产生的散射光要早到达接收器(散射光的频率增高);如果产生散射的分子逆向接收器运动,相当于把散射光子往远离接收器的方向拉了一把,散射光的频率降低(图 4-5)。根据这个频率变化,DLS 可测量溶液中高分子链的扩散速率。当扩散速率一定时,由于实验时溶剂一定,温度保持恒定,所以扩散的快慢只与流体动力学半径有关,从 $D=kT/(6\pi\eta r)$,可测得高聚物的大小和分子量。

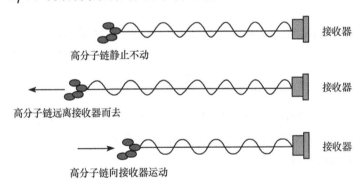

图 4-5　动态光散射原理图

在高分子链向信号接收器方向接近和远离而去时,由于多普勒效应,它们会从高分子链散射的光产生多普勒频移 $\Delta\nu$。通过高分子链的扩散系数 D,可由 $D=kT/(6\pi\eta r)$ 求得高分子链的流体力学半径 r

动态光散射技术的优点有:①样品制备简单,不需特殊处理,测量过程不干扰样品本身的性质,所以能够反映出溶液中样品分子的真实状态;②测量过程迅速,而且样品可以回收利用;③检测灵敏度高,所用高聚物溶液浓度只需 10^{-1} mg/mL量级,所需试样体积为 $20\sim50$ μL;④能够实时监测样品的动态变化。特别是最近用动态光散射技术判定高聚物溶液微小液滴中的相变,为快速构筑高聚物溶液的相图提供了非常有用的工具。

当然,动态光散射技术现在主要用来研究高聚物分子链在溶液中更为复杂的构象转变,自组装形成及高分子链的凝聚等现象,这些内容已超出了本课程的范围。

4.3.4 黏度法

黏度法是实验室最常用的高聚物分子量测定方法,设备简单,操作容易,适用的高聚物分子量范围也广,为大家所熟悉。当高聚物液体流动时,高分子链间就产生内摩擦力,表现为液体特有的黏度特性。

1. 黏度的表示方法

（1）相对黏度

$$\eta_r = \frac{\eta}{\eta_0}$$

式中,η 为溶液黏度;η_0 为纯溶剂黏度。相对黏度 η_r 表示溶液黏度相对于纯溶剂黏度的倍数,是一个无量纲的量。

（2）增比黏度

$$\eta_{sp} = \frac{\eta - \eta_0}{\eta_0} = \eta_r - 1$$

表示溶液的黏度比纯溶剂的黏度增加的分数,也是一个无量纲的量。

（3）比浓黏度

$$\frac{\eta_{sp}}{c}$$

浓度为 c 的情况下,单位浓度的增加对溶液增比黏度的贡献。其数值随溶液浓度 c 的表示方法而异,也随浓度大小而变化,其单位为浓度单位的倒数。

（4）比浓对数黏度

$$\frac{\ln\eta_r}{c}$$

浓度为 c 的情况下,单位浓度的增加对溶液相对黏度自然对数的贡献。其值也是浓度的函数,单位与比浓黏度相同。

（5）特性黏数

$$[\eta] = \lim_{c \to 0}\left(\frac{\eta_{sp}}{c}\right) = \lim_{c \to 0}\left(\frac{\ln\eta_r}{c}\right)$$

表示在浓度 $c \to 0$ 的情况下,单个高分子链对溶液黏度的贡献,其值不随浓度而变。特性黏数的单位是浓度单位的倒数,即 dL/g 或 mL/g,它表示单位质量高聚物在溶液中所占流体力学体积的相对大小。所以特性黏数不能叫"特性黏度"。

黏度法中常用的名词见表 4-5。

表 4-5 黏度法中常用的名词

符号	名称
η_0	纯溶剂的黏度,溶剂分子之间的内摩擦表现出来的黏度
η	溶液的黏度,溶剂分子与高分子链之间、高分子链与高分子链之间、溶剂与溶剂分子之间三者内摩擦的综合表现
η_r	相对黏度,$\eta_r = \eta/\eta_0$,高聚物溶液黏度对纯溶剂黏度的相对增值,是无量纲的量
η_{sp}	增比黏度,$\eta_{sp} = (\eta - \eta_0)/\eta_0 = (\eta/\eta_0) - 1 = \eta_r - 1$,反映高聚物溶液的黏度比纯溶剂黏度增加的分数,是无量纲的量
η_{sp}/c	比浓黏度,浓度为 c 的情况下,单位浓度的增加对溶液增比黏度的贡献,或单位浓度下所显示出的黏度
$\ln(\eta_{sp}/c)$	比浓对数黏度,单位浓度的增加对高聚物溶液相对黏度自然对数的贡献
$[\eta]$	特性黏数,$\lim\limits_{c \to 0}\left(\dfrac{\eta_{sp}}{c}\right) = \lim\limits_{c \to 0}\left(\dfrac{\ln\eta_r}{c}\right) = [\eta]$,是在浓度 $c \to 0$ 的情况下,单个高分子链对溶液黏度的贡献,或单位重量高聚物在溶液中所占流体力学体积的相对大小

2. 黏度计

常用的黏度计是奥氏(Ostwald)黏度计和乌氏(Ubbelohde)毛细管黏度计(图 4-6)。但在高分子科学中最常用的是有一支管子的乌氏毛细管黏度计。它是根据圆管层流的泊肃叶(Poiseuille)定律设计的。当被测流体定常地流过毛细管

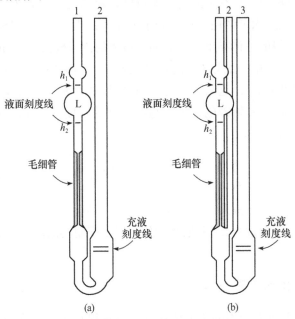

图 4-6 奥氏黏度计(a)和乌氏毛细管黏度计(b)

时,流量 Q 与两端压差 Δp、管径 R、毛细管长度 l 及流体黏度 η 有关,在确定的毛细管上测量一定压差作用下的流量,即可计算流体黏度 η:

$$\eta = \frac{\pi R^4}{8l} \frac{\Delta P}{Q} \rho \tag{4-32}$$

在毛细管中,假设促使高聚物稀溶液流动的力全部用于克服内摩擦力 f,则

$$f = A\eta \frac{\partial V}{\partial z} \tag{4-33}$$

有

$$\eta = \frac{\pi \rho g h R^4 t}{8LV} \tag{4-34}$$

令

$$A = \frac{\pi g h R^4}{8LV} \tag{4-35}$$

所以

$$\eta = A\rho t \ (纯溶剂的黏度为 \ \eta_0 = A\rho_0 t_0) \tag{4-36}$$

式中,V 为流经毛细管液体的体积;t 为流出时间;h 为作用于毛细管中溶液上的平均液体高度,$h = (h_1 + h_2)/2$;g 为重力加速度。液体在毛细管内靠液柱的重力流动,它所具有的位能,除了消耗于克服分子内摩擦的阻力外,同时使液体本身获得了动能,使实际测得的液体黏度偏低。如果液体的流速较大时,动能消耗的能量可达 20%。因此,对泊肃叶公式必须进行动能修正。当液体流动较慢时,动能消耗很小,可以忽略(见下面)。这时,对于同一黏度计来说 h、r、V 是常数,考虑到通常测定是高聚物的稀溶液,溶液的密度 ρ 与纯溶剂的密度 ρ_0 可认为相等,则溶液的相对黏度就可表示为

$$相对黏度 \ \eta_r = \frac{\eta}{\eta_0} \approx \frac{t}{t_0}, \qquad 增比黏度 \ \eta_{sp} = \frac{\eta - \eta_0}{\eta_0} \approx \frac{t}{t_0} - 1$$

一定量的纯溶剂和溶液(液面刻度线中间的 L)流经毛细管的时间 t_0 和 t(重复测定三次以上,误差不超过 0.2 s 并取平均值),以及配制溶液的浓度 c 是黏度测定中最基本的数据。

3. 哈金斯和克雷默方程

高聚物溶液黏度有很强的浓度依赖性。为求得正确的黏度值,要做一系列不同浓度的实验,然后外推到零浓度。这样就需要具体知道黏度的浓度依赖关系,两

个表示这关系的经验公式是哈金斯(Huggins)方程

$$\eta_{sp}/c = [\eta] + k'[\eta]^2 c \tag{4-37}$$

和克雷默(Kraemer)方程

$$\ln\eta_r/c = [\eta] - \beta[\eta]^2 c \tag{4-38}$$

式中,k' 和 β 是常数(哈金斯参数),通常有

$$k' = 0.3 \sim 0.4 \quad 和 \quad k' + \beta = 0.5 \tag{4-39}$$

分别以 η_{sp}/c 和 $\ln\eta_r/c$ 对 c 作图,外推两条直线交会于一点,其共同截距即是所求的 $[\eta]$(图 4-7)。通常,式(4-37)和式(4-38)只是在 $\eta_r = 1.2 \sim 2.0$ 范围内为直线关系。当溶液浓度太高或分子量太大均得不到直线,此时只能降低浓度再做一次。

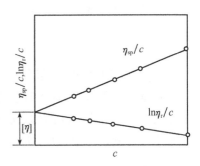

图 4-7 η_{sp}/c 和 $\ln\eta_r/c$ 对 c 作图

4. 一点法求特性黏数

所谓一点法,即只需在一个浓度下,测定一个黏度值便可求取高聚物特性黏数 $[\eta]$ 的方法。许多情况下,尤其是在生产单位工艺控制过程中,常需要对同种类高聚物的特性黏数进行大量重复的测定。如果都按正规操作,每个样品要测定 4 个以上不同浓度溶液的黏度,非常麻烦和费时。在这种情况下,如能采用一点法进行测定将是十分方便和快速的。

1) 马龙(Maron)公式

令 $\gamma = k'/\beta$,用 γ 乘以式(4-38),得

$$\frac{\gamma\ln\eta_r}{c} = \gamma[\eta] - k'[\eta]^2 c \tag{4-40}$$

由式(4-37)与式(4-40)得

$$\frac{\eta_{sp}}{c} + \frac{\gamma\ln\eta_r}{c} = (1+\gamma)[\eta]$$

$$[\eta] = \frac{\eta_{sp}/c + \gamma\ln\eta_r/c}{1+\gamma} = \frac{\eta_{sp} + \gamma\ln\eta_r}{(1+\gamma)c} \tag{4-41}$$

因 k'、β 都是与分子量无关的常数,对于给定的任一高聚物-溶剂体系,γ 也与分子量无关,用稀释法求出两条直线斜率即 k' 与 β 值,进而求出 γ 值。从马龙公式看出,若 γ 值已预先求出,则只需测定一个浓度下的溶液流出时间就可算出 $[\eta]$,从而

算出该高聚物的分子量。

2）程镕时公式

一点法中常用的是程镕时公式

$$[\eta] = \frac{\sqrt{2(\eta_{sp} - \ln\eta_r)}}{c}\tag{4-42}$$

由式(4-37)减去式(4-38)得

$$\frac{\eta_{sp}}{c} - \frac{\ln\eta_r}{c} = (k' + \beta)[\eta]^2 c\tag{4-43}$$

当 $k' + \beta = 1/2$ 时即得程镕时公式(4-42)。

从推导过程可知，程镕时公式是在假定 $k' + \beta = 1/2$ 或者 $k' \approx 0.3 \sim 0.4$ 的条件下才成立。因此在使用时体系必须符合这个条件，而一般在线形高聚物的良溶剂体系中都可满足这个条件，所以应用较广。

5. $[\eta]$ 与 M 的关系

黏度与分子量的关系有著名的马克-豪温克(Mark-Houwink)方程

$$[\eta] = K(\overline{M_\eta})^\alpha\tag{4-44}$$

这里 K 和 α 是由能测定分子量的实验测定的经验参数，所以，黏度法是一个相对法，需要绝对法配合。其中，K 为哈金斯参数。K 值与体系性质有关，随高聚物分子量的增加而略减小，随温度增加而略下降。α 值与高分子在溶液中的形态有关，取决于温度、高分子和溶剂的性质。α 一般为 $0.5 \sim 1$。对于柔性高分子链高聚物良溶剂体系，$K = 1/3$，如果溶剂变劣，K 变大；如果高聚物有支化，随支化度增高而显著增加。对于一定的高聚物-溶剂体系，在一定温度和分子量范围内，K 和 α 值为常数。

6. 动能改正

液体在毛细管内靠液柱的重力流动，除了消耗于克服分子内摩擦的阻力外，其位能也使液体获得了动能，使实际测得的液体黏度偏低。如流速过大，动能将消耗 20% 的能量。动能改正是费时的事，这时可通过选择毛细管直径，控制流速来解决。一般直径为 0.7 mm，纯溶剂流出时间在 $100 \sim 120$ s 的毛细管是合适的。

7. 控温和无尘

高聚物溶液黏度随温度变化非常大，因此测定黏度对温度的控制要求很严。由于使用了水槽，只要加热元件、温控元件和搅拌器安置合理，加上现代电子技术，就很容易达到±0.1℃的精度。做黏度的精确测定,需±0.01℃的精度,达到它也并不困难。

任何灰尘都会对液体通过毛细管的流出时间有很大影响,因此实验要求绝对无尘。通常,所有加入黏度计的纯溶剂和溶液,都必须经 5 号熔砂漏斗过滤。

4.3.5　弗洛里特性黏数理论

马克-豪温克方程已为大量的实验结果所验证,如何从理论上来解释黏度与分子量的关系呢?下面看两个极端的情况。

第一个极端是溶液内的高分子链线团卷得很紧,流动时线团内的溶剂分子随高分子链一起流动,包裹在线团内的溶剂就像是高分子链的组成部分,整个线团可以近似地看作实心圆球。由于在稀溶液内线团与线团之间相距较远,这些球之间无相互作用。根据悬浮体理论,实心圆球粒子在溶液中的特性黏数公式是爱因斯坦公式:

$$[\eta] = \lim_{c \to 0} \frac{\eta_{sp}}{c} = 2.5 N_A \left(\frac{V_h}{M} \right) \tag{4-45}$$

设线团半径为 R,质量 $m = M/N_A$,这里 M 是分子量,N_A 是阿伏伽德罗常量,体积 $V = \frac{4}{3}\pi R^3$ 可近似用均方根末端距的二分之三次方 $(\overline{h_0^2})^{\frac{3}{2}}$ 来表示,把 V 与 m 值代入式(4-45)中得

$$[\eta] = \Phi \frac{(\overline{h_0^2})^{\frac{3}{2}}}{M} = \Phi \left(\frac{\overline{h_0^2}}{M} \right)^{\frac{3}{2}} \cdot M^{\frac{1}{2}} \tag{4-46}$$

式中,Φ 是普适常数(弗洛里常数)。由于 $\overline{h_0^2}$ 是在线团卷得很紧的情况下的均方末端距,在一定温度下,$\dfrac{\overline{h_0^2}}{M}$ 是一个常数,式(4-46)可写成

$$[\eta] = KM^{\frac{1}{2}} \tag{4-47}$$

特性黏数与分子量的平方根成正比。

第二个极端是高分子链线团疏松,流动时线团内溶剂是自由的。显然,这第二个极端更接近大多数高聚物溶液的情况。因为高分子链在流动时,分子链段与溶剂间不断互换位置,而且由于高分子链的扩张,使得高分子链在溶液中不像实心圆球,而更像一个卷曲珠链(珠链模型,图 4-8)。当珠链很疏松,溶剂可以自由从珠链的空隙中流过。这种情况下可以推导出

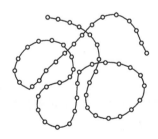

图 4-8　高分子链的珠链模型

$$[\eta] = KM \tag{4-48}$$

因此,当线团很紧时,$[\eta] \propto M^{\frac{1}{2}}$,当线团很松时,$[\eta] \propto M$。这说明高聚物溶液的特性黏数与分子量的关系要视高聚物分子在溶液里的形态而定。高聚物分子在溶液里的形态是分子链段间和分子与溶剂间相互作用的反映。一般说,高聚物溶液体系是处于两极端情况之间,即分子链不很紧,也不很松,这种情况下就得到较常用的式(4-44)。测定条件:如使用的温度、溶剂、分子量范围都相同时,K 和 α 是两个常数,其数值可以从相关手册中查到。

由以上的讨论可见,高分子链的伸展或卷曲与溶剂、温度有关。用扩张因子 χ(χ 以及 Θ 溶液和 Θ 温度的概念均见第 12 章)表示高分子的卷曲形态

$$\chi = \left(\frac{\overline{h^2}}{\overline{h_\theta^2}} \right)^{\frac{1}{2}} \tag{4-49}$$

在 Θ 溶液时,$[\eta]_\theta$ 最小

$$[\eta]_\theta = K_\theta M^{\frac{1}{2}} \tag{4-50}$$

由于有式(4-46),则

$$K_\theta = \Phi \left(\frac{\overline{h_\theta^2}}{M} \right)^{\frac{3}{2}} \tag{4-51}$$

所以

$$[\eta]_\theta = \Phi \frac{(\overline{h_\theta^2})^{\frac{3}{2}}}{M} \tag{4-52}$$

整理可得

$$(\overline{h_\theta^2})^{\frac{1}{2}} = \left(\frac{[\eta]_\theta M}{\Phi} \right)^{\frac{1}{3}} \tag{4-53}$$

其中弗洛里常数 $\Phi = 2.86 \times 10^{23}/\mathrm{mol}$,是与高聚物、溶剂和 T 均无关的普适常数,因此

$$(\overline{h_\theta^2})^{\frac{1}{2}} = 1.518([\eta]_\theta M)^{\frac{1}{3}} \quad (\text{Å}) \tag{4-54}$$

$$(\overline{r_\theta^2})^{\frac{1}{2}} = \left(\frac{1}{6} \overline{h_\theta^2} \right)^{\frac{1}{2}} = 0.620\{[\eta]_\theta M\}^{\frac{1}{3}} \quad (\text{Å}) \tag{4-55}$$

所以,用已知分子量的高聚物在 Θ 溶液中测定特性黏数 $[\eta]_\theta$,就可以计算高分子链的无扰尺寸。

看看 α 大概是多大? 如果仍引用一维扩张因子 χ

$$\overline{h^2} = \chi^2 \, \overline{h_0^2}$$

则

$$[\eta] = \Phi \frac{(\overline{h_0^2})^{\frac{3}{2}}}{M} \chi^3 \tag{4-56}$$

在 Θ 温度，$\chi = 1$，则

$$[\eta]_\theta = \Phi \frac{(\overline{h_0^2})^{\frac{3}{2}}}{M} \tag{4-57}$$

因为均方末端距正比于分子量，$\overline{h_0^2} \propto N \propto M$，所以

$$[\eta]_\theta = KM^{\frac{1}{2}} \tag{4-58}$$

此时

$$\chi^5 - \chi^3 = 2\zeta\psi\left(1 - \frac{\Theta}{T}\right)M^{\frac{1}{2}} \tag{4-59}$$

即

$$\chi^5 - \chi^3 \propto M^{\frac{1}{2}} \tag{4-60}$$

对高聚物-良溶剂体系，$\chi \gg 1$ 相比于 5 次方的 χ^5，三次方的 χ^3 可忽略，则

$$\chi^5 \propto M^{\frac{1}{2}} \qquad \chi \propto M^{\frac{1}{10}} \tag{4-61}$$

所以

$$[\eta] = KM^{\frac{4}{5}} = KM^{0.8} \tag{4-62}$$

与一般经验式相符。由此也可求得高分子链在溶液中扩张因子 χ

$$\chi^3 = \frac{[\eta]}{[\eta]_\theta} \quad 或 \quad \chi = \left(\frac{[\eta]}{[\eta]_\theta}\right)^{\frac{1}{3}} \tag{4-63}$$

4.3.6　极稀溶液黏度的测定

　　测定极稀高聚物溶液黏度时，管壁对高分子链的吸附不仅会导致毛细管有效管径减小，而且可以导致毛细管界面性质发生显著改变，表现为测定高聚物溶液流过时间 t 之前和之后纯溶剂的流过时间 t_0 和 t_0'，与高聚物溶液流过时间 t 对浓度作图外推到浓度为零时的 t_0 和 t_0' 并不一致。这时需要将高聚物溶液黏度测定方法由 t/t_0 改为 t/t_0'。因此在测定极稀高聚物溶液浓度时，不要一开始就测定纯溶剂的流出时间，而改成在测完高聚物溶液的流出时间后再测定纯溶剂流出时间，这样做不仅可以消除高分子链在毛细管上的吸附对实验结果的影响，而且更加省时省力、简单易行。

图 4-9 是在氯仿和甲苯溶剂中极稀浓度(c<0.10 g/dL)聚甲基丙烯酸甲酯溶液的 η_{sp}/c-c 作图。由图可见,如果用流出时间除以第一次测得到的纯溶剂流出时间 t_0 来处理数据,将会得到一条在低浓度区向上弯曲的曲线。随着浓度的降低,η_{sp}/c 的值将减小。当降低到一定浓度时($<3\times10^{-4}$ g/mL),随着浓度进一步降低,η_{sp}/c 将开始增加,溶液越稀,η_{sp}/c 的值越大。显然,在极低浓度区数据点严重偏离直线这样一种现象不能被认为是有基础意义的,稀溶液中反映黏性行为的物理规律也不应该在极稀溶液中变得更为复杂。高分子链吸附在毛细管壁上,用高聚物溶液的流出时间除以纯溶剂流出时间 t_0 将是不合理的,因为第一次测定纯溶剂流出时间 t_0 时毛细管的状态和测定溶液流出时间时毛细管的状态是不一样的,相当于测定高聚物溶液流出时间时毛细管变细了。相反,在测完高聚物溶液流出时间后用纯溶剂清洗黏度计 3~5 次以后,除了被吸附的高分子链以外,剩余的高聚物溶液应该已经被清洗干净,此时测定纯溶剂流出时间 t_0',黏度计毛细管的状态和测定高聚物溶液时毛细管的状态应该是一致的,第二次测定得到的纯溶剂流出时间 t_0' 比第一次测定得到的纯溶剂流出时间 t_0 长也说明了这一点。因此,用高聚物溶液的流出时间除以第二次测定得到的纯溶剂流出时间 t_0' 来整理数据将更加合理,因为它消除了因高分子链在毛细管壁上产生吸附导致毛细管状态改变而对高聚物溶液黏性行为产生的影响。图 4-9 表明,如果用第二次测定得到的纯溶剂流出时间 t_0' 来处理,得到的点都落在一条直线上,因此在极稀溶液中哈金斯方程也是正确的。

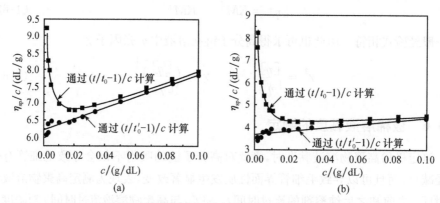

图 4-9　聚甲基丙烯酸甲酯(PMMA)极稀浓度溶液的 η_{sp}/c-c 作图

(a) PMMA 在氯仿中;(b) PMMA 在甲苯中

4.3.7　自动黏度计

利用计算机或单片机采集和处理黏度数据将会使黏度测定变得更加简单可行。事实上,只要在已有黏度测定设备基础之上增加一套袖珍的用单片机加以控制的数据采集和处理装置[图 4-10(a)]，即可非常方便地测定出高聚物溶液的相对黏度。具体做法是将装有微型发光管和传感器的夹具 A 和 B 夹在黏度计刻度线 h_1 和 h_2 附近[图 4-10(b)，具体位置并不要求很严格]，利用单片机记录不同浓度溶液流过时间，通过在单片机编写相应程序，自动计算和输出溶液黏度及相关数据，包括高聚物溶液的特性黏数和已知 k 和 α 值时高聚物分子量。

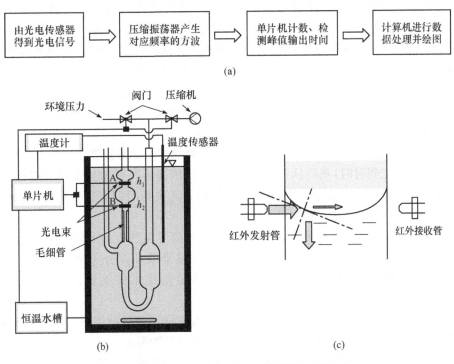

图 4-10　自动黏度计的电气框图和构造

用一对红外发射管和接收管组成一组传感器，将两组传感器如图 4-10(c)所示分别固定在黏度计支管的 h_1 和 h_2 处。考虑到红外发射管和接收管的尺寸很小（直径小于 3 mm），被直接固定在夹子上，因此可以非常方便地将两组传感器固定在 h_1 和 h_2 处。在测量过程中，当液体凹液面经过光路时，因为反射的原因，会对光路产生阻挡，红外接收管上将会得到一峰值信号。按流程图即可以直接用数码管显示黏度测定结果。

4.3.8　质谱法

由于高聚物不能变为气态，加上分子量太大，传统的质谱法很少用来研究高聚物，也很难测定高聚物的分子量。但随着新技术的不断涌现，现在质谱法不但可以用来测定高聚物的分子量，而且因其是高聚物分子量的绝对测定方法，测定物质范围可从较低分子量的齐聚物到分子量高达百万的高聚物以及蛋白质,可精确分析高聚物分子量分布、重复单元、末端基团、重复单元键接顺序以及嵌段长度等,并且可以根据质谱得到的信息推测反应机理,具有样品用量少、分析速度快、灵敏度高、分辨率高、分离和鉴定可以同时进行、能够给出高聚物多方面信息等优点,因而越来越受到重视,大有逐步取代尺寸排阻色谱法的趋势。

质谱测定给出的是分子质量 m 对电荷数 z 之比,即质荷比 m/z。近年来发展起来的技术有场解吸技术(FD)、快离子或原子轰击技术(FIB 或 FAB)、基质辅助激光解吸技术(MALDI-TOF MS)和电喷雾离子化技术(ESI-MS)。由激光解吸电离技术和离子化飞行时间质谱相结合而构成的仪器称为"基质辅助激光解吸-离子化飞行时间质谱"(MALDI-TOF MS 激光质谱)可测量分子量分布比较窄的高聚物的重均分子量。由电喷雾电离技术和离子阱质谱相结合而构成的仪器称为"电喷雾离子阱质谱"(ESI-IT MS 电喷雾质谱)。

MALDI-TOF MS 激光质谱的原理是把高聚物样品分子分散在基质分子中形成共结晶,激光照射时,基质从激光中吸收能量,传递给高聚物分子,使其瞬间汽化,并将质子转移到样品分子使其离子化,然后进入飞行时间质量分析器,根据它们各自的质荷比 m/z 进行检测。

激光作用在高聚物分子上,使它们作为完整离子被解吸的上限是 9000 Da(1 Da=1.660 54×10^{-27} kg),超过这个能量,激光就会破坏高分子链,所以人们想到了添加基体的办法。显然,如何选择基体是该技术的关键之一。基体的作用是:

(1) 吸收激光能量并把能量转移给高聚物,这样不仅可把能量转移给高聚物使其形成分子离子,还可避免由于过量的能量使高聚物裂解。

(2) 低反应活性,较低的汽化温度,并包埋高聚物,使高聚物分子之间彼此隔离,避免高聚物分子之间的缔合,这种缔合会导致质量的复杂化,以至于无法进行解吸。

(3) 适当的基体还会通过其分子的光激发或光离子化作用而把质子转移给高聚物,从而加强高聚物分子离子的形成。

基体的添加量并不大,与高聚物分子物质的量比为(1∶100)~(1∶50 000)。基体要能有效地吸收光波以及与高聚物很好地相溶,可形成稳定的均相溶液,因此结构相似是基体选择的重要先决条件(相似相溶原理),对已成功分析大多含芳香结构的高聚物来说,基体也都是芳香族化合物(易吸收激光能量的弱有机酸碱类物质)。如 2,5-二羟基苯甲酸是极性化合物,被广泛用于聚乙二醇(PEG)、聚甲基丙烯酸甲酯(PMMA)等极性高聚物,对弱极性高聚物如 PS 则效果不好;而1,8,9-蒽三酚在适当的阳离子存在下则对 PS 等比较有效。优化基体的方法是选择了十几种不同极性的基质,利用反相高效液相色谱,分别测定高聚物和基体的保留时间,两者保留时间相差越小,得到的质谱图信噪比越高,反之越差。某些适用于高聚物的基体如表 4-6 所示。

表 4-6　适用于高聚物的基体

基体	适用的激光波长/nm	应用对象
芥子酸	266,337,355	聚丙烯酸,磺化聚苯乙烯
2,5-二羟基苯甲酸	266,337,355	PEG 及其混合物,PMMA,PVAc,聚(R)-3-羟基丁酸酯,树枝状聚酯
1,8,9-蒽三酚	337	PS,PMMA,PEG,PLMA,芳香族高聚物
反式-3-吲哚基丙烯酸(IAA)	337	树枝状聚醚,PMMA,PS,PVC,PVP,PC,聚 1,2 羟基硬脂酸
2-(4-羟基苯基偶氮)苯甲酸	337	PVC,PC,邻苯二酚,邻苯二甲酸酯
α-氰基-4-氰基肉桂酸	337	环状聚酯
全反式视黄酸	337	高分子量的高聚物

高聚物样品的制备也是至关重要的因素。电喷雾沉积法是一种较好的制样技术,制得的样品分布均匀、信号强、重复性好。应用电喷雾沉积制样技术研究了样品分子与基质及溶剂离子化试剂之间的共结晶行为,以及与采集到的数据信息之间的关系。对不溶性高聚物发展了一种新的方法无溶剂法,成功地解决了确定微溶性和不溶性高聚物结构信息的难题。该方法将样品和基质研磨均匀后压成薄片,固定在样品靶上进行检测。其优点是样品与基质之间不需要形成很好的结晶和较高的激光能量,产生的谱图基线平滑、信噪比高、分辨率好。

一般情况下高聚物是依靠金属阳离子实现离子化的,要求离子化试剂在发挥离子化作用的同时,不干扰基质与分析物形成的共结晶。不同类型高聚物的端基,链长短,基体以及金属离子物理化学性质的不同都可能影响离子化程度。因此针对不同的高聚物体系优化离子化试剂显得非常重要。可以用软硬酸碱理论来选择阳离子,把中性的高分子链看作富有电子(孤电子对,芳香 π 电子)的碱,而把阳离子看做是缺电子的酸。酸、碱之间的结合依赖于酸、碱的软硬程度,软碱带有易于接近的价电子,因而容易与在外层轨道上有大量未成对的软酸结合。此外,那些体积较小、电负性很强并带有许多孤电子对的硬碱更容易与硬酸结合。例如,聚苯乙烯带有芳香 π 电子,倾向于与 Ag^+ 结合,而聚乙二醇(PEG)、聚甲基丙烯酸甲酯(PMMA)和聚乙烯基吡咯烷酮(PVP)等带有硬碱基团(O,N),易于与硬酸 Na^+、K^+ 结合,得到的信号最强,能给出好的信噪比等。

经过激光解吸电离的大分子离子通过一个高压电场 E 加速,获得动能。然后,经过一个非场区域,在飞行管中漂移,在此区的离子的飞行速度 v 正比于 $(m_i/z_i)^{-1/2}$(图 4-11)。这样,它们被分离成一系列空间上分散的单个离子,每个离子的运动都带有它质量的速度特征。最后根据到达检测器的时间 t 不同,而输出不同质荷比的离子,经信号转换得到传统上的质谱图。图 4-12 是用反式-3-吲哚基丙烯酸(IAA)作为基体的聚乙二醇(PEG)的 MALDI/TOF 质谱图。

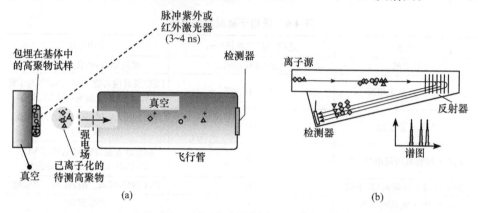

图 4-11　MALDI-TOF MS 激光质谱仪原理图(a)和已离子化的分子的反射式运动(b)

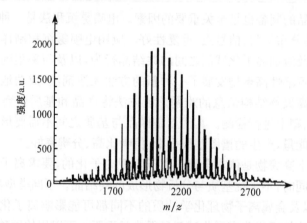

图 4-12　聚乙二醇(PEG)的 MALDI/TOF 质谱图(基体为 IAA)

因为大分子离子在高压电场作用下加速运动,其动能等于外场对它做的功,所以有

$$\frac{1}{2}mv^2 = zE, \qquad v = \frac{d}{t}$$

这里 d 是最后一个加速栅极到检测器的距离,则

$$\frac{m}{z} = \frac{2Et^2}{d^2} = Kt^2 \tag{4-64}$$

可见,离子的质荷比与飞行时间的平方成正比,时间越长,质荷比越大。对飞行时间质量分析器,理论上对侧链范围没有限制,因此,它可以测定分子量很高的高聚物。

4.4　高聚物的分子量分布

高聚物的分子量分布是高聚物链结构中一个重要的参数,对高聚物的加工性能和使用性能有重要影响。高聚物的分子量分布对加工性能中的熔体黏度、流动温度、反应活泼性和固化速度有影响。高聚物的许多力学性能,如拉伸强度、冲击强度、弹性模量、硬度、摩擦系数、抗应力开裂性能等都与分子量分布有关。

高聚物的熔体黏度有两个特点。一个是熔体黏度的分子量依赖性非常大,在线形分子和窄分布的情况下,分子量高于某个临界分子量 M_c 时,零切变速度熔体黏度与重均分子量的 3.4 次方成正比。这就是说,分子量增加 10 倍,熔体黏度将增加 2000 倍。另一个特点是高聚物熔体黏度的非牛顿性,这就是说高聚物的溶体黏度将随实验条件下切变速度的变化而变化。高聚物熔体黏度的非牛顿性有分子量依赖性,分子量大时,熔体黏度的切变速度依赖性也大。

例如,三个有相同重均分子量 M_w 的聚丙烯腈试样却具有不同的分子量分布(图 4-13),它们的可纺性能差别很大。样品 a 的可纺性很差,样品 b 的则有所改善,样品 c 由于分子量 $15 \times 10^4 \sim 20 \times 10^4$ 的大分子所占的比例较大,可纺性很好。

第 8 章中将会告诉我们,高聚物熔体在加工挤出时的挤出胀大和熔体破裂也是比较重要的因素。熔体挤出胀大是指高聚物从挤出机挤出时,挤出物的直径会胀大。熔体的挤出胀大有分子量依赖性,分子量越大,熔体挤出胀大也越大。在相同分子量和实验条件下,分子量分布宽的,挤出胀大要大些。高聚物在高

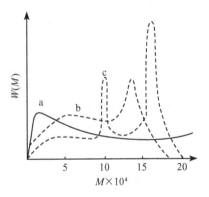

图 4-13　三个聚丙烯腈试样 a、b、c
具有相同的重均分子量 M_w,却
具有不同的分子量分布。它们的
可纺性能差别很大

于临界切变应力下挤出时常会发生不稳定流动和熔体破裂,造成表面粗糙,严重的还会造成挤出物扭曲和变形。熔体的临界切变速度的大小依赖于分子量和分子量分布。一般情况下,分子量越大,分子量分布越宽,临界剪切速度越小。

高聚物分子量分布除了直接影响加工和使用性能外,还影响高聚物凝聚态结构中的结晶度和取向度。

当然,高聚物分子量分布也是研究聚合反应或降解反应的重要方法,聚合反应机理的统计理论可以推导出各种高聚物分子量分布,如线形缩聚物和双歧化终止的自由基加聚物分子量的舒尔茨-弗洛里(Schulz-Flory)最概然分布,双基复合没有歧化和链转移的自由基加聚物的舒尔茨(Schulz)分布,阴离子自由基加聚物的泊松

(Poisson)分布等,都需要实际的分子量分布数据的验证。

最后高聚物分子量分布的测定也是研究高聚物溶液性质的重要内容,将在第 12 章中论述。

4.4.1　高聚物分子量分布的表示方法

1. 微分表达式

(1) 按分子量的分布函数 $\int_0^\infty N(M)\,\mathrm{d}M = N$ 或按分子分数的分布函数 $\int_0^\infty \textit{N}(M)\,\mathrm{d}M = 1$ 的微分表达式[图 4-14(a)]。

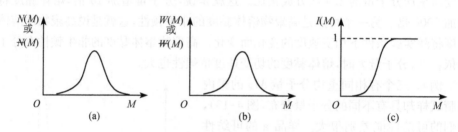

图 4-14　高聚物分子量分布的各种表达形式
按(a)分子量的分布函数或分子分数的分布函数和
(b)重量的分布函数或按重量分数的分布函数的微分表达式,以及(c)积分表达式

(2) 按重量的分布函数 $\int_0^\infty W(M)\,\mathrm{d}M = W$ 或按重量分数的分布函数 $\int_0^\infty \textit{W}(M)\,\mathrm{d}M = 1$ 的微分表达式[图 4-14(b)]。

2. 积分表达式

按重量积分分布函数 $I(M) = \int_0^M W(M)\,\mathrm{d}M$ 的积分表达式[图 4-14(c)]。

3. 半对数坐标表示高聚物分子量分布

半对数作图 $W(\lg M)$-$\lg M$ 有如下优点:

(1) 高聚物的分子量分布很宽时,用普通坐标作图将拖一个很长的尾巴,而用半对数坐标作图的图形比较对称(图 4-15)。

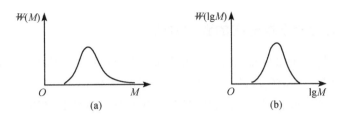

图 4-15　相同分子量分布的高聚物,用 W(lg$M$)-lg$M$ 作图,其图形比较对称

(2) 有如图 4-16 所示的分子量分布很宽的两个高聚物,用 $W(M)$-M 作图基本上不能分辨,但用 W(lg$M$)-lg$M$ 往往可以分辨出来。

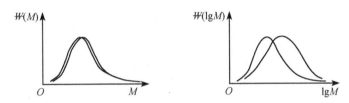

图 4-16　对分子量分布很宽的高聚物如果用通常 $W(M)$-M
作图不能分辨,用 W(lg$M$)-lg$M$ 作图就可以分辨出来

(3) 一组高聚物试样,平均分子量为 1000 和 5000,分子量差异为 4000,其性能差异很大;另一组高聚物试样,平均分子量为 1 001 000 和 1 005 000,分子量差异也为 4000,但它们的性能基本上没有什么差别。前一组高聚物试样,用 $W(M)$-M时,显不出差别(图 4-17),而用半对数 W(lg$M$)-lg$M$ 坐标,就可看出两组高聚物试样在分子量分布上的明显差别,能与性能的差异对应起来。

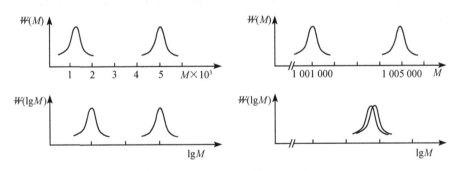

图 4-17　对同样是相差 4000 的两组高聚物试样,用 W(lg$M$)-lg$M$ 作图,
更能反映它们之间的异同

(4) 用半对数坐标表示的高聚物分子量分布图与目前广为使用的尺寸排阻色谱(SEC)谱图在图形上比较接近。

4.4.2　高聚物分子量分布的测定方法

测定高聚物分子量分布的方法有好多种,依据的基本原理可分为如下三类:

(1) 利用高聚物溶解度的分子量依赖性,将试样分成分子量不同的级分,从而得到试样的分子量分布,如沉淀分级、溶解分级和梯度淋洗分级等。

(2) 利用高聚物在溶液中的分子运动性质,得到分子量分布,如超速离心沉降速度法。

(3) 利用高聚物分子链尺寸的不同,得到分子量分布,如尺寸排阻色谱(SEC)法、电子显微镜法。

SEC 法的优点明显,被广泛应用,使得其他方法正在逐步被弃用。现在只是为得到较大量("克"的量级)的级分时(并不是为了得到高聚物的分子量分布),才会使用沉淀分级。因此我们下面只介绍沉淀分级法和 SEC 法。

沉淀分级是在高聚物稀溶液(1%)中逐步加入沉淀剂,使之产生相分离将浓相取出,称为第一级分(先沉淀下是分子量大的高聚物)。在稀相中再加入沉淀剂,又产生相分离,取出浓相(分子量次大的高聚物),称为第二级分……如此继续下去,得到若干级分[图 4-18(a)]。由此可知,各级分的平均分子量一直随着级分序数的增加而递减。

沉淀分级除了可获得大量的级分外,还可以根据共聚物的不同组分,在不同溶剂中溶液性质差异而分别对组分和分子量分级,这是 SEC 不能完全取代的分级法。

在第 12 章中,我们可求得到某个分子量的高分子链在稀相和浓相中的分配为

$$f_x^{稀} = \frac{1}{1+Re^{\sigma x}} \quad 和 \quad f_x^{浓} = \frac{Re^{\sigma x}}{1+Re^{\sigma x}}$$

以及

$$R = \frac{V^{浓}}{V^{稀}}, \sigma = \left\{ V_2^{稀}\left(1-\frac{1}{x_n^{稀}}\right) - V_n^{浓}\left(1-\frac{1}{x_n^{浓}}\right) + \chi_1\left[(1-V_2^{稀})^2 - (1-V_2^{浓})^2\right] \right\}$$

由此可见,理想分级是不可能的,即使 $M_x \to 0$, $f_x^{浓} = \frac{R}{1+R}$,浓相中仍会有分子量较小的高分子链存在,这时,减少浓稀相体积比,即稀的浓度可提高分级效率[图 4-18(b)]。

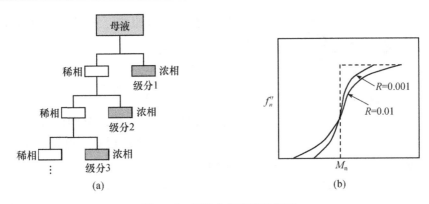

图 4-18　沉淀分级流程示意图

(a)在溶有 10 g 高聚物的母液(浓度 1%)中滴加沉淀剂至浊,分相并分离浓相得第一级分,再在稀
相中滴加沉淀剂至浊,分相并分离浓相得第二级分,如此重复操作,控制沉淀剂用量可均匀得到
10 个级分。分级效率示意图(b),虚线为理想分级,R 越小(母液起始浓度越低),分级效率越高

从实验角度考虑,主要是高聚物沉淀分级的溶液体系选择,它们是:

(1)所选的溶剂和沉淀剂应该是高聚物的弱溶剂和弱沉淀剂。

(2)该高聚物溶液有大的分子量依赖性。

(3)溶剂的沸点不宜太高,当然也不能太低。

(4)所配制的高聚物溶液起始浓度一般不大于 1%,尽管稀的起始浓度能提高分级的效率,但由于要得到"克"量级的高聚物级分,所用纯高聚物一般不会少于 10 g,这时溶剂的用量已非常多了,达 1000 mL。浓度再稀,包括抽取浓相等实验操作会非常困难。

(5)在逐步向高聚物溶液中滴入沉淀剂,到沉淀刚出现溶液变混浊后,要把变混浊了的体系再在较高的温度下使刚沉淀出的高聚物再次溶解,然后再在恒定温度下使高聚物慢慢沉淀,因为在滴入沉淀剂时有可能该沉淀的高聚物会把不该沉淀出的高聚物"带"下来。完全相分离大约要好几天。

(6)晶态高聚物的分级要在其熔点以上进行,更为困难。

4.4.3　分级实验的数据处理

分级实验得到的是分子量从小到大的一系列级分,分别测定它们的重量 W 和平均分子量 $\overline{M}$。以 W 对 $\overline{M}$ 作图得阶梯形分级曲线如图 4-19 所示。从阶梯分级曲线得到正确的分子量分布曲线方法有两种。

1. 习惯法

如果认为相邻级分的分子量没有交叠,并且每一级分的分子量分布对称于它的平均分子量,那么通过阶梯形分级曲线各个阶梯高度的中点连成的一条光滑曲线就

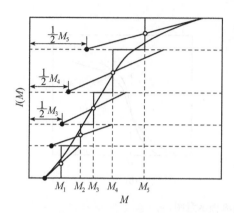

图 4-19　级分中点连线近似法得到的
高聚物分子量累积重量分布曲线

图中小圈和黑点分别是级分累积重量分数
$I(M)=0.5$ 处和 $M_i/2$ 处的值

是分子量分布曲线。累积重量分数 $I_j = \dfrac{1}{2}W_j + \sum\limits_{i=1}^{j-1}W_i$。

2. 中点连线近似法

习惯法没有考虑级分间的分子量分布的交叠,用中点连线近似法更为合理。该法采用董履和函数

$$W(M) = abM^{b-1}e^{-aM^b} \tag{4-65}$$
$$I(M) = 1 - e^{-aM^b} \tag{4-66}$$

作为每一级分的分子量分布函数(这里 a、b 是调节参数),并认为各级分的累积重量分数 $I(M)=0.5$ 处的分子量为此级分的重均或黏均分子量,例如用黏均分子量,$M_{\frac{1}{2}} = \overline{M}_\eta$。这时,董履和函数给出

$$I(M) = 1 - e^{-a\overline{M}_\eta^b} = 0.5 \tag{4-67}$$

从而

$$e^{-a\overline{M}_\eta^b} = 0.5, \qquad a\overline{M}_\eta^b = 0.693 \tag{4-68}$$

另外,根据 $\overline{M}_\eta$[式(4-6)]定义,由 $W(M)$ 可求得服从董履和函数的高聚物黏均分子量与调节参数 a、b 的关系是

$$\overline{M}_\eta = a^{\frac{1}{b}}\left[\Gamma\left(1+\dfrac{\alpha}{b}\right)\right]^{\frac{1}{\alpha}} \tag{4-69}$$

这里 α 是马克-豪温克方程 $[\eta]=KM^\alpha$ 中的参数,$\Gamma\left(1+\dfrac{\alpha}{b}\right)$ 是 Γ 函数。

联立式(4-68)和式(4-69)可求得参数 a 和 b,从而得到级分的分子量分布(董履和函数分布)。再加和得到试样的分子量分布。

各级分的分子量累积分布接近于一条直线,因此除第一级分和最后级分外,其他级分的累积分布可用直线近似,即把 $\dfrac{M_i}{2}$ 与级分的累积重量分数 $I(M)=0.5$ 两点连成直线作为级分分子量的累积重量分布,然后再将各级的分布加和得试样得分子量分布曲线(图 4-19)。中点连线近似法并不要求把试样分成很多的级分,只要 5～6 个就能得到很好的分子量分布曲线,并且与实验结果符合良好。

3. 分子量分布曲线的绝对评价

如何评价实验所得的分子量分布呢？最好的方法是用两个高聚物试样的分子量分布曲线加和与这两个高聚物混合试样的分子量分布曲线做比较。比较简单一点地可以测定原高聚物试样的 $\overline{M}_w/\overline{M}_n$ 与由分子量分布曲线计算出来的 $\overline{M}_w/\overline{M}_n$ 相比较。当然也可以用实测的高聚物分子量分布与聚合动力学理论计算的分子量分布相比较。

4.4.4　尺寸排阻色谱

尺寸排阻色谱(size exclusion chromatography, SEC)，也称凝胶渗透色谱(gel permeation chromatography, GPC)，是液体色谱的一种特殊形式。SEC 在高分子科学领域内被广泛应用，作为一种快速的分子量和分子量分布测定方法，取得很好结果，被誉为这方面一项技术上的重要突破。

1. 尺寸排阻色谱的一般知识

SEC 的分离基础主要根据溶液中分子体积(流体力学体积)的大小。形象地看，犹如对溶液中所有的组分按分子体积大小进行"倒过筛"。这"筛子"就使用特种多孔性填料，如多孔交联聚苯乙烯凝胶或多孔硅胶等。

把多孔凝胶作分离介质紧密填入色谱柱，注入多分散的高聚物稀溶液试样，用溶剂作流动相淋洗色谱柱。溶液流经多孔凝胶时，高聚物试样被按分子尺寸大小分开(对均聚物来说，按分子尺寸也就是按分子量)。高聚物试样中尺寸最大的分子，由于它们比多孔填料中所有的孔都大，不能进入任何凝聚颗粒的孔内，只能在凝聚颗粒间隙中流动，最先被淋出柱外(图 4-20)。试样中尺寸较小的分子，能进入凝聚颗粒中比较大的孔，由于在孔中"滞留"了一定时间再出来，因而被推迟一些时间才能被淋出柱外。作为另一个极端，高聚物试样中分子尺寸最小的，能出入于凝聚颗粒中所有的孔，会被推迟最长的时间最后淋出。这样，高聚物试样中不同大小分子量各组分的淋出体积决定于组分在溶液中的分子尺寸大小和填料孔径分布。可以设想，如果流动相、试样和固定相之间没有强烈的相互作用，因而分子间作用力不是分离的主要因素，那么在给定 SEC 柱中，一定大小的分子将以一定的淋出体积被淋出。高聚物试样在 SEC 柱中被按分子尺寸大小分离后，只要在柱的出口处安置一个检测器检测经分离后各组分的浓度，就可以得到试样的色谱峰图。如果需要测定高聚物的分子量分布，那么，在色谱柱出口处应放置两个检测器，一个检测浓度，一个检测分子量。两个检测器的信号同时输入记录仪可以得到反映分子量分布的色谱图。

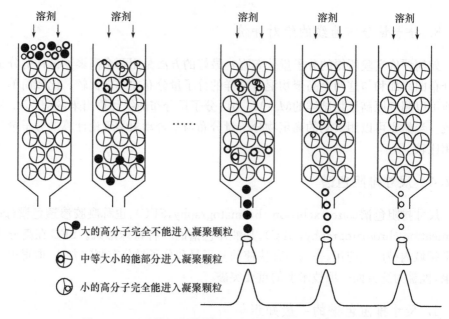

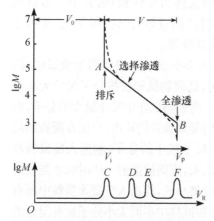

图 4-20　尺寸排阻色谱分离大小不同高分子的原理示意图

图 4-21　尺寸排阻色谱中高聚物试样
的分子量与保留体积的关系

通常把 SEC 图中峰值位置的淋出体积称为高聚物试样某组分的保留体积 V_R。SEC 中高聚物试样的分子量与保留体积的关系如图 4-21 所示。$\lg M\text{-}V_R$ 关系是一条 S 形的曲线,分别以填料的粒间体积 V_i 和填料中所有微孔体积 V_p 为渐近边界。这是 SEC 实验中数据的最基本性状。

2. SEC 的分离机理

任何有关的理论要解释 SEC 分离机理至少要能推导出与实验 SEC 一样的 $\lg M\text{-}V_R$ 关系。常见的分离机理主要有以下三种。

1) 尺寸排阻分离

尺寸排阻分离就是我们上面一直提及的观点,它认为大小不同的高分子链在多孔的凝胶中得以分离是因为它们渗透到凝聚微孔的空间体积不同而造成的。当多分散的高聚物试样随着洗脱剂引入柱子后,高分子链即可以向凝胶内部的空间渗透,渗透程度与高分子链尺寸的大小有关。

（1）特大的高聚物分子,也就是分子量特别大的高分子链。由于其流体力学体积比凝胶中所有可能的微孔都要大，不可能渗透到任何一个凝胶颗粒的微孔中去，只能在凝胶颗粒之间的空隙中游动，凝胶对这样大的分子没有分离能力，只能眼看着它们在其空隙中快速"溜"走，最先被淋洗出来。这样，保留体积 V_R 就等于凝胶填料的粒间体积 V_i，即 $V_R = V_i$。

（2）特小的高聚物分子，也就是分子量特别小的高分子链。由于其流体力学体积比凝胶中所有可能的微孔都要小，可以渗透到任何一个凝胶颗粒的微孔中去，在凝胶的微孔中到处"闲逛"，在色谱柱中最晚被淋洗出。其保留体积 V_R 应为凝胶填料的粒间体积和凝胶填料内部的所有微孔体积 V_p 之加和，$V_R = V_i + V_p$。

（3）对于中间大小的高聚物分子，应该是部分能渗透到凝胶颗粒的微孔中，部分不能。也就是能渗透到比其流体力学体积大的凝胶微孔中，但仍然不能渗透到比其流体力学体积小的凝胶微孔中，因此其保留体积 V_R 应该是

$$V_R = V_i + KV_p \tag{4-70}$$

这里 K 是该高聚物分子可渗入凝胶内部微孔的体积 V_{pc} 与总的内部孔体积 V_p 之比

$$K = \frac{V_{pc}}{V_p} \tag{4-71}$$

显然，

对特大高聚物分子	$K = 0$,	$V_R = V_i$	(4-72)
对特小高聚物分子	$K = 1$,	$V_R = V_i + V_p$	(4-73)
对一般高聚物分子	$0 < K < 1$,	$V_R = V_i + KV_p$	(4-74)

因此，K 可以看做是高聚物试样在色谱柱流动相和固定相之间的平衡分配系数

$$K = \frac{c_s}{c_m} \tag{4-75}$$

式中，c_s 和 c_m 分别是固定相的溶液浓度和流动相的溶液浓度。下面是对 K 值的几种考虑。

（1）以高分子链均方末端距为准。认为当高分子链的均方末端距小于凝胶孔径的 1/2 时，能渗入微孔中，这时 $K = 1$；当高分子链的均方末端距大于孔径的 1/2 时，不能渗入微孔中，$K = 0$。也就是说 K 值不是 1 就是 0。根据这假设计算所得高聚物试样分子的保留体积与实验结果很是相近。

（2）以高分子链的流体力学体积为准。用高分子链流体力学体积作为能否进入孔洞的分子尺寸的度量。认为当高分子链的流体力学体积小于凝胶孔洞体积的 1/2 时，能渗入微孔中，这时 $K = 1$；当高分子链的流体力学体积大于凝胶孔洞体积的 1/2 时，不能渗入微孔中，$K = 0$。K 值也是 1 或 0。根据这种假设计算所得高聚

物试样分子的保留体积比实测值大,意味着试样分子渗入填料孔洞时,比理论考虑受到更大的阻止。

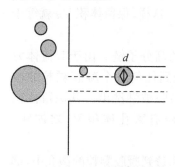

图 4-22　SEC 中尺寸排阻
分离墙壁效应

显然,这里没有考虑所谓的"墙壁效应",因为一个分子进入孔洞的活动体积只不过是中间部分,而不是整个孔洞体积,即图 4-22 中两虚线之间的部分,而不是整个微孔体积。另外,高分子形态并不是球形,而是无规线团,因此即使孔洞体积的分子小,有时也能挤进去。

(3) 以高分子链的构象熵为准。认为对于无规线团的高分子链在凝胶微孔内和孔外的分布,完全取决于高分子链在这两个区域内构象熵的改变,即

$$K = \frac{\text{高分子链在孔内全部构象}}{\text{高分子链在孔外全部构象}} \tag{4-76}$$

构象熵的计算表明,高聚物试样分子在渗入凝胶微孔比理论预言的要更开放一点。不管是从高分子链均方末端距,还是从高分子链流体力学体积,抑或从构象熵来考虑,都与体积有关。

2) 扩散分离

尺寸排阻分离机理是个平衡理论,它假定溶剂淋洗的流速足够慢,高分子链在柱中流动相和固定相之间有足够的时间来建立平衡。然而在 SEC 中,即使在流速较大的非平衡情况,通过扩散,大小不同的高分子链也能得到分离,因此提出了"限止扩散理论"。

扩散分离认为,多分散高聚物试样的分离是由于具有不同尺寸的高分子链在微孔径扩散速度不同引起的,尺寸小的高聚物分子在微孔洞扩散速度比尺寸大高聚物分子来得快,而且渗透进入的体积也大,所以淋出时间比分子大的长一些。由此得到

$$V_R = V_i + \frac{K}{M^{0.5}} \tag{4-77}$$

并有明显流速依赖性。

在流速很高,高聚物分子量分布很宽的情况能观察到扩散分离的结果。

3) 流动分离

众所周知,流体在细管中流动时,管中存在一个径向的速度梯度,中间流体的流速高,越靠管壁流速越低,在管中的流速分布呈抛物线形(图 4-23)。由于墙壁效应,尺寸大的高聚物分子在流动时不易靠近管壁而被最先淋出,而尺寸小的高聚

物分子容易扩散进管壁流速较慢的地
方,而后淋出,这是可以理解的。

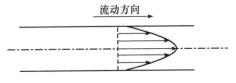

　　实验表明,在正常 SEC 实验条件
下,尺寸排阻分离的平衡理论是主要的,
假如达不到平衡,如流速很快时,扩散分
离和流动分离也起着一定的作用。

图 4-23　液体在管中流动时管内
流速分布示意图

3. SEC 实验

　　现代 SEC 仪器(图 4-24)都是高度自动化和计算机操作的,像 Waters 公司最
新推出的绝对分子量尺寸排阻色谱系统 MALS/GPC,不必做任何假设,不需要任
何参比和标准曲线,即可测定各种高聚物如下信息:①分子量($\overline{M_w}$、$\overline{M_n}$)和分子
量分布;②$\overline{r^2}$均方半径和分布;③分子的形态构象分布状况;④分子尺寸大小;
⑤特性黏数参数 K 和 α;⑥结晶与凝聚态等反应动力学监测,等。

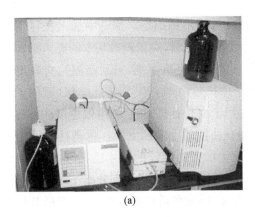
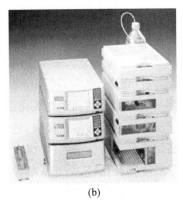

(a)　　　　　　　　　　　　　　(b)

图 4-24　Waters-Breeze SEC 仪(a)和 Waters 公司的绝对分子量
尺寸排阻色谱系统 MALS/GPC(b)

分子量测定范围为 $10^3 \sim 10^8$,温度范围可从常温一直测到 150℃乃至 210℃

　　一般 SEC 装置当然是需要参比和标准曲线的,其流程示于图 4-25,大致包括
试样和溶剂的注入系统、凝胶色谱柱、检测系统和数据采集与处理系统,以及加热
恒温系统。在 SEC 中最关键的是填料,只要有了合适的填料,简易 SEC 就能开展
工作。

　　试样和溶剂的注入系统包括一个溶剂储存器、一套脱气装置和一个高压泵。
它的工作是使流动相(溶剂)以恒定的流速流入色谱柱。泵的工作状况好坏直接影
响着最终数据的准确性。越是精密的仪器,要求泵的工作状态越稳定。要求流量
的误差应该低于 0.01 mL/min。

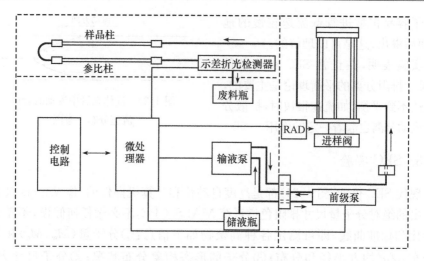

图 4-25　一般 SEC 装置的流程图

商品 SEC 装置都是全自动化的,并且不允许随意打开装置,因此很多细节是看不到的

　　凝胶色谱柱是分离的核心部件,是在一根不锈钢空心细管中加入孔径不同的微粒作为填料。填料(根据所使用的溶剂选择填料,对填料最基本的要求是填料不能被溶剂溶解)包括交联聚苯乙烯凝胶(适用于有机溶剂,可耐高温)、交联聚乙酸乙烯酯凝胶(最高 100℃,适用于乙醇、丙酮一类极性溶剂)、多孔硅球(适用于水和有机溶剂)、多孔玻璃和多孔氧化铝(适用于水和有机溶剂)。每根色谱柱都有一定的分子量分离范围和渗透极限,色谱柱有使用的上限和下限。色谱柱的使用上限是当高聚物最小的分子的尺寸比色谱柱中最大的凝胶的尺寸还大,这时高聚物进入不了凝胶颗粒孔径,全部从凝胶颗粒外部流过,这就达不到分离不同分子量的高聚物的目的。此外还有堵塞凝胶孔的可能,影响色谱柱的分离效果,降低其使用寿命。色谱柱的使用下限就是当高聚物中最大尺寸的分子链比凝胶孔的最小孔径还要小,这时也没有达到分离不同分子量的目的。所以在使用凝胶色谱仪测定分子量时,必须首先选择好与高聚物分子量范围相配的色谱柱。

　　为了得到高聚物的分子量分布,不仅要把多分散的高聚物按照分子量的大小分离开来,还要测定各级分的含量和分子量。级分的含量就是淋出液的浓度,可以通过对与溶液浓度有线性关系的某些物理性质的检测来测定,例如,采用示差折光检测器、紫外吸收检测器、红外吸收检测器等。最常用的是用示差折光检测器测定淋出液的折射率与纯溶剂折射率之差 Δn,以表征溶液的浓度,因为在稀溶液范围,Δn 与溶液浓度 Δc 成正比。分子量的测定有直接法和间接法:直接法是分子量检测器(自动黏度计或光散射仪)在浓度检测器测定溶液浓度同时直接测定溶液的分子量;间接法则是利用淋出体积与分子量的关系,将测出的淋出体积根据标定曲线换算成分子量。记录仪上得到的 SEC 谱图如图4-26所示,纵坐标表示洗脱液与纯溶剂的折射率的差值 Δn,在稀溶液中它正比于洗脱液的相对浓度 Δc,横坐标表示保留体积 V_R,它表征分子尺寸的大小,与分子量 M 有关;然后再利用 V_R 与 M 之间的关系,将 SEC 图的横坐标 V_R 转换成分子量 M 或分子量的对数 $\lg M$。

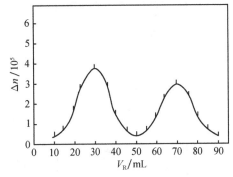

图 4-26　实验记录到的 SEC 图谱

显然,这里溶剂的选择也非常关键,所选溶剂不但要能溶解多种高聚物,又不能腐蚀仪器部件,并能与检测器相匹配。

4. 数据处理和普适校正曲线

SEC 的机理是按照高聚物分子尺寸的大小进行分离,因此与高聚物的分子量只是间接的关系。当不同类型的高分子链分子量相同时,它们的分子尺寸不一定相同。因此在同一根色谱柱中测试条件相同的情况下,用不同类型的高分子链标样所得到的标定曲线可能并不重合。这样,在测定每种高聚物的分子量分布时都要先用此种高聚物的窄分布标样 $\left(\alpha=\dfrac{\overline{M_w}}{\overline{M_n}}<1.1\right)$ 得到适合于此种高聚物的标定曲线。这给测定工作带来极大的不便,而且高聚物的窄分布标样并不是很容易得到的。

但是,有一种标定曲线却适用于在相同测试条件下不同结构、不同化学性质的高聚物试样,称为普适标定曲线。它是根据 SEC 的尺寸排阻原理由某种标样的标定曲线转换得到的。因为在相同的测试条件下,不同结构、不同化学性质的高聚物试样若具有相同的流体力学体积,则应有相同的 SEC 保留体积。由弗洛里特性黏数理论:$[\eta]\propto\dfrac{(\overline{h^2})^{\frac{3}{2}}}{M}$,则 $[\eta]M\propto(\overline{h^2})^{\frac{3}{2}}$,$[\eta]M$ 具有体积的量纲。因此 $[\eta]M$ 可以代表溶液中高分子链的流体力学体积。不同类型的高聚物在相同条件下进行实验,以 $[\eta]M$ 对 V_R 作图,所得的标定线应该是重合的,$\lg([\eta]M)$-V_R 的作图就是普适标定曲线。通过测试标样聚苯乙烯即可作出(图 4-27)。

为了处理数据方便,还可将普适标定曲线转换为被测试样的标定曲线。通常只要知道标样聚苯乙烯(用下标 1 标明)和被测试样(用下标 2 标明)在一定测试条件(SEC 测试温度、所用溶剂)下的黏度实验马克-豪温克方程中的两个参数(K、α),就可求出某一保留体积下被测试样的分子量,即根据

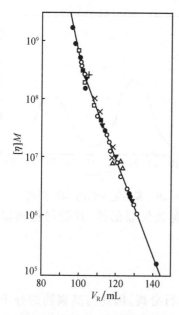

●线形聚苯乙烯 PS；○ 支化聚苯乙烯 PS
（梳形）；＋支化聚苯乙烯（星形）；× 聚
甲基丙烯酸甲酯 PMMA；△ PS/PMMA
支化嵌段共聚物；▼ PS/PMMA接枝共
聚物；□聚丁二烯；■聚苯基硅氧烷
图 4-27　以流体力学体积$[\eta]M$
为参数的 SEC 的普适标定曲线

$$[\eta]_1 M_1 = [\eta]_2 M_2$$

$$K_1 M_1^{\alpha_1+1} = K_2 M_2^{\alpha_2+1}$$

可得

$$\lg M_2 = \frac{\alpha_1+1}{\alpha_2+1}\lg M_1 + \frac{1}{\alpha_2+1}\lg \frac{K_1}{K_2} \quad (4\text{-}78)$$

因此，可得到被测试样的标定曲线。

这样利用标定曲线或普适标定曲线将试样的 SEC 图 $F(V_R)\text{-}V_R$ 中的 V_R 换算成 $\lg M$，即可得到以 $\lg M$ 为自变量的未经归一化的分子量微分重量分布曲线，纵坐标 $W(\lg M)$ 按式（4-79）计算：

$$W(\lg M) = F(V_R)\left(-\frac{\mathrm{d}V_R}{\mathrm{d}\lg M}\right) \quad (4\text{-}79)$$

式中，$\dfrac{\mathrm{d}V_R}{\mathrm{d}\lg M}$为标定线各处斜率的倒数，可用图解法或计算法求出。从未经归一化的微分重量分布曲线 $W(\lg M)\text{-}\lg M$ 可得到归一化的微分重量分布曲线$\overline{W}(\lg M)\text{-}\lg M$。如果要得到以 M 为自变量的未经归一化的微分重量分布曲线 $W(M)\text{-}M$，纵坐标 $W(M)$ 为

$$W(M) = F(V)\left(-\frac{\mathrm{d}V}{\mathrm{d}M}\right) = F(V)\left(-\frac{\mathrm{d}V}{\mathrm{d}\lg M}\right)\left(\frac{\mathrm{d}\lg M}{\mathrm{d}M}\right) = \frac{F(V)}{2.303M}\left(-\frac{\mathrm{d}V}{\mathrm{d}\lg M}\right)$$

$$(4\text{-}80)$$

而经过归一化的微分重量分布曲线 $\overline{W}(M)\text{-}M$ 的纵坐标 $\overline{W}(M)$ 为

$$\overline{W}(M) = \frac{\overline{W}(\lg M)}{2.303M} \quad (4\text{-}81)$$

由 SEC 图还可以计算试样的平均分子量和多分散系数。方法有以下几种。

1）定义法

在 SEC 图上，在相等的保留体积间隔处读出相应的纵坐标 H_i，该值与此区间内淋出液的浓度 Δc 成正比。因此，淋出液中的高聚物在总样品中所占的重量分数为

$$W_i(V_R) = \frac{H_i}{\sum_i H_i} \tag{4-82}$$

再根据标定曲线或普适标定曲线读出对应于各保留体积间隔的分子量 M_i。最后根据各种平均分子量的定义可计算出各种平均分子量和多分散系数

$$\overline{M}_w = \sum_i \left(M_i \frac{H_i}{\sum_i H_i} \right) \tag{4-83}$$

$$\overline{M}_n = \left\{ \sum_i \left(\frac{1}{M_i} \frac{H_i}{\sum_i H_i} \right) \right\}^{-1} = \frac{\sum_i H_i}{\sum_i \frac{H_i}{M_i}} \tag{4-84}$$

$$\overline{M}_\eta = \left\{ \sum_i \left(M_i^\alpha \frac{H_i}{\sum_i H_i} \right) \right\}^{1/\alpha} \tag{4-85}$$

和

$$\frac{\overline{M}_w}{\overline{M}_n} = \left(\sum_i M_i \frac{H_i}{\sum_i H_i} \right) \left[\sum_i \left(\frac{1}{M_i} \frac{H_i}{\sum_i H_i} \right) \right] \tag{4-86}$$

注意,在计算中假定了每一保留体积间隔内淋出的溶液中高聚物的分子量是均一的,因此如果所取间隔较大,在这一间隔内淋出的高聚物分子量就不可能均一,则假定与实际偏差就较大。所以实际计算时取点应该尽可能多,至少应有 20 个以上。

2) 函数适应法

函数适应法是用某种分布函数去模拟 SEC 谱线,并由实验数据求出分布函数参数,再通过计算得到各种平均分子量和多分散系数。

SEC 谱图,尤其是级分的谱图一般来说接近于高斯分布函数,所以常用高斯函数适应法。以保留体积 V_R 为自变量的重量分布函数的高斯函数形式为

$$W(V_R) = \frac{1}{\sigma\sqrt{2\pi}} \exp\left[-\frac{1}{2} \left(\frac{V_R - V_0}{\sigma} \right)^2 \right] \tag{4-87}$$

式中,V_0 为 SEC 谱图中峰所对应的洗脱体积;σ 为标准偏差;$\sigma = \frac{W}{4}$(W 为峰底宽)。

式(4-87)应满足 $\int_0^\infty W(V_R) = 1$ 和 $\int_0^{V_0} W(V_R) = 0.5$。由此而得

$$V_R = \frac{A' - \ln M}{B'} \tag{4-88}$$

这里 A' 和 B' 都是常数。将式(4-88)代入式(4-87)可得到分子量的微分重量分布函数：

$$W(M) = \frac{1}{M\sigma'\sqrt{2\pi}}\exp\left[-\frac{1}{2}\left(\frac{\ln M - \ln M_0}{\sigma'}\right)^2\right] \tag{4-89}$$

式中，$\sigma' = B'\sigma = 2.303B\sigma$；$M_0$ 为峰值位置对应的分子量。再由各种平均分子量的定义求得各种平均分子量为

$$\overline{M}_n = M_0\exp\left(-\frac{\sigma'^2}{2}\right) \tag{4-90}$$

$$\overline{M}_w = M_0\exp\left(\frac{\sigma'^2}{2}\right) \tag{4-91}$$

$$\frac{\overline{M}_w}{\overline{M}_n} = \exp(\sigma'^2) \tag{4-92}$$

以及峰值位置的分子量 M_0

$$M_0 = (\overline{M}_w\overline{M}_n)^{\frac{1}{2}} \tag{4-93}$$

5. SEC 谱峰扩宽效应的修正

SEC 谱图是以保留体积 V_R 为横坐标，洗脱液与纯溶剂的折射率的差值 Δn（正比于洗脱液的浓度）为纵坐标的，人为地将 SEC 图切割成与纵坐标平行的长条。假如把谱图切割成 n 条($n \geqslant 20$)，并且每条的宽度都相等，而每条的高度用 H_i 表示，则相当于把试样分成 n 个级分，每个级分的体积相等，这样每个级分中高聚物的质量 W_i 与级分的浓度成正比，每个级分中高聚物在总样品中所占的重量分数 W_i 可用式(4-82)来表示，再按式(4-83)～式(4-86)计算试样的各种平均分子量和多分散系数。

事实上，由于谱峰扩宽效应，由 SEC 谱图求得的分子量分布宽度比实际的分子量分布要宽，即影响谱图的不仅有试样本身的分子量多分散性，还有色谱柱的扩宽效应。上面计算的是表观分子量和表观分子量分布宽度，需要修正。

假定 SEC 谱图和谱峰扩宽效应都符合高斯分布函数形式，根据方差的加和性，由 SEC 谱图求得的标准偏差

$$\sigma^2 = \sigma_M^2 + \sigma_B^2 \tag{4-94}$$

式中，σ_M^2 为试样分子量分布引起的方差；σ_B^2 为谱峰扩宽效应的贡献。常用分子量单一的、标准物质的 SEC 谱图的峰底宽 W_B 来确定

$$\sigma_B = \frac{W_B}{4} \tag{4-95}$$

定义校正因子 G

$$G = \sqrt{\frac{(\overline{M}_w/\overline{M}_n)_{\text{测定}}}{(\overline{M}_w/\overline{M}_n)_{\text{真实}}}} = \sqrt{\frac{\exp(B'^2\sigma^2)}{\exp(B'^2\sigma_{\text{真实}}^2)}} = \exp\left(\frac{B'^2\sigma_B^2}{2}\right) \qquad (4\text{-}96)$$

则

$$\overline{M}_{w\text{真实}} = M_0\exp\left(\frac{B'\sigma_M^2}{2}\right) = \frac{\overline{M}_{w\text{测定}}}{G} \qquad (4\text{-}97)$$

$$\overline{M}_{n\text{真实}} = M_0\exp\left(-\frac{B'\sigma_M^2}{2}\right) = \overline{M}_{n\text{测定}}G \qquad (4\text{-}98)$$

$$\left(\frac{\overline{M}_w}{\overline{M}_n}\right)_{\text{真实}} = \frac{\left(\frac{\overline{M}_w}{\overline{M}_n}\right)_{\text{测定}}}{G^2} \qquad (4\text{-}99)$$

现今广泛使用多检测器联用技术［双检测器联用有示差折射率-小角激光光散射（RI-LALLS）、示差折射率-直角激光光散射（RI-RALLS）、示差折射率-多角激光光散射（RI-MALLS）、示差折射率-毛细管黏度计（RI-IV）；三检测器联用有 RI-LS-DV、RI-LS-UV(IR)、RI-DV-UV(IR) 等；多检测器联用技术有 RI-LS-DV-UV(IR) 等］是 SEC 发展的方向，从而能得到比单检测器更多的信息。除通常的分子量及其分布、均方半径等参数外，对支化高聚物可得到有关支化和支化分布，对多组分高聚物，还可得到它们组分分布等信息。正如图 4-24 介绍的 MALS/GPC 绝对分子量尺寸排阻色谱系统，不必做任何假设，甚至不需要任何参比和标准曲线，即可得到有关信息，更是现代科技进步的体现。

复习思考题

1. 高聚物的分子量和分子量分布在高分子科学上的重要性是什么？为什么说高聚物的分子量不是一个定数，而只是一个统计平均值？

2. 高聚物有几种统计平均分子量？它们是如何定义的？它们大小的顺序是什么？

3. 高聚物的各种平均分子量之间有什么关系？

4. 什么是高聚物分子量分布的分布宽度 σ？

5. 高聚物分子量测定有些什么方法？它们测定分子量的范围是多少？

6. 测定高聚物分子量的不同方法各有什么优缺点？现在真正还在使用的测定方法有哪些？

7. 膜渗透压法测定的分子量是什么平均分子量？该方法的主要问题是什么？

8. 在入射光波长 λ 比高分子链质点尺寸大很多的情况下，是如何来考虑光散射的？

9. 在入射光波长 λ 与高分子链质点的尺寸大小相差无几情况下，是如何来考虑光散射的？

10. 光散射法能得到什么有关高分子链的参数？为什么由此测定的分子量是重均分子量？

11. 什么是动态光散射？它有什么优点？它能测定什么物理量？

12. 为什么说黏度法是实验室最常用的高聚物分子量测定方法? 什么是特性黏数?

13. 常用的黏度计是哪种类型的? 你对它的构造有多少了解?

14. 什么是高聚物溶液黏度浓度依赖性的哈金斯和克雷默方程?

15. 在实验上如何求得高聚物溶液的特性黏数?

16. 为什么人们要通过一点法求取特性黏数? 最常用的公式是哪两个?

17. 特性黏数与分子量的关系如何? 由此你是否能进一步理解黏均分子量的由来?

18. 什么是弗洛里的特性黏数理论? 什么是一维扩张因子 χ? 如何从高聚物在 Θ 溶液中的特性黏数 $[\eta]_{\theta}$ 来计算高分子链的无扰尺寸? 如何由此来估算黏度法中马克-豪温克方程中的 α?

19. 黏度法测定高聚物分子量时还有什么在实验上要注意的事项?

20. 测定极稀高聚物溶液黏度时一定要考虑毛细管壁对高分子链的吸附,如何用一个非常简单的方法来解决这个问题?

21. 传统的质谱法很少用来研究高聚物,现代质谱法如何用来测定高聚物的分子量等结构参数的? 为什么说它甚至有可能来逐步取代尺寸排阻色谱?

22. 在高聚物的许多物理性能中,分子量分布都较少涉及,但分子量分布问题对高聚物的加工性能却有明显影响,你是如何理解的?

23. 用半对数 $W(\lg M)$-$\lg M$ 作图有什么优点? 请举例说明之。

24. 测定高聚物分子量分布的方法有哪几种? 沉淀分级的实验是如何进行的? 实验的要点是什么?

25. 什么是分级实验数据处理的习惯法和中点连线近似法? 有什么方法能对实验求得的分子量分布作出绝对的评价?

26. 尺寸排阻色谱分离大小不同高分子链的原理是什么?

27. 什么是保留体积 V_R? 它与高聚物分子量的关系图能说明什么问题?

28. 尺寸排阻色谱的分离机理有哪几种? 你认为哪种最为合理?

29. 尺寸排阻色谱仪的发展非常迅速,你对最新的仪器有多少了解?

30. 尺寸排阻色谱仪的检测器有哪几种? 如何从实验记录到的 SEC 谱图来处理数据,以求得高聚物的分子量?

31. 什么是尺寸排阻色谱的普适校正曲线?

第 5 章　高聚物的分子运动

在第 1 章中已经说过,高聚物的结构是指它们的结构单元在吸引和排斥作用达到平衡时的空间排布。所以我们可以说结构是一个"死"的东西,而高聚物的性能是"活"的。那么,一个"死"的结构是如何演化出如此丰富多样"活"的性能的呢?那就是通过它们的分子运动(molecular motion in polymer)。一定结构的高聚物由于构成结构单元的分子运动方式不同以及所包含的运动单元大小的不同,会显示出不同的物理力学性能来。室温下的聚甲基丙烯酸甲酯(PMMA,有机玻璃)是坚硬的塑料,但在 100℃ 以上却变得柔软,这是因为温度改变了高聚物(具体是 PMMA)分子运动对外力作用的反应。所以我们一再强调分子运动是联系结构与性能的桥梁,性能通过分子运动来体现(图 5-1)。

图 5-1　高聚物的结构与性能通过分子运动而联系

需要说明的是:①这里考虑的运动是比光谱学上的振动振幅大得多、运动范围大得多的运动;②高聚物是如此之大,组成它们的结构单元是如此之多,以至于用三维空间坐标来表征它们的运动几乎是不可能的。

5.1　高聚物分子运动的特点

5.1.1　运动单元的多重性

高聚物结构的复杂性导致它们运动单元的多重性。高聚物分子庞大,并且大小还不一样,有可能带有不同侧基,更有支化、交联,可以结晶乃至共聚、共混,高聚物中可以发生运动的单元很多,大小不一。

1. 整链运动

高分子链作为一个整体能做以质量为中心的移动,它们熔体的流动就是整链运动。高聚物流动态的整链运动是加工成形的基础,这是因为塑料的加工大多是在流动态下进行的。另外高聚物的结晶过程应该也是整链运动,因为只有通过整链运动高分子链才能规则排列到晶格上去。

2. 链段运动

C—C 键的内旋转使得高分子链可以在整个分子链不动(指质量中心不变)情况下,一部分链段相对另一部分链段发生运动。

在高聚物的分子运动中,链段运动特别重要。链段是高聚物中由 C—C 键的内旋转和分子大小这两个因素共同导致的新结构层次,约有 $50\sim100$ 个碳原子长。因此,如果链段发生运动,那么它们应该具有不同于其他运动单元反映出的新性能。事实上,这种链段特有运动单元的运动反映在性能上即为橡胶特有的高弹性,并且链段运动的温度依赖性也不服从一般的阿伦尼乌斯方程,而是有自己特有的温度依赖关系式——WLF 方程。

有意思的是,就算整链运动,也可能是通过高分子链分段运动的方式来实现的,就像蛇和蚯蚓一样,它们的爬行是通过身体分段扭动实现的。

3. 链节运动

链节是比链段更小的运动单元,在链段不能运动时,比链段小的链节仍能发生运动。其中最值得提及的是曲柄运动和杂链节运动。

(1)碳链高聚物主链$\text{+CH}_2\text{+}_n$上,在 $n\geqslant4$ 时,$\text{+CH}_2\text{+}_4$链节就有可能发生曲柄运动,甚至一些长支链也会发生这样的运动。

(2)杂链高聚物主链的杂链节运动。高聚物并不都是碳链的,也有一些重要高聚物的主链含有非碳原子,如原子 O、S、N 和 Si,它们是:

聚碳酸酯的
$$-\text{O}-\overset{\overset{\text{O}}{\|}}{\text{C}}-\text{O}-$$

聚芳砜的
$$-\overset{\overset{\text{O}}{\|}}{\underset{\underset{\text{O}}{\|}}{\text{S}}}-$$

聚酰胺的
$$-\overset{\overset{\text{O}}{\|}}{\text{C}}-\overset{\overset{\text{H}}{|}}{\text{N}}-$$

有机硅橡胶的
$$-\overset{\overset{\text{CH}_3}{|}}{\underset{\underset{\text{CH}_3}{|}}{\text{Si}}}-\text{O}-\overset{\overset{\text{CH}_3}{|}}{\underset{\underset{\text{CH}_3}{|}}{\text{Si}}}-$$

带杂原子的杂链节运动反映在性能上是,在玻璃态时仍有模量的进一步下跌或出现较大的损耗峰,也就是说在玻璃态时,即使受到外力作用,该高聚物仍能通过杂链节的运动来吸收能量,从而提高抗冲击性能。事实上,上述杂链高聚物都是刚度、韧性很好的工程塑料。

4. 侧基或侧链运动

主链上带有的侧基或侧链在更低的温度仍能发生运动。例如,直接连接在 C—C 主链上的甲基的转动、酯甲基中甲基的运动、柔性侧链本身的内旋转(图 5-2)以及上面已提到的长侧基上的曲柄运动。这些运动照样会吸收能量,从而提高塑料的抗冲击性能。

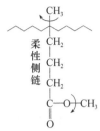

图 5-2　侧基或侧链运动

5. 晶区中的分子运动

高聚物晶区中也存在多种形式的分子运动,像晶型转变[如在聚四氟乙烯(PTFE)中]、晶区缺陷的运动,以及晶区折叠链的"手风琴式运动"(accordion vibration)等。

一般来说,可以把存在于高聚物中的分子运动分成大尺寸单元——高分子链的运动(按习惯仍可以称之为布朗运动),链段及链段以下小尺寸单元运动(微布朗运动)。这里重要的是,必须分清楚某个实验结果反映的是哪种运动单元的运动。

5.1.2　分子运动的时间依赖性

既然是运动,就需要时间。对高聚物的分子运动:①不同运动单元需要的时间不同;②相对来说,高聚物的分子运动单元都比较大,所以运动所需要的时间比较长。因此,时间在高聚物的分子运动中显得特别重要。

在外场作用下,物体从一种平衡态通过分子运动过渡到另一种平衡态所需要的时间称为弛豫时间(松弛时间)。对小分子化合物,它们的分子运动都非常迅速,弛豫时间仅为 $10^{-8} \sim 10^{-10}$ s,几乎是瞬间完成的。但对高聚物,由于分子运动单元大,黏度也大,弛豫时间可从 10^{-8} s 到几天、几星期乃至几月、几年。弛豫是一个过程,从而有弛豫时间谱的概念。

需要说明的是:

(1) 在实验上,我们有外力作用时间(载荷加载时间)、实验观察时间(实验时间)之说,它们实际上是等同的,极短的观察时间相当于极短的外力作用时间。看一个加载试验:突然在 t_0 加载,又马上在时刻 t_1 卸载,意味着外力作用时间很短。

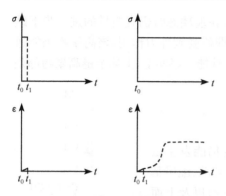

图 5-3　外力作用时间(载荷加载时间)与
试验观察时间(试验时间)的等同示意图

但如果在 t_0 后加载时间很长,而我们只是在离 t_0 极短的时间 t_1 就观察物体的形变,那么在 t_1 以后的形变我们就观察不到了。所以看到的仍然是物体在那瞬间发生的现象(形变),即仍相当于很短外力作用时间表现出来的性质(图 5-3)。

(2) 如果在外力作用时间(试验观察时间)内,物体刚好完成了从一个平衡状态到另一个平衡状态的过渡,那么,这个外力作用时间(试验观察时间)就是该物体内部分子运动的弛豫时间。

5.1.3　高聚物分子运动的温度依赖性

任何分子运动都有温度依赖性,为什么仍然把它算作是高聚物分子运动的特点呢? 这可以从五个方面来理解。

(1) 升高温度总是加速分子运动的过程,使弛豫时间变小,这一方面是分子热运动加速,另一方面因为体积膨胀,分子可以活动的空间变大。高聚物最重要的分子运动是发生在 T_g 时的分子运动,也即它们的链段运动,而这 T_g 正好在人类活动最频繁,也是最舒适的温度范围——室温上下几十度内。其他物体重要的分子运动大多超出了人类活动最频繁的温度范围。

(2) 对小分子化合物,分子运动的温度依赖关系都符合阿伦尼乌斯方程,弛豫时间 τ 为

$$\tau = \tau_0 e^{\Delta H/RT} \tag{5-1}$$

对高聚物,只有在温度高(整链运动)时和温度低(链节及更小单元的运动)时,其温度依赖性才符合阿伦尼乌斯方程。而在室温上下几十度范围内,也即高聚物最重要的链段运动的温度依赖性并不符合阿伦尼乌斯方程,而是具有自己特有的温度依赖关系,即著名的 WLF 方程(详见 6.6 节)。

(3) 三个力学状态和两个转变。在室温上下不多的几十度温度范围内,温度由低到高,高聚物可经历三个力学状态和两个转变,各反映不同大小的分子运动模式。以非晶线形聚苯乙烯、交联和结晶聚苯乙烯的模量-温度曲线[图 5-4 中曲线 (A)或(C)]为例。

① 玻璃态。在玻璃态,整条高分子链及链段的运动都被冻结,只有在它们固定位置的附近有限振动。在力学性能上,玻璃态高聚物(塑料)的模量为 $E = 10^9 \sim 10^{9.5}\ N/m^2$。

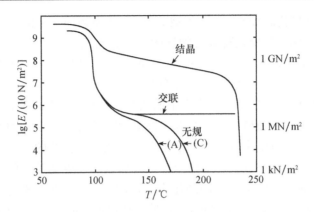

图 5-4　非晶线形聚苯乙烯、交联和结晶聚苯乙烯的模量-温度曲线

② 玻璃化转变。温度升高,尽管整条高分子链还不能发生运动,但链段的运动已被激发。在力学性能上表现为模量的迅速下跌,从 10^9 N/m^2 降到约 $10^{5.7}$ N/m^2,从玻璃态向橡胶态转变,这就是高聚物的玻璃化转变。

③ 橡胶高弹态。在高弹态,链段的运动完全自由,但整条高分子链的运动仍然不能发生,在力学性能上呈现出高聚物特有的高弹性,模量保持在 $E=10^{5.7}\sim 10^{5.4}$ N/m^2 范围内。

④ 流动转变。由于温度继续增高,更激烈的热运动使得高分子链开始整体运动,在力学性能上,高聚物从橡胶态向流动态转变,模量继续有所下跌,$E<10^{5.4}$ N/m^2。

⑤ 流动态。这时高分子链整体运动也已完全自由发生,高聚物转变为熔体的流动,模量急剧下降。

(4) 温度 T 与时间 t 有某种等效的关系。一般说来,高聚物在低温下表现出来的力学行为相当于较高频率(较短时间)表现的力学行为;同理,高聚物在高温下表现出来的力学行为相当于较低频率(较长时间)表现的力学行为。温度 T 与时间 t 这种等效关系使得高聚物力学性能测试大大简化,因为从实验来看,温度的测量和控制要比频率(时间 t 在动态力学中就是频率 ω 的倒数)的测量和控制容易。

(5) 高聚物的分子运动对温度也特别敏感,因此,温度变化可以为研究高聚物各种力学性能的分子机理提供大量数据。

5.2　高聚物特有的链段运动——玻璃化转变

玻璃化转变(glass transition)是凝聚态物理基础理论中一个涉及动力学和热力学众多前沿的重要问题。玻璃化转变是凝聚态物理学的核心问题之一,是物质的普遍现象。玻璃化转变在 1995 年被 *Science* 评为物理学中的六大主要问题之一:"黏流体和玻璃化转变是凝聚态物理的一个分支"。2005 年 *Science* 更在一专辑中提出的 21 世纪科学研究面临的 100 个重大科学问题中,玻璃态与玻璃化转变被认为是科学界应极度关注的前 25 个问题之一。诺贝尔奖得主安德森(Anderson)甚至称玻璃化转变是凝聚态物理中的最深、最有趣的基础理论难题,他指出:"固体理论中最为深入和最为有趣的尚未解决的问题可能是玻璃的性质和玻璃化转变的理论……"。玻璃化转变一直是我们实验和理论关注的对象。尽管不断有新的玻璃化转变的理论出现,也都只能解决玻璃化转变中的某些问题。研究越深入,玻璃化转变的研究中呈现的问题越多,现在我们并不知道玻璃态的本质是什么? 甚至还很难完整回答什么是玻璃、玻璃是如何形成的这样简单的问题。

　　一般来说,玻璃是一类典型的非晶态材料,是液体在冷却过程中没有达到结晶前得到的一类固体。在一定条件下,几乎所有共价键、离子键、氢键和金属键类型的材料都可以形成玻璃。我们最熟知的玻璃有常见的硅酸盐玻璃(常见的透明玻璃)、氧化物玻璃和有机高聚物玻璃(如聚甲基丙烯酸甲酯,俗称有机玻璃),乃至金属玻璃。因而玻璃材料在自然界中广为存在,并有着极其广泛的应用。就结构而言,玻璃的结构与液体结构相似,其结构单元没有长程有序性,只有短程有序。就力学性能而言,玻璃又与通常的晶态固体材料类似,有确定的外形以及很好的强度和刚度(图 5-5)。

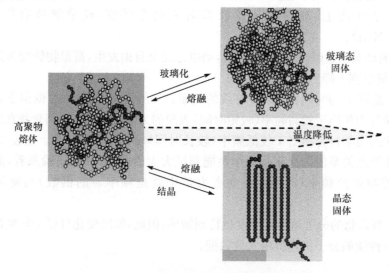

图 5-5　玻璃态固体和玻璃化转变

　　非晶态的高聚物是典型的玻璃材料,玻璃化转变是一种广泛地存在于高聚物领域的现象,玻璃化转变是高分子物理理论中的基本问题之一,高聚物玻璃化转变的特殊性和玻璃态结构的动态多样性对其性能有重大的影响,玻璃化转变对遴选高聚物材料加工成形窗口将起决定性作用。尽管任何液态物质在特定条件下都可以发生玻璃化转变,不过大多数物质发生玻璃化转变的条件相当苛刻,不像高聚物的玻璃化转变如此容易发生。

5.2.1　玻璃化转变的定义

从分子运动观点来看,高聚物的玻璃化转变是指它们分子链段运动被激发。从宏观性能角度来看,高聚物的玻璃化转变是指非晶高聚物从玻璃态到高弹态的转变(温度从低到高),或从高弹态到玻璃态的转变(温度从高到低)。以高聚物最常见的模量-温度曲线为例来说明玻璃化转变的这个定义。图 5-6 是线形非晶态高聚物典型的模量-温度曲线。温度由低升高,在较低的温度(对通常所谓的塑料而言,这较低的温度是指室温上下几十度的范围),非晶高聚物是坚硬的固体,模量在 10^9 N/m^2 的量级,随着温度的升高,高聚物的模量开始有所下跌,在仅有的几度温度范围内,模量会下跌几千到几万,降至 $10^{5.7}$ N/m^2 的量级,这就是所谓的玻璃化转变,材料变为具有较大变形的柔软弹性体。发生玻璃化转变的温度叫做玻璃化转变温度,或玻璃化温度(glass temperature),记作 T_g。显然,高聚物的玻璃化温度不是一个非常确定的温度,按取值方法不同,T_g 的值也不同,差异在几度的温度范围内。温度超过 T_g,高聚物的模量维持在一个几乎不变的平台区(橡胶态平台)。随温度进一步升高,高聚物模量再次快速下跌,通过流动转变(T_f)进入黏流态。

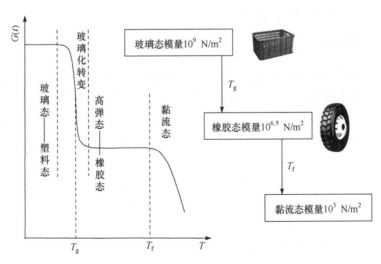

图 5-6　线形非晶态高聚物典型的模量-温度曲线

由于绝大多数的晶态高聚物都不是 100% 结晶的,它们还含有非晶的部分(只有通过固态晶相聚合,单体的单晶直接聚合成高聚物的单晶体,才有可能得到

100％结晶的聚合物宏观单晶体,详见第 2 章高分子链的凝聚态结构),因此,对晶态高聚物,是指其中非晶部分的这种转变。

5.2.2　玻璃化转变的实用意义

玻璃化转变对高聚物的意义可从两个方面来理解。第一个方面是玻璃化转变有非常重要的实用意义。图 5-6 表明,玻璃化温度 T_g 是非常实用的,T_g 前后非晶高聚物(线形和支化高聚物)的力学性能会有如此大的差异。事实上,T_g 是塑料和橡胶的分界点。对具有足够大分子量的高聚物,温度高于 T_g 时是橡胶,具有高弹性,而在低于 T_g 温度时则变成了坚硬的固体——塑料。平时我们所说的塑料和橡胶,就是按它们 T_g 是在室温以上还是室温以下而定义的。T_g 在室温以下的为橡胶,T_g 在室温以上的为塑料。作为塑料使用的非晶高聚物,当温度升高到发生玻璃化转变时,便失去了塑料的性能,变成了橡胶;反之,橡胶材料在温度降低到 T_g 以下时,便失去了橡胶弹性,变成了坚硬的塑料。因此,T_g 是非晶热塑性塑料使用温度的上限,是橡胶使用温度的下限,具有重要的实用意义。

5.2.3　玻璃化转变的学科意义

玻璃化转变的第二个意义是理论方面的。T_g 也是高聚物的特征温度之一,可以作为表征高聚物的特征指标。在学科上,它是高分子链柔性的指标(见第 1 章)。具有低 T_g 的非晶高聚物的大分子链一定是柔性链;反之,该非晶高聚物的 T_g 很高,意味着其大分子链具有很高的刚性。

5.2.4　玻璃化转变现象

高聚物玻璃化转变的特殊性和玻璃态结构的动态多样性反映在其性能上是呈现出多种多样的变化。在 T_g 时高聚物从玻璃态行为转变为橡胶态行为,与此同时高聚物的许多物理力学性能,如比容、比热容、折射率、黏度、形变力学模量、介电常数和介电损耗、热刺激电流、正电子湮灭、核磁共振吸收等都表现出转折或有急剧的变化。

为方便起见,可以把玻璃化温度时发生变化的物理力学性能大致分为三大类,即热力学的、力学的和电磁的。最标准的 T_g 由高聚物的比容-温度曲线的转折来确定,并且最容易用自由体积理论来解释,因此,把高聚物的比容-温度关系从热力学性能中单列出来讲述,以示其重要性。

1. 比容-温度关系(v-T 曲线)

在玻璃化温度,高聚物体膨胀系数发生转折,用膨胀计很容易测定非晶高聚物的比容。把高聚物的比容对温度作图,可以得到非常有用的比容-温度曲线。一

一般情况下比容随温度线性地增加,比容-温度
曲线是一条直线。但随温度的进一步升高,
曲线的斜率会在某个温度处(更确切地说是
在一个仅为几度的温度范围里)发生变化。
也即在较高的温度下高聚物的比容随温度的
增加会比较低温度下比容随温度的增加来得
大,高聚物比容对温度的作图会发生斜率的转
折,可以观察到两条不同斜率的直线,它们的
相交点定义为 T_g。图 5-7 是聚乙酸乙烯酯的
比容-温度曲线(ν-T 曲线)。实验测定是从高
温冷却到低温进行的,用了两个不同的冷却速
率:较慢冷却速率 1℃/100 h 和较快冷却速率
1℃/0.02 h。实验表明,较慢冷却速率得到的
T_g' 比较快冷却速率得到的 T_g 要低。在其他
高聚物的比容-温度曲线中也观察到这个
现象。

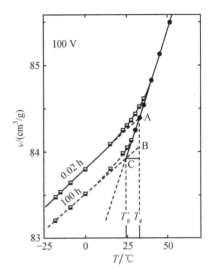

图 5-7　聚乙酸乙烯酯的
比容-温度曲线

2. 热力学性能

1) 折射率

图 5-8 是聚乙酸乙烯酯折射率随温度的变化,在低温端和高温端其折射率随
温度的升高出现两个变化规律。总的趋势是折射率随温度的升高而不断下降,但
在高温端聚乙酸乙烯酯折射率随温度的下降更为迅速。如果把这两个下降的点连
成两条直线,它们的交点这是该聚合物的玻璃化转变,所对应的温度就是聚乙酸乙
烯酯的玻璃化温度 T_g。

2) 内压

内压 P_i 是在玻璃化温度发生突变的另一个有用的热力学参数。在实验上,它
是由恒容(V)下的压力-温度(P-T)系数求得的。

$$P_i = T\left(\frac{\partial P}{\partial T}\right)_V - P \approx T\frac{\beta}{\kappa} \text{(与内压相比,大气压 } P \text{ 可忽略)} \tag{5-2}$$

这里 κ 是等温可压缩度,β 是体膨胀系数。实验发现,在玻璃态向橡胶态转变时聚
异丁二烯的内压由 3940 atm 增至 5910 atm。

3) 热容

玻璃化转变在量热学方面也有很好的反映,如在玻璃化温度 T_g 处,高聚物的
热容会出现不连续点或峰。

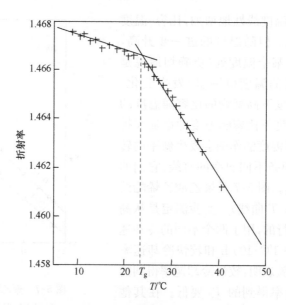

图 5-8　聚乙酸乙烯酯折射率-温度关系图

4）比热容

图 5-9 是聚苯乙烯的比热容随温度的变化。由图可见，在 100℃左右，聚苯乙烯的比热容有一个突变，这个温度应该就是聚苯乙烯的玻璃化温度，$T_g \approx 100℃$。

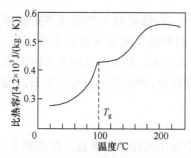

图 5-9　聚苯乙烯的比热容与温度的关系图
在约 100℃时比热容有一个突变

差热分析中的差示扫描量热法（DSC，是在程序控制温度下，测量输入到试样和参比物的功率差与温度的关系。它以样品吸热或放热的速率，即热流率 $\mathrm{d}H/\mathrm{d}t$ 为纵坐标，以温度 T 或时间 t 为横坐标）是一个近似测定比热容的好方法。高聚物的玻璃化转变表现在 DSC 曲线上是基线的突然位移。

像所有的在玻璃化转变区呈现有跃升（或跃降）的参数一样，确定其玻璃化温度因取下切线交点、中线点和上切线交点的 T_g、T_g' 和 T_g'' 而有所不同（图 5-10，详见下面玻璃化转变的测定方法）。

5）导热系数

随温度的升高，高聚物的导热系数也会产生一个转折，图 5-11 是硫化橡胶的导热系数与温度的关系。导热系数产生转折对应的温度就是该聚合物的玻璃化温度 T_g。

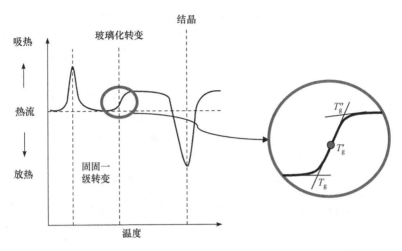

图 5-10　DSC 曲线上吸热峰和放热峰表示的玻璃化转变 T_g 的曲线跃升图解

6）扩散系数

　　小分子化合物在非晶高聚物中的扩散系数也会在玻璃化转变的温度范围内发生转折。图 5-12 是小分子溶剂正戊烷在非晶聚苯乙烯中的扩散系数与温度倒数 $1/T$ 的关系图，斜率的变化非常明显，两条不同斜率的交点就是非晶聚苯乙烯的玻璃化温度 T_g。

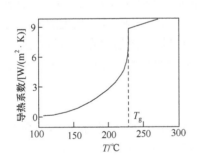

图 5-11　硫化橡胶的导热系数与温度的关系

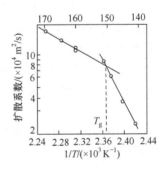

图 5-12　正戊烷在聚苯乙烯中的扩散系数与温度倒数的关系

3. 力学性能

　　在玻璃化转变温度，高聚物的力学性能发生极大变化。正如已在 5.2.1 中讲到的，在玻璃化转变中高聚物从坚硬的塑料变成柔软、高弹的橡胶是日常生活中常见的现象。其实，一个非常简单的加压针刺实验就能显示非晶高聚物在冷却时从熔体向玻璃体的转变。图 5-13 是聚苯乙烯熔体缓慢冷却时推压针头所需外力随温度的变化。显然，在高的温度下，聚苯乙烯是非常软的物体，几乎不费什么外力

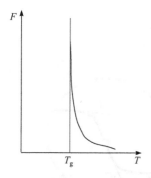

图 5-13　把针头插入高聚物熔体所需的力随温度的变化

针头就能轻易插入其中,但在低于某个温度(当然是几度的温度区)后,它变得十分坚硬,要想把针头插入其中所需的外力将变得非常大。这个温度就是聚苯乙烯的玻璃化转变温度 T_g。

高聚物的形变-温度曲线和模量-温度曲线都发生陡升或陡降。曲线上高弹形变发展到一半时的温度可定为 T_g,但也可按转变区域直线外推到温度轴的交点作为 T_g,不同升温速率下所得的 T_g 不同,较快的升温速率使 T_g 偏高。玻璃化温度 T_g 反映在高聚物的动态力学性能上是储能模量的下跌和损耗角正切值(或对数减量)出现极大(详见第 6 章)。

4. 电磁性能

1) 极化率

与动态力学中的情况一样,在正弦交变电场作用下,极性高聚物的偶极运动也有滞后的特性,从而产生介电弛豫。极化率 D 也将是个复数,并有复数介电常数

$$\varepsilon^* = \varepsilon_1 - \mathrm{i}\varepsilon_2$$

式中,ε_1 和 ε_2 分别是实数介电常数(介电常数)和虚数介电常数,并有介电损耗 $\tan\delta = \varepsilon_2/\varepsilon_1$。玻璃化转变就表现为 ε_1 的突变以及 ε_2 和 $\tan\delta$ 出现的峰值上。

当然,物质介电性能的测定要求必须有极性基团的存在,但是这也正是它的优点所在,它使我们容易识别对应于此介电弛豫的为哪一类结构单元的运动,从而大大弥补动态力学试验在该方面的不足。

2) 热释电流

将极性高聚物置于高压直流电场中,在一定温度下进行极化,并保持外电场。迅速冰冻极化电荷,最后撤去外电场,就得到半永久性驻留极化电荷的介电体——高聚物驻极体。对驻极体加温,试样中被冻结了的偶极的解取会产生弛豫电流,另外试样中陷阱能级上填充的载流子解俘获也会产生退陷阱电流,从而形成一个放电过程,得到热刺激电流(thermally stimulated discharge current,TSDC)或热释电。聚合物的玻璃化转变就会在以 TSDC 对 T 的作图中反映出来。

图 5-14 是聚甲基丙烯酸甲酯(PMMA)和聚甲基丙烯酸乙酯(PEMA)的热释电流对温度的作图。它们的热释电流各有两个峰值,其中 PMMA 在 110℃和 PEMA 在 70℃的 α 峰就是它们玻璃化转变在热释电流上的表现,因此就是它们的玻璃化温度。

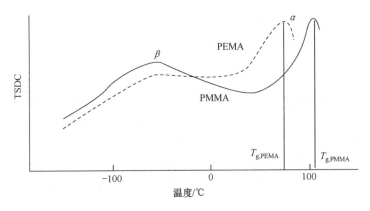

图 5-14　聚甲基丙烯酸甲酯(PMMA)和聚甲基丙烯酸乙酯(PEMA)的
热释电流与温度的依赖关系

3) 正电子湮没

正电子(e^+)是基本粒子,它所带的电荷与电子相等,符号相反,是电子的反粒子,它的其他特性均与电子相同。正电子进入物质后如果遇到电子就会发生湮没,同时放射出湮没辐射光子。从而有所谓的正电子湮没寿命。在高聚物中,正电子在自由体积中形成并湮没,其湮没寿命在 T_g 处会发生一个转折(图 5-15)。

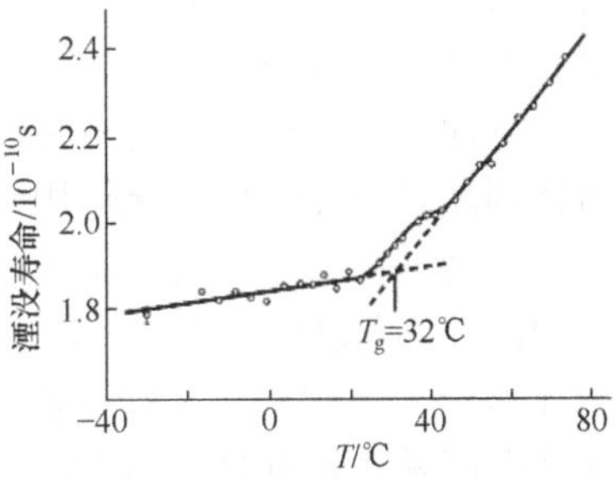

图 5-15　聚乙酸乙烯酯的正电子
湮没寿命与温度依赖关系

4) 宽谱线核磁共振法

在玻璃化温度 T_g,高聚物的磁性能也有很大变化,主要是核磁共振谱线变窄。核磁共振法(NMR)、介电法和动态力学法是研究高聚物分子运动的三大方法,它们各有其特点和不足,相互补充。相比之下,NMR 在研究分子运动方面更为直接一点。NMR 的基本原理在现代物理分析方法中早有介绍。在研究高聚物的分子运动方面,主要用的是 NMR 中的宽谱线方法和测定弛豫时间的脉冲法(详见下面玻璃化转变的测定方法)。

5.2.5　玻璃化转变的理论

玻璃化转变是一个极为复杂的现象。高聚物玻璃化转变的本质集中起来有两种观点:一种认为玻璃化转变本质上一个动力学问题,是一个弛豫过程,如我们前面所述;另一种认为玻璃化转变本质上是一个平衡热力学二级转变,而实验"观察到"的为具有动力学性质的 T_g 只是需要无限长时间的热力学转变温度的一个显示。这两种看来十分矛盾的观点说明了同一现象的不同方面,与其说它们是相互矛盾的,还不如说是相互补充的。

已有的玻璃化转变的理论有如下几种。

1. 等黏态理论

该理论认为玻璃化转变是由高聚物本体黏度增大引起的。玻璃化转变显著的特征是过冷液体动力学性能随温度的变化。黏度 η 是液体动力学的一个重要性能,随着温度降低,η 急剧增加。等黏态理论所定义的玻璃化温度是高聚物的黏度增加到链段运动不能发生的温度。理论上一般认为,弛豫时间 τ 到达 $100\sim1000$ s 以上,物质就处在玻璃态。黏度与弛豫时间的关系是 $\eta=G\tau$(这里模量 $G\approx10^{10}$ Pa)。这样,黏度 $\eta(T_g)$ 为 10^{12} Pa·s 时液体转变成玻璃,相应的温度称为玻璃化转变温度 T_g。

对高聚物来说,大量的实验事实表明,玻璃化转变是处在玻璃态的高分子主链内旋转被激发的结果。T_g 与含 $50\sim100$ 个主链碳原子的链段运动有关。因此,当高聚物熔体冷却时,其来不及形成晶核便迅速通过结晶温度区,而被固化成玻璃态。一方面是高聚物分子的对称性低(长链分子的对称性当然很低),在 $T\leqslant T_m$ 时从熔体到晶态的旋转异构化作用极弱。另一方面,也是最普遍的原因是它们的熔体黏度很高。在玻璃化转变温度区域中,温度降低几度熔体黏度会增加好几个量级。因此玻璃化转变的"等黏态"假设认为玻璃化温度是这样一个温度,在这个温度熔体达到了 10^{12} Pa·s 这样高的黏度,以至于链段运动已变得不再可能。玻璃化转变温度是代表着黏度为 10^{12} Pa·s 的等黏度状态(当然这样高的黏度用一般流动法是难以测定的,它们是通过蠕变或应力弛豫等力学方法测定的高聚物本体黏度)。一般通过 η 测得的 T_g 与热分析测得的 T_g 非常接近。应该注意的是,η 在 T_g 处没有突变。令人吃惊的是,从 T_m 到 T_g 过冷液体的 η 增加了大约 13 个数量级,而过冷液体的结构却没有明显变化。

玻璃化转变的等黏态理论对无机玻璃肯定是适用的,对一些低聚物也是适用的。但是对于分子量较高的高聚物来说,情况似乎更复杂一些。因为高聚物的黏度有很大的分子量依赖性,分子量低时高聚物熔体黏度 η 与分子量 M 之间有线性的关系,但在超过一个临界分子量 M_c 后,高聚物熔体黏度 η 与分子量 M 之间变成了 3.4 次方的关系(见第 8 章)。而高聚物的玻璃化温度 T_g 在分子量达到某个值后,几乎与分子量无关。

另外,高聚物玻璃化转变时的温度依赖关系不符合阿伦尼乌斯关系,而是具有自己独特的 WLF 方程关系。由此也可以预见,高聚物体系应该有别于小分子的无机玻璃,不能简单地套用上述的等黏态理论。

2. 等自由体积理论

从本体黏度出发来考察高聚物的玻璃化转变在最通用的分子量高的高聚物中

遇到了困难。现在我们可以转换思路,换一个角度来考虑这个问题。从动力学角度来看,黏度是物体运动的阻力,但从另一个角度来考虑,可把黏度看做是分子间相互运动时的活动空间。如果分子之间有较大的活动空间,摩擦阻力就小,黏度 η 也小,即

$$\frac{1}{\eta} \propto (V - V_0) \tag{5-3}$$

式中,V 为液体总的宏观体积;V_0 为外推至 0 K 而不发生相变时的液体分子实际占有体积。则

$$V_f = V - V_0 \tag{5-4}$$

式中,V_f 为液体中空穴的部分,称为自由体积(free volume),从而提出了玻璃化转变的等自由体积理论。从宏观的黏度联系到微观的自由体积,把对玻璃化转变本质的了解推进了一大步。

1) 自由体积

自由体积有三个不同的定义。上面对自由体积的定义只是自由体积定义中的一种,叫做热膨胀自由体积。此外,还有几何学自由体积,定义为物质粒子之间未被填满的空间,即

$$V_f = V - V_w \tag{5-5}$$

这里 V 是该物质的实际测量体积,V_w 是粒子(或分子)的占有体积,从物理的观点来看,就是物质的范德瓦耳斯体积。在统计物理中,还有另外一种所谓的涨落自由体积之说,即由于热涨落(分子重心在其平衡位置的摆动)造成的结果,产生原子尺寸量级的空穴,这些空穴的总和就是涨落自由体积

$$V_f = N_A V_\varphi \tag{5-6}$$

式中,V_φ 是分子由于热振动其重心所扫描的体积;N_A 是阿伏伽德罗常数。

不管是什么的定义,存在足够的自由体积是成就粒子(分子)平移运动所必需的。如图 5-16 所示,分子可以振动和平移,像液态那样运动,分子也可以在其最近邻形成的框框内的振荡运动(振动),像在固态里运动。在高聚物中也一样,非晶态高聚物中杂乱的分子量排列为其大分子链、链段乃至链节的运动留出了空穴。

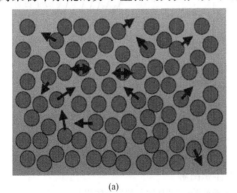
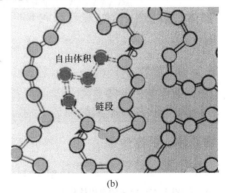

(a)　　　　　　　　　　　　　　　(b)

图 5-16　一般固体(a)颗粒间和高聚物(b)大分子链中的自由体积示意图

从分子运动角度来看,自由体积可看作分子具有同等级大小的空间(空穴),而这种空间的产生是由于组分分子堆砌的不完整产生的。而分子运动即是将分子移至此空间,因此必须有足够的空间,分子才能动起来。高聚物分子的运动与小分子的运动非常类似,并且高聚物大分子链必须进行协同式的运动,因此高聚物分子的运动需要更大的或较多的空间。

2) 等自由体积理论

既然是体积,我们还是重新回来结合自由体积的概念仔细考察高聚物的比容-温度曲线。

高聚物的比容-温度曲线可以理想化地画成如图 5-17(a)那样的示意图。占有体积的热膨胀在整个温度区间内(无论是玻璃化温度 T_g 以前,还是在玻璃化温度 T_g 以后)是线性的,那么,在玻璃化温度 T_g 后比容-温度曲线斜率的上翘应该归因于高聚物中自由体积的贡献。也就是说自由体积的膨胀系数在玻璃化温度 T_g 前后是不一样的:在玻璃化温度 T_g 以后的自由体积膨胀系数变大了。这样,在玻璃化温度 T_g 以前自由体积也是一个确定的值,它与占有体积有相同的膨胀系数。只有温度超过了玻璃化温度 T_g,自由体积的膨胀系数才变得与占有体积的不一样,它比占有体积有更大的膨胀系数。反过来看,如果温度是从高到低降温,自由体积随温度的降低逐渐缩小,但会比占有体积缩小得更快一些。但也是到了玻璃化温度 T_g,以后又与占有体积有相同的膨胀系数。也就是说,到了玻璃化温度 T_g,自由体积就达到一个恒定值,不再随温度降低而进一步减小。由此推知,在 T_g 以下的温度,自由体积的这个恒定值还太小,不足以容纳 $50\sim100$ 个主链碳原子链段的运动,在 T_g 以上的温度,自由体积增加了,此时链段的运动完全可以发生。那么,所谓玻璃化温度就是这样一个温度,在这个温度,高聚物的自由体积达到这样一个大小,以使高分子链段运动可以发生。这个自由体积对于所有高聚物来说

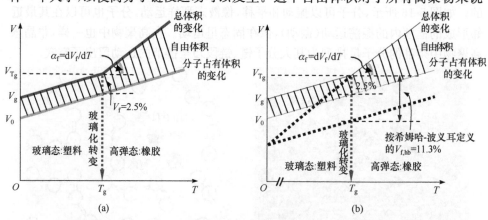

图 5-17　自由体积图解

(a) 按 WLF 方程定义的自由体积 $V_f = 2.5\%$;(b) 按希姆哈-波义耳定义的自由体积 $V_{f,hb} = 11.3\%$

是相同的,这就是玻璃化转变的"等自由体积"理论,也称为玻璃化转变的自由体积理论。

从实验得到的 WLF 方程 $\lg a_T = \dfrac{-17.44(T-T_\mathrm{g})}{51.6+T-T_\mathrm{g}}$ 和由自由体积概念出发推

导的 WLF 方程 $\lg a_T = -\dfrac{B}{2.303}\left[\dfrac{T-T_\mathrm{g}}{(f_\mathrm{g}/\alpha_\mathrm{f})+T-T_\mathrm{g}}\right]$ 相比较,已经求出所有高聚物

材料在玻璃化转变温度 T_g 时的自由体积分数 $f_\mathrm{g}\approx 0.025$,即 T_g 时自由体积约为总体积的 2.5%,或者说只要自由体积占总体积 2.5% 时,该高聚物即可发生玻璃化转变,具有 2.5% 自由体积的温度即为玻璃化温度 T_g。

以后,希姆哈-波义耳(Simha-Boyer)对自由体积 $V_\mathrm{f,SB}$ 做出了另一个定义。他们认为玻璃态高聚物在 $T=0\ \mathrm{K}$ 时的自由体积应该是该温度下高聚物的实际体积与液体体积外推至 $T=0$ 时的体积差(图 5-17(b))。

$$V_\mathrm{f,SB} = T_\mathrm{g}\left[(\mathrm{d}V/\mathrm{d}T)_\mathrm{r} - (\mathrm{d}V/\mathrm{d}T)_\mathrm{g}\right]$$
$$= T_\mathrm{g}V_\mathrm{g}(\alpha_\mathrm{r}-\alpha_\mathrm{g}) = T_\mathrm{g}V_\mathrm{g}\alpha_\mathrm{f} \tag{5-7}$$

式中,$\alpha_\mathrm{r}=(\mathrm{d}V/\mathrm{d}T)_\mathrm{r}/V_\mathrm{g}$,是 T_g 以上温度的膨胀系数;$\alpha_\mathrm{g}=(\mathrm{d}V/\mathrm{d}T)_\mathrm{g}/V_\mathrm{g}$,是 T_g 以下温度的膨胀系数。则自由体积分数

$$f_\mathrm{g,SB} = V_\mathrm{f,SB}/V_\mathrm{g} = T_\mathrm{g}\alpha_\mathrm{f} \tag{5-8}$$

玻璃态为等自由体积状态,$f_\mathrm{g,SB}$ 为一常数。以 α_f 对 $1/T_\mathrm{g}$ 作图,即可求得 $f_\mathrm{g,SB}$。希姆哈-波义耳测定了几十种高聚物在玻璃化温度时的自由体积分数,结果都等于总体积的 11.3%。一般说来,希姆哈-波义耳定义的自由体积概念可使一些理论处理简化,而 WLF 方程主要用于黏弹性与温度的关系研究。

3. 动力学理论

玻璃化转变现象有着明显的动力学性质,T_g 与实验时间有关。动力学理论认为玻璃化转变是一个速率过程,即弛豫过程。理论认为,当高聚物收缩时,体积收缩由两部分组成:一部分是链段的运动降低,另一部分是链段的构象重排成能量较低状态,后者又是一个弛豫时间。在降温过程中,当构象重排的弛豫时间适应不了降温速率时,这种运动就被冻结,呈现玻璃化转变。动力学理论的另一类型是位垒理论,该理论认为大分子构象重排时涉及主链上单键的旋转,键在旋转时存在位垒,当温度在 T_g 以上时,分子运动有足够的能量去克服位垒,达到平衡,但当温度降低时,分子热运动的能量不足以克服位垒,于是便发生了分子运动的冻结。

这种观点有许多实验数据的支持,实验测得的 T_g 和玻璃态比容随冷却速率的减小而减小,动态力学测定的 T_g 与实验频率有关等都是事实。高聚物有自己的分子内部时间尺度,当外力作用时间(或实验观察时间,或实验时间)与内部时间尺度同数量级时即发生弛豫转变。玻璃化转变是外力作用时间与高聚物链段运动的弛豫时间同数量级时的弛豫转变(图 5-18)。上述观点在我们前面的章节中已有充

分的说明。

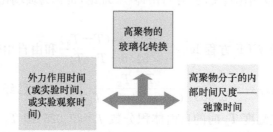

图 5-18　当外力作用时间(或实验观察时间,或实验时间)与高聚物分子的内部时间
　　　　尺度——链段运动的弛豫时间同数量级时即发生玻璃化转变

4. 热力学理论

高聚物玻璃化转变的热力学统计模型是吉布斯(Gibbs)和迪马兹奥(DiMar-zio)在 20 世纪 60 年代末提出的。玻璃化转变的热力学理论认为,高聚物"理想"的玻璃化转变是一个真正具有平衡态性质的二级相变,玻璃化温度是一个二级相变温度。他们认为,液体的物性与温度关系是由系统的组态熵决定的,是一个相变温度点,是 T_g 的极限温度。在 T_g 处,液体过剩,组态熵是零。

根据热力学统计模型,亚当(Adam)和吉布斯提出了将过冷液体弛豫的热力学和动力学特征结合在一起的重要公式:$t = A\exp(B/TS)$,其中 t 为弛豫时间(也可以是黏度),S 为组态熵。由此可知,趋近 T_g 时过冷液体黏度增加,这是因为过冷液体组态熵的降低,玻璃化转变是液态熵冻结过程。用平衡态热力学来处理高聚物的玻璃化转变,看来似乎有些奇怪,但以此为基础做出的理论推导在解释玻璃化温度与共聚、增塑、交联等因素的关系上取得了满意的结果。

可以从如下四个方面来理解玻璃化转变的热力学理论:

(1) 首先,按对平衡热力学的定义,转变可以分成一级转变和二级转变。转变前后 1、2 两种物态的吉布斯自由能应相等,即 $G_1 = G_2$。但对一级转变来说,G 对温度 T、压力 p 的一阶导数在转变处是不连续的;而对二级转变,其二阶导数是不连续的,即

一级转变

$$\left(\frac{\partial G_1}{\partial T}\right)_p \neq \left(\frac{\partial G_2}{\partial T}\right)_p$$

$$\left(\frac{\partial G_1}{\partial p}\right)_T \neq \left(\frac{\partial G_2}{\partial p}\right)_T \tag{5-9}$$

二级转变

$$\left(\frac{\partial^2 G_1}{\partial T^2}\right)_p \neq \left(\frac{\partial^2 G_2}{\partial T^2}\right)_p$$

$$\left[\frac{\partial}{\partial T}\left(\frac{\partial G_1}{\partial p}\right)_T\right]_p \neq \left[\frac{\partial}{\partial T}\left(\frac{\partial G_2}{\partial p}\right)_T\right]_p$$
$$\left(\frac{\partial^2 G_1}{\partial p^2}\right)_T \neq \left(\frac{\partial^2 G_2}{\partial p^2}\right)_T \tag{5-10}$$

根据热力学的关系,可以明确 G 对 T,p 的一阶导数和二阶导数的物理意义。因为

$$dG = \left(\frac{\partial G}{\partial T}\right)_p dT + \left(\frac{\partial G}{\partial p}\right)_T dp = -SdT + Vdp$$

$$\left(\frac{\partial G}{\partial T}\right)_p = -S \quad 和 \quad \left(\frac{\partial G}{\partial p}\right)_T = V \tag{5-11}$$

$$-\left(\frac{\partial^2 G}{\partial T^2}\right)_p = \left(\frac{\partial S}{\partial T}\right)_p = \frac{C_p}{T} \tag{5-12}$$

$$\left[\frac{\partial}{\partial T}\left(\frac{\partial G}{\partial p}\right)_T\right]_p = \left(\frac{\partial V}{\partial T}\right)_p = \beta V \tag{5-13}$$

$$\left(\frac{\partial^2 G}{\partial p^2}\right)_T = \left(\frac{\partial V}{\partial p}\right)_T \tag{5-14}$$

式中,S 为熵;V 为体积;C_p 为热容;β 为体膨胀系数。

因此,在一级转变转折点,两种物态的熵和体积不相等:

$$S_1 \neq S_2$$
$$V_1 \neq V_2 \tag{5-15}$$

在二级转变点,两种物态的 C_p、β、κ 不相等:

$$\begin{cases} \Delta C_p = C_{p_2} - C_{p_1} \\ \Delta \beta = \beta_2 - \beta_1 \\ \Delta \kappa = \kappa_2 - \kappa_1 \end{cases} \tag{5-16}$$

高聚物的玻璃化转变正好对应热力学二级转变时的比容、体积膨胀和等温压缩率的不连续(图 5-19),所以通常就把玻璃化转变看做是二级转变,这种形式上的对应是显而易见的。

玻璃化转变的热力学理论通过对构象熵随温度变化进行复杂的数学处理,证明了通过真正二级转变时的温度 T_2(高聚物熵为零)时,G 和 S 是连续变化的,内能和体积也是连续变化的,但 C_p 和 β 不连续变化,从而可以从理论上预言,在 T_2 时存在真正的热力学二级转变。

理论认为,在实验上无法达到 T_2,因此无法用实验证明其存在。但是,在正常动力学条件下观察到的实验玻璃化转变行为和 T_2 处的二级转变非常相似,T_2 和 T_g 是彼此相关的,影响它们的因素应该相互平行,因此,理论得到的关于 T_2 的结果应当也适用于 T_g。在这样的框架内,得到了一系列结果,很好地说明了玻璃化转变行为与交联密度、增塑、共聚和分子量的关系,也解释了压力对 T_2、T_g 的影响。例如,压力对 T_g 的影响可以直接从平衡热力学关系式求出。对于一级转变,转变温度的压力依赖性由克拉佩龙(Clapeyron)方程确定:

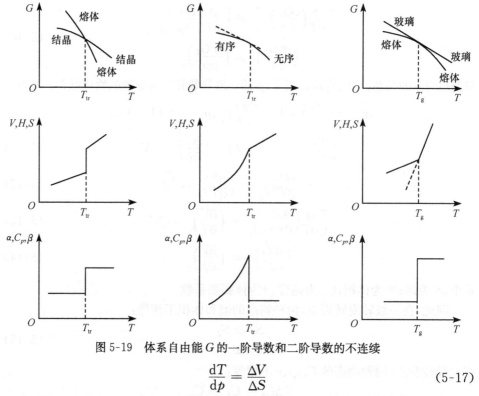

图 5-19　体系自由能 G 的一阶导数和二阶导数的不连续

$$\frac{\mathrm{d}T}{\mathrm{d}p} = \frac{\Delta V}{\Delta S} \tag{5-17}$$

此式不能直接应用于二级转变,因为在一级转变 ΔV 和 ΔS 都为零,$\mathrm{d}T/\mathrm{d}p$ 是不确定的,但将式(5-17)右边的分子和分母分别对 T 求导,并根据式(5-16)可得

$$\frac{\mathrm{d}T_2}{\mathrm{d}p} = \frac{\partial \Delta V/\partial T}{\partial \Delta S/\partial T} = \frac{V\Delta\beta T_{\mathrm{g}}}{\Delta C_p} \tag{5-18}$$

同样,对压力求导,有

$$\frac{\mathrm{d}T_2}{\mathrm{d}p} = \frac{\partial \Delta V/\partial p}{\partial \Delta S/\partial p} = \frac{\Delta \kappa}{\Delta \beta} \tag{5-19}$$

式(5-18)和式(5-19)就是压力对 T_2 的影响,当然也就是对 T_{g} 的影响,与自由体积理论的结果相同,并与实验结果基本相符。

　　(2) 早在研究小分子液体形成玻璃态时就已发现有所谓的熵的佯谬,即如果把它们的熵向低温外推时,在离热力学温度很远的温度,熵值就为零了(图 5-20),显然,这在物理上是没有意义的。面对这样一个实验事实,可以认为玻璃态不是一个平衡态,在外推到零熵值以前的温度时,玻璃就过渡到了平衡态的结晶固体。如是,这也就意味着在这里确实存在着一个二级转变。

　　高聚物的构象熵与温度有关,在构象熵为零时的温度即为高聚物玻璃化的热力学转变温度 T_2。

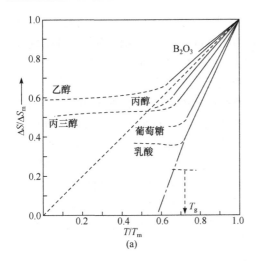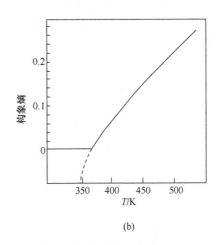

图 5-20　六个小分子液体形成玻璃态时熵的佯谬(a)和高聚物构象熵外推时的佯谬(b)

(3) 再来看比容-温度曲线的速率依赖性。实验观察到的 T_g 确实是有速率依赖性的,但往极限情况推想,如果把高聚物从橡胶态(或液态)冷却,它的体积要收缩,在 T_g 温度,冷却过程中体积收缩能跟上冷却速率,当温度逐渐降低,体积收缩就慢慢变得跟不上冷却速率了。要使体积收缩总能跟上冷却速率就必须要求无限慢的冷却速率,冷却速率越慢,"观察到"的 T_g 越低,在无限慢的冷却速率情况下,有可能观察到真正的热力学二级转变。

(4) 最后,让我们来仔细看一下实验求得的 WLF 方程:

$$\lg a_T = \frac{-17.44(T-T_g)}{51.6+(T-T_g)} \tag{5-20}$$

等式右边分式的分母是 $51.6+(T-T_g)$,如果温度 $T=T_g-51.6$,即 $51.6+T-T_g=0$,则右边分式将成为无穷大。其物理意义是把无限大时间标尺的实验向有限时间标尺移动时,移动因子 a_T 将取无穷大。因此,在真正分子的水准上,WLF 方程也告诉我们,应该不是在 T_g,而是在 $T=T_g-51.6$ 温度(即 $T_2=T_g-51.6$)时,高聚物的性能有一个质的飞跃。这个 T_2 就是考虑中的热力学二级转变温度。

高聚物当然有许多不同的可能构象,但总是存在一个最低能态的构象。高聚物中存在的自由体积,使得高聚物在较高的温度下,大分子可以取各种各样不断变化着的构象。这时高聚物的构象熵是大于零的。随着温度的降低,自由体积变小,大分子的高能态构象减少,从而使得低能态的构象增多,并最后占据优势。这样大分子的堆砌方式也越来越少。到温度降到 T_2 时,大分子的堆砌方式将只有一种方式,高聚物体系的平均构象熵将等于零。这就是高聚物的热力学二级转变温度 T_2。在 T_2 与热力学零度之间,熵将不再改变,因为负熵在物理上是没有意义的。

高聚物的玻璃化转变是指高分子链段内旋转被冻结,不再能通过内旋转来改变它们的构象。因此,热力学理论认为,在热力学二级转变温度 T_2,高聚物的构象熵应该等于零。这样,热力学理论的中心问题变成了求解体系的构象配分函数,借助溶液中的"似晶格模型"(见第 12 章),可以计算这个构象配分函数。

在温度 T_2,高聚物体系的平衡构象熵等于零,且在低于 T_2 的温度(直至 0 K)熵不再变化。因此可以认为,每个大分子都有许多可能的构象,但存在一个最低能态的构象;同时因为高聚物中存在自由体积,温度高时,每个大分子可取多种构象,平衡构象熵大于零。降低温度,大分子的高能态构象渐少,低能态构象变得占优;另一方面自由体积的减少使得运动受限制,直到温度降低至 T_2,高聚物中的大分子只有一种堆砌方式,构象重排将不再发生,体系进入玻璃态的最低能态——"基态",平衡构象熵等于零。显然,随温度降低,构象重排的速度也变慢,只有当无限缓慢冷却时,才能保证全部大分子链进入最低能态的构象(但这种条件在实验上是做不到的)。

在计算构象配分函数公式的推导过程中,引入了两个特征参数——表示分子内能量贡献(如分子内旋转异构状态的能量之差)的参数链柔曲能 ε 和表示分子间能量的贡献的参数空穴形成能 α。在体系中引入空格子需拆开范德瓦耳斯键,α 就是最邻近一对链段间的范德瓦耳斯键能,如高聚物的内聚能(CED)。在此基础上,吉布斯和迪马兹奥计算出了在构象熵等于零时的二级转变温度 T_2:

$$\frac{S_{构象}(T_2)}{n_x k T_2} = 0 = \varphi\left(\frac{\alpha}{kT_2}\right) + \lambda\left(\frac{\varepsilon}{kT_2}\right) + \left(\frac{1}{x}\right)\ln\left\{\left[(z-2)x+2\right]\frac{z-1}{2}\right\} \quad (5\text{-}21)$$

其中

$$\varphi\left(\frac{\alpha}{kT_2}\right) = \ln\left(\frac{V_0}{S_0}\right)^{\frac{z}{2}-1} + \frac{V_0}{V_x}\ln\left(\frac{V_0}{S_0}\right)$$

$$\lambda\left(\frac{\varepsilon}{kT_2}\right) = \frac{x-3}{x}\left\{\ln\left[1+(z-2)\exp\left(\frac{-\varepsilon}{kT}\right)\right] + \frac{-\varepsilon}{kT} \cdot \frac{(z-2)\exp(-\varepsilon/kT)}{1+(z-2)\exp(-\varepsilon/kT)}\right\}$$

在上式中,V_0 是未占有体积的分数:

$$V_0 = \frac{n_0}{n_0 + x n_x}$$

$$S_0 = V_0\left(1 - \frac{V_x}{z/2} - \frac{2}{n}\right)$$

$$S_x = 1 - S_0 ; V_x = 1 - V_0$$

显然,根据式(5-21),T_2 是 ε 和 α 的函数,同时也与大分子的聚合度 x 和配位数 z 有关。

按吉布斯和迪马兹奥的理论,还能够估计 T_2 时的未占有体积分数 V_0。V_0 是 $\Delta\beta T_g$ 的函数,而希姆哈-波义耳的研究表明,$\Delta\beta T_g$ 的为一常数,$\Delta\beta T_g \approx 0.113$,因此可以计算得 $V_0 = 0.025$,这一数值与正式的 WLF 自由体积 $f_g = 0.025$ 相吻合。而且,由于链柔曲能 ε 与 T_2 成正比,故对于所有高聚物的 ε/kT_2 值是一常数,当用

T_g 代替 T_2 时,所有非晶态高聚物的 $\varepsilon/kT_g=2.26$,这是一个普遍值。

这一理论可以用来预估无规共聚物的 T_g,由组分 A 和组分 B 组成的共聚物,但两组分的内旋转异构能 ε_A 与 ε_B 时,则共聚物的 ε 应该为两者的加和

$$\varepsilon=n_A\varepsilon_A+n_B\varepsilon_B \tag{5-22}$$

式中,n_A 和 n_B 分别是组分 A 和组分 B 的物质的量。以 $\varepsilon=2.26kT_g$ 代入,可得

$$T_g=n_AT_{g,A}+n_BT_{g,B} \tag{5-23}$$

这就是无规共聚物 T_g 的一种加和法则。

5. 高聚物玻璃化转变理论的比较和讨论

为直观起见,把几个主要玻璃化转变理论的比较列表(表 5-1)。

表 5-1　几个主要玻璃化转变理论的比较

理论	要点	不足之处
等黏态理论	玻璃化温度 T_g 是代表黏度为 10^{12} Pa·s 的等黏度状态	对无机玻璃和一些低聚物是适用的,但由于高聚物熔体黏度有分子量依赖性,不适用于一般的高聚物
自由体积理论	玻璃化温度 T_g 是一个等自由体积的状态,所有非晶高聚物在玻璃化温度 T_g 的自由体积均等于总体积的 2.5%,或其自由体积分数为 0.025 (1) 与黏弹性有关事件的时间和温度在 T_g 处有了关联 (2) 在玻璃化温度 T_g 温度上下的热膨胀系数之间的关系 (3) 有物理上的合理性和数学上的简单性	(1) 按不同的自由体积定义就有自由体积分数 2.5% 和 11.3% 两个数据,理论只是定性的 (2) 假设 T_g 以下高聚物的自由体积不随温度而变,并不符合实际。即使在恒温下,高聚物的体积也会随存放时间而不断缩小 (3) 没有考虑自由体积膨胀会收缩的时间依赖性
动力学理论	玻璃化转变温度 T_g 具有明显的动力学特征,T_g 与实验的时间尺度(如升温速率、测定频率等)有关,玻璃化转变是一个弛豫过程。玻璃化温度高聚物链段运动的弛豫时间与实验的时间尺度有相同的数量级。动力学理论提出了有序参数并据此建立了体积与弛豫时间的联系 (1) 为玻璃化温度 T_g 上下的膨胀系数提供了定量的信息 (2) 解释了玻璃化温度 T_g 随实验时间变化而产生的差异	(1) 虽然能解释许多玻璃化转变现象,但无法从分子结构来揭示其原因和预示玻璃化温度 T_g (2) 不能在无限的时间尺度上预言玻璃化温度 T_g

续表

理论	要点	不足之处
热力学理论	构象熵变为零时将发生热力学二级转变,对应的温度为二级转变点 T_2。在 T_2 以下构象熵不再改变,恒等于零 (1) 把微观的分子能量参数,如链的构象势能差和链的内聚能密度以及分子结构参数,如分子量、交联度、共聚组成和增塑剂浓度等与玻璃化温度 T_g 联系起来,为我们寻找彼此之间的半定量经验关系提供了理论指导 (2) 预言了一个真正的二级相变	(1) 为测定 T_g 需要无限的时间 (2) 不足以确定真正的二级相变 (3) 很难说明玻璃化转变时复杂的时间依赖性

相对来说,直观的自由体积理论具有物理上的合理性和数学上的简单性,理论上采用一个参量——自由体积描述玻璃化转变过程中物性的变化,不但能对高聚物玻璃化转变的现象(增塑、共聚、与分子量的关系等方面)进行解释,并且还可应用在诸如高聚物的黏弹性、时温等效原理、屈服和断裂行为乃至高聚物的导电机理的解释上。

这里争议最大的是玻璃化转变的热力学理论。不认可热力学理论的学者认为,首先考兹曼的 0 K 熵是负值的线性外推,是把高温区的温度依赖性用在了低温区,所以考兹曼熵的佯谬没有可靠的物理背景支持。其次,用弗洛里溶液理论计算的构象熵,实际上是一个自由能,在统计意义上不可能小于零。但自由能是参照初始时完全有序的基态进行统计计算的结果,完全可以小于零。经典的"似晶格模型"统计理论计算假定体系在空间中完全无规分布,以便对体系进行平均化处理,而 $\Delta F_{dis}=0$ 意味着只有一种排布,显然已经失去了平均化统计的前提。此时只能意味着无序态失去热力学稳定性,有回归完全有序的倾向,而不会以某种无序态冻结稳定下来。因此热力学理论在基本假定上也存在着不可靠处。

当然,热力学理论把微观的分子能量参数,如链的构象势能差和链的内聚能密度以及分子结构参数,如分子量、交联度、共聚组成和增塑剂浓度等与玻璃化转变温度联系了起来,为我们寻找彼此之间的半定量经验关系提供了理论指导,还是有其积极意义的。

5.2.6　影响玻璃化温度的结构因素

影响玻璃化温度的结构因素主要是高分子链的柔性(或刚性)、几何立构因素和高分子链间的相互作用力。

1. 主链的柔性

主链的柔性是决定高聚物玻璃化温度最主要的因素。凡能提高链柔性的各种因素都将降低玻璃化温度,凡能提高链刚性的各种因素都将提高玻璃化温度。聚二甲基硅氧烷—Si—O—Si—的内旋转位垒很低,仅 1～2 kJ/mol,链柔性最大,它

的玻璃化温度为 $-123℃$；聚乙烯 $\overset{}{-}[CH_2—CH_2]_{\overline{n}}$ 有较高的位垒（13.8 kJ/mol），因此玻璃化温度较高（$-68℃$）[1]；聚四氟乙烯 $\overset{}{-}[CF_2—CF_2]_{\overline{}}$ 位垒更高（19.7 kJ/mol），它的玻璃化温度为 $-50℃$。这里唯一的例外是聚乙烯，聚乙烯是非常柔软的分子链，但室温下它却是塑料。原因是聚乙烯分子简单对称，特别容易排列整齐发生结晶。尽管聚乙烯中非晶部分的玻璃化温度比室温低很多，但由于结晶度太大使得我们见到的总是聚乙烯塑料。

减少主链中单键的数目是提高链刚性的有效手段。例如，在高聚物主链中引入芳杂环可以大大提高链的刚性，乃至梯形主链的高聚物根本无内旋转可言。某些芳杂环高聚物的耐热性（与玻璃化温度密切相关）与它们两环之间单键数目的关系如图 5-21 所示：

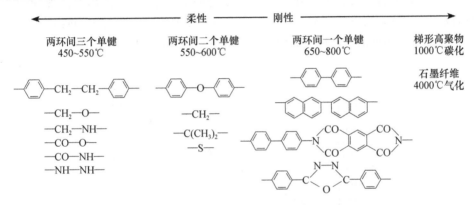

图 5-21　一些芳杂环高聚物的耐热性与它们两环之间单键数目的关系

正如第 1 章中所述，主链中引入孤立双键不一定就是刚性链，因为在双键旁边的单键更容易内旋转，反而却是柔性链。例如，橡胶态高聚物的分子均在主链中含有双键，它们的玻璃化温度也都在室温以下（图 5-22）。

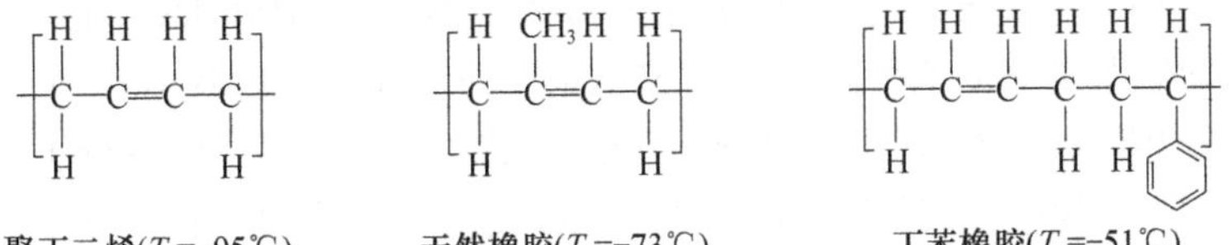

聚丁二烯（$T_g=-95℃$）　　天然橡胶（$T_g=-73℃$）　　丁苯橡胶（$T_g=-51℃$）

图 5-22　具有孤立双键主链的高聚物是柔性链，具有低的玻璃化温度，室温下为橡胶

姜炳政在弗洛里-哈金斯（Flory-Huggins）似晶格理论基础上，推导出描述 T_g 与高分子链刚性程度的定量关系式。当分子量足够高时，有

---

① 聚乙烯的玻璃化温度有多个说法，各自有自己的理由。

$$T_g^\infty = \frac{\Delta C_p}{RV(T_g)\beta(T_g)C}\sigma^2(T_g) = A\sigma^2(T_g) \tag{5-24}$$

式中,R 为摩尔气体常量;ΔC_p 为在玻璃化转变时定压比热容的变化,是一个度量高分子链段运动所需能量的分子参数;V 为链重复单元的摩尔体积;$\sigma^2 = (\overline{h_\theta^2})/(\overline{h^2})_f = (\overline{h_\theta^2})/nl^2 b(\theta)$ 为表征链刚性的参数,其中 $(\overline{h^2})_f$ 为由 n 个键构成的链的均方末端距,l 为每个键的键长,而且可以绕固定的价键角 $(\pi-\theta)$ 自由旋转;$\beta = \mathrm{dln}(\overline{h_\theta^2})/dT$,是反映高分子链柔性对温度敏感程度的参数,其中 $(\overline{h_\theta^2})$ 为在 Θ 条件时链的均方末端距;$C = 2\ln[(z-1)/e]/b(\theta) \approx 2/b(\theta)$,其中 z 为晶格配位数,一般取为 8,θ 为键角的余角,$b(\theta)$ 主链的结构因子,对于乙烯类高聚物 $b(\theta) = (1+\cos\theta)/(1-\cos\theta) \approx 2$,故 $C \approx 1$。上述的 V、β、σ 均为在玻璃化转变时的值。用 37 种乙烯类高聚物的数据,以 T_g 对 $\sigma^2(T_g)$ 作图,所有数据均落在通过原点的同一条直线上,斜率为 70,如图 5-23 所示。因此对于乙烯类高聚物可以得到一个非常简单的公式,即

$$T_g = 70\sigma^2(T_g) \tag{5-25}$$

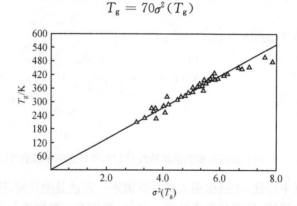

图 5-23　乙烯类高聚物的玻璃化转变温度 T_g 和链的刚度因子 $\sigma^2(T_g)$ 的关系

表 5-2 列出有关聚苯乙烯(PS)、聚甲基丙烯酸甲酯(PMMA)、聚丙烯(PP)和聚甲基丙烯酸酯(PMA)四种高聚物的 ΔC_p、β、V 的实验数据以及由式(5-24)估算的 A 值,其平均值为 69.3。对于低聚物和齐聚物,式(5-24)也可以解释分子量和 T_g 的关系。对于立构规整性高聚物,如 PMMA,该式还可以解释规整性对 T_g 的影响。

表 5-2　由式(5-22)计算的 A 值

高聚物	$\Delta C_p/[\mathrm{J/(mol \cdot K)}]$	$10^4\beta(T_g)/\mathrm{K}^2$	$V/(\mathrm{cm}^3/\mathrm{mol})$	A	$\overline{A}$
聚苯乙烯(PS)	26.8	4.5(4.7)	100.4	71.5(68.5)	70.0
聚甲基丙烯酸甲酯 (PMMA)	34.1	6.7	86.4	70.7	70.7
聚丙烯(PP)	20.1	6.0(8.8)	49.5	81.3(61.4)	71.4
聚甲基丙烯酸酯(PMA)	42.1	11.1	70.0	65.2	65.2

式(5-24)中的参数 $\sigma^2(T_g)$、$\beta(T_g)$ 均与高分子单链的特性有关,并没有涉及分子链间的相互作用。而且对于乙烯类高聚物,虽然链的化学结构不同,但 $T_g/\sigma^2(T_g)$ 值近似保持恒定,说明高聚物的玻璃化转变主要取决于高分子单链的性质,而链间相互作用的影响较小。

2. 几何立构因素

几何立构因素对玻璃化温度的影响情况复杂。

1) 侧基或侧链

(1) 一般说来,在主链上引入侧基将提高链的刚性,如在—C—C—主链上用芳香基团来代替 H 原子可以提高玻璃化温度。带一个苯基的聚苯乙烯的玻璃化温度为 97℃,几乎比没有取代基的聚乙烯提高了近 180℃。随侧基或侧链的增大,玻璃化温度也增大(图 5-24)。

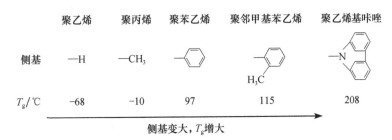

图 5-24　高聚物玻璃化温度随侧基的增大而增大

(2) 有双取代基的高聚物,由于对称性的作用,反而比单取代基的同类高聚物的玻璃化温度低,也就是说对称性会降低玻璃化温度。例如,聚偏二氯乙烯中极性取代基是对称双取代,偶极抵消一部分,整个分子极性减小,内旋转位垒降低,柔性增加,其 T_g 比聚氯乙烯更低;再如,聚异丁烯的每个链节上,有两个对称的侧甲基,使主链间距离增大,链间作用力减弱,内旋转位垒降低,柔性增加,其 T_g 比聚丙烯更低(图 5-25)。因此,侧基或侧链的存在并不总是提高玻璃化温度。

(3) 长而柔的侧基反而会降低玻璃化温度。侧基柔性的增加远足以补偿由侧基增大所产生的影响(图 5-26)。

(4) 侧基的极性对分子链的内旋转和分子间的相互作用都会产生很大的影响。侧基的极性越强,T_g 越高。一些烯烃类高聚物的 T_g 与取代基极性的关系如表 5-3 所示。此外,增加分子链上极性基团的数量,也能提高高聚物的 T_g,但当极性基团的数量超过一定值后,由于它们之间的静电斥力超过吸引力,反而导致分子链间距离增大,T_g 下降。

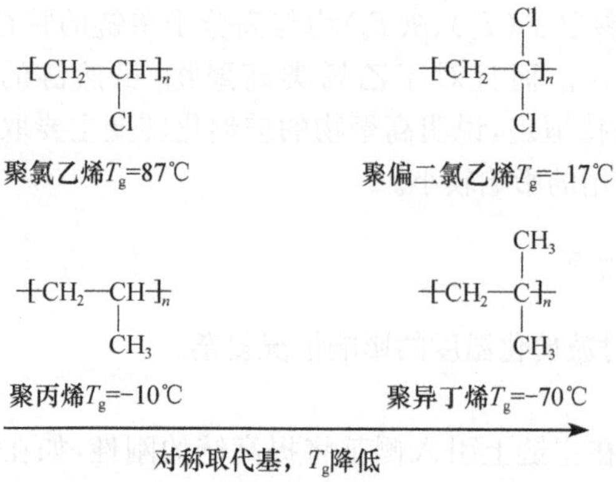

$$+CH_2-CH+_n \qquad\qquad +CH_2-\overset{\displaystyle Cl}{\underset{\displaystyle Cl}{C}}+_n$$
$$\underset{\displaystyle Cl}{}$$

聚氯乙烯$T_g=87℃$　　　　　　聚偏二氯乙烯$T_g=-17℃$

$$+CH_2-CH+_n \qquad\qquad +CH_2-\overset{\displaystyle CH_3}{\underset{\displaystyle CH_3}{C}}+_n$$
$$\underset{\displaystyle CH_3}{}$$

聚丙烯$T_g=-10℃$　　　　　　　聚异丁烯$T_g=-70℃$

对称取代基，T_g降低　————————→

图 5-25　高聚物玻璃化温度随取代基的对称性增加而降低

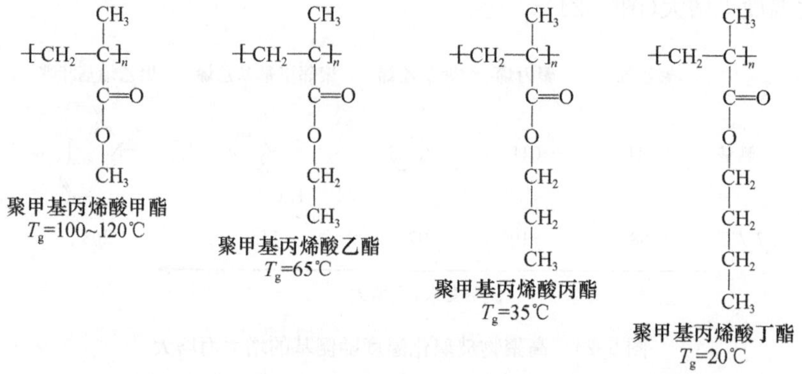

聚甲基丙烯酸甲酯
$T_g=100\sim120℃$

聚甲基丙烯酸乙酯
$T_g=65℃$

聚甲基丙烯酸丙酯
$T_g=35℃$

聚甲基丙烯酸丁酯
$T_g=20℃$

图 5-26　聚甲基丙烯酸取代基长度增加，玻璃化温度依次降低

表 5-3　烯烃高聚物取代基的极性和 T_g 的关系

高聚物	$T_g/℃$	取代基	取代基的偶极矩/[10^{-18}/(C·m)]
线形聚乙烯	−68	无	0
聚丙烯	−10	—CH$_3$	0
聚丙烯酸	106	—COOH	1.68
聚氯乙烯	87	—Cl	2.05
聚丙烯腈	104	—CN	4.00

2）不同等规立构对不同高聚物玻璃化温度的影响各不相同

例如，不同等规立构的聚丙烯酸酯玻璃化温度几乎观察不到什么变化，但是对聚甲基丙烯酸酯情况就不同了。间同立构的聚甲基丙烯酸甲酯在115℃发生玻璃化，而全同立构的聚甲基丙烯酸甲酯在45℃玻璃化。作为一个一般规律，可以认

为单取代的烯类高聚物的玻璃化温度几乎与它们的等规立构度无关（除聚丙烯酸酯、聚苯乙烯和聚丙烯外）；而双取代的烯类高聚物的玻璃化温度随它们立构度变化而变化，如表 5-4 所示。

表 5-4　等规立构对玻璃化温度的影响

基团	聚丙烯酸酯 T_g/℃		聚甲基丙烯酸酯 T_g/℃	
	全同	间同	全同	间同
甲基	10	8	43	115
乙基	−25	−24	8	65
正丙基	—	−44	—	35
异丙基	−11	−6	27	81
正丁基	—	−49	−24	20
环己基	12	19	51	104

3. 高分子链间相互作用

（1）高分子链之间的相互作用通常降低链的活动性，因此通常会提高玻璃化温度。分子间的相互作用越强，为达到相应转变的链段运动的热能也越大，玻璃化温度就越高。表征分子间相互作用力的参数是内聚能密度（ε），高聚物的玻璃化温度随 ε 的增加而成线性关系。所得经验公式为

$$\varepsilon = 0.5mRT_g - 25m \tag{5-26}$$

式中，m 为一个可调节的参数。在大多数情况下很难把分子间相互作用力与其他结构因素分开来，因此式（5-26）中必须引入一个可调节的参数 m，并且大大限制了它的用途，而且例外很多。例如，聚乙酸乙烯酯和聚氯乙烯的溶度参数（它等于内聚能密度的平方根）分别为 39.4 $(J/cm^3)^{1/2}$ 和 39.8 $(J/cm^3)^{1/2}$，两者很接近，但它们的玻璃化温度分别为 29℃ 和 87℃，相差达 58℃。

（2）氢键是一种较强的分子间作用力，它一般是提高玻璃化温度的。具有强烈氢键的聚丙烯酸的玻璃化温度是 106℃，比其他聚丙烯酸酯类的玻璃化温度（大多在 0℃ 以下）要高得多。

（3）比氢键更强的是离子间作用力，聚丙烯酸盐类具有非常高的玻璃化温度，表明离子键在提高玻璃化温度方面是特别有效的。对某些高聚物酸的盐类黏弹性研究表明，玻璃化温度随所增加的金属离子而升高，并随离子价数的增加（如 Na^+、Ba^{2+}、Al^{3+}）有很明显的升高。例如，在聚丙烯酸中加入金属离子 Na^+，玻璃化温度 T_g 从 106℃ 提高到 280℃，如用 Cu^{2+} 代替，T_g 可提高到 500℃。

5.2.7　改变玻璃化温度的各种手段

不同的用途需要不相同的 T_g 值,一些行之有效的手段可以使某种高聚物玻璃化温度在一定范围内连续地变化。这些手段有增塑、共聚、交联、结晶及改变分子量等。

1. 增塑

增塑是工业上广泛使用的改变硬质塑料(如聚氯乙烯等)玻璃化温度的有效方法。增塑剂为加到塑料中的使之软化的小分子液体。增塑剂溶于高聚物中,降低了高聚物的玻璃化温度,从而产生软化作用。大多数的增塑剂的玻璃化温度为 $-150 \sim -50 ℃$。增塑剂的玻璃化温度越低,高聚物 T_g 降低的效应越显著。图 5-27为加入不同量二乙基己基酞酸酯的聚氯乙烯内耗峰的变化,很明显,随着增塑剂量的增多,增塑聚氯乙烯的 T_g 移向低温。

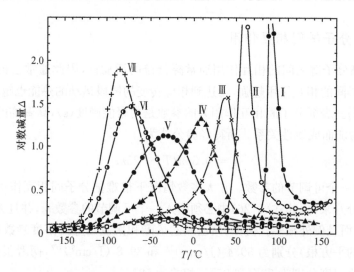

Ⅰ:纯 PVC,Ⅱ:9%,Ⅲ:21%,Ⅳ:29.5%,Ⅴ:39.3%,Ⅵ:48.2%,Ⅶ:59.2%

图 5-27　用不同量二乙基己基酞酸酯增塑的聚氯乙烯(PVC)的对数减量

按自由体积理论,很容易理解增塑剂对高聚物玻璃化转变的影响。低分子量的增塑剂具有比纯高聚物更多的自由体积,如果它们的自由体积是加和的话,那么增塑体系必然要比纯高聚物有更多的自由体积。因此必须把增塑的高聚物冷却到更低的温度才能使它的自由体积达到玻璃化温度所要求的值。

纯高聚物的自由体积分数为

$$f = 0.025 + \beta_p (T - T_{gp}) \tag{5-27}$$

式中，T_{gp} 为纯高聚物的玻璃化温度；β_p 为高聚物中自由体积的膨胀系数。假定高聚物和增塑剂的自由体积是相加和的，那么增塑体系的总自由体积分数为

$$f = 0.025 + \beta_p(T - T_{gp})V_p + \beta_d(T - T_{gd})V_d \tag{5-28}$$

下标 p 和 d 分别指高聚物和增塑剂，V_p 和 V_d 分别为高聚物和增塑剂的体积分数。在到达增塑体系的玻璃化温度 $T = T_g$ 时，$f = 0.025$，则

$$0.025 = 0.025 + \beta_p(T_g - T_{gp})V_p + \beta_d(T_g - T_{gd})V_d$$

即求得

$$T_g = \frac{\beta_p V_p T_{gp} + \beta_d(1 - V_p)T_{gd}}{\beta_p V_p + \beta_d(1 - V_p)} \tag{5-29}$$

注意式中，$1 - V_p = V_d$。增塑剂的玻璃化温度 T_{gd} 一般可从不同含量增塑体系的玻璃化温度曲线由内插法近似求得，而 β_d 可从黏度数据取作 $10^{-3}/℃$。图 5-28 为聚甲基丙烯酸甲酯-二乙基酞酸酯体系（二乙基酞酸酯的 $T_{gd} = -65℃$）玻璃化温度 T_g 随增塑剂含量（体积分数）的变化关系曲线，由上式计算所得的数据与实验点吻合得很好。

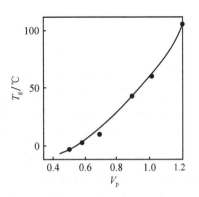

图 5-28 聚甲基丙烯酸甲酯-二乙基酞酸酯体系的 T_g 与增塑剂含量关系

2. 共聚

一般来说，共聚物的玻璃化温度处于两种纯均聚物的玻璃化温度之间，因为它具有居中的链刚性和居中的内聚能密度。用增塑中相同的假定，即认为共聚物的自由体积为两纯均聚物的自由体积加和，则只要把式(5-28)中代表高聚物和增塑剂的下标 p 和 d 改为共聚物中两个单体 A 和 B 即得

$$f = 0.025 + \beta_A(T - T_{gA})V_A + \beta_B(T - T_{gB})V_B$$

则二元共聚物的玻璃化转变温度

$$T_g = \frac{\beta_B V_B T_{gB} + \beta_A(1 - V_B)T_{gA}}{\beta_B V_B + \beta_A(1 - V_B)} \tag{5-30}$$

注意式中，$V_A = 1 - V_B$。若令 $K' = \beta_B/\beta_A$，则 T_g 可改写为

$$T_g = \frac{T_{gA} + (K'T_{gB} - T_{gA})V_B}{1 + (K' - 1)V_B} \tag{5-31}$$

显然，每个单元的自由体积在均聚物与在共聚物中是相同的假定是不精确的。因为一定链单元的自由体积因其周围链单元不同而不同，所以式(5-31)中 K' 不应具

有任何物理意义，只能当作一个可以调节的参数(一个经验常数)，从而记做 k，则

$$T_g = \frac{T_{gA} + (kT_{gB} - T_{gA})V_B}{1 + (k-1)V_B} \tag{5-32}$$

称为戈登-泰勒(Gordon-Taylor)方程。若以质量分数 W_B 代替体积分数 V_B，则有

$$T_g = \frac{T_{gA} + (kT_{gB} - T_{gA})W_B}{1 + (k-1)W_B} \tag{5-33}$$

若取 $k=1$，由式(5-32)可得

$$T_g = V_A T_{gA} + V_B T_{gB} \tag{5-34}$$

或取 $k = T_{gA}/T_{gB}$，得

$$\frac{1}{T_g} = \frac{W_A}{T_{gA}} + \frac{W_B}{T_{gB}} \tag{5-35}$$

即为戈登-泰勒方程常用的简化公式。

无规共聚是连续改变玻璃化温度 T_g 的有效方法，对 T_g 较高的组分而言，引入 T_g 较低的组分，其作用与增塑相似，有时也可把共聚作用称为内增塑。

图 5-29 为苯乙烯-丙烯酸酯共聚物和丙烯腈-甲基丙烯酸酯共聚物玻璃化温度与苯乙烯单体质量分数的依赖关系。由图可见，苯乙烯-丙烯酸甲酯、苯乙烯-丙烯酸乙酯和苯乙烯-丙烯酸丁酯共聚物，存在很好的线性关系。但是，共聚物毕竟是不同单体由化学键相连的，它们的自由体积不可能像增塑高聚物那样仅是增塑剂和高聚物的简单加和。特别是当共聚物两种单体的性质相差很大时，例如丙烯腈-甲基丙烯酸酯共聚物的玻璃化温度 T_g 就会偏离戈登-泰勒方程，不再是简单的线性关系，甚至出现了极值。

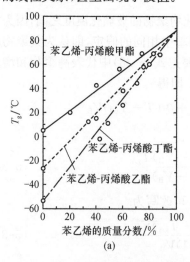
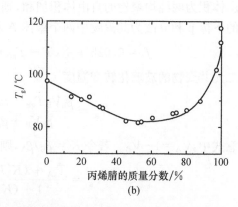

图 5-29 苯乙烯-丙烯酸酯共聚物(a)和丙烯腈-甲基丙烯酸酯共聚物(b)玻璃化温度 T_g 与单体质量分数关系

通常,共聚作用在降低熔点效应方面比增塑作用更为有效,而增塑作用在降低玻璃化温度效应方面比共聚更为有效,这一概念在塑料应用中很重要(图 5-30)。

3. 共混

共混是常用的高聚物改性方法,对于玻璃化温度,要求共混的两个均聚物必须互溶。相溶的共混物的行为类似于具有相同组成的共聚物行为,像无规共聚物一样只有一个玻璃化温度。共混物与相同组分的共聚物具有几乎相同的玻璃化温度,如图 5-31 所示。对高聚物共混物,如果两种共混组分完全不相溶,那么共混物就有它们各自组分的两个玻璃化温度。所以,可由力学性能测定 T_g 可用来判别是否达到了真正的共混,也可以用来判定用两种单体合成制备的产物到底是不是所需要的共聚物,还是根本没有发生共聚,仅仅是各自聚合得到的两个均聚物的共混物。

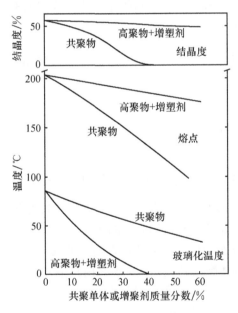

图 5-30　共聚和增塑对高聚物 T_g 和
T_m 影响的比较

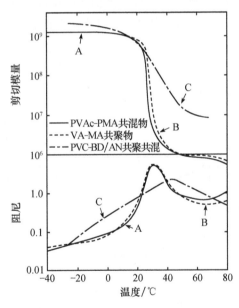

图 5-31　共混物和共聚物的动态力学行为
图中 PVAc 为聚乙酸乙烯酯,PMA 为聚丙烯酸甲酯,VA 为乙酸乙烯酯,MA 为丙烯酸甲酯,PVC 为聚氯乙烯,BD 为丁二烯,AN 为丙烯腈

互穿网络高聚物是一种新型的共混物。它有两个互相贯穿的交联网络,肯定是不相溶的。但互相贯穿也使得它们各自组分的玻璃化转变峰趋于接近,形成一个覆盖很宽温度范围的转变弛豫峰,在抗冲塑料、阻尼材料、热塑弹性体等方面有

广泛的应用。

4. 改变分子量

在低分子量时,高聚物的玻璃化温度与它的分子量有很大关系。分子量超过一定值(临界分子量)后,玻璃化温度就不再依赖于分子量。按自由体积理论,每个链末端均比链中间部分有较大的自由体积,因此含有较多链末端的试样比含有较少链末端的试样要更冷才能达到同样的自由体积。

如果,θ 为每个链末端对高聚物贡献的超额自由体积,则 2θ 为每条链对高聚物贡献的超额自由体积,$2\theta N_A$ 为每摩尔高聚物对贡献的超额自由体积(N_A 是阿伏伽德罗常量),$2\theta N_A/M$ 为每克高聚物对贡献的超额自由体积,$2\rho\theta N_A/M$ 为每单位体积高聚物对贡献的超额自由体积。这个超额自由体积将使玻璃化温度从分子量为无穷大时的 $T_{g(\infty)}$ 降到 T_g。因为在玻璃化温度时的自由体积是恒定的,由链末端所引进的超额自由体积必须由温度从 $T_{g(\infty)}$ 降到 T_g 引起的超额体积收缩所补偿。如果 $\Delta\beta_f$ 为超额自由体积膨胀系数,则

$$\frac{2\rho N_A\theta}{M} = \Delta\beta_f(T_{g(\infty)} - T_g) \tag{5-36}$$

或写成

$$T_g = T_{g(\infty)} - \left(\frac{2\rho N_A\theta}{\Delta\beta_f M}\right) = T_{g(\infty)} - \frac{K}{M} \tag{5-37}$$

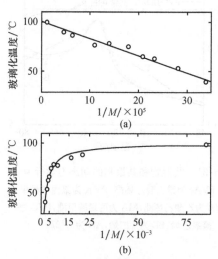

图 5-32　聚苯乙烯的 T_g 随
分子量的变化

这里 $K=\dfrac{2\rho N_A\theta}{\Delta\beta_f}$,式(5-37)表明如果以 T_g 对 $1/M$ 作图,将是一条直线。图 5-32 是聚苯乙烯 T_g 与分子量 M 的关系。直线的斜率为 K,因 ρ、N_A 是已知的,$\Delta\beta_f$ 可取液体和玻璃体膨胀系数之差。那么由斜率 K 可求出超额自由体积。对聚苯乙烯,$\theta=80$ Å^3（1 Å$=10^{-8}$ cm）。

在低分子量时,链末端影响的范围趋于交叠。这时一个单个的链末端比起它处于一个长链的末端对 T_g 的影响将较小。因此由一个聚合度为 n 的高分子和一个单体分子的混合物将比由聚合度为 $n/2$ 组成的均一高聚物有较高的 T_g,尽管它们有相同的数均分子量。

事实上,如果分子量的范围非常宽,式(5-37)中的 K 将不再是一个常数,公式可以修正为

$$T_g = T_{g(\infty)} - \frac{A}{M+B}$$

$$= T_{g(\infty)} - \frac{A'}{P+B'} \tag{5-38}$$

式中,A、B 是常数,其值见表 5-5;P 是聚合度;$A'=A/M_0$ 和 $B'=BM_0$,M_0 是重复单元的分子量。图 5-33 是聚苯乙烯玻璃化温度与聚合度倒数 $1/P$ 的依赖关系。

表 5-5　高聚物的 A 和 B 值

高聚物	$A/(\text{g/mol})$	$B/(\text{g/mol})$
聚二甲基硅氧烷	7580	42.8
聚丙烯	49300	267
聚氟乙烯	85900	382
聚苯乙烯	100000	378
聚甲基丙烯酸甲酯	270000	2380
聚碳酸酯	259000	1270
聚 α-甲苯乙烯	448000	2400

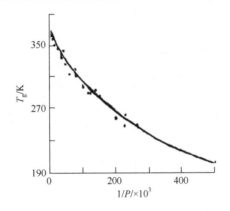

图 5-33　聚苯乙烯玻璃化温度与聚合度倒数的关系

至于高聚物的分子量分布,对高聚物玻璃化温度几乎没有什么影响,尽管分子量的多分散性对其加工性能影响很大。

5. 交联和支化

早已发现硫化天然橡胶的玻璃化温度随所加硫磺的量增加而升高,如表 5-6 所示。

表 5-6　天然橡胶玻璃化温度与所加硫磺量的关系

结合硫/%	0	0.25	10	20
T_g/℃	−65	−64	−40	−24

　　显然,在高聚物中引入交联点将降低高聚物链端的活动性,从而减小自由体积,因此交联总是提高玻璃化温度(图 5-34)。利用式(5-39),可以认为交联高聚物的 T_g 有关系式:

$$T_g = T_{g(\infty)} - \frac{K}{M} + K_x\rho \tag{5-39}$$

式中,ρ 是每克交联点数目;K_x 是一常数。这个方程仅对低分子量 M 和低 ρ 情况才适合。

　　对于支化高聚物情况,T_g 随支化度而变化是两种效应的结果:末端基团数目的增加将提高链的活动性和自由体积,而支化点的引入又将减少链的活动性和自由体积。一般来说,链末端对玻璃化温度的影响要大于支化点的影响,因此支化总的效应是降低玻璃化温度。例如,具有相似分子量的超支化聚 3-乙基-3-羟甲基环氧丁烷(PEHO,在不同反应条件下进行阳离子开环聚合而得)的玻璃化温度 T_g 在支化度 DB 从 7％增加到 42％时(由 ^{13}C NMR 谱计算得到),其 T_g 会下降 27℃ 左右(图 5-34(b))。

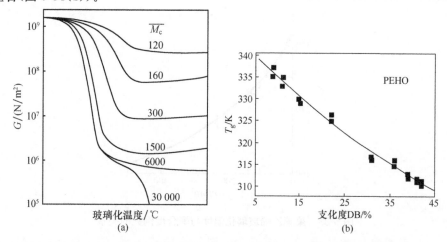

图 5-34　(a) 交联高聚物玻璃化温度随交联之间平均分子量的减小(交联度增加)而增加；(b) 超支化聚 3-乙基-3-羟甲基环氧丁烷(PEHO)玻璃化温度随支化度增加而降低

6. 结晶

　　晶态高聚物的玻璃化温度是指其中非晶部分的 T_g。原则上结晶是阻止链活动性和降低高聚物中非晶区域的构象熵,因此可提高玻璃化温度,如聚四氟乙烯、全同聚苯乙烯等。但也有许多半晶高聚物没发现这情况,如非晶和半晶聚一氯三氟乙烯有相同的玻璃化温度。又如全同聚丙烯,淬火的试样只比退火的试样有稍低的玻璃化温度,而后者的结晶度是很高的(由它的高密度可见),见表 5-7。

表 5-7　结晶对高聚物玻璃化温度的影响

高聚物	密度/(g/mL)	结晶度/%	T_g/℃
聚四氟乙烯	1.336	2	81
	1.383	48	100
	1.391	65	125
全同聚苯乙烯	1.054	0	89
全同聚丙烯	1.074	30	94
	0.885	(淬火)	−1.5
	0.890	(淬火)	−3.5
	0.899	(退火)	−4.5

7. 压力

压力增加,高聚物的玻璃化温度也会升高。从自由体积观点来看这是非常合理的,因为压力会导致高聚物材料中自由体积的变小,为到达有恒定的自由体积2.5%,那就必须使得玻璃化温度上升得到更高的地方。在常压下玻璃化温度处的自由体积分数是 $f=0.025+\beta_f(T-T_g)$,如果记自由体积的压缩系数为 κ_f,则任何压力下玻璃化温度处的自由体积分数是

$$f=0.025+\beta_f(T-T_g)-\kappa_f p$$

因为在玻璃化温度 $f=0.025$,那么

$$\beta_f(T_g(p)-T_g(0))=\kappa_f p$$

可求得

$$\left(\frac{\partial T_g}{\partial p}\right)_f=\frac{\Delta\kappa_f}{\Delta\alpha_f}$$

从而有玻璃化温度 T_g 随压力 p 变化的表达式:

$$\frac{dT_g}{dp}=\frac{TV\Delta\alpha}{\Delta C_p} \tag{5-40}$$

表 5-8 列出了几个常见的高聚物的玻璃化温度随压力变化的实验数据。

表 5-8　部分高聚物玻璃化温度的压力依赖关系

高聚物	T_g/℃	dT_g/dp/(K/atm)
天然橡胶	−72	0.024
聚异丁烯	−70	0.024

高聚物	T_g/℃	dT_g/dp/(K/atm)
聚乙酸乙烯酯	25	0.022
聚氯乙烯	87	0.016
聚苯乙烯	100	0.031
聚甲基丙烯酸甲酯	105	0.020~0.023

8. 光对含偶氮苯特殊结构的高聚物玻璃化温度的影响

偶氮苯基团具有热力学稳定的反式(*trans*)和亚稳的顺式(*cis*)两种异构体。在紫外光照射下,偶氮苯基团从反式状态转变为顺式状态(*trans→cis*);在特定波长的可见光照射下或是在暗室中,热力学亚稳的顺式状态又能够转变为反式状态(*cis→trans*)。整个异构转变过程循环可逆:

利用这种能力,通过偶氮苯基团的顺式-反式异构转变能实现小分子化合物的固液转变,含有偶氮苯结构的材料有可能在信息储存、光刻蚀、太阳能蓄能等高科技方面找到特殊的应用。与含有偶氮苯结构的小分子材料不同的是,一些含有偶氮苯特殊结构的高聚物会由显示不同的玻璃化温度 T_g 来决定该高聚物是类固态还是类液态。也就是顺式-反式的可逆转化会导致这种高聚物的玻璃化温度 T_g 对光的照射有所响应,表现为其玻璃化温度 T_g 的变化。具有高玻璃化温度 T_g 的高聚物将会呈现出固体的状态,而具有低玻璃化温度 T_g 的高聚物,却会呈现为液体的状态。

例如,在聚丙烯酸类高聚物侧链中引入偶氮苯基团,制备新型的含偶氮苯高分子。通过紫外光(365 nm)/可见光(530 nm)的交替照射,可以控制高聚物的玻璃化转变温度 T_g,实现含偶氮苯高聚物体系的光控可逆固液态转变,具有从固态向各向同性的液态转化的光开关功能(图 5-35)。

数均分子量 M_n 分别为 9.9×10^3 g/mol 和 2.7×10^4 g/mol 的偶氮高聚物 P1 和 P2 在室温下是固体,它们的玻璃化温度 T_g 分别为 48℃和 68℃。当 P1 和 P2 侧链中的偶氮苯基团基本处于热力学稳定的反式结构时,其吸收峰在 330 nm 左右处(图 5-36(a)),P1 和 P2 呈现出的 T_g(即 48℃、68℃)高于室温,样品为固体;当对样品进行紫外光照处理后,伴随着 P1 和 P2 中偶氮苯基团从反式到顺式的状态转变,反式异构体减少,在 450 nm 左右处出现了顺式异构体的吸收峰,高聚物 T_g 显著降低,在室温下样品为液体(图 5-36(b)),呈现出较好的流动性;通过可见光的照射,高聚物的 T_g 又能重新恢复到初始水平,样品由液态转变回固态。

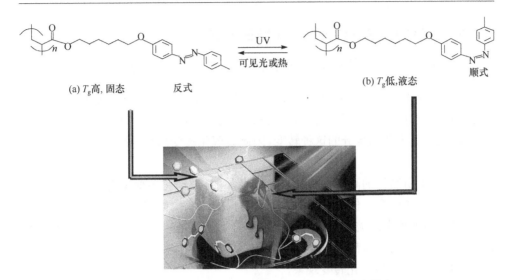

图 5-35　含偶氮苯高聚物体系的光控可逆固液态转变

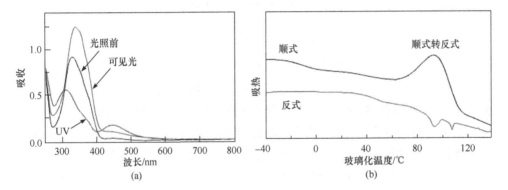

图 5-36　光照前、紫外(UV)光照后及可见光照射后吸收峰的变化(a)；
顺式和反式高聚物玻璃化温度的变化(b)

借助含偶氮苯高聚物这一光控可逆固液转变特性,该高聚物有望应用于自愈合高硬度涂层、低粗糙度表面制备(含偶氮苯高聚物薄膜的表面粗糙度可降低约600%)以及光控转移印花技术。此外,引入偶氮苯基团赋予高聚物玻璃化温度可控转变,有望取代高聚物熔融成型加工模式,成为一种新型的环保节能型加工新技术。开发自愈合高聚物,从而延长高聚物材料的使用寿命,并有可能简化高聚物材料的回收再利用。同时,还可以在高聚物材料加工过程中,引入清洁、安全、低能耗的光控加工代替目前常用的加热熔融或者有机溶剂溶解工艺,减少能耗,避免污染,降低成本。

5.2.8　高聚物玻璃化转变的几个特殊情况

1. 100%结晶的高聚物宏观单晶体没有玻璃化转变

按本章 5.1 节中的定义,高聚物的玻璃化转变是指非晶高聚物从玻璃态到高弹态的转变(温度从低到高),或从高弹态到玻璃态的转变(温度从高到低),对晶态高聚物,是指其中非晶部分的这种转变,因此玻璃化转变总是与高聚物的非晶态联系在一起。

一直以来所制得的高聚物都是非晶或半晶的,玻璃化转变也就成为高分子科学中必讲的课题内容。但由固态晶相聚合而得的聚双炔类宏观单晶体中完全不存在非晶区,高聚物中的玻璃化转变和结晶度的概念都失去了意义,所有有关测定高聚物玻璃化转变的实验都表明,100%结晶的具有平躺伸直链结构的高聚物宏观单晶体(如 PTS)没有玻璃化转变现象。

另外,正如前面所述,极高度交联的高聚物交联点之间的分子链已小于链段长度,也不会发生链段运动,因此,没有玻璃化转变现象。

2. 高分子单链存在非晶态,有玻璃化转变

一个高分子链包含成千上万个单体单元,每个单体单元相当于一个小分子,则即便是孤立的单根高分子链仍然存在链单元之间的相互作用,因此,单根分子链能形成凝聚态,根据制备条件,可以是单链单晶体,也可以是单链玻璃态。

单链单晶体即是 100%结晶的单晶体,当然也就没有玻璃化转变。单链玻璃态是地地道道的非晶态,微乳液聚合在适当条件下可制得平均直径为 26 nm 的单链聚苯乙烯(PS)玻璃态纳米球($M>4\times10^6$)。单链 PS 纳米球升温差示扫描量热(DSC)测定,呈现有玻璃化转变 T_g 的吸热阶跃。

3. 高聚物表面的玻璃化温度随离表面的距离改变而有较大的变化

聚苯乙烯薄膜铺在氢钝化的硅表面,用椭圆偏光法直接测量了薄膜的玻璃化温度 T_g。当 $h\leqslant40$ nm 时,所测的 T_g 值比本体 T_g 值低几十度,且发现 T_g 随薄膜厚度降低而降低。实验结果证明,自由表面作用降低了体密度,提高了高分子链的流动性,降低了高聚物薄膜的玻璃化转变温度。薄膜越薄,这种作用越强,高聚物薄膜的玻璃化转变温度越低。

随着纳米技术的发展,高聚物超薄膜的许多物理力学性能的特殊性都值得我们了解和研究。超薄膜的玻璃化温度吸引很多人关注,例如,很多高聚物用作感光涂层,纳米量级的涂层需要相当于它们这个性状的物理指标。图 5-37 是一种称为 Shipley 感光涂层薄膜 T_g 随薄膜厚度的变化,在薄膜厚度大于 40 nm 时,T_g 不随

薄膜厚度变化而变化,维持一个正常恒定的值。但薄膜厚度小于 40 nm 时,T_g 随薄膜厚度降低,从本体的 157℃ 直线下降至 130℃ 左右。

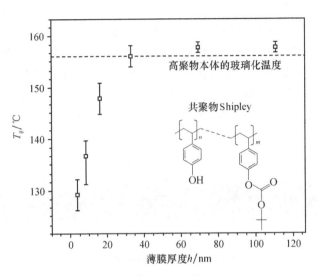

图 5-37　共聚物 Shipley 涂层的玻璃化温度随薄膜厚度的变化

随薄膜厚度降低,T_g 降低的幅度达几十摄氏度之多,由此可以预见,只有一个分子厚度的高聚物单分子膜,它的玻璃化转变温度会更低,有可能会接近室温,这就为高聚物单分子膜的二维橡胶态的存在提供了理论可能。

4. 二维橡胶态的提出及几个证明它可能存在的实验

具有低玻璃化转变温度的高聚物单分子膜是否在室温存在橡胶态是一个值得探索的问题。亚油酸单分子膜的聚合对单分子膜动态弹性的影响,初步在实验上证明了二维橡胶态可能的存在。亚油酸单分子膜紫外聚合后的崩溃压为 22 mN/m,比单体单分子膜的崩溃压 18 mN/m 高,以及水面上搜集到的痕量树脂状固体物都表明亚油酸单分子膜确实已发生了聚合。动态弹性试验发现聚合后的亚油酸单分子膜的动态模量下降到 40.4 mN/m,比辐照聚合前的 96.3 mN/m 低很多(图 5-38)。

亚油酸分子中有两个双键,树脂状固体物又不溶于溶剂,可认定亚油酸发生了

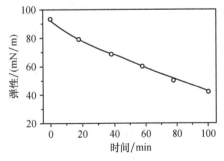

图 5-38　亚油酸单分子膜的弹性与
紫外光辐照时间的变化关系

交联。如果聚合反应后的单分子膜的玻璃化温度比室温低,那么它将处于高弹橡胶态,因此单分子膜的弹性反而比其聚合前的低。以上为提出单分子膜的二维橡胶态概念的又一个原因。

　　二维橡胶态更为直接的证据来自于显微镜的观察。膜厚度约为 40 nm 的接有交联蒽侧基团的线形聚异戊二烯橡胶弹性薄膜,蒙在一个 0.3 dm 的小孔上,在原子力显微镜下可观察到用一个轻微的压力从下向上顶薄膜,薄膜中部向上凸起,产生了形变,当松开后形变就完全消失,类似三维状态下橡胶弹性形变行为,且这个过程能被多次重复。因此从试验上直接肯定了高聚物膜的确存在预期的橡胶弹性行为(图 5-39)。

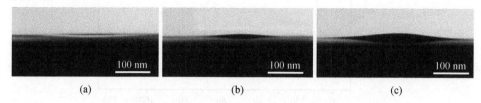

图 5-39　40 nm 超薄改性聚异戊二烯橡胶弹性薄膜在原子力显微镜下表现
出来的二维弹性行为

5. 两点说明

　　(1)高聚物的玻璃化转变是链段运动被激发。链段是高聚物特有的运动单元,它们的运动对应高聚物特有的力学性能是高聚物的高弹性,并且它们的温度依赖性不服从普适的阿伦尼乌斯方程,而是服从高聚物特有的 WLF 方程。

　　(2)双重玻璃化温度。在结晶高聚物中,特别是结晶度很高的高聚物中,非晶

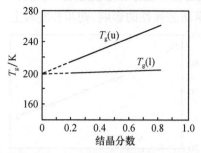

图 5-40　聚乙烯的双重玻璃化温度

区被晶区所包围,由于高聚物中一根分子链可以同时穿过晶区和非晶区,在非晶区中分子链段的运动应该受到包围它的晶区的影响。这里可以大致分两种情况:一种是紧挨着晶区的非晶区,其中的链段运动受晶区影响之大一定会在玻璃化温度上反映出来;另一种是距离晶区较远的非晶区,其中的链段运动几乎不受晶区的影响。因此,结晶高聚物中就有两种不同的非晶区,它们会显示不同的玻璃化温度,从而使得结晶高聚物有所谓的双重玻璃化温度之说。像聚乙烯的 T_g 就有两个:一高[$T_g(u)=240$ K(-33℃)即通常的 β 弛豫]一低[$T_g(l)=205$ K(-68℃),即通常的 T_g],前者强烈依赖于结晶度,当结晶度为零时,两者归为一个 T_g(图 5-40)。

5.3　比链段更小运动单元的运动——玻璃态高聚物的次级转变

玻璃化温度以下,链段运动是冻结的,但比链段更小的运动单元仍然可以发生运动,出现多个次级转变。最著名的运动如下。

5.3.1　局部弛豫模式

在玻璃态,高聚物是塑料,主链链段不能运动,但它们可以在其平衡位置附近做有限的振动,包括键长的伸缩振动、键角的变形振动、C—C 单键的扭曲振动等。因此,出现局部弛豫模式的频率范围很宽,在温度谱上反映为低于 T_g 且覆盖很宽温度的峰。典型的例子是聚氯乙烯(PVC)。图 5-41 是 PVC 的动态力学弛豫谱,在主转变——玻璃化转变以下峰强不高,但覆盖很宽的扁平峰,即为 PVC 高分子主链的局部弛豫模式运动引起的弛豫峰。它不是链段的运动,因为其温度依赖关系符合阿伦尼乌斯方程,而不是 WLF 方程。

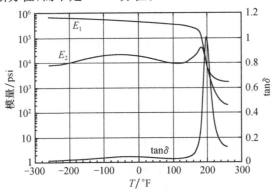

图 5-41　聚氯乙烯(PVC)动态力学弛豫谱

$1\ psi = 0.69 \times 10^4\ N/m^2$, $°F = \dfrac{9}{5}°C + 32$

5.3.2　曲柄运动

链节运动中最著名的是曲柄运动(crankshaft motion)。只要主链上 $\text{-}\!\!\left[CH_2\right]\!\!_n$ 的 $n \geqslant 4$ 就有可能发生曲柄运动,如图 5-42 所示,由此推算所得的活化能 ΔE_γ 为 52 kJ/mol,与实验值 $\Delta E_\gamma = 42 \sim 84$ kJ/mol 相符。

可能的曲柄运动还有以下两种类型:一种是图 5-43(a)所示的中心键为能量不利的顺式构型,实现的可能性不大;另一种是图 5-43(b)所示的紧缩的螺旋,能量较低,有可能实现。

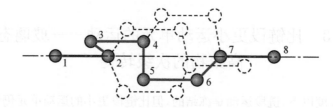

图 5-42　高分子链中比链段还要小的 C_8 链节曲柄运动示意图

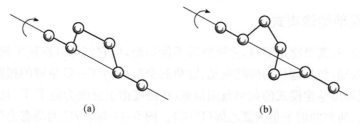

(a)　　　　　　　　　(b)

图 5-43　C_8 链节的曲柄运动可能的另两种类型

需要说明的有：

(1) 曲柄运动也可能发生在长支链中，只要这个支链符合 $\left[CH_2\right]_n$，$n \geqslant 4$ 的条件。

(2) 即使是带有不大侧基（如—CH_3）的链节 —CH_2—$\overset{\overset{\displaystyle CH_3}{|}}{CH_2}$—$CH_2$—$CH_2$— 也能发生曲柄运动。

(3) 发生曲柄运动的温度与玻璃化温度有关，若以热力学温度计算，有

$$T_{曲柄} \approx 0.75 T_g$$

5.3.3　杂链高聚物主链中杂链节的运动

在杂链高聚物主链中杂链节，如聚碳酸酯

$$\left[\begin{array}{c} \\ \end{array} \right]_n$$

及聚芳砜

中的 —O—$\overset{\overset{\displaystyle O}{||}}{C}$—O— 或—$SO_2$ 基的运动均能引起玻璃态时的次级转变。这种玻璃

态时的次级转变,能在外力作用下通过杂链节的运动吸收能量,使得这些高聚物(聚碳酸酯、聚芳砜、聚酰胺等工程塑料)在玻璃态具有优良的力学性能(抗冲性能),如图 5-44 所示。

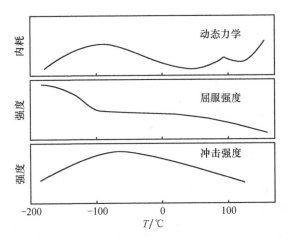

图 5-44　聚碳酸酯的动态力学内耗、屈服强度和冲击强度与温度关系图

5.3.4　侧基或侧链的运动

高聚物中侧基或侧链的运动比较复杂,与侧基的大小和所处的位置有关。

1. 大侧基

如聚苯乙烯的大侧基 —⟨⟩、聚甲基丙烯酸甲酯的 $-\overset{\overset{\displaystyle O}{\|}}{C}-O-CH_3$ 在 T_g 以下都会发生运动,呈现次级转变峰。

2. 长支链

长支链会发生上述所提的曲柄运动。

3. α-甲基

与主链相连的 α-甲基的内旋转运动在温度很低的地方会产生次级转变的小峰。

4. 其他甲基

如酯甲基的转动,会在比 α-甲基转变峰更低的温度下出现损耗峰。

聚甲基丙烯酸甲酯中有 α-甲基和酯甲基,由于发生运动的温度较低,通常用更高频率的介电弛豫和核磁共振(NMR)方法来研究(图 5-45),也可参见后续的图 5-77。

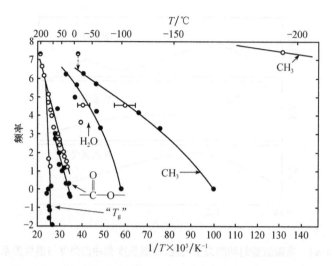

图 5-45　聚甲基丙烯酸甲酯力学弛豫峰的频率-温度依赖关系
用力学松弛(实心点),介电松弛(空心点)和 NMR(半实心点)显示酯甲基,—甲基运动呈现的温度

5.3.5　物理老化

物理老化是玻璃态高聚物通过链段的微布朗运动使其凝聚态结构从非平衡态向平衡态过渡的弛豫过程,它一般发生在玻璃化温度和次级转变温度之间。由于物理老化,玻璃态高聚物(塑料)在长期存放过程中,冲击强度和断裂伸长率大幅度降低,材料变脆。事实上,从熔体快速淬火成玻璃态时,体系处在热力学非平衡态,其凝聚态结构不稳定,在存放过程中会逐渐向稳定的平衡态转变。

物理老化在差示扫描量热(DSC)的升温测量中能够表现出(图 5-46)。当高聚物从熔体淬火到玻璃态后,再在低于 T_g 的温度下进行热处理,则会在 T_g 附近出现一个吸热峰,热处理的时间越长,温度越高,吸热峰越高,并移向高温。而在25℃热处理不同时间,DSC 吸热峰随热处理时间延长而移向高温。

物理老化现象应归结为凝聚缠结点的解开,高聚物熔体淬火到玻璃态,其分子链间凝聚状态冻结在 T_g 以上的热力学非平衡状态,在升温时不需要打开凝聚缠结就能实现高弹态,所以在 DSC 测量中仅表现为正常吸热曲线的阶跃。当在 T_g 以下进行热处理时,高聚物在向平衡态转变的同时,一部分分子链间形成新的凝聚缠结点。如果这些凝聚缠结点间的链段长度小于约 100 碳原子时,就会限制使其向高弹态转变的分子链内旋转。当温度升到 T_g 附近时,由于分子链的热运动能

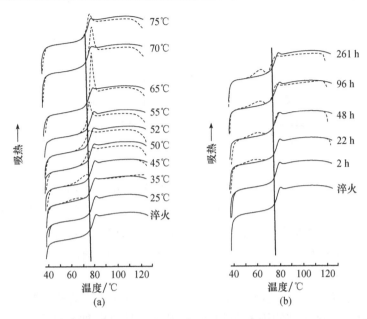

图 5-46　具有不同热历史的从熔融态淬火聚对苯二甲酸乙二酯膜的 DSC 曲线
(a) 分别在不同温度下热处理 2 h；(b) 在 25℃下热处理不同时间

增加,使这些凝聚缠结点打开,犹如熔融的一级转变,产生 DSC 的吸热峰。同时分子链的构象发生突变,达到新的构象平衡态。凝聚缠结点的数目和强度与热处理的温度和时间有关,热处理温度越高,时间越长,形成凝聚缠结点的强度就越强,数目也越多,因而使这些凝聚缠结点解开所需的能量就越大,在 DSC 曲线中产生的吸热峰就移向高温,且强度增大。

　　物理老化,使有关凝聚缠结解开的问题在玻璃态高聚物的屈服行为上也有所表现,第 7 章中将有介绍。

5.4　晶态高聚物的分子运动

　　晶态高聚物可能存在的分子运动形式远比非晶高聚物的复杂,除了上述非晶高聚物所具有的五种运动外,还可能有如下运动。

5.4.1　结晶熔融

　　熔点 T_m 转变属一级转变,是一个相变过程。在结晶熔融时有相变发生,即从晶态转变为液态

$$晶态 C \xrightarrow{T_m} 液态 L$$

此时比容突然增大,并吸收一定的热量(图 5-47)。

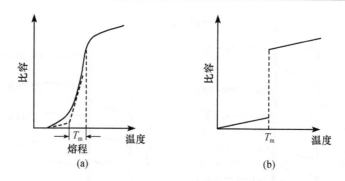

图 5-47　晶态高聚物与小分子化合物的比容-温度曲线

(a) 晶态高聚物有一个较宽的熔融温度范围(熔程)；(b) 小分子化合物的熔点非常明确

　　虽然晶态高聚物是在一定温度区域内发生熔融，但是总有这样一个温度，高于此温度晶体便不再存在，这就是熔点。对于缓慢退火的均聚物，大多数晶体约在熔点附近 5℃ 以内熔融。

　　高聚物的熔点 T_m 与玻璃化温度 T_g 虽属两个相中不同的转变温度，但是这两种转变所依赖的化学结构因素是相同的，$T_m = \Delta H / \Delta S$，即高分子链的柔性和刚性，高分子链间相互作用和几何立构因素，因而在 T_m 与 T_g 之间存在着一定关系。当两者以热力学温度表示时，绝大多数高聚物的 T_g / T_m 比值处于 $1/2 \sim 2/3$ 的范围内［波义耳-比门(Boyer-Beamen)定律，图 5-48］，这两个数值分别代表结构对称高聚物与结构不对称高聚物的比值。

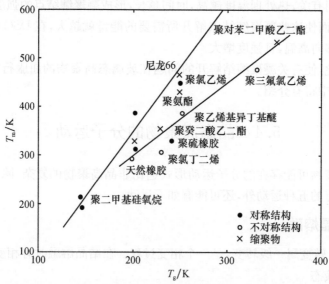

图 5-48　高聚物玻璃化温度 T_g 与熔融温度 T_m 的相关性

$$T_g/T_m = 1/2 \quad (对称的) \tag{5-41}$$

$$T_g/T_m = 2/3 \quad (不对称的) \tag{5-42}$$

5.4.2　一种晶型到另一种晶型的转变

经典的例子是聚四氟乙烯(PTFE)的晶型转变 T_{cc}(图 5-49)。

$$(CF_2)_6 \text{ 三斜晶} \xrightarrow{19℃} \text{六角晶} \xrightarrow{30℃} \text{消失}$$

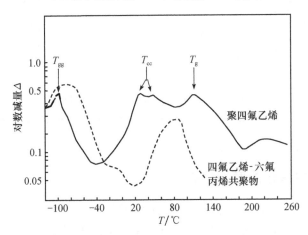

图 5-49　聚四氟乙烯和四氟乙烯-六氟丙烯共聚物的动态力学曲线

这一室温的转变是聚四氟乙烯的一个严重缺点,消除办法是用共聚的方法去破坏 6 个 CF_2 链节所形成的晶胞。例如,在四氟乙烯-六氟丙烯共聚物中,当后者的含量约占 1/6 时,这一 T_{cc} 晶形转变即明显受到抑制,如图 5-49 中虚线所示。

5.4.3　晶区中小侧基的运动

像聚丙烯这样的晶态高聚物的折叠链晶区中,折叠的 C—C 主链上带有的 —CH_3 小侧基的运动会在极低温($-220℃$)处呈现小的损耗峰,它们运动的示意图见图 5-50(a)。

5.4.4　晶区缺陷部分的运动

晶区缺陷部分运动包括折叠链的"手风琴式运动"[图 5-50(b)]、折叠链节在孔穴中的兜荡[图 5-50(c)]、粗糙面的移位[图 5-50(d)]以及分子链节的扭绞[图 5-50(e)]等。

5.4.5　晶区与非晶区之间相互作用

晶区与非晶区之间相互作用包括在界面上的摩擦,如聚对苯二甲酸乙二酯在

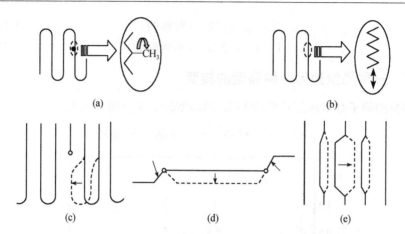

图 5-50　聚丙烯晶格中的运动示意图

（a）甲基的运动；（b）"手风琴式运动"；（c）可能的缺陷的运动；（d）粗糙面的移位；（e）分子链节的扭绞

－30℃处就属于此类分子运动。

5.4.6　晶区中晶粒的摩擦损耗

高聚物晶区中晶粒的摩擦损耗研究极少，这里不作介绍。

需要指出的是，在 5.4.4 和 5.4.5 节中提及的晶区内的运动在无机晶体中早有发现。我国科学家葛庭燧院士发明的葛氏摆（扭摆的一种）是研究这类分子运动的有力工具，同样葛氏摆也已经用于研究存在于晶态高聚物晶区中的分子运动。

5.5　高聚物分子运动的研究方法

研究高聚物分子运动的方法主要是依据它们在物理性能上的反映。所以，如前面已提过的各种分子运动将会在高聚物的热力学性能、力学性能及电磁性能上有所反映，或发生不连续，或发生转折，它们都被用来研究高聚物的分子运动。这里主要介绍膨胀计法、差示扫描量热法（DSC）、力学弛豫法、介电弛豫法、正电子湮没技术和核磁共振法。

5.5.1　膨胀计法

热膨胀法（thermodilatometry）是在程序控制温度下，测量物质在可忽视载荷下的尺寸随温度变化的一种技术，分线膨胀系数测定和体膨胀系数测定两种。

1. 体膨胀系数的测定

体膨胀系数 β 为温度 T 升高 1℃时试样体积 V 膨胀（或收缩）的相对量

$$\beta = \Delta V / (V_0 \Delta T)$$

常见的体膨胀计见图 5-51。原理与测定结晶动力学的膨胀计相同,在膨胀计内装入适量的高聚物试样,通过抽真空的方法在负压下把对受测高聚物没有溶解作用的惰性液体(如乙二醇)充入膨胀计内,然后在油浴中以一定的升温速率对膨胀计加热,记录乙二醇柱高度随温度的变化。由于高聚物在玻璃化温度前后体积的突变,在乙二醇柱高度-温度曲线上有对应折点,折点对应的温度即为玻璃化温度。

2. 线膨胀系数的测定

线膨胀系数 α 为温度 T 升高 1℃时,沿试样某一方向上的相对伸长 l(或收缩)量(图 5-52)。

$$\alpha = \Delta l / (l_0 \Delta T)$$

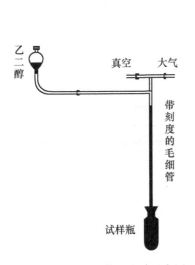
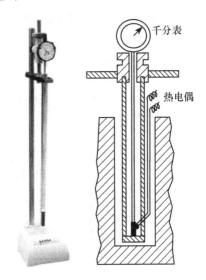

图 5-51 最常见的体膨胀计示意图

图 5-52 立式石英膨胀计
顶杆和底座均使用膨胀系数极小的石英

高聚物一般都是各向同性的,所以可以用线膨胀系数来代替体膨胀系数的测定。例如,在聚四氟乙烯线膨胀系数的温度关系图上,24℃附近线膨胀系数大的跃升就是它晶型转变的反映(图 5-53)。

3. 多光束激光干涉测微装置

多光束激光干涉测微装置,能测得微米乃至纳米量级的位移。该仪器的核心

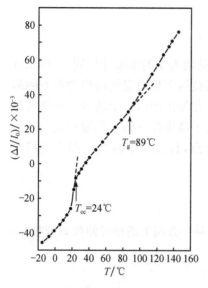

图 5-53　聚四氟乙烯的线膨胀系数的
温度关系图

是一个扫描法布里-珀罗干涉仪(图 5-54),氦氖激光器发出的细束激光,经过调整架射到两片放在平行弹簧导轨上严格平行的内侧镀有高反射的玻片上,光线在两玻片间经多次反射后,透视光经全反射镜,再经硅光二极管光电转换后在示波屏上显示出来。将一锯齿波电压加在压电陶瓷上,带动玻片做往复扫描运动,被测试样置于测试杆的延长线上,由多光束干涉理论可知,透视光强分布为

$$\frac{I_T}{I_0} = \frac{1}{1 + \frac{4R}{(1-R)^2}\sin^2\left(\frac{2\pi}{\lambda}nd\cos i'\right)}$$

$$(5\text{-}43)$$

式中,I_T、I_0 分别为透射光强和入射光强;R 为玻片反射率;n 为折射率;d 为玻片间距;i' 为折射角。在本装置中,$n \approx 1$,$\cos i' \approx 1$,$\lambda = 632.8$ nm 都是常数,因此 I_T 唯一反映的就是玻片间距 d。

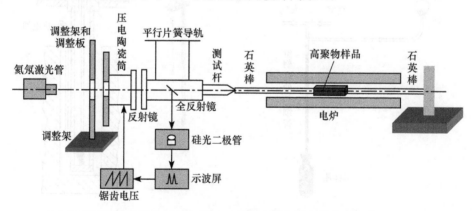

图 5-54　多光束激光干涉测微装置原理示意图

当 $2\pi/\lambda d = k\pi$,即 $d = k\lambda/2$ 时透视光强最大,如图 5-55 所示。

压电陶瓷在双线示波器输出的锯齿波电压作用下带动玻片作往复快速扫描,发生周期性改变。当扫描量大于 $\lambda/2$ 时,从硅光二极管出来的信号在示波屏上出现两个稳定不动的尖峰[图 5-55(a)],两峰的间距代表长度为 $\lambda/2$,也是我们度量的基准。当试样发生微小位移时,通过弹簧导轨带动作平行移动,反映在示波屏上则如图 5-55(b)所示,两波峰同时向一个方向产生平动,移动量为

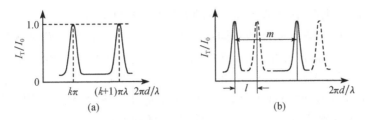

图 5-55　多光束激光干涉测微装置在双线示波器上的图形(a)和由于试样长度改变
导致的极大光强峰位置的移动(b)

$$x = \frac{l}{m}\frac{\lambda}{2} \tag{5-44}$$

l 和 m 的定义参照图 5-55。移动一个整峰,即 $l = m$,距离变化为 $0.316\ \mu m$,移动量 l 由人眼在示波屏上读取,若人眼估读示波器上线条的位移精度为 $0.5\ mm$,$m = 100\ mm$(扫描扩展 2 倍),则本装置的试验精度可达 $x = \lambda/400 = 1.6\ nm$,可用来测定高聚物小运动单元导致的膨胀系数变化,还可测定高聚物宏观单晶体聚合过程中晶格参数的变化。

5.5.2　差示扫描量热法

热分析在高分子科学中有广泛的应用,它通过在加热(或冷却)过程中高聚物的重量、热量、长度、热传导、力学性能,乃至气体的逸出等变化来感知和测定发生在高聚物结构上的变化,见图 5-56。这里介绍最常用的差示扫描量热法。

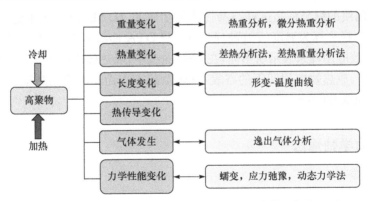

图 5-56　在高分子科学中有广泛应用的热分析方法

差示扫描量热法(differential scanning calorimetry,DSC)是热分析技术中最广泛使用的一种。它是在差热分析(DTA)基础上发展起来的技术,通过对试样因热效应而发生的能量变化进行及时补偿,保持试样与参比物之间温度始终保持相同,无温差、无热传递,使热损失小,检测信号大。灵敏度和精度大有提高,能快速提供被研究物质的热稳定性、热分解产物、热变化过程的焓变、各种类型的相变点、玻璃化温度、软化点、比热容和高聚物的表征及结构性能等。

DSC 与 DTA 测定原理的不同在于 DSC 是在控制温度变化情况下,以温度(或时间)为横坐标,以样品与参比物间温差为零时所需供给的热量为纵坐标所得的扫描曲线。DTA 是测量 $\Delta T\text{-}T$ 的关系,而 DSC 是保持 $\Delta T=0$,测量 $\Delta H\text{-}T$ 的关系。两者最大的差别是 DTA 只能定性或半定量,而 DSC 的结果可用于定量分析。DSC 和 DTA 仪器装置相似,所不同的是在试样和参比物容器下装有两组补偿加热丝,当试样在加热过程中由于热效应与参比物之间出现温差 ΔT 时,通过差热放大电路和差动热量补偿放大器,使流入补偿电热丝的电流发生变化,当试样吸热时,补偿放大器使试样一边的电流立即增大;反之,当试样放热时则使参比物一边的电流增大,直到两边热量平衡,温差 ΔT 消失为止(图 5-57)。换言之,试样在热反应时发生的热量变化,由于及时输入电功率而得到补偿,所以实际记录的是试样和参比物下面两只电热补偿的热功率之差随时间 t 的变化关系。

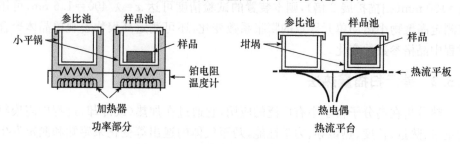

图 5-57　差示扫描量热法测定原理图

DSC 曲线的纵坐标是试样与参比物的功率差 $\mathrm{d}H/\mathrm{d}t$,也称作热流率,单位为毫瓦(mW),横坐标为温度(T)或时间(t)。与 DTA 曲线相对比,吸热效应用谷来表示,放热效应用峰来表示所不同,在 DSC 曲线中,吸热效应用凸起正向的峰表示(热焓增加),放热效应用凹下的谷表示(热焓减少),而高聚物的玻璃化转变则是 DSC 基线的跃升(图 5-58)。

5.5.3　力学弛豫法

1. 蠕变

蠕变是一种应力不变而应变随时间 t 不断增加的现象。蠕变测量是研究高聚物分子运动和黏弹性试验中较为容易实现的一种方法。它是在恒温条件下,于试样上施加恒定应力后观察应变随时间 t 的变化,设在 $0\sim t_1$ 时间内,试样上没有载荷 $\sigma(t)=0$,在时刻 $t=t_1$,有一载荷突然加在试样上,产生一定的应力 σ_0,并在 $t_1\sim t_2$ 时间里维持这应力不变,$\sigma(t)=\sigma_0$(注意此处应力不变,由于形变过程中试样横截面可能发生变化,所以要有特定的设计来维持应力不变),观察应变随时间变化趋

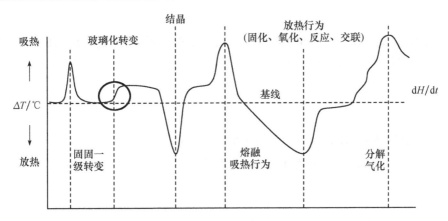

图 5-58　DSC 曲线上吸热和放热峰以及表示玻璃化转变温度 T_g 的曲线跃升图解

势。用数学式来表示即应力 $\sigma(t)$ 是一个阶梯函数

$$\sigma(t) = \begin{cases} 0 & 0 \leqslant t < t_1 \\ \sigma_0 & t_1 \leqslant t < t_2 \end{cases} \tag{5-45}$$

此时,应变 $\varepsilon(t)$ 为时间 t 的增函数,如果在时间 t_2 以后,载荷又突然除去,即

$$\sigma(t) = \begin{cases} \sigma_0 & t < t_2 \\ 0 & t \geqslant t_2 \end{cases} \tag{5-46}$$

此时应变 $\varepsilon(t)$ 是时间 t 的减函数,即为蠕变回复。

　　理想弹性体(胡克弹体)的应变比较简单,$\varepsilon(t)$ 也是一个阶梯函数。但高聚物的应变具有复杂的性状(图 5-59),依应变 $\varepsilon(t)$ 与时间 t 的关系,高聚物的蠕变过程可分为三个阶段。

　　第一阶段是瞬时变形阶段(immediate elastic deformation),高聚物产生瞬时应变,服从胡克定律,与时间无关。若以柔量(compliance)$J(t)$ 表示,应变

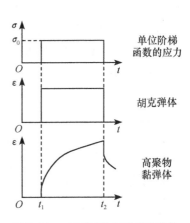

图 5-59　$\sigma(t)$ 作用下,理想弹性体(胡克弹体)和高聚物(黏弹体)的蠕变及其回复

$$\varepsilon_{\mathrm{I}} = J_0 \sigma_0 \tag{5-47}$$

式中,J_0 为一常量,称为普弹柔量。

　　第二阶段是推迟蠕变阶段(delayed elastic deformation)。蠕变速率发展很快,随后逐渐降低到一个恒定值。应变等于应力 σ_0 乘上时间 t 的某一函数 $\Psi(t)$,即

$$\varepsilon_{\mathrm{II}} = \sigma_0 J(t) = \sigma_0 J_e \Psi(t) \tag{5-48}$$

式中，$\Psi(t)$ 是蠕变函数（creep function），其具体形式可以由试验确定或由理论推出（见第 6 章），但它应具有如下性质：

$$\Psi(t) = \begin{cases} 0 & t = 0 \\ 1 & t = \infty \end{cases} \tag{5-49}$$

即当应力作用极长时间后，应变即趋于平衡。此时的柔量称为平衡柔量 J_e。

第三阶段是线性非晶高聚物的流动，服从牛顿流动（newtonian flow）定律：

$$\varepsilon_{\mathrm{III}} = \sigma_0 \frac{t}{\eta} \tag{5-50}$$

全部蠕变 $\varepsilon(t)$ 为这三部分应变之和（图 5-60）。

$$\varepsilon(t) = \varepsilon_{\mathrm{I}} + \varepsilon_{\mathrm{II}} + \varepsilon_{\mathrm{III}} = \sigma_0(J_0 + J_e\Psi(t) + t/\eta) = \sigma_0 J(t) \tag{5-51}$$

式中

$$J(t) = J_0 + J_e\Psi(t) + t/\eta \tag{5-52}$$

$J(t)$ 为恒定应力下的蠕变柔量（creep compliance）。因为高聚物的蠕变柔量范围高达几个数量级，蠕变试验时间也长达数十甚至数百小时，所以一般均采用双对数作图。恒定温度下高聚物蠕变柔量 $J(t)$ 随时间 t 变化的双对数 $\lg J(t)$-$\lg t$ 曲线如图 5-61 所示。

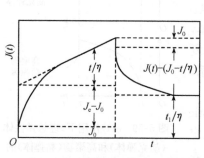

图 5-60　恒定应力下蠕变柔量
随时间的变化

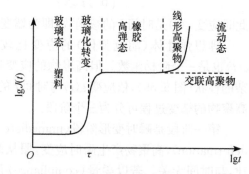

图 5-61　线形和交联高聚物典型蠕变柔量
和时间的双对数图

在较短的时间里，高聚物呈现玻璃态，应变正比于应力，与时间无关，柔量约为 10^{-9} m^2/N。随时间的增加，其蠕变柔量随时间单值增大，直到再一次达到某个恒定值。此时材料变软，表现为橡胶态，蠕变柔量约为 10^{-5} m^2/N，也与时间无关。在玻璃态和橡胶态间的转变区域，即为玻璃化转变，呈现出明显的黏弹性，表征参数为推迟时间 τ。在一个更长的时间以后，高聚物的行为依赖于它们的化学结构是线形还是交联,并呈现牛顿流动,像黏性液体,或保持在橡胶态。

可见,随 τ 与加载时间 t 的大小不同,高聚物或像一块弹性固体($t \ll \tau$),或像一黏弹固体($t \approx \tau$),或像一块橡胶和一种液体($t \gg \tau$)。因为 τ 强烈依赖于温度 T,t 和 T 对高聚物力学性能的影响存在着某种等当性,也就是依赖于 T,高聚物能表现为弹性固体、或黏弹固体、或橡胶、或液体。高聚物力学行为的时温等当将在第 6 章中讨论。

如果在一定时间后把外载除去,那么高聚物会逐渐趋于回复到它原来的状态,但由于蠕变过程中的流动,高聚物将留下不可逆的永久形变(permanent set)。

$$\varepsilon_{永久} = \sigma_0 \cdot \frac{t_2 - t_1}{\eta} \tag{5-53}$$

式中,η 是黏度;$t_2 - t_1$ 代表加载的时间长度。图 5-62 是聚甲基丙烯酸甲酯的拉伸蠕变形变、蠕变回复曲线及永久形变。

蠕变试验大多采用拉伸试验,此处重要的是要保证"应力恒定",因为高聚物试样的截面随加载时间而变。

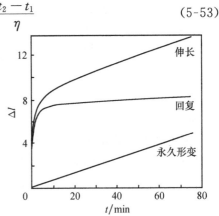

图 5-62　140℃下,分子量 $M=$ 20.4×10^4 的聚甲基丙烯酸甲酯的拉伸蠕变形变、蠕变回复曲线及永久形变

2. 应力弛豫

应力弛豫(stress relaxation)是在一定温度下使高聚物试样瞬时产生一个固定的应变,观察为维持应变恒定所需要的应力随时间的变化。从黏弹性理论和分子结构与性能间关系来看,应力弛豫较蠕变有更为重要的意义,因为它比蠕变更易用黏弹性理论来解释。

按应力弛豫的定义,当应变是一单位阶梯函数时

$$\varepsilon(t) = \begin{cases} 0 & t < t_0 \\ \varepsilon_0 & t \geqslant t_0 \end{cases} \tag{5-54}$$

为维持这应变恒定所需要的应力 $\sigma(t)$ 与时间 t 的函数关系。根据高聚物线性黏弹性的假定,应力为

$$\sigma(t) = G(t)\varepsilon_0 \tag{5-55}$$

式中,$G(t)$ 为应力弛豫模量(stress relaxation modulus),它反映 $\sigma(t)$ 的时间依赖关系。试验表明,刚发生应变时所需要的应力最大,然后应力随时间的增大而降低,如图 5-63 所示。对线形非晶高聚物,由于流动的存在,应力 $\sigma(t)$ 可以弛豫到零。对交联高聚物,在足够长的时间内,应力 $\sigma(t)$ 衰减到一个有限值,与之相对应的模

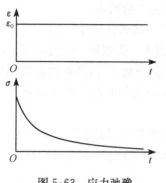

图 5-63　应力弛豫

在恒定应变 $\varepsilon = \varepsilon_0$ 时,为维持这个应变
恒定所需的应力随时间而不断衰减

量称为平衡模量 G_e。

这样,与时间无关的 G_e 在 $G(t)$ 表达式中可以单列出来

$$G(t) = G_e + G_0 \Phi(t) \qquad (5\text{-}56)$$

式中,$\Phi(t)$ 称为弛豫函数(relaxation function),表征 $G(t)$ 随时间的变化,与蠕变函数相反。弛豫函数 $\Phi(t)$ 一定随时间 t 增大而减小,它具有如下的性质:

$$\Phi(t) = \begin{cases} 1 & t = 0 \\ 0 & t = \infty \end{cases} \qquad (5\text{-}57)$$

因此,在 $t = 0$ 时的模量 $G(0)$ 为

$$G(0) = G_e + G_0 \qquad (5\text{-}58)$$

G_0 称为起始模量。

因为平衡模量取决于高聚物是否交联,未交联的线形高聚物,其 $G_e = 0$。但即使是交联橡胶,G_e 也比 G_0 小几个数量级,所以高聚物材料在试验起始时刻的应力弛豫模量值近似等于它的起始模量,即

$$G(0) \approx G_0 \qquad (5\text{-}59)$$

高聚物的应力弛豫行为也常用应力弛豫模量 $G(t)$ 对时间 t 的双对数图 $\lg G(t)$-$\lg t$ 来描述(图 5-64)。在较短时间内,高聚物的行为像弹性固体,$G(t)$ 约为 10^9 的数量级,为一恒定值,与时间无关,相当于在短时间蠕变中表现的行为。随时间增加,高聚物变软,表现出明显的黏弹行为。此段时间内应力弛豫模量值逐渐降低,直到达到另一平衡值。应力弛豫的这个转变区域(玻璃化转变)覆盖 1~2 个时间的数量级。同蠕变一样,研究此转变区域弛豫模量时间依赖性的本质,即研究弛豫

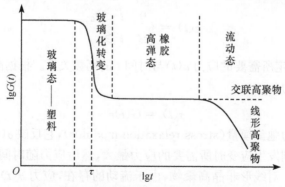

图 5-64　线形和交联高聚物典型应力弛豫模量和时间的双对数图

函数 $\Phi(t)$ 的具体形式,是高聚物黏弹性的基本任务。在转变以后,应力弛豫模量维持一个与时间无关的恒定值,其值的数量级为 10^5,材料呈现大弹性形变的为橡胶。当时间进一步延长,线形高聚物出现流动,模量再一次下跌,而交联高聚物则维持在橡胶态。

在应力弛豫中,转变区域是以弛豫时间 τ 来表征的。弛豫时间 τ 有强烈的温度依赖性,随温度的升高而减小。因此,基于时间和温度,高聚物或表现为弹性固体,或橡胶,或液体,这些都与蠕变中的情况相类似。

3. 动态力学试验

动态力学试验(dynamic mechanical test)是在交变应力或交变应变作用下,观察高聚物材料的应变或应力随时间 t 的变化。高聚物受交变应力作用是一种更为普遍的情况,动态力学试验是一种更接近材料实际使用条件的试验。另外,动态力学试验能同时测得模量和力学阻尼,对玻璃化转变、次级转变、结晶、交联、相分离以及高分子链的近程结构的许多特征和材料本体的凝聚态结构都十分敏感,因此,它也是研究固体高聚物分子运动的有力工具。

一般,动态力学试验是维持应力 $\sigma(t)$ 为正弦函数

$$\sigma(t) = \hat{\sigma}\sin\omega t \tag{5-60}$$

式中,$\hat{\sigma}$ 为交变应力 $\sigma(t)$ 的峰值,看材料的应变 $\varepsilon(t)$ 与时间的函数关系。对胡克弹体,应变是相同的正弦函数 $\varepsilon(t)=\hat{\varepsilon}\sin\omega t$[$\hat{\varepsilon}$ 是应变 $\varepsilon(t)$ 的峰值],没有任何相位差。在应力的一个周期内,外面的能量先以位能形式全部储存起来,继而又全部释放出来变成动能,使材料回到其起始状态。牛顿流体恰好相反,用来变形的能量全部损耗成热,应变与应力有 $90°$ 的相位差。介于这两种极端状态中间的高聚物黏弹体,则是部分能量变为位能储存起来,部分变成热而损耗掉,作为热而损耗掉的能量即为力学阻尼。

因此,在正弦函数应力作用下,线性黏弹体的应变也是一个具有相同频率的正弦函数,但与应力之间有一个相位差,即

$$\varepsilon(t) = \hat{\varepsilon}\sin(\omega t - \delta)$$
$$= \hat{\varepsilon}(\cos\delta\sin\omega t - \sin\delta\cos\omega t) \tag{5-61}$$

式中,δ 为相位差,负号表示应变的变化在时间上落后于应力(图 5-65)。

把式(5-61)展开得 $\varepsilon(t)=\hat{\varepsilon}\sin(\omega t-\delta)=$

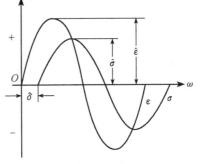

图 5-65　动态力学试验中应力
和应变关系图

在正弦函数应力 $\sigma(t)=\sigma\sin\omega t$ 作用下,应变也是一个正弦函数,但应力与应变之间存在有一个相位角 δ,应变落后于应力

$\hat{\varepsilon}(\cos\delta\sin\omega t - \sin\delta\cos\omega t)$，可见应变的响应包括两项，第一项是 $\hat{\varepsilon}\cos\delta\sin\omega t$，与应力 $\sigma(t)$ 同相，是材料普弹性的反映；另一项是 $\hat{\varepsilon}\sin\delta\cos\omega t = \hat{\varepsilon}\sin\delta\sin\left(\omega t - \dfrac{\pi}{2}\right)$ 比应力落后 90°，是材料黏性的反映。应力 $\sigma(t)$ 和应变 $\varepsilon(t)$ 的关系表现在其峰值 $\hat{\sigma}$ 和 $\hat{\varepsilon}$ 关系以及相位差 δ 上，显然此处用复数比较方便，它将使计算大大简化，应变的峰值依赖于应力的峰值，现在令

$$\hat{\varepsilon} = |\overset{*}{J}|\,\hat{\sigma}$$

式中，$|\overset{*}{J}|$ 为复数柔量 $\overset{*}{J}$ 的绝对值。

$$\begin{aligned}\varepsilon(t) &= \frac{\hat{\varepsilon}}{|\overset{*}{J}|}(|\overset{*}{J}|\cos\delta\sin\omega t - |\overset{*}{J}|\sin\delta\cos\omega t)\\ &= \hat{\sigma}[J_1(\omega)\sin\omega t - J_2(\omega)\cos\omega t]\end{aligned}$$

式中，$J_1(\omega) = |\overset{*}{J}|\cos\delta$，$J_2(\omega) = |\overset{*}{J}|\sin\delta$，说明相位差 δ 除与材料本身有关外，它也是应力作用频率 ω 的函数，所以 $J_1(\omega)$、$J_2(\omega)$ 也是频率 ω 的函数。

由复数的指数表达式

$$\begin{cases} e^{i\omega t} = \cos\omega t + i\sin\omega t \\ ie^{i\omega t} = i\cos\omega t - \sin\omega t \end{cases} \tag{5-62}$$

可见 $\sin\omega t$ 是复数 $e^{i\omega t}$ 的虚数部分，记做 $\mathrm{Im}(e^{i\omega t}) = \sin\omega t$；而 $\cos\omega t$ 是复数 $ie^{i\omega t}$ 的虚数部分，记做 $\mathrm{Im}(ie^{i\omega t}) = \cos\omega t$ 则

$$\begin{aligned}\varepsilon(t) &= \hat{\sigma}[J_1(\omega)\mathrm{Im}(e^{i\omega t}) - J_2(\omega)\mathrm{Im}(e^{i\omega t})]\\ &= \mathrm{Im}[\hat{\sigma}J_1(\omega)e^{i\omega t} - iJ_2(\omega)e^{i\omega t}]\\ &= \mathrm{Im}\{\hat{\sigma}e^{i\omega t}[J_1(\omega) - iJ_2(\omega)]\}\end{aligned}$$

因为 $\hat{\sigma}\mathrm{Im}(e^{i\omega t}) = \hat{\sigma}\sin\omega t = \sigma(t)$，并记

$$\overset{*}{J} = J_1(\omega) - iJ_2(\omega) \tag{5-63}$$

$\overset{*}{J}$ 叫复数柔量(complex compliance)，则

$$\varepsilon(t) = \overset{*}{J}\sigma(t) \tag{5-64}$$

这说明在动态力学试验中，应力和应变之间的关系也十分简单，只是此处柔量(或模量)为复数。

如果应变 $\varepsilon(t)$ 是正弦函数，观察应力 $\sigma(t)$ 随时间的变化，类似地也可求得应力和应变间的简单关系：

$$\sigma(t) = \overset{*}{G}\varepsilon(t) \tag{5-65}$$

式中，$\overset{*}{G}$ 为复数模量(complex modulus)

$$\overset{*}{G} = G_1(\omega) + iG_2(\omega) \tag{5-66}$$

它与复数柔量 $\overset{*}{J}$ 的关系是

$$\begin{aligned}
\overset{*}{G} &= \frac{1}{\overset{*}{J}} = \frac{1}{J_1(\omega) - iJ_2(\omega)}\\
&= \frac{J_1(\omega) + iJ_2(\omega)}{[J_1(\omega) - iJ_2(\omega)][J_1(\omega) + iJ_2(\omega)]}\\
&= \frac{J_1(\omega) + iJ_2(\omega)}{J_1^2(\omega) + iJ_2^2(\omega)}\\
&= G_1(\omega) + iG_2(\omega)
\end{aligned}$$

$$G_1(\omega) = \frac{J_1(\omega)}{|\overset{*}{J}|^2} \tag{5-67}$$

$$G_2(\omega) = \frac{J_2(\omega)}{|\overset{*}{J}|^2} \tag{5-68}$$

$\varepsilon(t) = \overset{*}{J}\sigma(t)$ 和 $\sigma(t) = \overset{*}{G}\varepsilon(t)$ 同时反映了 $\sigma(t)$ 和 $\varepsilon(t)$ 的峰值以及它们相位差之间的关系。在以复数平面表示的 $\overset{*}{J}$ 和 $\overset{*}{G}$ 的图 5-66 中,相位差 δ 为与实轴的夹角。力学阻尼(mechanical damping)定义为相位差 δ 的正切

$$\tan\delta = \frac{J_2(\omega)}{J_1(\omega)} = \frac{G_2(\omega)}{G_1(\omega)} \tag{5-69}$$

有时也称损耗角正切(loss tangent)。

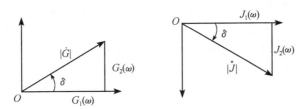

图 5-66 复数平面中复数模量 $|\overset{*}{G}|$ 与储能模量 $G_1(\omega)$ 和损耗模量 $G_2(\omega)$ 关系图以及

复数柔量 $|\overset{*}{J}|$ 与储能柔量 $J_1(\omega)$ 和损耗柔量关系图

复数柔量和复数模量的实数部分 $J_1(\omega)$ 和 $G_1(\omega)$ 表示物体在形变过程中由于弹性形变而储存的能量,通常称为储能柔量(storage compliance)和储能模量(storage modulus)。它们的虚数部分 $J_2(\omega)$ 和 $G_2(\omega)$ 则表示形变过程中以热能损耗的能量,所以叫损耗柔量(loss compliance)和损耗模量(loss modulus)。因为在每一形变周期,能量的损耗为它反抗外力所做的功 $\Delta W = \pi G_2(\omega)\dot{\varepsilon}^2$,可见,复数柔量和复数模量的虚数部分都表示能量的损耗。只要应变落后于应力(或说应力超前于应变),在应力改变方向时,应变总要反抗应力做功而有能量损耗。

　　下面再介绍一下动态黏度 $\eta_{动态}$（dynamic viscosity），因为黏弹性的能量损耗起因于它的黏性成分，在极端情况下，即当外载作用频率极低并有流动时（如对线形非晶高聚物），按牛顿流动定律（为方便起见，这里应变用 ε）

$$\sigma(t) = \eta \frac{\mathrm{d}\varepsilon(t)}{\mathrm{d}t}$$

与 $\sigma(t) = \overset{*}{G}\varepsilon(t)$ 比较

$$\overset{*}{G}\varepsilon(t) = \eta \frac{\mathrm{d}\varepsilon(t)}{\mathrm{d}t}$$

如果应变 $\varepsilon(t) = \hat{\varepsilon}\mathrm{e}^{\mathrm{i}\omega t}$，则 $\frac{\mathrm{d}\varepsilon(t)}{\mathrm{d}t} = \mathrm{i}\omega\hat{\varepsilon}\mathrm{e}^{\mathrm{i}\omega t}$，代入得

$$\overset{*}{G}\hat{\varepsilon}\mathrm{e}^{\mathrm{i}\omega t} = \mathrm{i}\omega\hat{\varepsilon}\mathrm{e}^{\mathrm{i}\omega t}\eta$$

$$\overset{*}{G} = \mathrm{i}\omega\eta \tag{5-70}$$

式中，复数模量 $\overset{*}{G}$ 只有虚数部分，可见在流动时没有能量的储存，储能模量 $G_1(\omega) = 0$，只有能量的损耗 $G_2(\omega) = \omega\eta$。动态黏度 $\eta_{动态}$ 定义为

$$\eta_{动态} = \frac{G_2(\omega)}{\omega} \tag{5-71}$$

它表示在阻尼振动时高聚物自身的内耗。

　　在交变应力作用下，高聚物黏性行为的特征性状可由图 5-67(a) 清晰可得。取 $\lg J_1(\omega)$ 和 $\lg J_2(\omega)$ 对 $\lg\omega$ 作图，在频率 ω 很高时，储能柔量 $J_1(\omega)$ 为一常数，但值很小，此时材料就像一块弹性固体。当频率降低时，$J_1(\omega)$ 逐渐增大到另一个比较大的常数值，材料表现为高弹性，像橡胶一样；中间的转变区域覆盖了 1～2 个数量级的频率 ω。当频率进一步降低时，线性高聚物由于存在流动，其 $J_1(\omega)$ 继续增大，材料就像黏性液体；对交联高聚物，由于不可能出现流动，仍保持在高弹态 [图 5-67(a) 虚线所示]。

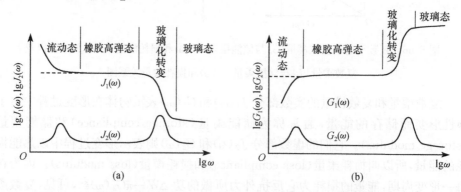

图 5-67　线形和交联高聚物典型的储能和损耗柔量曲线(a)和模量曲线(b)

与储能柔量不一样,损耗柔量 $J_2(\omega)$ 随频率 ω 的改变起伏很大,在高频率区, $J_2(\omega)$ 是一常数,值也小;在转变区域,它迅速达到一个极大值,其位置靠近 $J_1(\omega)$ 曲线的拐折处;在低频率区,交联高聚物的 $J_2(\omega)$ 又减小为如高频区域一样低的恒定值,但是线性高聚物的 $J_2(\omega)$ 随频率的降低而增大,表明在低频区由于黏性而有更多的能量损耗。

线形和交联高聚物的储能模量和损耗模量曲线在高频区和中频区是一致的,但在低频区域由于线形高聚物的流动存在而有很大区别[图 5-67 虚线所示]。

4. 动态力学测试方法

高聚物材料的动态力学测试方法很多,按应力波长 $\lambda(\lambda=2\pi/\omega)$ 与高聚物试样尺寸 l 的相互关系,可以把动态力学测试方法分为三大类。

(1) $\lambda \gg l$,在 2π 的时间里试样受到的力在不同部位各不相同,有自由振动衰减和受迫振动之分。扭摆和扭辫是典型的自由振动衰减法,扭摆是动态力学测试中最简单、最常用的一种。在扭摆和扭辫试验中,测定的量是扭振的特征频率和振幅的衰减。将试样事先扭一个很小的角度,立即松开,试样即以一定周期来回扭振,由振动周期可计算高聚物试样的模量(剪切模量 G)。由于高聚物本身的黏弹损耗,振动振幅随时间不断衰减。由振幅的衰减可计算高聚物试样的内耗。扭辫是扭摆的进一步改良,原理完全相同。动态振簧法是典型的受迫振动共振试验,它是通过测定高聚物试样共振频率 f_r 和共振半宽度频率 Δf_r 分别求取试样实数模量(杨氏模量 E)和虚数模量。动态黏弹谱仪为受迫振动非共振试验,由于现代科学技术的进展,特别是微电子技术的进步,已有可能在试验中的任一时刻直接测量该时刻振幅和相位差,从而避免了扭摆和扭辫试验中每一次都必须等待它慢慢衰减以及动态振簧法每点必达共振而引起的试验时间过长的不足。扭摆、扭辫、振簧等实验方法已经很少应用,而动态黏弹谱仪变成了高分子物理实验室中最常用的动态力学试验方法。

由于动态黏弹谱仪(dynamic viscoelastometer)可以直接测定试样的应力、应变和损耗角正切,用计算机控制非常方便。以国内很多实验室里普遍使用的 DMTA-IV 型动态黏弹谱仪[图 5-68(a)]为例,其主机炉内结构如图 5-68(b)所示。样品通过不同夹具和不同运动形式可以做拉伸、压缩、剪切、悬臂梁、三点弯曲等试验。动态力学试验中,试样在预张力(最大值:15 N)下由驱动器施加固定频率的正弦伸缩振动,预张力的作用是使试样在受到伸缩振动时始终产生张应力。之后应力传感器和位移检测器分别检测到正弦应力和应变信号,经仪器信号处理器处理,直接给出 G_1、G_2 和 $\tan\delta$ 值。炉温范围: $-150 \sim +600℃$,升温速率: $0.1 \sim 40℃/\min$,频率范围: $1.6 \times 10^{-3} \sim 2 \times 10^2$ Hz,最后可得到 G_1、G_2 和 $\tan\delta$ 对温度(T)、频率(ω)或时间(t)的图谱。

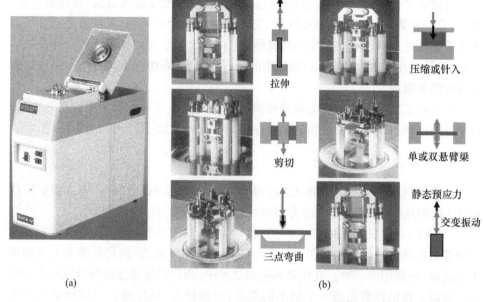

图 5-68　商品动态力学分析仪(a)和动态力学测定时的测量模式(b)

(2) $\lambda \approx l$，由于应力波长 λ 与高聚物试样尺寸 l 相近，应力波在高聚物试样中形成驻波。测量驻波极大值、驻波节点位置可计算得到杨氏模量 E 和损耗角正切 $\tan\delta$。驻波法特别适用于合成纤维力学行为的测定。

(3) $\lambda \ll l$，是波传导法。应力波比高聚物试样小，因此应力波(通常使用声波)在试样中传播。通过测定应力波的传播速度和波长的衰减可求得高聚物材料的模量 E 和损耗角正切 $\tan\delta$。显然，波传导法也特别适用于合成纤维力学行为的测定。

重要的是各种测试方法的频率范围(表 5-9)。

表 5-9　各种动态力学测试方法的频率范围

动态力学实验方法	频率范围/Hz
自由振动衰减法：扭摆、扭辫	$0.1 \sim 10$
受迫振动共振法：振簧	$5 \times 10^4 \sim 10 \times 10^4$
受迫振动非共振法：黏弹谱仪	$10^{-3} \sim 10^2$
驻波法	>1000
波传导法	$10^5 \sim 10^7$

5. 静态试验与动态试验的互补

对线性黏弹体，静态试验的时间 t 与动态试验的频率倒数 $(1/\omega)$ 是相当的。长时间的静态试验相当于极低频率的动态试验;极高频率的动态试验相当于较短时间的静态试验。这种时间和频率倒数的相当性给我们研究高聚物材料黏弹性的试验工作带来了极大方便,因为只有长时间的试验才能观察到高聚物的蠕变和应力弛豫,试验时间短时,根本观察不到蠕变和应力弛豫。同样,要在动态试验中产生变化极慢的交变应力也不很容易,宽的时间范围($10^{-8} \sim 10^8$ s)对全面研究高聚物的黏弹行为是十分必要的。有了时间和频率倒数的等当性,静态试验和动态试验正好可以弥补各自的不足。在 $t \geqslant 1$ s 的情况,静态试验方便,而在 $t < 1$ s 的情况,动态试验更为合适,因为正弦波每秒几十周是容易实现的。通过静态试验和动态试验的联合使用,我们有可能在 $10^{-8} \sim 10^8$ s 达十几个数量级的时间范围内描绘出高聚物黏弹性的频率谱,静态试验和动态试验的时间(频率)范围大致如图 5-69 所示。

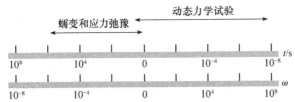

图 5-69　静态试验和动态力学试验时间(频率)的大致范围

5.5.4　介电弛豫法

与在交变应力作用下相同,在正弦交变电场作用下,极性高聚物的偶极运动有滞后特性,从而产生介电弛豫,如果交变电场以复数形式表示:

$$\overset{*}{E} = \hat{E} \mathrm{e}^{\mathrm{i}\omega t}$$

极化落后于交变电场的变化,则极化率 D 也将将是个复数:

$$\overset{*}{D} = \hat{D} \mathrm{e}^{\mathrm{i}(\omega t - \delta)}$$

它们的比例系数即为复数介电常数,

$$\overset{*}{\varepsilon} = \frac{\overset{*}{D}}{\overset{*}{E}} = \frac{\hat{D}}{\hat{E}} \mathrm{e}^{-\mathrm{i}\delta} = |\overset{*}{\varepsilon}| \cos\delta - \mathrm{i} |\overset{*}{\varepsilon}| \sin\delta = \varepsilon_1 - \mathrm{i}\varepsilon_2 \tag{5-72}$$

以上所述与动态力学中的情况相同。ε_1 和 ε_2 分别是实数和虚数介电常数,这样就可以通过交变电场中 ε_1、ε_2 和介电损耗 $\tan\delta = \varepsilon_2/\varepsilon_1$ 的温度(或频率)依赖关系来确定和研究高聚物的分子运动。图 5-70 所示的是不同取代基位置的氯代聚苯乙烯的介电谱,其介电损耗在 40 K 附近有极大峰(δ 峰),对应的是苯环的摆动。邻位和间位取代使 δ 峰明显到较低的温度,而苯环上对位氢原子被氯取代,对 δ 峰位置基本没有影响。

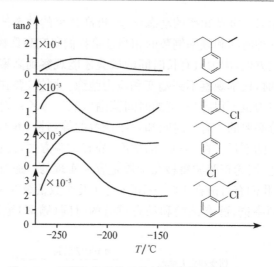

图 5-70　不同取代基位置的氯代聚苯乙烯的介电谱

　　介电弛豫与力学弛豫不同之处是只有极性高聚物能够发生介电弛豫(对非极性高聚物,一般介电方法不能测得它们的偶极弛豫,但如果采用介电去极化谱法和超低频傅里叶变换介电谱法,也能测得较高的介电损耗峰)。极性基团在高聚物中的位置已在第 1 章中讲述,因此通过介电弛豫峰的分析能明确给出分子运动的分子机理,以及发生该弛豫的特定基团,即介电弛豫用于研究高聚物分子运动的特点。其他有关介电弛豫的内容将在第 9 章中介绍。

5.5.5　正电子湮没技术

　　正电子湮没技术(positron annihilation technique,PAT)是利用低能正电子在高聚物中的湮没辐射带出物质内部的微观结构及缺陷状态等信息,特别是正电子对高聚物的点缺陷(自由体积)非常灵敏,从而提供一种研究高聚物中自由体积,乃至高聚物玻璃化转变温度的非破坏性手段。

　　正电子是电子的反粒子,除两者电荷符号相反外,其他性质都相同。一般像 ^{22}Na那样的放射性核素(半衰期为 2.6 年)发生正 β^+ 衰变,就会产生正电子。当正电子 e^+ 进入高聚物,在短时间内迅速慢化到热能区,同周围媒质中的电子相遇而湮没,全部质量(对应的能量为 $2m_ec^2$)转变成电磁辐射——湮没 γ 光子(图 5-71)。

　　正电子在完整晶格中的湮没称为自由态的湮没。一旦固体中出现缺陷,如空位、位错和微空洞,正电子容易被这些缺陷捕获后再湮没,这种湮没被称为正电子的捕获湮没,它与自由态正电子的湮没是不同的。尽管正电子与电子淹没时有单光子发射、双光子发射和三光子发射等三种发射方式,但主要还是双光子发射。

　　正电子进入高聚物,首先与样品中的原子核、电子、声子或缺陷发生相互作用,

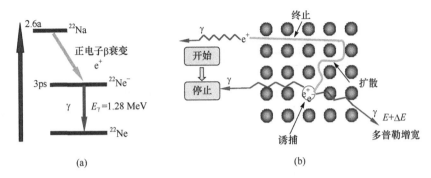

图 5-71　正电子源^{22}Na 的衰变纲图(a)和正电子湮没原理示意图(b)

在几皮秒的短时间内迅速失去能量,并慢化至热能水平(热化),然后正电子在高聚物内热扩散,并与介质原子周围的电子发生湮没。若单位时间内湮没的概率为 λ,则 λ 的倒数即是正电子的平均寿命 $\tau = 1/\lambda$。对双光子发射,其

$$\lambda = \pi r_0{}^2 c n_e \tag{5-73}$$

式中,$r_0 = e^3/(m_e c^2)$ 是电子的半径;n_e 是电子所处介质的电子密度;c 为光速。由此可见,湮没概率 λ 与正电子的速度无关,通过测定 λ(从而得到正电子寿命)就能直接求出正电子湮没时它所处物质的电子密度,电子密度低则寿命长。

在高聚物中,正电子除了与电子直接发生湮没外,还能束缚一个电子形成类似于氢原子的短寿命束缚态,叫正电子素 Ps。据正电子与电子的自旋态不同,Ps 有三重态正-正电子素 o-Ps 和单态仲正电子素 p-Ps 的两个态。它们的自湮没寿命相差很大,o-Ps 的本征寿命值(142 ns)比 p-Ps 的(0.125 ns)约大三个量级。

在高聚物中 p-Ps 的自湮没寿命很短,来不及与介质发生相互作用就自行湮没,所以它的寿命值变化不大,但 o-Ps 则不同,由于其足够长的存活时间,有可能与介质发生相互作用,使寿命大大缩短。事实上,o-Ps 能被高聚物中自由体积捕获并与其中自旋相反的电子进行交换,转变成 p-Ps 而发生"拾取湮没"(pick-off),其寿命就缩短为几个纳秒。通过 o-Ps 的寿命和强度就可以间接得知其所处位置的环境。由此可以通过正电子寿命谱仪测试高聚物中 o-Ps 的寿命和强度来研究其自由体积,从而测定高聚物的玻璃化温度。

正电子寿命的测定所用的寿命谱仪示意图见图 5-72。^{22}Na 发生 β^+ 衰变放出一个正电子,同时发射出另一个能量为 1.28 MeV 的 γ 光子,可以把这个 γ 光子的出现看作为正电子产生的数据零点信号。正电子在高聚物中湮没后发出能量为 0.51 MeV 的 γ 光子是湮没事件的终止信号。测量 1.28 MeV 的光子与 0.51 MeV 的 γ 光子之间的时间间隔就可得到正电子寿命谱。

正电子源^{22}Na 夹在两片相同的样品之间,并置于两探头中间。探头由 BaF$_2$ 晶体、光电倍增管及分压线路组成。恒比定时甄别器具有两种功能,既可以对所探

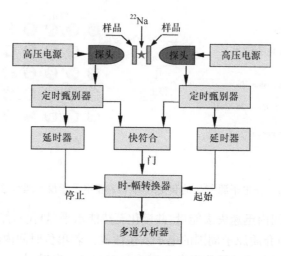

图 5-72　正电子寿命谱仪示意图

测的 γ 光子进行能力选择,又可以在探测到 γ 光子时产生定时信号。调节定时甄别器的能窗,使两探头分别记录同一个正电子所发出的起始(1.28 MeV)的和终止信号(0.51 MeV)的光子。时间幅度转换器将这两个信号之间的时间间隔转换为一个高度与成正比的脉冲信号输入多道分析器,有它记录的即为正电子寿命谱。

图 5-73 是高密度聚乙烯的 o-Ps 寿命 τ_3 值与温度的关系。图中显示出随温度的从低升高,τ_3 值是变大的,但明显有多处转折,其中在温度 190 K 处的转折 τ_3 值在 1.5 ns,表示在非晶区自由体积中的正电子湮没,对应于高密度聚乙烯的玻璃化温度。

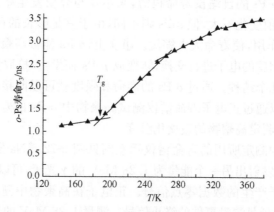

图 5-73　高密度聚乙烯 LDPE 的 o-Ps 寿命 τ_3 值与温度的关系

已经说过高聚物表面的玻璃化温度与其本体的是不一样的,表面的玻璃化温度将比本体的来得低。这是因为高聚物表面的自由体积尺寸要比本体的大。正电子寿命谱正是研究高聚物表面玻璃化温度的有力工具。图 5-74 是膜厚为 300 μm 的高分子量聚苯乙烯薄膜的正电子寿命谱。调节正电子在高聚物膜的注入深度，在离薄膜表面大于 10 nm 的厚度范围内，o-Ps 寿命值的变化特别明显，说明在高分子量聚苯乙烯薄膜表面的自由体积尺寸确实比本体的要大。表面层的玻璃化温度低于其本体的玻璃化温度。

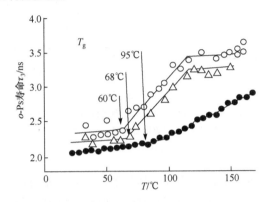

○注入电压 1 kV(约 40 nm)；△注入电压 3 kV(约 230 nm)；● 本体

图 5-74　高分子量聚苯乙烯表面和本体的 o-Ps 寿命 τ_3 随温度的变化

5.5.6　宽谱线核磁共振法

核磁共振法(NMR)、介电法和动态力学法是研究高聚物分子运动的三大方法，它们各有特点和不足，相互补充。相比之下，核磁共振法在研究分子运动方面更为直接一点，其基本原理在现代物理分析方法中已有介绍，在研究高聚物分子运动方面主要用的是核磁共振法中的宽谱线方法和测定弛豫时间的脉冲法。

1. 宽谱线核磁共振

高聚物在固体时的核磁共振吸收谱线相当宽，甚至可由几个峰叠加而成(图 5-75)，线宽和谱线形状与高聚物的分子运动有关，故可利用线宽来研究本体高聚物的分子运动。

线宽通常以吸收谱线半宽度 δH，或用谱线中心偏离的均方值 $\overline{\Delta H^2}$ 来表征，在 $\dfrac{dI}{dH}$ 图上用两个极值之间的距离来表征。影响谱线宽度的因素很多，主要有以下两个方面。

(1) 自旋-自旋作用。在固体中，磁核间都存在相互作用，通常称它为自旋-自旋作用，并产生相应的局部磁场 H_1，因此每个磁核(如 ^{1}H)除了受到外加磁场 H_0 作用外，还受它周围的局部磁场 H_1 作用，即所受到的总磁场 $H = H_0 \pm H_1$ 作用，因而发生共振的频率也相应地变化。决定这个局部内磁场强度的因素有两个，其

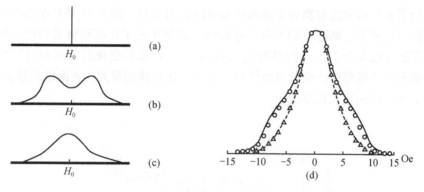

图 5-75 核磁共振谱线的形状

在外磁场 H_0 固定不变时,核磁共振谱线是一根单线(a),但磁核不是孤立的,必定存在磁矩间的相互作用,导致谱线的变宽如(b)和(c)复杂的形状。(d)是聚甲基丙烯酸甲酯测得的[1]H 核磁共振的曲线(实线为 77 K,虚线为 300 K)

一是空间因素,由于每个磁核同邻近的其他磁核之间的相对位置不同,结果每个磁核所处的局部磁场也有所不同。两个磁核之间所产生的局部磁场为

$$H_1 \approx \frac{\mu}{r_3}\left(\frac{1}{T_2}\right)\int_0^T (3\cos^2\theta - 1)\,\mathrm{d}t \tag{5-74}$$

式中,μ 为核磁矩;T_2 为自旋-自旋弛豫时间;r 为两磁核间距;θ 为 r 与 H_0 之间的夹角。显然,这种局部内磁场会因 θ 角不同而改变,同时随着 r 值的增加而减少,因此在空间的分布是不均匀的。其二是运动因素,由于分子在不断运动着的,分子中的磁核也不能局限于某一位置,温度升高后,分子运动加剧,θ 随时间而改变,当分子运动足够快时,θ 的快速变化使得它在空间可取任意值,$\overline{\cos^2\theta} \to \frac{1}{3}$,结果磁场平均化,彼此相互抵消,局部内磁场 H_1 趋于零,线宽变窄,因此可利用谱线宽度来研究高分子链运动。

(2)自旋-晶格作用。共振的必要条件是磁核在两个自旋状态之间发生跃迁,伴有能量的吸收或释放。这种能量的交换可由以下两种方式进行:一种是上面介绍的自旋-自旋相互作用,体系的总能量并未改变;另一种是自旋核与其周围核和周围环境的热振动之间的相互作用,统称为自旋核与晶格间的能量交换,又称为自旋-晶格相互作用。

由于这两种相互作用的存在使核磁不能一直停留在某个量子状态(能级态),或者说磁核自旋状态的寿命 Δt 是有限的,有限的 Δt 与线宽间存在着内在联系,可从测不准关系式得到。量子力学中的测不准关系规定,对某一状态进行测量时,测得的能量的准确度 ΔE 和测量所用的时间 Δt 之间存在以下关系:

$$\Delta E \Delta t \approx \frac{\hbar}{2\pi} \tag{5-75}$$

因 $\Delta E = \hbar \Delta \nu$（这里 $\hbar$ 是普朗克常数），故

$$\Delta \nu \cdot \Delta t \approx \frac{1}{2\pi}$$

若把 $\Delta \nu$ 转换成 ΔH 得

$$\Delta H \cdot \Delta t \approx \frac{1}{\gamma} \tag{5-76}$$

式中，γ 为核磁比。式(5-76)表明，自旋状态的寿命 Δt 越短，谱线宽度 ΔH 就越宽。以上为核磁共振谱线增宽的两个基本原因，实际所观察到的线宽是两种原因的总效应。

在高聚物的玻璃化转变温度下，链段开始运动，附加在外磁场上的具有固定位置的链段所造成的内磁场由于链段的运动，彼此相互抵消，局部内磁场 H_1 趋于零，线宽变窄，从而可以测量得到核磁共振谱线宽度随温度增加而减少的过程，得到玻璃化温度和次级弛豫温度。

图 5-76 为聚异丁烯中氢核 [1]H 共振吸收线宽随温度的变化图。在 $-200 \sim +100℃$ 区间里，有三个温度区间观察到谱线变窄，ΔH 骤降，对应于聚异丁烯中不同的分子运动机理。$T = -90℃$ 为甲基开始转动的温度，主链上链段的运动约为 $-30℃$，而较大单元的链段运动在 $30 \sim 40℃$ 开始（见图 5-76 中小图）。

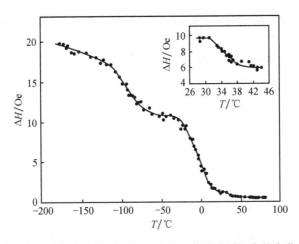

图 5-76　聚异丁烯中氢核 [1]H 共振吸收线宽随温度的变化

核磁共振对侧基运动十分敏感，图 5-77 为 50 MHz 下测定的聚甲基丙烯酸甲酯(PMMA)、聚 α-氟代丙烯酸甲酯(PMFA)和聚甲基丙烯酸环己酯(PcHMA)的自旋-晶格弛豫时间 t_1 随温度 T 的变化。$-170℃$ 左右出现的极小值是 PMMA

和PMFA的酯甲基的旋转运动形成的,因为 PcHMA 没有酯甲基,所以它没有这个极小;0℃左右的极小是 PMMA 和 PcHMA 的 α-甲基运动,PMFA 没有 α-甲基,它的较浅的极小是主链的局部扭曲运动;PMMA 和 PcHMA 也有主链的局部扭曲运动,但与 α-甲基的运动重叠。

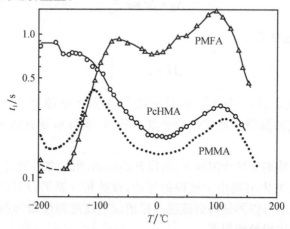

图 5-77　50 MHz 聚甲基丙烯酸甲酯(PMMA),聚 α-氟代丙烯酸甲酯(PMFA)和聚甲基丙烯酸环己酯(PcHMA)的自旋-晶格弛豫时间 t_1 随温度的变化关系图

2. 核磁共振脉冲法测定高聚物的弛豫时间

核磁共振吸收与自旋-自旋、自旋-晶格间的能量交换速度有关,而这种交换速度又与晶格的分子运动有关,因此常通过核磁共振弛豫时间对温度和分子运动相关频率的依赖性来研究分子运动。

(1) 自旋-自旋弛豫时间 t_2(或称横向弛豫时间)是在体系能量恒定下,自旋核之间能量交换的弛豫过程中所需要的时间,相应于旋进的磁矢量在垂直于 H_0 的平面内相位的相关弛豫,因此又称为横向弛豫。一般的气体及液体样品 t_2 为 1 s 左右,固体样品 t_2 较小,一般的高聚物 t_2 为 $10^{-5} \sim 10^{-3}$ s,共振频率在 10^5 Hz 左右。

测定 t_2 的脉冲法由图 5-78 表示,以一个符合能量吸收条件的旋转磁场 $\vec{H}_1$ 作为一个短脉冲作用于旋转磁场 $\vec{M}_0$,如果是 90°脉冲,则 $\vec{M}_0$ 旋转 90°后,脉冲结束,$\vec{M}_0$ 将在垂直于 $\vec{H}_0$ 的平面内衰减,并回到其原先的平衡位置,$\vec{M}_0$ 值大小的变化与 t_2 有关,因此可用来确定 t_2。

(2) 自旋-晶格弛豫时间(或称纵向弛豫时间)t_1 是旋进的磁核与晶格间能量交换的弛豫所需要的时间,相应于旋进磁矢量在外磁场 $\vec{H}_0$ 方向上的弛豫,因此又

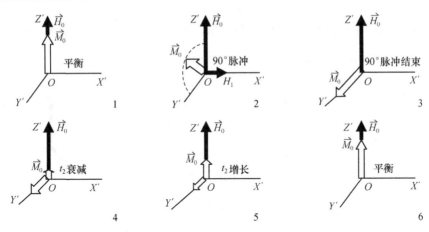

图 5-78　自旋-自旋弛豫时间 t_2 的确定示意图

称为纵向弛豫,它的共振频率根据 $\vec{H}_0$ 值的大小为 $10^7 \sim 10^8$ Hz。

t_1 的测定可用一个符合能量吸收条件的旋转磁场 $\vec{H}_1$ 作为一个 180°短脉冲作用于 $\vec{M}_0$,那么如果 $\vec{M}_0$ 发生倒转,脉冲结束,$\vec{M}_0$ 将沿着 $\vec{H}_0$ 方向回到原先的平衡位置,借以确定 t_1(图 5-79)。

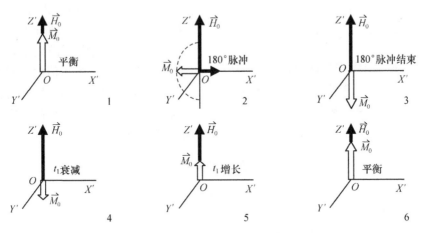

图 5-79　自旋-晶格弛豫时间 t_1 的确定示意图

(3) 弛豫时间 $t_{1\rho}$ 表示旋进矢量 $\vec{M}_0$ 在 $\vec{H}_0$ 方向上弛豫的弛豫时间。可采用新的脉冲技术——旋转坐标法(rotating frame method)进行测定,见图 5-80。以一个符合共振吸收条件的旋转磁场 $\vec{H}_1$ 作为一个 90°的短脉冲作用于 $\vec{M}_0$,使 $\vec{M}_0$ 旋转 90°后,突然把 $\vec{H}_1$ 移向 90°,使 $\vec{H}_1$ 平行于 $\vec{M}_0$,$\vec{H}_1$ 继续维持,$\vec{M}_0$ 将在 $\vec{H}_0$ 和

$\vec{H}_1$ 存在下回到平衡位置,在这种条件下 $\vec{M}_0$ 值大小的变化反映的弛豫时间为 $t_{1\rho}$,因 $\vec{H}_1$ 比 $\vec{H}_0$ 小 10^3 倍,故 $t_{1\rho}$ 测定的有效频率范围为 $10^4\sim10^5$ Hz。

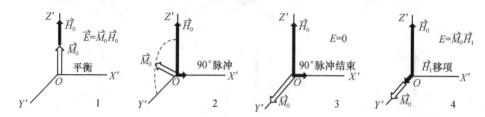

图 5-80　弛豫时间 $t_{1\rho}$ 的确定

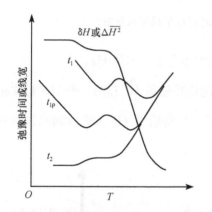

图 5-81　自旋-晶格弛豫时间 t_1、弛豫时间 $t_{1\rho}$、自旋-自旋弛豫时间 t_2 和线宽 δH 或 $\Delta \overline{H^2}$ 随温度的变化

（4）弛豫时间 t_1、$t_{1\rho}$ 和 t_2 的温度（或频率）依赖性。t_1、$t_{1\rho}$ 和 t_2 随温度的变化如图 5-81 所示。温度的升高相应于分子运动频率的增加,由此讨论它们随分子运动频率变化的关系。当分子运动的平均相关频率与核磁共振频率有相同值时,t_1 和 $t_{1\rho}$ 为极小值,此时自旋-晶格耦合最有效,而 t_2 随分子运动变慢逐步下降,相应于谱线变宽。显然,由于 t_1 和 $t_{1\rho}$ 极小值的位置使分子运动的平均相关频率与试验共振频率联系起来,因此在宽广的温度范围内测定 t_1 和 $t_{1\rho}$ 以研究分子运动就比测定线宽更有意义。

复习思考题

1. 为什么说分子运动是联系分子结构与材料性能的桥梁?

2. 高聚物分子运动有哪些特点?

3. 为什么在高聚物的分子运动中,链段的运动特别重要? 在小分子化合物中不存在的特殊运动单元在高聚物的性能和服从规律上都有什么反映?

4. 在高聚物中有哪些比链段还小的运动单元?

5. 为什么时间在高聚物的分子运动中显得特别重要?

6. 任何运动都有温度依赖性,为什么仍然把高聚物分子运动的温度依赖性看做是高聚物分子运动的特点?

7. 什么是高聚物的玻璃化转变? 玻璃化转变的实用意义和学科意义是什么?

8. 玻璃化转变在高聚物哪些物理力学性能上有所反映? 各举例说明之。

9. 玻璃化转变的理论有哪几个？你认为哪个理论更能说明问题？

10. 什么是玻璃化转变的等黏态理论，它对高聚物的玻璃化转变适用吗？

11. 什么是自由体积？等自由体积理论是如何解释高聚物的玻璃化转变的？

12. 什么是高聚物玻璃化转变的热力学理论？为什么一个具有明显动力学特征的玻璃化转变能提出解释它的热力学理论来？

13. 你对高聚物玻璃化转变的热力学理论了解多少？

14. 有哪些结构因素会影响高聚物的玻璃化转变温度？

15. 什么是高聚物的增塑？如何用等自由体积理论来求得增塑体系的玻璃化温度？

16. 如何用等自由体积理论来求共聚物玻璃化温度的戈登-泰勒(Gordon-Taylor)方程？实际共聚体系与戈登-泰勒方程符合情况如何？

17. 试以等自由体积理论来求高聚物玻璃化温度随分子量的变化关系式。

18. 高聚物玻璃化转变有哪几种特殊情况值得关注？

19. 随着高聚物厚度降低至微纳米量级，玻璃化温度会有较大的下降，为什么会有此现象？从中是否可对二维状态下可能存在的橡胶态有所启发？

20. 什么是晶态高聚物的双重玻璃化温度？如何来解释它？

21. 比链段更小的运动单元对高聚物的性能有什么影响？

22. 何谓曲柄运动？何谓杂链节运动？

23. 谈谈你对物理老化的认识。

24. 除了非晶高聚物所具有的分子运动外，晶态高聚物还可能有哪些分子运动？

25. 为什么分属两个相中不同的转变温度的熔点 T_m 与玻璃化温度 T_g 会存在着一定关系？

26. 以聚四氟乙烯呈现在 19～30℃的弛豫峰为例，说明晶态高聚物晶型转变的实用意义。

27. 你对我国科学家葛庭燧院士发明的研究晶态结构分子运动有力的工具——葛氏摆有多少了解？

28. 为什么膨胀计法是测定高聚物玻璃化温度的经典方法？你对膨胀系数新的测定方法有多少了解？

29. 说说差示扫描量热法测定玻璃化转变的基本原理。

30. 什么是蠕变？高聚物的蠕变有哪些特点？由蠕变试验可以得到哪些黏弹性函数和黏弹性特征量？蠕变试验条件的关键是什么？

31. 什么是线性高聚物的永久形变？

32. 什么是应力弛豫？高聚物的应力弛豫有哪些特点？由应力弛豫试验可以得到哪些黏弹性函数和黏弹性特征量？应力弛豫试验条件的关键是什么？

33. 什么是动态力学试验？由动态力学试验可以得到哪些黏弹性函数和黏弹性特征量？

34. 试解释复数模量和复数柔量、储能模量和储能柔量、损耗模量和损耗柔量和动态黏度？

35. 高聚物动态力学测定的基本点是什么？各种动态力学测试方法的频率范围各是多少？

36. 你对动态扭摆和扭辫法、动态黏弹谱仪有多少了解？

37. 静态试验与动态试验的互补对研究高聚物材料黏弹性的试验工作会带来什么方便？

38. 介电弛豫研究高聚物分子运动与力学弛豫方法相比有哪些特点？

39. 何为正电子？正电子湮没测定高聚物自由体积和玻璃化温度有什么特别之处？

40. 为什么核磁共振能用来研究高聚物的分子运动？它有哪些特点？

第6章 高聚物的力学性能(Ⅰ)

——高弹性和黏弹性

力学性能是作为材料使用的高聚物的所有性能中最重要的,是决定高聚物材料合理应用的主导因素。高聚物力学性能的最大特点是它的高弹性和黏弹性。此外,高聚物的力学行为依赖于外力作用的时间,这个时间依赖关系不是由材料性能的改变引起的,而是它们的分子对外力的响应达不到平衡,是一个速率过程。再者,高聚物的力学行为有很大的温度依赖性。时间和温度是研究高聚物力学性能中特别需要考虑的两个重要参数。加上高聚物材料的应力-应变关系是非线性的,塑性行为中又有许多特殊点,使得高聚物材料的力学性能比无机金属材料复杂得多。

6.1 形变类型、应力、应变和胡克定律

高聚物在外载下的形变是使用中的首要问题,尽管高聚物是具有时间依赖性和温度依赖性的黏弹性材料,但在小形变时,弹性理论中的一些假定和定理仍能用来讨论高聚物的形变。

6.1.1 简单剪切

如图 6-1(a)所示的矩形块,在其上下两面(面积为 A)分别受大小相同、方向相反的外力 P 作用,这个矩形块就会像一叠扑克牌层状摊开那样发生形变,这就是简单剪切:

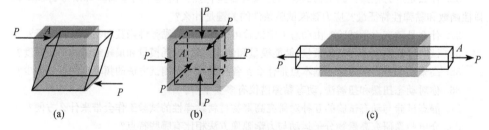

(a)　　　　　(b)　　　　　(c)

图 6-1　简单剪切(a)、单位立方体的本体压缩(b)和单向拉伸
(c)三种形变类型中物体受力情况及各自发生的形变的示意图

剪切应力 $\tau = P/A$ 　　　　　　　　　　　　　　　　　　　　　　(6-1)

剪切应变 $\gamma = \tan\theta$ 　（小形变时，θ 角很小，$\gamma = \tan\theta \approx \theta$）　　　(6-2)

剪切模量 G 定义为剪切应力对剪切应变之比：

$$G = \frac{P/A}{\tan\theta} = \frac{\tau}{\gamma} \tag{6-3}$$

模量的倒数是柔量，剪切柔量 $J = 1/G$。如果在剪切应力作用下物体完全不改变形状，则 $\theta = \tan\theta \to 0$，$G \to \infty$。因此，剪切模量 G 是物体刚性的度量，G 越大，材料越刚硬，形状改变就越不容易。

简单剪切的特点如下：

（1）只有物体形状的变化，而体积保持不变。

（2）对分子运动特别敏感。

（3）可以容易地将高聚物宏观力学性能与它们的内部分子运动相联系，容易引入一些简化的假定，建立高聚物力学行为的分子理论。

（4）能很好区分固体、液体及介于它们之间的任何中间状态的物体（黏弹体），因此应用甚广。

（5）容易实现。

剪切形变可由多种方式来实现。例如，两对大小相等、正交的拉应力或压应力相当于两对剪切应力的作用，空心圆筒的扭转也产生剪切形变。

6.1.2　本体压缩

如图 6-1(b)所示的单位立方块，各面都受同样大小的正向压应力 P 作用（例如，将此立方块浸入水中，只要立方块的体积足够小，它的六个面都受到同样大小的静水压力），则压缩应变是体积的相对缩小 $\Delta V/V$，本体模量 K 仍为应力与应变之比：

$$K = \frac{P}{-\Delta V/V} = -\frac{PV}{\Delta V} \tag{6-4}$$

式中，K 为物体可压缩性的度量，即刚度。K 越大，物体越不易被压缩。K 的倒数叫本体柔量或可压缩度 $B = 1/K$。

本体压缩的特点如下：

（1）只有体积发生变化，而物体形状保持不变。

（2）在各向等压应力下，无论固体、液体或黏弹体，它们的力学行为都差异甚小，即用本体压缩试验很难分辨物体的力学状态。

（3）本体压缩的试验不易实现。

因此，尽管本体压缩是一种基本形变类型，在高聚物力学性能的研究中，只在橡胶溶胀、测定交联度等少数几个试验中有所应用。

6.1.3　单向拉伸和单向压缩

图 6-1(c)所示的长方棒,在其两个端头面 A 上受到两个大小相等、方向相反的正向拉力 P,则拉伸应力为 $\sigma = P/A$,拉伸应变为 $\varepsilon_1 = \dfrac{l-l_0}{l_0} = \dfrac{\Delta l}{l_0}$(棒从原长 l_0 拉长到了 l),杨氏模量为

$$E = \frac{\sigma}{\varepsilon_1} \tag{6-5}$$

单向拉伸时,棒被拉长的同时,横截面会发生收缩(由 b_0、d_0 缩短为 b、d),则横向应变为

$$\begin{cases} \varepsilon_2 = \dfrac{b-b_0}{b_0} \\[2mm] \varepsilon_3 = \dfrac{d-d_0}{d_0} \end{cases} \tag{6-6}$$

定义横向收缩对纵向拉伸之比为泊松比 μ:

$$\mu = -\frac{\varepsilon_2}{\varepsilon_1} = -\frac{\varepsilon_3}{\varepsilon_1} \tag{6-7}$$

单向拉伸的特点如下:

(1) 材料受拉时,其体积也发生了变化。一般来说,材料受拉时体积是增加的,因此 $\mu < 0.5$。如果拉伸时材料体积不变,$\mu = 0.5$。橡胶和流体的 μ 最接近 0.5。

(2) 对大多数高聚物,拉伸时的体积变化相对于其形状改变来说是很小的。在 $\mu \to 0.5$ 时,有 $E \approx 3G$ 的近似关系。因此,由单向拉伸试验得到的资料可以与简单剪切试验得到的资料相比较。

(3) 拉伸试验很容易实现,从拉伸图上可以得到很多有用的信息,是一种应用很广的形变类型。不管是在实验室还是在工厂,最常见的力学试验装置就是拉力试验机。事实上,高聚物的黏弹性理论大多是在与简单剪切有关的研究中发展起来的,但在试验和数据积累方面,又主要靠拉伸试验。

如果施加的是两个大小相等、方向相反的压力,就是单向压缩。压缩应力和压缩应变的定义与拉伸时的完全一样,只是由于材料被压缩,压缩应力和压缩应变都应取负值。

单向压缩的特点如下:

(1) 单向压缩更难使材料变形,俗话说"立柱顶千斤"就是这个道理。

(2) 单向压缩时的泊松比数据也比较复杂。

(3) 单向压缩时,材料对加载时间的敏感程度也不如单向拉伸和简单剪切。

因此，单向压缩试验一般也应用不多，只在橡胶高弹性研究中有所使用，如溶胀压缩试验等。

6.1.4　弯曲

如果长度为 l_0 的梁两端被支起，中间受力 P 的作用（简支梁）；或一端固定，另一端受力 P 的作用（悬臂梁），将发生梁的弯曲（见表 6-1 中的图）。弯曲的特点是其上部（或下部）受压，下部（或上部）受拉，中间有一中性层，长度不变。弯曲形变可用梁的中心轴线离水平下降的距离 Y 来表示。测定弯曲形变能得到材料的杨氏模量 E，动态振簧法是应用弯曲形变类型的实例。各种类型简支梁和悬臂梁的杨氏模量 E 列于表 6-1。

表 6-1　矩形和圆截面状简支梁和悬臂梁受外力 P 作用产生弯曲形变，以及由此求解杨氏模量的公式

梁	梁的类型	位　移	尺　寸	杨氏模量
悬臂梁 矩形截面		Y	长 l_0，宽 C，厚 D	$E=\dfrac{4Pl_0^3}{CD^3Y}$
悬臂梁 圆形截面		Y	长 l_0，半径 r	$E=\dfrac{4Pl_0^3}{3\pi r^4Y}$
简支梁 矩形截面		Y	长 l_0，宽 C，厚 D	$E=\dfrac{Pl_0^3}{4CD^3Y}$
简支梁 圆形截面		Y	长 l_0，半径 r	$E=\dfrac{Pl_0^3}{12\pi r^4Y}$

6.1.5　胡克定律

对理想弹性体，应力与应变成正比 $\sigma=E\varepsilon$，这就是胡克（Hooke）定律。对大多数物体，只是在小形变时才服从胡克定律。

在材料科学中表示应力、应变之间关系的弹性系数往往是使用一套模量，就是我们前面已提及过的杨氏模量 E、剪切模量 G、本体模量 K 和泊松比 μ 等。

能最清楚地表达材料力学行为的是剪切模量 G 和本体模量 K 这两个参数，因为它们联系了材料两种基本类型的力学行为。G 是支配材料形状改变响应的模量，K 是支配体积改变响应的模量。G 和 K 都与 E 及 μ 有关联，独立的只有两个：

$$G = \frac{E}{2(1+\mu)} \tag{6-8}$$

$$K = \frac{E}{3(1-2\mu)} \tag{6-9}$$

高聚物的模量变化范围很广,从橡胶的 10^5 N/m² 到塑料的 10^9 N/m²,其中一部分纤维的模量可高达 10^{10} N/m²。这是高聚物有别于其他材料的又一个特征,也是高聚物材料用途多样化的原因之一。图 6-2 是多种材料杨氏模量值的比较。

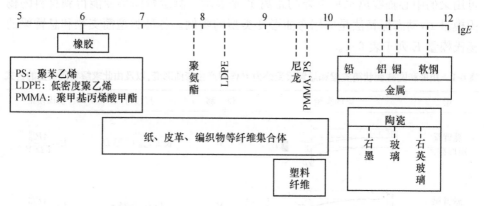

图 6-2　金属、陶瓷及各种高聚物材料的模量范围

从橡胶的 10^5 N/m² 到塑料的 $10^9 \sim 10^{10}$ N/m²,高聚物的模量范围比其他材料都宽广,达 4 个量级

6.2　橡胶的高弹性

6.2.1　高弹性的特点

高聚物在其玻璃化温度以上是橡胶,具有独特的力学状态——高弹态。高聚物在高弹态的物理力学性能是极其特殊的,它兼备了固体、液体和气体的某些性质。橡胶稳定的外形尺寸,在小形变(剪切小于 5%)时,其弹性响应符合胡克定律,像个固体。但它的热膨胀系数和等温压缩系数等与液体有相同的数量级,表明橡胶分子间的相互作用又与液体相似。此外,使橡胶发生形变的应力随温度的增加而增加,又与气体的压力随温度增加有相似性。如果单就高聚物在高弹态所呈现的力学性能——高弹性而言,有以下几个特点:

(1)可逆弹性形变大,最高可达 10^3%,而一般金属材料的可逆弹性形变不超过 10^0%。

(2)弹性模量(高弹模量)小,为 $10^5 \sim 10^6$ N/m²,比一般金属的弹性模量 10^{10} N/m² 小 4~5 个量级。

（3）高弹模量随温度增加而增加，而金属材料的弹性模量随温度的增加而减小（图 6-3）。

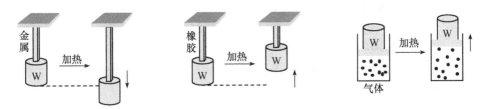

图 6-3　温度升高，橡胶与气体一样，其弹性增加，而金属则是弹性变差

（4）快速拉伸（绝热过程）时，橡胶会因放热而升温，金属材料则会因吸热而降温。

（5）橡胶高弹性与橡胶的化学结构无关，也就是任何橡胶都具有相同的储能函数形式，差别仅限于它们的交联程度。

（6）高弹性本质上是一种熵弹性，而一般材料的普弹性则是能量弹性。

6.2.2　高弹性热力学分析

体系是橡胶，环境是外力、压力、温度等。形变取单向拉伸形式。在拉力 f 作用下，原长 l_0 的试样被拉长 $\mathrm{d}l$（图 6-4）。根据热力学第一定律，体系内能的变化 $\mathrm{d}U$ 为

$$\mathrm{d}U = \mathrm{d}Q - \mathrm{d}W$$

式中，$\mathrm{d}Q$ 为体系得到的热量；$\mathrm{d}W$ 为体系对外做的总功。假设过程可逆，由热力学第二定律知 $\mathrm{d}Q=T\mathrm{d}S$，在体系对外做的总功中，不仅包括由于试样体积改变做的功 $p\mathrm{d}V$，还有力 f 拉伸试样做的功 $f\mathrm{d}l$，即 $\mathrm{d}W=p\mathrm{d}V-f\mathrm{d}l$，则

$$\mathrm{d}U = T\mathrm{d}S + f\mathrm{d}l - p\mathrm{d}V \qquad (6\text{-}10)$$

这是一个基本公式。下面分别就等压和等容条件来讨论。

1. 等压条件下的实验

在等压条件下做实验最方便。压力 p 不变，用吉布斯（Gibbs）自由能 G 和焓 H

$$G = H - TS = U + pV - TS \qquad (6\text{-}11)$$

全微分，并参见式（6-10）

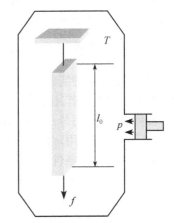

图 6-4　在高弹性热力学分析中，原长 l_0 的橡胶条受拉力 f 的作用，并作为一个热力学体系置于温度 T 和压力 p 的环境中

$$dG = dU + pdV + Vdp - TdS - SdT$$
$$= Vdp - SdT + fdl$$

可见 G 是 p、T、l 的函数，即 $G(p,T,l)$，则

$$\left(\frac{\partial G}{\partial p}\right)_{T,l} = V, \quad \left(\frac{\partial G}{\partial T}\right)_{p,l} = -S, \quad \left(\frac{\partial G}{\partial l}\right)_{T,p} = f \qquad (6\text{-}12)$$

在等压兼等温（$dp=0$、$dT=0$）条件下，$dG=fdl$，即外力所做的功等于体系自由能的增加，则熵变

$$\left(\frac{\partial S}{\partial l}\right)_{T,p} = -\frac{\partial}{\partial l}\left(\frac{\partial G}{\partial T}\right)_{p,l} = -\frac{\partial}{\partial T}\left(\frac{\partial G}{\partial l}\right)_{T,p} = -\left(\frac{\partial f}{\partial T}\right)_{p,l}$$

即在 p、l 不变时，外力 f 随温度的变化反映了试样伸长时熵的改变，而焓变由式 (6-12) 可得

$$\left(\frac{\partial H}{\partial l}\right)_{T,p} = \left(\frac{\partial G}{\partial l}\right)_{T,p} + T\left(\frac{\partial S}{\partial l}\right)_{T,p} = f - T\left(\frac{\partial f}{\partial T}\right)_{p,l}$$

则

$$f = \left(\frac{\partial H}{\partial l}\right)_{T,p} - T\left(\frac{\partial S}{\partial l}\right)_{T,p} \quad \text{或} \quad f = \left(\frac{\partial H}{\partial l}\right)_{T,p} + T\left(\frac{\partial f}{\partial T}\right)_{p,l} \qquad (6\text{-}13)$$

式 (6-13) 表示外力 f 增加了体系的焓和减小了体系的熵，它是橡胶试样在等压和等温条件下的状态方程。

2. 等容条件下的实验

等容条件下的实验不易实现，但等容是体积 V 不变，统计地讲，分子间距不变，即分子间相互作用不变，只需考虑由于分子构象的改变而引起的能量和熵的改变，使问题简单，用分子观点解释橡胶弹性更为合宜。

V 不变，应使用亥姆霍兹（Helmholtz）自由能 F 和内能 U，$F=U-TS$，同理可推得在等温、等容条件下外力所做的功等于体系 F 的变化 $dF=fdl$ 和

$$\left(\frac{\partial F}{\partial V}\right)_{T,l} = p, \quad \left(\frac{\partial F}{\partial T}\right)_{V,l} = -S, \quad \left(\frac{\partial F}{\partial l}\right)_{V,T} = f$$

以及在等容和等温条件下橡胶试样的力学状态方程：

$$f = \left(\frac{\partial U}{\partial l}\right)_{T,V} - T\left(\frac{\partial S}{\partial l}\right)_{V,T} \quad \text{或} \quad f = \left(\frac{\partial U}{\partial l}\right)_{T,V} + T\left(\frac{\partial f}{\partial T}\right)_{V,l} \qquad (6\text{-}14)$$

有了状态方程式 (6-14)，就可以从拉力 f 的温度依赖关系来推求试样长度改变时内能和熵的变化。

天然橡胶的拉力-温度曲线如图 6-5(a) 所示。拉力-温度直线关系的斜率有正有负。伸长大于 10%，斜率为正；伸长小于 10%，斜率为负。这个斜率正负的变化称为热弹转变。它没有什么更多的物理意义，仅仅是由橡胶较大的热膨胀引起

的。热膨胀使固定应力下试样的长度增加,这就相当于固定长度时拉力减小。在伸长不大时,由热膨胀引起的拉力减小超过了在此伸长时应该需要的拉力增大,致使拉力仅随温度增加而稍有减小。若以 20℃下未应变长度为基准来计算伸长,那么,70℃的拉力-温度曲线就有一个小的位移。尽管曲线的斜率较高,但起始值较低。两者在 10% 应变处相交。因此,可以用拉伸比 $\lambda = l/l_0$ 恒定来代替伸长恒定,平衡拉力-温度曲线就不再出现负斜率,且外推至 0 K,截距几乎为零[图 6-5(b)]。

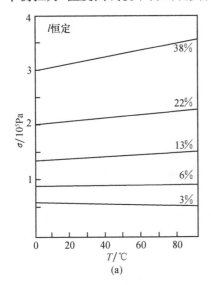
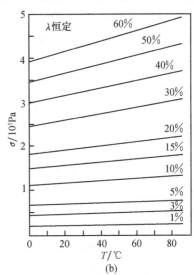

图 6-5　固定伸长(l 恒定)时天然橡胶的拉力-温度关系(a),直线斜率在 10% 伸长处改变符号,斜率变为负的。但如果改用固定拉伸比(λ 恒定)来处理数据,在任何伸长都有正的斜率,即使低至 10% 伸长,也不出现负斜率(b)

为了把等压、等温条件下的数据换算成等容、等温条件下的数据,引入如下的假定:

$$\left(\frac{\partial f}{\partial T}\right)_{V,l} = \left(\frac{\partial f}{\partial T}\right)_{p,\lambda} \tag{6-15}$$

代入式(6-14)得

$$f = \left(\frac{\partial U}{\partial l}\right)_{T,V} + T\left(\frac{\partial f}{\partial T}\right)_{p,\lambda} \tag{6-16}$$

按式(6-16)来分析图 6-5(b)的数据,截距为零表明:

$$\left(\frac{\partial U}{\partial l}\right)_{T,V} = 0 \tag{6-17}$$

即在拉伸过程中,橡胶的内能不变,高弹性是由于熵的贡献:

$$f = T\left(\frac{\partial f}{\partial T}\right)_{p,\lambda} = -T\left(\frac{\partial S}{\partial T}\right)_{V,l} \tag{6-18}$$

　　当然,除了熵的贡献外,内能对高弹性也是有贡献的。问题就出在假定式(6-15)中引入了误差。其误差的大小,对天然橡胶,正好和内能对高弹性的贡献同数量级(约 10%),从而掩盖了内能的贡献(见 6.2.4 节)。尽管如此,热力学分析指出,高弹性是熵的本质(高弹性的第(6)个特点)。

　　符合式(6-17)、式(6-18)条件的弹性体被称为理想高弹体。天然橡胶的行为很接近理想高弹体。至于在拉伸比很大(λ>3)时,由于此时在橡胶中已产生结晶,结晶总是放出能量[$(\partial U/\partial l)_{T,V} < 0$],因此这已经不属于热力学可逆过程的范围了。

6.2.3　高弹性的统计理论

1. 孤立链的构象熵

　　热力学分析指出了高弹性的熵本质,现用统计理论来求解高分子链熵的定量表达式。

　　如前所述,由于内旋转,高分子链末端距大大缩短,$\overline{h^2_{伸直}}/\overline{h^2_0} \propto N$,而 N 是一个很大的数,所以 $\overline{h^2_{伸直}}$ 比 $\overline{h^2_0}$ 大很多。这就是橡胶的拉伸可产生极大形变的原因(从而解释了高弹性的第一个特点)。

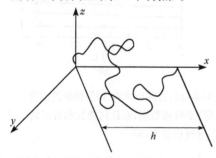

图 6-6　单根孤立的高分子链,末端距为 h,两端固定在 x 轴上的拉伸示意图

　　若把末端距为 h 的高斯链固定在 x 轴方向,一端固定在原点,另一端受力 f 拉伸(图 6-6),则

$$\Omega(h,0,0) = \left(\frac{\beta}{\sqrt{\pi}}\right)^3 e^{-\beta^2 h^2}$$

单个高斯链的构象熵为

$$S = k\ln\Omega = 常数 - k\beta^2 h^2$$

则

$$\left(\frac{\partial S}{\partial l}\right)_{T,V} = -2k\beta^2 h$$

　　在等温、等容条件下,拉力 f 为

$$f = -T\left(\frac{\partial S}{\partial h}\right)_{T,V} = 2k\beta^2 hT = \frac{3kT}{zb^2}h \tag{6-19}$$

即拉力 f 与热力学温度成正比。热力学温度升高,所需的拉力也增加。这是高弹性区别于普通弹性的又一个特点(从而解释了高弹性的第(3)个特点)。

2. 交联橡胶的高弹性理论

　　实用的橡胶都是交联的。交联链一般是硫桥 —S_x—。x 约为 2 或 3,与交联点间的长链段相比,可以看成一个点——交联点。高弹性统计理论做如下假定:

（1）交联点固定不动，无论在应变状态还是在未应变状态。

（2）微观和宏观按比例形变［"仿射形变"（affine deformation assumption）假定］，即它的交联结构中每个链末端长度的形变与整个橡胶试样外形尺寸的变化有相同的比例。

这是两个基本的假定，此外还有如下假定。

（3）交联结构中交联点之间每个链的构象统计仍服从高斯统计，即

$$\Omega(x,y,z)\mathrm{d}x\mathrm{d}y\mathrm{d}z = \left(\frac{\beta}{\sqrt{\pi}}\right)^3 \mathrm{e}^{-\beta^2(x^2+y^2+z^2)}\mathrm{d}x\mathrm{d}y\mathrm{d}z \quad 和 \quad \beta = \frac{3}{2h_0^2}$$

考虑橡胶试样的一个单位立方体（边长为 1），形变后，变成了长方体，其边长就是主拉伸比 λ_1、λ_2、λ_3（图 6-7）。设试样中有 N 条链，对任一条链，形变前的末端矢量为 $\vec{h}(x,y,z)$，形变后末端矢量为 $\vec{h}'(x',y',z')$，取应变主轴平行于 x、y 和 z 三个坐标轴。根据假定（2），有 $x'=\lambda_1 x, y'=\lambda_2 y, z'=\lambda_3 z$，则形变前后单条链的构象熵为

$$S_{形变前} = 常数 - k\beta^2(x^2+y^2+z^2),$$
$$S_{形变后} = 常数 - k\beta^2(\lambda_1^2 x^2 + \lambda_2^2 y^2 + \lambda_3^2 z^2)$$

熵变为

$$\Delta S_{形变} = -k\beta^2\left[(\lambda_1^2-1)x^2 + (\lambda_2^2-1)y^2 + (\lambda_3^2-1)z^2\right]$$

不同的链有不同的 β，如果在这中间末端距为 $\overline{h_j^2}$ 的链有 N_j 个（$\sum_j N_j = N$），它们的末端矢量为 $\vec{h}_i'(x_i,y_i,z_i)$，则对这 N_j 个链，形变引起的熵变为

$$\Delta S_{形变}^{(j)} = -k\beta_i^2\left[(\lambda_1^2-1)\sum_{i=1}^{N_j} x_i^2 + (\lambda_2^2-1)\sum_{i=1}^{N_j} y_i^2 + (\lambda_3^2-1)\sum_{i=1}^{N_j} z_i^2\right] \quad (6\text{-}20)$$

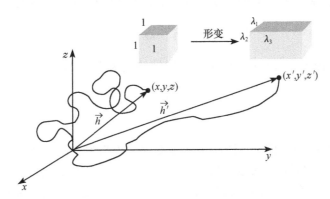

图 6-7　交联橡胶的单位立方体变形为边长分别为 λ_1、λ_2、λ_3 的长方体

以及与之相对应的橡胶内两交联点之间分子链"仿射形变"前后的坐标关系示意图

根据假定（3），有

$$\sum_{i=1}^{N_j} x_i^2 + \sum_{i=1}^{N_j} y_i^2 + \sum_{i=1}^{N_j} z_i^2 = \sum_{i=1}^{N_j} (x_i^2 + y_i^2 + z_i^2) = \sum_{i=1}^{N_j} h_{0i}^2 = N_j h_{0j}^2$$

又因为高斯链末端距矢量在空间任何方向上同样概然,那么它们分量的平均值应相等,即

$$\sum_{i=1}^{N_j} \overline{x_i^2} = \sum_{i=1}^{N_j} \overline{y_i^2} = \sum_{i=1}^{N_j} \overline{z_i^2} = \frac{1}{3} N_j \overline{h_{0j}^2}$$

代入式(6-20),并用 $\beta_0^2 = \dfrac{3}{2 \, \overline{h_{0j}^2}}$,得

$$\Delta S_{\text{形变}}^{(j)} = -\frac{1}{3} k N_j \overline{h_{0j}^2} \cdot \beta_j^2 (\lambda_1^2 + \lambda_2^2 + \lambda_3^2 - 3) = -\frac{k}{2} N_j (\lambda_1^2 + \lambda_2^2 + \lambda_3^2 - 3)$$

则该单位立方体橡胶试样由于形变而引起的总熵变为

$$\Delta S_{\text{形变}} = \sum \Delta S_{\text{形变}}^{(j)} = -\frac{Nk}{2} (\lambda_1^2 + \lambda_2^2 + \lambda_3^2 - 3) \tag{6-21}$$

在等温、等容下因形变引起的试样自由能改变为

$$\Delta F_{\text{形变}} = \Delta U_{\text{形变}} - T \Delta S_{\text{形变}}$$

作为一级近似,一般取 $\Delta U_{\text{形变}} = 0$,即形变时内能不变,则

$$\Delta F_{\text{形变}} = -T \Delta S_{\text{形变}}$$
$$= \frac{NkT}{2} (\lambda_1^2 + \lambda_2^2 + \lambda_3^2 - 3)$$

在等温、等容时体系自由能的变化即是外力对体系做的功 W 为

$$W = \Delta F_{\text{形变}}$$

因为是弹性体,外力对体系做的功全部变成弹性体储存的能量,所以

$$W = \frac{NkT}{2} (\lambda_1^2 + \lambda_2^2 + \lambda_3^2 - 3) \tag{6-22}$$

W 称为储能函数(energy function)。一般把储能函数写成以下形式:

$$\begin{cases} W = \dfrac{G}{2} (\lambda_1^2 + \lambda_2^2 + \lambda_3^2 - 3) \\ G = NkT \end{cases} \tag{6-23}$$

式中,G 为橡胶的弹性模量。储能函数是交联结构高弹性统计理论得到的重要结果,其非常简单,只是形变参数 λ 和交联结构参数 N 的函数,而与橡胶本身的化学结构无关,因此可以不考虑组成它们分子的化学结构,只要这些分子链足够长和具有足够的柔性,能满足理论的基本假定。这是非常有意思的结果,因为我们一般都认为有什么样的结构就有什么样的性能,性能是微观化学结构在宏观上的反映。但是在这里,由于高聚物的分子大、分子量高,产生了小分子所不具备的高层次结构,在性

能上呈现出高聚物特有的高弹性,在结构与性能关系上也表现出非常特殊的关系。

从储能函数可以推导出任何形变类型的应力-应变关系,从而提供了交联橡胶中各种类型的形变行为之间所有的关系的基础。这可以说是统计理论最有意义的一个方面。

若以两相邻交联点间的数均分子量$\overline{\langle M_c \rangle_n}$来表示交联点密度,有

$$G = \frac{\rho_p RT}{\langle M_c \rangle_n} \tag{6-24}$$

式中,ρ_p 为橡胶的密度。

3. 交联橡胶高弹性理论的不足和修正

高弹性统计理论也有其不足之处,对它们的修正主要有以下几点。

1) 交联网的缺陷

实际的交联网中存在如表 6-2 所示的缺陷。表中(a)表示的是同一个分子链上两点键合而形成一个封口的圈(intramolecular cross linkage),这样的圈对高弹性没有任何贡献。(b)表示由于分子链互相穿插而形成的缠结(chain entanglement),即物理交联,它对限制交联网构象数的影响与化学交联的影响是一样的,对橡胶弹性会产生额外贡献。(c)表示的是由于分子链只有一端接在交联点上而形成的末端缺陷(terminal chain)。对实际有限长的高分子链,总有两个末端,它们可以自由变形,对高弹性也没有贡献。

表 6-2　交联网三种可能的缺陷

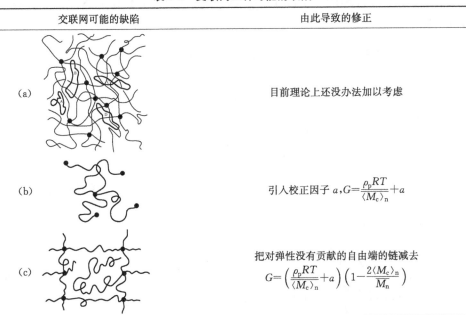

交联网可能的缺陷	由此导致的修正
(a)	目前理论上还没办法加以考虑
(b)	引入校正因子 a,$G = \dfrac{\rho_p RT}{\langle M_c \rangle_n} + a$
(c)	把对弹性没有贡献的自由端的链减去 $G = \left(\dfrac{\rho_p RT}{\langle M_c \rangle_n} + a \right)\left(1 - \dfrac{2\langle M_c \rangle_n}{\overline{M}_n} \right)$

(1) 封口圈,这种情况,目前理论上还没办法加以考虑。

(2) 物理交联,由于不能确切计算缠结点的数目,一般笼统地引入一个校正因子 a 来表示缠结对拉力的贡献,简单地将其加到模量中去,即 $G = \dfrac{\rho_{\mathrm{p}} RT}{\langle M_{\mathrm{c}} \rangle_{\mathrm{n}}} + a$。

(3) 末端缺陷,具有自由端的链,应该就是总端点数 $2N_0$,对高弹性不贡献拉力,则对高弹性贡献拉力的有效链数当为总链数减去这具有自由端的链数:

$$有效链数 = (2v_{\mathrm{c}} + N_0) - 2N_0 = 2v_{\mathrm{c}} - N_0$$

因此,应该引入的校正因子为交联后有效链数在总链数中所占的百分数:

$$有效链数 / 总链数 = \frac{2v_{\mathrm{c}} - N_0}{2v_{\mathrm{c}} + N_0} = 1 - \frac{2N_0}{2v_{\mathrm{c}} + N_0} = 1 - \frac{2}{1 + \dfrac{2v_{\mathrm{c}}}{N_0}} = 1 - \frac{2\overline{\langle M_{\mathrm{c}} \rangle_{\mathrm{n}}}}{\overline{M_{\mathrm{n}}}}$$

这样,在考虑了交联网这三种缺陷后,弹性模量 G 将为

$$G = \left(\frac{\rho_{\mathrm{p}} RT}{\langle M_{\mathrm{c}} \rangle_{\mathrm{n}}} + a \right) \left(1 - \frac{2\langle M_{\mathrm{c}} \rangle_{\mathrm{n}}}{\overline{M_{\mathrm{n}}}} \right) \tag{6-25}$$

可以看出,在 $\overline{M_{\mathrm{n}}} \gg \langle M_{\mathrm{c}} \rangle_{\mathrm{n}}$ 时,即交联前试样的分子量很大,末端数较少,后一个括弧内的改正项即可忽略不计。

2) 假定(3)的不合理性问题

交联结构高弹性统计理论的三个假定是否合理是一个根本性的问题,经过严格的理论分析,假定(1)和(2)引进的误差不大,但是假定(3)把交联网点的链看做是高斯链,是不甚合理的。实际上 $\sum (x_i^2 + y_i^2 + z_i^2)$ 并不等于 $N_j \overline{h_{0j}^2}$ 而是等于 $N_j \overline{h_j^2}$,则

$$\Delta S_{形变} = -\sum_j \frac{1}{3} kN_j \overline{h_j^2} \cdot \beta_j^2 (\lambda_1^2 + \lambda_2^2 + \lambda_3^2 - 3)$$

$$= -\sum_j \frac{1}{3} kN_j \overline{h_{0j}^2} \cdot \beta_j^2 \frac{\overline{h_j^2}}{\overline{h_{0j}^2}} (\lambda_1^2 + \lambda_2^2 + \lambda_3^2 - 3)$$

$$= -\frac{Nk}{2} \cdot \frac{\overline{h_j^2}}{\overline{h_{0j}^2}} (\lambda_1^2 + \lambda_2^2 + \lambda_3^2 - 3)$$

因而在储能函数的式子中多了一项 $\dfrac{\overline{h_j^2}}{\overline{h_{0j}^2}} = \phi$,称为前置因子。这样,储能函数的最后形式为

$$\begin{cases} W = \dfrac{G}{2} \left(\dfrac{\overline{h_j^2}}{\overline{h_{0j}^2}} \right) (\lambda_1^2 + \lambda_2^2 + \lambda_3^2 - 3) = \dfrac{G}{2} \phi (\lambda_1^2 + \lambda_2^2 + \lambda_3^2 - 3) \\ G = \left(\dfrac{\rho_{\mathrm{p}} RT}{\langle M_{\mathrm{c}} \rangle_{\mathrm{n}}} + a \right) \left(1 - \dfrac{2\langle M_{\mathrm{c}} \rangle_{\mathrm{n}}}{\overline{M_{\mathrm{n}}}} \right) \end{cases} \tag{6-26}$$

对储能函数的修正并不影响交联结构高弹性统计理论的基本物理含义及其所得到的基本结论。作为一级近似，高斯链总是可以用的。然而作为橡胶来说，未交联前的分子量均较大，因此在一般应用（小应变时）中，仍采用储能函数最简单的形式，即式(6-23)。

6.2.4　内能对高弹性的贡献

高弹性热力学分析中，在近似假定 $\left(\dfrac{\partial f}{\partial T}\right)_{V,l} = \left(\dfrac{\partial f}{\partial T}\right)_{p,\lambda}$ 条件下，我们得到了橡胶在等温、等容伸长时内能不变的结论，并且在交联结构高弹性统计理论中也应用了 $\Delta U = 0$ 的假定。但伸长过程中内能是否真的不变，是一个值得讨论的问题。

从分子运动观点来看，伸长是高分子链从最概然的构象转变为末端距较长的构象。因为是在体积不变的情况下考虑问题，也就是说高分子链间相互作用是不变的，若有内能的改变一定是由构象改变，即熵变引起的。现在说是内能不变，那么在什么条件下构象改变才不引起内能的变化呢？这只有在内旋转位垒 $U(\varphi)$ 为常数，即分子链的左、右、反式位能相同时（自由内旋转）构象改变才不引起内能的变化。实际高分子链当然不符合这些条件，它们左、右、反式位能各不相同。由于有构象改变就有内能的改变，热力学分析与分子运动的分析有矛盾。因此在橡胶形变时内能的变化是一个必须考虑的问题。理论分析表明，正是近似假定 $\left(\dfrac{\partial f}{\partial T}\right)_{V,l} = \left(\dfrac{\partial f}{\partial T}\right)_{p,\lambda}$ 引进了误差，掩盖了拉伸时内能对拉力的贡献。事实上，由内能引起的弹力 f_e 所占的比例为

$$\frac{f_e}{f} = \frac{2}{3} \frac{\partial \ln[\eta]_\Theta}{\partial \ln T} \tag{6-27}$$

式中，$[\eta]_\Theta$ 为在 Θ 溶剂中的特性黏数；T 为温度。表 6-3 列出了几种橡胶的 f_e/f 值。由表可知，内能对橡胶弹性的贡献约为 10%，且有正有负。f_e/f 的值为正，说明温度升高对反式更有利，即反式位能比左、右式高，末端距离增长了，否则反之。

表 6-3　一些高聚物内能对高弹性的贡献（参考温度 30℃）

高聚物	f_e/f	高聚物	f_e/f
乙烯丙烯共聚物	0.04	丁二烯-丙烯腈共聚物	0.03
四氟乙烯和六氟丙烯共聚物	0.05	顺式聚丁二烯	0.10
丁二烯-苯乙烯共聚物	−0.12	天然橡胶	0.18

内能对拉力的贡献约为 10%，正好与近似假定 $\left(\dfrac{\partial f}{\partial T}\right)_{V,l} = \left(\dfrac{\partial f}{\partial T}\right)_{p,\lambda}$ 引进的误差相近，而相互抵消，得到了天然橡胶内能不变的不实结果。内能对高弹性是有贡献

的,但所占比例只有10%左右,并不会改变高弹性熵的本质。高弹性从本质上来说还是一种熵弹性。

6.2.5　交联橡胶应力-应变关系的试验研究

由储能函数 W 可以求得交联橡胶任何形变类型的应力-应变关系,从而为高弹性统计理论的试验验证和应用提供了方便。从 W 推求应力-应变关系时,进一步假定交联橡胶在形变时体积不变(这也是一个高弹性力学中的基本假定,基本符合试验事实)。因此,在单位立方体情况下,有

$$\lambda_1\lambda_2\lambda_3 = 1 \tag{6-28}$$

即这三个主拉伸比不是彼此独立的。若记 f 为作用在形变前单位面积上的作用力,因为在形变时面积在变,所以再记 σ 为任何形变时单位面积上的应力,则垂直于 λ_1 方向面上的主应力 σ_1 为

$$\sigma_1 = \frac{f_1}{\lambda_2\lambda_3} = \lambda_1 f_1 \quad \text{或} \quad f_1 = \frac{\sigma_1}{\lambda_1}$$

同理

$$\sigma_2 = \frac{f_2}{\lambda_1\lambda_3} = \lambda_2 f_2 \quad \text{或} \quad f_2 = \frac{\sigma_2}{\lambda_2}$$

$$\sigma_3 = \frac{f_3}{\lambda_1\lambda_2} = \lambda_3 f_3 \quad \text{或} \quad f_3 = \frac{\sigma_3}{\lambda_3}$$

对于弹性材料,形变时体系增加的能量等于外力做的功,由式(6-23)可得

$$dW = \frac{G}{2}(2\lambda_1 d\lambda_1 + 2\lambda_2 d\lambda_2 + 2\lambda_3 d\lambda_3)$$
$$= f_1 d\lambda_1 + f_2 d\lambda_2 + f_3 d\lambda_3$$

移项合并得

$$(G\lambda_1 - f_1)d\lambda_1 + (G\lambda_2 - f_2)d\lambda_2 + (G\lambda_3 - f_3)d\lambda_3 = 0$$

或

$$(G\lambda_1 - \sigma_1/\lambda_1)d\lambda_1 + (G\lambda_2 - \sigma_2/\lambda_2)d\lambda_2 + (G - \sigma_3/\lambda_3)d\lambda_3 = 0 \tag{6-29}$$

再对式(6-28)全微分

$$\lambda_1\lambda_2 d\lambda_3 + \lambda_1\lambda_3 d\lambda_2 + \lambda_2\lambda_3 d\lambda_1 = 0 \quad \text{或} \quad \frac{d\lambda_1}{\lambda_1} + \frac{d\lambda_2}{\lambda_2} + \frac{d\lambda_3}{\lambda_3} = 0 \tag{6-30}$$

联立式(6-29)和式(6-30),利用拉格朗日乘数法可得三个方程:

$$
\begin{cases}
G_1\lambda_1 - \dfrac{\sigma_1}{\lambda_1} + \dfrac{p}{\lambda_1} = 0 \\[2mm]
G_2\lambda_2 - \dfrac{\sigma_2}{\lambda_2} + \dfrac{p}{\lambda_2} = 0 \quad\text{或}\quad
\begin{cases}
\sigma_1 = G_1\lambda_1^2 + p \\
\sigma_2 = G_2\lambda_2^2 + p \\
\sigma_3 = G_3\lambda_3^2 + p
\end{cases} \\[2mm]
G_3\lambda_3 - \dfrac{\sigma_3}{\lambda_3} + \dfrac{p}{\lambda_3} = 0
\end{cases}
\tag{6-31}
$$

式中，p 为一未定参数。从物理意义来看，p 相当于一个流体静压力。由于有橡胶体积不变的假定，即橡胶不可压缩，不管这流体静压 p 有多大，并不影响形变。因此式(6-31)就是交联橡胶的应力-应变关系。或者消去 p 写为

$$
\begin{cases}
\sigma_1 - \sigma_2 = G_1(\lambda_1^2 - \lambda_2^2) \\
\sigma_2 - \sigma_3 = G_2(\lambda_2^2 - \lambda_3^2) \\
\sigma_3 - \sigma_1 = G_3(\lambda_3^2 - \lambda_1^2)
\end{cases}
\tag{6-32}
$$

为了评价它的意义和检查理论的正确性，把它应用于几个简单的形变类型。

1. 单向拉伸

拉伸比是 $\lambda_1 = \lambda$，$\lambda_2 = \lambda_3 = 1/\sqrt{\lambda}$（体积不变）。因为 $\sigma_2 = \sigma_3 = 0$，代入式(6-32)得

$$
\sigma_1 - \sigma_2 = f\lambda = G\left(\lambda^2 - \frac{1}{\lambda}\right)
$$

$$
f = G\left(\lambda - \frac{1}{\lambda^2}\right)
\tag{6-33}
$$

式(6-33)不是胡克定律的形式，表明交联橡胶在拉伸时并不符合胡克定律，即拉力与形变不成正比。单向拉伸时的胡克定律应该是

$$
\sigma = E(\lambda - 1)
$$

$\lambda - 1$ 是伸长百分比，即

$$
f = E\left(1 - \frac{1}{\lambda}\right)
\tag{6-34}
$$

由此可知，只有在伸长极小时，即 $\lambda \to 1$ 时，交联橡胶才符合胡克定律。因为若把式(6-33)改写成

$$
\begin{aligned}
f &= G\left(\lambda - \frac{1}{\lambda^2}\right) = G\left(1 - \frac{1}{\lambda} - 1 + \frac{1}{\lambda} + \lambda - \frac{1}{\lambda^2}\right) \\
&= G\left[1 - \frac{1}{\lambda} + \frac{1}{\lambda}\cdot\left(1 - \frac{1}{\lambda}\right) + \lambda - 1\right] \\
&= G\left(1 - \frac{1}{\lambda}\right)\left[\left(1 + \frac{1}{\lambda}\right) + \frac{\lambda - 1}{1 - \frac{1}{\lambda}}\right]
\end{aligned}
$$

$$= G\left(1-\frac{1}{\lambda}\right)\left(1+\lambda+\frac{1}{\lambda}\right)$$

伸长很小时，$\lambda \to 1$ 和 $1/\lambda \to 1$

$$f = 3G\left(1-\frac{1}{\lambda}\right) \tag{6-35}$$

这是胡克定律的形式。与式(6-33)相比，得

$$E = 3G \quad (\lambda \to 1 \text{ 时})$$

这正是泊松比 $\mu = 1/2$ 时的情况。

2. 单向压缩

单向拉伸相当于 $\lambda > 1$，显然，式(6-33)对应于 $\lambda < 1$ 的情况也是成立的，即在单向压缩时也可用与单向拉伸相同的式(6-33)。

3. 双向均匀拉伸

在两个垂直的方向上的拉伸比是 $\lambda_1 = \lambda_2 = \lambda$，另一个方向上的拉伸比为 $\lambda_3 = 1/\lambda^2$，则拉应力

$$\sigma_1 = \sigma_2 = G\left(\lambda^2 - \frac{1}{\lambda^4}\right)$$

单位长度上的拉力为

$$f = \sigma_1 \frac{1}{\lambda^2} = G\left(1-\frac{1}{\lambda^6}\right) \tag{6-36}$$

在拉伸比超过 2 时，拉力实际上变得不依赖于拉伸比，与液体的表面张力相似。

如前所述，$\sigma_1 = G\lambda_1^2 + p$，$p$ 相当于一个流体静压力。因此我们可以把双向均匀拉伸了的试样放到一油压机液体中，使 1、2 方向的拉力与液体压力抵消，这时 1、2 方向不受力，而 3 方向受液体压力，所以说双向拉伸与单向压缩形变相同。

事实上，在加液压后 $\sigma_1 = \sigma_2 = 0$，$\sigma_3 = f\lambda^2$，则

$$f_{\text{单向压缩}} = \sigma_3\lambda^2 = f\lambda^4 = G\left(1-\frac{1}{\lambda^6}\right)\lambda^4 = G\left(\lambda^4 - \frac{1}{\lambda^2}\right) = G\left(\frac{1}{\lambda_3^2} - \lambda_3\right) \tag{6-37}$$

与单向拉伸时的式(6-33)有相同形式，仅仅是拉伸与压缩相差一个符号。它们的试验曲线在 $\lambda = 0$ 这点是连续的。

4. 简单剪切

主轴方向的拉伸比为 $\lambda_1 = \lambda$，$\lambda_2 = 1$，$\lambda_3 = 1/\lambda$。代入储能函数的表达式(6-23)，得

$$W = \frac{G}{2}\left(\lambda^2 + 1 + \frac{1}{\lambda} - 3\right) = \frac{G}{2}\left(\lambda - \frac{1}{\lambda}\right)^2$$

按弹性力学，小形变时，剪切应变 γ 为

$$\gamma = \lambda - \frac{1}{\lambda}$$

所以

$$W = \frac{G}{2}\gamma^2$$

这样，剪切应力 τ 为

$$\tau = \frac{\mathrm{d}W}{\mathrm{d}\gamma} = G\gamma \tag{6-38}$$

这是胡克定律形式，表明交联橡胶在剪切时符合胡克定律。因此储能函数中的 G 就是橡胶的剪切模量。

综上所述，由统计理论推得的交联橡胶应力-应变关系有如下的几个特点：

（1）交联橡胶只有在简单剪切时服从胡克定律，在其他形变类型时并不服从胡克定律。

（2）任何形变类型的应力-应变关系中，也仅包含一个物理（结构）参数，即是储能函数中的 $G = NkT$，且 G 就是橡胶的剪切模量。

（3）所有橡胶的应力-应变关系形式都相同，区别仅在于由单位体积中链数的（即交联度）不同而引起的尺度因子（即模量）之差。

实验结果如何呢？图 6-8 是天然橡胶的单向拉伸的数据图。由图可见，在单向拉伸时试验曲线与由式（6-33）计算的理论曲线在伸长不大时（伸长 50% 或拉伸比 λ 为 1.5，当然这个伸长对实际使用目的来说已经是很大的了）是相符的。伸长增大，试验曲线就与理论曲线有较大偏离。先是随着伸长的增大，试验曲线下跌在理论线之下，然后产生一个转折，以后就随伸长增大，与理论线相比试验曲线越来越高。剪切的情况与单向拉伸时相似。双向拉伸试验结果比单向拉伸结果好一些，在拉伸比 $\lambda = 3$ 以下试验曲线与理论曲线符合较好，但在更大拉伸比时，试验值就高于理论值了。

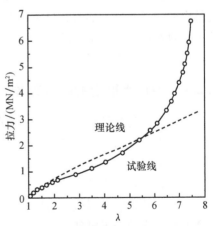

图 6-8　天然橡胶单向拉伸的拉力-伸长曲线

如果把单向拉伸、剪切和双向拉伸的数据代入式（6-32），以 $\sigma_1 - \sigma_2$ 对 $\lambda_1^2 - \lambda_2^2$

作图,则得到如图6-9所示的三条曲线。这也与统计理论预期的一条直线(斜率为G)不符。

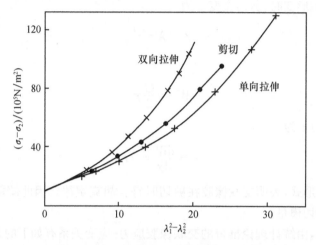

图6-9　若以σ_1-σ_2对λ_1^2-λ_2^2作图,橡胶的单向拉伸、剪切和双向拉伸的关系是
三条不同的曲线,明显与统计理论预期的一条直线不符。但若用唯象理论,就能把
单向拉伸、剪切和双向拉伸的三条曲线区分开来

　　总之,仅包含一个结构参数的统计理论公式在不太大的形变时可以用来描述橡胶的性质。这一方面是受高斯链假定的限制,另一方面,即使用了非高斯统计〔如用朗之万(Langevin)函数代替高斯函数〕,似乎在拉伸比特别大时已与试验曲线符合较好了。但是那时高分子链有取向结晶,发生了物态变化,形变已不是可逆的了。对在试验曲线下跌的这一段(这是个重要的拉伸范围),统计理论无法处理,只能借助于唯象理论了。

6.2.6　弹性大形变的唯象理论

　　弹性体本身都是能够承受大形变的。统计理论的结果只在小形变时才符合得比较好。当然我们不能要求仅包含一个结构参数的简单结果——储能函数能完满解释实际弹性体的应力-应变关系。然而进一步引入结构参数在理论上是困难的。目前只有采用唯象理论(phenomenological theory),它通过修正储能函数的形式使其能较好地说明试验结果。与统计理论相比,它纯属宏观现象的描述,不涉及高弹性行为的分子机理。

　　当一个弹性体发生形变时,外力所做的功一定储存在这个变形的弹性体中。因此可以用储能函数来描述弹性体的应力-应变行为。这时参数只有形变λ_1、λ_2、λ_3,这些参数均可由试验测定。

　　唯象理论做如下假定:

（1）弹性体的形变是均匀纯形变。或者说可以把试样分成许多小单元，在这一单元中是均匀纯形变。"纯"是指形变主轴不变，但形变旋转不影响储能函数形式。

（2）橡胶是不可压缩的，在形变时体积不变。研究弹性体的一个单位立方，假定外力使此单位立方的橡胶弹性体变形为 λ_1、λ_2、λ_3 的长方体，问储能函数将如何变化（图 6-10）？若在未形变状态 $W(1,1,1)=0$，则在形变过程中储能函数必从零增加到某一正值，λ_1、λ_2、λ_3 的长方体的储能函数将是什么样的函数形式？

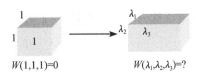

图 6-10　单位立方的橡胶弹性体的储能函数 $W(1,1,1)=0$，当被变形为 λ_1、λ_2、λ_3 的长方体时，其储能函数将取何形式，即 $W(\lambda_1,\lambda_2,\lambda_3)=?$

可以从下面几个方面来考虑储能函数的一般形式。

（1）储能函数 W 只能是形变 λ_1、λ_2、λ_3 的函数，即 $W(\lambda_1,\lambda_2,\lambda_3)$。如果把旋转也看做是一种形变，则 λ 可正可负。这里又分成以下三种情况：

① 如果 λ_1、λ_2、λ_3 中有两个负的，例如，$\lambda_1<0$，$\lambda_2<0$，则它在第Ⅲ象限[图 6-11（a）]，这与 λ_1、λ_2、λ_3 都是正的一样，只是以 λ_3 为轴转动了一个 180°，但这对储能函数 W 是没贡献的，因为已经假定了"形变旋转不影响储能函数形式"。

② 如果 λ_1、λ_2、λ_3 中只有一个是负的，例如，$\lambda_1<0$，它将在第Ⅱ象限[图 6-11（b）]，是原样的镜中物。但这实际上是不可能发生的，因为没有这样的形变。

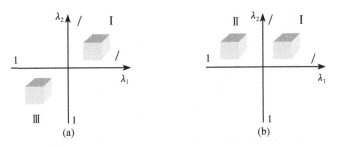

图 6-11　如果 $\lambda_1<0$，$\lambda_2<0$，则在第Ⅲ象限，相当于原样以 λ_3 为轴转动了一个 180°（a），如果只有 $\lambda_1<0$，则在第Ⅱ象限，与第Ⅰ象限的原样是镜中物（b）

③ 如果 λ_1、λ_2、λ_3 都是负的，那就是橡胶体积被压缩变小了，这与我们前面假定"橡胶不可压缩性"不符。因此，在 λ_1、λ_2、λ_3 中任意改变其中两个的符号而不引起 W 函数形式改变的可能结合应是 λ_1^2、λ_2^2、λ_3^2 或 $\lambda_1\lambda_2\lambda_3$。

（2）由于 W 是一个物理上的标量，因此任何坐标变换都将不导致 W 的改变，即 W 对坐标变换是不变量。

（3）交联橡胶在形变前是各向同性的，即 W 对坐标轴 1、2、3 是对称的。

(4) 橡胶的不可压缩性又导致有 $\lambda_1\lambda_2\lambda_3=1$，根据以上考虑，储能函数 W 的一般形式应为

$$W(I_1, I_2, I_3)$$

这里 I 称为应变不变量，它们是

$$\begin{cases} I_1 = \lambda_1^2 + \lambda_2^2 + \lambda_3^2 \\ I_2 = \lambda_1^2\lambda_2^2 + \lambda_2^2\lambda_3^2 + \lambda_1^2\lambda_3^2 \\ I_3 = \lambda_1^2\lambda_2^2\lambda_3^2 \end{cases} \tag{6-39}$$

由于有橡胶的不可压缩性，$I_3=1$，交联橡胶的储能函数应为

$$W(I_1, I_2)$$

这时式(6-39)可进一步写成

$$I_1^2 = \lambda_1^2 + \lambda_2^2 + \frac{1}{\lambda_1^2\lambda_2^2}$$

$$I_2^2 = \frac{1}{\lambda_1^2} + \frac{1}{\lambda_2^2} + \frac{1}{\lambda_3^2} = \frac{1}{\lambda_1^2} + \frac{1}{\lambda_2^2} + \lambda_1^2 \cdot \lambda_2^2$$

考虑到形变前没有能量储存，形变前的储能函数为零，$W(1,1,1)=0$，则储能函数的一般形式为

$$W = \sum_{i=0, j=0}^{\infty} C_{ij}(I_1-3)^i(I_2-3)^j \tag{6-40}$$

在 $i=1$、$j=0$ 时

$$W = C_{10}(I_1-3) = C_{10}(\lambda_1^2 + \lambda_2^2 + \lambda_3^2 - 3) \tag{6-41}$$

即是统计理论推导出储能函数形式。

在 $i=1$、$j=0$ 和 $i=0$、$j=1$ 时

$$W = C_{10}(I_1-3) + C_{01}(I_2-3) \tag{6-42}$$

这就是通常所说的门尼(Mooney)函数，是弹性大形变唯象理论中的主要关系式。

从门尼函数可以推得应力-应变关系，应用在单向拉伸、双向拉伸和纯剪切时分别是

$$\begin{cases} \sigma_1 - \sigma_3 = 2\left(\lambda^2 - \frac{1}{\lambda}\right)\left(C_1 + \frac{C_2}{\lambda}\right) = 2C_1(\lambda_1^2 - \lambda_3^2)\left(1 + \frac{C_2}{C_1}\lambda_2^2\right) \\ \sigma_1 - \sigma_3 = 2\left(\lambda^2 - \frac{1}{\lambda^2}\right)(C_1 + C_2) = 2C_1(\lambda_1^2 - \lambda_3^2)\left(1 + \frac{C_2}{C_1}\right) \\ \sigma_1 - \sigma_3 = 2\left(\lambda^2 - \frac{1}{\lambda^4}\right)(C_1 + \lambda^2 C_2) = 2C_1(\lambda_1^2 - \lambda_3^2)\left(1 + \frac{C_2}{C_1}\lambda_1^2\right) \end{cases} \tag{6-43}$$

显然，三种不同形变类型的 $\sigma_i - \sigma_j$ 对 $\lambda_i^2 - \lambda_j^2$ 作图不是同一条线。这是与实验

事实相符的。如果调节 C_2/C_1 的比率，使 $2C_1 = 1.0$ 和 $C_2/C_1 = 0.1$ 时理论作图，该图就与前面介绍的试验数据作图（图 6-9）极为相似。可见，唯象理论的门尼函数比统计理论更能反映客观实际。

6.3 高聚物的黏弹性

黏弹性是兼有固体弹性和液体黏性的一种特殊力学行为。尽管弹性和黏性是共存于一个物体中的一对矛盾，任何实际物体均同时存在有弹性和黏性这两种性质，但依外界条件不同（外载时间和温度），或主要显示其弹性，或主要显示其黏性。然而弹性和黏性在高聚物材料身上同时呈现非常明显。即使在常温和一般加载时间，高聚物材料也往往同时显示有弹性和黏性。

高聚物的黏弹性主要表现为力学行为对外力作用时间的依赖。这个时间依赖关系不是由材料性能的改变引起的，而是由一个事实引起的，该事实即它们的分子对外力的响应达不到平衡，是一个速率过程。时间 t 是影响高聚物力学行为的重要参数。与时间有关的力学行为有蠕变及其回复、应力弛豫和动态力学试验。每个都对应一个黏弹性试验测量。

要把弹性理论用于高聚物，必须作两点修正。首先，高聚物的力学行为有很大的时间依赖性。当高聚物试样加上载荷后，一下子达不到平衡，因此，由弹性理论求得的高聚物弹性系数将依赖于加载的时间。其次，高聚物材料的弹性系数是非常依赖于温度的，而且温度对剪切模量和本体模量的影响还可能不一样，因此，对在恒定应力下的试样，应变和模量是时间和温度两个参数的函数：

$$\varepsilon = \frac{\sigma}{G(t,T)} = J(t,T)\sigma \tag{6-44}$$

在时间和温度被控制得很好的情况下，应力与应变和应力与应变速率之间的线性关系还是可以应用于计算高聚物材料的形变。也就是说，在这种情况下，作为近似，高聚物的黏弹性是线性黏弹性。这样，高聚物材料的黏弹性可以用胡克弹体和牛顿流体的简单组合来定性描述。例如，其中一种最简单的组合是

$$\sigma = G\varepsilon + \eta \mathrm{d}\varepsilon/\mathrm{d}t$$

需要指出的是，尽管线性黏弹性的应用范围仅限于均质、各向同性非晶态高聚物在小应变时的行为，但是它的原理却极为基本、极为重要。某些非线性形变过程，甚至断裂现象也具有类似线性黏弹性响应的时温相当性。

6.3.1 高聚物黏弹性的力学模型

力学模型的最大特点是直观，通过对力学模型的分析可以得到材料力学性能

总的定性概括。

　　一个符合胡克定律的弹簧(spring)能很好地描述理想弹性体(胡克弹体)的力学行为[图 6-12(a)]。应力 σ 作用在弹簧上,产生应变 $\varepsilon=\sigma/G$,若把应力 σ 移走,弹簧又马上回复到起始状态,不产生任何永久变形。因此,弹簧的蠕变及应力弛豫现象不明显。

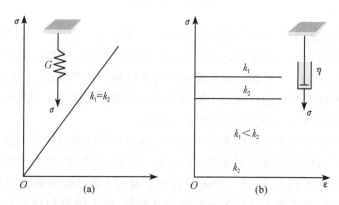

图 6-12　弹簧(a)和黏壶(b)及它们的应力-应变曲线

弹簧的应变没有时间依赖性,所以不同形变速率(k_1 和 k_2)的应力-应变曲线是同一条线。黏壶的应变有明显的时间依赖性,不同形变速率(k_1 和 k_2)的应力-应变曲线就是不同的线,高速率的拉伸需要更大的拉力

　　如果是正弦函数的交变应力 $\sigma=\hat{\sigma}\mathrm{e}^{\mathrm{i}\omega t}$,则应变也是正弦函数 $\varepsilon=(\hat{\sigma}/G)\mathrm{e}^{\mathrm{i}\omega t}$,应力与应变之间没有任何相位差,没有能量损耗。弹簧的应力-应变曲线(σ-ε 曲线)最为简单,是一条直线,且与拉伸速率 k 无关。

　　一个活塞和一个充满黏度为 η、符合牛顿流动定律液体的小壶(黏壶,dashpot)可以用来描述理想流体(牛顿流体)的力学行为[图 6-12(b)]。应力 σ 作用在黏壶的活塞上,它将一直流动下去,像液体一样,流动速率 $\mathrm{d}\varepsilon/\mathrm{d}t=\sigma/\eta$。如果维持一定的应变,则由于黏壶中液体的流动,应力一直弛豫到零。当交变应力是正弦函数时,$\sigma=\hat{\sigma}\mathrm{e}^{\mathrm{i}\omega t}$,应变速率 $\mathrm{d}\varepsilon/\mathrm{d}t=(\hat{\sigma}/\eta)\mathrm{e}^{\mathrm{i}\omega t}$,应变 $\varepsilon=-\mathrm{i}(\hat{\sigma}/\eta\omega)\mathrm{e}^{\mathrm{i}\omega t}$,应变落后于应力 $90°$,能量没有储存,全部以热的形式而损耗。黏壶的 σ-ε 曲线也十分简单,但它与试验速率 k 有关。

　　可以设想,模拟高聚物材料黏弹性行为的力学模型应该是上述的弹簧和黏壶的各种组合。其中,一个弹簧和一个黏壶的串联模型,或一个弹簧和一个黏壶的并联模型,乃至三元件模型就已经可以定性说明高聚物的应力弛豫、蠕变、动态力学性能和应力-应变试验的一般特征。弹簧和黏壶更为复杂的组合往往使模型的运动微分方程变得复杂,难以求解,且计算结果与实际符合的情况也没有什么质的飞跃,反而会使我们脱离真实高聚物形变的分子机理去研究高聚物的性质。

　　当然,简单的模型不包括结构已破坏的高聚物的形变发展过程。同时,如果一个物理现象可以用一个力学模型来表示时,则它也可以用无数个其他模型来表示。这种力学模型的等当性可以在后面的讨论中看到。另外,力学模型仅仅表示高聚物材料宏观的行为,本质上没有提供有关高聚物力学行为分子机理的任何基础。因此,它的元件不应该想象为直接相应于任何分子运动过程。

6.3.2 麦克斯韦串联模型

一个弹簧和一个黏壶的串联模型称麦克斯韦(Maxwell)模型(简称麦氏模型),如图 6-13(a)所示,它可以描述高聚物的应力弛豫、动态力学性能以及应力-应变曲线的一般特征。应力 σ 作用在模型上,弹簧和黏壶上所受的应力相同 $\sigma = \sigma_{弹} = \sigma_{黏}$,而总的应变是两个元件各自应变之和 $\varepsilon = \varepsilon_{弹} + \varepsilon_{黏}$。把 ε 对 t 求导得

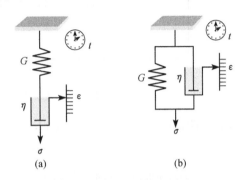

图 6-13 麦克斯韦串联模型(a)和
开尔文-沃伊特并联模型(b)

$$\frac{\mathrm{d}\varepsilon}{\mathrm{d}t} = \frac{\mathrm{d}\varepsilon_{弹}}{\mathrm{d}t} + \frac{\mathrm{d}\varepsilon_{黏}}{\mathrm{d}t}$$

因为,按胡克定律和牛顿流动定律:

$$\sigma_{弹} = G\varepsilon_{弹} = \sigma \tag{6-45}$$

$$\sigma_{黏} = \eta \frac{\mathrm{d}\varepsilon_{黏}}{\mathrm{d}t} = \sigma \tag{6-46}$$

则

$$\frac{\mathrm{d}\varepsilon}{\mathrm{d}t} = \frac{1}{G}\frac{\mathrm{d}\sigma}{\mathrm{d}t} + \frac{\sigma}{\eta} \tag{6-47}$$

这就是麦氏模型的运动微分方程式(本构方程)。

1. 麦氏模型的应力弛豫

在应力弛豫情况下,开始时,模型几乎是瞬时被拉长到一固定值,弹簧立即作出响应,而黏壶来不及运动,全部起始应变都发生在弹簧上[图 6-14(b)]。维持这个应变不变,则被拉长的弹簧回弹力立即迫使黏壶中活塞上移,最后黏壶被拉开,同时弹簧回复到原来未拉伸状态[图 6-14(c)]。为维持这个应变所需要的应力就逐渐减小,产生应力弛豫。因 $\varepsilon =$ 常数,$\mathrm{d}\varepsilon/\mathrm{d}t = 0$,运动方程式为

$$\frac{1}{G}\frac{\mathrm{d}\sigma}{\mathrm{d}t} + \frac{\sigma}{\eta} = 0$$

或

$$\frac{\mathrm{d}\sigma}{\mathrm{d}t} + \sigma\frac{G}{\eta} = 0 \tag{6-48}$$

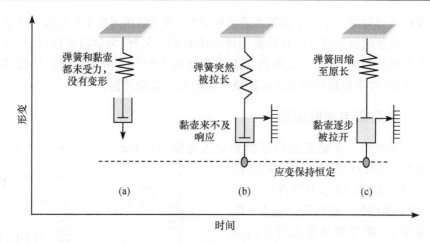

图 6-14　麦克斯韦模型的应力弛豫图解

这是一阶常微分方程,若记 $\tau = \eta/G$,则 $\mathrm{d}\sigma/\sigma = -\mathrm{d}t/\tau$,积分得

$$\sigma(t) = \sigma_0 \mathrm{e}^{-t/\tau} \tag{6-49}$$

式中,σ_0 为在时间 $t=0$ 时的起始应力。

　　式(6-49)表明应力 $\sigma(t)$ 随时间 t 指数式地衰减(参见第 5 章的图 5-64)。应力弛豫模量 $G(t)$ 为

$$G(t) = \frac{\sigma(t)}{\varepsilon_0} = \frac{\sigma_0}{\varepsilon_0}\mathrm{e}^{-t/\tau} = G_0 \Phi(t)$$

　　(1) 显然,$\mathrm{e}^{-t/\tau}$ 正是我们在第 5 章应力弛豫一段中寻求的弛豫函数 $\Phi(t)$ 的具体形式

$$\Phi(t) = \mathrm{e}^{-t/\tau} \tag{6-50}$$

它符合弛豫函数最基本的特征

$$\Phi(t) = \begin{cases} 1 & t = 0 \\ 0 & t = \infty \end{cases}$$

　　(2) 从量纲看,$\tau = \eta/G$ 具有时间的量纲。它是麦氏模型的特征时间常数,称为"弛豫时间"(relaxation time)。当 $t = \tau$ 时,$\sigma = \sigma_0/\mathrm{e}$,可知弛豫时间是应力降低到起始应力的 $1/\mathrm{e} = 0.3679$ 或起始应力的 36.79% 所需要的时间。由 $\tau = \eta/G$ 可以看出,弛豫时间是材料的黏性系数和弹性系数的比值,说明弛豫过程必然是同时有黏性和弹性存在产生的结果。麦克斯韦模型的价值就在于这一点,它给予我们很大的启发。

　　(3) 力学模型中是用弹簧和黏壶的结合来形象地表示黏弹性的,那么在麦克斯韦串联模型所定义的参数里,反映弹性和黏性相结合的就是这个弛豫时间 τ。τ

是黏壶黏性系数和弹簧弹性系数的比值,也说明 τ 必然是材料同时具有黏性和弹性而产生的结果。

(4) 高聚物黏弹行为不仅取决于其本身的个别参数 G 和 η,而且主要是取决于它们的组合。也就是说,如果材料的黏性 η 很大,但它的弹性 G 也很大;或者材料的黏性很小,它的弹性也很小,那么 τ 仍然可以是一个可以观察的、具有合理的值的数。在 η 很大,而 G 不大(这时 $\tau=\eta/G$ 太大),或 G 太大,而 η 不大时(这时 $\tau=\eta/G$ 太小)都会使 τ 不易被观察到。

(5) 如果外加应力 σ 作用的时间极短,黏壶还来不及做出响应,弹簧的应变将遮盖黏壶的应变。对于这样短时间的试验,材料可以看做是一弹性固体。反之,若应力 σ 作用的时间极长,弹簧已经回复到起始状态,只有黏壶的应变,材料可考虑为简单的牛顿流体。只有在适中的作用力时间,材料力学行为的复杂本质——黏弹性才会呈现,应力以极大的速率衰减。然而这个适中的时间恰好是弛豫时间 τ。弛豫时间 τ 可以考虑为表征材料弛豫现象的内部时间尺度。因此,只有当应力作用时间(或试验时间,或试验观察时间)尺度与材料内部时间尺度有相同数量级时,材料才同时呈现弹性和黏性。高聚物的结构复杂,运动单元又大小不等,不同结构运动单元有不同的黏性系数和弹性系数,它们的弛豫时间不是一个,而是形成一个范围宽广的连续谱。因此,在一很宽的时间范围内,高聚物均呈现有黏弹性。

2. 麦氏模型的动态力学行为

如果受交变应力 $\sigma=\hat\sigma e^{i\omega t}$ 作用,把 σ 对 t 求导,$d\sigma/dt=i\omega\hat\sigma e^{i\omega t}$ 代入麦氏模型的运动方程,得

$$\frac{d\varepsilon}{dt}=\left(\frac{i\omega}{G}+\frac{1}{\eta}\right)\hat\sigma e^{i\omega t}$$

从而

$$\varepsilon=\frac{1}{i\omega}\left(\frac{i\omega}{G}+\frac{1}{\eta}\right)\hat\sigma e^{i\omega t}$$

同样令 $\tau=\eta/G$,并把分母有理化,得

$$\varepsilon=\frac{1}{G}\left(1-\frac{i}{\omega\tau}\right)\hat\sigma e^{i\omega t}$$

或

$$\varepsilon=\frac{1}{G}\sqrt{1+\frac{i}{\omega^2\tau^2}}\hat\sigma e^{i\omega t}=\hat\sigma e^{i(\omega t-\delta)}$$

式中,δ 为应力与应变之间的相位差。应变落后于应力,且

$$\tan\delta=1/\omega t \tag{6-51}$$

复数模量为

$$\overset{*}{G} = \frac{\sigma}{\varepsilon} = \frac{\hat{\sigma}\mathrm{e}^{\mathrm{i}\omega t}}{\dfrac{1}{G}\left(1 - \dfrac{\mathrm{i}}{\omega\tau}\right)\hat{\sigma}\mathrm{e}^{\mathrm{i}\omega t}}$$

$$= G\,\frac{\omega\tau}{\omega\tau - \mathrm{i}}$$

$$= G\,\frac{\omega^2\tau^2 + \mathrm{i}\omega\tau}{1 + \omega^2\tau^2}$$

$$= G_1(\omega) + \mathrm{i}G_2(\omega) \tag{6-52}$$

因此,麦氏模型的储能模量 $G_1(\omega)$ 和损耗模量 $G_2(\omega)$ 为

$$G_1(\omega) = G\,\frac{\omega^2\tau^2}{1 + \omega^2\tau^2} \tag{6-53}$$

$$G_2(\omega) = G\,\frac{\omega\tau}{1 + \omega^2\tau^2} \tag{6-54}$$

动态黏度 $\eta_{动态}$ 为

$$\eta_{动态} = \frac{G_2(\omega)}{\omega} = \frac{G\tau}{1 + \omega^2\tau^2} = \frac{\eta}{1 + \omega^2\tau^2} \tag{6-55}$$

它们都是 ω 的函数,随频率 ω 的变化如图 6-15(a)所示。在低频时,弹簧已经回复,应变主要来自黏壶,储能模量 $G_1(\omega)$ 很低。频率很高时,在振动的周期内黏壶根本来不及有任何流动产生,因而在高频时应变是由于弹簧的拉伸而产生,因此这时的储能模量就等于弹簧的模量。在适中的频率,即相应于弛豫时间的频率时,弹簧和黏壶的运动同时产生, $G_1(\omega)$ 随频率迅速地增大。

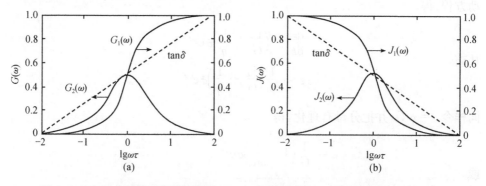

图 6-15　麦氏串联模型的储能模量 $G_1(\omega)$、损耗能量 $G_2(\omega)$ 和损耗角正切 $\tan\delta$(a)
和开尔文-沃伊特并联模型的储能柔量 $J_1(\omega)$ 和损耗柔量 $J_2(\omega)$ 和损耗角正切 $\tan\delta$(b)

在高频和低频时,损耗能量 $G_2(\omega)$ 都接近于零。能量损耗是由黏壶的运动所产生。在高频时,黏壶的运动不能产生;在低频时,尽管黏壶的运动很大,但是运动是如此的慢,因而在黏壶中剪切速率很小,所以损耗无几;在中频时,剪切速率和黏

壶的运动都很大,所以能量的损耗也大。当 $\omega=1/\tau$ 时,$G_2(\omega)$ 达到极大。这些都与实际高聚物试验事实定性相符。只是 $\tan\delta=1/\omega\tau$,随频率的增加而直线下降,对实际高聚物来说是不真实的。

复数模量 $\overset{*}{G}$ 的倒数是复数柔量 $\overset{*}{J}$,麦氏模型的复数柔量为

$$\overset{*}{J}=\frac{1}{\overset{*}{G}}=\frac{\varepsilon}{\sigma}=\frac{1}{G}-\mathrm{i}\frac{1}{\omega\tau G}=\frac{1}{G}-\mathrm{i}\frac{1}{\omega\eta}$$

$$=J_1(\omega)-\mathrm{i}J_2(\omega)$$

储能柔量 $J_1(\omega)$ 和损耗柔量 $J_2(\omega)$ 分别为

$$J_1(\omega)=\frac{1}{G},\quad J_2(\omega)=\frac{1}{\omega\eta} \tag{6-56}$$

$G_1(\omega)$、$G_2(\omega)$ 和 $J_1(\omega)$、$J_2(\omega)$ 的关系是

$$J_1(\omega)=\frac{G_1(\omega)}{G_1^2(\omega)+G_2^2(\omega)},\quad J_2(\omega)=\frac{G_2(\omega)}{G_1^2(\omega)+G_2^2(\omega)} \tag{6-57}$$

$$G_1(\omega)=\frac{J_1(\omega)}{J_1^2(\omega)+J_2^2(\omega)},\quad G_2(\omega)=\frac{J_2(\omega)}{J_1^2(\omega)+J_2^2(\omega)} \tag{6-58}$$

从以上讨论可以看到,一个弹簧和一个黏壶的麦氏串联模型已能定性描述高聚物黏弹性的一般特征,定义出高聚物黏弹性的主要参数——弛豫时间 τ,并在力学弛豫是弹性和黏性的联合作用上给我们很大启发。

3. 麦氏串联模型不足之处

(1) 不管是描述应力弛豫还是动态力学性能,麦氏串联模型只给出了一个弛豫时间。

(2) 应力弛豫只有一个对数衰减项表示,会使应力在无穷大时间衰减为零,不能描述交联高聚物的行为。

(3) 麦氏模型不能用来描述实际高聚物的蠕变,因为在恒定应力 $\sigma=\sigma_0$ 条件下

$$\frac{\mathrm{d}\sigma}{\mathrm{d}t}=0$$

则

$$\frac{\mathrm{d}\varepsilon}{\mathrm{d}t}=\frac{\sigma_0}{\eta}$$

只有牛顿流动,显然是不真实的。

(4) 麦氏串联模型求得的 $\tan\delta$ 是一条直线,也是不真实的。

(5) 转变区较小。

这些都是一个简单模型难以解决的。

6.3.3　开尔文-沃伊特并联模型

一个弹簧和一个黏壶的并联模型称开尔文-沃伊特(Kelvin-Voigt)并联模型(简称开-沃并联模型)。与麦氏串联模型互为补充,开-沃并联模型用于描述高聚物的蠕变现象却有较好的定性符合。如图 6-13(b)所示,模量为 G 的弹簧和装有黏度为 η 的牛顿流体的黏壶,受应力 σ 作用,则弹簧和黏壶上的应变相同 $\varepsilon=\varepsilon_\text{弹}=\varepsilon_\text{黏}$,而总的应力是两个单元上应力之和 $\sigma=\sigma_\text{弹}+\sigma_\text{黏}$。运动微分方程为

$$\sigma(t) = G\varepsilon + \eta\frac{\mathrm{d}\varepsilon}{\mathrm{d}t} \tag{6-59}$$

1. 开-沃并联模型的蠕变

在蠕变的情况下,加上应力后由于黏壶中液体的阻滞,弹簧的应变不能立即产生,但随着时间的增加,恒定的应力逐渐迫使黏壶中的活塞向上移动。黏壶被拉开的同时,弹簧随之被拉开。应变随时间而增加,产生蠕变现象。

因为应力维持恒定,$\sigma(t)=\sigma_0$,则

$$G\varepsilon + \eta\frac{\mathrm{d}\varepsilon}{\mathrm{d}t} = \sigma_0$$

$$\frac{\mathrm{d}\varepsilon}{\mathrm{d}t} + \frac{G}{\eta}\varepsilon = \frac{\sigma_0}{\eta}$$

这个一阶非齐次常微分方程的一般解是

$$\varepsilon(t) = A\mathrm{e}^{-\frac{G}{\eta}t} + \frac{\sigma_0}{G}$$

利用起始条件 $\varepsilon(0)=0$,求出 $A=-\sigma_0/G$,得

$$\varepsilon(t) = \frac{\sigma_0}{G}(1 - \mathrm{e}^{-\frac{G}{\eta}t})$$

与麦氏模型相类似,也可以定义 $\tau=\eta/G$,则

$$\varepsilon(t) = \frac{\sigma_0}{G}(1 - \mathrm{e}^{-\frac{t}{\tau}}) \tag{6-60}$$

τ 是开-沃并联模型的特征时间常数,称为"推迟时间"(retardation time)。与弛豫时间一样,推迟时间也是表征材料黏弹性行为的内部时间尺度。与推迟时间相比,如果恒定应力作用一个很短的时间,那么黏壶根本来不及响应,模型就像一个弹性的固体,如果应力作用很长时间,只有黏壶在起作用,模型表现为一个黏性液体,只有当应力作用时间(或试验时间、试验观察时间)与模型的内部时间尺

度——推迟时间同数量级时,模型才同时呈现出黏性和弹性来。

式(6-60)表明,开-沃并联模型的蠕变也随时间有指数式的变化,如图 6-16 所示。这里不出现流动,表征的是交联高聚物的行为。

蠕变柔量 $J(t)$ 为

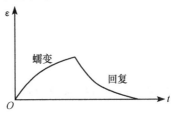

图 6-16　开-沃并联模型的
蠕变及其回复

$$J(t) = \frac{\varepsilon(t)}{\sigma_0} = \frac{1}{G}(1 - e^{-\frac{t}{\tau}}) = J_0 \Psi(t)$$

$$(6\text{-}61)$$

开-沃并联模型给出了蠕变函数的具体形式为

$$\Psi(t) = 1 - e^{-\frac{t}{\tau}} \qquad (6\text{-}62)$$

如果在某一时刻,移去外应力,则蠕变将缓慢回复。这时 $\sigma = 0$,回复的运动微分方程为

$$G\varepsilon + \eta \frac{d\varepsilon}{dt} = 0$$

应变的解是

$$\varepsilon(t) = e^{-\frac{t}{\tau}} \qquad (6\text{-}63)$$

蠕变回复随时间指数式变化(图 6-16)。在足够长时间,$\varepsilon(\infty) = 0$,表明开-沃并联模型能回复到它原来的起始状态,而不出现永久变形。这确实是交联高聚物的特征。

2. 开-沃并联模型的动态力学行为

应变是 $\varepsilon(t) = \hat{\varepsilon}e^{i\omega t}$,$d\varepsilon(t)/dt = i\omega\hat{\varepsilon}e^{i\omega t}$,运动微分方程最为简单:

$$\sigma(t) = G\hat{\varepsilon}e^{i\omega t} + \eta(i\omega\hat{\varepsilon}e^{i\omega t})$$

$$= G\left(1 + i\omega \frac{\eta}{G}\right)\hat{\varepsilon}e^{i\omega t}$$

或

$$\sigma(t) = G\sqrt{1 + \omega^2\tau^2}\hat{\varepsilon}e^{i(\omega t + \delta)}$$

这里

$$\tan\delta = \omega\tau \qquad (6\text{-}64)$$

和

$$\delta = \text{arc } \tan\omega\tau$$

应力超前应变一个 δ,或者说应变落后应力一个 δ。

复数蠕变柔量:

$$
\begin{aligned}
\overset{*}{J} = \frac{\varepsilon}{\sigma} &= \frac{1}{G}\left(\frac{1}{1+i\omega\tau}\right) \\
&= \frac{1}{G}\left(\frac{1-i\omega\tau}{1+\omega^2\tau^2}\right) \\
&= J_1(\omega) - iJ_2(\omega)
\end{aligned}
\tag{6-65}
$$

因此,开-沃并联模型的储能柔量 $J_1(\omega)$ 和损耗柔量 $J_2(\omega)$ 分别为

$$
J_1(\omega) = \frac{1}{G}\frac{1}{1+\omega^2\tau^2}
\tag{6-66}
$$

$$
J_2(\omega) = \frac{1}{G}\frac{\omega\tau}{1+\omega^2\tau^2}
\tag{6-67}
$$

它们与频率 ω 的关系如图 6-15(b)所示。

复数模量 $\overset{*}{G}$ 为

$$
\overset{*}{G} = \frac{1}{\overset{*}{J}} = \frac{\sigma}{\varepsilon} = G(1+i\omega\tau) = G_1(\omega) + iG_2(\omega)
$$

因此

$$
G_1(\omega) = G
\tag{6-68}
$$

$$
G_2(\omega) = \omega\eta
\tag{6-69}
$$

3. 开-沃并联模型的不足之处

(1) 不能呈现高聚物蠕变时的瞬时普弹性。

(2) 也没有能反映线形高聚物可能存在的流动。

(3) 特别是它也不能用来描述高聚物的应力弛豫行为,因为在 $\varepsilon=\varepsilon_0$,运动方程为 $\sigma/\eta=G\varepsilon_0/\eta$,即 $\sigma=G\varepsilon_0$,是线性弹性行为。

(4) 不管是描述应力弛豫时间还是动态力学性能,开-沃并联模型只给出了一个弛豫时间,且转变区较小。

(5) 模型求得的 $\tan\delta$ 是一条直线,也与事实不符。

麦氏串联模型和开-沃并联模型是描述黏弹性的两个最基本的力学模型,它们给出的黏弹性一般特征见表 6-4。

表 6-4　麦氏串联模型和开-沃并联模型的黏弹性特征

特征	麦氏模型	开-沃模型
力学元件组合	弹簧和黏壶的串联组合	弹簧和黏壶的并联组合

续表

特征	麦氏模型	开-沃模型
运动微分方程	$\dfrac{\mathrm{d}\varepsilon}{\mathrm{d}t}=\dfrac{1}{G}\dfrac{\mathrm{d}\sigma}{\mathrm{d}t}+\dfrac{\sigma}{\eta}$	$\sigma=G\varepsilon+\eta\dfrac{\mathrm{d}\varepsilon}{\mathrm{d}t}$
内部时间尺度	弛豫时间 $\tau=\dfrac{\eta}{G}$	推迟时间 $\tau=\dfrac{\eta}{G}$
特征函数	弛豫函数 $\Phi(t)=\mathrm{e}^{-t/\tau}$	蠕变函数 $\Psi(t)=1-\mathrm{e}^{-t/\tau}$
复数模量	$\overset{*}{G}=G\dfrac{\omega^2\tau^2+\mathrm{i}\omega\tau}{1+\omega^2\tau^2}$	$\overset{*}{G}=G(1+\mathrm{i}\omega\tau)$
储能模量	$G_1(\omega)=G\dfrac{\omega^2\tau^2}{1+\omega^2\tau^2}$	$G_1(\omega)=G$
损耗模量	$G_2(\omega)=G\dfrac{\omega\tau}{1+\omega^2\tau^2}$	$G_2(\omega)=G\omega\tau$
动态黏度	$\eta_{动态}=\dfrac{\eta}{1+\omega^2\tau^2}$	$\eta_{动态}=\eta$
复数柔量	$\overset{*}{J}=\dfrac{1}{\overset{*}{G}}=\dfrac{1}{G}\left(1-\dfrac{\mathrm{i}}{\omega\tau}\right)$	$\overset{*}{J}=\dfrac{1}{\overset{*}{G}}=\dfrac{1}{G}\left(\dfrac{1-\mathrm{i}\omega}{1+\omega^2\tau^2}\right)$
储能柔量	$J_1(\omega)=\dfrac{1}{G}$	$J_1(\omega)=\dfrac{1}{G}\dfrac{1}{1+\omega^2\tau^2}$
损耗柔量	$J_2(\omega)=\dfrac{1}{\omega\eta}$	$J_2(\omega)=\dfrac{1}{G}\dfrac{\omega\tau}{1+\omega^2\tau^2}$
损耗角正切	$\tan\delta=\dfrac{G_2(\omega)}{G_1(\omega)}=\dfrac{1}{\omega\tau}$	$\tan\delta=\dfrac{G_2(\omega)}{G_1(\omega)}=\omega\tau$
对应的电路	电阻与电容并联	电阻与电容串联

6.3.4　三元件模型——标准线性固体

麦氏串联模型和开-沃并联模型哪一个都不能描述既有蠕变又有应力弛豫的高聚物黏弹性。为此人们在开-沃并联模型上串联一个弹簧以表示瞬时普弹性，或者说是在麦氏串联模型的黏壶旁并联一个弹簧以使它的应力不能弛豫为零，形成了如图 6-17 所示的三元件模型，也叫标准线性固体（standard linear solid）。下面我们可以看到图 6-17 中模型（a）和模型（b）是等当的。

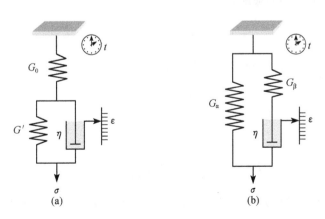

图 6-17　被称为标准线性固体的三元件模型，模型（a）和模型（b）是等当的

若有应力 σ 作用于图 6-17 的(a)模型,则在弹簧 G_0 上受到的应力与其中开-沃单元(这里可以把开-沃并联模型看做是一个独立的力学单元)上受到的应力相等,而总的应变则为它们各自应变之和,即 $\sigma = \sigma_{弹} = \sigma_{伏}$ 和 $\varepsilon = \varepsilon_{弹} + \varepsilon_{伏}$,或

$$\frac{\mathrm{d}\varepsilon_{弹}}{\mathrm{d}t} + \frac{\mathrm{d}\varepsilon_{伏}}{\mathrm{d}t} = \frac{\mathrm{d}\varepsilon}{\mathrm{d}t}$$

但是 $\sigma_{弹} = G_0 \varepsilon_{弹}$ 和 $\sigma_{伏} = G' \varepsilon_{伏} + \eta \dfrac{\mathrm{d}\varepsilon_{伏}}{\mathrm{d}t}$,则

$$\begin{aligned}\frac{\mathrm{d}\varepsilon}{\mathrm{d}t} &= \frac{1}{G_0}\frac{\mathrm{d}\sigma}{\mathrm{d}t} + \frac{\sigma}{\eta} - \frac{G'}{\eta}\varepsilon_{伏} \\ &= \frac{1}{G_0}\frac{\mathrm{d}\sigma}{\mathrm{d}t} + \frac{\sigma}{\eta} - \frac{G'}{\eta}(\varepsilon - \varepsilon_{弹}) \\ &= \frac{1}{G_0}\frac{\mathrm{d}\sigma}{\mathrm{d}t} + \frac{\sigma}{\eta} - \frac{G'}{\eta}\left(\varepsilon - \frac{\sigma}{G_0}\right)\end{aligned}$$

或改写为

$$\frac{\mathrm{d}\varepsilon}{\mathrm{d}t} + \frac{G'\varepsilon}{\eta} = \frac{G_0 + G'}{\eta}\frac{1}{G_0}\sigma + \frac{1}{G_0}\frac{\mathrm{d}\sigma}{\mathrm{d}t} \tag{6-70}$$

这就是三元件模型的运动方程式。此方程对高聚物的蠕变和应力弛豫来说都令人满意。

1. 三元件模型的蠕变

$\sigma(t) = \sigma_0$,$\mathrm{d}\sigma/\mathrm{d}t = 0$,则式(6-70)为

$$\frac{\mathrm{d}\varepsilon}{\mathrm{d}t} + \frac{G'\varepsilon}{\eta} = \frac{G_0 + G'}{\eta}\frac{1}{G_0}\sigma$$

这个一阶微分方程的一般解是

$$\varepsilon(t) = C\mathrm{e}^{-\frac{t}{\tau_2}} + \sigma_0\left(\frac{1}{G_0} + \frac{1}{G'}\right)$$

这里 $\tau_2 = \eta/G'$,是推迟时间。由起始条件 $\varepsilon(0) = \sigma_0/G_0$,定出常数 $C = -\sigma_0/G'$,得

$$\varepsilon(t) = \frac{\sigma_0}{G_0} + \frac{\sigma_0}{G'}(1 - \mathrm{e}^{-\frac{t}{\tau_2}}) \tag{6-71}$$

则蠕变柔量为

$$J(t) = \frac{\varepsilon(t)}{\sigma_0} = \frac{1}{G_0} + \frac{1}{G'}(1 - \mathrm{e}^{-\frac{t}{\tau_2}}) \tag{6-72}$$

与 $J(t) = J_0 + J_e\Psi(t)$ 形式完全一样。这里没有流动,表征的是交联高聚物的蠕变。

2. 三元件模型的应力弛豫

$\varepsilon(t)=\varepsilon_0$，$d\varepsilon/dt=0$，运动方程为

$$\frac{d\sigma}{dt}+\frac{G_0+G'}{\eta}\sigma=\frac{G_0G'}{\eta}\varepsilon_0$$

其解为

$$\sigma(t)=\frac{G_0G'}{G_0+G'}\varepsilon_0\left(1+\frac{G_0}{G'}e^{-\frac{G_0+G'}{\eta}t}\right)$$

若定义弛豫时间 $\tau_1=\eta/(G_0+G')$，则

$$\sigma(t)=\frac{G_0G'}{G_0+G'}\varepsilon_0\left(1+\frac{G_0}{G'}e^{-\frac{t}{\tau_1}}\right) \tag{6-73}$$

弛豫模量为

$$G(t)=\frac{G_0G'}{G_0+G'}\left(1+\frac{G_0}{G'}e^{-\frac{t}{\tau_1}}\right) \tag{6-74}$$

与 $G(t)=G_e+G_0\Phi(t)$ 形式也完全一样。这样三元件模型既表征了高聚物材料的蠕变又同时表征了应力弛豫，并且得出了弛豫时间 τ_1 和推迟时间 τ_2 是不同的。

如果把 $1/J(t)$、$G(t)$ 对 t 作图（图 6-18），可以发现，在 $t\to0$ 时，$1/J(t)$、$G(t)$ 均趋于 G_0，而当 $t\to\infty$ 时，它们又都趋于 $\dfrac{G_0G'}{G_0+G'}$。前者叫做短时模量，后者叫做长时模量。由于 $\tau_1\neq\tau_2$，一般情况下 $G(t)\neq1/J(t)$。在这里因为 $\tau_1<\tau_2$，所以弛豫模量 $G(t)$ 总比柔量倒数得到的蠕变模量 $G_{蠕变}[=1/J(t)]$ 小，即 $G(t)$ 曲线总在 $1/J(t)$ 曲线之下。

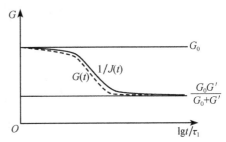

图 6-18 三元件模型的模量曲线

3. 三元件模型的等当

把有关的分子和分母同除 G_0G'，可以把式(6-74)改为如下形式：

$$G(t)=\frac{1}{\frac{1}{G'}+\frac{1}{G_0}}+G_0\frac{1}{G'\left(\frac{1}{G'}+\frac{1}{G_0}\right)}e^{-\left(\frac{1}{G'}+\frac{1}{G_0}\right)\frac{G_0}{\tau_2}t}$$

并令

$$\frac{1}{G_a}=\frac{1}{G'}+\frac{1}{G_0}=\frac{1}{G_0}\left(1+\frac{G_0}{G'}\right)$$

则

$$G(t) = G_\alpha + (G_0 - G_\alpha)\mathrm{e}^{-\frac{G_0}{G_\alpha \tau_2}t}$$

$$= G_\alpha + G_\beta \mathrm{e}^{-\frac{G_0}{G_\alpha \tau_2}t} \tag{6-75}$$

这里 $G_\beta = (G_0 - G_\alpha)$，式(6-75)可以看成是由如图 6-17 中(b)模型给出的应力弛豫模量 $G(t)$，由此可见，对应力弛豫来讲(从而对整个力学性能来讲)，图 6-17 所示的两个三元件模型在力学行为上是等当的。这种等当的特点是模型理论中的普遍现象，给我们提供了很大的方便。我们可以根据推导的方便而任意选择某一个模型。例如，讨论三元件模型的动态力学性能，求复数柔量 $\overset{*}{J}(\omega)$ 可用图 6-17(a)的模型。若应力是 $\sigma(t) = \hat{\sigma}\mathrm{e}^{\mathrm{i}\omega t}$，因为应变相加，则可得

$$\varepsilon = \frac{1}{G_0}\sigma + \frac{1 - \mathrm{i}\omega\tau_1}{G'(1 + \omega^2\tau_1^2)}\sigma$$

则

$$\overset{*}{J} = \frac{\varepsilon}{\sigma} = \frac{1}{G_0} + \frac{1 - \mathrm{i}\omega\tau_1}{G'(1 + \omega^2\tau_1^2)}$$

$$= J_1(\omega) - \mathrm{i}J_2(\omega)$$

因此

$$J_1(\omega) = \frac{1}{G_0} + \frac{1}{G'(1 + \omega^2\tau_1^2)}$$

$$= J_0 + \frac{J'}{1 + \omega^2\tau_1^2} \tag{6-76}$$

$$J_2(\omega) = \frac{\omega\tau_1}{G'(1 + \omega^2\tau_1^2)}$$

$$= J'\frac{\omega\tau_1}{1 + \omega^2\tau_1^2} \tag{6-77}$$

若求复数模量 $\overset{*}{G}(\omega)$，可利用图 6-17(b)的模型，因应力相加，则可得

$$\sigma = G_\alpha\varepsilon + G_\beta\frac{\omega^2\tau_2^2 + \mathrm{i}\omega\tau_2}{1 + \omega^2\tau_2^2}\varepsilon$$

得复数模量

$$\overset{*}{G}(\omega) = \frac{\sigma}{\varepsilon} = G_\alpha + G_\beta\frac{\omega^2\tau_2^2 + \mathrm{i}\omega\tau_2}{1 + \omega^2\tau_2^2}\varepsilon$$

$$= G_1(\omega) + \mathrm{i}G_2(\omega)$$

则

$$G_1(\omega) = G_\alpha + G_\beta\frac{\omega^2\tau_2^2}{1 + \omega^2\tau_2^2} \tag{6-78}$$

$$G_2(\omega) = G_\beta\frac{\omega\tau_2}{1 + \omega^2\tau_2^2} \tag{6-79}$$

6.3.5　力学模型的广义形式

描述实际高聚物的模型应该是如图 6-19 那样的许多不同参数弹簧和黏壶组合的广义形式力学模型(generalized mechanical model)。这样所取的模型将具有多个弛豫时间和推迟时间所形成的一个不连续的谱,也就是通常所说的离散弛豫时间谱和离散推迟时间谱。

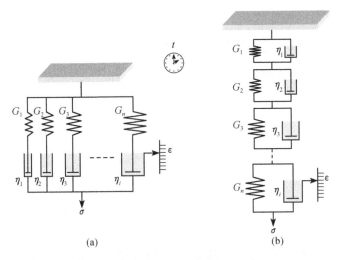

图 6-19　黏弹性力学模型的广义形式

图 6-19(a)是 n 个麦氏单元组合,称为广义麦氏模型,显然每个单元的应变是相同的,而总的应力为各单元承受的应力之和,即

$$\varepsilon = \varepsilon_1 = \varepsilon_2 = \varepsilon_3 = \cdots$$

$$\sigma = \sigma_1 + \sigma_2 + \sigma_3 + \cdots = \sum \sigma_i \quad (i = 1, 2, \cdots, n)$$

第 i 个单元的运动微分方程为

$$\frac{\mathrm{d}\varepsilon}{\mathrm{d}t} = \frac{1}{G_i}\frac{\mathrm{d}\sigma_i}{\mathrm{d}t} + \frac{\sigma_i}{\eta_i}$$

对应力弛豫

$$\sigma = \varepsilon \sum_i G_i \mathrm{e}^{-t/\tau_i}$$

则

$$G(t) = \sum_i G_i \mathrm{e}^{-t/\tau_i} \tag{6-80}$$

对动态力学试验,如果应变 $\varepsilon = \hat{\varepsilon} e^{i\omega t}$,有

$$\sigma_i = G_i \frac{\omega^2 \tau_i^2}{1 + \omega^2 \tau_i^2} \varepsilon$$

则总的应力为

$$\sigma = \sum_i \sigma_i = \varepsilon \Big[\sum_i G_i \frac{\omega^2 \tau_i^2}{1 + \omega^2 \tau_i^2} + i \sum_i G_i \frac{\omega \tau_i}{1 + \omega^2 \tau_i^2} \Big]$$

因此复数模量为

$$\overset{*}{G} = \frac{\sigma}{\varepsilon} = \sum_i G_i \frac{\omega^2 \tau_i^2}{1 + \omega^2 \tau_i^2} + i \sum_i G_i \frac{\omega \tau_i}{1 + \omega^2 \tau_i^2} \tag{6-81}$$

储能模量和损耗模量分别为

$$G_1(\omega) = \sum_i G_i \frac{\omega^2 \tau_i^2}{1 + \omega^2 \tau_i^2} \tag{6-82}$$

$$G_2(\omega) = \sum_i G_i \frac{\omega \tau_i}{1 + \omega^2 \tau_i^2} \tag{6-83}$$

而动态黏度为

$$\eta_{动态} = \frac{G_2(\omega)}{\omega} = \sum_i \frac{G_i \tau_i}{1 + \omega^2 \tau_i^2} = \sum_i \frac{\eta_i}{1 + \omega^2 \tau_i^2} \tag{6-84}$$

如果这个模型的第 i 个单元满足 $\omega \tau_i \gg 1$ 的条件,那么这个单元的储能模量 $G_{i1}(\omega)$ 就很接近 G_i,而 $G_{i2}(\omega)$ 及 $\eta_{动态}$ 就变得很小。在 $\omega \tau_i \rightarrow \infty$ 的极限情况,$G_{i1}(\omega)$ 就等于 G_i,$G_{i2}(\omega)$ 和 $\eta_{动态}$ 等于零。这个单元实际上退化为一个弹簧。反之,在 $\omega \tau_i \ll 1$ 情况,$\eta_{动态}$ 接近 η_i,而 $G_{i1}(\omega)$ 则接近零。在 $\omega \tau \rightarrow 0$ 极限情况,这个单元退化为一个黏壶,弛豫时间相差很大的高聚物总能满足上述条件。因此,广义麦氏模型的

储能模量 $\qquad G_1(\omega) = G_e + \sum_i G_i \frac{\omega^2 \tau_i^2}{1 + \omega^2 \tau_i^2} \tag{6-85}$

损耗模量 $\qquad G_2(\omega) = \omega \eta + \sum_i G_i \frac{\omega \tau_i}{1 + \omega^2 \tau_i^2} \tag{6-86}$

弛豫模量 $\qquad G(t) = G_e + \sum_i G_i e^{-t/\tau_i} \tag{6-87}$

同样,由 n 个开-沃单元组成的如图 6-19(b)所示的模型通常称为广义开-沃模型。显然,各单元应变的加和等于总的应变,而应力则各单元均相等,即

$$\varepsilon = \varepsilon_1 + \varepsilon_2 + \varepsilon_3 + \cdots + \varepsilon_n = \sum \varepsilon_i \qquad (i = 1, 2, 3, \cdots, n)$$

$$\sigma = \sigma_1 = \sigma_2 = \cdots = \sigma_n$$

对蠕变有

$$\varepsilon = \sigma \sum_i J_i (1 - e^{-t/\tau_i})$$

$$J(t) = \sum_i J_i (1 - e^{-t/\tau_i})$$

对动态力学试验，如果应力 $\sigma = \hat{\sigma} e^{i\omega t}$，则第 i 个单元的应变：

$$\varepsilon_i = \frac{1}{G_i} \frac{1 - i\omega\tau_i}{1 + \omega^2 \tau_i^2} \sigma$$

总应变为

$$\varepsilon = \sum_i \varepsilon_i = \sigma \sum_i \frac{1}{G_i} \frac{1 - i\omega\tau_i}{1 + \omega^2 \tau_i^2} \tag{6-88}$$

复数柔量为

$$\overset{*}{J} = \frac{\varepsilon}{\sigma} = \sum_i \frac{1}{G_i} \frac{1}{1 + \omega^2 \tau_i^2} - i\sum_i \frac{1}{G_i} \frac{\omega\tau_i}{1 + \omega^2 \tau_i^2}$$

它的实数部分和虚数部分分别为

储能柔量 $\qquad J_1(\omega) = \sum_i \frac{1}{G_i} \frac{1}{1 + \omega^2 \tau_i^2} = \sum_i J_i \frac{1}{1 + \omega^2 \tau_i^2} \tag{6-89}$

损耗柔量 $\qquad J_2(\omega) = \sum_i \frac{1}{G_i} \frac{\omega\tau_i}{1 + \omega^2 \tau_i^2} = \sum_i J_i \frac{\omega\tau_i}{1 + \omega^2 \tau_i^2} \tag{6-90}$

在广义开-沃模型情况，当 $\omega\tau_i \ll 1$ 时，这第 i 个单元的 $J_{i1}(\omega)$ 接近于 J_i，而 $J_{i2}(\omega)_i$ 接近于零，在 $\omega\tau_i \to 0$ 时，这个单元实际上退化为一个弹簧。反之，在 $\omega\tau_i \to \infty$ 时，某个单元退化为一个非常黏性的黏壶（图 6-20），因此，广义开-沃模型的

储能柔量 $\qquad J_1(\omega) = J + \sum_i J_i \frac{1}{1 + \omega^2 \tau_i^2} \tag{6-91}$

损耗柔量 $\qquad J_2(\omega) = \frac{1}{\omega\eta} + \sum_i J_i \frac{\omega\tau_i}{1 + \omega^2 \tau_i^2} \tag{6-92}$

蠕变柔量 $\qquad J(\omega) = J_0 + \sum_i J_i (1 - e^{-t/\tau_i}) + \frac{t}{\eta} \tag{6-93}$

广义力学模型的最大用处在于它们模拟出了高聚物具有的大小不同的许多弛豫时间或推迟时间。依各单元的黏度 η_i 和模量 G_i 的不同，$\tau = \eta_i / G_i$ 可从很小到很大，从而形成一个不连续的弛豫时间谱或推迟时间谱。这对我们进一步学习线性黏弹性理论是十分重要的。

6.3.6 弛豫时间谱和推迟时间谱

如果组成如图 6-20(a)所示的广义麦氏模型的单元为无限多个，就不能用有限数目的常数(G_i, τ_i)来描述，而要用一个独立变数的连续函数 $g(\tau)$ 来代替。$g(\tau)$

就是通常所说的与弛豫时间 τ 有关的弛豫时间谱（relaxation time spectra），这时加和应改为积分。例如，对应力弛豫模量

$$G(t) = G_e + \int_0^\infty g(\tau) e^{-t/\tau} d\tau \tag{6-94}$$

积分中的 $G(\tau)d\tau$ 是表示具有弛豫时间 $\tau \sim \tau + d\tau$ 的麦氏单元的"浓度"。

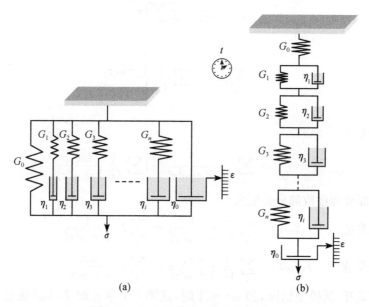

(a)　　　　　　　　　　(b)

图 6-20　更为广义的黏弹性力学模型

同理，如果图 6-20(b)的广义开-沃模型的单元数也为无限多个，有限的常数 (J_i, τ_i) 被一连续函数 $f(\tau)$ 所代替，$f(\tau)$ 就是所谓的"推迟时间谱"（retardation time spectra），则蠕变柔量为

$$J(t) = J_0 + \int_0^\infty f(\tau)(1 - e^{-t/\tau})d\tau + \frac{t}{\eta} \tag{6-95}$$

$f(\tau)d\tau$ 也是表示具有推迟时间（$\tau \sim \tau d\tau$）的开-沃单元的"浓度"。

由于要完整反映高聚物的力学性能，必须在极宽的时间或频率范围内做试验，因此方便的是用对数时间标尺，也即用 $\ln\tau$ 代替时间 τ 作变数。这样，人们定义一个新的弛豫时间谱 $H(\ln\tau)$ 和一个新的推迟时间谱 $L(\ln\tau)$，它们与 $G(\tau)$ 和 $f(\tau)$ 的关系是

$$H(\ln\tau)d\ln\tau = g(\tau)d\tau \tag{6-96}$$

$$L(\ln\tau)d\ln\tau = f(\tau)d\tau \tag{6-97}$$

显然

$$H(\ln\tau) = \tau g(\tau)$$

$$L(\ln\tau) = \tau f(\tau)$$

$H(\ln\tau)\mathrm{d}(\ln\tau)$ 是表示具有对数弛豫时间 $\ln\tau \sim (\ln\tau + \mathrm{d}\ln\tau)$ 的麦氏单元的浓度。$L(\ln\tau)\mathrm{d}(\ln\tau)$ 具有类似的意义。这时积分限由 $0 \to \infty$ 变为 $-\infty \to +\infty$，则应力弛豫模量和蠕变柔量分别为

$$G(t) = G_{\mathrm{e}} + \int_{-\infty}^{\infty} H(\ln\tau)\mathrm{e}^{-t/\tau}\mathrm{d}\ln\tau \tag{6-98}$$

$$J(t) = J_0 + \int_{-\infty}^{\infty} L(\ln\tau)(1 - \mathrm{e}^{-t/\tau})\mathrm{d}\ln\tau + \frac{t}{\eta} \tag{6-99}$$

我们看到，在广义模型中，当单元数趋向无穷时，高聚物黏弹性的微分表达式变成了积分表达式，并引入了弛豫时间谱或推迟时间谱的概念。下面将指出，高聚物黏弹性的积分表达式完全可以不借助于力学模型而得到。

高聚物的许多力学性能均能用弛豫时间谱和推迟时间谱来表示。除了上面的应力弛豫模量和蠕变柔量外，还有

储能模量　　　$$G_1(\omega) = G_{\mathrm{e}} + \int_{-\infty}^{\infty} H(\ln\tau)\frac{\omega^2\tau^2}{1 + \omega^2\tau^2}\mathrm{d}\ln\tau \tag{6-100}$$

损耗模量　　　$$G_2(\omega) = \int_{-\infty}^{\infty} H(\ln\tau)\frac{\omega\tau}{1 + \omega^2\tau^2}\mathrm{d}\ln\tau \tag{6-101}$$

因为动态黏度 $\eta_{\text{动态}} = G_2(\omega)/\omega$，所以

$$\eta_{\text{动态}} = \int_{-\infty}^{\infty} H(\ln\tau)\frac{\tau}{1 + \omega^2\tau^2}\mathrm{d}\ln\tau \tag{6-102}$$

对于未交联高聚物，有流动，可由 $\eta_{\text{动态}}$，令 $\omega = 0$，从式(6-101)得

$$\eta_{\text{流动}} = \int_{-\infty}^{\infty} H(\ln\tau)\tau\mathrm{d}\ln\tau \tag{6-103}$$

如果令 $\omega = \infty$(即 $t = 0$)，由式(6-98)可得起始模量

$$G_0 = G_{\mathrm{e}} + \int_{-\infty}^{\infty} H(\ln\tau)\mathrm{d}\ln\tau \tag{6-104}$$

此外

储能柔量　　　$$J_1(\omega) = J_0 + \int_{-\infty}^{\infty} L(\ln\tau)\frac{1}{1 + \omega^2\tau^2}\mathrm{d}\ln\tau \tag{6-105}$$

损耗柔量　　　$$J_2(\omega) = \frac{1}{\omega\eta} + \int_{-\infty}^{\infty} H(\ln\tau)\frac{\omega^2\tau^2}{1 + \omega^2\tau^2}\mathrm{d}\ln\tau \tag{6-106}$$

如果在式(6-105)中，令 $\omega = 0$(即 $t = \infty$)，可得交联高聚物的平衡柔量为

$$J_{\mathrm{e}} = J_0 + \int_{-\infty}^{\infty} L(\ln\tau)\mathrm{d}\ln\tau \tag{6-107}$$

上面这些关系式已提供了求取弛豫时间谱或推迟时间谱的方法。作为一个例子，试用应力弛豫模量求弛豫时间谱——阿尔弗雷(Alfrey)近似。应力弛豫模量与弛豫时间谱的关系式是式(6-98)。作为一级近似，可用一个阶梯函数来代替，

因为 $e^{-t/\tau}$ 在 $\tau = 0$ 时等于零，$\tau = \infty$ 时为 1。今用 $\tau \geqslant t$ 时为 1，$\tau \leqslant t$ 时为零的阶梯函数代替它，则

$$G(t) = G_e + \int_{\ln t}^{\infty} H(\ln\tau) \mathrm{d}\ln\tau \qquad (6\text{-}108)$$

积分值不会有很大差别（图 6-21），因为总可以找到一个 t 使得左边削去的面积与右边得到的面积几乎相等。

用式(6-108)对 $\ln t$ 求导，即得

$$-\left[\frac{\mathrm{d}G(t)}{\mathrm{d}\ln t}\right]_{t=\tau} \approx H(\ln\tau) \qquad (6\text{-}109)$$

即弛豫时间谱近似等于应力弛豫模量曲线的负斜率。因为数据处理一般是用双对数 $\lg G(t)$-$\lg t$ 作图，所以

$$
\begin{aligned}
H(\ln\tau) &= -\frac{1}{2.303}\left[\frac{\mathrm{d}G(t)}{\mathrm{d}\lg t}\right]_{t=\tau} \\
&= -\frac{\mathrm{d}G(t)}{2.303}\left[\frac{\mathrm{d}\lg G(t)}{\mathrm{d}\lg t}\right]_{t=\tau}
\end{aligned}
\qquad (6\text{-}110)
$$

对于只有单一弛豫转变的情况，式(6-110)可直观地表示为图 6-22。

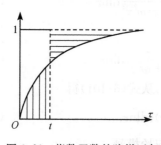
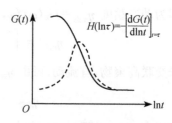

图 6-21　指数函数的阶梯近似　　　　图 6-22　阿尔弗雷近似

6.4　玻尔兹曼叠加原理

6.4.1　高聚物力学行为的历史效应

力学模型提供了描述高聚物黏弹性的微分表达式，给我们定性地显示了高聚物黏弹性的一般特征。此外，另有一条更好的途径可用来描述高聚物的黏弹性，这就是通过叠加原理建立起来的所谓积分表达式。下面我们将从高聚物力学行为的历史效应着手来推求高聚物黏弹性的积分表达式。需要指出的是，当广义力学模型在单元数为无穷大时，也可引入弛豫时间谱和推迟时间谱，从而建立起积分表达式，因此，黏弹性的这两种表达式不仅最后是统一的，并且在各种理论计算中是互相补充的。

大量的生产实践早已发现高聚物的力学性能与其载荷历史有密切关系。例

如,早期的灵敏物理仪器多使用悬丝,悬丝越细仪器越灵敏。蚕丝是一种非常细、强度又好的单丝,但用蚕丝作为悬丝时,发现它每次的扭力都不尽相同,实验数据得不到重复。再如,在高聚物材料性能测试时发现,高聚物在制备、包装、运输过程中所受的外力(包括材料自重可能产生的载荷)都对它们力学性能有影响。例如,聚氯乙烯试样的拉伸强度在处理前后是不一样的,处理后的拉伸强度可提高 5%,见表 6-5。

表 6-5　聚氯乙烯试样处理与未处理的拉伸强度的比较

材料方向	速度/(mm/min)	温度/℃	试样处理情况			
			未处理 $\sigma_{未}/(\times 10^4$ N/m$^2)$	处理 $\sigma_{处}/(\times 10^4$ N/m$^2)$	处理效应	
					$(\sigma_{处}-\sigma_{未})$ /$(\times 10^4$ N/m$^2)$	$(\sigma_{处}-\sigma_{未})$/ $\sigma_{处}$/%
纵向	5.5	18	589	602	13	2.2
横向	5.5	17	541	568	27	5

从分子运动的观点来看,高聚物黏弹性是一个动力学过程,即弛豫过程。由于高聚物分子运动方式非常复杂,运动单元大小相差很大,各种不同大小的运动单元具有不同的弛豫时间。在通常条件下,要使高聚物的整个分子链从一种平衡状态完全达到一种新的平衡状态可能需要很多年,时间长得惊人。因此,在一个有限时间内,总有一些弛豫时间较长的运动单元达不到新的平衡状态。在事后相当长的一段时间内,它们会一直缓慢地运动下去以求达到平衡。显然,在这以后高聚物的性能是与这先前的载荷历史有关的。如果在某个高聚物材料上加以载荷,材料发生形变但达不到平衡。在一定时间以后,再添加一新载荷,那么在这以后的形变将是这两个载荷共同作用的结果。或在已加载荷的高聚物材料上卸下这个载荷,高聚物将发生回复。这个回复过程是极其缓慢的,因此如果在一个有限时间后,这个高聚物再次加上载荷,则高聚物的形变将受这个加载载荷和先前的载荷历史(回复)共同作用所支配。

已介绍的各种黏弹性行为实际上就是各种不同的历史效应。如图 6-23 所示,蠕变是应力的历史效应,在蠕变中,不同时刻 t_1 和 t_2 具有相同的应力 $\sigma_1(t_1)=\sigma_2(t_2)=\sigma_0$,却有不同的形变 $\varepsilon_1(t_1)$ 和 $\varepsilon_2(t_2)$。应力弛豫是应变的历史效应,在应力弛豫中不同时刻 t_1 和 t_2 具有相同的应变 $\varepsilon_1(t_1)=\varepsilon_2(t_2)=\varepsilon_0$,却需要不同的应力 $\sigma_1(t_1)\neq\sigma_2(t_2)$ 来维持。而在动态力学试验中,t_2 时刻的应力 $\sigma_2(t_2)$ 比 t_1 时刻的应力 $\sigma_1(t_1)$ 来得小,$\sigma_2(t_2)<\sigma_1(t_1)$,其形变反而来得大 $\varepsilon_2(t_2)>\varepsilon_1(t_1)$。

高聚物材料力学行为的历史效应是我们在高聚物材料性能测试时必须注意的一个问题。为了避免先前的载荷历史对现今测试结果的影响,必须想办法来消除这种历史效应,也就是想办法使材料能在测试前就能达到相应于先前载荷的平衡

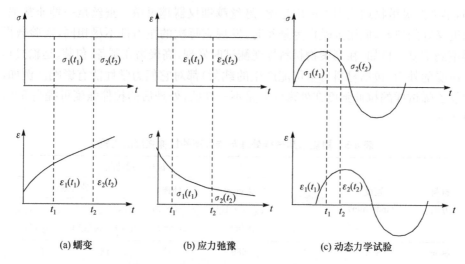

(a) 蠕变　　　　　　　　(b) 应力弛豫　　　　　　　(c) 动态力学试验

图 6-23　高聚物材料力学行为的历史效应

状态。一个有效的办法是把高聚物试样置于较高的温度下维持一段较长的时间，以使弛豫过程能较快地进行而达到新的平衡。我国塑料测试国家标准规定，用作塑料机械力学性能试验的高聚物试样必须在相对湿度$(65\pm5)\%$、$(25\pm5)℃$(对热固性塑料)或$(25\pm2)℃$(对热塑性塑料)下放置不少于 16 h，软质材料不少于 8 h，薄膜不少于 4 h。经过这样条件的预处理，测试结果基本趋于稳定，才能得到重复性较好的且较为可靠的测试结果。

6.4.2　叠加原理

　　如上节所述，高聚物力学行为的历史效应包括两个方面的内容。其一是先前载荷历史对高聚物材料变形(性能)的影响；其二是多个载荷共同作用于高聚物时，其最终变形(性能)与这些载荷的关系。玻尔兹曼叠加原理(Boltzmann superposition principle)正是回答这两个方面的内容的。

　　叠加原理认为，①高聚物材料的变形是整个载荷历史的函数，或者说在 t 时刻所需的应力除了正比于 t 时刻的形变外，还要增加 t 时刻以前曾经发生过的变形在 t 时刻产生的后效。②每个个别载荷所产生的变形是彼此独立的，可以互相叠加以求得最终变形，或者说几个独立应力所产生的变形等于这几个应力相加成的总应力所产生的形变。例如，应力 $\sigma_1(t)$ 产生应变 $\varepsilon_1(t)$，应力 $\sigma_2(t)$ 产生应变 $\varepsilon_2(t)$，那么应力 $\sigma(t)=\sigma_1(t)+\sigma_2(t)$ 就产生应变 $\varepsilon(t)=\varepsilon_1(t)+\varepsilon_2(t)$。

　　如果是蠕变的情况，在 $t_0=0$ 时加以应力 σ_0，在时间 t_1 再添加$(\sigma_1-\sigma_0)$的应力，使应力增加到 σ_1。t_1 以后的蠕变曲线等于由应力 σ_0 产生的连续蠕变加上在 t_1 时加的应力$(\sigma_1-\sigma_0)$所产生的蠕变之和。后加的应力$(\sigma_1-\sigma_0)$的零参考时间是 t_1，因此,后蠕变的时间标尺是 $(t-t_1)$。时间 t_2 以后,全部应力均被除去,除去应力与加上一负的应力是等价的。最后,在时间 t_3 以后,又在试样上加以应力 σ_3,由 σ_3 所产生的蠕变应再叠加在回复曲线上,见图 6-24。

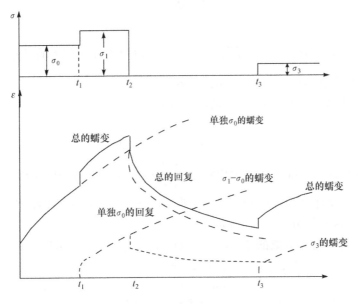

图 6-24　蠕变的叠加

用数学来表示,若在时间 τ_i 添加一个应力增量 $\Delta\sigma_i(i=1,2,3,\cdots)$,则到时间 t,总的蠕变为

$$\varepsilon(t) = \Delta\sigma_1 J(t-\tau_1) + \Delta\sigma_2 J(t-\tau_2) + \cdots + \Delta\sigma_i J(t-\tau_i) = \sum_i \Delta\sigma_i J(t-\tau_i)$$

如果应力是连续地增加,加和将改为积分

$$\varepsilon(t) = \int_0^\sigma J(t-\tau)\mathrm{d}\sigma(\tau) \tag{6-111}$$

习惯上,式(6-111)改写为 τ 的函数

$$\varepsilon(t) = \int_0^t J(t-\tau)\frac{\mathrm{d}\sigma(\tau)}{\mathrm{d}\tau}\mathrm{d}\tau \tag{6-112}$$

更为一般的情况,可从状态方程 $\varepsilon(\sigma)=\varphi(\sigma,t)$ 出发推演。在时间 τ,应力有一个小的增量 $\mathrm{d}\sigma$,则状态方程变为

$$\varepsilon(t)=\varphi(\sigma,t)+\frac{\partial\Phi}{\partial\sigma}(\sigma,t-\tau)\mathrm{d}\sigma$$

如果把先前的历史都考虑为一系列阶梯的 $\mathrm{d}\sigma_i$ 在一系列时刻 τ_i 所造成的,那么 $\varepsilon(t)$ 应为

$$\varepsilon(t) = \sum_i \frac{\partial \Phi}{\partial \sigma_i}(\sigma, t-\tau)\mathrm{d}\sigma_i$$

其极限情况是

$$\varepsilon(t) = \int_0^\sigma \frac{\partial \Phi}{\partial \sigma}(\sigma, t-\tau)\mathrm{d}\sigma \tag{6-113}$$

对式(6-113),可以理解为 $\mathrm{d}\sigma$ 是代表先前的应力历史在时间 t 的结果,而 $\frac{\partial \Phi}{\partial \sigma}(\sigma, t-\tau)$ 代表材料在 $\mathrm{d}\sigma$ 作用下呈现出来的性能。

通常是把式(6-113)改写为 τ 的函数,即

$$\varepsilon(t) = \int_0^t \frac{\partial \Phi}{\partial \sigma}(\sigma, t-\tau)\frac{\mathrm{d}\sigma(\tau)}{\mathrm{d}\tau}\mathrm{d}\tau \tag{6-114}$$

同理,$\frac{\mathrm{d}\sigma}{\mathrm{d}\tau}$ 表示的是全部时间的历史效应;$\frac{\partial \Phi}{\partial \sigma}(\sigma, t-\tau)$ 表示在 $\mathrm{d}\sigma$ 作用下,在时间 τ 到 t,即 $(t-\tau)$ 时间内对材料行为的贡献。式(6-114)就是叠加原理最一般的形式,通常叫做卷积积分(convolution integral)。

对时间和应力能分离的 $\Phi(\sigma,t) = J(t)f(\sigma)$,式 (6-114) 给出

$$\varepsilon(t) = \int_0^t J(t-\tau)\frac{\partial f(\sigma)}{\partial \sigma}\frac{\mathrm{d}\sigma(\tau)}{\mathrm{d}\tau}\mathrm{d}\tau = \int_0^t J(t-\tau)\frac{\mathrm{d}f(\sigma)}{\mathrm{d}\tau}\mathrm{d}\tau \tag{6-115}$$

这是卷积积分的 Leaderman 形式。对线性黏弹性材料,$f(\sigma) = \sigma$

$$\varepsilon(t) = \int_0^t J(t-\tau)\frac{\mathrm{d}\sigma(\tau)}{\mathrm{d}\tau}\mathrm{d}\tau \tag{6-116}$$

这就是玻尔兹曼叠加积分(Boltzmann superposition integral)。

利用分部积分,$\varepsilon(t)$ 可分为两部分

$$\varepsilon(t) = \int_0^t J(t-\tau)\mathrm{d}\sigma(\tau)$$

$$= \left[\sigma(t)J(t-\tau)\right]_0^t - \int_0^t \sigma(\tau)\mathrm{d}J(t-\tau)$$

因为 $\sigma(0) = 0$,

$$\mathrm{d}J(t-\tau) = \frac{\mathrm{d}J(t-\tau)}{\mathrm{d}(\tau-t)}\mathrm{d}(\tau-t)$$

$$= -\frac{\mathrm{d}J(t-\tau)}{\mathrm{d}(t-\tau)}\mathrm{d}\tau$$

所以

$$\varepsilon(t) = \sigma(t)J(0) + \int_0^t \sigma(\tau)\frac{\mathrm{d}J(t-\tau)}{\mathrm{d}(t-\tau)}\mathrm{d}\tau \tag{6-117}$$

式中第一项是没有历史效应的部分,包括普弹和高弹;第二项就代表高聚物材料黏弹性本质的历史效应,说明在 t 时刻的蠕变除了正比于 t 时刻的应力外,还要加上

一项 t 时刻前曾经有过的应力在 t 时刻的后效。积分限是从零到 t 的,所有先前的应力历史都包括进去了。而 $J(t-\tau)$ 好像是高聚物材料对过去载荷的记忆。

需要指出的是,在 $t<0$ 时,$J(t)=0$,因此积分上限可以提升到 $\tau=t$ 以上,甚至 $\tau=\infty$,而积分值不变。此外,对于 $\tau<0$,有 $\sigma(\tau)=0$,因而积分下限移至 $\tau=-\infty$,不会改变积分值。

下面试以所得公式来解释图 6-24 所示的蠕变试验。在时间 $\tau_1=0$ 时加以应力 σ_0,因为 $J(t-\tau)=J(t)$,则

$$\varepsilon(t)=\sigma_0 J(t)$$

在 $\tau_2=t_1$ 再添加一个应力 $(\sigma_1-\sigma_0)$,则总的蠕变为

$$\varepsilon(t)=\sum_{i=1,2}\Delta\sigma_i J(t-\tau_i)$$
$$=\sigma_0 J(t)+(\sigma_1-\sigma_0)J(t-t_1)$$

由应力 $(\sigma_1-\sigma_0)$ 增加的蠕变为

$$\varepsilon'(t-t_1)=[\sigma_0 J(t)+(\sigma_1-\sigma_0)J(t-t_0)]-\sigma_0 J(t)$$
$$=(\sigma_1-\sigma_0)J(t-t_1)$$

这个添加蠕变与在 t_1 同样时间上加以 $(\sigma_1-\sigma_0)$,而此前没有加有任何应力所产生的蠕变完全相等。说明各应力所引起的蠕变是彼此独立的。

若在 $\tau_3=t_2$ 时去掉这个应力 σ_1,它相当于加一负的应力 $-\sigma_1$,则总蠕变为

$$\varepsilon(t)=\sum_{i=1,2,3}\Delta\sigma_i J(t-\tau_i)$$
$$=\sigma_0 J(t)+(\sigma_1-\sigma_0)J(t-t_1)-\sigma_1 J(t-t_2)$$

其中回复为

$$\varepsilon_{回复}(t-t_2)=[\sigma_0 J(t)+(\sigma_1-\sigma_0)J(t-t_1)]-[\sigma_0 J(t)+(\sigma_1-\sigma_0)J(t-t_1)-\sigma_1 J(t-t_2)]$$
$$=\sigma_1 J(t-t_2)$$

这值正好等于应力 σ_1 所引起的蠕变。可见蠕变及其回复在数值上是相同的。

与上述蠕变(应力历史效应)的讨论完全类似,对应力弛豫(应变历史效应)来说,若在时间 τ_i 添加一个应变的增量 $\Delta\varepsilon_i(i=1,2,3,\cdots)$,则按叠加原理,到时间 t 其总的应力弛豫为

$$\sigma(t)=\sum_i\Delta\varepsilon_i G(t-\tau_i)$$
$$=\int_0^\varepsilon G(t-\tau_i)\mathrm{d}\varepsilon(\tau) \tag{6-118}$$

同样,式(6-118)习惯上改写为 τ 的函数

$$\sigma(t)=\int_0^t G(t-\tau)\frac{\mathrm{d}\varepsilon(\tau)}{\mathrm{d}\tau}\mathrm{d}\tau \tag{6-119}$$

利用分部积分也可把 $\sigma(t)$ 分为两部分

$$\sigma(t) = \varepsilon(t)G(0) + \int_0^t \varepsilon(\tau) \frac{dG(t-\tau)}{d(t-\tau)} d\tau$$

$$= \varepsilon(t)G(0) - \int_0^t \varepsilon(\tau) \frac{dG(t-\tau)}{d\tau} d\tau \qquad (6\text{-}120)$$

等式右边第二项代表高聚物材料应力弛豫行为的历史效应。

依赖于 $\int_0^t \varepsilon(\tau) \frac{dG(t-\tau)}{d\tau} d\tau \leqslant \varepsilon(t)G(0)$，应力可以弛豫到零（表征线形高聚物的行为）或弛豫到一个有限值（表征交联高聚物的行为），因此应力弛豫的积分表达式对线形和交联高聚物都适用。

叠加原理的最大用处还在于通过它可以把几种黏弹性行为相互联系起来，从而可以从一种力学行为来推算另一种力学行为，而无须借助于诸如弹簧和黏壶这一类力学模型。

6.5　高聚物力学性能的温度依赖性

与作用时间 t 一样，温度 T 也是影响高聚物性能的重要参数。特别是高聚物性能的温度敏感区正好在人类活动最频繁的室温上下几十度范围内。因此了解高聚物性能的温度依赖性对实际使用极为重要。

T 和 t 对高聚物力学性能的影响有某种等当的关系。较低 T 下的力学性能相当于在较短 t（或较高作用频率 ω）下的力学性能。提高 T 与延长 t（或降低 ω）等当。这种时温的等当性为测定高聚物力学性能的连续谱提供极大的方便。由于在某个温度下，要完整反映高聚物的力学性能必须从很短时间到很长时间十几个量级时间标尺的测试，这就要求采用多套不同的试验装置从静态试验做到动态试验。因此，如果能找到 T 与 t（或 ω）的等当关系，就可以由一种试验装置做不同温度下的测试来补足 t（或 ω）范围的不足。因为在试验技术上，温度的改变和测量总比频率的改变和测量容易些。

此外，高聚物力学性能的温度依赖性也为我们探究高聚物各种力学性能的分子机理提供了大量资料，使我们有可能把纯现象的讨论提高到分子解释的水平上去。通过温度对高聚物力学性能影响的研究可了解高聚物力学性能的分子本质，并以这些试验事实来建立高聚物力学性能的分子理论。

工业上早就制定了许多标准试验，如用马丁耐热、维卡耐热和热变形温度来确定高聚物材料的耐热指标和使用温度范围。它们的共同点是采用固定的加载方式，规定一定的应力和升温速率使试样变形。规定的变形终止温度就被确定为这种试验方法的耐热温度。上述这些方法对统一产品检验和质量控制有很大帮助，但它们的物理意义都不可能说清楚，也就不能用它们来全面反映高聚物力学性能温度依赖性。

在实验室中,研究高聚物力学性能温度依赖性的方法有形变-温度曲线(也称为温度-形变曲线或热-机曲线)、模量-温度曲线和动态力学温度谱。其中尤以模量-温度曲线和动态力学温度谱更能反映高聚物力学性能的分子运动本质而常被使用。

1. 形变-温度曲线

形变-温度曲线是研究高聚物力学性能最简单的方法。它在高聚物试样上加以恒定载荷,连续改变温度,测定试样的形变随温度的变化,试验装置和数据处理都很简单。非晶态高聚物典型的形变-温度曲线如图 6-25 所示。它显示了高聚物随温度改变而呈现的三种力学状态和两个转变区域,并由此可求得玻璃化温度 T_g 和流动温度 T_f。

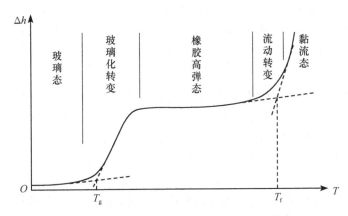

图 6-25　非晶态高聚物典型的形变-温度曲线

高聚物的形变-温度曲线还可以用来定性判定高聚物的分子量大小、高聚物中增塑剂的含量、交联和线形高聚物、晶态和非晶态乃至高聚物在高温下可能的热分解、热交联等。分述如下。

1) 不同分子量的高聚物

不同分子量(M)的线形非晶态高聚物的形变-温度曲线有不同的性状[图 6-26(a)]。M 很低时(低聚物),一个高分子链就是一个链段,玻璃化温度 T_g 就是它的流动温度 T_f,不存在橡胶态,但其 T_f 随 M 的增大而升高。以后随 M 进一步增大,一条分子链已可分成许多链段,在整链运动还不可能发生时,链段运动就已被激发,呈现出橡胶态,从而有了 T_g,并且由于是链段运动,反映它的 T_g 就不再随 M 的增大而增高。这时反映整链质心运动的流动温度 T_f 将随 M 的增大而增高。因此橡胶态平台区将随 M 的增大而变宽。

2) 晶态和非晶态高聚物

晶态高聚物的形变-温度曲线分两种情况。一般分子量(M)的晶态高聚物的

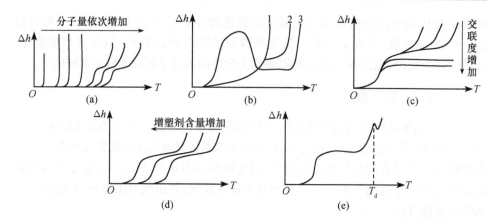

图 6-26　(a) 不同分子量的聚苯乙烯的形变-温度曲线；(b) 晶态高聚物的形变-温度曲线
(1. 代表一般分子量，2. 代表分子量很大，3. 非晶态等规聚苯乙烯)；(c) 交联对高聚物形
变-温度曲线的影响；(d) 增塑剂含量对高聚物形变-温度曲线的影响；(e) 聚氯乙烯的形
变-温度曲线，小峰对应的温度就是 T_d

形变-温度曲线[图 6-26(b)中曲线 1]在低温时，受晶格能的限制，高分子链段不能
活动（即使 $T > T_g$），所以形变很小。一直到熔点 T_m，高分子链突然活动起来，便进
入了流动态，所以 T_m 又是黏性流动温度 T_f，T_m 与 T_f 重合。如果 M 很大，温度到达
T_m 时，还不能使整个分子发生流动，只能发生链段运动，于是进入高弹态，等到温度
升至 T_f 时才进入流动态，如图 6-26(b)中曲线 2。由此可知，一般晶态高聚物只有两
个态，在 T_m 以下处于晶态，与非晶态高聚物的玻璃态相似，可以作塑料或纤维用，到
温度高于 T_m 时，高聚物处于流动态，便可以加工成形。而 M 很大的晶态高聚物则不
同，它在温度到达 T_m 时进入高弹态，到 T_f 才进入流动态。因此这种晶态高聚物有
三个态，温度在 T_m 以下为晶态，温度在 T_m 与 T_f 之间为高弹态，温度在 T_f 以上为流
动态。晶态高聚物由熔融状态下突然冷却（淬火），能生成非晶态高聚物（玻璃态）。
高聚物在这种状态下的形变-温度曲线如图 6-26(b)中曲线 3。在温度达到 T_g 时，分
子链段便活动起来，形变突然变大，同时链段排入晶格成为晶态高聚物。于是在 T_m
与 T_g 之间，曲线出现一个峰后又降低，一直到 T_m，如果分子量不太大就与图 6-26
(b)中曲线 1 的后部一样，进入流动态。如果分子量很大就与图 6-26(b)中曲线 2 的
后部一样，先进入高弹态，最后才进入流动态。

　　3) 交联和线形高聚物

　　交联高聚物的流动已不能发生，没有流动态，也就没有 T_f。反映在形变-温度
曲线上就是高弹态的平台线一直延伸下去而不向上翘[图 6-26(c)]。不同交联度
的高聚物由于其高弹形变大小不一，交联度增加形变就逐渐减小。因此，通过形
变-温度曲线的形状就能区分所测高聚物是线形高聚物还是交联高聚物，并能分
析高聚物交联度的高低。

4）增塑高聚物

由于添加了增塑剂，增塑高聚物的 T_g 降低，随增塑剂含量的增加，高聚物的 T_g 和 T_f 都降低，它的形变-温度曲线向左移动[图 6-26(d)]。

5）在高温时有化学反应的高聚物

高聚物在高温下可能发生热分解或热交联反应，反映在形变-温度曲线上的就是在流动态的曲线上出现各种形状的起伏。有时热分解和交联是同时进行的，但主次不同。一般说来，曲线曲折地往下降主要是发生交联反应，若曲线曲折地往上升就主要是发生热分解反应（分解温度 T_d），如图 6-26(e)所示。

尽管形变-温度曲线有很多优点，但形变毕竟不是材料的特征量，它与试样的尺寸有关。试样尺寸大的，尽管相对形变不一定很大，但其形变绝对值可能会很大，而试样尺寸小的，绝对形变可能不大，而相对形变已相当大。因此在要求更定量的关系时，就改用材料的特征量——模量，即模量-温度曲线。

2. 模量-温度曲线

测量不同温度下试样模量的变化就可得到所谓的模量-温度曲线。图 6-27(a)是聚苯乙烯的模量-温度曲线。

lgE-T 曲线也显示了线性非晶高聚物的黏弹性行为三个力学状态——玻璃态、高弹态、流动态和两个转变——玻璃化转变、流动转变。温度低于 97℃，聚苯乙烯呈现玻璃态，硬而发脆，模量为 $10^9 \sim 10^{9.5}$ N/m²，且这个玻璃态区域与聚苯乙烯的链长无关（只要聚苯乙烯的链足够长）。在 97～120℃，从玻璃态开始向高弹态转变的区域（玻璃化转变），模量变化达 4 个量级，从 $10^{9.5}$ N/m² 很快跌落到 $10^{5.7}$ N/m²。

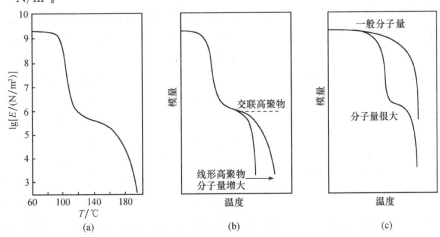

图 6-27 实验测定的聚苯乙烯的模量-温度曲线(a)，线形和交联聚苯乙烯的模量-温度曲线示意图(b)，以及晶态高聚物的模量-温度曲线示意图(c)

温度继续上升,聚苯乙烯进入高弹态,其模量几乎不随温度改变而改变,保持在 $10^{5.7} \sim 10^{5.4}$ N/m² 之间,叫高弹态平台。但是高弹态平台的大小是与链长的分子量有关的(实际上,链长是比分子量更为重要的量,因为从研究一个高聚物转换到研究另一个高聚物时,它更有意义)。

当温度上升为 $150 \sim 177$℃,已有明显的流动。聚苯乙烯开始从高弹态向流动态转变,这时模量在 $10^{5.4} \sim 10^{4.5}$ N/m² 之间。最后当温度超过 177℃时,聚苯乙烯呈现了明显的流动态,模量降低到 $10^{4.5}$ N/m² 以下。显然,在此流动转变和流动态中,分子链整体参与了运动,高弹态平台延展的区域与高聚物分子的链长有明显的依赖关系。如果高聚物是化学交联的,则由于永久的交联网代替了暂时的分子链缠结,整体高聚物就是一个大分子,因此不发生流动转变,当然也就没有流动态[图 6-27(b)]。

像形变-温度曲线一样,如果分子量不太大,温度超过 T_m,高聚物直接进入流动态,模量急速下降。如果分子量很大,高聚物熔融后先进入高弹态,模量出现一段平坦区,最后才进入流动态[图 6-27(c)]。

3. 动态力学温度谱

线形非晶高聚物丁苯橡胶典型的动态力学性能随温度的变化如图 6-28 所示。几乎所有硬性高聚物的剪切模量均为 10^9 N/m² 量级,且随温度的增加模量下降很慢。但在 T_g 附近,在很小的温度范围内模量迅速降低约 1000 倍,成为半硬性的有皮革手感的材料。在 T_g 以上的温度,高聚物为一种橡胶,其剪切模量约为 10^6 N/m²,而且剪切模量又变为相对地不依赖于温度。在更高温度,由于黏性流动成分的增加,模量再次下降。

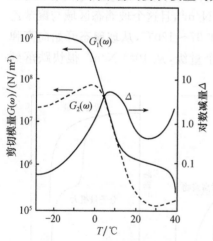

图 6-28　线形非晶丁苯橡胶
典型的动态力学性能

当温度升高时,其阻尼(损耗因子或对数减量)先通过一个极大值,然后通过一个极小值。在低温时,链段的分子运动被冻结,形变主要由高分子链中原子的化学键长或键角的变形所产生,因而模量很高,材料几乎是完全弹性的。一个完全弹性的弹簧将能量储藏为位能,没有任何能量损耗。因此,弹性材料或硬弹簧的阻尼很低,在玻璃化转变区以上的温度,阻尼也很低。一种好的橡胶,像一个弱的弹簧,也能将能量储存而不损耗。在橡胶区,分子链段没有被冻结而能十分自由地运动,所以模量不高。因此,如果链段全部被冻结或能完全自由运动,阻尼都是很低的。

在转变区内阻尼之所以高,是因为有些分子链段能自由运动而另一些链段则不能。并且一个硬弹簧(冻结的链段)对给定的形变比一个弱弹簧(能自由运动的类橡胶链段)能储存更多的能量。因此,每当一个受力的冻结链段变得能自由运动时,其多余的能量将损耗而转换成热。转变区的特征是部分链段能自由运动,以及链段受应力作用的时间越长,它获得运动使得一部分应力得以弛豫的可能性也越大。这种对应力的推迟反应引起的高阻尼使形变落后于应力。阻尼降低出现在这样的温度范围内,此时在相当于一次振动所需要的时间内,许多冻结链段变得能够运动。

损耗模量 $G_2(\omega)$ 出现峰值的温度比损耗因子 $G_2(\omega)/G_1(\omega)$ 出现峰值的温度低。对应在 $G_2(\omega)$ 为极大时的温度,单位形变热损耗为极大;当频率为每秒一周时,这一峰值所处的温度与由比容-温度测量法所测得的玻璃化温度十分接近。假如动态测定是在 $0.1{\sim}1.0\ \mathrm{Hz}$ 进行的,阻尼 $G_2(\omega)/G_1(\omega)$ 为极大时的温度一般比通常玻璃化温度高 $5{\sim}15{}^{\circ}\mathrm{C}$。但有时也就把阻尼[$G_2(\omega)/G_1(\omega)$ 或对数减量 Δ]为峰值时的温度称为玻璃化温度。

阻尼为峰值时的温度(即玻璃化温度)依赖于测量所用的频率。对大多数高聚物来说,频率增加 10 倍将使阻尼极大时的温度提高 $7{}^{\circ}\mathrm{C}$。许多动态力学测量是在低频,而不是在高频时进行的,重要理由之一就是低频测量中出现极大阻尼的温度与传统方法测定得的玻璃化温度非常接近。

6.5.1　时-温等效原理

如前所述,作用力时间 t(或作用力频率 ω)和温度 T 对高聚物力学性能的影响存在着某种等效的作用,这就是时-温等效原理(time-temperature equivalent principle)。图 6-29 是两个温度下高聚物应力弛豫模量曲线,由图可见,较低温度(T_2)和较长作用时间(t_2)与较高温度(T_1)和较短作用时间(t_1)有相同的应力弛豫模量。用做飞机轮胎的橡胶在室温下处在高弹态,具有高弹性。但当飞机猛然着落,轮胎接触地面的一瞬间,轮胎的力学状态可能变为玻璃态,就好像在这一瞬间,对橡胶来说温度下降了很多。

实验还发现,不同温度下得到的应力弛豫模量曲线可以沿着对数时间轴平行移动而叠合在一起,或者说是把时间标尺向时间小的方向作一个平行移动,曲线形状基本不变[图 6-29(a)]。同样,在损耗柔量 $J_2(\omega)$ 对 $\lg\omega$ 的图中也发现有同样的规律。温度 T 增加相当于频率 ω 增加,也只要作一个平行移动,不同温度下的 $J_2(\omega)$ 曲线可以叠合(不是重合)在一起,见图 6-29(b)。

根据以上实验事实,再结合直观的力学模型,提出如下的时-温等效假说。

(1)所有弛豫机构元件中弹性部分的弹性模量与热力学温度成正比,即是具

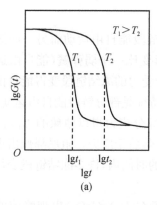
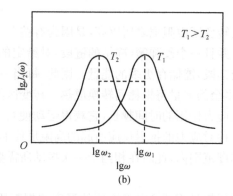

图 6-29　两个不同温度下的应力弛豫模量曲线(a)和损耗柔量(b)

有橡胶弹性的弹簧,不计及普弹性(普弹性的分子机理和温度依赖性均与橡胶弹性不同,但因一般普弹性部分所占比例很小,可以忽略不计)。因此,就必须考虑温度改变对高弹模量所产生的影响。

(2) 上述的橡胶弹性与单位体积中所含有的高聚物的质量成比例。也就是说这里必须计及温度改变对高聚物密度引起的变化。

(3) 所有弛豫机构元件的各种弛豫时间在温度从 T_1 变到 T_2,一律增加 a_T 倍。这里 a_T 是仅与 T_1 和 T_2 有关的常数,也就是说所有弛豫机构元件都有相同的温度依赖性。

若任选一个参比温度 T_0,在 T_0 时储能模量、损耗模量、应力弛豫模量和蠕变柔量分别为 $G_1(\omega)_{T_0}$、$G_2(\omega)_{T_0}$、$G(t)_{T_0}$ 和 $J(t)_{T_0}$,那么根据时-温等效假说,在温度 T 时它们将有如下的关系式:

$$\frac{1}{\rho_0 T_0}G_1(\omega)_{T_0} = \frac{1}{\rho_T T}G_1\left(\frac{\omega}{a_T}\right)_T \tag{6-121}$$

$$\frac{1}{\rho_0 T_0}G_2(\omega)_{T_0} = \frac{1}{\rho_T T}G_2\left(\frac{\omega}{a_T}\right)_T \tag{6-122}$$

$$\frac{1}{\rho_0 T_0}G(t)_{T_0} = \frac{1}{\rho_T T}G(a_T t)_T \tag{6-123}$$

$$\rho_0 T_0 J(t)_{T_0} = \rho_T T J(a_T t)_T \tag{6-124}$$

式中,ρ_0、ρ_T 分别为高聚物在 T_0 和 T 时的密度;a_T 为平移因子(shift factor),是在保持曲线形状不变条件下时间标尺位移的大小。而量 $\rho_0 T_0/\rho_T T$ 是表示计及了高弹性温度依赖性和密度的温度依赖性后而引起曲线的垂直位移。

这里,重要的是求取平移因子 a_T。在第 8 章中我们将讲到高聚物的流动是通过高分子链段的运动来实现其质量中心位移的。因此流动与高弹形变的分子机理本质上是相同的。并且,我们也可以对流动应用时-温等效假说,对动态黏度有

$$G_2(\omega) = \omega \eta$$

这里 η 就不标注为 $\eta_{动态}$，因为在 $\omega=0$ 时就是静态黏度，况且在下面关系式中 ω 根本不出现。则

$$\frac{1}{\rho_0 T_0}\omega\eta_{T_0} = \frac{1}{\rho_T T}\frac{\omega}{a_T}\eta_T \tag{6-125}$$

由此可得

$$a_T = \frac{\rho_0 T_0}{\rho_T T}\frac{\eta_T}{\eta_{T_0}} \tag{6-126}$$

这样由测定黏度对温度的依赖性就可求得平移因子 a_T。反之，由实验测平移因子后可验证流动的分子机理是否真与高弹形变相同。

　　时-温等效假说的一个用处是它大大简化了高聚物力学性能试验测试的要求。为表示高聚物力学性能必须解决的如 $G(T,t)$-$\lg t$-T 或 $G(T,\omega)$-$\lg\omega$-T 的关系，其中含有两个独立变数，这就是一个三维空间的问题。现在有了这两个变数 (T,t) 或 (T,ω) 之间的关系，独立变数减少为一个再加上一个常数 a_T，就把一个空间问题化成了一个平面问题。

6.5.2　组合曲线（主曲线）

　　时-温等效假说的最大实用意义还在于有了这些关系就可以用改变温度的方法来大大扩大时间 t 或频率 ω 的范围，从而使我们有可能用一种实验方法来得到反映高聚物力学性能全貌的整个时间谱（频率谱），即可把各个不同温度下测得的数据转换成某一参考温度的，包括许多时间量级的单根曲线——组合曲线，从而计算出比实验能测定的时间（频率）范围大得多的弛豫时间分布。下面试以一个具体例子来说明这种等效成单根组合曲线的详细步骤。图 6-30 是聚异丁烯在各个不同温度下的应力弛豫曲线和它的组合曲线。

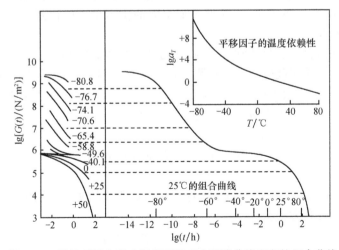

图 6-30　聚异丁烯在各个温度下的应力弛豫曲线和它的组合曲线

根据

$$G_r(t)_{T_0} = \frac{\rho_0 T_0}{\rho_T T} G_r(a_T t)_T$$

可以把组合曲线的组成分三步来进行。

(1) 选定一个参考温度,这里是选取 25℃作为参考温度 T_0。

(2) 把实验所得的原始的模量值 $G_r(t)$ 按

$$G_r(t)_{T_0} = \frac{\rho_0 T_0}{\rho_T T} G_r(a_T t)_T$$

进行密度和温度校正,以求得修正后的模量值 $G(t)$。原始数据用上述修正折算后作图(图 6-30 左边的那部分)。若用图解法,则是把每一根原始应力弛豫曲线在纵向作 $(\rho_0 T_0/\rho_T T)$ 的垂直位移以得到修正后的应力弛豫曲线(折合曲线)。

(3) 把经折算后的应力弛豫曲线(图 6-30 左边的)沿对数时间坐标轴平行移动,而作出包括许多时间数量级的组合应力弛豫曲线。所有曲线都向参考温度(25℃)的那条曲线移动,每次一条,其中 50℃的那条是向右移,其他均向左移[规定在组成组合曲线时,曲线向左移动(移向较短的时间)为正,反之为负],直至这些曲线的各个部分叠合(不是重合)如图 6-30 右边所示的组合曲线为止。折合曲线必须移动的量为

$$\lg t - \lg t_0 = \lg\left(\frac{t}{t_0}\right) = \lg a_T \tag{6-127}$$

它与参考温度的温度差 $T - T_0$ 的关系如图 6-30 右上角所示。

选取不同的参考温度,a_T 就有不同的值。因此在作组合曲线的过程中,选取合适的参考温度是很重要的。可以选取玻璃化温度 T_g 作为参考温度,这时 a_T 与 $T - T_g$ 有一个很好的公式——WLF 方程可以利用,且这个方程几乎对所有非晶高聚物都适用(详见 6.6 节)。按照类似上面的步骤也可以得到 $G_1(\omega)$、$G_2(\omega)$ 或 $J(t)$ 的组合曲线。

高聚物的组合曲线是非常重要的,因为从它可以计算出比实验能测定的时间范围大得多的弛豫时间分布。一旦测定在非常长的时间范围,如从十几个时间量级的弛豫时间分布,就可以应用前面 6.3 节学过的线性黏弹性理论来由一种实验所测定的结果推求高聚物所有其他的力学行为。

6.6　WLF 方程的推导

WLF(Willians-Landel-Ferry)方程是从组合曲线的实验总结出来的,以 T_g 作为参考温度,WLF 方程为

$$\lg a_T = \frac{-17.4(T - T_g)}{51.6 + T - T_g} \tag{6-128}$$

大量实验表明，它对所有非晶态高聚物都合适。

基于自由体积概念，已可推导出 WLF 方程。根据平移因子 a_T 的定义，a_T 是在温度 T 时的弛豫时间 τ 和在温度 T_0 时的弛豫时间 τ_0 之比，即

$$a_T = \frac{\tau}{\tau_0} = \frac{\rho_0 T_0}{\rho_T T} \frac{\eta_T}{\eta_0} \qquad (6\text{-}129)$$

密度的变化是很小的，温度又是取热力学温度，故温度改正项 T_0/T 也不很大，并且 T 大则 ρ 小，T_0 小则 η_0 大，因此项 $\rho_0 T_0/\rho_T T$ 一般可近似地取 1，则

$$a_T = \frac{\tau}{\tau_0} \approx \frac{\eta_T}{\eta_0} \qquad (6\text{-}130)$$

即 a_T 就是温度 T 时的黏度 η_T 和温度 T_0 时的黏度 η_0 之比。

6.6.1　杜里特公式

黏度肯定与分子的活动空间有关，$\frac{1}{\eta} \propto V_f$，它们的确切关系由杜里特（Doolitte）公式给出：

$$\eta = A e^{B\frac{V_0}{V_f}}$$

或

$$\ln\eta = \ln A + B\frac{V_0}{V_f} \qquad (6\text{-}131)$$

式中，A 和 B 都为常数。

将式（6-131）应用于高聚物，并选择玻璃化温度 T_g 为参考温度，则在温度 T 和 T_g 时的黏度分别为

$$\ln\eta_T = \ln A + B\frac{V_T}{V_{f_T}}$$

$$\ln\eta_{T_g} = \ln A + B\frac{V_{T_g}}{V_{f_{T_g}}}$$

两式联立得

$$\ln\eta_T - \ln\eta_{T_g} = \ln\frac{\eta_T}{\eta_{T_g}} = B\left(\frac{V_T}{V_{f_T}} - \frac{V_{T_g}}{V_{f_{T_g}}}\right)$$

记

$$f = \frac{V_{f_T}}{V_T} \quad \text{和} \quad f_g = \frac{V_{f_{T_g}}}{V_{T_g}} \qquad (6\text{-}132)$$

分别表示在 T 和 T_g 时的自由体积分数，并把自然对数化为以 10 为底的对数得

$$\lg \frac{\eta_T}{\eta_{T_g}} = \frac{B}{2.303}\left(\frac{1}{f} - \frac{1}{f_g}\right) \tag{6-133}$$

6.6.2　WLF 方程

为求得自由体积分数 f 和 f_g 的关系,可以回忆一下第 4 章中图 4-7 对自由体积的分析。高聚物的总体积为占有体积和自由体积之和。占有体积随温度均匀增加,那么热膨胀系数在 T_g 处的转折应对应于自由体积扩张的突然开始。即在直到 T_g 为止的温度,自由体积是一常数(等自由体积理论),然后随温度的升高而增大。如果记玻璃化温度 T_g 以上的自由体积的热膨胀系数为 β_f,则

$$f = f_g + \beta_f(T - T_g) \tag{6-134}$$

代入式(6-133)并整理得

$$\lg a_T = \lg \frac{\eta_T}{\eta_{T_g}} = -\frac{B}{2.303 f_g}\left[\frac{T - T_g}{\frac{f_g}{\beta_f} + T - T_g}\right] \tag{6-135}$$

实验结果表明,常数 B 对几乎所有高聚物都是一个非常接近 1 的数。比较式(6-135)和由实验得到的 WLF 方程式(6-128),可以求得在玻璃化温度的自由体积分数 f_g 为

$$f_g = 1/17.4 \times 2.303 = 0.024\,955 \approx 0.025 \tag{6-136}$$

和自由体积的热膨胀系数 β_f 为

$$\beta_f = 4.8 \times 10^{-4}/\text{°C} \tag{6-137}$$

这表明在玻璃化温度 T_g,高聚物的自由体积占它总体积的 2.5%。

这样,有了 WLF 方程,对于高聚物在任何实验条件下完整的黏弹性响应我们就有了两种方法来描述,即在任何一温度下的组合曲线,以及在任一时间的模量-温度曲线和相对于某参考温度的平移因子 a_T。

由物理化学知识可知,几乎所有分子运动的温度依赖性规律都服从阿伦尼乌斯方程

$$\tau = \tau_0 \, e^{\Delta H/RT}$$

式中,τ 为体系的某物理量(如弛豫时间);ΔH 为活化能;R 为摩尔气体常量;T 为热力学温度。事实上,高分子链的整链运动(流动)或者是高分子链中比链段小的运动单元(链节、基团等)与温度的关系都可用阿伦尼乌斯方程来描述。唯有高分子链段运动(链段运动是高聚物特有的运动形式)的温度依赖关系不服从阿伦尼乌斯方程,这是很特别的。到底是什么原因使链段运动的温度依赖关系偏离阿伦尼乌斯方程呢? 要回答这个问题,必须要对高聚物的链段运动有一个深刻的认识。

与小分子化合物相比,高聚物的最大特点就是"大",它有很大数目($10^3 \sim 10^5$)的结构单元以化学键相连而成的,而每一个结构单元又相当于一个小分子化合物。

正是因为这个"大"，量变引起质变，引起高聚物在结构、分子运动和一系列物理性能上的变化与小分子化合物有着本质的差别，链段就是这许多差别中的一个。柔性是由量变到质变在高聚物结构上的重要表现，它是高聚物分子特有的，是高聚物许多特性的根本。当然，由于键角的限制和空间位阻，高分子链中的单键旋转时相互牵制，一个键转动，要带动附近一段链一起运动，内旋转不是完全自由的，这样即便在非常柔顺的高分子链中，每个键也不能成为一个独立的运动单元，但是只要高分子链足够长，由若干个键组成的一段链就会作用得像一个独立的运动单元，这种高分子链上能够独立运动的最小单元称为链段。由这样定义的链段之间是自由联结的，链段的运动是通过单键的内旋转来实现的，甚至高聚物的整链移动也是通过各链段的协同移动来实现的。新的结构的产生一定伴随出现一些特异的性能和具有一些特殊的规律。WLF 方程就是这些特殊规律中的一个。

　　尽管 WLF 方程在实际中得到广泛的应用并与实验有良好的符合，但它毕竟是基于链段这样一个高聚物中的特殊分子单元的运动而提出来的，并且在理论推导过程中作了许多近似，因此使用时要有一定的条件。当然最主要的限制是它所适用的对象一定是链段运动，而不能是其他运动单元的运动，具体表现在 WLF 方程适用的温度范围上。事实上，温度低于 T_g，WLF 方程就不适用了，温度低于玻璃化温度，链段运动已被冻结，高分子链中可能的运动单元是比链段更小的单元（链节、小侧基、曲柄运动等）；另一方面，温度很高时 WLF 方程就归回为阿伦尼乌斯方程，高分子链已可以发生质量中心的整链运动，即发生流动。它们的运动单元与链段运动不同，服从更为普适的阿伦尼乌斯方程。WLF 方程的适用范围只能是在 $T_g < T < T_g + 100℃$。这是与它的物理含义是一致的。

　　除上述意义外，WLF 方程还有其他几个很有用的启示。分列如下：

　　(1) 玻璃化转变的等自由体积理论，即所有的高聚物都在自由体积分数为 0.025（或 2.5%）时发生玻璃化转变。

　　(2) 如果把 $\lg a_T$-1/T 作图是一条曲线（服从 WLF 方程），那么这个弛豫过程就是玻璃化转变。反之，$\lg a_T$-1/T 是一条直线（服从阿伦尼乌斯方程），这个弛豫过程就是次级转变，由此可以来明确判断高聚物的玻璃化转变。

　　(3) WLF 方程为玻璃化转变的热力学理论提供了理论基础。在真正分子的水平上，WLF 方程告诉我们，可能不是在 T_g，而是在 $T = T_g - 51.6℃$ 的温度（这个温度一般记做 T_2）处，高聚物的性能有一个质的飞跃。这个 T_2 就是考虑中的热力学二级转变温度，由此而引出了原是弛豫运动的玻璃化转变被认为是热力学二级相变的可能。

　　总之，WLF 方程是特殊的运动单元——链段运动所服从的特殊温度依赖关系。链段运动的特殊性表现在它可以在整链质量中心不移动的前提下发生运动，并且在链段运动时内能的变化是不重要的，主要发生的是熵的变化。其最根本的原因还是高分子链的"大"，量变必然引起质变，量"大"引起的质变是新的结构参数

"柔性"的产生,从而产生高聚物特有的橡胶高弹性,并具有自己特有的温度依赖关系——WLF 方程。

复习思考题

1. 从物理观点来看,为什么说简单剪切和本体压缩是基本的形变类型?

2. 形变的简单剪切类型定义了哪些力学量? 简单剪切有什么特点? 为什么说剪切模量是物体刚性的度量?

3. 什么是本体压缩? 本体压缩定义了哪些力学量? 本体压缩有什么特点?

4. 单向拉伸是什么? 为什么单向拉伸试验不但定义有杨氏模量,还有泊松比?

5. 单向拉伸的特点有哪些? 为什么高聚物的黏弹性理论大多是在与简单剪切有关的研究中发展起来的,但在实验和数据积累方面,又主要靠拉伸试验?

6. 什么是弯曲形变? 由此可得到什么力学量?

7. 描述理想弹性体的胡克定律是什么? 剪切模量 G、本体模量 K、杨氏模量 E 和泊松比 μ 之间有什么关系?

8. 与金属、陶瓷等传统材料相比,高聚物的模量范围有什么特点?

9. 为什么说橡胶是兼备固体、液体和气体某些性质的特殊材料?

10. 高弹态所呈现的力学性能——高弹性有哪几个特点? 你能否用热力学分析和统计理论来一一解释这些特点?

11. 在等压和等温条件下橡胶的状态方程是什么? 为什么又要做等容条件下的热力学分析?

12. 什么是热弹转变现象? 它是由什么原因引起的? 后来用什么近似解决了这个问题?

13. 用固定拉伸比(λ 恒定)来处理拉力-温度关系数据,外推至热力学零度时截距为零,其意义是什么?

14. 为什么说孤立高分子链就已经具备了高弹性?

15. 交联橡胶的高弹性理论有哪几个假定? 你对这几个假定有什么认识和评价?

16. 什么是交联橡胶的储能函数? 为什么说储能函数是交联结构高弹性统计理论得到的重要结果?

17. 高弹性统计理论有什么不足之处,如何对这些不足进行修正?

18. 橡胶交联网有哪几种可能的缺陷? 理论上如何对弹性没有贡献的自由端的链考虑进去?

19. 内能到底对高弹性有多大的贡献? 从分子运动观点来看,拉伸高分子链肯定会引起能量的变化,为什么在热力学分析中会得到内能不变的实验结果的? 为什么我们仍然说高弹性从本质上来说还是一种熵弹性?

20. 如何由交联橡胶的储能函数来求解橡胶的应力-应变关系?

21. 为什么说在单向拉伸时交联橡胶一般并不符合胡克定律? 为什么只有在小形变时才符合胡克定律?

22. 交联橡胶在简单剪切时的情况如何? 事实上我们正是从简单剪切的应力-应变关系中才确定储能函数中的 G 就是橡胶的剪切模量。

23. 由统计理论推得的交联橡胶应力-应变关系有什么特点?

24. 橡胶交联统计理论与实验符合的情况如何？你对此有什么自己的看法？

25. 弹性大形变的唯象理论是如何来考虑大形变时橡胶的应力-应变关系的？唯象理论有哪几个假定？

26. 唯象理论是如何来考虑储能函数的一般形式的？这里没有多少高深的数学知识,对你有什么启发？

27. 门尼函数的具体形式是什么？用门尼函数来处理橡胶的应力-应变关系,比统计理论有什么好的结果？

28. 为什么说黏弹性是兼有固体弹性和液体黏性的一种特殊力学行为？任何实际物体均同时存在有弹性和黏性这两种性质,为什么仍然说黏弹性是高聚物的特性？

29. 力学模型的特点是什么？用什么力学元件来描述理想的胡克弹体和牛顿流体？

30. 什么是麦克斯韦(Maxwell)串联模型？模型中弹簧和黏壶上的应力和应变与总应力和总应变的关系如何？什么是麦克斯韦模型的运动微分方程式？

31. 麦克斯韦模型是如何描述高聚物的应力弛豫的？它定义了一个弛豫时间 $\tau = \eta/G$,从中你能得到什么有关黏弹性本质的理解？

32. 由麦克斯韦模型得到了什么形式的弛豫函数 $\Phi(t)$？

33. 麦克斯韦模型是如何描述高聚物的动态力学行为的？

34. 麦克斯韦模型在描述高聚物黏弹性上还有什么不足之处？

35. 什么是开尔文-沃伊特并联模型？模型中弹簧和黏壶上的应力和应变与总应力和总应变的关系如何？什么是开尔文-沃伊特模型的运动微分方程式？

36. 由开尔文-沃伊特模型得到了什么形式的蠕变函数 $\Psi(t)$？

37. 开尔文-沃伊特模型在描述高聚物黏弹性上还有什么不足之处？

38. 你能详细比较一下麦克斯韦模型和开尔文-沃伊特模型的黏弹性特征吗？

39. 三元件模型是如何克服麦克斯韦模型和开尔文-沃伊特模型不足的？

40. 三元件模型不但能描述应力弛豫和蠕变,而且定义出了两个弛豫时间,特别是告诉我们与模量 $G(t)$ 和柔量的倒数 $1/J(t)$ 并不是完全相等的,你能很好解释这些吗？

41. 模型的等当性是普遍现象,那么什么是力学模型的等当？力学模型的等当给我们带来了哪些便利？

42. 从三元件力学模型等当的换算中,你能体会到运用我们已有数学知识解决实际问题的途径吗？

43. 为了全面描述高聚物的黏弹性需要更多的力学元件,为什么任意添加力学元件又是不可取的？什么是广义形式力学模型？

44. 什么是弛豫时间谱和推迟时间谱？由广义形式力学模型如何得到离散型的弛豫时间谱？

45. 有了弛豫时间谱和推迟时间谱就可以表达任何的黏弹性量和黏弹性函数,你能写出应力弛豫模量、蠕变柔量、储能模量、损耗模量的公式吗？

46. 为什么有时用对数时间 $\ln\tau$ 代替时间 τ 作变数表示黏弹性函数会更好一点？

47. 如何从应力弛豫模量曲线来求取弛豫时间谱？

48. 任何材料都有温度依赖性,为什么仍然把高聚物力学性能的温度依赖性特别强调来提及？

49. 工业上有如马丁耐热、维卡耐热和热变形温度等许多标准试验来确定高聚物材料的耐热指标,为什么在实验室里就不大用？

50. 什么是高聚物的形变-温度曲线,它有什么特点? 如何用高聚物的形变-温度曲线来判定高聚物的分子量大小,交联与否,增塑和结晶情况等?

51. 什么是高聚物的模量-温度曲线,它有什么特点? 如何用高聚物的模量-温度曲线来判定高聚物的分子量大小、交联与否、增塑和结晶情况等?

52. 什么是高聚物的动态力学温度谱? 它有什么特点?

53. 什么是时-温等效原理,时-温等效假说有哪几点? 如何对储能模量、损耗模量、应力弛豫模量和蠕变柔量做时-温等效? 时-温等效有什么实用价值?

54. 为什么动态黏度的时-温等效有基本的重要性?

55. 为什么一定要制作覆盖十几个时间数量级的模量-时间关系曲线? 如何制作这样的曲线——主曲线?

56. Willians-Landel-Ferry 在制作非晶高聚物的主曲线时得到了著名的 WLF 方程,请试从自由体积概念出发推导 WLF 方程?

57. 为什么在高聚物黏弹性中常用自由体积这样的概念来代替黏度?

58. 由自由体积推导出的 WLF 方程与实验得到的 WLF 方程相比较,得到了什么重要的结论?

59. WLF 方程是高聚物链段运动特殊的温度依赖关系,你对此有什么更深入的理解?

60. 高聚物力学行为的历史效应对高聚物制品的使用有什么影响?

61. 如何用玻尔兹曼叠加原理来研究高聚物的黏弹性?

第7章　高聚物的力学性能(Ⅱ)
——塑性和屈服、断裂和强度

7.1　高聚物的塑性和屈服行为

在较大外载作用下材料开始塑性变形,就是材料屈服了。屈服致使试样的整体形状发生明显改变。从实用观点来看,产生塑性变形,材料就丧失了其使用价值,对高聚物这点尤其重要。高聚物本质上是韧性材料,而韧性材料的使用极限一般不是它的极限强度,而正是它的屈服强度。

高聚物很多加工过程是与它们的屈服特性有关的,如纤维拉伸和薄膜拉制。刚从喷丝头纺出的纤维其强度并不高,只有经过拉伸使之成颈,强度才能提高。实际使用的合成纤维正是它们拉伸的细颈部分。因此,对高聚物材料的屈服行为和成颈机理的深入了解、对纤维和薄膜性能的提高、拉伸和辊压工艺的改进都是很重要的。

此外,高聚物的屈服是与断裂密切相关的。高聚物试样从完好状态到完全断裂,中间大多经过屈服这一过程。高聚物是韧是脆、韧脆之间如何转变乃至断裂机理(银纹等)的研究都需要用到材料屈服行为的知识。

7.1.1　应力-应变曲线和真应力与真应变

1. 应力-应变曲线

在非极限范围内的小形变,高聚物的力学行为(形变特性)通常就用第 6 章中详细介绍的力学模量来表示。而在极限范围内高聚物的大变形(屈服行为)是通过应力-应变曲线(stress-strain curve)来进行研究的。应力-应变曲线是一种使用极广的力学试验结果。从试验测定的应力-应变曲线可以得到评价材料性能极为有用的指标(如杨氏模量、屈服强度、拉伸强度和断裂伸长率等)。在宽广的温度和试验速率范围内测得的数据可以帮助我们判断高聚物材料的强弱、硬软、韧脆,也可以粗略地估计高聚物所处的状态。

以拉伸试验为例,在拉力试验机上将如图 7-1(a)所示的试样沿纵轴方向以均匀的速率拉伸,直到试样断裂为止。试验过程中要随时测量加于试样上的载荷 P 和相应的标线间长度的改变 $\Delta l = l - l_0$。如果试样起始截面积为 A_0,标距原长为

l_0，按习惯的工程应力、应变定义，它们分别为

$$\sigma = P/A_0 \tag{7-1}$$

$$\varepsilon = \frac{l - l_0}{l_0} = \frac{\Delta l}{l_0} \tag{7-2}$$

以应力 σ 作纵坐标，应变 ε 作横坐标，即得到工程应力-应变曲线。由于这里应力、应变定义中都使用试样的原始尺寸，没有考虑在拉伸试验中试样尺寸的不断变化。因此，有时也以载荷-伸长曲线来代替应力-应变曲线。它们之间只相差一个常数项，曲线的形状不变。

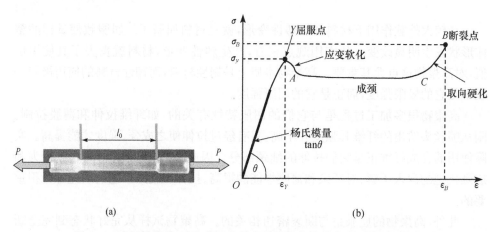

图 7-1　试样的拉伸(a)和典型非晶态高聚物的拉伸应力-应变曲线(b)

非晶高聚物典型的应力-应变曲线如图 7-1(b)所示。整条应力-应变曲线以屈服点 Y 为界，可以大致分成两个部分。屈服点以前，高聚物处在弹性区域（OY段），卸载后形变能全部回复，不出现任何永久变形。屈服点是高聚物在卸载后还能完全保持弹性的临界点，相应于屈服点 Y 的应力称为高聚物的屈服强度或屈服应力 σ_y。屈服点以后，高聚物进入塑性区域，具有典型的塑性特征。卸载后形变不可能完全回复，出现永久变形或残余应变。高聚物在塑性区域内的应力-应变关系呈现复杂情况，先经由一小段应变软化，应变增加、应力反稍有下跌（YA 段）；随即试样出现塑性不稳定性——细颈，应变增加、应力基本保持不变（AC 段）；又经取向硬化，应力急剧增加（CB 段），最后在 B 点断裂。相应于 B 点的应力称为强度极限，也就是工程上重要的力学性能指标——拉伸强度（抗张强度）。而断裂伸长率则是高聚物在断裂时的相对伸长：

$$\varepsilon_B = \frac{l_f - l_0}{l_0} \times 100 \tag{7-3}$$

式中，l_f 为材料断裂时相应标线间的距离。材料的杨氏弹性模量 E 为工程应力-应

变曲线起始部分 OY 段的斜率:

$$E = \tan\alpha = \frac{\Delta\sigma}{\Delta\varepsilon} \tag{7-4}$$

它表示材料对形变的弹性抵抗,OY 段斜率越大,杨氏模量越大,就是材料的刚度越大,越不易变形。

高聚物的品种繁多,它们的应力-应变曲线呈现出多种多样的形式。若按在拉伸过程中屈服点表现、伸长率大小及其断裂情况,大致可以分为五种类型,它们是 a. 硬而脆,b. 硬而韧,c. 硬而强,d. 软而韧和 e. 软而弱。图 7-2 所示为曲线的这五种类型和它们的有关特征。

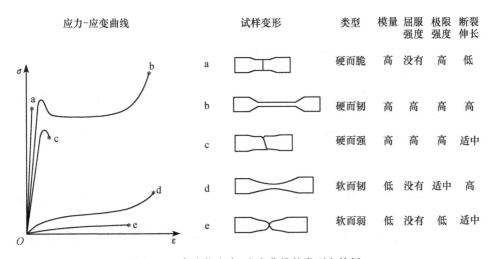

应力-应变曲线	试样变形	类型	模量	屈服强度	极限强度	断裂伸长
	a	硬而脆	高	没有	高	低
	b	硬而韧	高	高	高	高
	c	硬而强	高	高	高	适中
	d	软而韧	低	没有	适中	高
	e	软而弱	低	没有	低	适中

图 7-2 高聚物应力-应变曲线的类型和特征

属于硬而脆的一类有聚苯乙烯、聚甲基丙烯酸甲酯和许多酚醛树脂。它们具有高的模量和相当大的拉伸强度,伸长很小就断裂,没有任何屈服点,断裂伸长率一般低于 2%。硬而韧的高聚物有尼龙、聚碳酸酯等,它们模量高、屈服点高、拉伸强度大、断裂伸长率较大。这类高聚物在拉伸过程中会产生细颈,是纤维和薄膜拉伸工艺的依据。硬而强的高聚物具有高的杨氏模量,高的拉伸强度,断裂前的伸长约为 5%。一些不同配方的硬聚氯乙烯和聚苯乙烯的共混物均属于这一类。橡胶和增塑聚氯乙烯属于软而韧的类型,它们模量低,没有明显的屈服点,只看到曲线上有较大的弯曲部分,伸长很大(20%~1000%),断裂强度比较高。至于软而弱这一类的只有一些柔软的高聚物凝胶,无法用来承受外载,因此很少用做材料来使用。

由于高聚物的黏弹本质,拉伸过程明显受外界条件,即试验温度和试验速率等条件的影响。当试验温度和试验速率改变时,应力-应变曲线可以改变它的类型。因此我们必须了解高聚物在拉伸过程中应力-应变曲线随各种因素变化而改变的情况,再根据使用环境的要求,才能选出合适的材料来进行设计和应用。单一温度和单一速率下测得的应力-应变曲线是不能作为设计依据的。

2. 真应力和真应变

当研究高聚物的塑性行为时,由于形变已很大,高聚物尺寸的改变与原有的尺寸相比已不能忽略。应力和应变定义中所包含的高聚物尺寸需用瞬时尺寸。真应力 $\sigma_{真}$,也称为瞬时应力,单位瞬时面积上的力

$$\sigma_{真} = P/A \tag{7-5}$$

式中,A 为在载荷 P 时高聚物截面的瞬时面积。真应力适用于研究高聚物的内在特性,在下面讨论高聚物屈服行为中大都使用真应力。而当考虑高聚物整体性质时,使用工程应力可能更为方便。例如,以工程应力表示的拉伸强度表明高聚物能承载的最大载荷等。

同样,以瞬时长度 l 代替原标距长 l_0,真应变定义为 $\Delta l/l$ 这个量的积分:

$$\varepsilon_{真} = \int_{l_0}^{l} \frac{\mathrm{d}l}{l} = \ln\left(\frac{l}{l_0}\right) \tag{7-6}$$

在形变很小时,工程应变和真应变几乎是等同的,但当形变增大时,它们之间的差异就变得很大。

实验表明,在塑性形变时,高聚物的体积改变很小,作为近似,可以认为是不变的。因此,就有 $Al = A_0 l_0$,但 $l = l_0(1+\varepsilon)$,则瞬时面积 A 为 $A = \dfrac{A_0}{1+\varepsilon}$,真应力为

$$\sigma_{真} = \frac{P}{A} = \frac{P}{A_0}(1+\varepsilon) = \sigma(1+\varepsilon) \tag{7-7}$$

这就是真应力和工程应力之间的关系。因为在以后讨论中都是使用真应力-应变曲线,现在有了式(7-7),就能通过工程应力 σ 与应变 ε 来计算任何形变时的真应力。这里特别有意义的是工程应力的极大值 σ_{max} 与真应力 $\sigma_{真}$ 的关系。σ_{max} 的条件是 $\mathrm{d}\sigma/\mathrm{d}\varepsilon = 0$,即

$$\frac{\mathrm{d}\sigma}{\mathrm{d}\varepsilon} = \frac{1}{(1+\varepsilon)^2}\left[\frac{\mathrm{d}\sigma_{真}}{\mathrm{d}\varepsilon}(1+\varepsilon) - \sigma\right] = 0$$

可见,在工程应力极大值处,真应力与应变应具有如下关系:

$$\frac{\mathrm{d}\sigma_{真}}{\mathrm{d}\varepsilon} = \frac{\sigma}{1+\varepsilon} \tag{7-8}$$

式(7-8)在真应力-应变曲线上表示的是一条
从应变轴上 $\varepsilon=-1$ 处向曲线作的切线。因此，
工程应力的极大值就和真应力-应变曲线上这
条切线的切点具有相同的形变。过了这切点，
形变的任何增加都会引起工程应力的下跌
(图 7-3)。这通常称为康西特莱（Considére）作
图，在讨论高聚物的细颈时很有用。

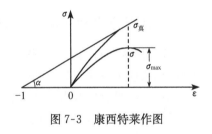

图 7-3　康西特莱作图

7.1.2　高聚物屈服过程特征

既然屈服点是高聚物开始塑性形变的临界点，屈服点以后，如果继续加载，高
聚物将产生不可逆的形变。但是根据试验数据求取高聚物屈服点时却存在两种不
同的定义，即内在屈服点（定义为真应力-应变曲线出现极大的位置）和表观屈服
点（定义为工程应力-应变曲线出现极大的位置）。显然这两个定义的屈服点是不
一样的，因为从康西特莱作图已经知道，工程应力-应变曲线出现极大值的位置，
相应于 $\varepsilon=-1$ 处向真应力-应变曲线上作的切线的切点。因此表观屈服点的值小
于内在屈服点的值，尽管它们之间的差别并不大。

高聚物屈服过程的特征有如下几点。

1. 屈服应力的应变速率依赖性

屈服应力随应变速率的增大而增大。若把它们的屈服应力 σ_y 与应变速率的
对数 $\ln\dot{\varepsilon}$ 作图，近似是一条直线，$\sigma_y=A+B\lg\dot{\varepsilon}$，$A$、$B$ 为经验常数。因此可以用该直
线的斜率 $d\sigma_y/d\lg\dot{\varepsilon}$ 表征屈服应力的应变速率依赖性大小，图 7-4(a)是聚甲基丙烯
酸甲酯在单向压缩时的数据，但是聚甲基丙烯酸甲酯（以及聚甲基丙烯酸乙酯、聚
氯乙烯）在拉伸时的屈服应力与应变速率的关系比压缩时复杂，在高应变速率和低
应变速率它们有各自的斜率[图 7-4(b)]。

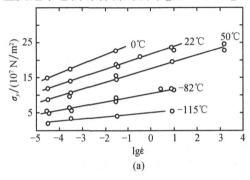

(a)

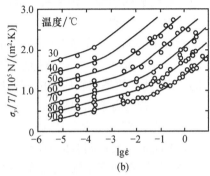

(b)

图 7-4　不同温度下聚甲基丙烯酸甲酯的压缩屈服(a)和拉伸屈服(b)应力与应变速率的关系

2. 屈服应力和屈服应变的温度依赖性

像高聚物所有的力学性能一样,它们的屈服应力也受温度的强烈影响。在低温端,屈服应力终止于韧-脆转变温度(见后文内容),低于韧-脆转变温度,高聚物已变成脆性,没有屈服点。在高温端,屈服应力受限于高聚物的玻璃化转变温度。在玻璃化转变温度,高聚物的屈服应力趋向于零。在韧-脆转变温度和玻璃化温度之间,高聚物的屈服应力与温度的关系近似是一条直线。图7-5是八种高聚物屈服应力的温度依赖关系。与屈服应力相比,屈服应变随温度的变化而改变程度就小得多。

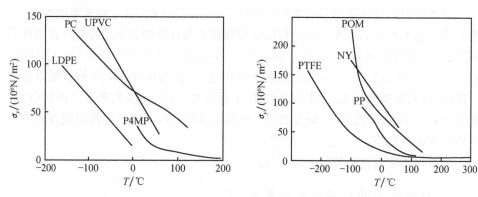

LDPE:低密度聚乙烯;P4MP:聚 4-甲基戊烯-1;PC:双酚 A 聚碳酸酯;
UPVC:未增塑聚氯乙烯;PTFE:聚四氟乙烯;PP:聚丙烯;NY:尼龙;POM:聚甲醛
图 7-5　八种高聚物拉伸屈服应力的温度依赖关系

3. 各向等应力对屈服应力和屈服应变的影响

各向等应力(围压或流体静水压)对高聚物屈服的影响是非常重要的。实验早已证实,在各向等应力升高到几个千巴(1 kbar=100 MN/m²),非晶态高聚物的屈服应力有明显的增加。像聚苯乙烯那样,通常是脆性的高聚物会在压缩时以韧性形式屈服而不断裂。

六种不同晶态高聚物和六种不同非晶态高聚物的屈服应力随压力的变化分别如图 7-6(a)、(b)所示。纵坐标是在不同压力下的屈服应力对大气压下的屈服应力的比率,其目的是比较压力的相对影响。由此可得到如下几个规律性的结论:

(1) 所有的高聚物,晶态的和非晶态的,其屈服应力的压力依赖性都具有近乎线性的关系。随压力增大,屈服应力增高。

(2) 晶态高聚物屈服应力的压力依赖性普遍比非晶态的大。

(3) 低模量的高聚物(如非晶态的乙酸纤维素 CA 和聚氯乙烯 PVC,晶态的低密度聚乙烯 LDPE),其屈服应力受压力的影响变化比高模量高聚物(晶态的聚酰亚胺 PI 和非晶态的 POM)大。

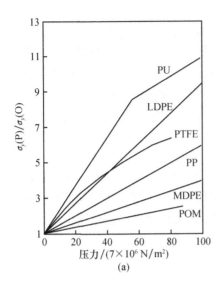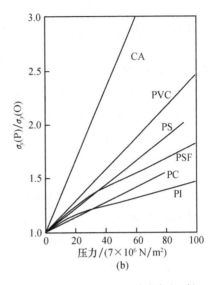

PU:聚氨基甲酸酯;LDPE:低密度聚乙烯;PTFE:聚四氟乙烯;PP:聚丙烯;MDPE:中密度聚乙烯;
POM:聚甲醛;CA:乙酸纤维素;PVC:聚氯乙烯;PS:聚苯乙烯;PSF:聚砜;PC:聚碳酸酯;PI:聚酰亚胺
图 7-6　晶态高聚物屈服应力与压力的关系(a)和非晶态高聚物屈服应力与压力的关系(b)

　　由于各向等应力对高聚物的屈服应力有影响,不同外载所产生的各向等应力分量各不相同,因此高聚物不同形变类型的屈服应力是不相同的。

　　4. 淬火对屈服应力的影响

　　屈服应力对高聚物的淬火处理很敏感。一般说来,淬火降低屈服应力。例如,将 110℃的聚苯乙烯试样突然投入冰水中淬火,测得的屈服应力比把它从 110℃经 24 h 缓慢冷却到室温测得的屈服应力小 12%,同时发现其密度增加了约 0.2%。在淬火处理以后的最初几个小时里淬火材料性能的变化最为明显。又如淬火的聚碳酸酯试样,其拉伸屈服应力增加达 15%,密度增加约 0.2%。无疑,淬火改变了材料的凝聚态结构。

　　5. 分子量和分子量分布对屈服的影响

　　对于能用于承载的高聚物,其分子量必须达到一个最低值。在这个分子量最低值以上所有的高聚物在合适的应力场下均能呈现屈服,其屈服应力对分子量并不敏感。

6. 添加剂的影响

少量增塑剂或润滑剂之类的添加剂对屈服应力的影响并不大。只在有大量增塑剂时(其"大"量还受到不使高聚物移到玻璃化转变区的限制),高聚物的屈服应力才有较明显的降低。例如,环氧树脂的增塑剂含量从 16% 增到 24%,已使其软化温度从 75℃ 降低到 45℃,但其屈服应力也仅降低 5%。相反,高聚物的屈服应力倒会因添加反增塑剂而提高很多,如聚碳酸酯的屈服应力由此可提高 30%。

7. 屈服时的体积变化

试验表明,非晶态高聚物的屈服无论在拉伸还是在压缩试验时,都使它们的密度增加约 0.25%。这个微小的体积收缩确实是发生在屈服过程中,屈服后的塑性流动体积是不变的。这清楚地表明屈服应力的压力依赖性不能归因于流动过程中的体积变化,而是高聚物屈服时的特征行为。

8. 包辛格效应

包辛格效应是指材料在压缩时的屈服应力 $\sigma_{y_压}$ 不等于其在拉伸时的屈服应力 $\sigma_{y_拉}$,一般压缩时的屈服应力 $\sigma_{y_压}$ 明显地要比在拉伸时的屈服应力 $\sigma_{y_拉}$ 小,即 $\sigma_{y_压} < \sigma_{y_拉}$。包辛格效应还明显地表现为高聚物在一个方向塑性屈服后,在它反方向上的屈服就比较容易,该效应被认为是由于在形变物体内部建立了自应力,以使反方向的形变容易些。对拉伸聚氯乙烯屈服行为的研究表明,在其拉伸方向的内(拉)应力将高达 $40 \times 10^6 \, \text{N/m}^2$。经热取向或冷拉的高聚物都有明显的包辛格效应。

已经塑性变形了的非晶态高聚物在加热到它玻璃化转变温度以上,将会回复到它未变形时的形状,这或许是由于如同包辛格效应一样的自应力作用的结果。

7.1.3　屈服准则

在拉伸试验时,由于拉伸试样的等截面段比较细长,它的应力状态接近于单向拉应力状态,即 $\sigma_1 = \sigma, \sigma_2 = \sigma_3 = 0$。任何受载物体如果内部各点的应力状态也是或接近于单向拉应力状态,那么各点的应力-应变关系和拉伸应力-应变曲线的关系相同。当单向应力数值达到材料拉伸曲线上的屈服应力时,物体内各点的材料即开始屈服。一般说来,假如 $(\sigma_1)_0$、$(\sigma_2)_0$、$(\sigma_3)_0$ 代表材料的任一应力状态,如果在这应力状态下各主应力再成比例地增加极微小的一点就会产生塑性应变,那么 $(\sigma_1)_0$、$(\sigma_2)_0$、$(\sigma_3)_0$ 就是材料在这种应力状态下的弹性限度。由于受载物体内部各点处在不同的应力状态,在解屈服的问题时需要知道任何应力状态下的确定弹性限度的规则,这种规则称为屈服准则。

可以从下面几个方面来考虑屈服准则的一般形式。因为材料从退火状态开始加力,而到达任何一个屈服的应力状态,它的整个过程,除了终点,都是处在弹性变形状态。在弹性变形区域内,应力和应变有唯一的关系,因此屈服函数如果存在的话,总能用应力的函数来表达,即

$$f(\sigma_x, \sigma_y, \sigma_z, \tau_{yz}, \tau_x, \tau_{zy}) = 0$$

或用主应力

$$f(\sigma_1, \sigma_2, \sigma_3) = 0 \tag{7-9}$$

(1) 材料是各向同性的,则函数 f 对于主应力 σ_1、σ_2、σ_3 必须是对称的,也就是函数 f 中的三个主应力可以互换,因为主轴 1、2、3 的号数是任意给定的。

(2) 对金属材料,各向等应力对屈服影响很小;对高聚物材料虽不尽如此,但作为一级近似仍假定材料的屈服不受各向等应力的影响。如是,则函数 f 中将不包括各向等应力项,也就是不包括 $(\sigma_1 + \sigma_2 + \sigma_3)/3$ 项。

(3) 同样,作为一级近似,也认为压缩屈服应力与拉伸屈服应力相同,即无包辛格效应。因此屈服函数 f 的数值将不因各应力符号的同时改变而改变。

根据以上考虑,屈服函数 f 可用应力不变量 I(它们是应力的函数)来表达

$$f(I_1, I_2, I_3) = 0 \tag{7-10}$$

应力不变量 (I_1, I_2, I_3) 与主应力的关系是

$$\begin{aligned} I_1 &= \sigma_1 + \sigma_2 + \sigma_3 \\ I_2 &= \sigma_1\sigma_2 + \sigma_2\sigma_3 + \sigma_3\sigma_1 \\ I_3 &= \sigma_1\sigma_2\sigma_3 \end{aligned} \tag{7-11}$$

应力不变量 I_1、I_2、I_3 自动满足三个主应力可以互换的条件,因此用 $f(I_1, I_2, I_3) = 0$ 作为屈服函数,自动地表达了材料的初始各向同性。

应力第一不变量 I_1 等于 3 倍的平均应力,代表各向等应力。因为各向等应力不影响屈服,屈服函数中将不包括 I_1,方程(7-10)成为

$$f(I_2, I_3) = 0 \tag{7-12}$$

应力第二不变量 I_2 是两个主应力的乘积之和,满足应力符号全部同时改变不影响屈服函数 f 数值的条件。而应力第三不变量 I_3 是三个主应力的乘积,因此在屈服函数中,抑或 I_3 等于零,抑或 I_3 的指数是偶数。一般是取 $I_3 = 0$,则屈服函数为

$$f(I_2) = 0 \tag{7-13}$$

可以把屈服函数直观地以它们在主应力空间围绕原点的图形来表示,即所谓屈服面(图 7-7)。当应力从原点(零值)开始增加,在达到屈服面上某点前,材料不会屈服。屈服面的确切形状可根据具体屈服函数形式推出,这里先由材料在塑性变形下的特点来定出屈服面的十二瓣形状。

因为假定各向等应力不影响屈服。屈服面将是一个各向等应力面。在主应力空间,屈服面是一个正柱体,柱体的元线垂直于平均正应力等于零($\sigma_1 + \sigma_2 + \sigma_3 = 0$)

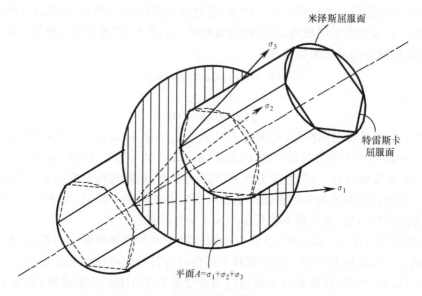

图 7-7　屈服面柱体

的平面,屈服面与平均正应力等于零的平面的交线叫屈服轨迹。屈服轨迹可以是凸的或是凹的曲线,但是由于屈服面是应力的单值函数,它不能和通过 O 点的直线相交两次。由于考虑各向同性的材料,屈服函数中的 σ_1、σ_2 和 σ_3 可以互换,所以屈服轨迹一定对称于三条主应力轴 LL'、MM' 和 NN'(图 7-8)。对于拉伸屈服应力和压缩屈服应力相等的材料,$OL=OL'$,$OM=OM'$,$ON=ON'$,进而任何一条通过 O 点的直线的两端和屈服轨迹相交的距离相等,所以屈服轨迹不但分别对称于 LL'、MM' 和 NN' 三线,也对称于它们之间的分角线(图中虚线)。因此,对于初始各向同性,以及正屈服应力和负屈服应力相等的材料,屈服轨迹将会有如图 7-8 所示的大概形状,这就是说屈服轨迹的每一个十二等分的线段都是一样的。

　　下面来讨论具体的屈服准则。曾被提出的屈服准则很多,在高聚物中有用的是米泽斯屈服准则、特雷斯卡屈服准则和库仑屈服准则。

1. 米泽斯(von Mises)屈服准则

　　在 $f(I_2)=0$ 中,最简单的函数形式是 I_2 达到某个临界值 I_0 时材料屈服,则

$$I_2-I_0=0 \tag{7-14}$$

这就是米泽斯屈服准则。若用主应力 σ_i,米泽斯屈服准则可写为

$$(\sigma_1-\sigma_2)^2+(\sigma_2-\sigma_3)^2+(\sigma_3-\sigma_1)^2=I_0 \tag{7-15}$$

因为这是一个普适的屈服准则,当然也适用于单向拉伸。如在单向拉伸时屈服应力为 σ_t,因 $\sigma_2=\sigma_3=0$,则

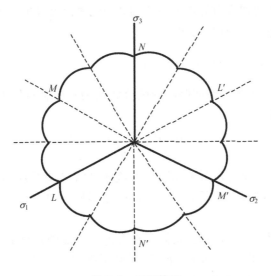

图 7-8　屈服轨迹

$$I_0 = 2\sigma_t^2$$

得

$$(\sigma_1 - \sigma_2)^2 + (\sigma_2 - \sigma_3)^2 + (\sigma_3 - \sigma_1)^2 = 2\sigma_t^2 \tag{7-16}$$

米泽斯屈服准则的物理意义在于它指出了当弹性变形能(形状改变的能量)到达一定数值时,材料开始屈服。因为各向等应力产生体积的改变,在弹性总变形能

$$W = \frac{1}{2}(\sigma_1\varepsilon_1 + \sigma_2\varepsilon_2 + \sigma_3\varepsilon_3)$$

$$= \frac{1}{2E}[\sigma_1^2 + \sigma_2^2 + \sigma_3^2 - 2\mu(\sigma_1\sigma_2 + \sigma_2\sigma_3 + \sigma_3\sigma_1)]$$

中减去体积变能

$$W_u = \frac{1}{2}\left(\frac{\sigma_1 + \sigma_2 + \sigma_3}{3}\right)(\varepsilon_1 + \varepsilon_2 + \varepsilon_3)$$

$$= \frac{1 - 2\mu}{6E}(\sigma_1 + \sigma_2 + \sigma_3)^2$$

得弹性变形能

$$W_\tau = W - W_u = \frac{1}{12E}[(\sigma_1 - \sigma_2)^2 + (\sigma_2 - \sigma_3)^2 + (\sigma_3 - \sigma_1)^2] \tag{7-17}$$

与式(7-16)一样的,只是乘以不同的常数。因此米泽斯屈服准则实际上是最大弹性变形能屈服准则。

如果再把式(7-16)改写为

$$\left(\frac{\sigma_1 - \sigma_2}{2}\right)^2 + \left(\frac{\sigma_2 - \sigma_3}{2}\right)^2 + \left(\frac{\sigma_3 - \sigma_1}{2}\right)^2 = 2\left(\frac{\sigma_t - 0}{2}\right)^2 \tag{7-18}$$

可见屈服将在极大剪切应力的均方根达到某个临界值时发生。米泽斯屈服准则的这两种表达式都是有其物理意义的。

2. 特雷斯卡(Tresca)屈服准则

作为近似,可以把米泽斯屈服准则的公式认为是屈服将发生在最大剪切应力达某个临界值时,即

$$\frac{\sigma_t}{2} = \frac{\sigma_1 - \sigma_2}{2}, \frac{\sigma_2 - \sigma_3}{2}, \frac{\sigma_3 - \sigma_1}{2}$$

中最大的一个。这就是特雷斯卡屈服准则,它也叫最大剪切应力屈服准则。

米泽斯屈服准则和特雷斯卡屈服准则在金属材料中得到了很好的验证,是最基本的屈服准则。

它们是否能用于高聚物呢? 我们来看看由上述准则计算的$(\sigma_c - \sigma_t)/2\sigma_s$ 值与实验值是否相符,这里σ_c、σ_t 和 σ_s 分别表示高聚物在压缩、拉伸和剪切时的屈服应力。对米泽斯屈服准则,纯剪切时 $\sigma_1 = -\sigma_2 = \sigma_s$,$\sigma_3 = 0$,代入式(7-16)

$$4\sigma_s^2 + 2\sigma_s^2 = 2\sigma_t^2$$

$$\sigma_s = \sigma_t / \sqrt{3}$$

又因 $\sigma_c = \sigma_t$,所以

$$\frac{\sigma_c + \sigma_t}{2\sigma_s} = \frac{2\sqrt{3}\sigma_s}{2\sigma_s} = \sqrt{3}$$

对特雷斯卡屈服准则,因 $\sigma_c = \sigma_t = 2\sigma_s$,所以

$$\frac{\sigma_c + \sigma_t}{2\sigma_s} = 2$$

表 7-1 所示的实验值表明,对好几种高聚物,米泽斯屈服准则似乎比特雷斯卡屈服准则更接近实验事实,但符合的情况也不良。

表 7-1　米泽斯屈服准则与特雷斯卡屈服准则的比较

高聚物	σ_c	σ_t	σ_s	$(\sigma_c + \sigma_t)/2\sigma_s$
聚氯乙烯	9.8	8.3	6.0	1.53
聚乙烯	2.1	1.6	1.4	1.35
聚丙烯	6.3	4.7	4.0	1.39
聚四氟乙烯	2.1	1.7	1.6	1.19
尼龙	8.9	9.7	5.9	1.59
ABS	6.2	6.5	3.5	1.83

这是因为高聚物材料的屈服受各向等应力的影响较大。因此,它们的屈服准则或者在米泽斯和特雷斯卡屈服准则上加上各向等应力的修正项,或者直接用已

考虑各向等应力的库仑屈服准则。

3. 库仑(Coulomb)屈服准则

库仑屈服准则既考虑了材料屈服平面上的剪应力,也考虑了该面上的正应力对屈服应力的影响。它认为在材料某个发生屈服的面上的临界剪切应力 τ 与这个平面上的剪应力和正应力都有关,呈一定的线性关系,即

$$\tau = \tau_0 - \mu\sigma_n \tag{7-19}$$

这里 μ 是一个常数,称为内摩擦系数;τ_0 是材料的内聚力,是材料常数;σ_n 是屈服平面上的正应力,负号是因为应力习惯上以拉伸时为正。

考虑在压缩应力 σ_c 作用下的单向压缩试验。如果发生屈服的平面,其法线与 σ_c 的方向成角度 θ(图 7-9),则剪切应力为

$$\tau = \sigma_c \sin\theta\cos\theta$$

而正应力为

$$\sigma_n = -\sigma_c \cos2\theta$$

那么屈服准则是

$$\sigma_c \sin\theta\cos\theta = \tau_0 + \sigma_c\mu\cos2\theta$$

移项得

$$\sigma_c(\sin\theta\cos\theta - \mu\cos2\theta) = \tau_0 \tag{7-20}$$

显然,如果左边括号内取极小值,那么屈服将在该平面上发生,这个极值条件给出

$$\frac{d(\sin\theta\cos\theta - \mu\cos2\theta)}{d\theta} = 0$$

即

$$\tan2\theta = -\frac{1}{\mu}$$

如果把 μ 改写为 $\tan2\varphi$,上式变为

$$\tan2\varphi\tan2\theta = -1$$

得到屈服的平面与压应力 σ_c 的交角为

$$\theta = \frac{\pi}{4} + \frac{\varphi}{4}$$

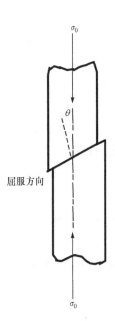

图 7-9　库仑屈服准则

可见,尽管在成 45°角度平面上剪切应力最大,但由于在正应力的影响,材料并不在成 45°角度的平面上首先屈服,而是在比 45°稍大的平面上屈服。这样,库仑屈服准则不仅给出了屈服时的应力条件,也指示了屈服平面的方向。

另外,若将此 θ 值代入式(7-20)可知,在压应力

$$\sigma_c \geqslant 2\tau_0 / [(\mu^2+1)^{1/2}+\mu] \tag{7-21}$$

时材料屈服。如是拉伸试验,作用有拉应力 σ_t,则有

$$\sigma_t \sin\theta\cos\theta = \tau_0 - \mu\sigma_t\cos2\theta$$

给出在拉应力

$$\sigma_t \geqslant 2\tau_0 / [(\mu^2+1)^{1/2}-\mu] \tag{7-22}$$

时材料屈服。两式相比

$$\frac{\sigma_c}{\sigma_t} = \frac{(\mu^2+1)^{1/2}+\mu}{(\mu^2+1)^{1/2}-\mu} \geqslant 1 \tag{7-23}$$

可见,库仑屈服准则揭示了材料的压缩屈服力比拉伸屈服应力来得大,也解释了包辛格效应。

在平面应力时,$\sigma_3=0$,米泽斯屈服准则方程(7-16)变为

$$2\sigma_t^2 = (\sigma_1-\sigma_2)^2+\sigma_2^2+\sigma_1^2$$

整理得

$$\sigma_t^2 = \sigma_1^2+\sigma_2^2-\sigma_1\sigma_2$$

这是一个椭圆方程,表明米泽斯屈服准则在 $\sigma_3=0$ 的平面上是一个椭圆的屈服轨迹。再把上式改写为

$$1 = \left(\frac{\sigma_1}{\sigma_t}\right)^2+\left(\frac{\sigma_2}{\sigma_t}\right)^2-\left(\frac{\sigma_2}{\sigma_t}\right)\left(\frac{\sigma_1}{\sigma_t}\right) \tag{7-24}$$

并以 $\left(\frac{\sigma_1}{\sigma_t}\right)$ 对 $\left(\frac{\sigma_2}{\sigma_t}\right)$ 作图,得图 7-10。这是一个对称椭圆,对称轴为 $\left(\frac{\sigma_1}{\sigma_t}\right)=\left(\frac{\sigma_2}{\sigma_t}\right)$ 的直线。单向拉伸相应于 $\left(\frac{\sigma_1}{\sigma_t}\right)=0$ 和 $\left(\frac{\sigma_2}{\sigma_t}\right)=0$,也就是 $\left(\frac{\sigma_1}{\sigma_t}\right)=\pm1$ 和 $\left(\frac{\sigma_2}{\sigma_t}\right)=\pm1$。

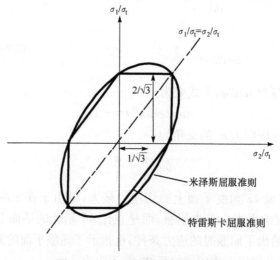

图 7-10　平面应变时的屈服轨迹

另对式(7-24)取导数可写成

$$\frac{d\left(\frac{\sigma_1}{\sigma_2}\right)}{d\left(\frac{\sigma_2}{\sigma_1}\right)}=0$$

可得

$$\frac{\sigma_1}{\sigma_t}=\pm\frac{2}{\sqrt{3}}\quad 和 \quad \frac{\sigma_2}{\sigma_t}=\pm\frac{1}{\sqrt{3}}$$

这就是图 7-10 中所画出的 σ_1/σ_t 为极大的条件。

图 7-10 同时画出了特雷斯卡屈服轨迹。事实上,在 σ_1 和 σ_2 为同号时,剪切应力为的极大的条件是

$$\sigma_1=\sigma_t 或 \sigma_2=\sigma_t$$

即

$$\frac{\sigma_1}{\sigma_t}=1 \text{ 或 } \frac{\sigma_2}{\sigma_t}=1$$

在 σ_1 和 σ_2 为异号时,极大剪切应力为

$$\sigma_1-\sigma_2=\sigma_t$$

可见特雷斯卡屈服轨迹的六边形正好内接于米泽斯的屈服椭圆。

如果在米泽斯屈服准则基础上考虑各向等应力的影响,最简单的形式是

$$A(\sigma_1+\sigma_2+\sigma_3)+B[(\sigma_1-\sigma_2)^2+(\sigma_2-\sigma_3)^2+(\sigma_3-\sigma_1)^2]=1 \qquad (7\text{-}25)$$

A、B 是常数。借助于单向拉伸和单向压缩时的屈服应力 σ_t 和 σ_c 确定这两个常数的值。在单向拉伸和单向压缩时,式(7-25)分别为

$$A\sigma_t+2B\sigma_t^2=1$$
$$-A\sigma_c+2B\sigma_c^2=1$$

解出

$$A=\frac{\sigma_c-\sigma_t}{\sigma_c\sigma_t}$$

$$B=\frac{1}{2\sigma_c\sigma_t}$$

因此考虑了各向等应力影响的米泽斯屈服准则为

$$2(\sigma_c-\sigma_t)(\sigma_1+\sigma_2+\sigma_3)+[(\sigma_1-\sigma_2)^2+(\sigma_2-\sigma_3)^2+(\sigma_3-\sigma_1)^2]=2\sigma_c\sigma_t \quad (7\text{-}26)$$

式(7-26)表示的屈服面是一个圆锥(图 7-11),其尖顶是在纯各向应力条件下的屈服条件,即在平面应力条件下($\sigma_3=0$),屈服轨迹是一个左下大、右上小的畸变的椭圆。

表 7-2 比较了米泽斯、特雷斯卡和库仑三个屈服准则的优缺点。

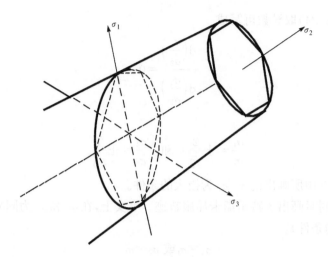

图 7-11　圆锥屈服面

表 7-2　三个屈服准则优缺点的比较

屈服准则	优点	缺点	适用对象
米泽斯准则	(1) 考虑了中主应力 σ_2 对屈服和破坏的影响 (2) 简单实用,材料参数少,易于实验测定 (3) 屈服曲面光滑,没有棱角,利于塑性应变增量方向的确定和数值计算	没有考虑静水压力对屈服的影响,以及屈服与破坏的非线性特征	金属材料
特雷斯卡准则	当知道主应力的大小顺序,应用简单方便	(1) 没有考虑正应力和静水压力对屈服的影响。 (2) 屈服面有转折点,棱角,不连续	金属材料
库仑准则	(1) 反映了静水压力三向等压的影响 (2) 简单实用,参数简单易测	(1) 没有反映中主应力 σ_2 对屈服和破坏的影响 (2) 没有考虑单纯静水压力引起的材料屈服的特征 (3) 屈服面有转折点,棱角,不连续,不便于塑性应变增量的计算	高聚物、土和混凝土材料

7.1.4　屈服的微观解释

任何一种微观解释必须能把观察到的屈服行为与高聚物内部的分子结构联系起来,与发生在屈服时分子构象的局部变化联系。为此可以追述一下高聚物屈服行为的主要特征:

(1) 屈服点前,高聚物形变是完全可以回复的,从屈服点开始,高聚物将在恒定外力下"塑性流动"。

(2) 在屈服点,高聚物的应变相当大,剪切屈服应变为 0.1~0.2。

(3) 屈服点以后,大多数高聚物呈现应变软化,有些还非常迅速。

(4) 屈服应力对应变速率非常敏感。

(5) 在高聚物玻璃化温度时,屈服应力趋向于零;低于玻璃化温度时,屈服应力随温度降低而迅速增高,任何减小分子链活动空间的工艺和处理(如各向等压应力、退火、除去增塑剂等)都将导致屈服应力的增高。

(6) 屈服以后有微小的体积减小,但屈服时没有体积增大。

高聚物屈服的微观解释还很不成熟,它还不能解释上面的所有现象。归纳起来,高聚物屈服的微观解释有如下几种。

1. 自由体积解释

很早就有人认为,外加应力会增加高分子链段的活动性,从而降低高聚物的玻璃化温度 T_g。如果在外应力作用下,T_g 已降低到实验温度,高分子链段变得能完全运动,高聚物就屈服了。从自由体积观点来看,在外应力作用下,高聚物自由体积应有所增加才能允许链段有较高的活动性,从而导致屈服。事实上,各向等应力确实提高高聚物材料的屈服应力,因为各向等应力迫使试样体积缩小。

目前已经推出 $\dfrac{\mathrm{d}T_g}{\mathrm{d}P}=\dfrac{TV\Delta a}{\Delta C_p}$,例如,聚乙酸乙烯酯、聚异丁二烯、天然橡胶的 $\mathrm{d}T_g/\mathrm{d}P$ 为 $0.222℃/\mathrm{atm}$,聚氯乙烯为 $0.016℃/\mathrm{atm}$,聚碳酸酯为 $0.044℃/\mathrm{atm}$,那么 1000 atm 的各向等拉应力将使玻璃化温度降低 20℃ 左右。

自由体积理论的困难之处在于,在屈服时高聚物的体积并不是增大的。是否存在这样一种可能(即在外应力作用下,占有体积的变化能允许自由体积的增加而不增大总的体积)还不甚清楚。

2. 缠结破坏

缠结破坏可以把屈服直观地认为是近邻分子间相互作用——无论是几何缠结还是某种类型的次价键力的破坏。显然这类过程是非常可能存在的。它能很容易地解释高聚物在屈服后迅速产生的应变软化现象,也能解释屈服应力的压力依赖性,因为缠结点的解开需要局部的额外空间,但不清楚的是它们将在决定屈服应力上起多大的作用。

我国科学家研究了单轴拉伸非晶态高聚物——聚对苯二甲酸乙二酯(PET)的屈服,并用钱人元先生提倡的凝聚缠结观点(凝聚缠结的内容已见第 2 章)解释了有关实验。图 7-12(a)是 PET 从高弹态的 92℃ 淬火至 0℃ 以及以后在 65℃ 热处理(即物理老化)不同时间的试样在 67℃拉伸的应力-应变曲线。淬火试样的屈服峰宽而平坦,而经物理老化的试样屈服峰随物理老化时间增加而增强(也就是应变软化越加明显)。玻璃态高聚物在拉伸时出现的应力屈服峰来源于高聚物变形中使其自身存在的凝聚缠结点解开所吸收的能量,导致高聚物软化。当高聚物从高弹态淬火到玻璃态时,其分子间缠结状态冻结在 T_g 以上的状态,在快速冷却过程中来不及形成新的缠结点。随着物理老化的进行,分子链间生成更多更强的凝聚缠结点,从而使这些缠结点解缠结所需要的能量也越大,因而老化后,高聚物的屈服应力值升高,应变软化明显。

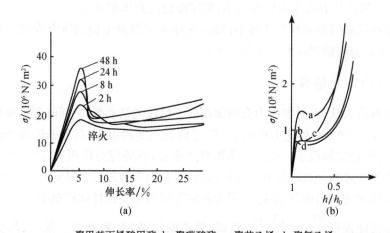

a. 聚甲基丙烯酸甲酯,b. 聚碳酸酯,c. 聚苯乙烯,d. 聚氯乙烯

图 7-12　从 92℃淬火至 0℃以及以后在 65℃热处理不同时间的聚对苯二甲酸乙二醇酯(PET)在 67℃拉伸的应力-应变曲线(a)和四种高聚物的压缩应力-应变曲线(b)

3. 埃林理论

黏度的埃林(Eyring)理论认为,液体分子可考虑为处于其最近邻组成的假晶格上,有外力作用时液体发生流动,其分子就从原来位置移向邻近的另一个位置。外力有助于液体分子克服由它近邻分子形成的位垒。应用于高聚物的屈服认为,高分子链段是在位垒两边摆动,外加应力将降低向前跃迁的位垒,而增加向后跃迁的位垒,使得向前跃迁比向后跃迁更容易些。并假定试样宏观的应变速率是正比于链段净向前跃迁的速率。

利用化学反应中过渡状态理论,在 1 s 时间里分子向前移动的速率为

$$v = v_0 e^{-E_0/kT}$$

式中,E_0 为位垒高度。如果加上一剪切应力,那么向前移动的位垒将降为 $E_0 - 1/2\tau\lambda A$,这里 λ 为移动的距离,A 为单位假晶格垂直于剪切应力的截面积,因此

$1/2\tau\lambda A$ 实际上是链段从一个位置向另一个位置移动距离 λ 所做的功。同理向后跃迁的位垒将增加为 $E_0+1/2\tau\lambda A$,这样,向前和向后跃迁的速率将分别为

$$v_{前} = v_0 \mathrm{e}^{-\left(E_0-\frac{1}{2}\tau\lambda A\right)/kT} \tag{7-27}$$

和

$$v_{后} = v_0 \mathrm{e}^{-\left(E_0+\frac{1}{2}\tau\lambda A\right)/kT} \tag{7-28}$$

如果记 $\lambda A=V$,V 具有体积的量纲,叫"埃林体积",它表示高分子链段在发生塑性形变时作为整体发生运动时的体积,那么向前和向后跃迁速率之差为

$$v_{前} - v_{后} = v_0 \mathrm{e}^{-\frac{E_0}{kT}}\left(\mathrm{e}^{\frac{\tau V}{2kT}} - \mathrm{e}^{-\frac{\tau V}{2kT}}\right)$$

$$= 2v_0 \mathrm{e}^{-\frac{E_0}{kT}} \sinh\left(\frac{\tau V}{2kT}\right)$$

这速率差正比于宏观切变速率,则

$$\dot{\epsilon} = 2v_0 \mathrm{e}^{-\frac{E_0}{kT}} \sinh\left(\frac{\tau V}{2kT}\right) \tag{7-29}$$

可以把式(7-29)改写为

$$\tau = \frac{2kT}{V} \sinh^{-1}\left(\frac{\dot{\epsilon}}{2v_0} \mathrm{e}^{\frac{E_0}{kT}}\right) \tag{7-30}$$

这就是由埃林理论推出的屈服应力与应变速率的一般关系式。因为

$$\sinh^{-1}x \approx x \qquad x \text{ 较小时}$$

$$\sinh^{-1}x \approx \lg x \qquad x \text{ 较大时}$$

那么,在低应变速率和高温时,屈服应力是小的。此时,式(7-30)表明屈服应力与应变速率呈线性关系:

$$\tau_y \propto \dot{\epsilon}$$

是牛顿流体的行为,在物理上是在位垒两边向前跃迁几乎与向后跃迁一样多。

在高应变速率和低温时,式(7-30)变为

$$\tau_y \approx \frac{2kT}{V}\left(\lg\frac{\dot{\epsilon}}{v_0} + \frac{E_0}{kT}\right)$$

屈服应力与应变速率的对数呈线性关系

$$\tau_y = A + B\lg\dot{\epsilon} \tag{7-31}$$

这是与高聚物在高应变速率和低应变速率高聚物高聚物有各自斜率的实验事实很好符合的(图 7-4)。

7.1.5　屈服后现象

当材料开始屈服以后,如果继续施加载荷,则继续产生塑性变形,称为屈服后(post-yield)。屈服后问题比初始屈服问题更为复杂,因为初始屈服是从弹性变形状态到达初始塑性状态。整个加载过程,除了终点以外,都在弹性区内,加载过程不影响最终结果。同时应力、应变关系仍然是弹性的应力、应变关系。而在塑性区域内,表达应力、应变关系曲线的一些参数,都是随应力(或应变)的数值大小而改变。常用的弹簧和黏壶模型是不能用来描述屈服后形变的。因此,塑性应力、应变关系就要比弹性的复杂。不少问题仅能就现象本身作定性的描述。

单就现象而言,高聚物的屈服后行为将包括如下五个可能的现象:

(1) 屈服后,应变增加,应力反而有不大的下跌,出现"应变软化"现象。

(2) 呈现各种不同类型的塑性不稳定性,其中最为熟知的是成颈现象。

(3) 塑性变形产生热量,如不马上除去,试样温度增加,试样变软,加速塑性不稳定性,特别是在高应变速率时。

(4) 当形变继续增大时,发生"取向硬化"现象,应力急剧增加。

(5) 试样断裂。

下面将详细讨论其中的(1)、(2)和(4)过程中的现象,而断裂问题将放在下节中专门讨论。

1. 应变软化

应变软化(strain soft)现象是指在材料屈服以后,使材料能继续形变的真应力将有一个不大的下跌。相应于图 7-1 上应力-应变曲线的 YA 段。几乎所有的塑料,无论取哪种形变类型,都呈现出某种形式的应变软化。只是它们真应力下跌的值因高聚物品种不同而有较大的差别。就试验类型而言,拉伸试验由于试样几何因素会促使细颈产生,它的应变软化现象与压缩和剪切相比较不明显。在压缩和剪切试验时,较低应变速率下,只要出现载荷的下跌就可以说是出现了真正的应变软化。

图 7-12(a)关于物理老化导致应变软化现象明显的事实已经在前面说过了。图 7-12(b)是四种高聚物的压缩应力-应变曲线。由图可见,聚苯乙烯和聚甲基丙烯酸甲酯的应变软化效应相当明显。相比之下,聚氯乙烯和聚碳酸酯就小得多。试验也表明,硝酸纤维素的应变软化效应也不明显,如果比较一下这些高聚物的韧性就会发现,聚碳酸酯和硝酸纤维素是比聚苯乙烯和聚甲基丙烯酸甲酯韧得多的材料。可以说韧性材料的应变软化效应比脆性材料的小。

如果在试验过程中突然卸载至零,然后再加载继续试验,应变软化现象仍然继续。图 7-13 是聚甲基丙烯酸甲酯试样在平面应变压缩试验时的应力-应变曲线,在整个试验过程中曾连续五次突然卸载至零后再加载继续试验,仍然继续出现应变软化现象。可见,应变软化是高聚物的一个内在特性。由此也可推想,高聚物一旦发生屈服和开始塑性变形,就有某种内部的结构变化产生,这种结构变化将允许塑性变形在较低的应力水平下继续进行。

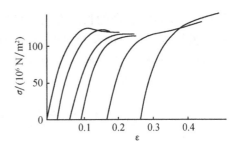

图 7-13　聚甲基丙烯酸甲酯的
压缩应力-应变曲线

2. 塑性不稳定性——成颈

许多高聚物材料在塑性形变时往往会出现不稳定的形变,在试样某个局部的应变比试样整体的应变增加得更为迅速,使得本来是均匀的形变变成不均匀形变,从而呈现出各种塑性不稳定性。其中,最为人们所熟悉的,也是最重要的是拉伸试验中细颈的形成。成颈(necking)是纤维和薄膜拉伸工艺的基础,实用的纤维就是拉伸试样的细颈部分。产生塑性不稳定性的原因有两个,一个是几何上的,一个是结构上的,这两个原因也可以同时产生作用。几何原因指的是高聚物试片尺寸在各处的微小差别。几何不稳定性的例子是单向拉伸试验时细颈的形成。如果试样的某部分有效截面积比试样的其他部分稍稍小一点,例如,略微薄一点,那么它受到的真应力应比其他部分略微高一点,这将导致这部分试样在较低的拉伸应力时,先于其他部分达到屈服点。当这特殊的部分达到屈服点后,这部分试样的有效刚性就比其周围材料来得低(应变软化),这部分试样的继续形变就来得容易。如此循环,直到材料的取向硬化得以发展从而阻止住这种不稳定性。

塑性不稳定性的另一个原因是高聚物在屈服点以后的应变软化。如果在某局部的应变稍稍高于其他地方(如由于存在应力集中物),那么高聚物在那里将局部软化,进而使塑性不稳定性更易发展。这个过程也只能被高聚物有效的取向硬化所阻止。

重要的是,试样局部区域最初形成的不均匀形变,并不比试样其他部分的形变需要更大的应力。在这最初时刻,在与试样其他部分形变所需的应力几乎是相同的应力条件下,在试样的局部区域就能形成不均匀形变。当然,不均匀形变的形成是需要局部区域的应力增高或这局部的试样稍变软,并在不均匀形变的发展和生长过程中这种差别会变大。但是,在开始时这种差别是极其微小的,这称为极大塑性阻力原理。

根据不均匀形变区域被其周围物质受阻的程度,可把塑性不稳定性分为三类。首先,如果周围物质对不均匀形变在各个方向的阻力均可忽略,那么试样在拉伸时呈现对称的细颈(neck)区域,压缩时则生成局部的鼓腰。其次,如果在一个方向受阻,那么在单向拉伸时试样形成局部变薄的带,叫做倾斜细颈。对于这样的带,受阻沿着带的长度方向。最后,在两个方向上均受阻,且体积不变,那么能够发生的形变只能是简单剪切,从而产生剪切带(表 7-3)。事实上,在高聚物中,这三种塑性不稳定性都已被试验观察到。就重要性而言,这里主要讨论拉伸时成颈这一种情况。

表 7-3　三类不同的塑性不稳定性及其特征

名称	图示	特征
细颈		试样在拉伸时其周围物质对不均匀形变在各个方向的阻力均可忽略,就呈现对称的细颈区域,实用的纤维就是成纤高聚物的细颈部分。如是压缩,则生成局部的鼓腰
倾斜细颈	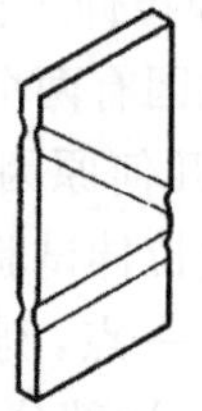	在单向拉伸时,如果在一个方向受阻,那么试样会形成局部变薄的带,叫做倾斜细颈。显然,受阻沿着带的长度方向
剪切带	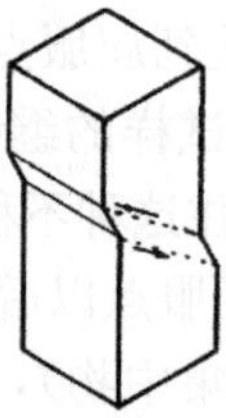	在单向拉伸时,如果在两个方向上都受阻,且体积不变,那么能够发生的形变只能是简单剪切,从而产生剪切带

　　高聚物在拉伸时的成颈也称为冷拉(cold drawing)。在合适的条件下,不管是晶态高聚物还是非晶态高聚物,都能在拉伸时成颈。它们是:①结晶度为 35%～75%的晶态高聚物,其玻璃化温度在拉伸温度以下;②非晶态高聚物,拉伸温度不比玻璃化温度低很多;③非晶态高聚物,但具有明显的次级弛豫,冷拉是在 T_g 和次级弛豫温度之间进行的;④非晶态高聚物,它在正常情况下很脆,但材料在玻璃化温度以上被拉伸而使分子部分取向。

　　就唯象角度看,康西特莱作图能够作为一个判据,以决定高聚物是否能形成稳定的细颈。如前所述,在真应力 $\sigma_真$ 与应变 ε 具有 $\dfrac{\mathrm{d}\sigma_真}{\mathrm{d}\varepsilon}=\dfrac{\sigma_真}{1+\varepsilon}$ 的关系时,工程应力达极大值,也就是材料开始屈服,因此有可能形成细颈。这里又分两种情况,如果在真应力-应变曲线上只有一个点 A 满足上式的条件,那么高聚物在均匀伸长到

达 A 点后虽然有可能形成细颈,但这刚形成的细颈会继续不断地变细,载荷随之不断降低以至断裂,不能得到稳定的细颈[图 7-14(b)]。但是如果真应力-应变曲线上有两个点 A 和 B 满足上式的条件[图 7-14(c)],也就是从 $\varepsilon=-1$ 处可以向真应力-应变曲线画出第二条切线,或者是说工程应力-应变曲线具有第二个极值——极小值。这极小值一直使细颈保持恒定直至全部试样都变成细颈,只有这时才能得到稳定的细颈。至于在

$$\frac{d\sigma_{真}}{d\varepsilon} > \frac{\varepsilon_{真}}{1+\varepsilon}$$

的情况,不能从 $\varepsilon=-1$ 处向真应力-应变曲线作出切线[图 7-14(a)],因此也没有细颈的形成,高聚物随载荷增大一直均匀地伸长。通常的硫化橡胶就是这种类型的例子。

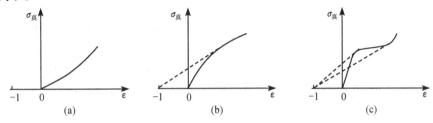

图 7-14　判定是否成颈的康西特莱作图的三种类型

这里需要说明的是,屈服应力对应变速率是相当敏感的。因此当细颈在某个局部形成时,在这个地方的应变速率将有一个较大的增高,从而提高高聚物在这局部的屈服应力值。如果某高聚物的应力-应变关系刚刚满足上面的判据,即 $\sigma_{真}$ 对 ε 的作图只出现很平坦的极大值,那么在试样局部出现细颈而引起的应变速率增大,将把试样整体的屈服应力提高,甚至超过这个极大值,从而使细颈不能发展。硝化纤维素就是这样的一个例子,它 $\sigma_{真}$ 扁平的极值不足以保证稳定细颈的形成,凡纤维素衍生物大都呈现均匀的形变。

从拉伸机理来解释拉伸时试样出现细颈的理论目前还不很成熟。一种理论从热效应(详见下节)着手,认为在拉伸时拉力所做的功在细颈部分转换成热量,升高了细颈部分的温度,从而使这部分试样的屈服应力降低。特别是在纤维、薄膜拉伸工艺上使用的拉伸速率(约 10^2 m/min)条件下,拉伸几乎是一个绝热过程,温度的升高用手摸一下细颈都能感觉到。由于在高应变速率时,无论是产生的热量还是产生热量的速率都大,更有利于细颈形成。许多高聚物都能通过提高应变速率来实现从均匀形变到不均匀形变——细颈的转化。

3. 高聚物大形变的热效应

当一个高的应力作用于高聚物使之产生大形变时,除了通常的焦耳效应外,施

加于试样上的能量将以好几种方式被吸收。①由于反抗黏性而做功,生成不可回复的摩擦热;②由于反抗分子链取向的构象改变而释放的熵热;③由于改变材料内能的储存和释放;④由于分子链断裂生成自由基;⑤由于生成裂纹或空洞而增加新表面。因此高聚物在其大形变时肯定会有热量生成而使试样温度升高。

曾经把这温度升高与拉伸时细颈的形成联系了起来,以此来解释细颈的成因。聚对苯二甲酸乙二酯(涤纶)单丝的屈服强度很高,又有很大的拉伸比,在拉伸时会产生大量的热。图 7-15 中各线是聚对苯二甲酸乙二酯在各不同温度下的等温载荷-伸长曲线。如果不考虑拉伸时弹性位能升高和可能的结晶所消耗的热能,并假定拉伸时的能量全部转化成热,可以计算和得到该高聚物的绝热载荷-伸长曲线如图 7-15 中 A 线所示。由图可见,绝热拉伸时温度几乎升高了 60℃,但这是一个不稳定的情况。因此在用它解释细颈形成时,还假定实际拉伸不是在拉力随温度升高而不断变化的绝热条件下进行的,而是通过细颈把所产生的热量传给未成颈部分,以保持为形成细颈所必需的温度差的恒拉力条件下进行的,即是沿着图 7-16(a)中恒拉力线 lm 进行的,拉力 σ_1 低于屈服应力 σ_y。这个恒拉力线 lm 与绝热线 A 相交于 R_1、R_2、R_3,那么在 C 和 D 两部分的面积应该是相等的(图 7-16(b))。

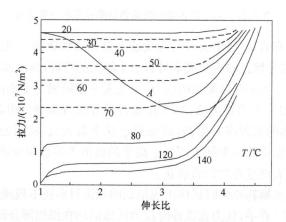

图 7-15　聚对苯二甲酸乙二酯的等温和绝热拉伸曲线

根据热平衡方程

$$VAs\rho(T_1 - T_0) = \frac{kA}{x}(T_1 - T_2)$$

式中,k 是导热系数;A 是面积;T 是热力学温度;V 是材料达到细颈时的速度;s 是比热容;ρ 是密度;x 是细颈肩部的长度。若取

$$k = 0.00119 \text{ J/(m · ℃)}$$

$$s\rho = 0.0952 \times 10^6 \text{ J/m}^3$$

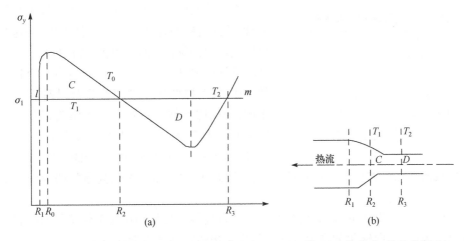

图 7-16　聚对苯二甲酸乙二酯冷拉成颈中的热流(a)和颈部的绝热载荷-伸长曲线(b)

$$V=0.01 \text{ m/s}$$
$$T_1-T_2=40℃$$
$$T_1-T_0=20℃$$

那么细颈肩部的长度 $x =2.5×10^{-5}$ m,与以 10^{-1} m/s 速率拉伸后实测的细颈肩部长度 $4×10^{-5}$ m 相当一致。

已经说过,若以 10^{-6} m/s 速率去拉伸聚乙烯和聚氯乙烯,此时已接近等温拉伸,计算得到的温升仅为 0.75℃(聚乙烯)和 6℃(聚氯乙烯),照样也能冷拉成颈。因此为了避免大形变时的热效应,一般在研究高聚物的屈服行为时都使用小试片和低应变速率,以使实验尽量接近等温条件。但是在进行一些时间间隔必须很短的实验,如高聚物受冲击或敲碎玻璃态高聚物时,能量是以裂纹的生长来耗散的,所有的形变都是绝热的,在这时会有非常大的温度效应。因此,不管热效应是否是冷拉成颈的真正原因,高聚物在大形变乃至断裂时的热效应总是一个必须加以考虑的问题。

4. 取向硬化

在高聚物材料发生屈服以后,经过应变软化,出现塑性不稳定性,如果形变得以继续而不发生断裂的话,那么高聚物的真应力都会有一个较陡的增高。在拉伸情况下,发生在大应变的真应力增高促使了细颈的稳定发展。此时拉伸的高聚物因取向而呈现明显的各向异性,因此称为取向硬化。

表 7-4　不同高聚物的细颈应变

高聚物	应变
聚氯乙烯	0.4~1.5
聚碳酸酯	2.24
聚酰胺	2.8~3.5
聚苯乙烯(100℃)	3.5
线形聚乙烯	8~10

发生取向硬化的应变显著依赖于高聚物的品种,认为高聚物存在着一个拉伸极限,在这个极限点,材料不断裂,而应力将变得很大。例如,在纤维学科中已发现成纤高聚物具有一个特征拉伸比,这个拉伸比主要以高聚物品种不同而不同,与拉伸条件关系不大。由康西特莱作图以求得工程应力在高伸长时开始增高的那一点,即从 $\varepsilon=-1$ 向真应力-应变曲线作的第二条切线的切点。如果把这切点的应变称为细颈应变,那么不同高聚物的细颈应变如表 7-4 所示。

可见,各高聚物的值相差很大,远远超过同种高聚物因试验条件不同而引起的偏离。因此,取向硬化的现象可能是与高聚物的某种结构形式有关。

显然,即使是在应力-应变曲线上测量得到的最高应变(如高密度聚乙烯的 10 倍),也不对应于高聚物分子完全被拆开的状态。最早的非晶高聚物的"毛毡"结构,继而的高分子链"缠结"的概念都表明取向仅仅是发生在一些固定点之间的,高分子链缠结点之间的长度比高分子链本身小,缠结点之间链段的伸长正好落在观察到的高聚物大形变范围内。因此,高聚物在玻璃态时的大形变就与橡胶弹性相似。而橡胶弹性理论表明,橡胶的应变依赖于它们交联点之间的分子量。如是,则玻璃态高聚物的取向应变应与高分子链缠结点间的分子量有关。试验证实了这一点,图 7-17 是不同分子量聚乙烯的应力-应变曲线,分子量大小由熔体指数表示,熔体指数越小,分子量越大。由图可见,随聚乙烯分子量的增大,也就是聚乙烯长链分子缠结的增加,应力硬化急剧增大。

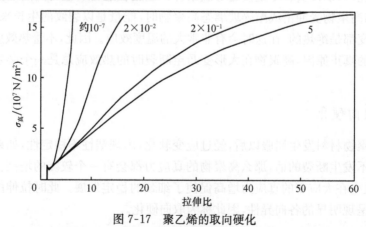

图 7-17　聚乙烯的取向硬化

近年有关超高取向高聚物的研究表明,像超高分子量聚乙烯(分子量高达 $10^6 \sim 10^7$),在非常特殊条件下(非常接近熔点的温度和非常缓慢的拉伸速率),用熔体挤出多段拉伸法、固态挤出法、熔体挤拉法等方法拉伸聚乙烯,拉伸比可达180,从而可制备得一类超高模量高聚物,拉伸强度高达1～1.5 GPa,拉伸模量达40～70 GPa。

　　高聚物具有良好的拉伸性,应用于柔性电子器件、驱动器以及能量存储等领域,可考虑构筑的动态高聚物网络,它们的动态交联点可有效防止高聚物材料发生不可逆破坏,从而获得高拉伸性能。用较弱的离子型氢键和较强的亚胺键交联聚丁二烯(PB)就是这种强、弱动态键高聚物的具体实例(图7-18)。弱的离子型氢键则在拉伸过程中会被破坏而耗散能量,而由强的亚胺键维持着PB的基本网络结构。这两种机制的协同作用使交联PB的最大拉伸倍数竟高达13000倍。

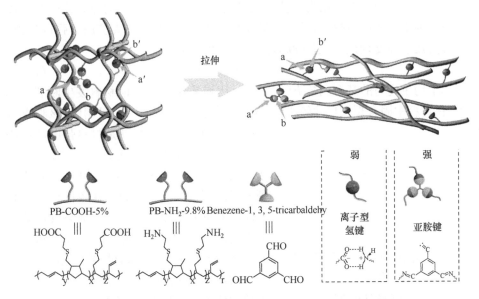

图7-18　由离子型氢键和亚胺键交联聚丁二烯(PB)的分子结构示意图

7.2　高聚物的断裂和强度

　　近年来,高聚物的物理力学性能得到了很大提高,并已开始大量用做结构材料。特别是性能优异的工程塑料和用各种纤维增强的增强塑料已在机械制造、建筑、航空、造船等工业部门广泛应用来代替钢铁、铜等黑色和有色金属及其他传统材料。这就迫使人们越来越重视研究高聚物的强度和断裂性能:断裂的裂纹扩展规律和机理、断裂准则及高聚物的强度,以解决结构的疲劳、寿命估计和强度能够提高到什么程度等问题(图7-19)。

图 7-19　高聚物材料的强度到底能提高到什么程度？

　　当裂纹在断裂中的作用尚未被认识以前，人们常用一些平均应力或应变来描述材料的强度。例如，材料力学中的最大拉应力强度理论、最大剪应力强度理论、最大形变比能强度理论等，这些断裂判据一般可写成

$$F(\sigma_1,\sigma_2,\sigma_3) \geqslant \sigma_c \tag{7-32}$$

它表示平均主应力的某个函数 $F(\sigma_1,\sigma_2,\sigma_3)$ 达到某临界值 σ_c 时材料发生断裂。事实上，在材料中固有裂纹尺寸较小时，这样的判据是工程上一直沿用的，该临界值

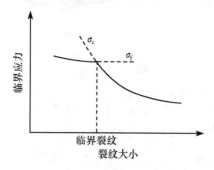

图 7-20　含有裂纹材料的断裂判据

σ_c 除以适当的安全系数就是材料强度计算的依据。但是根据上述理论设计的构件，已不止一次地出现了意外事故，人们才逐渐认识到材料内部一定大小的裂纹在致使材料断裂方面起着重要作用。当材料内部裂纹达某一临界值时，σ_c 将不再与裂纹无关，而是随裂纹的尺寸增大而下降，上面的断裂判据已不再适用，而需要建立新的断裂判据(图 7-20)。断裂力学就是在这个客观需要上建立起来的。

　　断裂力学是以全部断裂的各种现象为研究对象的，即关于韧性断裂、脆性断裂、疲劳断裂、其他全部断裂，它们都与裂纹的发生、合并和成长扩展过程有关。所以我们关心的主要是裂纹的行为。

7.2.1　高聚物的脆性断裂和韧性断裂

　　从实用的观点看，高聚物的最大优点之一是它们内在的韧性，即其在断裂前能吸收大量的机械能。在这一点上，高聚物在所有非金属材料中都是独一无二的。但是高聚物内在的韧性不是总能表现出来的。由于加载方式改变或温度、应变速率、试样形状和大小的改变都会使高聚物的韧性变坏，甚至以脆性形式而断裂。而脆性断裂在工程上总是必须尽力避免的。为此我们必须了解高聚物的两类断裂过程——脆性断裂和韧性断裂，掌握脆-韧转变的规律，使高聚物总是处于韧性状态下工作。

对于脆性和韧性,还没有一个很确切的定义。一般可以从应力-应变曲线出发作这样的区分,见表 7-5。

表 7-5　脆性断裂和韧性断裂的比较

脆性断裂	韧性断裂
与材料的弹性响应相关	与材料的塑性响应相关
断裂点前试样的形变是均匀的	形变在沿着试样长度方向上可以是不均匀的
致使试样断裂的裂缝迅速贯穿垂直于应力方向的平面。断裂试样不显示有明显的推迟形变	试样断面常常显示有外延的形变,这形变不立即回复
相应的应力-应变关系是线性的(或者微微有些曲线形),断裂的应变值低于 5%,断裂所需的能量不大	其应力-应变关系是非线性的,在断裂点前其斜率可以变为零,甚至是负的。消耗的断裂能很大
是由所加应力的拉伸分量引起的	是由所加应力的剪切分量引起的

在这许多特征中,断裂表面形状和断裂能是区别脆性和韧性断裂最主要的指标(图 7-21)。有时,由经验看出的断面形态往往胜过现有的理论判断。

因为脆性断面垂直于拉伸应力方向,而切变线通常是在以韧性形式屈服的高聚物中观察到的,所以所加的应力体系和试样的几何形状将决定试样中拉伸分量和剪切分量的相对值,从而影响材料的断裂形式。例如,各向等应力的效应通常是使断裂由脆性变为韧性。大而薄的材料通常较脆,而它们的小块却是韧的。尖锐的缺口在改变断裂由韧变脆方面有特别的效果。

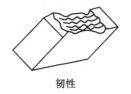 

韧性　　　　　　中间状态　　　　　　脆性

图 7-21　断裂表面的三种类型

对高聚物,脆和韧还极大地依赖于试验条件,主要是温度和试验速率(应变速率)。温度由低到高,材料由脆变韧,超过 T_g,就是橡胶弹性了,应变速率的影响与温度正相反。有关因素对高聚物脆韧转变的影响详细讨论如下。

1. 温度

脆性断裂和塑性屈服是两个相互独立的过程。它们与温度的关系分别是两条曲线,见图 7-22(a)。在一定温度(和应变速率)下,当外加应力达到它们两个中较低的那个时,就会发生断裂或屈服。显然,$\sigma_B\text{-}T$ 和 $\sigma_y\text{-}T$ 曲线的交点就是脆韧转变温度。在高于这温度以上的温度,材料总是韧性的。

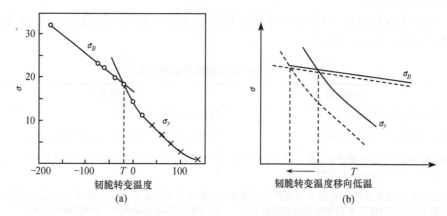

图 7-22　聚丙烯的断裂强度和屈服强度的温度依赖关系(a)；
两条曲线的交点就定义为脆韧转变温度,以及温度对脆韧转变温度的影响(b)

断裂应力受温度的影响不大,例如,温度从－180℃升至 20℃,断裂应力约改变两倍。而温度对屈服应力的影响很大,同样,温度从－180℃升至 20℃,屈服应力将改变 10 倍。这样,随温度增加,脆韧转变温度向低温移动[图 7-22(b)],材料变韧,这是我们所熟知的事实。

2. 应变速率

应变速率对屈服应力和断裂应力都有影响,两者应变速率依赖性曲线的交点也是韧脆转变温度[图 7-23(a)]。应变速率对断裂应力的影响不大,而对屈服应力的影响很大。因此脆韧转变温度将随应变速率的增加而移向高的温度[图 7-23(b)],材料变脆。在低应变速率时是韧性的高聚物在高应变速率时会发生脆性断裂。这是与已知的事实相符的。

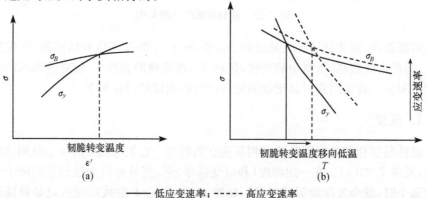

———— 低应变速率;- - - - - 高应变速率

图 7-23　断裂应力和屈服应力的应变速率依赖性(a);脆韧转变的应变速率依赖性(b)

应变速率对脆韧转变的影响比较复杂,那就是它还有一个热效应的问题。如果应变速率过高,将由等温过程变为绝热过程,积聚的热量会阻止应变软化,从而使断裂能显著降低。这在冲击试验中特别要注意的。

3. 分子量

如前所述,分子量对屈服应力没有直接影响,但是它将减小断裂应力,所以分子量变大会增加高聚物的脆性[图 7-24(a)]。高聚物的拉伸强度与数均分子量有以下近似关系:

$$拉伸强度 = A - \frac{B}{M_n} \tag{7-33}$$

见图 7-24(b),这里 A、B 为常数。

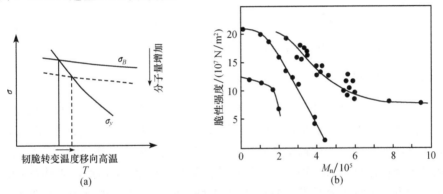

图 7-24 分子量对韧脆转变温度的影响(a)和数均分子量对脆性强度的影响(b)

4. 交联

交联增加屈服应力,但是对断裂应力的增加并不大,因此脆韧转变温度移向较高的温度,材料变脆[图 7-25(a)]。

5. 增塑

增塑剂可以降低脆性断裂的机会,因此它对屈服应力的降低比对断裂应力的降低程度大,脆韧转变温度移向低温[图 7-25(b)]。增塑的高聚物肯定是韧性的材料。

6. 支化

支化影响结晶性,而不同聚乙烯的屈服应力可以随着支化度变化而有明显的不同,因此脆韧转变温度至少是分子量和支化度的复杂函数。

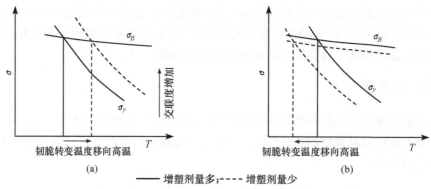

—— 增塑剂量多；---- 增塑剂量少

图 7-25　交联度对脆韧转变的影响(a)和增塑对脆韧转变的影响(b)

7. 侧基

刚性侧基增加屈服应力和断裂应力,而柔性侧基减小屈服应力和断裂应力。因此,侧基对脆韧转变的影响没有一般规律可言。

8. 分子取向

分子取向是一个与其他因素有很大差别的基本变数。取向的结果导致材料力学性能的各向异性。一般来说,断裂应力和屈服应力都依赖于所加应力的方向,但断裂应力比屈服应力更依赖于各向异性。一个单轴取向高聚物的断裂行为比未取向的高聚物更像是受对称轴向应力作用的高聚物。因此,取向的高聚物材料在垂直于取向方向上特别容易发生断裂,现在市场上的最常用的聚丙烯包扎带绳就是由高度拉伸的聚丙烯薄膜卷曲而成的,在拉伸方向上强度很高,而在垂直于拉伸方向上就非常易开裂,可以将其方便地分劈成更细的小股,这有时叫做"裂膜纤维"。

9. 与力学弛豫的关系

一般认为脆韧转变与玻璃化转变有关,这肯定是正确的,如天然橡胶、聚苯乙烯和聚异丁烯。进一步又认为脆韧转变与玻璃态时的低温弛豫(次级转变)有关(见第 5 章),但这也不是普遍有效的,因为脆韧转变是发生在很高应变的情况,与裂纹有关,而动态力学弛豫是在线性低应变下测量的,与裂纹无关。

10. 缺口

尖锐的缺口可以使高聚物的断裂从韧性变为脆性,在无限大固体中尖锐的深缺口所引起的塑性约束力可把屈服应力提高大约 3 倍。因此,可以把材料的脆韧行为作如下的分类:

(1) $\sigma_B < \sigma_y$,材料是脆性的;

(2) $\sigma_y < \sigma_B < 3\sigma_y$,材料在没有缺口的拉伸试验中是韧性的,但若有尖锐缺口就变为脆性;

(3) $\sigma_B > 3\sigma_y$,材料总是韧性的,也就是在包括存在缺口的所有试验中材料总表现为韧性。

某些高聚物的实测关系如图 7-26 所示。σ_y 取速率为每分钟 50% 时的拉伸屈服应力(如果该高聚物在拉伸时呈脆性,则 σ_y 取为单向压缩时的屈服应力),σ_B 取 $-180℃$ 下应变速率为每分钟 18% 时弯曲的断裂强度。

屈服应力的测定温度是 20℃ 和 $-20℃$。温度降低 40℃,认为约相当于应变速率提高 10^5 倍,这样,在 $-20℃$ 测定的屈服应力能够对 20℃ 时的冲击行为有个粗略的指示。

由图 7-26 可知,对于图示的 13 种高聚物可被两条特征线 A 和 B 划分为三种类型:线 A 右侧是脆性材料,线 A 和 B 之间是存在有缺口时呈脆性,无缺口时呈韧性的材料,线 B 左侧是即使有缺口也是韧性的材料。

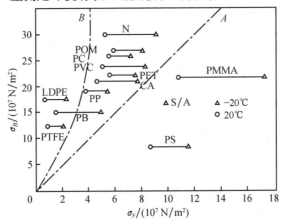

PMMA. 聚甲基丙烯酸甲酯;PVC. 聚氯乙烯;PS. 聚苯乙烯;PET. 聚对苯二甲酸乙二酯;
S/A. 苯乙烯和丙烯共聚物;PP. 聚丙烯;N. 尼龙 66;LDPE. 低密度聚乙烯;POM. 聚氧甲烯;
PB. 聚丁烯;PC. 聚碳酸酯;PTFE. 聚四氟乙烯;CA. 乙酸纤维素

图 7-26 各高聚物的脆性应力($-180℃$)和屈服应力的关系

需要指出的是,由于 σ_B 是低温下由弯曲试验测得的断裂强度,其值比拉伸试验的测定值高,因此线 A 的斜率不是 $\dfrac{\sigma_B}{\sigma_y} = 1$,而是 $\dfrac{\sigma_B}{\sigma_y} = 2$,而线 B 的斜率 $\dfrac{\sigma_B}{\sigma_y} = 6$,其相对比率仍为 3,符合上面所述脆韧行为的分类。

7.2.2 高聚物的理论强度

高聚物的破坏或者是高分子主链上化学键的断裂,或者是高分子链间相互作用力的破坏(图 7-27),或两者皆有。因此从构成高分子主链的化学键的强度和高分子链间相互作用力的强度可以估算高聚物的理论强度。这种估算是很粗糙的,并且其中还作了一些人为的假定,采取不同假定的计算结果可相差好几倍。但就是这样的准确度已经使试验者十分满意了。从这些粗略的估算中,人们已经对如何提高材料的强度以及能提高到怎样的程度作出初步的回答。

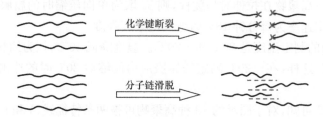

图 7-27　化学键断裂和分子链滑脱的示意图

1. 化学键的强度

化学键的强度可以由构成分子的两个原子之间的位能:

$$W = De^{-2b(r-r_0)} - 2De^{-b(r-r_0)} \tag{7-34}$$

来计算。式中,D 为化学键的离解能;b 为一常数;r 为原子间距离;r_0 为两原子处于平衡状态时的距离。位能 W 对距离 r 的微商就是作用力

$$\sigma = \frac{dW}{dr}$$
$$= -2bDe^{-2b(r-r_0)} - 2bDe^{-b(r-r_0)} \tag{7-35}$$

当两个原子之间距离 $r=r_{max}$ 时,吸力达到极值。如果有一拉力作用于它,在 $r > r_{max}$ 时,σ 随着 r 的增加反而减小了,σ 与拉力的平衡即被破坏,物体也就被破坏了。所以在 $r=r_{max}$ 时的 σ 应该就是化学键的理论拉伸强度

$$\sigma_{max} = 2bD(e^{-\ln 2} - e^{-2\ln 2})$$
$$= \frac{bD}{2} \tag{7-36}$$

如果知道了键的离解能 D(从燃烧热算出)和常数 b(从光学数据得到),就能计算出化学键的强度 σ_{max}。

以聚乙烯为例,求得 $\sigma_{max} \approx 6 \times 10^{-9}$ N/键,这是聚乙烯中 C—C 键的强度。要计算本体聚乙烯的强度,还需要求出单位面积中所含的 C—C 键的数目。根据 X 射线的数据,聚乙烯晶体总的链节数目为 $2 \times 2.7 \times 10^{14} = 5.4 \times 10^{14}$,所以聚乙烯的理论强度为

$$\sigma_{PE} = 6 \times 10^{-4} \times 5.4 \times 10^{14} = 3.2 \times 10^{11} (\text{dyn/mm}^2) \approx 3 \times 10^{10} (\text{N/m}^2)$$

2. 分子间力-色散力的强度

色散力强度可以利用下面经验公式来计算：

$$\sigma = 4.8 \times 10^{-9} \sqrt{m\omega^3} \tag{7-37}$$

式中，m 为折合质量；ω 为分子间振动的自然频率。

再以聚乙烯为例，聚乙烯的 m 为 14，振动自然频率 ω 约为 80 cm^{-1}，于是

$$\begin{aligned}
\sigma &= 4.8 \times 10^{-9} \sqrt{14 \times 80^3} \\
&\approx 10^{-5} (\text{dyn/ 键}) \\
&\approx 10^{-5} \times 5.4 \times 10^{14} (\text{dyn/mm}^2) \\
&\approx 6 \times 10^8 (\text{N/m}^2)
\end{aligned}$$

对于一个具体的高聚物，其强度到底是由化学键强度还是由色散力强度来贡献的，事先并不知道。下面是一个估算理论强度的经验公式，它把理论强度与材料的模量联系了起来。因此可以从实验测定的模量值来估算某种材料的理论强度。

3. 估算理论强度的经验公式

两原子间的相互作用力 σ 与其间距离 r 的关系曲线，在 $r > r_0$ 的部分能够以一个波长为 λ 的正弦曲线来近似它（图 7-28），则作用一个拉力使原子间距离增加到 $r(r > r_0)$ 产生的吸力为

$$\sigma = \sigma_{max} \sin\left(\frac{2\pi\Delta r}{\lambda}\right)$$

式中，Δr 为偏离平衡位置 r_0 的位移。如果位移很小，可以近似为

$$\sigma \approx \sigma_{max} \frac{2\pi\Delta r}{\lambda}$$

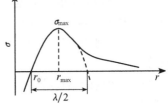

图 7-28　原子间相互作用力 σ 与距离 r 关系曲线的正弦曲线近似

现在，把宏观的胡克定律应用于微观的运动，应力 σ 正比于应变 $\dfrac{\Delta r}{r_0}$，比例系数是模量 E，即 $\sigma = E\dfrac{\Delta r}{r_0}$，则

$$\sigma_{max} = \frac{\lambda}{2\pi} \cdot \frac{E}{r_0}$$

但是

$$\begin{aligned}
\lambda &= 4(r_{max} - r_0) = 4\left[\left(r_0 + \frac{\ln 2}{b}\right) - r_0\right] \\
&= \frac{4\ln 2}{b}
\end{aligned}$$

b 由光学数据获得，$b=3.22$，这样，$\lambda=\dfrac{4r_0\ln2}{3.22}$。所以

$$\sigma_{\max}=\frac{4\ln2}{2\pi\times3.22}E=\frac{\ln2}{1.61\pi}E$$
$$\approx0.13E \qquad\qquad (7\text{-}38)$$

一般可以认为

$$\sigma_{\max}\approx0.1E \qquad\qquad (7\text{-}39)$$

或者对于剪切应力，则

$$\tau_{\max}\approx0.1G \qquad\qquad (7\text{-}40)$$

这样我们可以用一个容易由实验测定的材料特征参数——模量 E 或 G 来估算高聚物的理论强度。例如，聚乙烯杨氏模量的测定值 $E\approx6\times10^9\ \text{N/m}^2$，由此估算的理论强度约为 $6\times10^8\ \text{N/m}^2$，与由色散力的强度估算相符。可见聚乙烯的强度主要由分子间的相互作用力决定。

由上面的计算可知，不管高聚物的断裂是化学键断裂还是分子间相互作用力被破坏，由此计算的理论强度都是很大的。一般说来，该理论强度大约比现有高聚物实际具有的强度大 100～1000 倍，因此在提高高聚物材料强度方面是大有潜力可挖的。

7.2.3　应力集中

为什么高聚物的实际强度与理论强度差别如此之大？这是由于材料内局部有应力集中(stress concentration)。应力集中可能发生在如下的部位：

(1) 几何的不连续处。裂纹、空洞，以及按使用要求人为开凿的孔、缺口、沟槽等。

(2) 物料的不连续处。杂质的小粒，为改性或加工方便而加入的各种添加剂颗粒等。

(3) 载荷的不连续处。集中力、不连续的分布载荷、由于不连续的温度分布产生的热应力、由于不连续的约束产生的应力集中等。

当存在局部的应力集中时，在材料的这个局部小体积内，作用的应力比材料平均所受到的应力大得多。这样，在材料内的平均应力还没有达到它的理论强度之前，存在应力集中的小体积内的应力就首先达到断裂强度值，接着材料便在那里开始破坏，从而引起宏观的断裂。

应力集中的概念是人们在长期生产实践中认识的。因为如果在外力作用下材料中的应力是均匀的，那么在力线上的所有原子间的键都将受到相同的应力。在外力达到材料极限强度这个临界值时，所有这样的键均将在同一瞬间一起断裂，材料将崩碎成细粒。确切地讲，每种理想的均一性物体，在外加拉力作用下，似应分

裂成基本组成的单元——随物质的结构不同或是分子或是原子,如同液体在一个热力学温度(沸点)完全被离散一样,但是这样的现象是很少见的。只有某些近乎完整的晶体和细玻璃纤维有可能在断裂时碎成许多块。绝大部分固体在断裂时只是分成两块或几块。这表明断裂通常是一个发生在材料里面有所选择的那些地方的不均匀过程。由此人们提出了应力集中的概念。

应力集中的概念可以从计算大而薄的平板中小圆孔周围的应力分布而得到加强。如图 7-29 所示,在平板中心有一半径为 r_0 的小孔。如果在两侧作用一个拉力 σ,由弹性力学理论可知,这个小圆孔把作用在平板上的应力集中了 3 倍,即作用在小孔边缘上的力等于 3σ。

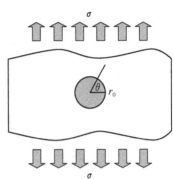

图 7-29　无限平板中有半径为 r_0 的小圆孔

应力集中是个局部的现象,因为应力分布是随 r^{-2} 而变化的,在离孔超过 $3r_0$ 的距离时,它的影响就很小了。如果在 $\theta=\pi$ 处有一个非常小的孔紧挨着一个大孔,那么这个小孔边缘上的极大应力将近似为 $3^2\sigma$。我们可以把这情况推广到近邻的 n 个依次减小的孔,它们每一个的极大应力都是前一个的 3^2 倍,则在最小一个孔的边缘上将有 $3^n\sigma$。如果它们的半径依次减小 10 倍,其最大一个记作 c,最小一个记作 ρ,则 $c=10^n\rho$ 在最小一个孔边缘上的应力集中了 $\sigma_c=3^n\sigma$。因为 $\lg\left(\dfrac{\sigma_c}{\sigma}\right)=n\lg3\approx\dfrac{n}{2}$,而 $n=\lg\left(\dfrac{c}{\rho}\right)$,所以 σ_c 大约为

$$\sigma_c \approx \sigma\sqrt{\dfrac{c}{\rho}} \tag{7-41}$$

这是一个极为粗糙的估计,但是它已经告诉我们在缺口的尖头或方孔的角尖上将有多么大的应力集中。

上面紧挨的小孔实际上已模拟出了裂纹的一种可能的实际形状(图 7-30)。作为最常见的应力集中的裂纹,可以用一个长半轴为 a,短半轴为 b 的椭圆孔来近似描写它(图 7-31)平板中椭圆孔长轴边缘上的极大应力

$$\sigma_m = \sigma\left(1+\dfrac{2a}{b}\right)$$

如果引入裂纹尖端的曲率半径

$$\rho = \dfrac{b^2}{a}$$

则

$$\sigma_{m} = \sigma\left(1 + 2\sqrt{\frac{a}{\rho}}\right)$$

$$\approx 2\sqrt{\frac{a}{\rho}} \tag{7-42}$$

可见,随着椭圆孔扁平程度的增大,a/ρ 也增大,应力集中也越大。作为极限情况,椭圆孔退化为扁平的裂纹,应力将在裂纹尖端有很大的集中。

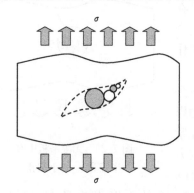

图 7-30　一种可能的裂纹形状

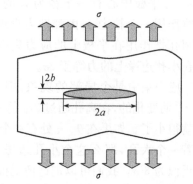

图 7-31　无限平板中的椭圆孔

平板中小圆孔或椭圆孔边缘应力的计算给我们对应力集中的概念以深刻的印象。但是将式(7-42)应用到具体情况时,问题就立即出现了。首先是在材料内部裂纹的尖端 ρ 是很难知道的;此外,从式(7-42)应推出,当 $\rho \to 0$ 时,$\sigma_{m} \to \infty$。也就是说具有尖锐裂纹的材料,其强度就小到可以忽略的程度,这显然是不真实的。因此可以改变思路,不用应力而从能量的角度来考虑材料的断裂问题。

7.2.4　格里菲斯理论

格里菲斯(Griffith)首先从能量的角度来考虑材料的断裂问题。格里菲斯认为,断裂产生的裂纹增加了材料的表面,从而增加了材料所具有的表面能,这表面能的增加将由物体中弹性储能的减小来提供。为了使断裂能够继续下去,弹性储能的减少量必须大于增大材料表面所需要增加的表面能。对于理论强度与实际强度之间的极大差距,理论认为弹性储能在材料内部的分布不是均匀的,而是在诸如小裂纹附近有很大的能量集中。这是与应力集中的概念相类似的。此外,为了提供产生新表面所需要的能量,需要做功,但只有这个力移动了一定的距离时才能做功,因此,不管材料内部的裂纹有多小,或者是多么尖锐,只要材料本身不具备内部产生的应力时,就不会断裂,它只有在一个有限的外应力作用下才会发生断裂。

考虑无限平板中一个垂直于拉伸应力 σ 方向上的,长度为 $2a$ 的裂纹。作用的拉伸应力在非常接近裂纹的地方已被弛豫为零,而在远离裂纹处几乎不发生变化。因此,可以把裂缝周围以 a 为半径的区域所释放的弹性储能粗略地认为是 $E = \sigma\left(\dfrac{\sigma}{E}\right)\pi a^2$,式中,$E$ 为杨氏模量。裂纹在应力 σ 作用下能够继续发展下去,弹性储能 E 的降低必须大于或等于表面能的增加,即

$$\frac{\mathrm{d}}{\mathrm{d}a}E \geqslant \gamma\frac{\mathrm{d}A}{\mathrm{d}a}, \quad \frac{\mathrm{d}}{\mathrm{d}a}\left(\frac{\pi\sigma^2 a^2}{E}\right) \geqslant \frac{\mathrm{d}}{\mathrm{d}a}(4\gamma a) \tag{7-43}$$

式中,γ 为单位面积的表面能;A 为裂纹的表面积;系数 4 的出现是因为内部裂纹相对于其中心对应地扩展,形成了长度为 $2a$ 的两个表面。这样,材料的拉伸强度

$$\sigma_{\mathrm{c}} = \sqrt{\frac{2\gamma E}{\pi a}} \tag{7-44}$$

这就是格里菲斯最早推出的为使裂纹生长所需的应力。也就是材料发生断裂的一个判据。在这个式子中,不出现裂纹尖端的曲率半径,而裂纹长度 $2a$ 却作为重要的参数出现。

因为材料的断裂不但取决于该材料承载的外应力的大小,而且也依赖于材料所含有的裂纹长度,如果把式(7-44)右边分母乘到左边来,那么,从格里菲斯判据可得到一个含有锐裂纹的材料断裂的简单判据,即对于任何给定材料,产生断裂的条件是 $\sigma^2\pi a$ 应当超过一个特定的值。这里 a 是有效半裂纹长度的测量值,σ 是为使裂纹扩展所需的外应力。只要 a 小于某个已知值,就对安全应力有了某个保证。参数 $\sigma^2\pi a$ 非常重要,当它的值大时,断裂韧性就有可靠的保证,也就是说材料就不容易发生断裂。这个参数的平方根通常也称为应力强度因子

$$K_{\mathrm{I}} = \sigma\sqrt{\pi a} \tag{7-45}$$

当 K_{I} 的值超过材料的某临界值时,裂纹就变得不稳定,这个材料裂纹开始不稳定扩展的临界应力强度因子记做 K_{IC},此时材料就断裂破坏了。

如果已知材料的临界应力强度因子,同时又知该材料所承受的应力值,便能计算出材料不发生断裂允许的裂纹长度。反过来若已知材料中裂纹的长度,则又可以计算它能允许承受的应力 σ。例如,不定向有机玻璃室温下慢裂纹开始增长的 $K_{\mathrm{IC}} = 900\ \mathrm{kN/cm^{3/2}}$,刚要发生断裂时的 $K_{\mathrm{IC}} = 1800\ \mathrm{kN/cm^{3/2}}$,如果材料上所承受的应力 $\sigma = 500\ \mathrm{kN/cm^2}$,由式(7-45)可算出发生慢断裂和快断裂的临界半裂纹长分别为 9.8 mm 和 39.2 mm。K 值试验可作为脆性塑料(如有机玻璃)质量控制指标。

真正的应力强度因子理论是由伊尔文(Irwin)用线弹性断裂力学发展的。以

后又有多人为此作出了贡献,见表 7-6。理论(1)～(3)是线弹性理论,(4)、(5)是非线弹性理论,但它们都没有考虑黏弹性的材料,也即没有考虑裂纹发展时应力场卸载时可能发生的情况,因此不适合用高聚物材料。此外,除了格里菲斯理论外,所有理论的临界参数都是纯粹经验的,与材料的基本物理量没有明确的关系。

表 7-6　弹性断裂力学的几个代表性理论

理论	物理量	临界值	变量
(1) 格里菲斯(Griffith)	$-\mathrm{d}E/\mathrm{d}A$	γ	温度
(2) 伊尔文(Irwin)	应力强度因子 K	K_c	温度、速率、应变状态
(3) 奥罗万(Orowan)	$-\mathrm{d}E/\mathrm{d}A$ 或 $G/2$	$G_c/2$	温度、速率、应变状态
(4) 列弗林和托马斯(Rivlin & Thomas)	$-\mathrm{d}E/\mathrm{d}A$	$T/2$	温度、速率
(5) 拉斯(Rice)	路径积分 J	$J_c/2$	温度、速率、应变状态

7.2.5　断裂的分子动力学理论——茹柯夫理论

高聚物的宏观断裂本质上是高分子链原子间键合力的破坏,这里面包括高聚物分子链共价键的断裂和高分子链间范德瓦耳斯键的破坏。因此可以假设一定的分子模型来预示宏观断裂,建立断裂的动力学理论——茹柯夫(Жирков)理论。特别是用电子顺磁共振(EPR)技术已能直接观察固体高聚物共价键断裂产生的自由基,断裂的动力学理论得到了最直接的验证。断裂的动力学理论把原子键的断裂看做是一个热活化过程,即

完整的键(A) ⟶ 断裂的键(B)

断裂的键(B) ⟶ 完整的键(A)

的转变必须克服一定的位垒,如图 7-32 所示。根据反应速度理论,它们的转变频率分别为

$$\begin{cases} v_{AB} = v_0 \exp(-U_{AB}/kT) \\ v_{BA} = v_0 \exp(-U_{BA}/kT) \end{cases} \tag{7-46}$$

式中,v_0 为原子热振动频率,为 $10^{12} \sim 10^{13}\ \mathrm{s}^{-1}$;$U$ 为位垒高度,即活化能;k 为玻尔兹曼常量;T 为热力学温度。

显然,在未应变状态,完整的键比破裂的键的位能低,它们之间的差值表示破坏键超额的能量,在宏观上也就是表面能。因此,没有断键发生,材料保持着完整的状态,即图 7-32(a)中的状态 A。但是,这个位垒能够为外加应力所降低。如果应力施加于样品,每个分子储藏的弹性位能有利于过程 A→B,因为此时弹性位能将由键的断裂而释放。由外加应力的作用所降低的位垒可以表示为 $f(\sigma)$,则有

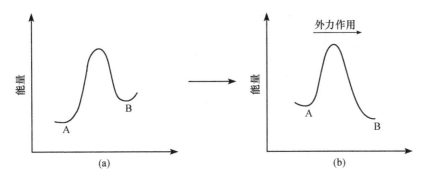

图 7-32　化学键的位垒

未受力作用,A 比 B 的位能要低(a),但在外力作用下,B 的位能降低,反而是 B 比 A 的位能要低(b)

$$U_{AB}^* = U_{AB} - f(\sigma) \tag{7-47}$$

式中,U_{AB}^* 为由于应力作用而降低的位垒;$f(\sigma)$ 应为外加应力 σ 的某个函数。根据与实验的实测结果,$f(\sigma)$ 可选最简单的函数形式为 $\beta\sigma$,则式(7-47)为

$$U_{AB}^* = U_{AB} - \beta\sigma \tag{7-48}$$

式中,β 为一个具有体积量纲的常数(活化体积)。

当应力增加时,总可以达到这样一个值,在这个应力作用下 U_{AB}^* 和 U_{BA}^* 变得相等了。这个应力(或它对应的位能值)就是为增加新的表面所必须克服的能量,这是与断裂的格里菲斯判据密切对应的。当应力进一步增大,$U_{AB}^* \approx 2U_{BA}^*$,逆过程 B→A 已可忽略,则由式(7-46),有

$$v^* \approx v_0 e^{-\left(\frac{U_{AB} - \beta\sigma}{kT}\right)} \tag{7-49}$$

如果我们现在做一个粗略的规定:必须有 N 个键断掉才能使余下完整的键不再能承受负荷,这样从上面方程可得到断裂时间

$$t_f = \frac{N}{v^*} = \frac{N}{v_0} e^{\frac{U_{AB} - \beta\sigma}{kT}} \tag{7-50}$$

或

$$\ln t_f = C + \left(\frac{U_{AB} - \beta\sigma}{kT}\right) \tag{7-51}$$

式中,C 为一常数。

式(7-51)表明,如果以 $\ln t_f$ 对 σ 作图,应是一条直线。几种高聚物的实验结果均是直线(图 7-33),证实了以上理论的正确。由这些实验求得的 U_{AB} 值与由热降解中化学键断裂得到值几乎完全相符,见表 7-7。

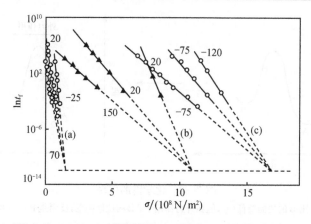

(a) 没取向的 PMMA；(b) 黏胶纤维；(c) 尼龙 6 丝。图中数字为温度(℃)

图 7-33　寿命与拉伸应力的关系

表 7-7　由茹柯夫理论求得的几种高聚物的 U_{AB} 和由热降解中化学键断裂得到 U 值

高聚物	U_{AB}/(kJ/mol)	U(热裂解数据)/(kJ/mol)
聚氯乙烯	147	134
聚苯乙烯	227	231
聚甲基丙烯酸甲酯	227	218～222
聚丙烯	235	231～243
聚四氟乙烯	315	319～336
尼龙 6	189	181

$\beta\sigma$ 是外力在把材料扯断时所做的功。假定原子间距离增加 1 倍时化学键就断了，那么外力扯断两个原子间化学键做的功是

$$\beta\sigma = f_a l \tag{7-52}$$

式中，f_a 为作用于原子上的力。如果外载在断面上的分布是均匀的，则每个原子上的力应为 $f_a = \sigma l^2$，那么

$$\beta \approx l^3 \approx V_a \tag{7-53}$$

式中，V_a 为原子体积，等于 10^{-23} cm^3。实验结果是，活化体积 β 要比原子体积 V_a 大几十到几百倍，表明外载在材料中的分布是不均匀的。显然，在断裂发生的点上实际载荷比材料内平均载荷大得多。

材料强度

$$\sigma = \frac{U_{AB}}{\beta}\left(1 - \frac{kT}{U_{AB}}\ln\frac{t_f}{t_0}\right) \tag{7-54}$$

或

$$\beta\sigma = \left(U_{AB} - kT\ln\frac{t_f}{t_0}\right) \tag{7-55}$$

断裂的茹柯夫动力学理论对许多高聚物都是正确的,但仍然有如下不足之处:

(1) 在高温和小应力时,$\ln t_f$-σ 作图就不是直线了而是向上弯曲。

(2) 按式(7-50),在 $\sigma=0$ 时,t_f 也是一个有限的数,就是说即使没有外应力,材料的寿命也是有限的,这显然是不对的。

(3) 理论也只适用于脆性断裂,对橡胶材料一般也是不适用的。

7.2.6　普适断裂力学理论

针对高聚物黏弹性的特点,安德鲁斯(Andrews)建立了一个“普适断裂力学理论”(generanized fracture mechanical theory):

$$\begin{cases} -\left(\dfrac{\mathrm{d}}{\mathrm{d}A}E\right)_c \equiv T = T_0\Phi(\dot{c}, T, \varepsilon_0) \\[2mm] \Phi = \dfrac{k_1(\varepsilon_0)}{k_1(\varepsilon_0) - \displaystyle\sum_{PU}\beta g\delta v} \\[2mm] k_1 = \left(-\dfrac{P}{1-P}\right)\displaystyle\sum_p g\delta v \end{cases} \tag{7-56}$$

式中,T 为创造新表面所需要的能量;T_0 为在创造新表面时,纯粹为断裂分子间化学键所需要的能量;Φ 为能量损耗因子;p 为与材料应力-应变曲线的曲率半径有关的一个因子;g 为试样中能量密度 W 的分布函数;δv 为归一化体积单元,即实际体积单元除以 l^3;β 为滞后比,即在一个应力循环中能量损耗的分数,对弹性材料,$\beta=0$,对全塑性材料,$\beta=1$;P 为整个应力场的加和;PU 为在某点附近的加和,这点在裂纹发展中卸载了,即那里 dW/da 是负的。

如前所述,断裂的茹柯夫动力学理论没有考虑材料刚断裂时能量的损耗,而安德鲁斯理论中有一个与化学键断裂有关的参数 T_0。动力学理论中的$[U_{AB} - kT\ln(t_f/t_0)]$应该就是安德鲁斯理论中的 T_0。而外应力做的功,即 T $(=\beta\sigma)$不但使化学键断裂,也在不可逆的能量损耗中耗散了。则再按安德鲁斯理论的 $T = \Phi T_0$,有

$$\beta\sigma = \Phi\left(U_{AB} - kT\ln\frac{t_f}{t_0}\right)$$

则材料强度

$$\sigma = \frac{\Phi}{\beta}\left(U_{AB} - kT\ln\frac{t_f}{t_0}\right) \tag{7-57}$$

这个方程有两层温度和速率依赖性,一层包含在方括号$[U_{AB} - kT\ln(t_f/t_0)]$中,另

一层包含在安德鲁斯理论中引入的能量损耗因子 $\Phi(\dot{c},T,\varepsilon_0)$。若再写成 $\ln t_f$,则

$$\ln t_f = \ln t_0 + \frac{U_{AB} - \beta\sigma/\Phi}{kT} \tag{7-58}$$

这可以解释为什么在高温和小应变时,$\ln t_f$-σ 作图中直线变弯的实验事实。

这个理论使我们估算断裂原子间结合能成为可能。特别是当应用于黏结时,可以用来估算黏结界面中原子间结合情况。若黏结结合是界面破坏,则

$$\theta = \theta_0 \Phi(\dot{c},T,\varepsilon_0) \tag{7-59}$$

式中,θ 为破坏黏结界面(即产生新表面)所需要的能量;θ_0 为在黏结界面中创造新表面时,纯粹为断裂分子间化学键所需要的能量。若是内聚破坏,则

$$2T = 2T_0 \Phi(\dot{c},T,\varepsilon_0) \tag{7-60}$$

分别对式(7-59)和式(7-60)取对数,得

$$\lg(T/\theta) = \lg(T_0/\theta_0) \tag{7-61}$$

此式的左边是实验曲线的垂直位移,所以由 T_0 就可以求得 θ_0,而 T_0 是可以由其他实验求得的。

应用于环氧树脂与玻璃的黏结,求得树脂-玻璃黏结界面的 $\theta_0 = 7.25\,\mathrm{J/m^2}$,比范德瓦耳斯相互作用能约高 24 倍。由此可知,环氧树脂与玻璃界面的键合不完全是范德瓦耳斯相互作用,其中至少部分是主价键合。进一步推算知道,约有 30% 是主价键合。

7.2.7　玻璃态高聚物的银纹和开裂现象

银纹(craze)是与断裂密切相关的现象。许多高聚物材料,特别是热塑性塑料,其制品在储存和使用过程中,由于应力及环境的影响,往往会因出现银纹而影响其使用性能。银纹的生成是玻璃态高聚物脆性断裂的先兆。银纹中物质的破裂往往造成裂纹的引发和生成,以至于最后发生断裂现象。

引起高聚物产生银纹的基本因素是应力和环境。高聚物在受到拉伸应力(纯压缩力不会产生银纹)或同时受到环境影响(同某种化学物质接触)时,就会发生银纹现象。银纹一般出现在样品的表面或接近表面的地方。银纹与真正由空隙造成的裂纹不同,它不是"空"的,银纹内部的质量并不为零,而是包含有高聚物(40%~60%的高聚物)。这在光学显微镜下用肉眼就能观察到的(图 7-34)。因此银纹并不一定引起断裂。例如,已有银纹的聚苯乙烯可承担没有银纹的聚苯乙烯样品一半以上的拉伸强度。

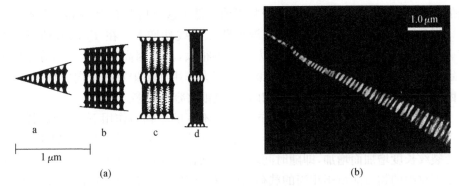

图 7-34　聚苯乙烯的银纹

(a) 银纹微结构随银纹宽度的变化,当然,尺寸被大大夸大了;(b) 银纹尖端结构的电镜照片

　　银纹的平面垂直于外加应力,其内部的高聚物呈塑性变形,分子链沿产生银纹的拉伸应力方向而高度取向。在试样表面看到的银纹总可见到一凹槽。这个凹槽是由于银纹体高聚物塑性伸长而引起的横向收缩产生的。这个凹槽的体积比应该增加的体积(开裂体面积乘上 50％的塑性伸长)小很多,这表明表面凹入部分只补偿了伸长的微不足道的部分。伸长的直接结果是密度大大下降。

　　银纹形成时的塑性形变及同时产生的空化作用,不仅使其中的高聚物取向,也使其密度大大下降,银纹体强烈折光。银纹体就像一层很薄的折射率很低的液体夹在两层折射率很高的玻璃层之间。利用这个性质,测定银纹体与本体高聚物界面全反射的临界角,算出银纹体折射指数后,即可由下式计算银纹体密度以及空穴含量:

$$P = \frac{n_c^2 - 1}{n_c^2 + 2} \cdot \frac{1}{\rho_c} \tag{7-62}$$

式中,ρ_c 为银纹体密度;P 为比折射(一个物质常数,可由本体高聚物折射系数及密度计算出)。实验表明,在新产生的无应力的银纹体中,高聚物的体积分数为 40％～60％。用电子显微镜可以观察到银纹中的空穴和塑性高度变形了的纤维状结构。

　　银纹还与裂缝不同,它有可逆性。在压力下或在玻璃化温度以上退火时,银纹就回缩以至消失。例如,应力银纹的聚苯乙烯、聚甲基丙烯酸甲酯、聚碳酸酯在加热到各自软化点以上时,可回复到未开裂时的光学均一状态。聚碳酸酯(T_g 约为150℃)在 160℃加热几分钟,银纹就消失了。

　　应力银纹一般发生在高聚物的薄弱环节,即应力集中的地方。表面擦伤、尘埃小颗粒都有助于这一过程。但是,即使是最清洁、最仔细处理的样品也会产生应力银纹。仔细退火的样品中,银纹在表面引发,在银纹平面内增长,沿着表面向样品内部深入。如果样品具有拉伸内应力或不利的应变,银纹也可在内部引发,在达到试样表面以前就生成了大面积银纹。在高的外加应力下,银纹产生得相当迅速,在低的应力下则相当缓慢,并存在一个临界值。低于这个临界值,银纹将不再产生。

引发银纹所必需的临界应力随温度降低而线性增大。在 T_g 时其值近似为零。不同的高聚物在形成银纹难易方面区别很大,其原因尚不清楚。但分子取向肯定对银纹的引发有影响。当产生银纹的应力作用在高聚物的取向方向时,引发很困难,然而垂直于高聚物取向方向时,形成银纹容易得多。

银纹与裂纹生长的动力学是不同的。在不变的单轴力作用下,长形试样边缘沿垂直于应力方向的裂纹生长时,会造成在它顶端应力的增高。结果,裂纹生长速率随裂纹长度增加而增加,即随时间增加而增加。然而银纹生长情况与裂纹不同。由于银纹中的物质能承担相当的载荷,在恒拉伸载荷下,银纹从样品边缘产生时,其增长速度或者是不变的,或者是随银纹的长度及时间的增加而减慢。例如,对聚甲基丙烯酸甲酯(温度范围 24~40℃)、聚碳酸酯(温度范围 95~115℃)的研究表明,在引发后,银纹生长速率为

$$\frac{\mathrm{d}l}{\mathrm{d}t} = \frac{a_c}{t} \tag{7-63}$$

式中,a_c 为一个与应力和温度有关的数。由式(7-63)可见,对任一银纹,在施加载荷后,在给定的时间,增长速度是一样的,与银纹的尺寸无关,即与银纹引发的时间或"年龄"无关。

对于聚甲基丙烯酸甲酯及聚碳酸酯,银纹是否易于生长,主要取决于转变为银纹体的高聚物的状态以及这一状态如何在外载荷作用下随时间的变化。在室温下要使聚甲基丙烯酸甲酯中银纹生长所需的应力很大,以至于在这个应力下高聚物可以产生蠕变,聚碳酸酯在 100℃ 时也是这种情况。因此,随着时间的延长,银纹生长越来越不容易。相反,在室温,聚苯乙烯中银纹生长的应力很小,在这样低的应力下蠕变还不能发生,即蠕变不能干扰银纹的形成。因此,如果在外加应力作用下能同时产生蠕变,则无论银纹的引发还是生长都会变得困难。

银纹在玻璃态高聚物的脆性断裂中起着重要作用。一般认为,银纹的生成是玻璃态高聚物断裂的先兆。尽管像尘埃、表面擦伤都有助于银纹的引发,但即使是最清洁、最仔细处理的样品也会产生银纹。因此,银纹作为一种缺陷,将导致高聚物断裂强度的下降。当玻璃态高聚物生成裂纹时,银纹区域是最先出现在裂缝尖端之前;在裂纹尖端应力作用下,能够产生局部的塑性变形,并形成银纹,银纹在裂纹尖端连续不断地生长,继而又为裂纹所劈开。在许多玻璃态高聚物新鲜断面上观察到的交替色彩是一个很好例证,它是由很薄的银纹体薄层折射引起的。说明断裂的产生很可能是分两步进行,第一步形成银纹,第二步是银纹的破裂。高聚物的结构因素(分子量、分子量分布、支化、取向、结晶度等)和外界条件(热历史、温度应力、环境等)对应力银纹和应力开裂都有影响,继而影响高聚物的力学性能。

环境应力银纹是高聚物材料在应力和溶剂或溶剂蒸气联合作用下产生银纹的

过程。除了外力作用,高聚物材料中的内应力,例如,加工时在制品中引起的残余应力,是引起环境应力银纹的主要因素。当溶剂或溶剂蒸气接触有内应力的高聚物制品时,材料表面极容易引发银纹,使内应力得以释放。这时银纹的取向是杂乱的。

受溶剂作用时,银纹中的取向分子易于滑动和解缠结。因此环境应力银纹更容易转变成裂纹。这种裂纹称为环境应力开裂。由内应力引起的环境应力开裂在制品表面上是无规取向的,外观上类似龟背图纹,因此通常称为龟裂。

高聚物材料环境应力银纹和环境应力开裂的特性在工业上可用来检查制品的内应力。只要在一定温度范围内,在规定的溶剂中浸泡一定时间,制品上不出现银纹即为合格,程序相当简单。

不同的溶剂引发高聚物环境应力银纹的能力各不相同。对不同的溶剂,存在一个临界银纹引发应力值。低于该应力值时,高聚物材料将不再引发银纹。溶剂对高聚物材料的增塑作用是引发银纹的应力下降的主要原因。溶剂分子进入高聚物中,降低了高聚物的 T_g,增加了分子的运动能力,更易产生银纹。

7.2.8　高聚物的冲击强度

冲击试验是用来度量材料在高速状态下的韧性,或对动态断裂的抵抗能力的一种试验方法。对研究高聚物材料在经受冲击载荷时的力学行为有重要的实际意义。在一般拉伸试验条件下,韧性的材料在冲击载荷下很可能是脆性的。而对于塑料制品,总希望落在地上或和别的东西相碰时不致破裂。冲击试验作为一项标准测试已形成了规范,且已为生产部门普遍采用来作为产品的质量标准。冲击强度的研究,对了解它们的断裂特性是很有价值的,特别是冲击试验也是观察材料断裂现象的一个方法。在宽广温度和不同缺口尺寸条件下材料对断裂表面形状、能量吸收形式和裂纹增长速度的细微研究,都有助于深入了解材料在冲击载荷下裂纹的发生和发展过程。

材料的冲击强度与材料其他极限性能不同,它是指某一标准试样在断裂的单位面积上所需要的能量,而不是通常所指的“断裂应力”。冲击强度不是材料的基本参数,而是一定几何形状的试样在特定试验条件下韧性的一个指标。因此只有在试样形状和大小相同,又在相同试验条件下测得的冲击强度数据,才具有工程使用意义上的可比性,才能用以确定不同的高聚物材料哪些是韧性的,哪些是脆性的。对玻璃钢之类增强塑料,即使是以脆性形式断裂,其冲击强度值仍然是很高的。

测定冲击强度的试验方法有数十种,其中高速拉伸冲击试验被认为是衡量材料韧性较好的方法。中国科技大学研制的旋转盘冲击拉伸试验机的原理是,一个直径达 2 m 的大质量圆盘飞速旋转,到达一定的高速度后电磁销卡松开,放出撞块,高速冲击一头固定的高聚物试样(图 7-35)。多点粘贴分布的电阻应变片把瞬间得到的有关应力、应变等数据传至瞬态储存器,试验后再把数据调出分析和作图。试验得到的是高速拉伸的应力-应变曲线,应变率可高达 10^3 s^{-1}。

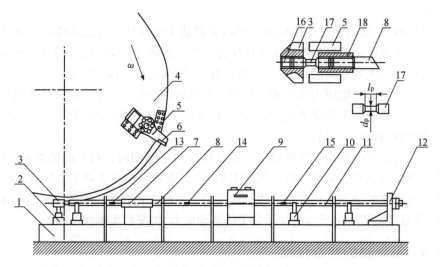

1. 基座;2. 冲击块支架;3. 冲击块;4. 旋转盘;5. 冲击锤;6. 刀口;7. 节气闸;8. 输入杆;
9. 高低温电炉;10. 杆支架;11. 输出杆;12. 固定支架;13. 应变片 G1;14. 应变片 G2;
15. 应变片 G3;16. 拉栓螺钉;17. 预固定杆;18. 连接器

图 7-35　旋转盘冲击拉伸试验机原理示意图

高速拉伸冲击试验由于其设备复杂,国内还没有商品化。目前生产部门中经常使用的还是简便易行的摆锤式冲击弯曲试验,尤以简支梁式摆锤冲击试验最为普遍。作为板状材料和薄膜材料也可使用落球式冲击试验。

简支梁式摆锤冲击试验的基本原理是把摆锤从垂直位置抬到在机架的扬臂上以后(此时扬角为 α,图 7-36),它便获得了一定的位能。如果任其自由落下,则此位能转化为动能,而将试样冲断。冲断试样后,摆锤即以剩余能量升到某一高度,升角为 β,则按能量守恒关系可写出下式:

$$Wl(1-\cos\alpha) = Wl(1-\cos\beta) + A + A_\alpha + A_\beta + \frac{1}{2}mv^2 \qquad (7-64)$$

式中,W 为冲击锤的重量;l 为冲击锤的摆长;α 为冲击锤冲击前的扬角;β 为冲击锤冲断试样后的升角;A 为冲断试样所消耗的功;A_α 为摆锤在 α 角内克服空气阻力所消耗的功;A_β 为摆锤在 β 角内克服阻力所消耗的功;$\frac{1}{2}mv^2$ 为试样断裂后飞出时所具有的动能。

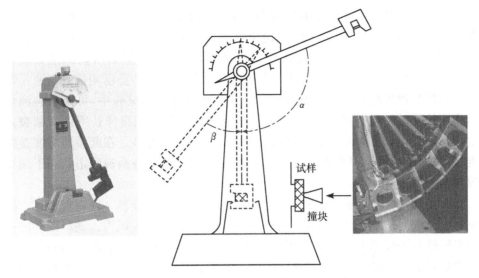

图 7-36　摆锤冲击试验机及其摆锤的运动

通常,式(7-64)右边的后三项都可忽略不计,则冲断试样时所消耗的功为

$$A = Wl(\cos\beta - \cos\alpha) \qquad (7\text{-}65)$$

式中,除 β 角外均为已知数,故根据摆锤冲断试样后的升角 β 的大小,即可求得冲断试样时所消耗的功的数值,再除以试样在冲断处的截面积即是材料的冲击强度,单位是 J/m^2。

摆锤式冲击试验本是用来评价金属材料延展性的。现在借用来做高聚物材料的冲击试验。因此它的缺点在黏弹性的高聚物材料冲击试验中变得更明显了。其中,最主要的是不同厚度的试样所得到的冲击强度不能比较,这是由于"飞出功"没有考虑进去。因为一般冲击试验机的读数盘是按式(7-64)刻度的,但是从读数盘上所读出的冲断试样的消耗功,不仅包括使试样产生裂纹和裂纹在试样中发展的能量以及使试样断裂产生永久变形的能量,还包括使试样断裂后飞出的能量,这部分能量就是"飞出功"。它与试样的韧性毫无关系,可有时它竟占相当大的部分。如聚甲基丙烯酸甲酯的标准试样,其"飞出功"竟占由读数读出的冲断试样所消耗功的 50% 左右。酚醛塑料标准试样的"飞出功"占读数盘读出的冲断试样所消耗功的 40% 左右。

为克服"飞出功"的不良影响,可采用落球式冲击试验。它是把一个重球从已知高度落下,测出试样刚好形成裂纹而不把试样完全打断的能量(即球的质量和它落下高度的乘积)。从这点上来说落球法比摆锤法能更好地与实地试验相符合。因为在许多实际应用中,塑料物体开始有裂纹时就可以认为是无用的了。落球法的缺点仍然是必须用相同的标准试样,装置复杂,方法本身也不太方便,只适用于板材和薄膜。

　　弯曲形变时应力在试样中的分布是不均匀的,因此摆锤法测得的材料冲击强度数据只有相对比较的意义,理论价值不大。但应力在拉伸试样中的分布却是均匀的,并且拉伸应力-应变曲线下的面积是和材料断裂时所需的能量成正比,只要试验的速度足够高,曲线下的面积应和材料的冲击强度相等。高速拉伸冲击试验是评价材料冲击强度最好的方法。在高速拉伸试验中,可以单独测量出高速拉伸时的断裂强度与断裂伸长率,这样就可以把断裂伸长率低而断裂强度大与断裂伸长率大而断裂强度较低的两种材料区分开来。在断裂所需能量接近时,只有断裂伸长率大而断裂强度又较高的材料,才是在高速冲击状态下韧性较好的材料。

　　试样上有缺口会强烈地降低材料的冲击强度,使材料变脆。缺口对试样内的应力分布产生两种影响,一是缺口会把应力集中在很小的区域内。缺口底部的曲率半径越小,应力集中越厉害。因为在缺口附近受应力的速率有增加,缺口的效应和增加测试速率相似。另一是缺口的存在增加了应力场中法向应力对切向应力的比率,促使材料呈现变脆的趋向。总之,缺口对材料的抗冲性能影响极大,例如,缺口能使脆性的有机玻璃冲击强度降低到1/7。其中对韧性材料的表现影响比对脆性的大。另外试样上的缺口会减少随机断裂的概率,使试验数据不致太分散。

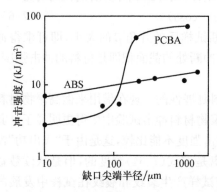

图 7-37　不同缺口尖端直径对 ABS 和双酚-A 聚碳酸酯(PCBA)在室温时的冲击强度的影响

　　不同大小的缺口试样冲击强度的研究还可以帮助我们更好地来理解材料的冲击行为,图 7-37 所示的是不同缺口直径的 ABS 树脂和 PC-BA 试样在 20℃时的简支梁式摆锤冲击强度,数据表明,钝缺口时,ABS 树脂比 PCBA 更易于被冲击所损坏;而尖缺口时,PCBA 传播裂缝又比 ABS 树脂传播得快。由此可见,冲击强度至少包括两个力学过程的能量吸收,即裂缝的引发(钝缺口时)和裂缝的传播(尖缺口可认为是人为引入的裂缝)两个过程。

　　高聚物材料的冲击强度和其他力学性能一样,也明显受温度的影响。特别是热塑性塑料的冲击强度对温度有很大依赖性,接近玻璃化温度时冲击强度随温度剧烈地增加。例如,聚氯乙烯板材的冲击强度为 10～25℃时数值比较小,而在 30～60℃时其数值却急剧地增大(图 7-38)。相比之下,热固性塑料的冲击强度随温度的变化较小,在-80～200℃时冲击强度几乎不变。在温度远低于玻璃化温度时,两种硬性高聚物的冲击强度能有很大差别,这种差别主要归因于存在于高聚物中的次级弛豫转变。高聚物的弛豫性能以及它们的极限力学性能关系的研究近年来日益增多。试验表明，可以把力学弛豫中的分子运动和能量吸收机理同宏观拉拉伸和冲击性能联系起来，并用前者对其中某些宏观性能给予说明。

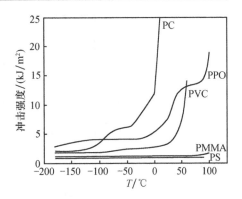

PC. 聚碳酸酯；PPO. 聚苯醚；PVC. 未增塑聚氯乙烯；PS. 聚苯乙烯；PMMA. 聚甲基丙烯酸甲酯

图 7-38　试验温度对五种非晶高聚物冲击强度的影响

小侧基运动所引起的 δ 转变同宏观冲击强度没有明显关系。例如，聚苯乙烯和聚甲基丙烯酸甲酯尽管都有低温的 δ 转变，但却都是脆性玻璃。主链的链节曲柄运动所引起的 γ 转变，能使高聚物的主链有一定程度的活动性，从而能呈现出延性和韧性。例如，聚乙烯、聚丁烯、聚四氟乙烯和聚酰胺都有低温 γ 转变，都是韧性很好的高聚物。又如聚碳酸酯和聚芳砜，具有特殊链节很大的 β 转变峰，并且 $T_\beta/$ T_g 的比值较小，使得 T_g 时的自由体积增大，便于链节运动且易吸收能量，致使这两种高聚物在低温转变区内，形变伸长有显著增大，冲击强度也有提高，在低温下不脆。这些事实的发现打破了高聚物在低于 T_g 时即变脆的传统概念，为寻找低温抗冲击工程塑料提供了理论依据。

考虑到上述情况，也可在脆性材料中加入一种橡胶，使材料除通常的玻璃化转变外还有一低温转变，增加其冲击强度。这方面的实例有聚苯乙烯（脆性高聚物）和聚丁二烯或丁苯橡胶的共聚或共混。这种共混或共聚物较之聚苯乙烯有好得多的抗冲性能（图 7-39），再如丙烯腈-丁二烯-苯乙烯的三元共聚物 ABS 树脂，其 β 转变峰和转变温度取决于橡胶相的含量，不同聚丁二烯对 ABS 树脂冲击强度的影响见图 7-40。调节聚丁二烯加入量可使 ABS 树脂具有不同抗冲击性能，即使在低温仍保持这一优良性能。

如果晶态高聚物的玻璃化温度比试验温度低得多，它们就具有高的冲击强度，冲击强度随结晶度的增加或球晶的增大而降低。例如，高密度聚乙烯（结晶度 70%～80%）的冲击强度只为低密度聚乙烯（结晶度约为 50%）冲击强度的 1/5。假如玻璃化温度高于试验温度，只要材料没有取向，结晶度也会降低冲击强度。这可能是微晶体起着应力集中作用的原因。

一些热塑性塑料在不同温度下的冲击强度比较如表 7-8 所示，可作为选择材料时的参考。例如，韧性非常大的低密度聚乙烯可用做随时随地遭受磕碰的垃圾箱，较脆的聚苯乙烯只能用来制作灯饰的材料。

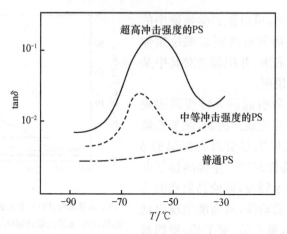

图 7-39 三种不同抗冲击性能的聚苯乙烯(PS)动态力学性能曲线

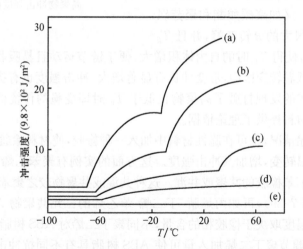

(a) 20%;(b) 14%;(c) 10%;(d) 6%;(e) 0%

图 7-40 具有不同聚丁二烯含量的 ABS 树脂的冲击强度

表 7-8 某些热塑性塑料的冲击韧性

材料	温度/℃							
	−20	−10	0	10	20	30	40	50
聚苯乙烯	A	A	A	A	A	A	A	A
聚甲基丙烯酸甲酯	A	A	A	A	A	A	A	A
玻璃填料尼龙(干)	A	A	A	A	A	A	A	B
甲基戊烯聚合物	A	A	A	A	A	A	A	AB
聚丙烯	A	A	A	A	B	B	B	B
抗银纹的丙烯酸酯树脂	A	A	A	A	B	B	B	B

续表

材料	温度/℃							
	−20	−10	0	10	20	30	40	50
聚对苯二甲酸乙二酯	B	B	B	B	B	B	B	B
聚缩醛(类)	B	B	B	B	B	B	C	C
未增塑聚氯乙烯	B	B	C	C	C	C	D	D
CAB	B	B	B	C	C	C	C	C
尼龙(干)	C	C	C	C	C	C	C	C
聚砜	C	C	C	C	C	C	C	C
高密度聚乙烯	C	C	C	C	C	C	C	C
PPO	C	C	C	C	C	CD	D	D
乙丙共聚物	B	B	B	C	D	D	D	D
ABS	B	D	D	CD	CD	CD	CD	D
聚碳酸酯	C	C	C	D	D	D	D	D
尼龙(湿)	C	C	C	D	D	D	D	D
聚四氟乙烯	BC	D	D	D	D	D	D	D
低密度聚乙烯	D	D	D	D	D	D	D	D

注：A. 脆性，即使在没有缺口情况下试样也断裂；B. 缺口脆性，试样在有钝缺口时是脆的，但在没有缺口时不断裂；C. 缺口脆性，试样在有尖缺口时是脆的；D. 韧性，试样即使是在有尖锐缺口情况下也不断裂。

最近，俞书宏团队受珍珠层具有高韧性的启发，在深刻理解自然界珍珠母层高韧性原理基础上，提出了一种强化聚乙烯隔膜(锂离子电池隔膜，作为电池正负极之间防短路的隔绝层)抗冲击韧性的方法。该团队通过在聚乙烯隔膜表面构建仿珍珠层的"砖泥"有序结构涂层，在受到外力冲击时，仿珍珠母涂层通过片片滑移的作用有效地扩大受力面积来耗散冲击的应力，有效地抵抗局域化的外力冲击作用，从而维持了冲击后多孔聚乙烯隔膜内部的孔结构，提升锂电池抗冲击的能力，为提升锂电池的安全性开辟了一种新的途径。

复习思考题

1. 为什么高聚物屈服行为可通过应力-应变曲线这样的图解方式研究？

2. 从典型的非晶态高聚物的拉伸应力-应变曲线上能得到什么信息？

3. 高聚物的应力-应变曲线有哪几种类型？各自有什么特点？

4. 什么是真应力和真应变？为什么在研究屈服行为时要用真应力和真应变？

5. 高聚物屈服过程的特征有哪些？为什么各向等应力(围压或流水静水压)对高聚物屈服影响是非常重要的？

6. 常用的屈服准则有哪几个？它们各自的优缺点是什么？

7. 如何用描写液体的埃林(Eyring)理论来解释高聚物的屈服？它是如何得出不同应变速率下高聚物屈服强度的应变速率依赖性有不同的斜率的？

8. 屈服后现象包括哪些内容？什么是应变软化？高聚物的应变软化有什么特点？

9. 什么是高聚物的塑性不稳定性，它的起因是什么？有哪几种表现形式？如何来判定高聚物能形成稳定的细颈？

10. 什么是脆性断裂和韧性断裂？如何判定？为什么说断裂表面形状和断裂能是区别脆性和韧性断裂最主要的指标？

11. 温度对高聚物的屈服有什么影响？如何利用屈服强度的温度依赖性和断裂强度的温度依赖性的不同来解释分子量、支化、侧基、交联和增塑等内外因素对高聚物脆韧性的影响？

12. 缺口对高聚物的韧脆性有什么特殊的作用？对有缺口的高聚物，如何对它们的韧性和脆性进行分类？

13. 如何用一个简单的近似来推导出高聚物的理论强度约为其模量的十分之一？

14. 为什么实际高聚物的强度要比理论强度小很多？你是如何认识应力集中的？为何从裂纹尖端上的应力出发讨论断裂理论会走不下去？

15. 格里菲斯(Griffith)如何从能量的角度来考虑材料的断裂问题？理论的要点是什么？你从应力强度因子 K_1 的表达式中能得到什么启发？

16. 什么是断裂的动力学理论——茹柯夫(Жирков)理论？理论的要点是什么？

17. 茹柯夫理论与实验符合情况如何？理论还有什么不足之处？

18. 安德鲁斯(Andrews)发展的"普适断裂力学理论"的要点是什么？

19. 什么是银纹，表现在哪些方面？产生的原因是什么？银纹与一般所说的裂纹有什么区别？银纹在玻璃态高聚物的脆性断裂中起着什么重要作用？

20. 什么是冲击强度，它与材料其他极限性能有什么不同？你对旋转盘冲击拉伸试验机有多少了解？

21. 在简支梁式摆锤冲击试验中，高聚物试样的飞出功对数据的正确性有什么影响？

第8章 高聚物的流变性能

8.1 各种模塑法和高聚物熔体的性能

高聚物的流动态或叫黏流态是高聚物重要的凝聚状态,它是高聚物,特别是热塑性塑料成形①加工的依据。研究高聚物的流变性,对于聚合反应工程和高聚物加工工艺的合理设计、正确操作,获得性能良好的制品,实现高产、优质、低耗具有指导意义,为此我们单列一章予以详细讲述。尽管塑料制品的加工技术有很多,可以机械加工,热焊或粘接,然而对塑料制品设计人员更有意义的还是那些经一次加工就能制得形状复杂、部件交错的制品,而无须(或很少)后加工的各种模塑法。热塑性塑料的成形如挤塑、注塑、吹塑、压延及合成纤维的纺丝无一不是在流动态下实现的。

(1) 挤塑是用螺杆(单螺杆或双螺杆)把物料经加热的料筒送到模头,物料在机筒里受螺杆的压塑和混合以及因剪切摩擦热和外部加热的联合作用而软化成流动态,软化物料顺取模头的形状。挤塑法生产截面恒定的长形制品,差不多60%的热塑性塑料都可用挤塑来加工,制品包括管材、型材、电线绝缘层、包装薄膜等。

(2) 注塑是物料通过加热的料筒而熔融软化,然后迅速用高压把定量的物料完全充满模具。最简单的模具有阴模和阳模两部分组成,它们闭合时留有一个模槽。注塑能以重复的精度模塑出形状和大小完全一样的制品。约25%以上的热塑性塑料能用注塑法加工成各种形状复杂的制品。

(3) 吹塑是生产各种空心制品的方法,将一个已软化的塑料竖管状物(型坯)挤出到开启的模具中,闭合,充气膨胀贴附在模具内表面。最简单的模具有两瓣阴模组合而成,在它们闭合时留有一个模槽。模具通常位于挤出机的下方,"型坯"充气膨胀贴附在模具的内表面。

(4) 迴转熔塑。像吹塑一样,也是生产空心三维制品的。冷的模腔里充以预先称量好的粉料,然后绕两根相互垂直的轴缓慢在炉子里转动,当所有的物料都已熔化,并与模具的形状一致时,把模子从炉子中移到冷框架上,并继续转动直至温度降到制品形状稳定能从模具中取出为止。

从工程设计角度来看,能满足特定功能的材料很少是单纯依据其力学性能来选择的。如果一种塑料加工成形不易,费用又高,那么即使物理力学性能很好,也

---

① 通过不同模塑法把高聚物加工成各种形状的制品是"成形",而不是"成型"。

不会成为大品种塑料。

从温度的角度来考虑,黏流态是高聚物在流动转变温度 T_f 以上的一种凝聚态(上限为高聚物的热分解温度 T_d)。对非晶态高聚物,温度高于 T_f 即进入黏流态,对晶态高聚物,分子量低时,温度高于熔点 T_m 即进入黏流态;分子量高时,熔融后可能存在高弹态,需继续升温,高于 T_f 才进入黏流态。表 8-1 是部分高聚物的流动温度。

表 8-1　部分高聚物的流动温度

高聚物	流动温度 $T_f/℃$	高聚物	流动温度 $T_f/℃$
天然橡胶	126～160	聚丙烯	200～220
低压聚乙烯	170～200	聚甲基丙烯酸甲酯	190～250
聚氯乙烯	165～190	尼龙 66	250～270
聚苯乙烯	约 170	聚甲醛	170～190

高聚物熔体是一种黏弹性流体,在外力作用下的流动有一些不寻常的特性。在黏流态下,高聚物熔体除有不可逆的流动成分外,还有部分可逆的弹性形变成分——黏弹性,并且是非线性的黏弹性。高聚物熔体不但有正常的黏性流动,并且呈现出相当明显的弹性行为,因此高聚物的这种流动一般就称为流变性——流动和变形共存。这些特性在日常生活中就能体察到。例如,用一根棒高速搅拌高聚物熔体或高聚物浓溶液,熔体会围绕搅拌棒向上爬起(爬杆现象,又称"包轴"现象);挤塑时挤出物的尺寸会比膜口尺寸来得大(挤出胀大)。除许多其他因素外,这些流变性能还与高聚物的分子结构、分子量和分子量分布等结构因素密切相关,也取决于加工条件,如熔体温度、压力和流速等。因此,较好地理解流变性能和分子特性之间以及流变性能与加工条件之间的相互关系,对评定高聚物材料的可加工性很重要,对选择高聚物熔体合适的加工设备也是很有帮助的。

当然,交联的高聚物不具有黏流态,如硫化橡胶及酚醛树脂、环氧树脂、聚酯等热固性树脂。另外,某些刚性特别高的高分子链或高分子链间有非常强相互作用的高聚物,如纤维素酯类,聚四氟乙烯、聚丙烯腈、聚乙烯醇等,其分解温度 T_d 低于流动温度 T_f,因而也不存在黏流态。

8.2　高聚物熔体的非牛顿性

先来看流体流动时应力、应变和应变速率之间的规律。

8.2.1　牛顿流体

已经说过,符合牛顿流动定律的流体是牛顿流体。一般流体的流动是层状流动(雷诺数 $Re<2300$),相对于下层(固定)的上层流体在剪切应力 f_x 作用下产生稳态的

层状流动[图 8-1(a)]，各层的流动速度递减，在 y 方向上产生一个速度梯度 dv/dy，牛顿流动定律是

$$f_x = \eta dv/dy$$

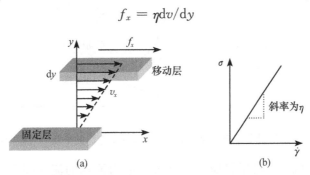

图 8-1　液体的剪切流动(a)和牛顿流体的流动曲线(b)

从应力-应变的角度看，f_x 是应力 σ，dv/dy 就是剪切速率 $\dot{\gamma} = d\gamma/dt$，所以

$$\sigma = \eta\dot{\gamma} \tag{8-1}$$

应力与应变速率成正比，比例系数即是该液体的黏度 η（单位为 Pa·s 或 P，1 Pa·s=10 P）。牛顿流体是最典型、最基本的流体，小分子液体在剪切应力作用下的流动规律符合牛顿定律，即小分子化合物大都是牛顿流体。

在流变学中，应力 σ 和应变速率 $\dot{\gamma}$ 之间的关系并不像这里这样简单，往往没有明确的数学解析式可用，因此通常都把 σ 和 $\dot{\gamma}$ 关系用图解法来表示，叫作流动曲线，牛顿流体的流动曲线是一条直线[图 8-1(b)]。

8.2.2　非牛顿流体

对包括高聚物熔体(或高聚物浓溶液)在内的许多液体，在剪切应力下的流动，应力与应变速率并不一定成线性关系。这种流动规律不符合牛顿流动定律的流体，称为非牛顿流体。高聚物熔体除非在远远低于实用中的剪切速率值时，或在非常高的剪切速率时才显示有牛顿性，一般均属非牛顿流体。

非牛顿流体流动时应力与剪切速率之间难找到简易的数学解析表达式，不同类型的非牛顿流体，就用它们的流动曲线来表征。按流动曲线的不同，非牛顿流体可分为如下三种类型。

1. 宾厄姆流动和宾厄姆体

宾厄姆(Bingham)流动也叫塑性流动，它的特点是在剪切应力 σ 小于某定值时不流动，$\dot{\gamma}=0$。当 σ 大于临界值时，产生牛顿流动(图 8-2)，这是非牛顿流动中最简单的一种，对它尚有数学式可以表示

$$\sigma - \sigma_y = \eta\dot{\gamma} \tag{8-2}$$

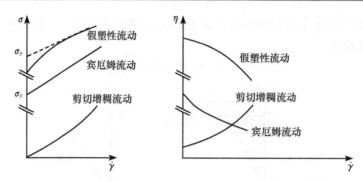

图 8-2　三种非牛顿流体的流动曲线,以及它们的 η 和 $\dot{\gamma}$ 关系曲线

这个临界的 σ_y 也叫屈服应力。符合宾厄姆流动的流动体系就叫宾厄姆体 (Bingham body)。

2. 假塑性流动和假塑性体

假塑性流动是随剪切速率的增加,应力的增加变慢,曲线向下弯曲(图 8-2)。其流动曲线偏离起始牛顿流动阶段的部分可以看作有类似塑性流动的特性。尽管流动没有真实的屈服应力,但曲线的切线不通过原点,交纵轴于某一个 σ_y 值,又好像有一屈服值,所以称为假塑性体。

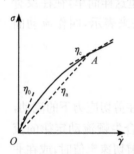

图 8-3　由应力-切变速率流动曲线定义黏度

如果仍定义剪切应力与剪切速率的比值为黏度,由于这里的流动曲线不是直线,所以剪切应力与剪切速率的比值——黏度不再是一个常数。这时某一剪切速率下的黏度可用图 8-3 所示的两种方法来定义。表观剪切黏度 η_a 是连接原点和给定剪切速率在曲线上对应点 A 所作割线的斜率,即

$$\eta_a = \sigma/\dot{\gamma} \tag{8-3}$$

如果选曲线上 $\dot{\gamma}$ 的对应点 A 对该曲线所作切线的斜率,则定义了另一种黏度,称为稠度 η_c

$$\eta_c = \mathrm{d}\sigma/\mathrm{d}\dot{\gamma} \tag{8-4}$$

显然,表观剪切黏度大于稠度。需要特别指出的是,在剪切速率很低时,非牛顿流体可以表现出牛顿性来,在流动曲线上则是由 σ-$\dot{\gamma}$ 曲线的起始斜率可以得到所谓的零剪切速率黏度 η_0。

假塑性体的剪切黏度随剪切速率的增大而减小,即剪切变稀,这主要是由于流动过程中流动体系在剪切力作用下结构发生了某种改变。这种具有剪切速率依赖性的黏度有时也称之为结构黏度。$0.5~\mu m$ 的 PVC 颗粒混在 $0.14~\mu m$ 以下的小颗粒乳液聚合的 PVC 乳液就是假塑性体,用于人造革涂布工艺。由于涂布过程中黏

度降低,可以有效改进人造革的表面外观性。油漆也希望调制为假塑性体类型,静止时油漆黏度大,能够挂壁,而一旦漆刷在物件表面刷动,黏度变小,不但有利于漆膜的平整光滑,也省力不少。

3. 剪切增稠流动

剪切增稠流动是随剪切速率的增加,应力和黏度的增加变快,流动曲线向上翘曲,没有屈服应力(图 8-2)。一般悬浮体系具有这一特性,高聚物分散体系如胶乳、高聚物熔体-填料体系、油漆颜料体系的流变特性都具有这种剪切增稠现象。例如,乳液聚合的 PVC(颗粒直径 $0.5~\mu m$)的增塑剂糊状体系,当树脂浓度在 50%以上时就是剪切增稠类型。

8.2.3　高聚物熔体的流动

高聚物熔体、溶液(极稀溶液除外)、分散体系都是非牛顿流体,其流动行为接近假塑性体(图 8-4)。一般来说,高聚物在宽广剪切速率范围内的整条流动曲线可以分成三个区域:在很低剪切速率区,高聚物的流动符合牛顿流动定律,这时的黏度就是零剪切速率黏度 η_0;在很高的剪切速率区,高聚物的流动也符合牛顿流动定律,这时的黏度称为极限黏度 η_∞;在这两区域之间适中的剪切速率区,高聚物的流动不符合牛顿流动定律,而高聚物熔体的各种加工成形,像挤塑、注塑、吹塑等主要模塑方法的剪切速率正好落在这个非牛顿流动区内,挤出机模头处的剪切速率通常为 $10\sim10^3~s^{-1}$,注塑中的剪切速率比它高,常为 $10^3\sim10^5~s^{-1}$,见表 8-2。

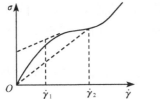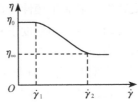

图 8-4　作为假塑性体的高聚物熔体的流动曲线以及黏度与应变速率的关系

表 8-2　各种加工方法对应的剪切速率范围

加工方法	剪切速率/ s^{-1}	加工方法	剪切速率/ s^{-1}
压制	$1\sim10$	压延	$5\times10\sim5\times10^2$
开炼	$5\times10\sim5\times10^2$	纺丝	$10^2\sim10^5$
密炼	$5\times10^2\sim10^3$	注塑	$10^3\sim10^5$
挤塑	$10\sim10^3$		

　　显然,高聚物熔体的极限黏度 η_∞ 小于零剪切速率黏度,即 $\eta_\infty < \eta_0$,分子量越大,其差值越大。并且 η_∞ 是很难达到的,因为在很高的剪切速率 $\dot\gamma$,高聚物熔体会出现不稳定流动(见本章 8.5.8 节)。因此,可以说零剪切速率黏度 η_0 是高聚物熔体流变性能的一个基本物理量,它比目前工业生产中通常采用的熔体指数能更好地表征高聚物的加工性能。例如,聚丙烯纺丝大量的实验表明,零剪切速率黏度 η_0 是影响卷绕丝结构和均匀性的重要因素。

　　在非牛顿流动区内,应力 σ 与剪切速率 $\dot\gamma$ 的 n 次方成正比,这就是所谓的指数方程

$$\sigma = C\dot\gamma^n \tag{8-5}$$

对给定的材料在给定的条件下 C 和 n 是常数。指数方程由于公式简单,在工程上有较大的实用价值。许多描述高聚物假塑性行为的软件设计程序采用指数方程作为高聚物材料的本构方程。

　　从表观黏度的定义可得

$$\eta_a = C'\dot\gamma^{n-1} \tag{8-6}$$

对于高聚物熔体,$\lg\eta_a$-$\lg\dot\gamma$ 的曲线常常可用范围达 1~2 个数量级剪切速率区间内的直线来近似,直线的斜率即是 $n-1$,n 是表征高聚物熔体流动非牛顿性的参数,叫作非牛顿指数。显然,①对牛顿流体,$n=1$;对高聚物熔体,$n<1$。n 偏离 1 的程度越大,表明高聚物熔体的非牛顿性越强;n 与 1 之差,反映了材料非线性性质的强弱。②同一种高聚物熔体,在不同的剪切速率范围内,n 值也不是常数。通常剪切速率越大,高聚物熔体的非牛顿性越显著,n 值越小。③所有影响材料非线性性质的因素也必对 n 值有影响,如温度下降、分子量增大、填料量增多等,都会使材料非线性性质增强,从而使 n 值下降。

　　因此,随剪切速率增大,高聚物表观剪切黏度降低,即剪切变稀。六种热塑性塑料熔体的非牛顿指数 n 值由表 8-3 给出。

表8-3　六种高聚物熔体非牛顿指数 n 值

剪切速率 /s^{-1}	聚甲基丙烯酸甲酯230℃	缩醛共聚物200℃	尼龙66 285℃	乙丙共聚物230℃	低密度聚乙烯170℃	未增塑聚氯乙烯150℃
10^{-1}	—	—	—	0.93	0.7	
1	1.00	1.00	—	0.66	0.44	—
10	0.82	1.00	0.96	0.46	0.32	0.62
10^2	0.46	0.80	0.91	0.34	0.26	0.55
10^3	0.22	0.42	0.71	0.19	—	0.47
10^4	0.18	0.18	0.40	0.15		
10^5	—	—	0.28	—		

　　高分子链段在流动场中的取向是引起高聚物熔体非牛顿性的根本原因。在剪切速率或剪切应力极低时,高分子链的构象分布并不为流动力场所改变,仍接近高斯链构象,流动对结构没有影响[图 8-5 Ⅰ 区],即使高分子链构象有所改变,变化得也很慢,高分子链运动有足够的时间进行弛豫,致使其构象分布从宏观上看几乎不发生变化,体系黏度不变,这时的高聚物熔体是牛顿流体,剪切黏度为常数。当剪切速率或剪切应力较大时,在流动力场作用下,高分子链构象被迫发生变化[图 8-5 Ⅱ 区],长链分子偏离平衡构象而沿力场方向取向,使高分子链解缠结并彼此分离(当然,由于高分子链运动具有弛豫特性,被改变的构象还会局部或全部地恢复),结果使高分子链的相对运动更加容易,这时剪切黏度随剪切应力或剪切速率的增加而下降。在很高剪切速率时,一方面高分子链沿流动方向取向,另一方面由于过程进行速度快,体系没有足够的时间充分弛豫,使长链大分子偏离原来的平衡构象。取向的大分子间相对流动阻力减少,使体系宏观黏度下降,出现"剪切变稀"的假塑性现象。在很高剪切速率时,大分子的取向达到极限状态[图 8-5 Ⅲ 区],取向程度不再随应力和剪切速率改变,缠结实际上也不再存在,高聚物熔体的流动行为将再一次呈现牛顿性。当然,由于黏性发热和流动的不稳定性,通常达不到很高剪切速率的这个后期牛顿区。

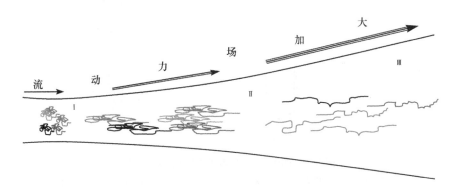

图 8-5　高聚物熔体在流动场作用下高分子链沿流场的取向和解缠结

8.3　剪切黏度的测定及其影响因素

8.3.1　剪切黏度测定方法

　　高聚物熔体的黏度为 $10 \sim 10^7$ Ns/m^2(Pa·s,下同),而在挤塑和注塑常见的剪切速率时的表观剪切黏度值为 $10 \sim 10^4$ Ns/m^2,正处在这个范围内。测定这样高的熔体剪切黏度的方法有好几种,多数仪器往往可以同时测定黏度的温度依赖性和剪切速率依赖性。

1. 毛细管挤出流变仪

毛细管挤出流变仪是一种最通用、最为合适的测试高聚物熔体剪切黏度的方法,根据测量原理有恒速型和恒压型之分,工业部门常用的熔体指数①仪(MI)属恒压型,而通常的高压毛细管挤出流变仪属恒速型,它采用活塞或加压的方法,迫使料筒中的高聚物熔体通过毛细管挤出[图 8-6(a)]。其核心部分是一套具有不同长径比 L/R 的精致毛细管。量筒周围有恒温加热套,物料经加热变为熔体后,在柱塞高压作用下,强迫从毛细管挤出。

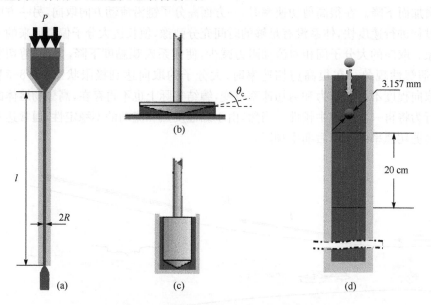

图 8-6　四种常用黏度测定方法的示意图
(a) 毛细管挤出流变仪;(b) 锥板黏度计;(c) 同轴圆筒黏度计;(d) 落球黏度计

毛细管挤出流变仪的优点是:

(1) 它是一种最接近高聚物熔体加工条件的测试方法,因为高聚物的成形加工大多包括一个在压力下挤出的过程,并且流动时流线的几何形状与挤塑,注塑时的实际条件相似,剪切速率为 $10 \sim 10^6 \ s^{-1}$(表 8-3),剪切应力为 $10^4 \sim 10^6 \ N/m^2$。

(2) 毛细管挤出流变仪的装料比较容易。由于大多数高聚物熔体都非常黏

---

① 熔体指数也有人称为熔融指数,但编者认为该参数反映的是高聚物熔体的特性,是一个与个别高聚物熔体黏度有关的量,是熔体的性质,而不是"熔融指数"所包含的高聚物熔融过程的特性,叫熔体指数更为合适。

稠,甚至在高温时也很难装料,所以这一优点很重要。

(3) 除了可以测量黏度外,还可以观察挤出胀大和熔体的不稳定流动(包括熔体破裂)等熔体的弹性现象,测定加工过程中可能发生的密度和熔体结构的变化。

(4) 测试的温度和剪切速率也容易调节。

毛细管挤出流变仪的缺点是:

(1) 剪切速率不很均一,在沿毛细管的径向会有所变化。

(2) 在低剪切速率下,会有试样的自重流出,因此它不适合测定低剪切速率条件和低黏度试样的黏度。

(3) 熔体在挤压流动的同时也得到了动能,这部分能量消耗必须予于改正(动能改正),特别是在毛细管的长径比 L/R 不大时。

按泊肃叶(Poiseuille)方程,高聚物熔体在毛细管内的平均体积流量应为

$$Q = \frac{\pi R^4 \Delta P}{8\eta L} \tag{8-7}$$

式中,ΔP 为推动熔体流动的压力差;R 为毛细管半径;L 为毛细管长度。由于高聚物熔体的非牛顿性,泊肃叶方程还必须考虑流动的非牛顿改正,表观剪切黏度 η_a 要用经非牛顿性改正的 $\dot{\gamma}_{改正}$ 来计算,即 $\eta_a = \sigma/\dot{\gamma}_{改正}$,而 $\dot{\gamma}_{改正}$ 与 $\dot{\gamma}_{未改正}$ 的关系为

$$\dot{\gamma}_{改正} = \frac{(3n+1)}{4n}\dot{\gamma}_{未改正} \tag{8-8}$$

n 即是上节中提到的熔体流动的非牛顿指数。

在工业部门,高聚物熔体流动性的好坏常常采用一个类似于毛细管挤出流变仪的熔体指数测定仪来做相对比较。熔体指数是指在固定载荷下,在固定直径,固定长度的毛细管中,10 min 内挤出的高聚物熔体的重量(g)。因此,熔体指数实际上是在给定剪切应力下的流度(黏度的倒数 $1/\eta$)。由于规定的载荷为2.16 kg,剪切应力为 10^4 N/m^2,所以熔体指数测定仪的剪切速率约为10^{-2}～10 s^{-1}。

不同用途和不同加工方法,对高聚物熔体黏度或熔体指数的要求也不同。注塑要求熔体容易流动,即熔体指数要较高,挤塑用的高聚物熔体指数要较低,吹塑中空容器则介于两者之间。举例来说,压塑是一项速率很低的加工工艺,在这种条件下尼龙 66 的黏度最低,因而比低密度聚乙烯更容易模塑,然而在吹塑中,熔体必须造型稳定,以使型坯的垂伸减为最小,这时,具有较高黏度的聚乙烯就更好一些。简单挤塑工艺的剪切速率通常为 10～100 s^{-1},在这范围里尼龙最容易加工,但成形稳定性最差,而聚丙烯酸类最难加工。再说注塑,它的剪切速率非常高,超过 10^3 s^{-1},尼龙和聚丙烯酸就最容易生产,聚丙烯在剪切速率大于 2000 s^{-1}时最容易模塑。

2. 转子型流变仪（锥板黏度计）

转子型流变仪根据转子几何构造的不同分为锥板型、平板型和同轴圆筒型等。橡胶工业中常用的门尼黏度计可归为一种改造的转子型流变仪。转子型流变仪是一块平圆板与一个线性同心锥作相对旋转，熔体充填在平板和锥体之间［图 8-6 (b)］。它的主要优点是熔体中的剪切速率均一，试样用量少，因此特别适合实验室的少量样品（试样体积 0.4～4 cm³）测定，也可避免熔体在高剪切速率下的发热，试样装填也很方便。仪器经改装还能测定法向应力。但转子型流变仪也只限于相对低的剪切速率，在剪切速率较高时，高聚物熔体中有产生次级流动的倾向，同时熔体还可能从仪器中溢出。此外，锥板的间距要求比较精确，所以使用转子型流变仪要求熟练的实验技巧。

3. 同轴圆筒黏度计

在这类仪器中，熔体被装填到两个圆筒的环形间隙内［图 8-6(c)］，由于高聚物熔体黏度很高，装料显得比较困难，因此这类黏度计适用于低黏度高聚物熔体的黏度测定。当同轴圆筒的间隙很小时，熔体中剪切速率接近均一，这对受剪切速率影响很大的高聚物熔体来说是很重要的一个优点。剪切速率为 $10 \sim 10^3$ s⁻¹，比实际加工过程中遇到的剪切速率来得小。此外，这种转动黏度计还会因熔体弹性表现出的法向应力而有爬杆现象（见 8.5.4 节）。

4. 落球黏度计

在实验室不具备上述各种黏度计时，有时可用小球在高聚物熔体的自由落下通过固定距离（如 20 cm）所需时间来测定熔体黏度。实验可在一个长试管（直径为 21～22 mm）中进行，加热载体可用盐浴，小球直径为 3.175 mm，但有时就可用市售自行车用的小钢珠或密度梯度管用的玻璃小球。求黏度的公式是

$$\eta = \frac{2}{9} \frac{\rho_s - \rho}{v} g d^2 \left[1 - 2.104 \frac{d}{D} + 2.09 \left(\frac{d}{D} \right)^3 - 0.95 \left(\frac{d}{D} \right)^5 \right] \tag{8-9}$$

和

$$\eta = \frac{2}{9} \frac{\rho_s - \rho}{v} g d^2 \left[\frac{1 - d/D}{1 - 0.475(d/D)} \right]^4 \tag{8-10}$$

式中，ρ 和 ρ_s 分别为熔体和落球的密度；v 为落球速度；g 为重力加速度；d 为落球半径；D 为黏度管半径。实验表明，当 d/D 较小时用式(8-9)和式(8-10)都可以，但当 $d/D > 0.2$ 时，用式(8-10)更好。用落球黏度计测定聚丙烯熔体黏度表明其黏度没有很大的剪切速率依赖性，所以落球黏度计测得的黏度可以看做它们的零剪切速率黏度。当然在落球运动时熔体的剪切速率并不均一，因此对非牛顿流体

数据处理困难。

5. 混炼型转矩流变仪

混炼型转矩流变仪是基于测力计原理测定转矩的流变仪。由于它与实际生产设备结构类似(图 8-7),测量过程与实际加工(塑炼、混炼、挤出、吹膜等)过程相仿,测量结果更具工程意义,特别适宜于生产配方和工艺条件的优选。

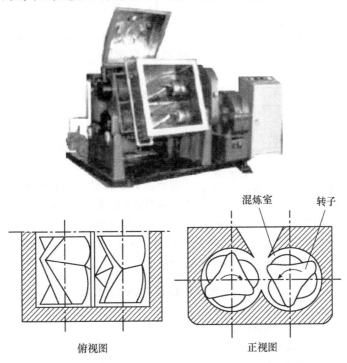

图 8-7 混炼型转矩流变仪密闭室混合器示意图

混炼型转矩流变仪转矩随时间的典型关系曲线见图 8-8。刚加入高聚物时,自由旋转的转子受到高聚物粒料(或粉料)的阻力,转矩升高,但很快下降,而当粒料表面开始熔融聚集,转矩再次升高,在热的作用下,粒料的内核慢慢熔融,转矩随之下降,在粒料完全熔融后,高聚物粒料成为易于流动的流体,转矩达到稳态,经过一段时间后,在热和力的作用下,随交联或降解的发生,转矩或升高或降低。显然,转矩的大小反映物料的本质及其表观黏度的大小。

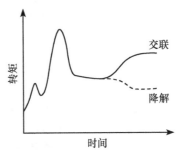

图 8-8 混炼型转矩流变仪转矩随时间的典型关系曲线

8.3.2　影响高聚物熔体剪切黏度的各种因素

高聚物熔体的剪切黏度与许多因素有关,包括温度、增塑剂和润滑剂(降低剪切黏度)以及高聚物分子量、压力和填料(增加剪切黏度)等(图 8-9),具体分析如下。

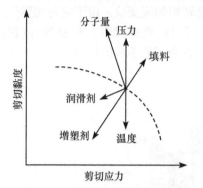

图 8-9　高聚物熔体的剪切黏度
和剪切应力的关系曲线

其中分子量、压力和填料会增加黏度,而
温度、增塑剂和润滑剂则降低高聚物熔体黏度

1. 高聚物熔体黏度的温度依赖性

高聚物熔体黏度的温度依赖性很大,温度增加,黏度降低。在温度远高于玻璃化温度($T > T_\mathrm{g} + 100℃$)和熔点时,熔体黏度近似符合阿伦尼乌斯方程,即

$$\eta_0(T) = A\exp(\Delta E_\eta / RT) \qquad (8-11)$$

式中,$\eta_0(T)$ 为零剪切黏度;ΔE_η 为流动活化能。流动活化能为流动过程中,流动单元(即链段)克服位垒,由原位置跃迁到附近"空穴"所需的最小能量。ΔE_η 也表征熔体黏度的温度依赖性,既反映了材料流动的难易程度,也反映了材料黏度变化的温度敏感性。由于高聚物液体的流动单元是链段,因此黏流活化能的大小与分子链结构有关,而与分子量关系不大。一些高聚物熔体的流动活化能值见表 8-4。

表 8-4　一些高聚物熔体的流动活化能

	高聚物	$\Delta E_\eta / (\mathrm{kJ/mol})$
极性	聚二甲基硅氧烷	16.7
	低密度聚乙烯	48.8
	高密度聚乙烯	26.3~29.2
	聚丙烯	37.5~41.7
	ABS(20%橡胶)	108.3
	ABS(30%橡胶)	100
	ABS(40%橡胶)	87.5
	天然橡胶	33.3~39.7
	聚苯乙烯	94.6~104.2
	聚对二甲苯酸乙二酯	79.2
刚性	聚碳酸酯	108.3~125
	未增塑聚氯乙烯	147~168
	增塑聚氯乙烯	210~315
	聚乙酸乙烯酯	250
	纤维素	293.3

从齐聚物、低聚物、高聚物的流动活化能 ΔE_η 测定值可以发现,在分子量很小时,流动活化能随分子量的增大而增大,$\Delta E_\eta \propto M$,但到分子量在几千以上时,流动活化能 ΔE_η 即趋于恒定,不再依赖于分子量。由此可以推断,流动时高分子链是分段移动而不是整个高分子链的移动,整个高分子链质量中心的移动是通过这种分段运动的方式实现的,如同蚯蚓的运动一样。流动时高分子链运动单元的分子量一般比临界分子量 M_c 小。在非牛顿流动区,ΔE_η 有很大的剪切速率依赖性。剪切速率增大时,ΔE_η 值减小。例如,聚丙烯的剪切速率增大 10 倍时,ΔE_η 值约减小 14.2 kJ/mol,所以在高剪切速率下,高聚物熔体流动的温度敏感性比在低剪切速率下小得多。一个实用的办法是在给定剪切速率 $\dot\gamma$ 值下,以相差 40℃ 的两个温度下的剪切黏度 η 的比值来作为高聚物熔体剪切黏度温度敏感性的表征。在恒定剪切应力下,从黏度的温度依赖性计算流动活化能 ΔE_η。

对式(8-11)取对数有

$$\ln\eta = \ln A + \Delta E_\eta / RT \tag{8-12}$$

以 $\ln\eta$ 对 $1/T$ 作图,一般在 $50\sim60℃$ 范围内可得到一条直线,由直线的斜率可以求出流动活化能 ΔE_η(图 8-10)。高聚物在不同温度下的表观剪切黏度与剪切应力关系曲线[图 8-11(a)]可以通过黏度轴垂直移动而叠加到某一参考温度的曲线上,组成一条主曲线[图 8-11(b)],其垂直移动因子 $a_T(\eta)=\eta(T)/\eta(T_{参考})$,其中 $\eta(T)$,$\eta(T_{参考})$ 分别为同一应力时相应温度的表观剪切黏度,通过 $\lg a_T(\eta)$ 对 $1/T$ 作图也能求得流动活化能 ΔE_η。

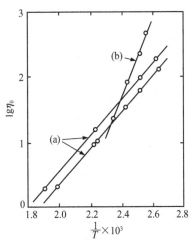

图 8-10　两个聚乙烯(a)和聚乙烯缩丁醛(b)熔体黏度温度依赖性的阿伦尼乌斯作图

一般说来,刚性链高聚物的 ΔE_η 值大,所以黏度对温度比较敏感,如聚碳酸酯 PC、聚氯乙烯 PVC、纤维素等,而柔性高聚物的 ΔE_η 较小,黏度对温度不甚敏感。高聚物熔体黏度的温度敏感性与它们的加工行为密切相关。黏度随温度敏感性大的高聚物熔体,温度升高,黏度急剧下降,宜采取升温的办法降低黏度,如树脂、纤维素等。另外,由于高聚物熔体黏度的温敏性大,加工时必须严格控制温度。

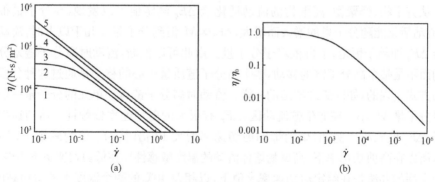

图 8-11　不同温度下黏度对剪切速率典型的双对数作图

(b)图是由(a)图数据通过垂直移动而得的总曲线,线 1 的温度最高,依次相差 10℃

2. 高聚物熔体黏度的压力依赖性

如前所述(见第 6 章),流体的黏度与其自由体积密切相关。自由体积越大,流体越容易流动。因此增加流体静水压,将会减小自由体积,从而引起流体黏度的增加,如图 8-12 所示。又如流体静水压从 100 kN/m²(1 atm)增加到 100 MN/m²(这是常见的注塑压力),缩醛共聚物在恒温和恒应力下的黏度约增加 2.5 倍。

对高聚物熔体流动来说,液压增大相当于温度的降低。几种高聚物熔体黏度的温度和压力等效关系如图 8-13 所示。在挤塑机、注塑机和毛细管挤出黏度计中压力能达到相当高的数值,但是它可以被料筒中高聚物的黏性发热所抵消。

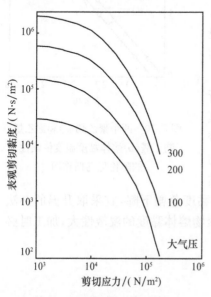

图 8-12　低密度聚乙烯表观剪切
黏度的压力依赖性

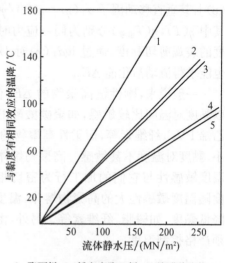

1. 聚丙烯;2. 低密度聚乙烯;3. 缩醛共聚物;
4. 丙烯酸类高聚物;5. 尼龙 66

图 8-13　恒温和恒应力下黏度的压
力与温度等效

由温度引起的黏度下降量和压力引起的黏度增加量大致相当,从而掩盖了压力对黏度的影响。对大多数高聚物,压力增大 100 MN/m²,T_g 大约升高 15～30℃,高于 100 MN/m²,T_g 随压力的变化幅度锐减。

3. 黏度的剪切速率依赖性

作为非牛顿流体的高聚物熔体黏度有非常明显的剪切速率依赖性,随剪切速率的增加而减少(剪切变稀),高剪切速率下的黏度可比低剪切速率下的黏度小几个数量级,因此高聚物熔体黏度的剪切速率依赖性对加工成形极为重要。在低剪切速率下测得的零剪切速率黏度 η_0 是不能用作加工成形工艺参数的。因为它比实际加工条件下的熔体黏度值高。

五个高聚物熔体在 200℃ 的黏度与剪切速率的关系(即流动曲线)如图 8-14 所示。由图可见:①高聚物熔体的零剪切黏度高低不同;对同一类材料而言,主要反映了它们分子量大小的差别。②高聚物熔体流动性由牛顿型流体转入非牛顿型流体的临界剪切速率不同;曲线斜率不同,即流动指数 n 不同,反映了高聚物熔体黏度剪切速率依赖性的大小。这五个高聚物熔体流动曲线的差异归根结底反映了它们高分子链结构及流动机理的差别。一般来讲,分子量较大的柔性分子链,在剪切流场中易发生解缠结和取向,黏度的剪切速率依赖性较大。当然,如果剪切力场太强,高分子链在这样强的剪切应力作用下可能发生断裂,高聚物的分子量下降,也会导致高聚物熔体黏度的降低。

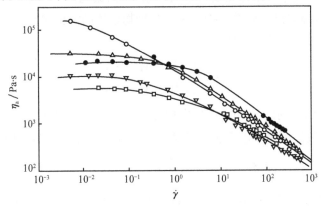

o高密度聚乙烯;△聚苯乙烯;●聚甲基丙烯酸甲酯;▽低密度聚乙烯;□聚丙烯

图 8-14　五个高聚物熔体在 200℃ 的黏度与剪切速率的关系图

在很低剪切速率下,高聚物熔体有很高的牛顿黏度,随剪切速率增加,黏度几乎随 $\dot{\gamma}$ 直线下降,在这线性范围内黏度与剪切速率符合前面提到过的指数方程。当高聚物熔体的剪切速率增加得更高时,会出现流动的不稳定,乃至熔体断裂,直接影响高聚物制品的外观质量和生产效率。在这样高的剪切速率下,人们就不能只考虑高聚物熔体的黏性流动了(见本章 8.5.8 节)。

只要高聚物的分子量足够大,在某个临界分子量 M_c,分子链间就可能产生缠结,起暂时交联点的作用。在低剪切速率下,缠结有足够的时间滑脱,因此,在应力还没有到达能使分子取向的值时,缠结已经被解开了。在剪切速率较高时,缠结点间的链段在解缠以前就先取向了,当承载的缠结点被解开时,在熔体的某个地方会产生另一种不承受任何载荷的缠结点,因此刚经历过较高剪切流动的高聚物比放置较长时间、没有流动的高聚物具有较低的黏度(和较小的弹性)。在剪切速率很高时,缠结实际上已不可能存在,这时黏度达到较小的数值,且与剪切速率无关,高聚物熔体又呈现牛顿流动,如前所述,由于黏性发热和不稳定流动,这个后期牛顿流动很难达到。在实际成形过程中,工艺条件的选择必须综合黏度和温度及剪切力两方面的影响加以考虑。例如,在聚甲醛长流程薄壁制品成形时,物料没有充满模腔,但是不知道应该首先变更哪个工艺条件才能提高熔体的流动性。如果考虑到聚甲醛熔体黏度对温度敏感性小,对剪切应力敏感大,可以首先加大柱塞压力或螺杆转速,以增加流动性,得到合格产品。反之,在聚碳酸酯的成形过程中,应首先考虑的是提高温度,如果温度不够就开车,或者盲目地增大螺杆转速,那么就可能绞断螺杆或损坏机器。

4. 高聚物熔体黏度的分子量依赖性

在诸多影响高聚物熔体黏度的结构因素中,高聚物的分子量是最重要的。分子量大,流动性差,黏度高,熔体指数小。高聚物熔体的零剪切速率黏度 η_0 与重均分子量 M_w 之间的定量关系是

$$\eta_0 \propto \begin{cases} \overline{M}_w^{3.4} & \overline{M}_w \geqslant M_c \\ \overline{M}_w & \overline{M}_w < M_c \end{cases} \tag{8-13}$$

如图 8-15 左上角所示。这里 M_c 是出现分子链缠结的分子量。布希(Bueche)以重均主链原子数 $\overline{Z}_w$ 计算,分子量在 $\overline{M}_c$ 或在临界主链原子数 $\overline{Z}_c$ 以上时,零剪切黏度 $\eta_0 \propto \overline{Z}_w^{3.4}$。引入另一组参数 $X_w = \dfrac{\langle S^2 \rangle_0 Z_w}{\langle M \rangle_w v_2}$ 和 $X_c = \dfrac{\langle S^2 \rangle_0 Z_0}{\langle M \rangle_w v_2}$ (这里 $\langle S^2 \rangle_0$ 是分子链均方回转半径,v_2 为比容),则计算表明各种高聚物的 X_c 相差不大,都为 10^{-5} 量级,因此,以 $\lg \eta_0$ 对 $\lg X_w$ 作图,不同高聚物的斜率转变点大致相近(图 8-15)。只要高聚物的分子量足够大(大于 M_c),分子量对黏性流动影响会极大,一旦高聚物分子链长得足以产生缠结,流动就变得困难得多。缠结是高聚物长链状分子的突出结构特征,因此,可以把 M_c 视为一个材料常数,即高聚物熔体呈现非牛顿流动的分子量下限。不同高聚物大分子链的临界缠结分子量差别很大,线形高聚物大分子链如聚乙烯、1,4-聚丁二烯的缠结分子量在 10^3 的量级;而带大侧基的分子链如聚

苯乙烯、聚甲基丙烯酸甲酯的缠结分子量在 10^4 的数量级。一些典型数据列于图 8-15 的附表中。

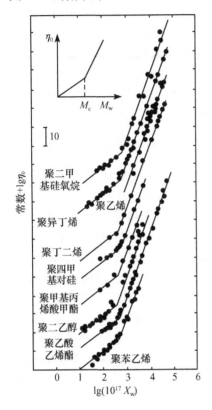

高聚物	链缠结的临界分子量 M_c
聚乙烯	3500
聚丙烯	7000
聚氯乙烯	6200
聚苯乙烯	3500
尼龙6	5000
尼龙66	7000
天然橡胶	5000
聚异丁烯	17 000
聚乙酸乙烯酯	25 000
聚二甲基硅氧烷	30 000
聚乙烯醇	7500

图 8-15　几个高聚物熔体黏度的分子量依赖性

　　进一步的研究表明,熔体黏度在低剪切速率下依赖于重均分子量 $\overline{M}_w$,但在高剪切速率下却与数均分子量 $\overline{M}_n$ 有关。从成形加工的角度来看,为了使成形加工设备简单,并使高聚物能够在熔融状态成形,且与众多的添加剂容易混合均匀,以及制品表面光滑等,总是希望它们的流动性适当地好一些。降低分子量可以降低流动性,改善加工性能,但分子量小会影响制品的力学强度和橡胶的弹性,所以在三大合成材料的生产中要适当地调节分子量的大小以适应加工工艺的不同要求。

　　不同用途和不同成形加工方法对分子量有不同的要求。合成橡胶一般控制在几十万左右,合成纤维的分子量则要低一些,否则高聚物剪切黏度太高,在通过直径为 $0.15\sim0.45$ mm 的喷丝孔时会发生很大困难。塑料的分子量通常控制在橡胶和纤维之间,一般地说,注塑成形用的分子量较低,挤出成形用的分子量较高,吹塑成形(中空容器)用的分子量介于两者之间,这是与熔体指数的要求相一致的。

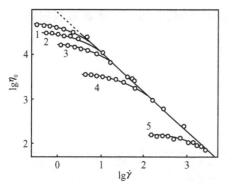

图 8-16　183℃时几种不同分子量
的聚苯乙烯的黏度与剪切速率的关系
曲线 1、2、3、4 和 5 对应的分子量分别是
242 000、217 000、179 000、117 000、48 500

分子量增大,除了使材料黏度迅速升高外,还使材料开始发生剪切变稀的临界剪切速率变小,非牛顿流动性突出。因为高聚物的分子量大了,形变的弛豫时间就长,流动中发生取向的高分子链不易恢复原形,所以较早地出现流动阻力减少的现象。图 8-16 是几种不同分子量的聚苯乙烯的表观剪切黏度与剪切速率的关系。

5. 高聚物分子量分布的影响

当分子量分布变宽时,高聚物熔体流动温度 T_f 下降,流动性及加工行为改善。这是因为此时分子链发生相对位移的温度范围变宽,尤其是低分子量组分起到了内增塑的作用,使高聚物熔体开始发生流动的温度下降。分子量分布宽的试样,其非牛顿流变性较为显著。主要表现为,在低剪切速率下,宽分布试样的黏度,尤其零剪切黏度 η_0 往往较高;但随剪切速率增大,宽分布试样与窄分布试样相比(设两者重均分子量相当),其发生剪切变稀的临界剪切速率 $\dot{\gamma}_c$ 偏低,黏度的剪切速率敏感性较大。到高剪切速率范围内,宽分布试样的黏度可能反而比相当的窄分布试样低。也就是在分子量一定时,分子量分布宽的熔体出现非牛顿流动的剪切速率要低得多。分子量分布宽的高聚物熔体,在低应力时比分布窄的更呈假塑性(图 8-17)。但在高应力时,分子量分布宽的高聚物假塑性反而不明显,分子量分布对黏度的影响很敏感。所以用荷重为 100 N 下测定的和 21.6 N 下测定的熔体指数的比值来粗略地表征试样的分子量分布,并指示流动性能,不失为一个简易可行的办法。

塑料和橡胶由于其加工状态和制品性能的要求不同,对分子量分布的要求也不同。橡胶加工中要求大量混入炭黑和其他添加剂,分子量分布可以宽一些,其中低分子量部分,不但使本身流动性好,对高分子量部分还能起到增塑剂作用。另一方面,在平均分子量相同的情况下,分布宽也表明有相当数量的高分子量部分存在,在其流动性能得到改善的同时又可以保证所需的物理力学性能。与此相反,对于塑料来说,分子量分布太宽并不太有利,因为塑料的分子量一般并不高,而且成形加工过程中加入的配合剂也比橡胶制品的少,所以混料的矛盾并不突出。分子量分布宽虽有利于成形加工条件的控制,但分子量太宽对其他性能也将带来不良影响,如聚碳酸酯,低分子量尾端和单体杂质含量越多,应力开裂越严重,如果在聚合后处理时,用丙酮把低分子量部分和单体杂质抽提出来,会减轻制品的应力开裂。目前,防止塑料制品开裂的一个重要途径就是减少低分子量部分,提高其分子量。而对于聚丙烯,高分子量尾端对它的流动性能不利,影响了它的纺丝性。

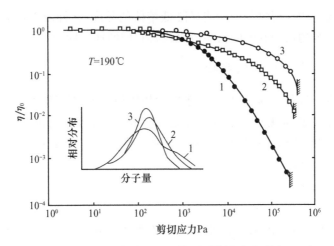

图 8-17　高密度聚乙烯分子量分布对熔体黏度的影响(190℃)

分子量分布按 1、2、3 依次变窄

6. 支化的影响

支化是影响高聚物熔体黏度的结构又一个因素。这里,对高聚物熔体黏度影响大的是长支链,而短支链则影响不大。长支链对高聚物熔体黏度的影响还比较复杂,既要考虑支链的长度,又要考虑支链对分子结构的影响。只要支链的长度还不足以产生缠结,那么支化分子比分子量相同的线形分子结构更为紧凑,支化分子间相互作用较小,黏度反而有所降低,若支链长到本身就能产生缠结,低剪切速率下黏度一般就会有所增加。但也有例外,有时即使支链已能缠结,仍比相同分子量的线形高聚物黏度低。这一方面是支化分子结构较紧凑,因而产生缠结的分子量 M_c 比线形分子高得多;另一方面也是因为支化高聚物的黏度比线形的更易受剪切速率的影响,致使在高剪切应变下,支化高聚物的黏度几乎都比分子量相当的线形高聚物低。

分子量相当时,支化高聚物的黏度 η_b 与线形高聚物的黏度 η_l 关系可以用下式表示:

$$\eta_b / \eta_l = gE(g) \tag{8-14}$$

和

$$E(g) = \begin{cases} g^{5/2} & \text{有链缠结} \\ 1 & \text{无链缠结} \end{cases} \tag{8-15}$$

式中,g 为支化和线形高聚物的均方半径比;$E(g)$ 为考虑高聚物分子间相互作用的一个因子。g 可用支化高聚物特性黏数 $[\eta]_b$ 与线形高聚物的特性黏数 $[\eta]_l$ 之比与 g 的关系式 $[\eta]_b / [\eta]_l = g^{1/2}$ 求得。

由于短支链的高聚物分子能明显降低熔体的黏度,在橡胶工业时常掺入一些支化的或已降解的低交联度的再生胶来改善它们的加工性能。

7. 高聚物熔体结构的影响

在加工成形过程中,高聚物会由于应力作用而发生熔体结构的变化,如应力下的结晶。这样高聚物就恢复不到黏流态了。例如,乳液聚合的聚氯乙烯(PVC)中,如果仍有颗粒结构,黏度会下降;乳液聚合的聚苯乙烯(PS),分子链的螺旋构象也会使黏度降低。

8. 共混的影响

把PVC和少量的丙烯酸树脂共混可降低熔体的黏度,另外PVC和乙酸乙烯酯的共聚物与10%低分子量PVC共混可降低黏度很多。

9. 添加剂的影响

纯高聚物很少用,实用的高聚物材料都添加有不同用途的添加剂。对高聚物熔体流动性较显著的添加剂有两大类。一类是起填充补强作用的碳酸钙、赤泥、陶土、高岭土、炭黑、短纤维等,它们使高聚物熔体的黏度增加,弹性下降,硬度和模量增大,流动性变差。另一类是起软化增塑高聚物的添加剂,如各种矿物油(润滑剂)、一些低聚物等,它们将减弱高聚物熔体内高分子链间的相互牵制,使体系黏度下降,非牛顿性减弱,流动性得以改善。

8.4　高聚物熔体的拉伸黏度

8.4.1　拉伸黏度

在拉伸应力作用下,高聚物熔体也会产生流动,这就是拉伸流动。从流变学意义上讲,拉伸流动是指流体流动的速度方向与速度梯度方向平行。拉伸流动与剪切流动有很大差别,剪切流动中,流体流速方向与速度梯度方向垂直。另外,剪切流动与高聚物熔体的黏性有关,而拉伸流动还与高聚物熔体的弹性有关。

与剪切流动一样,拉伸流动也有一个拉伸黏度(extensional viscosity)问题。拉伸应力可分为单轴拉伸应力和双轴拉伸应力(图 8-18),因此有单轴拉伸黏度和双轴拉伸黏度之分。

单轴拉伸时应力、应变、应变速率之间的关系是

拉力 $$f \propto \frac{\mathrm{d}v}{\mathrm{d}x}$$

图 8-18　单轴拉伸流动(a)和双轴拉伸流动(b)

拉伸应力

$$\sigma_{拉} = \overline{\eta_{拉}}\dot{\varepsilon} \tag{8-16}$$

由于是流动,形变很大,拉伸应变应该用如下的定义:

$$\varepsilon = \int_{l_0}^{l} \frac{\mathrm{d}l}{l} = \ln\left(\frac{l}{l_0}\right) = \ln\lambda$$

拉伸应变速率 $\qquad\qquad \dot{\varepsilon} = \frac{1}{l}\frac{\mathrm{d}l}{\mathrm{d}t}$

这里 l_0 是起始长度,λ 是拉伸比,则式(8-16)中的比例系数 $\overline{\eta_{拉}}$ 即是单轴拉伸黏度。

双轴均匀拉伸时(x、y 方向伸长,z 方向缩短)材料变大变薄,则对各向同性材料

$$\dot{\varepsilon}_x = \dot{\varepsilon}_y = \dot{\varepsilon}$$
$$\sigma_{xx} = \sigma_{yy} = \overline{\overline{\eta_{拉}}}\dot{\varepsilon} \tag{8-17}$$

$\overline{\overline{\eta_{拉}}}$ 是双轴拉伸黏度。

拉伸黏度和剪切黏度的关系,与杨氏模量和剪切模量的关系极为相似,对牛顿流体有

$$\overline{\eta_{拉}} = 3\eta_{剪切}$$
$$\overline{\overline{\eta_{拉}}} = 6\eta_{剪切} \tag{8-18}$$

小分子液体和低剪切速率下高聚物熔体的拉伸黏度就是这种情况,与应力无关。但高聚物熔体拉伸黏度与应力(应变速率)的关系与剪切黏度的很不相同,呈现下述复杂的情况。

8.4.2　高聚物熔体拉伸黏度的几个类型

高聚物熔体拉伸黏度与应力的关系按材料大致可分为三种类型。第一类材料即使到很高的应力,拉伸黏度仍与应力无关,如图 8-19 所示,丙烯酸类高聚物、尼龙 66 和线形缩醛共聚物等的拉伸黏度直到应力为 10^6 N/m^2 时仍与应力无关。第二类材料像聚丙烯,其拉伸黏度随应力的增加而降低直至一个平台(拉伸变稀),聚丙烯在应力为 10^6 N/m^2 时的拉伸黏度只有它在 10^3 N/m^2 时的 1/5。第三类材料是拉伸变稠型,拉伸黏度随应力增加而增加至一个平台,如低密度聚乙烯,应力为 10^6 N/m^2 时的拉伸黏度是 10^3 N/m^2 时的 2 倍,甚至由于支化的原因其拉伸黏度

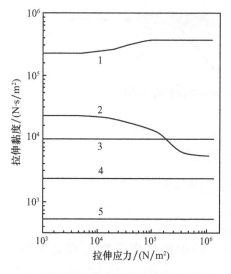

1. 低密度聚乙烯；2. 乙丙共聚物；3. 丙烯
酸类高聚物；4. 线形缩醛共聚物；5. 尼龙 66
图 8-19　五种高聚物拉伸黏度与应力的关系

有数量级的增加。其他高聚物材料,如聚丁烯、聚苯乙烯的拉伸黏度都随应力的增加而增大,高密度聚乙烯的拉伸黏度随应力增加而减小,有机玻璃、ABS 树脂、聚酰胺、聚甲醛的拉伸黏度则与应力无关。总之,在高应力时拉伸黏度与剪切黏度之间可以相差几百倍。

剪切黏度随剪切应力有很大的下降,可达 2~3 个量级,而拉伸黏度随拉伸应力只有小幅度的下降,甚至有所上升,因此在高的应力下拉伸黏度要比剪切黏度大一个量级或更多。

对于拉伸黏度这样复杂的变化规律,目前还没有一种理论可以来解释。拉伸黏度的种种变化应与高聚物熔体的非牛顿性及分子链段在拉伸方向上的取向有关。虽然拉伸黏度也随温度的增加而减小,但分子量、链缠结和高聚物结构等因素对拉伸黏度影响的规律还不清楚。由于缺乏一种有效的理论,一种高聚物的单轴拉伸黏度和双轴拉伸黏度都必须由实验来确定。

8.4.3　拉伸黏度的工艺意义

拉伸黏度在高聚物加工工艺(如纤维纺丝、混炼、薄膜压延、注塑、瓶子和薄膜的吹塑等)中具有重要的意义。纺丝过程中,在接近毛细管或喷丝板的入口区以及在出毛细管后的纤维卷绕过程中,都会产生单轴拉伸形变。在进入混炼机滚筒或压延机滚筒间隙的入口区也会产生较大的拉伸形变。在注塑机和挤塑机中,当高聚物熔体流经截面积有变化的料道时,都会引起拉伸流动。在吹塑中产生的则是双轴拉伸。

拉伸流动因在试验方法和试验结果的分析上都还存在许多困难,故目前研究尚不多。图 8-20 是纤维素 NMMO(N-甲基吗啉-N-氧化物,也称 N-甲基氧化吗啉,$C_5H_{11}NO_2$)溶液吹塑薄膜的拉伸黏度数据。膜泡半径和膜厚随空气隙距离(加工方向)的变化用拍照和测厚仪测得。

由于拉伸速率随轴向距离先增大后减小,在整个吹膜过程中不是一个定值,而是有一个峰值。在吹膜过程中,当纤维素质量不变时,表观拉伸黏度的变化是拉伸速率和温度综合影响的结果,呈现先微降,再渐升的趋势。随着牵引速度和 ΔP 的增加,膜泡的厚度变小,拉伸速率变大,表观拉伸黏度变小。

不同高聚物熔体在高应力时拉伸行为的差异直接与工艺过程和尺寸稳定性有

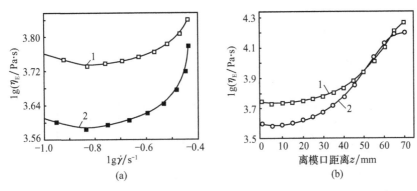

1. 901 木浆溶液,ΔP 为 25 Pa,牵引速度为 5.4 cm/s;2. 保定棉浆溶液,ΔP 为 25 Pa,牵引速度为 2.9 cm/s

图 8-20　纤维素 NMMO(N-甲基吗啉-N-氧化物 $C_5H_{11}NO_2$)溶液吹塑薄膜成膜过程
中拉伸黏度与拉伸速率的关系(a),以及拉伸黏度沿加工方向的变化(b)

关。如果拉伸黏度随应力增加而增加,那么纤维的纺丝和薄膜的拉制过程变得比
较容易和稳定。例如,纺丝过程中,在纤维中产生一个薄弱点,它就会导致该点截
面积的减小和拉伸速率的增加,而拉伸速率的增加又会引起拉伸黏度的增加,这就
阻碍了对薄弱部位的进一步拉伸。任何局部的缺陷或应力集中都将"大"化"小",
"小"化"了",最终可使形变是均匀的。相反,如果拉伸黏度随应力增加而减小,那
么局部的细小疵点和应力集中将促使拉伸黏度降低,材料可能完全破裂。

填料会影响高聚物熔体及其溶液的拉伸黏度。如果在聚丙烯酰胺稀溶液中加
入玻璃珠作为填料,则该体系的拉伸黏度随拉伸速率的增加而下降。该体系的剪
切黏度也会出现相同的变化。相反,若用长纤维作为填料,即使纤维含量很低,也
会使该体系产生很高的拉伸黏度。体积浓度仅为 1% 的长纤维即可使体系的拉伸
黏度比剪切黏度大几百倍。

8.4.4　拉伸黏度的实验测定

单轴拉伸黏度的实验测定方法有在给定应力下测形变速率的,则外加拉力须
随拉伸时断面积的减小而自动减小;也有在给定形变速率下测拉力的,还有从等温
纺丝以及毛细管挤出的入口效应等试验推算的。双轴拉伸黏度可用双轴拉伸机或
类似于爆破测试的原孔吹胀法测定。作为实例,介绍稳态拉伸流动(恒定应变速
率)的迈斯纳法(Meissner)拉伸流变仪。

图 8-21 是迈斯纳法拉伸流变仪示意图。高聚物熔体浸飘在密度相同的热油
上,一端由一对反向转动的驱动滚轮夹紧并拉伸,从应变片可得知试样所受拉力
$F(t)$ 或驱动力矩。试样另一端的夹紧滚轮提供了拉伸的平衡力。成对的剪断力
是用在拉伸结束后将试样剪断,以测定最终的回复长度。由迈斯纳法拉伸流变仪
测得的拉伸黏度为

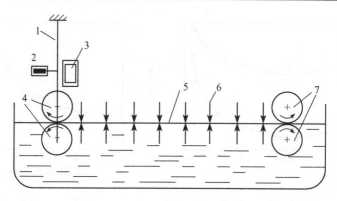

1. 金属簧片；2. 应变片；3. 驱动马达；4. 驱动滚轮；5. 高聚物试样；6. 剪断刀；7. 阻尼夹紧滚轮

图 8-21　迈斯纳法拉伸流变仪示意图

$$\bar{\eta} = \frac{tF(t)}{A_0 \mathrm{e}^{-\dot\epsilon_0 t}\ln[L(t)/L_0]} \tag{8-19}$$

式中，A_0 是试样起始截面；L_0 是试样起始长度；$F(t)$ 是时刻 t 时试样拉至长度 $L(t)$ 所需的拉力。

对于高聚物熔体在液压下体积缩小过程的流动（当然，在这液压下弹性压缩形变是主要的），也可定义一个体积黏度 $\eta_{体积}$

$$\eta_{体积} = \sigma/\dot\epsilon_v \tag{8-20}$$

$\dot\epsilon_v$ 是体积形变速率 $\mathrm{d}V/V\mathrm{d}t$，对此目前研究得更少。并且体积黏度对加工工艺的重要性也不大。

8.5　高聚物熔体的弹性

如前所述，高聚物熔体像本体高聚物一样，也是黏弹性的。受剪切力作用，不但产生流动、消耗能量，而且也储存能量，表现出弹性来。一旦应力去除，这储存的能量会产生可回复的形变。特别是在分子量大，外加剪切应力作用时间较短，温度在流动转变温度 T_f 以上不多时，这种弹性可回复性的形变可以表现得特别显著。产生弹性的基本原因是流动过程中分子链段的取向。主要表现为前面已经提到过的拉伸流动、法向应力，挤出胀大和"爬杆"现象（Weissenberg 效应）等。高聚物熔体的弹性也属于熵弹性。在流动过程中，材料的黏性行为和弹性行为交织在一起，使流变性十分复杂。研究高聚物熔体的弹性规律对高聚物的加工十分重要。像黏度相近、分子量分布大致相同的几种聚乙烯熔体，其加工行为却有很大差异，主要因为不同熔体的弹性行为（拉伸黏度和法向应力差）不同。熔体弹性与高聚物制品的外观、尺寸稳定性、"内应力"有密切关系，也与高聚物加工机械的设计密切相关。

8.5.1　弹性剪切模量

如果在一透明的管道中观察用泵输送滴加有染料的流体流动实验,一旦关掉电源,泵停止转动,对牛顿流体,也马上在管中停止而不再流动,而高聚物熔体却会出现回捲的现象。

在剪切应力 τ 作用下,高聚物熔体将连续不断地形变。但应力除去时,某些形变可以弹性回复。高聚物熔体弹性模量定义为去除应力后,应力对可回复弹性形变之比,即弹性剪切模量

$$G = \tau/\gamma_R \tag{8-21}$$

弹性拉伸模量

$$E = \sigma/\varepsilon_R \tag{8-22}$$

式中,γ_R 是可恢复剪切应变;ε_R 是可恢复拉伸应变。需要特别强调的是,在这里"模量"是指应力移去后的弹性行为,相当于线性黏弹性串联模型中弹簧的行为。而在线弹性力学中,模量是应力与由它产生的应变之比 $G=\sigma/\varepsilon$。

低应力($\sigma < 10^4\ \mathrm{N/m^2}$)下,高聚物熔体的剪切模量为 $10^3 \sim 10^5\ \mathrm{N/m^2}$,以后随应力的增加而增大,高应力时,可回复剪切应变的上限一般达 6,可回复拉伸应变的上限约为 2。六种高聚物熔体弹性剪切模量与剪切应力的关系如图 8-22 所示。同样的数据也可表示为 $\lg\dot\gamma_R$-$\lg\sigma$ 的曲线(图 8-23),这样的曲线将使靠手工选取数据来做挤出胀大比计算变得更为方便。

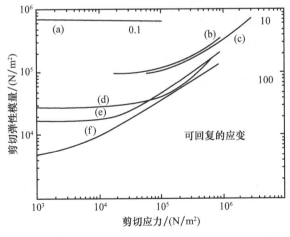

(a) 尼龙 66;(b) 尼龙 11;(c) 缩醛共聚物;(d) 低密度聚乙烯;(e) 丙烯酸类聚合物;(f) 乙丙共聚物

图 8-22　六种高聚物典型的剪切弹性数据

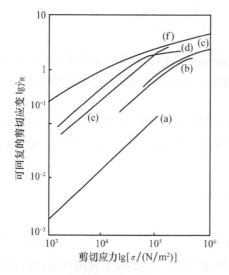

图 8-23　可回复剪切应变对剪切应力的曲线
图中字母所表示的高聚物同图 8-22

与黏度相比,弹性剪切模量对温度、流体静水压和分子量的改变并不敏感。然而弹性行为强烈依赖于高聚物的分子量分布。分子量分布宽度是高聚物熔体弹性表现的主要控制因素,分子量分布宽的高聚物熔体具有相对低的模量,呈现出较小,但相当快的回复。

在加工过程中,形变的时间尺度将决定对外加应力的响应主要是黏性的,还是弹性的。高聚物熔体的时间尺度也就是前几章已详细讨论过的弛豫时间 τ。如果形变的试验时间尺度比 τ 值大很多,则形变主要反映黏性流动,因为此时弹性形变在这时间内几乎都弛豫了。反之,如果形变的时间尺度比高聚物熔体的 τ 值小很多,则形变主要反映弹性。例如,如果在 230℃模塑丙烯酸类高聚物的过程中,若极大剪切速率 $10^5\ \mathrm{s^{-1}}$ 相当于注塑时间为 2 s,那么由图 8-24 可知极大应力是 $0.9 \times 10^6\ \mathrm{N/m^2}$。在这个应力作用下的表观剪切黏度是 9 N·s/m²,剪切模量是 $0.21 \times 10^6\ \mathrm{N/m^2}$(图 8-22),弛豫时间是 43×10^{-6} s,比注射时间小得多。因此,形变的弹性成分极小。对于 230℃下以 10 s⁻¹ 的剪切速率挤塑的聚丙烯大口径管,剪切应力是 $27 \times 10^3\ \mathrm{N/m^2}$,对应的弛豫时间约为 0.45 s。因此,如果熔体通过模头的时间为 20 s,弹性分量仍将不支配形变,不过它占的比例已比在注塑中的大很多。这两个实例在热塑性塑料加工中是很典型的,即在剪切流动中形变的弹性分量相对于黏性分量来说通常可以忽略不计,但必须记住,就是这么一点弹性形变的影响也能引起严重的流动缺陷。

8.5.2　拉伸弹性

应力到达 1 MN/m² 时,拉伸模量的值可取三倍剪切模量的值。若以真应变为单

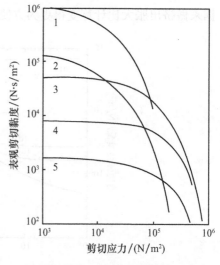

1. 低密度聚乙烯;2. 乙丙共聚物;3. 丙烯酸类聚合物;4. 缩醛共聚物;5. 尼龙

图 8-24　高聚物剪切黏度对剪切应力的典型曲线

位,观察到的极限拉伸弹性应变约为 2,这约相应于拉伸比为 10∶1。

当圆槽中流动的高聚物熔体在进入模头时,圆槽直径突然收缩,引起形变的拉伸分量。当熔体接近截面变化的地方,这个拉伸分量迅速增大。如果模头很长,熔体通过这个模头时流动的拉伸分量将逐步弛豫掉,在模头出口处没有可回复的应变,从而没有相应于拉伸形变的胀大比。对于非常短的模头(有时称之为零长度模头),流动的拉伸分量在抵达模头出口前不能弛豫掉,就有可回复的拉伸应变产生。例如,对无弹力的尼龙 66,285℃和 1 kN/m² 拉伸应力下拉伸弛豫时间仅为 100 kN/m² 下剪切形变弛豫时间值的 2 倍,弹性在延伸流动中的作用并不太大。但对另一些材料,在 100~1000 kN/m² 应力范围内拉伸弛豫时间比剪切形变弛豫时间大几个数量级。此时,弹性在延伸流动中所起的作用将比同样应力下的简单剪切流体中起的作用大得多。

8.5.3　法向应力

法向应力是高聚物熔体弹性的主要表现。当高聚物熔体受剪切时,通常在与力 F 成 45° 的方向上产生法向应力(图 8-25)。因为高聚物的黏弹性特性,高分子链的剪切或拉伸取向导致其力学性能的各向异性,产生法向应力差。法向应力的定义和关系式如下:

第一法向应力差＝$\sigma_{11}-\sigma_{22}$,有使剪切平板分离的倾向;

第二法向应力差＝$\sigma_{22}-\sigma_{33}$,有使平板边缘处的高聚物产生突起的倾向,并且

$$\sigma_{11}+\sigma_{22}+\sigma_{33}=0 \tag{8-23}$$

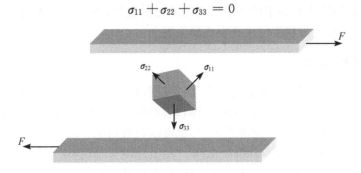

图 8-25　剪切场中法向应力标记方法示意图

法向应力引起的高聚物熔体反常现象包括挤出胀大和爬杆现象[图 8-26(b)]。在锥板黏度计或几何形状类似的其他转动体系中,法向应力有使锥、板分离的倾向。如果在这些仪器的板上钻一些与旋转轴平行的小孔,则法向应力将迫使液体向上涌入小孔[图 8-26(c)]。转速一定时,测定液体沿管上升的高度就是测定法向应力的一种基本方法,第一法向应力差($\sigma_{11}-\sigma_{22}$)与液体在管中的高度成正比,在旋转中心处,管中的液面最高。离旋转中心越远,管中的液面越低,法向应

力和剪切应力的平方成正比,因此转速增加1倍,法向应力约增加3倍。

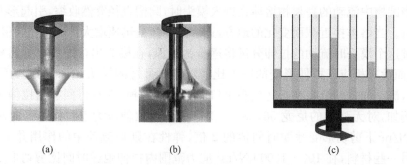

(a)　　　　　　　　　(b)　　　　　　　　　(c)

图 8-26　(a)小分子化合物液体在高速搅拌时液面向下凹陷;(b)高聚物熔体则向上爬起,
即呈现爬杆现象;(c)法向应力的实验演示,中间管中的高聚物熔体上升最高

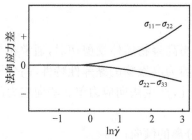

图 8-27　法向应力差随切变速率的变化

假如流体受剪切时,流体内的力有使两板分离的倾向,则把第一法向应力差($\sigma_{11}-\sigma_{22}$)定义为正值,第二法向应力差($\sigma_{22}-\sigma_{33}$)一般为负值,其绝对值也很小,通常约为第一法向应力差的1/10,高聚物熔体的法向应力差随剪切速率变化的一般规律如图 8-27 所示。

法向应力在加工成形中起重要作用的一个实例是导线的塑料涂层工艺。在发生熔体破裂以前,法向应力有助于得到厚度均匀的光滑涂层,如果第二法向应力差为负,则法向应力还能使导线保持在正中心的位置上。

8.5.4　爬杆效应

在一只盛有高聚物熔体的烧杯里,旋转搅拌棒,对于牛顿流体,由于离心力的作用,液面将呈凹形;而对于高聚物熔体,却向杯中心流动,并沿杆向上爬,液面变成凸形,甚至在搅拌棒旋转速度很低时,也可以观察到这一现象。

爬杆效应也称为 Weissenberg 效应。在设计混合器时,必须考虑爬杆效应的影响。同样,在设计高聚物熔体的输运泵时,也应考虑和利用这一效应。

8.5.5　无管虹吸效应

对牛顿流体,当虹吸管提高到离开液面时,虹吸现象立即终止。对高聚物熔体,当虹吸管升离液面一段距离,杯中液体仍能源源不断地从虹吸管中流出,这种现象称为无管虹吸效应(图 8-28)。该现象也与高聚物熔体的弹性行为有关。高聚物熔体的这种弹性使之容易产生拉伸流动,拉伸液流的自由表面相当稳定,因而具有良好的纺丝和成膜能力。高聚物熔体甚至还有侧吸效应,它的表现是将装满高聚物熔体的烧杯微倾,使液体流下。该过程一旦开始,就不会中止,直到杯中液体都流光。这种侧吸效应的特性,也是合成纤维具备可纺性的基础。

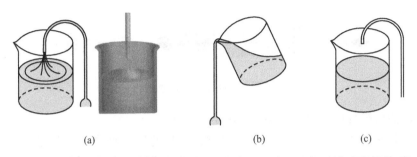

　　　　　　　(a)　　　　　　　　　　　　(b)　　　　　　(c)

图 8-28　对高聚物熔体,即使虹吸管已经提升超过了液面,虹吸现象仍然继续,高聚物熔体会继续不断地从虹吸管中流出(a);此外高聚物熔体还有侧吸效应(b);与此相比的是小分子化合物液体的虹吸现象在虹吸管提升至液面后,虹吸立即停止(c)

8.5.6　末端压力降

　　末端压力降 $\Delta P_{末端}$ 包括高聚物熔体在流道入口区和出口区的压力损失总和

$$\Delta P_{末端} = \Delta P_{入口} + \Delta P_{出口}$$

其中以入口区的压力损失为主。

　　当熔体从大截面流道进入小截面流道时,由于熔体的黏弹性和流道截面的突然收缩,使得熔体的流线不平行而形成入口收敛流动(图 8-29),其边界流线的切线与流道中心线的夹角叫熔体自然收敛半角 α_0。如果 α_0 小于流道的入口半角 θ,在流道入口前区形成

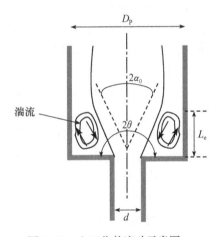

图 8-29　入口收敛流动示意图

一个环流区,熔体在这个环流区内做湍流运动,导致额外的能量消耗。因为在入口收敛流动中高分子链产生很大的拉伸形变和剪切形变,引起高分子链的构象重排以及相应弹性应变能的存储以及黏性损耗,导致明显的入口压力损失 $\Delta P_{入口}$。

　　显然入口压力损失 $\Delta P_{入口}$ 与入口前区长度,入口弹性应变储能和流体非牛顿指数,流道的自然收敛半角 α_0 密切相关。如混炼胶的入口前区长度 L_e 约为流道内径的 $0.14 \sim 0.32$ 倍,而入口发展区长度 L_d 则约为流道内径的 $1.7 \sim 3.0$ 倍。

8.5.7　挤出胀大

　　挤出胀大(swelling)现象又称口型膨胀效应,或巴勒斯(Barus)效应,是指高聚物熔体被强迫挤出口模时,挤出物尺寸大于口模尺寸,截面形状也发生变化的现象

（图 8-30）。对圆形口模，挤出胀大比 B 定义为

$$B = d/D$$

图 8-30　挤出胀大示意图

式中，D 为口模直径；d 为完全松弛的挤出物直径。

挤塑机挤出的高聚物熔体其直径比挤出膜口的长径大，如挤出管子时，管径和管壁厚度都胀大，这是常见的事情，是高聚物熔体弹性的表现。熔体在被迫穿过狭窄的模口时变形，一出膜口就要回复到它进膜口前的形状（图 8-30）。可以设想至少有两种因素产生挤出胀大：①膜口入口处流线收敛，在流动方向产生速度梯度，因而高聚物熔体处于拉力下，产生拉伸弹性形变。这个弹性形变如果在经过膜口的时间内（这时间正比于 $L/R\dot{\gamma}$）尚未完全松弛，到出口后就要回复，因而直径胀大，好比它还记忆入口前的形状。②在膜口内流动时由于剪切应力，法向应力差所产生的弹性形变在出口后的回复。当膜口的长径比 L/R 小的时候，前者是主要的；当 L/R 比很大时（$L/R > 16$），后者是主要的，挤出胀大以直径比 $B = D_{x\to\infty}/D_0$ 表示，$D_0 = 2R$ 是膜口直径。低分子量的高聚物熔体（无法向应力差）在牛顿流动区，且 $L/R \gg 1$ 时，$B = 1.135$，且与黏度、膜口尺寸、剪切速率无关。一般高聚物熔体的 B 值可达 $3\sim4$，且随剪切速率值的增大而增大，在低剪切速率下其值趋向于 1.135。

聚丙烯、聚己内酰胺挤出胀大的研究表明：

（1）B 值随剪切速率 $\dot{\gamma}$ 显著增大。显然，剪切速率增大，前述两个原因都引起更大的弹性能储存。图 8-31(a) 是三个高聚物挤出胀大对剪切速率的依赖性。

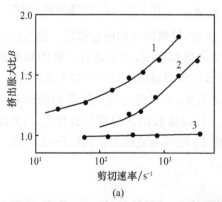

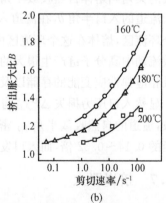

（a）　　　　　　　　　　　（b）

1. 聚丙烯，分子量为 29.3 万；2. 聚己内酰胺，相对黏度为 2.38；3. 聚丙烯，分子量为 11.8 万

图 8-31　三个高聚物挤出胀大对切变速率的依赖性(a)和聚苯乙烯挤出胀大对温度的依赖性(b)

（2）温度升高，高聚物熔体弹性减小，使 B 值下降，见图 8-31(b)。

（3）从图 8-32 可见，在同一剪切速率下 B 值随 L/D 增大而减小，逐渐趋于恒定值。

（4）一般地说，分子量增大、分布变宽都使 B 值增大，但主要是分子量分布变宽影响挤出胀大。对于聚丙烯（图 8-32），在 $L/D=40$ 时，B 值接近于 1，弹性很小，这也是因为分子量较小，弛豫时间较短的原因。另外，支化严重影响挤出胀大，长支链支化使 B 值大大增大。

加入填料能减小高聚物的挤出胀

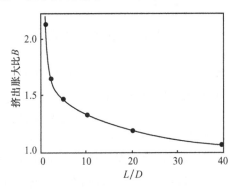

图 8-32　聚丙烯试样挤出胀大对长径比依赖性（$T=190℃$；$\dot{\gamma}=1\times10^{2}$ s^{-1}）

大，刚性填料的效果最为显著，甚至像耐冲击 ABS 材料中的橡胶或微凝胶颗粒也能使挤出胀大减小。显然，挤出胀大对纤维的纺丝有重要的实际意义，并且挤出胀大在控制挤出板的厚度、吹塑制瓶等其他加工工艺中也很重要。在模口设计中，高聚物熔体从一根矩形截面的管口流出时，管截面长边处的胀大，比短边处的胀大更加显著，尤其在管截面的长边中央胀得最大。因此，如果要求生产出的产品的截面是矩形的，模口的形状就不能是矩形，而必须是四边中间都是凹进去的形状。挤出物表面的粗糙程度有时也与挤出胀大有关。当挤出胀大较小，而剪切速率不足以产生熔体破裂时，挤出物表面一般比较光滑，模塑制品的各向异性和双折射往往也随挤出胀大的减小而减小。

8.5.8　不稳定流动和熔体破裂

1. 不稳定流动

高聚物熔体的不稳定流动有拉伸共振现象和管壁滑移现象。其中拉伸共振就与高聚物熔体的弹性密切相关。拉伸共振是指在熔体纺丝或平模挤出成形过程中，当拉伸比超过某一临界拉伸比时，熔体丝条直径（或平模宽度）发生准周期性变化的现象。拉伸比越大，波动周期越短，波动程度越剧烈。当拉伸比超过最大极限时，熔体丝条断裂（或膜带宽度出现脉动）。事实上，当拉伸比超出一定范围，熔体内一部分高度取向的分子链在高拉伸应力下会发生类似橡皮筋断裂状的断裂，使已经取向的高分子链解取向，释放出部分能量，而使丝条变粗。然后在拉伸流场中，再重新建立高分子链取向-断裂-再解取向的重复过程，导致丝条直径发生脉动变化。

2. 熔体破裂

高聚物熔体挤塑时,当剪切应力大于 10^5 N/m² 时,或剪切速率超过临界剪切速率时往往出现挤出物外表不光滑,呈波浪形、鲨鱼皮形、竹节形、螺旋形畸变等,最后导致不规则的挤出物破裂(图 8-33)。这些挤出物外形畸变都是周期性重复的,对制件外观极为重要,也是挤塑工艺生产速度的限制因素。而相同黏度的小分子液体挤出时,不出现不稳定流动的现象。开始出现不稳定流动的各种高聚物,临界剪切应力值变化不大,为 $0.4 \times 10^5 \sim 3 \times 10^5$ N/m²。但各种高聚物因熔体黏度不同,因此开始出现不稳定流动速率值变化范围很大,分子量大的此临界剪切速率值小,可差几个数量级,随着分子量分布的变宽,此临界剪切速率值变大。

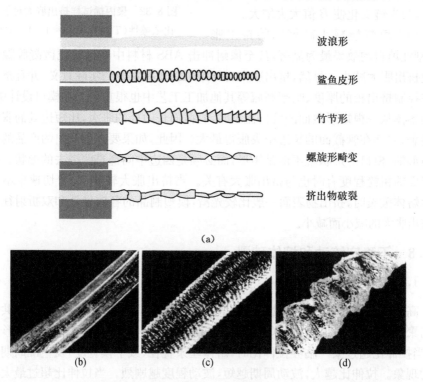

(a)

(b)　　　　　(c)　　　　　(d)

图 8-33　不稳定流动的挤出物外观示意图(a),以及聚二甲基硅氧烷不同速率挤出时的表面性状:(b) 挤出速率 2.5 s⁻¹,为稳定流动,挤出物表面平滑;(c) 挤出速率 69 s⁻¹,出现不稳定流动,挤出物表面呈现鲨鱼皮外观;(d) 挤出速率 123 s⁻¹,流动更不稳定,呈现挤出物破裂现象

根据破裂的特征,可以把熔体破裂大致分为两大类。第一类破裂的特征是先呈现粗糙表面,然后呈现无规破裂状。如带支链或大侧基的低密度聚乙烯、聚苯乙

烯、丁苯橡胶等,它们的流动曲线先是光滑的曲线,当达到临界剪切速率时,流变曲线出现波动,但基本上还是连续的曲线[图 8-34(a)]。第二类破裂的特征是出现粗糙表面后,随剪切速率增加,逐步出现有规则的畸变(竹节形、螺旋形畸变等),剪切速率很高时出现无规破裂。属于这一类的多为线形高聚物,如高密度聚乙烯、聚丁二烯、聚四氟乙烯和乙丙共聚物等。它们的流动曲线在达第一临界剪切速率出现明显的压力振荡后,会有一个流变曲线跌落,然后继续平稳发展,挤出物表面又变得光滑(第二光滑挤出区),最后才会熔体破裂[图 8-34(b)]。

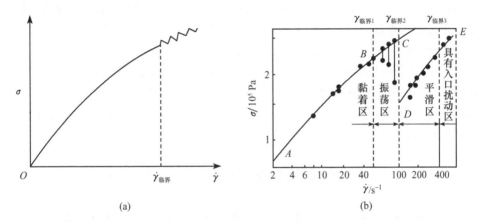

(a)　　　　　　　　　　　　　　(b)

图 8-34　低密度聚乙烯的流动曲线,尽管在临界剪切速率 $\dot{\gamma}_{临界}$ 以后出现波动,曲线基本上是连续曲线(a);高密度聚乙烯的流动曲线(b),在高剪切速率下开始出现压力振荡(BC 段),继而曲线跌落(CD 段),以后反而又呈现平稳流线(DE 段),最后熔体才破裂

　　如果热塑性塑料以稳态流线型的形式流过毛细管模头,在模头周围交界部分的熔体将产生回复,均匀地胀大得到具有光滑表面的挤出物。但当热塑性塑料熔体在圆槽流动时遇有圆槽直径的突然缩小时,物料与流线流动的自然角相符。这个收敛流动特征意味着存在有不受欢迎的死区——模头里的一个区域,在那里物料被阻滞,由层流变成了湍流,改变了物料的热历史。但更为重要的是,叠合在剪切流动上的收敛流动产生了一个拉伸分量,当流体接近截面变化处,这个分量迅速增大,如果延伸应力达到某个临界值,熔体将会破裂,熔体的“碎片”将回复某些延伸形变。这种局部延伸破裂出现的次数与高聚物熔体本身、流动条件、截面积的相对变化以及其他一些因素有关。结果是使模头出口处的材料具有交变的应力历史,挤出后具有交变的回复,致使挤出物产生畸变,在外表上就出现从表面的粗糙到肉眼能见的螺旋状不规则。

　　允许的入口半角,或进入模头狭窄部分自由收敛的极大半角 α_0 与剪切和拉伸黏度的关系可近似地用下面的方程来表示:

$$\alpha_0 = \cot \sqrt{2\eta/\lambda} \qquad (8\text{-}24)$$

低应力时 $\lambda = 3\eta$，入口半角约为 $40°$，只是在高应力时，入口角才依赖于流过模头材料的性质。相对来说，符合牛顿定律的材料（如尼龙）和拉伸变稀且具有明显假塑性的材料（如聚丙烯），入口角较大；但拉伸变稠且具有强烈假塑性的材料（如低密度聚乙烯），入口角则小得多。

对鲨鱼皮斑的产生可以这样分析：在通过模头的流动过程中，邻近模头壁的材料几乎是静止的，但一旦离开膜头，这些材料就必须迅速地被加速到与挤出物表面一样的速度。这个加速会产生很高的局部应力，如果这个应力太大，会引起挤出物表面材料的破裂而产生表面层的畸变。这就是鲨鱼皮斑，它的形貌多种多样，从表面缺乏光泽到垂直于挤出方向上规则间隔的深纹。鲨鱼皮斑不同于非层状流动，基本上不受模头线度（如膜头入口角度）的影响，它依赖于挤出的线速度，而不是延伸速度；且肉眼能见的缺陷是垂直于流动方向的而不是螺旋式或不规则的，分子量低（即低黏度，应力积累缓慢）的、分子量分布宽（即低的弹性模量，应力弛豫迅速）的材料在高温和低挤出速率下挤出，很少能观察到鲨鱼皮斑，在模头端部加热能降低熔体表面的黏度，对减少鲨鱼皮斑很有效。

8.6　高聚物电磁动态塑化挤出方法

尽管世界科技日新月异地快速发展，各国塑料生产工艺仍然遵循着上面所述的基本原理和结构。我国高分子材料科学家经过深入研究，创立了一种全新的塑料加工方法——高聚物电磁动态塑化挤出方法。我们知道，挤塑是高聚物，特别是热塑性塑料成形的主要加工方法之一，其主要设备是螺杆挤出机。挤出机的性能不但对制品质量有直接影响，而且还直接关系到生产效率、成本以及环境等一系列问题。长期以来人们对其原理和结构进行了深入的研究，出现了各种新型螺杆机和多螺杆挤出机。然而各种传统挤出设备都是采用电机和外加热元件间接换能方式。采用外加热源与机械剪切联合作用的稳态塑化挤出机理，采用多系统分立的结构形式，一直存在能量利用率低、能耗大、噪声大、体积重量大、制造成本高、挤出制品质量提高困难等缺点。我国科学家为解决传统设备存在的问题而研究的塑料电磁动态塑化的挤出方法及设备，达到了世界先进水平，具有很大的现实意义。

新方法从换能方式入手，将电磁振动场引入高聚物塑化挤出全过程，提出了高聚物动态塑化挤出、直接电磁换能、机电磁一体化等全新概念和原理。高聚物电磁动态塑化方法使高聚物固体输送、熔融塑化、熔体输送在周期性振动状态下进行，达到减小高聚物成形加工所需的热机械历程、降低熔融塑化温度、提高能量利用率的目的，实现利用振动力场调控物料塑化混炼效果，控制制品的加工性能，将机械、电子、电磁技术有机融合，实现结构的集成化。

图 8-35 是典型的高聚物单螺杆振动塑化挤出设备——塑料电磁动态塑化挤出机结构示意图。由图可见,塑料的塑化挤压部分被全部置入驱动电机转子内腔中,让转子直接参与高聚物的塑化挤出过程。并利用转子的转动、谐波振动和强制振动,直接将电磁功率转化成热能、压力能及动能,完成物料的输送,塑化挤出成形,实现了将电磁振动场引入高聚物塑化挤出全过程,实现物料动态塑化挤出、直接电磁换能及结构的机电磁一体化。整个挤出机由定子(机座)、转子、轴向电磁支撑、螺杆、料筒和料斗组成。定子从侧面看相当于一个铁磁体实心转子异步电动机,气隙中谐波磁场将不可避免地对塑化挤出过程产生影响,甚至完全改变塑化挤出过程。在适当的绕组布置和参数,以及适当的转子材料和结构参数条件下,可在气隙中产生脉振磁场和旋转磁场,引起转矩的脉动和转子的轴向振动。转子带动螺杆做脉动旋转和轴向振动,实现了将电磁场引起的机械振动力场引入高聚物塑化挤出全过程。

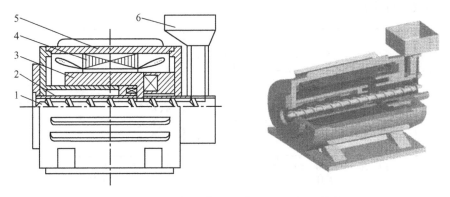

1. 螺杆;2. 料筒;3. 转子;4. 定子;5. 机座;6. 料斗
图 8-35 塑料电磁动态塑化挤出机结构示意图

与传统的单螺杆塑料挤出机相比,新设备具有如下显著的特点:

(1)能耗降低 30%～50%。由于新设备利用先进高效的换能方式,完全不用传统设备的能量传递的中间环节,从而使能量的有效利用大大提高。

(2)设备体积和质量减少 60%。新设备采用了新的机构,集机、电、磁于一体,使整个的结构紧凑,从而使体积和质量大大减少。

(3)机械制造成本降低 50%。新设备结构简单,既无大长径比的螺杆、料筒,也没有复杂的传动系统,因而制造成本大为降低。

(4)噪声降低至 77 dB 以下。新设备采用先进的换能方式及先进的机械结构,因而噪声大大降低。

(5)塑化混炼效果好,挤出制品质量高。新设备采用行星悬浮运动体和振动场,强化塑料的混炼和塑化,将振动场引入整个挤压系统,各种不稳定的干扰因素被调制,大大改善了塑化质量,提高了挤出过程的稳定性,同时使高聚物得到自增强,挤出制品质量显著提高。

(6) 对塑料的适应性广,无须更换机器的部件就能适应大多数不同种类热塑性塑料的加工。传统螺杆挤出机在加工晶态和非晶态塑料或加工性能差异较大的不同种类塑料时,必须更换螺杆以适应加工的需要,以保证制品质量和生产率。而新设备由于采用高效的混炼和塑化元件,强化了振动场对塑化挤出的作用,因而对塑料的适应性大大提高。只要适当改变其工作频率、振幅,调整混炼元件,就能适应多数塑料的加工。

作为实例,下面介绍几个新设备的功能。

对低密度聚乙烯、聚丙烯和高密度聚乙烯的实验表明,在 50 Hz 振动频率范围内,以较大的振幅施加机械振动后,在相同的挤出工艺条件下高聚物的挤出流率增大,挤出压力下降,熔体的黏度明显下降。图 8-36 是低密度聚乙烯动态表观黏度和挤出胀大与振动频率的关系。

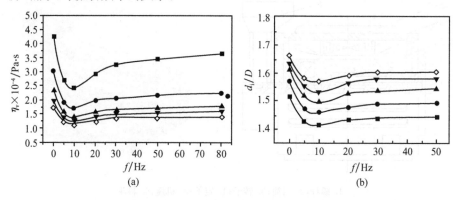

(a)中:■ $A=0.2$ mm, $p=2.0$ MPa, ● $A=0.2$ mm, $p=3.0$ MPa, ▲ $A=0.2$ mm, $p=4.0$ MPa,
▼ $A=0.2$ mm, $p=5.0$ MPa, ◇ $A=0.2$ mm, $p=6.0$ MPa;

(b)中:■ $A=0$ mm, $Q=2$ mm³ s⁻¹, ● $A=0.2$ mm, $Q=3$ mm³ s⁻¹, ▲ $A=0.2$ mm, $Q=4$ mm³ s⁻¹,
▼ $A=0.2$ mm, $Q=5$ mm³ s⁻¹, ◇ $A=0.2$ mm, $Q=6$ mm³ s⁻¹

图 8-36　低密度聚乙烯动态表观黏度与振动频率的关系(a)和低密度聚乙烯挤出胀大与振动频率的关系(b)

图 8-37 是两种挤出机挤出低密度聚乙烯时挤出胀大量与挤出产量之间的关系。由图可见,塑料电磁动态塑化挤出机挤出胀大量较小,说明振动力场的作用使熔体的弹性减小,这对提高挤出制品的尺寸精度及时效特性均具有重要意义。熔体弹性减小的主要原因在于,振动力场的作用使由于流道收缩在熔体中留下的内应力快速释放,减小了熔体的记忆效应,从而表现出挤出胀大的减小。

比较电磁动态塑化挤出机生产低密度聚乙烯吹塑薄膜与传统设备生产的薄膜的力学性能发现,不但新型挤出机生产的薄膜各项性能优于传统设备生产的制品,而且新型设备的吹塑薄膜制品的纵、横向力学性能基本一致,这说明电磁动态塑化挤出方法及原理有使挤出制品性能各向同性化的趋势及可能。

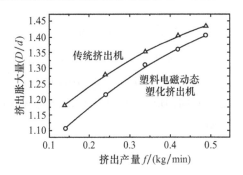

图 8-37　两种挤出机挤出低密度聚乙烯时挤出胀大量与挤出产量之间的关系

　　振动场的作用使高聚物制品在成形加工过程中形成的凝聚态结构不同于传统挤出制品。振动场的作用加强了高聚物在塑化挤出过程中的混炼与混合作用,加强了各组分之间的相互扩散作用。如果有填料如 $CaCO_3$,新型挤出机能使填料颗粒均匀分散在制品中。这种良好的混炼和混合作用对提高制品质量起着关键的作用。

　　总之,根据电-磁能量转换原理创制的机-电-磁一体式塑料成形新机械革除了加工精度要求很高的螺杆体系和电热丝加热系统。它不但省能、省空间、提高加工效率,而且由于在塑化操作中引入了振动场,从而体现出独特的塑化能力。可将用螺杆式挤出机难以成形的低品级的高聚物物料塑化,挤出成为性能优良的高聚物制品。高聚物电磁动态塑化挤出方法是我国科学家对高聚物加工工艺的一大贡献,具有重大的经济意义。

8.7　高聚物力学性能与制品设计的关系

　　高聚物材料总是制成各种各样的制品来使用的。材料优良的物理力学性能并不总能体现到制品身上,要把高聚物材料的优良物理力学性能充分体现在塑料制品上,必须通过对材料性能与制品设计关系的深切认识才能达到。前面各章在阐述与制品设计有关的高聚物力学性能时已部分地涉及了制品的设计原理,即如何充分考虑高聚物材料力学性能的温度和时间依赖性,使材料总是处在它的最优状态。本节中,我们强调结构设计的方法,尽量在类似的使用条件下比较高聚物材料的性能。

8.7.1　必须考虑的因素

　　塑料制品设计中要考虑的因素是很实际的,它们分别包括以下几个方面。

1. 构件所受载荷

　　不仅需要规定载荷大小,而且还要说明载荷性质(拉伸、压缩、剪切)以及估计载荷作用的时间。若是周期性载荷,则需要估计周期大小,每周期内载荷作用所占比例及制品必须经受住的受载周期数,在试验时是否会用高载荷或高温条件下的短期试验代替在中等载荷或较低温度的长期使用条件。

2. 使用中的环境因素

塑料性能与温度关系极大,要慎重确定制品的静态使用温度和在该温度下的持续时间;制品在现实使用中可能遇到的最低和最高的温度以及在这些温度下的持续时间;其他如自然气候,太阳光辐射下的暴露,是否接触化学药品,有无腐蚀性介质等。

3. 时间

一个制品所要求的使用时间和在使用期内制品的受载持续时间是不同的两个概念。对一个竖立在室外的大型塑料标语牌,只要固定得很好,自重可以忽略,却要考虑刮风引起的间歇性载荷。而横向安装的路灯必须计算整个使用期间灯的自重以及偶然下雪引起的间歇载荷。在汽车发动机上的叶轮,必须计算把叶轮固定在轴上的压缩力,使得在汽车部件总寿命内,压缩力正好松弛掉。如果是储存热的液体,随后任其自然冷却的大型储罐,物料在冷却期内该储罐逐渐被放空,计算所需的壁厚就更困难了。

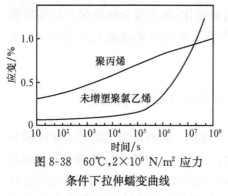

图 8-38　60℃,$2×10^6$ N/m² 应力
条件下拉伸蠕变曲线

又如,加载后聚氯乙烯开始时的蠕变值较小,但在几个月后,它的蠕变值就会超过聚丙烯,如图 8-38 所示。所以,要记住不同条件对长期性能的影响。当然实际工作时还要考虑不同高聚物的破坏准则和安全系数,如未增塑聚氯乙烯在20℃下连续承受内压力 50 年的安全系数为 2.1,而低密度聚乙烯约为 1.3。

4. 应力集中

制品上可能出现的应力集中都应尽量降低到最低程度。制品的内角和外角应尽可能设计成圆弧,避免尖锐的螺旋线,以及焊缝表面的不规整性。甚至模塑品的浇口切除不当或溢料面留下的残痕都能造成应力集中。

5. 加工时的料筒温度

这一方面涉及生产的经济性,另一方面又涉及制品中的冻结剩余应力。在最低的熔融温度下制造制品,生产周期短,但制品冲击强度不好。制造最佳聚丙烯冲击强度制品的料筒温度为 260~290℃,比熔点高 90~120℃。熔体温度高能使物料迅速注满模腔,只引起物料小的温度降,因而制品中冻结应力较小,耐久性好。

就力学而言,冲击强度和长期力学性能(蠕变和动态疲劳)是比较和预测材料性能的主要方面,将破坏应力(屈服应力或断裂应力)除以安全系数而得到设计应力,这是工程上采用的传统方法。而现在,有更多人支持用极大应力进行设计,选择所设计的材料应变值,经验表明在正常工艺条件下,注塑模制件的拉伸应变极限为:聚丙烯 3%(焊接聚丙烯只取 1%),缩聚共聚物 2%,玻璃纤维填充尼龙 1%。在规定了极大应变并估算了载荷持续时间和极大作用温度以后,可用标准的蠕变数据直接得到设计应力而不再需要涉及材料性质的安全系数。

8.7.2　制品设计实例

下面是几个制品设计的实例。

[例1]　叶轮紧栓

在 20℃下用螺栓拧紧缩醛共聚物板材,使得板材厚度减少 0.5%,需估算一年后板材中横切厚度方向的应力。由图 8-39 所示的 20℃时缩醛共聚物等应变应力对时间的曲线,可得到在 0.5%应变值条件下,一年后的应力为 $4×10^6$ N/m²。若缩醛共聚物和螺栓线膨胀系数的差值为 10^{-4}/℃,则在理论上在 -30℃时塑料应处在零应变状态。如果叶轮在低于 -30℃的温度下使用,组装时螺栓拧紧叶轮产生的压缩应变值必须超过 0.5%。

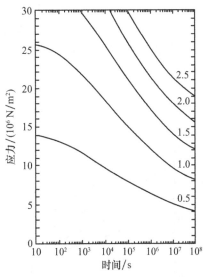

图 8-39　20℃(约 65%相对湿度)时缩醛共聚物的等应变应力对时间的曲线
图中数字是应变值(%)

[例2]　下水管道

下水管道通常是用注塑成形聚丙烯接头的,接头内环向应力产生的收缩作用阻止了接头处的漏水,但由于应力弛豫特性,必须保证长期使用,如弛豫 20 年以后接头内环向应力仍能保证接头不漏水。在这里可用短期水压试验确定接头漏水的临界条件:假定在 1 atm($0.1×10^6$ N/m²)的水压下试验时接头刚开始有漏水,则 1 atm 的压力便是接头锥面配合效应的临界度量值。因此,设计问题便变成计算当将水管用力拧入接头时在接头壁所产生的应变值,它能保证弛豫的环向应力永远不低于相应于 1 atm 在接头内产生的环向应力值。

壁厚 t 为 10 mm、直径 D 为 150 mm 的聚丙烯接头,在 P 为 1 atm 内压力条件下的临界环向压力 σ_H 为

$$\sigma_H = \frac{PD}{2t} = \frac{0.1×10^6 × 150 × 10^{-3}}{2 × 10 × 10^{-3}} = 0.75×10^6 (\text{N/m}^2)$$

聚丙烯在20℃时20年(20年≈6.3×10⁸ s)以后的蠕变模量为300×10⁶ N/m²(由图8-40推得),这样上述尺寸聚丙烯接头保证20年有效密封的极小环向压变是0.25%。聚丙烯的允许设计应变是3%,因此上面的计算结果表明,在考虑了实际应用中的一些其他因素以后,设计上采用较薄壁的接头仍然能保证必要的安全系数,同时又能节省材料。

[例3]　单块板条

由浇铸丙烯酸酯类塑料板制成的悬臂梁宽 b 为 6 mm,厚 h 为 15 mm,长 L 20 mm,在20℃时自由端承受5 N载荷,求1年后自由端的挠度。

梁的惯性矩 I 为

$$I = \frac{bh^3}{12} = \frac{6 \times 10^{-3} \times (15 \times 10^{-3})^3}{12}$$
$$= 1.7 \times 10^{-9} (\text{m}^4)$$

梁内的极大张应力 $\hat{\sigma}$ 为

$$\hat{\sigma} = \frac{6PL}{bh^2} = \frac{6 \times 5 \times 120 \times 10^{-3}}{6 \times 10^{-3} \times (15 \times 10^{-3})^2}$$
$$= 2.67 \times 10^6 (\text{N/m}^2)$$

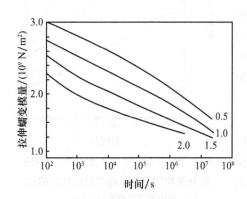

图 8-40　浇铸丙烯酸酯类塑料板拉伸蠕变模量对时间曲线图
图中数字为应变值

在20℃加载一年后(约为 3.15×10⁷ s)由 10⁶ N/m² 量级应力引起的应变值远小于0.5%(图8-40),而相应于0.5%应变时的等时应力-应变曲线的线性是明显的。这样,可用20℃条件下一年时的0.5%应变拉伸蠕变模量来估计梁的挠度。由图8-40可见,对应于上述条件的拉伸蠕变模量为1.5×10⁹ N/m²,因此梁自由端的挠度 $\hat{y}$ 为

$$\hat{y} = \frac{PL^3}{3EI} = \frac{5 \times (120 \times 10^{-3})^3}{3 \times 1.5 \times 10^9 \times 1.7 \times 10^{-9}}$$
$$= 1.1 (\text{mm})$$

[例4]　板条箱

有一种类型的板条箱,侧面上纵向隔板的高度约为75 mm,侧边和底的厚约为2.5 mm,在靠近面板的开口处,有至少9 mm厚的加固肋。由乙丙共聚物制成的这种类型板条箱在20℃、2.8×10⁶/ m² 压缩应力试验过程中,1500 h后就破坏了。堆垛的瓶装板条箱通常都在箱底压折。和板条箱一样,压折简单的长方形支柱的临界应力值为

$$\sigma_c = \frac{\pi^2 E}{6(L/h)^2} \tag{8-25}$$

聚丙烯在 20℃、1500 h、1%应变时的拉伸蠕变模量为 0.3×10^9 N/m²（图 8-41），并且在 1%应变时的压缩应力比拉伸应力大 10%（图 8-42），这样计算中所用聚丙烯的压缩蠕变模量约为 0.33×10^9 N/m²。通过计算，可得 2.5 mm 厚的侧边压折应力约为 0.6×10^6 N/m²，但在加固肋处局部地方的压折应力至少可达 7.85×10^6 N/m²。加固肋自身也是承载截面，并且大约占总承载的 1/4，因此总的压折临界应力大约为 2.4×10^6 N/m²。试验结果和这一计算值相符合，正常使用中的平均压缩载荷大约为 1.6×10^6 N/m²，因此板条箱在使用中的安全系数约为 1.7 是合理的。

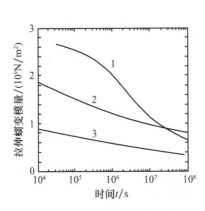

1. 尼龙 66（干）；2. 缩醛共聚物；3. 聚丙烯（密度 907 kg/m³）

图 8-41　三种高聚物拉伸蠕变模量对时间的曲线图

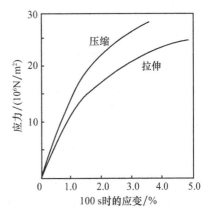

图 8-42　聚丙烯的等时
应力-应变曲线

[例 5]　塑料弹簧

在一个小的机械装置上有一个由缩醛共聚物模制的弹簧，弹簧一端以插入形式固定，梁截面均匀，宽 6 mm，厚 3 mm，梁的中心线是半径为 30 mm 的 1/4 圆弧，如果弹簧的工作温度是 20℃，而且自由端向内挠曲 3 mm，试问一年以后此弹簧的作用力是多少？

自由端受到集中载荷 P 作用的曲率为 R 的梁，其自由端挠度 $\hat{y}$ 为

$$\hat{y} = \frac{\pi P R^3}{4EI} \tag{8-26}$$

这里

$$I = 截面惯性矩 = 13.5 \times 10^{-12} \text{ m}^4$$

E（20℃下 1%应变一年以后的拉伸蠕变或弛豫模量）
$$= 900 \times 10^6 \text{ N/m}^2 （图 8-41）$$

$$P = \frac{4EI\hat{y}}{\pi R^3} = \frac{4 \times 900 \times 10^6 \times 13.5 \times 10^{-12} \times 3 \times 10^{-3}}{\pi (30 \times 10^{-3})^3}$$

$$= 1.72 \ (N) \tag{8-27}$$

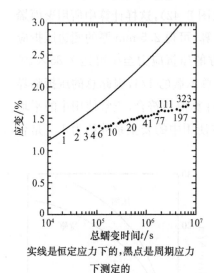

实线是恒定应力下的,黑点是周期应力
下测定的

图 8-43　聚丙烯在 10×10^6 N/m² 应
力下的拉伸蠕变

[例 6]　半球状容器

一个外径 120 mm,有一半球端部的吹塑模制聚丙烯容器,在 20℃时必须承受 0.6×10^6 N/m² 的工作压力。如果估计的使用期限为 1 年,允许的极大应变为 1.75%,那么在 ①恒定压力条件,② 每天加压 0.6×10^6 N/m² 6 h,其余 18 h 无压力,在此条件下,安全使用所需要的极小壁厚是多少?

(1) 在恒定载荷下聚丙烯在 1.75%应变、20℃条件一年以后的设计应力约为 6×10^6 N/m²(图 8-43)。因此,恒压条件下的最小壁厚为

$$t = \frac{pD}{2\sigma} = \frac{0.6 \times 10^6 \times 120 \times 10^{-3}}{2 \times 6 \times 10^6}$$

$$= 6 \times 10^{-3} (m)$$

(2) 从周期加载下的蠕变数据,在每天加载 10×10^6 N/m² 应力条件下,365 个周期后的应变值约为 1.75%(图 8-43)。这样,设计应力为 10×10^6 N/m²。因此,在所规定的周期压力条件下最小壁厚为

$$t = \frac{pD}{2\sigma} = \frac{0.6 \times 10^6 \times 120 \times 10^{-3}}{2 \times 10 \times 10^6} = 3.6 \times 10^{-3} (m)$$

这个例子表明,承受周期载荷作用的制品器壁较薄,不仅节约大约 40%的材料,生产周期也可以缩短。

与金属材料相比,高聚物的模量毕竟低很多。这时,有经验的设计人员就要充分利用不同制品形状抗形变性能有极大差异的这个特性来有效克服高聚物低模量的不足,如采用加固肋(酒瓶箱),又如采用空心的,有凹槽的或 T 形和 I 形截面梁,带肋条的嵌板以及带有整体实心皮层的夹心泡沫结构。用曲面代替平面(顶棚波纹瓦楞板、马鞍形壳体)等都是常见的例子,这些都已超出本书的范畴。

复习思考题

1. 为什么说高聚物的黏流态是高聚物重要的凝聚状态? 为什么塑料制品机械加工,热焊或黏结都不如各种模塑法?

2. 请简述挤塑、注塑、吹塑、迥转熔塑最基本的内容。

3. 高聚物熔体的流动有什么特点?

4. 什么是牛顿流体? 什么是非牛顿流体? 非牛顿流体包括哪几类?

5. 什么是宾厄姆流动和宾厄姆体? 它有什么特征?

6. 什么是假塑性流动和假塑性体? 什么是剪切增稠流动? 它们各有什么特征?

7. 为什么研究流体的流动常用流动曲线? 如何从非线性的流动曲线来定义流体的黏度? 什么是零剪切速率黏度 η_0 和极限黏度 η_∞?

8. 高聚物熔体的流动属于什么类型的流动? 如何从分子的观点来看高聚物熔体的流动? 什么是高聚物熔体流动的指数方程?

9. 测定高聚物熔体剪切黏度的主要方法有哪几个?

10. 毛细管挤出流变仪有什么优点和不足之处?

11. 什么是熔体指数测定仪和熔体指数(MI)?

12. 不同用途和不同加工方法,对高聚物熔体黏度的要求有什么不同?

13. 锥板黏度计、同轴圆筒黏度计和落球黏度计各有什么特点?

14. 你对转矩流变仪有多少了解?

15. 影响高聚物熔体的剪切黏度的因素有哪些?

16. 高聚物熔体黏度的温度依赖性符合阿伦尼乌斯方程,从中可求得流动活化能 ΔE_η, ΔE_η 与高聚物的分子量有什么关系?

17. 刚性链高聚物和柔性链高聚物的流动活化能 ΔE_η 对温度的敏感性有什么不同?

18. 高聚物熔体黏度的压力依赖性如何? 在高聚物模塑加工中这个压力依赖性将如何与温度依赖性协同考虑?

19. 高聚物熔体有什么样的剪切速率依赖性? 它们对高聚物的加工行为有什么影响?

20. 高聚物熔体有什么样的分子量依赖性? 什么是"临界分子量"?

21. 不同用途和不同成形加工方法对高聚物分子量有什么不同的要求? 它们对高聚物的加工有什么影响?

22. 高聚物的许多物性与分子量分布的关系较少讨论,但高聚物熔体的流动却与分子量分布密切相关,塑料和橡胶的加工对分子量分布有什么不同要求?

23. 长支链、短支链对高聚物熔体的流动有什么不同影响?

24. 拉伸黏度与剪切黏度有什么差别? 如何定义高聚物熔体的拉伸黏度?

25. 高聚物熔体拉伸黏度与应力的关系分哪三种类型? 拉伸黏度的工艺意义是什么?

26. 拉伸黏度测定比较困难,你知道什么高聚物拉伸黏度的测定方法?

27. 高聚物熔体的弹性有什么表现? 它对制品性能有什么影响?

28. 高聚物熔体弹性剪切模量与本体的弹性模量有什么不同?

29. 在加工过程中高聚物熔体对外加应力的响应主要是黏性的还是弹性的取决于高聚物熔体的弛豫时间 τ,你能举两个实例吗?

30. 拉伸弹性是怎么发生的?

31. 法向应力是高聚物熔体弹性的主要表现,法向应力将引起的高聚物熔体哪些反常现象? 法向应力有可以利用之处吗?

32. 谈谈爬杆效应、无管虹吸效应、侧吸效应和末端压力降的表现形式。

33. 什么是挤出胀大? 成因是什么? 它的一般特征是什么? 如何减小挤出胀大?

34. 不稳定流动和熔体破裂有什么表现形式？如何避免这些不利因素？

35. 我国科学家发明的高聚物电磁动态塑化挤出方法与传统的塑料加工方法有什么根本性的不同？具体体现了什么样的优点？你对这种新方法还有什么了解？

36. 塑料制品设计中考虑的实际因素有哪些？看了书中列举的几个实例，你对有关实际问题的分析有什么认识？

第9章 高聚物的电学性能

电学性能是材料的基本物性之一。高聚物的电学性能是指高聚物在外加电压或电场作用下的行为及其所表现出来的各种物理现象。高聚物的电学性能包括高聚物本体在交变电场中的介电性能,在弱电场中的导电性能(导电性和超导性),在强电场中的击穿现象,固体高聚物电解质的离子导电行为,在高聚物表面的静电现象,以及压电性、热电性、铁电性、光导电性、电致发光等。至于高聚物与某些无机导电颗粒复合而成的复合型导电材料则不在本书讨论范围之内。

9.1 高聚物电学性能的特点

高聚物电学性能的特点包括以下几个方面。

1. 品种繁多的高聚物,有着极宽的电学性能指标范围

从传统的高聚物绝缘体到反式聚乙炔半导体,再到导(电)体,乃至高聚物超导体,高聚物电导率的范围超过 20 个量级(图 9-1)。它们的介电常数为 $1\sim10^3$ 或更高,宽达 3 个量级。高聚物的耐压可高达 100 万 V 以上等。

2. 高聚物几乎包含各种电现象

高聚物有介电、导电(半导、电导乃至超导性)、光导电、压电、热电(焦电)、热释电、驻极体、电击穿、静电等电现象,它包罗的电学性能内容十分惊人。

3. 高聚物的电学性质非常灵敏地反映材料内部结构的变化和分子运动状况

高聚物的电学性质往往非常灵敏地反映材料内部结构的变化和分子运动状况,因此电学性质的测量,已成为研究高聚物结构和分子运动的一种有力手段。电学性质的测量方法,由于可以在很宽的频率范围下进行观察,显示出更大的优越性;并且由于高分子链中极性基团的明确性,电学性能测定对确定分子运动单元的归属有"指纹"的效果。

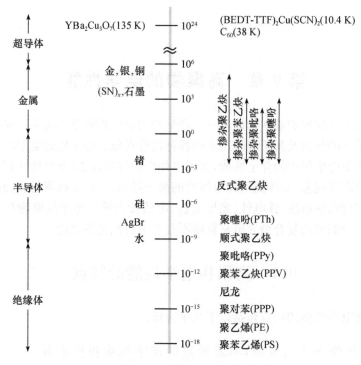

图 9-1　高聚物及其他材料的电导率

9.2　高聚物的介电性能

9.2.1　介电性能的一般概念

介电性能是指高聚物在外电场作用下发生极化,由分子中电荷分布发生相应变化所表现出来的性能。显然,像电容器材料、电气绝缘材料、射频和微波用超高频材料、隐身材料等都与高聚物的介电性能有关。因此,要了解高聚物的介电性能就必须先来讲解高聚物的极化。正如在第 1 章中所指出的,高聚物也是由原子、离子和分子构成,含有各种各样的电荷,其中只有能够近距离迁移的束缚电荷的状态和变化是高聚物介电性能研究的主要内容。在外电场作用下不同的电荷会产生不同的极化现象,包括电子极化、原子极化、取向极化和界面极化。其中界面极化产生于具有不同介电常数或不同导电系数高聚物之间的界面上,在此不作讨论。

1. 电子极化

电子极化是外电场作用下每个原子中价电子云相对于原子核的位移。与由原子核电荷引起的原子内电场相比,外电场是很小的。也就是说原子芯电子的束缚力较大,不易发生位移。原子核质子的正电荷为 1.6×10^{-19} C,而原子半径一般为 10^{-10} m,因此,电子的电场为 10^{11} V/m 量级,而外电场最大也很少超过 10^9 V/m。

电子云的位移很快,电子极化所需要的时间只要 $10^{-15} \sim 10^{-13}$ s,所以电子极化只在很高频率才出现,并且当除去电场时,位移立即恢复,无能量损耗。

2. 原子极化

原子极化是外电场作用所引起的原子核之间相对位移。原子核的位移比起轻得多的电子来说,不可能在高的频率下出现,也就是不可能在红外以上的频率出现,极化所需要的时间约为 10^{-13} s,并伴有微量能量损耗。高聚物是分子固体,从振动光谱知道,分子弯曲、振动的力常数比键的伸长力常数小很多,一般只有电子极化的 1/10。

3. 取向极化

取向极化是偶极子沿电场方向进行排列。如果分子已具有永久偶极,在外电场作用下偶极就会取向,从而产生宏观偶极矩(图 9-2)。对极性高聚物来说,取向极化是最重要的极化过程。取向极化取决于分子间相互作用力,由于极性分子沿外电场方向的转动需要克服分子的惯性和旋转阻力,完成取向极化过程需要长得多的时间(为 $10^{-10} \sim 10^{-2}$ s),发生于低频区域。显然,能引起取向极化的外电场频率更低,主要发生在红外的范围。图 9-3 是不同频率下各种极化出现的情况。

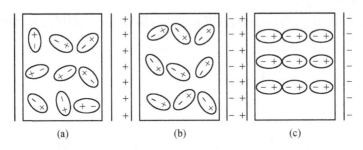

图 9-2　极性分子的取向极化

(a)为具有永久偶极的高聚物分子,没有电场时它们是杂乱排列的,但一旦加上外电场,
偶极会发生取向(b),最后偶极完全以外电场方向取向排列(c)

在外电场 E 作用下,电子极化和原子极化都使分子中正负电荷重心发生位移或分子变形,所以统称为变形极化。由此引起的诱导极化产生诱导偶极矩

$$\mu_1 = \alpha_d E = (\alpha_e + \alpha_a) E \tag{9-1}$$

式中,α_d 为变形极化率,它是电子极化率 α_e 和原子极化率 α_a 的加和,$\alpha_d = \alpha_e + \alpha_a$,$\alpha_e$、$\alpha_a$ 与温度无关,从而 α_d 与温度无关,只与电子云有关。

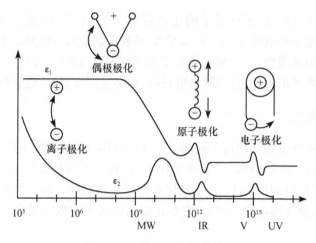

图 9-3　ε_1 和 ε_2 与频率的关系

取向极化是永久偶极矩的取向,当然正比于永久偶极矩 μ_0、外加电场 E,而反比于温度 T。由取向极化引起的偶极矩 μ_2

$$\mu_2 = \frac{\mu_0^2}{3kT}E = \alpha_0 E$$

$$\alpha_0 = \frac{\mu_0^2}{3kT}$$

（9-2）

式中,α_0 为取向极化率。

在外电场作用下所产生的偶极矩 μ 是诱导偶极矩和取向偶极矩之和

$$\mu = \mu_1 + \mu_2 = (\alpha_e + \alpha_a + \alpha_0)E = \alpha E$$

（9-3）

$\alpha = (\alpha_e + \alpha_a + \alpha_0)$ 称为分子极化率。

4. 界面极化

除上述三种极化外,还有产生于非均相介质界面处的界面极化。由于界面两边的组分可能具有不同的极性或电导率,在电场作用下将引起电荷在两相界面处聚集,从而产生极化。共混、填充高聚物体系以及泡沫高聚物体系有时会发生界面极化。对均质高聚物,在其内部的杂质、缺陷或晶区、非晶区界面上,都有可能产生界面极化。

9.2.2　介电常数和介电损耗

在宏观上,高聚物绝缘体材料(电介质)的介电性能是用介电常数和介电损耗这样的参数来描述的。

1. 介电常数

高聚物的介电常数 ε 定义为含有该高聚物的电容器之电容 C 与其在真空时的电容 C_0 之比值

$$\varepsilon = \frac{C}{C_0} \tag{9-4}$$

显然,介电常数是一个无量纲的参数,其物理意义是电介质(高聚物)电容器储电能力的大小,在微观上则是高聚物电介质的极化能力。

现在就有了两个反映高聚物电介质极化能力的参数:宏观的介电常数 ε 和微观的分子极化率 α。它们之间的关系是克劳修斯-莫索提(Clausius-Mossotti)公式

$$\frac{\varepsilon_0 - 1}{\varepsilon_0 + 2} \frac{M}{\rho} = \frac{4}{3} \pi \widetilde{N} \alpha = P \tag{9-5}$$

式中,ε_0 为直流电场中的静电介电常数;M 为高聚物的分子量;ρ 为密度;$\widetilde{N}$ 为阿伏伽德罗常量;P 为摩尔极化度。

如果高聚物本身就是极性的,分子极化率 $\alpha = \alpha_e + \alpha_a + \alpha_0 = \alpha_e + \alpha_a + \frac{\mu_0^2}{3kT}$,那么在直流电场中,极性高聚物的介电常数 ε_0 与分子的永久偶极矩 μ_0 有关

$$\frac{\varepsilon_0 - 1}{\varepsilon_0 + 2} \frac{M}{\rho} = \frac{4}{3} \pi \widetilde{N} \left[(\alpha_e + \alpha_a) + \frac{\mu_0^2}{3kT} \right] \tag{9-6}$$

式(9-6)称为德拜(Debye)方程。

在频率大于 10^{14} Hz,即极化时间为 10^{-14} s 时,取向极化和原子极化都不容易发生,等式右边的 α_a 和 $\mu_0^2/3kT$ 都等于零。这时 $\varepsilon_0 = n^2$(n 是折射率),则

$$\frac{n^2 - 1}{n^2 + 2} \frac{M}{\rho} = \frac{4}{3} \pi \widetilde{N} \alpha_e \tag{9-7}$$

或记

$$R = \frac{4}{3} \pi \widetilde{N} \alpha_e \tag{9-8}$$

式中,R 为摩尔折射度。

根据式(9-7),我们可以通过测量电介质介电常数求得分子极化率。另外,由实验得知,对非极性介质,介电常数 ε 与介质的光折射率 n 的平方相等,式(9-7)也联系着电介质的电学性能和光学性能。

如前所述,极化率与频率有关,那么介电常数也与频率有关。低频时,电子极化、原子极化和偶极极化三种极化都能跟上频率的变化,这时的介电常数为 ε_0。随着外电场频率的增加,先是偶极的取向极化跟不上频率的变化,随后原子极化也跟

不上了,最后,只有电子极化才能跟上,高频时的介电常数记为 ε_∞(图 9-4)。

2. 介电损耗

一个理想电容器在外电场作用下能储存电能,当外电场移去时,所储存的电能又全部释放出来,形成电源,没有能量损耗。

对于交变的电压 $V = V_0 e^{i\omega t}$,理想电容器的电流 $I_{理想}$,电流和电压有 90 相位差(图 9-5)。

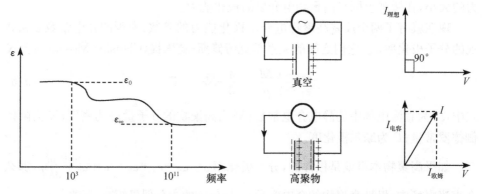

图 9-4　介电常数与频率的关系　　　　图 9-5　理想电容器和充满高聚物的
　　　　　　　　　　　　　　　　　　　　　　　电容器的电压电流关系

如果电容器里充满高聚物电介质,在每一周期内所放出的能量就不等于所储存的能量,因为完成高聚物电介质偶极取向需要克服分子间相互作用而消耗一部分电能。这时

$$I_{电介质} = \overset{*}{\varepsilon} C_0 \frac{\mathrm{d}V}{\mathrm{d}t} = i\omega \overset{*}{\varepsilon} C_0 V$$

式中,$\overset{*}{\varepsilon} = \varepsilon_1 - i\varepsilon_2$,为复数介电常数,$\varepsilon_1$ 是它的实数部分,也就是前面所说的介电常数,ε_2 是复数介电常数的虚数部分,称为介电损耗,它决定电介质内电能转变成热能的损耗程度,即电介质在交变电场中,会消耗一部分电能,使介质本身发热。则

$$I_{电介质} = i\omega C_0 V(\varepsilon_1 - i\varepsilon_2) = (i\omega C_0 \varepsilon_1 + \omega C_0 \varepsilon_2)V = iI_{电容} + I_{欧姆}$$

式中,$I_{电容}$ 为与电压的相位差为 90°,流过"纯电容"的电流;$I_{欧姆}$ 为与电压同相位,流过"纯电阻"的电流,即"损耗"电流。通常用所谓的损耗角正切 $\tan\delta$ 来表示介电损耗,它的定义是

$$\tan\delta = \frac{\varepsilon_2}{\varepsilon_1} = \frac{I_{欧姆}}{I_{电容}} \tag{9-9}$$

从损耗角正切定义来看,介电损耗与力学损耗有很多相似之处。因此,介电损耗也

可用黏弹性中有关模型来研究它。

9.2.3　电学模型与力学模型的类比

黏弹性力学模型中,用一个符合胡克定律的弹簧来代表理想弹性体,外力对它做的功全部以能量的形式储存起来,一旦卸去外力,储存的弹性能又都全部释放出来,没有能量损耗。显然,这样的弹簧与电学中的电容 C 相当。力学模型中用一个黏壶(充满符合牛顿流动定律的流体)来代表理想黏流体,在应力的一个周期里,外力做的功全部被黏壶以热的形式消耗掉,没有任何的能量储存。这样,黏壶的黏度 η 与电学里电阻 R 的功能相当(表 9-1)。

表 9-1　力学元件、模型与其相对应的电学对等物

力　学	电　学
应力 σ	电压 V
应变 ε	电荷 q
应变速率 $\dot{\varepsilon}$	电流 $I=\dot{q}$
弹性模量 G	电容的倒数 $1/C$
黏度 η	电阻 R
质量 m	电感 L
$\sigma=G\varepsilon$	$V=(1/C)q$
$\sigma=\eta\dot{\varepsilon}$	$V=RI$
弹簧储存力学能量	电容储存电能
黏壶损耗力学能量	电阻损耗电能
力学元件串联(Maxwell 模型):应力相加,应变相同	并联电路:电压相同,电流相加
力学元件并联(Kelvin-Voigt 模型):应力相加,应变相同	串联电路:电流相同,电压相加
$\sigma(t)$ 是阶梯函数的静态试验(蠕变、应力弛豫)	$V(t)$-I 为瞬态电路
$\sigma(t)$ 是交变函数的动态力学试验	$V(t)$-I 为交流电路

如果在上述的力学元件上施加了一个应力 σ,就会产生相应的应变 ε,类似地,在上述电学元件上施加一个电压 V,就会产生相应的电荷 q,因此力学里的应力 σ 与电学里的电压 V 相当,而应变 ε 则相当于电荷 q,那么力学里的应变速率 $\dot{\varepsilon}$ 就是电学里的电流 $I(=\dot{q})$。

在力学中,理想弹性体的应力与应变有正比的关系(胡克定律),比例系数是杨氏模量 G。在电学里,电压与电荷的比例系数是 $1/C$。在一般黏弹性力学模型中不出现的另一个力学元件——质量 m,在电学里对应是电感 L,因为它们都有自阻尼的特性。

麦氏串联模型的特点是作用在相互串联着的弹簧和黏壶上的应力相同,应变相加,开-沃并联模型的特点是作用在相互并联着的弹簧和黏壶上的应力相加,而

应变却相同。与此相对应的是并联电路和串联电路,因为作用在相互并联着的电阻和电容上的电压是相同的,通过它们的电流是相加的,而作用在相互串联着的电阻和电容上的电流是相同的,它们的电压是相加的。

上述类比的基础是物理的,从数学角度来看,这样的类比也是合理的。线性黏弹性的应力和应变关系以及应力和应变速率的关系 $\sigma\text{-}\varepsilon$、$\sigma\text{-}\dot{\varepsilon}$ 是线性微分方程,而线性电路中 $V\text{-}I$ 的关系也可以用线性微分方程来描述。由于电路理论的快速发展,

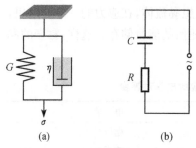

图 9-6　由弹簧和黏壶组成的开-沃并联模型(a)和与之相对应的由电容和电阻组成的串联电路(b)

线性电路的运算已非常成熟,而在黏弹性力学模型教学中,我们还得从最基本的运动微分方程式出发,一一求解,很是费力。如果我们对线性电路已非常熟悉,那么可以通过上述力学模型与电学电路的类比(机电类比),直接写出力学里的黏弹性参数。

现在,以开-沃并联模型为例来说明机电类比的应用。图 9-6(a)是由弹簧 G 和黏壶 η 组成的开-沃并联模型,求解它为维持应变 $\varepsilon=\varepsilon_0 e^{i\omega t}$ 时模型的复数柔量。按上述机电类比,它对应于电学里由电容 C 和电阻 R 组成的串联电路[图 9-6(b)]。由线性电路理论可知,图 9-6(b)的串联电路在交变电压下的复数阻抗 $\overset{*}{Z}$ 为

$$\overset{*}{Z} = R - i\frac{1}{C\omega} \tag{9-10}$$

按表 9-1 中所对应的关系

$$\overset{*}{Z} = \eta - i\frac{G}{\omega} \tag{9-11}$$

而

$$\frac{d\varepsilon}{dt} = i\omega\varepsilon$$

则

$$\frac{d\varepsilon}{dt} = i\omega\varepsilon = \frac{\sigma}{\overset{*}{Z}} = \frac{\sigma}{\eta - i\dfrac{G}{\omega}}, \quad \text{得 } \varepsilon = \frac{\sigma}{G + i\omega\eta}$$

复数柔量为

$$\overset{*}{J} = \frac{\varepsilon}{\sigma} = \frac{1}{G(1 + i\omega\tau)} = J\frac{1}{1 + i\omega\tau} \tag{9-12}$$

与求解模型的微分运动方程式所得结果完全一致,而这里的推算却非常简单。

9.3　高聚物的介电弛豫

9.3.1　高分子链的偶极矩

介电常数和介电损耗本质上是个极化问题,特别是偶极取向极化,因此,如何计算偶极矩是个首要问题。

对于小分子化合物,分子偶极矩是分子所有键矩之和,即 $\mu = \sum\limits_{i=1}^{N} \mu_i$。但是在柔性高分子链中,长链分子的构象时刻在变化,因此整个高分子链的偶极矩必须用统计平均来表示,仍用均方偶极矩

$$\overline{\mu^2} = N\mu_0^2 \tag{9-13}$$

式中,N 是链段数;μ_0^2 是极性基团的有效偶极矩。式(9-13)表明 $\overline{\mu^2}$ 与聚合度成正比。更精确的关系式是

$$\overline{\mu^2} = N\left(1 - 2\frac{\cos\alpha\cos\beta\cos\gamma}{1 - \cos^2\alpha}\right)\mu_0^2 = Ng\mu_0^2 \tag{9-14}$$

式中,α、β 和 γ 是偶极矩在空间的投影角;g 是反映高分子链近程相互作用的参数。

自由内旋转时,偶极矩在空间投影的方向余弦均为 1/3,则可以很容易求得

$$g_{自由} = \frac{11}{12} \approx 1 \tag{9-15}$$

有阻内旋转时,$g_{有阻}$ 比 1 小得多,所以可用 g 来反映内旋转的受阻情况。

高分子链的偶极矩也可以用等效偶极矩来表示

$$\mu_{等效} \equiv \sqrt{\frac{\overline{\mu^2}}{N}} \tag{9-16}$$

即等效偶极矩是单体单元在高分子链中表现出来的偶极矩

$$\mu_{等效}^2 = ag\mu_0^2 = g\,\overline{\mu^2} \tag{9-17}$$

式中,a 是表示高分子链远程相互作用的参数;μ_0 是固有偶极矩;$\overline{\mu^2}$ 是在介质中的偶极矩。因此,通过 g 的值可以来研究高分子链结构对高分子链偶极矩的影响。

偶极在主链上的高分子链并不多,而偶极在侧基上高分子链比较多(见第 1 章),因此,介绍如下的高分子链。如果 R 极性较大,C—H 偶极可以不计。

$$\begin{array}{c}
\text{R} \quad \text{H} \quad \text{R} \\
| \quad\; | \quad\; | \\
-\text{C}-\text{C}-\text{C}- \\
| \quad\; | \quad\; | \\
\text{R} \quad \text{H} \quad \text{R}
\end{array}$$

（1）对具有对称结构的高分子链

$$-\text{[}CR_2\text{]}_n, \qquad \overline{\mu^2} = 0 \qquad\qquad (9\text{-}18)$$

（2）对不对称结构的高分子链

$$-\text{[}CH_2-CR_2\text{]}_n, \qquad \overline{\mu^2} = \frac{3}{4}N\mu_0^2 \qquad\qquad (9\text{-}19)$$

$$-\text{[}CH_2-CHR\text{]}_n, \qquad \overline{\mu^2} = \frac{11}{12}N\mu_0^2 \qquad\qquad (9\text{-}20)$$

这里主链结构是一样的,但不一样侧基的相互作用对 g 有很大影响,如

聚丙烯酸甲酯
$$\begin{array}{c} -CH_2-CH- \\ | \\ C=O \\ | \\ OCH_3 \end{array}$$
$\sqrt{g}=0.7$

聚乙酸乙烯酯
$$\begin{array}{c} -CH_2-CH- \\ | \\ O-C-CH_3 \\ \| \\ O \end{array}$$
$\sqrt{g}=0.3$

侧基的影响也表现在不同 R 的聚甲基丙烯酸酯类中
$$\begin{array}{c} CH_3 \\ | \\ -CH_2-C- \\ | \\ C=O \\ | \\ OR \end{array}$$
 （表 9-2）。

表 9-2 聚甲基丙烯酸酯类中不同酯基 R 的$\sqrt{g}$和μ_0

R	CH_3	C_6H_5	C_6H_4Cl（对）	$C_6H_3Cl_2$	C_6H_4Cl（邻）
$\sqrt{g}$	0.74	0.74	0.68	0.62	0.54
μ_0	1.79	1.75	1.92	2.34	2.73

由表 9-2 可见,极性基团偶极之间的相互影响使 g 变化较大,极性基团极性越大,对 g 影响越大。非极性基对 g 的影响不大,表明 g 反映的主要是极性偶极的近程相互作用,而不是主链的内旋转。当然,这里选用的高聚物都是带偶极的柔性侧基,且偶极离主链还比较远,所以不能由此否认内旋转的作用。因为曾对聚酯 $HO-\text{[}CH_2-CH_2O\text{]}_n\,H$ 中不同 n 的偶极矩进行了测定,当 $n=2$、6、18、79、136 和 227 增大时,其偶极矩分别为 1.46、1.29、1.25、1.08、1.07 和 1.07,逐步变小。这应该是内旋转的影响,因为 n 大,—O—的键增多,使高分子链活动容易,g 值变小。

另外,本体(高弹)和在苯的稀溶液中的聚甲基丙烯酸甲酯(PMMA)的 g 分别为 0.64 和 0.62,因此可以认为在溶液中和高弹态中高分子链近程结构是差不多的。不同立体构型的 PMMA,不管是在苯的稀溶液、增塑体系,还是在本体时的 g 值均在 0.66~0.68 之间,表明立体构型对 g 是否有影响还值得考虑。

当然,g 值不一定总是小于 1,也有大于 1 的。只要侧链的偶极矩完全叠加($\bigwedge\bigwedge\bigwedge\bigwedge$),就有 $g>1$,在一些生物高分子中,也有 $g>1$ 的。

总之,高分子链偶极矩的计算和情况比较复杂,主要是考虑内旋转和侧链对 g 的影响。而 PMMA 数据较多,是因为它易得,易聚合,T_g 不高不低,有利于测试。

定性来说,偶极矩在 0~0.5 deb[1 deb(德拜)$=3.33564\times10^{-3}$C·m]范围内的是非极性高聚物和弱极性高聚物,偶极矩在 0.5 deb 以上属极性高聚物。聚乙烯分子中 C—H 键的偶极矩为 0.4 deb,属非极性之类,加上分子结构对称,键矩矢量和为零,所以聚乙烯是典型的非极性高聚物。聚四氟乙烯分子中虽然 C—F 键偶极矩较大(1.83 deb),但 C—F 对称分布,键矩矢量和也为零,整个聚四氟乙烯分子也是非极性的。聚氯乙烯分子中 C—Cl 键的偶极矩为 2.05 deb,由于分子结构并不对称,各个化学键偶极矩不能相互抵消,因此聚氯乙烯是极性高聚物。

非极性高聚物有聚碳酸酯 PC、聚苯乙烯 PS、聚四氟乙烯 PTFE、聚异丁烯、聚酰亚胺等。极性高聚物有尼龙、聚氯乙烯 PVC、PMMA、聚乙酸乙烯酯、酚醛树脂和聚乙烯醇等。

9.3.2　高聚物的介电常数和介电损耗

非极性高聚物,其介电常数低,介电损耗小(表 9-3),有优异的电绝缘性,使得它们可在各个频段的各种电气应用中使用。由于高聚物的密度小,特别适合用在航空航天领域做雷达罩和透波材料。作为电绝缘材料,一般以使用温度和适用的频率范围来区分高聚物的等级。

表 9-3　常见高聚物的介电常数 ε_1 和介电损耗 ε_2(20℃)

高聚物	介电常数 ε_1(60 Hz)	介电损耗 ε_2	损耗角正切 $\tan\delta\times10^4$(50 Hz)
聚四氟乙烯	2.0	0.0002	<2
四氟乙烯-六氟丙烯共聚物	2.1		<3
聚 4-甲基-1-戊烯	2.12		
聚丙烯	2.2		2~3
聚三氟氯乙烯	2.24		12
低密度聚乙烯	2.25~2.35		2
高密度聚乙烯	2.30~2.35		2
ABS 树脂	2.4~5.0		40~300
聚苯乙烯	2.5~3.1	0.001	1~3

续表

高聚物	介电常数 ε_1 (60 Hz)	介电损耗 ε_2	损耗角正切 $\tan\delta \times 10^4$ (50 Hz)
乙烯-乙酸乙烯共聚物	2.5~3.4		
聚苯醚	2.58		20
硅树脂	2.75~4.20		
聚碳酸酯	2.97~3.17		9
乙基纤维素	3.0~4.2		
聚对苯二甲酸乙二酯	3.0~4.4		10~20
聚砜	3.14		6~8
聚氯乙烯	3.2~3.6	0.01	70~200
聚甲基丙烯酸甲酯	3.3~3.9	0.04	400~600
聚酰亚胺	3.4		40~150
环氧树脂	3.5~5.0		20~100
聚甲醛	3.7		40
尼龙 6	3.8	0.4	100~400
尼龙 66	4.0		140~600
聚偏氯乙烯	4.5~6.0		
酚醛树脂	5.0~6.5		600~1000
硝化纤维素	7.0~7.5		900~1200
聚偏氟乙烯	8.4		

极性高聚物的介电常数较高,而介电损耗较大,一般用在市电中。介电常数大和介电损耗小的高聚物薄膜可以用来制备体积小而电容量大的电容器。而如果用来做高频热焊,则要求高聚物介电损耗大。

不管做什么应用,需要注意以下几点:

(1) 高聚物的介电性能有温度依赖性。

(2) 高聚物的介电性能有频率依赖性。

(3) 高聚物的介电性能有界面极化问题。由于界面两边的组分具有不同的介电常数和电导率,会引起电荷在两相界面处聚集。

(4) 高聚物的介电性能受杂质影响极大。特别是像水那样的极性杂质,水是引起非极性高聚物损耗的主要原因,而水(汽)又是很难避免的,工业上必须十分重视这个问题。另一个需要重视的杂质是聚合过程中残留的金属有机催化剂,即使是微量的金属离子,也会对损耗带来根本性的影响。

9.3.3 影响高聚物介电性能的因素

1. 分子结构和凝聚态结构的影响

高聚物介电性能与它们分子结构的关系已经在前面说过了。

高聚物介电性能还与它们的凝聚态结构有关。高分子链活动能力对偶极子取向有重要影响,因此不同凝聚状态的高聚物就有不同的介电性能。例如,在玻璃态下,链段运动被冻结,结构单元上极性基团的取向受链段牵制,取向能力低;而在高弹态时,链段活动能力大,极性基团取向时受链段牵制较小,因此同一高聚物高弹态下的介电常数和介电损耗要比玻璃态下的大。例如,聚氯乙烯的介电常数在玻璃态时为 3.2～3.6,到高弹态增加到 10 以上,聚氯丁二烯的极性基团的密度约为聚氯乙烯的一半,但室温下因其处于活动性较大的橡胶态,使其介电常数比聚氯乙烯大得多。

高分子链交联也会妨碍极性基团取向,使介电常数降低。典型的例子是酚醛树脂,虽然这种高聚物极性很强,但交联使其介电常数和介电损耗并不很高。相反,支化结构会使高分子链间相互作用力减弱,分子链活动性增强,介电常数增大。

2. 温度的影响

温度升高一方面使高聚物本体黏度下降,有利于极性基团取向;另一方面,温度升高又使分子布朗运动加剧,不利于取向。图 9-7 是不同增塑剂含量的聚氯乙烯在不同温度下的 ε_1 和 ε_2 变化。由图可见,当温度低时,介质黏度高,偶极子取向程度低且取向速度极慢,因此 ε_1 和 ε_2 都很小。

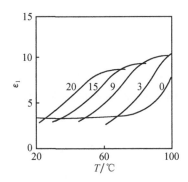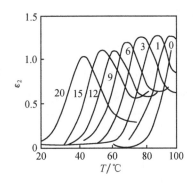

图 9-7　60 Hz 下聚氯乙烯的 ε_1 和 ε_2 的温度依赖性(曲线上的数字为增塑剂含量)

随温度升高,高聚物本体黏度降低,偶极子取向能力增大(因而 ε_1 增大),但由于取向速度跟不上电场的变化,取向时消耗能量较多,所以 ε_2 也增大。温度进一步升高,偶极子取向能完全跟得上电场变化,ε_1 增至最大,但同时取向消耗的能量减少,ε_2 又变小。温度很高时,偶极子布朗运动加剧,又会使取向程度下降,能量损耗增大。

上述影响主要是对极性高聚物的取向极化而言。对非极性高聚物,温度对电子极化及原子极化的影响不大,因此介电常数随温度的变化可以忽略不计。高聚物中加入增塑剂可以降低材料黏度,利于偶极子取向,与升高温度有相同的效果。图 9-7 中,加入增塑剂会使聚氯乙烯介电损耗的峰值向低温区域移动,介电常数也在较低温度下就开始上升。当然,如果在高聚物中加的是极性增塑剂,那么,也会因为新引入的偶极损耗而使高聚物介电损耗增加。

3. 交变电场频率的影响

与高聚物的动态力学性能相似,高聚物的介电性能也随交变电场频率而变。当电场频率较低时($\omega \to 0$,相当于高温),电子极化、原子极化和取向极化都跟得上电场的变化,因此取向程度高、介电常数大、介电损耗小($\varepsilon_2 \to 0$),如图 9-8 所示。

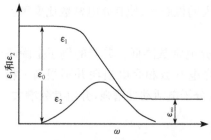

图 9-8　ε_1 与 ε_2 随交变电场频率的变化

在高频区(光频区),只有电子极化能跟上电场的变化,而偶极取向极化来不及进行(相当于低温),介电常数降低到只有原子极化、电子极化所贡献的值,介电损耗也很小。在中等频率范围内,偶极子能跟着电场变化而运动,但运动速度又不能完全适应电场的变化,偶极取向的相位落后于电场变化的相位,一部分电能转化为热能而损耗,此时 ε_2 增大,出现极大值,而介电常数随电场频率增高而下降。

除去布朗运动的影响外,电场频率与温度对介电性能的影响符合时间-温度等效原理。

4. 杂质的影响

已经讲过,杂质对高聚物介电性能影响很大,尤其导电杂质和极性杂质(如水分)会大大增加高聚物的导电电流和极化度,从而使介电性能严重恶化。如图 9-9 所

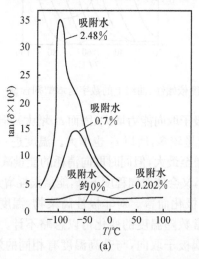

(a)

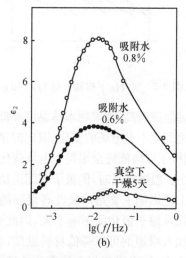

(b)

图 9-9　含水量对聚砜的介电 β-转变的影响(a)和酚醛树脂-纤维素层
压板中介电损耗与含水量的关系(b)(303 K)

示,聚砜和酚醛树脂-纤维素层压板中含水量的增加大大导致它们介电损耗的增加。对于非极性高聚物来说,杂质是引起介电损耗的主要原因。如高密度聚乙烯,当其灰分含量从 1.9％降至 0.03％时,介电损耗从 14×10^{-4} 降至 2×10^{-4}。因此,对介电性能要求高的高聚物,应尽量避免在成形加工中引入杂质。

9.3.4　高聚物的介电弛豫和介电弛豫谱

外电场强度越大,偶极子的取向度越大;温度越高,分子热运动对偶极子的取向干扰越大,取向度越小。对高聚物而言,取向极化的本质与小分子相同,但具有不同运动单元的取向,从小的侧基到整个分子链。完成取向极化所需的时间范围很宽,与力学弛豫时间谱类似,也具有一个时间谱,称为介电弛豫谱。

具有一个弛豫时间的介电弛豫——德拜弛豫是

$$\varepsilon_1 = \varepsilon_\infty + \frac{\varepsilon_0 - \varepsilon_\infty}{1 + \omega^2 \tau^2} \quad \text{或} \quad \frac{\varepsilon_1 - \varepsilon_\infty}{\varepsilon_0 - \varepsilon_\infty} = \frac{1}{1 + \omega^2 \tau^2} \tag{9-21}$$

或

$$\varepsilon_2 = \frac{(\varepsilon_0 - \varepsilon_\infty)\omega\tau}{1 + \omega^2 \tau^2} \quad \text{或} \quad \frac{\varepsilon_2}{\varepsilon_0 - \varepsilon_\infty} = \frac{\omega\tau}{1 + \omega^2 \tau^2} \tag{9-22}$$

测定 ε_0、ε_∞ 和不同 ω_i 下的 ε_1 和 ε_2,可以验证式(9-22)的正确性。但一般来说,极低频和极高频的 ε_0 和 ε_∞ 较难测定,这时可联立式(9-21)和式(9-22),并消去 $\omega\tau$ 项,再配完全平方,将得到一个圆心坐标为 $\left(\frac{\varepsilon_0 + \varepsilon_\infty}{2}, 0\right)$,半径为 $\frac{\varepsilon_0 - \varepsilon_\infty}{2}$ 的圆方程,称为科尔-科尔(Cole-Cole)圆,如图 9-10 所示。

$$\left(\varepsilon_1 - \frac{\varepsilon_0 + \varepsilon_\infty}{2}\right)^2 + \varepsilon_2{}^2 = \left(\frac{\varepsilon_0 - \varepsilon_\infty}{2}\right)^2 \tag{9-23}$$

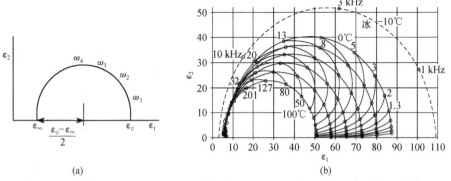

图 9-10　具有一个弛豫时间介电弛豫的科尔-科尔圆(a)以及水的这种作图(b)

这样测定不同频率 ω 下的 ε_1 和 ε_2,看是否是个半圆,就可验证介电弛豫,并且由它求得实验不容易测定的 ε_0、ε_∞。事实表明,对只具有一个弛豫时间的物质,此关系很好满足。

高聚物具有较宽的弛豫时间分布，当然不会符合上面关系。为此，科尔-科尔提出在弛豫方程中引进校正因子 β，则复数介电常数为

$$\overset{*}{\varepsilon} = \varepsilon_\infty + \frac{\varepsilon_0 - \varepsilon_\infty}{1 + (i\omega\tau)^\beta} \tag{9-24}$$

这里，β 是弛豫时间分布参数，$0 < \beta \leqslant 1$。由此可求得介电常数 ε_1

$$\varepsilon_1 = \varepsilon_\infty + \frac{(\varepsilon_0 - \varepsilon_\infty)\left[1 + (\omega\tau_\beta)^\beta \cos\dfrac{\beta\pi}{2}\right]}{\left[1 + 2(\omega\tau_\beta)^\beta \cos\dfrac{\beta\pi}{2} + (\omega\tau_\beta)^{2\beta}\right]} \tag{9-25}$$

和介电损耗 ε_2

$$\varepsilon_2 = \frac{(\varepsilon_0 - \varepsilon_\infty)(\omega\tau_\beta)^\beta \sin\dfrac{\beta\pi}{2}}{\left[1 + 2(\omega\tau_\beta)^\beta \cos\left(\dfrac{\beta\pi}{2}\right) + (\omega\tau_\beta)^{2\beta}\right]} \tag{9-26}$$

消去 $\omega\tau$，得圆方程

$$\left(\varepsilon_1 - \frac{\varepsilon_0 + \varepsilon_\infty}{2}\right)^2 + \left(\varepsilon_2 + \frac{\varepsilon_0 - \varepsilon_\infty}{2}\cot\frac{\beta\pi}{2}\right)^2 = \left(\frac{\varepsilon_0 - \varepsilon_\infty}{2}\csc\frac{\beta\pi}{2}\right)^2 \tag{9-27}$$

圆心坐标为

$$\left(\frac{\varepsilon_0 + \varepsilon_\infty}{2}, -\frac{\varepsilon_0 - \varepsilon_\infty}{2}\cot\frac{\beta\pi}{2}\right) \tag{9-28}$$

半径为

$$\frac{\varepsilon_0 - \varepsilon_\infty}{2}\csc\left(\frac{\beta\pi}{2}\right) \tag{9-29}$$

用 ε_1 对 ε_2 作图所得的圆，其圆心在 ε_1 轴下面，与 ε_1 轴截交出一段圆弧[图 9-11(a)]。尼龙 610 实验数据与此符合甚好[图 9-11(b)]。

显然，如果 $\beta = 1$，式(9-24)即是德拜方程式，在 ε_1 轴截交出的就是一个半圆。

对 ε_2，还有经验式

$$\varepsilon_2 = \varepsilon_{2\max}\sec\left(\beta\lg\frac{\omega}{\omega_{\max}}\right) \tag{9-30}$$

β 仍然是弛豫时间分布参数，$0 < \beta \leqslant 1$，在 $\beta = 1$ 时，式(9-30)也归为德拜弛豫。因为按德拜弛豫式(9-22)：

$$\varepsilon_2 = \frac{(\varepsilon_0 - \varepsilon_\infty)\omega\tau}{1 + \omega^2\tau^2}$$

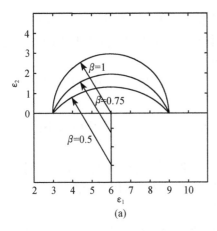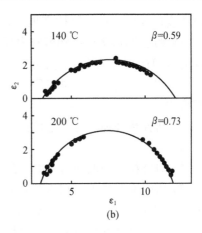

图 9-11 科尔-科尔圆[$\varepsilon_0 = 9, \varepsilon_\infty = 3$,(a)]和尼龙 610 的实验图(b)

但按弛豫时间的定义,极大处频率的倒数为弛豫时间 τ,$\tau = \dfrac{1}{\omega_{max}}$,代入得

$$\varepsilon_{2max} = \frac{1}{2}(\varepsilon_0 - \varepsilon_\infty) \tag{9-31}$$

联立式(9-22)和式(9-31)可得

$$\varepsilon_2 = \frac{2\varepsilon_{2max} \dfrac{\omega}{\omega_{max}}}{1 + \left(\dfrac{\omega}{\omega_{max}}\right)^2} \tag{9-32}$$

对德拜弛豫,介电弛豫函数是 $\psi(t) = e^{-t/\tau}$,但对具有弛豫时间分布的高聚物,用介电弛豫函数

$$\psi(t) = e^{-(t/\tau)^r} \tag{9-33}$$

将比德拜弛豫的 $\psi(t)$ 更符合实际情况。

　　总之,介电测量在研究高聚物弛豫有很多应用,小结如下:

　　(1) 利用介电法可得到介电常数 ε_1 和介电损耗 ε_2 的温度谱(频率恒定),或得到频率谱(温度恒定)。从而来表征某种高聚物的极大损耗峰温度和极大损耗峰频率。因此,可以算出各种转变(α、β、γ、δ 峰)的活化能,从而可以和分子运动联系起来。

　　(2) 将介电测量方法得到的结果与力学方法、膨胀计法、热学方法(如 DSC)、核磁共振(NMR)等方法联合起来,达到互相验证和补充的目的。

　　(3) 利用介电弛豫方法研究共聚物、共混物和接枝高聚物。如果两种高聚物机械混合,二者又不相容,则分别出现这两种高聚物的内耗峰。如果是共聚物,则反映在介电谱上有一个新的内耗峰,且处于两种均聚物的转变之间,同时随着两种单体浓度而改变。对于接枝高聚物,如果主链是非极性的,接上去的支链是极性的,在链段运动时,接枝产物就有内耗峰。如果主链是极性的,接上去的支链是非极性的,这时的大分子运动才能产生内耗峰。

(4) 利用介电弛豫方法来研究不同空间立构(不同取代基和取代基位置不同)的高聚物。

(5) 研究热处理对介电弛豫的影响,因为同一种试样由于热历史不同表现在介电谱上也不同。

(6) 研究拉伸和取向对介电谱的影响。拉伸方向不同,介电转变也不同。

(7) 研究增塑作用,像 PMMA 和 PVC 这样的高聚物,用不同的增塑剂增塑和增塑剂含量不同,反映在介电谱上是有差异的。

(8) 利用介电方法研究动态过程的行为,如聚合、分解、老化、辐射、交联、固化等过程,也可以研究老化、辐射、交联等前后介电谱的变化等。

9.4　高聚物的导电性

一般来说,高聚物是绝缘体,一方面是因为共价键连接的高分子链没有能自由运动的电子(载流子);另一方面,靠范德瓦耳斯力堆砌的高聚物分子之间距离大,电子云交叠差,载流子的移动也极为困难。理论计算表明,纯净高聚物的电导率仅为 10^{-25} S/cm。实际高聚物绝缘体之所以没有达到这样低的电阻率,是因为高聚物本体中杂质的影响。这些杂质包括少量没有反应的单体、残留的引发剂、各种助剂,乃至吸附的微量水汽,它们可以使高聚物的电导率提高好几个数量级,也就是说,一般高聚物的载流子主要来自外部杂质,其中无机杂质比有机杂质影响更大。

因此,赋予高聚物导电性有两个条件:①首先是使分子链上的电子云有一定程度交叠,可在相邻碳原子之间运动。要做到这一点并不难,由于大共轭体系高聚物分子链上就有 π 电子云的交叠,因此像聚炔类、聚双炔类和聚苯等就是导电高聚物可能的候选。②组成电荷转移复合物。所谓电荷转移复合物是指这样一种分子复合物,它是在电子给体分子(D)和电子受体分子(A)之间由于电子从分子 D 部分或完全地转移到分子 A 上而形成的复合物,这样就能导致分子间电子云的交叠

$$D + A \longrightarrow D^{\partial+} A^{\partial-}$$

这里,δ 代表相互作用的强度。由电子给体四硫化富瓦烯 TTF 和电子受体 7,7′,8,8′-四氰代对二次甲基苯醌 TCNQ 的组合是最著名的电荷转移复合物(图 9-12)。TTF 非常容易发生可逆的氧化为 +1 或 +2 的反应:

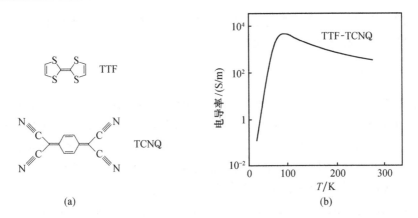

图 9-12　电子给体四硫化富瓦烯 TTF 和电子受体 7,7′,8,8′-四氰代
对二次甲基苯醌 TCNQ(a)以及它们的派尔斯相变(b)

把 TTF-TCNQ 电荷复合物高分子化,就可得到有很好力学强度的导电高聚物。

当然,实际情况将远比上面设想的复杂,详述如下。

9.4.1　导电高聚物的基本概念

1. 导电高聚物

按电学性能分类,物质可分为绝缘体、半导体、导体和超导体四类。在 1977 年白川英树(Shirakawa)发现掺杂聚乙炔具有金属导电特性以及以后黑格(Heeger)、麦克狄米德(MacDiarmid)的出色工作后,高聚物不能作为导电材料的概念被彻底改变,并且导电高聚物还为低维固体电子学和分子电子学的建立打下了基础,具有重要的科学意义。因此上述三位科学家分享了 2000 年诺贝尔化学奖。

所谓导电高聚物是由具有共轭 π 键的高聚物经化学或电化学"掺杂"使其由绝缘体转变为导体的一类高聚物材料。它完全不同于由金属或碳粉与高聚物共混而制成的复合型导电塑料。导电高聚物不仅具有由于掺杂而带来的金属特性(高电导率)和半导体(p 和 n 型)特性之外,还具有高聚物结构的可分子设计性、可加工性和密度小等特点。导电高聚物品种有聚乙炔、聚对苯硫醚、聚对苯撑、聚苯胺、聚吡咯、聚噻吩及 TCNQ 电荷络合高聚物等。其中以掺杂型聚乙炔具有最高的导电性,其电导率可达 $5 \times 10^2 \sim 1 \times 10^4$ S/cm,与铜的电导率 10^5 S/cm 相当。它们在能源、光电子器件、信息、传感器、分子导线和分子器件、电磁屏蔽、金属防腐和隐身技术方面有着广泛、诱人的应用前景。由它们制作的大功率高聚物蓄电池、高能量密度电容器、微波吸收材料、电致变色材料,都已获得成功。

通常导电高聚物的结构特征是由高分子链结构和与链非键合的一价阴离子或阳离子共同组成。即在导电高聚物结构中,除了具有高分子链外,还含有由"掺杂"

而引入的一价对阴离子(p 型掺杂)或对阳离子(n 型掺杂)。这里主要介绍导电高聚物的结构特征和基本的物理、化学特性。

2. 导电性的表征

电阻 $R(R=V/I)$ 和它的倒数——电导 $G(G=1/R)$ 是表征材料导电性的基本参数。但 R 和 G 与试样的面积 S、厚度 d 有关,即 $R=\rho d/S$ 和 $G=\sigma S/d$,这里 ρ 为电阻率($\Omega \cdot cm$)和 σ 为电导率(S/cm),与材料的尺寸无关,是物质的本征参数。电阻率 ρ 和电导率 σ 都可用来表征材料的导电性,但更习惯采用电导率来讨论导电性。绝缘体、导体等就是按电导率大小来划分的。

物质内部存在的带电粒子(正、负离子,电子或空穴,统称为载流子)的移动导致材料的导电。因此,材料导电性与物质所含的载流子数目及其运动速度有关。假定在一截面积为 S、长为 l 的长方体中,载流子的浓度(单位体积中载流子数目)为 N,每个载流子所带的电荷量为 q。在外加电场 E 作用下,载流子沿电场方向运动速度(迁移速度)为 v,则单位时间流过长方体的电流 I 为

$$I = NqvS \tag{9-34}$$

而载流子的迁移速度 v 通常与外加电场强度 E 成正比:

$$v = \mu E \tag{9-35}$$

式中,μ 为载流子的迁移率,是单位场强下载流子的迁移速度,单位为 $cm^2/(V \cdot s)$。因此

$$\sigma = Nq\mu \tag{9-36}$$

载流子浓度和迁移率就是表征材料导电性的微观物理量。

9.4.2 派尔斯不稳定性

如前所述,要使高聚物能导电,首先要在高分子链上有能移动的导电载流子(电子或离子)。根据导电载流子的不同,导电高聚物有两种导电形式:电子导电(共轭体系高聚物、电荷转移络合物和金属有机螯合物)和离子传导(高聚物电解质)。这里主要讨论电子导电的共轭体系高聚物以及电荷转移络合物。

先来看共轭体系的电子导电机理。饱和的碳链高聚物是共价键相连的,所有的价电子都参与了成键(σ 键),σ 电子定域于 C—C 键上。但从第 1 章中我们就提到 π 键的两个 π 电子并没有定域在碳原子上,π 电子云的重叠产生了为整个分子所共有的能带。分子链中的电子云重叠赋予了高聚物可能的导电性能。共轭双键高聚物就是指分子主链中碳-碳单键和双键交替排列的高聚物,代表就是聚乙炔(PA):

$$\cdots\cdots-CH=CH-CH=CH-CH=CH-CH=CH-\cdots\cdots$$

在聚乙炔中,每个碳原子有四个价电子。其中三个 sp^2 分别组成共价键 C—H 和 σ键 C—C,这些 σ键构成了聚乙炔的主链。由于它们的电子云是定域的,不能在碳链中运动,对电导没有贡献。第四个是 π 电子,它的 $2p_z$ 轨道的电子云分布像一个哑铃,其对称轴垂直于分子平面,相邻碳原子中的 π 电子云相互交叠可以在相邻碳原子之间跃迁,应该可以导电(图 9-13)。

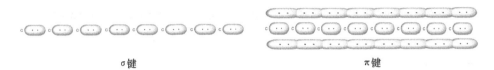

σ键　　　　　　　　　　　　　　π键

图 9-13　σ键和 π 键的电子云

由此可见,在聚乙炔中每个碳原子有一个导电电子(π 电子),应该像碱金属(锂、钾和钠)那样是良导体。但高聚物的链状结构与通常金属的结构是完全不同的,这就决定了带一个导电电子的聚乙炔不能导电,而同样带一个导电电子的碱金属是电的良导体。原来聚乙炔是一维体系,而碱金属是三维体系,空间结构维度性的差别决定了材料的导电性。对一维结构的材料,即使每个原子都有导电的价电子,它也不会(在低温下)导电,这是一条普遍的物理规律,即在低温、等间距点阵结构的一维晶体在能量上是不稳定的。由于电子与晶格原子间相互作用,必将发生晶体结构的畸变,使其能带在费米(Fermi)面附近 K_F 出现能隙 E_g,从而导致体系性质由导体(金属性)向绝缘体(非金属性)转变,或说得简单一些就是,一维晶体不可能是金属,聚乙炔是这样,同为一维结构的 TTF-TCNQ 体系也不导电。这种不稳定性称派尔斯(Peierls)不稳定性,或派尔斯相变。

当温度升高到某个临界温度 T_c 后,一维体系由绝缘体(半导体)变为导体,发生派尔斯相变。不同的一维体系,其临界温度 T_c 也不同,像 TTF-TCNQ 体系能隙很小,T_c 低于室温($T<54$ K),但对聚乙炔,其能隙很大(1.5 eV),对应的 T_c 高达数千度,所以在通常的温度下纯净的聚乙炔不导电,只有掺杂后才能导电。

经典电子论认为,只要体系存在可运动的电子,在电场作用下就会产生电流。但按近代理论,电子具有波粒二象性,要遵从泡利不相容原理,导电的条件不单看是否存在可运动的电子,还要看电子在能带中的填充情况。如果能带未被电子填满,就是导体,如果能带被电子填满,它就是绝缘体(或半导体)。原因非常简单,若能带未被电子填满,电子可以在这未满的能带上运动,在外场作用下形成电流;若能带已被电子填满,电子就不能再在这个能带上找到可移动的位置,要想运动就必须到第二个能带上,而第一能带和第二能带之间有一能隙 E_g,这需要比较大的能量(图 9-14)。

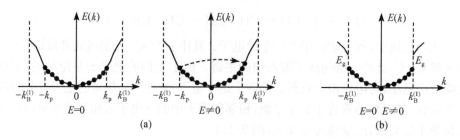

图 9-14　导体(a)和绝缘体或半导体(b)的能带

在导体的能带上电子没有填满,如图所示,左边的一个电子可以运动到右边去,从而形成电流

9.4.3　聚乙炔

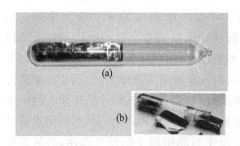

图 9-15　用超过正常值一千倍的齐格勒-纳塔催化剂制得的聚乙炔是具有银色光泽的薄片(a),可从反应容器壁上剥离下来(b)

聚乙炔是由廉价的乙炔气在通用的齐格勒-纳塔催化剂钛酸正丁酯-三乙基铝 $[Ti(OC_4H_9)-AlEt_3]$ 参与下合成而得的。但成薄膜状的聚乙炔的成功合成完全是一个偶然,1970 年白川英树实验室一名研究生使用了正常值一千倍的催化剂,使得本来一直是黑色粉末状的聚乙炔变成了类似铝箔而具有光泽的银色薄片(图 9-15)。聚乙炔膜的电导率可在 12 个量级内变化,将碘掺杂到这聚乙炔薄片中时,原本柔软的银色薄片,转变成金属状的金黄色薄片。此聚乙炔的导电性比已往的提高 10 亿倍。聚乙炔具有半导体到良导体的可调性质,不但有广阔的应用前景,并且在有关高聚物导电性的许多概念和理论方面提供了最好的模型化合物。

聚乙炔可能的几何构型有 7 个,其中以反-反式、顺-反式和反-顺式最为常见,它们的稳定性如图 9-16 所示。

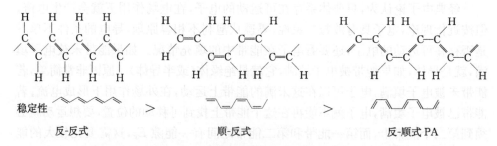

稳定性　　　　反-反式　　　＞　　　顺-反式　　　＞　　　反-顺式 PA

图 9-16　聚乙炔 PA 最常见的几何构型以及它们的稳定性

9.4.4　一维导体特有的"孤子"态

众所周知,金属中传导电流的是电子,半导体的载流子有电子和空穴两种,它们不但具有电荷,而且具有自旋和自旋磁矩。高聚物导体中的导电机理完全不同,载流子是带有电荷(正电或负电)但没有自旋的孤子(soliton)。

什么是孤子? 孤子的概念是从"孤波"来的。孤波是液体介质流动时的一种特殊形式,它的特殊性表现在如下三个方面(图 9-17):

(1) 定域性。孤波的波形集中在一定范围内,在此范围以外,波幅很快趋向于零,因此波动的能量定域在有限的范围以内。

(2) 稳定性。孤波在传播过程中波形固定不变,其传播速度也保持恒定。

(3) 完整性。两个孤波在碰撞后,波形仍恢复到原来的形状,并以原有速度向前继续传播。

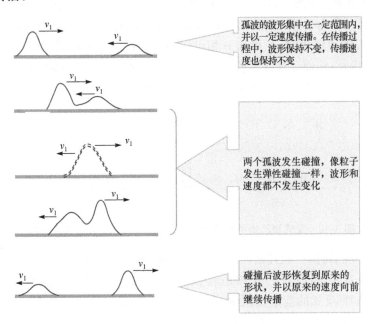

图 9-17　孤波以及两个孤波碰撞的示意图

这三个性质类似于粒子的性质,所以这种孤波称为孤子。

除了具有波峰形式的孤子外,还存在另一种形式的孤子,其波形像一个台阶(图 9-18)。在左半边,波幅为 u_1,在右半边,波幅是 u_2,在这两端水平直线之间有一个逐渐过渡的区域,形成一个台阶,这个左右各一半水平线形成一种均匀的"畴",而当中的过渡区域将左右两个"畴"隔开,类似于墙壁,所以,这个形状的波形被称为"畴壁"。对于这种孤波,体系的能量由波幅 u 的微商 $\partial u/\partial x$ 确定,而不决

定于波幅 u 本身,因此只有波形弯曲的地方才具有能量,平坦的部分不具有能量。能量集中在畴壁内,就具有定域性;同时这个畴壁能以不变的速度运动,形状保持不变,具有稳定性,所以这种畴壁确实也是孤子。

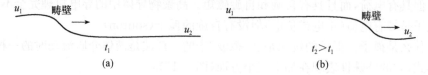

图 9-18　具有"扭结"或"畴壁"波形的另一种形式的孤子

9.4.5　聚乙炔基态的简并性

聚乙炔中的每个碳原子有一个 π 电子,碳链上单键和双键交替出现,一长一短。这里有两种排布形式,称为二聚化结构,如图 9-19 所示。图 9-19(a)称为 A 相,图 9-19(b)称为 B 相,显然 A 相和 B 相互为镜面对称,只要它们的单键换为双键,同时将双键换成单键,A 相和 B 相可以相互转换。由于反式聚乙炔中 A 相和 B 相互为镜像物,镜面反映并不改变分子结构,因此反式聚乙炔的 A 相和 B 相在能量上是相等的,这称为二度简并的基态 A 相和 B 相。

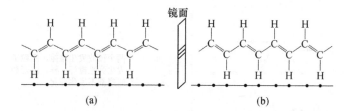

图 9-19　反式聚乙炔中的 A 相(a)和 B 相(b),它们互为镜面对称

这种相互的转换在顺式聚乙炔中是不可能的。比较图 9-20 所示的顺式聚乙炔的 A 相和 B 相,可以看出 A 相是顺-反式,而 B 相是反-顺式,这两种结构不同,能量也不同,顺-反式的能量比反-顺式的低,所以顺式聚乙炔的基态只有一个,是顺-反式的 A 相,其基态是非简并的。

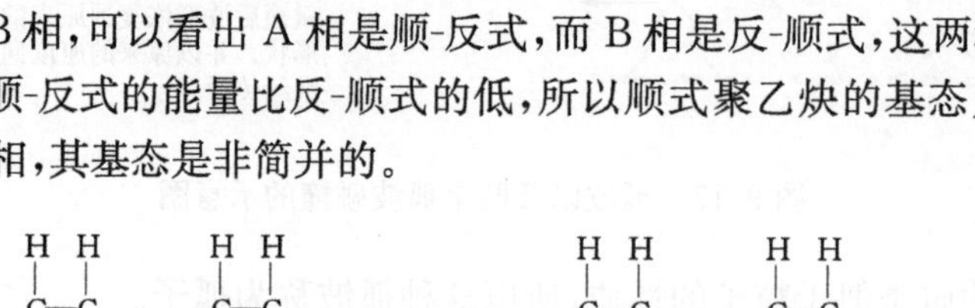

图 9-20　顺式聚乙炔中的 A 相(a)和 B 相(b)

9.4.6　反式聚乙炔中的孤子和极化子

有了对孤子和基态简并性的了解,再来看聚乙炔的情况。

1. 聚乙炔中的孤子

通常在−78℃聚合得到的聚乙炔中顺-反式约占 85%～95%[图 9-21(a)],但随温度的升高(150～200℃处理 15～60 min),顺-反式会转化为反-反式。受热时,首先产生自由自旋的未配对电子[异构化的双自由基机理,图 9-21(b)],以后这电子向分子链两侧移动[图 9-21(c)],并伴随有绕两个单键的旋转[图 9-21(d)],使部分分子链产生异构化成为具有反-反式的链段[图 9-21(e)]。在完全异构化为反-反式聚乙炔链后[图 9-21(f)],这种自旋自由的电子并不全部消失,而是形成了一维导体特有的"孤子"态。

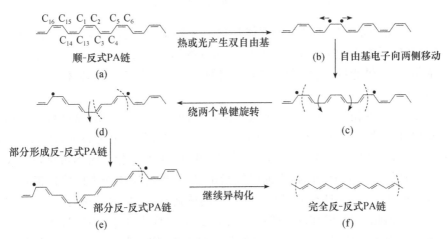

图 9-21　聚乙炔在升温或光照下由顺-反式转为反-反式,并产生双自由基

现在来看完全反式聚乙炔的情况。如果处在基态 A 相的反式聚乙炔受到一个激发,其中的一段变成了 B 相,所需能量为 $2E_s$。这时聚乙炔高分子链中会出现两个过渡区域:在左半部由 A 相逐步过渡为 B 相,A 相和 B 相是两个不同的畴,它们的交界就是畴壁,因此 A 相过渡为 B 相的区域称正畴壁。在右半部再由 B 相过渡回 A 相,此过渡区域称反畴壁,出现"键的缺陷"。

反式聚乙炔中 A 相和 B 相的能量相同,因此在上述激发过程中所投入的能量只能分布在正反畴壁中,在畴壁以外的地方,变化前后能量不变。在正反畴壁之中聚乙炔分子链,既不是 A 相,也不是 B 相,即碳原子之间既不是单键,也不是双键(在图 9-22 中,用虚线表示畴壁中的键)。由于正、反畴壁是对称的,它们所需要的能量相等,各为产生一个畴壁的激发能 E_s(约为 0.44 eV)。由此可见,畴壁是反式聚乙炔中的一种激发方式,叫元激发。

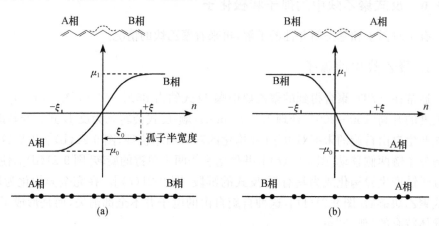

图 9-22　正、反孤子的畴壁型结构示意图

由于畴壁中原子的位置要根据能量极小来确定,不同位置时,原子的能量不同,原子取能量极小的平衡位置就确定了畴壁的结构。要改变畴壁中原子的分布需要能量,不提供能量,畴壁的结构是稳定的。畴壁可在链上移动,但在匀速运动时,其形状不会改变。

当正、反畴壁相距较远时,可以认为两者之间没有相互作用,这样可单独地考察正畴壁和反畴壁。图 9-22(a)是正畴壁,左边是 A 相,右边是 B 相,碳原子的位置间隔不等,图 9-22(b)是反畴壁,左边是 B 相,右边是 A 相。由图可见,正、反畴壁的形式都是一个台阶,并且,上面已经指出,反式聚乙炔碳链上的激发能量集中在正反畴壁之中,从而具有定域性;同时,当畴壁运动时,其形式保持不变,从而具有稳定性。因此,正畴壁和反畴壁都是孤子,正畴壁称为孤子(用符号 S 表示),反畴壁称为反孤子(用符号 S̄)。台阶形的孤子也称为"纽结"(kink),因此,这里的正畴壁也称为纽结,反畴壁称为"反纽结"(antikink)。

A 相和 B 相互为对称,因此孤子和反孤子中的原子分布有一定的对称性。实际上,改变一下符号,孤子与反孤子就能相互转换。

2. 聚乙炔中的极化子

孤子和反孤子是同时存在的,上面认为它们相距较远时没有相互作用,但在有限长的高分子链上会有相互作用。如果距离逐步靠近,就必须考虑它们之间的电荷相互作用。

孤子和反孤子各有三种带电状态,即:

(1) 总电荷为零。这时的孤子和反孤子带异号电荷,或都不带电。由于异号电荷的相互吸引,孤子和反孤子会不断接近,直至相互湮灭,因此这种带电状态的孤子-反孤子对不能稳定存在。

（2）总电荷为 $\pm 2e$。孤子和反孤子带同号电荷，相互排斥，而成为两个独立的畴壁。

（3）总电荷为 $\pm e$。即孤子或反孤子中一个带电而另一个为中性，它们在相距较远时相互吸引，在靠得很近时就成为相互排斥。当孤子与反孤子的距离 $2y_0$ 逐渐减小时，在从吸引力连续地演变为排斥力的过程中，在某个距离上的孤子与反孤子的相互作用力必然会等于零。

$2y_0$ 很大时，体系的总能量简单地等于单独的孤子与反孤子能量之和 $4/\pi\Delta_0$（$2\Delta_0$ 是导带和价带的能隙），当两者接近时，总能量降低，当孤子与反孤子距离 $2y_0$ 达到 $1.24\xi_0$（ξ_0 是孤子的半宽度，见图 9-22）时，体系的总能量达到极小值 $2\sqrt{2}/\pi\Delta_0$，此时两者之间的相互作用力等于零。所以，总能在一个恰当的孤子间距

时达到吸引与排斥的均衡，而稳定下来。在总能量曲线上呈现出一个作用能的最低点（图 9-23）。当距离 $2y_0$ 进一步减小时，体系的总能量开始增加，这表示当距离小于 $1.24\xi_0$ 时，在孤子和反孤子之间出现了排斥力。如果两者的距离等于零，则孤子和反孤子相互湮灭。然而，由于该体系带有一个电荷，会在二聚化状

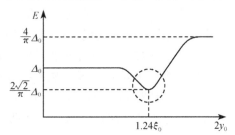

图 9-23　极化子形成过程的总能量曲线图

态的价带中留有一个空穴（若体系带正电），或者在导带中多出一个电子（体系带负电），所以当 $2y_0=0$ 时，体系的总能量等于 Δ_0。

因此，根据图 9-23 可以看到，孤子和反孤子可以形成一个束缚态，其能量等于 $2\sqrt{2}/\pi\Delta_0$。在此束缚态中，由于两者之间距离只有 $1.24\xi_0$，孤子与反孤子的畴壁已交叠得很厉害，以致难于辨认原来的孤子和反孤子的形状。实际上，该束缚态已是一种新的稳定状态，即以此间隔相距的孤子与反孤子的体系形成了一个稳定的束缚态，这种被束缚在一起的孤子对就叫极化子（polaron），也是导电聚乙炔的载流子。

当然要使极化子在高分子链上移动也需要激发能。极化子所需的激发能就为 $2\sqrt{2}/\pi\Delta_0$，比孤子的激发能 $2\Delta_0/\pi$ 大，但仍比电子（或空穴）的激发能 Δ_0 小。

为完整了解聚乙炔中载流子情况，表 9-4 列出了聚乙炔高分子链上可能的载流子图解。

表 9-4　聚乙炔高分子链上可能的载流子

名称	图解	荷电状态
真空态		共轭链
中性孤子		自由基
正孤子		碳正离子
负孤子		碳负离子
正极化子		阳离子自由基
负极化子		阴离子自由基
正双极化子		两价碳正离子
负双极化子		两价碳负离子

9.4.7　畴壁中的电子状态

因为聚乙炔高分子链包含晶格原子和 π 电子两部分,要完全描述聚乙炔的激发状态必须同时弄清楚畴壁中的晶格原子的分布和电子的状态,上面已确定了畴壁中的原子分布,下面再来分析畴壁中的电子状态。

如果聚乙炔分子中 N 个碳原子排列成一条直线,形成长为 $L=Na$(a 为晶格常数,$a=0.122$ nm)的直链,每个碳原子有一个 π 电子,共 N 个,电子的线密度为 $n=1/a$。电子波的波长 λ、波数 k 和动量 p 之间的关系是 $k=1/\lambda=p/\hbar$,这里 $\hbar$ 是普朗克常量。当电子在聚乙炔一维长链上运动时,其波函数 $\Psi_k(x)=1/\sqrt{L}e^{i2\pi kx}$ 要满足周期性的边界条件,即在链的两个端点($x=0$ 和 $x=L$)上波函数的数值相等,$\Psi_k(L)=\Psi_k(0)$。这就要求(kL)取零或正负整数,则 k 只能为

$$k = m/L \quad (m=0, \pm 1, \pm 2, \cdots)$$

因为通常是用 k 作为坐标轴来表示电子的运动状态,k 值的选取意味着对一维晶格体系中电子的能谱,在特殊的点 $k_B^{(n)}$ 处是不连续的,存在能隙。由这些特殊的点 $k_B^{(n)}$ 所分割的区域就称布里渊区,每个布里渊区的长度都是 $1/a$,每个布里渊区中电子能谱组成一个能带。这些特殊的波数 $k_B^{(n)}$ 就是布里渊区的边界,一维晶格第一布里渊区的边界是 $k_B^{(1)}=\pm 1/2a$ 的两点。

在晶格中电子的状态服从泡利不相容原理,在每个状态上,至多只能被具有两个不同自旋取向的电子所占据。因此,N 个电子将按其能量大小依次从 k 小的状态向 k 大的状态逐一填充,形成整体能量最低的体系基态。在 N 个电子填完后,对应的最大波数 k_F 的最大动量 p_F 就称为费米动量,而对应最大动量 p_F 的电子最大能量 E_F 称为费米能,$E_F=p_F^2/2m=\hbar^2 k_F^2/2m$。显然,费米动量 k_F 和布里渊区边界 $k_B^{(n)}$ 是不同的,费米动量 k_F 完全由电子的密度 n 决定,与晶格结构无关,k_F 是基态中电子的最大动量,而布里渊区边界 $k_B^{(n)}$ 由晶格常数 a 决定,与电子数目的多少无关,$k_B^{(n)}$ 是电子能谱不连续的位置。

假定碳原子间是等距离排列[图 9-24(a)]，聚乙炔中每个原子具有一个价电子，电子的线密度为 $n=N/L=1/a$，与第一布里渊区的边界 $k_B^{(1)}=\pm 1/2a$ 相比，可知 $k_F=k_B^{(1)}/2$，表明此时费米面正好位于第一布里渊区的中央，第一能带是半满的[图 9-24(a)]。如果其他能带都空着，那么根据前面导体的能带说，聚乙炔应该是导体。但是，对于像聚乙炔那样的未满能带的一维晶格，原来的原子排列是不稳定的，这就是前面提到过的派尔斯不稳定性。因为等距离的原子排列在能量上比较高，原子将发生位移降低体系的能量。由于聚乙炔的能带是未满的，碳原子将发生这样的位移：所有奇数碳原子向右位移 δa，所有偶数碳原子向左位移 δa（约为 0.004 nm）。

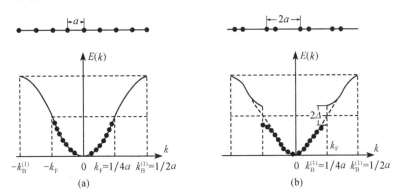

图 9-24　聚乙炔中碳原子等距离排列时的能带(a)和二聚化后的能带(b)

晶格原子位移后，出现了长短键，结构周期变成了 $a'=2a$，两个靠近的原子形成了一个新的晶胞，这个过程就是上面说的"二聚化"。晶格二聚化后，原来等距离排列晶格的电子能谱（图中的虚线）在 $k_B'=\pm 1/4a$ 上产生一个能隙 2Δ（1.5 eV），它正好发生在 $k_B^{(1)}=\pm 1/2a$ 处，即正好落在费米面 k_F 上，见图 9-24(b)。由图可见，新能隙 2Δ 的打开，使得 k_B' 内侧的能谱降低，k_B' 外侧的能谱增高。因为 k_B' 与 k_F 重合，电子都填在了 $|k|\leqslant|k_B'|$ 的区域内（第一布里渊区），并且能量降低了，虽然布里渊区外侧的能谱提高了，但那里并没有电子，所以二聚化后这个体系的总能量是降低的（约降低 $-0.015\times NeV$，N 是总原子数）。

二聚化后，原来半满的能带分裂为二，下面的一个能带完全填满电子，上面的则完全空着，一个电子也没有。因此，由于二聚化，本来带导电电子的聚乙炔成了绝缘体（或半导体）。当然，如果升高温度到足够高的温度，晶格原子振动振幅加大，由派尔斯不稳定性所产生的原子位移逐渐模糊起来，能隙随之消失，产生派尔斯相变，聚乙炔变为导体。可惜的是聚乙炔的能隙太大，约为 1.5 eV，产生派尔斯相变的温度将达数千度，这时聚乙炔早就分解了。

其他导电高聚物的能隙都比较大，聚噻吩的能隙为 2.0 eV，聚吡咯、聚苯胺的能隙超过 3.0 eV，即使是被认为能隙最低的导电高聚物聚异硫茚（polyisothianaphene)的能隙也在 1.0 eV 左右。它们的派尔斯相变的温度将达数千度,在常温下只能是绝缘体。

在反式聚乙炔中,一个孤子大约含有 15 个碳原子,能携带正电荷或负电荷,其数值等于电子的电量,但没有自旋和自旋磁矩,孤子的质量约为电子质量的 6 倍。孤子在聚乙炔链上移动,就形成电流。孤子中原子分布处于使原子能量最低的平衡位置,要使孤子在高分子链上流动,就要改变链上原子的排列位置,以便在新的位置形成一个新的孤子,即需要能量激发。孤子的激发能 $E_s = 2\Delta/\pi$,约为 0.44 eV。电子(或空穴)的激发能为 Δ,比孤子的激发能大,所以先出现的载流子是孤子而不是电子(或空穴),并且孤子在链上的迁移活化能仅为 0.002 eV。

需要指出的是,孤子和电子(或空穴)在激发形式上有根本差别。产生一个电子(或空穴)只需要将它激发到导带上而无需改变晶格结构和电子能带结构,但当产生一个孤子时,除了使一个电子从价带跃迁到能隙中央的孤子能级外,还会引起这个原子晶格和所有的电子状态的改变,因此可以说孤子是一种"集体激发",是所有电子和整个原子晶格协同作用的结果。

9.4.8　掺杂

正如前面已经说过的,由于派尔斯不稳定性,一维体系的纯反-反式聚乙炔高分子链 k_F 有能隙,在宏观上聚乙炔薄膜是电的绝缘体。想通过升高温度来改变聚乙炔的导电性又不现实。但可以想办法在这能隙之间适当添加若干能级,使能隙变窄,就有可能使聚乙炔薄膜导电,这就是所谓的掺杂(doping)——因添加了电子受体或电子给体而提高电导率的方法。当掺入百分之几的掺杂剂,就能把聚乙炔薄膜变为与铜一样的良导体,其电导率能提高十个数量级以上,达 $10^2 \sim 10^4$ S/cm 量级。

在导电高聚物中虽然也用了"掺杂"这个术语,但它与无机半导体的"掺杂"概念完全不同,主要差别见表 9-5。

表 9-5　导电高聚物的掺杂与无机半导体的掺杂的对比

无机半导体中的掺杂	导电高聚物中的掺杂
本质是原子的替代	是一种氧化还原过程
掺杂量极低(万分之几)	掺杂量一般在百分之几到百分之几十之间,通常超过 6% 才有较高的电导率
掺杂剂在半导体中参与导电,嵌入到无机半导体的晶格中,形成电子或空穴两种载流子	掺杂剂不能嵌入到主链原子间,只能存在于主链与主链之间,在导电高聚物中形成带正电或负电的离子依附在导电高分子链上,不参与导电
没有脱掺杂过程	掺杂过程是完全可逆的

掺杂方法有化学法和物理法两大类。电化学掺杂就是用电极上的氧化还原反应来改变聚乙炔高分子链上孤子的荷电状态,化学掺杂则是应用高分子链中孤子

态链段与掺杂剂间的电子转移来改变聚乙炔高分子链上孤子的荷电状态。物理法有离子注入法等。

掺杂剂有很多种类型,包括:

(1) 电子受体型。

卤素:Cl_2,Br_2,I_2;

路易斯(Lewis)酸:PF_5,SbF_5,BF_3,AsF_5;

质子酸:HF,HCl,HNO_3,H_2SO_4,$HClO_4$,FSO_3H,CH_3SO_3H,$CFSO_3H$;

过渡金属卤化物:MoF_5,RuF_5,WCl_5,$SnCl_4$,$MoCl_5$,$FeCl_3$,$TaBr_5$,SnI_4;

有机化合物:四氰基乙烯(TCNE),四氰代二次甲基苯醌(TCNQ),四氯对苯醌,二氯二氰代苯醌(DDQ),C_{60}。

(2) 电子给体型。

碱金属:Li,Na,K;

氨:NH_3;

季铵盐:四乙基铵(TEA^+),四丁基铵($TbuA^+$)。

如果用 P_x 表示共轭高聚物(P 表示高聚物的结构单元,如聚乙炔分子链中的—CH $=\!=$),A 和 D 分别表示电子受体和电子给体,则掺杂可用下述电荷转移反应式来表示。

$$P_x + xyA \longrightarrow (P^{+y}A_y^-)_x$$
$$P_x + xyD \longrightarrow (P^{-y}D_y^+)_x$$

电子受体或电子给体分别接受或给出一个电子变成负离子 A^- 或正离子 D^+,例如

$$3I_2 + 2e \longrightarrow 2I_3^-$$
$$I_3^- + I_2 \longrightarrow I_5^-$$
$$3AsF_5 + 2e \longrightarrow 2AsF_6^- + AsF_3$$

但共轭高聚物中每个链节(P)却仅有 y($y \leqslant 0.1$)个电子发生了迁移。这种部分电荷转移是共轭高聚物出现高导电性的极重要因素。由于 A 型掺杂后将使高聚物本体的价带产生空穴,从而使费米能级 E_F 向下移动,D 型掺杂后相反地将有电子注入导带,使费米能级 E_F 向上移动,它们的作用都是使价带与导带之间的能隙变窄,从而增强了聚乙炔的金属性(图 9-25)。

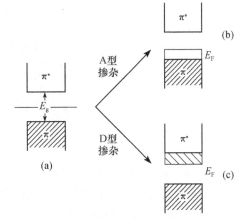

图 9-25　聚乙炔掺杂前后的能带

(a) 掺杂前有能隙 ΔE_g 致使 PA 不能导电;(b) A 型掺杂后的能带,能隙变窄;(c) D 型掺杂后的能带,能隙也变窄

电子受体或电子给体分别接受或给出一个电子变成负离子 A^- 或正离子 D^+，从图 9-26、图 9-27 可见，当聚乙炔中掺杂剂含量 y 从 0 增加到 0.01 时，其电导率增加了 7 个数量级，电导活化能则急剧下降。

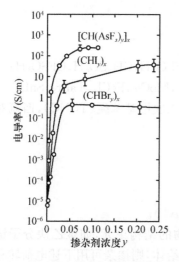
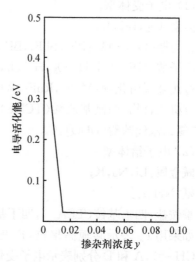

图 9-26　聚乙炔电导率与掺杂剂浓度的关系　　图 9-27　聚乙炔电导活化能与掺杂剂浓度的关系

在共轭导电高聚物中掺杂的离子在高聚物的分子链之间往往形成柱状阵列，随着掺杂浓度的提高，后继嵌入的掺杂离子可能进入此前形成的阵列中，也可能形成新的阵列，并导致大分子链相互分离。图 9-28 为碘掺杂聚乙炔的插入模式图。

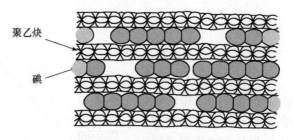

图 9-28　碘掺杂聚乙炔模式图

一维有机导体的导电机制有链内导电（载流子在高分子链上平滑移动）和链间导电（载流子在高分子链之间跳跃式传递）两个机理，当然链内导电肯定是基本的，但高聚物高分子链之间的电导也不可忽略，特别是在低温，链间导电对高聚物的直流电导率有较大影响。事实上，如果一条高分子链上的荷电孤子(S^+)与另一条高分子链上的中性孤子(S)相邻时，将发生两个不同荷电孤子的电子态之间有非零的重叠，对于电子可能形成一个声子由一个态跃迁到另一态的变化（图 9-29）。

9.4.9　基态非简并的高聚物导体

由于电子与晶格的相互作用,一维晶格会发生变形使得碳链上的碳原子形成二聚化,即碳链上原子间的单键和双键相互交替出现,形成所谓的 A 相和 B 相。显然,反式聚乙炔的 A 相和 B 相互为镜面反映,分子结构不改变,能量相等,都是碳链

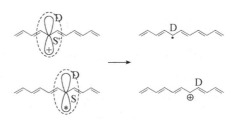

图 9-29　$S^+(D^-)$ 与 $S(D^-)$ 间的电子(电荷)转移

的二聚化基态,称为晶态简并的高聚物。对顺式聚乙炔,A 相是顺-反式,B 相是反-顺式,结构不同能量也不同,所以顺式聚乙烯的基态只有一个,是 A 相,其基态是非简并的。其他基态非简并的高聚物导体也如图 9-30 所示。当然,还有像聚苯撑硫、聚苯胺、聚对苯醚等,其基态只有一个相,也属于基态非简并的体系(图 9-31)。基态是否简并将决定高聚物链上激发态的类型。当基态有简并时,就出现畴壁型的孤子。当基态没有简并时,在链上不能形成孤子,而是形成极化子。

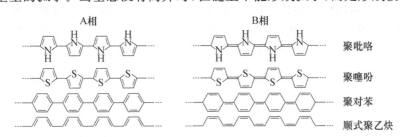

图 9-30　有不同相的基态非简并体系高聚物

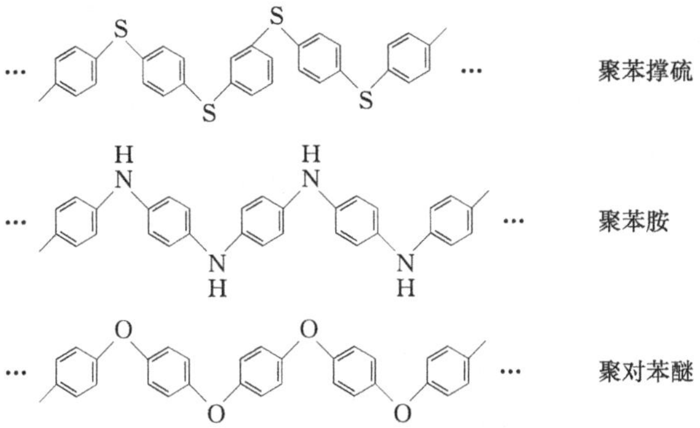

图 9-31　单相基态非简并体系高聚物

由上面极化子形成过程中已经了解极化子是基态简并的一维高聚物分子链上的一种特殊情况,即仅当体系总电荷为 $\pm e$ 时形成的新态。但是,在基态非简并的高聚物分子链上,却总是形成极化子的。以聚对苯撑为例来进行说明。如图 9-30

中给出的对苯撑的 A 相与 B 相的结构图示。由于它的 A 相是由苯环 连接而成,而 B 相则是由醌环 组成的,因此 B 相的能量比 A 相高 $n_B \delta \varepsilon$,n_B 为 B 相中所含醌环单元数,而 $\delta \varepsilon (=0.36 \text{ eV})$ 为由一个苯环变成一个醌环所需要的能量。所以,在一条 A 相对苯撑分子链条上不可能出现由 A 相变为 B 相的链段。从而作为键的缺陷的孤子态不会出现,这是由于非简并基态的高聚物的共同性质。它们虽然不会产生孤子态,但是可以形成极化子态,因为极化子是总电荷为 $\pm e$ 的孤子对的束缚态。如果在对苯撑 A 相的链条中部有少数几个苯环变成了醌环,链的两边仍是 A 相,那么只有中间一小段变为 B 相,这时需要的能量为 $n_B \delta \varepsilon$。因为 n_B 很小,所以 $n_B \delta \varepsilon$ 也不大,由此产生了孤子 S 与反孤子 $\bar{\text{S}}$ 对,并且其间存在着恒定的吸引作用。

9.4.10 二维体系的导电高聚物

因为一维固体的派尔斯不稳定性,一维高聚物不能导电,这是维度性的特征之一。那么马上可以想到的是,将一维高聚物扩展其维度,从而达到抑制派尔斯相变,这就是二维体系的导电高聚物。事实上,自然界中存在的石墨就是这样的二维导电体。现在可以通过各种合成方法来制得二维的导电高聚物,如从聚乙炔就可制得石墨类的导电体(图 9-32)。

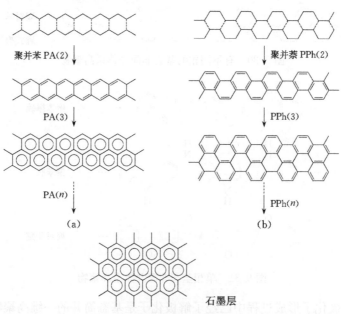

图 9-32 由聚乙炔构成的石墨类

(a) 反-反式 PA 间相互作用;(b) 顺-反式 PPh 间相互作用

又如 3,4,9,10-二萘嵌苯四酸二酐(PTCDA)的高温聚合,可制得类似石墨结构的聚萘,具有优良的导电性。聚萘的合成过程如图 9-33 所示。聚萘的导电性与反应温度有关。温度越高,石墨化程度也越高,导电性就越大。聚萘的储存稳定性良好,在室温下存放四个月,其电导率不变。聚萘的电导率对环境温度的依赖性很小,显示了金属导电性的特征。

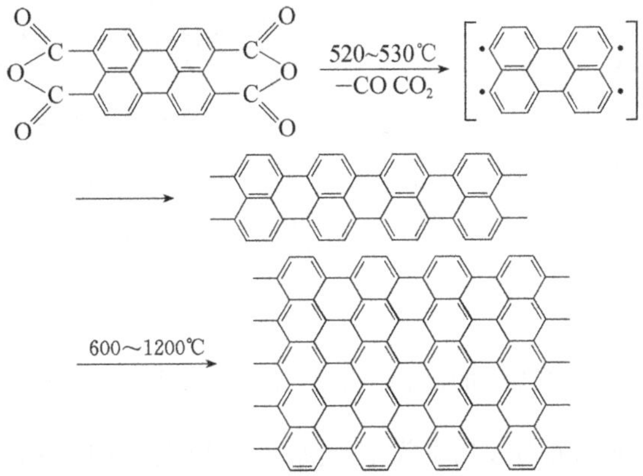

图 9-33　3,4,9,10-二萘嵌苯四酸二酐高温聚合制备类石墨结构的聚萘

聚萘有可能用作导电碳纤维、导磁屏蔽材料、高能电池的电极材料和复合型导电高聚物的填充料。由酚醛树脂热裂解能制得黑色具有金属光泽的导电聚并苯,如图 9-34 所示,电导率达 10^2 S/cm,在空气中十分稳定,在室温下放置十几年电导也没有什么变化。

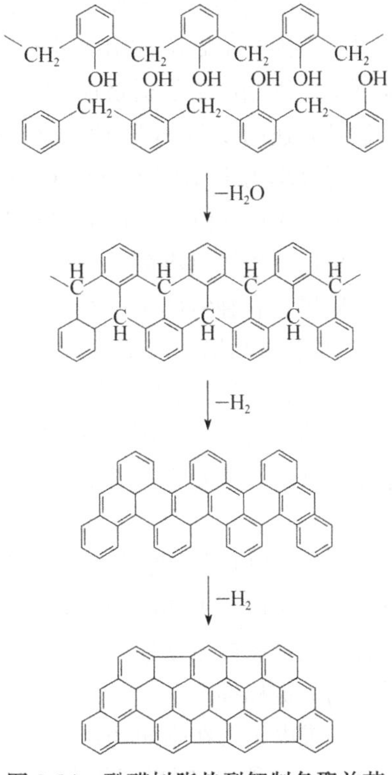

9.4.11　石墨烯

最近成热点的石墨烯(Graphene)是典型的二维体系(图 9-35)。单层石墨烯只有一个碳原子的厚度 0.0335 nm。曾经认为,热力学涨落不允许二维的石墨烯在有限的温度下存在。但 2004 年盖姆(Geim)和诺沃肖洛夫(Новосёлов)用简单的微机械力剥离法(胶带剥离法)成功制备了单层的二维石墨烯,应归结于石墨烯在纳米级别上的微观扭曲。石墨烯的内部结构是碳原子以 sp^2 的杂化所构成,碳原子 4 个价电子中有 3 个

图 9-34　酚醛树脂热裂解制备聚并苯

电子生成 sp^2 键,即每个碳原子都贡献一个位于 p_z 轨道上的未成键电子,近邻原子的 p_z 轨道与平面成垂直方向可形成 π 键,新形成的 π 键呈半填满状态。除了 σ 键与其他碳原子链接成六角环的蜂窝式层状结构外,每个碳原子的垂直于层平面的 p_z 轨道可以形成贯穿全层的多原子的大 π 键,因而具有优良的导电(和光学)性能。

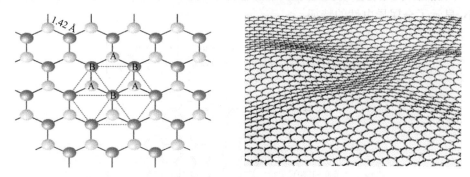

图 9-35　石墨烯的化学结构及其在纳米级别上的微观扭曲

　　石墨烯的结构非常稳定,几乎没有碳原子的缺失,并且各碳原子连接非常柔韧,当施加外力时,碳原子面就弯曲变形,这样碳原子不必重新排列来适应外力。这种稳定的结构使得碳原子具有优良的导电性,因为石墨烯中的电子在轨道上移动时不会因晶格缺陷或引入外来原子而发生散射,又因原子间作用力特别强,在常温下即使周围原子发射挤撞,石墨烯中的电子受到的干扰也非常小。电子运动速度达到光速的 1/300,为 10^6 m/s,远超过电子在一般导体中的运动速度。其室温电子迁移率为 1.5×10^5 cm²/(V·s),已十分接近理论值 2×10^5 cm²/(V·s)。其电阻率为 10^{-6} Ω·cm,比铜和银更低。

　　单层石墨烯具有简单的电子能带谱,为零带隙半导体,并具有空穴和电子。单层石墨烯具有独特的电子结构,从而导致它具有传统材料所没有的一些特殊性能。事实上,能带结构的产生是由于包含两个不等价阵点的单元结构的对称性所导致的;其中,C—C 键的键长为 0.142 nm(1.42 Å),晶格参数为 0.246 nm。其价带和导带呈镜像关系。如图 9-36,价带和导带在狄拉克点(Dirac 点,即单点的零状态)相交。这种直接发生在本征费米能级上的相交,产生了零隙半导体的性质和半金属特性。在狄拉克点 k,收敛态密度(DOS)为零,石墨烯中的载流子表现为线性的能带结构,即电子的能量 E 及其动量 k 呈线性色散关系,并导致载流子的有效质量为零。所以石墨烯中的电子基本上表现为无质量的狄拉克费米子,产生了前所未有的优良载体流动性,充电的有效速率可达到单位电气领域和高速电子产品所要求的关键标准。

　　二维电子气在强磁场作用下,原来连续的能谱被劈成分立的量子能级——朗道(Landau)能级,叫量子霍尔(Hall)效应。异常的量子霍尔效应,朗道能级可居

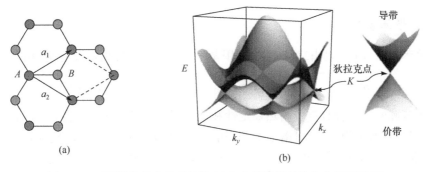

图 9-36　石墨烯的基本单元结构(a)和电子能带结构与布里渊区(b)

于 0,半整数。对于单层石墨烯,在狄拉克点($E=0$)处,存在一个朗道能级峰,当费米子能级穿越狄拉克点时,出现一个霍尔电导平台的跳跃。由于其两种不等价碳原子产生赝自旋效应,霍尔电导的平台在 $\pm 1/2$、$\pm 3/2$、$\pm 5/2$···处表现为半整数的量子霍尔效应。石墨烯明显的二维电子特性表明,它们将是未来纳米电子器件具有前景的材料。特别是最近发现石墨烯还具有超导性(见 9.6 节)。

9.4.12　其他导电高聚物

除了最早的聚乙炔(PA)外,典型的导电高聚物有聚吡咯(PPy)、聚噻吩(PTh)、聚对苯乙烯(PPV)、聚苯胺(PANi)以及它们的衍生物。其中,聚乙炔所能达到的电导率在已发现的导电高聚物中是最高的,达到了 10^5 S/cm 量级,接近 Pt 和 Fe 的室温电导率。

除了表 9-6 列出的典型导电高聚物以及前面章节中已经提及的外,导电高聚物还有以下几种。

表 9-6　典型的导电高聚物

导电高聚物(合成年份)	结构式	室温电导率/(S/cm)
反式聚乙炔 PA(1977)		10^4
聚吡咯 PPy(1978)		10^3
聚噻吩 PTh(1981)		10^3
聚对苯 PPP(1979)		10^3
聚对苯乙烯 PPV(1979)		10^3
聚苯胺 PANi(1980)		10^2

1. 聚苯硫醚

聚苯硫醚(PPS)是由二氯苯在 N-甲基吡咯烷酮中与硫化钠反应制得的。

$$nCl-\!\!\langle\bigcirc\rangle\!\!-Cl + nNa_2S \longrightarrow \left[\!\langle\bigcirc\rangle\!\!-S\right]_n + 2nNaCl$$

聚苯硫醚是一种具有较高热稳定性和优良耐化学腐蚀性以及良好力学性能的热塑性材料,既可模塑,又可溶于溶剂,加工性能良好。纯净的聚苯硫醚是优良的绝缘体,电导率仅为 $10^{-15} \sim 10^{-16}$ S/cm,但经 AsF_5 掺杂后,电导率可高达2×10^2 S/cm。

由元素分析及红外光谱结果确认,掺杂时分子链上相邻的两个苯环上的邻位碳—碳原子间发生了交联反应,形成了共轭结构的聚苯并噻吩。

2. 热解聚丙烯腈

热解聚丙烯腈是一种本身具有较高导电性的材料,不经掺杂的电导率就达10^{-1} S/cm。它是由聚丙烯腈在 $400\sim600℃$ 温度下热解环化、脱氢形成的梯形含氮芳香结构的产物。通常是先将聚丙烯腈加工成纤维或薄膜,再进行热解,因此其加工性可从聚丙烯腈获得。同时由于其具有较高的分子量,故导电性能较好。由聚丙烯腈热解制得的导电纤维,称为黑色奥纶(black orlon)。聚丙烯腈热解反应式为

如果将上述产物进一步热裂解至氢完全消失,可得到电导率高达 10 S/cm 的

高抗张碳纤维。将溴代基团引入聚丙烯腈,可制得易于热裂解环化的共聚丙烯腈。这种溴代基团在热裂解时起催化作用,加速聚丙烯腈的环化,提高热裂解产物的产率。

聚乙烯醇、聚酰亚胺经热裂解后都可得到类似的导电高聚物。

3. 金属有机共轭结构高聚物

将金属引入高聚物主链即得到金属有机高聚物。由于有机金属基团的存在,使高聚物的电子电导增加。其中最值得介绍的是聚酞菁铜[poly(phthalocyanine copper)],它具有二维电子通道的平面结构:

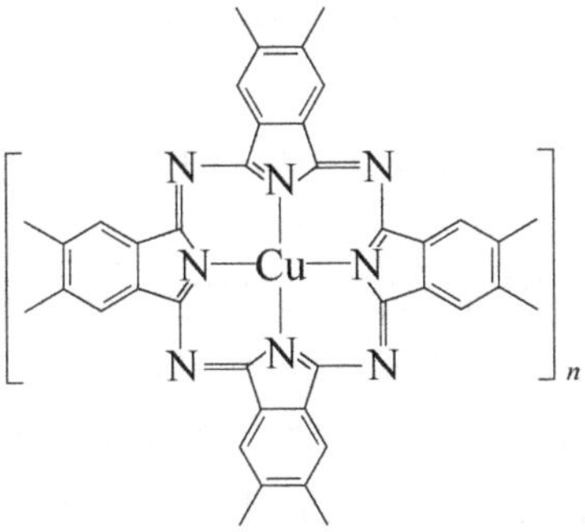

电导率高达 5 S/cm。当有机金属高聚物中的过渡金属原子存在混合氧化态时,可以提供一种新的,与有机骨架无关的导电途径,电子直接在不同氧化态的金属原子间传递,就像在自由基-离子化合物中,电子直接在自由基-离子的不同氧化态之间传递一样。因为电子传递完全不需要有机骨架参与,所以即使有机骨架是非共轭的也没有关系。聚二茂铁(或含二茂铁的高聚物)

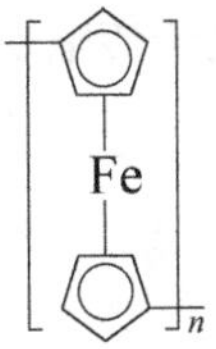

原为电绝缘体,当加入TCNQ等电子受体使其中部分二价铁被氧化成三价铁时,形成混合价态,则电导率提高到 10^{-4} S/cm。

9.5 电致发光共轭高聚物

导电高聚物经过了 40 多年的历程,在"导电"材料和半导体器件上并没有得到真正实用,反而"歪打正着"在电致发光(electroluminescence,EL)领域里取得了突破性的进展,其中利用共轭高聚物半导性的发光现象将在显示器领域中取代传统的液晶屏,成为软性、超薄的新一代信息显示材料,那就是电致发光高聚物。这是一个具有百亿产值的潜在大产业。

发光是把其他能量转换为光能的过程。电致发光是指发光材料在电场作用下,受到电流和电场的激发而发光的现象。发光源于电子从高能级向低能级的辐射跃迁。一个原子的核外电子按能量从低到高分布在不同轨道上,处于平衡态并不发光。当外层的一个电子被激发到能量更高的轨道上,该原子处于激发态,这个电子是不稳定的,会在非常短的时间回到原来的轨道,把多余的能量发出而发光。但有机发光材料与无机发光材料在微观粒子的结合力上差别很大,无机发光材料一般通过离子键或共价键结合(金属通过金属键结合),而有机发光材料直接是通过分子间较弱的范德瓦耳斯作用力结合,电子在有机材料中的平均自由程很短。

有机分子中处于 n 轨道、π 轨道、σ 轨道的电子是基态的,吸收能量就会进入能量较高的 π^* 轨道、σ^* 轨道,即 $n \rightarrow \sigma^*$、$n \rightarrow \pi^*$、$\pi \rightarrow \pi^*$ 和 $\sigma \rightarrow \sigma^*$,就是激发态,其中以 $n \rightarrow \pi^*$ 和 $\pi \rightarrow \pi^*$ 最为重要。因为 σ 键的能量比 π 键低,而 σ^* 键的能量比 π^* 键高,所以实现 $\pi \rightarrow \pi^*$ 跃迁比 $\sigma \rightarrow \sigma^*$ 所需能量低,更容易实现。而 $n \rightarrow \pi^*$ 跃迁甚至比 $\pi \rightarrow \pi^*$ 所需能量更低。但一般情况下 $\pi \rightarrow \pi^*$ 跃迁概率要比 $n \rightarrow \pi^*$ 跃迁概率大很多,因为 n 轨道与 π^* 轨道相互垂直,两者的交叠非常小,所以 $n \rightarrow \pi^*$ 跃迁是空间禁阻的,而 π 轨道与 π^* 轨道之间的跃迁却是允许的,因此跃迁概率大。首次实现电致发光的高聚物是共轭的聚苯乙炔 PPV,其半导体特性来自沿高分子链的非局域 π 键,发光就来自电子在 π^* 和 π 轨道之间的跃迁。

最简单的电致发光器件是单层结构器件,单层的电致发光高聚物薄膜夹在透明电极氧化铟锡(ITO)阳极和低功函数金属(Mg、Li 和 Ca 等)阴极之间(图 9-37)。有机层既作发光层(EML),又兼作电子传输层(ETL)和空穴传输层(HTL)。

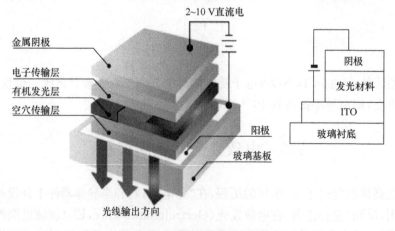

图 9-37　单层电致发光器件结构

　　高聚物电致发光器件的工作原理是从阴极和阳极注入的电子和空穴在电场作用下沿高分子链相向运动。当电子和空穴相遇时，它们受库仑力的作用相互吸引。当电子和空穴处于相同的分子链时它们将形成激子，激子复合时产生光的散射。如果电子和空穴分别处于相邻的分子链上，电子和空穴将形成电子-空穴对（链间激子）。

　　图 9-38 是高聚物电致发光器件工作原理。在外加电场作用下，电子和空穴从阴极和阳极向夹在电极之间的有机功能层注入。注入的电子和空穴就分别从电子传输层和空穴传输层向发光层迁移，到达发光层后，由于库仑力的作用束缚在一起形成电子空穴对，即激子。又由于电子和空穴传输的不平衡，激子的主要形成区域通常不会覆盖整个发光层，因而会由于浓度梯度传输扩散迁移。最后激子辐射跃迁，发出光子，释放能量。

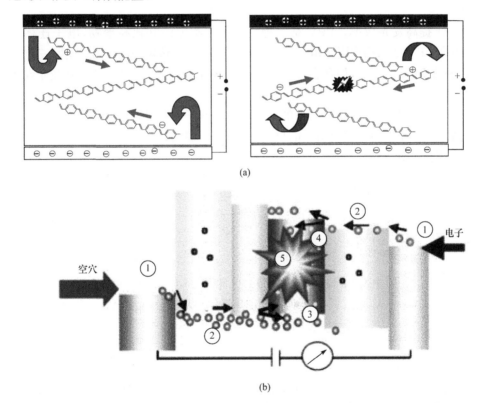

图 9-38　高聚物电致发光器件的工作原理图（a）和示意图（b）

　　有机发光二极管（OLED）发光的颜色取决于发光层有机分子的类型。在同一片 OLED 上放置集中有机薄膜，就构成彩色显示器。光的亮度取决于发光材料的性能以及所施加电流的大小，对同一 OLED，电流越大，光的亮度越高，早已超过

100000 cd/m^2。

高聚物电致发光材料均为共轭结构的高聚物,最常见的是主链 π 共轭结构。目前,广泛研究并常用的高聚物电致发光材料有聚苯撑乙烯类(也称聚苯乙炔类,PPV)、聚乙炔类(PAs)、聚对苯类(PPP)、聚芴类(PF)和聚噻吩类(PT)以及其他(聚吡啶类、聚噁唑类、聚呋喃类)等。

1. 聚苯撑乙烯类

聚苯撑乙烯是第一个电致发光的高聚物,用它的薄膜制成的发光器件在 14 V 自由电压驱动下发黄绿光。对 PPV 的改性主要有下面几种。

(1) 增加溶解性。PPV 高分子链刚性好,在普通溶剂中溶解度差,加工性能不好,可以在苯环上引入如己基、2-乙基己氧基、硅烷基等长链基取代基,增加溶解度。

(2) 提高发光效率。PPV 是一种空穴传输类型的共轭高聚物,电子迁移率小,可在 PPV 链结构中引入电子传输基团以获得空穴传输-电子传输-发射三位一体的新型 PPV 衍生物,如含有 5,5-二氧苯并噻吩片段的 PPV 衍生物,其荧光效率达 58%。

引入大体积单元或刚性液晶单元也能提高量子效率,因为它可以减少链间聚集,防止电子在链间传递而引起的自身荧光淬灭,提高发光效率,同时提高高聚物的热稳定性(图 9-39)。

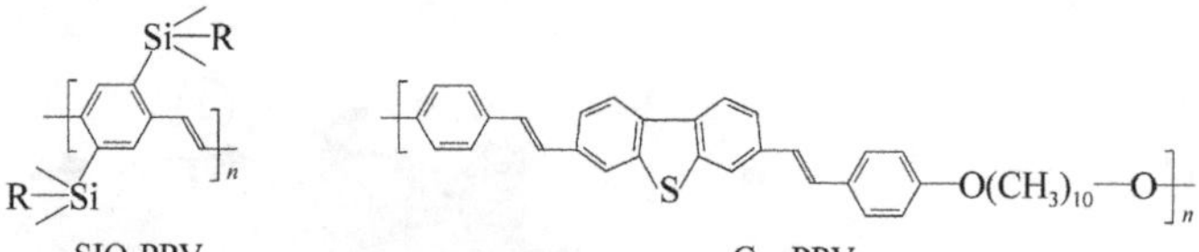

图 9-39　硅烷基取代的 SIO-PPV 和含有 5,5-二氧苯并噻吩
片段的 PPV 衍生物 C$_{10}$-PPV

2. 聚乙炔类

聚乙炔是第一个显示有金属传导性的共轭高聚物,这类具有刚性结构的高聚物发光范围覆盖整个可见光谱,但光致发光效率却很差,溶解性也较差。如果用烷基和芳香基团取代氢原子,或采用共聚方法可以得到发光效率较好的聚乙炔衍生物。

由烷基或苯基双取代的聚乙炔,其发光颜色从蓝绿色到纯正的蓝光,烷基侧链增长,发光强度也增大,表明 π-π* 带间的传输随侧链长度的增长而增大,同时激子到淬灭点的散射速率随链与链之间距离的增长而减小。另外,在主链上引入叁键减弱了有效的共轭长度,提高了能隙。例如,含有 24 个聚合物片段的 PPE 类材料可以用来制备发蓝光的发光二极管(LED)。用含有 ROPPE(图 9-40)能获得高度量子效率,这个主链含嘧啶的共聚物 ROPPE 制备的 LED 器件(ITO/ROPPE/Al)可以观察到很亮的蓝绿光。

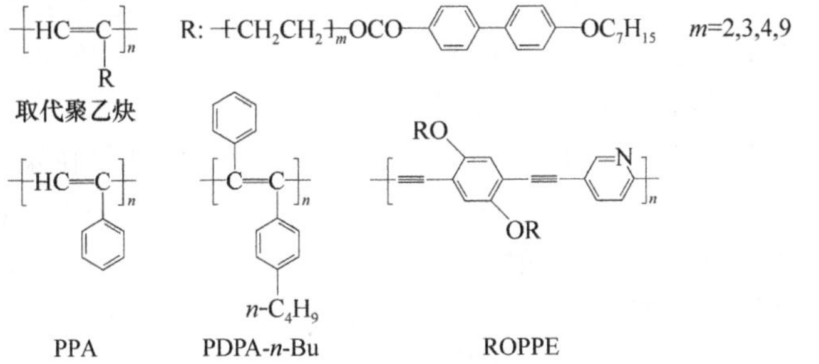

图 9-40　烷基取代和芳香基取代的聚乙炔,
以及主链上含有三键的电致发光高聚物

3. 聚对苯类

聚对苯类(PPP)材料的带宽较高,也是可发蓝光的材料,且热稳定性好,发光效率较高。但它们不溶不熔,难以制成薄膜。这时可以通过所谓"前驱物"方法制备由对苯基与乙烯基,亚乙烯基或其他芳香单元所组成的共聚物,在溶液中具有较高量子产率的 PPP 类材料(图 9-41)。

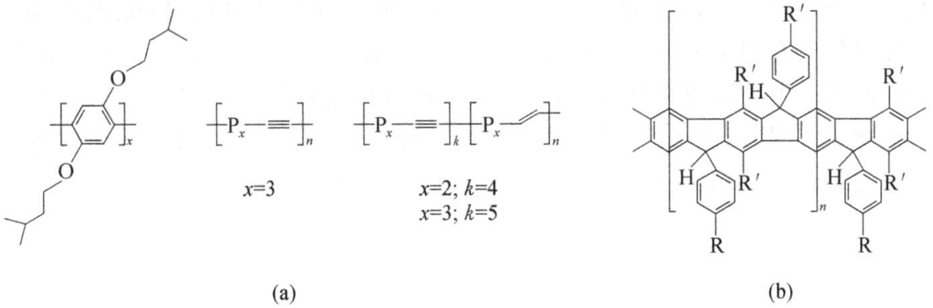

图 9-41　由对苯基与乙烯基,亚乙烯基或其他芳香单元所组成的
共聚物的结构(a)和梯形结构(LPPP)的聚对苯类(b)

烷基化的 PPP 分子,环间会发生扭转,从而改变高分子链的电子结构以及共轭长度,达到发光范围的调控。PPP 类结构的电致发光材料,其孤立的高分子链应该发特征的蓝色光。但是,某些 PPP 材料,如梯形结构的 PPP,由于分子链间的作用,在同一激发过程中涉及许多不同的分子链,因而会发黄光。在主链紧密排列时,这种由于分子链相互作用所产生的"聚集发射"现象会导致明显的发光谱带红

移。从而可以通过在 PPP 的侧链上引入不同的结构单元,使 PPP 在特定的波段发光。重要的是它为利用不同结构 PPP 来实现全色显示提供了可能。

4. 聚噻吩类

聚噻吩类(PTh)及其衍生物(图 9-42),结构修饰容易,电化学性质可控,是仅次于 PPV 的电致发光高聚物。通过改变噻吩取代基的种类、体积大小、共轭主链的长度、规整度等,调节聚噻吩的有效共轭长度,从而调控它们的禁带宽,使得聚噻吩的发光波长可以覆盖从紫外至红外光区的范围。另外,如果在聚噻吩主链中引入硅这样的杂原子,可以提高聚噻吩的发光效率等。最先获得成功的 POPT,其单层器件 ITO/POPT/Ca∶Al 发射红光,在 6 V 电压下量子效率达 0.3%,PCH-MAT 的效果也很好。PTOPT 在 5 V 开始发光,是能隙较低的。

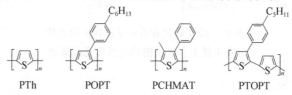

图 9-42　聚噻吩类(PTh)及其不同取代基衍生物的结构式

5. 聚芴类

在各类电致发光材料中,聚芴类(PF)具有较高的光和热稳定性,荧光量子效率高达 60%～80%,带隙能大于 2.90 eV,是常见发蓝光材料,发光波长为 470 nm,最近甚至有报道称,如图 9-43 所示的聚烷基芴类不但发蓝光,而且还可以发绿光和红光。通过改进合成方法获得的高分子链,结构规整的聚烷基芴具有较高的发光效率。另外,由于在桥链上引入烷基侧链,聚烷基芴具有较好的溶解性和可加工性,很有发展前景。

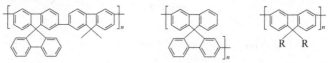

图 9-43　不但发蓝光,而且还可以发绿光和红光的几个聚烷基芴分子结构

9.6　高聚物的超导性

金属导电是因为金属中含有自由电子,既然含有自由电子,那为什么还会有电阻,这就说明在金属中自由电子的“自由”是相对的,并不是绝对的自由,这些自由电子仍然受着原子核和其他电子的制约。在电压的作用下,电子只能以 S 路线进

行移动,如图 9-44(a)所示。

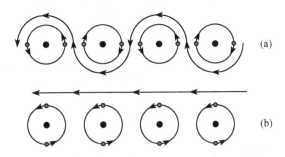

图 9-44　常温下导体中自由电子在电压作用下的移动路线(a)和
超导状态下自由电子在电压作用下的移动路线(b)

9.6.1　超导体中自由电子导电的路线

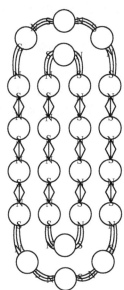

图 9-45　在超导体内
形成了闭合磁场,
对外不会显示磁性

当物质进入超导状态时,由于温度很低,核外电子绕核运动的速度很慢,电子绕核运动产生的磁场很弱,这时原子核产生的磁场与电子绕核运动产生的磁场在原子的边沿上相互抵消,几乎为零,电子在零磁场中运动就不会受到洛仑兹力的作用,因此电阻为零。并且相邻原子之间因电子绕核运动产生的磁引力消失了,在原子核产生的磁场的作用下,相邻原子中的电子转变成了同向绕核运动,使得最外层电子很容易从一个原子移动到另一个原子。在原子之间失去了电子绕核运动产生的磁引力的情况下,原子之间的作用力变得很小,使得原子很容易发生转动,原子核发生了磁极同向排列。在原子核磁极发生同向排列的情况下,电子绕核运动的方向变得相同了,电子从一个原子到另一个原子不需要改变运动方向,电子的移动路线是直线,并且又是在零磁场中运动,所以没有阻力[图 9-44(b)]。

既然原子核的磁极发生了同向排列,那为什么超导体对外不显磁性? 这是因为磁场总是趋向于形成闭合磁场,这样会使得能量最低,最稳定,所以在超导体内形成了闭合磁场,自然对外不会显磁性,如图 9-45 所示。

9.6.2　超导态和 BCS 超导理论的基本概念

早在百年以前,就发现当温度降低时,金属汞(Hg)的电阻在 4.2 K 附近突然降为零,如图 9-46 所示。这种零电阻现象意味着此时电子可毫无阻碍地自由流过

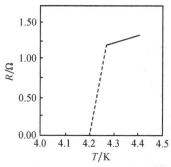

图 9-46　汞的电阻与温度的关系

导体,而不发生任何能量的消耗。金属汞的这种低温导电状态,称为超导态。使汞从导体转变为超导体的转变温度,称为超导临界温度,记做 T_c。

T_c 温度以上,超导材料与正常导体一样,都有一定的电阻值,此时超导体处于正常态。而在 T_c 以下时,超导体处于零电阻状态。由图 9-46 可看出,超导体从正常态向超导态的过渡是在一个温度区间内完成的,这个温度区间称为超导转变温度,与超导体的性质有关。因此,通常将超导体电阻下降到正常态电阻值一半时所处温度定为 T_c。显然,超导态有零电阻和反磁性的特征,即①零电阻是指电流流通时无阻力的现象,也就是产生永久电流,但在超导体内引发的电流,有其上限(称临界电流),超过此上限,超导态立即消失。②反磁性是将超导体放入磁场中,会将其内部的磁场完全排除,其内部磁通量保持为零。因此,若将一超导体放在一个普通的磁体上方,则会因排斥作用而悬浮在空中。

但是,通常超导材料的 T_c 都相当低,如汞的临界温度 T_c 为 4.2 K,铌锡合金的 T_c 为 18.1 K,铌铝锗合金的 T_c 为 23.2 K。1975 年发明的第一个无机高分子超导体聚氮硫的 T_c 仅为 0.26 K。显然,在这样低的温度下,超导体的利用是得不偿失的。因此,如何提高材料的超导临界温度,成为理论需要探讨的课题(图 9-47)。

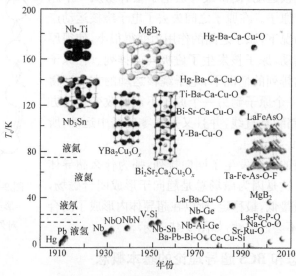

图 9-47　超导材料临界转变温度 T_c 自 1911 年起不断提升的情况

21 世纪以来又有二硼化镁(MgB_2,一种新型的高温超导金属),直径 0.4 nm 的单壁碳纳米管,
C60 分子以及铁系化合物和石墨烯等呈现出超导性

　　成功的超导理论是巴丁等(Bardeen、Cooper 和 Schrieffer)提出的(BCS 超导理论)。BCS 理论认为,物质超导态的本质是被声子所诱发的电子间的相互作用,也就是以声子为媒介而产生的引力克服库仑排斥力而形成电子对。

　　先以金属中的两个自由电子的运动为例。BCS 理论认为,金属中的阳离子以平衡位置为中心进行晶格振动。如图 9-48 所示,当一个自由电子 e 在晶格中运动时,阳离子与自由电子之间的库仑力作用使阳离子向电子方向收缩。因此,物质超导态的本质是被声子所诱发的电子间的相互作用,也就是以声子为媒介而产生的引力克服库仑排斥力而形成电子对。金属中的阳离子以平衡位置为中心进行晶格振动,当一个自由电子 e 在晶格中运动时,阳离子与电子 e 之间的库仑力作用使晶格变形,阳离子向电子 e 方向收缩。

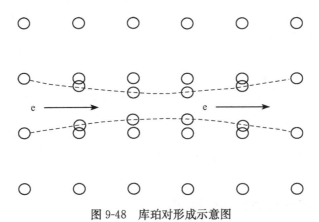

图 9-48　库珀对形成示意图

　　由于晶格离子运动比电子 e 的运动速度慢得多,故当自由电子 e 通过某个晶格后,离子还处于收缩状态。因此,这一离子收缩地带局部呈正电性,于是就有第二个自由电子被吸引入。这样,由于晶格运动和电子运动的相位差,使两个电子间产生间接引力,形成电子对——库珀对。

　　库珀对的两个电子间的距离为数千纳米,而在金属中,实际电子数是很多的,电子间的平均距离为 0.1 nm 左右,因此库珀对是相互纠缠在一起的。为了使很多库珀对共存,所有的电子对都应有相同的运动量。更准确地说,每个库珀对中的两个电子应具有方向相反、数量相等的运动量。因此,库珀对在能量上比单个电子运动稳定得多,在一定条件下许多库珀对能共存。

　　由于库珀对的引力并不很大,当温度较高时,库珀对被热运动所打乱而不能成对。同时,离子在晶格上强烈地不规则振动,使形成库珀对的作用大大减弱。而当温度足够低时,库珀对在能量上比单个电子运动要稳定,因此,体系中仅有库珀对的运动,库珀对电子与周围其他电子实际上没有能量的交换,所以也就没有电阻,即达到了超导。

　　显然,使库珀对从不稳定到稳定的转变温度,即为超导临界温度。根据 BCS

理论的基本思想,经量子力学方法计算,可得如下关系式:

$$T_c = \frac{W_D}{k} \exp\left[\frac{-1}{N(0)V}\right] \tag{9-37}$$

式中,W_D 为晶格平均能,其值为 $10^{-2} \sim 10^{-1}$ eV;k 为玻尔兹曼常量;$N(0)$ 为费米面的状态密度;V 为电子间的相互作用。

又根据对同位素含量不同的超导体的研究,发现它们的 T_c 与金属的平均相对原子质量 M 的平方根成反比

$$T_c \propto \frac{1}{\sqrt{M}} \tag{9-38}$$

即质子质量影响超导态。这表明,超导现象与晶格振动有关。

由上述理论可知,要提高材料的超导临界温度。必须提高库珀对电子的结合能。更直接的是,由图 9-48 以及式(9-38)可见,当电子在金属晶格中运动时,如果离子的质量越轻,则形成的库珀对就越多、越稳定。根据质量平衡关系,离子的最大迁移率与离子质量的平方成反比。因此可以认为,库珀对电子的结合能与离子的质量有关。离子的质量越小,库珀对电子的结合能就越大,相应的超导临界温度就越高。

由此设想,如果库珀对的结合能不是由金属离子所控制,而是由高聚物中的电子所控制的话,由于电子的质量是离子的千百万分之一,超导临界温度将会大大提高。

9.6.3　超导高聚物的利特尔模型

BCS 理论并没有限制库珀对,只能通过声子为中介而形成,因此,利特尔(Little)在研究了金属的超导机理后,分析了线形高聚物的化学结构,提出了如图 9-49 所示的超导高聚物模型。

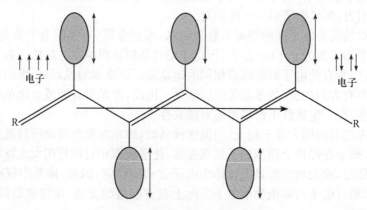

图 9-49　超导高聚物的利特尔模型

利特尔认为,超导高聚物的主链应为共轭双键结构,由于共轭主链上的 π 电子并不固定在某一个碳原子上,可以从一个 C—C 键迁移到另一个 C—C 键上,类似于金属中的自由电子。一些极易极化的短侧基则有规则地连接在主链上。

当高聚物主链中 π 电子流经侧基时,形成内电场使侧基极化,则侧基靠近主链的一端呈正电性。由于电子运动速度很快,而侧基极化的速度远远落后于电子运动,于是在高聚物主链两侧形成稳定的正电场,继续吸引第二个电子。因此,在主链上形成库珀对。

利特尔认为,共轭主链与易极化的侧基之间要用绝缘部分隔开,以避免主链中的 π 电子与侧基中的电子重叠,使库仑力减少而影响库珀对的形成。作为例子,利特尔提出了一个超导高聚物的具体结构。这种高聚物的主链为长的共轭双链体系,侧基为电子能在两个氮原子间移动而"摇晃"的菁类色素基团。侧基上由于电子的"摇晃"而引起的正电性,能与主链上的 π 电子发生库仑力作用而导致库珀对的形成,从而使高聚物成为超导体,如图 9-50 所示。利特尔利用式(9-38)对该高聚物的 T_c 进行了估算,得出 T_c 竟约为 2200 K。

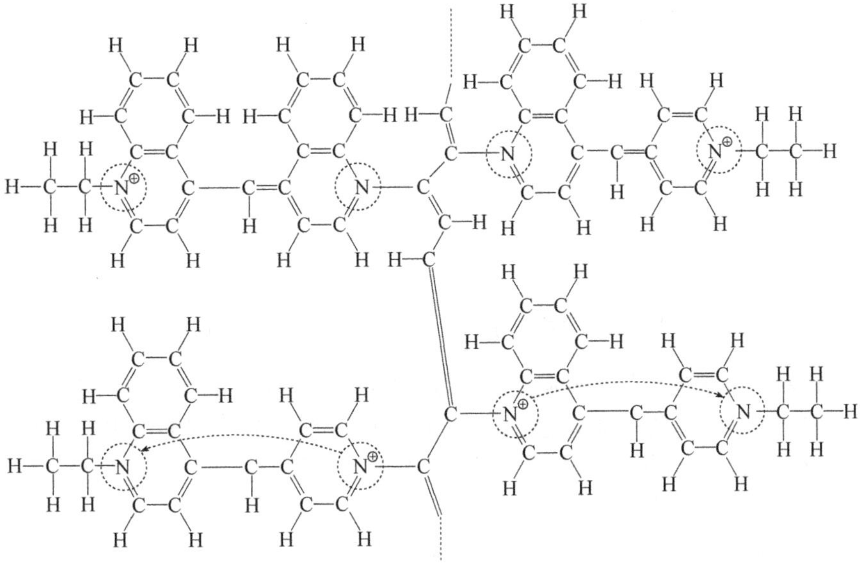

图 9-50　利特尔超导高聚物结构

对上述建立在电子激发基础上的利特尔模型提出了不少异议。例如,在理想的一维体系中,即使电子间有充分的引力相互作用,但由于存在一维涨落现象,在有限温度下不可能产生电子的长程有序,因而不可能产生超导态;晶格畸变使费米面上出现能隙而成为绝缘体(即派尔斯不稳定性);对主链上电子之间的屏蔽作用估计过小;所提出的高聚物应用的分子结构合成极为困难等。

现实的问题是,尽管化学家采取了多种办法企图按利特尔模型合成高温超导高聚物,但至今为止尚未检测出超导性。

近年来,不少科学家提出了许多其他超导高聚物的模型,虽然各有所长,但也有不少缺陷。因此,在超导高聚物的研究中,还有许多艰巨的工作要做。

9.6.4 聚 3-己基噻吩有机高聚物超导体和石墨烯的超导性

进入 21 世纪,科学家发现一种有机高聚物在低温下表现出超导特性,这是人们首次发现有机高聚物能够成为超导材料。他们使用一种聚 3-己基噻吩(P3HT,图 9-51)的有机溶液,把这种溶液喷洒到一层由氧化铝和金构成的基底材料表面上,形成了高聚物薄膜。然后将沉积薄膜一层一层地垒叠起来,这样高聚物分子就像没煮过的面条一样一根一根地堆叠在一起,形成了有序的超分子结构。聚噻吩是一种室温下可导电的聚合物,而科学家在 2.35 K(-270.65℃)下得到其超导性。

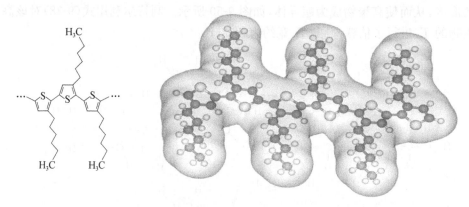

图 9-51 高聚物超导材料——聚 3-己基噻吩(P3HT)

尽管聚 3-己基噻吩的临界温度还很低,但这是相当重要的新进展。它意味着有机高聚物材料导电性的可调整范围比人们原先认为的更宽,不仅能用作绝缘体、导电体,还有希望成为超导体的新成员。制成有机超导体所要克服的最大困难是高聚物固有的结构无规性,它阻碍了电子间的相互作用,而这是成为超导体的必要条件。

最近曹原等报道说在"魔角"石墨烯结构中第一次在纯碳基二维材料中实现了超导电性。他们将两层只有原子厚的石墨烯以特别的角度堆叠在一起,当碳原子间的排列呈 1.1°(这个角度就是所谓的"魔角")的角度偏移时[图 9-52(a)],就会使材料变为超导体。理论家曾预测,二维材料不同层间的原子以特定的角度偏移,可能会诱发电子在薄片中通过,并以有趣的方式作用。在双层薄片的实验设置中,他们立即就看见了意想不到的行为。首先,对石墨烯的导电性和其带电粒子密度的测量中发现,这种构造已成为一种莫特绝缘体(Mott insulator,母体中电子之间的同位库仑排斥能要远大于它们的动能,即电子之间并不喜欢挤在同一个位置,它们动起来也很困难。如果不考虑多体关联作用,那么在单体相互作用下,体系的价带是半满填充的,参与导电的电子又很多,必须呈现金属态。然而强关联下的多体相互作用把能带劈成上下哈伯德能带,费米面附近的态密度不再存在,体系反而出现了绝缘态),这是一种拥有所有导电发生所必需成分的材料,但其粒子间的相互作用却会阻止电子的自由移动使得这一切无法发生。接下来,只需对其稍微施以微弱的电场,以在系统中增加一点额外的电荷载子,它就会成为超导体。

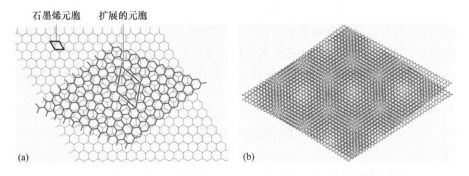

图 9-52 (a)当双层石墨烯被扭曲时,上层薄片被旋转使得无法与下层薄片对齐,从而让元胞(unit cell)得到扩展;(b)对于小角度的旋转,就会出现所谓的"摩尔纹"(Moiré pattern),其中局部堆叠的排列呈周期性变化

已经说过,石墨烯中的电子具有极高的迁移率,若能让它们像超导体中那样实现两两配对,或许能实现高温超导性。途径之一是用原子"积木"来模拟高温超导。采用层状原子堆垛的方式,来人工构造层状超晶格。控制两层原子之间的叠套角度,即不再完美垂直叠起来,而是层间扭转一个角度,那么就可以有效地改变材料的微观电子态结构,体系呈现出和块体或单层材料完全不一样的物理性质。

曹原等将两层石墨烯经过"扭转"后叠套在一起,形成扭曲的双层石墨烯结构(twisted bilayer graphene,TBG),角度控制精度在 $0.1°\sim0.2°$(图 9-52)。此时,扭转的角度 θ 就决定了两层石墨烯的狄拉克锥能带杂化效果。直接效果就是,狄拉克锥上将打开一个能隙,并且狄拉克点上的费米速度将被重整化——在某些特定的角度,费米速度为零。这些角度就称之为"魔角"(magic angles),以"魔角"叠套在一起的石墨烯,就是所谓"魔角石墨烯",其中第一个"魔角"出现的地方,大约是 $1.1°$[图 9-52(a)]。就在这个 $1.1°$ 的角度偏移时,能在零电阻下导电,超导临界温度为 1.7 K,材料变成了超导体。这是一种非常规的超导体,尽管与另一种被称为铜基氧化物的非常规超导体的属性相似,但堆叠的石墨烯系统相对简单,也更好能理解。

在双层石墨烯薄片的实验中发现,尽管莫特绝缘体拥有所有导电发生所必需的成分,但其粒子间的相互作用却会阻止电子的自由移动使得这一切无法发生。

而只需对其稍微施以微弱的电场,以在系统中增加一点额外的电荷载子,它就变成为超导体。在扭转双层石墨烯中的旋转效应:①当双层石墨烯被扭曲时,上层薄片被旋转使得无法与下层薄片对齐,从而让元胞得到扩展。②对于小角度的旋转,就会出现所谓的"摩尔纹",其中局部堆叠的排列呈周期性变化。最后,尽管石墨烯要在超低温下才会表现出超导电性,但它仅需电子密度是常规超导体的万分之一,就能在相同温度下获得超导能力。在常规的超导体中,这个现象只在当振动允许电子形成一对一对时才出现,成对的电子会稳定它们的行进路径,使它们能在零电阻的情况下流动。但石墨烯中可用的电子是如此之少,因此它们可以成对的事实表明系统中的相互作用要比在常规超导体中发生的强得多。

最近更是发现,施加压力可以使双层石墨烯在更大的扭曲角度产生更强的电子偶合,产生平带,从而产生超导性。

9.7　单链高分子的导电性

随着大规模集成电路对集成度的要求越来越高,仅由一个分子组成的单分子电路自然成为科学家和企业家追求的终极目标,在微电子产业中的重要性是不言而喻的。此外,电荷在单个分子中的运动(电流和电阻)对了解生物神经系统的信息传输和化学反应中单元反应的机理也是最直接的。

把单个分子的两头连接到电极上这样一个简单的目标,实现起来却并不容易。近年来,已尝试了许多办法企图把单个分子与金属电极相连和测量单个分子的导电性。例如,由于硫醇与金有很好的结合力,可以用化学反应的方法使被测定的单分子末端各带上一个硫醇基团,这样二硫醇化的分子就能与作为电极板的金片相连,形成电路,也有用带金属离子的有机金属络合物基团来修饰待测定的分子末端,也可把要测定的分子形成纳米管,再把这纳米管插到能导电的水银小池中,或再在纳米管上接上主-客分子识别基团与金属电极相连,形成电路;把原子力显微镜(AFM)的针尖换成能导电的金属,如涂上一层金,与二硫醇化的单分子层相接触等。

这些先驱性的工作给我们带来了很多重要的信息,但也存在不少问题。例如,汞电极测定的大都是很多个分子,有时甚至是数量不明的分子的电导;AFM针尖与分子的不同接触也使测得的电导数据复杂化。为得到可靠的测定值必须:①提供一个可重复的单分子与电极的连接;②要有明确的表征信号表明确实测到了单个分子的电导;③要对数据作出可靠的统计分析,因为电导强力依赖于分子-电极的微观详情;④对有机金属络合物基团修饰的分子,单电子电荷也可用作表征信号。

比较有说服力的实验出现在最近的几年里,如用原子力显微镜测定了1,8-辛二硫醇单个分子的电阻。把极少量的1,8-辛二硫醇与辛硫醇混合,铺展在金基片

上形成单分子层,一个 1,8-辛二硫醇分
子被许多个辛硫醇分子所绝缘(包围)。
1,8-辛二硫醇分子两头都有硫醇基,一头
已经与金基片连接,另一头就可以与
AFM 的金针尖连接(图 9-53)。通过对
400 个(次)1,8-辛二硫醇分子的测定,测
得电阻值为(900±50) MΩ。

又如用扫描电镜来测量了不同的硫
醇(己二硫醇、辛二硫醇、癸二硫醇)、四
羧基苝二酰亚胺(PTCDI)和 4,4′-二吡
啶等有机化合物单个分子的电导。硫醇

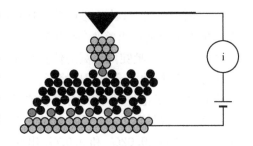

图 9-53　用 AFM 测定 1,8-辛二硫醇
单个分子电导的示意图

1,8-辛二硫醇分子两头的硫醇基分别与金基片和
AFM 的金针尖相连,从而形成单个分子的回路

与金能很好地结合,而 4,4′-二吡啶上的氮也与金有很强的亲和力,因此可以与金
电极相连接。

来回把扫描电镜的金质探针出入于含有样品分子的溶液,在探针从接触点拉
出的起始阶段,电导以阶梯状形式下降,每一台阶是电导量 $G_0 = 2e^2/h$ 的整倍数
[图 9-54(a)]。图 9-54(b)就是这样的柱状图,在 $1G_0$、$2G_0$、$3G_0$ 处出现非常清楚的
峰值,这是电导量子化,它发生在金连接减少到只有一条金原子链时的值。针尖继
续往上拉,金原子链被拉断,在更为低的电导范围内会出现一系列新的阶梯[图 9-54
(c)],在柱状图上则是 $0.01G_0$、$0.02G_0$ 和 $0.03G_0$ 地方出现峰值,比金原子连接时
小了两个量级[图 9-54(d)]。分子引起的阶梯平均宽为(0.9±0.2) nm,比电导量
子化的阶梯长 3~4 倍。这 $0.01G_0$、$0.02G_0$ 和 $0.03G_0$ 出现的峰形分别相应于有

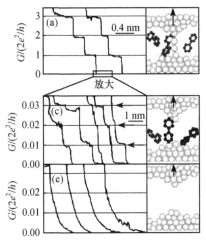

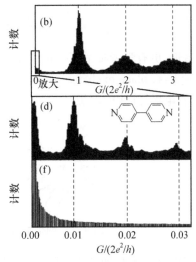

图 9-54　用扫描隧道电镜的金质探针测定 4,4′-二吡啶分子的导电性示意图

一个,两个和三个 $4,4'$-二吡啶分子连接的形成。因为,如果没有吡啶分子,在 $1G_0$ 以下根本不会呈现出峰形[图 9-54(e)、(f)];如果用 $2,2'$-二吡啶代替 $4,4'$-二吡啶,由于 $2,2'$-二吡啶两个氮的位置与 $4,4'$-二吡啶不同,将不能与针尖和基片同时形成分子连接,也不会呈现出峰形。并且 $4,4'$-二吡啶与金电极的连接强度与电极电位有关,在负电位时,这时分子没有连接上电极,电导峰消失,而在正电位时,消失的峰会再次呈现出来。不同的分子其电导峰的位置也都不一样,更表明在这个实验里 $0.01G_0$、$0.02G_0$ 和 $0.03G_0$ 出现的峰对应于一个,两个和三个 $4,4'$-二吡啶分子连接的形成。

由此测得的电阻值分别是 (10.5 ± 0.5) MΩ(己二硫醇)、(51 ± 5) MΩ(辛二硫醇)、(630 ± 50) MΩ(癸二硫醇)和 (1.3 ± 0.1) MΩ($4,4'$-二吡啶)。

真正单个高分子链的电导还没有实验报道。曾研究了不同链长单个类胡萝卜素多烯分子(图 9-55)的电子衰减系数(electronic decay constant,β),求得 $\beta=(0.22\pm0.04)$ Å^{-1},与由第一模拟原理得到的理论值 (0.22 ± 0.01) Å^{-1} 吻合得很好。分子的导电性将在这计算值的 3% 范围内。较小的 β 值表明电导随链长的下降是很小的,也就是说类胡萝卜素多烯共轭链是很好的分子导线。

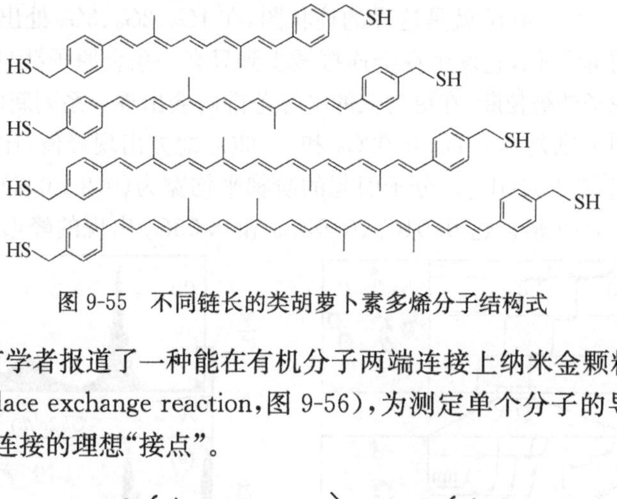

图 9-55　不同链长的类胡萝卜素多烯分子结构式

最近,更有学者报道了一种能在有机分子两端连接上纳米金颗粒的化学反应 (solid-phase place exchange reaction,图 9-56),为测定单个分子的导电性提供了分子与“电极”连接的理想“接点”。

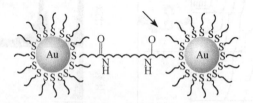

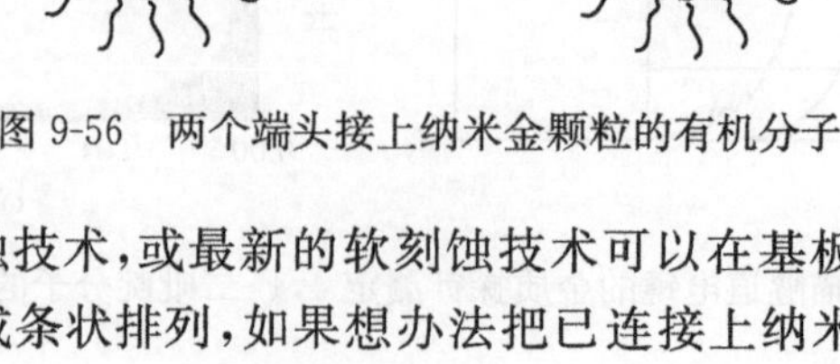

图 9-56　两个端头接上纳米金颗粒的有机分子

利用普通的刻蚀技术,或最新的软刻蚀技术可以在基板上制得微米乃至纳米级的金点阵排列或条状排列,如果想办法把已连接上纳米金颗粒的高分子链的两端,分别与这些点阵中的两个点[图 9-57(a)],或条状阵列的两条线[图 9-57 (c)]相接触,就有可能测得该高分子链的电导。或者利用原子力显微镜的针尖作为高分子链另一端的"接点",也能方便测得单个高分子链的电导[图 9-57(b)]。当然,也可利用 LB 膜技术,通过传统的成膜化合物(硬脂酸和花生酸)把高分子链沉积在导电的基片上,再用原子力显微镜的针尖把高分子链的另一端连接上[图 9-57(d)],也能测得单个高分子链的电导。

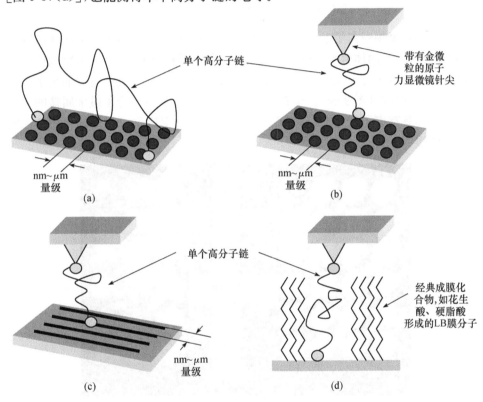

图 9-57 利用软刻蚀技术和 LB 膜技术测定单个高分子链电导的几种可能的方法

9.8 高聚物锂离子电池和离子导电型固态高聚物电解质

锂离子电池已在日常生活、工农业和高科技领域得到广泛应用,它是锂离子 Li^+ 嵌入化合物为正负极材料的二次电池。正极采用锂化合物 $LiCoO_2$、$LiNiO_2$ 或 $LiMn_2O_4$,负极采用锂-碳层间化合物 Li_xC_6,典型的电池体系为

$$\ominus C | LiPF_6 — EC + DEC | LiCoO_2 \oplus$$

正极反应:放电时锂离子嵌入,充电时锂离子脱嵌:

$$LiCoO_2 \underset{\text{放电}}{\overset{\text{充电}}{\rightleftharpoons}} Li_{1-x}CoO_2 + xLi^+ + xe^-$$

负极反应：放电时锂离子脱插，充电时锂离子插入：

$$6C + xLi^+ + e^- \underset{\text{放电}}{\overset{\text{充电}}{\rightleftharpoons}} Li_xC_6$$

电池总反应为

$$LiCoO_2 + 6C \underset{\text{放电}}{\overset{\text{充电}}{\rightleftharpoons}} Li_{1-x}CoO_2 + Li_xC_6$$

　　而所谓高聚物锂离子电池是指其电解质使用固体或凝胶高聚物电解质的锂离子电池。按词义，固体电解质就是具有高离子传导性的材料，那么高聚物固体电解质就是具有高离子传导性的高聚物，它们在外加电场驱动下，负载电荷的离子能定向移动以实现导电（图9-58）。早在20世纪70年代就发现络合了碱金属盐的聚氧乙烯（PEO）具有离子导电性，其在40~60℃时的电导率达10^{-5} S/cm，可用作锂电池的电解质。

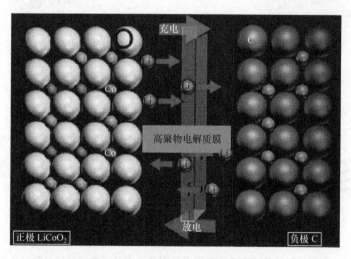

图 9-58　高聚物电解质在锂离子电池中离子导电的示意图

　　与无机物的固体电解质相比，高聚物固体电解质作为电池电解质有许多优点：①质量轻。高聚物的密度普遍比无机物小很多，这对减轻电池的重量，提高电池的能量密度，特别是对用于汽车等运输工具的大功率动力电池非常有价值。②因为是高聚物，具有良好的机械加工性能，在电池的加工装配中特别有利。也可很容易拉制成薄膜，厚度甚至可达几个微米，从而大大减小电池的内阻，也为制备空间利用率特高的薄膜电池提供了现实的可能性。③由于是高聚物，就是在室温附近几十度范围内也有很好的黏弹性，这样高聚物电解质与电极的接触会非常好，可以很好克服因电极反应引起的体积变化。④并且，高聚物固体电解质有宽的电化学稳定窗口(对 Li^+/Li 是 5V 以上),较高的分解电压,电池工作时化学稳定性和电化学稳定性都比较好。加上是固体电解质,没有电池漏液和污染的问题,安全可靠,电池的寿命也大大延长。

9.8.1 高聚物电解质分类

高聚物电解质(SPE)种类繁多,根据电解质的形态,大致可以分为全固态(干态)高聚物电解质、凝胶高聚物电解质和微孔高聚物电解质三大类。它们的发展历程以及电导率的提升见图9-59。

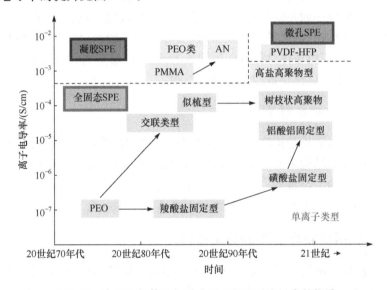

图 9-59 高聚物固体电解质发展历程以及电导率的提升

1. 全固态(干态)高聚物电解质

这是最早研究的像 PEO 那样的高聚物电解质,它们由能使锂盐溶解其中,并有助于锂盐解离和离子快速迁移的高分子量的高聚物本体(包括它们的共混物)与锂盐或高聚物本体与锂盐并加有无机填料所构成的体系。例如,$PEO\text{-}LiCF_3SO_3$ 和 $PEO\text{-}LiClO_4\text{-}Al_2O_3$,它们的离子电导率一般都不高,但它们的化学稳定性和对电极的稳定性却较好。构成这类电解质的高聚物大多是含氧高聚物,一个锂离子 Li^+ 将会与 4 个氧原子 O 相络合。研究表明,高聚物中的非晶部分的链段运动导致 Li^+ 解络合、在络合过程的反复进行而促使载流子快速迁移。

2. 凝胶高聚物电解质

全固态(干态)高聚物电解质的离子电导率较低,因此在通常的高聚物母体中添加小分子增塑剂(如有机碳酸酯),以降低高聚物的结晶度和玻璃化温度,改善锂盐在基体中的溶解度,减小导电载体迁移时的阻力,从而提高常温下的离子电导率,制成了所谓的凝胶高聚物电解质。其室温下的离子电导率可达到 10^{-3} S/cm。在这里电解质盐主要分散在增塑剂的液体相中,其离子的传输也主要发生在液体相中,高聚物母体主要起着支撑的作用。例如,由乙烯碳酸酯增塑剂加入到聚甲基丙烯酸甲酯(PMMA)组成的高聚物电解质。这是当前研究得最为广泛的一类高聚物电解质,有望在商品锂离子电池中得到实际应用。当然由于增塑剂的加入会降低高聚物的力学强度,补救的办法是令它们产生交联结构,包括物理交联和化学交联。物理交联型一般是线性高聚物分子与增塑剂、锂盐通过高聚物链的物理交联点形成的网络结构,从而形成凝胶状膜(实际上是冻胶)。化学交联型是真正意义上的凝胶体,一般由单体、增塑剂、锂盐或者预聚物、增塑剂、锂盐,加入交联剂后通过交联反应,形成以化学键相连的网络结构。

3. 微孔高聚物电解质

微孔高聚物电解质是指高聚物本体具有微孔结构,增塑剂和锂盐就存在于高聚物本体的微孔状结构中的一类电解质。从这一点来看,微孔高聚物电解质是凝胶高聚物电解质的一种特例。例如,以聚偏氟乙烯与六氟丙烯共聚物 PVDF-HFP 为胶体研制的微孔高聚物电解质,其电导率已达 10^{-3} S/cm,力学强度也好。

9.8.2　固态高聚物电解质的导电机理

固态高聚物电解质的导电是离子的定向运动。这样,首先应具备溶解锂盐并与锂离子络合的能力。高聚物中的极性基团(—O—、═O、—S—、—N—、—P—、C═O、C≡N 等)可有效溶解锂盐,形成高聚物-锂盐络合物。离子导电的电荷载体是比电子大很多的离子,所以体积因素是影响高聚物电解质导电能力的重要因素,当然也是由于离子大,其在高聚物中的移动比较困难,这样离子的迁移能力是高聚物电解质导电能力的又一重要因素。

离子导电率 σ 是衡量高聚物电解质导电能力强弱的参数

$$\sigma = \sum_i n_1 q_i \mu_i \tag{9-39}$$

式中,n_i 是载流子数;q_i 是离子电荷;μ_i 是载流子迁移率。由此可见,为增大高聚物电解质导电能力就要增大载流子数,即增大高聚物基体的介电常数,或者应用解离能小的添加盐;为了使载流子迁移率 μ_i 变大,可以考虑用离子半径小的一价阳离子的盐,如锂离子 Li^+。因为如果是多价,则与对离子的相互作用会变得非常大。

高聚物电解质的导电机理目前还不是很完善,但一致的看法是在高聚物电解质体系中,金属盐在分子链中醚氧原子的作用下解离为电荷载流子,在外加电场作用下借助于高聚物的近程链段运动,离子在高聚物介质中定向迁移而呈现出离子导电性。这样我们可以得到两点启示,即①起导电作用的载流子主要依赖于被醚氧原子完全解离的所谓自由离子;②链段运动能力是制约离子运动的主要因素。

常见的导电机理有晶体空穴扩散模型、非晶区扩散传导机理和自由体积导电机理。分述如下。

1. 晶体空穴扩散模型

该模型认为,高聚物电解质中高聚物与金属锂离子存在一定的络合配位作用。与此同时,作为离子载体的高聚物必须为离子的迁移提供通道。例如,阳离子在高聚物分子链醚链形成的螺旋体孔道(高聚物链段组成的螺旋形的溶剂化隧道结构)内通过空位扩散。如果孔道外的阴离子与阳离子形成离子对较强时,则阳离子运动受阻,导电性将达到降低,其电导率与温度关系服从最一般是阿伦尼乌斯公式,即 $\sigma = \sigma_0 e^{Ea/KT}$,这样 $\ln\sigma$ 对 $1/T$ 作图为一条直线。在 T_g 或 T_m 以下的温度,高聚物电解质一般都属于这种导电机理。

2. 非晶区扩散传导机理

非晶区的传输过程是大多数高聚物电解质离子导电的主要形式。在其玻璃化温度 T_g 以上,当高聚物内含有小分子离子时,在电场力作用下该离子受到一个定向力,就在高聚物内发生一定的定向扩散运动,呈现出电解质的性质,从而具有导电性。如果温度降到玻璃化温度 T_g 以下,离子在高聚物中的扩散一定相对比较困难,离子导电率较低。高聚物电解质中离子的传输主要发生在非晶相区。

在阳离子的运动过程中,解离是主要的决定性过程。电解质阳离子先与高分子链上电负性大的基团络合,在电场作用下随着分子链段的热运动,电解质的阳离子与极性基团发生解离,再与别的链端发生络合。在这个络合-解离-再络合的反复过程中,阳离子实现了定向的运动。图 9-60 是聚氧化乙烷的结构单元及其导电机理示意图。

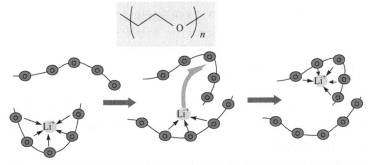

图 9-60　聚氧化乙烷的结构单元及锂离子在其非晶区扩散传导的示意图

3. 自由体积导电机理

高聚物中自由体积 V_f 的概念已经在玻璃化转变理论中交代了。由于自由体积的存在并大于离子的体积时，高聚物电解质中的离子可以发生位置互换而产生移动，在外加电场作用下，离子就会产生定向的运动。自由体积超过离子体积的概率 P 为

$$P = e^{(-V/V_f)} \tag{9-40}$$

在玻璃化温度 T_g 以上，非晶部分的高分子链段的弛豫运动促进阳离子的迁移，由自由体积理论推导出的高聚物电解质电导率的温度依赖关系符合半经验的 VTF (Vogel-Tamman-Fulcher)方程，即

$$\sigma = AT^{1/2} e^{[-E/(T-T_g)]}$$

式中，A 为指前因子；E 为活化能。这个方程也可用与其密切相关的 WLF 方程表示

$$\ln[\sigma(T)/\sigma(T_g)] = C_1(T-T_g)/[\,C_2+(T-T_g)]$$

当高聚物电解质体系的温度比 T_g 低，体系中结晶部分占主要部分，离子运动受阻，运动变慢。随温度升高至 T_g 以上，非晶部分的比例增加，体系自由体积也增大，使在高聚物大分子间存在的小体积物质的扩散运动成为可能，离子运动加速，电导率提高。结合晶体空穴扩散模型，在较低温度下，离子在高聚物链段组成的螺旋形的溶剂化隧道结构中跃迁实现传输，而在较高温度下，高聚物电解质呈现出更多的自由体积，离子通过空穴进行传输(图 9-61)，自由体积越大，越有利于离子的扩散运动，从而增加离子的电导能力。

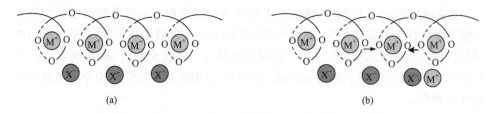

图 9-61　离子通过空穴或缺陷进行传输的模型示意图

(a) 低温时化学计量结构；(b) 高温时的缺陷结构

9.8.3　对固态高聚物电解质的改进

从锂电池的实际使用角度来说，对固态高聚物电解的基本要求是：

(1) 离子电导率要高，室温下至少大于 10^{-4} S/cm 量级，同时对电子是绝缘的，以避免发生自放电现象。

(2) 锂离子迁移数大，以减弱充放电过程中的浓差极化，提高电池的功率密

度,限制锂盐中阴离子的移动。因为在固态高聚物电解质中,阴阳离子都可以在高聚物中迁移,为限制阴离子在高聚物中的移动,可将阴离子固定到高聚物骨架上,或向电解质中加入阴离子受体添加剂来选择性地结合阴离子。

(3) 力学强度要好,有一定的弹性而不应该过脆。

(4) 电化学稳定窗口,即电解质稳定存在的电压区间要宽,对 Li^+/Li 至少应达到 5 V 以上。

(5) 化学稳定和热稳定好,确保安全性。

下面是一些常见的固态高聚物电解质。

1. PEO 基固态高聚物电解质

已经说过,像聚氧乙烯(PEO)那一类全固态高聚物电解质体系,已经具备了质轻、弹性好、易成膜、电化学窗口宽、化学稳定、锂离子迁移数高等诸多优点,但其室温离子电导率低是严重的问题,因此必须提高它们的室温离子传导性能。提高的方法主要有两种:一是通过抑制高聚物的结晶,降低玻璃化转变温度,增强链段运动能力来提高载流子的迁移速率,具体措施有交联、共混、共聚、接枝、使用具有增塑作用的锂盐等。二是增加载流子浓度,如选用单离子导电高聚物,适当增加锂盐的用量等。其中,高聚物共混有着制备简单的优势,嵌段和接枝等共聚物具有多样且可控的结构和官能团,更有利于通过调节微观结构而改善宏观性能。此外,向高聚物中添加填料也可以改善电解质的离子导电性和力学性能。

1) 共混和共聚

通过将 PEO 与其他高聚物共混,可以有效综合各自的优点,提高 PEO 基全固态高聚物电解质的力学性能和电化学性能。纤维素是具有优异的化学稳定性、热稳定性和力学性能的天然高聚物,以纤维素无纺布为骨架,把 PEO、聚氰基丙烯酸酯(PCA)和二草酸硼酸锂(LiBOB)按 10∶2∶1 共混,再涂布在纤维素膜上,得到了电化学性能和力学性能有大幅提高的有机复合固态高聚物电解质。PCA-PEO提供 Li^+ 的输运通道。用该共混物组装的 $LiFePO_6/Li$ 电池表现出优异的倍率性能和稳定的循环特性,离子电导率在 20℃ 是为 $3×10^{-4}$ S/cm,而在 120℃ 更高达 $1.4×10^{-3}$ S/cm,在 160℃ 下充放电也稳定,而最主要是这种"刚柔并济"的共混理念为开发新型固态高聚物电解质提供了新思路。

共聚是在 PEO 链段中引入其他重复单元,有效降低 PEO 的结晶度,提高高聚物链段运动能力,从而提高 PEO 基全固态高聚物电解质离子电导率的重要手段。以 PEO 链段为中心,外层是间规聚丙烯(sPP)的三嵌段共聚物。

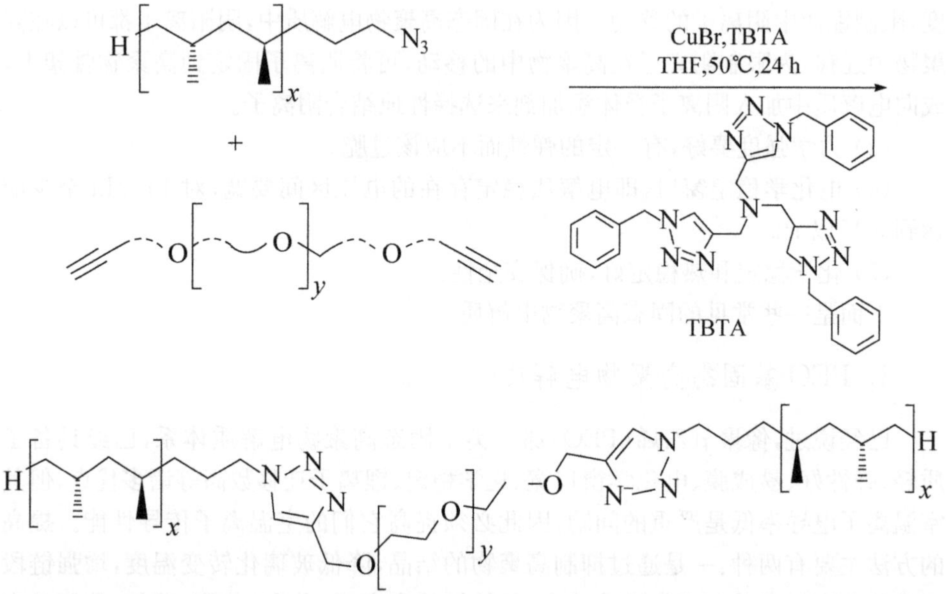

与双三氟甲烷磺酸亚胺锂混合制得特殊形态的固体高聚物电解质,该电解质的室温离子电导率为 10^{-5} S/cm 左右。共聚还能组合不同的 Li^+ 迁移机制,从而扩大电解质体系的工作稳定区间。

2) 交联

通过将 PEO 与不同类型的高聚物分子链交联,高聚物基质可以生成支化结构来抑制高聚物结晶的生成,同时提高其力学性能。除了最常见的物理交联、化学交联和辐射交联外,还通过无溶剂的热压法来交联 PEO 基的固态高聚物电解质。这是一种安全绿色的交联方法:3-缩水甘油醚基丙基三甲基硅烷(KH560)中的—OCH_3 与聚乙二醇(PEG)中的—OH 在无催化剂的条件下发生反应得到交联高聚物粉末 KP(图 9-62),再将其与锂盐 LiTFSI 按 20:1 的比例(摩尔比)混合后通过热压法制备成半透明的电解质薄膜,其离子电导率达 1.34×10^{-3} S/cm(120℃),电化学稳定窗口为 4.87 V。由此组装的 LiTFSI/Li 电池在 80～140℃范围内工作稳定。

3) 添加无机填料

无机填料能增强基体的力学强度,更重要的是添加无机填料会降低高聚物的结晶度,增大非晶部分,有利于 Li^+ 的迁移,特别是填料颗粒附近还会形成快速 Li^+ 的通道。使用的填料有:

(1) Al_2O_3、TiO_2、SiO_2 等惰性陶瓷氧化物。此类填料能提高高聚物主体的离子电导性,以及电解质与电极界面稳定性。像 $AlCl_3$(或 $AlBr_3$)能与聚醚结构发生相互作用增加电解质薄膜硬度。Al_2O_3 表面含有路易斯酸性基团,有利于室温电

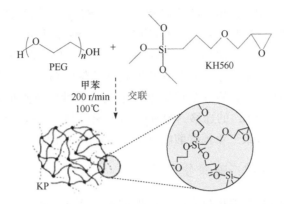

图 9-62 KP-LiTFSI 交联化固态高聚物电解质的制备

导率的提升。

（2）$BaTiO_3$ 等铁电陶瓷材料。此类填料因常具有极性，掺杂到高聚物基体中能有效提高离子电导率。大多数高聚物基体的介电常数较低，限制锂盐的解离，这样介电常数高的铁电陶瓷颗粒体积到高聚物中正好弥补这个不足，提高电解质极性的同时改善了电解质与锂金属电极的界面稳定性。

（3）酸性 ZrO_2、琥珀腈 SN 等超强酸性氧化物。此类填料复合后表现出十分优异的性能，提升电解质的离子电导率，改善电池组件间的界面反应，提高电池循环性能等。琥珀腈 SN 可很好抑制结晶相的形成，当在 PEO-$LiBF_4$ 体系中添加较高量的 SN 时（PEO：SN：$LiBF_4$ ＝ 9：30：1，摩尔比），室温离子电导率达 1.1×10^{-3} S/cm。

（4）分子筛及金属-有机框架材料。分子筛具有规则排列的孔道结构，是三维的框架结构，表面含有大量尺度在 0.1 nm 量级的孔，比表面积大（达 900 m^2），热稳定性优异，对固态高聚物电解质的改性效果明显。金属有机骨架（MOF）材料是像分子筛一样的具有规则排列孔道结构的新型无机材料，具有有机-无机杂化特性，改性作用十分明显。

（5）含锂氧化物。含锂氧化物对高聚物电解质性能的改善是综合性的，如 Li-AlO_2 填加到 PEO 基体中主要起增加非晶区的作用，γ-$LiAlO_2$ 填加到 PEO 基体中能降低电解质的工作温度，而 LiO_2 的填加则会提高界面稳定性

2. 聚碳酸酯基固态高聚物电解质

尽管 PEO 中的含氧链段 EO 能够溶解锂盐，与 Li^+ 络合，但 PEO 的介电常数较低，不能使溶解在其中的离子完全分离，导致离子的聚集，从而影响 Li^+ 的迁移。因此要想办法提高高聚物基体的介电常数，那么在高聚物分子结构中引入诸如碳酸酯基团 $\{O-(C=O)-O\}$ 这样的强极性基团就可以大大提高基体的介

电常数,这样的高聚物就是聚碳酸乙烯酯(PEC),聚碳酸丙烯酯(PPC)和聚三亚基碳酸酯(PTMC)等。它们主链结构中含有强极性碳酸酯基团而且室温非晶形态,使得锂盐更容易解离,且室温离子电导率一般较 PEO 基要高,潜力很大。

由 CO_2 和环氧乙烷交替共聚而成的聚碳酸乙烯酯(PEC)是典型的脂肪族聚碳酸酯,不含 EO 链段。它的每个重复单元中很强极性的碳酸酯基团与 Li^+ 的配位作用较弱,更有利于 Li^+ 的迁移。聚碳酸丙烯酯(PPC)可以看成是由 CO_2 和环氧丙烷交替共聚而成;聚三亚基碳酸酯(PTMC)是由六元环开环反应得到。

3. 聚硅氧烷基固态高聚物电解质

除了碳链高聚物,玻璃化转变温度较低的聚硅氧烷基固态高聚物电解质体系也因为其较高的离子电导率受到关注。聚硅氧烷具有灵活多样的分子结构设计、易于合成、电化学性能优异的特点,是极具开发潜力的全固态高聚物电解质的基体。聚硅氧烷的主链结构单元是 Si—O 链节,在硅原子上可以连接各种有机基团,它们的最大优势是其玻璃化温度是高聚物中最低的,并且有很高的室温离子导电性。而其伴随的力学性能降低则可通过共混、接枝、交联等传统手段来加以改善。

4. 高聚物锂单离子导体基固态高聚物电解质

在锂电池充放电过程中,锂离子 Li^+ 才是有效载荷子,而电解质中阴离子的迁移会增加电解质体系的浓差极化。通常的固态高聚物电解质是双离子导体,其中的阳离子和阴离子都会自由移动。放电过程中,锂离子 Li^+ 和阴离子在高聚物基体中向相反方向移动。由于锂离子扩散效率较低,并且高聚物基体相对固定而正极只允许锂离子的嵌入,阴离子被阻塞,使其在正极处积累形成浓度梯度。这就引起浓差极化,导致内部阻抗增高、电压损失及负反应等,使电池性能下降,提前失效。

解决上述浓差极化问题的有效手段是制备单离子导体。而所谓高聚物锂单离子导体基固态高聚物电解质是一类阴离子不发生迁移(与传统的阴阳离子共同迁移的电解质体系不同),锂离子迁移数 $t(Li^+)$ 接近于 1 的电解质体系。它们是在有机高聚物骨架上接入有机阴离子的体系,在无机骨架(如 Si—O—Si 链)接入有机阴离子的有机-无机杂化体系,以及阴离子受体(anion receptor)体系。

(1)有机高聚物骨架型固态高聚物电解质是将阴离子通过共价键连接到高分子主链或侧链上,这样由于阴离子分子量和体积巨大,从而限制阴离子的迁移,实现离子迁移数 $t(Li^+)$ 接近于 1(图 9-63)。按结构中是否含有能传导 Li^+ 的结构单元,有机高聚物骨架型聚阴离子锂盐又分为非离子导电和离子导电两种。前者是直接将阴离子固定到高分子主链或侧链上,而结构中并不含有能溶剂化并协助

Li⁺ 传输的结构单元(如氧化烯单元 —O—CH₂CH₂—,EO),而后者则通过共聚或接枝等方法引入能够传导 Li⁺ 的分子结构单元,如常见的 EO 单元,为 Li⁺ 提供传导区。

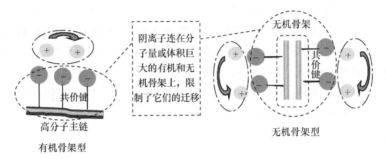

图 9-63 有机高聚物骨架型和无机骨架型的高聚物锂
单离子导体基固态高聚物电解质分子结构示意图

对非离子导电的聚阴离子锂盐,因结构中不含能使锂盐解离并协助 Li⁺ 传输的结构单元(EO 单元),Li⁺ 在非离子导电种类高聚物锂单离子导体中迁移十分困难,自身离子电导率很低,需要与 PEO 等能溶解和传输 Li⁺ 的高聚物共混,形成聚阴离子锂盐/PEO 共混型固态高聚物电解质。由 PEO 起溶解锂盐和帮助 Li⁺ 迁移的作用,而聚阴离子锂盐则进一步破坏 PEO 的有序结构,增加 PEO 中的非晶区域。实例是结构如图 9-64 所示的聚阴离子锂盐 LiPSFSI 与 PEO 混合后得到的电解质 LiPSFSI/PEO 的 $t(\mathrm{Li}^+)$ 达到 0.9,电化学稳定窗口达到 4.5 V。为解决苯环对电解质电化学稳定性和循环稳定性的不利限制,有一种不含苯环的磺酰亚胺型聚阴离子锂盐——聚(全氟烷基磺酰)亚胺锂(LiPFSI),将其与 PEO 按一定比例混合后得到的共混型 SLICs,也表现出优异的电化学性能,80℃时的离子电导率为 1.76×10^{-4} S/cm,$t(\mathrm{Li}^+)$ 为 0.908,电化学稳定窗口达到 5.5 V。

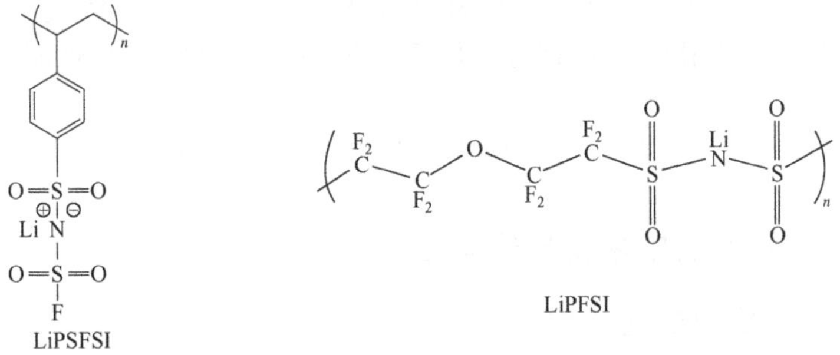

图 9-64 不含离子传导区的聚阴离子锂盐 LiPSFSI 和 LiPFSI

对离子导电的聚阴离子锂盐,直接在聚阴离子的单体结构中引入离子传导区,是通过将不含离子传导结构的阴离子锂盐单体与含离子传导结构的高聚物(如PEO)或有机小分子单体(如含 EO 单元的丙烯酸类单体)共聚而得。实例是聚阴离子的三嵌段共聚物(LiPSTFSI-*b*-PEO-*b*-LiPSTFSI,图 9-65)。这里,LiPSTFSI用于提供 Li$^+$ 源;PEO 中的 EO 链段用以增加主链的柔顺性,为 Li$^+$ 提供迁移途径,而且用 PEO 将 LiPSTFSI 结构单元间隔开,容易形成微相分离,有助于提高该聚阴离子盐的力学性能。当 LiPSTFSI 的质量比为 20％时(此时 EO/Li 约为 30)的离子电导率最大,60℃条件下为 1.3×10^{-5} S/cm,用该嵌段共聚物组装的 LiFe-PO4/Li 电池在 60～80 ℃条件下进行了充放电循环性能测试,表现出较好的倍率性能和循环性能。

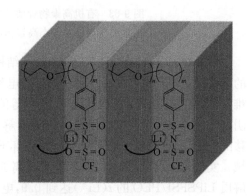

图 9-65　聚阴离子的三嵌段共聚物 LiPSTFSI-*b*-PEO-*b*-LiPSTFSI
及其单离子导体中的 Li$^+$ 迁移原理图

(2) 无机骨架型固态高聚物电解质。这里介绍聚硅氧烷基固态高聚物电解质体系。它们的主链是硅氧烷链,有机硅高聚物具有优良的耐热特性和良好的分子链最为柔性,开发其作为 SLICs 基体材料的潜力十分巨大。当然,它们的力学强度不高,所以仍然是用共混、接枝或交联等手段来提高它们的综合性能。

9.9　高聚物的其他电学性能

9.9.1　高聚物的压电极化与热电极化

1. 压电系数和热电系数

任何物理量都相关,都是可以相互转换的。在力场作用下和在温度场下,材料产生电荷,发生极化的现象称为压电性和焦电性。具体来说,压电效应是对某些电介质沿一定方向施以外力使其变形,其内部将产生极化现象而使其表面出现电荷集聚的现象(图 9-66)。除去外力,材料又重新恢复到不带电状态。

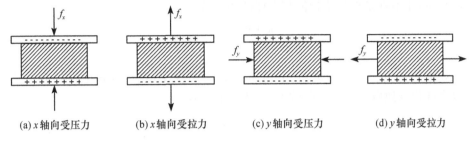

(a) x 轴向受压力　　　　　(b) x 轴向受拉力　　　　　(c) y 轴向受压力　　　　　(d) y 轴向受拉力

图 9-66　压电性就是在外力作用下电介质内部产生极化现象而在其表面出现电荷集聚

力场可以是应变恒定或应力恒定的,由此导致的电极化(P)改变由压电系数 d(压电应变系数)和 e(压电应力系数)表示为

$$d = \frac{1}{A}\left[\frac{\partial(AP)}{\partial X}\right]_{E,T} \tag{9-41}$$

$$e = \frac{1}{A}\left[\frac{\partial(AP)}{\partial S}\right]_{E,T} \tag{9-42}$$

而由温度场改变(ΔT)导致的焦电性由焦电系数 p 表示为

$$p = \frac{1}{A}\left[\frac{\partial(AP)}{\partial T}\right]_{X,E} \tag{9-43}$$

式中,A 是电极面积。显然,只有那些不具备对称中心的材料才可能呈现压电性和焦电性。

压电性是可逆的。正压电效应(顺压电效应)是当沿着一定方向对某些电介质施力而使它变形时,内部产生极化现象,同时在它的一定表面上产生电荷,当外力去掉后,又重新恢复不带电状态的现象。当作用力方向改变时,电荷极性也随着改变。

$$\Delta D = \varepsilon^{X}\varepsilon_{0}E + \mathrm{d}X \tag{9-44}$$

式中,ε^{X} 是在恒定应力作用下测得的介电常数。

逆压电效应(电致伸缩效应)是在电介质的极化方向施加电场,这些电介质就在一定方向上产生机械变形或机械压力,当外加电场撤去时,这些变形或应力也随之消失的现象。

$$\Delta S = \mathrm{d}E + \frac{1}{G^{E}}\mathrm{d}X \tag{9-45}$$

式中,G^{E} 是恒定场强下的弹性模量,也即短路条件下测得的弹性模量。

压电应变系数和压电应力系数之比即是弹性模量的倒量——柔量

$$J = 1/G = d/e \tag{9-46}$$

由此可见,压电性是材料机械能与电能的相互转换

$$电能 \underset{逆压电效应}{\overset{正压电效应}{\longleftrightarrow}} 机械能$$

如果把式(9-44)和式(9-45)中场强 X 改为温度 T,就得到焦电性的表达式。由温度变化导致电位移矢量的改变,是焦电的正效应。

$$\Delta D = \epsilon^T \epsilon_0 E + \Delta T \tag{9-47}$$

由电场强度变化所诱导出的电介质,是焦电的逆效应

$$\Delta S_e = pE + \frac{C^E}{T}\Delta T \tag{9-48}$$

式中,ΔS_e 为单位体积内熵变;C^E 为场强恒定时单位体积内的热容值(比热容)。

2. 高聚物压电体

压电性主要来源于光学活性物质的内应变、极性固体的自发极化 P_s(外电场为零值时的极化值)以及嵌入电荷与薄膜不均匀性的偶合。

早已知道,肌肉、骨骼等生物组织显示有较高的压电性。构成这些生物组织的聚肽、纤维素都是光学活性分子,即这些分子的头和尾有不同的结构,呈 L、D 两种旋光体。光学活性材料经单轴拉伸就会呈现出压电性。事实上,如果我们长期伏案工作,脊椎受拉(或压),就会产生压电效应,感到不舒服,这时只要做做操,前后伸展身躯,释放由此产生的电荷就有格外轻松的感觉。

在合成高聚物中,压电效应最明显的是 β-晶型的聚偏二氟乙烯(β-PVDF)。由于氟原子和氢原子尺寸相当接近,PVDF 晶体结构有 α-、β-、γ-和 δ-相多种晶型。从其熔体冷却结晶制备的 PVDF 薄膜是 α-晶型的球晶结构。每个晶胞内 C—F 偶极矩相互抵消,不具备极性。α-晶型 PVDF 经拉伸转变为 β-晶型的片晶结构(图 9-67)。带负电的氟离子和带正电的氢离子分别排列在薄膜的对应上下两边上,其晶胞内氟原子指向同一方向,形成微晶偶极矩结构,是典型的极性晶体。β-PVDF 薄膜经过一定时间的外电场和温度联合作用后,晶体内部的偶极矩进一步旋转定向,形成垂直于薄膜平面的碳-氟偶极矩固定结构。正是由于这种固定取向后的极化和外力作用时的剩余极化的变化,引起了压电效应。把 β-PVDF 薄膜拉伸到原长度的 5 倍,并施加 300 kV/cm 的电场,在 80℃下保持几个小时,压电系数已与压电陶瓷在同一量级,成为高性能的压电材料。

聚偏二氟乙烯压电机理的简化两相模型认为,在 β-PVDF 薄膜中晶相呈球粒状,具有自发极化 P_{sc},薄膜是具有压电性的球粒晶体与非压电性的非晶区的混合体(图 9-68)。由此求得薄膜的自发极化 P_s 为

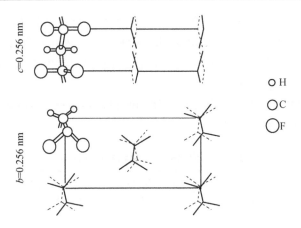

图 9-67　β-晶型聚偏二氟乙烯的结构

$$P_s = \frac{N}{Al}\left(\frac{3\varepsilon}{2\varepsilon + \varepsilon_c}\right)vP_{sc} \tag{9-49}$$

式中,N 为薄膜内球粒晶相的总数;A 为电极面积;l 为薄膜厚度;ε 及 ε_c 分别为薄膜及球粒的介电常数;v 为球粒的体积;$\varphi = \dfrac{Nv}{Al}$ 代表球粒的体积分数;$\dfrac{3\varepsilon}{2\varepsilon + \varepsilon_c}$ 是来自薄膜与球粒介电常数之差别。

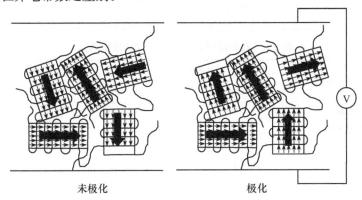

未极化　　　　　　　　　　极化

图 9-68　β-PVDF 的两相模型

小箭头表示在极性晶型中垂直于链轴的(CH₂CF₂)重复单体单元的偶极子,大箭头表明微晶的净偶极子

　　聚偏二氟乙烯压电性有如下特征:①压电性与极化磁场呈线性关系;②压电性与 β 型晶体的含量有定性的关系;③β-PVDF 薄膜驻极体的持久极化非常稳定,即使在高于极化温度时也不被破坏。聚偏氟乙烯压电性的来源曾假设过三种不同的机理:①由于聚偏二氟乙烯 β-晶型中偶极子的取向;②由离子杂质的迁移;③由电极注入的电荷引起。但至今对此还有争论。

　　高聚物压电材料的最大优点是柔软,可做极薄的元件。由聚偏二氟乙烯制作的声电换能器结构简单、重量轻、失真小、音质也好。与石英晶体的粗大话筒相比，由聚偏二氟乙烯制作的话筒和耳机就细巧灵便多了。又由于聚偏二氟乙烯的特性阻抗与水接近，可制作水声换能器，也被广泛用做红外检测器、光学二次谐振发生器等电-声、电-光能量转换器件等。

具有自发极化 P_s 的高聚物极性晶体同时显示焦电性。表 9-7 列出了各种压电体、焦电体物理性能的比较。

表 9-7　压电体、焦电材料物性的比较

材料	密度 /(10³ kg/m³)	弹性模量 /(10¹⁰ N/m²)	介电常数 (ε/ε₀)	压电系数 /(10⁻¹² C/N)	焦电系数 /[10⁻⁵ C/(m·K)]	声阻抗 /[10⁶ kg/(m²·s)]
石英	2.65	7.7	4.5	2.3		14.3
BaTiO₃	5.7	11	1700	78	20	25
PZT	7.5	8.3	1200	110	27	25
PVDF	1.78	0.3	12	20	4	2.3
高聚物陶瓷复合物	5.5	0.3	118	30	10	4
PBLG	1.3	0.3	3.8	2		2

大量研究工作还表明，偏氟乙烯与其他含氟单体（如三氟乙烯、四氟乙烯等）组成的嵌段共聚物，甚至与聚甲基丙烯酸甲酯的共混物也具有压电性，其压电系数与组分含量有关。表 9-8 是一些高聚物（包括共聚物）的压电系数和焦电系数。

表 9-8　几种高聚物的压电系数和焦电系数

高聚物（共聚物）	压电系数/(10⁻¹³ C/N)			焦电系数/(10⁻⁵ C/m²)
	d_{31}	d_{32}	d_{33}	p_3
聚偏二氟乙烯	200	20	−300	−4
聚氟乙烯	10			−1.8
聚氯乙烯	10		−7	−0.4
尼龙 11	3			−0.5
聚碳酸酯	1			
偏氟乙烯-三氟乙烯共聚物	60			
聚偏氟乙烯-聚四氟乙烯共聚物	180	180		−1.5
偏氟乙烯腈-乙酸乙烯共聚物	50			−0.9(50℃)

9.9.2　高聚物驻极体及热释电

具有被冻结的长寿命（相对观察时间而言）非平衡电矩的电介质称为驻极体。高聚物驻极体的研制到 20 世纪 40 年代才开始，目前，聚偏二氟乙烯、聚四氟乙烯、聚丙烯等高聚物超薄膜驻极体已广泛用作能量转换器件，并在空气净化、骨伤治疗、抗血栓等高科技和医疗领域得到了广泛应用。

　　将高聚物薄膜置于两个电极中，在恒定温度(称作极化温度 T_p)下施加高压直流电场(场强 E_p 为几至几十千伏每厘米)进行极化，极化时间为 t_p，保有电场并急速降低温度使极化电荷运动冻结，之后再撤离电场(图 9-69)。用这种方法制备的高聚物驻极体又称为热驻极体。也可以用紫外、可见光来代替温度场，在完成极化，并撤去光源后获得的驻极体是光驻极体。若用如 β 射线、γ 源等高能电离辐射源辐照高聚物(此时无须电场和温度这样的条件)制备的驻极体被称为赝驻极体。

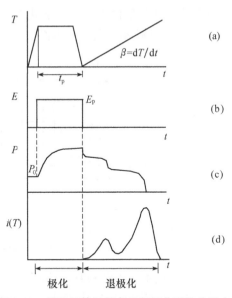

图 9-69　热驻极体的制备及退极化时的热释电

在外电场作用下，高聚物分子链内被激活的偶极子按电场方向取向排列，这种取向排列在降温过程中被冻结。真实电荷(包括电子、空穴及离子型载流子)沿电场方向运动，被材料结构内或表面处的陷阱所俘获。这些陷阱可能是界面、缺陷或杂质。与此同时，在电极极板上因感应而产生对应的补偿电荷(图 9-70)。可见，高聚物驻极体的形成实质是电介质充电过程。

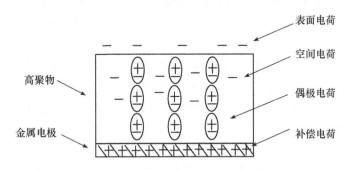

图 9-70　高聚物驻极体体系内电荷分布示意图

　　对驻极体再次加温，可以得到热刺激电流(thermally stimulated discharge current，TSDC)或热释电。高聚物的 TSDC 一般有两个来源，一个是试样中被冻结了的偶极的解取向所产生的弛豫电流，另一个是来自试样中陷阱能级上填充的载流子解俘获所产生的退陷阱电流，从而形成一个放电过程[图 9-69(d)]。高聚物驻极体的这种放电电流极为微弱，约比无机驻极体的小 3～4 量级，需用 10^{-12} A 左右的静电计才能检测到。为了便于实验结果的数学处理，高聚物驻极体的实际放电在等速升温条件下进行。放电过程记录下来的电流-温度谱就是热释电谱。图 9-71 是 TSDC 实验装置方框图。

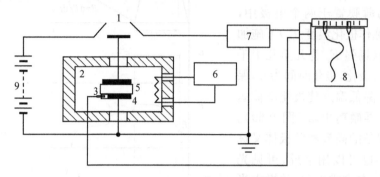

1. 开关；2. 电炉；3. 热电偶；4. 电极；5. 试样；6. 温控装置；7. 微电流计；8. 双笔 X-T 记录仪；9. 高压电源
图 9-71　热释电装置方框图

TSDC 技术属于低频测量,频率为 $10^{-3} \sim 10^{-5}$ Hz,非常适合于偶极子的取向运动。TSDC 测量结构分辨率和灵敏度比以往的介电法和动态力学等方法都来得高。采用极化温度扫描等实验方法可以把部分重叠的电流峰分离开来,分辨出电流峰的基本过程,进而获得不同尺寸运动单元的弛豫时间分布及高聚物能带间陷阱分布等重要信息。TSDC 还能获得高聚物中杂质的浓度,大分子及其局域态的表征,微相中的各向异性以及高聚物中主要载流子品种、浓度和陷阱能级等。

曾用 TSDC 方法来研究高聚物宏观单晶体聚双(对甲苯磺酸)-2,4-己二炔-1,6-二醇酯(PTS)及其单体 TS(它们的分子结构见第 2 章)在低温时的公度-非公度相变。TSDC 的测试是在沿分子链方向上进行的,沿分子堆砌方向上的热刺激电流为 $i_{/\!/}$。

纯单体 TS,不同 TS-PTS 含量的混合体和完全聚合的 PTS 单晶体在 $100 \sim 300$ K 的 $i_{/\!/}$ 如图 9-72 所示。它们的热刺激电流很小,只有 10^{-13} A 量级,但在这方向上清楚呈现出了一些异常的行为。对纯单体 TS,热刺激电流在 152 K 和 192 K 温度附近出现峰值,是纯单体 TS 在低温下存在有非公度相的反映:192 K 是从高温公度相到非公度相变温度,而 152 K 应是从非公度相到低温公度相变温度。

已经知道,TS 和 PTS 单晶体的低温相变起因于它们分子中侧基的扭曲。在高温公度相,侧基转动相对比较自由,温度降低,热运动能量降低。在非公度相,侧基取向角度受一非公度波的调制,并不完全一致。进一步降低温度,转变为低温公度相,分子堆砌方向(对 PTS 则分子链方向)上相同一侧的基团沿相反方向取向,邻近链上在这一侧的基团沿相反方向取向,如图 9-73 所示。

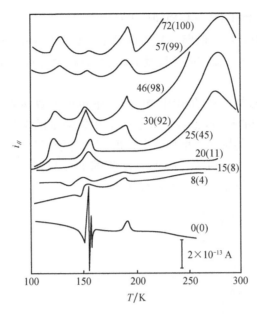

图 9-72　TS-PTS 体系的热刺激电流

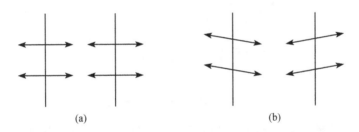

图 9-73　高温(a)和低温(b)下 TS-PTS 体系侧基取向示意图

高温公度相中纯单体 TS 单体的 c 轴长度为 0.511 nm,随聚合程度的增加而逐步减少。至完全聚合的 PTS 单晶时,c＝0.491 nm,而 a 轴和 b 轴均为 1.48 nm,比 c 轴大很多。这说明分子堆砌方向上侧基的距离相当近,空间排斥力就很大,且起主要作用。结果导致它们同侧之基按完全相同取向排列,以保持侧基间的最大距离,降低空间斥力。

完全聚合的 PTS 在高温公度相时,热运动足以克服这些作用力形成的势垒,侧基按统计分布。而在低温公度相,热运动能量降低,侧基采取前面所说的规律排列,导致 a 轴长度加倍。聚合程度低的 TS 试样,由于 c 轴相对较长,空间排斥力相对较小,使侧基反向排列的分子内偶极相互作用不可忽略。这两种相互作用的综合结果是产生了非公度相,即侧基由于偶极相互作用其取向不完全一样。分子堆砌方向上相邻的侧基都偏转很小的一个角度,表现为侧基取向受一非公度相的调制。聚合反应是本处于范德瓦耳斯作用距离的单体分子变为由化学键相连的大分子。TS 及其聚合物 PTS 单晶均同属 P2₁/c 晶系，那么 PTS 的晶胞参数一定相应减少。但在 TS 聚合反应前期，c 轴方向晶胞参数确是随聚合程度（聚合时间）增加而急剧减少，而 a、b 两轴方向长度反有增加，只在聚合程度超过 20% 后，a、b 方向才出现收缩。

用热刺激电流数据制作的相图（图 9-74）中也可大致估算出这时的聚合度约为 20%，这说明 c 轴的长短，也就是分子链上相邻侧基的空间排斥力对非公度相的稳定性起着决定性的影响。增加聚合程度，TS 分子通过化学链相连，增加了沿链方向的相互作用力，起到了与降低温度相同的效果，从而使得聚合程度大于 20% 的 TS-PTS 混合体中只有公度相存在。

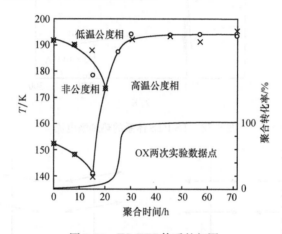

图 9-74　TS-PTS 体系的相图

相变是整个侧基运动的结构，为一平衡态的转变，相变时的热刺激电流峰不受极化电压的影响。但与这里的实验结果不符。可以认为在 152 K 附近处还存在一个偶极弛豫运动。既然 152 K 是 TS、PTS 的相变温度，那么这个偶极弛豫必是侧基中一个相对较小的基团所贡献。考察 TS 侧基可以发现那里存在如下三种运动方式：①围绕连接亚甲基和主链的整个侧基的转动，这正是相变时侧基的运动；②围绕连接亚甲基和氧原子间键的转动；③苯环绕连接它与硫原子间共价键的转动及摇摆振动。152 K 附近的冻结偶极运动应归于第二种运动，而第三种运动则对应于热刺激电流在 120 K 附近出现的电流峰。

聚合时间超过 20 h，TS-PTS 混合体中已不存在公度相，但在热刺激电流谱上仍有这一对应的电流峰。并且由于相变引起的负热刺激电流消失，使该峰强度更大。至于在聚合时间超过 30 h 后该峰强度又变小，那是由于聚合过程中累积的内应力的作用。

9.9.3　高聚物的电击穿

前面提到的都是高聚物在弱电场中的行为。在强电场($10^5 \sim 10^6$ V/cm)中,随着电压的升高,高聚物的电绝缘性能会逐渐下降,当电压升高到一定值时,在高聚物体内会形成局部的电导,发生击穿,高聚物完全失去电绝缘性能,其化学结构遭到破坏。

击穿强度定义为发生击穿时电极间的平均电位梯度,即击穿电压 V 和样品厚度 d 之比:

$$E_b = \frac{V}{d} \tag{9-50}$$

高聚物绝缘材料的击穿强度一般在 10^7 V/cm 左右。

击穿试验是一种破坏性试验,工业上常采用耐压试验。在高聚物样品上加一额定试验电压,经过一定时间仍不发生击穿就算合格样品。

高聚物在强电场发生击穿,其破坏机理可能有多种形式,如电击穿、化学击穿及放电击穿等。

1. 电击穿

高聚物绝缘体在弱电场中,电子型载流子从电场获得的能量在与周围环境的碰撞中就消失了。如果电场强度大到某个临界值(这对不同高聚物是不等的),电子从外电场所获能量大大超过它们与周围环境碰撞所损失的部分,从而会电离高聚物的结构,产生新的电子或离子。这些新生载流子又再撞击更多的载流子,如此继续,就会发生所谓的"雪崩",即高聚物被击穿。这类击穿统称纯电击穿,发生雪崩破坏所要求的电子数目约为 10^{12}。如果不计载流子的重组,此数目代表了 $38 \sim 40$ 代的碰撞电离。空穴型载流子同样对雪崩有贡献。验证纯电击穿机理比较困难,因为必须排除实际存在的其他击穿机理。

如果高聚物在低于纯电击穿所需的场强下发生了变形,即其厚度因电应力的机械压缩作用而减小,那么击穿强度主要取决于电机械压缩,击穿属机械机理。习惯上把纯电击穿和电机械击穿统称为本征击穿。

多数电介质在经受 10^5 V/cm 场强后,因表面电荷间吸引力而产生每平方厘米几千克大的压缩力。假定某高聚物的相对介电常数为 ε_m,用它填充相距为 a_0 无限长平行板构成的电容器,异号电荷间吸引力与高聚物的力学刚性平衡。于是,电击穿与杨氏模量 Y(为避免与电场 E 混淆,这里杨氏模量用了符号 Y)有下列关系:

$$E = (Y/\varepsilon_m\varepsilon_0)^{\frac{1}{2}}\exp(-0.5) \tag{9-51}$$

一些热塑性塑料的电击穿服从这种关系,如聚乙烯的实验数据就与此理论结果一致。还有一些实验事实可以证实高聚物中存在电机械击穿。例如,通过交联改善聚乙烯的刚性,电击穿强度随之增大;若降低其分子量,击穿强度就降低。

本征击穿多发生在均匀外场中,速度很快,一般为 10^8 cm/s。另一类击穿机理则是电场对高聚物长期作用的结果,实际上已是一个电老化问题,它们就是放电击穿和电树击穿。

2. 放电击穿

放电击穿是由高聚物中空洞的局部放电引起的,如橡胶会在硫化过程中形成微米级的空洞;又如热固性树脂,在其成形或混合过程中,因除气不充分会留下空洞;空洞也不可避免地出现在浸渍层压材料中。当对这类材料施加电应力时,空洞内所含气体发生放电,最终连累高聚物本身遭击穿。一般说来,高聚物内空洞的平均场强比高聚物本体高;并且,空洞的击穿强度又总比高聚物的低,因此高聚物在破坏前多半先经过这种空洞局部放电过程。

如果使用针状电极,施加交变电场时能观察到电树结构。电树源于针状电极端点的放电,引发了针端附近高聚物结构的空洞,并进一步从高电应力区向材料本体内传播,形成树形结构的通道。一旦树枝结构贯通两个电极,形成电导通路,材料就被击穿了。依环境条件而异,电树击穿完成时间在几秒到几小时不等。一般在低场强下形成的电树枝细小,直径约 1 μm,高场强产生粗树枝。虽然对高聚物击穿的电树形成机理,尤其是引发机理还很不清楚,但已有迹象表明,高能电子、空间电荷的传播在这里至关重要。

还有统称电化学树一类的击穿。它们和电树击穿有相似的表观现象,但树形粗而生长慢,所以平均场强较电树结构的低。电化学树并不起因于放电活性,完全是由水或外来杂质、缺陷所在的局部结构受应力所致,如果把这类材料放到真空或高温条件,电化学树结构随之消失;再次浸入水中,树形又迅速重现。在聚烯烃类高聚物中,甚至在硅橡胶、环氧树脂、聚酯树脂等中均已观察到了电化学树结构的存在。

3. 热击穿

任何实际高聚物,总有损耗电流通过。不管是直流电场下产生的焦耳热,还是交流电场中的介电损耗,都将使高聚物本体的温度升高,从而又进一步增大损耗。因此,材料从电场获得的能量不再和损耗到周围的热量处于平衡而发生热击穿。能量增加和热量耗散间平衡关系可以下列微分方程表示:

$$C\rho \frac{\partial T}{\partial l} = \sigma E^2 + \mathrm{div}(\kappa \mathrm{grad}T) \tag{9-52}$$

式中,C、ρ、σ、κ 分别为材料的比热容、密度、电导率及导热系数。式(9-52)右边第一项表示单位能量增加;第二项是能量耗散项。因为场强本身随电极几何尺寸、空间电荷(由电极向低电导率的材料注射)等因素变化,电导率、导热系数又是温度的函数,式(9-52)难以给出分析解。图 9-75 是对平板电极-薄膜样品夹心结构施加外场时的温度时间关系图。在低场强条件下,如果材料与周围环境热接触较完善,最终温度 T_f 将低于 T_b(曲线 b 代表的温度),达到真正的热平衡,材料不发生击穿(曲线 a)。曲线 b 可从微分式(9-52)得到,它接近平衡状态,一旦场强稍高于 E_b(曲线 b 代表的场强),温度达到并迅速超过 T_b,材料便出现热击穿。曲线 d 是施加脉冲电压引起温度急剧上升的情况。

　　图 9-76 是采用红外成像照相技术沿聚氧化乙烯薄膜(190 μm)中心线测定的温度分布轮廓线,区域 A 对应于图 9-75 中曲线 a;区域 B 是场强为 E_b 时温度分布图。

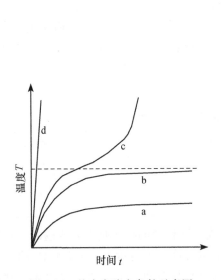

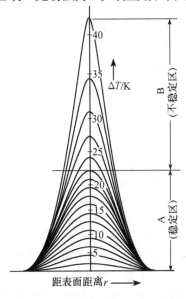

图 9-75　热击穿稳定条件示意图　　　　图 9-76　PEO 膜中心线的温度分布

　　聚氯乙烯、聚氧化乙烯、纤维素纸这类高损耗高聚物的介电损耗及介电常数数值均随温度而增大,电、热不平衡性显著,材料往往以击穿破坏告终。聚苯乙烯等低损耗高聚物击穿不属热本质,甚至检测不到击穿过程中材料的温度变化,这时,本征击穿占主导地位。

　　高聚物的击穿强度数值不仅取决于本身结构,还随外场测试条件而变化。电极形式及尺寸、升压速率、外场频率、温度、试样厚度等都是影响击穿强度数值的因数。因此,测试高聚物击穿强度,必须严格规定测试条件,否则结果将无法比较。

9.9.4　高聚物的静电现象

1. 静电现象

任何两个固体,不论其化学组分是否相同,只要它们的物理状态不同,其内部结构中电荷载体能量的分布也就不同。当这样两个固体接触时,在固-固表面会发生电荷再分配。在它们重新分离后,每一个固体都将带有比接触前过量的正(或负)的电荷,这就是静电现象。

　　静电研究的基本问题是给定条件下电荷转移的品种、转移机理以及控制或影响平衡的环境因素。当具有不同功函数(功函数是把一个电子从固体内部刚刚移到此物体表面所需的最小能量)的两种金属(或金属与高聚物,或两种高聚物)接触时,电子从功函数较低的金属(或高聚物)转向较高的,结果功函数高的金属(或高聚物)带负电,功函数低的金属(或高聚物)带正电。电荷转移量与材料的功函数之差成正比。显然,表面状态在这里是至关重要的。当金属与高聚物接触时,电子从金属费米能级越过位垒(即高聚物的功函数与电子亲和力之差,通常在 1 eV 左右)进入高聚物导带是一个极缓慢的过程。为获得 10^{-3} C/cm 的电荷密度,要花费 10^4 s,这与实验观察不符。根据高聚物无序材料的能带结构特点,有理由认为,电子转移发生在金属费米能级与高聚物能隙中的陷阱之间。

　　表 9-9 中列出了几种高聚物的功函数。

表 9-9　几种高聚物的功函数

高聚物	功函数 ϕ/eV	高聚物	功函数 ϕ/eV
聚氯乙烯	4.85 ± 0.2	聚对苯二甲酸乙二酯	4.25 ± 0.10
聚酰亚胺	4.36 ± 0.06	聚苯乙烯	4.22 ± 0.07
聚碳酸酯	4.26 ± 0.13	尼龙 66	4.08 ± 0.06
聚四氟乙烯	4.26 ± 0.05		

　　在高聚物的制备、加工过程中,相同或不同材料的接触是十分普遍的。接触和分离实际上是一个复杂的力学过程,其中包含许多不定因素,在接触中,两个固体不可避免地会有不同程度的摩擦或相对运动,甚至使一个或两个表面在宏观尺度上受到损伤,实际接触面积也难以确定。尤其值得指出的是周围气氛效应。两个固体表面经接触后电位不等,可能引起其间气氛的放电现象。因此,尽管静电现象早已为人们所熟悉,至今尚无定量的理论,一般认为,当高聚物相互摩擦时介电常数大的高聚物带正电,介电常数小的带负电。表 9-10 列举了一些高聚物(以及少许其他材料)的带电系列。

　　当上述序列中的两种高聚物摩擦时,总是排列在前面的物质表面带正电,排在序列后面的产生负电。在同样条件下,由摩擦产生的电量与材料在上列序列中的距离有关,距离越远,摩擦产生的电量越多。相对多数金属而言,高聚物通常带负电。

　　2. 静电的危害和防治

　　一般来说,静电作用在高聚物加工和使用过程中是不利因素。只要在高聚物的几百个原子中转移一个电子,就会使高聚物带有相当大的电荷量,变成带电体。

例如,聚丙烯腈纤维因摩擦产生的静电高达 1500 V 以上。电阻值高,吸水性差的非极性高聚物材料在生产过程所积聚的静电往往达到妨碍生产顺利进行的程度,从而会影响产品的质量。

表 9-10　一些高聚物的带电系列

正电荷 ↑		负电荷 ↓
	耐化学腐蚀氟橡胶(viton)	高耐冲聚苯乙烯
	聚甲醛	高密度聚乙烯(HDPE)
	阻燃碳酸钙	耐候三元乙丙橡胶
	碳酸钙 G-10	光滑皮革带
	透明纤维素	充油铸造尼龙
	透明聚氯乙烯(PVC)	透明丙烯酸树脂
	聚四氟乙烯(PTFE)	硅橡胶
	尼龙 66(天然等级)	耐磨丁苯橡胶
	耐磨聚氨酯橡胶	光滑柔软皮革带
	ABS 树脂	改性聚苯醚
	透明聚碳酸酯(PC,光滑的)	聚苯硫醚(PPS)
	聚苯乙烯(PS)	光滑的猪皮
	聚醚亚胺	聚丙烯(PP)
	聚二甲基硅氧烷(PDMS)	光滑尼龙 66
	聚酯纤维	耐候和耐化学腐蚀桑托普利橡胶
	易加工电绝缘碳酸钙	耐化学防晒和耐蒸汽 Aflas 橡胶
	食品级高温硅橡胶	聚砜
	聚酰亚胺膜	浇铸尼龙 6
	聚酯薄膜	复印纸
	聚偏氟乙烯	耐化学腐蚀和低温氟硅橡胶
	聚醚醚酮	Delrin 缩醛树脂
	聚乙烯(PE)	木材(海洋级防水胶合板)
	高温硅橡胶	耐磨滑石
	抗磨损碳酸钙	超拉伸和耐磨损天然橡胶
	低密度聚乙烯(LDPE)	耐油丁腈橡胶
		食品级耐油丁腈橡胶/乙烯基橡胶

静电作用给一些工艺过程造成很大困难,在合成纤维和电影胶片工业中尤其突出。摩擦生电常常使纺丝、拉伸、加捻、织布等各道工序难以进行。大气的电导率约为 10^{-14} S/cm,高聚物在大气中,其表面电荷能维持半年之久。表面静电又极易吸附水汽或尘埃,从而大大降低材料的质量。由静电产生的放电现象(包括火化放电和电晕放电)对产品有更大的威胁。在电影胶片生产中,当静电电压超过 4 kV 时,会发生火花放电,致使感光乳剂曝光,产品随之报废。如果高聚物存放在包装盒中的话,静电甚至会导致大规模集成电路的破坏。静电作用有时可能危及人身和厂矿设备,尤其当周围恰好放置易燃易爆物品时,放电会引起燃烧和爆炸。可见,消除静电是高聚物加工和使用中的一个重要实际问题。

当然,在高聚物接触、摩擦过程中,电荷不断产生,又不断泄漏,实际观察到的静电即是这两个过程的动态平衡。消除静电也就是寻找控制电荷产生或使已形成的电荷尽快泄漏的途径。一般来说,控制电荷产生比较困难,实际问题多从后者着手,电荷泄漏可通过积传导、表面传导等多种途径,其中表面传导又是主要的。一般认为,当高聚物表面电阻 $\rho_s < 10^{10}$ Ω 时,静电电荷会较快地泄漏,从而消除静电作用。目前,工业上广泛采用的抗静电剂都是通过提高高聚物的表面电导性,使带电的高聚物材料能迅速放电以防止静电荷积聚。高聚物的抗静电剂有季胺类、吡啶类、咪唑衍生物等阳离子和非离子型活性剂,如阳离子型抗静电剂硬脂酸胺丙基 β-羟乙基-二甲基硝酸铵 $C_{17}H_{35}CONH(CH_2)_3N(CH_3)_2(CH_2)_2OHNO_3$ 广泛用于聚乙烯、聚丙烯、聚苯乙烯、聚氯乙烯、ABS 和聚碳酸酯等高聚物。

水是导体,如果高聚物表面吸附水分子形成一层导电的水膜,静电就能从水膜跑掉。根据这个原理,有人利用表面活性剂做抗静电剂。这种表面活性剂分子的一端带有亲水基团,另一端带有疏水基团,在高聚物表面涂布表面活性剂,使活性剂的疏水基团向下,亲水基团就吸附空气中的水分子,由水分子将高聚物表面的静电荷带走,在纺丝的最后工序要上油,油剂含有羟乙基化合物或是含有三乙醇胺或少量乙二酸的乳液。纤维上油后,表面附有一层具一定吸湿性的物质,可起到抗静电作用。

随着科学技术的进步,出现了一类新颖"分子复合材料",通过在高聚物绝缘体内渗入导电性高聚物达到抗静电的目的。例如,以尼龙、聚氯乙烯、聚乙酸乙烯酯、非晶态聚对苯二甲酸乙二酯等商品级塑料薄膜为母体,令其在含有吡咯单体(或是聚合催化剂)的溶剂中溶胀,此溶液随后与聚合催化剂(或是吡咯单体)接触,促使吡咯在位聚合。如此制备的分子复合材料的电导率视聚合条件不同可在 7~8 量级内调节,在抗静电领域有广阔的应用前景。

高聚物绝缘体的静电现象虽然在多数场合有害,但是人们成功地应用了高聚物的强静电,开创出静电复印、静电记录、静电喷涂、静电印刷、静电分离和混合等新技术领域。特别是近年来开发的静电纺丝技术,通过静电力作为牵引力来制备直径为纳米级的超细纤维,有广阔的发展前景。

这里要特别说一下近年开发的静电纺丝技术。静电纺丝是一种利用表面静电排斥作用,以高聚物黏弹性流体或高聚物溶液为原料,简便、通用、连续地制备纳米纤维的方法。静电纺丝的装置包括四部分:高压电源、注射泵、喷丝头、接收器。当高聚物黏弹性流体被推出喷丝头时,表面张力会促使其形成球形液滴。而由于喷丝头上外加了高电压(可达 50 kV),使液滴表面带同种电荷。当静电排斥作用足够强时,可以抵消表面张力作用,此时液滴不是球形而是圆锥形。开始喷丝后,液体首先进入锥-射流区(cone-jet),在表面电荷排斥和强电场的共同作用下,射流直径越来越小,直至发生弯曲。之后射流进入鞭动不稳定区(whipping instability),射流加速的同时如鞭子一样摆动,此时射流直径大幅下降、溶剂挥发。最终,射流固化形成超细直径的纤维。

　　静电纺丝制备的纳米纤维,其直径可以达数十纳米。此外,静电纺丝发还可以制备具有二级结构的纳米纤维,包括孔、空腔、核-壳结构等。纳米纤维的表面和内部可进一步地加入分子或纳米颗粒修饰,这一过程可在静电纺丝过程中同时进行,也可在纳米纤维形成之后进行。另外,对纳米纤维进行排列、堆垛、折叠,可组装形成有序结构或分级结构。这些特性使得静电纺丝被广泛应用于空气过滤、水处理、异相催化、环境保护、智能织物、表面涂层、能量的收集-转化和存储、封装生物活性材料、药物缓释、组织工程、再生医学等。

9.10　利用静电现象的摩擦纳米发电机

9.10.1　摩擦纳米发电机简介

　　事情都是两方面的,静电不单有危害的一面,同时它也是可以利用的能源——一种储量很可观的新能源。利用摩擦起电效应和静电感应效应的耦合把微小的机械能转换为电能,就是这一辩证思想的突出体现。这一想法已经由华人科学家王中林提出并在 2012 年实现了,这就是摩擦纳米发电机(triboelectric nanogenerators,TENG)。它既不用磁铁,也不用线圈,用到的是质轻、低密度并且价廉的高聚物材料。这是一种透明的柔性摩擦电发电机,借助柔性高聚物材料成功地将摩擦转化成为了可供使用的电力。摩擦电发电机依靠摩擦点电势的充电泵效应,通过聚酯纤维薄片与聚二甲基硅氧烷(PDMS)薄片的摩擦来产生电力。借助一种分离技术,当摩擦发生时,两层高聚物薄膜之间产生电荷分离并形成电势差,经由外部电路即可形成电流。在摩擦中,聚酯纤维产生电子,聚二甲基硅氧烷则负责接收电子。此外,外部的按压产生的机械形变也能使它们发生摩擦产生电力。摩擦纳米发电机的发明在机械能发电和自驱动系统领域具有里程碑式的意义,它为有效收集机械能提供了一个全新的模式。

　　为了增加表面相互摩擦时能产生电荷,可以通过改变摩擦表面图案的方式来产生更大的电流。其中金字塔图案的表面在摩擦时加速了电荷的形成,更利于电荷的分离,能产生最多的电流,极大地提高摩擦电发电机的效率。为此,可借助各种蚀刻工艺,用硅片制造出一个模具;而后将液体的聚二甲基硅氧烷(PDMS)和一种交联剂混合在一起后涂抹到模具上,等待冷却后就形成了一张薄膜;最后再将两种涂有金属电极的高聚物薄膜铟锡氧化物(ITO)与聚对苯二甲酸乙二醇酯(PET)薄膜贴合在一起,形成三明治结构。这种具有微结构阵列的摩擦电发电机的输出电压可达 18 V,每平方厘米可产生 0.13 μA 的电流,峰值电流可达 0.7 μA。一个 4 cm^2 的薄膜材料,通过导线与 LED 灯相连。只要用手捏一下这个薄膜材料，LED灯就会亮起。

摩擦纳米发电机的基本特点是：①摩擦发电产生的电流较小，只能用于微小器件的供电；②为增大摩擦，提高发电效率，必须在材料选择及设计上增加纳米结构。纳米发电机主要由摩擦部分（产生电能）和电流部分（储存电能）两部分组成。摩擦部分是两层电负性相差很大的高聚物薄膜，负电高聚物薄膜有聚对苯二甲酸乙二酯（PET）、聚四氟乙烯（PTFE）、聚酰亚胺（PI），正电高聚物薄膜有尼龙（以及某些金属），要求它们的相对电负性相差越大越好。电流部分是将摩擦部分输送的交流电转化为可以利用的直流电，最常见的是桥式整流电路。

9.10.2　摩擦纳米发电机的工作原理

摩擦发电的基本原理仍可在经典的麦克斯韦电磁方程中找到它的源头。麦克斯韦的位移电流由两项组成：

$$J_D = \partial D / \partial t = \varepsilon_0 \partial E / \partial t + \partial P / \partial t \tag{9-53}$$

与我们常规观察到的自由电子传导的电流不同，位移电流是由于时间变化的电场[式(9-53)第一项]再加上随时间变化的原子束缚电荷的微小运动和材料中的电介质极化[式(9-53)中的第二项]。位移电流的第一项不但统一了电场和磁场，同时预言了电磁波的存在，奠定了无线通信的物理基础。在一般各向同性的介质中，式(9-53)第二项和第一项合并起来，位移电流就变为 $J_D = \varepsilon \partial E / \partial t$，因此，大家就把第二项忘了，一般的教科书中基本上不讨论由极化引起的电流。然而，在具有表面极化电荷存在的介质，如摩擦起电（以及压电材料），第二项才是摩擦纳米发电机的根本理论基础和来源，展现了这个被"遗忘"的经典物理学中的一个重大概念在新时代的应用。

在20世纪30年代前，由位移电流的第一项推导出电磁波理论，从而催生出了光波、电报、电视、雷达、微波、无线通信乃至空间技术。以后又有统一的电磁理论，发明了激光以及光子学。而从2006年起，位移电流的第二分量催生出摩擦纳米发电机，在传感器网络、物联网，以及大数据和蓝色能源等方面影响未来人类的发展（图9-77）。

图9-78是摩擦纳米发电机实际工作原理的图解说明。在最开始状态，电负性相差很大的两层高聚物薄膜（如聚酰亚胺薄膜和聚甲基丙烯酸甲酯（PMMA）薄膜，并在其顶部和底部两个表面通过真空溅射分别镀有 Au 或 Au-Pd 合金电极层，厚度为 100 nm 左右）堆叠在一起，但它们的表面并不是绝对光滑平整的，中间存在一定的间隔 d_3[图9-78(a)]，这时用导线把这两电极层与外电路（电表）相连接，没有电荷产生，两个电极之间没有电势差，观察不到任何电流。图9-78(b)是在这两层薄膜上施加一定压力，两种薄膜相互接触，由于摩擦起电效应，形成摩擦电荷，然后形变力释放，两个表面自动分开。这时薄膜分别携带

图 9-77　位移电流的第一项和第二项催生的各种应用

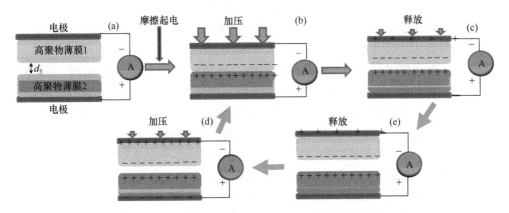

图 9-78　垂直接触-分离模式摩擦纳米发电机发电原理示意图

相反的电荷,并由于直接夹杂了空气层,两个面上的电荷不能完全中和,形成电势差。为平衡这个电极之间流动,平衡了已带静电的薄膜之间的电势差。根据摩擦电序,聚酰亚胺的摩擦电负性比 PMMA 强,电子从 PMMA 注入聚酰亚胺,使其表面带负电荷,而 PMMA 表面带正电荷。由于摩擦电荷只在表面,带相反电性的电荷几何在同一平面,因此两个电极之间没有电势差存在。当外力释放后,由于材料自身的弹性作用,聚酰亚胺有恢复原状的趋势。一旦两片高聚物薄膜分开,在开路状态下,两个电极之间就会产生电势差。在外力逐渐释放的过程中,开路电压持续升高,直至聚酰亚胺完全恢复到其最初的位置时,开路电压达到最大值。假如静电计的输入阻抗无限大,电压将会保持常数。如果继续施加压力,由于两高聚物薄膜层间的距离逐渐减小,直至两片高聚物薄膜完全接触时减小为零。如果两个电极短接,两层高聚物薄膜分开,电极间的电势差将会驱动电子从上电极流向下电极,在外力释放过程中形成瞬时正向的电流。净效应是在上电极积累正电荷,在下电极积累负电荷。当外力完全释放时,感应电荷密度达到最大值。当再次施加压力时,两片高聚物间距的减小导致上电极的电势比下电极高,驱动电子从下电极返回到上电极,感应电荷减少,这个过程对应的是瞬时负向的电流。当这两片高聚物薄膜再次接触时,使有的感应电荷都被中和。如果两个电极通过负载电阻相连,自由电子将从一个电极流向另一个电极建立一个相反的电势差来使静电场平衡。一旦间隙闭合,电子又会通过外电路往回流,再次达到静电平衡状态。

　　用手指按压由聚四氟乙烯(PTFE)薄膜和表面镀银的聚对苯二甲酸乙二酯(PET)薄膜(上面由静电纺丝制备的聚乙烯醇纳米纤维来增加薄膜粗糙度)组成的摩擦纳米发电机,可承受高达 407 V 的电压,瞬时输出功率为 4.25 mW,一个按压周期可使串联的 LED 发光二极管闪烁两次。

　　目前有四种基本结构的摩擦纳米发电机模式,它们分别是:

　　(1)垂直接触-分离模式。这就是我们上面提及的那种模式,通过两个电极的接触分离实现发电。

　　(2)滑动模式。这种模式初始的结构与垂直接触-分离模式的相同,当两种高聚物薄膜接触时,两薄膜之间会发生沿着与表面平行的水平方向的相对滑移,这样就可以在两个表面上产生等量异号的摩擦电荷(图 9-79)。在外力作用下,两个接触面左右分离时,平面内未被屏蔽的摩擦电荷将产生一个从右向左的电场,从而导致上平板有更高的电势。这样,可以驱动电子在上下两个电极之间流动(电子从下电极流到上电极),以平衡摩擦电荷产生的静电电势差。当两个平板在外力作用下再次重合,由于电势差的减小,上电极的电子将返回到下电极。通过周期性的滑动分离和闭合可以产生一个交流输出,实现发电。除了收集平面直线运动的能量,滑动模式的摩擦纳米发电机还可以收集旋转或曲面旋转运动的能量,例如风能、水能和相对滑动等形式的机械能。由于两层高聚物薄膜之间没有空隙,是完全贴合的,这种结构优势能够最大限度地收集滑动摩擦的机械能,便于集成和封装,扩大应用范围。

图 9-79　滑动模式摩擦纳米发电机的工作原理

　　(3)单电极模式。这种模式只有底部一个电极,且接地(图 9-80)。如果摩擦发电机尺寸有限,上部的带电物体接近或者离开下部物体,都会改变局部的电场分布,这样下电极和大地之间会发生电子交换,以平衡电极上的电势变化。显然,这与通过负载连接两个电极的上两种模式都不同。这是因为在某些情况下,摩擦发电机的模型部分是运动部件。例如,人在地板上走路,通过导线和电极进行电路连接并不方便,这样引入单电极模式就非常必要。它们是专用在衣服穿戴式的摩擦纳米发电机,以皮肤作为导体实现发电。

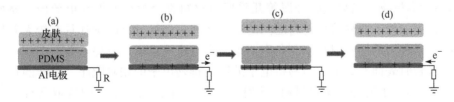

图 9-80　单电极模式摩擦纳米发电机的工作原理

　　(4) 独立层模式。这种模式以两个分离的金属电极作为正负极置于基底,高聚物薄膜在其上摩擦,两个基底电极产生电势差,实现发电(图 9-81)。因为一般运动物体与其他物体(包括空气)接触都会带电(如走路时鞋子就会带电),如果材料表面的电荷密度达到饱和,且这种静电电荷会在表面保留达几个小时,那么,在这段时间里并不需要持续的接触和摩擦。这时可以在介电层的背面分别镀上两个不相连的对称电极,其大小及其间距与移动物体的尺寸在同一数量级,那么这个带电物体在两电极之间的往复运动会使两个电极之间产生电势差的变化,进而驱动电子通过外电路负载在两个电极之间来回流动,以平衡电势差的变化。电子在这对电极之间的往复运动可以形成功率输出。这个运动的带电物体不一定需要直接与介电层的上表面接触,例如,在转动模式下,其中一个圆盘可以自由转动,不需要和另一部分有直接的机械接触,就可以在很大程度上降低材料表面的磨损,这对提高摩擦纳米发电机的耐久性非常有利。

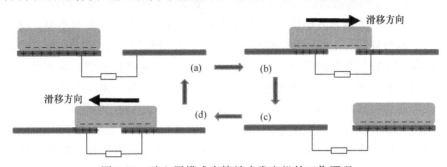

图 9-81　独立层模式摩擦纳米发电机的工作原理

9.10.3　摩擦纳米发电机的影响因素

　　接触起电是电子主导的电荷转移过程。当原子间距处于斥力区,电子云发生交叠,电子才会在两种物质间发生转移。影响摩擦纳米发电机的因素主要是材料的选用和材料的表面形貌。

1）材料的选用

材料选择是摩擦纳米发电机成功的第一步。作为电极材料通常选用金属、ITO导电玻璃和石墨烯等材料。而作为摩擦材料，则可选用材料的范围非常广泛，包括高聚物、生物皮肤、金属等几乎所有材料都会发生摩擦起电效应。摩擦电荷密度依赖于两种接触材料之间的电子亲和力差异，因此，选择具有较大差异的电子亲和力的两种材料来制备摩擦纳米发电机可以增加摩擦电荷。按照不同材料接触时表面易失电子与易得电子的特性排列出来的相对顺序。这样的得失电子顺序表（主要是高聚物材料）已列在表9-10中。在这个表中选取两种材料摩擦时，靠近顶部的材料容易带正电，靠近底部的材料更容易带负电。两种材料的位置相隔得越远，转移电荷的数目越多。所以出于摩擦电序两端的材料会最多的使用，如负电端的聚四氟乙烯（PTFE）、聚二甲基硅氧烷（PDMS）、聚偏氟乙烯（PVDF），以及处于正电端的聚酰亚胺、聚对苯二甲酸乙二酯等。具有良好拉伸性和耐久性的硅橡胶可用于制造柔软且可穿戴的能量收集器；具有光滑表面和耐磨性的聚四氟乙烯或聚酰亚胺胶带可被用于滑动摩擦纳米发电机耐磨的摩擦材料。同时，具有良好透明度的聚对苯二甲酸乙二醇酯（PET）或氟化乙烯丙烯（FEP）薄膜可应用于基于摩擦纳米发电机的智能器件。

王中林设计了专门的仪器用来定量精密测定材料的摩擦起电的有关数据，图9-82是各种常见材料摩擦起电最新的数据。

2）材料的表面形貌

摩擦起电是一种表面的物理过程，与材料的表面形貌密切相关。改变材料的表面形貌可以增大摩擦接触面积和提高表面电荷密度。特别是通过不同的纳米技术，设计和制备出不同的微纳结构，可以较大提高摩擦纳米发电机的输出功率。

接触分离摩擦纳米发电机高聚物薄膜摩擦面有四种不同的表面类型。除了非结构的平面型外，另三种表面类型是直线型、立方型和角锥型（图9-83）。输出电压与四种不同特征类型的摩擦纳米发电机的输出电压遵循角锥型＞立方型＞直线型＞平面型的顺序。具有角锥型结构的高聚物薄膜对摩擦纳米发电机输出电压的提升效果最为明显，几乎是平面型装置的四倍。除了提高输出特性外，这种表面类型还能提升摩擦纳米发电机的输出稳定性，延长摩擦纳米发电机的使用寿命。

引入微粗糙度的纳米结构，可以提高摩擦纳米发电机的性能。如在摩擦表面上，选择性干法蚀刻和电感耦合等离子体蚀刻，在高聚物薄膜表面上制备纳米线阵列，可以提高摩擦纳米发电机的输出电压。例如，微纳结构铝Al作为纳米压印模板，可以提高聚二甲基硅氧烷（PDMS）表面的粗糙度。另外，在表面上结合一些适当的官能团进行化学改性，也可以有效地改善摩擦纳米发电机的输出性能。当用一些容易获得电子的官能团（如—CF_3）在摩擦材料的表面上改性时，摩擦表面将

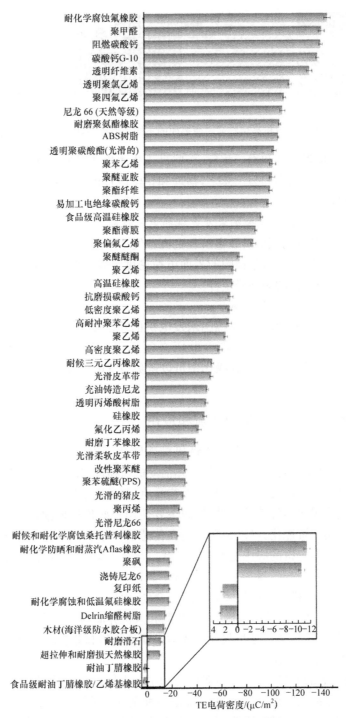

图 9-82 50 余种材料摩擦电序列的最新数据

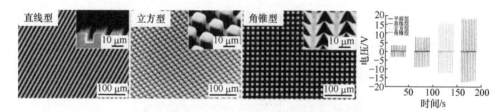

图 9-83　摩擦纳米发电机高聚物薄膜摩擦面的不同表面类型,以及它们的输出电压比较

对负电荷具有更强的亲和力。相反,一些易于失去电子的官能团(如—NH$_2$)可以对正电荷产生更强的亲和力。总之,物理和化学改性的结合都将优化摩擦纳米发电机的电气性能。

　　3)电荷注入法提高摩擦纳米发电机的电压性能

　　电荷注入方法(高压电晕放电法和电离空气注入法)可以将表面电荷密度增加到饱和状态。电荷注入后摩擦膜的表面电荷密度是普通膜的几倍,摩擦纳米发电机的电压也表现出高的循环稳定性。

　　4)真空保护防止充电泄漏

　　随着表面电荷密度增加,摩擦纳米发电机的输出受到空气击穿的限制就会增加。摩擦纳米发电机的间隙/输出电压必须小于空气击穿电压。当真空度为10^{-6} Torr时,摩擦纳米发电机在操作中可以避免空气的破坏,且摩擦起电量是常压下的5倍。

9.10.4　摩擦纳米发电机的优点和应用

　　摩擦纳米发电机是一种全新的将机械能转化为电能的方式,其突出优点是①能够收集各种不同种类的能量,如人体活动的机械能、振动、风能、水能、雨点、声波等可再生资源,清洁无污染;②制备工艺简单,制备成本低廉,非常有利于大规模的生产,无须使用磁体等笨重的材料,而主要使用一些价格低廉、轻质的高聚物原材料;③容易实现智能化,可以灵活应用在传感器网络和微纳电子系统等方向上。因此,摩擦纳米发电机的应用范围非常广泛。迄今为止,摩擦纳米发电机的输出功率密度可达 500 W/cm^2,瞬时能量转换效率高达 70%。

　　摩擦纳米发电机的应用是多方面的,主要应用可分为四个方面:自驱动系统的可持续微纳电源;医疗、基础设施、环境监测和人机界面的无源传感;大规模蓝色能源采集;高压(HV)电源。这里仅就人体运动能量收集和蓝色能源简介如下。

　　1)人体运动能量收集

　　全球数十亿的人口,每时每刻都在运动中。人体运动的能量是十分丰富的能量源头,用可穿戴式摩擦纳米发电机就是一种全新的收集人体运动能量的方式。全柔性的结构使得如拉伸、压缩、弯曲、扭曲、转动各种形式的形变都能转换为电能

（图 9-84）。置于衣服和鞋底的系统在关节弯曲、穿衣、步行等低频（约 1 Hz）日常活动下，轻松驱动电子表、温度计、计算器、计步器等为电子持续工作。在完全无电源情况下，将摩擦纳米发电机集成在护肘内，弯曲一次就可驱动电子表工作 15 s。将摩擦纳米发电机集成在鞋垫里，正常走动 8 步即可开启计步器，并可在步行是保证持续的计步和显示。穿戴在身体上的摩擦纳米发电机输出电压高达 400 V，输出的电荷密度约为 97 μC/m²，制备简单，成本低。

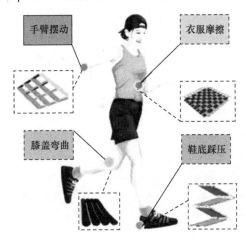

图 9-84　人体运动能量收集
衣服摩擦、鞋底踩压、手臂摆动和膝盖弯曲都能被利用

2) 大规模蓝色能源采集

海洋是孕育人类的摇篮，也蕴藏着巨大的能量。理论上，海洋完全可以满足地球上所有的能源需求，并且不会对大气造成任何污染，是一种可持续永久解决世界能源需求的途径。

传统的海洋波力发电是基于法拉第电磁感应定律的传统电磁发电机，其输出电压、电流都与机械能频率成正比，进而输出功率与机械能频率的平方成正比，故需稳定且较高的工作频率（>10 Hz）才能获得高效的输出。但是海洋中的波浪、潮汐和洋流等，其运动频率均较低（0.1～2 Hz），且海浪变幻无常，运动无规律，而磁铁和线圈只能采集水流的能量，方向性比较单一，装备庞大而沉重，成本高。并且这些装置必须安装在海边上，无法收集深水区的能量，实用价值大大降低。而摩擦纳米发电机，工作频率范围较宽，对于频率低于 5 Hz 海浪波动，其输出效率远高于电磁发电机，非常适用于收集蓝色能源，在缓慢流动和随机方向的波流条件下能够稳定输出功率。

这种大型网络的纳米发电机由众多摩擦发电球构成（图 9-85），采用常见的高聚物材料如聚四氟乙烯、橡胶、聚氟化乙丙烯等，价格低廉。一种高聚物材料制成的球在另一个球体内滚动产生摩擦电荷,浮在海水中采集波浪能,包括水的上下浮动,海浪、海流、海水的拍打。当海波带动其中的小球晃动 2～3 次/s,即可产生约 1～10 mW 的功率。它们可以分布在远离海岸和航道的深水区,不影响近海边人们的生活和运动。理论测算,160 000 km² 的海域(约相当于山东省的面积),如果在 10 m 深的水中布满这种发电的网格,其发出的电量可满足全世界的能源需求!这种"蓝色能源"有着巨大的优越性,并将超越"绿色能源",成为比太阳能板和风力涡轮机更便宜、更可靠、更稳定、不依赖于天气与昼夜变化的可持续能源。

图9-85　网状联结数以百万计的可捕获低频海波能量的摩擦纳米发电机
插图是网格状虚拟结构图,右上角是设计的球形纳米发电机

9.11　高聚物的热电性能

高聚物的热电性能一定要在了解了高聚物导电性能以后才能讲述。所谓高聚物的热电性能就是对高聚物作用热的刺激会导致其电流的生成,或相反。说得更直接一点就是存在于高聚物中的热能与电能的相互转换。我们熟知的温差热电势(热电偶)就是金属材料的热电转换。现在,通过热电转换效应可以用来发电;相反,也能以固体热电材料为媒介在电池的驱动下直接实现加热或制冷。这些热电器件的特点是非常明显的:太阳光的热能、工业生产和生活中的废热,乃至一些电子器件或人体所散发的热到处都有,来源非常广泛,从而成本极低;并且因为这样的发电或冷冻无须任何运动部件,也没有液体媒介,可靠耐用,更没有任何环境污染。

但是到目前为止,具有应用前景的热电材料(尤其是工作温度在 500 K 以下的)都是无机材料,它们含有储量稀缺,还带有一定毒性和环境危险性的元素铋 Bi、锑 Sb、铅 Pb 和碲 Te 等低丰度元素(如 Bi_2Te_3 基热电材料),脆性较高,又需高温和高压等苛刻的加工条件,难以实现规模化。因此寻求高聚物的热电材料就成为高分子材料科学的任务之一。目前高聚物热电材料的性能还不如传统的无机材料。但高聚物易于合成和加工、密度低、价格便宜等优点都显示，研究高聚物热电材料有很强的理论和现实意义。

下面先介绍一下有关热电材料的几个基本概念。

9.11.1　热电材料的三个效应

1. 泽贝克(Seebeck)效应

在不同导体组成的闭合电路中，当接触处具有不同的温度时会产生电流，热可以致电，即温差电流；在两种不同金属的连线上，若将连线的一结点置于高温状态 T_2(热端)，而另一端处于开路且处于低温状态 T_1(冷端)，则在冷端存在开路电压 dV，这就是泽贝克效应。

$$dV = SdT = S(T_2 - T_1) \tag{9-54}$$

式中，S 为泽贝克系数，$S = dV/dT$，单位是 V/K，其大小和符号取决于两种材料和两个结点的温度。泽贝克系数是材料的本征属性，原则上讲，当载流子是电子(电子传输 n 型)时，冷端为负，S 是负值，如果空穴是主要载流子类型(空穴传输 p 型)，热端是负，S 是正值。

2. 佩尔捷(Peltier)效应

佩尔捷效应是泽贝克效应的逆效应，即电流流过两种不同导体形成的结点时，结点处会发生放热或吸热现象。佩尔捷系数为

$$\Pi = P/I \tag{9-55}$$

式中，P 是单位时间接头处所吸收(释放)的佩尔捷热；I 是外加电源所提供的电流强度。

3. 汤姆孙(Thomson)效应

当电流通过单一导体，且该导体存在温度梯度时，就会产生可逆的热效应，这就是汤姆孙效应。在电流方向与导体中的热流方向一致时产生放热效应，反之产生吸热效应。这个汤姆孙效应也称为第三热电效应。表 9-11 是材料三种热电效应的比较。

表 9-11　三种热电效应的比较

热电效应	材料种类	效应内容	可逆性	应用	图示
泽贝克效应	两种材料的结点	两种金属组成的回路,若接触点温都不同,回路中产生电流	有	热电偶温差发电	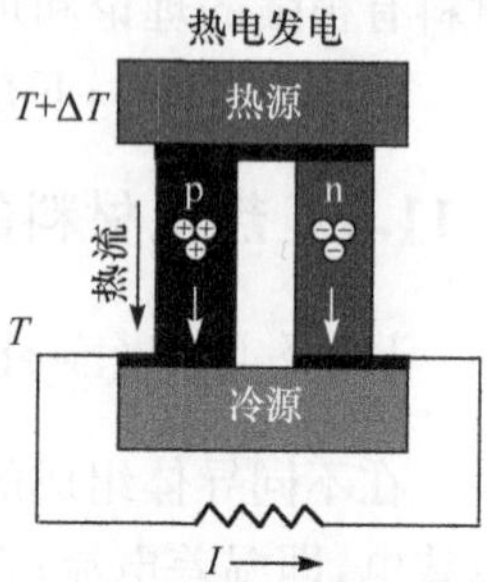
佩尔捷效应	两种材料的结点	均匀的温度分布,若回路中有电流,则接触部有吸热或放热	有	佩尔捷器件制冷	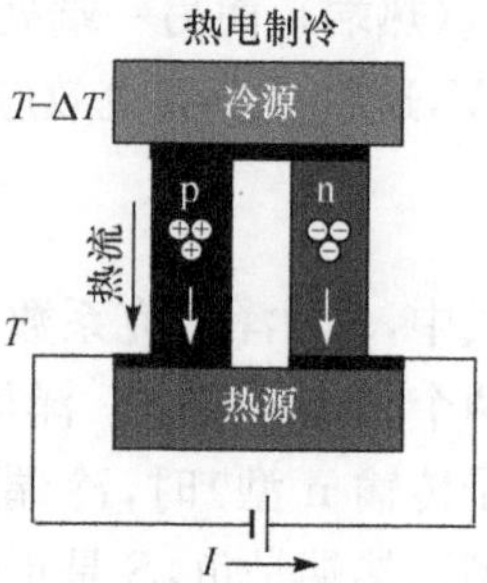
汤姆孙效应	一种导体	一种金属的两端有温度梯度时,若有电流,就会有放热或吸热	有		

9.11.2　评价热电效率的热电优值

在实际使用过程中,衡量材料热电性能的综合指标是所谓的热电优值

$$ZT = S^2 \sigma T / \kappa \tag{9-56}$$

$$\kappa = \kappa_E + \kappa_L \tag{9-57}$$

式中,σ 为电导率,由材料的电学传输特性决定;T 为热力学温度;κ 为热导率,由材料的热传输特性决定,κ_E、κ_L 分别是载流子热导率和晶格热导率(声子热导率)。对于热导率变化不大的有机热电材料,热电优值 ZT 也可写成

$$ZT = (PF) T / \kappa \tag{9-58}$$

式中,$PF(=S^2\sigma)$ 叫功率因子,单位是 $W/(m \cdot K^2)$ 或 $\mu W/(m \cdot K^2)$。

热电优值 ZT 是一个无量纲的参数,ZT 越高表示材料的热电性能越好,相应热电器件的能量转换效率也越高。因此只有泽贝克系数 S 高、电导率 σ 高和热导

率 κ 低的材料才有可能是性能优良的热电材料。S、σ 和 κ 均与材料的电子和载流子浓度有关,提高载流子浓度,可提高 σ,但同时降低 S 并提高 κ_E,因此 S、σ 和 κ 不是相互独立的,从而难以独立调控。后来发现通过添加离子液体可以实现泽贝克系数 S 和电导率 σ 同步提高,这首先在 PEDOT:PSS 复合物(见下节)中观察到。在导电高聚物中引入高迁移率的元素调控费米能级,可以实现 S 和 σ 同时增加,热电优值最高可达 ZT=15.2。

9.11.3　几个典型的高聚物热电材料

适合作为高聚物热电材料的主要是导电高聚物。但由于它们较低的泽贝克系数和电导率,未掺杂的导电高聚物的 ZT 值一般在 $10^{-2} \sim 10^{-3}$ 之间。如果对导电高聚物进行掺杂,可以有效地提高导电高聚物的 ZT 值。然而,对其在有机热电材料应用上的研究依然还处于初级阶段。目前大多数的研究主要集中于获得具有更高热电优值 ZT 的导电高聚物材料或者相应的复合材料。目前最常用的提高导电高聚物 ZT 的方法有以下几种:

(1)通过改变导电高聚物的分子结构形成导电高聚物的衍生物来获得具有更高热电性质的导电高聚物材料。

(2)通过与碳材料(石墨烯、碳纳米管等)或者具有较好热电特性的无机热电材料(Bi_2Te_3、SiGe 等)进行复合,形成复合热电材料来增加热电优值 ZT。

(3)通过化学或者电化学方法,对导电高聚物进行适当浓度的掺杂从而获得具有更高热电优值 ZT 的有机热电材料,是目前较为可行的方法,亦有可能成为提高有机热电材料热电优值 ZT 的主要途径。

1) 聚乙炔

尚未掺杂聚乙炔的泽贝克系数非常高,$S = 850~\mu V/K$,随碘掺杂量的增加,泽贝克系数迅速降低。在较高的碘掺杂量,泽贝克系数 S 基本上维持在一个较为恒定的值 $S = 18~\mu V/K$。这是一致的规律,即随掺杂量的增加,聚乙炔的泽贝克系数都有明显的降低。高氯酸掺杂的聚乙炔 300 K 时的电导率($\lg \sigma$)与 S 有线性的关系,即 $\lg(\sigma/\sigma_{max}) = -\beta[S/(k/e)]$,由此可估算出聚乙炔最大的热电优值 ZT 值为 10^{-3},比目前最好的热电材料约小 3 个量级。但通过改变掺杂剂,有望得到 ZT>1 的高聚物热电材料。最近甚至有报道称最好的聚乙炔热电材料,其功率因子可以达到 $2 \times 10^{-3}~W/(m \cdot K^2)$,热电优值 ZT 值在 $0.6 \sim 6$ 之间。然而由于聚乙炔难溶于水,在空气中也不稳定,严重制约了它的应用。

2) 聚苯胺

聚苯胺也是最具有开发潜力的一类导电高聚物,其分子链结构为

$$\left[\!\left(\!\!\left\langle\!\!\bigcirc\!\!\right\rangle\!\!-\!NH^+\!\!-\!\!\left\langle\!\!\bigcirc\!\!\right\rangle\!\!-\!NH\right)_{\!y}\!\left(\!\!\left\langle\!\!\bigcirc\!\!\right\rangle\!\!-\!N\!=\!\!\left\langle\!\!\bigcirc\!\!\right\rangle\!\!=\!N\right)_{\!1-y}\right]_{\!n}$$

用樟脑酸掺杂的聚苯胺具有相对高的泽贝克系数 $S = 12\ \mu V/K$ 和较高的导电性。而通过拉伸樟脑酸掺杂的聚苯胺膜的方法,还可以进一步提高膜的泽贝克系数和导电性。拉伸后,聚苯胺膜的平行和垂直拉伸方向的功率因子分别为 $14 \times 10^{-6}\ W/(m \cdot K^2)$ 和 $12 \times 10^{-6}\ W/(m \cdot K^2)$,当拉伸率为 78% 时,平行于拉伸方向的热电优值 ZT 值达到 5×10^{-3},与无机热电材料 $FeSi_2$ 相当。如果把聚苯胺与聚甲基丙烯酸甲酯(PMMA)以及聚对苯二甲酸乙二醇酯-1,4-环己烷二甲醇酯,(PETG,非晶共聚酯)组成复合物,其泽贝克系数也能提高到 $S = 10\ \mu V/K$。如果把未掺杂聚苯胺与樟脑酸掺杂的聚苯胺组成交替的多层膜,泽贝克系数(300 K)更能提高到 $S = 14\ \mu V/K$,这时电导率为 173 S/cm,功率因子是 $3.5 \times 10^{-6}\ W/(m \cdot K^2)$。最近更有人用磺酸水杨酸掺杂聚苯胺,其泽贝克系数达到 $S = 27.5\ \mu V/K$。

相比于聚乙炔,聚苯胺的环境稳定性较好,合成也比较简便,聚苯胺热电材料很有发展前途。

3) 聚吡咯

导电聚吡咯(PPy)是含有长程共轭结构的本征型导电高聚物 $\left.\left(\!\!\begin{array}{c} \\ N \\ H \end{array}\!\!\right)\!\right._n$,其导电载流子主要为极化子和双极化子,是稳定性最好的导电高聚物之一。通过电化学方法在不同的温度下原位合成掺杂 PF_6 的聚吡咯,300 K 时泽贝克系数达到 $S = 14\ \mu V/K$。用甲苯磺酸掺杂聚吡咯,其功率因子 ZT 值可达 10^{-2},已经非常接近无机热电材料 $FeSi_2$ 的值。

4) 聚噻吩

导电聚噻吩(Pth,$\left.\left(\!\!\begin{array}{c} \\ S \end{array}\!\!\right)\!\right._n$)也有很好的环境稳定性,制备容易,掺杂后具有很高的导电性,并且,电导率可调范围非常大(从绝缘到接近金属范围内)。作为高聚物材料的一种,聚噻吩的导电能力可以调控,并且经过加工还可以赋予材料以电学、光学及力学等特性。但聚噻吩作为热电材料的研究报道相对较少,最早的研究是奥斯特霍尔姆(Osterholm)等制备了 $FeCl_4^-$ 掺杂的聚噻吩,泽贝克系数随导电的升高迅速降低,当导电性为 10^{-5} S/cm 时,聚噻吩的泽贝克系数为 614 $\mu V/K$,但当导电性达到 10.1 S/cm 时,泽贝克系数仅为 10.5 $\mu V/K$。近来,希莱希(Hiraishi)等报道了通过电化学聚合方法制备的聚噻吩,并研究其热电性能。与化学合成的聚噻吩类似,电化学聚合得到的聚噻吩的泽贝克系数随导电性的升高而降低。在导电性为 201 S/cm 时,能量因子达到 $1.03 \times 10^{-5}\ W/(m \cdot K^2)$,按热导率为 $0.1\ W/(m \cdot K)$ 计算,热电材料的 ZT 值为 $1.03 \times 10^{-4}\ V/K$,约为 Bi_2Te_3 的 1/30。需要特别提一下的是,聚噻吩的衍生物聚(3,4-二氧乙撑噻吩,PEDOT),它与聚苯乙烯磺酸盐(PSS)复合物 PEDOT：PSS 具有优良的热电性能。由于在聚噻吩骨

架的 β 位上取代了一个二氧乙撑给电子基团,降低了空间位阻,也避免了 α-β 位缺陷耦合,改善了聚噻吩的可溶性。再在 PEDOT 中引入 PSS,可消除分散性和加工性能良好的 PEDOT∶PSS 悬浮液,能制备它们的均匀透明的高质量薄膜。通过二次掺杂或溶剂处理,可大幅提高其电导率,σ>1000 S/cm。与此同时其环境稳定性仍很好,保持固有的低热导率[室温下约 0.2 W/(m·K)]。PEDOT 热电材料的 ZT 值从 10^{-4}量级提高 3 个量级,达 10^{-1}量级,至少可稳定在 10^{-2}量级,成为很受欢迎的高聚物热电材料之一。

PEDOT∶PSS

　　一个完整高效的热电材料是由 p 型和 n 型两部分半导体材料组成,发展热电性能高聚物材料是组装热电器件的基础。当前,p 型共轭高聚物(如 PEDOT)由于它们的高电导率(>1000 S/cm)和高功率因子[>300 μW/(m·K^2)],已表现出接近无机热电材料的高热电优值,ZT>0.4;相比之下,n 型高聚物材料还处在初始阶段,仅有几例 n 型高聚物的电导率接近或略超过 1 S/cm,且功率因子一般低于 10 μW/(m·K^2)。提升 n 型高聚物热电材料电导率将面临三个重要挑战。它们是:①产生更多的载流子,这要求我们调控 LUMO 能级、增强高聚物和掺杂剂的相容性和设计更高效率的 n 掺杂剂。②载流子传输更容易,其中"共轭骨架平面化"将使链内传输更有效,而高聚物在溶液中的自组装能直接影响其在固相下的微观排列,进而影响了载流子的链间传输过程。分叉侧链支化位点调控、形貌与微观结构调控、掺杂的方法是调控载流子链间传输的三种有效方法。③增加材料的稳定性,包括热稳定性、在电场下的稳定性及在空气中的稳定性。使用高沸点的和掺杂过程不可逆的掺杂剂可以有效提升导电高聚物的热稳定性;调控掺杂剂与高聚物的相互作用可以优化其在电场下的稳定性。而降低高聚物的 LUMO 能级和利用厚膜的"自封装效应"是提升 n 型导电高聚物空气稳定性的有效方法,可防止 n 型导电高聚物中含有的大量有机自由基或自由基阴离子被空气中的水和氧气淬灭,造成性能显著下降。

为此,我国科学家构筑了由碳碳双键桥联的刚性共轭高聚物 LPPV 平面刚性的共轭结构不仅具有较强的分子间相互作用,同时在掺杂后可以实现更长的极化子离域长度,有利于载流子的链内传输。"刚性的共轭骨架"显著降低单体间的扭转角,提升扭转势垒,骨架中的吸电子基团和较窄的光学带隙(0.9 eV)共同作用使得 LPPV 的 LUMO 能级低至−4.49 eV,预示着该高聚物较高的 n 掺杂效率和空气稳定性。掺杂后的 LPPV 电导率可高达 1.1 S/cm,功率因子为 1.96 μW/(m·K²)。1~2.5 μm 的 LPPV 厚膜在空气中暴露 76 天后电导率仍然可以保持 0.6 S/cm,其功率因子在空气中暴露 7 天后仅有 2%的衰减,非常的稳定。

最近比较突出的工作是含有吡嗪基吡咯并吡咯二酮(PzDPP)结构单元与缺电子的 3,3′-二氰基-2,2′-联二噻吩结构单元聚合得到的 D-A 型共轭高分子 P(PzDPP-CT2)。其构象锁定的共平面骨架结构及低至−4.03 eV 的 LUMO 能级(有利于提高 n 型掺杂效率),使得经 n 型掺杂剂掺杂后,高聚物 P(PzDPP-CT2)表现出高达 8.4 S/cm 的电导率及 57.3 μW/(m·K²)的功率因子。

P(PzDPP-CT2)

　　当然,材料的温差热电势测定还能用来研究一些材料的基本物性。例如,作为高聚物温差热电势测定的实例,我们曾对聚双(对甲苯磺酸)-2,4-己二炔-1,6-二醇酯(PTS,详见第 2 章)宏观单晶体进行了 77～273 K 低温范围内,沿单晶分子链方向的热电势测定,发现与许多金属一样,PTS 单晶的热电势随温度而线性上升。在 114 K 附近其值有突跃,而在 150 K 和 220 K 附近其值呈现下降峰(图 9-86),正对应着 PTS 单晶的相变温度。这是与 PTS 单晶体的热刺激电流和低温电导所得结果是一致的。

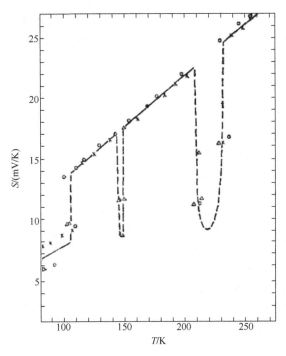

图 9-86　PTS 单晶体沿分子链方向的低温温差热电势

复习思考题

　　1. 高聚物电学性能有哪些特点? 包括哪些内容?

　　2. 什么是高聚物的介电性能? 为什么要了解高聚物的介电性能就必须了解高聚物的极化?

　　3. 什么是电子极化、原子极化、取向极化和界面极化? 为什么对极性高聚物来说,取向极化是最重要的极化过程?

　　4. 在宏观上,用什么参数来描述高聚物绝缘体材料(电介质)的介电性能?

　　5. 介电常数与极化之间有什么关系?

　　6. 你是如何了解力学元件与电学元件之间的类比关系,电学模型与力学模型的类比关系的? 知道了这些对我们有什么好处?

7. 介电常数和介电损耗本质上是个极化问题,特别是偶极取向极化,你知道如何计算和测定高聚物的偶极矩吗?

8. 以偶极矩来分类,什么是非极性高聚物和极性高聚物? 并举例说明之。

9. 高聚物的介电常数和介电损耗有什么特点? 影响高聚物介电性能的因素有哪些?

10. 在交变电场中高聚物复数介电常数的实数部分和虚数部分的关系也是一个圆的方程(Cole-Cole 圆),试谈谈具有较宽弛豫时间分布的 Cole-Cole 圆方程。

11. 请小结一下介电测量在研究高聚物弛豫中的应用情况。

12. 为什么一般说来有机高聚物是电的绝缘体? 如何才有导电的可能?

13. 为什么像聚乙炔那样的共轭高聚物具有碱金属那样的导电电子(π 电子),但却不导电?

14. 什么是派尔斯(Peierls)不稳定性?

15. 你对聚乙炔的合成故事有多少了解? 聚乙炔可能的几何构型有几个,哪几个最为常见?

16. 什么是"孤子"? 孤子的特殊性表现在哪三个方面?

17. 什么是聚乙炔的二聚化结构? 请说明反式聚乙炔的 A 相和 B 相能量上相等(二度简并的基态),顺式聚乙炔的 A 相和 B 相能量上不等(基态是非简并的)。

18. 你能理解聚乙炔中孤子的形成吗?

19. 什么是聚乙炔中的极化子? 它是如何形成的?

20. 有了聚乙炔中孤子和极化子的概念,你能理解派尔斯(Peierls)不稳定性了吗?

21. 如何从孤子和极化子中的电子状态来理解高聚物导体的掺杂?

22. 导电高聚物的掺杂与无机半导体的掺杂有什么不同? 掺杂剂有哪几种类型?

23. 基态非简并的高聚物导体有哪些?

24. 二维体系的导电高聚物有哪些?

25. 你对石墨烯有多少了解? 特别是最近报道的魔角石墨烯呈现的超导性。

26. 除了聚乙炔(PA)外,典型的导电高聚物还有哪些?

27. 你是如何理解电致发光共轭高聚物是一个具有百亿产值潜在大产业的?

28. 共轭高聚物电致发光的基本原理是什么? 你对 LED、OLED、PLED 有多少了解?

29. 常见的高聚物电致发光材料有哪些? 各自有什么优点和缺点,如何进一步改进它们的性能?

30. 如何理解材料的超导性? 什么是 BCS 超导理论的基本概念?

31. 库珀对是如何形成的? 利特尔(Little)如何从中提出了他的超导高聚物模型?

32. 利特尔超导高聚物模型的分子结构将是什么样的? 现在的进展如何?

33. 谈谈你对最近高聚物超导体研究聚 3-己基噻吩(P3HT)的了解。

34. 魔角(1.1°)扭曲的双层石墨烯中有新的电子态,可以简单实现绝缘体到超导体的转变,打开了非常规超导体研究的大门,你对这个由中国科学家曹原发现的现象有多少了解?

35. 单链高分子的导电性研究的意义是什么? 困难点在哪里?

36. 什么是固态高聚物电解质? 它们分哪几类?

37. 固态高聚物电解质的导电机理是什么?

38. 你对固态高聚物电解质最近的进展有多少了解?

39. 什么是高聚物的压电性和热电性? 什么是驻极体? 从当前实用的微型麦克风你能体会到高聚物压电材料(如聚偏氟乙烯)的优点吗?

40. 你对用热刺激电流研究高聚物的分子运动有什么了解?

41. 高聚物在强电场中的击穿行为是什么样的?

42. 高聚物的静电现象有什么危害? 如何防护?

43. 你对近年来发展起来的静电纺丝技术有多少了解?

44. 摩擦纳米发电机有哪四种基本模式?

45. 你对摩擦纳米发电机有多少认识?

46. 什么是热电材料的泽贝克效应、佩尔捷效应和汤姆孙效应?

47. 什么是衡量材料热电性能的热电优值 ZT 和功率因子? 当前高聚物热电材料的热电优值 ZT 处在什么样的水平?

48. 你对几个典型的高聚物热电材料有什么了解? 如何进一步开拓高聚物的热电材料?

第10章 高聚物的热学性能

10.1 高聚物的热稳定性和耐高温高聚物材料

高聚物的热学性能包括很多内容,其中有关温度对力学性能等的影响,实际上就是这些性能的温度效应,还有像玻璃化转变等内容等已在前面章节中讨论过了。这里主要介绍高聚物材料的热稳定性、热膨胀、热传导和高聚物的阻燃性等。与前面几章所讨论的性能不同,对这些热性能来说,时间不是一个主要的变量,从这个意义上讲,这些热性能实质上是平衡态性能。不过,本章也讨论诸如传热过程中的瞬变现象。另外,与前述章节所讨论的性能一样,这些热性能也依赖于样品的预热史和其他一些因素。

作为能用做建筑和交通工具的结构材料,高聚物必须具备的性能可以概括如下:①刚性,负荷至少为 3.4×10^7 N/m²;②拉伸强度至少为 4.8×10^6 N/m²;③延伸率至少为 10%(抗断裂及抗撕裂);④熔点或软化点在 500℃以上;⑤高温下对溶剂和溶胀剂的作用有高抵抗力。

相对于上述苛刻的要求,高聚物材料存在着一些不足之处。与金属材料相比主要是强度不高、不耐高温、易于老化,从而限制了它的使用。随着科学技术的发展,这些不足之处正在逐步得到克服。人们从实践中总结出了耐热性与分子结构之间的定性关系,探索了提高高聚物耐热性的可能途径,并已合成了一系列比较耐高温的高聚物材料,如聚酰亚胺(PI)就是其中的一种,它能在 250~280℃长期使用,间歇使用温度可达 480℃。若将 PI 制成薄膜,并和铝片一起加热,当温度达到铝片熔点时,PI 薄膜不但保持原状,而且还有一定强度。虽然高聚物材料在长时耐高温方面还不如金属,但在短时耐高温方面,金属反不如高聚物。例如,导弹和宇宙飞船等飞行器在返回地面时,其头锥部在几秒至几分钟内将经受一万多摄氏度的高温,这时任何金属都将熔化。如果使用高聚物材料,尽管外面温度高达一万摄氏度,高聚物外层熔融乃至分解,但由于高聚物的绝热性,在这样的短时间里只有表面一层受到烧蚀,而飞行器的内部仍完好如初。

高聚物在受热过程中将发生两类变化:①物理变化,即软化、熔融。②化学变化,即环化、交联、降解、分解、氧化、水解等(后两项是热能与环境共同作用的结果),它们是高聚物受热后性能变坏的主要原因。表征这些变化的温度参数是:玻璃化温度 T_g、熔融温度 T_m 和热分解温度 T_d。从应用角度来看,耐高温的要求不仅是能耐多高温度的问题,还必须同时给出耐温的时间、使用环境及性能变化的允许范围。因此"温度-时间-环境-性能"这四个条件并列,才是使用材料的指标。

提高高聚物的耐热性和热稳定性,目前主要从以下两个方面着手:

(1) 从高聚物结构对其分子运动影响的观点出发,探讨提高玻璃化温度或熔融温度的有效途径以达到提高高聚物的耐热性。

(2) 改变高聚物的结构(如提高高聚物的结晶度)以提高其耐热分解的能力。

10.1.1　高聚物结构与耐热性的关系——马克三角形原理

关于高聚物的结构对玻璃化温度和熔融温度的影响已在前面的章节讨论过了,归纳起来,欲提高高聚物的耐热性,主要有三个结构因素,即增加高分子链的刚性,使高聚物能够结晶以及进行交联,这就是所谓马克(Mark)三角形原理,详述如下。

1. 结晶

结晶(包括高分子链的取向)是增加高分子链间相互作用的有效方法,像聚乙烯那样本性柔顺的分子链,链间只有微弱的范德瓦耳斯相互作用力,但间隔规整,这就使这种结构具有相当大的刚性,它仍是使用温度较高(熔点达 135℃)、坚硬强韧、耐磨的材料。同样,有规立构聚丙烯在晶态时是坚固的,熔点为 175℃。

高分子链的一个特性是自身能排列成晶态结构,当一种有规立构的高聚物受到使分子链取向的力学处理时,这些分子链强烈地倾向于平行排列,结晶形成了微晶,分子链之间的单个作用力并不强,但是它们数量很多、间隔规整,这就使这种结构具有相当大的刚性,使高聚物变得受热时难以软化、难溶、坚硬。高聚物要能结晶,分子链就得规整一些,定向聚合的意义就在于此。

在高分子主链或侧链中引入强极性基团,或使分子间产生氢键,都将有利于高聚物结晶,可得到强度更大和更耐热的高聚物,因为极性基团使高分子链之间的作用力更强,如尼龙、涤纶以及氯乙烯-偏氯乙烯共聚物的赛纶(saran)。高聚物分子链间的相互作用越大,破坏高聚物分子间力所需要的能量就越大,结晶温度就越高,因此若在主链上引入醚键—C—O—C—、酰胺键—CO—NH—、酰亚胺键—CO—N=CO—和脲键芳环 NH—CO—NH—,在侧基上引入羟基—OH、氨基—NH$_2$、腈基—CN、硝基—NO$_2$ 和三氟甲基—CF$_3$ 都能提高结晶高聚物的熔融温度(表 10-1)。

表 10-1　高分子主链或侧基带有极性基团或能形成氢键的高聚物的熔点

高聚物	$T_m/℃$	高聚物	$T_m/℃$
聚甲醛 $\dashv CH_2O\vdash_n$	175	聚四氟乙烯 $\dashv CF_2—CF_2\vdash_n$	327
尼龙 6 $\dashv NH(CH_2)_5CO\vdash_n$	215~223	三乙酸纤维素	306
聚丙烯腈 $\dashv CH_2—CH\vdash_n$ $\qquad\qquad\quad$ CN	317	三硝基纤维素	700

对于晶态高聚物(如聚酰胺、聚酯),如进一步增加主链的对称因素,使分子的排列更为紧密,还能进一步提高高聚物的熔融温度(表 10-2)。

表 10-2　环上取代基的异构化对 T_m 的影响

高聚物结构式		$T_m/℃$
邻位		63
间位		240
对位		264
间位		>300
对位		>500
间位		450
对位		570

应用结晶原理已制得大量热塑性塑料,特别是纤维和薄膜,其中包括聚乙烯、聚丙烯、聚甲醛、聚乙烯醇及聚酰胺(如尼龙 6 及尼龙 66)等。

2. 交联

另一个提高高聚物强度和抗性的原理是高分子链的化学交联。分子链的化学交联限制了链的运动,早已被用来提高高聚物的耐热性和强度。在橡胶一类的高聚物中加入像硫这样的物质,使分子链间生成较强的化学键。分子链是用很强的而且无规排列的链连接起来的,因此硫化橡胶有足够好的耐热性和强度。交联是化学反应,当温度升高时交联过程显著加速,随着交联键数目的增加,可使橡胶逐渐变硬,最后成为硬度和软化点很高,完全不溶解也不溶胀的材料。

交联过程和结晶是完全不同的,结晶是一个物理现象,它依靠的是高分子链的规整排列取向,不受温度影响,并且结晶过程是可逆的,不会引起高聚物的分解。

交联则取决于化学反应,而与高分子链的物理取向无关,当温度升高时,交联过程显著加速,而且是不可逆的。高分子链是用很强的而且无规排列的化学键连接起来的,因此交联的高聚物在足以使之熔化的高温下不但不软化,而且会全部破坏。

橡胶是交联高聚物最好的实例,橡胶高分子链由一定数量的硫原子连接起来,因而橡胶具有弹性,增加交联键可使橡胶逐步变硬,最后成为硬质橡胶,非常坚硬,完全不溶不熔。事实上硬质橡胶已是一种热固性塑料。同样,交联本就是热固性塑料的共同特点,而热固性塑料一般要比热塑性塑料耐高温,这是大家都知道的。增加分子链的极性吸引和离子吸引也可以归入这个范畴(物理交联)。交联高聚物由于链间化学键的存在阻碍了分子链的运动,从而增加了高聚物的耐热性。例如,辐射交联的聚乙烯其耐热性可提高到 250℃,超过了聚乙烯的熔融温度。交联结构的高聚物不溶不熔,除非在分解温度以上才能使结构破坏。因此,具有交联结构的热固性塑料,一般都具有较好的耐热性。表 10-3 列出了酚醛树脂的耐热性。

表 10-3　酚醛树脂的耐热性

温度/℃	能耐受时间	温度/℃	能耐受时间
低于 200	长期	500~1000	几分钟
200~250	几天	1000~1500	几秒钟
250~500	几小时		

应用交联原理,已得到硬质橡胶、热固性树脂、不饱和聚酯、交联环氧树脂、聚氨基甲酸酯以及由甲醛与尿素、三聚氰胺或苯酚反应所得到的树脂与塑料。

3. 增加分子链的刚性

考查结晶和交联都是把柔顺易弯曲的分子链集中在一起,使分子链强化成为坚固的集合。可以推想,如果将本来就是刚性的分子链集合在一起,更可以提高材料的坚硬度。玻璃化温度是高分子链柔性的宏观体现,增加高分子链的刚性,高聚物的玻璃化温度相应提高。对于晶态高聚物,其高分子链的刚性越大,则熔融温度就越高。

要提高分子链刚性,可以通过在分子链上带上庞大的侧基,在分子链上"挂"一些大体积的基团以限制分子链的弯曲,可使分子链变成刚性链。例如,聚苯乙烯的分子链即使在没有交联也不是结晶排列的情况下,由于苯环连接在碳主链上而使主链成为刚性链,这样就使聚苯乙烯成为硬塑料。但是,把大基团接在主链上使分子链成为刚性所得到的材料很容易溶解和溶胀,这是一个弱点,因此现在主要是使主链本身成为刚性链。更有效的办法是减少单键的数目或把环状结构引入高分子主链,近年来芳环杂环高聚物之所以这么受重视,原因就在这里。

　　高分子主链中尽量减少单键,引进共轭双键、三键或环状结构(包括脂环、芳环或杂环),对提高高聚物的耐热性特别有效。尤其是一系列杂环高聚物的出现,在提高高聚物强度和耐热性方面取得的显著成绩,更引人注意。近年来包括一系列耐高温高聚物都具有这样的结构特点(表 10-4),如芳族聚酯、芳族聚酰胺、聚苯醚、聚苯并咪唑、聚苯并噻唑、聚酰亚胺等多是优良的耐高温高聚物材料。

表 10-4　高分子主链中引入共轭双键、三键或环状结构对 T_m 的影响

高聚物	$T_m/℃$
$-\!\!-\!\!\lbrack CH_2\!\!-\!\!CH_2\rbrack_n\!\!-\!\!-$	135
$-\!\!-\!\!\lbrack CH=CH\rbrack_n\!\!-\!\!-$	>800
$-\!\!-\!\!\lbrack C\equiv C\rbrack_n\!\!-\!\!-$	>2300 转变为石墨
$\lbrack C_6H_4\!-\!CH_2\!-\!CH_2\rbrack_n$（对亚苯基乙撑）	100
$\lbrack C_6H_4\!-\!CH_2\rbrack_n$	>400
$\lbrack C_6H_4\rbrack_n$	530(分解)
$\lbrack C_6H_4\!-\!CH=CH\rbrack_n$	仅得低聚体,$n=100$ 已不熔
$\lbrack NH(CH_2)_6NH\!-\!CO(CH_2)_4CO\rbrack_n$	235
$\lbrack NH(CH_2)_4NH\!-\!CO\!-\!C_6H_4\!-\!CO\rbrack_n$	350(分解)
$\lbrack NH\!-\!C_6H_4\!-\!NH\!-\!CO\!-\!C_6H_4\!-\!CO\rbrack_n$（商品名:Nomex 或 HT-1）间位	450
$\lbrack NH\!-\!C_6H_4\!-\!NH\!-\!CO\!-\!C_6H_4\!-\!CO\rbrack_n$（B 纤维）对位	570
$CH_3\!-\!C(\!=\!O)\!-\!O(CH_2\!-\!O)_n\!C(\!=\!O)\!-\!CH_3$	175
$\lbrack C_6H_2(CH_3)_2\!-\!O\rbrack_n$（聚苯醚,PPO）	>300
$\lbrack O(CH_2)_2O\!-\!CO(CH_2)_6CO\rbrack_n$	45
$\lbrack O(CH_2)_2O\!-\!C(\!=\!O)\!-\!C_6H_4\!-\!C(\!=\!O)\rbrack_n$	264

续表

高聚物	$T_m/℃$
$\left[O-(CH_2)_2O-C(=O)-\bigcirc\!\bigcirc-C(=O)\right]_n$	330
$\left[O-\bigcirc-O-C(=O)-\bigcirc-C(=O)\right]_n$	550
$\left[O-\bigcirc-C(=O)\right]_n$　（国外商品名：Ekonol）	550
$\left[O-\text{(naphthalene)}-O-C(=O)-\bigcirc-C(=O)\right]_n$	630（分解）
$\left[\bigcirc-C(CH_3)_2-\bigcirc-O-C(=O)\right]_n$	220～230
聚苯并咪唑，PBI	>500
聚苯并噻唑，PBT	>600
聚酰亚胺，PI	>500,不熔性树脂 T_m 已接近于分解温度

　　杂环高聚物是在高分子的主链里引进许多杂环结构而形成的。把环状结构（芳环或杂环）引进高分子主链产生两种影响：一是增加分子链的刚性，使得分子的振动和转动都增加困难；二是增加分子链之间的相互作用，使分子链间的相互移动也增加了困难。由于这些影响，不但可提高高聚物的强度，也提高了它们的耐热性和耐化学试剂能力。目前有价值的杂环高聚物有聚酰亚胺、聚咪唑、聚氧二唑、聚噻唑、聚哑唑、聚对二嗪等。

　　人们也试验了另一些与葡萄糖类似的单体，由于这些单体带有环状基团，因而本身就是僵硬的,用它们已合成出一些坚硬的性能很好的高聚物,其中有一些可以长时间经受 500℃ 的高温而不软化、不变质,在高达 300℃ 时完全不溶于一切有机溶剂。另一个有希望的方法是由聚苯撑链出发进行合成,苯撑具有环状结构,分子链不能折叠,所以产物硬度大、熔点高、高度不溶,但聚苯撑的分子链还做不长。

值得提出的是"梯形高聚物"。所谓"梯形"结构是高分子的主链,不是像一条线而像梯子那样。这样的高分子链就不容易被打断,一个键断了不会降低分子量,几个键断了,只要不在一个梯格里就不降低分子量。只有当一个梯格里的两个键同时断了,分子量才会降低。这样的机会显然要小得多,因此梯形高聚物的耐热和力学性能都较好。

根据分子链刚性原理得到的一类高聚物中有聚苯乙烯、聚苯乙烯衍生物、线型聚酚氧、聚甲基丙烯酸甲酯、聚碳酸酯、聚酯、聚醚以及上面提及的杂环高聚物。同时应用这些使分子链强化的技术将会得到更理想的效果。例如,结晶与交联原理同时起作用得到许多结晶性橡胶:天然橡胶、顺丁橡胶、异戊橡胶和氯丁橡胶等。对不易结晶的橡胶,为提高其硬度,经常加入一些固体填料如炭黑、二氧化硅或氧化铝颗粒,它们利用吸附而紧密地连在分子链上,阻止链运动而使分子链成为刚性链,结果就产生了另一类型的结晶体系。

4. 原理的同时运用

结晶原理及刚性链原理同时起作用的例子是涤纶,其分子链只有中等刚性,因为没有氢键,分子链之间只靠极微弱的分子间作用力相联结。但是,由于这两个原理同时起作用而使涤纶纤维和薄膜具有高强度和高熔点。

刚性链与交联原理同时起作用的例子是环氧树脂。将刚性链的环氧树脂进行"固化",使分子链之间形成许多交联键,可提高其硬度及抗软化性能。

由于这三个原理中的两个同时起作用时有效地改进了高聚物的性能,人们自然希望这三个原理同时起作用,以便得到更好的结果。已经有成果的例子是改进棉花及人造丝的性能。对此类纤维进行两种处理:一种是力学处理,使刚性的纤维素链结晶;另一种是化学试剂处理来引进交联键,可大大改进这些纤维织物的回弹能力及耐皱性而不影响其他性能。同样,在提高环氧类及聚氨基甲酸酯型高聚物的性能方面也很有希望,在这些体系中,用已经交联了的刚性分子链为原料,加入填料以产生相当于结晶的效果。

可以用一个三角形来形象表述上面三个原理。以三角形的每一个角代表使高聚物坚硬耐高温的三个基本原理中的一个原理,每边代表这些原理两两起作用时的情况。要设计这一结构,使三条原则都起作用,就一定是落在这三角形的正中间(图 10-1)。这就是所谓的马克三角形原理。全面地、系统地研究这三个原理,必将得到许多新型的、有意义的高聚物。

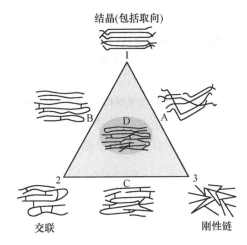

图 10-1　马克三角形原理

区　域	高聚物的特点	示　例	用　途
1	可结晶的柔性链	聚乙烯	容器,管道,薄膜
		聚丙烯	容器,管道,薄膜,舵轮
		聚氯乙烯	塑料管道,板壁
		尼龙	袜子,衬衫,上衣,外套
2	柔性链交联形成 非晶态网状结构	酚醛树脂	电视机外壳,电话听筒
		硫化橡胶	轮船,运输带,皮带管
		苯乙烯交联的树脂	汽车及器械的装饰
3	刚性链	聚酰亚胺	高温绝缘材料
		梯形高聚物	防护用品
A	刚性链,部分结晶	涤纶	纤维及薄膜
		乙酸纤维素	纤维及薄膜
B	适度交联,有一定 结晶性	氯丁橡胶	耐油橡胶制品
		异戊橡胶	回弹性特别好的橡胶制品
C	刚性链,部分交联	耐高温材料	喷气发动机,火箭发动 机及等离子技术
D	刚性链,结晶,有交联	高强度耐高温材料	建筑及交通工具用材料

　　中国科技大学俞书宏用一种冰晶诱导自组装和热固化相结合的新技术,以交联型热固性酚醛树脂和三聚氰胺甲醛树脂为基体材料,成功研制了具有类似天然木材取向孔道结构的新型仿生人工木材(图 10-2),是上述三个原理同时起作用的最新实例。这种人工木材具有非常类似天然木材的取向孔道结构,壁厚和孔尺寸

可很好地调控。再复合上多种纳米材料使得人工木材具有突出的力学性能（特别是压缩屈服强度高达 45 MPa），与天然木材性能相当。其耐腐蚀性、隔热和防火阻燃性能都很是突出，与石墨烯复合的人工木材更是有很好的径向（垂直于孔道方向）隔热效果，最低热导率可达 21 mW/(m·K)。作为一种新型的仿生工程材料，仿生人工木材的多功能性优于传统的工程材料，这类人工木材有望代替天然木材，实现在苛刻或极端条件下的应用。更重要的是，这种新的仿生制备策略为制备和加工一系列高性能仿生工程材料提供了新的思路。

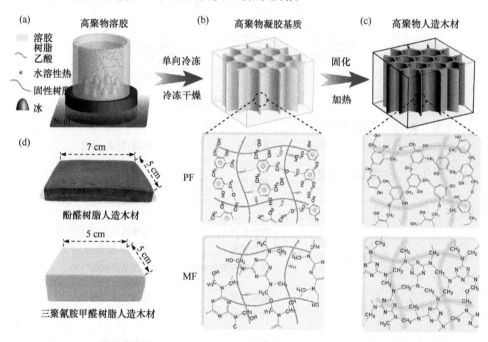

图 10-2　基于取向冷冻技术的交联型热固性酚醛树脂(PF)和三聚氰胺甲醛树脂(MF)基仿生人工木材的制备、结构示意图(a)及树脂高聚物的混合溶胶，(b)冷冻和干燥后具有取向孔道结构的高聚物干胶，(c)固化后的树脂基仿生木材，(d)酚醛树脂基(上)和三聚氰胺甲醛树脂基(下)仿生木材实物照片

马克三角形原理是经验规律，是从实践中提炼出来的，比较可靠，可以作为我们今后探索新型高聚物材料的参考。但是它还很不完善，例如，对塑料、纤维顾及得多，对弹性体就欠适用。弹性体要求有弹性，高分子链就不能结晶和具有刚性，但又要求有强度并耐高温，这在结构上该如何反映，还缺少一致看法。在马克三角形原理基础上，还可以补充几条：①分子量低的低聚体往往使性能变坏，应避免其生成或设法除去；②分子链中的反常接头和链端的不稳定结构往往是破坏的根源，应设法免除；③高分子链中氢原子往往是氧化断键开端的地方，应尽量减少或全代

以氟原子。总而言之,总的趋向是致力于结构更整齐有秩序的高聚物。

10.1.2　高聚物的热分解

高聚物在高温可以发生两种相反的作用,即降解和交联。降解系指高分子主链的断裂,导致分子量下降,使高聚物的物理力学性能变坏;反之,交联使高分子链间生成化学键,适度的交联可改善高聚物的物理力学性能和耐热性能。但交联过度会使高聚物发硬、发脆,同样使性能变坏。

通常,降解和交联这两种反应在一定条件下几乎是同时发生的,并最终达到平衡,这时在宏观性能上观察不到什么变化。然而,当其中某一反应起主要作用时,高聚物或因降解而破坏,或因交联过度而发硬。所以要提高高聚物的耐热性,还不能单纯从提高玻璃化温度和熔融温度来考虑,必须同时考虑高聚物在高温下的降解和交联作用。

热降解的研究可以了解各种高聚物的热稳定性,从而确定其成形加工及使用温度范围,同时采取一定措施改善其热性能,并且利用热降解的碎片可分析确定高聚物的化学结构。此外高聚物的热降解还是回收废塑料制品的重要手段,例如,甲基丙烯酸甲酯单体就可以通过热降解有机玻璃废料来回收,具有很大的经济价值,有关乙烯基系高聚物热降解回收单体的数据见表 10-5。

$$
\text{~~~CH}_2\text{—}\underset{\underset{\text{COOCH}_3}{|}}{\overset{\overset{\text{CH}_3}{|}}{C}}\text{—CH}_2\text{—}\underset{\underset{\text{COOCH}_3}{|}}{\overset{\overset{\text{CH}_3}{|}}{C}}\cdot \longrightarrow \text{~~~CH}_2\text{—}\underset{\underset{\text{COOCH}_3}{|}}{\overset{\overset{\text{CH}_3}{|}}{C}}\cdot + \text{CH}_2\text{=}\underset{\underset{\text{COOCH}_3}{|}}{\overset{\overset{\text{CH}_3}{|}}{C}}
$$

表 10-5　乙烯基系高聚物的热降解数据

高聚物	分子结构式	$T_{1/2}$/℃	K_{350} /(%/min)	单体产率 /%	$E_{活化}$ /(kJ/mol)
聚四氟乙烯	$+CF_2—CF_2\,]_n$	509	0.000 002	>95	340
聚对苯二甲撑	$+CH_2—\bigcirc—CH_2\,]_n$	432	0.002	0	306
聚对亚甲基苯	$+CH_2—\bigcirc\,]_n$	430	0.006	0	210
线形聚乙烯	$+CH_2—CH_2\,]_n$	414	0.004	<0.1	301
支化聚乙烯	$+CH_2—CH_2\,]_n$	404	0.008	<0.025	264
聚三氟乙烯	$+CF_2—CFH\,]_n$	412	0.017	<1	222
聚丁二烯	$+CH_2—CH=CH—CH_2\,]_n$	407	0.022	2	259

续表

高聚物	分子结构式	$T_{1/2}/℃$	K_{350} /(%/min)	单体产率 /%	$E_{活化}$ /(kJ/mol)
聚丙烯	$\begin{array}{c}\ce{+CH2-CH+}_n\\ \quad\quad \ce{CH3}\end{array}$	387	0.069	<0.2	242
聚三氟氯乙烯	$\ce{+CF2-CFCl+}_n$	380	0.044	27	238
聚 β-氘化苯乙烯	$\begin{array}{c}\ce{+CHD-CH+}_n\\ \quad\quad \bigcirc\end{array}$	372	0.14	39	234
聚乙烯基环己烷	$\begin{array}{c}\ce{+CH2-CH+}_n\\ \quad\quad \bigcirc\end{array}$	369	0.45	0.1	205
聚苯乙烯	$\begin{array}{c}\ce{+CH2-CH+}_n\\ \quad\quad \bigcirc\end{array}$	364	0.24	40	230
聚间甲基苯乙烯	$\begin{array}{c}\ce{+CH2-CH+}_n\\ \quad\quad \bigcirc\!-\!\ce{CH3}\end{array}$	358	0.90	45	234
聚异丁烯	$\ce{+CH2-C(CH3)2+}_n$	348	2.7	20	205
聚环氧乙烷	$\ce{+CH2-CH2-O+}_n$	345	2.1	4	192
聚三氟苯乙烯	$\begin{array}{c}\ce{+CF2-CF+}_n\\ \quad\quad \bigcirc\end{array}$	342	2.4	7.4	268
聚丙烯酸甲酯	$\begin{array}{c}\ce{+CH2-CH+}_n\\ \quad\quad \ce{COOCH3}\end{array}$	328	10	0	142
聚甲基丙烯酸甲酯	$\begin{array}{c}\quad\quad \ce{CH3}\\ \ce{+CH2-C+}_n\\ \quad\quad \ce{COOCH3}\end{array}$	327	5.2	>95	217
全同聚甲基环氧乙烷	$\begin{array}{c}\ce{+CH2-CH-O+}_n\\ \quad\quad \ce{CH3}\end{array}$	313	20	1	146
无规聚甲基环氧乙烷	$\begin{array}{c}\ce{+CH2-CH-O+}_n\\ \quad\quad \ce{CH3}\end{array}$	295	5	1	84

续表

高聚物	分子结构式	$T_{1/2}/℃$	K_{350} /(%/min)	单体产率 /%	$E_{活化}$ /(kJ/mol)
聚 α-甲基苯乙烯	$\begin{array}{c}CH_3\\ \text{┤}CH_2-C\text{├}_n\\ \bigcirc\end{array}$	286	228	>95	230
聚乙酸乙烯酯	┤CH_2-CH├$_n$ COOCH$_3$	269	—	0	71
聚乙烯醇	┤CH_2-CH├$_n$ OH	268	—	0	—
聚氯乙烯	┤CH_2-CH├$_n$ Cl	260	170	0	134

高聚物的热降解(和交联)与化学键的断裂(和生成)有关。因此,组成高聚物的化学键的键能越大,材料越稳定,耐热分解能力也越强。一些常见的化学键的键能见表 10-6。化学键的键能与其邻近的结构和取代基有很大关系,因此,关于键强度的绝对值在不同的著作中差异很大,不过对它们的相对强度的看法还比较一致。

表 10-6　高聚物中常见共价键的键长和键能

化学键	键长/nm	键能/(kJ/mol)	化学键	键长/nm	键能/(kJ/mol)
C—C	0.154	347	C—O	0.146	351
C=C	0.134	620	C—F*	0.132~0.139	431~515
C≡C	0.120	837	C—Cl	0.177	339
C—H	0.110	414	N—H	0.101	389
C—N	0.147	305	O—H	0.096	464
C=N	0.135	615	O—O	0.148	142
C≡N	0.115	891	Si—O	0.164	368
C=O	0.121	745			

* 几个 F 原子结合在一个 C 原子上时,键长缩短,键能增加。

各种高聚物耐热分解的定量评价也列于表 10-5。其中半分解温度 $T_{1/2}$ 是高聚物在真空中加热 30 min 后质量损失一半的温度,K_{350} 是指高聚物在 350℃时失重速率。

如果以某些高聚物的 $T_{1/2}$ 对化学键的键能作图（图 10-3），基本上是条直线，说明高聚物的热分解与高分子链的断裂有直接关系。

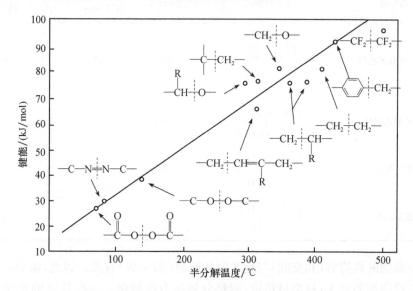

图 10-3　高聚物半分解温度与化学键键能的关系

通过对各种高聚物分解的研究，发现高聚物的热稳定性与高分子链结构有着密切的关系，在此基础上找到了提高高聚物热稳定性的某些途径。它们是：

（1）在高分子链中避免弱键，可以提高高聚物的热稳定性。高分子链中，各种键和基团的热稳定性依次为

例如，聚乙烯的 $T_{1/2}=414℃$，支化聚乙烯的 $T_{1/2}=404℃$，聚丙烯的 $T_{1/2}=387℃$，聚异丁烯的 $T_{1/2}=348℃$，聚甲基丙烯酸甲酯 $T_{1/2}=327℃$。可见，在链中靠近叔碳原子和季碳原子的键较易断裂。由高聚物的热重分析的研究也得到相同的结果。

高聚物的立体异构对它的分解温度几乎没有影响。当高分子链中的碳原子被氧原子取代时（聚甲醛、聚氧化乙烯、聚氧化丙烯与聚甲烯相比），热稳定性降低。在高分子链中氯原子的存在将形成弱键，降低高聚物的热稳定性。因此，聚氯乙烯

的热稳定性极差($T_{1/2}=260℃$)。这也可以从氯化聚乙烯的热重分析得到证明，聚乙烯的热稳定性随着氯化程度的增加而降低。但如果 C—H 键中的氯完全为氟原子所取代而形成 C—F 键，则可大大提高热稳定性，如聚四氟乙烯的 $T_{1/2}$ 高达 509℃。它的耐热分解的能力仅亚于聚酰亚胺。图 10-4 显示了几种高聚物的相对热稳定性。

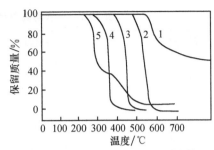

1. 聚酰亚胺；2. 聚四氟乙烯；3. 低密度聚乙烯；
4. 聚甲基丙烯酸甲酯；5. 聚氯乙烯

图 10-4　几种高聚物的相对热稳定性
（升温速率：100℃/h）

　　如果用其他元素部分或全部取代主链上的碳原子，则所合成的无机高聚物一般都具有很好的热稳定性。例如

$$
\begin{array}{ccccc}
& R & & R & & R \\
& | & & | & & | \\
-O- & Si & -O- & Si & -O- & Si- \\
& | & & | & & | \\
& R & & R & & R
\end{array}
$$

这里 R 可以是—CH$_3$、—C$_2$H$_5$ 或—CH$_2$CF$_3$。此类高聚物都具有很好的热稳定性，但在提高温度时容易环化而降低力学性能。如果在主链上再引入 Al、Ti 或 Sn，例如

$$
\begin{array}{ccccccccc}
& R & & & & R & & & & R \\
& | & & & & | & & & & | \\
-O- & Si & -O- & Al & -O- & Si & -O- & Al & -O- & Si- \\
& | & & | & & | & & | & & | \\
& R & & OR' & & R & & OR' & & R \\
& R & & R' & & R & & R' & & R \\
& | & & | & & | & & | & & | \\
-O- & Si & -O- & Sn & -O- & Si & -O- & Sn & -O- & Si- \\
& | & & | & & | & & | & & | \\
& R & & R' & & R & & R' & & R \\
& R & & OR' & & R & & OR' & & R \\
& | & & | & & | & & | & & | \\
-O- & Si & -O- & Ti & -O- & Si & -O- & Ti & -O- & Si- \\
& | & & | & & | & & | & & | \\
& R & & OR' & & R & & OR' & & R
\end{array}
$$

那么，这些高聚物很容易交联成兼有优良的热稳定性和优良力学性能的材料。

　　(2) 在高分子主链中避免一长串接连的亚甲基—[CH$_2$]—，并尽量引入较大比例的环状结构（包括芳环和杂环），可增加高聚物的热稳定性。表 10-7 所列的一些耐高温高聚物材料都具有这样的结构特点。图 10-5 比较了聚酰亚胺、尼龙 66 及聚甲醛的相对热稳定性。

表 10-7　一些耐高温高聚物材料的熔融温度及耐热性能

高聚物	分子结构式	熔融温度/℃	耐热性能
聚碳酸酯 (PC)	(结构式)	220～230	120℃下可长期使用
聚苯醚 (PPO)	(结构式)	>300	在空气中 150℃经 150 h 无变化
聚对二甲苯 (Parylene)	(结构式)	400	在空气中长期使用温度为 93～130℃,无氧或在惰性气体中耐热性更好,短期使用温度高(277℃),长期使用 225℃
聚酰亚胺 (PI)	(结构式)	>500	可在 260℃下长期使用,间歇使用温度高(480℃),在惰性气体中可在 300℃长期使用
聚酰胺酰亚胺 (PAI)	(结构式)	450 (分解)	220℃下长期使用,300℃下不失重,可加入各种填料改性,价格便宜,用做涂料、层压品、黏合剂、模压品
聚苯并咪唑 (PBI)	(结构式)	>500	在氮气下 500℃才开始分解,短期耐热性超过聚酰亚胺,长期热老化性不及聚酰亚胺
聚苯并噻唑 (PBT)	(结构式)	>600	在氮气下于 538℃不失重,598℃失重 6%,短期耐热性超过聚酰亚胺,长期耐热性在聚酰亚胺和聚苯并咪唑之间
芳族尼龙 (Momex 或 HT-1)	(结构式)	450	在 250℃热老化 100 h 质量损失仅 0.96%,冲击强度、伸长率几乎不变,具有高的热稳定性
芳族尼龙 (B 纤维)	(结构式)	570	具有很高的热稳定性、耐热、耐腐蚀、电绝缘性好,制成的纤维用于电缆、军用钢盔
芳族聚酯 (Eknol)	(结构式)	550	事实上,在高温下根本不熔,只是碳化,可以制备碳纤维

续表

高聚物	分子结构式	熔融温度/℃	耐热性能
聚苯 (Saton-axR)		800	耐高温性很好,但制备有难度,通常只能得到低分子量的产物,也难于成形加工
聚吡咙		>500	耐热性比聚苯并咪唑好,短期可耐 400℃ 以上,300～350℃ 不软化,空气中 400℃ 开始分解
聚苯硫醚 (Pyton)		250～315	可长期在 260℃ 使用。难燃,在 232℃ 空气中长期暴露不受影响,用于耐腐涂层、高温轴承等
聚芳砜 (Astrel-360)		>400	在一240～260℃ 长期使用,在 455℃ 无失重产生用,电绝缘性好,用做薄膜耐高温电器材料等

(3) 合成"梯形"、"螺形"和"片状"结构的高聚物。所谓梯形结构和螺形结构是指高分子的主链不是一条单链,而是像"梯子"或"双股螺线"。这样,高分子链就不容易被打断,因为在这类高聚物中,一个链断了并不会降低分子量。即使几个链同时断裂,只要不是断在同一个梯格或螺圈里,就不会降低分子量。只有当一个梯格或螺圈里的两个键同时断开时,分子量才会降低,而这样的概率是很小的(图 10-6)。

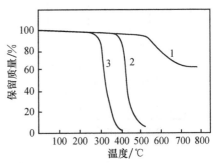

1. 聚酰亚胺;2. 尼龙 66;3. 聚甲醛

图 10-5　三个高聚物的相对热稳定性

(升温速率 100℃/h)

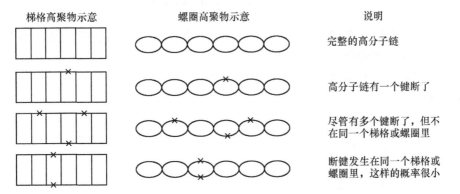

梯格高聚物示意	螺圈高聚物示意	说明
		完整的高分子链
		高分子链有一个键断了
		尽管有多个键断了,但不在同一个梯格或螺圈里
		断键发生在同一个梯格或螺圈里,这样的概率很小

图 10-6　梯形和螺形结构高分子链断链示意图

　　此外,已经断开的化学键还可能自己愈合。至于片状结构,即相当于石墨结构,当然有很大的耐热性。因此具有"梯形"、"螺形"和"片状"结构的高聚物的耐热性都极好,缺点是难于加工。

　　从单链高聚物到"分段梯形"到"梯形"乃至"网片状"高聚物,其热稳定性是逐步增加的(图 10-7)。尽管"网片状"的高聚物具有最高的热稳定性,但为了兼顾加工的方便,往往牺牲某些稳定性,因此通常合成分段梯形或梯形的高聚物,如聚酰亚胺、聚苯并咪唑、聚吡咙都可以算作分段梯形的高聚物。

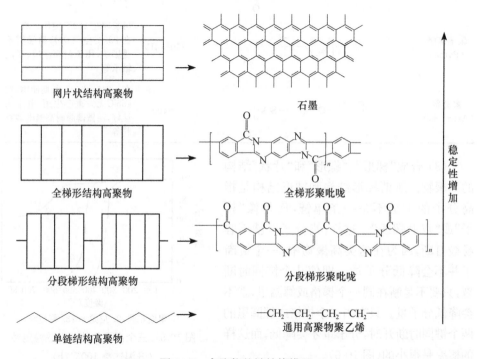

图 10-7　高聚物的链结构模型

　　若以二苯甲酮四羧二酐和四氨基二苯醚聚合,得分段梯形吡咙,以均苯四甲酸二酐和四基氨苯聚合,则可得全梯形聚吡咙。

　　如果将聚丙烯腈纤维加热,在升温过程中会发生环化、芳构化而形成梯形结构

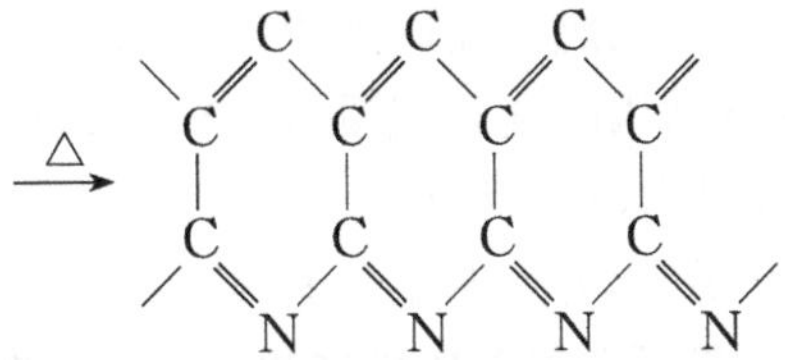

继续升温处理,则可制成碳纤维。由 X 射线衍射图可知,碳纤维具有石墨的晶体结构。芳核网状平面与纤维轴平行。碳纤维的耐热性已超过钢,如以火焰喷射它们,钢板穿孔,碳纤维织物却完好无恙。

此外也合成了如下梯形结构的高聚物:

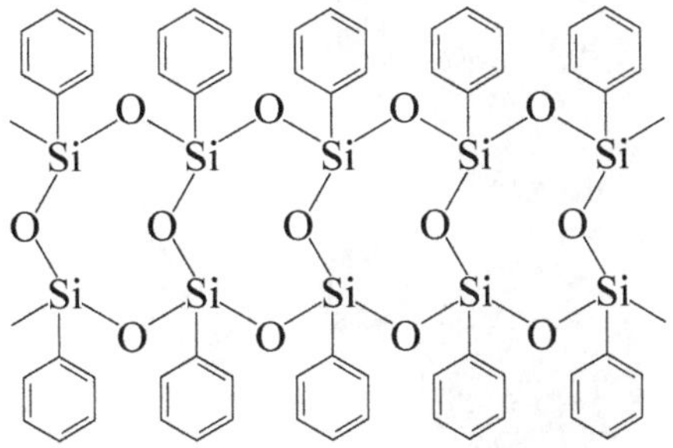

它的热稳定性大大超过了相应的聚硅氧烷。在低于 525℃ 温度下加热并不失重,耐温可达 1000℃。另一种螺形结构的高聚物是

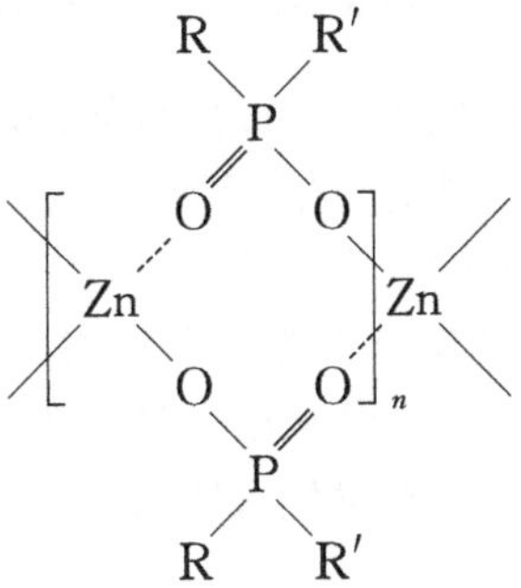

也有相当好的热稳定性,直至 550℃ 都无失重现象。这种螺形结构高聚物不溶不熔,但如果 R′ 是甲基,则可得分子量大于 10^4,并能溶于一系列溶剂的高聚物。

最近,中国科技大学俞书宏以壳聚糖作三维软模板,发展了一种酚醛树脂(PFR)与 SiO₂ 共聚和纳米尺度相分离的合成新策略,成功研制了具有双网络结构的 PFR/SiO₂ 复合气凝胶材料(图 10-8)。工业建筑和维持室内舒适温度所消耗的能量占到世界每年总能耗的 30% 以上,隔热材料的使用可以提高建筑物的能量利用率和降低能耗。然而,传统的有机隔热材料普遍易燃,有机阻燃剂的使用则会对环境和人类健康造成危害,无机隔热材料的热导率普遍偏高,而一般的有机无机复合隔热材料虽然阻燃性有所提高,但仍难耐受长时间的火焰侵蚀,因为单分散状态

的无机组分会随着高聚物基体的燃烧而逐渐脱落,从而失去保护作用。为此,俞书宏课题组研制了这种双网络结构的复合气凝胶,该复合气凝胶具有树枝状的微观结构,纤维的尺寸在 20 nm 以内,且两种组分各自都成连续的网络,实现了有机、无机组分在纳米尺度上的均匀分散,并且两组分间具有很强的界面相互作用。他们通过调控硅源的添加量即可调控复合气凝胶的密度、无机含量、力学强度等物理参数。这种复合气凝胶可以承受 60% 的压缩而不破裂,具有一定的力学强度和可加工性。该气凝胶具有很好的隔热效果,最低热导率可达 24 mW/(m·K),优于传统的发泡聚苯乙烯等材料,在相对低温和低湿度的环境下,其热导率维持在 28 mW/(m·K)。

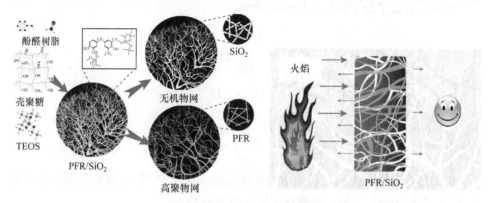

图 10-8　双网络结构的 PFR/SiO$_2$ 复合气凝胶的制备过程及结构示意图

这种独特的双网络结构赋予了气凝胶优异的防火阻燃性能。研究人员用丙烷丁烷喷灯火焰(1300℃)和酒精灯火焰(500~600℃)来检测气凝胶的耐火性,并用红外热成像仪记录样品背面的温度变化。经过 30 min 的测试,喷灯火焰下样品背面温度稳定在 300℃ 左右,酒精灯火焰下温度稳定在 150℃ 左右,而且随着有机组分的燃烧,SiO$_2$ 网络暴露出来并附着在气凝胶表面而不会脱落,继续发挥隔绝热量的作用。这种材料可以避免在发生火灾时建筑物承力结构的失效,为人员撤离争取了时间。

10.2　高聚物的热膨胀

10.2.1　热膨胀的定性解释

在高聚物的玻璃化转变章节中,曾用膨胀系数来测定和表征 T_g。这里我们则讨论热膨胀的基本理论。

热膨胀是由温度变化而引起材料尺寸和外形变化的现象。材料受热时一般都会膨胀,热膨胀可以是线膨胀、面膨胀和体膨胀。试样中任何各向异性都对线膨胀和面膨胀产生影响。因此,通常总是测量取向最大的方向(或平面)以及垂直于这方向(平面)的热膨胀。

　　当温度从 T_1 变到 T_2，材料的长度相应地由 L_1 变到 L_2，在恒压条件下，当 $\Delta T=(T_2-T_1)\to 0$ 时，微分线膨胀系数 α 定义为

$$\alpha = \frac{1}{L}\left(\frac{\partial L}{\partial T}\right)_p \tag{10-1}$$

同样，微分体膨胀系数 β 定义为

$$\beta = \frac{1}{V}\left(\frac{\partial V}{\partial T}\right)_p \tag{10-2}$$

　　简单的固体理论表明，体膨胀系数直接与热容 C_V 成正比

$$\beta = \gamma \frac{C_V}{Vk_T} \tag{10-3}$$

式中，γ 是表征原子振动频率和材料体积 V 关系的格律乃森(Gruneisen)参数；k_T 是等温压缩系数。对一般各向同性材料，在温度变化不太大时，体膨胀系数是线膨胀系数的 3 倍，$\beta\approx 3\alpha$。从微观来看，晶体中，原子在其平衡位置附近作简谐振动，当温度升高时振幅增大。这一见解已成功地解释了热容量的本质，但无法解释热膨胀的起因，因为做简谐振动的原子不论振幅多大，其振动中心不产生位移。既然热膨胀的存在确定无疑，那么原子振动应该是非简谐振动。

　　温度升高将导致原子在其平衡位置的振幅增加。因此材料线膨胀系数 α 取决于组分原子间相互作用的强弱。对分子晶体，其分子或原子间的相互作用是较弱的范德瓦耳斯力，因此热膨胀系数很大，均为 10^{-4} K^{-1}。而由共价键相键合的材料，如金刚石，相互作用极强，因此热膨胀系数小两个量级，约为 10^{-6} K^{-1}。高聚物长链分子中沿链方向是共价键相连，而在垂直于链的方向上，近邻分子间的相互作用是弱的范德瓦耳斯力，因此晶态高聚物和取向高聚物的热膨胀有很大的各向异性。在各向同性高聚物中，分子链是杂乱取向的。其热膨胀在很大程度上取决于微弱的链间范德瓦耳斯力相互作用。与金属相比，高聚物的热膨胀较大。典型的对比数据列于表 10-8。

表 10-8　典型材料的热膨胀系数

材料	20℃的热膨胀系数 /10^{-5} K^{-1}	材料	20℃的热膨胀系数 /10^{-5} K^{-1}
软钢	1.1	尼龙 66	9.0
黄铜	1.9	聚碳酸酯	6.3
聚氯乙烯	6.6	聚甲基丙烯酸甲酯	7.6
聚苯乙烯	6.0~8.0	缩醛共聚物	8.0
聚丙烯	11.0	天然橡胶	22.0
低密度聚乙烯	20.0~22.0	尼龙 66(含 30%玻璃纤维)	3.0~7.0(与取向有关)
高密度聚乙烯	11.0~13.0		

　　高聚物热膨胀中还有一个特殊现象,那就是某些晶态高聚物沿分子链轴向上热膨胀系数是负值。也就是说温度升高,它不但不膨胀,反而发生收缩。例如,聚乙烯沿 a、b 和 c 轴方向的热膨胀系数分别为 $\alpha_a = 20 \times 10^{-5} \ \text{K}^{-1}$、$\alpha_b = 6.4 \times 10^{-5} \ \text{K}^{-1}$ 和 $\alpha_c = -1.3 \times 10^{-5} \ \text{K}^{-1}$。其他高聚物负膨胀系数 α_c 值在 $-1 \times 10^{-5} \sim -5 \times 10^{-5} \ \text{K}^{-1}$ 范围内。

　　在一定温度下,原子的振动中心能够保持在一定的位置,是因为它受到近邻原子的作用力——吸力和斥力,在该位置上这两种力的作用达到平衡。显然,伴随着原子间距离的减少,斥力的增加比引力的增加快得多。

　　按格律乃森的经验公式,相邻两原子的位能

$$U = -\frac{a}{r^m} + \frac{b}{r^n} \tag{10-4}$$

式中,a、b 为常数;r 为原子间距;m 和 n 分别为引力和斥力的幂指数。

　　位能 U 随原子间距离按照上述指数规律变化。对金属材料,$m \approx 3$,而 n 在很宽的范围内变化,但总是 $n > m$。正是由于位能的不对称变化引起了材料的热膨胀。在这种双原子模型中,假设一个原子不动,另一个原子在其平衡位置附近振动,当它通过平衡位置的位能为零,只具有动能。随着原子远离平衡位置,位能逐渐增大,动能逐渐减少。在图 10-9 的位能曲线上,每一个位能值(U_n)都有两个原子间距 r 相对应,一个为相邻原子接近时的距离,另一个为相邻原子远离时的距离,而它们的平均距离则为 a_n。画出平均距离 a_n 的连线可以看出,当原子的振幅增大时,它的最大位能值相应增大,同时原子间的平均距离也相应增大,即随着温度的上升,材料产生了热膨胀。这就定性解释了热膨胀的起因。

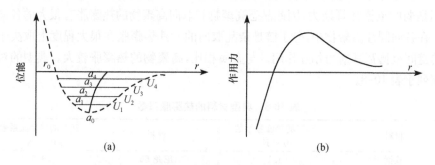

图 10-9　位能曲线(a)和作用力与距离关系曲线(b)

　　原子由于热振动而离开其平衡位置,令 x 为离开平衡位置的位移,r 为两原子间的距离,则对于微小的热运动,位能 $U(r)$ 可展开为

$$U(r) = U(r_0 + x)$$

$$= U(r_0) + \left(\frac{\mathrm{d}U}{\mathrm{d}r}\right)_{r_0} x + \frac{1}{2!}\left(\frac{\partial^2 U}{\partial r^2}\right)_{r_0} x^2 + \frac{1}{3!}\left(\frac{\partial^3 U}{\partial r^3}\right)_{r_0} x^3 + \cdots \tag{10-5}$$

这里 $U(r_0)$ 是常数,而 $\left(\dfrac{\mathrm{d}U}{\mathrm{d}r}\right)_{r_0}=0$。若令 $f=\dfrac{1}{2!}\left(\dfrac{\partial^2 U}{\partial r^2}\right)_{r_0}$ 和 $-g=\dfrac{1}{3!}\left(\dfrac{\partial^3 U}{\partial r^3}\right)_{r_0}$,则

$$U(r) = U(r_0) + fx^2 - gx^3 \tag{10-6}$$

原子间相互作用力为

$$F(r_0 + x) = -\left(\frac{\partial U}{\partial r}\right) = -2fx + 3gx^2 \tag{10-7}$$

若不考虑作用力的高次项,即得简谐振动方程

$$m\ddot{x} + 2fx = 0 \tag{10-8}$$

$\ddot{x}$ 表示 x 的二阶导数,其解为 $x_0 = A\cos(\omega t + \alpha)$。式中,$\omega^2 = 2f/m$;$A$ 为振幅;ω 为圆频率;α 为振动的初位相。

如前所述,简谐振动在热膨胀中是不合适,必须考虑原子振动的非简谐性。则运动方程为

$$m\ddot{x} + 2fx - 3gx^2 = 0 \tag{10-9}$$

在考虑了位能的三次项的作用后,通过一定的数学转换,用另一个参数 $\omega' = \left(\omega^2 - \dfrac{6g}{m}\bar{x}\right)^{1/2}$ 替代简谐振动频率 ω(这里 $\bar{x}$ 是平衡位置),仍可把原子振动当做简谐振动来处理。这种准简谐振动近似成功地解释了热膨胀的本质。

格律乃森从热力学理论推导的热膨胀系数的理论表达式

$$\beta = \frac{\gamma C_V}{B_0 V_0} = \gamma \frac{C_V \chi_T}{V_0} \tag{10-10}$$

$$\alpha = \frac{1}{3}\beta = \frac{1}{3}\frac{\gamma C_V}{B_0 V_0} = \frac{1}{3}\gamma \frac{C_V \chi_T}{V_0} \tag{10-11}$$

式中,χ_T 为等温压缩系数;C_V 为等容热容。式(10-10)和式(10-11)表明了体膨胀系数或线膨胀系数与其他性能的关系,这就是格律乃森关系。

再考虑到晶体结构的不对称性,在不同的晶轴上产生不相等的热膨胀,格律乃森关系可以表示为

$$\alpha_i = \frac{C_V}{V}\sum_{j=1}^{6} S_{ij}\gamma_j \quad (i = 1,2,3) \tag{10-12}$$

式中,S 为弹性柔量。则垂直于 c 轴和平行于 c 轴的线膨胀系数分别为

$$\alpha_\perp = \frac{C_V}{V}[\chi_\perp \, \gamma_\perp + S_{13}(\gamma_{/\!/} - \gamma_\perp)] \tag{10-13}$$

$$\alpha_{/\!/} = \frac{C_V}{V}[\chi_{/\!/}\,\gamma_{/\!/} - 2S_{13}(\gamma_\perp - \gamma_{/\!/})] \tag{10-14}$$

式中，$\chi_\perp$ 和 $\chi_{/\!/}$ 分别为垂直于 c 轴和平行于 c 轴的线压缩率。由此可见，热膨胀系数各向异性的程度以及它们是正值还是负值，不仅由格律乃森来决定，还与弹性和各向异性有关。对出现负热膨胀系数也就可以理解的。

10.2.2　PTS 单晶体的负膨胀系数

在第 2 章中我们已经提及 PTS 单晶体平行于分子链方向(b 方向)有膨胀系数的异常。图 10-10 是 PTS 单晶体平行于分子链方向(b 方向)从液氮温度到室温的膨胀系数，测量点的温度间隔为 4~5 K，热平衡时间为 15 min。由图可见，在 77~190 K 之间膨胀系数随温度上升而增大，没有异常。但在 195 K 附近热膨胀系数发生突变。此后，随温度上升而急剧下降。到 200 K 附近变为负值，高于 210 K 热膨胀系数又继续增大。

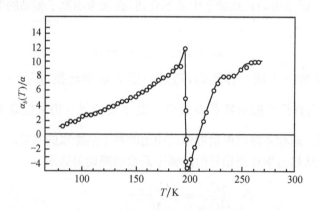

图 10-10　PTS 链方向的膨胀系数与温度的关系($T_0 = 85$ K)

为搞清在平行于链方向产生负膨胀系数的起因，测量了垂直于链方向(c 方向和 a 方向)的膨胀系数，结果如图 10-11 所示。如图所示，c 方向的膨胀系数在 170~220 K 之间出现一峰包，说明在 200 K 附近，c 方向链与链之间的偶合突然变弱，而垂直于链的另一方向，a 方向，实验观察到膨胀系数在上述温度范围(170~220 K)内有一跳跃，表明低于 170 K，a 方向的链与链之间的偶合变强。

由上可见，PTS 的膨胀系数具有很强的各向异性，甚至在链方向出现负值。根据上面的分析，它与格律乃森参数及弹性的各向异性有关。沿链方向(b 方向)的负膨胀系数是由于主链分子的横向热振动随温度的升高而变大所引起的。假设主链分子之间的结合力很强，分子之间的距离 l_0 几乎不随温度而变。若分子有一横向位移 x(图 10-12)，则链长 l 为

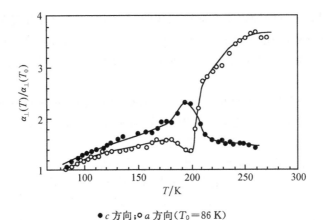

●c 方向;○a 方向($T_0 = 86$ K)

图 10-11　PTS 垂直于链方向的膨胀系数与温度的关系

$$l = (l_0^2 - x^2)^{1/2} = l_0 - x^2/2l_0 \qquad (10\text{-}15)$$

如果引进有效弹性常数 K_e

$$\frac{1}{2} K_e \langle x^2 \rangle = k_B T \qquad (10\text{-}16)$$

和

$$\langle l \rangle = l_0 - \frac{k_B T}{K_e l_0} \qquad (10\text{-}17)$$

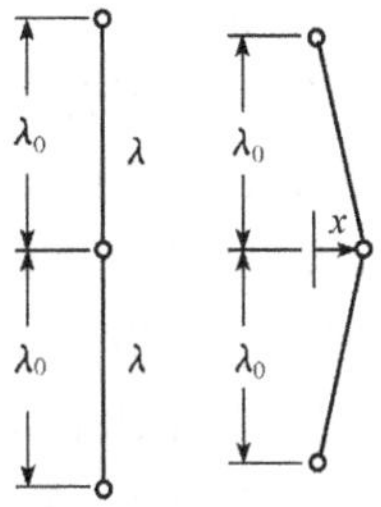

图 10-12　链原子的横向运动

于是,沿链方向的膨胀系数

$$\alpha = \frac{1}{l_0} \frac{\mathrm{d}\langle l \rangle}{\mathrm{d}T} = -\frac{k_B}{K_e l_0^2} \qquad (10\text{-}18)$$

式中,k_B 为玻尔兹曼常量。因为 K_e 和 k_B 均大于零,所以 $\alpha < 0$,出现负的膨胀系数。以上的解释尽管是定性的,但很简单。

　　在通常情况下,PTS 单晶体的侧链分子之间存在较强的作用,限制了主链分子的横向热振动,因此 PTS 单晶沿链方向的热膨胀系数在大多数温度下仍是正的。由 PTS 的结构分析可知,在 200 K 附近经历一相变,相邻主链的侧链苯环以相反方向转动 3.0° 和 7.1°。在侧链的转动过程中,链与链之间的结合松动,主链分子的横向振动变大,于是沿链方向的膨胀系数出现负值。

　　由图 10-10 可见,PTS 单晶沿链方向的膨胀系数在 195 K 附近发生突变,所以是一种结构相变。由于热膨胀系数的斜率在 195 K 附近不连续,可以推断这一相变属于二级相变。

PTS 单晶在 c 方向的膨胀系数在相变前后变化不大,仅在相变温度附近出现一峰包。由此看来,侧链苯环转动前后的位置相对于 c 轴大体是对称的,或者说,侧链苯环转动前后,链与链之间在 c 方向的偶合变化不大,仅使在侧链的转动过程中有暂时的松动。

a 方向的膨胀系数在相变温度有一跳跃,高于相变温度时的膨胀系数显著地大于低于相变温度时的膨胀系数,这表明侧链转动前后的位置相对于 a 轴是不对称的。从高温相到低温相由于侧链的转动使主链之间在 a 方向的结合力变强。这种结合力的变化可能是由侧链上的 SO_2 极化分子的转动所引起的,有待于进一步研究。

格律乃森参数与温度的关系在高聚物单晶体中并不多见。图 10-13 给出了结晶度分别为 0.44(PE44)和 0.98(PE98)的聚乙烯和聚甲醛(POM)晶体的格律乃森参数与温度的关系。对 PE44,在 20 K 以下体材料的格律乃森参数 γ 上升很快,到 5 K 时近似达到 5,这主要是由于非晶材料特有的低能激发所致;在 50～240 K 之间,γ 近似为常数;在更高的温度,由于链运动的加剧,γ 又迅速增大。对 POM 晶体和 PE88,在低温下,$\gamma \approx 1.4$,随温度升高,有下降。依据一维模型,对弱范德瓦耳斯力结合的聚合链系统,在低温下,$\gamma = 3 \sim 5$,且与链的具体结构无关。这也许是由于 PE、POM 晶体不能被认为是完整的单晶体,存在一些内应力所致的对 γ 的贡献,因而导致较低的 γ 值。因此,通过对 PTS 单晶的 γ 温度关系的研究,可以方便地证实这些想法和理论模型。

PTS 单晶体的 γ 见图 10-14。对高聚物晶体,γ 近似地描述垂直于链方向的行为。由图可见,在 100 K,$\gamma = 3.26$,在 250 K 降为 $\gamma = 1.9$。低于 195 K,$\gamma \geqslant 3$,且随温度上升而下降。

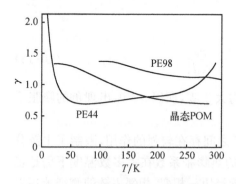

图 10-13　聚乙烯(PE)和晶态聚甲醛
(POM)格律乃森参数的温度依赖性

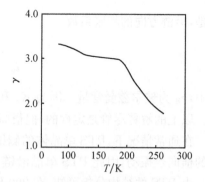

图 10-14　高聚物宏观单晶体 PTS 格律乃森
参数的温度依赖性

10.2.3　非晶态高聚物的热膨胀——取向的影响

正如第 4 章中已指出的,非晶态高聚物的热膨胀系数在 T_g 前后是不一样的,并有各自的温度依赖性。正是利用玻璃态和橡胶态膨胀系数不同引入了自由体积概念。这方面的知识已在玻璃化转变的有关章节中详细讨论过了，这里主要讨论取向对非晶态高聚物膨胀系数的影响。

把非晶态高聚物拉伸取向，分子链将沿拉伸方向倾斜，导致沿拉伸方向膨胀系数 $\alpha_{//}$ 的剧降和垂直方向上 $\alpha_{\perp}$ 的增加(约为 $10\%\sim30\%$)，从而呈现热膨胀的各向异性。取向对不同高聚物膨胀系数的影响各不相同。若以 $\alpha_{\perp}/\alpha_{//}$ 值作为热膨胀的各向异性，室温下四种非晶态高聚物热膨胀各向异性随拉伸比的变化示于图 10-15。聚苯乙烯(PS)的 $\alpha_{\perp}/\alpha_{//}$ 值较小，但聚碳酸酯(PC)和聚氯乙烯(PVC)的就较显著。这是因为后者有了很少一点的结晶，而晶区间绷紧的连接分子在抑制非晶区的热膨胀方面是特别有效的。

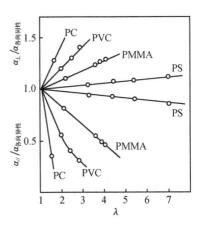

图 10-15　四种非晶态高聚物室温下 $\alpha_{\perp}/\alpha_{各向同性}$ 和 $\alpha_{//}/\alpha_{各向异性}$ 与拉伸比 λ 的关系

能较好地解释材料各向异性的模型是集合体模型。它认为高聚物是由许多各向异性的单元组成的聚集体(图 10-16)。这些单元的性能，包括热膨胀性能，是和实验得到的高度取向的高聚物的性能是一样的，各向同性的高聚物被认为是这些轴向对称的单元的无规集合。在高聚物取向时，组成的单元就向拉伸方向转动，致使取向高聚物呈现各向异性，单元变为一定程度的有序集合，部分取向试样的热膨胀就可用串联模型(各单元热膨胀可加性)来计算。

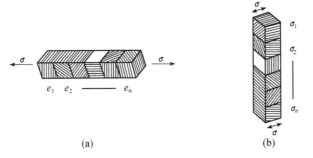

图 10-16　均匀应力的集合体模型(a)和均匀应变的集合体模型(b)

串联模型给出

$$\alpha_{//} = \frac{1}{3}\big[(1+2f)\alpha_{//}^{u} + 2(1-f)\alpha_{\perp}^{u}\big] \tag{10-19}$$

$$\alpha_\perp = \frac{1}{3}\left[(1-f)\alpha_\parallel^u + (2-f)\alpha_\perp^u\right] \tag{10-20}$$

式中，$\alpha_\parallel^u$ 和 $\alpha_\perp^u$ 是集合体模型中基本单元在取向方向及其垂直方向的热膨胀系数；f 是取向函数 $f = \frac{1}{2}(3\overline{\cos^2\theta}-1)$，$\theta$ 是单元的轴与拉伸方向的夹角。对各向同性材料，$f=0$，由式(10-19)、式(10-20)得

$$\alpha_{各向同性} = \frac{1}{3}(\alpha_\parallel + 2\alpha_\perp) = \frac{1}{3}(\alpha_\parallel^u + 2\alpha_\perp^u) \tag{10-21}$$

若用并联模型，只要在式(10-19)、式(10-20)中用 α^{-1} 代替 α 即可。

由于式(10-21)与取向函数无关，可用来验证热膨胀集合体模型的正确性。表10-9 数据表明由串联模型得到的预估结果与实验相符极好。若要用式(10-19)、式(10-20)，必须先知道 $\alpha_\parallel^u$、$\alpha_\perp^u$ 和 f，因为 $\alpha_\parallel^u$、$\alpha_\perp^u$ 分别对应共价键合和范德瓦耳斯力所反映的热膨胀，一般可取它们的典型值 $\alpha_\parallel^u = 0.5\times10^{-6}\ \text{K}^{-1}$ 和 $\alpha_\perp^u = 10\times10^{-6}\ \text{K}^{-1}$。

表 10-9　四种高聚物线膨胀的计算值与实验值的比较

高聚物	λ(拉伸比)	$\alpha_\parallel$	$\alpha_\perp$	$\alpha_{各向同性}$	$\alpha_{各向同性}^s$	$\alpha_{各向同性}^p$
PS	5	7.35	7.98	7.74	7.77	7.76
PMMA	2.57	5.59	8.58	7.59	7.58	7.28
	3.75	4.07	9.30	7.59	7.56	6.51
PVC	1.85	4.45	7.68	6.63	6.60	6.18
	2.65	2.44	8.63	6.63	6.57	4.68
PC	1.67	2.31	8.25	6.25	6.27	4.44

注：$\alpha_{各向同性}^s$ 和 $\alpha_{各向同性}^p$ 分别是指串联模型和并联模型预估的值。膨胀系数的单位是 10^{-5}K^{-1}。

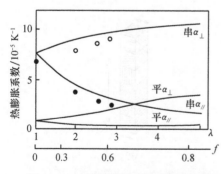

图 10-17　聚氯乙烯 PVC 室温热膨胀
系数与拉伸比关系
实线是准仿射形变求出取向函数，后用
集合体模型计算出的热膨胀系数；
"平""串"分别指并联和串联模型

而取向函数 f 可用不同方法求得。一种方法基于所谓"准仿射形变"假设，它假定组成单元沿拉伸方向的转动与单向拉伸时宏观物体上两点间连线相似。实验表明，由准仿射形变估算的取向函数值比实际取向度来得高。因此最近采用宽线核磁共振(NMR)来直接测定取向函数。例如，在拉伸比 $\lambda\approx3\sim4$ 时，由 NMR 测得的取向函数 $f\approx0.24\sim0.31$，而由准仿射形变假设求得的 $f=0.7$。图 10-17 是用准仿射形变求出 f 后，再由集合体模型求得的取向 PVC 热膨胀系数与实验值的比较。

10.2.4　晶态高聚物的热膨胀

　　晶态高聚物在拉伸取向时的凝聚态变化告诉我们,沿拉伸方向晶相一定是连续的,其连续程度随拉伸比增加而增加。这样,结晶区
(c)间物质由三部分组成,即非晶区(a)、晶桥(b)和连接链(TM),如图 10-18 所示。

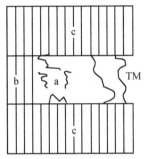

　　连接链和晶桥在结构上的差异并不明显,因此它们的效应在一定条件下是类似的。例如,在低温时它们两者都对晶区间非晶物质的热膨胀起抑制作用,以至于在高拉伸比时连接链和晶桥的 $\alpha_{/\!/}$ 接近晶体的
$\alpha_{/\!/}^c$,但在玻璃化温度以上的高温,连接链和晶桥就有

a. 非晶区;b. 晶桥;c. 折叠链结晶区;
TM. 连接链

图 10-18　高度取向的结晶
高聚物的结构

本质差别了,孤立的连接链除了其端头受限外,相对说来能自由运动,存在有众多的构象,从而有熵效应的存在,这时晶区可看做是“交联点”。另外,晶桥在横向上也是有序的,如同一根棍棒,这根棒棒轴向刚性很大并且
具有负的膨胀系数 $\alpha_{/\!/}$,对高度结晶的高聚物,如高压聚乙烯(HDPE)其膨胀部分行为在很大程度上取决于晶桥。

　　由上可知,要了解它们的热膨胀行为应该用复合材料模型。低拉伸比($\lambda < 5$)时,晶桥数目可以忽略,取向高聚物可看做是部分倾斜的晶区包埋在各向同性非晶基材中组成的复合材料,作为一个粗略的估计,认为两相的膨胀是独立无关的,再计及晶区取向分布,取向高聚物的膨胀系数为

$$\alpha_{/\!/} = v\alpha^c + (1-v)\alpha^a - \frac{2}{3}vf_c(\alpha_{\perp}^c - \alpha_{/\!/}^c) \tag{10-22}$$

$$\alpha_{\perp} = v\alpha^c + (1-v)\alpha^a - \frac{1}{3}vf_c(\alpha_{\perp}^c - \alpha_{/\!/}^c) \tag{10-23}$$

式中,$\alpha^c = \frac{1}{3}(\alpha_{/\!/}^c + 2\alpha_{\perp}^c)$,是晶区的平均膨胀系数,这里,$\alpha_{/\!/}^c$ 和 $\alpha_{\perp}^c$ 是晶区平行和垂直方向上的膨胀系数,而 α^a 则是非晶区的膨胀系数;f_c 是晶区取向函数;v 是结晶分数。对各向同性试样,$f_c = 0$,上述两式变为一个式子

$$\alpha_{各向同性} = v\alpha^c + (1-v)\alpha^a \tag{10-24}$$

即

$$\alpha_{各向同性} = \frac{1}{3}(\alpha_{/\!/} + 2\alpha_{\perp}) \tag{10-25}$$

与集合体模型得到的式(10-21)完全一样。

　　在高拉伸比($\lambda > 5$)时,晶桥就不能忽略,膨胀行为可应用高柳索夫模型(图
10-19)得到如下表达式:

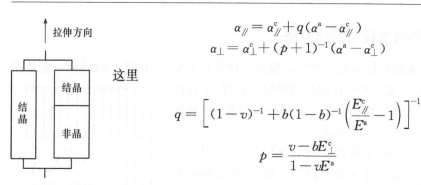

拉伸方向

$$\alpha_{/\!/} = \alpha_{/\!/}^{\mathrm{c}} + q(\alpha^{\mathrm{a}} - \alpha_{/\!/}^{\mathrm{c}}) \tag{10-26}$$

$$\alpha_{\perp} = \alpha_{\perp}^{\mathrm{c}} + (p+1)^{-1}(\alpha^{\mathrm{a}} - \alpha_{\perp}^{\mathrm{c}}) \tag{10-27}$$

这里

$$q = \left[(1-v)^{-1} + b(1-b)^{-1}\left(\frac{E_{/\!/}^{\mathrm{c}}}{E^{\mathrm{a}}} - 1\right) \right]^{-1} \tag{10-28}$$

$$p = \frac{v - bE_{\perp}^{\mathrm{c}}}{1 - vE^{\mathrm{a}}} \tag{10-29}$$

图 10-19　高柳索夫模型示意图

式中,E^{a}、$E_{/\!/}^{\mathrm{c}}$、$E_{\perp}^{\mathrm{c}}$ 分别是非晶区、垂直和平行取向轴的晶区杨氏模量。因此 $E_{/\!/}^{\mathrm{c}} \gg E^{\mathrm{a}}$,当晶桥分数 b 大于 0.15,即这时晶桥对膨胀行为的限制作用已变得主要了,式(10-26)中第二项比第一项小很多,$\alpha_{/\!/}$ 就接近 $\alpha_{/\!/}^{\mathrm{c}}$。

正如前面已提到过的,高聚物晶体轴向膨胀系数具有负值,如聚乙烯、尼龙 6、聚对苯二甲酸乙二酯和聚氯丁二烯,其 $\alpha_{/\!/}^{\mathrm{c}}$ 在 $-4.5 \times 10^{-5} \sim -1.1 \times 10^{-5}$ K^{-1} 之间。前面已经说过,高聚物宏观单晶体的膨胀系数在低温下确实具有负值。又如聚氧甲烯晶体轴向膨胀系数是 $-2 \times 10^{-5} \sim -4.5 \times 10^{-5}$ K^{-1}。负膨胀系数在物理上不难理解的。为简单起见,考虑共价键连接的线性链。由于共价键很强,热骚动只能引起横向的运动,从而产生沿轴方向的收缩,实际高聚物的分子链在晶体中是之字形的,但上述的考虑仍是正确的。

取向的晶态高聚物沿拉伸方向上很大的负膨胀系数来源于晶区间连接分子的橡胶弹性收缩。低密度聚乙烯(LDPE)的热膨胀系数如图 10-20 所示。LDPE 的 $\alpha_{/\!/}$ 在较高温度时有很大下降,320 K 的 $\alpha_{/\!/}$ 比 $\alpha_{/\!/}^{\mathrm{c}}$ 小 30 倍,$\alpha_{/\!/}$ 具有很大温度依赖性和很大的负值表明,当温度高于非晶态转变 T_{s}(130 K)以上时橡胶弹性效应起了主导作用。在相同温度区域里有一个突升。因此膨胀系数平均值与各向同性试样的相应值相差并不大。

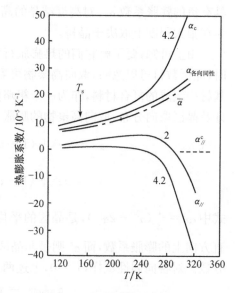

图 10-20　低密度聚乙烯(LDPE)热膨胀系数与温度的关系

10.2.5　降低高聚物热膨胀的思考

高聚物的热膨胀取决于组分原子间相互作用的强弱。分子或原子间的相互作用是较弱的范德瓦耳斯力的分子晶体的热膨胀系数 α 约为 10^{-4} K^{-1},而如金刚石由共价键相键合的材料,相互作用极强,α 约为 10^{-6} K^{-1}。高聚物长链分子中沿链方向是共价键相连,而在垂直于链的方向上,近邻分子间的相互作用是弱的范德瓦耳斯力,因此晶态高聚物和取向高聚物的热膨胀有很大的各向异性。在各向同性高聚物中,分子链是杂乱取向的,其热膨胀在很大程度上取决于微弱的链间范德瓦耳斯力相互作用。高聚物的热膨胀比金属约大一个量级。典型的对比数据已列于表 10-8。

较大的热膨胀给高聚物的应用带来了不少麻烦,以聚氯乙烯 PVC 为例,如何在实际应用中,利用我们已有的知识来尽量降低 PVC 塑料的热膨胀系数。PVC 是通用大品种高聚物,其制品包括板材、管材、异型材、窗帘盒、皮革、发泡制品、电线电缆和容器瓶等。降低 PVC 制品热膨胀系数的研究有着十分重要的实践意义。提高制品的尺寸稳定性,一方面可减少与其他装配件的错配及装配间隙,美化装配效果;另一方面可减小热膨胀所带来的装配件之间的机械应力,从而减少因机械应力所产生的微裂纹,提高制品的安全性及使用寿命。

无机材料的热膨胀系数一般都低于 PVC,因此采用热膨胀系数较低的无机材料来填充改性,以降低其热膨胀系数。它们是:①一般颗粒材料填充改性;②空心玻璃微珠填充改性;③负热膨胀系数材料填充改性;④稀土氧化物填充改性;⑤高热稳定性材料填充改性;⑥橡胶共混改性;⑦多种材料混杂复合改性。

这里主要介绍较新的负热膨胀系数材料填充、橡胶共混以及添加纳米级无机填料等有关措施。

1. 负热膨胀系数材料

负热膨胀指材料体积随温度升高而缩小,随温度降低而变大,正好与常规材料热胀冷缩相反的现象。因此,负热膨胀材料可与常规正热膨胀材料按一定成分配比、按一定方式制备两者的复合材料,根据实际需求精确控制(降低)材料的膨胀系数。

$ZrV_{2-x}P_xO_7$ 系列、立方晶体结构的 ZrW_2O_8,乃至化学通式为 $A_2M_3O_{12}$ 的钨酸盐和钼酸盐系列,以及掺杂锗的锰氮化物 Mn_3AN(A 代表 Zn、Ga、Cu)都具有负热膨胀的性能。其中,$Sc_2W_3O_{12}$ 是迄今所发现的响应温度范围最宽的负热膨胀材料,其响应温度范围为 $10\sim1200$ K。表 10-10 是部分性能较好的各向同性负热膨胀材料。

表 10-10　各向同性负热膨胀材料

材料	平均线膨胀系数/$(10^{-5}K^{-1})$	响应温度范围/K
ThP_2O_7	-8.1	$573\sim1473$
HfW_2O_8	-8.7	$1\sim1050$
ZrW_2O_8	-8.8	$0.3\sim1050$
ZrV_2O_7	-10.8	$373\sim773$
$Mn_3(Ca_{0.7}Ce_{0.3})(N_{0.88}C_{0.12})$	-18	$197\sim319$
$(Mn_{0.96}Fe_{0.04})_3(Zn_{0.5}Ge_{0.5})N$	-25	$316\sim386$

　　材料的负热膨胀可以源于结构发生相变(晶体的某些参数及结构的对称性会发生变化),离子迁移(在材料同时存在四面体和八面体结构),网络结构的晶体键长膨胀系数(在层状网络结构或管状网络结构的晶体中)等。而在高聚物中则是高聚物晶体轴向具有负值,如聚乙烯、尼龙6、聚对苯二甲酸乙二酯和聚氯丁二烯,其 $\alpha_{/\!/}^c$ 在 $-1.1\times10^{-5}\sim-4.5\times10^{-5}$ K^{-1}。又如聚氧甲烯晶体轴向膨胀系数在 $-2\times10^{-5}\sim-4.5\times10^{-5}$ K^{-1}。负膨胀系数在物理上不难理解的。为简单起见,考虑共价键连接的线性链。由于共价键很强,热骚动只能引起横向的运动,从而产生沿轴方向的收缩,实际高聚物的分子链在晶体中是之字形的。

　　实例有,在聚对苯二甲酸乙二酯(PET)中添加 ZrW_2O_8,当体积分数为30%时,PET膨胀系数由 9.4×10^{-6} K^{-1} 降到 5.6×10^{-6} K^{-1},下降了40.4%。又如在聚甲基丙烯酸甲酯(PMMA)添加 $PbTiO_3$,在质量分数为20%时,PMMA膨胀系数由 3.8×10^{-4} K^{-1} 降到 1.1×10^{-4} K^{-1},降幅达71%,即使添加普通的无机填料,填充粒子的大小及分布会影响热塑性塑料的热膨胀系数。例如,用不同粒径大小的滑石粉填充聚氯乙烯(PVC),能明显降低PVC的热膨胀系数,滑石粉的添加量越多,颗粒越小,降低越明显。当用37 μm、质量分数5%的滑石粉填充PVC时,其热膨胀系数为 $57\times10^{-5}℃^{-1}$,用37 μm、质量分数30%的滑石粉填充PVC时,其热膨胀系数为 $4.82\times10^{-5}℃^{-1}$,而用10 μm、质量分数30%的滑石粉填充PVC时,其热膨胀系数为 $3.62\times10^{-5}℃^{-1}$,相对于37 μm 相同质量分数的滑石粉,其热膨胀系数降低了24.9%。即滑石粉粒径越小(乃至纳米量级的颗粒),PVC复合体系的线膨胀系数越小,滑石粉的粒径尺寸是影响PVC复合体系各种性能的重要指标。

2. 橡胶共混改性

　　橡胶是高聚物材料中应用最为广泛的增韧剂,但是橡胶的热膨胀系数通常比塑料的还要大,一般认为与橡胶共混的塑料制品将无益于材料的低膨胀化设计。但如果橡胶的含量超过某一个值,并在加工成形过程中控制它们的微结构形态,就有可能较大幅度地降低共混制品的热膨胀系数。这就是所谓的"橡胶填充法制备低膨胀高分子合金"的设计思路。其基本原理是利用橡胶的高膨胀、低模量特性，通过精密控制塑料与橡胶共混体系的层状共连续结构形态，促使材料的热膨胀集中在厚度方向上，从而大幅度降低材料的面向热膨胀系数。当橡胶质量分数超过20%时，这些增韧体系就有可能形成层状共连续结构，沿流动方向的线性热膨胀系数会有显著降低。

例如，聚丙烯(PP)＋乙丙橡胶(EPR)。在 EPR 含量超过20%后 PP 膨胀系数急剧下降，由 $13.5 \times 10^{-5} \,^{\circ}\mathrm{C}^{-1}$ 降到 $4.3 \times 10^{-5} \,^{\circ}\mathrm{C}^{-1}$，下降了67.4%，而在这个过程中未添加任何无机填料。又如在尼龙(PA)中混有氢化(苯乙烯-丁二烯-苯乙烯)共聚物(SEBS)，当 SEBS 质量分数为40%时，PA 的膨胀系数 $12 \times 10^{-5} \,^{\circ}\mathrm{C}^{-1}$ 降为 $8 \times 10^{-5} \,^{\circ}\mathrm{C}^{-1}$，也降低了33.3%。

10.3　高聚物的热传导

热量从物体的一个部分传到另一部分，或从一个物体传到另一个相接触的物体，从而使系统内各处的温度相等，称为热传导。导热系数 κ 由材料热传导的基本定律——傅里叶定律给出：

$$q = -\kappa \mathrm{grad}T \tag{10-30}$$

式中，q 为单位面积上的热量传导速率；$\mathrm{grad}T$ 为温度 T 沿热传导方向上的梯度。

表征物质热传导的三个重要参数是导热系数(κ)、热扩散系数(α)和比热容(C_p)，它们之间的关系是

$$\alpha = \kappa / C_p \rho \tag{10-31}$$

式中，ρ 是物质的密度。

10.3.1　固体高聚物的热传导

研究固体高聚物的热传导性能可以深入了解高聚物固体导热过程中的分子过程，开拓高聚物的应用领域，热传导的各向异性也有助于弄清高聚物的内部结构。

高聚物主要是靠分子间力结合的材料，导热一般较差，导热系数很小，是优良的绝热保温材料。固体高聚物的导热系数范围较窄[0.22 W/(m·K)左右]。晶态高聚物的导热系数稍高，非晶高聚物的导热系数随分子量增大而增大。另一方面，高聚物的加工要求在适当时间内能够把高聚物加热到加工温度或冷却到环境温度，所以导热系数是高聚物热性能的一个重要指标。图 10-21 是典型非晶高聚物的导热系数，为比较起见也列出几种其他材料的导热数据。

目前还没有一个理论能够估算高聚物固体或熔体的导热系数。大多数理论或半理论公式都是基于德拜(Debye)对热传导的处理方法，即把固体晶格看做是一

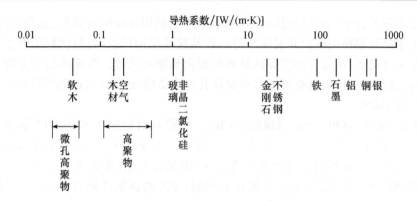

图 10-21　各种材料的导热系数比较

组各自独立的谐振子。其振幅只与温度有关,这里没有热阻,因此每一振动能量均不变化,也不发生平衡能量分布,现在考虑晶格波之间的相互作用,并利用气体动力学公式求得

$$\kappa = C_p \rho \mu L \qquad (10\text{-}32)$$

式中,C_p 为比热容;ρ 为密度;μ 为弹性波的速度;L 为平均自由程。近代热传导理论建立在"声子散射"模型上,它认为能量以声速从一层向另一层量子化传递,假定迁移的能量正比于密度和比热容,不存在大范围分子迁移。

　　另外,根据固体物理理论,导热系数 κ 与材料的模量 E 的关系为

$$\kappa = C_p (\rho E)^{1/2} l \qquad (10\text{-}33)$$

式中,C_p 为比热容;ρ 为密度;l 为热振动的平均自由行程,即原子或分子间的距离。对高聚物,计算得到的 $\kappa \approx 0.3\,\mathrm{W/(m \cdot K)}$,与实验值大致吻合。在实际应用中常用微孔的发泡高聚物,泡沫塑料的导热系数非常低,一般为 $0.03\,\mathrm{W/(m \cdot K)}$ 左右,随密度的下降而减小。其导热系数大致是高聚物固体和发泡气体导热系数的平均值。

1. 非晶态高聚物的热传导

　　非晶固体物质导热性能的温度依赖关系大致相同。总的说来,导热系数随温度增加而增加,对非晶态高聚物,在直至 0.5 K 的低温,导热系数 κ 近似与 T^2 成正比。但在 5～15 K 温度范围内出现一个平台区,这时 κ 几乎与温度无关。在更高的温度,κ 与 T 的关系比低温时来得平缓(图 10-22)。温度高于 60 K,κ 则正比于比热容。

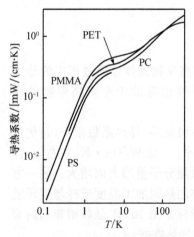

图 10-22　非晶态高聚物的导热
系数的温度依赖性

2. 晶态高聚物的热传导

半晶态高聚物导热系数的温度依赖性与非晶态高聚物的差别很大,在 0.1～20 K 温度范围内,κ 已没有什么平坦区,与温度具有 T 或 T^3 的关系。温度再高直至它们的玻璃化温度,κ 随温度单值地缓慢增加(图 10-23)。一些高度结晶的高聚物(结晶度≥70%)如 HDPE、POM 的 κ 值在 100 K 附近达一峰值,然后随温度升高而缓慢下降。

晶态高聚物导热系数也随结晶度变化而变化。一般来说,晶态高聚物的 κ 比非晶态高聚物的大很多,如结晶度为 50% 的 LDPE,其 $\kappa=0.33$ W/(m·K),而 HDPE(结晶度为 80%)为 0.5 W/(m·K)。图 10-24 显示了不同结晶度 PET 试样的 κ 值,由图清楚可见,κ 与结晶度 x 的关系有两个截然相反的趋势。高温时 κ 随 x 增加而增加,而在 $T<10$ K 时则随 x 增加而降低。在 1.5 K 时结晶度为 50% 的结晶试样将比它们的非晶试样导热系数小 10 倍。

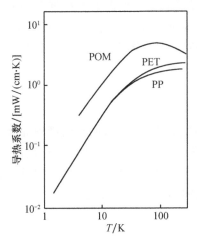

图 10-23　半晶态高聚物和高度结晶的
高聚物导热系数的温度依赖性

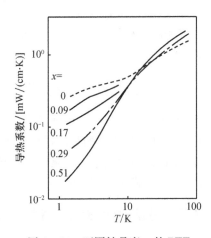

图 10-24　不同结晶度 x 的 PET
导热系数的温度依赖性

蔡忠龙等提出了一个类似于麦克斯韦模型的两相模型来解释晶态高聚物热传导的不正常行为,模型把晶态高聚物看成是一个复合物,结晶的薄片嵌在非晶的模子中,将界面间热阻也考虑进去,得出下面的公式:

$$\frac{\kappa-\kappa_a}{\kappa+2\kappa_a}=x\left[\frac{2\kappa_\perp}{3\kappa_{//}}+\frac{\kappa_{//}-1}{3(\kappa_{//}+2)}\right] \qquad (10\text{-}34)$$

式中,$\kappa_\perp=\kappa_{c\perp}/\kappa_a$;$\kappa_{//}=\kappa_{c//}/\kappa_a$;$\kappa_a$ 是高聚物中非晶部分的导热系数;$\kappa_{c//}$ 是高聚物晶粒中平行于高分子链方向的导热系数;$\kappa_{c\perp}$ 是高聚物晶粒中垂直于高分子链方向的

导热系数;x 是高聚物的结晶度。显然,模型很好地解释了图 10-24 所示的随结晶度增大,导热系数减小的事实。

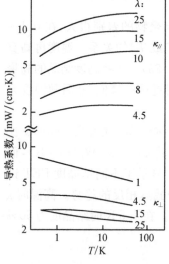

图 10-25　不同拉伸比下高密度聚乙烯轴向导热系数($\kappa_{//}$)和横向导热系数($\kappa_\perp$)的温度依赖性

3. 取向对高聚物热传导的影响

高聚物的导热系数受取向的影响很大,但对取向非晶态和晶态高聚物热传导性能影响不同。拉伸非晶态高聚物,大分子链向拉伸方向倾斜。沿链的共价键合比链间的范德瓦耳斯力强很多,因此沿拉伸方向的导热系数 $\kappa_{//}$ 比垂直方向的 $\kappa_\perp$ 大很多,产生很大各向异性。一般来说,拉伸取向对非晶态高聚物 κ 影响不大,如对 PS 和 PMMA 的关系影响是很小的,而对 PVC 的则较大,这是因为 PVC含有约 10% 的结晶,从而使拉伸方向的热阻较小。结晶高聚物导热系数在低温时受拉伸取向的影响不大,但在高温时却影响较大。在 30 K 以上温度,呈现强烈的各向异性,图 10-25 是高密度聚乙烯的 κ 与拉伸比 λ 关系。

4. 压力对固体高聚物热传导性能的影响

外界压力通过减小高聚物的自由体积而使其更密实,从而导致键角和链内距离的变化,以及分子结构和链排列的改变。所以压力将使高聚物的有序度提高,从而增加高聚物的导热系数。聚烷基丙烯酸酯在 2 kbar($1\ \mathrm{bar}=10^5\ \mathrm{Pa}$)以下压力的导热系数实验确实表明,随压力增加,高聚物固体的导热系数也增加了。

10.3.2　高聚物熔体和溶液的热传导

高聚物熔体和溶液的热传导具有更大的实际意义,正如前面已经提到的,因为高聚物的许多加工成形都是在流动态下进行的,导热和传热是非常重要的数据。总的来说,液体的热传导比固体的更复杂。由于相对来说,高聚物熔体的热传导性质与固体的热传导性质更为接近,这里就说说高聚物溶液的热传导。

高聚物溶液的热传导性质所受到的影响因素很多,包括温度、压力、分子量及其分布、溶剂性质、溶液黏度和浓度等。例如,羧甲基纤维素、聚丙烯酰胺水溶液在浓度为 1%～4% 范围内,导热系数比相应温度下的纯水的导热系数的低不到 5%,但浓度增至 10%～15%,导热系数会比纯水低不少。更多的实验表明,有序度和黏度是影响高聚物溶液热传导规律的关键因素。

由于高聚物热传导的数据较少,很多规律还不太清楚。

　　从实用观点来看,热传导要解决一个稳态传热问题,这时可应用傅里叶热传导定律,对于简单的几何体,例如,垂直于扁平板面的热流,定律的形式比较简单

$$q = \frac{A\kappa\Delta\theta}{2R} \tag{10-35}$$

式中,q 为热流速率;κ 为导热系数;A 为面积;$\Delta\theta$ 为两板面间的温差;$2R$ 为板厚。

　　同理,通过塑料管壁或导线包皮壁的热流由下式给出:

$$q = \frac{2\pi L\kappa\Delta\theta}{\ln(R_2/R_1)} \tag{10-36}$$

式中,L 为圆柱体长度;R_2 和 R_1 分别为圆柱体的外径和内径。

　　实际上热传导过程很少是只伴有导热的,在这过程中还应考虑对流和热辐射引起的表面热传导效应。例如,当热从屋内向外传输时,先是通过对流和辐射到达墙壁内表面,然后再通过各层建筑材料的传导到达外层表面,由那里再经对流及辐射耗散给周围的冷环境(图 10-26)。在这种情况下,热损耗速率(q)是

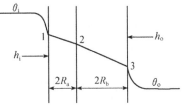

图 10-26　通过双层材料的热导

$$\frac{q}{A} = \frac{\theta_i - \theta_o}{\dfrac{1}{h_i} + \dfrac{1}{\kappa_a/2R_a} + \dfrac{1}{\kappa_b/2R_b} + \dfrac{1}{h_o}} \tag{10-37}$$

式中,h_i 和 h_o 分别为内表面和外表面对流及辐射综合效应引起的表面热传导系数。

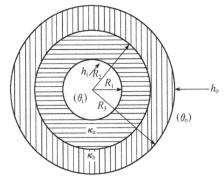

图 10-27　通过绝缘管壁的热导

　　一个简单的例子是通过有机玻璃窗的热损耗,温度控制在 21℃ 的洞室装有 6 mm 厚的有机玻璃窗口。假如窗的外部温度是 4℃,并以 15 m/h 的速率鼓风,试求单位面积窗口的热损耗。有机玻璃的导热系数是 0.19 W/(m · K),$h_i = 10$ W/(m·K),风速为 15 m/h 时,h_o 为 35 W/(m·K),代入公式(10-37)后得到通过单位面积窗口的热损耗率为 106.2 W/(m² · s)。

同样,通过绝缘管壁的热流速率 q(图 10-27)可由下式表示:

$$\frac{q}{L} = \frac{2\pi(\theta_i - \theta_o)}{\dfrac{1}{h_i R_1} + \dfrac{\ln(R_2/R_1)}{\kappa_a} + \dfrac{\ln(R_3/R_2)}{\kappa_b} + \dfrac{1}{h_o R_3}} \tag{10-38}$$

这样,我们就能来讨论外径和内径分别为 75 mm 和 67.5 mm(壁厚就是 3.75 mm)的聚丙烯管的热损耗。管子是通热水的,外部没有绝缘层,水温控制在 60℃,环境温度是 5℃,聚丙烯的导热系数约为 0.21 W/(m·K),h_i 为 1700 W/(m·K),h_o 为 10 W/(m·K),代入式(10-38)后,得到单位管长的热损耗率是 188 W/m。

上面所讨论的导热系数只涉及平衡态体系的测量,实际上遇到的往往是非平衡条件,因为每当某组件加热或冷却时,热量即通过材料传导走了,同时又改变着材料的温度。这样,导热系数与热焓两者的因素都包括在内了。热扩散系数 α 定义为导热系数 κ 与单位体积热容之比:

$$\alpha = \frac{\kappa}{\rho H} \tag{10-39}$$

式中,H 为单位质量热容;ρ 为密度。一些典型高聚物的热扩散系数列于表 10-11。

表 10-11 热扩散系数数据

高聚物	温度范围/℃	"平均"热扩散系数/(10^7 m²/s)
低密度聚乙烯	20～190	0.9
	20～270	1.0
聚丙烯	20～230	0.9
聚(4-甲基戊烯-1)	20～260	1.0
聚甲基丙烯酸甲酯	20～100	1.0
	100～200	0.7
聚碳酸酯	20～270	1.1
聚砜	20～270	1.1
聚醚砜	20～160	1.25
聚氯乙烯(未增塑)	20～60	1.1
	70～160	1.25
尼龙 66	20～285	1.3
聚四氟乙烯	20～180	1.25
缩醛共聚物	20～220	1.0

应用热扩散系数解决传热问题的方法很多,但不外乎采用有关函数的图标法和使用数据法。在近似地解决高聚物工程设计中普遍遇到的影响问题中,图标法还是大大值得推荐的。对于厚度为无限的大平板,半径有限而长度无限的圆柱体以及圆球等实体,都可用图标法来表示数据。这时要定义一些无量纲变数——相对时间 τ

$$\tau = \frac{t\alpha}{R^2} \tag{10-40}$$

式中,τ 为实验时间;α 为扩散系数;R 为圆柱体或圆球的半径,或者是板厚的一半。

未成温变因子(unaccomplished temperature change):

$$\Delta = \frac{\theta_i - \theta}{\theta_i - \theta_o} \tag{10-41}$$

式中，θ 为 t 时刻的温度；θ_o 为起始均一温度；θ_i 为外界施加的温度。

以 Δ 对 τ 作图是一些曲线，它们也是两个新的无量纲的量热 r 和 m 的函数，r 和 m 定义如下：

$$r = \frac{a}{R} \tag{10-42}$$

式中，a 为离圆心、轴或中心面的距离（R 的定义如前）。

$$m = \frac{\kappa}{hR} \tag{10-43}$$

式中，κ 为导热系数；h 为表面导热系数或表面传热系数，定义为单位时间内流过垂直于表面的单位横截界面的热流量。

分析挤出条带在水槽中的冷却是应用无量纲变量法的一个实例。今有半径 R 为 1.6 mm 的缩醛共聚物条带，从 190℃ 的熔融状态挤入到 20℃ 的水槽中，试求在一定线性牵引速率下使缩醛共聚物完全硬化所必需的冷却槽长度。缩醛共聚物的热扩散系数（a）为 1×10^{-7} m²/s，导热系数 κ 是 0.23 W/(m·K)。由差示扫描热计的冷却曲线可以看出，该高聚物有过冷现象，在 143℃ 附近出现冷凝速率峰值。先计算将条带中心线处的温度降低到 140℃ 所需要的时间，从这些数据可算得未成温变因子 Δ 以及 m 的值，$\Delta = 0.71$ 和 $m = \frac{\kappa}{Rh} = 0.09$，这里 h 是水的传热系数，等于 1700 W/(m·K)。

从标准图表中我们可以找到

$$\tau = 0.16 = \frac{t\alpha}{R^2}$$

所以

$$t = 4.1 \text{ s}$$

因此，若牵引速率是 v。欲使缩醛共聚物条带硬化所必需的冷却槽长应是 $tv = 4.1v$。例如当牵引速率为 0.5 m/s 时，槽长均为 $4.1 \times 0.5 \approx 2$ m。

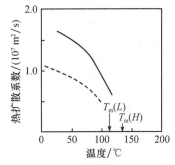

虚线为低密度聚乙烯，密度为 920 kg/m² (20℃)，实线为高密度聚乙烯，密度为 959 kg/m²(20℃)。$T_m(L)$ 和 $T_m(H)$ 分别是它们的熔点

图 10-28　半晶高聚物熔体热扩散系数与温度的关系

上述分析还只是一个近似，因为它假定高聚物的热扩散系数在所考虑的温度范围内是常数。事实上，高聚物尤其是半晶态高聚物的热扩散系数随温度的变化十分显著，这可以从图 10-28 中聚乙烯的数据中看出。为了作更精确的分析，需由计算机来对这些数据进行数值运算。

10.4　阻燃高聚物

　　所谓阻燃实质上就是延缓、抑制燃烧的传播，减少热引燃出现的概率。当前高聚物大量应用在建造和装修房屋，高聚物的阻燃问题非常突出。

　　随温度不断升高，高聚物经玻璃化转变后逐渐向热降解逼近。降解的起始温度是热稳定性最差的链断裂的温度，此时高聚物整体仍可能是稳定的，但弱键的断裂使高聚物变色。如果大多数键发生断裂，高聚物本身开始变化，发生分解。又如果有足够的氧存在，高聚物碎片被氧化的速率极快，产生的热足以在气相中引发燃烧，就发生火灾了。

　　当外部热源施加于高聚物时，其升温速率取决于外部热流速率及温差外，与高聚物的热容、导热性及碳化、蒸发和其他变化的潜热有关。表 10-12，表 10-13 是一些高聚物的比热容、导热系数数据。

表 10-12　高聚物的比热容

高聚物	比热容 /[J/(g·℃)]	高聚物	比热容 /[J/(g·℃)]
聚乙烯 PE	2.30	尼龙 6	1.59
乙烯-乙酸乙烯酯共聚物 EVA	2.30	尼龙 66	1.67
乙烯-丙烯酸乙酯共聚物 EEA	2.30	尼龙 610	1.67
聚丙烯 PP	1.92	尼龙 6(含 20%～40%玻璃纤维)	1.26～1.46
聚丙烯 PP(橡胶改性)	2.09	尼龙 11	2.43
聚四氟乙烯 PTFE	1.05	尼龙 11(含玻璃纤维)	1.76
氟化乙丙共聚物 FEP	1.17	聚碳酸酯 PC	1.26
三氟氯乙烯 CTFE	0.92	苯氧树脂	1.67
聚丁烯 PB	1.88	聚砜 PSU	1.30
乙基纤维素 EC	1.26～3.14	聚氯乙烯 PVC	0.84～1.17
缩醛	1.46	聚偏氯乙烯 PVDC	1.34
聚偏氟乙烯 PVDF	1.38	聚酰亚胺 PI	1.13
聚苯乙烯 PS	1.34	苯酚-甲醛树脂 PF	1.59～1.76
聚苯乙烯 PS(含 20%～30%玻璃纤维)	0.96～1.13	PR(含石棉)	1.26
苯乙烯-丙烯腈共聚物 SAN	1.34～1.42	三聚氰胺-甲醛树脂 MF(含纤维素)	1.67
丙烯腈-丁二烯-苯乙烯共聚物 ABS	1.26～1.67	脲-甲醛树脂 UF(含纤维素)	1.67
聚甲基丙烯酸甲酯 PMMA	1.46	乙丙共聚物 EP	1.05
硝酸纤维素 CN	1.26～1.67	乙丙共聚物 EP(含硅石)	0.84～1.13
乙酸纤维素 CA	1.26～2.09	聚酯(含碎玻璃)	1.05
乙酸丁酸纤维素 CAB	1.26～1.67	聚氨酯 PU	1.67～1.88
丙酸纤维素 CP	1.26～1.67	烯丙基树脂	1.09～2.30
聚苯醚 PPO(改性)	1.34	硅酮树脂 SI(含玻璃纤维)	1.00～1.26

表 10-13　高聚物的导热系数

高聚物	导热系数/ [W/(m·K)]	高聚物	导热系数/ [W/(m·K)]
低密度聚乙烯 LDPE	0.335	尼龙 11	0.293
中密度聚乙烯 MDPE	0.335~0.419	尼龙 11(含玻璃纤维)	0.368
高密度聚乙烯 HDPE	0.335~0.519	聚碳酸酯 PC	0.192
聚丙烯 PP	0.117	聚碳酸酯 PC(含 10%~40%玻璃纤维)	0.105~0.218
聚丙烯 PP(橡胶改性)	0.126~0.168	苯氧树脂	0.176
聚四氟乙烯 PTFE	0.252	聚苯醚 PPO	0.189
氟化乙丙共聚物 FEP	0.252	聚苯醚 PPO(含 30%玻璃纤维)	0.142
三氟氯乙烯 CTFE	0.197~0.252	聚苯醚 PPO(改性)	0.218
聚氯乙烯 PVC	0.126~0.293	聚苯醚 PPO (含 20%~30%玻璃纤维)	0.159
聚偏氯乙烯 PVDC	0.126	氯乙聚乙烯 CPE	0.130
聚偏氟乙烯 PVDF	0.126	苯酚甲醛树脂 PF	0.126~0.252
聚苯乙烯 PS	0.080~0.138	PR(含石棉)	0.352
苯乙烯-丙烯腈共聚物 SAN	0.122~0.126	三聚氰胺-甲醛树脂 MF(含石棉)	0.545~0.712
丙烯腈-丁二烯-苯乙烯共聚物 ABS	0.189~0.335	三聚氰胺-甲醛树脂 MF(含纤维素)	0.293~0.419
聚甲基丙烯酸甲酯 PMMA	0.168~0.251	乙丙共聚物 EP	0.168~0.209
硝酸纤维素 CN	0.230	乙丙共聚物 EP(含硅石)	0.419~0.838
乙酸纤维素 CA	0.168~0.335	聚酯	0.168
乙酸丁酸纤维素 CAB	0.168~0.335	聚酯(含玻璃纤维)	0.419~0.670
丙酸纤维素 CP	0.168~0.335	ALK(含玻璃纤维)	0.628~1.05
乙基纤维素 EC	0.159~0.293	聚氨酯 PU	0.0628~0.310
缩醛均聚物	0.067~0.230	烯丙基树脂	0.201~0.209
缩醛共聚物	0.230	烯丙基树脂(含玻璃纤维)	0.209~0.629
尼龙 6	0.247	硅酮树脂 SI	0.147~0.314
尼龙 66	0.243	硅酮树脂 SI(含玻璃纤维)	0.314
尼龙 610	0.218	脲甲醛树脂 UF(含纤维素)	0.293~0.419
尼龙 6(含 20%~40%玻璃纤维)	0.218		

　　高聚物受热达到分解温度,将释放出可燃气体(甲烷、乙烷等)、不燃气体(CO_2、水汽)、液体(部分分解的高聚物)、固体(含碳残留物)和固体颗粒(烟雾),或燃烧引发大火,或令人窒息而死(表 10-14)。如果高聚物分解时根本不产生可燃气体,则可有效地防止燃烧,但这几乎是不可能的。因为有机物分解时,除了生成固态含碳残余物外,还会伴随释放一些含氢的挥发性产物。从抑制燃烧而言,生成不燃气体是有利的,但放出的气体都会使系统膨胀,从而使系统有更多的表面暴露于高温下。液体的可燃性有可能低于可燃气体,因为将液体蒸发到气相中需要潜

热,但高聚物分解生成的高温液体有可能使其他物质升温而发生状态变化,高聚物分解形成的固态残余物有助于保持高聚物的结构整体性,而且可保护邻近的高聚物不再分解,阻止可燃气体与空气混合。高聚物分解时的成炭性可视为高聚物助燃性的一个尺度。

表 10-14　一些高聚物的分解和燃烧产物

高聚物	反应模式	主要产物
聚乙烯 PE	热裂解	戊烯,1-己烯,n-己烷,1-庚烯,n-庚烷,1-辛烯,n-辛烷,1-壬烯,1-癸烯
	热氧化	丙醛,戊烯,n-戊烷,丁醛,戊醛
	燃烧	戊烯,丁醛,1-己烯,n-己烷,苯,戊醛
聚丙烯 PP	热裂解	丙烯,异丁烯,甲基丁烯,戊烷,2-戊烯,2-甲基-1-戊烯,环己烷,2,4-二甲基1-戊烯,2,4,6-三甲基-8-壬烷
	热氧化	丙醛,甲醛,乙醛,丁烯,丙酮,环己烷
聚氯乙烯 PVC	热裂解	氯甲烷,苯,甲苯,二噁烃,二甲苯,茚,萘,氯苯,二乙烯基苯,甲基己基环戊烷,氯化氢
	热氧化	苯,甲苯,氯苯,二乙烯基苯,氯化氢
聚苯乙烯 PS	燃烧	乙醛,苯甲酮,丙烯醛,烯丙基苯,苯甲醛,苄醇,丁烃,1-丁烯,二氧化碳,一氧化碳,肉桂醛,异丙基苯,1,3-二丙基丙烷,1,3-二苯基丙烷,丙烷,乙烷,乙烯,乙基苯,乙基甲基苯,甲醛,甲酸,甲烷,甲醇,甲酚,a-甲基苯乙烯,1-苯基乙醇,丙烷,n-丙基苯,丙烯,苯乙烯单体二聚物及三聚物,氧化苯乙烯,甲苯
ABS	热裂解 热氧化 燃烧	苯甲酮,丙烯醛,丙烯腈,苯甲醛,甲酚,二甲基苯,乙烷,乙基苯,乙基甲基苯,氰化氢,异丙基苯,$α$-甲基苯乙烯,$β$-甲基苯乙烯,酚,苯基环己烷,苯乙烯,2-苯基-1-丙烯,n-丙基烯,苯乙烯。燃烧时还会形成二氧化碳,一氧化碳,酸,乙醛和氧化氮及二氧化氮
聚甲基丙烯酸甲酯 PMMA	热裂解	甲基丙烯酸甲酯
聚甲基丙烯酸正丁酯 PBMA	热裂解	n-丁基丙烯酸甲酯
脂肪族聚酯	热裂解	乙醛,丁二烯,二氧化碳,一氧化碳,环戊酮,丙醛,水
半芳族聚酯	热裂解	二氧化碳,一氧化碳,环己烯,1,5-己二烯
芳族聚酯	热裂解	苯,二氧化碳,苯醌,水
尼龙 6	热裂解	苯,乙腈,己内酰胺,含 5 个和少于 5 个碳的烃
尼龙 66	热裂解	环己酮,含 5 个和少于 5 个碳的烃
聚氨酯泡沫塑料	热裂解	氰化氢,乙腈,丙烯腈,苯,苄腈,吡啶,甲苯,丙烯,丙酮
酚醛树脂 PF	热裂解	丙醇,甲醇,二甲酚

高聚物燃烧放出大量热量加剧了高聚物的分解,促使燃烧更加剧烈,迅速扩展,因此,高聚物阻燃的主要技术就是,直接向高聚物基体添加各种阻燃剂,将阻燃元素或结构通过化学反应引入高聚物分子链,在高聚物表面涂阻燃涂层,接枝交联、纳米复合等。这些都已超出本书的范围。

复习思考题

1. 高聚物要作为结构材料使用,其性能要达到什么指标? 目前的情况如何?

2. 什么是高聚物结构与耐热性关系的马克三角形原理? 它有什么考虑不周之处?

3. 请用实例来说明结晶是如何提高高聚物的力学性能和耐热性的。

4. 交联是如何提高高聚物的力学性能和耐热性的?

5. 在马克三角形原理中分子链刚性原理是如何发挥作用的?

6. 如果把结晶、交联和分子链刚性三个原理一并考虑,什么样结构的高聚物会有最好的性能?

7. 你对最新科研成果仿生人工木材和双网络结构的 PFR/SiO$_2$ 复合气凝胶材料有多少了解?

8. 高聚物的热降解与化学键的键能有什么关系? 与高分子链结构的关系如何?

9. 为什么梯形结构和螺形结构高聚物有非常杰出的耐热性?

10. 高聚物的热膨胀与其他材料的热膨胀有什么不同之处?

11. 你对热膨胀的格律乃森(Gruneisen)理论有多少了解? 为什么说简谐振动在热膨胀的讨论中是不合适的?

12. 高聚物宏观单晶体 PTS 具有负的热膨胀系数,如何解释?

13. 取向对非晶态高聚物的热膨胀有什么影响?

14. 采取什么措施能有效降低高聚物制品较高的热膨胀?

15. 什么是晶态高聚物的高柳索夫模型?

16. 高聚物导热系数有什么特点? 它们对温度、结晶度和取向的依赖性如何?

17. 从求解通过有机玻璃窗的热损耗,如何来体会用已有的高聚物热传导知识来解决实际问题?

18. 为什么阻燃高聚物现在特别受到公众的重视? 你对阻燃高聚物有多少了解?

第11章 高聚物的光学和磁学性能

11.1 高聚物的一般光学性能

工业上采用高聚物制造光学元件始于 20 世纪 40 年代,主要是满足二战时大量制造望远镜、瞄准镜、放大镜和照相机的需求。由于受材料品种少、质量差、加工工艺落后等条件的限制,战后高聚物在光学上的应用曾一度有所衰落。随着合成技术的发展,光学高聚物的品种不断增加,加工工艺也得到了改善和出现了表面改性技术,使得光学高聚物迅速发展,并形成了独立的光学高聚物市场。

高聚物光学材料透明、坚韧、加工成形简便和价廉,可制作各种光学元器件;同时,利用光学性能的测定可以反过来研究高聚物的结构、分子取向,乃至结晶行为等。如果是拥有双折射现象的高聚物作光弹性材料,还可以进行材料中的应力分析和利用界面散射现象制备彩色高聚物薄膜等。这些就是研究高聚物光学性能的意义。

现在,与高聚物光学性能有关的应用很广,从要求不高的产品包装、照明和显示,到对光学性能要求苛刻的光学元器件。相比于玻璃、石英等传统的无机光学材料,高聚物光学性能的特点是质轻和耐冲击,并且可以集优良的光学性能与其他一些光电、磁等性能于一身,满足发光、变色、防辐射、磁性及导电等多项需求。

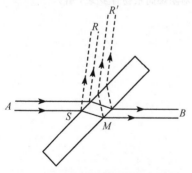

图 11-1 入射到高聚物透明材料
平板上的光线

有关高聚物的一般光学性能,可以处理为入射到高聚物平板表面的一束平行光,光线的运行将按如下的几种方式进行(图 11-1):

(1)一部分光可以沿路程 SR 被反射。

(2)部分入射光会被试样表面所散射,散射情况取决于表面的形貌。

(3)部分光线将在试样内部被折射,其路程取决于试样的平均折射率,最后在 M 点出射。

(4)部分入射到试样 S 点的光线可以沿 SM 被试样所吸收。挤出成形的塑料往往是有意着色的,所以它在可见光区的吸收一般很弱。

(5)通行在试样 SM 的未被吸收的部分光线由于试样内部的光学不均匀性(折射率的局部变化)而被散射。散射或者向前,或者向后,分别用散射角 $0°\sim90°$ 和 $90°\sim180°$(由入射光束方向量标)表示。

（6）通行于试样内的光有一部分将在 M 点发生几何反射，最终出射在 R' 处。在到达 M 点的光中有一部分会因粗糙的出口表面被反射。

（7）剩余的光在到达 M 点后，将在与入射光平行的 MB 方向上射出（如果板面是平行的话）。

为方便起见，下面分三个部分来讨论这些现象。

11.1.1　折射

顾名思义，折射是指光线从一种介质通过另一种介质时发生的"弯曲"，它在棱镜和透镜设计中特别重要。折射是由于光线从一种介质通向另一种介质时光速变化引起的。光的折射率（折光指数）就定义为真空中的光速与材料中的光速之比。因为真空中的光速与空气中光速相差不到 0.1%，所以折射率通常就以空气中的光速作标准。折射率 n 就是入射角 i 的正弦与折射角 r_t 的正弦之比（图 11-2），$n = \sin i / \sin r_t$。

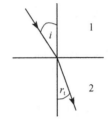

1. 空气或真空；2. 具有折射率为 n 的高聚物

图 11-2　光的折射

折射率和色散是光学材料最基本的性能。为使透镜超薄和低曲率必须提高光学材料的折射率。表示折射率 n 与分子参数的关系式有以下几个。

（1）洛伦兹-洛伦茨（Lorentz-Lorenz）关系式：

$$R_{LL} = \frac{(n^2-1)M}{(n^2+2)\rho} = \frac{n^2-1}{n^2+2}V = \frac{4}{3}\pi N_A \gamma \tag{11-1}$$

或

$$n = \left(\frac{1+2\dfrac{R_{LL}}{V}}{1-\dfrac{R_{LL}}{V}}\right)^{\frac{1}{2}} \tag{11-2}$$

（2）格莱斯东-达尔（Gladstone-Dale）关系式：

$$R_{GD} = \frac{n-1}{\rho}M = (n-1)V \tag{11-3}$$

或

$$n = 1 + \frac{R_{GD}}{V} \tag{11-4}$$

和

（3）伏盖尔（Vogel）关系式 $R_V = nM$，或

$$n = \frac{R_V}{M} \tag{11-5}$$

在以上三个公式中，R 为摩尔折射度；ρ 为密度；M 为分子量；V 为摩尔体积；N_A 为阿伏伽德罗常量；γ 为介质极化率。由这些关系式可见，折射率与分子体积成反比；与摩尔折射度，从而与介质极化率成正比。高聚物分子的极化率等于其所含各

键极化率之和。在高聚物中,碳原子的极化率比氢原子的大得多,因此大多数碳-碳链组成的高聚物的折射率都在 1.5 左右,只有含有易诱导极化的基团的高聚物(如含咔唑基的聚乙烯咔唑)才具有很高的折射率,约为 1.7;而含有不易诱导极化的基团的高聚物则具有较低的折射率,如含氟的氟橡胶的折射率约为 1.3(表 11-1)。当碳链上带有较大侧基时,折射率 n 变大,带有氟原子和甲基时,折射率 n 变小。

表 11-1　部分高聚物的折射率

高聚物	折射率 25℃,$\lambda=589.3$ nm	高聚物	折射率 25℃,$\lambda=589.3$ nm
聚四氟乙烯	1.3～1.4	聚丙烯腈	1.518
聚二甲基硅氧烷	1.404	顺式聚 1,4-异戊二烯	1.519
聚 4-甲基-1-戊烯	1.46	聚己二酰己二胺	1.53
聚乙酸乙酯	1.467	聚氯乙烯	1.544
聚甲醛	1.48	聚碳酸酯	1.585
聚甲基丙烯酸甲酯	1.488	聚苯乙烯	1.59
聚异丁烯	1.509	聚对苯二甲酸乙二醇酯	1.64
聚乙烯	1.51～1.54	聚二甲基对亚苯基	1.661
聚丙烯	1.495～1.510	聚偏二氯乙烯	1.63
聚丁二烯	1.515		

R/V 可以看做是原子或基团的折射能力,因此,要提高折射率,就必须在高聚物中引入摩尔折射度与分子体积大的原子或原子团。这样,相比于碳链化合物,苯环应该有较高的折射率,对含有相同 C 原子的碳氢基团,它们折射率的大小顺序为:苯环>脂环>直链>支化链(图 11-3)。

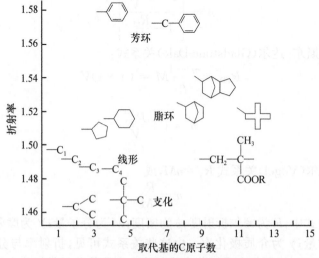

图 11-3　PMMA 取代基的结构与折射率的关系

　　与折射率有关的分子结构还与它们所含的元素或基团有关,如含有卤素元素(氟除外)、硫、磷、砜基、稠环、重金属离子等都会提高高聚物的折射率。

　　高聚物的折射率还可以从基团对折射率的加和来计算,因为原子或基团对分子摩尔折射度的贡献有简单的加和性,表 11-2 列出了一些基团对摩尔折射度的贡献。而共聚物的折射率通常是介于组成它们的均聚物之间。

表 11-2　一些基团对摩尔折射度的贡献($\lambda = 589$ nm)

基团	连接情况	R_{LL}	R_{GD}	R_V
—CH₃	一般情况	5.644	8.82	17.66
	接在苯环上	5.47	8.13	15.4
—CH₂—	一般情况	4.649	7.831	20.641
	接在苯环上	4.50	7.26	18.7
＞CH	一般情况	3.616	6.80	23.49
	接在苯环上	3.52	6.34	21.4
＞C＜	一般情况	2.580	5.72	26.37
	接在苯环上	2.29	4.96	25.1
苯基	苯基	25.51	44.63	123.51
对次苯基	对次苯基	25.03	44.8	128.6
＞C=O	甲基酮	4.787	8.42	43.01
	高酮	4.533	7.91	43.03
—CONH—	一般情况	7.23	15.15	69.75
	接在苯环上	8.5	18.1	73
—SH	伯硫醇	8.845	15.22	50.61
	仲硫醇	8.79	15.14	50.33
	叔硫醇	9.27	15.66	49.15
—S—	甲硫醚	7.92	14.30	53.54
	高硫醚	8.07	14.44	53.33
—SO₂—	—	9.630	27.713	0.34
—F	—	0.898	0.702	20.92
—Cl	伯位	6.045	10.07	51.23
	仲位	6.023	9.91	50.31
	叔位	5.929	9.84	50.75
	接在苯环上	5.60	8.82	48.4
—Br	伯位	8.897	15.15	118.5
	仲位	8.956	15.26	118.4
	叔位	9.034	15.29	119.1

　　由表可见,引入卤素元素(氟除外)、硫、磷、砜基、稠环、重金属离子等都会提高高聚物的折射率。但引入芳族、稠环化合物,会使高聚物的色散加大,引入卤素元素(氟除外)会使高聚物的耐候性变差,引入重金属离子会增加高聚物的密度和降低其抗冲击性。实验表明,引入硫元素是提高高聚物折射率最有效的方法。

非晶态高聚物的分子链是无规线团,其所含各键的排列在各方向上的数量都一样,所以折射是各向同性的。非晶态高聚物经取向制成的取向高聚物的分子内键的排列在各个方向上的数量不同,光线经过这种物质时会变成传播方向和振动相位不同的两束折射光,称为双折射现象。在结构设计中,光弹性仪是对结构材料进行应力分析的有力工具,它是利用双折射现象和光的干涉原理制成的。这种应力分析方法一般采用环氧树脂的透明浇铸块做结构件的力学模型(各向同性的)。当在模型上加以预定的负荷后,环氧树脂的分子链在应力作用下发生取向,变成各向异性物质而产生双折射现象,在光弹性仪上用偏振光照射并照相记录,得到可供应力分析使用的光弹性照片。

色散是折射率随(真空中)光波波长的变化,波长较长折射率较小,波长较短折射率较大。色散的大小常用平均色散 $n_F - n_C$ 或阿贝数 ν_D 来表示

$$\nu_D = \frac{n_D - 1}{n_F - n_C} \tag{11-6}$$

式中,n_D、n_F、n_C 为太阳光谱相应的夫琅禾费(Fraunhofer)线中的 D 线、F 线和 C 线所对应的折射率(表 11-3)。当然,如果用色散曲线表示折射率与波长的关系将更好,图 11-4 是干燥丙烯酸类塑料浇铸板在 20℃的光色散曲线。

表 11-3　测量折射率 n 常用的真空光谱线及其波长

折射率下标	波长/nm	光源	折射率下标	波长/nm	光源
	780.0	Rb	e	546.1	Hg
A′	768.0	K	F	486.1	H
C	656.3	H	F′	480.0	Cd
C′	643.8	Cd	G	435.8	Hg
D	589.3	Na	h	404.7	Hg
d	587.6	He			

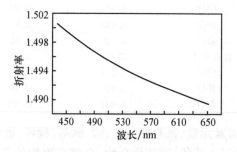

图 11-4　干燥丙烯酸类塑料浇铸板在 20℃的光色散曲线

11.1.2　透光度

透光度是一个总的概念,它与高聚物本体以及表面的光学均匀性都有关系。透光率是表征高聚物透明程度的重要性能指标,定义为透过高聚物的光通量(T_2)占入射到高聚物表面上光通量(T_1)的分数(图 11-5)

$$T_t = \frac{\phi_{透过}}{\phi} \times 100\% \qquad (11\text{-}7)$$

显然,由于光的反射、散射和吸收都将导致通过光的损耗,T_t 不可能为 100%。其中以光在界面上的反射损失最为主要。因此,为提高高聚物的透光率,可以在高聚物表面镀上能减少反射的薄膜(反射膜或增透膜)。对透明高聚物而言,光散射导致的光导损失一般很小。在光的吸收方面,高聚物光学材料在紫外和可见光区的透光率与光学(无机)玻璃相近($T_1 \approx 95\%$),但在近红外以上区域就会受到碳氢基团的振动吸收,透光率下降。

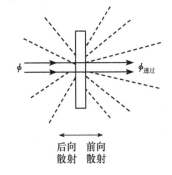

图 11-5　光通过高聚物平板的透射

高度透光高聚物的镜面透光率与试样厚度 l 的关系近似为

$$T = e^{-(\sigma+K)l} \qquad (11\text{-}8)$$

式中,σ 为散射的光量,通常称浊度,或散射系数;K 为被吸收的光量,称为吸收系数。实际测得的往往是它们的加和 $\sigma+K$,这就是衰减系数或消光系数。因为大多数高聚物的 K 比 σ 小,所以在一切使用场合都可以近似地认为消光系数就等于浊度。K 和 σ 的量纲都是(长度)$^{-1}$,通常以 cm^{-1} 量度。T 是无量纲的比值,常以百分数表示。

11.1.3　光的反射

当光束与具有不同折射率的介质相遇时,一部分光将严格地按光学定律反射:入射角等于反射角(图 11-6)。折射率的任何细微变化都会引起反射。光在界面上的反射损失 r_L 与界面两边介质的折射率 n_1 和 n_2 关系是(入射角小于 30°)

$$r_L = \frac{(n_2-n_1)^2}{(n_2+n_1)^2} \qquad (11\text{-}9)$$

一般情况下,被反射的光亮强烈依赖于入射角。直接反射因子 R 定义为按光学定律反射的光通量 T_R 与入射光通量 T 之比

$$R = \frac{T_R}{T} \qquad (11\text{-}10)$$

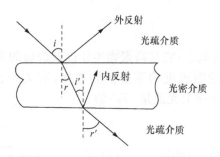

图 11-6　光在不同物质界面的反射

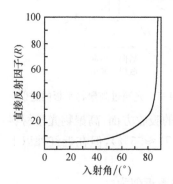

图 11-7　空气-丙烯酸类塑料浇
铸板干试样界面的直接反射因子
对入射角的关系(20℃,589.3 nm)

当然,最好还是用如图 11-7 所示的直接反射因子对入射角的作图来表示 R 的数据。

聚苯乙烯(PS)的 $n_2 = 1.59$,如果是从空气中射入介质界面上,$n_1 = 1$,则光线由于反射通过 PS 的光通量损失约为 10%。透明高聚物的一个重要用途是做光导管或光导纤维。当入射角 α_1 的 $\sin\alpha_1$ 大于 $1/n$ 时,将发生内反射,即光线不能射入空气,全部折回高聚物本体。例如,20℃下干燥有机玻璃板相对与汞灯 e 线的入射角 $\alpha_1 = 42°$。由于光线在高聚物中全反射,透明高聚物显得分外明亮,大量用在汽车尾灯、交通标志、导光管和光导纤维。

高聚物晶区中的分子链排列规整,密度比非晶区来得大,$\rho_{晶区} > \rho_{非晶区}$,因而随结晶度的增加,高聚物的密度增加。一般结晶和非晶密度比的平均值约为 1.13,即 $\rho_{晶区}/\rho_{非晶区} = 1.13$。物质的折射率与密度有关,所以高聚物晶区和非晶区的密度不同折射率也就不同。当光线通过半晶高聚物时,在剪切界面上会发生反射和折射,不能直接通过。因此结晶高聚物如聚乙烯等通常呈乳白色,不透明。结晶度降低,透明度增加,完全非晶的高聚物如聚甲基丙烯酸甲酯 PMMA、聚苯乙烯 PS 就是无色透明的。

当然如果一个高聚物的晶区密度与非晶区密度非常接近,光线在晶区界面几乎不发生反射和折射,也会是透明材料。实例是聚-4-甲基-1-戊烯,由于分子链上存在甲基,结晶时分子的排列不会很紧密,是一种透明的结晶高聚物。还有,如果晶区的分子尺寸比可见光的波长还要小,这时也不会发生反射和折射,因此,为提高高聚物的透明性,可减小晶区的尺寸。像等规聚丙烯,在加工时加入成核剂,可得到含小球晶的制品,提高其透明性。

11.1.4　光的散射

当入射光通过物体,特别是通过非均质物体(如悬浮在透明流体中的微粒、悬浮在溶液中的高分子、高聚物中含有的杂质或缺陷)时,就会向各个方向发射,称为光的散射。利用光散射测定仪可以测定高聚物的分子量(见高分子溶液的光散射)。

当物体中存在宏观上的多相,而且各折射率有差异或物体结构中各向异性体积单元的取向不同时,都会使物体的透明度有不同程度的降低,直到完全不透明。

在多相高聚物中,如要使两种不同成分的聚合物成为透明度高的物质,这两种成分的折射率要相同或差异很小。缩小结构体积的尺寸,对增加高聚物的透明度更为重要。例如,聚乙烯是结晶体,其超分子结构的尺寸大于入射光的波长,光大部分被散射掉,而聚乙烯薄膜是在一定条件下经拉伸和取向制成的,其超分子结构尺寸小,光的散射就小,是一种较透明的薄膜。

11.1.5　光的色散

光的色散指的是复色光通过棱镜分解为单色光的现象;在光纤中是由光源光谱成分中不同波长的不同群速度所引起的光脉冲展宽的现象。光的色散需要有能折射光的介质,介质折射率随光波频率或真空中的波长而变。当复色光在介质界面上折射时,介质对不同波长的光有不同的折射率,各色光因所形成的折射角不同而彼此分离。在可见光中,紫光的频率最高,红光频率最小。当白光通过三棱镜时,棱镜对紫光的折射率最大,光通过棱镜后,紫光的偏折程度最大,红光偏折程度最小。这样,三棱镜将不同频率的光分开,就产生了光的色散,从上到下依次为"红、橙、黄、绿、蓝、靛、紫"七种颜色(图 11-8)。其中红、绿、蓝被称为光的"三原色"。自然界红、绿、蓝三种颜色是无法用其他颜色混合而成的,而其他颜色可以通过红、绿、蓝光的适当混合而得到。

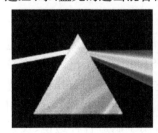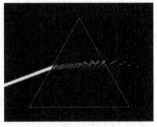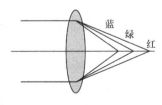

图 11-8　光通过三棱镜后,因色散让白光形成可见光谱

不同频率的光对同一介质的折射率并不相同。雨后彩虹的形成就是太阳光
通过悬浮着的众多小水滴产生的色散

介质的折射率 n 或色散率 $\mathrm{d}n/\mathrm{d}\lambda$ 与波长 λ 的关系用来描述色散规律。对 n 随波长增大而单调下降(或 n 随频率增大而单调增加),色散率 $\mathrm{d}n/\mathrm{d}\lambda<0$,且变化缓慢的正常色散,折射率和光波长的关系有柯西(Cauchy)色散公式:

$$n(\lambda)=A+(B/\lambda^2)+(C/\lambda^4)+\cdots \tag{11-11}$$

其中,A、B、C 是三个柯西色散系数,因不同的物质而不同。只需测定三个不同的波长下的折射率 $n(\lambda)$,代入公式中可得到三个联立方程式,解这组联立方程式就可以得到这种物质的三个柯西色散系数。有了三个柯西色散系数,就可以计算出其他波长下的折射率,不需要再测量。

11.2　光学塑料

光学塑料是高聚物光学材料的重要组成部分。在适当的聚合与加工条件下不少塑料具有很好的透明性,从而用来代替无机玻璃制作眼镜片、飞机和汽车上的挡风窗玻璃乃至透镜和棱镜等光学元件,特别是像塑料光栅、接触透镜、非球面透镜等具有特殊应用价值的高聚物光学材料,使得光学塑料由低档光学制品向中、高档光学元件发展。近年来功能性高聚物光学材料研究非常热门,因为它们集透光、发光、变色、防射线、磁性和导电于一身,在高科技领域有很大的应用前景。

11.2.1　常见的光学塑料

常见的光学塑料是指用做眼镜的镜片材料。有大家熟知的聚甲基丙烯酸甲酯(有机玻璃,PMMA)、聚苯乙烯(PS)、聚碳酸酯(PC)、聚 4-甲基戊烯-1(TPX)、苯乙烯-丙烯腈共聚物(SAN)等热塑性塑料和聚双烯丙基二甘醇二碳酸酯(CR-39)的热固性塑料。它们的结构和主要光学性能见表 11-4,分述如下。

1. 聚甲基丙烯酸甲酯(有机玻璃,PMMA)

聚甲基丙烯酸甲酯是刚性硬质无色透明材料,它色散小,硬度较大,化学稳定性好,加工性好,注塑成形时光学畸变很小,密度为 $1.18\sim1.19$ g/cm³,折射率较小,约 1.492,透光率达 93%,雾度不大于 2%,特别是它能透过 73% 紫外线,是优质有机透明材料。PMMA 广泛应用在以下各方面:①灯具、照明器材,如各种家用灯具、荧光灯罩、汽车尾灯、信号灯、路标。②光学玻璃,用于制造各种透镜、反射镜、棱镜、电视和雷达的屏幕、仪器和设备的防护罩、菲涅耳透镜、相机透光零件。③制备各种电信仪表的外壳、仪器仪表表盘、罩壳、刻度盘。④制备光导纤维。⑤商品广告橱窗、广告牌,如用珠光有机玻璃制成的纽扣,各种玩具、灯具也都因为

表 11-4　常见光学塑料的化学结构和主要光学性能

性能	高聚物					
	PMMA	PS	PC	TPX	SAN	CR-39
折射率 n_D	1.492	1.592	1.584	1.466	1.567	1.50
阿贝数 v_D	58	31	30	61	34~35	58
折射率的温度系数 $\beta/(10^{-5}°C^{-1})$	-12	-15	-14	—	-14	-14
透过率 $T/\%$	93	90	90	90	90	91
UV照射 2000 h 后透过率 $T(UV)/\%$	91~92	60~70	70~80	—	70~80	—
冲击强度 $/(kJ/cm^2)$	2~3	2~3	80~100	—	2~3	2~3
洛氏硬度	80~100	70~90	70	—	90	100
热变形温度 $T_d/°C$	90	94	130	90	90	140
饱和吸水率 $R/\%$	2.0	0.2	0.4	0.1	0.8	1.0
线膨胀系数 $\alpha /[10^{-5}cm/(cm\cdot°C)]$	6.9	8	7.0	12	8.0	12
密度 $\rho/(g/cm^3)$	1.19	1.06	1.20	0.87	1.07	1.32
成品收缩率 SR/%	0.5~0.7	0.1~0.5	0.5~0.8	1.5~3.0	0.2~0.6	~14
双折射 b/nm	<20	>100	20~100	—	20~100	—

有了彩色有机玻璃的装饰作用,而显得格外的美观。如果在生产有机玻璃时加入各种染色剂,就可以聚合成为彩色有机玻璃;如果加入荧光剂(如硫化锌),就可聚合成荧光有机玻璃;如果加入人造珍珠粉(如碱式碳酸铅),则可制得珠光有机玻璃。⑥飞机座舱玻璃、飞机和汽车的防弹玻璃、大型建筑的天窗(需带有中间夹层材料,可以防破碎)。⑦各种医用(人工角膜透光性好、化学性质稳定、对人体无毒、容易加工成所需形状、能与人眼长期相容)、军用、建筑用玻璃。

PMMA 的缺点是耐热性差、吸湿性大(平均吸水率为 2%,在所有光学塑料中吸水率最高)、耐磨性和耐有机溶剂性差。

2. 聚苯乙烯(PS)

聚苯乙烯的优点是具有一定的力学强度,化学稳定性及电气性能都较优良,几乎能完全耐水,透光性好,着色性佳,并且易于成形。PS 适合加工成各种仪器外壳、骨架、仪表指示灯、灯罩、汽车灯罩、化学仪器零件、电信零件。由于透明度好,也可用作光学仪器和透镜。

聚苯乙烯改性有机玻璃用来制造一定透明度和强度的零件,如油标、油杯、光学镜片、透镜、设备标牌、透明管道、汽车车灯、刻度盘、电气绝缘零件等。PS 的缺点是耐热性较低,较脆,而且其制品由于内应力容易碎裂,仅能于低负荷和不高的温度下(60~75℃)使用。

3. 聚碳酸酯(PC)

聚碳酸酯冲击强度特别突出,在一般热塑性树脂中是较优良的。其弹性模量较高,受温度影响极小,耐热温度为 120℃,耐寒达-100℃才脆化,尺寸稳定性高,耐腐蚀,耐磨性均良好,但存在着高温下对水的敏感性。聚碳酸酯用来制造车灯灯罩、闪光灯灯罩及高温透镜等。

PC 以其独特的高透光率、高折射率、高抗冲性、优异的尺寸稳定性及易加工成形等特点,而在高聚物占有极其重要的位置。采用光学级聚碳酸酯配制作的光学透镜不仅可用于照相机、显微镜、望远镜及光学测试仪器等,还可用于各类透镜,以及各种棱镜、多面反射镜等诸多办公设备和家电领域,其应用市场极为广阔。其缺点主要是阿贝系数低、色散高,故易导致周边色差;表面较软且易磨损,故镜片表面须镀抗摩擦膜;折射率高,故反射率也高,因此必须镀抗反射膜。

4. 聚 4-甲基戊烯-1(TPX)

聚 4-甲基戊烯-1 是光学塑料中唯一的一种晶态高聚物,结晶度为 40%~65%,但由于结晶部分与非晶部分的折射率相近,所以仍是一种透明塑料。TPX相对密度为 0.83,是所有塑料中最轻的。其表面硬度较低,无毒。其光学性能类似于丙烯酸类,折射率约 1.467,透光性能介于有机玻璃和聚苯乙烯之间。其韧性好,不易磨损,耐化学腐蚀,有良好的电性能,但成形时收缩率大(为 22‰)。

TPX 的透光率不随加工条件的变化而变化,也不随产品的厚度而变化,因此,适宜做透明制品。它的刚性大,100℃以上时超过聚丙烯,150℃以上时超过 PC。

TPX 的电绝缘性能比聚丙烯还好,耐酸碱,耐化学腐蚀,耐有机溶剂,耐应力开裂,没有其他透明材料在使用时受去污剂作用而应力开裂的倾向。

TPX 可以用 130℃蒸煮消毒 400 次也不发雾,160℃的热空气消毒 1 h 可经受 50 次,甚至可在 200℃以上消毒,它还能经受氧化乙烯和放射线杀菌处理,适用于透明的医疗器材,微波炉的餐具和普通餐具。

TPX 的缺点是耐环境差,易氧化,光照后受辐射而降解,受热变黄。

5. 苯乙烯-丙烯腈共聚物(SAN)

苯乙烯-丙烯腈共聚物俗称透明大力胶,有较高的透明性,也具有良好的力学性能,耐化学腐蚀,耐油,印刷性能良好,是优秀的透明制品的原料,相对密度为 1.07,略重于水。其优点是坚韧、抗冲击性能好、刚性高、硬度大、透明度好,用于生产镜片、日用品、包装用品、汽车部件、仪表、玩具、文教用品等。

SAN 最大的缺点是对缺口非常敏感,有缺口就会有裂纹,不耐疲劳,不耐冲击。

6. 聚双烯丙基二甘醇二碳酸酯(CR-39)

聚双烯丙基二甘醇二碳酸酯树脂又叫哥伦比亚树脂,具有各种性能的最佳平衡,因其为哥伦比亚树脂第 39 号而得名。这种材料的抗磨损能力是其他已知塑料的 33 倍,其表面硬度是 PMMA 的 40 倍,折射率为 1.498,阿贝数为 58,相对密度为 1.32。它具有下列优点:①重量轻,约为等规格冕牌玻璃的一半;②具有较强的抗冲击力,即使破裂,碎片刃口也较钝;③化学性能惰性;④因导热系数低,具有较好的抗雾性能;⑤镜片设计多样化;⑥抗凹陷,因其表面弹性大,对高速粒子的冲击可予以反弹,不易损伤表面。该材料是热固性树脂,其发展非常迅速。它主要的缺点是耐磨性不及玻璃,需要镀抗磨损膜处理,并且单体聚合过程收缩率大(14%),不适合精密成形透镜的制造。

针对当前光学塑料存在的缺点,今后的发展方向为①提高耐热温度。目前塑料透镜的耐热温度普遍偏低,尤其是最常用的 PMMA 热变形温度仅为 75～80℃,从而使应用范围受到限制,若其热变形温度能达到 100～150℃,则很多领域可以应用塑料透镜。②提高耐湿性。光学塑料一般都有吸水性,极大地影响光学性能。因此,降低吸水率极为重要。③减少双折射。高聚物材料都存在有双折射问题,它与分子量、形态结构、密度、成形时分子取向以及内应力的影响都有关系,一般光学材料要求无双折射,故期望研制出双折射小的塑料。④研制高折射率塑料。现在可用的光学塑料材料的折射率大部分在 1.6 以下,品种少,选择余地小,而透镜的折射率越大,越容易进行像差校正,越能提高透镜的性能。因此,今后要大力开展高折射率光学塑料的研究,至少应在 1.6 以上。⑤塑料成形工艺的研究。不同的光学塑料,成形透镜、非球面的方法不尽相同,特别是棱镜的成形,几乎很少研究,对于高精度零件的研究也很少。因此,今后应大力开展塑料成形工艺的研究。

11.2.2　新型光学塑料

（1）为最大限度地降低在聚合（成形）过程中的收缩,可以用螺环结构的单体。聚合过程中由于范德瓦耳斯距离（0.3～0.5 nm）变为化学键距离（0.154 nm）,树脂的体积会比其单体的小。由于螺环结构的单体,聚合过程中螺环会打开,这样就有一个化学键距离变为范德瓦耳斯距离,正好与前述的体积收缩相补偿。这样的新型光学塑料就是螺烷树脂 KT-153

$$H_2C{=}CH{-}HC\begin{matrix} O{-}H_2C \\ \\ O{-}H_2C \end{matrix}C\begin{matrix} CH_2{-}O \\ \\ CH_2{-}O \end{matrix}CH{-}HC{=}CH_2$$

以及具有特殊脂环基结构的甲基丙烯酸之类的均聚物或共聚物

R：大的刚性环状取代基

此外还有苯乙烯、甲基丙烯酸乙酯和三溴苯乙烯为共聚单体,注塑时形成三维交联结构的 TS-26 树脂,由乙烯与双环链烯等环状烯烃共聚得到的非晶态聚烯烃共聚物 APO 树脂,由带有芳环的异氰酸酯与多硫醇通过集合而得到的硫代氨基甲酸酯 MR 系列树脂,具有多环官能团的透明高聚物 MH 树脂等。

（2）高聚物纳米复合光学材料。通常,在高聚物中加入无机微粒将导致材料不透明,但当无机微粒尺寸小于 100 nm（典型的尺寸为小于可见光波长的 1/10,即 40～80 nm）时,折射率的差异变得很小,可得到光学透明的纳米复合材料。理想的是在高聚物中引入 PbS、ZnS、TiO_2 来提高高聚物的折射率。

（3）含金属功能高聚物光学材料。把重金属,如 Pb、Cr、Gd、Fe 等引入高聚物是为了得到防辐射性能且光学透明的高聚物材料,折射率也有明显提高。同时由于离子键的强相互作用,使分子链刚性增加,又会显著提高高聚物的玻璃化温度（耐热性）。

（4）发光功能高聚物光学材料。将稀土有机配合物与光学树脂复合,一方面为稀土离子提供了稳定的化学环境,增强稀土配合物发光性能,另一方面使光学树脂功能化,把稀土离子的发光性质与光学树脂的透明性结合在一起。例如,有机电致发光(OEL)具有低压直流驱动、高亮度高效率以及容易实现全色大面积显示的优点。甚至还有为提高农作物产量的含稀土农用聚乙烯膜的问世。

（5）EA 光学塑料

这是我国自行研制的新型光学塑料。它是用双酚 A 环氧树脂与丙烯酸合成的环氧丙烯酸双酯树脂单体,再与苯乙烯共聚固化成形而制得的光学塑料,其分子式为

$$CH_2{=}CH{-}C({=}O){-}O{-}CH_2{-}CH(OH){-}CH_2{-}[O{-}C_6H_4{-}C(CH_3)_2{-}C_6H_4{-}O{-}CH_2{-}CH(OH){-}CH_2{-}]_n$$

$$O{-}C_6H_4{-}C(CH_3)_2{-}C_6H_4{-}O{-}CH_2{-}CH(OH){-}CH_2{-}O{-}C({=}O){-}CH{=}CH_2$$

由于结构中含有苯环以及 C=O 和—O—C=O 结构,EA 塑料与 PMMA 相比,其折射率较高(可达 1.5836),内应力较小(内应力在现有塑料中最小,为 38 nm/cm),冲击强度相当,吸水性小,收缩率小;与聚苯乙烯相比,折射率稍差,但透过率高 2%(近红外可以到 1200 nm,紫外全吸收),颜色好得多,内应力小得多,冲击强度相差不多;与 CR-30 相比,折射率较高,透过率相当,内应力较小,收缩率较小,表面布氏硬度较高。EA 光学塑料的分辨率也非常好,可用作成像薄型透镜,军用光学仪器中的非球面零件等。

11.3　非线性光学高聚物材料

11.3.1　非线性光学材料的一般知识

上面说到的都是普通光(弱光)束在介质中的传播,介质光学性质的折射率与光强 E 无关。极化强度 P 与 E 成线性关系

$$P = \varepsilon_0(\varepsilon_r - 1)E = \varepsilon_0 \chi_e E \tag{11-12}$$

式中,$\chi_e = \varepsilon_r - 1$ 是介质的电极化率。

如果光很强(如激光),光波的电场强度可与原子内部的库仑场相比拟,光与介质的相互作用将产生非线性效应,即折射率不仅与 E 的一次方有关,而且还取决于 E 的更高幂次项。

$$P=\varepsilon_0[\chi^{(1)}E+\chi^{(2)}E^2+\chi^{(3)}E^3+\cdots] \tag{11-13}$$

式中,$\chi^{(1)}$是线性极化率;$\chi^{(2)}$是二次(阶)非线性极化率;$\chi^{(3)}$是三次(阶)非线性极化率。对普通光,光强 E 约为 10^4 V/m,$\chi^{(2)}E^2/\chi^{(1)}E=\chi^{(2)}E/\chi^{(1)}=E/E_{原子}\approx$ 10^{-6},可以忽略,是线性效应。但对激光,光强 E 达 10^8 V/m,第二项$\chi^{(2)}E^2$ 就不能忽略,介质就表现出了各种非线性效应(现象)。

非线性光学现象主要表现如下。

1. 倍频效应

这是由极化强度 P 中的第二项 $\varepsilon_0\chi^{(2)}E^2$ 引起的二次非线性效应。如果 $E=E_0\cos\omega t$,则第一项 $\varepsilon_0\chi^{(1)}E=\varepsilon_0\chi^{(1)}E_0\cos\omega t$,第二项

$$\varepsilon_0\chi^{(2)}E^2=\varepsilon_0\chi^{(2)}E_0^2\cos^2\omega t=\varepsilon_0\chi^{(2)}E_0^2(1+\cos2\omega t)/2 \tag{11-14}$$

式(11-14)中的 1 是直流成分,表明光照晶体可在晶体的某两个表面产生直流电压。这就是光整流效应,即 E^2 项的存在将引起介质的恒定极化项,产生恒定的极化电荷和相应的电势差。电势差与发光强度成正比而与频率无关,类似于交流电经整流管整流后得到直流电压。同时式(11-14)也表明,除原来的频率 ω 外,还将出现 2ω(乃至 $3\omega\cdots\cdots$)的高次谐波。这样,可以使不可见光变为可见光(改变光的颜色),也可提高产生所需频率激光的效率。例如,把红宝石激光器发出的 3 kW 红色(6943 Å)激光脉冲聚焦到石英晶片上,观察到了波长为 3471.5 Å 的紫外二次谐波(图 11-9)。非线性介质的这种倍频效应在激光技术中有重要应用。

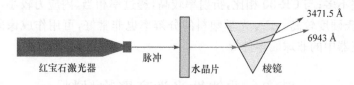

图 11-9　二次非线性材料的二倍频现象

2. 光学混频

当两束频率为 ω_1 和 ω_2($\omega_1>\omega_2$)的激光同时射入介质时,总场强 $E=E_{10}\cos\omega_1 t+E_{20}\cos\omega_2 t$。如果只考虑二次项

$$\begin{aligned}\chi^{(2)}E^2&=\chi^{(2)}(E_{10}\cos\omega_1 t+E_{20}\cos\omega_2 t)^2\\&=\chi^{(2)}E_{10}^2(1+\cos2\omega_1 t)/2+\chi^{(2)}E_{20}^2(1+\cos2\omega_2 t)/2\\&\quad+\chi^{(2)}E_{10}E_{20}[\cos(\omega_1+\omega_2)t+\cos(\omega_1-\omega_2)t]\end{aligned} \tag{11-15}$$

将产生频率为($\omega_1+\omega_2$)的"和频"项和频率为($\omega_1-\omega_2$)的"差频"项。"和频"与"差频"能获得更多频率的相干强光辐射,利用"和频"可产生可见光至紫外的强光辐

射,而用"差频"则可产生波长较长的红外至亚毫米段微波区的强光辐射。

3. 光致透明

弱光下介质的吸收系数(见光的吸收)与光强无关,但很强的激光可使物质一半的分子处于激发态,此时吸收系数为 0,从而使某些本不透明的物质变得透明。

4. 受激拉曼散射

普通光源产生的拉曼散射是自发拉曼散射,散射光是不相干的。当入射光采用很强的激光时,由于激光辐射与物质分子的强烈作用,使散射过程具有受激辐射的性质,称为受激拉曼散射。所产生的拉曼散射光具有很高的相干性,其强度也比自发拉曼散射光强得多。利用受激拉曼散射可获得多种新波长的相干辐射,并为深入研究强光与物质相互作用的规律提供手段。

5. 自聚焦

在强光作用下介质的折射率将随发光强度的增加而增大。激光束的强度具有高斯分布,发光强度在中轴处最大,并向外围递减,于是激光束的轴线附近有较大的折射率,像凸透镜一样光束将向轴线自动会聚,直到光束达到一细丝极限(直径约 5×10^{-6} m),并可在这细丝范围内产生全反射,犹如光在光学纤维内传播一样。

相比于无机晶体,有机非线性高聚物有如下优点:

(1) 非线性系数高,比已经实用的无机晶体高 $1 \sim 2$ 个量级。

(2) 响应时间快,有机非线性高聚物的非线性光学效应来自于非定域的 π 电子体系,电子激发的响应时间为 $10^{-14} \sim 10^{-15}$ s,比由晶格畸变造成的无机晶体的极化要快 10^3 倍。

(3) 介电常数低,一般为 3 左右,而无机晶体约为 28,这就使器件的驱动电压可以很小,显著降低器件的开关性能。而且介电常数在低频和高频区域相差不大,能将光波以毫米波的速度失配降到最低,以实现高频调制。

(4) 激光损伤阈值高,对皮秒脉冲损伤阈值能达到 10 GW/cm² 量级。

(5) 吸收系数低,约为无机晶体的万分之一左右。

(6) 可根据非线性光学效应的要求进行分子设计,制备得到特定功能的材料。

(7) 因为分子链以共价键相连,有优良的化学稳定性和结构稳定性。可加工性优异,力学性能好,易成形,更好地兼容现有的半导体工业。

11.3.2　非线性光学高聚物材料类型

非线性光学材料主要有两大类,即晶体材料和极化高聚物,而后者正有望成为新世纪光电学科学的基础材料。要使高聚物材料显示强的非线性光学特性,要求分子必须满足如下条件：①有非中心对称结构；②具有 π 电子共轭体系；③引入电子转移机构，从而满足材料中所含有的极性生色团分子具有大的超极化率 B。一般有如下的基本结构：

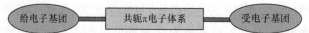

给电子基团　共轭 π 电子体系　受电子基团

　　分子内存在非定域的 π 电子，易受外电场而极化，共轭体系越大，极化越大，非线性系数也越大，与取代基的电子给体-受体强度与共轭长度的平方成正比。当然，为了使这些极性生色取代基不会因它们的杂乱排列而导致分子偶极矩相互抵消，还必须使它们在某一方向上排列，以便在宏观上显示出大的光学非线性系数。具体办法是把高聚物加热到它的玻璃化温度 T_g 以上，然后加上强的直流电场迫使高聚物分子偶极子沿着电场发生取向排列，使原来完全无规排列的高聚物变成宏观统计意义上的非中心对称。维持这个外加电场，同时令高聚物冷却，以使偶极子的有序排列"冻结"下来（图 11-10，即驻极体制备方法——电场极化法）。这就是所谓的极化高聚物（poled polymer，或分子偶极高聚物驻极体）。对于所用的高聚物，则要求它们必须是光学透明的非晶态高聚物，玻璃化温度 T_g 要高，以提高被冻结的生色团取向的稳定性；高聚物的介电强度也必须要高，可耐 1 MV/cm 以上的电压而不被击穿（即高聚物的介电常数应小于 10）。作为生色团的条件则是必须有很大的 B 值（$10^{-46} \sim 10^{45}$ esu，esu 是静电单位），并在所需的波长范围内吸收小，光损耗小。

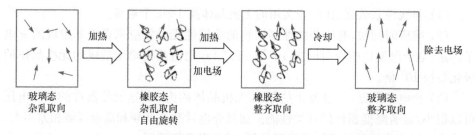

玻璃态
杂乱取向

橡胶态
杂乱取向
自由旋转

橡胶态
整齐取向

玻璃态
整齐取向

图 11-10　电场极化法制备非线性光学高聚物材料示意图

　　按生色团分子在高聚物中的存在形式，极化高聚物有主客体掺杂型（host-guest polymer system）、侧链型、主链型和交联型等四种主要类型（图 11-11）。在主客体掺杂型中，生色团分子简单地被掺杂在高聚物中，它们之间的作用力仅仅是范德瓦耳斯力（至多是氢键）。侧链型、主链型和交联型都是所谓的键合型，生色团与高聚物链之间由化学键相连。生色团分子是主链的一部分就是主链型，生色团分子与高聚物的侧链相连是侧链型。具有交联结构的交联型则显示出非常好的高温取向稳定性。

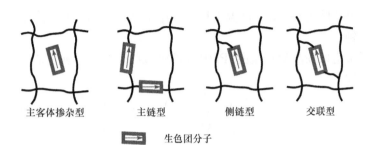

图 11-11　非线性光学高聚物驻极体的四种基本结构示意图

1. 主客体掺杂型

　　主客体掺杂型二阶非线性光学高聚物材料制备非常简单,只要把客体生色团与主体高聚物混合均匀即可。但生色团与高聚物的相容性一般都不是很高,所以高聚物中客体生色团的含量不可能太高。所以这类非线性光学高聚物材料的宏观二阶非线性系数也就不大。并且还由于生色团以分散状态存在于高聚物基体中,取向弛豫也比较快。

　　研究最为广泛的主体高聚物是透明的聚甲基丙烯酸甲酯(PMMA)、聚苯乙烯(PS)和聚碳酸酯(PC),此外还有聚乙烯醇、聚醚、环氧树脂等。例如,将分散红染料 I 掺入 PMMA 中,在掺杂量为 12% 和 5%(均为质量分数)时,二阶非线性极化率 $\chi^{(2)}$ 值达 4×10^{-9} esu 和 1.2×10^{-8} esu。而用 10% 二氰乙烯基芘掺杂到 PMMA 中并用电晕电池极化,$\chi^{(2)}$ 值高达 2×10^{-7} esu,已经超过了传统的无机非线性光学晶体 $LiNbO_3$ 的 $\chi^{(2)}$ 值。又如用 4-二甲氨基-4-对硝基二苯代乙烯(DANS)染料与热致液晶共聚物

$$\left[CH_2-\underset{\underset{OR_1}{\overset{C=O}{|}}}{\overset{\overset{CH_3}{|}}{\underset{|}{C}}} \right]_x \cdots \left[CH_2-\underset{\underset{OR_2}{\overset{C=O}{|}}}{\overset{\overset{CH_3}{|}}{\underset{|}{C}}} \right]_y$$

(这里 R_1 是 $(CH_2)_6$—O—⬡—COO—⬡—CN,R_2 是 $(CH_2)_6$—O—⬡—COO—⬡—OCH$_3$)组成的主客体掺杂型材料,在 DANS 含量为 2% 时,二阶非线性极化率 $\chi^{(2)}$ 值也达 3×10^{-9} esu。

　　这里最重要的是它们的玻璃化温度 T_g 要高,所以刚性主链高 T_g 的高聚物非常受关注,特别是热塑性的聚酰亚胺研究最多,取得的成果也最多。已有报道主客

体掺杂型聚酰亚胺可在 225℃高温下稳定工作超过 1000 h，300℃高温下稳定工作超过数十分钟。

有学者报道以酚酞聚羟基醚(PHP)和酚酞-联苯二酚-二氯二苯酮三元共聚物(TCP)为主体

PHP

TCP

分散红 DR1〔N-乙基-N-(2-羟乙基)-4-(4-硝基苯基偶氮)苯胺,

〕为掺杂剂的二阶非线性光学高聚物材料,经升温电晕极化,具有很好的取向和慢的弛豫。用玻璃化温度 T_g 高达 228℃的新型高透明聚醚酮 PEK-c 为主体掺入 20％的 RD1,其 $\chi^{(2)}$ 值达 11.02 pm/V*,并且在 80℃下 2400 s 后,该值仅下降 15％。

与此同时,生色团本身的热稳定性又相应地需要提高,所以新型耐高温生色团的设计和合成也是一个重要的课题。例如,有人合成了如下式

CLD

的高超极化率的生色团 CLD 并将它们掺杂到非晶的聚碳酸酯中,掺杂体系的 r_{33} 可达 126 pm/V(1060 nm),已用于制作电光调制器。

---

* 在非线性光学有关文献和专著中,国际单位制(MKS)和 esu 静电单位制还一直混用着。在国际单位中二阶非线性极化率 $\chi^{(2)}$ 的单位是米/伏(m/V),而在 esu 单位制中是(厘米³/尔格)$^{1/2}$。它们之间的关系是 1 MKS＝(9/4π)×10⁴ esu。

2. 侧链型

尽管容易制备的主客体掺杂型二阶非线性光学高聚物材料具有较好的光学非线性系数$\chi^{(2)}$，但存在的问题也是显而易见的。主体高聚物与生色团之间的相容性差，使得生色团分子的掺杂含量一般低于 10%，限制了$\chi^{(2)}$值的进一步提高。另外提高分子取向就需要非常高的极化电场，也容易导致高聚物薄膜的绝缘击穿。更为严重的问题是小分子生色团的加入会使高聚物得以增塑，导致高聚物玻璃化温度的降低。

为了克服主客体掺杂型二阶非线性光学高聚物材料上述的缺点，可以想办法把生色团分子以化学键连接到高聚物大分子链上。侧链型极化高聚物就是将生色团作为侧链（侧基）通过化学反应键合到高聚物的主链上，从而大大提高生色团的密度和增加生色团的含量，提高取向的稳定性，也不会形成结晶和相分离现象。同时改善了二阶非线性光学高聚物材料的光学均匀性。并且侧链的存在增加了大分子链的刚性，因此在多数情况下侧链型高聚物的玻璃化温度要比主客体掺杂型的高聚物材料来得高。另外生色团不再是可以自由活动的分子，它们的取向稳定性也得到了提高。

3. 主链型

主链型极化高聚物是生色团直接接入在高聚物的主链中，成为高聚物主链的一部分，因此它的取向弛豫将得到明显的改善，且材料的力学性能也可大大提高。通过对侧链型高聚物、主链型高聚物以及不同结构主链型的二阶谐波产生（second-harmonic generation，SHG）信号的观察，发现主链型的β-弛豫将被完全抑制，因而有更好的热稳定性。不过主链型极化高聚物的溶解性多数都很差，并且几乎所有的主链型高聚物的非线性系数都较侧链型的来得小。最主要的一个缺点是主链型极化高聚物的电场极化相当困难。

4. 交联型

交联增强了高聚物分子链相互作用，从而可以有效地抑制生色团有序取向弛豫。因为尽管侧链型极化高聚物的取向弛豫和热稳定性有了大幅的提高，但在最常见的 80～120℃工作温度下长期使用，它们的电光效应仍会有 10%～50% 的降低，把高聚物分子链用化学键交联起来应该是提高取向稳定性的有效手段。

交联型二阶非线性光学高聚物材料的问题是交联会降低高聚物的透明性从而增加光传输的损耗。又因为交联导致分子从范德瓦耳斯距离（0.3～0.5 nm）变为化学键的距离（约 0.154 nm），材料的体积有一定的收缩，以及部分小分子化合物的释放，也会影响材料的质量，降低电光系数。所以需要选择合适的交联体系。比较常见的交联高聚物有传统的环氧树脂、聚氨酯,以及它们的互穿聚合物网络(IPN)等,其中互穿聚合物网络应该是交联体系发展的方向。

例如,将环氧树脂、带生色团的聚氨酯、多羟基聚丙烯酸酯等多官能团线性预聚体按一定比例溶解成膜,极化制得的互穿高聚物网络相容性好,只有一个玻璃化温度 T_g,为 172 ℃。因为互穿网络结构缩小了生色团的活动空间,光学性能良好,二阶超极化率$\chi^{(2)}$ 为 1.74×10^{-7} esu,并且其非线性系数 NLO 热稳定性优良。如果引入苯并噁嗪基团——含偶氮苯并噁嗪的生色团 BT-1、BT-2 和 DABT,那么,NLO 热稳定性和 NLO 系数还会进一步提高,$\chi^{(2)}$ 达到 2.18×10^{-7} esu。

当然,为了达到生色团分子有序取向,交联需要在极化过程中或极化后完成。这给操作带来了困难,并且也因交联,溶解度变差,光学损耗加大,易于开裂和变脆。

11.4 光折变高聚物材料

11.4.1 光折变高聚物材料一般介绍

光折变效应是光电材料在光辐照下由光强的空间分布引起的材料折射率相应变化的一种非线性光学现象。具体来说,当照射到非线性光学材料上的光发生变化时,物质内部电荷发生非均匀的重新分配,使得物质的折射率发生变化的现象。具有光折变效应的高聚物就称为光折变高聚物。20 世纪 60 年代发现的光折变材料均是无机非金属晶体,它们是铁电体、硅铋族立方氧化物晶体、半导体光折变材料。

与其他折射率变化的材料相比,光折变材料有如下几个显著的特点:

(1)光折变效应的产生没有照射光强度的限制。光折变效应的折射率变化值 Δn 依赖于辐照光强 I 与暗辐照 I_d 的比值 I/I_d。因为分母的 I_d 值可以通过附加的非相干背景辐照光 I_b 来调控,这样 Δn 的值就可能改变很大。也就是说光折变效应的产生并不一定是绝对的入射光强,只要辐照时间足够长,如毫瓦级,甚至微毫瓦级的弱光,也能导致 Δn 足够大的变化,所以光折变效应就是弱光非线性光学。这是与强光作用下极化率的非线性改变引起的强光非线性完全不同的。在强光非线性光学材料中,价键电子云在光场作用下发生形变,导致激发态的能级或跃迁矩阵的微扰变化,影响光的传播。而因为原子核对价键电子的束缚作用远大于电场的扰动作用,因此只有像在 $E>3\times10^{10}$ V/m 的极强光场作用下才会显示出明显的非线性光学效应。光折变效应只需要毫瓦级(甚至微毫瓦级)的连续激光照射下就能实现。这对信息的光学储存和处理,光学计算是非常有利的。

(2) 光折变效应具有非局域响应性。能使物质折射率发生变化的途径很多,诸如光致变色、热致变色和热致折射等,但这些过程都是定域的。而要产生光折射,物质中电荷的物理移动必须是非定域的。如果光生载流子的迁移机制是扩散占优势,折射率改变的最大值处并不对应光辐照最强处。电荷的这种移动最终会使形成的折射率光栅产生相移,导致光折变介质中相干涉的两束光之间能力的转移。如果这种能量的转移足够强,超过了物质中光的吸收和反射损失,那么光就会被放大。这就是为什么光照射强度最大处并不是折射率发生改变的最大处的原因。也就是说,相位栅在光栅波矢量相对于光强的干涉条纹有一定的空间相位移(即 $\Phi\neq0$)。这种光栅又称为相移型光栅,它允许两束相互作用光束之间发生稳态的能量转移。由光折变效应的二波耦合理论可知,增益系数 Γ 正比于 $\sin\Phi$,因此当相位移 $\Phi=\pi/2$ 时,光束之间发生最大的能量转移。光折变材料对光强的非空间定域响应、折射率光栅与入射的光强分布之间存在一个相位差,这个相位差的存在是光束在材料内发生耦合作用的原因所在,也是许多非线性光学效应产生的根源。这个最根本的标志性特性为光折变材料带来诸如图像放大,相位自共振,神经网络模拟等许多重要应用。

(3) 过程的可逆性。如果用均匀光辐照光折变材料,或把光折变材料加热,材料的折射率变化 Δn 是可被"擦洗掉"的。因为没有光辐照时,光折变过程中积累在辐照区边缘的空间电荷会以暗弛豫时间的速率弛豫,正负电荷最终会被中和,空间电场消失。导致 Δn 不能永久保存,仅能在暗处保存一段时间。温度升高暗电导增大,均匀光辐照则是用光电导代替暗电导,它们都会缩短空间电荷的暗弛豫时间,"擦洗掉"已发生的折射率变化 Δn。

表 11-5 更直观地把强光非线性与光折变非线性的特点做一下对比。

表 11-5　强光非线性与光折变非线性的比较

	强光非线性	光折变非线性
阈值	只有在光的场强 $E>10^8$ V/cm 时才出现非线性,有阈值	弱光非线性,只需要毫瓦级的连续激光照射,无阈值
响应时间	瞬时响应。在阈值以上时,电子在光场作用下瞬态感应电偶极矩,响应时间与光强无关	非瞬时响应(慢响应),需要光激发,自由载流子迁移和光俘获过程,响应时间依赖于光强

	强光非线性	光折变非线性
存储性	没有存储性 $E=0$ 时，$\Delta n=0$	暗存储时间反比于暗电导 $\tau_d=\epsilon_0\epsilon/\sigma_d$
空间局域性	空间局域，$\Phi=0$	对于扩散机制，空间非局域 $\Phi=\pi/2$ 对于漂移及光生伏打机制，空间局域 $\Phi=0,\pi$

　　无机光折变材料价格昂贵、制备困难、难以加工出大面积的薄膜器件等缺点，使得其光折变效应的应用受到很大限制。到 20 世纪 90 年代，人们发现了光折变高聚物，其较大的非线性效应和电光效应光学工作波长宽，加上高聚物非常良好的加工性能，价格低廉，可以进行人为设计，使得光折变高聚物更具有实用价值，在高密度存储、实时全息术、干涉测量、光放大、相位共轭、光学图像处理等多方面得到应用。与无机材料相比，高聚物材料不仅种类多，易于合成，更重要的是通过化学合成手段可以轻易地改变分子的成分和结构，获得更大的非线性光学响应，此外高聚物易于制备薄膜，化学稳定性、力学性能和热稳定性都比较好。

　　在光折变效应方面，高聚物光折变材料又具有自身的特点：

　　① 独特的品质因子 Q。高聚物的非线性主要来源于其在基态和激发态电子分布的不均匀性，其 Q 值比无机晶体的约高 1～2 数量级。

　　② 外电场依赖性。这个电场依赖性包括两个方面，首先电荷产生的效率依赖于电场，因为吸收一个光子会产生一对电子-空穴，这对电子-空穴的分离就产生一个与重新配对复合相竞争的自由穴，当然与电场有关。其次，在掺杂分子的光折变高聚物中产生电荷的移动性也依赖于电场。非线性高聚物材料的光生载流子量子效率与迁移率一般都随外电场的增强而增加，此外，其光电效应或二价非线性必须通过在外场中的极化来实现。极化使材料内部的生色团发生取向变化，从而消除材料原有的对称中心，因此，高聚物材料的光折变（PR）具有很强的外电场依赖性。

　　③ 取向增强效应。对于玻璃化温度 T_g 低的 PR 材料体系，其光折变光栅形成过程有所谓的取向增强效应，即体系中的电光分子同时在外加电场 E_0 和正弦变化的空间电荷场 E_x 中取向，导致材料的双折射调制和有效电光调制，在适宜条件下会显著提高材料的光折变效应。这样在分子设计中从只强调超极化率 β 到选择具有大的线性极化度各向异性 $\Delta\alpha$ 和跃迁偶极矩 μ_{ag} 的生色团分子。

　　④ 温度的影响。作为重要的参数温度 T 会影响包括电荷的产生、传输、俘获和生色团在电场中的取向。在 T_g 以下，增加温度，由于取向响应和光电导的增加，使得 PR 动态性能和稳定性能得以改善。在 T_g 以上，增加温度，在 PR 动态性能提高同时，生色团取向的热弛豫，陷阱密度减少和暗电流的增加将导致稳定性能

降低,这时温度在 $T_g+(2\sim3)℃$ 附近为最佳。

描述光折变效应的材料参数(本征参数)有 8 个,但决定材料本身结构的本征参数是低频介电常数 ε_r,材料的平均折射率 n_0 和有效光电系数 $\chi_{有效}$ 这三个参数。由它们可以定义光折变材料的品质因数 $Q=n_0^3 \chi_{有效}/\varepsilon_r$,这一参数衡量了材料的光学非线性与材料的极化对空间电荷的屏蔽能力的比值。高聚物的非线性源于分子在基态和激发态电子分布的不均匀性,大的光电系数并不伴随着大的低频介电常数,所以相比于无机晶体有可能高 $1\sim2$ 个数量级,如聚乙烯咔唑(PVK):405CB:$0.2C_{60}$ 高聚物系统的 Q 值达 24.35 pm/V。

11.4.2　高聚物光折变材料的空间光孤子

关于孤子的概念在高聚物导电行为的 9.4.4 节中已经交代过了。光孤子(soliton in optical fiber)是指经过长距离传输而保持形状不变的光脉冲。一束光脉冲包含许多不同的频率成分,频率不同,在介质中的传播速度也不同,因此,光脉冲在光纤中将发生色散,使得脉宽变宽。但当具有高强度的极窄单色光脉冲入射到光纤中时,将产生克尔(Kerr)效应(即折射率变化 Δn 与照射光强 I 成正比,$\Delta n \propto I$),由此导致在光脉冲中产生自相位调制,使脉冲前沿产生的相位变化引起频率降低,脉冲后沿产生的相位变化引起频率升高,于是脉冲前沿比其后沿传播得慢,从而使脉宽变窄。当脉冲具有适当的幅度时,以上两种作用可以恰好抵消,则脉冲可以保持波形稳定不变地在光纤中传输,产生一种新的光脉冲,即形成了光孤子(图 11-12)。空间光孤子就是光束在传播过程中由非线性效应平衡衍射效应的结果。本质上空间光孤子的形成机理是光纤中群速度色散和自相位调制效应在反常色散区的精确平衡,是一种特殊形式的包络脉冲,具有长时间保持形态,幅度和速度不变的传输特性。

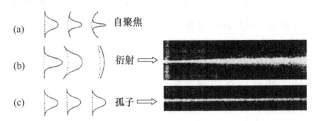

图 11-12　光束空间包络(实线)和相位波前(虚线)的示意图,以及它们的图像
(a) 自聚焦光束;(b) 普通光束衍射;(c) 孤子传播

空间孤子又分为亮空间孤子、暗空间孤子和灰空间孤子三类。亮空间孤子的光能量主要集中在光束横截面的这些附加的狭窄区域内,而远离这些区域光强为零;暗空间孤子相当于在均匀背景光中嵌入一个暗块,光束断面中心处光强最小且

为零,而远离光束中心处光强趋于一恒定值;灰空间孤子也相当于在均匀背景光中嵌入一个暗块,光束断面中心处光强最小但不为零,而远离光束中心处光强也趋于定值。

非线性光学中的克尔效应可以用来改变材料的折射率,一束非均匀的高斯型强光照射在材料上将会导致材料中间强,边缘弱的折射率变化,从而起到等效透镜的作用。光束总是向着折射率高的地方偏离,因此,边缘的光会向光束中心会聚,这使中心的光强增加。光强越强,折射率变化越大,自聚焦就越强,而自聚焦越强,将进一步导致光强越强。这样便形成了一个恶性循环,光束中心折射率越来越高,光强越来越大,直至介质被烧毁。这种非饱和的非线性机制使得克尔型光孤子具有内在的不稳定性。加上要求有强的激光光源,这样改变材料折射率的方法没有实用价值。

现在来看光折变材料中的情况。一束非均匀的高斯型光,照射在光折变材料上,光强的地方(中央区)激发的光电子多,相应地提高该区域材料的导电率,若在材料两边加上直流电压,材料就成为等效的分压器;光强的中央区地方电阻率低,分压少,而光弱的边缘区地方,分压多。这样本来是均匀的外电场在空间不再均匀,而在中央区形成低凹,加上材料又具有电光效应,即折射率变化的幅度与电场成正比($\Delta n \propto \pm E$)。正负号取决于外电场的极性,若 Δn 为负,折射率中央高,边缘低,这样的结果正是透镜(或波导效应)所需,从而形成亮空间孤子。若 Δn 为正,结果正好相反,形成负透镜。等效地说,材料将具有自聚焦(或反波导)功能,从而形成暗空间孤子。关键的是,在光折变材料中,折射率的变化 Δn 与照射的绝对光强无关,而是遵循饱和非线性规律(这是产生稳态空间光孤子的前提),当光强增高到一定程度后,Δn 不再线性增加。这样,自聚焦放缓,以确保传播过程中始终能与光衍射平衡。所以稳态空间光孤子能够形成,这与克尔型光孤子有本质的区别。

主客体式光折变高聚物也可支持亮、暗空间光孤子。在光的照射下光折变高聚物中的光敏剂可提供可移动的电荷,这些可移动的电荷在扩散作用和外加电场的作用下迁移到别处,电荷在迁移过程中还可以被各种陷阱俘获而固定下来,在材料中形成与光强分布相对应的电荷分布,进而在材料中产生空间电荷场,空间电荷场可使高聚物中的非线性生色团重新取向,通过取向增强效应和电光效应是材料的折射率发生变化。材料折射率的变化反过来会对入射光束产生一定的空间限制作用,当这种限制作用于光束的衍射发散作用相平衡时,在光折变高聚物(如有机玻璃)中就会有空间孤子形成。

高聚物是空间光孤子的一个很有潜力的材料。高聚物中的光致异构体非线性效应可导致光致双折射,产生折射率的改变,而且这个折射率的改变与光强相关,使得在试样中传播的光束有可能利用自己导致的折射率改变产生一个自聚焦型的折射透镜,从而陷住光束本身,形成光学空间孤子。

　　因为光折变效应只决定于介质本身的参数,如电光系数、施主和受主密度等,与入射光强无关,所以孤子的形成可以在较弱的光强下形成,有微瓦量级的入射功率甚至白光度可以形成。由于空间光孤子的横向高维性,我们可以利用孤子之间的相互作用实现以光来控制光(如在出射面的输出位置等)——全光操纵的目的,抑或设计不同波长结构和介质折射率的分布,利用孤子自身固有的特性(如功率不同,输出形状和位置将不同等)来实现光束在任意位置的输出。

11.4.3　光折变效应的带输运模型

　　光折变效应的带输运模型(band transport model)最早是由库赫塔列夫(Kukhtarev)提出用来定量说明光折变现象的。该模型由价带、导带、施主能级和受主能级组成(图 11-13)。载流子可以是电子或空穴。施主能级靠近导带,受主能级靠近价带。只有施主参与光折变过程,受主的出现只会在无光照时介质保持电中性。假定光折变介质中含有一定类型的杂质和缺陷,所有的施主杂质占据同一个深能级(带能级模型)。在空间调制光或非均匀光照射下,这些施主杂质通过吸收光而电离,光电子被激发至导带,可通过扩散或飘移在导带上运动,被电离的施主成为未被电子占据的空态,它们可作为俘获光电子的陷阱。当光电子迁移到暗区时,被该处的陷阱复合,形成空间电荷的分离,分离的空间电荷在介质内建立了空间电荷场,空间电荷场通过电光效应在介质中引起与入射光强的空间分布相对应的折射率变化。

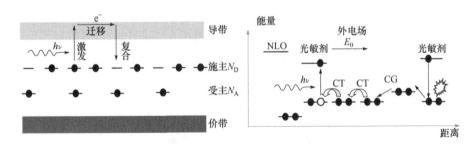

施主中的电子受光子 $h\nu$ 激发后进入导带,经迁移后被
陷阱重新俘获,宏观上就形成了电荷的定向移动
图 11-13　光折变介质的带输运模型

　　具体来说,首先,在光照的作用下,光强较强的地方(特别是加有光敏剂时)产生比较多的电子-空穴对,在光强较弱的地方电子-空穴对就少多了。因为光生的电子-空穴对要比热生的电子-空穴对多很多。在图 11-14(a)中,就是在光强曲线的波峰处形成了很多的电子-空穴对,然后发生的是光电荷的传导。电子-空穴对形成的激子对在空间分离形成正负电荷,由于光折变体系中的导电分子较高的迁

移率,并且一般空穴的迁移率远大于电子的迁移率,空穴就向曲线的波谷处迁移,如果没有陷阱,迁移继续,直到在某处一个处于激发态的光敏介质迁跃回基态,空穴被复合掉。如图 11-14(b)、(c)所示,在经历了迁移、俘获、再迁移、再俘获的过程后,告别光照区,最后定居在光区,从而形成空间电荷分布。这些空间分离的电荷又产生出空间调制的空间电荷场,并引起材料折射率发生变化。

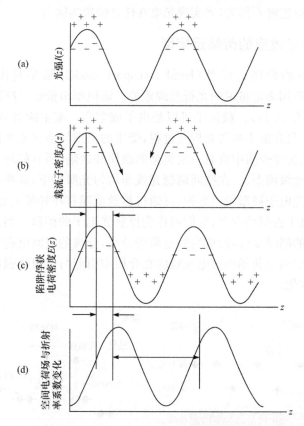

图 11-14　光折变过程示意图

(a) 电荷产生;(b) 电荷迁移;(c) 空间电荷被陷阱俘获;(d) 电光系数调制

带输运模型的方程式有如下几个。

(1) 不动的电离施主中心密度变化率方程

$$\partial N_D^+ / \partial t = (SI+\beta)(N_D - N_D^+) - \gamma_R N_D^+ \rho \qquad (11\text{-}16)$$

式中,ρ 是导带中的电子(载流子)密度;N_D 是介质内总施主密度;N_D^+ 是已电离的施主密度;β 是热激发概率;S 为光激发常数。$(SI+\beta)(N_D - N_D^+)$ 表示在信号光光强 I 辐照下,电子由施主中心被激发至导带的产生率,$\gamma_R N_D^+ \rho$ 为电子的俘获率,γ_R 是复合率常数。式(11-16)也表明不动的电离施主随时间变化率为主电子产生率和俘获率之差。

（2）电子的连续性方程

$$\frac{\partial \rho}{\partial t} - \frac{\partial N_D^+}{\partial t} + \frac{1}{q} \nabla \cdot \boldsymbol{J} \text{ 和 } J_{ph} = \kappa \alpha I = \kappa s (N_D - N_D^+) I \qquad (11\text{-}17)$$

式中，q 是电子（载流子）电荷；$\boldsymbol{J}$ 是电流密度。它包括扩散、飘移和光生伏打电流密度三部分

$$J = qD \, \nabla \rho + q \mu \rho E + J_{ph} \qquad (11\text{-}18)$$

式中，D 是扩散系数；μ 是迁移率。式（11-18）右侧由三部分组成，其中 $qD \, \nabla \rho$ 是扩散电流密度，是光激发产生的载流子，是由于浓度的不均而形成的；$q \mu \rho E$ 是迁移电流密度，是光激发产生的电子载流子，是由浓度的不均匀而形成的，E 是包括外场 E_0 和空间电荷场分布形成的局部电场，它满足下面的高斯定理。

（3）空间电荷满足静电场的高斯定理

$$\nabla(\varepsilon E) = q(N_D^+ - N_A - \rho) \qquad (11\text{-}19)$$

式中，ε 是低频介电常数；N_A 是为补偿已电离施主的负离子（受主）密度，它保证在无光照下光折变材料至少有 N_A 个被电离的施主；$N_D(I=0) = N_A$，以保证电中性。

（4）折射率调制方程

$$\Delta n = - n_b^3 \gamma_{有效} E_{sc}(z)/2 \qquad (11\text{-}20)$$

式中，n_b 是介质的折射率；$\gamma_{有效}$ 是有效电光系数；$E_{sc}(z)$ 是导致介质折射率的空间调制变化的参数。

式（11-16）到式（11-20）就是描述光折变效应的基本方程式，也叫库赫塔列夫方程，是一组由电荷平衡方程、泊松方程和线性电光效应方程组成的非线性耦合方程。

11.4.4　光折变高聚物体系

根据光折变效应（photorefractive effect，PR）产生的机理，一个典型的高聚物光折变体系应该有以下几个组成部分，即在光照（或光照与外电场同时）作用下能电离产生电荷的光敏介质（CG），有足够高浓度以形成完整的载流子传输网络来传输光敏介质电离后产生的电荷的载流子传输介质（CA），能提供缺陷以充当电荷陷阱的介质（CT）和折射率对电场响应灵敏的二价非线性介质（NLO）。

设计一种光折变处理最简单的方法是将上述的组分"混合"掺杂在一个中性的高聚物基质中（当然，这几种组分的简单存在并不能保证光诱导相位栅一定源于光折变机制，它们只是实现光折变效应的必要条件）。光折变性能来自于它们的各种组分，只有同时具备光电导性和光折射指数的电场依赖性（电光响应）才呈现光折变效应。产生光折变全息相位栅所需的性能来自于光折变高聚物中各种功能组分

的共同作用。另外,为了增强体系的光折变响应,还会加入一些增塑剂来降低体系的玻璃化转变温度 T_g。像前面讲过的非线性光学高聚物材料一样,也有所谓的主客体掺杂型、侧链型等类别之说。

1. 高聚物

不同于其他光学现象,光折变效应只能在光导高聚物中才能产生。最常见的光导高聚物是聚乙烯咔唑(PVK)。它与生色团(DMNPAA,化学结构式见图 11-17)、增塑剂 N-乙基咔唑和少量光敏剂(TNF)构成的体系是一个具有高增益和衍射效率的高性能光折变材料。PVK 的缺点是光传导性较差,T_g 高(约200℃),需要加入增塑剂(如 ECZ,化学结构式见图 11-16)来把 T_g 降低到室温,使折射率调制的取向增强和外电场下生色团的原位极化成为可能。由于生色团、掺杂组分及光敏剂的不同,绝大多数 PVK 体系的响应时间为 4~100 ms。侧链带咔唑基团的聚硅氧烷(PSK)的电荷迁移率与 PVK 相当,但 T_g 较低,无须外加增塑剂。其他具有较高迁移率的高性能空穴传导高聚物还有 P-PMEH-PPV、TFB、p-DoOTPD、PBPES、TDPANA-FA 等(图 11-15)。当然还有一些共聚物。

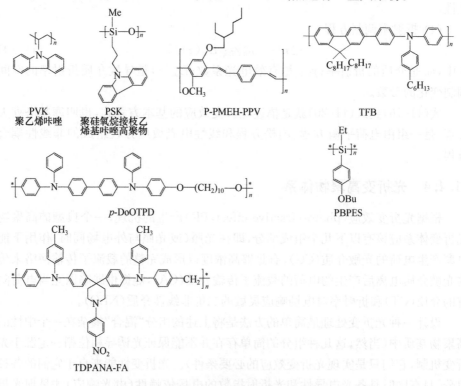

图 11-15　常用的光折变高聚物的化学结构式

2. 增塑剂

添加增塑剂是降低高聚物玻璃化温度的最常用和最简单的方法。增塑剂可以具有光电导性，也可以是惰性的。常用的增塑剂有 ECZ、DOP 和 BBP 等(图 11-16)，其中 ECZ 和 BBP(邻苯二甲酸丁苄酯)是在 PVK 中广泛采用的两种增塑剂。

ECZ
N-乙基咔唑　　DOP　　BBP

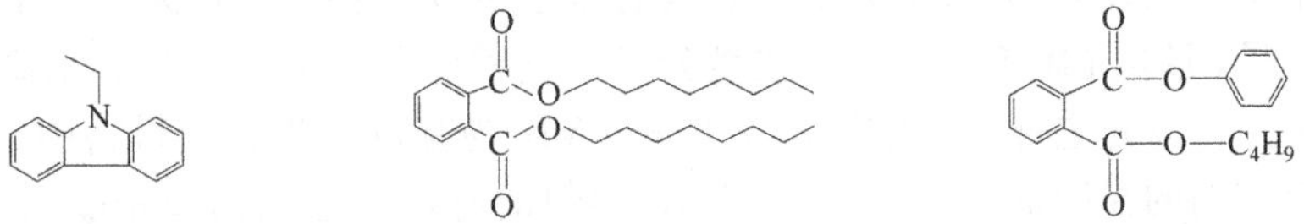

图 11-16　在主客式系统光折变高聚物中常用增塑剂的化学结构式

3. 生色团

在主客式系统光折变高聚物材料设计中最重要和复杂的组成部分是生色团，因为它所提供的光学非线性将空间电荷场转化成折射率光栅，形成光折变效应。生色团的性能主要从以下方面衡量：光折变品质因数、稳定性、响应时间和工作波长。常用的生色团有 DMNPAA、DDMNPAB、DMHNAB、Stilbene A、DB-IP-DC、DCDHF-6、AODCST、DHADC-MPN 等，它们的化学结构如图 11-17 所示。需要说明的是，没有一种生色团能够兼备各种优良性质，它们或具有较高的光折变品质因数，或具有较快的稳定性和合适的工作波长，实际使用的时候需要根据使用目标来选择所需的生色团。

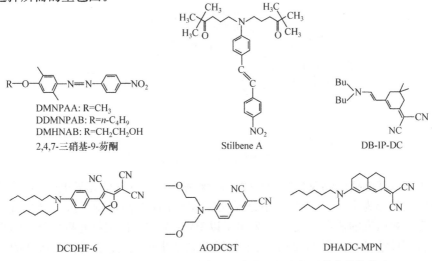

图 11-17　在主客式系统光折变高聚物中常用的生色团的化学结构式

4. 光敏剂

添加光敏剂是为了使光折变高聚物对特定光谱范围敏感。在绝大多数情况，光敏剂本身并不吸收光，而是光敏剂与电荷传输分子形成的电荷传输结构吸收光。这种电荷传输结构展现出不同于两种组分吸收光谱的一个全新吸收光谱。如果高聚物是施主型的，那么光敏剂分子一般具有很强的受主性质。如果是以电子作为主要载流子，那么光敏剂一般是施主型分子。这种电荷传输结构具有很高的光子产生效率。在以光电导高聚物聚乙烯咔唑 PVK 为基础的光折变材料中，TNF 是一种广泛使用的光敏剂。C_{60} 也是和 TNF 类似的电荷传输结构型光敏剂（它们的化学结构式见图 11-18），也能与 PVK 形成电荷传输结构。

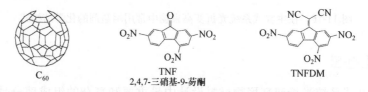

图 11-18　在主客式系统光折变高聚物中常用光敏剂的化学结构式

11.4.5　主-客掺杂体系和全功能体系高聚物光折变材料

根据功能组分在材料中的分散方式。高聚物光折变材料主要分为主-客掺杂体系和全功能高聚物体系（图 11-19）。最早报道的高聚物光折变材料是主-客掺杂体系，该体系组分灵活可调、制备简单，其中以光导高聚物为主体的掺杂体系研究最为深入，性能也最好。

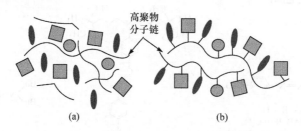

图 11-19　光折变高聚物材料内部结构示意图
(a) 主-客掺杂体系；(b) 全功能高聚物体系

大多数咔唑衍生物及含咔唑基团的高聚物都具有良好的光导电性能，并且主要以空穴传导为主，咔唑生色团小分子及含咔唑基团的高聚物光折变材料就成了光折变材料研究的热点。表 11-6 列出了以 PVK 为主的高聚物光折变材料的组成及光折变性能参数。图 11-20 列出了非线性光学生色团、光敏剂和增塑剂的化学结构式。

表 11-6　以 PVK 为主的高聚物光折变材料组成及光折变性能参数

高聚物	非线性光学生色团	光敏剂	增塑剂	衍射效率/%	二波耦合增益系数/cm^{-1}	净增益系数/cm^{-1}
PVK	DEANST	C$_\infty$		2×10^{-3}	7	
PVK	FDEANST	TNF		1×10^{-1}	8.6	7.2
PVK	PDCST	TNF		3.7×10^{-1}	7.8	5.5
PVK	MBANP	TNF		1.7×10^{-2}	2.6	1.7
PVK	MTFNS	TNF		1.2×10^{-3}	1.2	0.6
PVK	DEAMNST	TNF		1.5×10^{-1}	8.0	
PVK	DEANST	TNF		2.3×10^{-1}	5.0	
PVK	DEACST	TNF		2.0×10^{-3}	2.1	
PVK	DEABNB	TNF		9.9×10^{-3}	3.2	
PVK	DTNBI	TNF		3.8×10^{-3}	5.4	
PVK	FDEANST	p-dci		4.5×10^{-3}	2.3	
PVK	FDEANST	C$_\infty$		1.1×10^{-1}	9.0	8.1
PVK	EHDNPB	TNF		60	120	117
PVK	EPNA	TNF		2×10^{-1}	22	18
PVK	DRI	TNF				140
PVK	DEANST	C$_\infty$	TCP	40	133.6	
PVK	DMNPAA	TNF	ECZ	100	220	207
PVK	DHADC-MPN	TNFDM	ECZ	74		
PVK	NPADVBB	TNF	ECZ	100		
PVK	PDCST	C$_\infty$	BBP	80	200	
PVK	APSS	C$_\infty$	TCP	40		60

　　掺杂体系是一个亚稳态体系,高聚物与小分子存在难以克服的相容性问题,因此,全功能体系就成为光折变材料研究的另一个热点。把电荷输运剂和生色团等功能组分键接到高聚物的大分子链上(图 11-21(a)),选用合适的主链,各功能图通过不同长度的 CH$_2$ 与其键接,属于单一成分材料(单组分光折变高聚物材料)。柔性的大分子链是功能基团在主链周围合理排列。与掺杂体系相比,全功能体系避免了小分子物质的挥发,以及因各组分的相容性限制所造成的相分离,使体系更加稳定。这里,光敏剂所需含量很小,即使掺杂也不会产生分离现象。另外,相对而言单一高聚物有较高的玻璃化温度 T_g,极化后生色团的取向弛豫较慢而使体系的电光系数较稳定。尽管有合成上的困难,各功能组分的随机分布也可能造成电荷运输的中断,但从光折变高聚物作为一种新的电子功能材料应用角度考虑,单组分

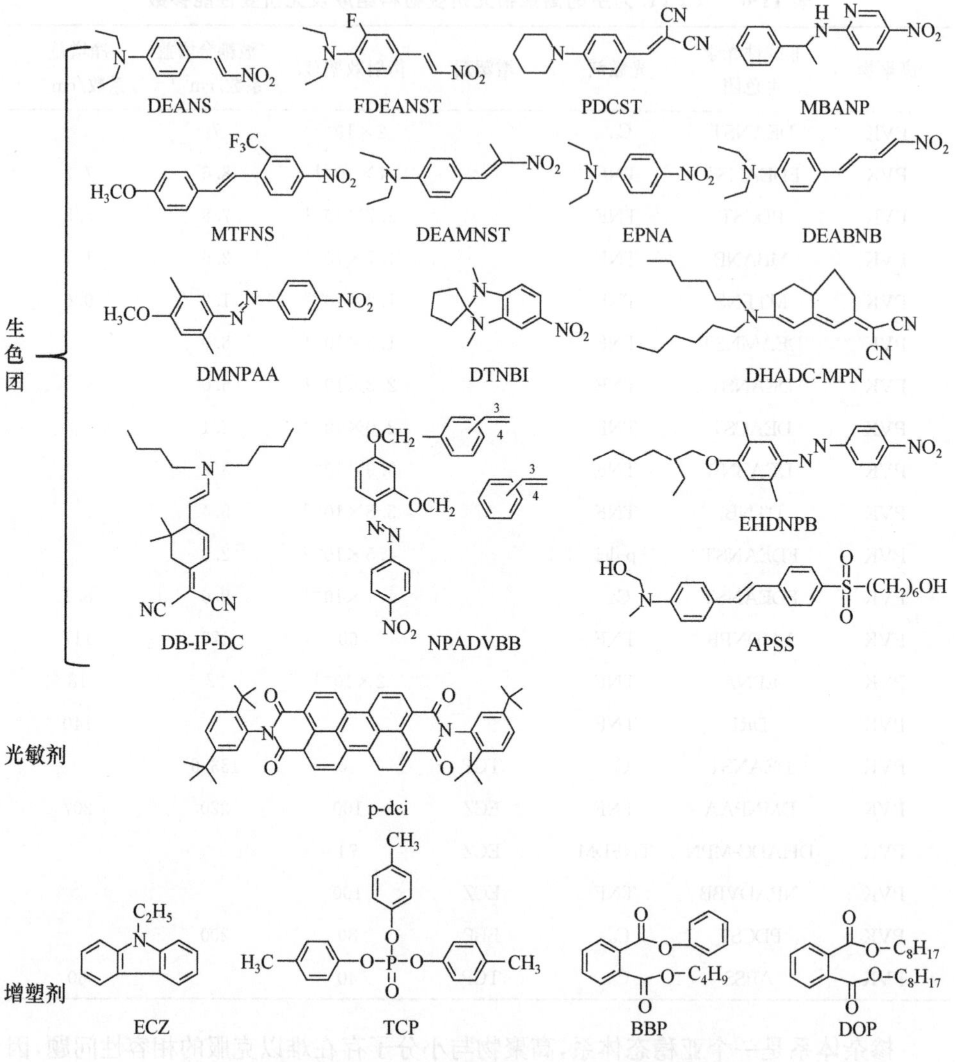

图 11-20　非线性光学生色团、光敏剂、增塑剂化学结构式

体系更为有利。

　　第一个单组分光折变高聚物的结构如图 11-21(b)所示。含二氰乙烯的侧基是电荷产生体，它在 550～600 nm 的强吸收，避免了与其他组分在 400 nm 以下吸收的重叠。高聚物表现出相当大的电光效应(12～13 pm/V)，光电流为 1.2 μA，响应时间为 100 ms，折射率光栅有 90°的位移，证实了它的光折变效应。

　　在光折变高聚物体系中，一类共轭高聚物型的体系特别受到重视。它的基本思路是共轭高聚物的骨架在可见光波段可以吸收光子，用作电荷产生体，同时它们还具备较高的载流子迁移率(约为 10^{-3}～10^{-5} cm²/(V·s))，可作为电荷传输体。

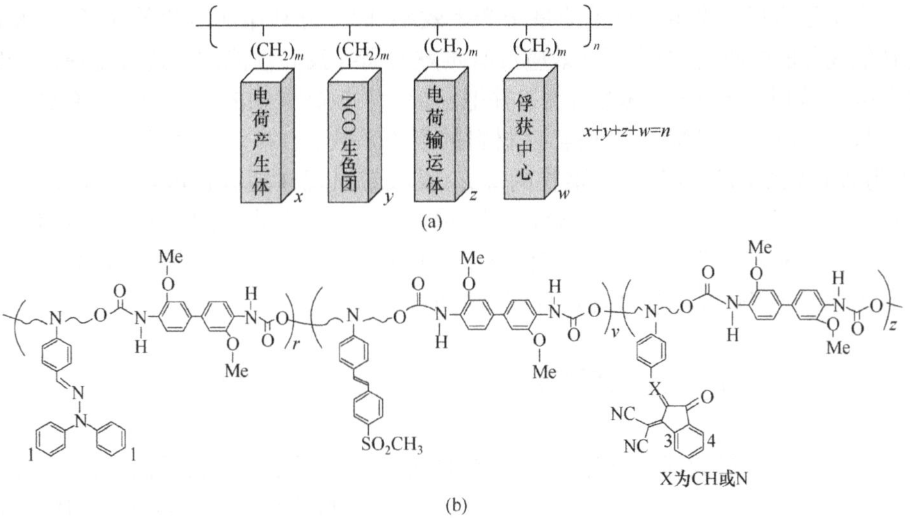

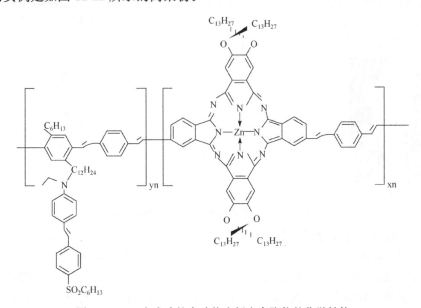

图 11-21　单组分光折变高聚物的结构示意图(a)和第一个单组分光折变高聚物的结构(b)

这样,共轭高聚物本身就起到了载流子的产生、传输和骨架三种作用,再把 NLO 生色团链接到共轭骨架上,就应该是一个具有良好光折变性能的材料。其次是采用过渡金属配合物作为光敏剂,这是提高材料光折变性能的关键一步,再次是用烷基取代高聚物基体上的烷氧基,大大降低材料的吸收系数和玻璃化温度,使得材料的光折变性能达到可以与主客体高聚物,甚至无机晶体相比的程度。一个比较成功的实例是如图 11-22 所示的高聚物。

图 11-22　一个成功的全功能光折变高聚物的化学结构

　　为了尽量提高光生载流子的量子产生效率,即充分利用所吸收的光子,以及避免其他成分的吸收(它对光折变效应没有贡献),需寻找高性能的含过渡金属配合物的光敏剂(如中性的锌-卟啉配合物),并把它接入共轭高聚物的基体中。再有就是常用烷基作为侧链替代烷氧基侧链,使材料的吸收系数有 120 cm^{-1} 下降到 21.5 cm^{-1}(因为含有烷基的相应共轭高聚物的 π-π* 吸收带出现在短波长区,从而可以避免与锌-卟啉配合物的吸收谱带重合,减少共轭基体对工作波长的不必要的吸收,大大降低钌材料的吸收系数)。而在侧基上的烷基,可使该高聚物的玻璃化温度降到只有 11℃,且溶解性和易处理性都有所增加。

11.5　高聚物光纤(塑料光纤 POF)

　　正如上面说过的那样,当光线入射到两种不同折射率的物质界面,若入射角大

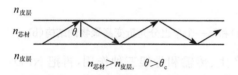

图 11-23　高聚物光纤的原理图

于临界角时,光线将全部被内反射(全反射),光能在光学纤维中传送,如图 11-23 所示。例如,20℃下干燥丙烯酸类塑料光导管,相对于汞灯 e 线的入射角为 42°。因此塑料光纤基本上由两部分组成,即为高度透明的芯材和与之匹配的皮层材料(图 11-24),而它们之间的折射率必须符合 $n_{芯材}>n_{皮层}$,这样才能保证纤维内光通过时发生全反射和提供适当的数值孔径。作为芯材的高聚物光纤就是高度透明的 PMMA、PS 和 PC,而其皮层材料采用比芯材折射率低的聚烯烃树脂、有机硅树脂和含氟树脂等。例如,芯层材料 PMMA,折射率 1.492,树脂孔径 NA 为 0.3~0.5,衰减为 185~195 dB/km,皮层折射率取 1.417 的树脂,护套材料聚乙烯,光纤的最小弯曲半径为 25 mm。

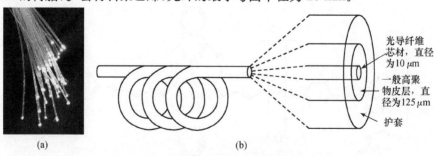

(a)　　　　　　　　　　　　(b)

图 11-24　高聚物光纤(a)及其组成图(b)

　　与传统的石英光导纤维相比,高聚物光纤有其特出的优点及不足。优点是:①它能制成较粗芯径的芯纤,数值孔径大幅度提高信息输送容量,耦合性好,损耗低耦合;②加工方便,不用熔接与焊接,无须接头,只要用普通的剃须刀片就能提供近乎精细研磨和抛光的端面,适宜现场安装;③重量轻,相对密度为 1 左右,约是石

英光纤的三分之一,价格低廉,仅为石英光纤的十分之一,制造成本低,是相同性能铜缆价格的一半,可全面替代铜缆,节省大量资源;④力学性能良好,柔性好,能承受反复的弯曲和振动,网络安装容易,维护成本低;⑤防腐蚀,防潮湿,防振防爆;⑥无电磁波干扰和辐射,高聚物光纤在受到 10^8 rad(拉德,1 rad=10^{-2} Gy)的剂量时,其永久性的性能只降低 5%,而其瞬时的吸收的恢复时间比其他光纤快,因此停机时间短,在受到 10^5 rad 的剂量时,停机时间仅为 1 s,这对在高空中卫星上的使用非常重要;⑦保密性、安全性及抗干扰能力极强;⑧衰减为恒量,不随频率上升而增加。高聚物光纤的缺点是光损耗大于石英纤维,耐热性也差。

图 11-25 是高聚物光导纤维与石英纤维传送光的特性比较。一般来说,高聚物光纤传送蓝光较优,石英纤维送红光较优。后者在波长 450～120 nm 的光谱范围相应基本上是稳定的,而前者则在 520～820 nm 之间有光谱响应,基本上在可见光范围内,但在 670 nm 处有一明显的吸收峰,因此要将高聚物光纤用于数据传输和用于作相干光波导,必须配备具有 670 nm 峰值响应的高亮度发光二极管。从图 11-25 还可以看到,在 900 nm 处有明显的吸收峰。这是分子吸收所引起的,因为高聚物光纤是碳氢化合物,碳氢键在红外波长下会发生振动,其损耗机制与石英光纤中二氧化硅中硅氧键的损耗类似,但高聚物光纤要比石英光纤的损耗大。

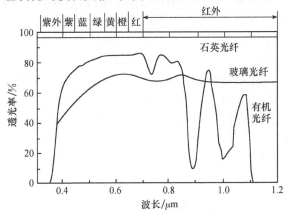

图 11-25　无机石英光导纤维与有机高聚物光导纤维光谱响应的比较

从上面石英光纤和高聚物光纤性能对比中可以得出结论,高聚物光纤配合石英光纤在宽带网的末端发挥效用,解决"最后几百米"的问题。长距离用石英光纤、短距离用高聚物光纤、楼外用石英光纤、楼内用高聚物光纤共同实现宽带全光网(图 11-26)。

作为传输光信号的光纤,传导过程中光能的损耗是要特别考虑的因素。影响高聚物光纤光损的因素有外界和内在的两大类,内在因素,也叫固有损耗,包括吸收损耗和散射损耗。吸收损耗就是前面提到的分子吸收和电子吸收。其中以分子中 C—H 键、N—H 键和 C=O 键的红外振动吸收最为重要。

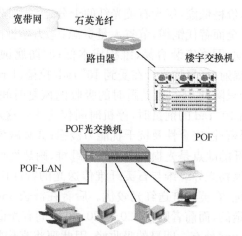

图 11-26　高聚物光纤在宽带网中适合于短距离的室内末端使用

　　光纤损耗主要归因于 C—H 键的振动谐波和复合波,其产生的吸收损耗通常发生在 600~1500 nm 范围内的基频伸缩频率的倍频上。以 PMMA 芯材为例,其甲基和亚甲基的振动吸收峰在红外区相互交叠,并且在近红外至可见光波区出现一单峰。图 11-27 所示为 C—H 键的高谐振荡吸收,能看到红外伸缩振动 ν^0 的高谐振荡 ν_n^0(n 为振动量子数)和与之相结合的红外弯曲振动(δ)。

　　由于光纤的损耗正比于 C—H 键的个数,降低 C—H 键的数量可降低光纤的固有吸收损耗。改善分子中 C—H 键的红外振动吸收引起光损的另一个办法是引入氘原子。氘化不仅使振动吸收转移到较长的波长区,还能降低振动吸收强度。图 11-28 所示是氘化 PMMA 光纤的光损耗。650~680 nm 最低光损为 20 dB/km,780 nm 和 850 nm 光损分别为 20 dB/km 和 50 dB/km。在可见光区内 C—H 键振动吸收完全不出现。

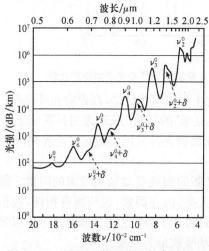

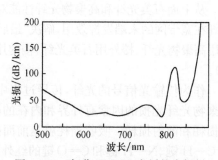

图 11-27　PMMA 的吸收红外高谐振动　　　　图 11-28　氘化 PMMA 光纤的光损耗

11.6　高聚物微透镜阵列

一些昆虫的眼睛几乎可以接受到 360°范围内的信息。这些特殊的复眼是由众多类似于微透镜(microlens)的小眼所构成的阵列结构所组成,通过制备微透镜阵列来仿生昆虫复眼的技术已经呈现。微透镜是指尺寸在微米至毫米范围内的光学透镜,可以把常规尺寸的图案或结构缩小到微米或纳米量级,从而使获得小尺寸上的微结构变得简单易行;微透镜及其阵列作为重要的光学元件,不仅在仿生领域,而且作为光学功能元件,在波前传感、光聚能、光整形等现代高新科技中有广泛的应用。微透镜阵列,不仅具有传统透镜的聚焦、成像等基本功能,而且单元尺寸小、集成度高、设计灵活,能够完成传统光学元件无法完成的功能。

良好的光学性能是微透镜材质的必然要求,一些高聚物,如聚苯乙烯和聚甲基丙烯酸甲酯不仅具有良好的光学性能,而且可以用多种技术进行微纳米图案化,是制备微透镜及其阵列的上选材料。例如,用微热模塑技术压制 PS 和 PMMA 成方格状微突起点阵结构,再利用 PS 和 PMMA 在熔融状态时表面自由能不断减小直至最稳定状态的特性,通过加热熔融成功地将微阵列转换成了半球状的塑料微透镜阵列。

制备微透镜的方法就是最近发展起来的软刻蚀技术。把聚二甲基硅氧烷(有机硅橡胶 PDMS)浇铸在用光刻蚀技术制备的带有微阵列结构的硅片模板上,固化,揭下即成含有凹陷点阵图案的 PDMS 弹性印章。用这印章紧压于 PS(和 PMMA)薄膜表面,置于高于 PS(和 PMMA)玻璃化转变的温度恒温保持 4 h,自然冷却至室温,小心地移去 PDMS 印章,这样,在载玻片表面就获得了和硅模板图案一致的凸起的 PS(和 PMMA)点阵微结构。将热模塑法制备的点阵微结构,放在 PS 和 PMMA 玻璃化温度 T_g 以上温度的恒温箱内,使它们微点阵熔融并自动回缩形成球面,冷却取出即得到 PS(和 PMMA)球面微透镜阵列(图 11-29)。

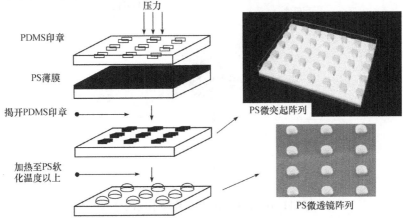

图 11-29　微模塑成形示意图和由此制得的 20 μm×20 μm 聚苯乙烯 PS 点阵微结构的 STM 照片

微透镜的成镜实验使用"Y"形标记在微透镜阵列下的聚光性用透射光学显微镜下拍摄,照片呈现"Y"形标记的微阵列(图 11-30)。

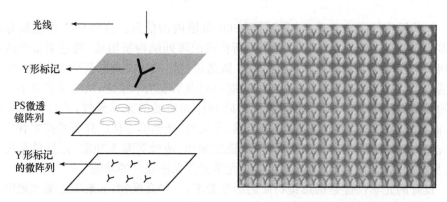

图 11-30　使用字"Y"检验微透镜阵列聚光现象的显微镜照相装置示意图和实照

相比 PS,用 PMMA 压制微突起和制备微透镜效果并不好,而用 PS 则能得到光学性能良好的微透镜阵列。压制 PS 微突起的条件是 120～160℃,时间 10～20 min;微透镜成镜的条件是 170℃,时间 10～20 min。

11.7　高聚物的磁学性能

按磁性物质中自旋的不同取向,可以将磁性物质分类。若按表征磁性强弱的磁学量磁化率 χ 来分类:$\chi<0$,且很小时是抗磁性;$\chi>0$,在 $10^{-6}\sim10^{-3}$ 量级时是顺磁性;$\chi>0$,在 $10\sim10^{6}$ 量级时是铁磁性;$\chi>0$,在 $10^{0}\sim10^{3}$ 量级时是亚铁磁性;而 χ 在某一温度取得最大值,则是反铁磁性(图 11-31)。

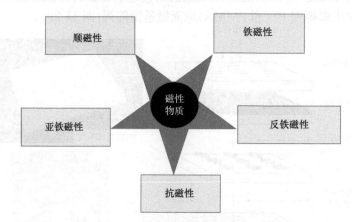

图 11-31　磁性物质按磁化率不同的分类

11.7.1　高聚物有机磁性材料的性能特点

谈到磁性,通常想到的是含铁或稀土金属元素(钴,镍)的合金和氧化物等无机磁性体。

是的,无机磁性体经过近百年的发展,已经形成了一个庞大的家族,按材料的磁特性来划分,有软磁、永磁、旋磁、记忆磁、压磁等;按材料构成来划分,有合金磁性材料、铁氧体磁性材料。上述材料尽管种类繁多,庞杂交叉,但都属于无机物质的磁性材料或以无机物质为主的混合物质磁性材料。从分子原子观点来看,无机磁性体的金属、合金和矿物大多是含有 3d 和 4f 轨道,这一点在有机分子中都很难达到,因为大多数有机分子由于闭壳层的电子构型而呈抗磁性。但由于无机磁性材料须经高温冶炼才能应用,精密加工困难,加工过程中磁损耗大,又沉重,使得传统磁性材料在高新技术和尖端科技应用受到一定的限制。

因此,人们非常迫切希望密度小、加工容易的有机和高聚物材料能够呈现出磁性。在 20 世纪 80 年代中期,高聚物有机磁性材料应运而生,出现了新的交叉学科——有机和高聚物磁学。与传统的无机磁铁相比,高聚物磁性材料具有下面将要介绍的很多优点。这些特点使高聚物有机磁性材料作为新型光电功能材料具有广阔应用前景。同时,高聚物铁磁体的出现对凝聚态理论的发展也有重要意义,因不含任何无机金属离子,该类磁体的磁性机理及材料合成出现了很多新概念和新方法。

磁性高聚物分为结构型和复合型两大类。复合型磁性高聚物材料是指以高聚物材料与各种无机磁性材料通过混合黏结、填充复合、表面复合、层积复合等方式加工制得的磁性体。结构型磁性高聚物是指不加入无机磁性材料,高聚物自身具有强磁性的材料。结构型磁性高聚物按其基本组成可分为纯有机磁性高聚物和金属络合物和电荷转移复合物有机磁性高聚物,前者以对稳定自由基取代双炔体系以及聚卡宾体系的研究为代表,着重于基础理论研究。事实上,欲以 C、H、O、N 等组成纯有机磁性高聚物相当困难,因为各种顺磁中心或自由基都相当活泼,当它们彼此靠近时,很容易使电子配对而无法形成磁性高聚物。后者以对二茂金属有机磁性高聚物、桥联型金属有机络合物磁性高聚物以及席夫(Schiff)碱型金属有机络合物磁性高聚物的研究为代表,着重于应用性探索。相对于纯有机磁性高聚物而言,金属有机磁性高聚物的研究和应用成果要多一些。尽管在磁性高聚物材料领域中,真正已实用的主要是复合型高聚物磁性材料,大多数结构型高聚物磁性材料只有在低温下才具有铁磁性,这类材料目前尚处于理论研究探索阶段,但本节仅涉及结构型磁性高聚物的磁学性能。

高聚物有机磁性材料有如下的性能特点。

(1) 由小分子单体聚合而得的高聚物分子量高达数千乃至数万,合成制备方法简单,加上由 C、H、O、N 等元素组成的高聚物化学性能稳定。高聚物的后加工无须烧结,只需常用的挤出、热压等成型方法,加工方便。还可以与其他高聚物共混改性。磁性元件属塑性软磁产品,不会因高温烧结而导致的尺寸偏差,且加工性能好,可进行切、车、铣、钻等机械加工,抗振动和抗冲击性能也好。

(2) 从磁性能看,高聚物有机磁性材料属于软磁。本征磁特性参数的比磁化强度为 20~27 A·m²/kg,剩余磁化强度为 2.91 A·m²/kg,矫顽力 4.9 kA/m;应用磁特性参数的初始磁导率 μ_i(1000 MHz 时) 为 3~6,比损耗因子(1000 MHz 时)$\tan\delta/\mu_i$ 为 2.7×10⁻³,低损耗适用频率范围为 200~3500 MHz。

(3) 材料的介电特性较好。在 1~1000 MHz 下,实数介电常数 ε' 为 8.2~8.3,虚数介电常数 ε'' 为 0.21~0.22,电阻率≥10¹⁰ Ω·cm。

(4) 高聚物有机磁性材料密度低。磁粉和磁片的密度分别为 0.33 g/cm³ 和 1.05~2.05 g/cm³,适应温度范围宽,达 1.5~450 K,磁性能随温度的变化很小,$\Delta\mu/\mu_i$ 在 −55~15℃ 和 55~125℃ 区间磁性能改变分别为 −0.4 % 和 1.4%。且直到高聚物分解破坏时,磁性才消失,几乎无渐变过程。耐热冲击好,在 −45℃、20℃ 以及 125℃ 间反复升降温度,和从 −45℃ 到 100℃ 剧烈温度剧变下磁性无异常,还抗辐射。

(5) 与无机磁体相比,高聚物有机磁性材料有利于使用于生物体中流动的各种液体的控制系统,如人工脏器。如制成微型胶囊即可用磁铁使药物定向输运至患处等。

这样,具有不导电、密度小、透光性好、溶于普通溶剂、可塑性强、易于复合加工成形的有机磁性材料会在诸如航天材料、微波吸收材料、光磁开关材料、电磁屏蔽材料、磁记录材料和上述兼容材料等方面得到广泛的应用。表 11-7 是金属有机磁性材料与传统的 NiZn-5 铁氧体材料性能的一般比较。

表 11-7　金属有机磁性材料与传统的 NiZn-5 铁氧体材料的性能比较

磁性能	金属有机高聚物磁性材料	NiZn-5 软磁铁氧体材料
初始磁导率 μ_i	3~6 3~6(1000 MHz)	4~6 1.5~2.0(1000 MHz)
比损耗因子 $\tan\delta/\mu_i$	116×10⁻⁵(200 MHz) 270×10⁻⁵(1000 MHz)	200×10⁻⁵(200 MHz) 300×10⁻⁵(1000 MHz)
适用温度范围/℃	−272~150	20~80
温度变化率×100% (−55~+15℃)	≤0.001	≤2.0
居里温度 T_c/℃	≥200	≥500
剩余磁化强度 B_r/T	5.0×10⁻⁴	1200×10⁻⁴
矫顽力 H_c/(A/m)	6386	1990
饱和磁感应强度 B_s/T	1160×10⁻⁴	1200×10⁻⁴
电阻率/Ω·cm	≥10¹⁰	≥10⁶
密度/(g/cm³)	1.21	3.8
适用频率 f/MHz	>200~500	300

11.7.2　有机化合物磁学性能的一般概念

顺磁性或磁性的物质中,原子或分子必须具有稳定的固有磁矩,即这些原子、离子和分子的电子壳层中必须具有未成对电子,以使体系电子保持总自旋不为零。传统的无机磁体通常是由带有未成对 d 层或 f 层电子的过渡金属及其氧化物或稀土元素组成。通常的高聚物是共价键结合而成,并不具有未成对电子,由这种分子制得的固体材料常常是抗磁性物质,不具有顺磁性或铁磁性。

物质磁性的微观起因是它们内部或可以形成高自旋的电子态,如过渡金属的盐类,或使其电子自旋整列化,如金属中那样。通常的有机分子大多由共价键构成,一般只具有低自旋电子态,所以常常是抗磁性的。因此,要使有机分子具有磁性,必须构造高自旋电子态。

先来看一看呈现顺磁性的氧分子 O_2 的电子态。氧分子外层有 8 个电子 $1s^2 2s^2 2p^4$,按排布电子的洪德定则,即它们半满的充填将是稳定的,这样氧分子中的两个 2p 电子将不再成对,而是自旋平行地分占二重简并的 HOMO 上,形成高自旋态(图 11-32)。在有机高聚物分子中,自由基具有未成对电子,具有净自旋。

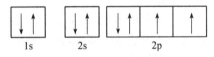

图 11-32　氧分子外层的电子排布

未成对电子在空间的分布叫自旋密度。由于同一个原子内电子自旋倾向于平行的洪德定则以及形成化学键的电子自旋为反方向的成键规则,自由基($\cdot CH_3$)中 C 具有正自旋密度,H 具有负自旋密度。

某些芳香族自由基和烯烃自由基具有大的正原子或负原子自旋密度,通过分子自旋离域和自旋极化,这些自由基在晶体中形成正反自旋区域相间分布,当正自旋密度远大于负自旋密度就可出现铁磁耦合而显示出磁性。由此可见,有机化合物是有可能呈现出强磁性的。

但铁磁性不是单个分子的性质,而是分子集合体(凝聚态)的性质。因此,为了实现宏观铁磁性,自旋之间的铁磁性相互作用必须至少在二维方向上有效。

事实上,20 世纪 60 年代以来就有理论推测有可能制备出具有强铁磁性的高聚物。果然,80 年代第一个有机磁体——聚丁炔衍生物就被合成了出来(奥夫钦尼科夫 Ovchinnikov,1986)。1987 年有人报道了二茂铁衍生物与四氰基乙烯(tetracyanoethylene,TCNE)形成的电荷转移复合物(十甲基二茂铁-TCNE 电荷转移复合物,米勒 Miller,以及我国学者林展如)存在着铁磁相互作用。同年,又报道了在含有氮氧自由基侧链的聚双炔中观察到了铁磁现象。1989 年发现了有较强宏观铁磁性的小分子自由基有机化合物。近年来,更在 C_{60} 的电荷转移复合物铁磁性研究以及含有磁性元素的分子磁体研究,都有很大进展。

一般来说,要使有机化合物具有宏观铁磁性必须满足如下两个条件,那就是①体系中的原子或分子必须具有顺磁性,即含有稳定的自由基,这是有机物具有铁磁相互作用的必要条件;②自由基之间必须有铁磁相互作用。这是有机物获得宏观铁磁性的充分条件。这两个必要和充分条件必须满足,缺一不可。

在这里,首先介绍几个获取有机铁磁体的主要途径。

1. 自旋交换(海特-伦敦,Heiter-London)机制

在某些芳香族和烯族化合物的固体自由基化合物中,具有大的正原子 π-自旋密度和负原子 π-自旋密度的自由基一层层地排列着,相邻自由基虽然自旋总趋于反平行,但通过分子自旋退局域化和自旋极化,导致分子链形成正、负自旋区域相间的自旋分布图像,这样具有正自旋密度的原子与相邻分子中具有负自旋密度的原子就会发生交换耦合,特别是当正自旋密度远大于负自旋密度时,就会产生宏观上铁磁交换作用(铁磁耦合)。这是一种成对方式的铁磁交换机制。为了获得宏观的体铁磁行为,需要在三维方向上都有铁磁交换,稳定的自由基化合物,如 TCNE、TCNQ 或含有(NO·)自由基的共轭体系等,因具有不相等的正负自旋密度,故也符合上述条件。

还有人提出如图 11-33 所示的模型(超级交换模型),图中上层的灰球表示的是大分子链状分子体系,由于相邻的未成对电子自旋之间的反向排列,这个链的自旋是相互抵消的,材料呈现出的是反铁磁相互作用。但是如果通过化学方法将下层的球所示的自由基以每隔一个灰球的间隔连接到上层球所示的分子链上,尽管上、下层球自由基间的相互作用是反铁磁的,但是,当下层球所示的自由基的自旋处在同一个方向时,则上层灰球所示的分子链具有未被完全抵消的自旋,而获得铁磁相互作用。奥夫钦尼科夫用稳定自由基取代全共轭骨架聚丁二炔得到铁磁耦合就是实例。

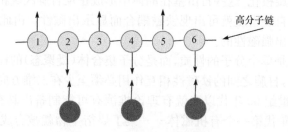

图 11-33　超级交换模型示意图

2. 电荷转移复合物

这是一个基于最低激发态与基态相互混合的电荷转移模型,主要思想是利用高自旋激发态的组态相互作用来稳定铁磁耦合。由电子给体 D 和电子受体 A 组成的线性序列链…$D^+ A^- D^+ A^- D^+ A^-$…表示激发态与基态之间的混合交叠。如果电子给体 D 和电子受体 A 都处在反铁磁性的基态(即处于基态的单线态分子,

图 11-34(a)),则经过电荷转移后成为双线态的自由基 D^+ 和 A^-,两者之间相互作用后转化为单线态和三线态。

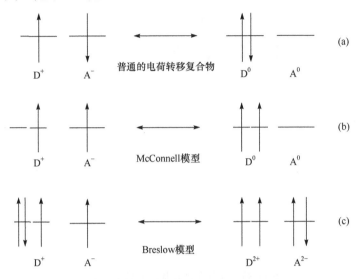

图 11-34　电荷转移复合物的自旋排列模型

该电荷转移是由原来的单线态贡献的,但在能量上单线态要比三线态稳定。与此相反,由三线态的 D 和单线态的 A(或相反)所形成的电荷转移复合物时(麦康奈尔(McConnell)模型,图 11-34(b)),因为基态(D^0A^0)参与,使得三线态较稳定,并且电子的自旋可以相互平行。当这种电子的相互作用扩展到整体时,即成为强磁体。此机理的通常形式也可表示为图 11-34(c)所示的离子自由基(布雷斯洛(Breslow)模型)。这种离子化的化合物之间若以静电相互作用,则有可能形成…ADAD…交替排列的层状结构。

3. 高自旋多重态的高聚物

二苯基卡宾的基态有三重态行为,由间位取代的三线态二苯基卡宾组成的大 π-共轭平面交替烃,通过洪德定则将具有铁磁耦合,为了获得这种具有高自旋基态的高聚物(图 11-35),一种可取的方法就是开壳层单体的聚合。开壳层的单体一般是指有机自由基。由于有机自由基含有未配对电子,若能够合成一种由有机自由基构成的材料,使得材料中各有机自由基上的未配对电子的自旋平行取向,就能获得铁磁耦合的材料。如果把含有机自由基的单体加以聚合,这样一方面可以使有机自由基稳定存在,另一方面又可以通过主链的传递耦合作用使得各有机自由基的未配对电子之间产生铁磁性的自旋相互作用,从而获得宏观铁磁性。当然,除了引入有机自由基作为顺磁中心外,还可以把高聚物中产生的各种极化子等有自旋的准粒子作为顺磁中心,依靠 π-共轭体系的传递耦合以及特定的排列方法,实现它们之间的铁磁耦合。

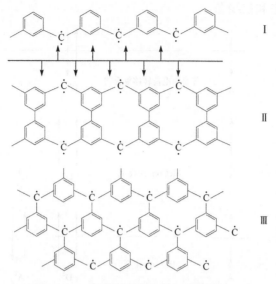

图 11-35　具有高自旋基态的高聚物结构

对氧分子,以及对高聚物,若 q 是轨道简并度,自旋多重度为 $q+1$。图 11-36 是共轭双键有机化合物碳原子数 N,所含双键数 T 与 q 的关系。因此,探讨具有简并的前线轨道(HOMO、NBMO)的分子便成为高自旋有机分子的分子设计的一个关键问题。

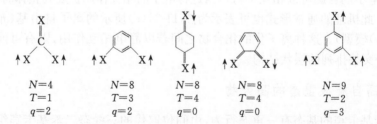

图 11-36　共轭双键有机化合物分子的自旋态

合成有价值的磁性高聚物的设计准则:①含未成对电子的分子间能产生铁磁相互作用,达到自旋有序是获得铁磁性高聚物的充要条件;②分子中要有高自旋态的苯基,含 N、NO、O、CN、S 等自由基体系或基态为三线态的 4π 电子的环戊二烯基阳离子或苯基双阳离子等;③使 3d 电子的双金属有机高分子络合物的两金属离子间结合一个不含未成对电子的有机基团;④按电荷转移模式设计的对称取代二茂金属及其稠环高分子量化合物,与受体 TCNE(四氰基乙烯)、TCNQ(四氰基二亚甲基苯醌)等作用可生成电荷转移盐铁磁体。

需要指出的是,要通过麦康奈尔机制或其变体获得铁磁相互作用,稳定的自由基必须具有简并的、非半满的、部分占据的分子轨道,而且通过电荷转移形成的最低激发态和与之混合的基态应有相同的自旋多重性,这就要求自由基的结构必须具有较高的对称性以使不至于发生对称破缺。要获得铁磁性,必须同时考虑激发态的链内与链间的混合构型。因为即使链内有完好的自旋排列,如果相邻的链间自旋排列相反,那么整个体系则仍是反铁磁作用占主导地位。

11.7.3　结构型有机高聚物磁体

结构型磁性高聚物的设计有两条途径:①根据单畴磁体结构,构筑具有大磁矩的高自旋高聚物,即多自由基高聚物,其不成对电子贡献高聚物磁性;②参考 Fe、金红石结构的铁氧体,对低自旋高聚物进行调整,从而得到高性能的磁性高聚物,其磁性源于过渡金属的 d 或 f 电子。按照高聚物类型的不同,结构型磁性高聚物可分为以下几类:纯有机铁磁体、高分子金属络合物和电荷转移复合物。

1. 纯有机铁磁体

从结构看,纯有机铁磁体是不含磁性金属元素的氮氧自由基铁磁性有机高聚物。因不含任何无机金属离子,该类磁体的磁性机理及材料合成出现了很多新概念和新方法。将通常高聚物经光解可得到高自旋的高聚物(图 11-37)。

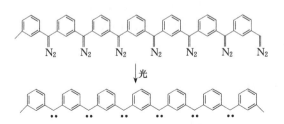

图 11-37　高自旋一维高聚物生成示意图

由图可见,如果聚合度为 m,则自旋平行的电子数为 $2m$ 个,具有 $(2m+1)$ 重项的自旋多重度。由于高自旋的高聚物分子并不稳定,可用有关取代基来提高稳定性(图 11-38)。

表 11-8 列出了最早得到的磁性高聚物的有关信息[表中计量单位换算关系是 1 G(高斯)$=10^{-4}$ T(特斯拉),1 Oe(奥斯特)$=(1000/4\pi)$ A/m]。详述如下。

已经制得的有机磁体有以下几种。

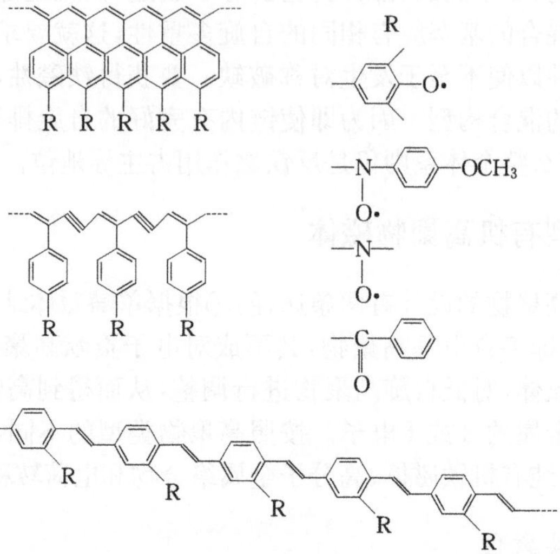

图 11-38　高自旋带取代基的一维高聚物

表 11-8　磁性高聚物的有关信息

高聚物(年份)	饱和磁化强度 M_s/(G/g)	剩余磁化强度 M_r/(G/g)	矫顽力 H_c/Oe	居里温度 T_c/℃
聚 BIPO(1986)	0.02(室温)	0.65(4.6 K 以下)	500(4.6 K 以下)	150～190
聚 BIPENO(1988)	3.0	—	—	—
1,3,5-三氨基苯碘(1984)	$1.5×10^{-2}$	—	—	360
2,4,6-三重氮间苯酚(1987)	2.0	0.6	650	—
热解聚丙烯腈(1988)	15	1.5	80～100	480～500
聚 DPEPV(1988)	0.18	—	60	—
聚环芳烃树脂 COPNA(1988)	0.12	—	65	—
聚 BPHC-DA(1989)	0.2	0.05	455	—

1) 聚双炔和聚炔类

1,4-双-(2,2,6,6-四甲基-4-羟基-4-哌啶-1-氧)丁二炔(Poly(1,4-bis(2,2,6,6-tetramethyl-4-piperidyl-1-oxyl)-butadiin,BIPO)是第一个人工合成得到的磁性高聚物。它以聚二炔(聚双炔)为主链(反式聚乙炔结构,如图 11-39(a)所示),稳定的氮氧自由基为侧基,将两个稳定的 4-氧-2,2,6,4-四甲基哌啶 1-氧自由基接到丁二炔上得到单体,然后在紫外光照或 100℃下聚合得到的多晶高聚物。但上述反应烦琐,条件苛刻,产率低,重复性差,甚至有人怀疑产物呈现出的微弱铁磁信号是由无机杂质引起的。以后改进的合成方法,用丁二炔二钠盐与 4-氧-2,2,6,6-四甲基哌啶-1-氧自由基在液氮温度下反应几小时即可得到橘红色的 BIPO 单体。在真空中加热聚合数天得到聚-BIPO 黑色粉末。氧氮自由基是可靠的固有磁矩源,并且作为双炔类化合物的丁二炔,其单体单晶可直接得到其高聚物的单晶,因此它们不失为研究高聚物磁性体很好的研究对象。

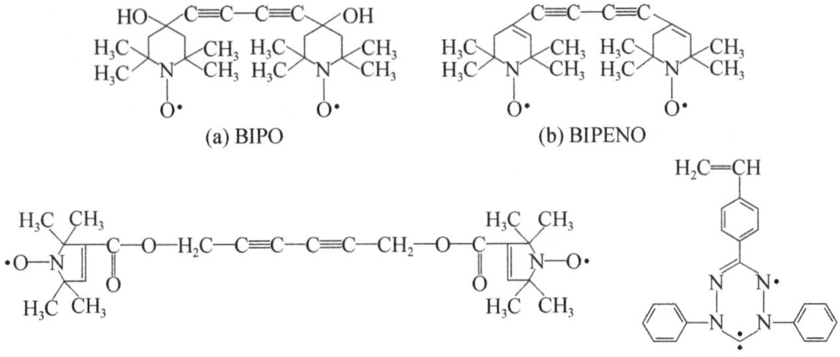

(a) BIPO　　　　　　　(b) BIPENO

(c) BPCH-DA　　　　　　(d) DPEPV

图 11-39　聚双炔类的单体化学结构

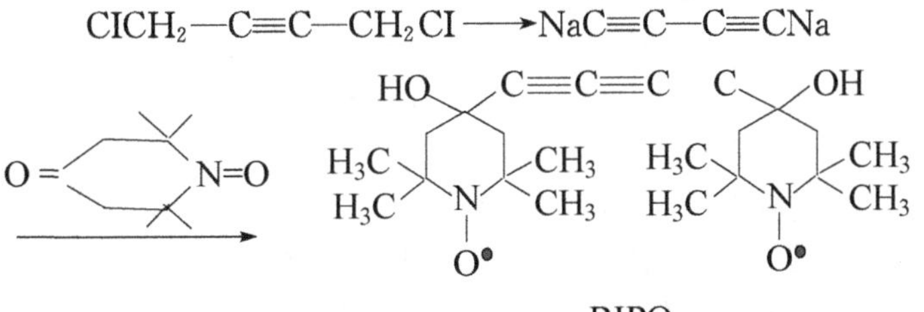

BIPO

测定单体 BIPO 及聚-BIPO 在 1.5 K 和 20 K 时的磁化曲线(图 11-40)。比较发现,聚-BIPO 有明显的铁磁性质,而单体 BIPO 仅表现为顺磁特性。因为这里聚-BIPO 是将单体 BIPO 在真空管中加热而得,未引进任何杂质,所以二者之间的磁特性的不同是加热聚合过程引起的。从过渡金属元素的原子吸收结构也肯定了这一点,基本上排除了试剂中残余无机杂质(Fe、Co、Ni 等)引起铁磁性的可能。这表明聚-BIPO 具有本征铁磁性,其铁磁性来源于聚合过程中的氮氧自由基的自发诱导取向。曾将双侧自由基改为单侧和双侧无氮氧自由基,其磁学性能呈现规律性的下降,说明自由基是磁性的载体。

每个单元内有一个未配对电子存在,各单元内未配对 π 电子之间的相互作用将可能导致体系呈现一种铁磁性。进一步考虑到 π 电子与未成键电子之间的铁磁交换关联,这种铁磁性将是稳定的。不同聚合条件得到高聚物的磁性很不相同。第一个合成的有机高聚物磁体表明把稳定自由基引入共轭主链能得到高聚物磁体的分子设计思想的正确性。图 11-41 是我国学者曹镛做出的聚-BIPO 在 1.5 K 下的磁滞回线,测得的剩余磁化强度 $M_r = 0.025$ emu/g 和矫顽力 $H_c = 295$ Oe。与

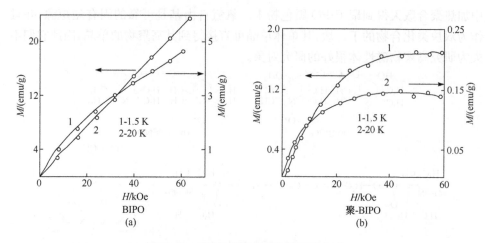

图 11-40　BIPO 及聚-BIPO 的磁化曲线

BIPO 类似的另一个稳定自由基 BIPENO(图 11-39(b)),与双炔类高聚物 PTS 共聚得到磁性高聚物,性能比聚 BIPO 稍好。

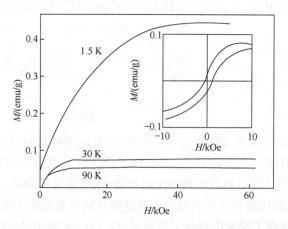

图 11-41　聚-BIPO 在 1.5 K、30 K 和 90 K 下的磁化强度与磁场的关系

图 11-39(c)聚 2,4-双-(2,2,5,5-四甲基-1-氧-3-吡咯啉羧酸酯)己二炔(聚 BPCH-DA)是我国科学家成功合成的,磁性与 BIPO 类似,且自旋浓度更高,达 1.07×10^{23} spin/mol。此外,还有侧链有稳定自由基的 2,4,6-苯基-四嗪乙炔衍生物[DPEPV,图 11-39(d)],聚合后每 8 个自由基中仅留下 1 个,其高聚物的自旋浓度高达 2.3×10^{20} spin/mol。

2) 含氨基团取代苯衍生物的高聚物

1,3,5-三氨基苯经碘处理得到的黑色物质有强磁性,室温下就可测出磁滞回线。不过,当温度升高到 420℃ 以上,它们就会分解而失去磁性,且不能再恢复。

这表明磁性是来源于高聚物,并表明采用高对称分子得到简并态是产生高自旋态的一个好办法。这类高聚物的另一个例子是三重氮间苯三酚(图11-42)热分解聚合得到的暗褐色物质,据饱和磁化率估算出贡献于磁性的自旋密度为约每 13~14 个单元有一个未成对电子。

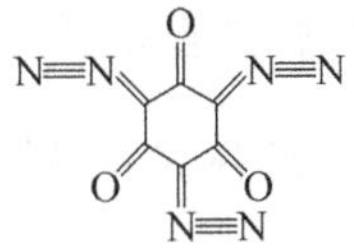

图 11-42　含氨基取代苯衍生物——三重氮间苯三酚的高聚物磁体的单体化学结构

3) 热解聚丙烯腈

在 900~1100℃时热解聚丙烯腈会得到含有晶相和非晶相,具有中等饱和磁化强度($M_s = 15$ G/g)的黑色粉末。其中晶相能起磁化作用,经用磁体反复分离出来的部分 M_s 可达 150~200 G/g,剩余磁化强度 M_r 为 15~20 G/g,电子的自旋浓度为 $1×10^{23}$ spin/cm³。但这种高聚物的磁性重复性较差。

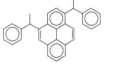

图 11-43　二维高聚物的关键结构

4) 二维高自旋高聚物

把多环芳烃与芳香醛反应能得到磁性树脂 COPNA,它具有关键的结构如图 11-43 所示,可以说是二维高自旋的高聚物。如果缩合反应是在磁场存在下进行,得到的产物磁性更高。由二萘嵌苯与苯甲醛在氧化剂苯醌作用,高压汞灯照射下反应得到的产物也是磁性高聚物,特别是 COPNA 树脂的磁性重复性很好。

5) 含富勒烯的结构型高聚物磁体

1991 年,发现了第一个软铁磁性的结构型高聚物磁体 C_{60}TDAE$_{0.86}$,TDAE 是四(二甲氨基)乙烯,其 $T_c = 16.1$ K。这个结构型高聚物磁体的矫顽力为零,即完全没有磁滞现象,是一个非常软的结构型高聚物磁体。此后人们不断对 TDAE-C_{60} 的晶体结构、导电性、电子自旋进行研究并提出很多种理论假说对其进行多方面解释,主要有自旋玻璃态模型、超顺磁性、巡游铁磁性等。也有人合成了含有 C_{70} 的类似结构物质,但其在 4 K 以上没有明显铁磁性。到目前为止,这类含富勒烯的结构型高聚物磁性材料还是含 C_{60} 的性能较好,如二茂钴-3-氨基苯 C_{60}($T_c = 19$ K)。

一般情况下,纯有机铁磁体重复性差,相变温度 T_c 太低(T_c 为 16.1 K),因此纯有机铁磁体目前仅限于理论研究,如从静态铁磁学转向动态铁磁学研究。当然在合成制备方面,将寻求更合理的分子设计和更有效的合成路线。在应用研究方面,由于密度小,易加工,在航空航天等有特殊要求的磁性器件中有望得到应用;又由于绝缘性好,不存在涡流,故在微波通信及电子对抗方面的各类磁发生材料中可获得应用;还由于其磁性表现在分子水平上,如果用于磁存储单元,将可极大地提高存储密度,再与有机分子导体,有机分子逻辑元件及开关元件配合,则可组成完整的有机分子功能块,使计算机技术大为改观。这些应用前景,使得人们对结构型高聚物磁性材料的研究更有兴趣。以高分子化学和无机磁学为基础发展起来的磁性高聚物,是真正的交叉学科。

2. 高分子金属络合物和电荷转移复合物

1967 年提出的可能呈现铁磁性的链结构模型,是由电子给体和电子受体组成的离子晶体,如果呈线形排列,只要电子给体或电子受体中有一基态为三线态,通过电荷转移所产生的双自由基就也为三线态,电子自旋呈平行排列而获得宏观铁磁性。该模型中设计的有机磁体是在 1985 年第一次实现的含铁结构型高聚物磁性材料,该材料在 4.8 K 以下是铁磁体。此后人们又陆续合成了具有相似结构的结构型高聚物磁性材料。在设计和合成这一类含金属的结构型高聚物磁性材料过程中,有机金属化学起了很大的作用。

金属有机磁性高聚物含有多种顺磁性基团,而且合成方法一般较容易。含有磁性金属离子的有机强磁体——高聚物金属络合物和电荷转移复合物,如 $[M(CP)_2]^+[TCNE]^-$、$CsNi[Cr(CN)_6](H_2O)_2$、$V[Cr(CN)_6]_{0.86}(H_2O)_{2.8}$、$PPH \cdot FeSO_4$ 等强磁性体。

1) 桥联型金属有机络合物磁性高聚物

桥联型金属有机络合物磁性高聚物是指用有机配体桥联过渡金属以及稀土金属等顺磁性离子,顺磁性金属离子通过"桥"产生磁相互作用,结果获得宏观磁性的一类磁性高聚物。此类高聚物被认为是最有希望获得实用价值的金属有机络合物磁性高聚物。顺磁性金属离子间的磁相互作用对高聚物的磁性起十分关键的作用。例如,用水热法合成了锯齿形链结构的 $[Co(pzca)_2(H_2O)]_n$ 和平面层状结构的 $[Mn(pzca)_2(H_2O)]_n$ (pzca=pyrazinecarboxylate),两者中的金属离子间都显示了弱的反铁磁性相互作用。又如 $Ho(BA)_2$ (BA=benzoylacetone) 单体,用自由基聚合与 MMA (methyl methacrylate) 共聚得到 MMA-co-AA Ho $(BA)_2$ (AA=acrylic acid)。所得单体和共聚物在 4~200 K 之间有效磁矩随温度升高而下降,而且共聚物在 260℃ 以下在氮气环境中是稳定的,由于高分子链的长程有序,表现出比单体更强的反铁磁相互作用。

2) 二茂金属有机磁性高聚物

最早的一系列十甲基二茂铁 TCNE 类的电荷转移金属有机铁磁体不具有实用价值。我国学者林展如成功地研制出了多种常温稳定的实用型二茂金属高聚物磁体,开发了一条成本较低的合成路线,得到质轻(密度仅为 1.21 g/cm³)、易加工、抗辐射的有机高聚物磁体(OPM)。其可能的结构为

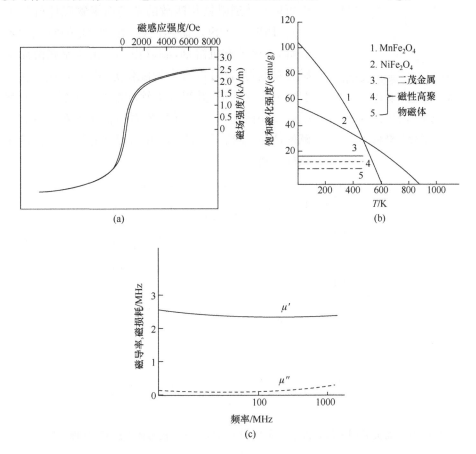

OPM 为黑色粉末,溶于甲酸和浓硫酸,不溶于一般的有机溶剂,分子量为 2500～3080,在空气中温度低于 210℃不分解。

最能反映 OPM 磁特性的是它的磁滞回线。图 11-44 是 25℃观察到的磁化强度与作用磁场的关系。它在常温时的饱和磁化强度 $\sigma_B = 18.5$ emu/g($H = 6.37 \times$

图 11-44　二茂金属磁性高聚物磁体的基本物性

(a) 磁滞回线,25℃;(b) 饱和磁化强度与温度的关系;(c) 磁导率 μ',磁损耗 μ''与电磁波的频率关系

10^5 A/m),顺磁 σ_r=1.04 emu/g,矫顽力 H_c=3264.3 A/m。这表明二茂金属有机高聚物磁体具有铁磁材料的特征,是一种常温下有用的软磁材料。此外,二茂金属有机高聚物磁体在 10～1000 MHz 电磁波频率范围内对传输信号产生的磁损耗很小,并且用它们制成的磁性线圈在−60～+80℃ 范围内,其感抗几乎与温度无关,这与普通磁体有明显的温度敏感性截然不同。加上其介电常数、介电损耗、磁导率和磁损耗基本不随频率和温度变化,适合制作轻、小、薄的高频、微波电子元件。

3）席夫碱型金属有机络合物磁性高聚物

席夫(Schiff)碱的特殊结构使其极易与顺磁性的过渡金属离子形成配合物。

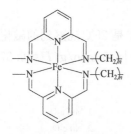

图 11-45　席夫(Schiff)碱型金属有机络合物磁性高聚物 PPH·FeSO₄ 的化学结构式

最引起人们关注的是 PPH·FeSO₄ 型高聚物磁体(图 11-45),它是以 PPH(聚双-2,6 吡啶基辛二腈)高聚物为基础,合成出的性能极为优良,常温下铁磁性可以与普通磁铁相匹敌的新型高聚物磁体(图 11-46)。PPH·FeSO₄ 耐热性好,在 300℃ 的空气中不分解,不溶于有机溶剂,剩磁极小。由于水杨醛席夫碱容易制得,且可以有多种配位方式,如合成了含双噻吩的聚席夫碱,并得到了软磁性产物,又用 N-氧化吡啶 2-甲醛与 1,3 二氨基 2-丙醇合成了新的双席夫碱配体,并制得了 8 种 Co(Ⅱ)、Mn(Ⅱ)、Ni(Ⅱ)的单核配合物。

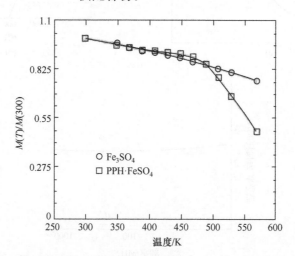

图 11-46　席夫碱型金属有机络合物 PPH·FeSO₄ 与无机磁体 Fe₃SO₄ 磁性的比较

目前,这方面的研究工作主要集中在两方面:①设计和制备新的分子基铁磁体,研究新体系的磁性-结构相关性;②对已知的分子基铁磁体,通过调节分子结构,提高铁磁体的铁磁相变临界温度和增大矫顽力。理论上,宏观铁磁性是铁磁性材料在三维空间长程磁有序的协同结果,因此,在设计新的分子基铁磁性体系时,力求增强分子间的相互作用。磁性配位高聚物能满足这一要求,因而,设计和合成磁性配位高聚物就成为分子基铁磁体研究的热点。例如,有人合成了两种新的草酸根桥联的双金属层状配合物,元素分析、红外光谱表征、变温磁化率测定结果表明,在这两种层状配位高聚物中,相邻的金属离子之间存在反铁磁耦合作用。

　　最近的进展有美国科学家合成了如图 11-47(a)所示的第一块不含任何金属成分,完全由高聚物构成的磁性塑料,但它很不稳定,只能在无氧的超低温(10 K)环境下保持磁性。还合成了以铜离子缔合吡嗪而成的高分子金属络合物[图 11-47(b)]。

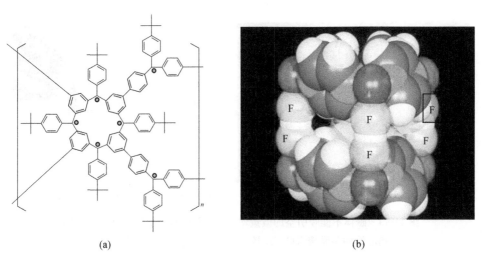

(a) 　　　　　　　　　　　　　(b)

图 11-47　新合成的磁性高聚物结构式(a)和以铜离子缔合吡嗪而成的高分子金属络合物(b)
标有"F"的球成对组成双氟化合物 HF^{2-},像桥一样用氢键把两个平面拉在一起

　　此外,155℃下,在三氟甲磺酸(TFMSA)中 TCNQ 单体的自聚合可以制得三氮杂苯的网络结构(图 11-48)。通过扭曲三氮杂苯环周围的 π 键,并通过在聚合的 TCNQ(聚-TCNQ)网络结构玻璃态中的捕获,产生高度稳定的自由基。

　　聚-TCNQ 中未配对电子(自由基)的存在由固态电子自旋共振(ESR)光谱所证实。磁性特征表明存在有自旋 1/2 力矩,正是它导致临界温度明显高于室温的铁磁有序(图 11-49)。验证有机铁磁性起源的严格理论计算也支持所得的实验结果。上述的研究结果不但指明了有机磁性材料的新方向,并且也为设计能呈现铁磁有序的中性稳定自由基的新结构提供了更大范围的可能性。

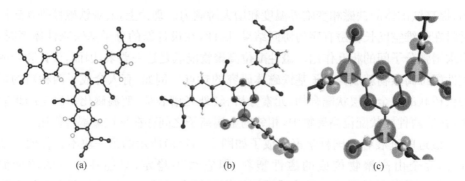

图 11-48 一种可在室温下表现出铁磁性的纯有机材料结构

该结构演示了纯有机材料产生的室温铁磁性

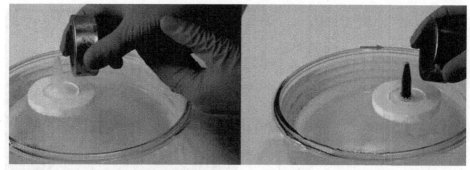

(a) 磁体对空的离心管没有吸引力　　　　(b) 充满聚-TCNQ的离心管会被磁体拉拽着移动

图 11-49 磁体不能吸引空的微量塑料离心管(a),但如果在这微量塑料
离心管中装满聚-TCNQ,那么它将会被磁体拉拽着移动(b)

11.8 高聚物有机磁性材料可能的应用

由于高聚物有机磁性材料具有密度低、适用温度范围宽、温度变化率低、在高频和微波频率下磁损耗低,磁性能、介电性能和化学性能十分稳定,不需烧结、可加工性好、抗振动性和抗冲击性好等明显优于其他软磁材料的优良特性,因而在军工和民用方面都应该具有十分广泛的应用。但是,高分子有机磁性材料具体应用于哪些方面,还需相当时间的开发、研究,才能确定。预计的开发应用前景有如下几个方面:

(1) 在 200～3500 MHz 频率范围内做各类通信天线。例如,在手机中做天线,长约 4 cm,可装入机身内,携带使用非常方便。特别是用有机磁性材料做天线可使电磁辐射下降 80％左右,非常有益于人体健康。在无绳电话的子机中,高聚

物有机磁性材料天线可以取代原长几十厘米的金属天线。此外还可开发研制军用战术天线、小型化和重量轻的电视天线和可移动式电视机接收天线等。此外,在200~3500 MHz 频率范围内的各种电感器也可用高聚物有机磁性材料来制备。

(2)高聚物有机磁性材料也是一种性能良好的电介质材料,因此可以在开关电源中大的电解电容器中用作介质膜,大大增高电容值,从而降低开关电源的成本。

在很多医疗设备中使用高聚物有机磁性材料,如核磁共振(NMR)。由于其本身已具备磁性,对磁场的周边很是敏感,能在外界条件变化的情况下发生不同的反应,一些特性也会随之改变。核磁共振的原理就是原子本身带正电荷,当处在外界磁场的时候,它的运动从自由无序变得有序。当系统稳定时,它的值也是相对稳定的,但如果遇到外力干扰,就会产生共振效应。

(3)不管是军用还是民用,高聚物有机磁性材料是制作振荡器、混频器、变频器、功率分配器、功率合成器、功率放大器、滤波器等微波器件的理想材料(在一定的射频频率范围)。高聚物有机磁性材料比较轻,又能制备得很薄,从而可以开辟高储存信息光盘等功能性产品。利用高聚物有机磁性材料能与如细胞和生物大分子等发生链接特性,可开发在医学和诊断学领域的多方面应用,如细胞分离与分析、放射免疫测定、酶的分离与固定化、靶向药物、药物控制释放等。

(4)由于高聚物有机磁性材料的稳定性好、加工性好、介电常数高,在微波频率范围内做微带基片,不仅可大大缩小器件、部件、整机的体积,减轻重量,而且由于耐振性好,可以解决用陶瓷基片振动后常出现裂纹的问题,因而特别适合于在航天、航空中应用。但应解决好两方面的问题:一是损耗应小于 1×10^{-3};二是材料的分解温度应由目前的 220℃提高到基片的成形温度和锡焊温度 260℃以上。

(5)做成抗电磁干扰器件和电子战中的吸波隐身材料。由于我国强制推行抗电磁干扰器件以减少电磁污染,并且对航天、航空、舰船等电子整机较多的武器装备系统都提出了电磁兼容的严格要求,以减小相互干扰,提高灵敏度,因而此类材料应用十分广泛。此外,涂敷于飞机和舰船表面,使敌方侦察雷达无法发现的吸波隐身材料用量也很大。但这些用途都需要材料有高的损耗,应从这方面研究有机磁性材料的磁损耗特性和电损耗特性。

(6)高聚物有机磁性材料还有望在其他方面进行开发应用。例如,用于高级密封的液体磁性材料,用于水下探测的磁致伸缩材料,用于制作脉冲变压器以及电视机、光纤通信中的某些更新换代产品等。

以上述应用为代表的各种应用,还应考虑解决以下几个方面的问题:一是从安全性考虑,解决高聚物有机磁性材料目前存在的易燃问题,使之成为阻燃材料;二是在有机磁性材料中增添一些东西,使之变为新复合磁性材料,拓宽应用开发面;

三是从小批量试制到中批量生产需解决工艺的稳定问题;四是纳米级微粉有许多优良特性,但某些应用中需要更粗一些的,如微米级的粉末,因此还应解决微米级高聚物有机磁性材料粉末的制备问题。

复习思考题

1. 与高聚物光学性能有关的应用有什么? 当一束平行光入射到高聚物时,光线的运行将会是什么样的?

2. 什么相比于碳链化合物、苯环有较高的折射率? 为什么说引入硫元素是提高高聚物折射率最有效的方法?

3. 你知道有哪些常见的光学塑料? 它们各自有什么优缺点?

4. 你对聚双烯丙基二甘醇二碳酸酯(CR-39)有多少了解? 新型的光学塑料有哪些?

5. 什么是材料的非线性光学现象,其主要表现在哪几个方面?

6. 非线性光学高聚物材料有哪几种类型? 各有什么特点?

7. 什么是光折变材料? 与其他折射率变化的材料相比,光折变材料有什么特点?

8. 高聚物光折变材料又具有什么特点?

9. 如何理解高聚物光折变材料中的空间光孤子? 空间光孤子可能的应用是什么?

10. 什么是光折变效应的带输运模型? 其模型的要点是什么?

11. 光折变高聚物体系有哪几个组分组成?

12. 主-客掺杂体系和全功能体系高聚物光折变材料有什么不同? 请举实例说明之。

13. 高聚物光纤(塑料光纤 POF)由哪两部分组成? 与传统的石英光导纤维相比,高聚物光纤有其特出的优点及不足? 这将导致什么样的应用上的配合?

14. 影响高聚物光纤光损的因素是什么? 如何来解决?

15. 你对微透镜阵列有多少了解? 如何用微热模塑技术制备 PS 和 PMMA 的微透镜阵列?

16. 为什么我们说高聚物是可能具有磁性的? 与传统的磁铁相比,高聚物磁性材料具有什么特点?

17. 获取有机高聚物铁磁体的主要途径有哪几个?

18. 已经制得的有机高聚物磁体有哪几类? 你对第一个人工合成得到的磁性高聚物聚 BIPO 有多少了解?

19. 你对我国科学家在高聚物磁体研究中的贡献有什么了解? 对高聚物磁体最近的进展有多少了解?

20. 高聚物磁体可能在哪些方面有应用?

第 12 章　高聚物的溶液性能

12.1　高聚物溶液性质的特点

　　首先必须强调的是高聚物溶液不是胶体,而是高聚物以分子状态分散在溶剂中所形成的均相混合物,在热力学上是稳定的二元或多元体系。尽管由于高聚物的高分子量和链状结构特征使得单个高分子链线团体积与小分子凝聚成的胶体粒子相当,从而有些行为与胶体类似,但高聚物溶液是真溶液。

　　尽管在第 2 章里我们把高聚物溶液分为极稀溶液、稀溶液、亚浓溶液、浓溶液、极浓溶液,但高聚物浓溶液和稀溶液之间并没有一个绝对的界线。判定一种高聚物溶液属于稀溶液或浓溶液,应根据溶液性质,而不是溶液浓度高低。稀溶液和浓溶液的本质区别在于稀溶液中单个大分子链线团是孤立存在的,相互之间没有交叠;而在浓厚体系中,高分子链之间发生聚集和缠结。

　　高聚物的浓溶液,主要用于工业生产,如油漆、涂料、胶黏剂的配制,纤维工业中的溶液纺丝,制备复合材料用到的树脂溶液,塑料工业中的增塑(增塑的塑料看起来是固体,实际上也是高聚物的浓溶液)。但浓溶液中高分子链之间作用复杂,受外界物理因素的影响较大,高聚物浓溶液体系研究起来比较困难,至今还没有成熟的理论来完整描述它们的性质。

　　高聚物的稀溶液,主要用于高分子科学的基本理论研究,包括热力学性质的研究(ΔS_M、ΔH_M、ΔG_M)、动力学性质的研究(溶液的沉降、扩散、黏度等)、高分子链在溶液中的形态尺寸(柔性、支化等)研究、其相互作用(包括高分子链段间、链段与溶剂分子间的相互作用),以及测量高聚物分子量和分子量分布、测定内聚能密度、计算硫化橡胶的交联密度研究等。稀溶液理论研究比较成熟,具有重要理论意义,对加强高聚物结构、结构与性能基本规律的认识有重要价值,在历史上对高分子概念的确立以及后来建立完整的高分子科学都有特殊的贡献。近年来,高聚物稀溶液也开始有了工业应用,如减阻剂、絮凝剂、钻井泥浆处理剂等。

　　本章涉及的主要是稀溶液(浓度小于 1%),因为高聚物溶液的理论是高分子物理近代理论发展的切入点。

　　高聚物溶液性质的特点是:

　　(1) 高聚物的溶解过程通常经过两个阶段,即先溶胀后溶解。高聚物的溶解是自发的(注意:胶体溶解需要一定的外部条件,分散相和分散介质通常没有亲和力),其溶解过程通常经过先溶胀后溶解这两个阶段。溶解过程实际上是溶剂分子进入高聚物中,克服高分子链间的作用力(溶剂化),达到高分子链和溶剂分子相互混合的过程。既然高聚物溶液是分子分散的均相体系,要达到分子分散,必须要高分子链整体发生运动,而高分子链的运动在正常温度下极其缓慢,加之原本高分子链相互缠结,分子间作用力大,所以一定是小分子溶剂首先扩散到高聚物中,使高聚物体积膨胀,然后才是高分子链均匀分散到溶剂中(图 12-1)。因此,高聚物的溶解过程非常耗时,一般要好几天,甚至长达几个星期。这在实验测定高聚物分子量,配制溶液时特别要注意。

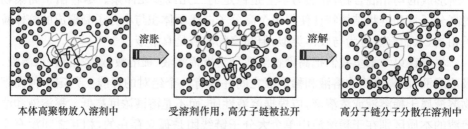

本体高聚物放入溶剂中　　　受溶剂作用,高分子链被拉开　　　高分子链分子分散在溶剂中

图 12-1　高聚物溶解过程的两个阶段——先溶胀后溶解

(2)高聚物溶液的黏度比纯溶剂的大很多。浓度 1%～2% 的高聚物溶液黏度比纯溶剂的大 15～20 倍。通常用来测定高聚物分子量的溶液黏度约为 10^{-2}% 量级,即使这样,用黏度计测定高聚物溶液的流出时间就会比纯溶剂的流出时间大 1倍左右;高聚物溶液浓度为 10^0% 量级时,高聚物溶液的黏度可有数量级的增加,而有的高聚物溶液在浓度达 5% 时已成冻胶状态(如 5% 的天然橡胶的苯溶液就为冻胶状态),因为高分子链虽然被大量溶剂包围,但运动仍有相当大的内摩擦力。前面说的增塑高聚物实际上是浓度为 10^1% 量级的高聚物在小分子增塑剂中的浓溶液,已经是完全不能流动的固体了。

(3)高聚物的溶解-沉淀是热力学可逆平衡,可以用热力学来研究(注意:胶体则是多相非平衡体系,不能用热力学平衡,只能用动力学方法进行研究),并且高聚物溶液的行为与理想溶液有很大偏离,特别是高聚物溶液的混合熵比小分子溶液的混合熵大很多。

(4)高聚物溶液性能存在着明显的分子量依赖性。高聚物这种的分子量多分散性增加了研究的复杂性。许多高聚物溶液的参数,像高聚物溶液的渗透压与分子量的关系式,要外推到零浓度时才能求得高聚物的分子量。另外,高聚物溶解度的分子量依赖性正是高聚物按分子量大小分级的基础。

12.2　高聚物的溶解和溶剂的选择

12.2.1　影响高聚物溶解的因素

如前所述,任何高聚物的溶解过程均分溶胀和溶解两步进行。由于高聚物的结构复杂,分子量大,具有多分散性,形状多样(线形、支化、交联),凝聚态不同(晶态、非晶态),极性不同,因此溶解的影响因素很多,溶解过程比小分子化合物复杂得多。整个溶解过程与下列因素有关。

1. 高聚物的化学结构

不同结构的高聚物其溶解难易程度不一,这是容易理解的。

2. 高聚物的分子形态

线形高聚物能完全溶解在溶剂中,形成分子分散的高聚物溶液,对于在不良溶剂中的线形高聚物来讲,溶胀只能进行到一定程度为止,不会溶解。而高分子链一旦有了交联,交联高聚物分子链之间有化学键联结,形成三维网状结构,整个材料就是一个大分子,不管是良溶剂还是不良溶剂,都只能溶胀,不能溶解。无论与溶剂接触多久,或升高温度也不能使高分子链挣脱化学键的束缚,进入溶液中,吸入的溶剂量也不再增加,而达到平衡,体系始终保持两相状态。交联度大,溶胀度小;交联度小,溶胀度大。

3. 分子量

如前所述,高聚物的溶解有很强的分子量依赖性,分子量大,溶解度小;分子量小,溶解度大。分子量很高的高聚物非常难溶解,即使溶解,所花费的时间也很长。

4. 凝聚状态

非晶态高聚物中高分子链堆砌比较松散,分子间相互作用较弱,溶剂分子比较容易渗入高聚物内部,容易溶解。

晶态高聚物高分子链排列规整,堆砌紧密,分子间相互作用较强,溶剂渗入就非常困难,因此其耐溶剂性能通常比非晶的来得好。晶态高聚物的结晶度越高,溶解越困难,溶解度越小。事实上,要使晶态高聚物溶解,要提高温度到它熔点附近,使晶态熔融变成非晶态,小分子溶剂才能容易渗入,即晶态高聚物→非晶态高聚物→溶胀→溶解。像用黏度法测定聚乙烯(或聚丙烯)这样高度结晶的高聚物的分子量是件困难的事,需要用十氢萘做溶剂,使用高温黏度计在 $120 \sim 135 ℃$ 下测定。

对极性的晶态高聚物,有时室温下可溶于强极性溶剂。例如,聚酰胺室温下可溶于苯酚-冰乙酸混合液。这是由于溶剂先与材料中的非晶区域发生溶剂化作用,放出热量使晶区部分熔融,然后溶解。

5. 外界条件

提高温度能加快高聚物的溶解,搅拌加快溶剂的流动也能加速高聚物的溶解,这都是我们熟知的事实。

12. 2. 2　高聚物溶解的热力学解释

高聚物稀溶液是处于热力学平衡态的真溶液,因此可以用热力学状态函数来描述。在溶解过程中,高聚物的自由能变化 ΔG_M 为

$$\Delta G_M = \Delta H_M - T\Delta S_M \tag{12-1}$$

式中,ΔH_M 为混合热;ΔS_M 为混合熵。若 ΔG_M 为负值,即 $\Delta G_M = \Delta H_M - T\Delta S_M < 0$,高聚物与溶剂可以互溶,这是一个最基本的判据。

因为溶解过程中高分子链被溶剂拆开而分散,它们的排布总是趋于混乱,所以混合熵总是增加的,$\Delta S_M > 0$,则 ΔG_M 是正是负取决于 ΔH_M 的正负和大小。如果 ①ΔH_M 为负(溶解时放热),则高聚物肯定能溶解;②ΔH_M 为正,那么只有在 $|\Delta H_M| < |T\Delta S_M|$ 高聚物才会溶解。

如果是非极性的高聚物与非极性的溶剂相混,且混合过程没有体积变化,则赫利德勃莱恩德(Hilidebrand)给出了它们的混合热为

$$\Delta H_M = V_M(\varepsilon_s^{\frac{1}{2}} - \varepsilon_p^{\frac{1}{2}})^2 V_s V_p \tag{12-2}$$

式中,V_M、V_s 和 V_p 分别为混合后的总体积、溶剂和高聚物在溶液中的体积分数;ε_s、ε_p 分别为溶剂和高聚物的内聚能密度(见 1. 2. 5 节)。现在,定义内聚能密度的平方根 $\varepsilon^{1/2}$ 为溶度参数 δ:

$$\delta \equiv \varepsilon^{\frac{1}{2}} \tag{12-3}$$

则

$$\Delta H_M = V_M(\delta_s - \delta_p)^2 V_s V_p \tag{12-4}$$

式中,δ_s 和 δ_p 分别为溶剂和高聚物的溶度参数。因为是 $\delta_s - \delta_p$ 的平方,ΔH_M 总是正值,所以要使溶解能够发生,即 $\Delta G_M < 0$,必须使 ΔH_M 越小越好,也就是溶剂和高聚物的溶度参数 δ_s 和 δ_p 必须接近,最好是相等。常见高聚物和常用溶剂的溶度参数见表 12-1 和表 12-2。

表 12-1　部分高聚物的溶度参数 δ_p　　　（单位: $J^{1/2}/cm^{3/2}$）

高聚物	δ_p	高聚物	δ_p	高聚物	δ_p
聚乙烯	16.1～16.5	聚甲基丙烯酸正己酯	17.6	丁苯橡胶	16.5～17.5
聚丙烯	16.8～18.8	聚甲基丙烯酸月桂酯	16.7	氯丁橡胶	18.8～19.2
聚氯乙烯	19.4～20.5	聚甲基丙烯酸异冰片酯	16.7	氯化橡胶	19.2
聚苯乙烯	17.8～18.6	聚甲基丙烯酸十八酯	16.7	乙丙橡胶	16.2
聚四氟乙烯	12.7	聚丙烯酸甲酯	20.1～20.7	聚硫橡胶	18.4～19.2
聚三氟氯乙烯	14.7	聚丙烯酸乙酯	18.8～19.2	聚二甲基硅氧烷	14.9
聚偏二氯乙烯	20.5～24.9	聚丙烯酸丙酯	18.4	聚苯基甲基硅氧烷	18.4
聚溴乙烯	19.4～19.6	聚丙烯酸丁酯	17.8	聚乙酸乙烯酯	19.1～22.6
聚环氧氯丙烷	19.2	聚丙烯酸乙烯酯	19.2	酚醛树脂	23.1
聚氯丙烯	17.3～18.8	聚 α-腈基丙烯酸甲酯	28.6	聚碳酸酯	19.4
聚异丁烯	15.8～16.4	聚 α-氯丙烯酸甲酯	20.6	聚对苯二甲酸乙二酯	21.9
聚异戊二烯	16.2～17.0	聚乙烯醇	47.8	聚氨基甲酸酯	20.5
聚丁二烯	16.6～17.6	聚丙烯腈	26.0～31.5	环氧树脂	19.8～22.3
氢化聚丁二烯（氢化82%）	16.5	聚甲基丙烯腈	21.9	硝酸纤维素	17.4～23.5
聚甲基丙烯酸甲酯	18.4～19.4	尼龙 66	27.6	乙基纤维素	21.1
聚甲基丙烯酸乙酯	16.2～18.6	尼龙 6	27.6	纤维素二乙酯	23.2
聚甲基丙烯酸丙酯	17.9～18.2	尼龙 8	25.9	纤维素二硝酸酯	21.5
聚甲基丙烯酸正丁酯	17.7～17.8	聚氨酯	20.5		
聚甲基丙烯酸叔丁酯	16.9	天然橡胶	16.6		

溶度参数的单位是 $J^{1/2}/cm^{3/2}$，也有用 $cal^{1/2}/cm^{3/2}$，因为 $4.2\ cal=1\ J$，所以 $1\ J^{1/2}/cm^{3/2}\approx2.05\ cal^{1/2}/cm^{3/2}$。

12.2.3　互溶性判定和溶剂的选择

1."极性相近"原则

"极性相近"原则是指极性大的高聚物溶于极性大的溶剂；极性小的高聚物溶于极性小的溶剂；非极性高聚物溶于非极性的溶剂。高聚物和溶剂的极性越相近，二者越易互溶。例如，未硫化的天然橡胶是非极性的，溶于汽油、苯、甲苯等非极性溶剂中；聚乙烯醇是极性的，可溶于水和乙醇中，而不溶于苯；聚甲基丙烯酸甲酯不溶于汽油和苯，而溶于丙酮；聚丙烯腈溶于二甲基甲酰胺等。高聚物与溶剂的极性相似，所以"极性相近"也叫"相似的溶于相似的"。

2."高分子-溶剂相互作用参数 χ_1 小于 1/2"原则

从高聚物溶液热力学理论（见后面）可知，高分子-溶剂相互作用参数 χ_1 的数

表 12-2　常用溶剂的溶度参数 δ_s　　　　（单位：$J^{1/2}/cm^{3/2}$）

溶剂	δ_s	溶剂	δ_s	溶剂	δ_s	溶剂	δ_s
正丁烷	13.5	对二甲苯	17.9	乙酸甲酯	19.6	正丁醇	23.1
正戊烷	14.4	乙苯	18.0	异戊醇	19.6	间甲酚	23.3
正己烷	14.9	间二甲苯	18.0	二氯甲烷	19.8	乙腈	24.3
二乙基醚	15.1	甲酸戊酯	18.0	二氯乙烯	19.8	正丙酮	24.7
正庚烷	15.2	甲基醛甲酮	18.0	二氯乙烷	20.1	二甲基甲酰胺	24.8
正辛烷	15.4	甲苯	18.2	环己酮	20.2	乙酸	25.8
乙醚	15.7	邻二甲苯	18.4	四氢呋喃	20.3	硝基甲烷	25.9
甲基环己烷	16.0	乙酸乙酯	18.6	二氧六环	20.5	乙醇	26.0
环己烷	16.8	苯	18.7	丙酮	20.5	二甲基亚砜	27.4
乙酸异丁酯	16.9	二丙酮醇	18.8	二硫化碳	20.5	甲酸	27.6
甲基异丙基甲酮	17.1	三氯代乙烯	18.9	甲酸甲酯	20.7	苯酚	29.7
乙酸戊酯	17.4	甲乙酮	19.0	苯乙酮	21.1	甲醇	29.7
乙酸丁酯	17.5	氯仿	19.0	四氯乙烷	21.3	乙二醇	32.1
四氯化碳	17.6	邻苯二甲酸二丁酯	19.2	吡啶	21.9	水	47.3
甲基丙烯酸甲酯	17.8	甲酸乙酯	19.2	苯胺	22.1		
苯乙烯	17.7	氯代苯	19.4	异丁醇	22.4		

值可作为选择溶剂的一个判据。

（1）$\chi_1 < 1/2$，高聚物能溶于该溶剂；

（2）$\chi_1 > 1/2$，高聚物与该溶剂不溶。

3. "内聚能密度（CED）或溶度参数相近"原则

如前所述，高聚物与溶剂的溶度参数越接近，溶解越好。一般说来，当 $|\delta_s - \delta_p| > 3.5$ 时，高聚物就不溶了。

（1）非极性的非晶态高聚物与非极性溶剂混合，高聚物与溶剂的 ε 或 δ 相近，容易相互溶解。

（2）非极性的晶态高聚物在非极性溶剂中的互溶性，必须在接近 T_m 温度，才能使用溶度参数相近原则。

如聚苯乙烯 $\delta \approx 18$，可溶于甲苯（$\delta = 18.2$）、苯（$\delta = 18.7$）、甲乙酮（$\delta = 19.0$）、乙酸乙酯（$\delta = 18.6$）、氯仿（$\delta = 19.0$），但不溶于乙醇（$\delta = 26.0$ 和甲醇 $\delta = 29.7$）中以及溶度参数较低的脂肪烃中。

（3）使用混合溶剂。有时当单独的溶剂与高聚物的溶度参数不匹配时，可以使用混合溶剂（表 12-3）。两种不同溶剂混合后的溶度参数 δ 为

$$\delta_{混合溶剂} = \delta_1 V_{s1} + \delta_2 V_{s2} \tag{12-5}$$

只要配制合适，使 $\delta_{混合溶剂} \approx \delta_p$，甚至本来两种不良溶剂的混合也会对高聚物有很好的溶解能力，如丁苯橡胶（$\delta_p = 16.5 \sim 17.5$）、戊烷（$\delta_{s1} = 14.4$）和乙酸乙酯（$\delta_{s2} = 18.6$），用 49.5% 的戊烷与 50.5% 的乙酸乙酯组成混合溶剂，$\delta_{混合溶剂}$ 为 16.6，可作

为丁苯橡胶的良溶剂;乙烷和丙酮混合后可溶解氯丁橡胶。乙腈($\delta_s=24.3$),1-正丁醇($\delta_s=23.1$)和 CCl_4($\delta_s=17.6$)单独时或是聚甲基丙烯酸甲酯的劣溶剂,或是非溶剂,但混合溶剂却能成为聚甲基丙烯酸甲酯的良溶剂等。

表 12-3　可溶解高聚物的非溶剂混合物 δ　　　（单位:$J^{1/2}/cm^{3/2}$）

高聚物	δ_p	非溶剂	δ_{s1}	非溶剂	δ_{s2}
无规聚苯乙烯	18.6	丙酮	20.5	环己烷	16.8
无规聚丙烯腈	26.2	硝基甲烷	25.8	水	47.4
聚氯乙烯	19.4	丙酮	20.5	二硫化碳	20.5
聚氯丁二烯	16.8	二乙醚	15.1	乙酸乙酯	18.6
丁苯橡胶	17.0	戊烷	14.4	乙酸乙酯	18.6
丁腈橡胶	19.2	甲苯	18.7	丙二酸二甲酯	21.1
硝化纤维	21.7	乙醇	26.0	二乙醚	15.1

4. 溶度参数概念的深化——广义酸碱作用原则

当高聚物与溶剂之间有氢键形成时,用溶度参数预测结果就很不准确,因为氢键对溶解度影响很大。例如,聚丙烯腈的 $\delta=31.4$,二甲基甲酰胺的 $\delta=24.7$,按溶解度参数相近原则二者似乎不相溶,但实际上聚丙烯腈在室温下就可溶于二甲基甲酰胺,这是因为二者分子间生成强氢键的缘故。此时高聚物溶解的充要条件是

$$\begin{cases} \delta_p \approx \delta_s \\ \text{高聚物与溶剂的氢键程度大致相等} \end{cases}$$

用广义酸碱作用原则很容易理解这一点。广义的酸是指电子接受体(即亲电子体),广义的碱是电子给予体(即亲核体)。高聚物和溶剂的酸碱性取决于分子中所含的基团。具体地说,极性高聚物的亲核基团能与溶剂分子中的亲电基团相互作用,极性高聚物的亲电基团则与溶剂分子的亲核基团相互作用,这种溶剂化作用促进高聚物的溶解。

亲电子基团(按亲和力大小排序)有

$$-SO_2OH>-COOH>-C_6H_4OH>=CHCN>=CHNO_2>$$
$$=CHONO_2>-CH_2Cl>-CHCl_2>=CHCl$$

亲核基团(按亲和力大小排序)有

$$-CH_2NH_2>-C_6H_4NH_2>-CON(CH_3)_2>-CONH>=PO_4>$$
$$-CH_2COCH_2->-CH_2OCOCH_2->-CH_2OCH_2-$$

具有相异电性的两个基团,极性强弱越接近,彼此间的结合力越大,溶解性也

就越好,如硝酸纤维素含亲电基团硝基,故可溶于含亲核基团的丙酮、丁酮等溶剂中。聚氯乙烯的 $\delta=19.4\sim20.5$,与氯仿($\delta=19.0$)及环己酮($\delta=20.2$)均相近,但聚氯乙烯可溶于环己酮而不溶于氯仿,究其原因,是因为聚氯乙烯是亲电子体,环己酮是亲核体,两者之间能够产生类似氢键的作用。而氯仿与聚氯乙烯都是亲电子体,不能形成氢键,所以不互溶。为此,可以把溶剂分为三类,即弱氢键类、中等氢键类和强氢键类(表 12-4)。

表 12-4　按氢键强度分类溶剂

弱氢键类	中等氢键类	强氢键类
硝基甲烷	碳酸乙撑酯	乙二醇
硝基乙烷	丁内酯	甲醇
四氯乙烷	碳酸丙邻撑酯	乙醇
氯苯	二甲基甲酰胺	甲酸
十氢化萘	乙腈	正丙醇
氯仿	氨基磷酸己酯	异丙醇
苯	N-甲基吡咯烷酮	间甲酚
甲苯	二甲基乙烯胺	
对二甲苯	四甲基脲	
四氯化碳	二噁烷	
正丁基氯	丙酮	
环己烷	四氢呋喃	
庚烷	环己酮	
	乙酸甲酯	
	甲乙酮	
	乙酸乙酯	
	乙酸丁酯	
	乙醚	

在前面赫利德勃莱恩德推求的 ΔH_M 和定义的溶度参数时,只考虑了结构单元之间的范德瓦耳斯相互作用,没有考虑极性基团的相互作用和氢键。如果把范德瓦耳斯相互作用、极性基团的相互作用和氢键都考虑进去,内聚能密度,从而到溶度参数 δ 应该由三部分组成

$$\delta^2 = \delta_f^2 + \delta_p^2 + \delta_h^2 \qquad (12\text{-}6)$$

式中,下标 f、p 和 h 分别表示范德瓦耳斯相互作用、极性基团的相互作用和氢键。这样,高聚物与溶剂的混合热可以等价地写成

$$\Delta H_M = V_M \big[(\delta_{fs} - \delta_{fp})^2 + (\delta_{ps} - \delta_{pp})^2 + (\delta_{hs} - \delta_{hp})^2 \big] V_s V_p \qquad (12\text{-}7)$$

这样如果可以把 δ_f、δ_p、δ_h 作为三维空间轴,那么能溶解高聚物的溶剂大约落在一个三维溶度球中。事实上,δ_f 和 δ_p 的效应十分近似,但 δ_h 的效应有完全不同的本

性,因此可以引入

$$\delta_v = \sqrt{\delta_f^2 + \delta_p^2} \tag{12-8}$$

这样就可以用 δ_v 和 δ_h 做坐标轴作图(图 12-2)。δ_v-δ_h 图是表示高聚物-溶剂互溶性最有效的方法。如在 PS 的 δ_v-δ_h 图上,良溶剂的点大多数都落在半径为 5δ 的一个圆内。

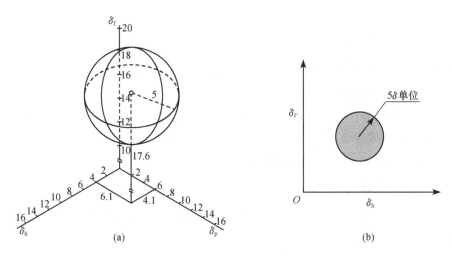

图 12-2　三维溶度参数球(a)和在 δ_v-δ_h 图上(b),PS 的良溶剂大都落在半径为 5δ 的一个圆内

5. 溶度参数的测定和估算

1) 实验测定

高聚物不能变成气态,所以内聚能密度和溶度参数只能用间接方式测定,即在内聚能密度已知的液体中进行溶胀(和溶解)。能达到极大平衡溶胀比的溶剂的溶度参数就是该高聚物的溶度参数(图 12-3)。

2) 溶度参数 δ 的估算方法

大量实验表明,组成高聚物分子的一些基团对溶度参数(内聚能密度)的贡献有加和性。

$$\delta = \frac{\rho \sum E}{M_0} \tag{12-9}$$

式中,ρ 为高聚物密度;E 为摩尔吸引常数;M_0 为高聚物结构单元的分子量。如

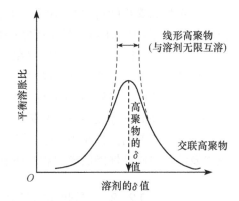

图 12-3　平衡溶胀法测定高聚物的溶度参数示意图

聚氯乙烯$\text{-}[\text{CH}_2\text{—CHCl}]_n$：

基团	分子吸引常数 $E[\text{J}^{1/2}/(\text{cm}^{3/2} \cdot \text{mol})]$
—CH$_2$—	269.0
$\backslash$ CH— $/$	176.0
Cl(伸)	419.6
	$\sum E = 864.6$

$M_0 = 62.5, \rho = 1.4$

从而求得聚氯乙烯的溶度参数为 $\delta_{\text{PVC}} = \dfrac{1.4 \times (269.0 + 176.0 + 419.6)}{62.5} = 19.4$

($\text{J}^{1/2}/\text{cm}^{3/2}$)，与试验值 19.4～20.5 非常接近。

基团加和估算法也可求取溶度参数的分量 δ_d、δ_p 和 δ_h。这方面有专门的书进行介绍(范克雷维伦著,许元泽、赵得禄、吴大诚译,《聚合物的性质:性质的估算及其与化学结构的关系》,北京:科学出版社,1981)。

6. 结晶高聚物的问题

溶度参数的概念只能应用于非晶高聚物。为使此法也适用于晶态高聚物,可把熔化热($\Delta H_{\text{熔}}$)包括到自由能方程中去。

$$\Delta G_M = (\Delta H_M + \Delta H_{\text{熔}}) - T(\Delta S_M + \Delta S_{\text{熔}}) \tag{12-10}$$

如聚乙烯 PE、聚四氟乙烯 PTFE 室温下不溶于一切溶剂,但在 $T \geqslant 0.9\, T_m$ 的温度下,它们仍服从溶度参数规则。此外,在溶胀状态下的晶态高聚物甚至在室温也服从溶度参数规则。这也再一次证明,晶区的作用可视为物理交联点。

12.2.4 溶解的目的和溶液的用途

在选择高聚物的溶剂时,除了能溶是先决条件外,还必须考虑溶液的用途。如果是用做油漆,则要求溶剂易于挥发;相反,如果是用做增塑剂,则所选溶剂(增塑剂)一定要挥发性小,能长时间保留在高聚物体内。再如,在测定高聚物分子量的特性黏数[η]时,可不管溶剂酸碱性,只要在室温下溶解即可,像溶解聚酰胺,可用甲酸乃至浓硫酸,而做端基滴定时,必须用中性的溶剂,如苯甲醇或苯乙醇(但这些溶剂必须在高温下才能溶解聚酰胺)。

实际上溶剂的选择相当复杂,除以上原则外,还要考虑溶剂的毒性,溶剂的回收以及溶剂对制品性能的影响和对环境的影响等。

12.3 柔性链高聚物的溶液热力学性质

讨论热力学性质,重要的状态函数是自由能 G,对溶液来说就是混合自由

能 ΔG_M

$$\Delta G_M = \Delta H_M - T\Delta S_M$$

由它可推得化学位、渗透压、溶液依数性(沸点升高和冰点降低)以及相分离等一系列高聚物溶液的性质。

12.3.1 理想溶液

首先引入理想溶液的概念,它是:

(1) 溶剂和溶质的分子尺寸及形状都相似,经混合后,总体积不变,即 $\Delta V_m^i = 0$(上标 i 表示"理想")。

(2) 分子间相互作用能在相同分子间及不同分子间均相等,混合前后没有热量变化,即

$$\Delta H_m^i = 0$$

(3) 混合以后的熵变为

$$\Delta S_m^i = -k(N_1 \ln N_1 + N_2 \ln N_2)$$

$$\Delta S_m^i = -R(n_1 \ln N_1 + n_2 \ln N_2)$$

式中,N_1 为溶剂的摩尔分数,$N_1 = \dfrac{n_1}{n_1 + n_2}$;$N_2$ 为溶质的摩尔分数,$N_2 = \dfrac{n_2}{n_1 + n_2}$;$N_1$、$N_2$ 为溶剂和溶质的分子数;n_1、n_2 为溶剂和溶质的物质的量(摩尔数);k 为玻尔兹曼常量;R 为摩尔气体常量。

它们的性质服从理想溶液定律,如其蒸气压服从拉乌尔定律等。

$$p_1 = p_1^0 N_1 \tag{12-11}$$

式中,p_1 为溶液中溶剂蒸气压;p_1^0 为纯溶剂蒸气压。

理想溶液当然并不存在,但它常常作为实际溶液性质的参比标准。为比较实际溶液与理想溶液的差别,定义超额热力学函数 $\Delta G_M^E = \Delta G - \Delta G^i$,表示实际溶液在混合过程中一系列热力学函数的变化与理想溶液的差异。按 ΔG_M^E 的情况可把溶液分为如下四类:

(1) 理想溶液

$$\Delta S_M^E = 0 \qquad\qquad (\Delta S_M = \Delta S_M^i) \tag{12-12}$$

$$\Delta H_M^E = 0 \qquad\qquad (\Delta H_M = \Delta H_M^i = 0) \tag{12-13}$$

(2) 正规溶液

$$\Delta S_M^E = 0 \qquad\qquad (\Delta S_M = \Delta S_M^i) \tag{12-14}$$

$$\Delta H_M^E = \Delta H_M \neq 0 \quad (\Delta H_M \neq \Delta H_M^i = 0) \tag{12-15}$$

(3) 无热溶液

$$\Delta S_M^E \neq 0 \qquad\qquad (\Delta S_M \neq \Delta S_M^i) \tag{12-16}$$

$$\Delta H_M^E = 0 \qquad\qquad (\Delta H_M = \Delta H_M^i = 0) \tag{12-17}$$

（4）非理想溶液

$$\Delta S_M^E \neq 0 \qquad (\Delta S_M \neq \Delta S_M^i) \qquad (12\text{-}18)$$

$$\Delta H_M^E = \Delta H_M \neq 0 \quad (\Delta H_M \neq \Delta H_M^i = 0) \qquad (12\text{-}19)$$

高聚物溶液一般属于第（3）类和第（4）类，特别是 ΔS_M^E 值很大。

12.3.2　高聚物溶液的统计理论——弗洛里-哈金斯似格子模型理论

高聚物溶液的统计理论是最成功的高分子科学理论范例，对高分子科学的建立和发展贡献很大，是高分子物理近代理论发展的切入点之一。针对高聚物溶液的混合熵偏离理想溶液很大的事实，弗洛里-哈金斯（Flory-Huggins）首先用似格子模型推导了高聚物溶液的混合熵。

1. 高聚物溶液的混合熵

似格子理论认为，尽管高聚物的溶液是真溶液，溶液中分子的排列是混乱的，但每一个分子或结构单元周围可为第二个分子或结构单元占领的数目是有限的而且是确定的，因此可以用一个格子来描述（图 12-4）。

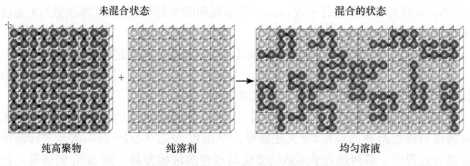

未混合状态　　　　　　　　　　　　　　　　混合的状态

纯高聚物　　　　　　纯溶剂　　　　　　　　均匀溶液

图 12-4　用似晶格来表示高聚物在溶剂中的溶解

先来看小分子理想溶液的混合熵。假定 A 和 B 是两种不同的分子，各有 N_A 和 N_B 个，它们的体积相等，各占有一个格子；不管是 A 和 A 配对还是 B 和 B 配对，抑或 A 和 B 配对，它们的相互作用都相同。问在 $N = N_A + N_B$ 格子组成的格子中有多少种排布方式？按最简单的统计理论，它们的排布方式 Ω 为

$$\Omega = \frac{N!}{N_A! N_B!} \qquad (12\text{-}20)$$

排布方式与熵的关系仍然是玻尔兹曼公式 $S = k\ln\Omega$。

因为混合前 A 和 B 是各自单独存在的，纯 A 和纯 B 只有一种排布方式，即 $\Omega_A = \Omega_B = 1$，因此混合熵为零，$S_A = S_B = 0$，则 A 和 B 混合时的混合熵 ΔS_M 为

$$\Delta S_{\mathrm{M}} = k\ln\Omega - 0 = k\ln\left(\frac{N!}{N_{\mathrm{A}}!N_{\mathrm{B}}!}\right)$$

显然，$N \gg 1$，仍然用斯特林(Stirling)近似，得

$$\begin{aligned}\Delta S_{\mathrm{M}} &= -k[N_{\mathrm{A}}\ln N_{\mathrm{A}} + N_{\mathrm{B}}\ln N_{\mathrm{B}}] \\ &= -R[n_{\mathrm{A}}\ln N_{\mathrm{A}} + n_{\mathrm{B}}\ln N_{\mathrm{B}}]\end{aligned} \tag{12-21}$$

式中，N 为分子分数；n 为摩尔分数。这就是小分子理想溶液的混合熵。

因为一个高分子链比一个溶剂分子大很多，并可取无数的构象，为计算高聚物溶液的混合熵，还要作进一步的假定，即

（1）溶剂分子占一个格子，而高分子链占有 x 个相连的格子（图 12-4），x 是高分子链与溶剂分子的体积比，近似可看作高聚物的聚合度，并假定所有高聚物的聚合度都相同。

（2）高分子链可以左右弯曲，所有的构象具有相同的能量。

（3）高分子链结构单元与溶剂分子可以在格子上相互取代，并且不考虑相互作用改变引起的熵变。

（4）高分子链结构单元均匀分布在格子中，占有任何一个格子的概率相等。

（5）格子的配位数 z 与组分无关。

现在有 N_{s} 个溶剂分子和 N_{p} 个聚合度为 x 的高分子链相混合，问在 $N = N_{\mathrm{s}} + xN_{\mathrm{p}}$ 个格子中有多少种可能的排布方式？

假设，已经有 j 个高分子链无规地放在了格子中，即有 jx 个格子已被填满，剩下 $N - jx$ 个空格子，如何来放第 $j+1$ 个高分子链？具体放法和理由见表 12-5 和图 12-5。

表 12-5　已经有 j 个高分子链无规地放在了格子，摆放第 $j+1$ 个高分子链的放法

第 $j+1$ 个高分子链的结构单元序列	放法	理由
第一个结构单元	$N - jx$	有 jx 个格子已被填满，剩下 $N - jx$ 个空格子，可放任一个空格
第二个结构单元	$z\left(\dfrac{N - jx - 1}{N}\right)$	只能放在毗邻第一个结构单元的空格中，由于晶格的配位数为 z，但是 z 个格子中有空格的概率为 $\dfrac{N - jx - 1}{N}$
第三个结构单元	$(z-1)\left(\dfrac{N - jx - 2}{N}\right)$	只能放在毗邻第二个结构单元的格子中，但已有一个格子被第一个单元所占据
……	……	……
第 x 个结构单元	$(z-1)\left(\dfrac{N - jx - x + 1}{N}\right)$	第四个以后的结构单元与第三个结构单元的放法一样

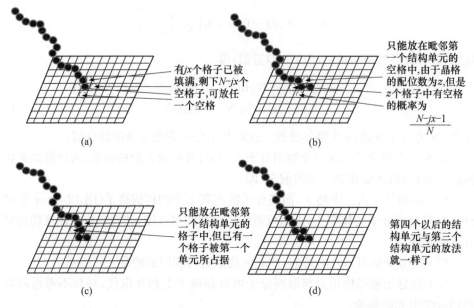

图 12-5　已经有 j 个高分子无规地放在了格子，摆放第 $j+1$ 个高分子的放法图解

(a)、(b)、(c)和(d)依次放第一、第二、第三和第四个结构单元

这样，第 $j+1$ 个高分子链放入 $N-jx$ 个空格中去的放置方法数是

$$\nu_{j+1} = z(z-1)^{x-2}(N-jx)\left(\frac{N-jx-1}{N}\right)\left(\frac{N-jx-2}{N}\right)\cdots\left(\frac{N-jx-x+1}{N}\right)$$

取近似 $z\approx(z-1)$ 对上式不会造成太大的误差，则上式可简写成

$$\nu_{j+1} = \left[\frac{(z-1)}{N}\right]^{x-1}\left[\frac{(N-jx)!}{(N-jx-x)!}\right] \tag{12-22}$$

则 N_p 个高分子链在格子中排布方式的总数 Ω 是

$$\Omega = \frac{1}{N_p!}\prod_{j=0}^{N_p-1}\nu_{j+1} \tag{12-23}$$

因为上面已经假定的 N_p 个高分子链的聚合度是相同的，不可区分，它们互相调换位置不会引起排布方式的改变，所以在分母上除以 $N_p!$。将式（12-22）代入式（12-23）整理得

$$\Omega = \left(\frac{z-1}{N}\right)^{N_p(x-1)}\left[\frac{N!}{(N-xN_p)!N_p!}\right]$$

仍然用斯特林近似，则得高聚物溶液的熵 $S_{溶液}$ 为

$$S_{溶液} = k\ln\Omega$$

$$= -k\left[N_s\ln\frac{N_s}{N_s+xN_p} + N_p\ln\frac{xN_p}{N_s+xN_p} - N_p\ln x - N_p(x-1)\ln\frac{z-1}{e}\right]$$

$$\tag{12-24}$$

要求解混合熵必须还要知道混合以前的熵值。如果高聚物与溶剂的混合过程如图 12-6 所示,并取高聚物的解取向状态为起始状态,则高聚物初始态的熵 $S_{始}=S_{溶剂}+S_{解取向高聚物}$,混合熵为

$$\Delta S_M = S_{溶液} - (S_{溶剂} + S_{解取向高聚物})$$

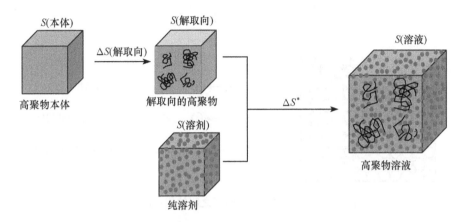

图 12-6　高聚物与小分子溶剂混合过程中的熵变

对纯溶剂,其排列方式只有一种,$S_{溶剂}=0$,对解取向的高聚物,既然是"解取向",其排列方式就极混乱,可以用上述一样的方法来计算,只要令 $N_1=0$(没有溶剂),即由高分子链不能改变其构象的本体状态变为能取所有构象的解取向状态时的熵变:

$$S_{解取向高聚物} = kN_p\Big[\ln x + (x-1)\ln\frac{(z-1)}{e}\Big]$$

因此,高聚物溶液混合熵 ΔS_M 为

$$\Delta S_M = -k(N_s\ln V_s + N_p\ln V_p) \tag{12-25}$$

或

$$\Delta S_M = -R(n_s\ln V_s + n_p\ln V_p) \tag{12-26}$$

式中,R 为摩尔气体常量;n_s、n_p 分别是溶剂和高分子链在溶液中的物质的量;V_s 和 V_p 分别是溶剂和高分子链在溶液中的体积分数:

$$V_s = \frac{N_s}{N_s + xN_p}, \qquad V_p = \frac{xN_p}{N_s + xN_p} \tag{12-27}$$

高聚物溶液混合熵 ΔS_M 与理想溶液混合熵的式(12-21)极为相似,只是分子分数 N_s、N_p 被体积分数 V_s、V_p 代替了(这是非常合理的,因为高分子链比溶剂大得太多了)。对多分散试样,其混合熵 ΔS_M 为

$$\Delta S_M = -R\Big(n_s\ln V_s + \sum_i n_p\ln V_{pi}\Big) \tag{12-28}$$

2. 高聚物溶液的混合热和混合自由能

为简化起见,只考虑最近邻分子间的相互作用。当两种液体 A 和 B 混合时,每拆散半对 A-A 和 B-B,便可形成一对 A-B(图 12-7)

$$\frac{1}{2}[\text{A-A}] + \frac{1}{2}[\text{B-B}] = [\text{AB}]$$

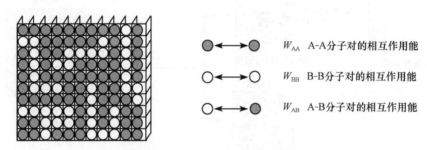

图 12-7　溶液中两种不同分子之间的相互作用图解

在形成 A-B 对的过程中,能量变化 ΔW_{AB} 可写为

$$\Delta W_{AB} = W_{AB} - \frac{1}{2}(W_{AA} + W_{BB})$$

式中,W_{AA}、W_{AB}、W_{BB} 分别表示 A 与 A、A 与 B、B 与 B 的相互作用能,故 A、B 混合时的混合热为

$$\Delta H_M = \Delta W_{AB} \times N_{AB}$$

式中,N_{AB} 为 A 和 B 混合时所形成的 A-B 对数。

仍用弗洛里-哈金斯似格子模型来推算高聚物溶液的混合热。已经知道,每一个高分子链结构单元近邻的空格数为 $z-2$,在一个高分子链周围所有的空格数则为 $(z-2)x+2$。式中的 2 为高分子链首尾两端各多一个空格。若溶剂的体积分数为 V_s,每个高分子链结构单元近邻的空格数为 $z-2$,总的空格数为 $(z-2)x+2$,那么可能形成的高分子链-溶剂总对数为

$$N_{sp} = N_p[(z-2)x+2]V_s$$

因为 $x \gg 1$,取近似 $(z-2)x+2 \approx (z-2)x$,则有

$$N_{sp} \approx N_p(z-2)x V_s = N_s(z-2)V_p$$

则高聚物溶液混合热的表达式为

$$\Delta H_M^* = (z-2)\Delta W_{sp} N_s V_p \tag{12-29}$$

加上角标"∗"是指在推算时只考虑了混合过程中相互作用变化引起的混合热,而没有考虑它对熵的影响。

定义一个参数 χ_1:

$$\chi_1 \equiv \frac{(z-2)\Delta W_{sp}}{kT} \tag{12-30}$$

则

$$\Delta H_M^* = \chi_1 kT N_s \overline{V_p} \tag{12-31}$$

χ_1 称为高聚物-溶剂相互作用参数,或哈金斯(Huggins)参数,反映的是高分子链结构单元与溶剂混合过程中相互作用能的变化。$\chi_1 kT$ 的物理意义是表示一个溶剂分子放到高聚物中所发生的能量变化。

将式(12-31)中的分子数换成物质的量得

$$\Delta H_M^* = \chi_1 RT n_s \overline{V_p} \tag{12-32}$$

则高聚物溶液混合自由能 ΔG_M 为

$$\Delta G_M = \Delta H_M - T\Delta S_M = \Delta H_M^* - T\Delta S_M^*$$

将式(12-25)和式(12-31)代入上式即得

$$\Delta G_M = kT(N_s \ln \overline{V_s} + N_p \ln \overline{V_p} + \chi_1 N_s \overline{V_p}) \tag{12-33}$$

或

$$\Delta G_M = RT(n_s \ln \overline{V_s} + n_p \ln \overline{V_p} + \chi_1 n_s \overline{V_p}) \tag{12-34}$$

与小分子理想溶液的混合自由能相比,式中增添了含 χ_1 的项,这反映了高分子链与溶剂分子间相互作用的影响。对于多分散性高聚物,有

$$\Delta G_M = RT\left(n_s \ln \overline{V_s} + \sum_i n_{p_i} \ln \overline{V_{p_i}} + \chi_1 n_s \overline{V_p}\right) \tag{12-35}$$

假如要考虑相互作用的变化对熵的影响,那么高聚物溶液的混合熵 ΔS_M 应包括有两项:混合熵 ΔS_M^* 和标准状态熵变 $\Delta S_{标准}$

$$\Delta S_M = \Delta S_M^* + \Delta S_{标准} \tag{12-36}$$

所谓标准状态熵变 $\Delta S_{标准}$,是由高聚物无热溶液变为高聚物非理想溶液所引起的熵变。其相应的焓变和自由能的变化称为标准状态焓变($\Delta H_{标准}$)和标准状态自由能变化($\Delta G_{标准}$)。

在推导混合热时,混合过程中相互作用能的变化 ΔW_{sp} 也应包括两项,对热的贡献 ΔW_H 和对熵的贡献 $-T\Delta W_S$,所以

$$\Delta W_{sp} = \Delta W_H - T\Delta W_S \tag{12-37}$$

同样，相互作用参数 χ_1 也包括两项

$$\chi_1 = \chi_H + \chi_S \tag{12-38}$$

其中

$$\chi_1 = \frac{(z-2)\Delta W_{sp}}{kT} = \frac{(z-2)\Delta W_H}{kT} - \frac{(z-2)\Delta W_S}{k} \tag{12-39}$$

$$\chi_H = \frac{(z-2)\Delta W_H}{kT} \tag{12-40}$$

$$\chi_S = -\frac{(z-2)\Delta W_S}{k} \tag{12-41}$$

所以高聚物与溶剂混合时，真正的混合热 ΔH_M 应为标准状态焓变 $\Delta H_{标准}$

$$\Delta H_M = \Delta H_{标准} = (z-2)\Delta W_H N_s \overline{V_p} = \chi_H kT N_s \overline{V_p} \tag{12-42}$$

而在混合时的标准状态熵变应为

$$\Delta S_{标准} = (z-2)\Delta W_S N_s \overline{V_p} = -\chi_S k N_s \overline{V_p} \tag{12-43}$$

而前面所推导的 ΔH_M^* 表示式应为标准状态自由能的变化

$$\begin{aligned}\Delta H_M^* &= \chi_1 kT N_s \overline{V_p} = (\chi_H + \chi_S)kT N_s \overline{V_p}\\ &= \Delta H_{标准} - T\Delta S_{标准} = \Delta G_{标准}\end{aligned} \tag{12-44}$$

而混合自由能的表示式则无变化

$$\begin{aligned}\Delta G_M &= \Delta H_M - T\Delta S_M = \Delta H_{标准} - (\Delta S_M^* + \Delta S_{标准})\\ &= \Delta H_{标准} - T\Delta S_{标准} - T\Delta S_M^* = \Delta H_M^* - T\Delta S_M^*\end{aligned} \tag{12-45}$$

$$\Delta G_M = kT(N_s \ln \overline{V_s} + N_p \ln \overline{V_p} + \chi_1 N_s \overline{V_p}) \tag{12-46}$$

高聚物溶解过程中，热力学函数的变化关系见图 12-8。

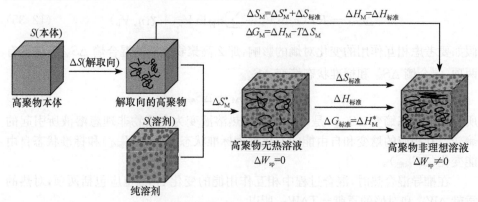

图 12-8　高聚物溶解过程中热力学函数变化的关系

3. 偏微摩尔量

1) 偏微摩尔混合熵

溶剂的偏微摩尔混合熵 $\Delta \overline{S}_s^*$，又称为高聚物溶液的稀释熵：

$$\Delta \overline{S}_s^* = \left(\frac{\partial \Delta S_M^*}{\partial n_s}\right)_{n_p} = -R\left[\ln V_s + \left(1 - \frac{1}{x}\right)V_p\right]$$

$$= -R\left[\ln(1 - V_p) + \left(1 - \frac{1}{x}\right)V_p\right] \tag{12-47}$$

高聚物的偏微摩尔混合熵 $\Delta \overline{S}_p^*$ 为

$$\Delta \overline{S}_p^* = \left(\frac{\partial \Delta S_M^*}{\partial n_p}\right)_{n_s} = -R\left[\ln V_p - (x-1)V_s\right] \tag{12-48}$$

与前面一样，式中上角标" * "号表示没有考虑相互作用变化对熵的影响。假如考虑了这一影响，$\Delta \overline{S}_s$ 和 $\Delta \overline{S}_p$ 可分别表示为

$$\Delta \overline{S}_s = \Delta \overline{S}_s^* + \Delta \overline{S}_{s标准} \tag{12-49}$$

$$\Delta \overline{S}_p = \Delta \overline{S}_p^* + \Delta \overline{S}_{p标准} \tag{12-50}$$

式中

$$\Delta \overline{S}_{s标准} = \frac{\partial \Delta S_{标准}}{\partial n_s} = -\chi_s R\, V_p^2 \tag{12-51}$$

$$\Delta \overline{S}_{p标准} = \frac{\partial \Delta S_{标准}}{\partial n_p} = -\chi_s R x\, V_s^2 \tag{12-52}$$

所以

$$\Delta \overline{S}_s = -R\left[\ln V_s + \left(1 - \frac{1}{x}\right)V_p + \chi_s\, V_p^2\right] \tag{12-53}$$

$$\Delta \overline{S}_p = -R\left[\ln V_p - (x-1)V_s + \chi_s x\, V_s^2\right] \tag{12-54}$$

$$\chi_s = \left(\frac{\partial \chi_1 T}{\partial T}\right)_p \tag{12-55}$$

2) 偏微摩尔混合热

溶剂的偏微摩尔混合热 $\Delta \overline{H_s^*}$，又称为高聚物溶液的稀释热：

$$\Delta \overline{H_s^*} = \left(\frac{\partial \Delta H_M^*}{\partial n_s}\right)_{n_p} = \chi_1 RT\, V_p^2 \tag{12-56}$$

高聚物的偏微摩尔混合热 $\Delta \overline{H_p^*}$ 为

$$\Delta \overline{H_p^*} = \left(\frac{\partial \Delta \widetilde{H}_M^*}{\partial n_p}\right)_{n_s} = \chi_1 RT x\, V_s^2 \tag{12-57}$$

同理假如将高聚物-溶剂相互作用参数 χ_1 分为 χ_H 和 χ_S 两项，则高聚物溶液的稀释

热 $\Delta \overline{H_s}$ 可表示为

$$\Delta \overline{H_s} = \left(\frac{\partial \Delta H_M}{\partial n_s}\right)_{n_p} = \chi_H RT \, V_p^2 \tag{12-58}$$

高聚物的偏微摩尔混合热 $\Delta \overline{H_p}$ 为

$$\Delta \overline{H_p} = \left(\frac{\partial \Delta H_M}{\partial n_p}\right)_{n_s} = \chi_H RT x \, V_s^2 \tag{12-59}$$

式中

$$\chi_H = -T\left(\frac{\partial \chi_1}{\partial T}\right)_p \tag{12-60}$$

3) 偏微摩尔混合自由能

溶剂的偏微摩尔混合自由能,又称为高聚物溶液的稀释自由能,为溶剂在溶液中的化学位 μ_1 和与在纯溶剂中的化学位 μ_1^0 的差值。

$$\Delta \mu_s = \mu_s - \mu_s^0 = \left(\frac{\partial \Delta G_M}{\partial n_s}\right)_{n_p} = \overline{\Delta H_s} - T\,\overline{\Delta S_s}$$

$$= \overline{\Delta H_s^*} - T\,\overline{\Delta S_s^*}$$

$$\Delta \mu_s = RT\left[\ln V_s + \left(1 - \frac{1}{x}\right)V_p + \chi_1 \, V_p^2\right] \tag{12-61}$$

高聚物的偏微摩尔混合自由能,可由高聚物的摩尔数微商得到,或由式(12-48)和式(12-59)直接加和得

$$\Delta \mu_p = \mu_p - \mu_p^0 = \left(\frac{\partial \Delta G_M}{\partial n_p}\right)_{n_s} = \overline{\Delta H_p} - T\,\overline{\Delta S_p}$$

$$= \Delta \overline{H_p^*} - T\Delta \overline{S_p^*} \tag{12-62}$$

$$\Delta \mu_p = RT\left[\ln V_p - (x-1)\,V_s + \chi_1 x \, V_s^2\right] \tag{12-63}$$

根据吉布斯-亥姆霍兹(Gibbs-Helmholtz)公式,即可从(12-61)直接得到溶剂的偏微摩尔混合熵和偏微摩尔混合热的表达式

$$\Delta \overline{S_s} = -\left(\frac{\partial \Delta \mu_s}{\partial T}\right)_p \tag{12-64}$$

$$\Delta \overline{H_s} = -T^2\left[\frac{\partial(\Delta \mu_s/T)}{\partial T}\right]_p \tag{12-65}$$

有了化学位,就可用具体的实验结果来验证理论的正确与否。溶液蒸气压与溶剂偏微摩尔混合自由能的关系

$$\Delta \mu_s = \mu_s - \mu_s^0 = RT\ln\frac{p_A}{p_A^0} \tag{12-66}$$

式中，p_A^0 和 p_A 分别为纯溶剂和溶液的蒸气压。根据似格子模型理论可得

$$\ln \frac{p_A}{p_A^0} = \frac{\Delta \mu_s}{RT} = \ln(1 - V_p) + \left(1 - \frac{1}{x}\right) V_p \chi_1 V_p^2 \tag{12-67}$$

并由它求得 χ_1。曾测定了聚二甲基硅氧烷-苯体系、聚乙烯-甲苯体系、聚苯乙烯-甲乙酮体系以及天然橡胶-苯体系的蒸气压实验数据，结果表明除天然橡胶-苯体系的结果符合 χ_1 不依赖高聚物溶液浓度的理论假设外，其他体系的实验结果都与理论假设有较大偏离。另外由式(12-64)、式(12-65)求得高聚物溶液的稀释熵和稀释热，发现除个别体系外(如天然橡胶-苯体系)，理论与实验都有不小的偏差。但由两者结合所得到的化学位却与实验结果有很好的相符。

4. 讨论

高聚物溶液弗洛里-哈金斯似格子模型理论的结果非常简单明了，与理想溶液的有关表达式有类似的形式，只是用体积分数代替了分子分数。尽管稀释热和稀释熵的实验结果与似格子模型理论之间有差异，但由两者结合所得到的化学位表达式(12-63)在描述实验结果时，有很好的相符，比式(12-48)和式(12-59)所给出的稀释熵和稀释热的表达式情况要好，而且由于弗洛里-哈金斯似格子模型理论的最终表达式甚为简单，因此仍一直为大家所采用。

弗洛里-哈金斯似格子模型理论的缺点是：

(1) 对纯组分、溶液以及它们的中间状态都采用了同一个格子模型。

(2) 在计算混合熵和混合热时，引入了结构单元在格子中均匀分布的假定，这在浓溶液中还比较合理，而在高聚物的稀溶液中结构单元的分布是不均匀的。

(3) 当然，在推导混合熵时，理论也没有考虑分子间相互作用对熵值的影响，实验事实表明，相互作用不但对混合热有影响，对混合熵也有影响。

12.3.3　稀溶液理论

似格子模型理论的缺点是明显的。要克服这些缺点可以从两方面着手，一是在实验上找到合适的条件，使得相互作用对熵值的影响尽量小，二是建立新的理论——稀溶液理论。

1. 高聚物稀溶液理论

事实上，弗洛里对自己的似格子理论也是不满意的，为此他在几年后提出了稀溶液理论。在高聚物稀溶液中，结构单元的分布是不均匀的，高分子链以一个松懈的链球散布在纯溶剂中(图 12-9)。并且，每个链球都占有一定的体积，显然，在已被它占有的地方就再也容不得其他的分子链段，即分子链段占有一定体积排除了其他链

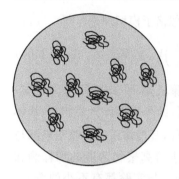

图 12-9 在高分子稀溶液
中的高分子链球

段重复占有的可能性。这种链段独占的、不容分享的体积被称之为排斥体积 V_R。基于这一点,弗洛里和柯里鲍(Krigbuam)在似格子理论基础上进行修正,提出了稀溶液理论。稀溶液理论的基本点是:

(1) 在高聚物稀溶液中链段的分布是不均匀的,可以看做是在纯溶剂中散布着高分子链段云,每一链段云接近于球状。

(2) 假定在链段云内链段的径向分布符合高斯分布,链段云中心的密度最大,向四周渐减。

(3) 各链段云之间相互贯穿的概率非常小,所以必须考虑每一个高分子链的排斥体积。

(4) 高分子链线团由于溶剂的渗透而扩张,扩张是均匀的。

在良溶剂中,高分子链段与溶剂分子的相互作用能大于高分子链段与链段的相互作用能,高分子链被溶剂化而扩张,排斥体积增大,高分子链的许多构象不能实现,这样就产生了溶液热力学性质的"超额"部分。超额化学位由两部分组成,一部分是由分子间相互间作用不等导致的热效应引起的,另一部分是由构象熵减少引起的,因此分别引入热参数 κ_1 和熵参数 ψ_1 表征相互作用对混合热和混合熵的影响。溶液的热力学表达式为

$$\Delta \overline{H_s^E} = RT\kappa_1 V_p^2 \tag{12-68}$$

$$\Delta \overline{S_s^E} = R\psi_1 V_p^2 \tag{12-69}$$

则

$$\Delta \overline{\mu_s^E} = RT(\kappa_1 - \psi_1) V_p^2 \tag{12-70}$$

因为是稀溶液,$V_p \leqslant 1$,则

$$\ln V_s = \ln(1 - V_p) \approx -V_p - \frac{1}{2} V_p^2 \tag{12-71}$$

取 $x \to \infty$,则式(12-61)可简化得下式:

$$\Delta \overline{\mu_s^E} = RT\left(\chi_1 - \frac{1}{2}\right) V_p^2 \tag{12-72}$$

比较式(12-70)和式(12-72)可得

$$\kappa_1 - \psi_1 = \chi_1 - \frac{1}{2}$$

2. Θ 温度

因为 $\dfrac{\Delta H}{\Delta S}$ 在量纲上是温度 T,这样就可以定义一个参数 Θ

$$\Theta = \frac{\Delta \overline{H_s^E}}{\Delta \overline{S_s^E}} = \frac{\kappa_1}{\psi_1} T \tag{12-73}$$

称为 Θ 温度或弗洛里温度。因而

$$\psi_1 - \kappa_1 = \psi_1 \left(1 - \frac{\Theta}{T}\right) = \frac{1}{2} - \chi_1 \tag{12-74}$$

则式(12-72)可改写为

$$\Delta \overline{\mu_s^E} = -RT\psi_1 \left(1 - \frac{\Theta}{T}\right) V_p^2 \tag{12-75}$$

此式表明,当 $T = \Theta$ 时,$\Delta \overline{\mu_s^E} = 0$,是理想溶液的情况,这时排斥体积为零,高分子链与溶剂分子都可以渗透。这样在 Θ 温度时,我们就可以利用有关理想溶液的定律来处理高聚物的溶液了。也就是说,存在这样一个温度——Θ 温度,在这个温度下,高聚物在溶剂中的所有相互作用可以忽略不计,可以把它作为理想溶液来处理。只要找到这个 Θ 温度条件(表 12-6),我们就可以放心地使用理想溶液的定律来处理高聚物溶液。

表 12-6　某些高聚物的 Θ 溶剂和 Θ 温度

高聚物	Θ 溶剂		Θ 温度/℃
	溶剂	组成	
聚乙烯	二苯醚		161.4
聚异丁烯	苯		24
	四氯化碳-丁酮	66.4/33.6	25
	环己烷-丁酮	63.2/36.8	25
聚丙烯	乙酸异戊酯		34
(无规立构)	环己酮		92
	四氯化碳-正丁醇	67/33	25
(全同立构)	二苯醚		145
聚苯乙烯	苯-正己烷	39/61	20
(无规立构)	丁酮-甲醇	89/11	25
	环己烷		35
聚乙酸乙烯酯	丁酮-异丙醇	73.2/26.8	25
(无规立构)	3-庚酮		29
聚氯乙烯	苯甲醇		155.4
聚丙烯腈	二甲基甲酰胺		29.2
(无规立构)			
聚甲基丙烯酸甲酯	苯-正己烷	70/30	20
(无规立构)	丙醇-乙醇	47.7/52.3	25
	丁酮-异丙醇	50/50	25
(间同立构)	正丙醇		85.2

续表

高聚物	Θ溶剂		Θ温度/℃
	溶剂	组成	
（94%全同立构）	丁酮-异丙醇	55/45	25
聚丁二烯	己烷-庚烷	50/50	5
（90%顺式1,4）	3-戊酮		10.6
聚异戊二烯			
（天然橡胶）	2-戊酮		14.5
（96%顺式）	正庚烷-正丙醇	69.5/30.5	25
聚二甲基硅氧烷	丁酮		20
	甲苯-环己烷	66/34	25
	氯苯		68
聚碳酸酯	氯仿		20

当 $T>\Theta$ 时，$\Delta\overline{\mu_s^E}<0$，此时由于高分子链段与溶剂分子间的相互作用使高分子链扩展，排除体积增大，相当于良溶剂时情况，T 高出 Θ 温度越多，溶剂性能越良。

当 $T<\Theta$ 时，$\Delta\overline{\mu_s^E}>0$，此时高分子链段间彼此吸引，排除体积为负值，温度 T 低于 Θ 温度越多。溶剂性能越差，甚至高聚物从溶液中析出。所以从高聚物-溶剂体系的 Θ 温度也可以判断溶剂的溶解能力。

3. 排除体积

排除体积是溶液中高聚物分子间推斥作用的度量。它是一个统计概念，相当于在空间中一个高分子链线团排斥其他线团的有效体积。在稀溶液中相距很远的高分子链线团之间没有推斥作用，当它们逐步靠近时，推斥作用渐渐呈现，并越来越强。

不但高分子链与链之间存在排除体积效应，同一高分子链上远程单元之间也同样存在排除体积效应。一方面，在良溶液剂中，$T>\Theta$，这时相斥作用使分子链倾向于伸展；在劣溶剂中，当 $T<\Theta$ 时，负的排除体积效应使分子链同无干扰状态相比要发生收缩。另一方面，根据高弹性理论（见第 6 章），分子链的弹性自由能使其倾向于形成无干扰状态的链结构。排斥自由能和弹性自由能的综合作用使分子链保持某一平衡尺寸。引入一个参数 χ 来评价高分子链的尺寸的变化，它由下式定义：

$$\chi = \left(\frac{\overline{r^2}}{\overline{r_0^2}}\right)^{\frac{1}{2}} = \left(\frac{\overline{h^2}}{\overline{h_0^2}}\right)^{\frac{1}{2}} \tag{12-76}$$

式中，$\overline{h^2}$ 和 $\overline{r^2}$ 分别为高分子链在溶液中的均方末端距和均方回转半径；$\overline{h_0^2}$ 和 $\overline{r_0^2}$ 表示无扰状态（即高斯链）下的相应的数值；χ 表示末端距或回转半径同无扰状态相比变化的倍率。如果把高分子链段云看成一个体积为 V_R 的等效球，那么 χ 反映了其径向的扩展倍数。因此把 χ 称为一维扩张因子。

高分子链的弹性自由能和链段的排斥自由能可表示成一维扩张因子 χ 的函数。利用高分子链的末端分布和链段云的链段密度分布都服从高斯分布的假定，弗洛里导出如下关系：

$$\left(\frac{\partial \Delta G_{el}}{\partial \chi}\right)_{T,p} = 3\kappa T\left(\chi - \frac{1}{\chi}\right) \tag{12-77}$$

$$\left(\frac{\partial \Delta G_{M}}{\partial \chi}\right)_{T,p} = -6\zeta\kappa T\psi_1\left(1 - \frac{\Theta}{T}\right)M^{\frac{1}{2}}/\chi \tag{12-78}$$

式中，$\zeta = \left(\frac{27}{2^{\frac{5}{2}}}\right)\left(\frac{\bar{v}_p^2}{N_A V_1}\right)\left(\frac{M}{\langle R^2 \rangle}\right)^{\frac{3}{2}}$ 为一特征常数；M 为高聚物分子量；ΔG_M 和 ΔG_{el} 分别表示链段的排斥自由能和分子链的弹性自由能。进一步推导出如下关系式：

$$\chi^5 - \chi^3 = 2\zeta\psi_1\left(1 - \frac{\Theta}{T}\right)M^{\frac{1}{2}} \tag{12-79}$$

根据上述结果，扩张因子受热力学因素 $\psi_1\left(1 - \frac{\Theta}{T}\right)$ 和 $(\psi_1 - \kappa_1)$ 的影响很大。越是在良溶剂中，分子尺寸越是胀大得厉害。随着溶剂的变劣，分子尺寸逐渐减小。在 $T = \Theta$ 时，$\chi = 1$，这时高分子链既不胀大，也不紧缩，处于无扰状态。

因此，如果 $T = \Theta$，$\chi = 1$，$\overline{h^2} = \overline{h_0^2}$，即在这时，高分子链段的内聚力与溶液产生的推斥力相互补偿，排除体积为零，$V_R = 0$。Θ 温度下，高分子链形态仍可以由高斯链来描述。

$T > \Theta$，$\chi > 1$，$\overline{h^2} > \overline{h_0^2}$，此时由于链段-溶剂间相互作用大于溶剂-溶剂、链段-链段相互作用而使大分子链舒展，排除体积增大，高聚物溶液比理想溶液更易于溶解。称此时的溶剂为良溶剂，T 高出的温度越多，溶剂性能越良。

$T < \Theta$，$\chi < 1$，$\overline{h^2} < \overline{h_0^2}$，内聚力占优势，高分子链形态收缩，高聚物溶解性能变差。称此时的溶剂为不良溶剂，T 低于 Θ 温度越多，溶解性越差，直至高聚物从溶液中析出、分离。

12.4　高聚物溶液的相平衡

高聚物溶液的似格子模型理论和稀溶液理论在处理高聚物溶液的相平衡方面是非常成功的。

12.4.1　渗透压

渗透现象在自然界非常普遍。动植物的许多薄膜都是半透膜——能让颗粒较小的溶质分子通过，却不让体积较大的溶质分子穿透，从而导致溶剂由较稀的溶液通过半透膜进入较浓溶液的现象,这就是渗透现象。由此产生的半透膜两边的压力差称为渗透压 π(图 12-10)。从溶液热力学来看,渗透压现象是纯溶剂的化学位 μ_s^0 比溶液中溶剂的化学位 μ_s 高,$\mu_s^0 > \mu_s$,溶剂分子就会从纯溶剂一方透过半透膜进入溶液一方。当这个渗透过程进行到溶液池中溶剂的化学位等于纯溶剂的化学位时,即达到了热力学平衡。

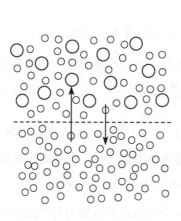

○ 溶质分子

○ 溶剂分子

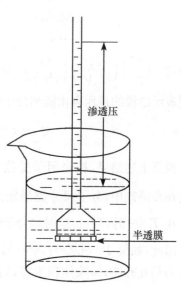

渗透压

半透膜

图 12-10　渗透压示意图

因此,平衡条件为

$$\mu_s^0(T,p) = \mu_s(T,p+\pi) \tag{12-80}$$

但

$$\mu_s(T,p+\pi) = \mu_s(T,p) + \left(\frac{\partial \mu_s}{\partial p}\right)_T \pi = \mu_s(T,p) + \pi \overline{V_s} \tag{12-81}$$

式中,$\overline{V_s}$ 是溶剂的偏微摩尔体积。所以

$$\pi \overline{V_s} = -[\mu_s(T,p) - \mu_s^0(T,p)] = -\Delta \mu_s \tag{12-82}$$

对于小分子溶液,浓度很小时接近理想溶液,蒸气压服从拉乌尔定律,$p_s = p_s^0 N_s$,则

$$\Delta \mu_s = -\pi \overline{V_s} = RT \ln \frac{p_s}{p_s^0} = RT \ln N_s$$

$$= RT(1 - N_{\overline{p}}) \approx -RT N_{\overline{p}}$$

这样有

$$\pi \overline{V_s} = RT N_{\overline{p}} \tag{12-83}$$

若取

$$N_{\overline{p}} = \frac{n_p}{n_s + n_p} \approx \frac{n_p}{n_s}, \quad n_s \overline{V_s} \approx V$$

$$\pi = RT \frac{n_p}{V} = RT \frac{c}{M}$$

即

$$\frac{\pi}{c} = \frac{RT}{M} \tag{12-84}$$

式中,c 为溶液浓度;M 为分子量。这就是范托夫(van't Hoff)方程。

对于高聚物溶液的稀释自由能 $\Delta\mu_s$

$$\Delta\mu_s = RT\left[\ln(1-V_{\overline{p}}) + \left(1-\frac{1}{x}\right)V_{\overline{p}} + \chi_1 V_{\overline{p}}^2\right] \tag{12-85}$$

代入式(12-82),得

$$\pi = -\frac{RT}{\overline{V_s}}\left[\ln(1-V_{\overline{p}}) + \left(1-\frac{1}{x}\right)V_{\overline{p}}^2 + \chi_1 V_{\overline{p}}\right] \tag{12-86}$$

因为是稀溶液,把 $\ln(1-V_{\overline{p}})$ 展开,并略去高次项,再引入高聚物的密度 $\rho_p = \dfrac{c}{V_{\overline{p}}}$,可得

$$\frac{\pi}{c} = RT\left[\frac{1}{M} + \left(\frac{1}{2} - \chi_1\right)\frac{c}{\overline{V_s}\rho_p^2} + \cdots\right] \tag{12-87}$$

一般令

$$A_2 \equiv \left(\frac{1}{2} - \chi_1\right)\frac{1}{\overline{V_s}\rho_p^2} \tag{12-88}$$

类似有 A_3 等,则式(12-87)推得高聚物溶液渗透压的溶度依赖性为

$$\frac{\pi}{c} = RT\left(\frac{1}{M} + A_2 c + A_3 c^2 + \cdots\right)$$

式中,A 称为位力系数,依次 A_2 称为第二位力系数,A_3 称为第三位力系数,它表征高聚物分子的远程相互作用,即高分子链段与溶剂分子间的相互作用。

作为高聚物的良溶剂,表现为相斥的相互作用,使高分子链线团胀大松懈,这时 A_2 为正值,$\chi_1 < \dfrac{1}{2}$。加入不良溶剂导致高分子链线团的引力增加,线团紧缩,

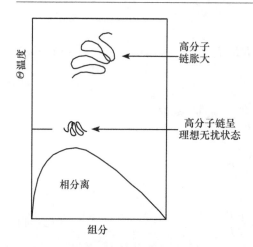

图 12-11　随温度降低高分子链逐步收缩,到 Θ 温度时高分子链称为理想状态的无扰链,温度再降低就发生相分离

A_2 值减小。当 $A_2 = 0$ 时,即 $\chi_1 = \dfrac{1}{2}$,斥力与吸力互相抵消,无远程相互作用,高聚物溶液行为符合理想溶液。从高分子链段与溶剂分子相互作用来看,此时溶剂-溶剂、链段-链段、链段-溶剂间的相互作用相等,排除体积为零,高分子链与溶剂分子可以自由渗透,高分子链呈现自然卷曲状态,即处于无扰状态中(图 12-11)。

$A_2 = 0$ 的温度,就是高聚物-溶剂体系的 Θ 温度,这时的溶剂称为 Θ 溶剂。Θ 温度和 Θ 溶剂通称为 Θ 条件。对于特定高聚物,当溶剂选定后,可以通过改变温度以满足 Θ 条件;或溶解温度确定,可以改变溶剂品种(改变 χ_1)以达到 Θ 状态。

高聚物溶液渗透压作用如下:

(1) 测定高聚物的分子量测量不同浓度下的 $\dfrac{\pi}{c}$,作图并向 $c \to 0$ 外推,则

$$\left(\frac{\pi}{c}\right)_{c \to 0} = \frac{RT}{M} \tag{12-89}$$

渗透压测定的是数均分子量,渗透压测定高聚物分子量的范围取决于半透膜的渗透性。

(2) 测定高聚物溶液的相互作用参数,确定 Θ 温度,即 $A_2 = 0$,$\chi_1 = \dfrac{1}{2}$。

(3) 可验证高聚物溶液理论。事实上,很多教材提供的例子都用的是渗透压实验数据。

12.4.2　Θ 溶液

在 Θ 溶液中,第二位力系数 $A_2 = 0$,高分子链线团的排除体积 $V_R = 0$,高分子链线团处于无扰状态,形态不受溶剂的干扰,符合高斯链的特征。在高聚物溶液中,Θ 溶液占有十分重要的地位。但是实际上 Θ 溶液并不是一种真正意义上的理想溶液,在一些体系中高分子链线团的无扰尺寸也依赖于溶剂的性质。如下三个方面可帮助我们深入了解高聚物 Θ 溶液的本质以及它与理想溶液的差别。

1. 如果只是稀释自由能 $\Delta\mu_s$ 与理想溶液无偏差,还不是真正意义上的理想溶液

当 $T=\Theta$ 时,$\Delta\mu_s^E=0$,则 $\Delta\mu_s=\Delta\mu_s^i$,表明高聚物溶液的稀释自由能对理想溶液没有偏差,这就是高聚物溶液中的理想情况——Θ 溶液,并且 $\chi_1=1/2$,$\psi_1=\kappa_1$。但相互作用参数 $\chi_1>0$ 表明体系处于不良溶剂中。Θ 溶液中 $\chi_1=1/2>0$,显然 Θ 溶剂是一种特殊的不良溶剂。又知在不良溶剂中,$\kappa_1>0$,那么 Θ 溶液中,也应有 $\kappa_1>0$,$\psi_1=\kappa_1>0$,则超额稀释热 $\Delta\overline{H}_1^E>0$,超额稀释熵 $\Delta\overline{S}_1^E>0$。因此 Θ 溶液只是稀释自由能对理想溶液没有偏差,即 $\Delta\mu_1^E=0$,然而稀释热和稀释熵对理想溶液都有偏差($\Delta\overline{H}_s^E\neq0$,$\Delta\overline{S}_s^E\neq0$),只是两者的效应正好抵消,高聚物的 Θ 溶液不是一种真正意义上的理想溶液。

2. 同一种高聚物的 Θ 温度和 Θ 溶剂不是单一的

确定 Θ 温度和 Θ 溶剂组成有两种方式:第一种是外推法,在溶剂确定的情况下,用光散射法或渗透压法测定不同温度下溶液的 A_2 值,外推到 $A_2=0$ 的温度即为 Θ 温度;第二种是内插法,在恒定的温度下,测定一系列溶剂性质连续变化的高分子溶液的 A_2 值(通常是通过调节溶剂组成),以 $A_2=0$ 的溶剂作为高聚物的 Θ 溶剂,此时的温度为 Θ 温度。

由于高分子的溶液性质同时依赖于溶剂和温度,当溶剂或温度改变时,溶液性质跟着变化,要满足 Θ 条件,相应的温度或溶剂也要随之变化,即 Θ 温度与 Θ 溶剂是一一对应的,并且一种高聚物的 Θ 温度和 Θ 溶剂不是单一的。

如聚乙烯基吡咯烷酮(PVP)-水/四氢呋喃体系的 Θ 温度和 Θ 溶剂组成是在四氢呋喃的质量分数 $w=0.20$ 的混合溶剂中,用外推法估算 $\Theta_{外推}$ 温度为 $-21.0℃$。而在 $20℃$ 时,用内插法得到四氢呋喃占 0.570 的混合溶剂是 PVP 的 Θ 溶剂,即 $w_{\Theta,内插}=0.570$。

3. 在一些 Θ 溶液中高分子链无扰尺寸取决于溶剂的性质和组成

不同高分子链的链段间和同一高分子链链段间的排斥作用虽是两种不同的情况,但无法区分。因为它们相互作用的本质是一样的,统称为排除体积效应。根据稀溶液理论,排除体积 $V_R\propto\psi_1\left(1-\dfrac{\Theta}{T}\right)$,在良溶剂中,这种排斥力超过链段间的范德瓦耳斯吸引力,高分子链的形态是比较扩张的,排除体积较大。随溶剂变劣,即 $\psi_1\left(1-\dfrac{\Theta}{T}\right)$ 减小,溶剂分子与高分子链间的相互作用力减弱,相当于链段间的斥力减弱,高分子链的形态逐渐收缩,排除体积减小。也就是说,溶剂越弱,链段间的排斥力越小。甚至当 $T < \Theta$ 时，链段间相互作用变成吸引的，使高分子链凝聚起来，发生分相。当 $T = \Theta$ 时，$V_R = 0$，此时由于溶剂分子对高分子链的作用所产生的溶胀作用而表现出的链段间的排斥力刚好与链段间的范德瓦耳斯吸引力相抵消，高分子链段间无远程相互吸引或推拒的作用，净相互作用力为零。这时高分子链的形态是无扰的高斯线团，不受溶剂的影响。通常也就把 Θ 溶液中高分子链的尺寸称为无扰尺寸。

但在一些体系中高分子链的无扰尺寸却依赖于溶剂的性质和组成。例如，聚乙烯基吡咯烷酮 PVP 在水/四氢呋喃（以及水/丙酮、乙醇/正己烷）组成的不同 Θ 溶剂中的无扰尺寸不是一个常数。原因是，通常高分子链段同时受到分子内和分子间作用力的影响，分子内的作用又分为短程相互作用和长程相互作用。在 Θ 溶液中，分子间的作用力以及分子内的长程净相互作用力是零，但是短程相互作用力无论是在 Θ 条件还是非 Θ 条件都是存在的，并不为零。上面提到的 Θ 溶液中高分子链段间的净相互作用为零应是指分子间和分子内的长程相互作用都为零，而短程相互作用总是存在的，它包括主链上键角和空间位阻对主链上单键内旋转的限制，因此对高分子链的柔性起着本质的影响，也决定了无扰尺寸的大小。其中空间位阻的大小主要依赖于链结构，但是也受溶剂作用的影响，只是在很多情况下溶剂的影响很小，可以不予考虑，如在非极性高聚物-非极性溶剂溶液中。也正因为如此，通常把无扰尺寸作为基本的分子参数，并用无扰尺寸来表征高分子链的柔性以及短程相互作用力的大小，得到有关链结构的重要信息。然而当溶剂的作用对内旋转时的空间位阻产生影响时，同一种高分子链的无扰尺寸在不同溶剂中应当不一致，要受到溶剂的影响。

（1）如果高聚物的极性侧基与溶剂之间能发生强烈的缔合作用，形成氢键或偶极相互作用，这时链单元的侧基可看成为较大的侧基复合物（侧基-溶剂复合），分子链的柔性减小，因而无扰尺寸增加。例如，聚（2-乙烯基吡啶）能与氯仿或乙醇形成氢键，无扰尺寸要比在其他溶剂中的大。

（2）如果溶剂发生自缔合，κ_Θ 值将低于非缔合溶剂中的值。例如，PMMA 在硝基甲烷以及聚（2-乙烯基吡啶）在甲醇中的无扰尺寸都相当小，这是由于这两种溶剂的自缔合作用。

（3）还有当极性聚合物溶解在非极性溶剂中，高聚物内偶极-偶极相互作用也会引起高分子链的收缩，导致无扰尺寸减小，如聚（2-乙烯基吡啶）和 PMMA 在苯中。

12.4.3 相分离

不管是由于温度降低还是添加了不良溶剂（沉淀剂），本来溶于溶剂中的高聚物会从溶液中分相沉淀出来，这就是相分离。含有高聚物沉淀的那一相通常称为浓相（当然浓相中仍然含有溶剂），含有大量溶剂的那一相称为稀相（稀相中仍有高聚物）。高聚物溶液分相时，在浓相的溶剂和高聚物与稀相中的溶剂和高聚物各自的化学位相等。

$$\mu_s^{稀} = \mu_s^{浓} \quad 或 \quad \Delta\mu_s^{稀} = \Delta\mu_s^{浓} \tag{12-90}$$

$$\mu_p^{稀} = \mu_p^{浓} \quad 或 \quad \Delta\mu_p^{稀} = \Delta\mu_p^{浓} \tag{12-91}$$

即

$$\ln V_x^{稀} + (1-x) + V_2^{稀}\, x\left(1 - \frac{1}{x_n^{稀}}\right) + \chi_1 x (1 - V_2^{稀})^2$$

$$= \ln V_x^{浓} + (1-x) + V_2^{浓}\, x\left(1 - \frac{1}{x_n^{浓}}\right) + \chi_1 x (1 - V_2^{浓})^2 \tag{12-92}$$

式中，$V_x^{稀}$ 和 $V_x^{浓}$ 分别表示聚合度为 x 的高聚物在稀相和浓相中的体积分数。整理后有

$$\ln \frac{V_x^{浓}}{V_x^{稀}} = x\left\{ V_2^{稀}\left(1 - \frac{1}{x_n^{稀}}\right) - V_2^{浓}\left(1 - \frac{1}{x_n^{浓}}\right) + \chi_1\left[\left(1 - V_2^{稀}\right)^2 \left(-1 - V_2^{浓}\right)^2\right]\right\} \tag{12-93}$$

令

$$\sigma = \left\{ V_2^{稀}\left(1 - \frac{1}{x_n^{稀}}\right) - V_2^{浓}\left(1 - \frac{1}{x_n^{浓}}\right) + \chi_1\left[\left(1 - V_2^{稀}\right)^2 - \left(1 - V_2^{浓}\right)^2\right]\right\} \tag{12-94}$$

则

$$\frac{V_x^{浓}}{V_x^{稀}} = e^{\sigma x} \tag{12-95}$$

对指定的高聚物-溶剂体系和指定的相分离条件，σ 是一个常数。

假定 $V^{稀}$ 和 $V^{浓}$ 分别是相平衡时稀相和浓相的体积，则聚合度为 x 的高聚物在稀相和浓相质量分别为 $W_x^{稀}$ 和 $W_x^{浓}$

$$W_x^{稀} = V_x^{稀}\, V^{稀}\, \rho_p \tag{12-96}$$

$$W_x^{浓} = V_x^{浓}\, V^{浓}\, \rho_p \tag{12-97}$$

所占质量分数分别为

$$f_x^{稀} = \frac{W_x^{稀}}{W_x^{稀} + W_x^{浓}} = \frac{1}{1 + Re^{\sigma x}} \tag{12-98}$$

和

$$f_x^{浓} = \frac{W_x^{浓}}{W_x^{稀} + W_x^{浓}} = \frac{Re^{\sigma x}}{1 + Re^{\sigma x}} \tag{12-99}$$

式中

$$R = \frac{V^{浓}}{V^{稀}} \tag{12-100}$$

式(12-99)称为相分离的溶度函数。

　　这是高聚物根据溶解度分级分相的理论基础。由式可见，R 越大，$f_x^{浓}$ 越大，即聚合度(分子量)为 x 的高聚物在浓相中所占的量越多，分级效果也就越好。

　　分析了沉淀分级得到的浓相中的成分，发现浓相中不但含有沉淀剂，也还含有溶剂，并且溶剂和沉淀剂的比例正好符合该高聚物的 Θ 溶剂的条件。

12.4.4　交联橡胶的溶胀

　　交联橡胶溶胀的研究不仅提供了一个测定交联度的方法，而且溶胀了的试样更接近平衡过程，有利于交联橡胶力学性能的试验研究。

　　线形的橡胶一旦发生交联就不溶了。这是因为交联橡胶中分子链之间以化学键形式相互键合，形成了三维网状结构。在溶剂分子逐渐扩散到交联橡胶中，使其体积膨胀，力图拆开交联网时，交联橡胶因体积膨胀，引起三维结构分子网的伸展，降低了交联点之间分子链的构象熵值，产生弹性收缩力，力图使分子收缩，反过来阻止小分子溶剂的渗透。这两种作用相反的过程最终会达到一个平衡，也即达到溶胀平衡(图 12-12)。

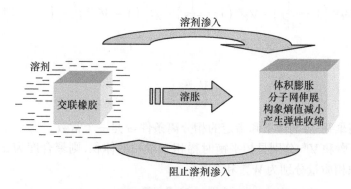

图 12-12　交联橡胶在溶剂中溶胀过程示意图

　　溶胀过程中，整个体系的自由能变化 $\Delta G_{溶胀}$ 为溶剂渗入、橡胶胀大而引起的高聚物-溶剂的混合自由能变化 $\Delta G_{混合}$，和由溶剂渗入交联结构而引起的弹性自由能变化 $\Delta G_{形变}$ 之加和

$$\Delta G_{溶胀} = \Delta G_{混合} + \Delta G_{形变} < 0 \tag{12-101}$$

溶胀橡胶的化学势为

$$\mu_s^{凝胶相} = \mu_s^{溶剂} + \frac{\partial \Delta G_{溶胀}}{\partial n_s}$$

$$= \mu_s^{溶剂} + \frac{\partial \Delta G_{混合}}{\partial n_s} + \frac{\partial \Delta G_{形变}}{\partial n_s} \tag{12-102}$$

而溶胀平衡的条件是

$$\mu_s^{凝胶相} = \mu_s^{溶剂} \tag{12-103}$$

即

$$\frac{\partial \Delta G_{混合}}{\partial n_s} + \frac{\partial \Delta G_{形变}}{\partial n_s} = 0 \tag{12-104}$$

和

$$\Delta \mu_s^{混合} + \Delta \mu_s^{形变} = 0 \tag{12-105}$$

现在来求 $\Delta \mu_s^{混合}$ 和 $\Delta \mu_s^{形变}$。

(1) $\Delta \mu_s^{混合} = \dfrac{\partial \Delta G_{混合}}{\partial n_s}$，就是高聚物溶液的偏微摩尔混合自由能，已有现存的式(12-63)。在交联橡胶的情况是聚合度 $x \to \infty$，所以

$$\Delta \mu_s^{混合} = RT[\ln(1 - V_p) + V_p + \chi_1 V_p^2] \tag{12-106}$$

(2) 交联橡胶的溶胀类似于橡胶的形变，由此引起的体系自由能即是它的储能函数(见 6.2.3 节)

$$\Delta G_{形变} = \frac{\rho RT}{2\langle \overline{M_c} \rangle_n}(\lambda_1^2 + \lambda_2^2 + \lambda_3^2 - 3)$$

如果溶胀前的试样是一个单位立方体，边长为 1，假定溶胀是均匀的，溶胀后试样的尺寸变为 λ(图 12-13)，则

$$\Delta G_{形变} = \frac{3\rho RT}{2\langle \overline{M_c} \rangle_n}(\lambda^2 - 1) \tag{12-107}$$

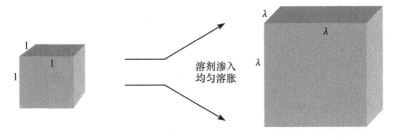

图 12-13　均匀溶胀

溶胀后橡胶的体积分数 V_p 为

$$V_p = \frac{溶胀前体积}{溶胀后体积} = \frac{1}{\lambda^3} \tag{12-108}$$

所以

$$\lambda = \left(\frac{1}{V_p}\right)^{\frac{1}{3}} \tag{12-109}$$

代入式(12-107)得

$$\Delta G_{形变} = \frac{3\rho RT}{2\langle \overline{M_c}\rangle_n}\left[\left(\frac{1}{V_p}\right)^{\frac{2}{3}} - 1\right]$$

这样，化学势为

$$\Delta \mu_1^{形变} = \frac{\partial \Delta G_{形变}}{\partial n_1} = \frac{3\rho RT}{2\langle \overline{M_c}\rangle_n}\left[\frac{2}{3}\left(\frac{1}{V_p}\right)^{-\frac{1}{3}}\frac{\partial}{\partial n_1}\left(\frac{1}{V_p}\right)\right]$$

$$= \frac{\rho RT}{\langle \overline{M_c}\rangle_n}V_p^{\frac{1}{3}}\widetilde{V}_s \tag{12-110}$$

代入平衡条件

$$RT\left[\ln(1 - V_p) + V_p + \chi_1 V_p^2\right] + \frac{\rho RT}{\langle \overline{M_c}\rangle_n}V_p^{\frac{1}{3}}\widetilde{V}_s = 0$$

　　交联橡胶在溶胀时的体积膨胀是很大的，可以定义一个交联橡胶的平衡溶胀比 Q，为溶胀后的体积与溶胀前的体积之比

$$Q = \frac{溶胀后的体积}{溶胀前的体积}$$

　　如果认为渗入交联橡胶中溶剂的体积有加和性，即溶胀后的体积为橡胶的体积 V_p 加上渗入的溶剂的体积 V_s，则

$$Q = \frac{V_p + V_s}{V_p} = \frac{1}{V_p} \tag{12-111}$$

式中，V_p 为达溶胀平衡时橡胶在溶胀体系中所占的体积分数。

　　设溶胀前橡胶的体积为单位立方，则

$$\frac{1}{V_p} = 1 + n_s\widetilde{V}_s \tag{12-112}$$

式中，n_s 为溶胀体系中溶剂的物质的量；$\widetilde{V}_s$ 为溶剂的摩尔体积。

　　溶胀通常是各向同性的，即单位体积的橡胶在溶胀后每边胀大 λ 倍，则

$$\lambda = \left(\frac{1}{V_p}\right)^{\frac{1}{3}} = (1 + n_s\widetilde{V}_s)^{\frac{1}{3}} \tag{12-113}$$

这个过程类似于橡胶的形变，由此而引起的体系自由能的变化，即是储能函数

$$\Delta G_{形变} = \frac{\rho RT}{2\langle \overline{M_c}\rangle_n}\left[3\left(\frac{1}{V_p}\right)^{-\frac{2}{3}} - 3\right] \tag{12-114}$$

和

$$\frac{\partial \Delta G_{形变}}{\partial n_s} = \frac{\rho RT}{\langle \overline{M_c} \rangle_n}(V_p)^{\frac{1}{3}} \cdot \widetilde{V}_s$$

则

$$\mu_s^{凝胶相} = \mu_s^{溶剂} + RT[\ln(1 - V_p) + V_p + \chi_1 V_p] + \frac{\rho RT}{\langle \overline{M_c} \rangle_n}(V_p)^{\frac{1}{3}} \cdot \widetilde{V}_s$$

$$(12\text{-}115)$$

由平衡条件 $\mu_1^{凝胶相} = \mu_1^{溶剂}$,得平衡溶胀比满足的关系式

$$-[\ln(1 - V_p) + V_p + \chi_1 V_p^2] = \frac{\rho}{\langle \overline{M_c} \rangle_n}(V_p)^{\frac{1}{3}} \cdot \widetilde{V}_s \qquad (12\text{-}116)$$

在良溶剂中,橡胶高度溶胀,Q 最大可达 10,$V_p \ll 1$。可将 $\ln(1 - V_p)$ 展开,并忽略 V_p 的二次方以上的项

$$\ln(1 - V_p) \approx -V_p - \frac{1}{2} V_p^2$$

可得

$$\left(\frac{1}{2} - \chi_1\right) V_p^{5/3} = \frac{\rho}{\langle \overline{M_c} \rangle_n} \widetilde{V}_1 \qquad (12\text{-}117)$$

或

$$Q^{\frac{5}{3}} = \left(\frac{1}{V_p}\right)^{\frac{5}{3}} = \frac{\langle \overline{M_c} \rangle_n}{\rho \widetilde{V}_s}\left(\frac{1}{2} - \chi_1\right) \qquad (12\text{-}118)$$

交联橡胶的溶胀测定并不难,但非常费时,因为要达到平衡溶胀通常需要数天的时间。图 12-14 是容量法测定交联橡胶的实验装置。在带毛细管支管的主管中用小铜网吊一个待测试样,倒入溶剂,密封存放在恒温器中。以后就是每天观察毛细管中液面的刻度,直至不再上升就是达到了溶胀平衡。当然也可用称重法来确定是否达到溶胀平衡。

交联橡胶的溶胀有如下用途:

(1) 利用式(12-118),在 χ_1 为已知的情况下,由平衡溶胀比 Q 可测定交联

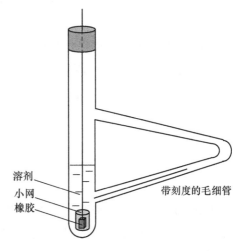

图 12-14　容量法测定交联橡胶的溶胀

度,即交联点之间的平均分子量$\langle\overline{M_c}\rangle_n$。这时,高聚物与溶剂相互作用参数 χ_1 可从高聚物溶液性质的实验求得,如蒸气压降低、渗透压。为了使之与溶胀实验条件接近,一般应用由蒸气压降低实验(这时浓度较大)得到的数据。

(2) 测定高聚物的内聚能密度 ε_p 或溶度参数 δ_p。当高聚物的 ε_p 或 δ_p 与溶剂的内聚能密度 ε_s 或溶度参数 δ_s 相近时,溶剂最良,对交联橡胶来说则是有最大的溶胀比。因此通过交联橡胶在各种不同溶剂中的溶胀,由出现最大溶胀比时溶剂的 ε_s 或 δ_s 来估计高聚物的 ε_p 或 δ_p(见第 1 章)。

(3) 利用溶胀了的橡胶作各种力学性能试验并不需要一定达到平衡溶胀,这就给实验提供了很大方便。如果把一个交联橡胶的单位立方体(状态 A)放在溶剂中各向同性地溶胀到三边溶胀比均为 λ_s 的状态(状态 B,不一定是溶胀平衡状态),然后在外力作用下,使它形变到边长为 l_1、l_2、l_3 的状态(状态 C),如图 12-15 所示。由形变引起的单位体积的储能函数为

$$W = \frac{\rho RT}{\langle\overline{M_c}\rangle_n} V_p^{\frac{1}{3}} (\lambda_1^2 + \lambda_2^2 + \lambda_3^2 - 3) \tag{12-119}$$

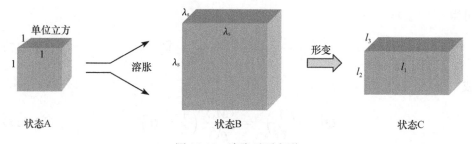

图 12-15　溶胀后再变形

可见,溶胀橡胶与未溶胀橡胶的储能函数,以及应力-应变关系的形式上是相同的,只是在式中多了一个 $V_2^{\frac{1}{3}}$,它是表示溶胀程度的。则

$$\sigma_i - \sigma_j = G V_2^{\frac{1}{3}} (\lambda_i^2 + \lambda_j^2) \tag{12-120}$$

溶胀试样的模量 G' 为

$$G' = G V_2^{\frac{1}{3}} = \frac{\rho RT}{\langle\overline{M_c}\rangle_n} (V_2)^{\frac{1}{3}} \tag{12-121}$$

这里 ρ 仍是干试样的密度。由于这里 V_2 不一定是平衡溶胀比,这对实验测定 $\langle\overline{M_c}\rangle_n$ 是一个极大的方便。实验与溶胀理论的相符是很好的,至少在良溶剂中是如此。

12.5　高分子溶液的相图和它们的普适标度律

12.5.1　高分子溶液相图的类型

有关相图的知识已经在第 3 章中有了一定的介绍。相图不仅在高分子科学和基础物理学科中有基础性的重要性,并且也在高聚物的制备、纯化和表征中非常有用。

通过改变温度或调节溶剂和沉淀剂(不良溶剂)的混合比例,就可以改变溶剂的溶解性,从而绘制出温度-组成图中的两相共存曲线,也就是高聚物溶液的相图。高聚物溶液最常见的相图有三种类型。图 12-16(a)是具有高临界共溶温度(upper critical solution temperature,UCST)的相图。具有 UCST 相图的高聚物溶液在高温下均一透明,在 $T<T_c$ 溶液具有不混溶区,当溶液冷至低于两相共存线的温度,溶液分为两相。每个相都是均一的,但其组成不同。图 12-16(b)是具有低临界共溶温度(lower critical solution temperature,LCST)的相图,其 T_c 处于两相共存线的最低点。一般能形成氢键的水溶性高聚物具有 LCST 型相图,这是因为升温会破坏氢键。图 12-16(c)是既有 UCST 又有 LCST 的相图,它们的两相共存线是一个封闭的环,溶液在环外呈单一相,在环内是两相。

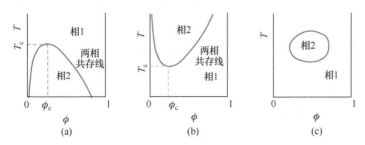

图 12-16　高聚物溶液的相图

(a) UCST 类型的相图;(b) LCST 类型的相图;(c) 既有 UCST 又有 LCST 类型的相图

非常遗憾的是,好的高聚物溶液相图至今并不多见。原因如下:①高聚物中含有大量分子量不同的分子,这些分子的特性不同。也就是说,高聚物溶液的相图与溶液中高分子链的链长有关,这是与小分子溶液的相图完全不同的。因此,我们必须首先要得到一系列不同分子量的窄分布的实验试样。而绝大多数的合成高聚物有非常宽的分子量分布,分级是一个可取的方法。但为了能得到达临界浓度的 1 mL 窄分布的试样溶液,需要好几百毫升的窄分布试样,这使得试样的制备相当的困难。当前确实有所谓的阴离子活性聚合能合成出分子量分布很窄的高聚物,但毕竟能合成聚合的高聚物并不多。②达到平衡状态的速度太慢(一般来说只有在稀溶液中的高聚物才有可能达到平衡),这是更为棘手的一个难题。在制备相图的典型实验中,溶解试样,以及达到热力学平衡态的溶液分离成为浓相和稀相,并最后分别测定高聚物在浓相和稀相中的浓度(通常是用折射率测定法)都需要漫长的时间(以月计,甚至达到年的量级),即使如此,也并不知道是否是达到了真正的热力学的平衡,这是一个颇为痛苦的过程。

12.5.2 微流体装置联用小角激光散射绘制高分子溶液相图的新方法

为了克服上述的两个困难,吴奇院士设计制作了一套全新的装置——微流体制备纳升液滴,并联用小角激光散射发展了一套快速、灵敏的测量方法,使得体系平衡时间由月缩短到小时、灵敏度从目测的浊点提高到分子间的两两聚集,获得了系列分子量的多张相图。

用氟塑料以软刻蚀技术制备的微流体装置,通过内径 0.3 mm 的氟塑料管连接上内截面积 $200~\mu m \times 200~\mu m$ 的硼硅酸盐玻璃毛细管(折射率 $n = 1.47$),高聚物溶液就能在其中形成小液滴(约 $200~\mu m \times 200~\mu m \times 400~\mu m \approx 16$ nL)。如果以添加有含氟表面活性剂全氟-1-辛醇 $CF_3(CF_2)_5CH_2CH_2OH$ 的氟代烃作为运输流体,配合合适的高聚物溶液浓度和稀释剂流速,有可能在毛细管中产生多达 40 个高聚物溶液小液滴(图 12-17)。每个小液滴的移动速度(流速)有计算机程序控制。整个装置置于一个铜块内,并有加热系统加温和恒温(温度涨落为 0.02℃)。

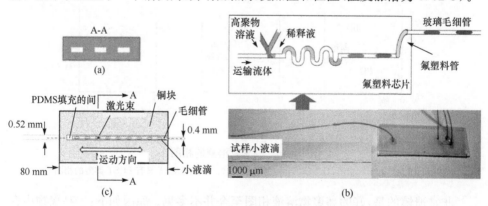

图 12-17　以软刻蚀技术制备的氟塑料微流体通道截面(a),微流体装置制备高聚物溶液小液滴示意图(b),以及装置内部的详图(c)

测定高聚物溶液相变使用小角激光光散射。配用 He-Ne 激光和光电二极管用作光源和检测器,以及调节光程的激光束放大器(放大 20 倍)和焦距为 300 mm 的凸面镜。带有毛细管的铜块固定在一个运动的平台上,受计算机控制的微型步进马达驱动而线性位移。在小液滴位移模式,在一定温度,每一小液滴能被驱动来通过入射激光光束,而记录下它们的散射光强。在小液滴(浓度)上固定激光光束,在位移照在另一个小液滴前,改变溶液的温度来找出它的相变温度。在不同温度之间的加热/冷却速率控制在 0.1~2℃/min 范围内。

　　高聚物溶液从单一相转变为两相,高分子链开始有可察觉的链间相互作用,但高聚物溶液仍可以保持透明相当长一段时间,因此传统的用浊度法来测定来相分离点是不灵敏的。而这时用激光光散射法就非常好,因为①散射光强度$\langle I\rangle$典型仅仅为入射光强的 10^{-4} 倍,因此,在溶液仍然是透明时,发射的光强变化甚小,但那时链已经开始彼此聚集;②在低散射角出的散射光强正比于散射物体质量的平方,即 10 条链聚集应该能散射一条链散射光强的 100 倍,这样就为用低角激光光散射测定系统检测每一小液滴内相转变提供了可能。图 12-18 是聚乙酸乙烯酯(PVAc)在异丁醇中三个不同起始浓度(ϕ_{PVAc})的小液滴的相对散射强度$\langle I\rangle_R$随温度的变化。这里$\langle I\rangle_R=(\langle I\rangle-\langle I\rangle_0)/(\langle I\rangle_{max}-\langle I\rangle_0)$,$\langle I\rangle$、$\langle I\rangle_0$和$\langle I\rangle_{max}$分别是在单一相和两相中于温度 T 测量的散射强度。由图可见,小液滴的$\langle I\rangle_R$在图中 T_p温度以上,几乎不随温度的变化而变化,但当温度降低到 T_p 这个温度点时,$\langle I\rangle_R$突然有非常明显的增加。这就是高聚物的相变点,在那里分子链已经开始彼此聚集,链与链之间有了明显的链间相互作用,导致散射光强剧增。

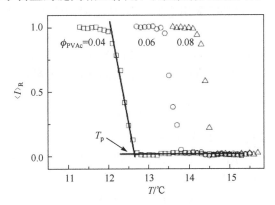

图 12-18　高聚物小液滴相对散射强度的温度依赖性

12.5.3　聚乙酸乙烯酯在异丁醇溶剂中的相图

　　吴奇用上述微流体装置并联用小角激光散射方法测定了包括 PVAc-异丁醇、PVAc-苯、PMMA-3OCT、PS-环己烷等高聚物-溶剂体系的相变,并绘制了它们的相图。作为例子,图 12-19 是不同分子量 PVAc-异丁醇和 PVAc-苯的相图。由图可见,PVAc-苯的相图是具有高临界溶解温度 UCST。已经说过,高聚物溶液的相图有很强的分子量依赖性,而微流体装置联用小角激光散射方法却能用少量的试样(约几毫克)就能绘制出如图那样的不同分子量高聚物的相图。三组不同起始PVAc 溶液浓度以及不同 PVAc 浓度得到的数据彼此之间有非常好的交叠。

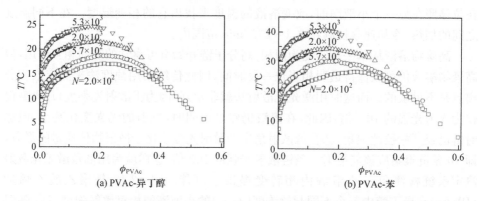

(a) PVAc-异丁醇　　　　　　　　　(b) PVAc-苯

图 12-19　不同分子量(链长)PVAc-异丁醇和 PVAc-苯的相图

　　由图 12-19 可见,随分子量的增加高聚物溶液体系的两相共存线移向更高的温度。同时,随分子量的增加,构筑相图所用的高聚物的浓度会降低,这是因为浓度高了,高聚物溶液的黏度变大,过于黏稠的高聚物溶液就较难在微流体装置中产生小液滴,这是本方法的局限之处。但要指出的是,这样精确的相图如果用传统的浊度滴定法来构筑,必须等待两相达到平衡,所需时间将以月、年计,而两者相比优劣之处一目了然。

　　高聚物溶液相图的不对称是因为高聚物大分子链与溶剂分子大小的巨大差异。为了计及这个尺寸效应,可以定义一个新的无量纲参数的简约体积分数 Ψ

$$\Psi = \frac{\phi_P}{\phi_P + R_c(1-\phi_c)} \tag{12-122}$$

式中,R_c 是反映高聚物大分子链和溶剂分子"尺寸"之比率的一个链长依赖关系的常数。当然,这里所说的不是一般字面上理解的"尺寸",它还包含了分子间的相互作用。这样,相图能被"对称"化为

$$|\Psi - \Psi_c| = \Psi_0(\varepsilon N^b)^\beta \tag{12-123}$$

式中,Ψ_c、Ψ_0、b 和 β 是与分子量(链长)无关的常数,其中 Ψ_c 是对称轴,与高聚物和溶剂也无关,而 Ψ_0 随高聚物和溶剂不同而有不同的值,b 和 β 则是两个普适的标度参数。实验求得 $\Psi_c = 0.325 \pm 0.002$。图 12-20(a) 就是用上述参数(见图中所列)由图 12-19 所得的对称化相图。

　　由图 12-20 可见,在同一溶剂中 4 个 PVAc 试样的相图在这样的对称化操作后折叠为一条主曲线,这里取 $\varepsilon_{max} N^{0.3} < 0.075$,即这些数据点非常靠近 T_c,因为它确定了标度区。除 Ψ_0 外,Ψ_c、b 和 β 均与所用的溶剂无关。理论和实践都表明,对线形链 β 是个常数(1/2~1/3),而 b 与所用 PVAc 试样的单分散性有关。Ψ_0 是前置因子,用不同的 Ψ_0 值可以把两组由 4 个 PVAc 级分在两个不同溶剂中构筑的相图标度为一条主曲线,如图 12-20(b)所示。这样利用这条主曲线仅仅通过测

定一个已知浓度的溶液的 T_c 就能构筑已知分子量的 PVAc 无论在异丁醇还是在苯中的相图。

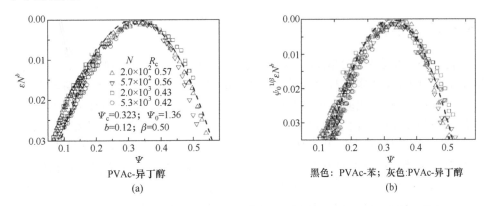

PVAc-异丁醇
(a)

黑色：PVAc-苯；灰色:PVAc-异丁醇
(b)

图 12-20　不同分子量（链长）PVAc-异丁醇的对称相图（a）和 PVAc 在异丁醇和
苯这两种溶剂中的对称相图（b）

更进一步,用微流体装置并联用小角激光散射方法测定了不同高聚物在不同溶剂体系中的 17 张相图,每一张相图都得到一对参数:临界温度 T_c 和高聚物的体积分数 Ψ_c,它与链长 N(分子量)有如下标度关系:$\Psi_c \propto N^{-0.37\pm0.04}$。仍然引用高聚物大分子链与溶剂分子大小的巨大差异而引入的无量纲参数 Ψ[式(12-122)],以及归一化温度 $\varepsilon = |T-T_c|/T_c$,当 $N \to \infty$,体积分数标度的依赖关系是 $|\Psi-\Psi_c| \sim N^{-2/9}$。选用合适的 β 和 b 的值($\beta=0.325\pm0.002$ 和 $b=0.470\pm0.015$),它们就叠加(标度)为一条主曲线,如图 12-21 所示。这就是高聚物溶液相图的普适标度律,被称为完成了高聚物溶液相图的最后一块拼图(链长依赖性)。

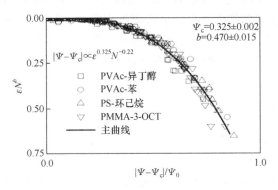

图 12-21　3 个高聚物在不同溶剂中相图叠加而得的主曲线

12.6 共混物相容性的热力学

12.6.1 共混物

随着科学的发展,尖端技术、国防工业生产和科技部门对材料性能的要求越来越高,单一的高聚物实在难以满足这种苛刻的要求,迫切需要合成新的高聚物。事实上,尽管在全世界实验室里已合成出成千上万个新的高聚物,但其中只有1%的产物具有使用价值。由于原料来源受限,或合成工序烦琐,或综合性能不好,或加工成形不易,或价格不菲,乃至环境污染等多种因素的制约,成为产量达百万吨的大品种高聚物至今仍然只有那么十几个。这个现象与当年冶金学的非常相似。冶金学家想了一个好办法,就是把几种金属混合在一起得到它们的合金,解决了很大问题。现在高分子科学家就向冶金学家学习,像金属中的合金一样,也把两种或两种以上的高聚物混在一起,形成所谓的共混高聚物,简称共混物。已商品化的高聚物共混物主要有:高抗冲聚苯乙烯、橡胶增韧的环氧树脂、ABS 树脂-聚氯乙烯、聚氯乙烯-高抗冲聚甲基丙烯酸甲酯、聚氯乙烯-丁腈橡胶、ABS 树脂-双酚 A 型聚碳酸酯、ABS 树脂-热塑性聚氨酯、ABS 树脂-聚砜、聚苯醚-聚砜以及离子键高聚物-尼龙 66 等。

广义地说,溶液就是一种混合物,前面讨论的高聚物溶液,其溶质是高聚物,溶剂是小分子化合物,而这里要讨论的共混物,溶质和溶剂都是高聚物。另外,正如我们一直指出的,高聚物溶液通常是稀溶液,溶质高聚物的量很少,小分子化合物溶剂是大量的,而共混物则不一定,两种高聚物的含量没有很悬殊的差别,因此一般不说两个组分高聚物是否互溶,而说它们是否"互容"(miscibility),但本质上仍是互溶的意思。在共混物中还有一个名词叫相容性,即如果两种高聚物在热力学上不互容,但若能设法使分散相实现精细分散、均匀混合,而且可以长期稳定,不发生明显的宏观相分离现象,所得的高聚物具有预期的性能,则称为是相容的,或叫做工艺相容性。

12.6.2 热力学

共混物要有良好的物理力学性能,必要条件是它们的组分要充分相容,形成均相的体系。共混物的性能与组成它们组分的相容性密切相关。从热力学角度来看,高聚物的相容性就是高聚物之间的相互溶解性,是指两种高聚物形成均相体系的能力。若两种高聚物可以任意比例形成分子水平均匀的均相体系,则是完全相容,如硝基纤维素-聚丙烯酸甲酯体系。若是两种高聚物仅在一定的组成范围内才能形成稳定的均相体系,则是部分相容。如相容性很小,则为不相容,如聚苯乙烯-聚丁二烯体系。因此,真正实用的二元高聚物共混物本质上就是一种溶液。

含量多的高聚物组分算作溶剂,含量少的高聚物组分就是溶质,因此共混物相容性的研究自然应该属于高聚物溶液的范畴。

完全可以用前面讲的似格子理论得到的高聚物稀溶液热力学函数来讨论共混物相容性的热力学关系。

将组分 A 和组分 B 的两种高聚物分子链中含有的链段数(即聚合度)记做 N_A 和 N_B,假定它们的摩尔体积相等,均为 $\widetilde{V}$,体系的总体积为 V,它们在共混物中所含的物质的量分别是 n_A 和 n_B,则高聚物共混物与前面高聚物稀溶液的混合熵、混合热焓和混合自由能有相同的形式

$$\Delta S_M = -R(n_A \ln V_A + n_B \ln V_B) \tag{12-124}$$

$$\Delta H_M = RT \chi_1 N_A n_A V_B = RT \chi_1 N_B n_B V_A \tag{12-125}$$

和

$$\Delta G_M = RT(n_A \ln V_A + n_B \ln V_B + \chi_1 N_A n_A V_B) \tag{12-126}$$

或

$$\Delta G_M = \frac{RTV}{\widetilde{V}} \left[\frac{V_A}{N_A} \ln V_A + \frac{V_B}{N_B} \ln V_B + \chi_1 V_A V_B \right] \tag{12-127}$$

式中,V_A 和 V_B 分别是共混高聚物组分 A 和组分 B 的体积分数

$$V_A = \frac{N_A n_A \widetilde{V}}{V}, \quad V_B = \frac{N_B n_B \widetilde{V}}{V} \tag{12-128}$$

显然,组分 A 和组分 B 混合后是否能互容和能否得到均相共混物,完全取决于 ΔG_M 是大于零,还是小于零。如果 $\Delta G_M < 0$,两组分就是互为相容的,反之,则是不相容的。当然,这里所说的"相容"是热力学相容性,即形成分子水平上的均相体系。式(12-126)或式(12-127)中前两项是混合熵对自由能的贡献,第三项是热的贡献,那么,组分 A 和组分 B 能否互容和能否得到均相共混物,决定于熵项和焓项的相对大小。这些都是与高聚物稀溶液中的说法一样的。

但两个高聚物的共混与一个高聚物在小分子化合物溶剂中的溶解还是有很大不同之处的。表现在以下两个方面:

(1) $\Delta S_M \approx 0$。共混体系的混合熵 ΔS_M 与其组分高分子链的柔性和分子量有关,高聚物共混后,由于同一 A 链上的各链节和同一 B 链上的各链节都必须各自连接,互换位置以构成新的排列方式就很少,故高聚物混合后熵的增加是非常有限的。高分子链的柔性不会发生降低,则共混体系的混合熵的变化很小。高聚物分子量与混合熵有密切关系,分子量越大,共混体系的混合熵就越小,因为分子量越大,混合后体系的无序程度的变化越小,甚至没有变化。这样共混体系的混合熵的变化可以忽略不计。$\Delta S_M \approx 0$,则 $\Delta G_M \approx \Delta H_M$,表明共混体系的混合自由能的变化几乎完全取决于体系混合热焓的变化 ΔH_M。

(2) $\Delta H_M > 0$。高聚物-高聚物混合过程一般都是吸热过程,即 ΔH_M 为正值,因此要满足 $\Delta G_M < 0$ 是困难的。ΔG_M 往往是正的,因而绝大多数共混高聚物都不能达到分子水平的混合,或者是不相容的,形成非均相体系。这就是多组元高聚物常常是不相容的热力学原因。高聚物的混合一般不能完全相容来得到均相(单相),必出现相分离。但共混高聚物在某一温度范围内能相容,像高聚物溶液一样,有溶解度曲线,具有最高临界相容温度(UCST)和最低临界相容温度(LCST),这与小分子共存体系存在最低沸点和最高沸点类似。大部分高聚物共混体系具有最低临界相容温度,这是高聚物之间相容性的一个重要特点。

两种高聚物能够混合到何种程度取决于它们分子间的相互作用。高聚物共混体系热熔的变化 ΔH_M,代表组分混合过程中体系能量的变化。在组分混合过程中可以放出热量或吸收热量。放出热量,$\Delta H_M < 0$,满足 $\Delta G_M < 0$ 条件,即热力学相容条件。高聚物共混过程出现放热或吸热,取决于两组分大分子的相互作用情况。若相同高分子链自身的相互作用能大于不同高分子链之间的相互作用能,要达到相容目的,就必须外加能量,即吸收能量才能实现。相反,相同高分子链自身的相互作用能小于不同高分子链之间的相互作用能,则两组分很易相容,且放出能量(放热)。

共混物分相的条件仍然用热力学公式(12-127)来分析。为简单起见,假定两种高聚物分子所含的链段数相等,$N = N_A = N_B$ 和 $V = V_A = 1 - V_B$,式(12-127)改写成

$$\Delta G_M = \frac{RTV}{\tilde{V}}\left[\frac{V}{N}\ln V + \frac{1-V}{N}\ln(1-V) + \chi_1 V(1-V)\right] \quad (12\text{-}129)$$

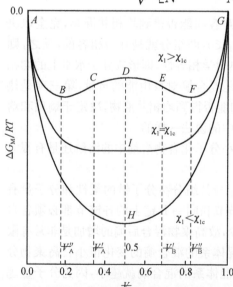

图 12-22　高聚物共混物的混合自由能 $\Delta G_M/RT$ 与组分 A(或组分 B)体积分数 V_A(或 V_B)的关系图

以 $\Delta G_M/RT$ 对 V 作图,所得图形依 N 和 χ_1 取值不同而有不同的形状。如果先设定 N 值,再设定 χ_1 值,显然,每有一个 χ_1 值就可得到一条曲线。图 12-22 是通过计算得到的示意图,纵标是 $\Delta G_M/RT$ 相对坐标。当 χ_1 很小或为零时,$\Delta G_M/RT$ 值在任何组成均小于零,在 $V = 0.5$ 处有一极小值,说明两种高聚物能以任何比例互容。当 χ_1 大于某一临界值 χ_{1c}(或温度低于某一临界值 T_c)时,$\Delta G_M/RT$-V 曲线在 $V = 0.5$ 处出现极大值(D),并在这极大值两侧对称位置上 ΔG_M 出现两个极小值(B 和 F,对应的组成为 V''_A 和 V''_B)和两个拐点(C 和 E,对应的组成

为 V'_A 和 V'_B）。此时,尽管在整个组成范围内 ΔG_M 都小于零,但两种高聚物不是在任何比例下都可互容。当 $V<V''_A$ 和 $V>V''_B$ 时,体系互容;当 V 介于 V''_A 和 V''_B 之间时,体系分离成两相,其组分别为 V''_A 和 V''_B。当 χ_1 值较高时,在任何组成下 ΔG_M 均大于零,曲线有极大值。那么任何组成的共混物的 ΔG_M 都要大于其纯状态下的自由能,这两种高聚物在任何组成下都不互容。对给定体系,只要 $\chi_1>\chi_{1c}$,在 $\Delta G_M/RT\text{-}V$ 关系曲线上总会出现两个极小值和两个拐点,即出现相分离。

　　和小分子化合物一样,相图可直观地描述共混物的相容性。共混物相图中的相界曲线称为双结线(binodal curve),有两种情况,如图 12-23 所示。一种是曲线有最高点(T_c),当体系的温度 $T>T_c$ 时,无论共混物的组成如何,均不会分相,故 T_c 是临界温度。又由于这一温度是双结线的最高点,故称为最高临界共溶温度(UCST)。当体系的温度 $T<T_c$ 时,成分在曲线内的 A、B 共混物都将分相。两相的相对量可由杠杆法则确定。另一种是曲线存在最低点 T_c,曲线的上方为两相区,曲线下方为单相区,存在最低临界共溶温度(LCST)。若是兼有 UCST 和 LCST 的体系,即在温度较高或较低时体系均是分相的,当温度处于 UCST$<T<$LCST 这个范围时,任何成分的共混物呈单相。

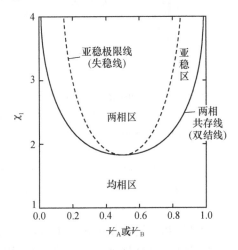

图 12-23　高聚物共混物的相互作用参数 χ_1 与组分 A(或组分 B)体积分数 V_A(或 V_B) 的关系图

　　温度肯定会改变高聚物共混物的两相组成。温度改变也可以得到一系列的 $\Delta G_M/RT\text{-}V_A$(或 V_B)曲线。对于那些 $\Delta G_M<0$ 的高聚物共混物热力学相容体系,画出高聚物共混物的相互作用参数 χ_1 与共混高聚物组分 A(或组分 B)的体积分数 V_A(或 V_B)的关系图。把每条曲线的双结点连接起来,可以得到两相共存线,即双结线。若把每条曲线的拐点(失稳点,spinodal point)连接起来,可以得到亚稳极限线(失稳线,spinodal curve)。失稳线内的区域叫做不稳定的两相区域,失稳线与双结线之间的区域叫亚稳区,双结线之外的区域就是互容的均相区,如图 12-24 所示,这也叫高聚物共混物的相图。

　　非晶高聚物典型的相容相图如图 12-24 和图 12-25 所示,分具有最高临界共溶温度(UCST)的(图 12-24)和具有最低临界共溶温度(LCST)的(图 12-24)两种类型,实例分别有聚苯乙烯-聚丁二烯共混体系和聚丁二烯-异戊橡胶共混体系。

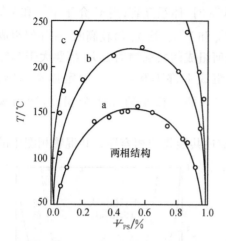

a. PS($\overline{M}_w$=2400),BR($\overline{M}_w$=2350),BR 含有 53％反式结构;b. PS($\overline{M}_w$=3500),BR($\overline{M}_w$=2350),BR 含有 53％反式结构;c. PS($\overline{M}_w$=5480),BR($\overline{M}_w$=25 000),BR 含有 40％反式结构

图 12-24　聚苯乙烯(PS)-聚丁二烯(BR)共混物上限临界相容温度相图与共混组分平均相对分子质量关系

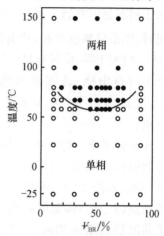

图 12-25　聚丁二烯-聚异戊橡胶共混物下限临界相容温度相图。聚丁二烯中乙烯基含量 32.2％

○共混物呈单相时的玻璃化温度;●共混物呈两相时的玻璃化温度

　　高聚物共混物相图至今不多,原因有二:一是许多个相容的体系,其 LCST 或 UCST 都不在容易进行实验的温度范围或高聚物可能耐受的温度范围内;另一原因是实验上的困难,利用光散射法确定相界应用较多,但它有许多致命的弱点限制了它的应用范围。

12.6.3　增容剂

　　上述热力学分析表明,如果两种高聚物分子间没有较强的相互作用,一般均为不相容体系。如是,共混从整体上来说就没有什么前途了。但可以学习添加小分子表面活性剂的思路,在高聚物共混物中提出了增容剂的概念。增容剂(compatibilizer)是一种类似小分子表面活性剂的成分,它择优分布在两相的界面,降低它们的界面张力,提高黏着力,提高分散程度和混合均匀性。随着增容剂的研究和使用,使相容或部分相容的高聚物体系数目已达 500 对以上。

　　对 PM_1/PM_2 共混体系,增容剂为如下的高聚物:

　　(1) M_1 与 M_2 的嵌段,接枝或无规共聚物,其中以双嵌段共聚物效果最佳。

　　(2) 能与 M_1 相容的 M_3 与 M_2 生成的嵌段,接枝或无规共聚物,其中以双嵌段共聚物效果最佳。

（3）能与 M_2 相容的 M_4 与 M_1 或 M_3 生成的嵌段，接枝或无规共聚物，其中以双嵌段共聚物效果最佳。

（4）$M_1 \sim M_4$ 多元高聚物。

以聚苯乙烯（PS）/低密度聚乙烯（LDPE）体系为例。把韧性很好的 LDPE 与硬而脆的 PS 熔融共混，由于它们是不相容体系，拉伸强度和断裂伸长率等性能不但没有改善，反而有所下降（图 12-26）。但如果合成 PS 与氢化聚丁二烯 hPBT 的嵌段共聚物（PS-b-hPBD）作为增容剂，由于 hPBD 的结构与 PE 相同，增加了 PS 和 LDPE 两相间的黏着力，使 LDPE 起到增韧 PS 的作用。添加 9％的（PS-b-hPBD）就能大大改善 PS/LDPE 体系的拉伸强度和断裂伸长率（图 12-26 中的虚线）。

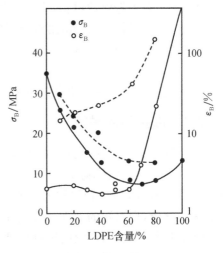

当然，用溶液热力学的似格子理论讨论高聚物共混物的问题是过分简化了，它不能解释相容的高聚物共混物随温度的升高也会发生相分离（即低临界共混温度），甚至不能定性解释相互作用参数 χ_1 的浓度依赖性的物理意义。这主要是因为溶液热力学的似格子理论有

图 12-26　聚苯乙烯（PS）/低密度聚乙烯（LDPE）共混物的拉伸强度和断裂伸长率（实线），如果添加 9％的 PS 与氢化聚丁二烯（hPBT）的嵌段共聚物（PS-b-hPBD）作为相容剂，PS/LDPE 体系的拉伸强度和断裂伸长率有明显的改善（虚线）

如下的假设：①忽略了混合过程中体积的变化，认为 $\Delta V_M = 0$，然而高聚物混合过程中体积一般是收缩的，即 $\Delta V_M < 0$；②忽略了 ΔV_M 对 ΔS_M 和 ΔH_M 的影响。这种体积的收缩使高分子链间相互作用增强，即 $\Delta H_M < 0$。此外，体积的收缩使得共混物中链段的排列方式（概率）减少，即 $\Delta S_M < 0$。净结果是使 $\Delta G_M > 0$，即不利于共混相容。为此普里戈金（Prigogine）和弗洛里发展了更能解释高聚物共混物相行为的 EOS 状态方程理论。但这些内容已经超出了本科生教材的范围。

12.7　高聚物的浓溶液

油漆、涂料、胶黏剂、溶液纺丝、增塑体系等都是高聚物的浓溶液。显然，高聚物浓溶液与生产和应用密切相关。

与稀溶液相比，高聚物浓溶液有如下的特点：

（1）黏度不稳定。浓溶液放置可能分层或不断缔合而形成网状结构，温度下降,黏度升高,最后会形成冻胶。

（2）黏度和分子形态与制备的历程有关。例如在制备纺丝(或成膜)溶液时,如果是从稀溶液出发浓缩,则所得溶液黏度较小,高分子链卷曲成球,不易产生分子链之间的网络结构,制品强度较差;而如果从固体出发溶解,则所得溶液黏度较大,分子形态较为舒展,有利于分子链之间产生交缠,制品强度好。

从分子角度看,高聚物浓溶液中高分子链相互穿越交缠,使溶液成为各链段大致均匀的缠结网(缠结浓度),黏度大,弛豫时间长,很难达到热力学平衡状态,研究困难。

所以这里只定性地介绍有关高聚物的增塑、纺丝液、凝胶和冻胶内容。

12.7.1　高聚物的增塑

为了改变某些高聚物的使用性能和加工性能,在高聚物中加入高沸点的有机化合物或低熔点的固体物质以增加其可塑性和制品的柔韧性,扩大应用范围,这种作用叫增塑作用,所加物质称为增塑剂。如未增塑聚氯乙烯(PVC-U)质硬,用作板材和下水管,但增塑的 PVC 却是柔软的材料,玻璃化温度 T_g 大幅下降,冲击强度和断裂伸长率提高,广泛用作薄膜、胶管、人造革等,这些均为大家所熟知。

一般认为,极性增塑剂增塑极性高聚物,非极性增塑剂增塑非极性高聚物。T_g 的下降正比于所添加的增塑剂用量。

增塑剂通常是低分子的有机化合物,也有用低聚物的。当然如果是用高聚物,那就是高聚物共混体系了。常用的增塑剂有邻苯二甲酸类、磷酸酯类、乙二醇和甘油类、己二酰和癸二醛类、脂肪酸酯类、环氧类、聚酯类以及氯化石蜡、矿物油、煤焦油等。

增塑过程可看成是高聚物与增塑剂的互溶过程,增塑高聚物是高聚物的浓溶液。但增塑剂与一般溶剂不同,溶剂在加工或使用过程中要挥发出去,而增塑剂则要求长期留在高聚物中。

可以想象,增塑剂分子插入到高聚物分子链之间,削弱高分子链间的引力而增加高分子链的活动性,导致增塑高聚物的玻璃化温度降低,塑性增加。目前有润滑性理论、凝胶理论、自由体积理论三种理论来解释这个现象。

润滑性理论认为增塑剂起着界面润滑的作用。高分子链间存在有摩擦力,增塑剂的加入促进大分子间或链段间的运动。因为增塑后,体系黏度下降,容易加工,同时原来的高聚物性质并没有明显改变。

凝胶理论认为在一定浓度和温度下,高聚物分子间总是存在着若干物理交联点。增塑剂的作用是有选择性地在这些物理交联点处使高聚物溶剂化,拆散物理交联点,并把高分子链聚拢在一起的作用力中心遮蔽起来,导致高分子链分离。

自由体积理论降低玻璃化温度的观点已经在第 5 章中讨论过了。如果把共聚看做是高聚物的内增塑,也可以用等自由体积理论定性解释。

由于增塑在工业上的重要性,需要知道选择增塑剂的几个原则,它们是:①互溶性。增塑剂是高聚物的溶剂,增塑剂与高聚物要互溶,增塑后的高聚物是均相的浓溶液(尽管是固相)。如果二者不相溶,则产生相分离,增塑剂渗出成微滴状态凝聚在制品表面,影响产品性能,仍可利用前面选择溶剂的几个原则。②增塑剂的效率,即用尽量少的增塑剂达到尽量好的增塑效果。以定量改变物理力学性能(如弹性模量、T_g、T_b、伸长率等),所加入增塑剂的量来计算。所需增塑剂的量越少,增塑剂效率越高。如果增塑剂价格很高,有时为了提高增塑效率,可以添加价格低的辅增塑剂。③耐久性。要求增塑剂在高聚物体内不因迁移、蒸发、萃取而失去,因此增塑剂都是具有较高的沸点、低挥发性、水溶性不好和迁移性小的有机化合物。此外还要考虑环保和安全卫生性,无色、无味、无毒等。

12.7.2 纺丝液

合成纤维工业中的溶液纺丝就是将高聚物配制成浓溶液(或均相溶液聚合直接得到纺丝液),喷丝后进行凝固而制得纤维的。溶液纺丝又分湿法和干法两种,湿法纺丝是将纺丝液喷出成丝后,经过盛有沉淀剂的凝固浴析出而形成纤维,干法纺丝则是喷出丝后直接用热空气使溶剂快速挥发而形成纤维。前者要求纺丝液浓度要比后者低,如聚丙烯腈湿法纺丝液含量一般是 15%~20%,干法纺丝液含量为 26%~30%。

纺丝液对溶剂的要求是:①溶剂是高聚物的良溶剂,以便能配成任意浓度的溶液;②溶剂的沸点合宜,太低容易挥发消耗(对干法纺丝尤为重要),太高则难以从纤维中除去;③不用易燃、易爆和毒性大的溶剂;④从经济上考虑溶剂价格要低,回收简单等。

12.7.3 冻胶和凝胶

冻胶和凝胶是高聚物溶液失去流动性而又没有达到一定硬度时状态,如溶胀后的高聚物,淀粉糊、鱼汤和肉汤冷下来形成的动物胶冻等。它们不仅是高聚物的浓溶液研究的课题,也对生命科学有重要意义。

冻胶是由范德瓦耳斯力"交联"形成的,加热可以加速分子链运动,拆散范德瓦耳斯力的交联,使冻胶溶解。冻胶又有两种,一种是分子内形成的范德瓦耳斯力交联,另一种是分子间范德瓦耳斯力交联,它们的性质差别很大。分子内形成交联的冻结高分子链为球状,不够伸展,所以黏度小,若将这种溶液真空浓缩成浓溶液,它们中的每一个高分子链本身就成一个冻胶,不能再形成分子链间的交联,得到黏度小而浓度达 30%~40% 的高聚物浓溶液。并且由于高分子链不易取向,用这种浓溶液纺丝,得不到高强度的纤维丝。加热会使分子内交联的冻胶转变为分子间的冻胶,此时,溶液黏度增加。因此,用同一种高聚物配制成相同浓度的溶液,其黏度可以相差很大。在配制纺丝液时要特别注意避免分子内范德瓦耳斯交联的形成。

凝胶是高分子链之间以化学键形成的交联结构的溶胀体,加热不溶不熔。它既是高聚物的浓溶液,又是高弹性的固体,小分子能在其中渗透扩散。自然界的生物体都是凝胶。在工业和日常生活中特别要提到的是高吸水性树脂,它能吸收比自身多百倍以上的水,老百姓所熟悉的尿不湿就是高吸水性树脂。

12.8 聚电解质溶液

12.8.1 聚电解质溶液定义和分类

聚电解质(polyelectrolyte)是由共价键联结,带有可电离基团的高聚物。当然,聚电解质整体是电中性的,因此聚电解质中还带有小分子的反离子(抗衡离子)。

依高聚物分子链中离子所带电荷不同可分为(表 12-7):

表 12-7 阳离子型聚电解质、阴离子型聚电解质和两性聚电解质例子

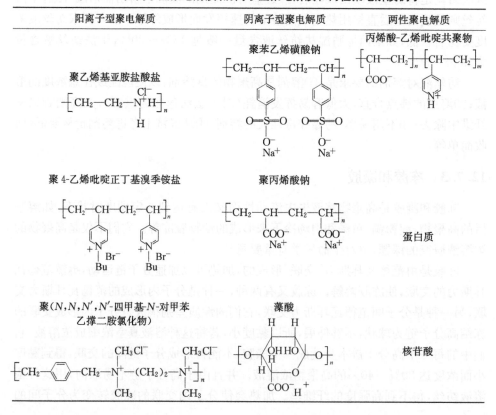

（1）阳离子型聚电解质（聚碱类）。其所带的是正电荷的离子,如聚乙烯基亚胺盐酸盐、聚 4-乙烯吡啶正丁基溴季铵盐、聚乙烯胺等。

（2）阴离子型聚电解质（聚酸类）。其所带的是负电荷的离子,如聚苯乙烯磺酸钠、聚丙烯酸钠、聚丙烯酸、聚甲基丙烯酸、聚苯乙烯磺酸、聚乙烯磺酸、聚乙烯膦酸等。

（3）两性聚电解质。在高分子链上同时具有阴离子和阳离子,其离子同时带有正电荷和负电荷,如在氨基酸(甘氨酸、$N^+H_3CH_2COO^-$)中普遍存在。

依电离基团在分子链的位置,聚电解质可分为侧链悬挂型,即高分子侧链上带有可电离基团的一类高聚物(如大部分聚电解质那样的),以及主链型(聚乙烯基亚胺和许多蛋白质)。

依电离基团的强弱聚电解质又可分为强聚电解质和弱聚电解质。强聚电解质是在整个 pH 范围都能电离,如磺酸基、季铵基和重氮盐等;弱聚电解质只能在部分 pH 范围内发生电离,如羧基和氨基等。当然整个概念是从小分子电解质中来的,对聚电解质,还要考虑高分子主链对极性、电荷分布的影响。

12.8.2　聚电解质溶液的特点

聚电解质的溶液性能与溶剂密切相关。如果聚电解质溶解在一般的非离子化溶剂,如聚丙烯酸-二氧六环混合溶剂中,它们不会离解,那么其溶液性能与通常的高聚物溶液没有什么差别。但如果是溶在离子化的溶剂,特别是介电常数很大的溶剂,如聚丙烯酸钠-水或水中,聚电解质就发生离解,形成聚离子和反离子(抗衡离子),其溶液会有不少独特的性能。

聚电解质中占主导地位的是静电相互作用,它是高聚物中分子链间最强的相互作用。聚电解质物理的核心问题是在静电场作用下的高分子链构象分布函数$\Omega(h)$

$$\bar{h}^2 = \int h^2 \Omega(h)\,\mathrm{d}h \tag{12-130}$$

式中,$\bar{h}^2$ 为高分子链的均方末端距。高分子链上的荷电基团间的斥力导致高分子链伸展,而分子链的热运动又使得其不可能完全伸直成棒状,应介于无规线团与伸直棒之间的构象。静电斥力使聚电解质高分子链比不带电荷时要刚性,将这部分作用依静电持续长度形式叠加到分子链刚性持续长度上去,就可得到聚电解质体系的有关函数。但这里仅仅把静电力处理成短程的相互作用,不适用于柔性的高分子链。

事实上,由于受高分子链的限制,聚电解质的电离基团不可能均匀分散在溶液中,它们之间的距离也不能随溶液的稀释而发生很大变化,也就是说聚电解质溶液实质上无法实现小分子溶液的无限稀状态,分子链上相同电荷间的强烈排斥将导致聚电解质体系自由能大大升高。

具体表现在聚电解质溶液黏度的异常上。同种电荷的电离基团的静电排斥，导致高分子链线团扩张，因此，离子化聚电解质溶液的黏度比通常高聚物溶液的黏度要高，显示特有的浓度依赖性。

一般高聚物溶液，随浓度 c 增加，其黏度呈线性升高。但对聚电解质溶液，在较高浓度($>1\%$)时，高分子链周围存在大量反离子，离子化作用并不会引起链构象的明显变化，高分子链相互靠近，构象不太舒展，溶液的比浓黏度(η_{sp}/c)变化非常小。随浓度降低，离子化产生的反离子会脱离高分子链区向纯溶剂区扩散，缺少了反离子的高分子链的有效电荷就会增多，静电排斥作用加大，链的构象比中性高分子链更加舒展，尺寸较大，浓度越小，则分子链所带净电荷数越多，分子链越舒展，比浓黏度数值越大，高分子链扩展变大，聚电解质溶液的比浓黏度增加。浓度越低，比浓黏度越高。但是，当高分子链已经充分扩张，再继续稀释溶液，比浓黏度值将随之降低。

如果在聚电解质溶液中加入一定量的外加盐(小分子强电解质)，如 KBr 和 NaCl 等，则反离子向外扩散受到限制，导致聚离子的净电荷减少。因此可用外加盐的方法抑制聚电解质溶液在低浓度时的比浓黏度迅速增大。加盐浓度足够大时，聚电解质的形态及其溶液的性质几乎与中性的分子相同，即比浓黏度与浓度呈线性关系。这样，用盐溶液作溶剂，就能用常见的黏度法测定聚电解质的分子量，并用$[\eta]=KM^\alpha$ 关系来计算分子量。

依据同样的物理图像，也可以想象聚电解质溶液渗透压因离子化效应而大幅度增加的特殊行为。

12.8.3 强聚电解质凝胶在有机溶剂中的体积相变

体积相变是指聚电解质凝胶在溶剂、盐浓度和电场等外界条件微小变化的刺激下，平衡溶胀体积发生突变的现象，属一级相变。聚电解质凝胶体积相变具有科学和应用两个方面的意义。体积变化时，高分子链构象变化反映了体系相互作用的变化，从而可以找出它们之间的关系。从应用角度看，体积相变时聚电解质凝胶对环境微小变化做出的明显响应，这种敏感性和能量转换能量表明，它们具有新型功能材料的应用前景。

例如，所有带磺酸基的 DS 凝胶(2-丙烯酰胺基-2-甲基丙磺酸与 N,N-二甲基丙烯酰胺的共聚物)，当混合溶剂中丙酮体积达 80%时(变化范围很窄)都会发生体积相变。导致磺酸基凝胶体积相变的主要因素仍然是静电相互作用。当加入低极性溶剂(如丙酮)使介质的介电常数低于某一值，磺酸基无法电离而形成束缚离子对，束缚离子对之间的偶极吸引导致高分子链之间的"交联"，产生网络收缩，在宏观上表现为体积相变(图 12-27)。

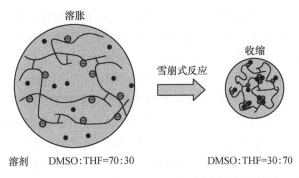

图 12-27　强聚电解质溶液在有机溶剂中的体积相变

只要介质的介电常数变化足够大,即使在有机混合溶剂中也会发生体积相变。图 12-28 是某磺酸基凝胶(DS)在不同二甲基亚砜(DMSO)/四氢呋喃(THF)中体积相变的试验数据。

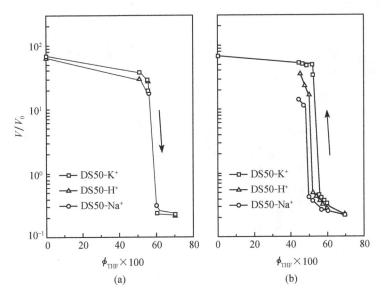

图 12-28　不同反离子的磺酸基凝胶(DS50)在二甲基亚砜(DMSO)/
四氢呋喃(THF)混合溶剂中的体积相变
(a) 在溶液中收缩;(b) 在溶液中溶胀

12.9　高聚物溶液中的标度概念

高分子物理的近代理论方法之一就是发现高分子链统计学与相变问题的相互关系,这一发现使高分子科学可以得益于临界现象已经积累的大量知识,以及已经出现的大量相当简单的标度性质。这样高分子物理绝大多数的基本概念可以用简单的术语加以解释,而无须任何高等理论修养。这在高聚物溶液理论中表现得特别明显,它就是由诺贝尔奖得主德让纳发展的高分子物理的标度理论。德让纳的标度理论从"单体——链滴——链"的高分子建筑术,加上高分子链特殊的蛇行运动形式,用简单的幂函数形式来考查高聚物整体行为的普适性。

统计理论用于高分子链构象的基本思想是高分子链的结构单元间虽然有严格的角度限制,但经过了几十乃至几百个结构单元后,它的取向角相对于第一个结构单元来说,已经是完全自由的了,像是它对角度的"记忆"已完全消失。这消失"记忆"的尺度就是链段,这样就可以重新构成一条新链,它的构成单元尺度比原来的结构单元放大了好多倍(图 12-29)。这里涉及了一个所谓的"重整化群理论"基本问题,即当物理学的基本单位变化时,物理量将如何变化。由于自由能与参数的构象可以用广义齐次函数表示,于是可导出临界点附近各物理量奇异性的幂次表示,且能导出这些幂指数(临界指数)之间的关系。从形式上看,这一深奥的理论与用简单的量纲分析相通。

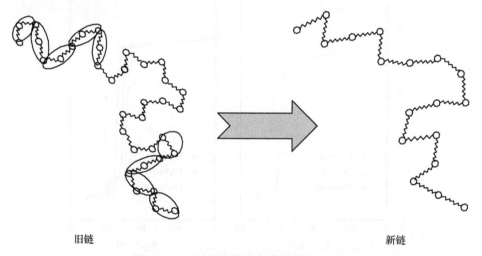

旧链　　　　　　　　　　　　　　　　　　　　　　　　　　新链

图 12-29　旧链到新链的交换示意图($\lambda = 2$)

考虑最常见的均方末端距或均方半径,把一条由 N 个长为 b 的结构单元组成的高分子链(旧链),重新组成一条高分子的新链(图 12-29,这里 $\lambda = 2$)。变化的参数是

$$N \rightarrow \frac{N}{\lambda}, \quad b \rightarrow b\sqrt{\lambda} \tag{12-131}$$

统计理论求得高分子长链(高斯链)的均方末端距 $\overline{h^2}$ 或均方半径 $\overline{r^2}$ 为

$$\overline{r^2} \propto Nb^2 \tag{12-132}$$

即高斯链的平均尺寸 $\overline{r^2}$ 为与 b 成正比的某种函数,写成更一般的形式

$$\overline{r^2} \propto F(N)b \tag{12-133}$$

高分子链的平均尺寸应当是不变量,则在上述变换之下应有

$$F(N)b = F\left(\frac{N}{\lambda}\right)b\sqrt{\lambda} \tag{12-134}$$

若函数 $F(x)$ 可以表示为 x 的幂函数,于是有

$$N^x b = \left(\frac{N}{\lambda}\right)^x b\sqrt{\lambda} \tag{12-135}$$

能满足式(12-135)的 $x = 1/2$,则

$$\overline{r} \propto N^{1/2} b \tag{12-136}$$

与统计理论的结果完全一样。

　　这里,链段之间及链段与溶剂的相互作用是不考虑的,是高聚物在 Θ 温度或 Θ 溶剂时的情况。实际情况是高分子链段间存在有非常复杂的相互作用。如果仅仅考虑高分子链段的体积排斥作用,就需要用"自回避"行走(SAW)来代替无规行走。如果排斥作用强到使高分子链完全伸直,它最大可能的长度将为 $\overline{r^2} \propto Nb$,那么,由于一般的体积排斥作用,高分子链线团在良溶剂的稀溶液中的均方末端距 $\overline{r^2}$ 与链段 b 的关系应该是

$$\overline{r^2} \propto N^{2\nu} b^2 \tag{12-137}$$

这里 ν 是一个与高分子链的化学结构细节无关,而与空间维数有关的参数。

$$1/2 < \nu < 1 \tag{12-138}$$

溶剂越好,ν 就越比 $1/2$ 大。

　　德让纳把高聚物溶液中链段单元的排布类比为一个铁磁体中自旋的排布问题。铁磁体有个临界状态,所对应的温度称为居里点。在居里点温度以下,铁磁体内局部区域的磁矩不等于零,而在居里点以上,自旋之间就没有相变了。因此对于铁磁体有一个自旋的排布问题,而自旋的排布问题也可以用格子上的无规行走或 SAW 模型处理。把高分子链在格子中的 SAW 类比于自旋相关,把居里点温度类比于弗洛里温度。正是在这临界点附近,德让纳采用临界现象的理论处理技巧,对有溶胀力存在的情况下,符合 SAW 模型的高分子链,得出了均方半径 $\overline{r^2}$ 与聚合度 N 关系中的

$$\nu = \frac{3}{d+2} \tag{12-139}$$

这里 d 是格子的维数。则

$$\overline{r^2} \propto N^{2\left(\frac{3}{d+2}\right)} b^2 \tag{12-140}$$

　　理论上格子可以是一维、二维、三维、四维……对一维格子，$d=1$，$\nu=1$，这就是高斯链的情况，$\overline{r^2}$正比于聚合度 N，显然是正确的。对二维格子，$d=2$，$\nu=3/4$，由于没有真正的表面相可供试验，目前还无法验证。对三维格子，$d=3$，$\nu=3/5$，$\overline{r^2}\approx N^{\frac{3}{5}}b^2$，与试验完全相符。至于四维格子，$d=4$，$\nu=1/2$，由于空间维数的增大，体积排斥效应的限制不起作用了，高分子链又符合无规行走模型。

　　正如我们在第 2 章中讲述的那样（也参见第 2 章的图 2-3），高分子链线团在整个过程中是逐渐收缩的，但可有三个分界。第一个分界是从极稀溶液到稀溶液，其分界浓度是 c_s，在溶液很稀时，两个线团相距很远，链单元密度分布是不连续的，两线团之间有链单元为零的区域，这时高分子链的均方半径为 $\overline{r_0^2}$。定义浓度 c_s 为一个线团的链单元"感觉"到另一个线团在推它时的浓度，即线团开始收缩的浓度。极稀溶液区间应为 $c<c_s$。第二个分界是从稀溶液到亚浓溶液，其分界浓度是 c^*，当溶液浓度 $c_s<c<c^*$ 时，线团间距变小，线团的均方半径收缩，链单元的空间密度分布变窄。德让纳定义 c^* 为线团开始接触时的浓度。浓度再大，线团就要相互穿透。浓度越大链单元的空间密度的起伏越小。当链单元空间密度基本上可以看做均一时，就是第三个分界，从亚浓溶液到浓溶液，所对应的浓度定义为 c^*。在这个浓度以上各处均一的链单元密度值将与浓度成比例，因为此时只是把线团装进已经被其他线团占有的空间，使相互穿透的程度增加而已。

　　有了上面的基本物理图像，就可以用标度理论来推知 c^* 的分子量依赖关系。当高分子链线团接触以后，溶液里链单元平均密度与线团内部的链单元密度应该差不多一样。所以链单元的密度就是每个立方厘米的空间包含的链单元数，即

$$c^* \propto N/r^3 \tag{12-141}$$

标度理论并不讨论式子前面的系数。因此高分子链线团体积只写出 r^3，略去了 $4\pi/3$。而在良溶剂中，$r\propto N^{3/5}$，则

$$c^* \propto N^{-4/5} \tag{12-142}$$

　　作为另一个例子，用德让纳标度理论来处理溶液渗透压的浓度依赖性。如果把高聚物溶液看做是半径为 r 的刚性球的溶液，那么渗透压的浓度依赖性可以表示为

$$\frac{\pi}{T} = \frac{c}{N} + A_2\left(\frac{c^2}{N}\right) + \cdots \tag{12-143}$$

这里 A_2 是第二位力系数

$$A_2 \propto \frac{r^3}{N^2} \tag{12-144}$$

同理，在良溶剂中 $r\propto N^{3/5}$，所以

$$A_2 \propto \frac{r^3}{N^2} \propto N^{-1/5} \tag{12-145}$$

很简单就得出这个结果,第二位力系数 A_2 与分子量(聚合度)的 -0.2 次方成比例。实验与由标度定律推出的结果符合很好。

对于高聚物浓溶液,渗透压的浓度依赖性可用乘上一个因子 f 的方式来讨论,即

$$\frac{\pi}{RT} = \frac{c}{N} f\left(\frac{c}{c^*}\right), \qquad c/c^* \gg 0 \tag{12-146}$$

式中,c^* 为从稀溶液到亚浓溶液的分界浓度。也把这一因子 $f(c/c^*)$ 表示为 (c/c^*) 的幂函数

$$f\left(\frac{c}{c^*}\right) \propto \left(\frac{c}{c^*}\right)^m \propto c^m N^{\frac{4}{5}m} \tag{12-147}$$

因此,渗透压的浓度依赖性为

$$\frac{\pi}{T} \propto c^{1+m} N^{\frac{4}{5}m-1} \tag{12-148}$$

在浓溶液里,线团相互穿透,而且分子链之间有缠结,作为单个分子链已经失去意义,所以分子量也就没有意义了。在这种情况下,德让纳认为 π/T 已经不再依赖于分子量,即 $N^{\frac{4}{5}m-1}$ 中的指数应为零,这样

$$\frac{4}{5}m - 1 = 0, \quad m = 5/4$$

则高聚物浓溶液中渗透压的浓度依赖性为

$$\frac{\pi}{T} \propto c^{\frac{9}{4}} \tag{12-149}$$

在浓溶液时还可以引入德让纳提出的高分子链串滴模型。串滴模型把良溶剂中高分子链看成由许多液滴(或球)组成(图 12-30),液滴内的链段是溶胀的,但对

图 12-30　高分子链的串滴模型

于整个高分子链来讲,由于浓度 $c > c^*$,它的形状可以看成符合高斯线团。假定液滴里有 g 个链单元,由于液滴是溶胀的,液滴尺寸 ξ 为

$$\xi \propto g^{3/5} \tag{12-150}$$

整个高分子链 N 个链单元,并且假定符合高斯线团,那么整个线团的均方半径为

$$\overline{r^2} \propto \xi^2 N/g$$

由于在浓溶液里,高分子链相互穿透,已经形成有缠结点的网络,因此,液滴的尺寸 ξ 就可以看成是缠结网络空隙的大小。它的量纲应与均方半径的量纲一样,它与浓度的依赖关系可以写成 (c^*/c) 幂函数的形式:

$$\xi(c) \propto r\left(\frac{c^*}{c}\right)^{\beta}, \quad c \gg c^* \tag{12-151}$$

这里 β 是待定参数,可以从浓溶液的性质确定。因为 $r \propto N^{3/5}$, $c^* \propto N^{-4/5}$,代入式(12-151)得到

$$\xi(c) \propto N^{3/5} N^{-4\beta/5} c^{-\beta}$$

对于这样的浓溶液,高分子链已经形成具有范德瓦耳斯交联的相互穿透的网络。单个分子链已经失去意义,也就不再依赖于分子量,因此

$$\frac{3}{5} - \frac{4\beta}{5} = 0$$

求得

$$\beta = 3/4$$

因此

$$\xi \propto c^{-3/4} \tag{12-152}$$

同时

$$g \propto \xi^{5/3} \propto c^{-5/4} \tag{12-153}$$

将这些结果代入 $\overline{r^2}$ 与 c 的关系中得

$$\overline{r^2}(c) \propto \xi^2 N/g \propto \frac{c^{-3/2}}{c^{-5/4}} \propto c^{-1/4} \tag{12-154}$$

即

$$r(c) \propto c^{-1/8} \tag{12-155}$$

与中子散射实验结果很好的一致。

复习思考题

1. 高聚物溶液是真溶液,为什么有一段时间曾认为高聚物溶液是胶体?

2. 高聚物的浓溶液有什么用处？高聚物的稀溶液主要用于高分子科学的什么方面？

3. 与小分子化合物溶液相比,高聚物溶液性质有哪些特点？

4. 高聚物溶解过程比小分子化合物复杂得多,影响高聚物溶解的因素有哪些？

5. 从热力学观点来看,如何来理解高聚物的溶解过程？

6. 什么是溶度参数？如何用高聚物的溶度参数和溶剂的溶度参数之比较来大致判断高聚物在溶剂中的可溶性？

7. 什么是互溶性判定的"极性相似"原则？

8. 为什么有两个溶剂,它们单独都不能溶解的高聚物却能在这两个溶剂的混合物中很好溶解？

9. 如果高聚物与溶剂之间有氢键形成,如何将溶度参数概念深化使之能继续用来判定高聚物的溶解？

10. 高聚物不能成为气态,那么它们的溶度参数是如何测定和求得的？

11. 如果还要考虑高聚物溶解的目的和高聚物溶液的用途,选择溶剂的要求又会增加哪些内容？

12. 什么是理想溶液？实际的溶液与理想溶液有哪些偏差？如何对这些偏差分类？高聚物溶液属于哪个类别？

13. 弗洛里-哈金斯似格子模型理论如何推求高聚物溶液的混合熵？理论的基本假定是什么？

14. 把高分子链放在晶格中的方法用的数学并不难,你能从中学到如何把一个物理问题逐步化为一个数学问题,并用已有的数学知识来求解吗？

15. 高聚物溶液的混合熵与小分子化合物溶液的混合熵的形式完全一样,只是分子分数被换成了体积分数？你对此是如何认识的？

16. 似格子模型理论是如何推求高聚物溶液的混合热的？从中定义的高聚物-溶剂相互作用参数,或哈金斯参数 χ_1 有什么意义？

17. 如何考虑相互作用的变化对混合熵的影响？并充分认识和理解高聚物溶解过程中热力学函数的变化。

18. 什么是高聚物溶液的稀释熵？什么是高聚物溶液的稀释热和化学位？

19. 弗洛里-哈金斯似格子模型理论无疑是一个成功的理论,它还有什么不足之处？

20. 针对似格子模型理论的缺点,弗洛里又是如何提出了他的稀溶液理论？

21. 什么是高聚物溶液的 Θ 温度或弗洛里温度？一维扩张因子 χ？并详细讨论之。

22. 如何从高聚物溶液的似格子模型理论得到的化学位来推导出高聚物溶液的渗透压？

23. 什么是第二位力系数？如何从第二位力系数来理解高聚物的 Θ 条件（Θ 温度和 Θ 溶剂）？

24. 高聚物溶液渗透压的测定能有什么用途？

25. 为什么仅仅是稀释自由能 $\Delta\mu_1$ 与理想溶液无偏差,不是真正意义上的理想溶液？

26. 为什么同一种高聚物的 Θ 温度和 Θ 溶剂不是单一的？

27. 什么是高分子链的无扰尺寸？它与哪些因素有关？

28. 在高聚物的溶液中添加非溶剂（沉淀剂）或降低温度都会使已经溶解的高聚物重新沉

淀出来,试用高聚物溶液的化学位来推导高聚物溶液相分离(分级)的公式。

29. 什么叫稀相? 什么叫浓相? 为提高分级的效果,原始浓度要稀,为什么?

30. 你能用交联橡胶的储能公式和高聚物溶液的化学位来解释橡胶的溶胀吗? 溶胀实验有什么用处?

31. 为什么文献中好的高聚物溶液相图并不多? 用传统的浊度测定构筑高聚物溶液的相图有什么困难?

32. 你对微流体装置联用激光光散射方法构筑高聚物溶液相图有多少了解?

33. 什么是共混物? 为什么共混物的性能与组成它们组分的相容性密切相关?

34. 如何来判定共混物的相容性? 两个高聚物的共混与一个高聚物在小分子化合物溶剂中的溶解有什么不同之处?

35. 相图是如何描述共混物的相容性的? 什么是最高临界共溶温度(UCST)和最低共溶温度(LCST)?

36. 什么是相容剂? 大致分为哪几类?

37. 与稀溶液相比,高聚物浓溶液有什么特点? 你对高聚物的浓溶液了解多少?

38. 什么是聚电解质? 如何分类? 聚电解质溶液有什么特点?

39. 你对德让纳的标度理论有多少了解? 德让纳的标度理论能得到诺贝尔奖,其重要性表现在哪里?